LEHRBUCH

DER

ALGEBRA.

LEHRBUCH

DER

ALGEBRA.

VON

HEINRICH WEBER,

PROFESSOR DER MATHEMATIK AN DER UNIVERSITÄT GÖTTINGEN.

IN ZWEI BÄNDEN.

MIT 28 EINGEDRUCKTEN ABBILDUNGEN.

BRAUNSCHWEIG,

DRUCK UND VERLAG VON FRIEDRICH VIEWEG UND SOHN.

1895.

VORWORT.

Bei der Entwickelung, welche die Algebra in den letzten Jahrzehnten genommen hat, dürfte eine zusammenfassende Darstellung und Verknüpfung der verschiedenen theoretischen Betrachtungen und mannigfachen Anwendungen auch nach dem für seine Zeit trefflichen Lehrbuch von Serret nützlich sein.

Seit Jahren hege ich den Plan eines solchen Unternehmens, das ja gross und weitaussehend erschien, und mancherlei Vorarbeiten erforderte. Erst nachdem ich in Universitätsvorlesungen mehrmals das Gebiet im Ganzen durchwandert und einzelne Theile specieller behandelt hatte, entschloss ich mich, an die Ausführung des Werkes zu gehen, von dem jetzt der erste Band vollendet vorliegt.

Es war meine Absicht, ein Lehrbuch zu geben, das, ohne viel Vorkenntnisse vorauszusetzen, den Leser in die moderne Algebra einführen und auch zu den höheren und schwierigeren Partien hinführen sollte, in denen das Interesse an dem Gegenstande erst recht lebendig wird. Dabei sollten die erforderlichen Hülfsmittel, die elementaren sowohl als die höheren, aus dem Gange der Entwickelung selbst abgeleitet werden, um die Darstellung von anderen Lehrbüchern möglichst unabhängig zu machen.

Zwei Dinge sind es, die für die neueste Entwickelung der Algebra ganz besonders von Bedeutung geworden sind; das ist auf der einen Seite die immer mehr zur Herrschaft gelangende Gruppentheorie, deren ordnender und klärender Einfluss überall zu spüren ist, und sodann das Eingreifen der Zahlentheorie.

Wenn auch die Algebra zum Theil über die Zahlentheorie hinausgeht, und in andere Gebiete, z. B. die Functionentheorie oder in ihren Anwendungen auch in die Geometrie hinüber greift, so ist doch die Zahlenlehre immer das vorzüglichste Beispiel für alle algebraischen Betrachtungen, und die Fragen der Zahlentheorie, die heute im Vordergrund des Interesses stehen, sind vorwiegend algebraischer Natur. Hierdurch war der Weg bezeichnet, den ich in meiner Arbeit zu gehen hatte.

Der grosse Stoff ist in zwei Bände vertheilt. Der erste Band enthält den elementaren Theil der Algebra, den man mit einem hergebrachten Ausdruck als Buchstabenrechnung bezeichnen kann, sodann die Vorschriften über die numerische Berechnung der Gleichungswurzeln und die Anfänge der Galois'schen Theorie.

Der zweite Band, der dem ersten hoffentlich in kurzer Zeit folgen wird, soll die allgemeine Theorie der endlichen Gruppen, die Theorie der linearen Substitutionsgruppen und Anwendungen auf verschiedene einzelne Probleme bringen, und soll abschliessen mit der Theorie der algebraischen Zahlen, wo der Versuch gemacht ist, die verschiedenen Gesichtspunkte, unter denen diese Theorie bisher betrachtet worden ist, zu vereinigen.

Endlich soll der zweite Band ein alphabetisches Register über beide Bände bringen.

Wie es bei einer Disciplin, die in rascher Entwickelung begriffen ist, und an der von den verschiedensten Seiten gearbeitet wird, nicht anders sein kann, ist auch in der Algebra der Sprachgebrauch und die Bezeichnungsweise sehr mannigfaltig und häufig nicht übereinstimmend. Dadurch wird eine einheitliche Darstellung und das Eindringen in die verschiedenen Arbeiten sehr erschwert.

Ich habe mich daher bemüht, eine möglichst zweckmässige Ausdrucksweise einheitlich beizubehalten, und habe mich dabei vielfach mit Fachgenossen berathen. Ich darf die Hoffnung aussprechen, dadurch zur Befestigung einer einheitlichen Terminologie beigetragen zu haben.

Die Literaturnachweisungen und historischen Notizen, die in dem Buche gegeben sind, machen in keiner Weise den Anspruch auf Vollständigkeit, wenn ich auch bemüht gewesen bin, nach Möglichkeit die wichtigsten Quellen und literarischen Hülfsmittel an geeigneter Stelle zu erwähnen.

Es ist mir eine angenehme Pflicht, so manchem Freunde und Collegen, der an dem Fortschreiten meiner Arbeit regen und thatkräftigen Antheil genommen hat, hier meinen Dank auszusprechen. Zuerst gilt dieser Dank meinem Freunde Dedekind für seine treue Hülfe bei der Correctur, und wenn er auch auf den Plan und die Ausführung meines Werkes keinen Einfluss ausgeübt hat, so möchte ich doch nicht unerwähnt lassen, dass ich schon vor vielen Jahren durch ein Heft einer Vorlesung, die er im Winter 1857/58 in Göttingen über höhere Algebra, insbesondere über die Theorie von Galois gehalten hat, ein noch lebhafteres Interesse für diese Theorie gewonnen habe, die vordem auf unseren Hochschulen in solcher Vollständigkeit wohl noch nicht vorgetragen war.

Auch der mannigfachen Anregung und Belehrung habe ich hier zu gedenken, die ich meinem Freund und Collegen F. Klein verdanke, der das Fortschreiten der Arbeit mit regstem Interesse begleitet hat und dessen sachkundiger, stets bereitwilligst gegebener Rath in manchen Theilen des Buches von grossem Einfluss gewesen ist.

Ich kann hier nicht alle Fachgenossen und Freunde namhaft machen, die mich durch ihren Rath unterstützt haben, wie der Leser an den betreffenden Stellen finden wird. Aber der Herren E. Hess in Marburg, Fr. Meyer in Clausthal, R. Fricke in Braunschweig, die durch kundige und sorgfältige Ausführung der mühevollen Correctur der Druckbogen Genauigkeit und Richtigkeit des Textes gefördert haben, muss ich hier noch gedenken.

Endlich gilt mein Dank der Verlagsbuchhandlung, die durch bereitwilliges Eingehen auf meine Wünsche, durch Sorgfalt in Druck und Ausstattung wesentlich zum Gelingen des Ganzen beigetragen hat.

Göttingen, im November 1894.

Der Verfasser.

INHALT DES ERSTEN BANDES.

Seite

Einleitung 1

Erstes Buch.

Die Grundlagen.

Erster Abschnitt.

Rationale Functionen.

§. 1. Ganze Functionen 23
§. 2. Ein Satz von Gauss 25
§. 3. Division 27
§. 4. Theilung durch eine lineare Function 30
§. 5. Gebrochene Functionen; Theilbarkeit 32
§. 6. Grösster gemeinschaftlicher Theiler 34
§. 7. Producte linearer Factoren 39
§. 8. Der binomische Lehrsatz 42
§. 9. Interpolation 44
§. 10. Lösung des Interpolationsproblems durch die Differenzen . . . 46
§. 11. Arithmetische Reihen höherer Ordnung 47
§. 12. Der polynomische Lehrsatz 50
§. 13. Derivirte Functionen 51
§. 14. Derivirte eines Productes 54
§. 15. Ganze Functionen mehrerer Veränderlicher: Formen 56
§. 16. Die Derivirten von Functionen mehrerer Variablen 59
§. 17. Das Euler'sche Theorem über homogene Functionen 62

Zweiter Abschnitt.

Determinanten.

§. 18. Permutationen von n Elementen 64
§. 19. Permutationen erster und zweiter Art 65
§. 20. Determinanten 68
§. 21. Hauptsätze über Determinanten 70

Seite
§. 22. Unterdeterminanten 72
§. 23. Die Unterdeterminanten im weiteren Sinne 77
§. 24. Lineare homogene Gleichungen 81
§. 25. Elimination aus linearen Gleichungen 87
§. 26. Unhomogene lineare Gleichungen 89
§. 27. Multiplikation von Determinanten 92
§. 28. Determinanten der Unterdeterminanten 95
§. 29. Interpolation 98

Dritter Abschnitt.

Die Wurzeln algebraischer Gleichungen.

§. 30. Begriff der Wurzeln. Mehrfache Wurzeln 101
§. 31. Stetigkeit ganzer Functionen 103
§. 32. Vorzeichenwechsel von $f(x)$. Wurzeln von Gleichungen ungeraden Grades und von reinen Gleichungen 107
§. 33. Lösung reiner Gleichungen durch trigonometrische Functionen 111
§. 34. Befreiung einer Gleichung vom zweiten Gliede 114
§. 35. Cubische Gleichungen. Cardanische Formel 116
§. 36. Der Cayley'sche Ausdruck der Cardanischen Formel . . . 118
§. 37. Die biquadratischen Gleichungen 119
§. 38. Beweis des Fundamentalsatzes der Algebra 121
§. 39. Algorithmus zur Berechnung der Wurzeln 127
§. 40. Stetigkeit der Wurzeln 132

Vierter Abschnitt.

Symmetrische Functionen.

§. 41. Begriff der symmetrischen Functionen. Symmetrische Grundfunctionen 138
§. 42. Die Potenzsummen 140
§. 43. Beweis des Hauptsatzes für zwei Variable 143
§. 44. Allgemeiner Beweis des Hauptsatzes 144
§. 45. Zweiter Beweis des Satzes von den symmetrischen Functionen 147
§. 46. Discriminanten 150
§. 47. Discriminanten der Formen dritter und vierter Ordnung . . . 153
§. 48. Resultanten 156
§. 49. Elimination. Theorem von Bezout 159
§. 50. Elimination aus mehreren Gleichungen 161
§. 51. Zerlegbare und unzerlegbare Functionen 164
§. 52. Tschirnhausen-Transformation 170
§. 53. Anwendung auf die cubischen und biquadratischen Gleichungen 173
§. 54. Die Tschirnhausen-Transformation der Gleichung 5ten Grades 175

Fünfter Abschnitt.

Lineare Transformation. Invarianten.

§. 55. Lineare Tansformation 178
§. 56. Quadratische Formen 179

Seite

§. 57. Transformation der quadratischen Formen in eine Summe von Quadraten 181
§. 58. Trägheitsgesetz der quadratischen Formen 183
§. 59. Transformation von Formen n^{ten} Grades 185
§. 60. Invarianten und Covarianten 186
§. 61. Lineare Transformation der binären Formen 189
§. 62. Binäre cubische Formen 192
§. 63. Das volle Formensystem der binären cubischen Form 196
§. 64. Biquadratische Formen 199
§. 65. Auflösung der biquadratischen Gleichung 201
§. 66. Die Covarianten 203
§. 67. Das volle Invariantensystem der binären biquadratischen Form 206

Sechster Abschnitt.

Tschirnhausen-Transformation.

§. 68. Die Hermite'sche Form der Tschirnhausen-Transformation 210
§. 69. Invarianteneigenschaft der Tschirnhausen-Transformation . . 212
§. 70. Ausführungen über den Hermite'schen Satz 215
§. 71. Transformation der cubischen Gleichung 219
§. 72. Allgemeine Ausführung der Transformation 223
§. 73. Die Bezoutiante 225
§. 74. Transformation der Gleichung fünften Grades 230
§. 75. Normalform der Gleichung fünften Grades 233

Zweites Buch.

Die Wurzeln.

Siebenter Abschnitt.

Realität der Wurzeln.

§. 76. Allgemeines über Realität von Gleichungswurzeln und über Discriminanten 241
§. 77. Discussion der quadratischen und cubischen Gleichung 243
§. 78. Discussion der biquadratischen Gleichung 246
§. 79. Die Bezoutiante und ihre Bedeutung für die Wurzelrealität . . 252
§. 80. Die Trägheit der Formen zweiten Grades 255
§. 81. Quadratische Formen mit verschwindender Determinante . . . 257
§. 82. Quadratische Formen mit nicht verschwindender Determinante 260
§. 83. Anzahl der positiven und negativen Quadrate 261
§. 84. Anwendung auf die Bezoutiante 265

Achter Abschnitt.

Der Sturm'sche Lehrsatz.

§. 85. Das Sturm'sche Problem 270
§. 86. Die Sturm'schen Ketten 271

Seite

§. 87. Erstes Beispiel: Kugelfunctionen 273
§. 88. Zweites Beispiel 276
§. 89. Die Sturm'schen Functionen 279
§. 90. Hermite's Lösung des Sturm'schen Problems 280
§. 91. Bestimmung der Hermite'schen Form H 282
§. 92. Die Determinante der Hermite'schen Form 283
§. 93. Grundzüge der Charakteristikentheorie 285
§. 94. Charakteristik eines Systems von drei Functionen 287
§. 95. Beziehung der Charakteristiken zu den Schnittpunkten . . . 290
§. 96. Anwendung der Charakteristiken auf die Eingrenzung der complexen Wurzeln einer Gleichung 292
§. 97. Bestimmung der Charakteristik 294
§. 98. Gauss' erster Beweis des Fundamentalsatzes der Algebra . . 295

Neunter Abschnitt.

Abschätzung der Wurzeln.

§. 99. Das Budan-Fourier'sche Theorem 299
§. 100. Die Newton'sche Regel 304
§. 101. Der Cartesi'sche Lehrsatz 308
§. 102. Das Jacobi'sche Kriterium 311
§. 103. Klein's geometrische Vergleichung der verschiedenen Kriterien 312
§. 104. Bestimmung einer oberen Grenze für die Wurzeln 316
§. 105. Abschätzung der imaginären Wurzeln 318
§. 106. Das Theorem von Rolle 319
§. 107. Die Sätze von Laguerre für Gleichungen mit nur reellen Wurzeln 322

Zehnter Abschnitt.

Genäherte Berechnung der Wurzeln.

§. 108. Interpolation. Regula falsi 331
§. 109. Die Newton'sche Näherungsmethode 335
§. 110. Die Näherungsmethode von Daniel Bernoulli und verwandte Methoden 341
§. 111. Die Näherungsmethode von Gräffe 344
§. 112. Trigonometrische Auflösung cubischer Gleichungen 349
§. 113. Die Gauss'sche Methode der Auflösung trinomischer Gleichungen 352
§. 114. Berechnung der imaginären Wurzeln einer trinomischen Gleichung 355

Elfter Abschnitt.

Kettenbrüche.

§. 115. Verwandlung rationaler Brüche in Kettenbrüche 358
§. 116. Kettenbruchentwickelung irrationaler Zahlen 361
§. 117. Die Näherungsbrüche 362
§. 118. Lösung unbestimmter Gleichungen aus zwei Unbekannten . . 365

Seite

§. 119. Convergenz der Näherungsbrüche 369
§. 120. Aequivalente Zahlen 371
§. 121. Entwickelung äquivalenter Zahlen in Kettenbrüche 374
§. 122. Quadratische Irrationalzahlen 377
§. 123. Reducirte Zahlen mit negativer Discriminante 379
§. 124. Reducirte Zahlen mit positiver Discriminante 383
§. 125. Entwickelung reeller quadratischer Irrationalzahlen in Kettenbrüche 386
§. 126. Beispiele 392
§. 127. Die Pell'sche Gleichung 395
§. 128. Ableitung aller Lösungen der Pell'schen Gleichung aus der kleinsten positiven 399
§. 129. Genäherte Berechnung der reellen Wurzeln einer numerischen Gleichung durch Kettenbrüche 401
§. 130. Rationale Wurzeln ganzzahliger Gleichungen. Reducible Gleichungen 403

Zwölfter Abschnitt.

Theorie der Einheitswurzeln.

§. 131. Die Einheitswurzeln 408
§. 132. Primitive Einheitswurzeln 411
§. 133. Gleichungen für die primitiven Einheitswurzeln n^{ten} Grades . 414
§. 134. Irreducibilität 417
§. 135. Die Discriminante der Kreistheilungsgleichung 421
§. 136. Primitive Congruenzwurzeln 425
§. 137. Multiplikation und Theilung der trigonometrischen Functionen 432
§. 138. Vorzeichenbestimmung. Quadratische Reste 439

Drittes Buch.

Algebraische Grössen.

Dreizehnter Abschnitt.

Die Galois'sche Theorie.

§. 139. Der Körperbegriff 449
§. 140. Adjunction 451
§. 141. Functionen in einem Körper 452
§. 142. Algebraische Körper 455
§. 143. Gleichzeitige Adjunction mehrerer algebraischer Grössen . . 457
§. 144. Primitive und imprimitive Körper 460
§. 145. Normalkörper. Galois'sche Resolvente 464
§. 146. Die Substitutionen eines Normalkörpers 467
§. 147. Zusammensetzung von Substitutionen 470
§ 148. Permutationsgruppen 472
§. 149. Galois'sche Gruppe. 476

Seite

§. 150. Transitive und intransitive Gruppen 481
§. 151. Primitive und imprimitive Gruppen 483

Vierzehnter Abschnitt.

Anwendung der Permutationsgruppen auf Gleichungen.

§. 152. Wirkung der Permutationsgruppen auf Functionen von unabhängigen Veränderlichen 488
§. 153. Zerlegung von Permutationen in Transposition und Cyklen . 492
§. 154. Divisoren der Gruppe, Nebengruppen und conjugirte Gruppen 501
§. 155. Reduction der Galois'schen Resolvente durch Adjunction. Normaltheiler einer Gruppe 507
§. 156. Die Gruppe der Resolventen 511
§. 157. Reduction der Galois'schen Gruppe durch Adjunction beliebiger Irrationalitäten 513
§. 158. Imprimitive Gruppen 516

Fünfzehnter Abschnitt.

Cyklische Gleichungen.

§. 159. Cubische Gleichungen 522
§. 160. Permutationsgruppen von vier Elementen 524
§. 161. Auflösung der biquadratischen Gleichungen 528
§. 162. Abel'sche Gleichungen 533
§. 163. Reduction der Abel'schen Gleichungen auf cyklische 537
§. 164. Resolventen von Lagrange 542
§. 165. Auflösung der cyklischen Gleichungen 546
§. 166. Theilung des Winkels 551

Sechzehnter Abschnitt.

Kreistheilung.

§. 167. Die Kreistheilungsperioden und die Periodengleichungen . . 554
§. 168. Gauss'sche Methode zur Berechnung der Resolventen . . . 560
§. 169. Zurückführung der Kreistheilungsgleichung auf reine Gleichungen. Siebzehn-Theilung 564
§. 170. Eigenschaften der Zahlen ψ 570
§. 171. Die Gauss'schen Summen 574
§. 172. Die Perioden von $\frac{1}{3}(n-1)$ und $\frac{1}{4}(n-1)$ Gliedern 579
§. 173. Die complexen Zahlen von Gauss 585
§. 174. Der Körper der dritten Einheitswurzeln 592

Siebzehnter Abschnitt.

Algebraische Auflösung von Gleichungen.

§. 175. Reduction der Gruppen durch reine Gleichungen 595
§. 176. Metacyklische Gleichungen 597

Seite

§. 177. Einfachheit der alternirenden Gruppe 600
§. 178. Nichtmetacyklische Gleichungen im Körper der rationalen Zahlen 603
§. 179. Auflösung durch reelle Radicale 606
§. 180. Metacyklische Gleichungen von Primzahlgrad 609
§. 181. Anwendung auf die metacyklischen Gleichungen 5ten Grades . 621
§. 182. Die Gruppe der Resolvente 627

Achtzehnter Abschnitt.

Wurzeln metacyklischer Gleichungen.

§. 183. Stellung der Aufgabe. Hülfssatz 630
§. 184. Sätze über die Resolventen 633
§. 185. Wurzeln metacyklischer Gleichungen 638
§. 186. Befreiung von den beschränkenden Voraussetzungen 641
§. 187. Realitätsverhältnisse 647
§. 188. Metacyklische Gleichungen 5ten Grades 648

EINLEITUNG.

Wir setzen bei unseren Betrachtungen die natürlichen Zahlen 1, 2, 3 . . . und die Regeln, nach denen mit diesen Zahlen gerechnet wird, als bekannt und gegeben voraus. Die fundamentalen Rechenarten, die sogenannten vier Species, sind die Addition, die Multiplication, zu der als Wiederholung das Potenziren gehört, die Subtraction und die Division. Die beiden ersten heissen die directen Rechenoperationen; sie sind dadurch ausgezeichnet, dass sie im Reiche der natürlichen Zahlen unbegrenzt ausgeführt werden können. Die erste der indirecten oder inversen Operationen, die Subtraction, lässt sich nur dann ausführen, wenn der Minuend grösser ist als der Subtrahend.

Die Aufgabe der Division kann man auf zwei Arten auffassen. Bei der ersten elementaren Auffassung wird gefragt, wie oft der Divisor im Dividenden enthalten ist. Eine Zahl ist nicht in einer kleineren enthalten. Ist aber der Dividend gleich oder grösser als der Divisor, so giebt die Beantwortung der Frage einen Quotienten und in den meisten Fällen einen Rest, der kleiner als der Divisor ist. Wenn kein Rest bleibt, so sagt man, die Division geht auf, oder der Dividend ist durch den Divisor theilbar, oder der Divisor ist ein Factor oder Theiler der Zahl, die den Dividenden bildet.

Diese Aufgabe, die sich schon auf den ersten Stufen der Rechenkunst einstellt, führt zu einer tiefer liegenden Unterscheidung der Zahlen, die das Fundament aller Zahlentheorie ist.

Da ein Factor nie grösser sein kann als die Zahl, deren Factor sie ist, so hat jede Zahl nur eine endliche Anzahl von Factoren. Jede Zahl ist durch 1 und durch sich selbst theilbar, und eine Zahl, die sonst keinen Theiler hat, heisst eine Primzahl. Die Zahl 1 selbst pflegt man aus Zweckmässigkeitsgründen nicht als Primzahl zu bezeichnen. Sind zwei Zahlen durch eine dritte theilbar, so ist auch die Summe und die Differenz der beiden ersten durch die dritte theilbar; und ist eine Zahl durch eine zweite, diese durch eine dritte theilbar, so ist auch die erste durch die dritte theilbar.

Zwei Zahlen haben immer den gemeinsamen Theiler 1. Wenn sie keinen anderen gemeinsamen Theiler haben, wie z. B. die Zahlenpaare 5 und 7 oder 21 und 38, so heissen die beiden Zahlen relative Primzahlen oder auch theilerfremde Zahlen.

Unter den gemeinsamen Theilern von irgend zwei gegebenen Zahlen wird einer der grösste sein und es ist eine sehr wichtige Aufgabe, diesen grössten gemeinschaftlichen Theiler zu finden. Dazu führt ein Verfahren, das unter dem Namen Algorithmus des grössten gemeinschaftlichen Theilers bekannt ist und sich schon bei Euklid[1]) findet.

Sind a, a_1 die beiden Zahlen, so nehme man die grössere von ihnen, die a sei, als Dividenden, die kleinere a_1 als Divisor, und bestimme den Quotienten q_1; und wenn die Division nicht aufgeht, den Rest a_2, also $a = q_1 a_1 + a_2$, so dass $a_2 < a_1$ ist. Jeder gemeinschaftliche Theiler von a und a_1 ist dann auch gemeinschaftlicher Theiler von a_1 und a_2 und umgekehrt. Verfährt man mit a_1, a_2 ebenso wie mit a und a_1 und setzt, wenn die Division nicht aufgeht, $a_1 = q_2 a_2 + a_3$, so ist wieder $a_3 < a_2$, und jeder gemeinschaftliche Theiler von a_1 und a_2 ist auch gemeinschaftlicher Theiler von a_2 und a_3 und umgekehrt. Fährt man auf diese Weise fort zu dividiren, so muss, da die Zahlen $a, a_1, a_2, a_3 \ldots$ immer abnehmen, nothwendiger Weise die Division nach einer endlichen Anzahl von Schritten aufgehen, und es muss also zuletzt ein Paar von Gleichungen $a_{\nu-2} = q_{\nu-1} a_{\nu-1} + a_\nu$, $a_{\nu-1} = q_\nu a_\nu$ auftreten. Dann ist a_ν ein gemeinschaftlicher Theiler aller vorausgehenden a, also auch von a und a_1, und jeder gemeinschaftliche Theiler von a und a_1 ist Theiler von a_ν. Also ist a_ν der grösste gemeinschaftliche Theiler von a und a_1, und wir sind zugleich zu dem Satze gelangt, dass jeder gemeinschaftliche Theiler zweier Zahlen in ihrem grössten gemeinschaftlichen Theiler aufgehen muss.

---

[1]) Elemente, Buch VII, II, Bd. II der Heiberg'schen Ausgabe.

Sind a und a_1 relative Primzahlen, so ist der letzte Divisor $a_\nu = 1$. Multiplicirt man unter dieser Voraussetzung die vorstehenden Gleichungen mit irgend einer Zahl b, so folgt, dass b der grösste gemeinschaftliche Theiler von ab und $a_1 b$ ist, und dass also jeder gemeinschaftliche Theiler von ab und a_1 oder von a und $a_1 b$, Theiler von b sein muss. Ist also a_1 relativ prim zu a und zu b, so ist es auch relativ prim zu ab, und aus der speciellen Annahme, dass a_1 eine Primzahl sei, ergiebt sich, dass ein Product nur dann durch eine Primzahl theilbar sein kann, wenn wenigstens einer der Factoren durch sie theilbar ist.

Ist also das Product ab durch a_1 theilbar und ist a_1 relativ prim zu a, so muss b durch a_1 theilbar sein.

Sind a, b irgend zwei Zahlen mit dem grössten gemeinschaftlichen Theiler d und ist $a = da'$, $b = db'$, so sind a' und b' relativ prim zu einander. Jede Zahl m, die zugleich ein Vielfaches von a und von b ist, hat die Form $m = am' = da'm'$ und darin muss $a'm'$ ein Vielfaches von b' sein, also muss auch m' ein Vielfaches von b' sein, d. h. jede Zahl, die zugleich ein Vielfaches von a und von b ist, ist durch $a'b'd$ theilbar. Diese Zahl $a'b'd$, die selbst ein gemeinschaftliches Vielfaches von a und b ist, heisst daher das kleinste gemeinschaftliche Vielfache von a und b.

Wenn eine Zahl durch zwei relative Primzahlen theilbar ist, so ist sie auch durch ihr Product theilbar, und wenn also eine Zahl m durch mehrere Zahlen theilbar ist, von denen je zwei zu einander relativ prim sind, so ist sie auch durch das Product aller dieser Zahlen theilbar.

Hierauf gründet sich der Beweis des wichtigen Satzes, dass eine Zahl m immer und nur auf eine einzige Weise als ein Product von Primzahlen dargestellt werden kann. Denn da der Theiler nicht gröſser sein kann als der Dividend, so kann m sicher nur durch eine endliche Anzahl von Primzahlen theilbar sein. Ist a eine von diesen Primzahlen und a^α die höchste Potenz von a, die in m aufgeht, so ist auch α eine bestimmte Zahl. Es seien nun ebenso b^β, $c^\gamma \ldots$ die höchsten Potenzen der übrigen in m aufgehenden Primzahlen $b, c \ldots$, durch die sich m theilen läſst, dann muss, da je zwei der Zahlen a^α, b^β, $c^\gamma \ldots$ relativ prim sind, m auch durch das Product $a^\alpha b^\beta c^\gamma \ldots$ theilbar sein, und es muss m diesem Producte gleich sein, da sonst noch eine andere

Primzahl oder eine höhere Potenz einer der Primzahlen $a, b, c \ldots$ in m aufgehen müsste.

Wir geben nun einen Ueberblick über die in der Mathematik nothwendigen und allmählich eingeführten Erweiterungen des Zahlenbegriffes.

Wir verstehen unter einer Mannigfaltigkeit oder Menge, oder dem abkürzenden Zeichen $\mathfrak{M}$ ein System von Objecten oder Elementen irgend welcher Art, das so in sich abgegrenzt und vollendet ist, dafs von jedem beliebigen Object vollkommen bestimmt ist, ob es zu dem System gehört oder nicht, gleichviel, ob wir im Stande sind, in jedem besonderen Falle die Entscheidung wirklich zu treffen oder nicht.

Eine Menge heisst geordnet, wenn von irgend zwei unterschiedenen ihrer Elemente immer ein in sich vollkommen bestimmtes als das grössere gilt, und zwar so, dass aus $a > b$, $b > c$ stets $a > c$ folgt. Ist $a > b$ und $b > c$ oder $a > b > c$, so sagen wir, dass b zwischen a und c liegt.

Die natürlichen Zahlen bilden eine geordnete Menge; zwischen zwei auf einander folgenden ihrer Elemente liegt kein weiteres Element. Eine solche Mannigfaltigkeit heisst eine discrete. Eine geordnete Menge von der Eigenschaft, dass zwischen je zwei Elementen immer noch andere Elemente gefunden werden, heisst dicht. Eine dichte Menge kann man bilden, wenn man die natürlichen Zahlen in Paaren zusammenfasst, und diese Paare als Elemente einer Menge auffasst. Diese Paare sollen Brüche genannt und mit $m:n$ oder $\frac{m}{n}$ bezeichnet werden, und zwei solche Brüche $m:n$ und $m':n'$ werden einander gleich gesetzt, wenn $mn' = nm'$ ist. Fasst man alle unter einander gleichen Brüche zu einem Element zusammen, so erhält man eine Mannigfaltigkeit, die geordnet ist, wenn man noch festsetzt, dass $m:n$ grösser als $m':n'$ ist, wenn $mn' > nm'$ ist. Dass diese Mannigfaltigkeit dicht ist, sieht man so ein: sind $\mu = m:n$, $\mu' = m':n'$ zwei Brüche und $\mu > \mu'$, so kann man, wenn h eine willkürliche Zahl ist,

$$\mu = \frac{h m n'}{h n n'}, \quad \mu' = \frac{h m' n}{h n n'}$$

setzen, und darin ist $hmn' > hm'n$. Man kann h immer so annehmen, dass zwischen hmn' und $hm'n$ noch Zahlen liegen, und wenn p eine solche Zahl ist, so liegt $p : hnn'$ zwischen μ und μ'.

Die Punkte einer geraden Linie kann man auch als eine geordnete Menge auffassen, wenn man unter grösser und kleiner irgend eine Ortsbezeichnung, z. B. weiter rechts und weiter links oder höher und tiefer versteht.

Eine Eintheilung einer geordneten Menge $\mathfrak{M}$ in zwei Theile A, B der Art, dass jedes Element a von A kleiner ist als jedes Element b von B, wird ein Schnitt in $\mathfrak{M}$ genannt und wird passend durch (A, B) bezeichnet. Ein solcher Schnitt entsteht, wenn man irgend ein Element μ von $\mathfrak{M}$ herausgreift, alle kleineren Elemente zu A, alle grösseren zu B und μ selbst nach Belieben zu A oder zu B rechnet. Es entstehen, genau gesagt, je nachdem man das eine oder das andere thut, zwei Schnitte, die wir aber immer als gleich betrachten wollen. Wenn in einem Schnitt (A, B) entweder A ein grösstes oder B ein kleinstes Element μ enthält, so sagen wir, dass μ den Schnitt (A, B) erzeugt. Es kann aber auch der Fall vorkommen, dafs weder A ein grösstes noch B ein kleinstes Element besitzt.

Wenn jeder Schnitt in einer dichten Menge durch ein bestimmtes Element μ erzeugt wird, so heisst die Menge stetig.

Stetigkeit sowohl als Dichtigkeit sind Eigenschaften, die der Natur der Sache nach unserer Sinneswahrnehmung unzugänglich sind; sie lassen sich daher auch an Dingen der Aussenwelt, an Raumgrössen, Zeiträumen, Massen, niemals mit Strenge nachweisen, wie sehr sie uns auch im Wesen unserer Anschauung zu liegen scheinen. Es lassen sich aber sehr wohl reine Begriffssysteme construiren, denen die Dichtigkeit ohne die Stetigkeit oder auch Dichtigkeit und Stetigkeit zukommen [1]).

Ein Beispiel einer dichten Menge bieten die rationalen Brüche. Diese Mannigfaltigkeit, die wir mit $\mathfrak{R}$ bezeichnen

---

[1]) Dies ist von Dedekind nachgewiesen, dem wir überhaupt die oben gegebene Definition der Stetigkeit verdanken. Vgl. die Schriften von Dedekind, „Stetigkeit und irrationale Zahlen", Braunschweig 1872, 1892. „Was sind und was sollen die Zahlen?", Braunschweig 1888, 1893. Andere

wollen, ist keine stetige. Denn nehmen wir irgend einen rationalen Bruch $\mu = m : n$, worin m und n keinen gemeinschaftlichen Theiler haben und nicht beide Quadratzahlen sind, so ist μ nicht das Quadrat eines rationalen Bruches. Denn wäre $\mu = p^2 : q^2$, so würde $m q^2 = n p^2$ folgen, und daraus $m = p^2$, $n = q^2$, was durch die Voraussetzung ausgeschlossen ist. Wenn wir also einen Schnitt (A, B) in der Mannigfaltigkeit $\mathfrak{R}$ bilden, indem wir jedes Element a von $\mathfrak{R}$ zu A rechnen, dessen Quadrat kleiner als μ ist, und jedes Element b zu B, dessen Quadrat grösser als μ ist, so ist weder in A ein grösstes noch in B ein kleinstes Element enthalten, und der Schnitt (A, B) wird nicht durch ein Element in $\mathfrak{R}$ erzeugt.

Denn angenommen, es sei $a = p : q$ irgend ein Element in A, also $p^2 : q^2 < m : n$ oder $n p^2 < m q^2$; dann nehmen wir eine natürliche Zahl y beliebig und wählen eine andere natürliche Zahl x so, dass $x > y$ und $x(m q^2 - n p^2) > n y (2 p + 1)$, woraus folgt:

$$x^2 (m q^2 - n p^2) > n x y (2 p + 1) > n (2 p x y + y^2),$$

also auch

$$m q^2 x^2 > n (p x + y)^2.$$

Setzen wir also $a' = (p x + y) : q x$, so ist $a' > a$ und $a'^2 < \mu$, also a' auch in A enthalten; und ebenso kann man zeigen, dass es in B kein kleinstes Element giebt.

Die Mannigfaltigkeit $\mathfrak{R}$ kann uns aber als Ausgangspunkt dienen, um eine stetige Menge zu construiren. Die Gesammtheit aller Schnitte in $\mathfrak{R}$ ist gewiss eine Mannigfaltigkeit, die mit $\mathfrak{S}$ bezeichnet sein mag. Betrachten wir zwei verschiedene ihrer Elemente $\alpha = (A, B)$, $\alpha' = (A', B')$, so wird entweder A ein Theil von A' oder A' ein Theil von A sein. Denn wenn irgend

---

Mannigfaltigkeiten, denen die Stetigkeit zukommt, sind von Weierstrass und G. Cantor gebildet.

Die Definition der Stetigkeit, wie wir sie hier nach Dedekind zu Grunde legen, ist insofern erschöpfend, als eine in diesem Sinne stetige Menge, wenn ihr noch die gleich zu erörternde Eigenschaft der Messbarkeit zukommt, nicht Theil einer reicheren stetigen Menge sein kann. Ich weiss nicht, ob diese Eigenschaft schon irgendwo nachgewiesen ist, und hoffe, bei einer anderen Gelegenheit darauf zurückzukommen. Ich bemerke aber, dass eine solche Eigenschaft nur bei messbaren Mengen nachweisbar ist. Eine nur geordnete Menge kann man immer, wie dicht sie auch sein mag, als Theil einer noch dichteren auffassen.

ein Element a zu A gehört, so gehört auch jedes kleinere Element von $\mathfrak{R}$ zu A. Ist A ein Theil von A', so wollen wir α kleiner als α' nennen, und dadurch ist die Menge $\mathfrak{S}$ zu einer geordneten geworden.

Sehen wir die durch die rationalen Brüche erzeugten Schnitte als gleichwerthig mit diesen rationalen Brüchen selbst an und nennen sie kurz rationale Schnitte, so enthält die Menge $\mathfrak{S}$ die Menge $\mathfrak{R}$, und $\mathfrak{S}$ ist also jedenfalls eine dichte Menge. Die Menge $\mathfrak{S}$ ist aber auch stetig; denn bezeichnen wir die Schnitte durch die grossen deutschen Buchstaben $\mathfrak{A}$, $\mathfrak{B}$ ... und betrachten irgend einen Schnitt in der Mannigfaltigkeit der Schnitte, $(\mathfrak{A}, \mathfrak{B})$, so können wir ein Element in $\mathfrak{S}$ bestimmen, $\alpha = (A, B)$, indem wir in A jeden rationalen Bruch aufnehmen, der einen der Schnitte von $\mathfrak{A}$ erzeugt, und alle anderen rationalen Brüche, die also die rationalen Schnitte in $\mathfrak{B}$ erzeugen, nach B werfen. Dieser Schnitt α in $\mathfrak{R}$ erzeugt den Schnitt $(\mathfrak{A}, \mathfrak{B})$ in $\mathfrak{S}$. Dies wird nachgewiesen sein, wenn gezeigt ist, dass jedes Element α' in $\mathfrak{S}$, was kleiner ist als α, zu $\mathfrak{A}$ gehört, und jedes Element β' in $\mathfrak{S}$, was grösser ist als α, zu $\mathfrak{B}$.

Sei also $\alpha' = (A', B')$ und $\alpha' < \alpha$, dann giebt es rationale Brüche in A, die nicht in A' enthalten sind; es giebt also ein rationales μ, so dass $\alpha' < \mu < \alpha$, und dieses μ erzeugt einen Schnitt, der in $\mathfrak{A}$ enthalten ist, gehört also selbst zu $\mathfrak{A}$; da $\alpha' < \mu$ ist, so gehört auch α' zu $\mathfrak{A}$. Ganz ebenso zeigt man, dass jedes β', das grösser als α ist, zu $\mathfrak{B}$ gehört, und damit ist die Stetigkeit von $\mathfrak{S}$ nachgewiesen.

Diese sehr abstracte Betrachtungsweise giebt uns die Sicherheit, dass die Annahme einer stetigen Menge keinen Widerspruch enthält, dass solche Mengen wenigstens im Reiche der Gedanken existiren. Die Geometrie wie die Analysis, die immer gern an die geometrische Anschauung anknüpft, hat lange stillschweigend die Existenz stetiger Mengen, z. B. bei den Punkten einer geraden Linie oder irgend eines anderen zusammenhängenden Linienzuges, als eine Art von Axiom angenommen. Auch der Unterschied zwischen dichter und stetiger Menge, der der Unterscheidung commensurabler und incommensurabler Strecken zu Grunde liegt, ist den Alten nicht entgangen [1]).

---

[1]) Euklid, Elemente, Buch X.

Auch wir wollen in der Folge nicht auf das Hülfsmittel der geometrischen Anschauung verzichten, und z. B. die Punkte einer geraden Linie unbedenklich als eine stetige Menge betrachten.

Eine geordnete Menge $\mathfrak{M}$ heisst messbar unter folgenden Voraussetzungen: Addition und Vervielfältigung sind in $\mathfrak{M}$ allgemein ausführbar, ebenso Subtraction eines kleineren von einem grösseren Element, d. h. aus irgend zwei Elementen a, b (die auch identisch sein können) kann nach einer bestimmten Vorschrift ein neues Element, $a + b$, von $\mathfrak{M}$ abgeleitet werden, so dass $a + b$ grösser als a und als b ist, und dass die bekannten in den Formeln $a + b = b + a$, $(a + b) + c = a + (b + c)$ ausgedrückten Regeln der Addition gelten; und zu zwei Elementen a, c, von denen das zweite grösser ist, kann ein drittes Element b gefunden werden, so dass $a + b = c$ ist, was auch durch das Zeichen der Subtraction $b = c - a$ ausgedrückt wird. Zwei ungleiche Elemente von $\mathfrak{M}$ haben also immer eine bestimmte Differenz. Aus diesen Voraussetzungen folgt, dass eine Summe grösser wird, wenn einer der Summanden sich vergrössert. Die wiederholte, etwa m-malige Addition desselben Elementes a heisst Vervielfältigung und ihr Ergebniss wird mit $m a$ bezeichnet.

Es kommt endlich noch eine Voraussetzung hinzu, nämlich die, dass bei jedem gegebenen a ein hinlänglich hohes Vielfaches $m a$ grösser ist, als ein beliebig gegebenes anderes Element b. Unter den Elementen einer messbaren Menge giebt es also kein grösstes.

In einer dichten messbaren Menge giebt es auch kein kleinstes Element; denn wäre a das kleinste und b ein beliebiges Element, so könnten zwischen b und $b + a$ keine Elemente liegen, weil, wenn $b < c < b + a$ wäre, aus der Definition der Messbarkeit folgen würde, dass $a' = c - b$ kleiner als a wäre. Es folgt auch umgekehrt, dass eine messbare Menge, in der kein kleinstes Element vorkommt, dicht ist. Denn sind a und $a + b$ irgend zwei Elemente, so braucht man ja zu a nur ein Element zu addiren, was kleiner als b ist, um ein Element zwischen a und $a + b$ zu erhalten.

Ist eine Menge stetig, so lassen sich die Voraussetzungen für die Messbarkeit noch vereinfachen, weil dann die Subtraction eine Folge der Addition ist. Sind nämlich a und c zwei Elemente einer stetigen geordneten Menge $\mathfrak{M}$, in der die Addition besteht, und ist $c > a$, so erhält man einen Schnitt (A, B) in $\mathfrak{M}$, wenn man alle Elemente x, für die $a + x \leqq c$ ist, nach A, und für die $a + x > c$ ist, nach B verweist. Dieser Schnitt wird durch ein Element b erzeugt, für das $a + b = c$ sein muss.

Die natürlichen Zahlen bilden nach unserer Definition eine messbare Menge, in der ein kleinstes Element, nämlich 1, vorkommt. Die Mannigfaltigkeit der rationalen Brüche wird ebenfalls messbar, wenn man Addition und Subtraction nach den bekannten Regeln der Bruchrechnung erklärt. Besonders wichtig und gleichsam typisch für die messbaren Mengen ist die Mannigfaltigkeit der geradlinigen Strecken oder Längen einer Linie, die einfach durch Aneinanderlegen addirt werden. Auch Stoffmengen, durch die Wage verglichen, und Zeiträume, mit der Uhr gemessen, liefern Beispiele messbarer Mengen. Die Art des Messens liegt nicht in der Natur der Mannigfaltigkeit selbst, sondern wird durch den denkenden Beobachter hineingelegt; so würde es z. B. ebenso gut zulässig sein, unter der Summe $a + b$ zweier Strecken a und b, die Hypotenuse eines rechtwinkligen Dreiecks mit den Katheten a, b zu verstehen, statt, wie es gewöhnlich angenommen wird, die aus a und b durch Aneinanderlegen zusammengesetzte Strecke.

Um die stetige Menge $\mathfrak{S}$ der Schnitte in der Mannigfaltigkeit der rationalen Brüche $\mathfrak{R}$ zu einer messbaren zu machen, beachte man zunächst Folgendes.

Ist $\alpha = (A, B)$ ein Element in $\mathfrak{S}$ und μ ein beliebig gegebener rationaler Bruch, so kann man immer ein Element a' in A so bestimmen, dass $a' + \mu = b'$ in B enthalten ist. Denn wählt man zwei beliebige Elemente a, b, so kann man die natürliche Zahl m so bestimmen, dafs $m\mu > b - a$ ist, so dass $a + m\mu$ in B enthalten ist. Ist dann h die kleinste ganze Zahl, für die $a + h\mu$ in $\mathfrak{B}$ enthalten ist, so ist $a + (h - 1)\mu = a'$ in A und also $a' + \mu = b'$ in B enthalten.

Wir verstehen nun unter der Summe $(A, B) + (A', B') = (A'', B'')$ oder $\alpha + \alpha' = \alpha''$ den Schnitt in $\mathfrak{R}$, den man erhält, wenn man einen rationalen Bruch a'' nur dann nach A'' verweist, wenn ein a in A und ein a' in A' existirt von der Beschaffenheit, dass $a'' \gtreqless a + a'$ ist. In der That ist (A'', B'') ein Schnitt; denn ist a'' in A'' enthalten, so gilt dasselbe von jedem kleineren Bruch, und es giebt Brüche, die in A'', und Brüche, die nicht in

A'' enthalten sind, nämlich die Brüche von der Form $a + a'$ und $b + b'$. Es ist ferner α'' grösser als α und α'. Denn A'' enthält zunächst alle A, und wenn a' ein beliebiger Bruch in A' ist, so kann man a in A so wählen, dass das Element $a + a'$ von A'' in B enthalten ist; also ist A'' umfassender als A. Die durch rationale Brüche μ, μ' erzeugten Schnitte ergeben durch Addition den durch $\mu + \mu'$ erzeugten Schnitt.

Wir gehen nun über zu der Definition der Verhältnisse, die von Alters her als Grundlage der Zahlenlehre betrachtet werden, und folgen dabei zunächst Euklid [1]).

Wenn man die Elemente einer messbaren Menge $\mathfrak{M}$ zu Paaren verbindet, und diese Paare an sich als Elemente betrachtet, so entsteht eine neue Mannigfaltigkeit; wir bezeichnen ein solches Paar mit $a : b$, oder auch mit $\frac{a}{b}$, unterscheiden aber, wenn a und b verschiedene Elemente sind, $a : b$ von $b : a$, und nennen a den Zähler und b den Nenner von $a : b$. Diese Paare wollen wir Verhältnisse nennen und wollen diese neue Menge nun ordnen und messbar machen.

Nehmen wir zunächst an, dass zwei ganze Zahlen m, n existiren, so dass $na = mb$ wird, wie es z. B. immer der Fall ist, wenn $\mathfrak{M}$ das System der natürlichen Zahlen ist, oder wenn a, b zwei commensurable Strecken sind; dann ist, wenn p, q zwei andere ganze Zahlen sind, dann und nur dann $qa = pb$, wenn $mq = np$ ist. Das Zahlenpaar p, q ist durch diese Forderung vollständig bestimmt, wenn noch die Bedingung hinzukommt, dass p, q relative Primzahlen sein sollen. Dann kann, wenn h eine beliebige ganze Zahl ist, $m = hp$, $n = hq$ sein. In diesem Falle nennen wir das Verhältniss $a : b$ ein rationales und setzen es gleich dem rationalen Bruch $m : n$ oder $p : q$. Diese rationalen Brüche können hiernach als Verhältnisse ganzer Zahlen aufgefasst werden.

Alle unter einander gleichen rationalen Verhältnisse bilden eine rationale Zahl, und die rationalen Zahlen bilden, wie die rationalen Brüche, eine geordnete, dichte und messbare Mannigfaltigkeit.

---

[1]) Elemente, Buch V.

In die Mannigfaltigkeit der rationalen Zahlen ordnen sich die natürlichen Zahlen selbst mit ein, wenn man unter einer natürlichen Zahl m das Verhältniss $m : 1$ versteht.

Wir kehren jetzt zu irgend einer messbaren Mannigfaltigkeit $\mathfrak{M}$ zurück und nehmen aus ihr irgend zwei Elemente a und b. Wählt man, was immer möglich ist, zwei natürliche Zahlen m, n, so dass $na > mb$, so heisst das Verhältniss $a : b$ grösser als das rationale Verhältniss $m : n$ oder

$$\frac{a}{b} > \frac{m}{n},$$

und wenn $m : n > p : q$, so ist auch $a : b > p : q$.

Ebenso folgt, wenn $n'a < m'b$ ist,

$$\frac{a}{b} < \frac{m'}{n'}.$$

Ist $a : b > m : n$, so kann man eine und folglich auch beliebig viele rationale Zahlen $m_1 : n_1$ finden, so dass

$$\frac{a}{b} > \frac{m_1}{n_1} > \frac{m}{n}$$

ist, d. h. man kann zwischen $a : b$ und $m : n$ beliebig viele rationale Verhältnisse einschalten. Um dies zu zeigen, wähle man eine beliebige ganze Zahl k und bestimme die ganze Zahl h so, dass $h(na - mb) > kb$ wird, was immer möglich ist; dann ist

$$\frac{a}{b} > \frac{hm + k}{hn} > \frac{m}{n}.$$

Und ebenso folgt, wenn $n'a < m'b$, $h'(m'b - n'a) > k'a$ ist,

$$\frac{a}{b} < \frac{h'm'}{h'n' + k'} < \frac{m'}{n'}.$$

Wenn nun $a : b$ und $\alpha : \beta$ irgend zwei Verhältnisse sind, die wir der Kürze wegen auch mit e, ε bezeichnen wollen, deren Elemente derselben oder auch verschiedenen Mannigfaltigkeiten angehören, so sind zwei Fälle möglich: 1) Es liegt kein rationales Verhältniss μ zwischen e und ε oder 2) es liegt ein rationales Verhältniss zwischen e und ε.

Im Falle 1) heissen die beiden Verhältnisse e und ε einander gleich, und man sieht, dass zwei Verhältnisse, die einem dritten gleich sind, auch unter einander gleich sind; denn ist $e < \mu < \varepsilon$, so ist jedes andere Verhältniss e' entweder kleiner oder gleich oder grösser als μ. Ist e' gleich μ, so liegen sowohl zwischen e und e' als zwischen e' und ε rationale Verhältnisse. Ist aber e' kleiner als μ, so liegt μ zwischen e' und ε, und ist e' grösser als μ, so liegt μ zwischen e und e'; also kann e' nicht zugleich gleich e und gleich ε sein.

Im Falle 2) heissen die Verhältnisse e, ε ungleich. Es kann also entweder α) $e < \mu < \varepsilon$ oder β) $e > \mu' > \varepsilon$ sein, und diese beiden Fälle schliessen sich aus, weil aus $e < \mu < \varepsilon$, $\varepsilon < \mu'$ folgt, dass $\mu < \mu'$, und folglich $e < \mu'$ sich ergiebt.

Die Grössenbeziehung 2 α) oder 2 β) bleibt auch bestehen, wenn e oder ε durch ein ihm gleiches Element ersetzt wird. Denn ist $\mu < \varepsilon$ und $\mu \gtreqless \varepsilon'$, so liegt zwischen ε und ε' ein rationales Verhältniss und ε, ε' sind nicht gleich.

Im Falle 2 α) heisst e kleiner als ε, im Falle 2 β) heisst e grösser als ε.

Zwischen zwei ungleichen Verhältnissen kann man eine beliebige Anzahl rationaler Verhältnisse einschieben.

Wenn wir nun alle unter einander gleichen Verhältnisse zusammenfassen, so erhalten wir einen Gattungsbegriff, den wir als Zahl im allgemeinen Sinne des Wortes bezeichnen. Die Zahl ist also ein Name oder Zeichen für eine gewisse Mannigfaltigkeit, deren Elemente eben die mit einem unter ihnen gleichen Verhältnisse sind[1]). Unter diesem Zahlbegriff sind die rationalen Verhältnisse und folglich auch die natürlichen Zahlen als die Verhältnisse $m:1$ mit enthalten und bilden die rationalen Zahlen.

Zahlen, die nicht aus rationalen Verhältnissen entspringen, heissen irrationale Zahlen.

Nach dem, was bis jetzt ausgeführt ist, bilden die Zahlen eine geordnete Menge, und man kann ihre Ordnung feststellen, wenn für jede Zahl irgend eines der darunter enthaltenen Verhältnisse als Repräsentant gewählt wird.

Von zwei Verhältnissen mit demselben Nenner und ungleichen Zählern ist das das grössere, dessen Zähler grösser ist, und

[1]) Auf den Gattungsbegriff lassen sich auch die natürlichen Zahlen in einfacher und folgerichtiger Weise zurückführen.

von zwei Verhältnissen mit demselben Zähler und ungleichen Nennern ist das das kleinere, dessen Nenner grösser ist.

Sind nämlich a, a', b beliebige Elemente einer messbaren Menge und $a' > a$, so wähle man zunächst eine ganze Zahl n so, dass $na > b$ und $n(a' - a) > b$. Hierauf nehme man die kleinste ganze Zahl m, die der Bedingung $mb > na$ genügt; dann ist $na < mb$, aber $mb < na'$. Denn wäre $mb \gtreqless na' \gtreqless na + n(a' - a)$, so wäre $mb > na + b$; also wäre gegen die Voraussetzung schon $(m-1)b > na$. Dann ist

$$\frac{a}{b} < \frac{m}{n} < \frac{a'}{b},$$

also $a:b < a':b$; und ganz ebenso kann man beweisen, dass, wenn $b' > b$ ist, $a:b > a:b'$ wird.

Man drückt diesen Satz auch so aus, dass ein Verhältniss zugleich mit dem Zähler wächst und mit wachsendem Nenner abnimmt.

Hieraus ergiebt sich auch leicht der folgende Satz: Sind a, b, c, d Elemente derselben messbaren Menge und ist $a:b = c:d$, so ist auch $a:c = b:d$.

Denn angenommen, es wäre $a:c < b:d$, so müsste es zwei ganze Zahlen m, n geben, so dass

$$na < mc$$
$$nb > md.$$

Dann aber wäre nach dem eben bewiesenen Satze $na:nb < mc:md$, also auch $a:b < c:d$, entgegen der Voraussetzung.

Hieran schliesst sich nun folgender **Hauptsatz**. **Wenn von den vier Grössen a, b, c, d irgend drei aus einer stetigen messbaren Menge beliebig gegeben sind, so lässt sich das vierte in derselben Menge so bestimmen, dass $a:b = c:d$ ist.**

Der Satz ist eine unmittelbare Folge der vorausgesetzten Stetigkeit. Denn wenn man z. B. ein Element x von $\mathfrak{M}$ in A oder in B aufnimmt, je nachdem $x:b$ kleiner oder grösser als $c:d$ ist, so erhält man einen Schnitt, der durch ein Element a erzeugt wird, das der Bedingung $a:b = c:d$ genügt. Es gilt aber dieser Satz auch in gewissen nicht stetigen Mengen, z. B. für die rationalen Brüche.

Hieraus folgt, dass man als Repräsentanten zweier Zahlen immer zwei Verhältnisse wählen kann, deren Elemente derselben

Mannigfaltigkeit angehören, und die denselben beliebig zu wählenden Nenner haben. Die Addition wird dann so erklärt, dass

$$\frac{a}{c} + \frac{b}{c} = \frac{a+b}{c}$$

ist. Diese Regel umfasst als speciellen Fall die Addition der rationalen Brüche, und um sie allgemein zu rechtfertigen, braucht dann nur noch gezeigt zu werden, dass, wenn $a:c = a':c'$ und $b:c = b':c'$, auch $(a+b):c = (a'+b'):c'$ sein muss. Wir beweisen dies, indem wir zeigen, dass, wenn $a:c = a':c'$ und $(a+b):c > (a'+b'):c'$ ist, auch $b:c > b':c'$ sein muss. Es sei also, wenn m und n zwei ganze Zahlen sind,

$$\frac{a+b}{c} > \frac{m}{n} > \frac{a'+b'}{c'},$$

dann ist $n\,(a+b) > m\,c$ und also

$$\frac{b}{c} > \frac{m\,c - n\,a}{n\,c}, \qquad \frac{m\,c' - n\,a'}{n\,c'} > \frac{b'}{c'}.$$

Andererseits folgt aber leicht aus der Voraussetzung $a:c = a':c'$, dass auch

$$\frac{m\,c - n\,a}{n\,c} = \frac{m\,c' - n\,a'}{n\,c'}$$

ist, also $b:c > b':c'$, w. z. b. w.

Hiermit ist also nachgewiesen, dass auch die Zahlen, wie wir sie definirt haben, eine messbare Menge bilden. Sind a und c einer stetigen Mannigfaltigkeit entnommen, so bilden auch bei feststehendem c die Verhältnisse $a:c$ eine stetige Menge und es folgt also, da es überhaupt stetige Mengen giebt, dass auch die Zahlen eine stetige Menge bilden.

Sind α, β, γ, δ jetzt Zahlen, so kann man aus der Proportion $\alpha:\beta = \gamma:\delta$ eine beliebige der vier Zahlen durch die drei anderen gegebenen bestimmen. Setzt man $\delta = 1$ und sucht α, so erhält man die Multiplication $\alpha = \beta\gamma$, und die Vertauschbarkeit der Factoren ist eine Folge des Satzes, dass $\alpha:\gamma = \beta:\delta$ aus $\alpha:\beta = \gamma:\delta$ folgt. Sucht man γ, so erhält man die Division; und aus der oben gegebenen Definition der Addition folgt die Grundformel $\alpha(\beta+\gamma) = \alpha\beta + \alpha\gamma$. Die vier Grundrechnungsarten sind also in dem Gebiete der Zahlen ausführbar mit der einzigen Beschränkung, dass bei der Subtraction der Subtrahend kleiner sein muss als der Minuend.

Die Construction eines Schnittes in der Reihe der Zahlen liefert stets den Beweis für die Existenz einer Zahl, die bestimmten Anforderungen genügt. So erhält man einen Schnitt (A, B), wenn man alle und nur die Zahlen, deren Quadrat kleiner als eine bestimmte Zahl α ist, in A aufnimmt; diesem Schnitt entspricht eine bestimmte Zahl, deren Quadrat gleich α ist und die mit $\sqrt{\alpha}$ bezeichnet wird, und dadurch wird die Existenz der Quadratwurzeln nachgewiesen.

Auf die Schnitte lassen sich auch die von G. Cantor zur Definition der Irrationalzahlen eingeführten Zahlenreihen zurückführen[1]).

Nach Cantor ist unter einer Zahlenreihe irgend ein unbegrenztes, in bestimmter Weise geordnetes System von Zahlen zu verstehen:

$$S = x_1, x_2, x_3, x_4 \ldots$$

von der Beschaffenheit, dass es eine bestimmte Zahl g giebt, unter die keine der Zahlen S heruntersinkt, und dass, wenn δ eine beliebig gewählte Zahl ist, und x_n, x_m verschiedene Elemente aus S sind, $x_n - x_m$ oder $x_m - x_n$ immer kleiner bleibt als δ, wenn m und n eine hinlänglich grosse Zahl überschritten haben.

Es giebt immer Zahlen, die von den Zahlen einer solchen Reihe nicht überschritten werden; denn hat man δ gewählt und n passend bestimmt, so überschreitet x_m, welchen Werth auch m haben mag, niemals die grösste der Zahlen $x_1, x_2 \ldots x_n$, $x_n + \delta$. Man erhält nun einen Schnitt (A, B), wenn man die Zahlen nach B wirft, die, wenn n einen hinlänglich hohen Werth hat, von keinem x_n mehr überschritten werden, und alle anderen Zahlen (die also von unendlich vielen x_n überschritten werden) nach A. Wird dieser Schnitt durch die Zahl α erzeugt, so giebt es, wie klein auch ε sei, immer unendlich viele Zahlen x_n zwischen $\alpha - \varepsilon$ und α, und man kann sagen, dass diese durch S vollkommen bestimmte Zahl α durch die Zahlenreihe S erzeugt wird. Nach Cantor ist die Zahlenreihe S geradezu die Definition der Zahl α. Selbstverständlich kann eine und dieselbe

[1]) Cantor, Ueber die Ausdehnung eines Satzes aus der Theorie der trigonometrischen Reihen. Mathematische Annalen, Bd. 5 (1872); vergl. auch Heine, Elemente der Functionenlehre. Journal für Mathematik, Bd. 74 (1872).

Zahl α durch sehr verschiedene Zahlenreihen erzeugt werden. Diese Zahlenreihen sind aber alle als unter einander gleich zu betrachten. Man kann unter Anderem die Zahlen von S alle als rationale Brüche annehmen. Es lässt sich auch umgekehrt leicht nachweisen, dass man zu jeder gegebenen Zahl α immer Zahlenreihen S angeben kann, durch die α erzeugt wird, so dass also die Gesammtheit der Zahlenreihen S gleichfalls eine stetige Menge bildet.

Bei der Erklärung der Grundrechnungsarten hat sich bei der Subtraction eine unbequeme Beschränkung ergeben, von der wir uns freimachen durch Einführung der Null und der negativen Zahlen.

Es möge x jedes Element des bisher definirten Zahlensystems bedeuten, das wir jetzt als das System der positiven Zahlen bezeichnen wollen. Wir nehmen dies Zahlensystem ein zweites Mal und bezeichnen zum Unterschied in diesem zweiten System, das als das System der negativen Zahlen bezeichnet werden soll, jedes Element mit $-x$. Das zweite System ordnen wir nun dem ersten gerade entgegengesetzt, so dass überall, wo in dem System x „grösser" steht, in dem System $-x$ „kleiner" gesetzt wird, und umgekehrt. Addition und Subtraction werden in $-x$ ebenso erklärt wie in x, so dass $(-x) + (-y) = -(x + y)$; $(-x) - (-y) = -(x - y)$ sein soll.

Wir wollen aber diese beiden Zahlensysteme in der Weise zusammenordnen, dass jedes $-x$ kleiner sein soll als jedes x. Wir erhalten so eine geordnete Menge, in der kein grösstes und kein kleinstes Element vorhanden ist. Dieses System ist auch im Allgemeinen stetig, nur der einzige Schnitt $(-x, x)$ wird durch kein Element erzeugt, und hier, wo beide Systeme zusammenstossen, ist also noch eine Verletzung der Stetigkeit vorhanden. Um die Stetigkeit herzustellen, müssen wir also dem Schnitt $(-x, x)$ entsprechend noch eine Zahl Null oder 0 hinzufügen, die eben durch diesen Schnitt definirt ist. Dann haben wir eine geordnete stetige, beiderseits unbegrenzte Menge, die vollständige Reihe der reellen Zahlen.

In dem so erweiterten Zahlenbereiche erklären wir nun die Addition allgemein, indem wir definitionsweise setzen:

$$x + (-x) = 0, \qquad x + 0 = x,$$
$$x + (-y) = x - y, \text{ wenn } x > y, \quad = -(y - x), \text{ wenn } y > x.$$

Bei dieser Erklärung der Addition gelten, wenn z_1, z_2, z_3 irgend drei Zahlen des ganzen Zahlenbereiches sind, die Gesetze:

$$z_1 + z_2 = z_2 + z_1, \qquad (z_1 + z_2) + z_3 = z_1 + (z_2 + z_3),$$

die man das commutative und das associative Gesetz nennt. Man bildet die Summe aus einer beliebigen Anzahl von Summanden, indem man nach Belieben der Reihe nach je zwei Summanden zu einer Summe vereinigt. Die Subtraction braucht nicht mehr besonders berücksichtigt zu werden, wenn man $z_1 - z_2$ durch $z_1 + (-z_2)$ erklärt und $-(-z) = z$ setzt.

Man stellt die Zahlenreihe anschaulich durch Punkte dar, indem man von einem festen mit 0 bezeichneten Punkte einer geraden Linie die positiven Zahlen als Strecken nach der einen, etwa der rechten, die negativen Zahlen nach der anderen (linken) Seite aufträgt. Das Bild der Summe zweier Strecken $z_1 + z_2$ erhält man, wenn man von dem Punkte z_1 aus die Strecke von der Länge $\pm z_2$ nach der rechten oder nach der linken Seite abträgt, je nachdem z_2 positiv oder negativ ist.

Die Multiplication und Division wird in den erweiterten Zahlenbereich durch die Gleichungen

$$x(-y) = (-x)\,y = -\,xy$$
$$(-x)(-y) = xy, \qquad 0x = 0$$

erklärt. Die Division als die Umkehrung der Multiplication ist immer möglich, ausser wenn der Divisor Null ist.

Eine fernere Erweiterung des Zahlbegriffes besteht in der Einführung der complexen Grössen. Wir combiniren je zwei Zahlen der gesammten Zahlenreihe zu Paaren (x, y), und betrachten zwei solche Paare (x, y) und (a, b) nur dann als gleich, wenn $x = a$, $y = b$ ist. Diese Zahlenpaare bilden eine Mannigfaltigkeit, deren Elemente zwar nicht geordnet werden, mit denen aber die Rechenoperationen der Addition, Subtraction, Multiplication und Division vorgenommen werden sollen, nach folgenden Regeln. Es sei

$$(x, y) + (a, b) = (x + a, y + b),$$
$$(x, y)(a, b) = (xa - yb, xb + ya),$$

und wir setzen ausserdem fest, dass $(x, 0) = x$ sei, was diesen Gleichungen nicht widerspricht. Es ist (x, y) nur dann $= 0$, wenn x und y beide gleich Null sind. Ferner bezeichnen wir zur Abkürzung $(0, 1)$ mit i. Dann ergeben obige Gleichungen die Folgerungen:

$$(x, 0)\,(0, 1) = (0, x) \text{ oder } = i\,x,$$
$$(x, 0) + (0, y) = (x, y) = x + y\,i,$$
$$x + y\,i + a + b\,i = (x + a) + (y + b)\,i$$

und die Umkehrung der Addition:

$$x + y\,i - (a + b\,i) = (x - a) + i\,(y - b),$$

ferner die Multiplication:

$$(x + y\,i)\,(a + b\,i) = x\,a - y\,b + i\,(x\,b + y\,a),\quad i^2 = -1,$$
$$(x + y\,i)\,(x - y\,i) = x^2 + y^2,$$
$$x + y\,i = (a + b\,i)\,\frac{(a - b\,i)\,(x + y\,i)}{(a^2 + b^2)}$$

oder

$$\frac{x + y\,i}{a + b\,i} = \frac{a\,x + b\,y + i\,(a\,y - b\,x)}{a^2 + b^2},$$

wodurch die Division erklärt ist, ausser wenn $a + b\,i = 0$ ist. Zahlen von der Form $i\,x$ heissen rein imaginäre Zahlen und i die imaginäre Einheit. Die Zahlen $a + b\,i$ heissen imaginär oder complex. Das System der reellen und der rein imaginären Zahlen sind darunter als Specialfälle enthalten.

Es sind also in dem Gebiete der complexen Zahlen $x + y\,i$ die Grundrechnungsarten unbegrenzt auszuführen (mit Ausnahme der Division durch Null), und die Rechnung mit den reellen Zahlen ist ein Specialfall davon.

Man stellt die complexen Zahlen $z = x + y\,i$ nach Gauss geometrisch durch die Punkte einer Ebene dar, indem man ein rechtwinkliges Coordinatensystem zu Grunde legt und den Punkt mit den Coordinaten x, y als Bild des Zahlwerthes z betrachtet. Die Punkte der x-Axe stellen in der oben besprochenen Weise die reellen Zahlen x dar. Die Punkte der y-Axe sind die Bilder der rein imaginären Zahlen $y\,i$. Der Coordinatenanfangspunkt ist das Bild der Zahl 0. Der Radiusvector vom Nullpunkte nach dem Punkte z hat den Zahlwerth $\varrho = \sqrt{x^2 + y^2}$, der der absolute Werth oder der Betrag oder, nach älterer Ausdrucksweise, der Modulus der complexen Zahl z genannt wird.

Die einzige Zahl 0 hat den absoluten Werth 0. Jede positive Zahl kommt bei unendlich vielen complexen Zahlen als absoluter Werth vor und die Bildpunkte aller Zahlen mit demselben absoluten Werthe liegen auf einem Kreise, dessen Mittelpunkt im Coordinatenanfangspunkte liegt.

Zwei imaginäre Zahlen, die sich nur durch das Vorzeichen von i unterscheiden, also $x + yi$ und $x - yi$, heissen conjugirt imaginär. Ihr Product ist das Quadrat des absoluten Werthes von jeder von ihnen.

Wenn von zwei conjugirten imaginären Zahlen die eine gleich Null ist, so ist auch die andere gleich Null, und man kann also in jeder richtigen Zahlengleichung i durch $-i$ ersetzen, ohne dass die Richtigkeit gestört wird.

Wir wollen noch den oft angewandten Satz anführen, dass der absolute Werth einer Summe zweier von Null verschiedener complexer Zahlen niemals grösser ist, als die Summe der absoluten Werthe der Summanden, und nur dann gleich, wenn das Verhältniss (der Quotient) beider Summanden reell und positiv ist. Sei nämlich

$$z = x + yi, \quad c = a + bi, \quad Z = (x + a) + (y + b)i,$$
$$\varrho^2 = x^2 + y^2, \quad r^2 = a^2 + b^2, \quad R^2 = (x + a)^2 + (y + b)^2,$$

dann ist

$$(r + \varrho - R)(r + \varrho + R) = (r + \varrho)^2 - R^2 = 2(r\varrho - ax - by);$$

das ist sicher positiv, wenn $ax + by \lesseqgtr 0$ ist. Wenn aber $ax + by > 0$ ist, so folgt aus

$$r^2 \varrho^2 - (ax + by)^2 = (ay - bx)^2,$$

dass $r\varrho \gtreqless ax + by$ ist, und nur dann gleich, wenn $ay - bx = 0$. Daraus also ergiebt sich, dass $r + \varrho > R$ ist und nur in dem besonderen Falle $r + \varrho = R$, wenn $ay - bx = 0$, $ax + by > 0$, woraus das Gesagte folgt.

Bei der geometrischen Darstellung ist dieser Satz ein Ausdruck dafür, dass in einem Dreieck eine Seite kleiner ist, als die Summe der beiden anderen. Der Satz hat noch die andere Folge, dass der absolute Werth einer Summe nicht kleiner sein kann, als die Differenz der absoluten Werthe der Summanden. Denn wenden wir den vorigen Satz auf die Summe $c = Z - z$ an, so folgt $r \lesseqgtr R + \varrho$ oder

$$R \gtreqless r - \varrho.$$

Die Gleichheit findet hier nur dann statt, wenn der Quotient $z : c$ reell und negativ ist.

Es ist noch ein Wort über das wichtigste Hülfsmittel der Algebra, die Buchstabenrechnung, zu sagen. Die Anwendung dieses Hülfsmittels ist so allgemein, dass man bisweilen das Wort Buchstabenrechnung geradezu synonym mit Algebra gebraucht. Die Regeln, wie mit solchen Buchstabenausdrücken gerechnet wird, setzen wir als bekannt voraus. Gleichungen zwischen Buchstabenausdrücken können von zweierlei Art sein; entweder es sind sogenannte Identitäten, d. h. die zwei einander gleich gesetzten Ausdrücke können durch Anwendung der Rechenregeln so umgeformt werden, dass beide Ausdrücke genau übereinstimmen. Man erhält dann aus solchen Buchstabengleichungen richtige Zahlengleichungen, wenn die Buchstaben durch irgend welche, sei es reelle, sei es complexe Zahlen ersetzt werden, vorausgesetzt, dass dabei nicht die Forderung der Division durch Null auftritt. Die Buchstaben in solchen Gleichungen werden oft auch als Variable bezeichnet, weil man sich vorstellen kann, ohne je zu einem Widerspruch zu gelangen, dass für die Buchstaben nach und nach andere und andere Zahlwerthe gesetzt werden.

Eine andere Art von Gleichungen zwischen Buchstabenausdrücken haben nicht diesen Charakter der Identität. Sie enthalten vielmehr eine Forderung, die an die Zahlen gestellt werden, die man ohne einen Fehler zu begehen für die Buchstaben einsetzen darf. Die Algebra hat die Aufgabe, Zahlwerthe zu ermitteln, die einer solchen Forderung genügen, die Gleichung zu lösen. In diesen Gleichungen werden die Buchstaben auch als „Unbekannte“ bezeichnet. Es kommen sehr häufig in ein und derselben Gleichung Buchstaben von zwei Arten vor, solche, für die beliebige Zahlwerthe gesetzt werden sollen, und andere, deren Zahlwerth erst ermittelt werden soll.

ERSTES BUCH.

DIE GRUNDLAGEN.

Erster Abschnitt.

Rationale Functionen.

---

§. 1.

Ganze Functionen.

Nächster Gegenstand der Betrachtung sind **ganze rationale** oder auch kurz **ganze Functionen einer Veränderlichen**. Wir verstehen darunter Ausdrücke von folgender Form:

$$(1)\quad f(x) = a_0 x^n + a_1 x^{n-1} + a_2 x^{n-2} + \cdots + a_{n-1} x + a_n,$$

worin n ein ganzzahliger Exponent, der **Grad** der Function $f(x)$ ist. Der Grad ist eine **natürliche** Zahl. Bisweilen ist aber auch nützlich, von ganzen rationalen Functionen 0ten Grades zu sprechen, worunter eine Constante verstanden wird. x heisst die **Veränderliche**, $a_0, a_1, a_2 \ldots a_{n-1}, a_n$ die **Coëfficienten**. Sowohl x als $a_0, a_1 \ldots a_n$ sind Symbole für unbestimmte Grössen, mit denen nach den Regeln der Buchstabenrechnung verfahren wird, für die auch unter Umständen bestimmte Zahlwerthe gesetzt werden können (vgl. die Einleitung).

Wenn die Function $f(x)$ in der Weise wie in (1) geschrieben ist, so nennen wir sie nach **absteigenden Potenzen** von x **geordnet**. Die Summanden können in jeder beliebigen anderen Reihenfolge angeordnet, also z. B. auch nach aufsteigenden Potenzen von x geordnet sein:

$$f(x) = a_n + a_{n-1} x + \cdots + a_1 x^{n-1} + a_0 x^n.$$

Durch Addition (Subtraction) und Multiplication ganzer rationaler Functionen entstehen wieder ganze rationale Functionen. Die Vorschriften der Buchstabenrechnung geben unmittelbar die Bildungsgesetze dieser neuen Functionen.

Bei der Addition ist der Coëfficient irgend einer Potenz x^ν in der Summe gleich der Summe der Coëfficienten von x^ν in den einzelnen Summanden. Der Grad der entstandenen Function ist gleich dem höchsten der Grade der Summanden und kann sich nur in dem besonderen Falle erniedrigen, wenn der höchste Grad in mehreren Summanden vorkommt und die Summe der Coëfficienten der höchsten Potenzen gleich Null ist.

Bei der Multiplication zweier oder mehrerer ganzer rationaler Functionen entsteht eine Function, deren Grad gleich der Summe der Grade der Factoren ist.

Um für das Product das Bildungsgesetz der Coëfficienten zu übersehen, setzen wir

$$(2)\quad \begin{aligned} A(x) &= a_0 x^m + a_1 x^{m-1} + a_2 x^{m-2} + \cdots, \\ B(x) &= b_0 x^n + b_1 x^{n-1} + b_2 x^{n-2} + \cdots, \end{aligned}$$

$$(3)\quad A(x) B(x) = C(x) = c_0 x^{m+n} + c_1 x^{m+n-1} + c_2 x^{m+n-2} + \cdots$$

und erhalten

$$\begin{aligned} c_0 &= a_0 b_0, \\ c_1 &= a_0 b_1 + a_1 b_0, \\ c_2 &= a_0 b_2 + a_1 b_1 + a_2 b_0, \\ &\cdot\;\cdot\;\cdot\;\cdot\;\cdot\;\cdot\;\cdot\;\cdot\;\cdot\;\cdot\;\cdot\;\cdot, \end{aligned}$$

oder in allgemeinen Zeichen, wenn ν eine der Zahlen 0, 1, 2 ... $m + n$ bedeutet:

$$(4)\quad c_\nu = a_0 b_\nu + a_1 b_{\nu-1} + a_2 b_{\nu-2} + \cdots a_{\nu-1} b_1 + a_\nu b_0,$$

worin alle a, deren Index grösser als m, und alle b, deren Index grösser als n ist, gleich Null zu setzen sind. Denn c_ν ist der Coëfficient von $x^{m+n-\nu}$, und es entsteht also $c_\nu x^{m+n-\nu}$ durch Multiplication aller Glieder von der Form $a_\mu x^{m-\mu}$ mit allen Gliedern der Form $b_{\nu-\mu} x^{n-\nu+\mu}$ und darauf folgende Addition. Sind a_0 und $b_0 = 1$, so ist auch $c_0 = 1$.

Hat in allen Factoren eines solchen Products die höchste Potenz von x den Coëfficienten 1, so ist auch im Product der Coëfficient der höchsten Potenz $= 1$.

Aus diesen Vorschriften für die Rechnung mit ganzen Functionen folgt, dass die Regeln des Rechnens, die sich in Formeln wie $ab = ba$, $(ab)c = a(bc)$, $(a + b)c = ac + bc$ und ähnlichen aussprechen, auch wenn a, b, c ganze Functionen von x sind, gelten, und zwar in dem Sinne, dass ganze Functionen nur dann als gleich gelten, wenn gleich hohe Potenzen gleiche Coëfficienten haben.

Unter ganzen Functionen mehrerer Veränderlichen verstehen wir Summen von Producten von ganzen, positiven Potenzen der Veränderlichen x, y, z ... mit irgend welchen Coëfficienten, die als constant gelten. Man kann sich diese Functionen entstanden denken aus den Functionen einer Veränderlichen x, wenn man darin die Coëfficienten a_0, $a_1 \dots a_n$ selbst wieder als ganze rationale Functionen von anderen Veränderlichen y, $z \dots$ auffasst. So entstehen Functionen von m Veränderlichen aus Functionen von $m - 1$ Veränderlichen. Alle Glieder einer solchen Function sind von der Form $x^r y^s z^t \dots$, multiplicirt mit einem Coëfficienten, und wenn die Function gehörig zusammengefasst ist, so kommt jede Combination der Exponenten $r, s, t \dots$ nur einmal vor. Zwei so geordnete ganze Functionen gelten nur dann als einander gleich, wenn sie dieselben Producte $x^r y^s z^t \dots$ mit denselben Coëfficienten enthalten.

§. 2.

Ein Satz von Gauss.

Wir wollen sogleich eine Anwendung der Multiplicationsregel zweier ganzer rationaler Functionen machen zum Beweise eines Satzes von Gauss, der uns später noch nützlich sein wird, hier aber zur Einführung in die Rechnungsweise und als Beispiel dienen soll[1]).

Wir betrachten hier den Fall, dass die Coëfficienten in den Functionen $A(x)$, $B(x)$ ganze Zahlen sind, so dass nach (4) auch die Coëfficienten von $C(x) = A(x) B(x)$ ganze Zahlen sind.

Wenn die sämmtlichen ganzzahligen Coëfficienten $a_0, a_1, \dots a_m$ einer Function $A(x)$ keinen gemeinschaftlichen Theiler haben, so heisst die Function $A(x)$ eine ursprüngliche oder primitive Function und der Satz, den wir beweisen wollen, lautet:

Wenn $A(x)$ und $B(x)$ ursprüngliche Functionen sind, so ist auch ihr Product $C(x)$ eine ursprüngliche Function.

Der Beweis ergiebt sich fast unmittelbar aus dem Anblick der Formel (4).

Wenn nämlich die sämmtlichen Coëfficienten $c_0, c_1, c_2 \dots c_{m+n}$, wie sie in (4) angegeben sind, einen gemeinschaftlichen Theiler haben, der grösser als 1 ist, so muss es auch wenigstens eine Primzahl geben, die in allen diesen Coëfficienten aufgeht. Es sei p eine solche Primzahl; diese kann nach der Voraussetzung, dass $A(x)$, $B(x)$ ursprünglich seien, weder in allen $a_0, a_1 \dots a_m$, noch in allen $b_0, b_1 \dots b_n$ aufgehen.

---

[1]) Gauss, Disquisitiones arithmeticae, Art. 42.

Es möge nun p aufgehen in:

$$a_0, a_1 \ldots a_{r-1}, \text{ aber nicht in } a_r,$$

in

$$b_0, b_1 \ldots b_{s-1}, \text{ aber nicht in } b_s,$$

dann ist nach Voraussetzung $r \leqq m$ und kann auch gleich Null sein, wenn p schon in a_0 nicht aufgeht. Ebenso ist $s \leqq n$.

Bilden wir nun nach (4) c_{r+s} und ordnen es in folgender Weise:

$$
\begin{aligned}
(1) \qquad c_{r+s} = a_r b_s &+ a_{r-1} b_{s+1} + a_{r-2} b_{s+2} + \cdots \\
&+ a_{r+1} b_{s-1} + a_{r+2} b_{s-2} + \cdots
\end{aligned}
$$

so sieht man unmittelbar, dass c_{r+s} nicht durch p theilbar sein kann, wie doch angenommen war; denn das erste Glied $a_r b_s$ ist durch p nicht theilbar, während alle anderen Glieder, da sie mit einem der Coëfficienten $a_0, a_1 \ldots a_{r-1}, b_0, b_1 \ldots b_{s-1}$ multiplicirt sind, durch p theilbar sind. Die Annahme also, dass $C(x)$ nicht ursprünglich sei, während es $A(x)$ und $B(x)$ sind, führt zu einem Widerspruch.

Dieser Satz lässt sich übertragen auf Functionen von mehreren Veränderlichen. Wir nennen eine ganze rationale Function von m Veränderlichen mit ganzzahligen Coëfficienten ursprünglich oder primitiv, wenn die Coëfficienten keinen gemeinsamen Theiler haben, und wir sprechen den Satz aus, dass das Product von zwei ursprünglichen Functionen wieder eine ursprüngliche Function ist.

Um seine Wahrheit einzusehen, brauchen wir nur in der oben durchgeführten Betrachtung die Coëfficienten $a_0, a_1, a_2 \ldots b_0, b_1, b_2 \ldots$ nicht als ganze Zahlen, sondern als ganze rationale Functionen von $m - 1$ Veränderlichen $y, z \ldots$ anzunehmen und eine solche Function durch eine Primzahl p theilbar zu nennen, wenn alle ihre Coëfficienten durch p theilbar sind. Setzen wir dann voraus, der zu beweisende Satz sei bereits für Functionen von $m - 1$ Variablen bewiesen, dann ergiebt die Formel (1) seine Richtigkeit für Functionen von m Variablen, also seine allgemeine Gültigkeit durch den Schluss der vollständigen Induction oder den Schluss von $m - 1$ auf m.

Eine imprimitive Function ist eine solche, deren ganzzahlige Coëfficienten alle einen gemeinsamen Theiler haben. Diesen Theiler nennen wir den Theiler der Function. Dann können wir den bewiesenen Satz auch so aussprechen:

Der Theiler eines Productes zweier ganzer Functionen ist gleich dem Product der Theiler beider Functionen.

Denn sind PA und QB zwei ganze Functionen mit den Theilern P und Q, so sind A und B ursprüngliche Functionen. Also ist auch $AB = C$ eine ursprüngliche Function und PQ ist der Theiler der Function $PA \cdot QB = PQC$.

Wir können dem Satze, insofern er sich auf Functionen einer Veränderlichen bezieht, ohne seinen Inhalt wesentlich zu ändern, folgende Fassung geben, in der er besonders nützlich ist.

Sind

$$\varphi(x) = x^m + \alpha_1 x^{m-1} + \alpha_2 x^{m-2} + \cdots + \alpha_m$$
$$\psi(x) = x^n + \beta_1 x^{n-1} + \beta_2 x^{n-2} + \cdots + \beta_n$$

zwei ganze rationale Functionen, in denen die höchsten Potenzen von x den Coëfficienten 1 haben, während die übrigen Coëfficienten rationale Zahlen sind, so können in dem Product

$$\varphi(x)\psi(x) = x^{m+n} + \gamma_1 x^{m+n-1} + \gamma_2 x^{m+n-2} + \cdots + \gamma_{m+n}$$

die Coëfficienten γ nicht alle ganze Zahlen sein, wenn die Coëfficienten α, β in $\varphi(x)$ und $\psi(x)$ nicht alle ganze Zahlen sind.

Denn bezeichnen wir den kleinsten Hauptnenner der Coëfficienten α von φ mit a_0, der Coëfficienten β von ψ mit b_0, so sind $a_0 \varphi(x) = A(x)$, $b_0 \psi(x) = B(x)$ primitive Functionen von x. Ihr Product $a_0 b_0 \varphi(x) \psi(x)$ hätte, wenn die Coëfficienten γ ganze Zahlen wären, den Theiler $a_0 b_0$ und wäre also, wenn a_0 und b_0 nicht beide gleich 1 wären, nicht primitiv; dies aber wäre ein Widerspruch mit dem oben bewiesenen Satze.

§. 3.

Division.

Es seien, wie bisher

$$(1) \qquad \begin{aligned} A = A(x) &= a_0 x^m + a_1 x^{m-1} + \cdots \\ B = B(x) &= b_0 x^n + b_1 x^{n-1} + \cdots \end{aligned}$$

zwei ganze rationale Functionen von x; es soll aber jetzt vorausgesetzt werden, dass $m \gtreqless n$ sei und dass a_0 und b_0 von Null verschieden sind. Dann ist die Differenz

$$A - \frac{a_0}{b_0} x^{m-n} B \tag{2}$$

auch eine ganze rationale Function von x, deren Grad aber kleiner ist als m, da die höchste Potenz in beiden Gliedern der Differenz denselben Coëfficienten hat und also herausfällt.

Wir setzen diese Differenz:

$$A' = A'(x) = a'_0 x^{m'} + a'_1 x^{m'-1} + \cdots, \qquad m' < m. \tag{3}$$

Ist nun m' noch $\gtreqless n$, so können wir in (2) A' an Stelle von A setzen und dieselbe Schlussweise wiederholen.

So ergiebt sich eine Kette von Gleichungen:

$$\begin{aligned} A - \frac{a_0}{b_0} x^{m-n} B &= A', \\ A' - \frac{a'_0}{b_0} x^{m'-n} B &= A'', \\ A'' - \frac{a''_0}{b_0} x^{m''-n} B &= A''', \\ \ldots\ldots\ldots &\ldots, \end{aligned} \tag{4}$$

und diese Kette lässt sich so lange fortsetzen, bis der Grad der entstandenen Function kleiner als n geworden ist. Da nun in der Reihe der Functionen $A, A', A'' \ldots$ der Grad jeder folgenden mindestens um eine Einheit erniedrigt ist, so besteht die Kette der Gleichungen (4) höchstens aus $m - n + 1$ Gliedern; sie kann aber auch weniger Glieder enthalten, wenn sich gleichzeitig mehrere Potenzen herausheben. Addiren wir die sämmtlichen Gleichungen (4), bezeichnen die letzte der Functionen $A, A' \ldots$ mit C und setzen zur Abkürzung

$$Q = \frac{a_0}{b_0} x^{m-n} + \frac{a'_0}{b_0} x^{m'-n} + \cdots, \tag{5}$$

so dass auch Q eine ganze rationale Function von x ist, so folgt

$$A = QB + C. \tag{6}$$

Die hier geschilderte Operation, durch die aus A, B die Functionen Q, C gefunden werden, heisst Division. A ist der Dividendus, B der Divisor, C der Rest und Q der Quotient. Der Grad des Restes ist immer niedriger als der Grad des Divisors.

Die Coëfficienten der Functionen Q und C sind aus den Coëfficienten a und b durch Addition, Subtraction, Multiplication und Theilung zusammengesetzt. Im Nenner kommen aber nur Potenzen von b_0 vor, und wenn also $b_0 = 1$ ist, so sind die Coëfficienten von Q und C ganze Functionen der a und b. Die höchste Potenz von b_0, die im Nenner auftreten kann, ist die $(m - n + 1)^{\text{te}}$, da in der Kette (4) in jeder folgenden Gleichung im Nenner einmal der Factor b_0 hinzukommt. Es kann aber in besonderen Fällen die höchste Potenz von b_0 in allen Nennern eine niedrigere sein.

Nehmen wir z. B. für A eine Function dritten Grades

$$(7) \qquad f(x) = a_0 x^3 + a_1 x^2 + a_2 x + a_3$$

und für B die sogenannte erste Derivirte von $f(x)$, die vom zweiten Grade ist

$$(8) \qquad f'(x) = 3 a_0 x^2 + 2 a_1 x + a_2,$$

so erhält man:

$$(9) \qquad Q = \frac{1}{3} x + \frac{a_1}{9 a_0},$$

$$(10) \qquad C = \frac{6 a_0 a_2 - 2 a_1^2}{9 a_0} x + \frac{9 a_0 a_3 - a_1 a_2}{9 a_0}.$$

Wie man die in den Gleichungen (4) vorgeschriebene Rechnung zweckmässig anordnet, darf hier aus den Elementen als bekannt vorausgesetzt werden. Wir machen auf die Analogie aufmerksam, die zwischen dieser Rechnung und der Division im dekadischen Zahlsystem besteht. Eine Function $f(x)$ stellt eine dekadisch geschriebene Zahl dar, wenn die Coëfficienten $a_0, a_1 \ldots$ ganze Zahlen zwischen Null (einschliesslich) und 10 (ausschliesslich) sind, und $x = 10$ gesetzt wird. Lässt man in den Coëfficienten auch Zahlen zu, die grösser als 10 sind, so kann man eine Zahl auf verschiedene Arten durch $f(x)$ darstellen. Man wendet dies bei dem Divisionsverfahren an, um auf die einfachste Weise in den Resultaten gebrochene und negative Coëfficienten zu vermeiden.

§. 4.

Theilung durch eine lineare Function.

Wir wollen die allgemeine Vorschrift für die Division noch auf einen besonderen Fall anwenden. Es sei der Dividend

(1) $$f(x) = a_0 x^n + a_1 x^{n-1} + a_2 x^{n-2} + \cdots + a_n$$

beliebig, dagegen der Divisor vom ersten Grade oder, wie man auch sagt, linear. Wir wollen auch den Coëfficienten der ersten Potenz von x im Divisor $= 1$ voraussetzen und also den Divisor in der einfachen Form $(x - \alpha)$ annehmen, worin α beliebig bleibt. Der Quotient Q ist in diesem Falle vom $(n-1)^{\text{ten}}$ Grade und der Rest C vom 0ten Grade, d. h. von x unabhängig. Setzen wir also

(2) $$f(x) = (x - \alpha)\, Q + C,$$

so enthält C das x nicht mehr, und wenn wir

(3) $$Q = q_0 x^{n-1} + q_1 x^{n-2} + \cdots + q_{n-2} x + q_{n-1}$$

setzen, so folgt aus (2):

(4) $$\begin{aligned} f(x) = q_0 x^n + {} & q_1 x^{n-1} + \cdots + q_{n-2} x^2 + q_{n-1} x + C \\ & - \alpha q_0 x^{n-1} - \cdots - \alpha q_{n-3} x^2 - \alpha q_{n-2} x - \alpha q_{n-1}, \end{aligned}$$

und aus der Vergleichung mit (1):

(5) $$\begin{aligned} q_0 & & &= a_0 \\ q_1 & - \alpha q_0 & &= a_1 \\ q_2 & - \alpha q_1 & &= a_2 \\ & \cdots\cdots\cdots & & \\ q_{n-1} & - \alpha q_{n-2} & &= a_{n-1} \\ C & - \alpha q_{n-1} & &= a_n. \end{aligned}$$

Daraus erhält man

(6) $$\begin{aligned} q_0 &= a_0 \\ q_1 &= a_0 \alpha + a_1 \\ q_2 &= a_0 \alpha^2 + a_1 \alpha + a_2 \\ & \cdots\cdots\cdots\cdots\cdots\cdots\cdots\cdots \\ q_{n-1} &= a_0 \alpha^{n-1} + a_1 \alpha^{n-2} + \cdots a_{n-1} \\ C &= a_0 \alpha^n + a_1 \alpha^{n-1} + \cdots a_{n-1} \alpha + a_n = f(\alpha). \end{aligned}$$

C entsteht aus $f(x)$, wenn man $x = \alpha$ setzt, und kann also auch mit $f(\alpha)$ bezeichnet werden.

Demnach haben wir auch die Formel

$$(7) \qquad \frac{f(x) - f(\alpha)}{x - \alpha} = Q(x),$$

worin $Q(x)$ eine ganze Function vom Grade $n - 1$ ist.

Wenn wir in den Ausdrücken (6) an Stelle der unbestimmten Grösse α das Zeichen x setzen, so entsteht daraus eine Reihe von ganzen rationalen Functionen von x, die wir, wenn wir der Einfachheit halber $a_0 = 1$ setzen, so schreiben:

$$(8) \qquad \begin{aligned} f_0 &= 1, \\ f_1 &= x + a_1, \\ f_2 &= x^2 + a_1 x + a_2, \\ &\cdots\cdots\cdots\cdots \\ f_{n-1} &= x^{n-1} + a_1 x^{n-2} + a_2 x^{n-3} + \cdots a_{n-1}. \end{aligned}$$

Diese Functionen $f_0, f_1 \ldots f_{n-1}$ werden uns später noch gute Dienste leisten. Für jetzt fügen wir noch folgende Bemerkungen bei.

Man kann nach (8) die Potenzen $1, x, x^2 \ldots x^{n-1}$ von x linear ausdrücken durch die Functionen $f_0, f_1 \ldots f_{n-1}$ und zwar so, dass in den Coëfficienten nur ganze rationale Verbindungen der a vorkommen, z. B.

$$\begin{aligned} 1 &= f_0, \\ x &= f_1 - a_1 f_0, \\ x^2 &= f_2 - a_1 f_1 + (a_1^2 - a_2) f_0, \\ &\cdots\cdots\cdots\cdots, \end{aligned}$$

und daraus folgt, dass man jede ganze rationale Function von x, deren Grad nicht grösser als $n - 1$ ist, gleichfalls linear durch $f_0, f_1, \ldots, f_{n-1}$ ausdrücken kann in der Form

$$(9) \qquad y_0 f_0 + y_1 f_1 + \cdots + y_{n-1} f_{n-1},$$

worin die Coëfficienten $y_0, y_1 \ldots y_{n-1}$ von x unabhängig sind.

Ist also $F(x)$ eine beliebige ganze rationale Function von x, so kann man nach §. 3, indem man $f(x)$ als Divisor betrachtet,

$$(10) \qquad F(x) = Q f(x) + y_0 f_0 + y_1 f_1 + \cdots + y_{n-1} f_{n-1}$$

setzen, worin auch Q eine ganze rationale Function von x ist.

Zur recurrenten Berechnung der Functionen $f_\nu(x)$ ergiebt sich aus (8) die Relation:

$$(11) \qquad f_\nu(x) - x f_{\nu-1}(x) = a_\nu.$$

§. 5.

Gebrochene Functionen; Theilbarkeit.

Wenn $F(x)$ und $f(x)$ zwei ganze rationale Functionen von x sind, so heisst der Bruch:

$$\frac{F(x)}{f(x)} \tag{1}$$

eine gebrochene rationale oder auch kurz gebrochene oder rationale Function von x.

Ist der Grad des Zählers niedriger als der Grad des Nenners, so heisst die Function echt gebrochen, im entgegengesetzten Falle unecht gebrochen.

Nach §. 3 lassen sich die ganzen rationalen Functionen Q und $\varphi(x)$ so bestimmen, dass

$$F(x) = Qf(x) + \varphi(x), \tag{2}$$

und der Grad von $\varphi(x)$ kleiner als der Grad von $f(x)$ ist; demnach ist

$$\frac{F(x)}{f(x)} = Q + \frac{\varphi(x)}{f(x)} \tag{3}$$

und daraus der Satz:

Jede gebrochene Function kann in die Summe aus einer ganzen und einer echt gebrochenen Function zerlegt werden.

Ist n der Grad von $f(x)$, so ist der Grad von $\varphi(x)$ höchstens $n - 1$, er kann aber auch niedriger sein; insbesondere kann auch der Fall eintreten, dass $\varphi(x)$ identisch verschwindet.

In diesem Falle heisst die Function $F(x)$ durch $f(x)$ theilbar. Die Function

$$\frac{F(x)}{f(x)}$$

ist in diesem Falle nur scheinbar gebrochen, in Wirklichkeit der ganzen Function Q gleich.

Die Formel

$$\frac{x^m - 1}{x - 1} = x^{m-1} + x^{m-2} + x^{m-3} + \cdots + 1$$

giebt hierfür ein einfaches Beispiel.

Für die Theilbarkeit von Functionen gelten dieselben Gesetze, wie für die Theilbarkeit der Zahlen, insbesondere die folgenden:

1. Wenn die Function $F(x)$ durch die Function $f(x)$, $f(x)$ durch eine dritte Function $\varphi(x)$ theilbar ist, so ist auch $F(x)$ durch $\varphi(x)$ theilbar.

Denn ist

$$F = Qf, \quad f = q\varphi,$$

worin Q und q ganze rationale Functionen sind, so ist

$$F = Qq\varphi,$$

und da Qq eine ganze rationale Function ist, F durch φ theilbar.

2. Ist $F(x)$ durch $f(x)$ theilbar und Q eine beliebige ganze rationale Function, so ist auch $QF(x)$ durch $f(x)$ theilbar.

3. Ist $F(x)$ und $f(x)$ durch $\varphi(x)$ theilbar, so ist auch $F(x) \pm f(x)$ durch $\varphi(x)$ theilbar, oder allgemeiner:

4. Sind $F_1, F_2 \ldots$ durch $f(x)$ theilbar und $Q_1, Q_2 \ldots$ beliebige ganze rationale Functionen, so ist auch $Q_1 F_1 + Q_2 F_2 + \ldots$ durch $f(x)$ theilbar.

Der letzte Satz umfasst die beiden vorhergehenden und wird einfach so bewiesen.

Sind $F_1, F_2 \ldots$ durch f theilbar, so kann man die ganzen rationalen Functionen $\Phi_1, \Phi_2 \ldots$ so bestimmen, dass

$$F_1 = \Phi_1 f, \quad F_2 = \Phi_2 f \ldots$$

und folglich

$$Q_1 F_1 + Q_2 F_2 + \cdots = (Q_1 \Phi_1 + Q_2 \Phi_2 + \cdots) f.$$

Da nun $Q_1 \Phi_1 + Q_2 \Phi_2 + \cdots$ eine ganze rationale Function ist, so ist der Satz bewiesen.

5. Jede Function ist durch sich selbst theilbar.

In Bezug auf die Theilbarkeit oder Untheilbarkeit von Functionen wird nichts geändert, wenn die Functionen mit beliebigen, von x unabhängigen Factoren multiplicirt werden.

Eine von x unabhängige, von Null verschiedene Grösse kann als Function nullten Grades aufgefasst werden. Nennen wir eine solche Grösse eine Constante, so können wir sagen:

6. Jede Function ist durch jede Constante theilbar.

Wenn eine Function durch eine andere theilbar ist, so ist der Grad des Quotienten gleich der Differenz des Grades des Dividenden und des Grades des Divisors. Ersterer kann also nicht kleiner sein als letzterer. Sind die Grade gleich, so ist der Quotient eine Constante, und daraus folgt:

7. Wenn von zwei ganzen rationalen Functionen gleichen Grades die eine durch die andere theilbar ist, so unterscheiden sie sich nur durch einen constanten Factor von einander, und es ist auch die zweite durch die erste theilbar.

8. Nach §. 4 ist die nothwendige und hinreichende Bedingung dafür, dass die Function $f(x)$ durch die lineare Function $x - \alpha$ theilbar ist, die dass $f(\alpha) = 0$ sei.

§. 6.

Grösster gemeinschaftlicher Theiler.

Es ist eine Aufgabe von fundamentaler Bedeutung, zu entscheiden, ob zwei ganze rationale Functionen ausser den Constanten noch einen anderen gemeinschaftlichen Theiler haben. Man findet die Lösung durch den Algorithmus des grössten gemeinschaftlichen Theilers ganz in derselben Weise, wie die entsprechende Frage in Bezug auf die Theilbarkeit ganzer Zahlen beantwortet wird. (S. die Einleitung.)

Es seien

$$f(x) = A, \qquad \varphi(x) = A' \tag{1}$$

zwei gegebene Functionen; der Grad von $\varphi(x)$ möge niedriger oder wenigstens nicht höher als der von $f(x)$ sein.

Wir dividiren A durch A' und bezeichnen den Rest, dessen Grad niedriger ist als der Grad von A', mit A'', also:

$$A = Q' A' + A'';$$

nun dividiren wir A' durch A'' und bezeichnen den Rest mit A''', und fahren so fort in der Bildung der Functionenreihe:

$$A, A', A'', A''' \ldots, \tag{2}$$

deren Grade $n, n', n'', n''' \ldots$ immer abnehmen und folglich nach einer endlichen Anzahl von Divisionen auf Null heruntergehen. Der letzte Rest vom Grade Null, der also eine Constante ist, sei $A^{(r)}$. Dann haben wir die Kette der Gleichungen:

$$
(3) \qquad
\begin{aligned}
A &= Q' A' + A'' \\
A' &= Q'' A'' + A''' \\
&\cdots\cdots\cdots\cdots \\
A^{(\nu-3)} &= Q^{(\nu-2)} A^{(\nu-2)} + A^{(\nu-1)} \\
A^{(\nu-2)} &= Q^{(\nu-1)} A^{(\nu-1)} + A^{(\nu)},
\end{aligned}
$$

worin $A^{(\nu)}$ eine Constante ist.

Wenn nun A, A' irgend einen gemeinsamen Theiler haben, so ist dieser nach den Sätzen des vorigen Paragraphen, wie der Anblick der Gleichungen (3) lehrt, auch Theiler von A'', A''', A'''' u. s. f. bis $A^{(\nu)}$. Ist $A^{(\nu)}$ eine von Null verschiedene Constante, so kann also kein von x abhängiger Theiler von $f(x)$ und $\varphi(x)$ existiren. Solche Functionen heissen theilerfremd oder relativ prim. Man sagt auch, indem man nur die von x abhängigen Theiler berücksichtigt, die Functionen haben keinen gemeinsamen Theiler.

Die Bedingung, dass die beiden Functionen einen gemeinsamen Theiler haben, ist also:

$$
(4) \qquad A^{(\nu)} = 0.
$$

In diesem Falle ist $A^{(\nu-1)}$ Theiler von $A^{(\nu-2)}$, wie die letzte Gleichung (3) zeigt, und nach der vorletzten dieser Gleichungen Theiler von $A^{(\nu-3)}$ u. s. f., also auch Theiler von A und A', d. h. von f und φ. Und da umgekehrt jeder gemeinsame Theiler von A, A' auch Theiler von $A^{(\nu-1)}$ ist, so heisst $A^{(\nu-1)}$ der grösste gemeinsame Theiler von f und φ. Der Algorithmus (3) zeigt, dass man $A^{(\nu)}$ oder $A^{(\nu-1)}$ aus den Coëfficienten von f und φ durch die rationalen Rechenoperationen ableiten kann, und zwar so, dass immer nur durch die Coëfficienten der höchsten Potenzen von x in den Functionen A, A', A'' . . ., die von Null verschieden sind, dividirt wird.

Wir wollen diese Betrachtungen auf zwei Beispiele anwenden.

Es seien zunächst:

$$
(5) \qquad
\begin{aligned}
A &= a_0 x^2 + a_1 x + a_2 \\
B &= b_0 x^2 + b_1 x + b_2
\end{aligned}
$$

zwei Functionen zweiten Grades, also a_0, b_0 von Null verschieden.

Der erste Schritt ist die Bildung der Gleichung

$$A = \frac{a_0}{b_0} B + C, \tag{6}$$

worin

$$C = c_0 x + c_1 \tag{7}$$

und

$$c_0 = \frac{a_1 b_0 - b_1 a_0}{b_0}, \qquad c_1 = \frac{a_2 b_0 - b_2 a_0}{b_0}. \tag{8}$$

Ist $c_0 = 0$, also C constant, so haben A, B nur dann einen gemeinsamen Factor, wenn auch $c_1 = 0$ ist, und dann ist A durch B theilbar, d. h. A und B unterscheiden sich nur durch einen constanten Factor. Ist aber c_0 von Null verschieden, so setzen wir die Rechnung fort, indem wir

$$B = Q C + D$$

setzen, worin (nach §. 4, wenn dort $\alpha = - c_1 : c_0$ gesetzt wird)

$$D = \frac{b_0 c_1^2 - b_1 c_0 c_1 + b_2 c_0^2}{c_0^2}. \tag{9}$$

Ist D von Null verschieden, so sind A, B ohne gemeinschaftlichen Theiler. Ist aber $D = 0$, so ist C der grösste gemeinschaftliche Factor von A und B.

Setzt man die Werthe c_0, c_1 aus (8) in (9) ein, so erhält man mit Weglassung des Nenners $b_0 c_0^2$ die Bedingung für die Existenz eines gemeinsamen Theilers C von A und B in der Form

$$\begin{aligned} a_0^2 b_2^2 + a_2^2 b_0^2 - 2 a_0 a_2 b_0 b_2 - a_1 a_2 b_0 b_1 - a_0 a_1 b_1 b_2 \\ + a_0 a_2 b_1^2 + a_1^2 b_0 b_2 = 0 \end{aligned} \tag{10}$$

oder

$$(a_0 b_2 - b_0 a_2)^2 + (a_0 b_1 - a_1 b_0)(a_2 b_1 - a_1 b_2) = 0. \tag{11}$$

Diese Bedingung ist auch erfüllt, wenn c_0 und c_1 gleich Null sind, und ist also die nothwendige und hinreichende Bedingung dafür, dass A, B einen gemeinsamen Theiler haben.

Die linke Seite von (10) oder (11) heisst die **Resultante der Functionen** A **und** B.

Als zweites Beispiel nehmen wir das schon im §. 3 gewählte. Setzen wir

$$\begin{aligned} f(x) &= a_0 x^3 + a_1 x^2 + a_2 x + a_3 = A \\ f'(x) &= 3 a_0 x^2 + 2 a_1 x + a_2 = B, \end{aligned} \tag{12}$$

und setzen a_0 von Null verschieden voraus, so haben wir nach §. 3:

$$(13) \qquad A = QB + C,$$

$$(14) \qquad C = c_0 x + c_1,$$

worin

$$(15) \qquad c_0 = \frac{6 a_0 a_2 - 2 a_1^2}{9 a_0}, \qquad c_1 = \frac{9 a_0 a_3 - a_1 a_2}{9 a_0}.$$

Wenn c_0 gleich Null ist, so ist hiermit der Algorithmus schon geschlossen; wenn c_1 von Null verschieden ist, dann haben A und B keinen gemeinsamen Theiler; ist aber c_1 auch gleich Null, so ist B selbst der grösste gemeinsame Theiler von A und B, d. h. A ist durch B theilbar. Die Bedingungen hierfür sind also:

$$(16) \qquad 3 a_0 a_2 - a_1^2 = 0, \qquad 9 a_0 a_3 - a_1 a_2 = 0.$$

Ist c_0 nicht gleich Null, so gehen wir einen Schritt weiter und setzen:

$$(17) \qquad B = P C + D,$$

worin D constant wird und den Ausdruck erhält:

$$(18) \qquad D = \frac{a_2 c_0^2 - 2 a_1 c_0 c_1 + 3 a_0 c_1^2}{c_0^2}.$$

Ist dieser Ausdruck von Null verschieden, so sind A und B theilerfremd, ist er gleich Null, so haben A und B den grössten gemeinschaftlichen Theiler C. Setzen wir für c_0, c_1 die Werthe (15) ein, lassen den Nenner weg, heben noch den von Null verschiedenen Factor $9 a_0$ heraus und kehren das Vorzeichen um, so erhält diese Bedingung nach einfacher Rechnung die Gestalt:

$$(19) \quad a_1^2 a_2^2 + 18 a_0 a_1 a_2 a_3 - 4 a_0 a_2^3 - 4 a_1^3 a_3 - 27 a_0^2 a_3^2 = 0.$$

Sie ist, wie man leicht durch Rechnung oder auch aus (18) sieht, auch dann erfüllt, wenn die Bedingungen (16) bestehen, und ist also die nothwendige und hinreichende Bedingung dafür, dass $f(x)$ und $f'(x)$ einen gemeinsamen Theiler haben. Die linke Seite von (19), die eine ganze rationale und homogene Function der Coëfficienten von $f(x)$ ist, heisst die Discriminante der Function $f(x)$.

Wir leiten noch einen Satz aus dem Algorithmus (3) her, der oft angewandt wird.

Aus der ersten dieser Gleichungen folgt:

$$(20) \qquad A'' = A - Q' A',$$

und wenn man diesen Werth von A'' in die folgende Gleichung einsetzt:

$$A''' = (1 + Q' Q'') A' - Q'' A,$$

also, wenn mit p, p' ganze rationale Functionen bezeichnet werden:

$$(21) \qquad A''' = p\,A + p'\,A'.$$

Setzt man die Ausdrücke (20), (21) in die dritte Gleichung (3) ein, so ergiebt sich für A'''' wieder ein Ausdruck von der Form (21) und so kann man fortfahren, und erhält schliesslich:

$$(22) \qquad A^{(\nu)} = P\,A + P'\,A',$$

worin P, P' ganze rationale Functionen sind, deren Coëfficienten durch rationale Rechenoperationen aus den Coëfficienten von A und A' zusammengesetzt sind.

In der Formel (22) ist $A^{(\nu)}$ eine Constante. Besonders wichtig ist dieser Satz in dem Falle, wo $A^{(\nu)}$ von Null verschieden, also A, A' relativ prim sind. Setzen wir in diesem Falle

$$P = A^{(\nu)}\,F(x), \qquad P' = A^{(\nu)}\,\Phi(x),$$

so können wir nach Weglassung des Factors $A^{(\nu)}$ dem Satz folgenden Ausdruck geben:

I. Sind $f(x)$ und $\psi(x)$ zwei ganze Functionen ohne gemeinsamen Theiler, so kann man zwei andere ganze Functionen $F(x)$ und $\Phi(x)$ bestimmen, die der Gleichung

$$(23) \qquad F(x) f(x) + \Phi(x)\,\psi(x) = 1$$

identisch genügen.

Der Satz lässt sich noch verallgemeinern. Multipliciren wir die Gleichung (23) mit einer beliebigen ganzen Function $\chi(x)$ so folgt:

$$(24) \qquad F(x)\,\chi(x) f(x) + \Phi(x)\,\chi(x)\,\psi(x) = \chi(x),$$

und nach §. 3 können wir

$$(25) \qquad \Phi(x)\,\chi(x) = Q(x) f(x) + \varphi(x)$$

setzen, so dass $Q(x)$, $\varphi(x)$ ganze rationale Functionen von x sind und der Grad von $\varphi(x)$ kleiner ist als der von $f(x)$. Setzen wir dies in (24) ein und setzen an Stelle von $F(x)\,\chi(x) + Q(x)\,\psi(x)$ wieder $F(x)$, so erhalten wir:

$$F(x)\,f(x) + \varphi(x)\,\psi(x) = \chi(x).$$

Wir können daher den vorigen Satz so verallgemeinern:

II. Sind $f(x)$, $\psi(x)$, $\chi(x)$ gegebene ganze rationale Functionen, und $f(x)$ und $\psi(x)$ ohne gemeinsamen Theiler, so lassen sich die ganzen rationalen Functionen $F(x)$, $\varphi(x)$ und zwar $\varphi(x)$ von niedrigerem Grade als $f(x)$ so bestimmen, dass die Gleichung

(26) $$F(x)f(x) + \varphi(x)\psi(x) = \chi(x)$$

identisch befriedigt ist.

§. 7.

Producte linearer Factoren.

Nach §. 1 erhalten wir durch Multiplication ganzer Functionen ebensolche Functionen von höherem Grade, und zwar bestimmt sich der Grad des Productes durch die Summe der Grade der einzelnen Factoren.

Wenn wir also n lineare Factoren mit einander multipliciren, so entsteht eine Function $n$ten Grades, deren Bildungsweise wir etwas genauer untersuchen müssen.

Wir wollen die linearen Factoren in der einfachen Form $x - \alpha_1, x - \alpha_2, \ldots x - \alpha_n$ annehmen, und setzen, da der Coëfficient der höchsten Potenz (nach §. 1) $= 1$ ist,

(1) $$\begin{aligned} f(x) &= (x - \alpha_1)(x - \alpha_2) \ldots (x - \alpha_n) \\ &= x^n + a_1 x^{n-1} + a_2 x^{n-2} + \cdots a_n. \end{aligned}$$

Eine leichte Ueberlegung lässt folgendes Bildungsgesetz der Coëfficienten $a_1, a_2 \ldots a_n$ erkennen:

Es ist $- a_1$ gleich der Summe der α, a_2 gleich der Summe der Producte von je zweien der α, $- a_3$ die Summe der Producte von je dreien der α, allgemein $(-1)^\nu a_\nu$ die Summe der Producte von je ν der Grössen α, oder in Formeln ausgedrückt:

(2) $$\begin{aligned} -a_1 &= \Sigma\, \alpha_1 \\ +a_2 &= \Sigma\, \alpha_1 \alpha_2 \\ &\cdots\cdots\cdots \\ (-1)^\nu a_\nu &= \Sigma\, \alpha_1 \alpha_2 \ldots \alpha_\nu \\ &\cdots\cdots\cdots \\ (-1)^n a_n &= \alpha_1 \alpha_2 \ldots \alpha_n. \end{aligned}$$

Um aber noch deutlicher die Richtigkeit dieses Bildungsgesetzes einzusehen, bedient man sich der vollständigen Induction.

Man bestätigt die Richtigkeit zunächst in den ersten Fällen durch wirkliche Ausführung der Multiplication

$(x - \alpha_1)(x - \alpha_2) = x^2 - (\alpha_1 + \alpha_2)x + \alpha_1\alpha_2,$
$(x - \alpha_1)(x - \alpha_2)(x - \alpha_3) = x^3 - (\alpha_1 + \alpha_2 + \alpha_3)x^2$
$+ (\alpha_1\alpha_2 + \alpha_1\alpha_3 + \alpha_2\alpha_3)x - \alpha_1\alpha_2\alpha_3.$

Nehmen wir die Richtigkeit unseres Bildungsgesetzes bei $n - 1$ Factoren als bewiesen an und setzen:

$(x - \alpha_1)(x - \alpha_2)\ldots(x - \alpha_{n-1}) = x^{n-1} + a'_1 x^{n-2} + \cdots a'_{n-1},$

so findet man durch Multiplication mit $x - \alpha_n$:

$$
(3)\qquad
\begin{aligned}
a_1 &= a'_1 - \alpha_n \\
a_2 &= a'_2 - \alpha_n a'_1 \\
a_3 &= a'_3 - \alpha_n a'_2 \\
&\cdots\cdots\cdots \\
a_\nu &= a'_\nu - \alpha_n a'_{\nu-1} \\
&\cdots\cdots\cdots \\
a_n &= \quad - \alpha_n a'_{n-1},
\end{aligned}
$$

und daraus ist die Richtigkeit der Formeln (2) unmittelbar ersichtlich.

Es ist von Wichtigkeit, die Anzahl der Glieder zu bestimmen, die in jeder der Summen (2) vorkommen. Wir bezeichnen die Anzahl der Terme, die in der Summe $(-1)^\nu a_\nu$ vorkommen, mit $B_\nu^{(n)}$; es ist die Anzahl der Combinationen ohne Wiederholung von n Elementen zur ν^{ten} Classe (d. h. von je ν verschiedenen der n Elemente). Um sie zu bestimmen, denke man sich zunächst die $B_{\nu-1}^{(n)}$ Combinationen zur $(\nu - 1)^{\text{ten}}$ Classe gebildet. Aus jeder dieser Combinationen kann man durch Hinzufügung je eines der fehlenden $n - \nu + 1$ Elemente $n - \nu + 1$ Combinationen zur ν^{ten} Classe ableiten. Auf diese Art aber wird jede Combination νmal, nämlich durch Hinzufügung jedes ihrer Elemente gebildet, so dass man die Relation

$$
(4)\qquad B_\nu^{(n)} = B_{\nu-1}^{(n)} \frac{n - \nu + 1}{\nu}
$$

erhält, während $B_1^{(n)}$ offenbar den Werth n hat. Wenn man also die aus (4) folgenden Gleichungen

$$
(5)\qquad
\begin{aligned}
B_1^{(n)} &= n \\
B_2^{(n)} &= B_1^{(n)} \frac{n-1}{2} \\
&\cdots\cdots\cdots \\
B_\nu^{(n)} &= B_{\nu-1}^{(n)} \frac{n - \nu + 1}{\nu}
\end{aligned}
$$

multiplicirt, so folgt:

$$(6)\qquad B_\nu^{(n)} = \frac{n \cdot (n-1)(n-2)\dots(n-\nu+1)}{1 \,.\, 2 \,.\, 3 \dots \nu}.$$

Wir werden in der Folge oft, wenn m eine beliebige positive ganze Zahl ist, das Zeichen

$$(7)\qquad \Pi(m) = 1 \,.\, 2 \,.\, 3 \dots m, \qquad \Pi(0) = 1$$

benutzen, so dass

$$(8)\qquad \Pi(m) = m\,\Pi(m-1).$$

Mit Hülfe dieses Zeichens lässt sich der Ausdruck für $B_\nu^{(n)}$ übersichtlicher so darstellen:

$$(9)\qquad B_\nu^{(n)} = B_{n-\nu}^{(n)} = \frac{\Pi(n)}{\Pi(\nu)\,\Pi(n-\nu)},$$

der, wenn $B_0^{(n)} = 1$ gesetzt wird, auch noch für $\nu = 0$ und $\nu = n$ gilt, und die Unveränderlichkeit von $B_\nu^{(n)}$ bei der Vertauschung von ν mit $n - \nu$ erkennen lässt.

Die Ableitung der Formel (4), die wir soeben nach den Vorschriften der Combinationslehre gegeben haben, ist zwar vollkommen richtig und einleuchtend, erfordert aber zur genauen Begründung einige Ueberlegung, die sich nicht gut in kurze Worte fassen lässt. Wir wollen daher nachträglich noch durch das Mittel der vollständigen Induction die Richtigkeit beweisen.

Die Formeln (3) geben nämlich die folgenden Recursionsformeln:

$$(10)\qquad \begin{aligned} B_1^{(n)} &= B_1^{(n-1)} + 1 \\ B_2^{(n)} &= B_2^{(n-1)} + B_1^{(n-1)} \\ &\dots\dots\dots\dots \\ B_\nu^{(n)} &= B_\nu^{(n-1)} + B_{\nu-1}^{(n-1)} \\ &\dots\dots\dots\dots \\ B_n^{(n)} &= \qquad\quad B_{n-1}^{(n-1)} \end{aligned}$$

Nun lässt sich die Formel (6) für die ersten Werthe von n sehr leicht durch Abzählen bestätigen. Nimmt man sie für $n - 1$ als richtig an, so ergiebt (10):

$$B_\nu^{(n)} = \frac{\Pi(n-1)}{\Pi(\nu)\,\Pi(n-\nu-1)} + \frac{\Pi(n-1)}{\Pi(\nu-1)\,\Pi(n-\nu)},$$

woraus nach (8)

$$B_\nu^{(n)} = \frac{\Pi(n)}{\Pi(\nu)\,\Pi(n-\nu)},$$

und hierdurch ist die Allgemeingültigkeit der Formel (9) bewiesen.

Aus der Bedeutung von $B_\nu^{(n)}$ ergiebt sich, und wird auch aus den Formeln (10) durch vollständige Induction bewiesen, dass es die $B_\nu^{(n)}$ positive ganze Zahlen sind.

§. 8.

Der binomische Lehrsatz.

Wenn wir in der Formel (1) des vorigen Paragraphen die bisher willkürlichen Grössen $\alpha_1, \alpha_2 \ldots \alpha_n$ einander gleich setzen, so erhalten wir den binomischen Lehrsatz, der in nichts Anderem besteht, als in der Ordnung der $n$ten Potenz eines Binomiums $x + y$ nach Potenzen von x. Wenn wir nämlich

$$\alpha_1 = \alpha_2 = \cdots = \alpha_n = -y$$

setzen, so ergiebt die Formel (2):

$$a_\nu = (-1)^\nu \Sigma\, \alpha_1 \alpha_2 \ldots \alpha_\nu = y^\nu B_\nu^{(n)},$$

worin nach der Definition des vorigen Paragraphen $B_\nu^{(n)}$ die Anzahl der Terme der Summe bedeutet, die alle einander gleich und gleich $(-1)^\nu y^\nu$ werden.

Demnach ergiebt sich:

$$(1)\quad (x + y)^n = x^n + B_1^{(n)} x^{n-1} y + B_2^{(n)} x^{n-2} y^2 + \cdots + B_n^{(n)} y^n,$$

oder entwickelt geschrieben:

$$(x + y)^n = x^n + n\, x^{n-1} y + \frac{n\,(n-1)}{1\,.\,2}\, x^{n-2} y^2 + \cdots + y^n$$

$$= \Pi(n) \sum_{0,n}^{\nu} \frac{x^{n-\nu} y^\nu}{\Pi(n-\nu)\, \Pi(\nu)} = \Pi(n)\, \Sigma \frac{x^\alpha y^\beta}{\Pi(\alpha)\, \Pi(\beta)},$$

die letzte Summe über alle nicht negativen ganzzahligen Werthe α, β erstreckt, die der Bedingung $\alpha + \beta = n$ genügen.

Hiernach heissen die Coëfficienten $B_\nu^{(n)}$ die Binomialcoëfficienten.

Wir setzen der Uebersicht wegen eine kleine Tabelle der ersten Werthe der Binomialcoëfficienten hierher:

$n = 1$	1, 1
$n = 2$	1, 2, 1
$n = 3$	1, 3, 3, 1
$n = 4$	1, 4, 6, 4, 1
$n = 5$	1, 5, 10, 10, 5, 1
$n = 6$	1, 6, 15, 20, 15, 6, 1
$n = 7$	1, 7, 21, 35, 35, 21, 7, 1.

Wir wollen unter den verschiedenen Eigenschaften der Binomialcoëfficienten zwei ableiten, von denen wir nachher eine interessante Anwendung machen werden.

Aus (1) ergeben sich, wenn man x, y durch 1, x ersetzt, und $n = 0, 1, 2, 3 \ldots$ nimmt, die Formeln

$$
(2)\qquad
\begin{aligned}
1 &= B_0^{(0)} \\
1 + x &= B_0^{(1)} + B_1^{(1)} x \\
(1 + x)^2 &= B_0^{(2)} + B_1^{(2)} x + B_2^{(2)} x^2 \\
&\cdots\cdots\cdots\cdots \\
(1 + x)^n &= B_0^{(n)} + B_1^{(n)} x + B_2^{(n)} x^2 + \cdots + B_n^{(n)} x^n.
\end{aligned}
$$

Wir machen nun von der bekannten Summenformel der geometrischen Reihe Gebrauch:

$$
1 + (1 + x) + (1 + x)^2 + \cdots + (1 + x)^n = \frac{(1 + x)^{n+1} - 1}{x}
$$

worin wenn man $(1 + x)^{n+1}$ wieder nach der Binomialformel entwickelt, indem man in der letzten Formel (2) n in $n + 1$ verwandelt und $B_0^{(n+1)} = 1$ setzt:

$$
(3)\qquad \frac{(1 + x)^{n+1} - 1}{x} = B_1^{(n+1)} + B_2^{(n+1)} x + \cdots + B_{n+1}^{(n+1)} x^n.
$$

Vergleicht man dies mit der Summe der rechten Seiten von (2) und setzt den Vorschriften des §. 1 gemäss die Coëfficienten entsprechender Potenzen von x einander gleich, so folgt:

$$
(4)\qquad
\begin{aligned}
B_0^{(0)} + B_0^{(1)} + B_0^{(2)} + \cdots + B_0^{(n)} &= B_1^{(n+1)} \\
B_1^{(1)} + B_1^{(2)} + \cdots + B_1^{(n)} &= B_2^{(n+1)} \\
\cdots\cdots\cdots\cdots \\
B_n^{(n)} &= B_{n+1}^{(n+1)}
\end{aligned}
$$

oder allgemein

$$
(5)\qquad B_\nu^{(\nu)} + B_\nu^{(\nu+1)} + \cdots + B_\nu^{(n)} = B_{\nu+1}^{(n+1)}.
$$

Wenn man aber die Gleichungen (2) der Reihe nach mit

$$
B_0^{(n)}, \quad - B_1^{(n)}, \quad + B_2^{(n)}, \cdots \pm B_n^{(n)},
$$

multiplicirt (wo das obere Zeichen bei geradem, das untere bei ungeradem n gilt), so ergiebt die Summe der linken Seiten:

$$
\begin{aligned}
B_0^{(n)} - B_1^{(n)}(1 + x) + B_2^{(n)}(1 + x)^2 - \cdots \pm B_n^{(n)}(1 + x)^n \\
= [1 - (1 + x)]^n = (- x)^n
\end{aligned}
$$

und die Gleichsetzung der Coëfficienten gleich hoher Potenzen auf der rechten und linken Seite liefert das Formelsystem

$$
(6)\quad \begin{aligned}
0 &= B_0^{(0)} B_0^{(n)} - B_0^{(1)} B_1^{(n)} + B_0^{(2)} B_2^{(n)} - \cdots \pm B_0^{(n)} B_n^{(n)} \\
0 &= \qquad\qquad - B_1^{(1)} B_1^{(n)} + B_1^{(2)} B_2^{(n)} - \cdots \pm B_1^{(n)} B_n^{(n)} \\
&\cdots\cdots\cdots\cdots \\
\pm 1 &= \qquad\qquad\qquad\qquad\qquad \pm B_n^{(n)} B_n^{(n)},
\end{aligned}
$$

und dies Formelsystem lässt sich in umgekehrter Reihenfolge mit Benutzung der Relation $B_\nu^{(n)} = B_{n-\nu}^{(n)}$ auch so darstellen:

$$
(7)\quad \begin{aligned}
1 &= B_0^{(n)} B_0^{(n)} \\
0 &= B_1^{(n)} B_0^{(n)} - B_0^{(n-1)} B_1^{(n)} \\
0 &= B_2^{(n)} B_0^{(n)} - B_1^{(n-1)} B_1^{(n)} + B_0^{(n-2)} B_2^{(n)} \\
&\cdots\cdots\cdots\cdots \\
0 &= B_n^{(n)} B_0^{(n)} - B_{n-1}^{(n-1)} B_1^{(n)} + B_{n-2}^{(n-2)} B_2^{(n)} - \cdots \pm B_0^{(0)} B_n^{(n)},
\end{aligned}
$$

oder auch in zusammenfassender Bezeichnung:

$$
(8)\quad \sum_{0,\mu}^{\nu} (-1)^\nu B_{\mu-\nu}^{(n-\nu)} B_\nu^{(n)} = 1 \qquad \mu = 0
$$
$$
= 0 \qquad \mu = 1, 2 \ldots n.
$$

§. 9.

Interpolation.

Wir wollen von den zuletzt gewonnenen Formeln eine Anwendung machen auf eine Aufgabe aus der Theorie der Interpolation.

Es soll eine ganze rationale Function $n$ten Grades bestimmt werden, die für $n + 1$ gegebene Werthe der Veränderlichen x vorgeschriebene Werthe hat.

Es handelt sich also um die Bestimmung der $n + 1$ Coëfficienten $a_0, a_1, \ldots a_n$ in

$$
(1)\quad f(x) = a_0 x^n + a_1 x^{n-1} + \cdots a_{n-1} x + a_n
$$

aus den $n + 1$ Gleichungen

$$
(2)\quad f(\alpha_0) = A_0,\ f(\alpha_1) = A_1 \ldots f(\alpha_n) = A_n,
$$

wenn $\alpha_0, \alpha_1 \ldots \alpha_n$ die gegebenen Werthe von x, und $A_0, A_1 \ldots A_n$ die entsprechenden Werthe von $f(x)$ sind. Die Gleichungen (2) sind ein System von Gleichungen ersten Grades für die Unbekannten $a_0, a_1 \ldots a_n$, die sich im Allgemeinen durch Determinanten auflösen lassen, wie wir im nächsten Abschnitt sehen werden. Wir kommen später auf diese Aufgabe zurück, behandeln sie aber jetzt unter der besonderen Voraussetzung, dass die gegebenen Werthe von x die $n+1$ ersten ganzen Zahlen $0, 1, 2, \ldots n$ seien.

Die Binomialcoëfficienten $B_\nu^{(n)}$, wie sie durch §. 7 (6) definirt sind, behalten ihren guten Sinn, auch wenn n keine ganze Zahl ist, wie bisher vorausgesetzt war, sondern eine beliebige veränderliche Grösse. Es ist dann

$$(3) \qquad B_\nu^{(x)} = \frac{x(x-1)\ldots(x-\nu+1)}{1\,.\,2\,.\,3\ldots\nu}$$

eine ganze rationale Function νten Grades von x[1]. Der Coëfficient von x^ν ist von Null verschieden und daher kann auch x^ν ausgedrückt werden durch $B_\nu^{(x)}$ und durch niedrigere Potenzen von x. Es lässt sich also auch jede ganze Function $n$ten Grades $f(x)$ von x linear ausdrücken durch $B_0^{(x)}, B_1^{(x)} \ldots B_n^{(x)}$ in der Form:

$$(4) \qquad f(x) = M_0 B_0^{(x)} + M_1 B_1^{(x)} + \cdots + M_n B_n^{(x)},$$

worin $M_0, M_1 \ldots M_n$ Constanten sind, und die Function $f(x)$ ist bestimmt, wenn diese Constanten bestimmt sind.

Es sei nun nach unserer Voraussetzung $f(0), f(1), f(2) \ldots f(n)$ gegeben; da nach (3) $B_\nu^{(x)}$ immer verschwindet, wenn x einen der Werthe $0, 1, 2, \ldots \nu-1$ hat, so ergeben sich aus (4) die folgenden linearen Gleichungen für die Unbekannten M:

$$(5) \qquad \begin{aligned} f(0) &= M_0 B_0^{(0)} \\ f(1) &= M_0 B_0^{(1)} + M_1 B_1^{(1)} \\ f(2) &= M_0 B_0^{(2)} + M_1 B_1^{(2)} + M_2 B_2^{(2)} \\ &\ldots\ldots\ldots\ldots\ldots\ldots \\ f(n) &= M_0 B_0^{(n)} + M_1 B_1^{(n)} + M_2 B_2^{(n)} + \cdots + M_n B_n^{(n)}. \end{aligned}$$

Diese Gleichungen sind nun in Bezug auf $M_0, M_1 \ldots M_n$ aufzulösen, was sehr leicht mit Hülfe der Schlussgleichungen (8) des vorigen Paragraphen geschieht. Die erste Gleichung (5) ergiebt nämlich direct

$$(6) \qquad M_0 = f(0).$$

[1]) Die Bedeutung dieser verallgemeinerten Binominalcoëfficienten für die Entwickelung der Potenzen des Binoms gehört nicht hierher, sondern in die Analysis.

Multiplicirt man die erste Gleichung (5) mit $B_0^{(1)}$, die zweite mit $-B_1^{(1)}$ und addirt, so erhält man nach dem erwähnten Formelsystem (auf $n = 1$ angewandt):

$$-M_1 = B_0^{(1)} f(0) - B_1^{(1)} f(1)$$

und so allgemein, indem man die ν ersten Gleichungen (5) der Reihe nach mit $B_0^{(\nu)}$, $-B_1^{(\nu)}$, $+B_2^{(\nu)} \dots \pm B_\nu^{(\nu)}$ multiplicirt und addirt

$$(7) \quad \pm M_\nu = B_0^{(\nu)} f(0) - B_1^{(\nu)} f(1) + B_2^{(\nu)} f(2) \cdots \pm B_\nu^{(\nu)} f(\nu),$$

wodurch nach (4) die Function $F(x)$ bestimmt und die Aufgabe gelöst ist. Es ist klar, dass, so lange wir über die Werthe $f(0)$, $f(1) \dots f(n)$ keine besondere Voraussetzung machen, in dieser Form jede beliebige ganze rationale Function von x dargestellt werden kann.

§. 10.

Lösung des Interpolationsproblems durch die Differenzen.

Die Definition der ganzen rationalen Function $B_\nu^{(x)}$

$$(1) \qquad B_\nu^{(x)} = \frac{x \,.\, (x-1) \dots (x - \nu + 1)}{1 \,.\, 2 \,.\, 3 \dots \nu}$$

giebt die früher schon für den speciellen Fall eines ganzen positiven x bewiesene Relation

$$(2) \qquad B_\nu^{(x+1)} = B_\nu^{(x)} + B_{\nu-1}^{(x)}, \quad B_0^{(x+1)} = B_0^{(x)} = 1.$$

Daraus erhalten wir für die Coëfficienten $M_0, M_1 \dots M_n$ eine Bestimmungsweise, die für die praktische Rechnung viel bequemer ist, als die Anwendung der Formeln des vorigen Paragraphen.

Es ist nämlich nach den Formeln (4) und (6), §. 9:

$$(3) \quad f(x) = f(0) + M_1 B_1^{(x)} + M_2 B_2^{(x)} + \cdots + M_n B_n^{(x)};$$

und wenn wir darin x durch $x + 1$ ersetzen und die Differenz

$$(4) \qquad \Delta_x = f(x+1) - f(x)$$

bilden, mit Rücksicht auf (2)

$$(5) \quad \Delta_x = M_1 + M_2 B_1^{(x)} + M_3 B_2^{(x)} + \cdots + M_n B_{n-1}^{(x)},$$

woraus sich ergiebt (da (5) eine Gleichung von derselben Art wie (3) ist, nur dass $n - 1$ an Stelle von n getreten ist):

$$M_1 = \Delta_0 = f(1) - f(0).$$

Setzen wir

$$(6)\qquad \begin{aligned} \Delta_{x+1} - \Delta_x &= \Delta'_x \\ \Delta'_{x+1} - \Delta'_x &= \Delta''_x \\ \cdots & \cdots \\ \Delta^{(n-2)}_{x+1} - \Delta^{(n-2)}_x &= \Delta^{(n-1)}_x, \end{aligned}$$

so wird also hiernach

$$M_0 = f(0),\quad M_1 = \Delta_0,\quad M_2 = \Delta'_0 \quad \ldots M_n = \Delta_0^{(n-1)},$$

und die Formel (3) ergiebt

$$(7)\qquad f(x) = f(0) + \Delta_0 B_1^{(x)} + \Delta'_0 B_2^{(x)} + \cdots + \Delta_0^{(n-1)} B_n^{(x)},$$

und ebenso kann man die Functionen Δ_x, Δ'_x, $\Delta''_x \ldots$ ausdrücken

$$(8)\qquad \begin{aligned} \Delta_x &= \Delta_0 + \Delta'_0 B_1^{(x)} + \cdots + \Delta_0^{(n-1)} B_{n-1}^{(x)} \\ \Delta'_x &= \Delta'_0 + \Delta''_0 B_1^{(x)} + \cdots + \Delta_0^{(n-1)} B_{n-2}^{(x)} \\ \cdots & \cdots \end{aligned}$$

Die Δ_x, Δ'_x, $\Delta''_x \ldots \Delta_x^{(n-1)}$ sind ganze rationale Functionen der Grade $n-1$, $n-2$, ... 0, die letzte von ihnen also constant. Um sie alle darzustellen, braucht man nur die Werthe $f(0)$, Δ_0, Δ'_0, $\Delta''_0 \ldots \Delta_0^{(n-1)}$, die man am leichtesten berechnet, wenn man eine Tabelle anlegt, die für den Fall $n = 3$ z. B. folgende Form haben würde:

$f(0)$	Δ_0	Δ'_0	Δ''_0
$f(1)$	Δ_1	Δ'_1	
$f(2)$	Δ_2		
$f(3)$			

und, wenn die $f(0)$, $f(1)$, ... gegeben sind, durch einfache Subtractionen berechnet wird.

§. 11.

Arithmetische Reihen höherer Ordnung.

Das Vorhergehende ist die Grundlage für die Theorie der arithmetischen Reihen höherer Ordnung.

Wir bezeichnen mit

$$(1)\qquad u_0,\ u_1,\ u_2,\ u_3\ \ldots$$

irgend eine unendliche Reihe von Grössen und mit

(2) $\Delta_0 = u_1 - u_0, \quad \Delta_1 = u_2 - u_1, \quad \Delta_2 = u_3 - u_2 \ldots$

die Reihe ihrer Differenzen, mit

(3) $$\Delta'_0 = \Delta_1 - \Delta_0, \quad \Delta'_1 = \Delta_2 - \Delta_1 \ldots$$

die Reihe ihrer zweiten Differenzen u. s. f.

Es ist klar, dass die Reihe (1) vollständig bestimmt ist, wenn ihr erstes Glied und die Reihe ihrer ersten Differenzen gegeben ist; denn es ist:

$$u_1 = u_0 + \Delta_0, \quad u_2 = u_0 + \Delta_0 + \Delta_1 \ldots,$$
$$u_m = u_0 + \Delta_0 + \Delta_1 + \cdots + \Delta_{m-1}.$$

Ebenso ist die Reihe (1) völlig bestimmt, wenn die beiden ersten Glieder und die Reihe ihrer zweiten Differenzen gegeben ist u. s. f. Die Reihe (1) wird eine arithmetische Reihe $n$ter Ordnung genannt, wenn die Reihe ihrer $n$ten Differenzen constant ist, also die Reihe der $(n+1)$ten Differenzen aus lauter Nullen besteht.

Man erhält eine arithmetische Reihe $n$ter Ordnung, wenn man in einer ganzen Function $n$ten Grades $f(x)$ für x die Zahlen 0, 1, 2, 3 . . . einsetzt.

Denn setzt man:

$$\begin{aligned} \Delta_x &= f(x+1) - f(x) \\ \Delta'_x &= \Delta_{(x+1)} - \Delta_x \\ &\ldots\ldots\ldots \\ \Delta_x^{(n-1)} &= \Delta_{(x+1)}^{(n-2)} - \Delta_x^{(n-2)}, \end{aligned}$$

so ist Δ_x vom $(n-1)$ten, Δ'_x vom $(n-2)$ten Grade in Bezug auf x und also $\Delta_x^{(n-1)}$ constant.

Ist nun

$$u_0, u_1, u_2 \ldots$$

eine arithmetische Reihe $n$ter Ordnung, so ist die ganze Reihe vollständig bestimmt, wenn die n Werthe $u_0, u_1, u_2 \ldots u_{n-1}$ und ausserdem die constante $n$te Differenz gegeben sind. Diese letztere ist aber bestimmt, wenn auch noch das $(n+1)$te Glied u_n gegeben ist. Wir können also den Satz aussprechen:

Eine arithmetische Reihe $n$ter Ordnung ist vollständig bestimmt, wenn ihre $n+1$ ersten Glieder gegeben sind.

Da nun eine Function $f(x)$ vom $n$ten Grade gleichfalls durch die willkürlich gegebenen Werthe

$$f(0), f(1), f(2) \ldots f(n)$$

völlig bestimmt ist, so folgt, dass aus den ganzen rationalen Functionen $n$ten Grades $f(x)$ alle arithmetischen Reihen $n$ter Ordnung erzeugt werden, wenn man darin für x die Reihe der natürlichen Zahlen setzt.

Der Ausdruck des allgemeinen Gliedes ist dann durch die Formel (7) des vorigen Paragraphen gegeben.

Die Summen der $m + 1$ ersten Glieder einer arithmetischen Reihe $n$ter Ordnung

$$s_m = u_0 + u_1 + \cdots + u_m$$

bilden eine arithmetische Reihe $(n + 1)$ter Ordnung, da ihre ersten Differenzen

$$s_{m+1} - s_m = u_{m+1}$$

eine arithmetische Reihe $n$ter Ordnung bilden.

Es lässt sich also mit Hülfe der Formel (7) des §. 10 die Summe s_m allgemein bestimmen, wenn man $s_0, s_1 \ldots s_{n+1}$ als bekannt annimmt.

Um die erzeugende Function $F(x)$ von s_m zu finden, wenn $f(x)$ die erzeugende Function von u_m ist, setzt man

$$\begin{aligned}
F(0) &= f(0) \\
F(1) &= f(0) + f(1) \\
F(2) &= f(0) + f(1) + f(2) \\
&\ldots\ldots\ldots\ldots,
\end{aligned}$$

und hat dann in der Formel (7), §. 10:

$$F(x) = F(0) + D_0 B_1^{(x)} + D_0' B_2^{(x)} + \cdots$$

zu setzen:

$$\begin{array}{ll}
D_0 = F(1) - F(0) = f(1), & D_0' = f(2) - f(1) = \varDelta_1, \\
D_1 = F(2) - F(1) = f(2), & D_1' = f(3) - f(2) = \varDelta_2, \\
D_2 = F(3) - F(2) = f(3), & D_0'' = \varDelta_2 - \varDelta_1 = \varDelta_1' \\
\ldots\ldots\ldots\ldots & \ldots\ldots\ldots\ldots
\end{array}$$

So erhält man

$$F(x) = f(0) + f(1) B_1^{(x)} + \varDelta_1 B_2^{(x)} + \varDelta_1' B_3^{(x)} + \cdots$$

Nehmen wir z. B. $f(x) = x^2$, so giebt uns $F(m)$ die Summe der m ersten Quadratzahlen. Es ist

$$\varDelta_x = 2x + 1, \qquad \varDelta_x' = 2,$$

also

$$F(x) = x + 3\,\frac{x\,(x-1)}{1\,.\,2} + 2\,\frac{x\,(x-1)\,(x-2)}{1\,.\,2\,.\,3}$$
$$= \frac{x\,(x+1)\,(2\,x+1)}{6}.$$

Für $f(x) = x^3$ ergiebt dieselbe Rechnung:

$$F(x) = \left(\frac{x\,(x+1)}{2}\right)^2.$$

Die Summe der m ersten Cuben ist also gleich dem Quadrat der $m$ten Trigonalzahl.

§. 12.

Der polynomische Lehrsatz.

Im §. 8 ist für den binomischen Lehrsatz die Form abgeleitet:

$$(1) \qquad (x+y)^n = \Pi(n) \sum^{\alpha,\beta} \frac{x^\alpha\,y^\beta}{\Pi(\alpha)\,\Pi(\beta)},$$

in der sich die Summe auf alle Combinationen zweier Zahlen α, β erstreckt, deren keine negativ ist und die der Bedingung

$$(2) \qquad \alpha + \beta = n$$

genügen.

Diese Form gestattet, zunächst durch Induction, eine Verallgemeinerung auf die $n$te Potenz eines Polynoms:

$$(3) \quad (x+y+z+\cdots)^n = \Pi(n) \sum^{\alpha,\beta,\gamma\ldots} \frac{x^\alpha\,y^\beta\,z^\gamma\ldots}{\Pi(\alpha)\,\Pi(\beta)\,\Pi(\gamma)\ldots}$$

mit der Bestimmung, dass α, β, γ . . . alle positiven oder verschwindenden ganzzahligen Werthe durchlaufen, die der Bedingung

$$(4) \qquad \alpha + \beta + \gamma + \cdots = n$$

genügen. Um aber die Richtigkeit dieser Formel allgemein zu beweisen, nehmen wir an, sie sei bewiesen, wenn das Polynom ein Glied weniger enthält, wie sie es in der That ist, wenn das Polynom nur zwei Glieder enthält.

Wir setzen dann:

$$(5) \qquad u = y + z + \cdots$$

und wenden auf $(x+u)$ die Formel (1) an, aus der sich ergiebt:

$$(6)\qquad (x+y+z+\cdots)^n = \Pi(n) \sum^{\alpha,\nu} \frac{x^\alpha u^\nu}{\Pi(\alpha)\,\Pi(\nu)}$$

mit der Beschränkung

$$(7)\qquad \alpha + \nu = n.$$

Nun ist aber nach der Annahme schon bewiesen:

$$(8)\qquad u^\nu = \Pi(\nu) \sum^{\beta,\gamma\ldots} \frac{y^\beta z^\gamma \ldots}{\Pi(\beta)\,\Pi(\gamma)\ldots}$$

$$(9)\qquad \beta + \gamma + \cdots = \nu,$$

und wenn dies in (6) eingesetzt wird, so ergiebt sich unmittelbar die Formel (3), und (7) geht in (4) über.

Die Coëfficienten

$$(10)\qquad P^{(n)}_{\alpha,\beta,\gamma\ldots} = \frac{\Pi(n)}{\Pi(\alpha)\,\Pi(\beta)\,\Pi(\gamma)\ldots},$$

die ihrer Bedeutung nach ganze Zahlen sind, heissen die Polynomialcoëfficienten.

Beispielsweise erhält man für die dritte Potenz des Trinoms:

$$(11)\qquad (x+y+z)^3 = x^3 + y^3 + z^3 + 3x^2y + 3xy^2 + 3x^2z + 3xz^2 + 3y^2z + 3yz^2 + 6xyz.$$

§. 13.

Derivirte Functionen.

Es sei

$$(1)\qquad f(x) = a_0 x^n + a_1 x^{n-1} + a_2 x^{n-2} + \cdots + a_n$$

eine ganze rationale Function $n$ter Ordnung.

Wenn wir darin x durch ein Binom $x+y$ ersetzen, so können wir auf jedes einzelne Glied den binomischen Lehrsatz anwenden, und können das Ergebniss nach fallenden oder nach steigenden Potenzen von x oder von y ordnen. Wir wollen die Ordnung nach steigenden Potenzen von y ausführen. Die höchste Potenz von y, die vorkommt, ist die $n$te, und der Coëfficient der nullten Potenz von y ist die Function $f(x)$ selbst, wie man erkennt, wenn man $y = 0$ setzt. Wir setzen also, indem wir die anderen Coëfficienten mit

$$f'(x),\quad \frac{f''(x)}{\Pi(2)},\quad \frac{f'''(x)}{\Pi(3)}\ \ldots$$

bezeichnen:

$$(2) \qquad f(x+y) = f(x) + y f'(x) + \frac{y^2}{1.2} f''(x) + \cdots$$
$$= \sum_{0,n}^{\nu} \frac{y^\nu}{\Pi(\nu)} f^{(\nu)}(x).$$

Die Functionen $f'(x)$, $f''(x)$, $f'''(x)$ ... heissen die erste, zweite, dritte, ... Derivirte oder Abgeleitete von $f(x)$. Es sind ganze Functionen von x und $f^{(\nu)}(x)$ kann den Grad $n-\nu$ nicht übersteigen, da die Summe der Exponenten von x und y in keinem Gliede den Grad n übersteigt.

Die erste Derivirte, die also der Coëfficient der ersten Potenz von y in der Entwickelung von $f(x+y)$ nach steigenden Potenzen von y ist, erhält man durch Anwendung des binomischen Lehrsatzes auf (1):

$$(3) \quad f'(x) = n a_0 x^{n-1} + (n-1) a_1 x^{n-2} + (n-2) a_2 x^{n-3} + \cdots$$

Der Hauptsatz über die derivirten Functionen ergiebt sich aus (2), wenn wir x in $x+z$ oder y in $y+z$ verwandeln:

$$(4) \quad f(x+y+z) = \sum_{0,n}^{\nu} \frac{y^\nu}{\Pi(\nu)} f^{(\nu)}(x+z) = \sum_{0,n}^{\nu} \frac{(y+z)^\nu}{\Pi(\nu)} f^{(\nu)}(x).$$

Bezeichnen wir mit $f^{(\nu,\mu)}(x)$ die μte Derivirte von $f^{(\nu)}(x)$, so ist nach (2):

$$(5) \qquad f^{(\nu)}(x+z) = \sum_{0,n-\nu}^{\mu} \frac{z^\mu}{\Pi(\mu)} f^{(\nu,\mu)}(x)$$

und nach dem binomischen Satz:

$$(6) \qquad \frac{(y+z)^\nu}{\Pi(\nu)} = \sum^{\beta,\gamma} \frac{y^\beta z^\gamma}{\Pi(\beta)\,\Pi(\gamma)}, \quad \beta+\gamma=\nu.$$

Setzen wir dies in (4) ein, so folgt:

$$(7) \quad \sum_{0,n}^{\nu} \sum_{0,n-\nu}^{\mu} \frac{y^\nu z^\mu}{\Pi(\nu)\,\Pi(\mu)} f^{(\nu,\mu)}(x) = \sum^{\beta,\gamma} \frac{y^\beta z^\gamma}{\Pi(\beta)\,\Pi(\gamma)} f^{(\beta+\gamma)}(x).$$

Die letzte Summe ist über alle nicht negativen Zahlen β, γ zu erstrecken, deren Summe den Grad n von $f(x)$ nicht übersteigt. Dieselben Zahlencombinationen durchlaufen aber auch die Exponenten ν, μ auf der linken Seite, und die Vergleichung der Coëfficienten gleicher Potenzen und Producte ergiebt (nach §. 1):

$$(8) \qquad f^{(\nu,\mu)}(x) = f^{(\nu+\mu)}(x),$$

also den Satz:

Die μte Derivirte von der νten Derivirten ist die $(\nu + \mu)$te Derivirte der ursprünglichen Function.

Man erhält also die sämmtlichen höheren Derivirten, indem man nach der Regel (3) aus jeder vorangehenden die erste Derivirte bildet:

$$
\begin{aligned}
& f(x) = a_0 x^n + a_1 x^{n-1} + a_2 x^{n-2} + a_3 x^{n-3} + \cdots \\
(9) \quad & f'(x) = n a_0 x^{n-1} + (n-1) a_1 x^{n-2} + (n-2) a_2 x^{n-3} + \cdots \\
& f''(x) = n(n-1) a_0 x^{n-2} + (n-1)(n-2) a_1 x^{n-3} + \cdots \\
& \cdots\cdots\cdots\cdots\cdots\cdots\cdots\cdots\cdots
\end{aligned}
$$

Eine etwas einfachere Form nehmen diese Derivirten an, wenn man sich einer anderen Bezeichnungsweise bedient, die häufig im Gebrauch und für gewisse Zwecke fast unentbehrlich ist, die wir im Anschluss hieran besprechen wollen.

Es liegt wegen der Unbestimmtheit der Coëfficienten $a_0, a_1 \ldots a_n$ offenbar keine Beschränkung darin, wenn wir eine ganze rationale Function $n$ten Grades so darstellen:

$$
(10) \quad f(x) = a_0 x^n + B_1^{(n)} a_1 x^{n-1} + B_2^{(n)} a_2 x^{n-2} + \cdots + a_n,
$$

oder ausführlich:

$$
(11) \quad f(x) = a_0 x^n + n a_1 x^{n-1} + \frac{n(n-1)}{1 \cdot 2} a_2 x^{n-2} + \cdots
$$

Wenn eine Function $f(x)$ so dargestellt ist, werden wir sagen, sie sei „mit den Binomialcoëfficienten geschrieben“.

Grössere Uebereinstimmung zeigen hierdurch bereits die Formeln (9), die dann so lauten:

$$
\begin{aligned}
& f(x) = a_0 x^n + n a_1 x^{n-1} + \frac{n(n-1)}{1 \cdot 2} a_2 x^{n-2} + \cdots \\
& \frac{1}{n} f'(x) \\
(12) \quad & = a_0 x^{n-1} + (n-1) a_1 x^{n-2} + \frac{(n-1)(n-2)}{1 \cdot 2} a_2 x^{n-3} + \cdots \\
& \frac{1}{n(n-1)} f''(x) \\
& = a_0 x^{n-2} + (n-2) a_1 x^{n-3} + \frac{(n-2)(n-3)}{1 \cdot 2} a_2 x^{n-4} + \cdots \\
& \cdots\cdots\cdots\cdots\cdots\cdots\cdots\cdots\cdots,
\end{aligned}
$$

worin die rechten Seiten alle auch mit den Binomialcoëfficienten geschrieben erscheinen. Wir werden später den Nutzen dieser Bezeichnungsweise noch weiter kennen lernen, müssen aber schon hier hervorheben, dass die Wahl der einen oder anderen Darstellungsweise doch nicht ganz gleichgültig ist, die erste oft auch den Vorzug verdient. Besonders in den Fällen, wo die Coëfficienten Zahlen sind und es auf das zahlentheoretische Verhalten dieser Coëfficienten ankommt, darf man nicht ausser Acht lassen, dass durch die Binomialcoëfficienten ein der Sache fremdes numerisches Element eingeführt wird. Dass Gauss in der Theorie der quadratischen Formen (in den Disq. ar.) die Schreibweise mit den Binomialcoëfficienten anwendet, wenn er die quadratischen Formen durch $a x^2 + 2 b x y + c y^2$ darstellt, und dass diese Bezeichnung allgemein Eingang gefunden hat, hat in der Zahlentheorie zu einer unnöthigen und sehr bedauerlichen Complication geführt.

§. 14.

Derivirte eines Productes.

Die derivirten Functionen, die wir hier betrachtet haben, sind keine anderen als die aus der Differentialrechnung bekannten Differentialquotienten; wir haben den Begriff aber hier, wo es sich um ganze rationale Functionen handelt, ohne Anwendung der Infinitesimalrechnung gewonnen aus den Entwickelungscoëfficienten der Potenzen von y in der Function $f(x + y)$. Bezeichnen wir die νte Ableitung von $f(x)$ mit $D_\nu f$, so ist nach (2), §. 13:

$$(1)\quad f(x + y) = f(x) + y D_1 f + \frac{y^2}{1.2} D_2 f + \frac{y^3}{1.2.3} D_3 f + \cdots,$$

und daraus ergeben sich sofort die beiden Grundsätze, die sich in den Formeln

$$(2)\qquad D_\nu (Cf) = C D_\nu f;$$

$$(3)\qquad D_\nu (f + \varphi) = D_\nu f + D_\nu \varphi$$

ausdrücken, worin C eine Constante, φ eine zweite ganze rationale Function von x ist.

Eine Verallgemeinerung der Formel (2) giebt die Darstellung der Derivirten des Productes $f\varphi$. Setzt man nämlich nach (1) abkürzend:

$$(4)\qquad \begin{aligned} f(x + y) &= u_0 + y u_1 + y^2 u_2 + \cdots y^n u_n \\ \varphi(x + y) &= v_0 + y v_1 + y^2 v_2 + \cdots y^m v_m, \end{aligned}$$

also

$$(5)\qquad u_\nu = \frac{D_\nu f}{\Pi(\nu)}, \qquad v_\nu = \frac{D_\nu \varphi}{\Pi(\nu)},$$

so ergiebt die Ausführung der Multiplication der beiden Formeln (4), wenn man in dem Product den Coëfficienten von y^ν aufsucht:

$$(6)\qquad \frac{D_\nu(f\varphi)}{\Pi(\nu)} = u_\nu v_0 + u_{\nu-1} v_1 + u_{\nu-2} v_2 + \cdots u_0 v_\nu,$$

oder

$$(7)\quad D_\nu(f\varphi) = \varphi D_\nu f + B_1^{(\nu)} D_{\nu-1} f D_1 \varphi + B_2^{(\nu)} D_{\nu-2} f D_2 \varphi + \cdots,$$

worin $B_1^{(\nu)}, B_2^{(\nu)} \ldots$ die Binomialcoëfficienten sind. In ähnlicher Weise kann man unter Anwendung der Polynomialcoëfficienten die Derivirten eines Productes von mehr als zwei Factoren bilden.

Wir wollen die erste Derivirte, die wir jetzt mit D statt mit D_1 bezeichnen, für ein Product von n Factoren danach bilden.

Für zwei Factoren erhalten wir nach (7):

$$\begin{aligned} D(f\varphi) &= \varphi Df + f D\varphi \\ &= \varphi f'(x) + f\varphi'(x) \end{aligned}$$

und allgemein, wenn wir die Factoren mit $u_1, u_2 \ldots u_n$, die Derivirten mit $u_1', u_2' \ldots u_n'$ bezeichnen:

$$(8)\qquad \begin{aligned} &D(u_1 u_2 \ldots u_n) \\ &= u_1' u_2 \ldots u_n + u_1 u_2' \ldots u_n + \cdots + u_1 u_2 \ldots u_n'. \end{aligned}$$

oder kürzer:

$$\frac{D(u_1 u_2 \ldots u_n)}{u_1 u_2 \ldots u_n} = \sum \frac{D u_\nu}{u_\nu}.$$

Wenn wir also ein Product aus linearen Factoren

$$(9)\qquad f(x) = (x - \alpha_1)(x - \alpha_2) \ldots (x - \alpha_n)$$

betrachten, so erhalten wir, da die ersten Derivirten von $x - \alpha_1$, $x - \alpha_2, \ldots x - \alpha_n$ sämmtlich gleich 1 sind,

$$(10)\qquad \begin{aligned} f'(x) &= (x - \alpha_2)(x - \alpha_3) \ldots (x - \alpha_n) \\ &+ (x - \alpha_1)(x - \alpha_3) \ldots (x - \alpha_n) \\ &\quad \cdots\cdots\cdots \\ &+ (x - \alpha_1)(x - \alpha_2) \ldots (x - \alpha_{n-1}), \end{aligned}$$

wofür man auch setzen kann:

$$(11)\qquad f'(x) = \frac{f(x)}{x - \alpha_1} + \frac{f(x)}{x - \alpha_2} + \cdots + \frac{f(x)}{x - \alpha_n}.$$

Ein sehr wichtiges Resultat ergiebt sich hieraus, wenn x gleich einem der Werthe $\alpha_1, \alpha_2 \ldots \alpha_n$ gesetzt wird, nämlich

$$(12)\quad \begin{aligned} f'(\alpha_1) &= (\alpha_1 - \alpha_2)(\alpha_1 - \alpha_3)\dots(\alpha_1 - \alpha_n) \\ f'(\alpha_2) &= (\alpha_2 - \alpha_1)(\alpha_2 - \alpha_3)\dots(\alpha_2 - \alpha_n) \\ &\dots\dots\dots\dots \\ f'(\alpha_n) &= (\alpha_n - \alpha_1)(\alpha_n - \alpha_2)\dots(\alpha_n - \alpha_{n-1}). \end{aligned}$$

§. 15.

Ganze Functionen mehrerer Veränderlichen: Formen.

Wir haben bisher vorzugsweise die ganzen rationalen Functionen von einer Veränderlichen betrachtet; wir können uns aber nicht immer darauf beschränken und haben ja auch schon oben Functionen mehrerer Veränderlichen benutzt. Unter einer ganzen rationalen Function $n$ten Grades mehrerer Veränderlichen $F(x, y, z, \dots)$ verstehen wir eine Summe von Gliedern:

$$\Sigma\, A_{\alpha, \beta, \gamma \dots}\; x^\alpha\, y^\beta\, z^\gamma \dots,$$

worin $\alpha, \beta, \gamma \dots$ ganzzahlige nicht negative Exponenten sind, deren Summe $\alpha + \beta + \gamma + \cdots$ den Werth n nicht übersteigt, und wenigstens in einem Gliede auch wirklich erreicht. Der Grad wird also bestimmt durch den grössten Werth, den die Summe $\alpha + \beta + \gamma + \cdots$ annimmt.

Wenn die Summe der Exponenten $\alpha + \beta + \gamma + \cdots$ in allen Gliedern denselben Werth hat, so heisst die Function homogen.

Eine fundamentale Eigenschaft der homogenen Functionen $n$ten Grades ist die, dass, wenn alle Variablen mit demselben Factor vervielfältigt werden, der Erfolg derselbe ist, wie wenn die Function mit der $n$ten Potenz vervielfältigt wird; in Zeichen, wenn t eine beliebige Veränderliche bedeutet:

$$(1)\qquad F(tx, ty, tz \dots) = t^n\, F(x, y, z \dots);$$

denn ersetzt man in dem Product $x^\alpha\, y^\beta\, z^\gamma \dots$ die Variablen durch $tx, ty, tz, \dots$, so erhält es den Factor

$$t^{\alpha + \beta + \gamma + \cdots};$$

hat nun $\alpha + \beta + \gamma + \cdots$ in allen Gliedern denselben Werth n, so kann der Factor t^n vor die Summe herausgenommen werden. Hat aber die Summe $\alpha + \beta + \gamma + \cdots$ in den einzelnen Gliedern verschiedene Werthe, so kann ein solcher gemeinschaftlicher Factor nicht herausgenommen werden, wenigstens nicht, ohne dass noch verschiedene Potenzen von t in den einzelnen Gliedern bleiben.

Durch Vermehrung der Veränderlichen kann man jede nicht homogene Function in eine homogene von gleichem Grade verwandeln. Ist nämlich $m - 1$ die Anzahl der Variablen in einer nicht homogenen Function n^{ten} Grades, so setzen wir

$$x = \frac{x_1}{x_m}, \qquad y = \frac{x_2}{x_m}, \qquad z = \frac{x_3}{x_m} \cdots,$$

und erhalten in

$$x_m^n \, F\left(\frac{x_1}{x_m}, \frac{x_2}{x_m}, \frac{x_3}{x_m} \cdots\right)$$

eine ganze homogene Function $n$ten Grades der Variablen $x_1, x_2 \ldots x_m$, die wir mit

$$\Phi\,(x_1, x_2 \ldots x_m)$$

bezeichnen.

Es empfiehlt sich bisweilen, die homogenen Functionen mehrerer Variablen mit den Polynomialcoëfficienten zu schreiben.

Wir setzen daher

$$(2) \qquad \Phi(x_1, x_2 \ldots x_m)$$
$$= \sum \frac{\Pi(n)}{\Pi(\alpha_1)\,\Pi(\alpha_2) \ldots \Pi(\alpha_m)} A_{\alpha_1, \alpha_2 \ldots \alpha_m} \, x_1^{\alpha_1} \, x_2^{\alpha_2} \ldots x_m^{\alpha_m},$$

wo sich die Summe auf alle nicht negativen, der Bedingung

$$(3) \qquad \alpha_1 + \alpha_2 + \cdots + \alpha_m = n$$

genügenden Zahlen erstreckt. Diese Bezeichnungsweise, ohne die Beschränkung (3), ist auch auf nicht homogene Functionen anwendbar.

Man kann aber die homogene Function auch so darstellen:

$$(4) \qquad \Phi\,(x_1, x_2 \ldots x_m) = \Sigma\, A_{\nu_1, \nu_2 \ldots \nu_n} \, x_{\nu_1} \, x_{\nu_2} \ldots x_{\nu_n},$$

worin jeder der Indices $\nu_1, \nu_2 \ldots \nu_n$ von den übrigen unabhängig die Werthreihe $1, 2 \ldots m$ zu durchlaufen hat. Die Summe (4) besteht also aus m^n Gliedern, die aber nicht alle von einander verschieden sind. Das Product $x_{\nu_1} x_{\nu_2} \ldots x_{\nu_n}$ bleibt nämlich ungeändert, wenn die Indices $\nu_1, \nu_2 \ldots \nu_n$ beliebig unter einander permutirt werden. Die Anzahl der Permutationen von n Elementen beträgt aber $\Pi(n)$. Sind unter diesen Elementen je $\alpha_1, \alpha_2 \ldots$ einander gleich, so reducirt sich die Zahl der Permutationen auf

$$\frac{\Pi(n)}{\Pi(\alpha_1)\,\Pi(\alpha_2)\ldots},$$

woraus sich ergiebt, dass in (4) irgend ein Product $x_1^{\alpha_1}\,x_2^{\alpha_2}\ldots$ genau

$$\frac{\Pi(n)}{\Pi(\alpha_1)\,\Pi(\alpha_2)\ldots}$$

mal vorkommt. Setzt man also noch fest, dass $A_{\nu_1, \nu_2 \ldots \nu_n}$ sich nicht ändern soll, wenn die Indices beliebig permutirt werden, so erweisen sich die Bezeichnungsweisen (2) und (4) als identisch, wenn durch Zusammenfassen gleicher Factoren

$$x_{\nu_1}\, x_{\nu_2} \ldots x_{\nu_n} = x_1^{\alpha_1}\, x_2^{\alpha_2} \ldots x_m^{\alpha_m}$$

und

$$A_{\nu_1, \nu_2 \ldots \nu_n} = A_{\alpha_1, \alpha_2 \ldots \alpha_m}$$

gesetzt wird.

Bezeichnen wir die Anzahl der Glieder, die in der Function Φ [nach (2)] auftreten, mit (m, n), so findet man, indem man zunächst die Glieder zählt, die den Factor x_1 haben und dann die übrigen, die eine homogene Function n ter Ordnung von den übrigen $m - 1$ Variablen bilden, die Recursionsformel:

$$(5) \qquad (m, n) = (m, n - 1) + (m - 1, n),$$

mit deren Hülfe man durch vollständige Induction den Ausdruck

$$(6) \quad (m, n) = \frac{m(m+1)\ldots(m+n-1)}{1\,.\,2\ldots n} = \frac{\Pi(m+n-1)}{\Pi(n)\,\Pi(m-1)}$$

als richtig erweist.

Die ganzen homogenen Functionen werden auch Formen genannt. Man unterscheidet nach der Anzahl der Variablen unäre (einfache Potenzen), binäre, ternäre, quaternäre Formen. Die binären Formen sind es, die uns hier besonders interessiren, deren Theorie im Wesentlichen identisch ist mit der Theorie der ganzen rationalen Functionen einer Veränderlichen. Man gelangt von den binären Formen zu diesen Functionen zurück, wenn man eine der homogenen Variablen als constant ansieht, z. B. ihr den Werth 1 giebt.

§. 16.

Die Derivirten von Functionen mehrerer Variablen.

Wir haben im §. 13 die derivirten Functionen einer ganzen rationalen Function einer Veränderlichen definirt. Der Begriff lässt sich unmittelbar übertragen auf Functionen mehrerer Variablen, indem man die Ableitungen in Bezug auf jede Variable für sich, als ob sie die einzige wäre, bildet. So erhält man, wenn man etwa wie in §. 15

(1) $$F(x, y, z \ldots) = \Sigma A_{\alpha, \beta, \gamma \ldots} x^\alpha y^\beta z^\gamma \ldots$$

setzt, die erste Derivirte nach x:

(2) $$F'(x) = \Sigma \alpha A_{\alpha, \beta, \gamma \ldots} x^{\alpha-1} y^\beta z^\gamma \ldots,$$

oder nach y:

(3) $$F'(y) = \Sigma \beta A_{\alpha, \beta, \gamma \ldots} x^\alpha y^{\beta-1} z^\gamma \ldots$$

u. s. f. Aus diesen Functionen kann man nach denselben Regeln wieder die Ableitungen nach den verschiedenen Variablen bilden und erhält so die höheren Ableitungen.

Um die Resultate übersichtlicher darzustellen, sei $\Phi(x_1, x_2 \ldots x_m)$ eine ganze rationale Function $n$ter Ordnung der m Veränderlichen $x_1, x_2 \ldots x_m$. Wir ersetzen diese Veränderlichen durch Binome:

$$x_1 + \xi_1, x_2 + \xi_2, \ldots, x_m + \xi_m$$

und entwickeln in jedem Gliede der Function

$$\Phi(x_1 + \xi_1, x_2 + \xi_2, \ldots x_m + \xi_m) = \Phi(x + \xi)$$

durch Ausführung der Multiplication

$$(x_1 + \xi_1)^{\alpha_1} (x_2 + \xi_2)^{\alpha_2} \ldots (x_m + \xi_m)^{\alpha_m}$$

nach Potenzen von $\xi_1, \xi_2 \ldots \xi_m$. Fassen wir gleiche Potenzen und Producte der Variablen ξ je in ein Glied zusammen, so ergiebt sich in der Bezeichnung (2) §. 15 für $\Phi(x + \xi)$ eine Darstellung, die in der Differentialrechnung die Taylor'sche Entwickelung heisst:

(4) $$\Phi(x + \xi) = \sum \frac{\xi_1^{\alpha_1} \xi_2^{\alpha_2} \ldots \xi_m^{\alpha_m}}{\Pi(\alpha_1) \Pi(\alpha_2) \ldots \Pi(\alpha_m)} D_{\alpha_1, \alpha_2 \ldots \alpha_m} \Phi.$$

Die Coëfficienten, die wir mit

$$D_{\alpha_1, \alpha_2 \ldots \alpha_m} \Phi$$

bezeichnen, sind Functionen der Variablen x und heissen, wenn

$\alpha_1 + \alpha_2 + \dots + \alpha_m = \nu$ ist, die Derivirten νter Ordnung der Function Φ.

Man stellt sie auch nach der in der Differentialrechnung gebräuchlichen Bezeichnungsweise so dar:

$$D_{\alpha_1, \alpha_2 \dots \alpha_m} \Phi = \frac{\partial^\nu \Phi}{\partial x_1^{\alpha_1} \partial x_2^{\alpha_2} \dots \partial x_m^{\alpha_m}} \tag{5}$$

Das Bildungsgesetz der Derivirten lässt sich in folgende Sätze zusammenfassen, wobei wir der Kürze wegen die Indices bei dem Zeichen D weglassen.

I. Ist C eine Constante, so ist

$$D(C\Phi) = CD\Phi.$$

II. Sind Φ und Ψ irgend zwei Functionen, so ist

$$D(\Phi + \Psi) = D\Phi + D\Psi.$$

Beides folgt unmittelbar aus (4).

Wir können also leicht die derivirten Functionen allgemein bilden, wenn wir sie für den speciellen Fall kennen, in dem Φ ein Product von Potenzen ist, also wenn wir

$$D_{\alpha_1, \alpha_2 \dots \alpha_m} \left(x_1^{\mu_1} x_2^{\mu_2} \dots x_m^{\mu_m}\right)$$

kennen, worin die μ beliebige, nicht negative Exponenten sind.

Nun ist aber

$$(x_1 + \xi_1)^{\mu_1} = \sum^{\alpha_1} \frac{\Pi(\mu_1)}{\Pi(\alpha_1)\Pi(\mu_1 - \alpha_1)} \xi_1^{\alpha_1} x_1^{\mu_1 - \alpha_1}$$

und folglich:

$$(x_1 + \xi_1)^{\mu_1} \dots (x_m + \xi_m)^{\mu_m} \tag{6}$$

$$= \sum^{\alpha_1 \dots \alpha_m} \frac{\Pi(\mu_1) \dots \Pi(\mu_m) x_1^{\mu_1 - \alpha_1} \dots x_m^{\mu_m - \alpha_m}}{\Pi(\mu_1 - \alpha_1) \dots \Pi(\mu_m - \alpha_m) \Pi(\alpha_1) \dots \Pi(\alpha_m)} \xi_1^{\alpha_1} \dots \xi_m^{\alpha_m},$$

und es ergiebt also die Vergleichung mit (4) und (6)

$$D_{\alpha_1 \dots \alpha_m} \left(x_1^{\mu_1} \dots x_m^{\mu_m}\right) \tag{7}$$

$$= \frac{\Pi(\mu_1) \dots \Pi(\mu_m)}{\Pi(\mu_1 - \alpha_1) \dots \Pi(\mu_m - \alpha_m)} x_1^{\mu_1 - \alpha_1} \dots x_m^{\mu_m - \alpha_m}$$

so lange $\alpha_1 \leqq \mu_1 \dots \alpha_m \leqq \mu_m$. Dagegen ist

$$D_{\alpha_1 \dots \alpha_m} \left(x_1^{\mu_1} \dots x_m^{\mu_m}\right) = 0, \tag{8}$$

sobald einer der Indices α grösser ist als der entsprechende Exponent μ.

Bezeichnen wir nun mit $\beta_1, \beta_2 \ldots \beta_m$ ein zweites System von Indices, und bilden von der Function (7) die Ableitung $D_{\beta_1, \beta_2 \ldots \beta_m}$, so ergiebt sich durch nochmalige Anwendung derselben Formeln (7) und (8):

(9) $$D_{\beta_1 \ldots \beta_m} D_{\alpha_1 \ldots \alpha_m} \left(x_1^{\mu_1} \ldots x_m^{\mu_m}\right) = D_{\beta_1 + \alpha_1 \ldots \beta_m + \alpha_m} \left(x_1^{\mu_1} \ldots x_m^{\mu_m}\right),$$

und daraus folgt nach II. die allgemeine Gültigkeit des Satzes

III. $$D_{\beta_1, \ldots \beta_m} D_{\alpha_1, \ldots \alpha_m} \Phi = D_{\beta_1 + \alpha_1, \ldots \beta + \alpha_m} \Phi,$$

was eine Verallgemeinerung des Satzes (8), §. 13 ist, und man kann also die höheren Derivirten durch fortgesetzte Ableitung der niederen bilden.

Für die ersten Derivirten einer Function Φ

$$D_{1, 0 \ldots 0} \Phi, \quad D_{0, 1 \ldots 0} \Phi, \ldots D_{0, 0 \ldots 1} \Phi$$

brauchen wir auch die kürzeren Zeichen

$$\Phi'(x_1), \ \Phi'(x_2) \ldots \Phi'(x_m),$$

ebenso für die zweiten

$$D_{2, 0 \ldots 0}, \qquad D_{1, 1 \ldots 0}, \ldots$$

die Zeichen

$$\Phi''(x_1, x_1), \quad \Phi''(x_1, x_2) = \Phi''(x_2, x_1), \ldots$$

Auch diese Bezeichnung lässt sich verallgemeinern und würde zu einem der Formel (4), §. 15 entsprechenden Ausdruck führen.

Wir erwähnen des häufigen Gebrauches wegen die Formeln für die quadratischen Formen besonders. Setzen wir

(10) $$\Phi(x) = \Sigma \, a_{i, k} \, x_i \, x_k,$$

worin i, k von einander unabhängig die Reihe der Zahlen $1, 2 \ldots m$ durchlaufen und $a_{i, k} = a_{k, i}$ ist, so ist:

(11) $$\begin{aligned} {}^1/_2 \, \Phi'(x_1) &= a_{1, 1} x_1 + a_{1, 2} \, x_2 + \cdots + a_{1, m} \, x_m \\ {}^1/_2 \, \Phi'(x_2) &= a_{2, 1} x_1 + a_{2, 2} \, x_2 + \cdots + a_{2, m} \, x_m \\ &\cdots\cdots\cdots\cdots \\ {}^1/_2 \, \Phi'(x_m) &= a_{m, 1} x_1 + a_{m, 2} \, x_2 + \cdots + a_{m, m} \, x_m, \end{aligned}$$

und wir setzen noch

(12) $$\Phi(x, \xi) = \Phi(\xi, x) = \Sigma \, \xi_i \, \Phi'(x_i) = \Sigma \, x_i \, \Phi'(\xi_i).$$

Dann ist

(13) $$\Phi(x + \xi) = \Phi(x) + \Phi(x, \xi) + \Phi(\xi).$$

Die Function $\Phi(x, \xi)$ wird die Polare von Φ genannt. Sie ist linear und homogen sowohl in Beziehung auf die x, wie in Beziehung auf die ξ.

Sie kann ausgedrückt werden durch

$$(14) \qquad \Phi(x, \xi) = 2 \Sigma a_{ik} \xi_i x_k$$

und genügt der Bedingung

$$(15) \qquad \Phi(x, x) = 2 \Phi(x).$$

§. 17.

Das Euler'sche Theorem über homogene Functionen.

Aus den vorstehenden Entwickelungen lässt sich mit Leichtigkeit ein Fundamentalsatz über homogene Functionen herleiten, der von Euler entdeckt und nach ihm benannt ist.

Wir erhalten ihn am einfachsten aus der Formel (4) des vorigen Paragraphen, wenn wir mit t eine beliebige Veränderliche bezeichnen,

$$(1) \qquad \xi_1 = t x_1, \; \xi_2 = t x_2 \ldots, \; \xi_m = t x_m$$

setzen und dann die Fundamentalformel §. 15 (1) für die homogenen Functionen anwenden.

Wir erhalten so zunächst:

$$(2) \quad (1 + t)^n \Phi(x) = \sum \frac{(t x_1)^{\alpha_1} (t x_2)^{\alpha_2} \ldots (t x_m)^{\alpha_m}}{\Pi(\alpha_1)\, \Pi(\alpha_2) \ldots \Pi(\alpha_m)} D_{\alpha_1, \alpha_2 \ldots \alpha_m} \Phi.$$

Wendet man auf der linken Seite von (2) den binomischen Satz an, und setzt dann die Coëfficienten gleich hoher Potenzen von t beiderseits einander gleich, so ergiebt sich für jedes $\nu = 1, 2 \ldots n$:

$$(3) \qquad \frac{\Pi(n)}{\Pi(n - \nu)} \Phi(x_1, x_2 \ldots x_m)$$

$$= \sum^{\alpha} \frac{\Pi(\nu)}{\Pi(\alpha_1)\, \Pi(\alpha_2) \ldots \Pi(\alpha_m)} x_1^{\alpha_1} x_2^{\alpha_2} \ldots x_m^{\alpha_m} D_{\alpha_1, \alpha_2 \ldots \alpha_m} \Phi,$$

worin sich die Summe auf alle der Bedingung

$$(4) \qquad \alpha_1 + \alpha_2 + \cdots + \alpha_m = \nu$$

genügenden Werthsysteme der α erstreckt.

In dieser Form ist das zu erweisende Theorem in seiner Allgemeinheit enthalten. Für den besonderen Fall $\nu = 1$ erhalten wir die Formel

(5) $n\,\Phi(x_1, x_2 \ldots x_m) = x_1\,\Phi'(x_1) + x_2\,\Phi'(x_2) + \cdots x_m\,\Phi'(x_m)$,

wovon die Formel (15) des vorigen Paragraphen ein specieller Fall ist, und für $\nu = 2$:

(6) $$n(n-1)\,\Phi(x_1, x_2 \ldots x_m) = \sum^{i,\,k} x_i\, x_k\, \Phi''(x_i, x_k),$$

worin die Summe von $i = 1$ bis $i = m$ und von $k = 1$ bis $k = m$ zu erstrecken ist, so dass jedes Glied mit ungleichen i, k zweimal in der Summe auftritt.

Setzen wir, wenn die α der Bedingung (4) unterworfen sind

(7) $$\Phi_\nu(\xi, x) = \sum \frac{\xi_1^{\alpha_1}\,\xi_2^{\alpha_2} \ldots \xi_m^{\alpha_m}}{\Pi(\alpha_1)\,\Pi(\alpha_2) \ldots \Pi(\alpha_m)}\, D_{\alpha_1, \alpha_2 \ldots \alpha_m}\,\Phi,$$

so ist nach (4) des §. 16:

(8) $\Phi(x + \xi) = \Phi(x) + \Phi_1(x, \xi) + \Phi_2(x, \xi) + \cdots + \Phi_n(x, \xi)$,

und da die linke Seite ungeändert bleibt, wenn x mit ξ vertauscht wird, so ergiebt sich die Relation:

(9) $$\Phi_{n-\nu}(x, \xi) = \Phi_\nu(\xi, x),$$

also insbesondere

(10) $$\Phi_n(x, \xi) = \Phi(\xi).$$

Die Function $\Phi_\nu(x, \xi)$ wird, als Function von x betrachtet, die νte Polare der Function Φ für das Werthsystem ξ genannt.

Wir wollen die Formel (3) noch für den Fall einer binären Form ($m = 2$) specialisiren.

Wir bezeichnen die Variablen mit x, y und setzen zur Abkürzung:

$$\Phi(x, y) = u, \quad D_{h,\,\nu-h}\,\Phi = u_h$$

und erhalten aus (4):

(9) $$\frac{\Pi(n)}{\Pi(n-\nu)}\, u = \sum_{0,\,\nu}^{h} \frac{\Pi(\nu)}{\Pi(h)\,\Pi(\nu - h)}\, u_h\, x^h\, y^{\nu-h},$$

worin ν jeden beliebigen Werth, der nicht grösser als n ist, annehmen kann.

Zweiter Abschnitt.

Determinanten.

---

§. 18.

Permutationen von n Elementen.

Wir betrachten ein System von n unterschiedenen Elementen irgend welcher Art, z. B. die n Ziffern

$$1, 2, 3 \ldots n,$$

deren Complex in dieser bestimmten Anordnung wir mit $\mathfrak{A}$ bezeichnen wollen. Die Elemente von $\mathfrak{A}$ lassen sich auf verschiedene Arten anordnen, z. B.:

$$2, 1, 3 \ldots n.$$

Der Uebergang von einer Anordnung zu einer anderen heisst eine Permutation.

Bezeichnen wir die Anzahl der verschiedenen Anordnungen, die nur von der Anzahl n der Elemente abhängen kann, mit $\Pi(n)$, so ergiebt sich zunächst $\Pi(1) = 1$, $\Pi(2) = 2$, und um die Zahl allgemein zu bestimmen, denken wir uns zu $n - 1$ Elementen ein $n$tes hinzugefügt. In jeder Anordnung der $n - 1$ Elemente kann nun das $n$te Element an n verschiedene Stellen gesetzt werden, nämlich vor das erste, zwischen das erste und zweite, zwischen das zweite und dritte u. s. f., endlich nach dem $(n - 1)$ten, und alle die so entstandenen Anordnungen sind von einander verschieden. Daraus folgt:

$$\Pi(n) = n\,\Pi(n - 1), \tag{1}$$

woraus sich durch vollständige Induction

$$\Pi(n) = 1 \,.\, 2 \,.\, 3 \ldots n \tag{2}$$

ergiebt, so dass das Zeichen $\Pi(n)$ hier dieselbe Bedeutung hat, wie im ersten Abschnitt (§. 7).

Irgend eine Anordnung des Systems $\mathfrak{A}$ bezeichnen wir mit $\mathfrak{A}'$, oder ausführlicher, wenn $\alpha_1, \alpha_2 \ldots \alpha_n$ die Ziffern $1, 2 \ldots n$ in irgend einer Reihenfolge bedeuten, mit

$$\mathfrak{A}' = \alpha_1, \alpha_2 \ldots \alpha_n. \tag{3}$$

Man kann auf sehr verschiedene Arten aus einer Anordnung eine beliebige andere ableiten, d. h. eine Permutation ausführen. Unter den verschiedenen Möglichkeiten sind für uns die durch sogenannte Transpositionen, d. h. durch successive Vertauschung von nur zwei Elementen ausgeführten, von besonderem Interesse. Durch mehrere, nach einander ausgeführte Transpositionen lässt sich aus jeder Anordnung, z. B. aus $\mathfrak{A}$ jede andere $\mathfrak{A}'$ herleiten. Man kann zu diesem Zweck etwa so verfahren, dass man in $\mathfrak{A}$ zunächst das Element 1 mit dem, was in $\mathfrak{A}'$ an erster Stelle steht, also mit α_1, vertauscht (falls nicht $\alpha_1 = 1$ ist), dann, wenn α_2 nicht schon $= 2$ ist, 2 mit α_2 u. s. f.

Um z. B. von (1, 2, 3, 4) zu (4, 3, 2, 1) zu gelangen, bildet man die Anordnungen

$$(1, 2, 3, 4), \quad (4, 2, 3, 1), \quad (4, 3, 2, 1).$$

Bezeichnen wir eine Transposition kurz durch die beiden vertauschten Ziffern, also die Vertauschung von 1 mit 2 durch (1, 2), so haben wir hier nach einander die Transpositionen (1, 4), (2, 3) ausgeführt.

Es ist zu bemerken, dass der Uebergang von einer Anordnung zu einer bestimmten anderen auf unendlich viele verschiedene Arten durch auf einander folgende Transpositionen erreicht werden kann. So geht die Anordnung (1, 2, 3, 4) auch durch die Transpositionen (1, 2), (1, 3), (2, 4), (1, 2) in (4, 3, 2, 1) über.

§. 19.

Permutationen erster und zweiter Art.

Die $\Pi(n)$ Anordnungen von n Elementen lassen sich nach folgendem Gesichtspunkte in zwei Arten zerlegen.

Aus den n Elementen unseres Systems lassen sich $\dfrac{n(n-1)}{2}$ und nicht mehr Paare bilden. Wir wollen nun den n Elementen

1, 2, ... n in bestimmter Weise n reelle Zahlwerthe $a_1, a_2, \ldots a_n$ zuordnen, und aus diesen Zahlwerthen die $\frac{n(n-1)}{2}$ Differenzen $a_1 - a_2$, $a_1 - a_3 \ldots$ bilden, wobei der niedrigere Index dem Minuenden angehören soll. Das Differenzenproduct

$$(1) \qquad \begin{aligned} P = (a_1 - a_2)\,(a_1 - a_3) \ldots (a_1 - a_n) \\ (a_2 - a_3) \ldots (a_2 - a_n) \\ \cdots\cdots\cdots \\ (a_{n-1} - a_n) \end{aligned}$$

wird, wenn die $a_1, a_2 \ldots a_n$ von einander verschiedene Zahlwerthe sind, einen von Null verschiedenen Werth haben, z. B. einen positiven, wenn $a_1 > a_2 > a_3 \ldots > a_n$ angenommen war.

Wenn wir nun die Indices 1, 2, 3 ... n irgendwie unter einander vertauschen, also etwa von $\mathfrak{A}$ zu $\mathfrak{A}'$ übergehen, so geht P in

$$(2) \qquad \begin{aligned} P' = (a_{\alpha_1} - a_{\alpha_2})\,(a_{\alpha_1} - a_{\alpha_3}) \ldots (a_{\alpha_1} - a_{\alpha_n}) \\ (a_{\alpha_2} - a_{\alpha_3}) \ldots (a_{\alpha_2} - a_{\alpha_n}) \\ \cdots\cdots\cdots \\ (a_{\alpha_{n-1}} - a_{\alpha_n}) \end{aligned}$$

über, und dies Product besteht, abgesehen vom Vorzeichen, aus denselben Factoren wie P, d. h. es ist P' entweder gleich P oder entgegengesetzt zu P.

I. Wir rechnen nun die Anordnung $\mathfrak{A}'$ und also auch die Permutation, die $\mathfrak{A}$ in $\mathfrak{A}'$ verwandelt, zur ersten oder zur zweiten Art, je nachdem P mit P' gleich oder entgegengesetzt ist, so dass $\mathfrak{A}$ selbst zur ersten Art gehört.

II. Durch eine einfache Transposition (h, k), worin h, k irgend zwei der Ziffern 1, 2 ... n bezeichnen, ändert sowohl P als P' sein Vorzeichen.

Denn die Factoren, die h und k gar nicht enthalten, werden durch diese Transposition nicht berührt; dann haben wir in P und P' den Factor $\pm (a_h - a_k)$ und die Factorenpaare $\pm (a_h - a_\nu)\,(a_k - a_\nu)$, wo ν die Reihe der Zahlen 1, 2 ... n, mit Ausnahme von h, k durchläuft. Der erstere Factor ändert aber sein Zeichen, während das Factorenpaar ungeändert bleibt bei der Transposition (h, k). Daraus folgt:

III. Die Permutationen der ersten Art sind aus einer geraden Anzahl von Transpositionen zusammengesetzt, und die der zweiten Art aus einer ungeraden Anzahl.

Zu der ersten Art ist dann auch die sogenannte identische Permutation zu rechnen, die $\mathfrak{A}$ ungeändert lässt.

Daraus ergiebt sich noch die Folgerung: Auf wie verschiedenen Wegen man auch $\mathfrak{A}'$ aus $\mathfrak{A}$ durch Transpositionen ableiten mag, die Anzahl dieser Transpositionen ist bei allen diesen Arten übereinstimmend gerade oder ungerade (je nachdem $\mathfrak{A}'$ zur ersten oder zur zweiten Art gehört).

Wenn wir in den sämmtlichen Anordnungen

$$\mathfrak{A},\ \mathfrak{A}',\ \mathfrak{A}'' \ldots$$

der n Elemente eine Transposition, etwa (1, 2), vornehmen, so geht jede dieser Anordnungen in eine bestimmte andere über, etwa $\mathfrak{A}$ in $\mathfrak{B}$, $\mathfrak{A}'$ in $\mathfrak{B}'$, $\mathfrak{A}''$ in $\mathfrak{B}''$ . . ., und wenn wir dieselbe Transposition noch einmal wiederholen, so geht $\mathfrak{B}$ wieder in $\mathfrak{A}$, $\mathfrak{B}'$ wieder in $\mathfrak{A}'$ . . . über. Daraus folgt, dass die Anordnungen $\mathfrak{B}$, $\mathfrak{B}'$, $\mathfrak{B}''$ . . . alle von einander verschieden sind und folglich in ihrer Gesammtheit mit der Gesammtheit der $\mathfrak{A}$ übereinstimmen. Da nun, wie wir oben gesehen haben, die sämmtlichen Differenzenproducte

$$P,\ P',\ P'', \ldots$$

die aus P mit den verschiedenen Anordnungen $\mathfrak{A}$, $\mathfrak{A}'$, $\mathfrak{A}''$ . . . gebildet sind, durch eine Transposition das Zeichen ändern, so folgt, dass jedem $\mathfrak{A}$ der ersten Art ein $\mathfrak{B}$ der zweiten Art entspricht und jedem $\mathfrak{A}$ der zweiten Art ein $\mathfrak{B}$ der ersten Art.

IV. Hiernach ist die Anzahl der Anordnungen der ersten Art ebenso gross, wie die Anzahl der Anordnungen der zweiten Art, nämlich $\frac{1}{2}\,\Pi(n)$ [1].

Für $n = 3$ haben wir die folgenden sechs Anordnungen, von denen die erste Horizontalreihe die erste Art bildet:

$$(3) \qquad \begin{array}{lll} (1,\ 2,\ 3), & (2,\ 3,\ 1), & (3,\ 1,\ 2) \\ (3,\ 2,\ 1), & (2,\ 1,\ 3), & (1,\ 3,\ 2) \end{array}$$

[1] Diese Sätze sind hier aus der Betrachtung des Productes P, also einer Zahlgrösse, gewonnen. Wie man ohne Benutzung einer solchen Function zu denselben Ergebnissen gelangen kann, werden wir im XIV. Abschnitt sehen.

§. 20.

Determinanten.

Wir betrachten jetzt ein System von n^2 beliebigen Grössen, mit denen die rationalen Rechenoperationen ausgeführt werden können. Zu einer einfachen Bezeichnung dieser Grössen wählen wir einen Buchstaben mit einem doppelten Index $a_i^{(k)}$, worin i sowohl als k die Reihe der Ziffern 1, 2, 3 ... n durchlaufen soll. Zur besseren Uebersicht ordnen wir diese Grössen in ein Quadrat, so dass alle a mit demselben oberen Index in einer Horizontalreihe, alle a mit demselben unteren Index in einer Verticalreihe stehen, und bezeichnen dies Quadrat mit Δ, also:

$$(1) \qquad \Delta = \begin{vmatrix} a_1^{(1)}, & a_2^{(1)}, & a_3^{(1)} & \dots & a_n^{(1)} \\ a_1^{(2)}, & a_2^{(2)}, & a_3^{(2)} & \dots & a_n^{(2)} \\ a_1^{(3)}, & a_2^{(3)}, & a_3^{(3)} & \dots & a_n^{(3)} \\ \cdot & \cdot & \cdot & \cdot & \cdot \\ a_1^{(n)}, & a_2^{(n)}, & a_3^{(n)} & \dots & a_n^{(n)} \end{vmatrix}$$

Der Kürze halber nennt man die Horizontalreihen Zeilen, die Verticalreihen Colonnen.

Wir wollen aber unter dem zwischen verticalen Strichen eingeschlossenen Quadrat nicht nur den Complex der Grössen a verstehen, sondern eine bestimmte arithmetische Verbindung dieser Grössen, die sich ausrechnen lässt, sobald die a numerisch gegeben sind, und die wir jetzt beschreiben wollen.

Man bilde das Product der in der von links oben nach rechts unten gehenden Diagonale stehenden Glieder:

$$(2) \qquad M = a_1^{(1)} a_2^{(2)} a_3^{(3)} \dots a_n^{(n)},$$

leite daraus $\Pi(n)$ Producte $M, M', M'' \dots$ her, indem man die unteren Indices permutirt, und gebe jedem so entstandenen Product das positive oder negative Zeichen, je nachdem die angewandte Permutation zur ersten oder zur zweiten Art gehört, also nach der Bezeichnung des vorigen Paragraphen:

$$(3) \qquad M' = \pm\, a_{\alpha_1}^{(1)} a_{\alpha_2}^{(2)} \dots a_{\alpha_n}^{(n)}.$$

Die Summe aus diesen Producten

$$M + M' + M'' + \dots = \Sigma M$$

soll Δ sein. Δ wird die Determinante der n^2 Elemente $a_i^{(k)}$ genannt, und zwar, wenn die Unterscheidung nothwendig ist, eine n-reihige Determinante (auch Determinante $n$ten Grades oder $n$ter Ordnung). Das Glied M dieser Summe, d. h. also das Product aller in der Diagonale des Quadrats stehenden Elemente, wird das Hauptglied genannt.

Nehmen wir z. B. $n = 2$, so erhalten wir

(4) $$\Delta = a_1^{(1)} a_2^{(2)} - a_2^{(1)} a_1^{(2)},$$

und für $n = 3$ [nach (3) des vorigen Paragraphen]:

(5) $$\begin{aligned} \Delta = & \; a_1^{(1)} a_2^{(2)} a_3^{(3)} + a_2^{(1)} a_3^{(2)} a_1^{(3)} + a_3^{(1)} a_1^{(2)} a_2^{(3)} \\ & - a_3^{(1)} a_2^{(2)} a_1^{(3)} - a_2^{(1)} a_1^{(2)} a_3^{(3)} - a_1^{(1)} a_3^{(2)} a_2^{(3)}, \end{aligned}$$

oder in anderer Bezeichnung:

(6) $$\begin{vmatrix} a, & b \\ c, & d \end{vmatrix} = ad - bc.$$

(7) $$\begin{vmatrix} a, & b, & c \\ a', & b', & c' \\ a'', & b'', & c'' \end{vmatrix} = \begin{matrix} ab'c'' + bc'a'' + ca'b'' \\ - ac'b'' - ba'c'' - cb'a''. \end{matrix}$$

Es ist dem Leser zu empfehlen, die Berechnung solcher Determinanten an Zahlenbeispielen einzuüben.

Die Bezeichnung (1) ist in vielen Fällen zu umständlich; es sind daher noch andere, kürzere Zeichen im Gebrauch. So setzt Jacobi, indem er nur das Hauptglied der entwickelten Determinante ausführlich schreibt:

(8) $$\Delta = \Sigma \pm a_1^{(1)} a_2^{(2)} \dots a_n^{(n)},$$

und Kronecker noch kürzer:

(9) $$\Delta = | a_i^{(k)} |.$$

Beide Bezeichnungen sind aber nur dann ganz deutlich, wenn die Elemente in der hier vorausgesetzten Weise durch zwei Indices bezeichnet sind, und durchaus unanwendbar, wenn die Elemente z. B. numerisch gegeben sind.

Es kommen bisweilen Determinanten vor, bei denen

$$a_i^{(k)} = a_k^{(i)}$$

ist, bei denen also in (1) die symmetrisch zur Diagonale des Quadrats stehenden Elemente einander gleich sind. Wir werden in diesen Fällen gewöhnlich beide Indices (um ihre Gleichwerthigkeit anzudeuten) unten hinsetzen, also

$$a_{i,k} = a_{k,i}$$

setzen. Solche Determinanten heissen symmetrisch.

§. 21.

Hauptsätze über Determinanten.

Aus dem Begriff der Determinante ergeben sich leicht die ersten Sätze, die für die Anwendung geeignet sind.

Wenn wir in dem Product [§. 20, (3)]

(1) $$M' = \pm\, a_{\alpha_1}^{(1)} a_{\alpha_2}^{(2)} \dots a_{\alpha_n}^{(n)}$$

die Factoren umstellen, so ändert sich sein Werth nicht. Wir können also die Factoren auch so anordnen, dass die unteren Indices in ihrer natürlichen Reihenfolge $1, 2 \dots n$ erscheinen. Dabei werden dann die oberen Indices in einer gewissen Weise permutirt erscheinen, also M' die Form erhalten:

(2) $$\pm\, a_1^{(\beta_1)} a_2^{(\beta_2)} \dots a_n^{(\beta_n)},$$

worin

$$(\beta_1, \beta_2 \dots \beta_n) = \mathfrak{B},$$

ebenso wie

$$(\alpha_1, \alpha_2 \dots \alpha_n) = \mathfrak{A}$$

eine Anordnung der Ziffern $1, 2 \dots n$ bedeutet. Man kann die Anordnung $\mathfrak{B}$ dadurch erhalten, dass man in den Factoren von M' die Transpositionen, die zu $\mathfrak{A}$ geführt haben, von der letzten anfangend, rückgängig macht, um in der Reihe der unteren Indices wieder die ursprüngliche Anordnung zu erhalten. Die dabei sich ergebende Reihenfolge der oberen Indices ist dann die Anordnung $\mathfrak{B}$. Es folgt daraus, dass $\mathfrak{B}$ zur ersten oder zur zweiten Art gehört, je nachdem $\mathfrak{A}$ zur ersten oder zur zweiten Art gehört, da beide durch die gleiche Anzahl von Transpositionen entstehen. Die Gesammtheit der $\mathfrak{B}$ stellt ebenso wie die Gesammtheit der $\mathfrak{A}$ alle Permutationen der n Elemente dar, da zwei verschiedene $\mathfrak{A}$ niemals zu demselben $\mathfrak{B}$ führen können. Damit ist bewiesen:

I. Die Determinante Δ kann auch dadurch gebildet werden, dass man in dem Hauptglied $a_1^{(1)} a_2^{(2)} \dots a_n^{(n)}$ die oberen Indices auf alle möglichen Arten permutirt, jedem der so gebildeten Producte das positive oder negative Zeichen giebt, je nachdem die angewandte Permutation zur ersten oder zweiten Art gehört, und dann die Summe aller dieser Producte nimmt.

In der Darstellung §. 20, (1) von Δ werden durch die oberen Indices die Zeilen, durch die unteren Indices die Colonnen gekennzeichnet, und demnach können wir diesem Satze auch den folgenden Ausdruck geben:

II. Eine Determinante ändert sich nicht, wenn die Zeilen zu Colonnen und die Colonnen zu Zeilen gemacht werden.

Wenn wir in den sämmtlichen Anordnungen $\mathfrak{A}, \mathfrak{A}', \mathfrak{A}'' \ldots$ der n Elemente irgend zwei Elemente mit einander vertauschen, so bleibt die Gesammtheit dieser Anordnungen ungeändert, aber es geht jede Anordnung erster Art in eine Anordnung zweiter Art über und umgekehrt. Wenn wir also in den Gliedern $M, M', M'' \ldots$, aus denen Δ zusammengesetzt ist, irgend zwei untere Indices vertauschen, so geht jedes Glied mit positivem Zeichen in ein anderes über, das in Δ mit dem negativen Zeichen behaftet war und umgekehrt, also es ändert Δ sein Vorzeichen. Daraus folgt mit Hülfe von II. der Satz:

III. Wenn man in Δ zwei untere oder zwei obere Indices mit einander vertauscht, so ändert die Determinante nur ihr Vorzeichen.

Etwas anders ausgedrückt:

Wenn man zwei Zeilen oder zwei Colonnen mit einander vertauscht, so ändert die Determinante nur ihr Vorzeichen

und daraus allgemeiner:

IV. Wenn in einer Determinante die Zeilen oder die Colonnen permutirt werden, so ändert sich der absolute Werth nicht, und das Vorzeichen ändert sich nicht oder geht in das entgegengesetzte über, je nachdem die angewandte Permutation zur ersten oder zweiten Art gehört.

Aus III erhält man den folgenden Fundamentalsatz:

V. Wenn in zwei Zeilen oder in zwei Colonnen die an gleicher Stelle stehenden Glieder einander gleich sind (kürzer ausgedrückt: wenn zwei Reihen einander gleich sind), so hat die Determinante den Werth Null.

Denn die Vertauschung der zwei Reihen ändert nach III. das Zeichen, kann aber andererseits, da beide Reihen identisch sind, nichts ändern, so dass für Δ nur der Werth Null übrig bleibt.

Man drückt den Satz V nur anders aus, wenn man sagt:

VI. Man erhält eine verschwindende Determinante, wenn man die Elemente einer Reihe durch die entsprechenden Elemente einer anderen Reihe, oder, kurz gesagt, wenn man einen unteren oder oberen Index durch einen anderen ersetzt.

§. 22.

Unterdeterminanten.

In jedem Gliede der entwickelten Determinante

$$\Sigma \pm a_1^{(1)} a_2^{(2)} \ldots a_n^{(n)},$$

deren Werth wir jetzt mit A bezeichnen wollen, kommt jede der Zahlen 1, 2 ... n ein und nur einmal als unterer Index vor. Es wird also ein gewisser Complex von Gliedern den Factor $a_1^{(1)}$ enthalten, ein anderer Complex den Factor $a_1^{(2)}$ u. s. f., endlich ein Complex den Factor $a_1^{(n)}$; jedes Glied der Determinante kommt in einem und nur in einem dieser Complexe vor.

Bezeichnen wir also den ersten dieser Complexe mit $a_1^{(1)} A_1^{(1)}$, den zweiten mit $a_1^{(2)} A_1^{(2)}$, den letzten mit $a_1^{(n)} A_1^{(n)}$, so können wir die Determinante folgendermaassen darstellen:

$$(1) \qquad A = a_1^{(1)} A_1^{(1)} + a_1^{(2)} A_1^{(2)} + \cdots + a_1^{(n)} A_1^{(n)}.$$

An Stelle des unteren Index 1 hätten wir ebenso gut jeden anderen, ν, herausgreifen und daher

$$(2) \qquad A = a_\nu^{(1)} A_\nu^{(1)} + a_\nu^{(2)} A_\nu^{(2)} + \cdots + a_\nu^{(n)} A_\nu^{(n)}$$

setzen können. Darin bedeutet das Product $a_\nu^{(\mu)} A_\nu^{(\mu)}$ den Complex aller Glieder der Determinante, die den Factor $a_\nu^{(\mu)}$ enthalten.

Da dieselben Regeln wie für die unteren so auch für die oberen Indices gelten, so kann man die Determinante auch noch in der folgenden Weise schreiben:

$$(3) \qquad A = a_1^{(\mu)} A_1^{(\mu)} + a_2^{(\mu)} A_2^{(\mu)} + \cdots + a_n^{(\mu)} A_n^{(\mu)},$$

worin μ gleichfalls jeden der Indices 1, 2 ... n bedeuten kann.

Die hierdurch vollständig definirten Grössen $A_\nu^{(\mu)}$ heissen die Unterdeterminanten der Determinante A. Um ihre Bildungsweise genau kennen zu lernen, betrachten wir zunächst den Complex $a_1^{(1)} A_1^{(1)}$. Man erhält ihn, wenn man in dem Product

$$a_1^{(1)} a_2^{(2)} \dots a_n^{(n)}$$

den unteren Index 1 ungeändert lässt und nur die übrigen Indices 2, 3 . . . n auf alle Arten permutirt und die Summe der entstandenen Glieder mit Rücksicht auf die Zeichenregel bildet, d. h. es ist $A_1^{(1)}$ die $(n-1)$reihige Determinante:

$$(4) \qquad A_1^{(1)} = \begin{vmatrix} a_2^{(2)}, & a_3^{(2)} & \dots & a_n^{(2)} \\ a_2^{(3)}, & a_3^{(3)} & \dots & a_n^{(3)} \\ \cdot & \cdot & \cdot & \cdot \\ a_2^{(n)}, & a_3^{(n)} & \dots & a_n^{(n)} \end{vmatrix},$$

oder die Determinante, die man aus A erhält, wenn man in dem A darstellenden Quadrat [§. 20, (1)] die erste Zeile und die erste Colonne weglässt.

Daraus ergiebt sich leicht die Bedeutung von $A_\nu^{(\mu)}$; man kann, indem man $\nu - 1$ Zeilenvertauschungen vornimmt, die νte Zeile zur ersten machen, und wenn man noch $\mu - 1$ Vertauschungen der Colonnen hinzunimmt, die μte Colonne zur ersten; im Uebrigen bleiben die Reihen in ihrer Aufeinanderfolge ungeändert. Die Determinante selbst hat den Factor $(-1)^{\mu+\nu}$ angenommen und ist dem absoluten Werthe nach ungeändert geblieben (§. 21, IV). In der so umgeänderten Reihenfolge ist aber das Element $a_\nu^{(\mu)}$ an die Stelle des Elementes $a_1^{(1)}$ getreten, und daraus schliesst man auf folgendes Bildungsgesetz:

Man erhält die Unterdeterminante $A_\nu^{(\mu)}$ dadurch, dass man in dem die Determinante darstellenden Quadrat die beiden Reihen weglässt, die sich in $a_\nu^{(\mu)}$ kreuzen, und den Factor $(-1)^{\nu+\mu}$ hinzufügt.

So erhält man z. B. für die dreireihige Determinante die folgende Darstellung:

$$(5) \qquad \begin{vmatrix} a, & b, & c \\ a', & b', & c' \\ a'', & b'', & c'' \end{vmatrix} = a \begin{vmatrix} b', & c' \\ b'', & c'' \end{vmatrix} - b \begin{vmatrix} a', & c' \\ a'' & c'' \end{vmatrix} + c \begin{vmatrix} a', & b' \\ a'', & b'' \end{vmatrix}$$
$$= a(b'c'' - c'b'') + b(c'a'' - a'c'') + c(a'b'' - b'a'').$$

Da der untere Index ν in $A_\nu^{(\mu)}$ gar nicht vorkommt, so ändert sich $A_\nu^{(\mu)}$ nicht, wenn der untere Index ν durch einen anderen ersetzt wird. Dann aber verschwindet nach §. 21, VI. die Determinante. Wir erhalten demnach aus (2) die folgende wichtige Relation, in der μ, ν irgend zwei von einander verschiedene Ziffern 1, 2 ... n sein können:

$$(6)\qquad 0 = a_\mu^{(1)} A_\nu^{(1)} + a_\mu^{(2)} A_\nu^{(2)} + \cdots + a_\mu^{(n)} A_\nu^{(n)},$$

und ebenso bekommt man aus (3):

$$(7)\qquad 0 = a_1^{(\mu)} A_1^{(\nu)} + a_2^{(\mu)} A_2^{(\nu)} + \cdots + a_n^{(\mu)} A_n^{(\nu)}.$$

Beispielsweise ergiebt sich aus (5), wenn a, b, c durch a', b', c' ersetzt werden:

$$(8)\quad a'(b'c'' - c'b'') + b'(c'a'' - a'c'') + c'(a'b'' - b'a'') = 0,$$

eine Formel, von deren Richtigkeit man sich durch die einfachste Rechnung überzeugt.

Wenn wir die Relation (6) mit einem beliebigen Factor λ multipliciren und zu (2) addiren, so erhalten wir die Formel:

$$(9)\qquad A = (a_\nu^{(1)} + \lambda a_\mu^{(1)}) A_\nu^{(1)} + (a_\nu^{(2)} + \lambda a_\mu^{(2)}) A_\nu^{(2)} + \cdots + (a_\nu^{(n)} + \lambda a_\mu^{(n)}) A_\nu^{(n)},$$

die uns den folgenden Satz ausdrückt:

VII. Die Determinante ändert ihren Werth nicht, wenn man zu den Elementen einer Zeile, die mit einem beliebigen gemeinschaftlichen Factor multiplicirten entsprechenden Elemente einer anderen Zeile addirt.

Derselbe Satz gilt auch von den Colonnen. Er wird zur Vereinfachung und numerischen Berechnung von Determinanten oft mit Nutzen verwendet. Wir fügen noch folgende Sätze bei, die sich aus den Darstellungen (2), (3) sofort ablesen lassen.

VIII. Wenn alle Elemente einer Zeile oder einer Colonne einen gemeinschaftlichen Factor haben, so kann dieser weggelassen und als Factor vor die Determinante gesetzt werden.

Denn es ist nach (2):

$$p a_\nu^{(1)} A_\nu^{(1)} + p a_\nu^{(2)} A_\nu^{(2)} + \cdots + p a_\nu^{(n)} A_\nu^{(n)} = p A.$$

IX. Wenn in einer Zeile oder in einer Colonne alle Elemente bis auf eines verschwinden, so reducirt sich die Determinante auf das Product dieses einen Elementes mit der entsprechenden Unterdeterminante.

Denn wenn $a_\nu^{(1)}, a_\nu^{(2)} \dots a_\nu^{(n)}$ mit Ausnahme von $a_\nu^{(\mu)}$ verschwinden, so ist nach (2):

$$A = a_\nu^{(\mu)} A_\nu^{(\mu)};$$

der Werth von A ist dann von den $a_1^{(\mu)}, a_2^{(\mu)} \dots a_n^{(\mu)}$ (mit Ausnahme von $a_\nu^{(\mu)}$) ganz unabhängig.

Um von diesen Sätzen eine Anwendung zu machen, wollen wir den Werth der Determinante

$$\Delta = \begin{vmatrix} 1, & a, & a^2 \\ 1, & b, & b^2 \\ 1, & c, & c^2 \end{vmatrix}$$

bestimmen, worin a, b, c beliebige Grössen seien.

Multipliciren wir die zweite Colonne mit a und subtrahiren sie von der dritten, darauf die erste mit a und subtrahiren sie von der zweiten, so folgt nach VII:

$$\Delta = \begin{vmatrix} 1, & 0, & 0 \\ 1, & b-a, & b(b-a) \\ 1, & c-a, & c(c-a) \end{vmatrix},$$

und nach IX:

$$\Delta = \begin{vmatrix} b-a, & b(b-a) \\ c-a, & c(c-a) \end{vmatrix},$$

und endlich nach VIII:

$$(10) \qquad \Delta = (b-a)(c-a) \begin{vmatrix} 1, & b \\ 1, & c \end{vmatrix} = (b-a)(c-a)(c-b).$$

Auf die gleiche Weise kann man auch die $n$reihige Determinante

$$\begin{vmatrix} 1, & a_1, & a_1^2 & \dots & a_1^{n-1} \\ 1, & a_2, & a_2^2 & \dots & a_2^{n-1} \\ . & . & . & . & . \\ 1, & a_n, & a_n^2 & \dots & a_n^{n-1} \end{vmatrix}$$

behandeln und findet ihren Werth gleich

$$(11) \qquad \begin{array}{r} (a_2 - a_1)(a_3 - a_1) \dots (a_n - a_1) \\ (a_3 - a_2) \dots (a_n - a_2) \\ \dots\dots\dots\dots\dots \\ (a_n - a_{n-1}). \end{array}$$

Ordnet man die Colonnen in umgekehrter Reihenfolge, so sind dazu, je nachdem n gerade oder ungerade ist,

$$\frac{n}{2} \text{ oder } \frac{n-1}{2}$$

Vertauschungen erforderlich, so dass sich die so geordnete Determinante von $\varDelta$ durch den Factor

$$(-1)^{\frac{n(n-1)}{2}}$$

unterscheidet. Es kommt auf dasselbe hinaus, wenn man den $\frac{n(n-1)}{2}$ Factoren des Productes (11) das entgegengesetzte Vorzeichen giebt.

Es besteht also zugleich mit (11) die Gleichung:

$$(12)\quad \begin{vmatrix} a_1^{n-1}, & a_1^{n-2} & \ldots & a_1, & 1 \\ a_2^{n-1}, & a_2^{n-2} & \ldots & a_2, & 1 \\ \cdot & \cdot & \cdot & \cdot & \cdot \\ a_n^{n-1}, & a_n^{n-2} & \ldots & a_n, & 1 \end{vmatrix} = \begin{array}{r} (a_1 - a_2)(a_1 - a_3) \ldots (a_1 - a_n) \\ (a_2 - a_3) \ldots (a_2 - a_n) \\ \cdot\ \cdot\ \cdot\ \cdot\ \cdot\ \cdot\ \cdot \\ (a_{n-1} - a_n). \end{array}$$

Wir wollen hier noch eine Bezeichnungsweise der Unterdeterminanten erwähnen, die der Differentialrechnung entnommen ist und oft mit Nutzen verwendet wird, besonders wenn es sich um die Bildung von Derivirten handelt.

Wenn die Grössen $a_i^{(k)}$ als unabhängige Variable betrachtet werden, so ist die Determinante A in Bezug auf jede von ihnen nur vom ersten Grade. Die nach $a_i^{(k)}$ genommene Ableitung oder der Differentialquotient ist also gleich dem Coëfficienten von $a_i^{(k)}$, also:

$$\frac{\partial A}{\partial a_i^{(k)}} = A_i^{(k)}.$$

Wenn demnach z. B. die $a_i^{(k)}$ Functionen einer Variablen t sind, so ist auch A eine Function von t, und man erhält nach den ersten Regeln der Differentialrechnung die Ableitung von A in Bezug auf t in der Form

$$A'(t) = \Sigma A_i^{(k)} \frac{\partial a_i^{(k)}}{\partial t},$$

wenn $\frac{\partial a_i^{(k)}}{\partial t}$ die Ableitung von $a_i^{(k)}$ nach t bedeutet.

§. 23.

Die Unterdeterminanten im weiteren Sinne.

Wir können nun die Betrachtungen des vorigen Paragraphen in folgender Weise verallgemeinern.

Wie wir vorhin von der Aufgabe ausgegangen sind, alle Glieder in der entwickelten Determinante A aufzusuchen, die den Factor $a_1^{(1)}$ enthalten, so wollen wir jetzt alle die Glieder aufsuchen, die den Factor

$$a_1^{(1)}\, a_2^{(2)} \ldots a_\nu^{(\nu)}$$

enthalten, worin ν eine beliebige Zahl unter n sein kann.

Diese Glieder erhalten wir aus dem Hauptgliede

$$a_1^{(1)}\, a_2^{(2)} \ldots a_\nu^{(\nu)}\, a_{\nu+1}^{(\nu+1)} \ldots a_n^{(n)},$$

wenn wir bei der Permutation der unteren Indices $1, 2 \ldots \nu$ ungeändert lassen und nur $\nu + 1, \ldots n$ auf alle Arten permutiren unter Berücksichtigung der Vorzeichenregel.

Demnach ist der Inbegriff der gesuchten Glieder

$$(1) \qquad a_1^{(1)}\, a_2^{(2)} \ldots a_\nu^{(\nu)} \begin{vmatrix} a_{\nu+1}^{(\nu+1)} & \ldots & a_n^{(\nu+1)} \\ \cdot & \cdot\;\cdot\;\cdot & \cdot \\ a_{\nu+1}^{(n)} & \ldots & a_n^{(n)} \end{vmatrix}.$$

I. Die hier als Factor auftretende Determinante von $n - \nu$ Reihen, die wir mit $A_{1,\,2\ldots\,\nu}^{1,\,2\ldots\,\nu}$ bezeichnen, entsteht aus A durch Weglassen der ν ersten Zeilen und Colonnen.

Dieses Resultat wollen wir nun auf folgende Art verallgemeinern:

Wir wählen irgend ν Elemente

$$a_{\alpha_1}^{(\beta_1)},\; a_{\alpha_2}^{(\beta_2)} \ldots a_{\alpha_\nu}^{(\beta_\nu)}$$

aus, jedoch so, dass nicht zwei Elemente in derselben Zeile oder in derselben Colonne vorkommen, d. h. so, dass nicht zweimal derselbe untere oder derselbe obere Index vorkommt, und bezeichnen den Inbegriff der Glieder der Determinante, die das Product dieser Elemente als Factor enthalten, mit

(2) $$a_{\alpha_1}^{(\beta_1)}\, a_{\alpha_2}^{(\beta_2)} \ldots a_{\alpha_\nu}^{(\beta_\nu)}\; A_{\alpha_1,\, \alpha_2 \ldots \alpha_\nu}^{\beta_1,\, \beta_2 \ldots \beta_\nu}.$$

Man kann durch Umstellen von Zeilen und Colonnen, wodurch höchstens das Zeichen der Determinante geändert wird, immer erreichen, dass die Elemente

(3) $$a_{\alpha_1}^{(\beta_1)},\; a_{\alpha_2}^{(\beta_2)} \ldots a_{\alpha_\nu}^{(\beta_\nu)}$$

an die Stelle der Elemente.

$$a_1^{(1)},\; a_2^{(2)} \ldots a_\nu^{(\nu)}$$

gelangen; dann aber lässt sich die Regel I. auf die Bestimmung von $A_{\alpha_1,\, \alpha_2 \ldots \alpha_\nu}^{\beta_1,\, \beta_2 \ldots \beta_\nu}$ anwenden und es ergiebt sich:

II. Man erhält (vom Vorzeichen abgesehen) $A_{\alpha_1,\, \alpha_2 \ldots \alpha_\nu}^{\beta_1,\, \beta_2 \ldots \beta_\nu}$ als $(n-\nu)$reihige Determinante, wenn man in A alle Zeilen und Colonnen weglässt, die sich in einem der Elemente (3) schneiden, und die übrig bleibenden Zeilen und Colonnen in ihrer Reihenfolge stehen lässt.

Für die Zeichenbestimmung aber ergiebt sich folgende Vorschrift.

Man ordne die unteren und die oberen Indices $1, 2 \ldots n$ in der Weise:

(4) $$\alpha_1,\, \alpha_2 \ldots \alpha_\nu,\, \alpha_{\nu+1} \ldots \alpha_n$$

(5) $$\beta_1,\, \beta_2 \ldots \beta_\nu,\, \beta_{\nu+1} \ldots \beta_n,$$

indem man $\alpha_{\nu+1} \ldots \alpha_n$ und ebenso $\beta_{\nu+1} \ldots \beta_n$ der Grösse nach auf einander folgend annimmt.

III. Die in II. beschriebene $(n-\nu)$-reihige Determinante erhält das positive oder negative Zeichen, je nachdem die beiden Anordnungen (4) und (5) der Ziffern $1, 2 \ldots n$ beide zu derselben oder zu verschiedenen Arten gehören.

Denn die Determinante ändert ihr Zeichen durch jede Vertauschung zweier unterer oder zweier oberer Indices. Um den allgemeinen Fall (2) auf den besonderen Fall (1) zurückzuführen, hat man so viele Transpositionen oberer und unterer Indices vorzunehmen, dass die Permutationen (4) und (5) beide in die ursprüngliche Anordnung $1, 2, 3 \ldots n$ übergehen, und ebenso viele Zeichenwechsel haben stattgefunden.

Die so definirten Grössen

$$A^{\beta_1, \beta_2 \dots \beta_\nu}_{\alpha_1, \alpha_2 \dots \alpha_\nu}$$

heissen die νten Unterdeterminanten oder Unterdeterminanten νter Ordnung. Sie sind dargestellt durch $(n - \nu)$reihige Determinanten.

Aus III. folgt in Bezug auf diese Unterdeterminanten der Satz:

IV. Die Unterdeterminante $A^{\beta_1, \beta_2 \dots \beta_\nu}_{\alpha_1, \alpha_2 \dots \alpha_\nu}$ ändert nur ihr Vorzeichen, wenn zwei ihrer unteren oder zwei ihrer oberen Indices vertauscht werden, oder allgemeiner: sie bleibt dem absoluten Werthe nach ungeändert, wenn die Anordnung der Indices $\alpha_1, \alpha_2 \dots \alpha_\nu$ durch irgend eine andere Anordnung ersetzt wird und ändert das Zeichen oder nicht, je nachdem diese Permutation zur zweiten oder zur ersten Art gehört.

Bezeichnen wir aber mit $\alpha'_1, \alpha'_2 \dots \alpha'_\nu$ irgend eine Anordnung der $\alpha_1, \alpha_2 \dots \alpha_\nu$, so enthält die Determinante A auch den Complex der Glieder

$$\pm\, a^{(\beta_1)}_{\alpha'_1}\, a^{(\beta_2)}_{\alpha'_2} \dots a^{(\beta_\nu)}_{\alpha'_\nu}\, A^{\beta_1, \beta_2 \dots \beta_\nu}_{\alpha_1, \alpha_2 \dots \alpha_\nu},$$

und wenn wir also alle diese Glieder sammeln, so erhalten wir den Complex:

$$A^{\beta_1, \beta_2 \dots \beta_\nu}_{\alpha_1, \alpha_2 \dots \alpha_\nu} \quad \Sigma \pm a^{(\beta_1)}_{\alpha_1}\, a^{(\beta_2)}_{\alpha_2} \dots a^{(\beta_\nu)}_{\alpha_\nu}. \tag{6}$$

Die hier auftretende ν-reihige Determinante

$$\Sigma \pm a^{(\beta_1)}_{\alpha_1}, a^{(\beta_2)}_{\alpha_2} \dots a^{(\beta_\nu)}_{\alpha_\nu} = \begin{vmatrix} a^{(\beta_1)}_{\alpha_1}, & a^{(\beta_1)}_{\alpha_2} & \dots & a^{(\beta_1)}_{\alpha_\nu} \\ a^{(\beta_2)}_{\alpha_1}, & a^{(\beta_2)}_{\alpha_2} & \dots & a^{(\beta_2)}_{\alpha_\nu} \\ \cdot & \cdot & \cdot & \cdot \\ a^{(\beta_\nu)}_{\alpha_1}, & a^{(\beta_\nu)}_{\alpha_2} & \dots & a^{(\beta_\nu)}_{\alpha_\nu} \end{vmatrix}$$

wollen wir die zu $A^{\beta_1, \beta_2 \dots \beta_\nu}_{\alpha_1, \alpha_2 \dots \alpha_\nu}$ complementäre Unterdeterminante nennen und mit $B^{\beta_1, \beta_2 \dots \beta_\nu}_{\alpha_1, \alpha_2 \dots \alpha_\nu}$ bezeichnen. Sie enthält genau die Zeilen und Colonnen, die in $A^{\beta_1, \beta_2 \dots \beta_\nu}_{\alpha_1, \alpha_2 \dots \alpha_\nu}$ fehlen und stimmt, abgesehen vom Vorzeichen, mit der Unterdeterminante $(n - \nu)$ter Ordnung

$$A^{\beta_{\nu+1} \dots \beta_n}_{\alpha_{\nu+1} \dots \alpha_n}$$

überein. Der Complex der Glieder (6) wird also bezeichnet mit

$$(7) \qquad A^{\beta_1, \beta_2 \dots \beta_\nu}_{\alpha_1, \alpha_2 \dots \alpha_\nu} \; B^{\beta_1, \beta_2 \dots \beta_\nu}_{\alpha_1, \alpha_2 \dots \alpha_\nu}.$$

Wählen wir nun für $\alpha_1, \alpha_2 \dots \alpha_\nu$ jede Combination von ν der Ziffern $1, 2 \dots n$, deren Anzahl (nach §. 7) $B^{(n)}_\nu$ ist, so erhalten wir, indem wir $\beta_1, \beta_2 \dots \beta_\nu$ festhalten, ebenso viele Complexe der Form (7), und jedes Glied der Determinante A kommt in einem und nur in einem dieser Complexe vor.

V. Demnach erhalten wir, wenn wir alle Ausdrücke (7) summiren, die Determinante A:

$$(8) \qquad A = \sum^{\alpha} A^{\beta_1, \beta_2 \dots \beta_\nu}_{\alpha_1, \alpha_2 \dots \alpha_\nu} \; B^{\beta_1, \beta_2 \dots \beta_\nu}_{\alpha_1, \alpha_2 \dots \alpha_\nu}.$$

Selbstverständlich kann man auch die Combination der α festhalten und in Bezug auf die β summiren.

Dies ist der Satz von Laplace.

Noch eine andere Darstellung der Determinante A durch die ersten und zweiten Unterdeterminanten erhält man auf folgende Weise.

Man wähle in A irgend zwei Reihen aus, die sich in einem Element, etwa in $a^{(\mu)}_\nu$, schneiden. In jedem Gliede von A kommt ein Element mit dem unteren Index ν und ein Element mit dem oberen Index μ vor. Wir haben also zunächst in A den Complex $a^{(\mu)}_\nu \; A^{(\mu)}_\nu$ und ferner die verschiedenen Complexe $a^{(i)}_\nu \; a^{(\mu)}_k \; A^{i,\mu}_{\nu,k}$, worin i jeden von μ verschiedenen und k jeden von ν verschiedenen Index bedeuten kann.

VI. Wir können daher setzen:

$$(9) \qquad A = a^{(\mu)}_\nu \; A^{(\mu)}_\nu + \sum^{i,k} a^{(i)}_\nu \; a^{(\mu)}_k \; A^{i,\mu}_{\nu,k}$$

oder nach IV.

$$(10) \qquad A = a^{(\mu)}_\nu \; A^{(\mu)}_\nu - \sum^{i,k} a^{(i)}_\nu \; a^{(\mu)}_k \; A^{\mu,i}_{\nu,k}.$$

Wir bemerken zu diesem Satze noch, dass $A^{\mu,i}_{\nu,k}$ die dem Elemente $a^{(i)}_k$ entsprechende erste Unterdeterminante der $(n-1)$reihigen Determinante $A^{(\mu)}_\nu$ ist; denn $A^{\mu,i}_{\nu,k}$ ist der Coëfficient von $a_\nu^{(\mu)}\, a_k^{(i)}$ in der Entwickelung von A und $A_\nu^{(\mu)}$ der Coëfficient von $a_\nu^{(\mu)}$, folglich $A_{\nu,k}^{\mu,i}$ der Coëfficient von $a_k^{(i)}$ in der Determinante $A_\nu^{(\mu)}$.

Man kann nach diesem Satze die sogenannte geränderte Determinante

$$(11) \qquad U = \begin{vmatrix} a_1^{(1)}, & a_2^{(1)} & \ldots & a_n^{(1)}, & u_1 \\ a_1^{(2)}, & a_2^{(2)} & \ldots & a_n^{(2)}, & u_2 \\ \cdot & \cdot & \cdot & \cdot & \cdot \\ a_1^{(n)}, & a_2^{(n)} & \ldots & a_n^{(n)}, & u_n \\ v_1, & v_2 & \ldots & v_n, & q \end{vmatrix}$$

nach den Elementen der letzten Zeile und Colonne entwickeln und erhält:

$$(12) \qquad U = q\,A - \sum^{i} \sum^{k} u_i\, v_k\, A_k^{(i)}.$$

Man erhält diese Gleichung aus (10), wenn man n in $n + 1$ verwandelt, und die Elemente der letzten Zeile und Colonne durch eine andere Bezeichnung auszeichnet.

Auch bei den höheren Unterdeterminanten ist bisweilen die Bezeichnung durch Differentialquotienten zweckmässig, so dass z. B.

$$(13) \qquad A_{\nu,k}^{i,\mu} = \frac{\partial^2 A}{\partial a_\nu^{(i)}\, \partial a_k^{(\mu)}}$$

gesetzt wird.

§. 24.

Lineare homogene Gleichungen.

Die hauptsächlichste Anwendung der Determinanten, der die ganze Theorie ihren Ursprung verdankt, ist die Auflösung linearer Gleichungen.

Wir wollen hier die Aufgabe gleich in allgemeinster Weise in Angriff nehmen, da die specielle Form kaum eine Vereinfachung ist und sich nachher leicht aus dem allgemeinen Resultate ableiten lässt.

Wir betrachten ein System von m Gleichungen ersten Grades, in denen n Unbekannte $x_1, x_2 \ldots x_n$ homogen vorkommen:

$$(1)\qquad \begin{array}{l} a_1^{(1)} x_1 + a_2^{(1)} x_2 + \cdots + a_n^{(1)} x_n = 0 \\ a_1^{(2)} x_1 + a_2^{(2)} x_2 + \cdots + a_n^{(2)} x_n = 0 \\ \cdot\ \cdot\ \cdot\ \cdot\ \cdot\ \cdot\ \cdot\ \cdot\ \cdot\ \cdot\ \cdot\ \cdot\ \cdot\ \cdot\ \cdot \\ a_1^{(m)} x_1 + a_2^{(m)} x_2 + \cdots + a_n^{(m)} x_n = 0, \end{array}$$

worin die Coëfficienten $a_i^{(k)}$ als gegebene Grössen betrachtet werden. Ueber die Zahlen m, n wollen wir vorläufig noch gar keine Voraussetzung machen, sondern uns allgemein die Aufgabe stellen, alle Werthsysteme der $x_1, x_2 \ldots x_n$ zu ermitteln, die den Gleichungen (1) genügen.

Eine Lösung der Gleichungen (1) können wir sofort angeben: sie sind nämlich, was auch die Coëfficienten $a_i^{(k)}$ sein mögen, erfüllt, wenn

$$(2)\qquad x_1 = 0,\ x_2 = 0, \ldots x_n = 0.$$

Einen anderen extremen Fall können wir noch erwähnen; wenn nämlich die Coëfficienten $a_i^{(k)}$ sämmtlich den Werth Null haben, dann sind die Gleichungen (1) für beliebige Werthe von $x_1, x_2 \ldots x_n$ befriedigt.

Der allgemeinen Beantwortung der Frage schicken wir folgende Bemerkungen voraus.

Wir schreiben das System der Coëfficienten von (1) in Form eines Rechtecks

$$(3)\qquad \begin{array}{l} a_1^{(1)},\ a_2^{(1)} \ldots a_n^{(1)} \\ a_1^{(2)},\ a_2^{(2)} \ldots a_n^{(2)} \\ \cdot\ \cdot\ \cdot\ \cdot\ \cdot\ \cdot\ \cdot\ \cdot \\ a_1^{(m)},\ a_2^{(m)} \ldots a_n^{(m)}. \end{array}$$

Ein solches Schema, das für sich noch keine numerische Bedeutung hat, heisst eine Matrix, insofern es als Quelle einer grösseren Anzahl von Determinanten betrachtet wird.

Die der Matrix entstammenden Determinanten erhält man, wenn man beliebige Zeilen und Colonnen weglässt, in beliebiger, nur insoweit bestimmter Anzahl, dass die übrig bleibenden Elemente ein Quadrat bilden, und dieses Quadrat als Determinante auffasst.

So erhält man aus der Matrix einreihige, zweireihige u. s. f. Determinanten. Die höchsten Determinanten sind n- oder m-reihig, je nachdem n oder m die kleinere Zahl ist (oder n-reihig, wenn $n = m$ ist).

Wir machen nun die Annahme, dass unter den ν-reihigen Determinanten der Matrix **wenigstens eine** von Null verschieden sei, während die $(\nu + 1)$reihigen und folglich auch die höheren Determinanten, falls solche vorhanden sind, alle verschwinden sollen. ν kann jede Zahl sein, die nicht grösser als die kleinere der beiden Zahlen n oder m ist (oder falls $n = m$ ist, diesen gemeinschaftlichen Werth nicht übertrifft).

Eine solche Zahl ν wird sich immer finden lassen, wenn wir den schon erledigten, ganz interesselosen Fall ausschliessen, dass alle Coëfficienten $a_i^{(k)}$ verschwinden.

Wir können, ohne die Allgemeinheit zu beschränken, zur Vereinfachung der Bezeichnung annehmen, die nicht verschwindende ν-reihige Determinante sei

$$(4) \qquad A = \begin{vmatrix} a_1^{(1)}, & a_2^{(1)} & \dots & a_\nu^{(1)} \\ a_1^{(2)}, & a_2^{(2)} & \dots & a_\nu^{(2)} \\ \cdot & \cdot & \cdot & \cdot \\ a_1^{(\nu)}, & a_2^{(\nu)} & \dots & a_\nu^{(\nu)} \end{vmatrix}$$

Denn offenbar steht es uns frei, das Gleichungssystem (1) in beliebiger Weise anzuordnen, und ferner können wir die Bezeichnung der Unbekannten x so wählen, dass irgend ν von ihnen die ν ersten sind.

Die Unterdeterminanten von A bezeichnen wir wie früher mit $A_i^{(k)}$, worin i, k von 1 bis ν gehen.

I. **Wenn nun zunächst $\nu = n$ ist, was voraussetzt, dass m nicht kleiner als n ist, so haben die Gleichungen (1) keine andere Lösung, als die in den Gleichungen (2) enthaltene.**

Denn greifen wir die n ersten der Gleichungen (1) heraus:

$$(5) \qquad \begin{array}{c} a_1^{(1)} x_1 + a_2^{(1)} x_2 + \cdots + a_n^{(1)} x_n = 0 \\ a_1^{(2)} x_1 + a_2^{(2)} x_2 + \cdots + a_n^{(2)} x_n = 0 \\ \cdot \quad \cdot \quad \cdot \quad \cdot \quad \cdot \quad \cdot \quad \cdot \quad \cdot \\ a_1^{(n)} x_1 + a_2^{(n)} x_2 + \cdots + a_n^{(n)} x_n = 0, \end{array}$$

multipliciren diese der Reihe nach mit $A_\mu^{(1)}, A_\mu^{(2)} \dots A_\mu^{(n)}$, worin μ jeder der Indices $1, 2 \dots n$ sein kann, und addiren sie, so folgt, weil nach §. 22 (2) und (6)

$$\sum_{1,\nu}^{i} A_\mu^{(i)} a_\lambda^{(i)} = 0 \text{ oder } = A$$

ist, je nachdem λ von μ verschieden ist oder nicht,

$$A x_\mu = 0,$$

und da nach unserer Voraussetzung A von Null verschieden ist,

$$x_\mu = 0.$$

Wir heben den am meisten angewendeten besonderen Fall $m = n$ hervor und geben dem Satze für diesen Fall den folgenden Ausdruck:

II. Wenn ein System von n linearen homogenen Gleichungen mit n Unbekannten eine von Null verschiedene Determinante hat, so haben sämmtliche Unbekannte den Werth Null, oder:

Wenn ein System von n linearen Gleichungen mit ebenso vielen homogen vorkommenden Unbekannten eine Lösung hat, bei der nicht alle Unbekannten verschwinden, so verschwindet die Determinante des Systems.

Unter der Determinante eines Systems von n linearen homogenen Gleichungen mit n Unbekannten ist hier die Determinante aus den n^2 Coëfficienten dieser Gleichungen verstanden.

Wir betrachten ferner den Fall, dass ν kleiner als n ist. Da m gleich oder grösser als ν sein muss, so wählen wir die ν ersten Gleichungen des Systems (1), und schreiben sie so:

$$(6)\quad \begin{array}{l} a_1^{(1)} x_1 + a_2^{(1)} x_2 + \cdots + a_\nu^{(1)} x_\nu = - a_{\nu+1}^{(1)} x_{\nu+1} - \cdots - a_n^{(1)} x_n \\ a_1^{(2)} x_1 + a_2^{(2)} x_2 + \cdots + a_\nu^{(2)} x_\nu = - a_{\nu+1}^{(2)} x_{\nu+1} - \cdots - a_n^{(2)} x_n \\ \cdots\cdots\cdots\cdots\cdots\cdots\cdots\cdots \\ a_1^{(\nu)} x_1 + a_2^{(\nu)} x_2 + \cdots + a_\nu^{(\nu)} x_\nu = - a_{\nu+1}^{(\nu)} x_{\nu+1} - \cdots - a_n^{(\nu)} x_n. \end{array}$$

Wir bezeichnen wieder mit μ einen der Indices $1, 2 \ldots \nu$, multipliciren die Gleichungen (6) der Reihe nach mit $A_\mu^{(1)}, A_\mu^{(2)} \ldots A_\mu^{(\nu)}$ und addiren sie. Daraus folgt, wie vorhin, mit Benutzung von §. 22, (2), (6):

$$(7)\qquad A x_\mu = - C_{\nu+1,\mu} x_{\nu+1} - \cdots - C_{n,\mu} x_n,$$

wenn zur Abkürzung gesetzt ist:

$$(8)\qquad C_{\lambda,\mu} = \sum_{1,\nu}^{i} a_\lambda^{(i)} A_\mu^{(i)}, \qquad \lambda = \nu + 1, \nu + 2, \ldots n.$$

Nach §. 22, (2) ist $C_{\lambda,\mu}$ die Determinante, die aus der durch (4) definirten Determinante dadurch hervorgeht, dass man die

Elemente der μ ten Colonne $a_\mu^{(1)}, a_\mu^{(2)} \ldots a_\mu^{(\nu)}$ durch $a_\lambda^{(1)}, a_\lambda^{(2)} \ldots a_\lambda^{(\nu)}$ ersetzt.

Durch (7) sind nun, da A von Null verschieden ist, die $x_1, x_2 \ldots x_\nu$ linear ausgedrückt durch $x_{\nu+1}, \ldots x_n$ und durch die bekannten Grössen.

Es ist nun noch zu zeigen

III. dass durch die Ausdrücke (7) die Gleichungen (1) befriedigt sind, welche Werthe auch $x_{\nu+1}, \ldots x_n$ haben mögen, dass also $n - \nu$ von den Unbekannten willkürlich bleiben, von denen die übrigen ν nach (7) abhängig sind.

Um die Wahrheit dieses Satzes einzusehen, haben wir nur die Ausdrücke (7) in die Gleichungen (1) einzusetzen. Man vereinfacht die Rechnung sehr durch Anwendung eines Summenzeichens Σ, bei dem wir, wie schon oben, die Summationsbuchstaben oben, die Grenzen unten anhängen. Zunächst können wir dann die Gleichungen (7) so schreiben:

$$(9) \quad A x_\mu = -\sum_{\nu+1,n}^{h} \sum_{1,\nu}^{i} a_h^{(i)} A_\mu^{(i)} x_h, \qquad \mu = 1, 2 \ldots \nu.$$

Wir multipliciren, wenn k irgend eine der Ziffern $1, 2 \ldots m$ bedeutet, mit $a_\mu^{(k)}$ und summiren in Bezug auf μ:

$$(10) \quad A \sum_{1,\nu}^{\mu} a_\mu^{(k)} x_\mu = -\sum_{\nu+1,n}^{h} x_h \sum_{1,\nu}^{i} \sum_{1,\nu}^{\mu} a_h^{(i)} a_\mu^{(k)} A_\mu^{(i)}, \qquad k = 1, 2 \ldots m.$$

Dazu addiren wir beiderseits die Summe

$$A \sum_{\nu+1,n}^{h} a_h^{(k)} x_h$$

und erhalten

$$(11) \quad A \sum_{1,n}^{\mu} a_\mu^{(k)} x_\mu = \sum_{\nu+1,n}^{h} x_h \left(A a_h^{(k)} - \sum_{1,\nu}^{i} \sum_{1,\nu}^{\mu} a_h^{(i)} a_\mu^{(k)} A_\mu^{(i)} \right).$$

Der Factor von x_h in der Summe auf der rechten Seite ist nach §. 23, (12) die Determinante

$$(12) \quad \begin{vmatrix} a_1^{(1)}, & a_2^{(1)} & \ldots & a_\nu^{(1)}, & a_h^{(1)} \\ a_1^{(2)}, & a_2^{(2)} & \ldots & a_\nu^{(2)}, & a_h^{(2)} \\ \cdot & \cdot & \cdot & \cdot & \cdot \\ a_1^{(\nu)}, & a_2^{(\nu)} & \ldots & a_\nu^{(\nu)}, & a_h^{(\nu)} \\ a_1^{(k)}, & a_2^{(k)} & \ldots & a_\nu^{(k)}, & a_h^{(k)} \end{vmatrix}$$

und verschwindet daher, wenn $k \lesseqgtr \nu$ ist, nach §. 21, V., weil zwei Zeilen übereinstimmen, wenn aber $k > \nu$ ist, nach der Voraussetzung, weil dann (12) eine $\nu + 1$reihige Determinante der Matrix (3) ist. Wir bekommen also aus (11), da A von Null verschieden ist,

$$(13) \qquad \sum_{1,n}^{\mu} a_{\mu}^{(k)} x_{\mu} = 0, \qquad k = 1, 2 \dots m,$$

d. h. das System der Gleichungen (1) ist durch (7) befriedigt.

Wir wollen von dem so bewiesenen Satze noch den besonderen Fall hervorheben, dass $m = n - 1$ und $\nu = n - 1$ ist. In diesem Falle bleibt nur eine der Unbekannten beliebig und die Verhältnisse der Unbekannten sind völlig bestimmt. Wir können diesem Resultate folgenden Ausdruck geben:

Bezeichnen wir die $(n-1)$reihigen Determinanten der Matrix

$$(14) \qquad \begin{matrix} a_1^{(1)}, & a_2^{(1)} & \dots & a_n^{(1)} \\ a_1^{(2)}, & a_2^{(2)} & \dots & a_n^{(2)} \\ \cdot & \cdot & \cdot & \cdot \\ a_1^{(n-1)}, & a_2^{(n-1)} & \dots & a_n^{(n-1)}, \end{matrix}$$

mit abwechselndem Vorzeichen genommen durch

$$A_1, A_2 \dots A_n$$

und nehmen an, dass wenigstens eine von diesen Grössen von Null verschieden sei, so ist die Lösung des Systems:

$$(15) \qquad \begin{matrix} a_1^{(1)} x_1 & + a_2^{(1)} x_2 & + \cdots + & a_n^{(1)} x_n & = 0 \\ a_1^{(2)} x_1 & + a_2^{(2)} x_2 & + \cdots + & a_n^{(2)} x_n & = 0 \\ \cdot & \cdot & \cdot & \cdot & \cdot \\ a_1^{(n-1)} x_1 & + a_2^{(n-1)} x_2 & + \cdots + & a_n^{(n-1)} x_n & = 0, \end{matrix}$$

gegeben durch die Verhältnisse

$$(16) \qquad x_1 : x_2 : \cdots : x_n = A_1 : A_2 : \cdots : A_n.$$

So erhalten wir für $n = 3$ die Lösung des in der Geometrie oft vorkommenden Gleichungssystems

$$(17) \qquad \begin{aligned} ax + by + cz &= 0 \\ a'x + b'y + c'z &= 0 \end{aligned}$$

in der Form

$$(18) \qquad x : y : z = bc' - cb' : ca' - ac' : ab' - ba'.$$

§. 25.

Elimination aus linearen Gleichungen.

Es kommt bisweilen vor, dass es sich bei einem gegebenen System linearer Gleichungen nicht sowohl um die wirkliche Ermittelung der Unbekannten handelt, als um die Beurtheilung der Möglichkeit ihrer Lösung, also um die Aufstellung der Bedingungsgleichungen, die zwischen den Coëfficienten bestehen müssen, wenn Lösungen oder Lösungen von bestimmter Art überhaupt vorhanden sein sollen. Die Aufstellung dieser Bedingungsgleichungen heisst Elimination. Implicite ist die Lösung dieser Aufgabe schon im Vorhergehenden enthalten; wir wollen aber noch ausdrücklich auf einige hierher gehörige Fragen zurückkommen.

Wir betrachten, wie im vorigen Paragraphen, ein System von m linearen Gleichungen mit n homogen vorkommenden Unbekannten, und fragen: wann hat dies System eine Lösung, bei der nicht alle Unbekannten verschwinden? Wir haben schon gesehen, dass dies immer der Fall ist, wenn $n > m$ ist.

Ist aber $n \lesseqgtr m$, so ist die nothwendige und hinreichende Bedingung für eine solche Lösung die, dass alle n-reihigen Determinanten der Matrix verschwinden. Denn wenn eine von diesen nicht verschwindet, so sind nach §. 24, II. die Werthe der Unbekannten nothwendig Null, während, wenn sie alle verschwinden, eine Zahl $\nu < n$ gefunden werden kann, so dass alle $(\nu + 1)$reihigen Determinanten der Matrix Null sind, während von den ν-reihigen wenigstens eine nicht verschwindet, so dass also nach §. 24, III eine Lösung von der verlangten Art vorhanden ist.

Nun lassen sich, wenn $n \lesseqgtr m$ ist, aus der Matrix §. 24, (3)

$$\frac{m\,(m-1)\ldots(m-n+1)}{1\,.\,2\ldots n}$$

$n$reihige Determinanten bilden, und so gross wäre also die Anzahl der Bedingungen. Ist $n = m$, so ist diese Zahl $= 1$ und wir erhalten den Fall §. 24, II. und wie zu erwarten war, eine Bedingung. Im Allgemeinen ist aber diese Anzahl der Bedingungen, obwohl sie alle erfüllt sein müssen, grösser als nöthig ist, weil einige von ihnen nothwendige Folgen der übrigen sind.

Um ein System von nothwendigen, hinreichenden und von einander unabhängigen Bedingungen zu erhalten, fassen wir die Fragestellung etwas präciser und fragen nach den Bedingungen:

> dass aus einem System von m linearen, homogenen Gleichungen mit n Unbekannten ν von den Unbekannten durch $n - \nu$ willkürlich bleibende vollkommen bestimmt werden können.

Auch diese Frage ist in §. 24 eigentlich schon beantwortet. Es muss unter den ν-reihigen Determinanten eine von Null verschieden sein, während die $(\nu + 1)$reihigen alle verschwinden. Es genügt aber schon, wenn es von einer kleineren Anzahl der $(\nu + 1)$reihigen Determinanten feststeht, dass sie verschwinden.

Nehmen wir an, die Unbekannten $x_{\nu+1}, x_{\nu+2} \ldots x_n$ sollen willkürlich bleiben, $x_1, x_2 \ldots x_\nu$ durch sie bestimmt sein, und nehmen die Determinante:

$$(1) \qquad A = \begin{vmatrix} a_1^{(1)}, & a_2^{(1)} & \ldots & a_\nu^{(1)} \\ a_1^{(2)}, & a_2^{(2)} & \ldots & a_\nu^{(2)} \\ \cdot & \cdot & \cdot & \cdot \\ a_1^{(\nu)}, & a_2^{(\nu)} & \ldots & a_\nu^{(\nu)} \end{vmatrix}$$

als von Null verschieden an.

Wir berechnen die Unbekannten $x_1, x_2 \ldots x_\nu$ nach §. 24, (9) und bilden die Summen (11), deren Verschwinden besagt, dass das gegebene Gleichungssystem wirklich befriedigt ist. Die Bedingungen dafür werden also:

$$(2) \qquad \begin{vmatrix} a_1^{(1)}, & a_2^{(1)} & \ldots & a_\nu^{(1)}, & a_h^{(1)} \\ a_1^{(2)}, & a_2^{(2)} & \ldots & a_\nu^{(2)}, & a_h^{(2)} \\ \cdot & \cdot & \cdot & \cdot & \cdot \\ a_1^{(\nu)}, & a_2^{(\nu)} & \ldots & a_\nu^{(\nu)}, & a_h^{(\nu)} \\ a_1^{(k)}, & a_2^{(k)} & \ldots & a_\nu^{(k)}, & a_h^{(k)} \end{vmatrix} = 0,$$

oder anders geschrieben:

$$(3) \qquad A\, a_h^{(k)} - \sum_{1,\nu}^{i} \sum_{1,\nu}^{\mu} a_h^{(i)}\, a_\mu^{(k)}\, A_\mu^{(i)} = 0,$$

und diese Bedingungen genügen auch. Die Gleichung (2) oder (3) ist aber identisch befriedigt, wenn $h = 1, 2 \ldots \nu$ oder $k = 1, 2 \ldots \nu$ ist, und giebt also für diese Werthe keine Bedingung für die Coëfficienten. Solche Bedingungen ergeben sich nur für

$$(4)\qquad \begin{aligned} h &= \nu + 1,\ \nu + 2 \ldots n \\ k &= \nu + 1,\ \nu + 2 \ldots m, \end{aligned}$$

also

$$(5)\qquad (n - \nu)\,(m - \nu),$$

der Zahl nach.

Diese Bedingungen sind aber wirklich von einander unabhängig, d. h. es folgt keine aus den übrigen; denn die linken Seiten von (3) können durch geeignete Annahmen über die Coëfficienten a für jede Indexcombination aus der Reihe (4) einen ganz beliebigen Werth erhalten, wie man erkennt, wenn man sämmtliche $a_h^{(i)}$, $a_\mu^{(k)}$ mit Ausnahme von $a_h^{(k)}$ gleich Null setzt.

§. 26.

Unhomogene lineare Gleichungen.

Wir haben die Aufgabe der Auflösung linearer Gleichungen in den bisherigen Betrachtungen dadurch nicht unwesentlich vereinfacht und auf allgemeinere Gesetze zurückgeführt, dass wir die Gleichungen in Bezug auf die Unbekannten homogen vorausgesetzt haben. In den Anwendungen kommen aber häufig die Unbekannten nicht homogen vor, und wenn auch principiell der eine Fall von dem anderen nicht wesentlich verschieden ist, so wollen wir doch den Fall der nicht homogenen Gleichungen noch besonders betrachten. Wir können ihn aus dem Fall der homogenen Gleichungen dadurch ableiten, dass wir die Forderung hinzufügen, eine bestimmte der Unbekannten soll den Werth 1 haben. Wenn diese Unbekannte unter denen vorkommt, die das Problem willkürlich lässt, so entspringt daraus gar keine Schwierigkeit, weil wir sie ja nur $= 1$ zu setzen brauchen. Gehört sie aber zu denen, die durch die übrigen bestimmt sind, so müssen noch gewisse Bedingungen erfüllt sein, die besagen, dass der Werth 1 für diese Unbekannte zulässig ist.

Wir wollen hier die Frage selbständig und in etwas geänderter Bezeichnung behandeln, beschränken uns aber der Einfachheit halber auf den wichtigsten Fall, wo die Anzahl der Unbekannten mit der Anzahl der Gleichungen übereinstimmt.

Es sei folgendes System von Gleichungen in Bezug auf die Unbekannten $x_1, x_2 \ldots x_n$ aufzulösen:

$$(1)\quad \begin{array}{l} a_1^{(1)} x_1 + a_2^{(1)} x_2 + \cdots + a_n^{(1)} x_n = y_1 \\ a_1^{(2)} x_1 + a_2^{(2)} x_2 + \cdots + a_n^{(2)} x_n = y_2 \\ \cdot\ \cdot\ \cdot\ \cdot\ \cdot\ \cdot\ \cdot\ \cdot\ \cdot\ \cdot\ \cdot\ \cdot\ \cdot\ \cdot\ \cdot \\ a_1^{(n)} x_1 + a_2^{(n)} x_2 + \cdots + a_n^{(n)} x_n = y_n, \end{array}$$

worin die Coëfficienten $a_i^{(k)}$ und die unabhängigen Glieder $y_1, y_2 \ldots y_n$ als gegeben betrachtet werden. Wir bezeichnen mit

$$(2)\qquad A = \Sigma \pm a_1^{(1)} a_2^{(2)} \ldots a_n^{(n)}$$

die Determinante des Systems und wie früher mit $A_i^{(k)}$ die ersten Unterdeterminanten von A. Ist k einer der Indices $1, 2 \ldots n$ und multipliciren wir die Gleichungen (1) der Reihe nach mit $A_k^{(1)}, A_k^{(2)} \ldots A_k^{(n)}$ und addiren sie dann, so erhalten wir

$$(3)\quad x_1 \overset{i}{\Sigma} a_1^{(i)} A_k^{(i)} + x_2 \overset{i}{\Sigma} a_2^{(i)} A_k^{(i)} + \cdots + x_n \overset{i}{\Sigma} a_n^{(i)} A_k^{(i)} = \overset{i}{\Sigma} y_i A_k^{(i)}.$$

Nach §. 22, (2) und (6) verschwinden hier die Coëfficienten der $x_1, x_2 \ldots x_n$ mit Ausnahme des einen Coëfficienten von x_k, der den Werth A erhält, und sonach ergiebt sich:

$$(4)\qquad A x_k = \overset{i}{\Sigma} y_i A_k^{(i)},$$

und für den Fall, dass A von Null verschieden ist, können hieraus die Werthe der Unbekannten eindeutig so berechnet werden, dass dadurch die Gleichungen (1) wirklich befriedigt sind [§. 23, (3), (7)].

Setzen wir $A_k^{(i)} = A \alpha_k^{(i)}$, so können wir die Lösung in der Form schreiben:

$$(5)\quad \begin{array}{l} x_1 = \alpha_1^{(1)} y_1 + \alpha_1^{(2)} y_2 + \cdots + \alpha_1^{(n)} y_n \\ x_2 = \alpha_2^{(1)} y_1 + \alpha_2^{(2)} y_2 + \cdots + \alpha_2^{(n)} y_n \\ \cdot\ \cdot\ \cdot\ \cdot\ \cdot\ \cdot\ \cdot\ \cdot\ \cdot\ \cdot\ \cdot\ \cdot\ \cdot\ \cdot \\ x_n = \alpha_n^{(1)} y_1 + \alpha_n^{(2)} y_2 + \cdots + \alpha_n^{(n)} y_n, \end{array}$$

deren Analogie mit dem System (1) in die Augen fällt.

Wenn aber $A = 0$ ist, so lehren die Gleichungen (4) nichts über die Werthe der x, sondern sie geben nur ein System von Bedingungen an, denen die y sicher genügen müssen, wenn die Gleichungen (1) überhaupt lösbar sein sollen. Um zu einem allgemein gültigen Resultat zu kommen, verfahren wir ganz ähnlich wie bei den homogenen Gleichungen. Wir nehmen an, dass ausser der Determinante A auch noch alle Unterdeterminanten bis zu einer gewissen Ordnung Null sind. Wir bezeichnen eine nicht verschwindende ν-reihige Unterdeterminante mit

$$(6) \qquad B = \begin{vmatrix} a_1^{(1)}, & a_2^{(1)} & \ldots & a_\nu^{(1)} \\ a_1^{(2)}, & a_2^{(2)} & \ldots & a_\nu^{(2)} \\ \cdot & \cdot & \cdot & \cdot \\ a_1^{(\nu)}, & a_2^{(\nu)} & \ldots & a_\nu^{(\nu)} \end{vmatrix},$$

ihre Unterdeterminanten mit $B_k^{(h)}$, worin h, k nur die Werthe von 1 bis ν durchlaufen, und setzen nun voraus, alle $(\nu+1)$-reihigen Unterdeterminanten von A verschwinden.

Wenn wir die ersten ν Gleichungen des Systems (1) mit $B_k^{(1)}, B_k^{(2)} \ldots B_k^{(\nu)}$ multipliciren und addiren, so folgt [§. 22, (2), (6)]:

$$(7) \qquad B x_k = \sum_{1,\nu}^{i} B_k^{(i)} y_i - \sum_{\nu+1,n}^{s} x_s \sum_{1,\nu}^{i} B_k^{(i)} a_s^{(i)}.$$

Hierdurch sind ν der Unbekannten x durch die übrigen bestimmt, und wir setzen, um zu sehen, inwieweit hierdurch die Gleichungen (1) befriedigt sind, die Ausdrücke in (1) ein. Wir multipliciren hierzu (7) mit $a_k^{(\lambda)}$, wo λ die Werthe $1, 2 \ldots n$ durchläuft, und summiren in Bezug auf k. So folgt:

$$(8) \qquad B \sum_{1,\nu}^{k} a_k^{(\lambda)} x_k = \sum_{1,\nu}^{i,k} B_k^{(i)} a_k^{(\lambda)} y_i - \sum_{\nu+1,n}^{s} x_s \sum_{1,\nu}^{i,k} B_k^{(i)} a_s^{(i)} a_k^{(\lambda)},$$

und wenn wir beiderseits

$$B \sum_{\nu+1,n}^{k} a_k^{(\lambda)} x_k$$

addiren:

$$(9) \quad B \sum_{1,n}^{k} a_k^{(\lambda)} x_k = \sum_{1,\nu}^{i,k} B_k^{(i)} a_k^{(\lambda)} y_i + \sum_{\nu+1,n}^{s} x_s \left(B a_s^{(\lambda)} - \sum_{1,\nu}^{i,k} B_k^{(i)} a_s^{(i)} a_k^{(\lambda)}\right).$$

Nun ist nach §. 23, (12) der Coëfficient von x_s auf der rechten Seite eine $(\nu+1)$reihige Unterdeterminante von A und also nach der Voraussetzung gleich Null. Nach (1) soll

$$\sum_{1,n}^{k} a_k^{(\lambda)} x_k = y_\lambda$$

sein, und folglich genügen die Ausdrücke (7) dann und nur dann den Gleichungen (1), wenn

$$(10) \qquad B y_\lambda = \sum_{1,\nu}^{i,k} B_k^{(i)} a_k^{(\lambda)} y_i$$

ist. Diese Gleichung ist, wenn $\lambda \lesseqgtr \nu$ ist, wegen §. 22, (2), (6) immer befriedigt. Ist aber $\lambda = \nu+1, \nu+2 \ldots n$, so sind $n-\nu$ Bedingungen für die y in (10) enthalten, die, da jede

Bedingung eine neue der Grössen y enthält, von einander unabhängig sind. Ist eine dieser Bedingungen nicht erfüllt, so hat das gegebene Gleichungssystem keine Lösung.

Wenn wir in dem Gleichungssystem (1) die x nicht als Unbekannte, sondern als Veränderliche betrachten, so werden auch die y veränderliche Grössen sein. Bei dieser Auffassung nennen wir das System (1) eine lineare Substitution, insofern dadurch der Uebergang von einem System von Variablen zum anderen vermittelt wird. Nur wenn die Determinante A, die wir jetzt die Substitutions-Determinante nennen, von Null verschieden ist, werden die y als unabhängige Variable angesehen werden können. Ist dies der Fall, so ergiebt das System (5) die Darstellung der Variablen x durch die y oder die zu (1) inverse Substitution.

§. 27.

Multiplication von Determinanten.

Der Satz, den wir jetzt noch beweisen wollen, lehrt, wie man das Product zweier Determinanten von gleich viel Reihen durch eine einzige Determinante von ebenso viel Reihen darstellen kann. Man wird am einfachsten darauf geführt, wenn man die Auflösung von zwei Systemen linearer Gleichungen betrachtet.

Es seien jetzt die Coëfficienten $a_i^{(k)}$, $b_i^{(k)}$, wenn i, k die Reihe der Zahlen $1, 2 \ldots n$ durchlaufen, beliebige veränderliche Grössen, ebenso die Grössen x_i, y_i, z_i, die nur an die Relationen gebunden sind:

$$\sum^{i} a_i^{(k)} x_i = y_k \tag{1}$$

$$\sum^{k} b_h^{(k)} y_k = z_h. \tag{2}$$

Wenn nun die Aufgabe gestellt wird, die Variablen x durch die Variablen z zu bestimmen, so kann diese Aufgabe auf doppelte Art gelöst werden. Man kann nach §. 26, (4) die Gleichungen (1) in Bezug auf x, die Gleichungen (2) in Bezug auf y auflösen, und die letzteren Ausdrücke in die ersteren einsetzen. Bezeichnen wir mit A, B die Determinanten der beiden Gleichungssysteme, also:

$$A = \begin{vmatrix} a_1^{(1)}, & a_2^{(1)} & \ldots & a_n^{(1)} \\ a_1^{(2)}, & a_2^{(2)} & \ldots & a_n^{(2)} \\ \cdot & \cdot & \cdot & \cdot \\ a_1^{(n)}, & a_2^{(n)} & \ldots & a_n^{(n)} \end{vmatrix}, \qquad B = \begin{vmatrix} b_1^{(1)}, & b_2^{(1)} & \ldots & b_n^{(1)} \\ b_1^{(2)}, & b_2^{(2)} & \ldots & b_n^{(2)} \\ \cdot & \cdot & \cdot & \cdot \\ b_1^{(n)}, & b_2^{(n)} & \ldots & b_n^{(n)} \end{vmatrix},$$

und mit $A_i^{(k)}$, $B_i^{(k)}$ die ersten Unterdeterminanten, so erhält man

$$(3) \qquad A x_k = \sum^{i} A_k^{(i)} y_i,$$

$$(4) \qquad B y_i = \sum^{h} B_h^{(i)} z_h,$$

und durch Substitution von (4) in (3):

$$(5) \qquad A B x_k = \sum^{h} z_h \sum^{i} A_k^{(i)} B_h^{(i)}.$$

Man kann aber auch so verfahren, dass man aus (1) die Ausdrücke für y in (2) einsetzt, wodurch man, wenn

$$(6) \qquad c_i^{(h)} = \sum^{s} a_i^{(s)} b_h^{(s)}$$

gesetzt wird, erhält:

$$(7) \qquad \sum^{i} c_i^{(h)} x_i = z_h.$$

Wenn man nun

$$(8) \qquad C = \begin{vmatrix} c_1^{(1)}, & c_2^{(1)} & \ldots & c_n^{(1)} \\ c_1^{(2)}, & c_2^{(2)} & \ldots & c_n^{(2)} \\ \cdot & \cdot & \cdot & \cdot \\ c_1^{(n)}, & c_2^{(n)} & \ldots & c_n^{(n)} \end{vmatrix}$$

setzt, und mit $C_i^{(k)}$ die Unterdeterminanten von C bezeichnet, so ergiebt die Auflösung von (7):

$$(9) \qquad C x_k = \sum^{h} z_h C_k^{(h)},$$

und die Vergleichung von (5) mit (9) ergiebt:

$$(10) \qquad A B = C,$$

und für die Unterdeterminanten:

$$(11) \qquad C_k^{(h)} = \sum^{i} A_k^{(i)} B_h^{(i)}.$$

In dieser Schlussweise ist aber noch eine Lücke, bedingt durch den Zweifel, ob sich (5) von (9) nicht durch einen beiden Seiten gemeinschaftlichen Factor unterscheiden könnte. Um diesem Zweifel zu begegnen, wollen wir die Gleichung (10) direct beweisen, woraus dann die Richtigkeit von (11) folgt.

Wir wollen das Hauptglied der Determinante C nach (6) bilden, indem wir mit $s_1, s_2 \ldots s_n$ von einander unabhängige Summationsbuchstaben bezeichnen, die von 1 bis n laufen:

$$(12) \quad c_1^{(1)} c_2^{(2)} \ldots c_n^{(n)} = \sum^{s_1} a_1^{(s_1)} b_1^{(s_1)} \sum^{s_2} a_2^{(s_2)} b_2^{(s_2)} \ldots \sum^{s_n} a_n^{(s_n)} b_n^{(s_n)}$$

$$= \sum^{s_1, s_2 \ldots s_n} a_1^{(s_1)} a_2^{(s_2)} \ldots a_n^{(s_n)} b_1^{(s_1)} b_2^{(s_2)} \ldots b_n^{(s_n)}.$$

Die Permutation der unteren Indices der c entspricht der Permutation der unteren Indices der a, und wenn man also mit Rücksicht auf die Vorzeichenregel die Determinante C bildet, so erhält man

$$(13) \quad \Sigma \pm c_1^{(1)} c_2^{(2)} \ldots c_n^{(n)}$$

$$= \sum^{s_1, s_2 \ldots s_n} b_1^{(s_1)} b_2^{(s_2)} \ldots b_n^{(s_n)} \Sigma \pm a_1^{(s_1)} a_2^{(s_2)} \ldots a_n^{(s_n)}.$$

Nun ist

$$\Sigma \pm a_1^{(s_1)} a_2^{(s_2)} \ldots a_n^{(s_n)}$$

nach §. 21, VI. immer dann gleich Null, wenn unter den $s_1, s_2 \ldots s_n$ zweimal dieselbe Ziffer vorkommt; es behalten also nur die Glieder in (13) einen von Null verschiedenen Werth, in denen $s_1, s_2 \ldots s_n$ eine Anordnung der Indices $1, 2 \ldots n$ ist, und zwar ist dieser Werth $+A$ oder $-A$, je nachdem diese Anordnung zur ersten oder zur zweiten Art gehört (§. 21, IV).

Demnach wird die rechte Seite von (13):

$$A \sum^{s_1, s_2 \ldots s_n} \pm b_1^{(s_1)} b_2^{(s_2)} \ldots b_n^{(s_n)},$$

die Summe erstreckt über alle Permutationen $s_1, s_2 \ldots s_n$. Diese Summe ist aber gerade die Determinante B und daher die Formel

$$C = AB$$

bewiesen.

Das in der Formel (6) enthaltene Bildungsgesetz der Elemente $c_i^{(h)}$ können wir in Worten so ausdrücken:

> Um die Elemente der Determinante C, die das Product der beiden Determinanten A, B ist, zu erhalten, multiplicirt man die Elemente je einer Colonne von A mit den entsprechenden Elementen einer Colonne von B und addirt die Producte.

Nach den Sätzen über die Determinanten kann man die Form von C in mannigfacher Weise abändern. Wir wollen darüber Folgendes bemerken.

Wenn man zwei Colonnen in A oder in B vertauscht, so ändern sich die Elemente $c_i^{(h)}$ nicht, sondern vertauschen sich nur unter einander.

Wenn man aber zwei Zeilen in A oder in B vertauscht, so ändern sich die $c_i^{(h)}$, indem die Factoren in den einzelnen Producten der Summe anders zusammengefasst werden; wenn man aber entsprechende Vertauschungen in den Zeilen von A und von B gleichzeitig vornimmt, so bleiben die $c_i^{(h)}$ ungeändert, weil dadurch nur die einzelnen Glieder der Summe vertauscht werden.

Indem man in A oder in B oder in beiden zugleich die Zeilen zu Colonnen macht, erhält man noch drei verschiedene Arten für die Bildung des Products zweier Determinanten in Determinantenform. Letzteres kann man auch so ausdrücken:

> Um das Product zweier Determinanten zu bilden, kann man die Elemente der einzelnen Zeilen oder Colonnen des einen Factors mit den entsprechenden Elementen der Zeilen oder der Colonnen des anderen Factors multipliciren und die Producte addiren, und diese Productsummen als Elemente einer neuen Determinante auffassen.

Auf ein Product zweier Determinanten mit verschiedener Elementenzahl lässt sich die Multiplicationsregel dadurch anwenden, dass man die Determinante mit geringerer Reihenzahl durch den Satz §. 22, IX. in eine andere mit mehr Reihen verwandelt.

§. 28.

Determinanten der Unterdeterminanten.

Wir machen hier gleich eine Anwendung von dem Multi plicationsgesetz der Determinanten.

Es sei wie bisher:

$$(1) \qquad A = \begin{vmatrix} a_1^{(1)}, & a_2^{(1)} & \ldots & a_n^{(1)} \\ a_1^{(2)}, & a_2^{(2)} & \ldots & a_n^{(2)} \\ \cdot & \cdot & \cdot & \cdot \\ a_1^{(n)}, & a_2^{(n)} & \ldots & a_n^{(n)} \end{vmatrix}$$

und

$$
(2) \qquad \begin{array}{l} A_1^{(1)}, A_2^{(1)} \dots A_n^{(1)} \\ A_1^{(2)}, A_2^{(2)} \dots A_n^{(2)} \\ \cdot \quad \cdot \quad \cdot \quad \cdot \quad \cdot \quad \cdot \quad \cdot \quad \cdot \\ A_1^{(n)}, A_2^{(n)} \dots A_n^{(n)} \end{array}
$$

das System der Unterdeterminanten. Bilden wir aus (2) die Determinante, die wir mit $\varDelta$ bezeichnen wollen, so können wir auf das Product $A\varDelta$ die Multiplicationsregel anwenden. Dies giebt aber nach §. 22, (3) und (7):

$$
A\varDelta = \begin{vmatrix} A, 0 \dots 0 \\ 0, A \dots 0 \\ \cdot \quad \cdot \quad \cdot \quad \cdot \quad \cdot \\ 0, 0 \dots A \end{vmatrix} = A^n,
$$

und daraus durch Division mit A:

$$
(3) \qquad \varDelta = A^{n-1}.
$$

Es ist also $\varDelta$ die $(n-1)^{\text{te}}$ Potenz von A. Bei dieser Ableitung ist allerdings zunächst vorausgesetzt, dass A von Null verschieden sei. Da aber (3) in Bezug auf die Elemente $a_i^{(h)}$ eine Identität ist, d. h. auch dann gilt, wenn diese Grössen unabhängige Variable sind, so folgt, dass auch noch in diesem Ausnahmefall die Formel (3) gilt, d. h. dass, wenn A verschwindet, auch $\varDelta$ verschwindet.

Dies Ergebniss ist ein specieller Fall eines allgemeineren Satzes, nach dem jede beliebige Determinante der Matrix (2) gebildet werden kann. Betrachten wir die ν-reihige Unterdeterminante

$$
(4) \qquad \varDelta_\nu = \begin{vmatrix} A_1^{(1)}, A_2^{(1)} \dots A_\nu^{(1)} \\ A_1^{(2)}, A_2^{(2)} \dots A_\nu^{(2)} \\ \cdot \quad \cdot \quad \cdot \quad \cdot \quad \cdot \quad \cdot \quad \cdot \quad \cdot \\ A_1^{(\nu)}, A_2^{(\nu)} \dots A_\nu^{(\nu)} \end{vmatrix},
$$

aus der man durch Permutation der oberen und unteren Indices alle anderen ν-reihigen Unterdeterminanten ableiten kann, so kann man die Multiplicationsregel anwenden, indem man $\varDelta_\nu$ nach der Schlussbemerkung des letzten Paragraphen in eine n-reihige Determinante verwandelt.

$$(5) \qquad \Delta_\nu = \begin{vmatrix} A_1^{(1)}, & A_2^{(1)} & \dots & A_\nu^{(1)}, & A_{\nu+1}^{(1)} & \dots & A_n^{(1)} \\ \cdot & \cdot & \cdot & \cdot & \cdot & \cdot & \cdot \\ A_1^{(\nu)}, & A_2^{(\nu)} & \dots & A_\nu^{(\nu)}, & A_{\nu+1}^{(\nu)} & \dots & A_n^{(\nu)} \\ 0, & 0 & \dots & 0, & 1 & \dots & 0 \\ \cdot & \cdot & \cdot & \cdot & \cdot & \cdot & \cdot \\ 0, & 0 & \dots & 0, & 0 & \dots & 1 \end{vmatrix},$$

wobei $n - \nu$ Zeilen und Colonnen beigefügt sind, von denen die ersteren ausser in den Diagonalgliedern lauter Nullen haben.

Bildet man jetzt das Product $A \Delta_\nu$, so folgt

$$(6) \qquad A\Delta_\nu = \begin{vmatrix} A, & 0 & \dots & 0, & a_{\nu+1}^{(1)} & \dots & a_n^{(1)} \\ \cdot & \cdot & \cdot & \cdot & \cdot & \cdot & \cdot \\ 0, & 0 & \dots & A, & a_{\nu+1}^{(\nu)} & \dots & a_n^{(\nu)} \\ 0, & 0 & \dots & 0, & a_{\nu+1}^{(\nu+1)} & \dots & a_n^{(\nu+1)} \\ \cdot & \cdot & \cdot & \cdot & \cdot & \cdot & \cdot \\ 0, & 0 & \dots & 0, & a_{\nu+1}^{(n)} & \dots & a_n^{(n)} \end{vmatrix},$$

und dies ist nach dem Satz IX., §. 22

$$= A^\nu \begin{vmatrix} a_{\nu+1}^{(\nu+1)} & \dots & a_n^{(\nu+1)} \\ \cdot & \cdot & \cdot \\ a_{\nu+1}^{(n)} & \dots & a_n^{(n)} \end{vmatrix}.$$

Dividirt man hier durch A und wendet die Bezeichnung des §. 23 an, so folgt

$$(7) \qquad \Delta_\nu = A^{\nu-1} A_{1,2\dots\nu}^{1,2\dots\nu}.$$

Für $\nu = 2$ ergiebt sich das specielle Resultat

$$(8) \qquad A_1^{(1)} A_2^{(2)} - A_1^{(2)} A_2^{(1)} = A A_{1,2}^{1,2}.$$

Die Formel (8) werden wir später öfter benutzen. In der Bezeichnung durch die Differentialquotienten lässt sie sich so darstellen

$$(9) \qquad A \frac{\partial^2 A}{\partial a_1^{(1)} \partial a_2^{(2)}} = \frac{\partial A}{\partial a_1^{(1)}} \frac{\partial A}{\partial a_2^{(2)}} - \frac{\partial A}{\partial a_1^{(2)}} \frac{\partial A}{\partial a_2^{(1)}}.$$

Besonders wichtig ist sie in dem Fall, wo A eine symmetrische Determinante ist, wo also $a_i^{(k)} = a_k^{(i)}$ ist, dann ist auch

$$\frac{\partial A}{\partial a_1^{(2)}} = \frac{\partial A}{\partial a_2^{(1)}},$$

worin bei der Differentiation nicht Rücksicht genommen ist auf die Abhängigkeit $a_i^{(k)} = a_k^{(i)}$; dann wird die Formel (9)

$$(10) \qquad A \frac{\partial^2 A}{\partial a_1^{(1)} \partial a_2^{(2)}} = \frac{\partial A}{\partial a_1^{(1)}} \frac{\partial A}{\partial a_2^{(2)}} - \left(\frac{\partial A}{\partial a_1^{(2)}}\right)^2$$

§. 29.

Interpolation.

Wir haben schon in §. 9 unter einer besonderen Voraussetzung die Aufgabe gelöst, eine ganze rationale Function zu bestimmen, die für eine genügende Anzahl vorgeschriebener Werthe des Arguments gegebene Werthe annimmt. Wir wollen nun durch Anwendung der Determinanten diese Aufgabe allgemein lösen. Wir wollen aber folgende Bemerkungen vorausschicken.

Im §. 22, (12) ist der Werth der Determinante

$$\begin{vmatrix} \alpha_1^{n-1}, & \alpha_1^{n-2} & \ldots & \alpha_1, & 1 \\ \alpha_2^{n-1}, & \alpha_2^{n-2} & \ldots & \alpha_2, & 1 \\ \cdot & \cdot & \cdot & \cdot & \cdot \\ \alpha_n^{n-1}, & \alpha_n^{n-2} & \ldots & \alpha_n, & 1 \end{vmatrix}$$

gleich dem Differenzenproduct

$$(1) \qquad \begin{array}{r} (\alpha_1 - \alpha_2)(\alpha_1 - \alpha_3) \ldots (\alpha_1 - \alpha_n) \\ (\alpha_2 - \alpha_3) \ldots (\alpha_2 - \alpha_n) \\ \cdot \quad \cdot \quad \cdot \quad \cdot \quad \cdot \quad \cdot \quad \cdot \quad \cdot \\ (\alpha_{n-1} - \alpha_n) \end{array}$$

gefunden, und wir wollen jetzt zur Abkürzung dieses Differenzenproduct mit

$$(2) \qquad [\alpha_1, \alpha_2, \alpha_3 \ldots \alpha_n]$$

bezeichnen, so dass die Grösse $[\alpha_1, \alpha_2, \alpha_3 \ldots \alpha_n]$ ihr Vorzeichen ändert, wenn zwei der Elemente $\alpha_1, \alpha_2 \ldots \alpha_n$ vertauscht werden.

Wir definiren ferner eine ganze rationale Function n^{ten} Grades $f(x)$ der Veränderlichen x durch die Gleichung

$$(3) \qquad f(x) = (x - \alpha_1)(x - \alpha_2) \ldots (x - \alpha_n),$$

so dass nach §. 13

$$(4) \qquad \begin{array}{l} f'(\alpha_1) = (\alpha_1 - \alpha_2)(\alpha_1 - \alpha_3) \ldots (\alpha_1 - \alpha_n), \\ f'(\alpha_2) = (\alpha_2 - \alpha_1)(\alpha_2 - \alpha_3) \ldots (\alpha_2 - \alpha_n), \\ \cdot \quad \cdot \quad \cdot \quad \cdot \quad \cdot \quad \cdot \quad \cdot \quad \cdot \quad \cdot \quad \cdot \\ f'(\alpha_n) = (\alpha_n - \alpha_1)(\alpha_n - \alpha_2) \ldots (\alpha_n - \alpha_{n-1}) \end{array}$$

folgt. In dem Product aller dieser Ausdrücke kommt jeder Factor des Productes (1) zweimal mit entgegengesetztem Zeichen vor, so dass wir, da die Anzahl der Factoren von (1) gleich $\frac{n(n-1)}{2}$ ist, die Gleichung erhalten

$$(5)\quad f'(\alpha_1) f'(\alpha_2) \ldots f'(\alpha_n) = (-1)^{\frac{n(n-1)}{2}} [\alpha_1, \alpha_2 \ldots \alpha_n]^2.$$

Wir können unser Product (1) aber auch mit Hülfe der Relationen (4) folgendermaassen darstellen:

$$(6)\quad \begin{aligned} [\alpha_1, \alpha_2, \alpha_3 \ldots \alpha_n] &= \quad f'(\alpha_1) [\alpha_2, \alpha_3 \ldots \alpha_n] \\ &= \;- f'(\alpha_2) [\alpha_1, \alpha_3 \ldots \alpha_n] \\ &= \;+ f'(\alpha_3) [\alpha_1, \alpha_2 \ldots \alpha_n] \\ &\ldots\ldots\ldots\ldots\ldots \\ &= (-1)^{n-1} f'(\alpha_n) [\alpha_1, \alpha_2 \ldots \alpha_{n-1}], \end{aligned}$$

wo auf der rechten Seite jeder der Klammerausdrücke ein Element weniger enthält als der Klammerausdruck auf der linken Seite.

Es soll also jetzt die Aufgabe gestellt sein, eine ganze rationale Function $(n-1)^{\text{ten}}$ Grades $\varphi(x)$ zu bestimmen, die für die Argumentwerthe $x = \alpha_1, \alpha_2 \ldots \alpha_n$ der Reihe nach die vorgeschriebenen Werthe $\varphi(\alpha_1), \varphi(\alpha_2) \ldots \varphi(\alpha_n)$ annimmt.

Setzt man

$$(7)\quad \varphi(x) = a_1 x^{n-1} + a_2 x^{n-2} + \cdots + a_{n-1} x + a_n,$$

so sind die n unbekannten Coëfficienten $a_1, a_2 \ldots a_n$ aus den linearen Gleichungen

$$(8)\quad \begin{aligned} \varphi(\alpha_1) &= a_1 \alpha_1^{n-1} + a_2 \alpha_1^{n-2} + \cdots + a_{n-1} \alpha_1 + a_n, \\ \varphi(\alpha_2) &= a_1 \alpha_2^{n-1} + a_2 \alpha_2^{n-2} + \cdots + a_{n-1} \alpha_2 + a_n, \\ &\ldots\ldots\ldots\ldots\ldots \\ \varphi(\alpha_n) &= a_1 \alpha_n^{n-1} + a_2 \alpha_n^{n-2} + \cdots + a_{n-1} \alpha_n + a_n \end{aligned}$$

zu bestimmen. Die Determinante dieses Systems ist aber genau die Grösse (2)

$$[\alpha_1, \alpha_2 \ldots \alpha_n],$$

und die Aufgabe ist also nach §. 26 immer lösbar, wenn diese Grösse von Null verschieden ist, d. h. wenn von den n Grössen $\alpha_1, \alpha_2 \ldots \alpha_n$ keine zwei einander gleich sind.

Statt aber die Gleichungen (8) nach §. 26 aufzulösen und die gefundenen Ausdrücke in (7) einzusetzen, ist es vorzuziehen, nach §. 24 II. die homogenen Grössen

$$1, a_1, a_2 \ldots a_n$$

aus den $n+1$ Gleichungen (7) und (8) zu eliminiren, wodurch man die Determinantengleichung erhält

$$(9) \qquad \begin{vmatrix} \varphi(x), & x^{n-1}, & x^{n-2} & \ldots & x, & 1 \\ \varphi(\alpha_1), & \alpha_1^{n-1}, & \alpha_1^{n-2} & \ldots & \alpha_1, & 1 \\ \varphi(\alpha_2), & \alpha_2^{n-1}, & \alpha_2^{n-2} & \ldots & \alpha_2, & 1 \\ \cdot & \cdot & \cdot & \cdot & \cdot & \cdot \\ \varphi(\alpha_n), & \alpha_n^{n-1}, & \alpha_n^{n-1} & \ldots & \alpha_n, & 1 \end{vmatrix} = 0.$$

Diese Determinante entwickeln wir nun nach den Elementen der ersten Colonne. Für die dabei auftretenden Unterdeterminanten können wir dann die Bezeichnung (2) anwenden und erhalten so

$$(10) \qquad \varphi(x)\,[\alpha_1, \alpha_2 \ldots \alpha_n] - \varphi(\alpha_1)\,[x, \alpha_2, \alpha_3 \ldots \alpha_n]$$
$$+ \varphi(\alpha_2)\,[x, \alpha_1, \alpha_3 \ldots \alpha_n] + \cdots (-1)^n \varphi(\alpha_n)\,[x, \alpha_1, \alpha_2 \ldots \alpha_{n-1}] = 0.$$

Nun ist nach (1)

$$[x, \alpha_2, \alpha_3 \ldots \alpha_n] = (x-\alpha_2)(x-\alpha_3)\ldots(x-\alpha_n)\,[\alpha_2, \alpha_3 \ldots \alpha_n],$$

wofür wir auch setzen können

$$[x, \alpha_2, \alpha_3 \ldots \alpha_n] = \frac{f(x)}{x-\alpha_1}\,[\alpha_2, \alpha_3 \ldots \alpha_n],$$

und ebenso

$$[x, \alpha_1, \alpha_3 \ldots \alpha_n] = \frac{f(x)}{x-\alpha_2}\,[\alpha_1, \alpha_3 \ldots \alpha_n],$$

$$\cdot \quad \cdot \quad \cdot \quad \cdot \quad \cdot \quad \cdot \quad \cdot \quad \cdot \quad \cdot \quad \cdot \quad \cdot \quad \cdot$$

$$[x, \alpha_1, \alpha_2 \ldots \alpha_{n-1}] = \frac{f(x)}{x-\alpha_n}\,[\alpha_1, \alpha_2 \ldots \alpha_{n-1}],$$

und wenn man also (10) durch $[\alpha_1, \alpha_2 \ldots \alpha_n]$ dividirt, und die verschiedenen Ausdrücke (6) dabei berücksichtigt, so erhält man schliesslich

$$(11) \qquad \varphi(x) = f(x)\left(\frac{\varphi(\alpha_1)}{(x-\alpha_1)f'(\alpha_1)} + \frac{\varphi(\alpha_2)}{(x-\alpha_2)f'(\alpha_2)} + \cdots + \frac{\varphi(\alpha_n)}{(x-\alpha_n)f'(\alpha_n)}\right),$$

wodurch die Function $\varphi(x)$ völlig bestimmt ist. Dieser Ausdruck für $\varphi(x)$ heisst die Interpolationsformel von Lagrange. Dass sie die gestellten Forderungen erfüllt, lässt sich nachträglich sehr leicht verificiren, wenn man $x_1 = \alpha_1, \alpha_2 \ldots \alpha_n$ setzt. Die Nenner $x-\alpha_1$, $x-\alpha_2 \ldots x-\alpha_n$ sind nur scheinbar darin enthalten.

Dritter Abschnitt.

Die Wurzeln algebraischer Gleichungen.

---

§. 30.

Begriff der Wurzeln. Mehrfache Wurzeln.

Nachdem in den beiden ersten Abschnitten die algebraischen Grössen mehr von der formalen Seite betrachtet waren, wobei es sich um identische Umformungen von Buchstabenausdrücken handelte, in denen die Buchstaben durchweg als Symbole für variable Grössen aufgefasst werden konnten, treten nun die Zahlengrössen mehr in den Vordergrund.

Wir verstehen hier unter Zahlen, gemäss dem in der Einleitung Festgesetzten, reelle oder imaginäre Grössen von der Form $a + bi$, und stellen die reellen Grössen zur Veranschaulichung durch die Punkte einer geraden Linie, die imaginären durch die Punkte einer Ebene dar. Unter dem absoluten Werth einer imaginären Grösse $a + bi$ verstehen wir $\sqrt{a^2 + b^2}$ und bezeichnen ihn nach Weierstrass mit

$$| a + bi |.$$

Es sei nun

$$f(x) = a_0 x^n + a_1 x^{n-1} + a_2 x^{n-2} + \cdots + a_n \tag{1}$$

eine ganze Function von x, worin die Coëfficienten irgend welche reelle oder imaginäre Zahlen sind, und der erste, a_0, von Null verschieden vorausgesetzt wird. Wenn α eine Zahl ist, die für x gesetzt die Function $f(x)$ zu Null macht, die also der Bedingung $f(\alpha) = 0$ genügt, so heisst α eine Wurzel der Gleichung

$$f(x) = 0.$$

Wir sagen auch kurz, α ist eine Wurzel von $f(x)$. Nach §. 4 lässt sich dann $f(x)$ durch $x - \alpha$ ohne Rest theilen, so dass man

$$(2) \qquad f(x) = (x - \alpha) f_1(x)$$

setzen kann, worin $f_1(x)$ nur vom $(n - 1)^{\text{ten}}$ Grad ist, und denselben ersten Coëfficienten a_0 hat, wie $f(x)$, also

$$f_1(x) = a_0 x^{n-1} + a'_1 x^{n-2} + \cdots$$

Die Coëfficienten von $f_1(x)$ sind in §. 4 (6) angegeben.

Jede Wurzel von $f_1(x)$ ist also zugleich Wurzel von $f(x)$ und umgekehrt ist jede Wurzel von $f(x)$ entweder $= \alpha$ oder eine Wurzel von $f_1(x)$. Wenn eine Wurzel α von $f(x)$ bekannt ist, so ist die Aufgabe, die übrigen zu finden, auf die Lösung einer Gleichung $(n - 1)^{\text{ten}}$ Grades zurückgeführt.

Das Ziel der Betrachtungen dieses Abschnittes besteht in dem Nachweis, dass jede Function $f(x)$ vom n^{ten} Grad wenigstens eine Wurzel hat. Dieser Satz heisst der Fundamentalsatz der Algebra. Zunächst ziehen wir aus (2) die wichtige Folgerung

I. Eine Gleichung n^{ten} Grades kann nicht mehr als n Wurzeln haben.

Denn hätte $f(x)$ mehr als n Wurzeln, so hätte $f_1(x)$, was nur vom $(n - 1)^{\text{ten}}$ Grade ist, mehr als $n - 1$ Wurzeln. Eine Gleichung ersten Grades hat aber nicht mehr als eine Wurzel, woraus die Richtigkeit unseres Satzes durch vollständige Induction folgt. Man giebt ihm bisweilen auch den Ausdruck

II. Wenn eine Function n^{ten} Grades $f(x)$ mehr als n Wurzeln hat, so müssen alle ihre Coëfficienten Null sein.

Ist β eine Wurzel von $f_1(x)$, so lässt sich ebenso setzen

$$f_1(x) = (x - \beta) f_2(x), \qquad f(x) = (x - \alpha)(x - \beta) f_2(x),$$

worin $f_2(x) = a_0 x^{n-2} + \cdots$ nur vom $(n - 2)^{\text{ten}}$ Grade ist. Nimmt man also an, dass jede der Functionen, die man durch diese Division erhält, $f_1(x)$, $f_2(x) \ldots$ wenigstens eine Wurzel habe, so erhält man schliesslich

$$(3) \qquad f(x) = a_0 (x - \alpha)(x - \beta) \ldots (x - \nu),$$

und wir können also den Satz, den wir vorhin als das Ziel unserer Betrachtungen bezeichnet haben, auch so aussprechen: Es soll bewiesen werden:

Eine Function n^{ten} Grades lässt sich in n lineare Factoren zerlegen.

Die Grössen $\alpha, \beta \ldots \nu$ sind dann alle Wurzeln von $f(x)$ und ihre Zahl ist also n. Es ist aber nicht ausgeschlossen, dass unter den $\alpha, \beta \ldots \nu$ dieselbe Zahl mehrmals vorkommt. Dann würde $f(x)$ weniger als n Wurzeln haben, während doch der Satz bestehen bleibt, dass $f(x)$ in n lineare Factoren zerlegbar ist. Um die Uebereinstimmung herzustellen, ist man übereingekommen, wenn $x - \alpha$ mehrmals in $f(x)$ aufgeht, α unter den Wurzeln mehrfach zu zählen und also von einfachen, zweifachen, dreifachen etc. Wurzeln zu sprechen.

Nach dem Begriff der derivirten Functionen [§. 13 (2)] ist, wenn α eine beliebige Grösse ist,

$$(4) \qquad f(x) = f(\alpha) + (x - \alpha) f'(\alpha) + \frac{(x-\alpha)^2}{1 \, . \, 2} f''(\alpha) + \frac{(x-\alpha)^3}{1 \, . \, 2 \, . \, 3} f'''(\alpha) + \cdots$$

Wird also nun wieder angenommen, dass $f(\alpha)$ verschwindet, so ergiebt sich

$$f_1(x) = f'(\alpha) + \frac{x-\alpha}{1 \, . \, 2} f''(\alpha) + \frac{(x-\alpha)^2}{1 \, . \, 2 \, . \, 3} f'''(\alpha) + \cdots,$$

also

$$f_1(\alpha) = f'(\alpha).$$

Es ist also α eine Doppelwurzel von $f(x)$, wenn mit $f(\alpha)$ gleichzeitig $f'(\alpha)$ verschwindet. Auch die Formel (4) zeigt, dass nur unter dieser Voraussetzung $f(x)$ durch $(x - \alpha)^2$ theilbar ist. Diese Schlussweise lässt sich weiter ausdehnen und führt zu dem Satze

III. Die nothwendige und hinreichende Bedingung dafür, dass α eine m-fache Wurzel von $f(x)$ ist, ist die, dass $f(\alpha)$, $f'(\alpha)$, $f''(\alpha)$, $\ldots f^{(m-1)}(\alpha)$ verschwinden, $f^{(m)}(\alpha)$ nicht verschwindet.

§. 31.

Stetigkeit ganzer Functionen.

Wenn, wie bisher

$$f(x) = a_0 x^n + a_1 x^{n-1} + \cdots + a_n$$

eine ganze Function von x ist, so beweisen wir zunächst folgenden Satz:

IV. $f(x)$ wird zugleich mit x unendlich gross.

Das will sagen, wenn C eine beliebig gegebene positive Zahl ist, so kann man die positive Zahl R so wählen, dass

$$|f(x)| > C$$

wird, sobald der absolute Werth von x grösser als R wird; oder geometrisch ausgedrückt: man kann in der x-Ebene einen Kreis um den Nullpunkt so beschreiben, dass ausserhalb dieses Kreises der absolute Werth von $f(x)$ nicht mehr unter C herabsinkt, wie gross auch C angenommen ist. Der Satz ist einleuchtend für den Fall einer einfachen Potenz x^n; denn ist r der absolute Werth von x, so ist r^n der absolute Werth von x^n, und r^n ist, sobald r grösser als 1 geworden ist, grösser als r und wächst also mit r ins Unendliche.

Um den Satz allgemein zu beweisen, bezeichnen wir die absoluten Werthe von $x, a_0, a_1, a_2 \ldots a_n$ mit $r, c_0, c_1, c_2 \ldots c_n$. Dann ist

$$(2) \qquad \left| f(x) \right| = r^n \left| a_0 + \frac{a_1}{x} + \frac{a_2}{x^2} + \cdots \frac{a_n}{x^n} \right|$$

und, weil nach den in der Einleitung bewiesenen Sätzen der absolute Werth einer Summe nicht kleiner als die Differenz und nicht grösser als die Summe der absoluten Werthe der Summanden sein kann,

$$\left| a_0 + \frac{a_1}{x} + \frac{a_2}{x^2} + \cdots + \frac{a_n}{x^n} \right| \geqq c_0 - \left| \frac{a_1}{x} + \frac{a_2}{x^2} + \cdots \frac{a_n}{x^n} \right|$$

$$\geqq c_0 - \frac{c_1}{r} - \frac{c_2}{r^2} - \cdots \frac{c_n}{r^n}.$$

Da die $c_0, c_1 \ldots c_n$ fest gegebene Constanten sind, so kann man R so gross wählen, dass, sobald $r > R$ ist,

$$\frac{c_1}{r} + \frac{c_2}{r^2} + \cdots \frac{c_n}{r^n}$$

beliebig klein, z. B. kleiner als $1/2\, c_0$ wird; dann ist

$$\left| a_0 + \frac{a_1}{x} + \frac{a_2}{x} + \cdots + \frac{a_n}{x^n} \right| > 1/2\, c_0,$$

und also nach (2)

$$|f(x)| > 1/2\, c_0 R^n,$$

also, wenn man

$$R^n > \frac{2C}{c_0}$$

annimmt,

$$(3) \qquad | f(x) | > C.$$

Hieran schliesst sich der Satz

V. $f(x)$ ist eine stetige Function von x.

Damit soll folgendes gesagt sein: Ist der absolute Werth von x kleiner als eine beliebige endliche Grösse R, so kann man, wie klein auch die positive Grösse ω angenommen wird, eine positive Grösse ε derart finden, dass

$$(4) \qquad | f(x+h) - f(x) | < \omega$$

wird, so lange der absolute Werth ϱ von h kleiner als ε bleibt, und zwar so, dass ε nur von der Wahl von ω, nicht aber von x abhängig ist.

Nach §. 13, (2) ist

$$(5) \quad f(x+h) - f(x) = hf'(x) + \frac{h^2}{1.2} f''(x) + \cdots \frac{h^n}{\Pi(n)} f^{(n)}(x)$$
$$= h \left\{ f'(x) + \frac{h}{2} f''(x) + \cdots + a_0 h^{n-1} \right\}.$$

Nehmen wir nun den absoluten Werth von h kleiner als 1 an, so ist der absolute Werth der in der Klammer stehenden Grösse

$$(6) \qquad f'(x) + \frac{h}{2} f''(x) + \cdots + a_0 h^{n-1}$$

kleiner als eine bestimmte von Null verschiedene Zahl k, die man erhält, wenn man in (6) h durch 1, die Coëfficienten $a_0, a_1 \ldots a_{n-1}$ durch ihre absoluten Werthe und x durch R ersetzt, weil dadurch jedes einzelne Glied der Summe (6) durch seinen absoluten Werth oder durch eine grössere Zahl ersetzt wird. Wählt man ε so klein, dass

$$\varepsilon k < \omega$$

ist, so ist wegen (5) die Forderung (4) erfüllt, so lange

$$\varrho < \varepsilon$$

bleibt.

Wir können dem Satze von der Stetigkeit der Function $f(x)$ noch einen etwas anderen Ausdruck geben, der uns für die Folge wichtig ist. Nach dem Satze, dass der absolute Werth einer Summe von zwei Gliedern der Grösse nach zwischen der Summe und der Differenz der absoluten Werthe der Glieder liegt (vgl. Einleitung, S. 19), erhalten wir aus (5), wenn wir

$$\varphi(h) = hf'(x) + \frac{h^2}{1.2} f''(x) + \cdots + h^n a_0$$

setzen,

$$|f(x)| - |\varphi(h)| < |f(x+h)| < |f(x)| + |\varphi(h)|,$$

oder

$$-|\varphi(h)| < |f(x+h)| - |f(x)| < |\varphi(h)|.$$

Nun ist, wenn $\varrho < \varepsilon$ ist, $|\varphi(h)| < \omega$, und wir können also auch sagen

VI. Der absolute Werth der Differenz

$$|f(x+h)| - |f(x)|$$

ist kleiner als eine beliebig gegebene Grösse ω, sobald der absolute Werth von h kleiner als ein genügend kleines ε ist.

Daraus können wir noch schliessen, wenn wir $x = y + iz$ setzen, und h entweder reell oder rein imaginär annehmen, dass $|f(y + zi)|$ bei feststehendem z eine stetige Function von y und bei feststehendem y eine stetige Function von z ist.

VII. Sind die Coëfficienten $a_0, a_1 \ldots a_n$ und die Variable x reell, so kann man x dem absoluten Werthe nach so gross wählen, dass das Vorzeichen von $f(x)$ mit dem Vorzeichen des ersten Gliedes $a_0 x^n$ übereinstimmt, also bei positivem a_0 und geradem n positiv, bei ungeradem n für negative x negativ und für positive x positiv wird.

Denn man kann in

$$f(x) = x^n \left(a_0 + \frac{a_1}{x} + \frac{a_2}{x^2} + \cdots \frac{a_n}{x^n}\right)$$

x dem absoluten Werthe nach so gross wählen, dass der absolute Werth von

$$\frac{a_1}{x} + \frac{a_2}{x^2} + \cdots + \frac{a_n}{x^n}$$

unter den von a_0 heruntersinkt und also der Klammerausdruck

$$a_0 + \frac{a_1}{x} + \frac{a_2}{x^2} + \cdots + \frac{a_n}{x^n}$$

das Vorzeichen von a_0 hat, was es dann für jedes absolut grössere x beibehält.

§. 32.

Vorzeichenwechsel von $f(x)$. Wurzeln von Gleichungen ungeraden Grades und von reinen Gleichungen.

Auf Grund der Sätze des vorigen Paragraphen können wir das folgende wichtige Theorem beweisen.

VIII. Sind die Coëfficienten von $f(x)$ reell und existiren zwei reelle Werthe a, b von x, so dass $f(a)$ und $f(b)$ entgegengesetzte Vorzeichen haben, so giebt es zwischen a und b wenigstens eine Wurzel ξ der Gleichung $f(x) = 0$.

Wir wollen annehmen, es sei $a < b$ und $f(a)$ negativ, $f(b)$ positiv. Wir theilen die Zahlen zwischen a und b so in zwei Theile $\mathfrak{A}$ und $\mathfrak{B}$, dass eine Zahl α zu $\mathfrak{A}$ gehört, wenn zwischen α und a, die Grenzen eingerechnet, kein x liegt, wofür $f(x)$ positiv wird, und eine Zahl β zu $\mathfrak{B}$, wenn zwischen β und a wenigstens ein Werth von x liegt, für den $f(x)$ positiv wird. Ein drittes ist offenbar nicht möglich und jede Zahl zwischen a und b ist also in $\mathfrak{A}$ oder in $\mathfrak{B}$ untergebracht. Wir rechnen noch die Zahlen, die kleiner als a sind zu $\mathfrak{A}$, und die grösser als b sind zu $\mathfrak{B}$.

Gehört α zu $\mathfrak{A}$, so gehört auch jedes x, was kleiner ist als α zu $\mathfrak{A}$, und gehört β zu $\mathfrak{B}$, so gehört jedes grössere x zu $\mathfrak{B}$.

Es ist also jedes β grösser als jedes α und die beiden Zahlengebiete $\mathfrak{A}$, $\mathfrak{B}$ bilden einen Schnitt (Einleitung, S. 5) der durch eine Zahl ξ erzeugt wird, so dass jede Zahl α, die kleiner als ξ ist, zu $\mathfrak{A}$ gehört, jede Zahl β, die grösser als ξ ist, zu $\mathfrak{B}$.

Ist nun für irgend eine Zahl x_0 der Werth von $f(x_0)$ negativ oder positiv, so lässt sich nach V. des vorigen Paragraphen eine positive Grösse ε so bestimmen, dass für jedes x zwischen $x_0 - \varepsilon$ und $x_0 + \varepsilon$ die Werthe von $f(x)$ immer negativ oder immer positiv sind. Daraus ergiebt sich, dass $f(\xi)$ weder negativ noch positiv sein kann und also Null sein muss. Denn wäre $f(\xi)$ negativ, so wäre auch $f(x)$ zwischen ξ und $\xi + \varepsilon$ negativ; diese Werthe würden also zu $\mathfrak{A}$ gehören, während sie doch grösser als ξ sind; und wäre $f(\xi)$ positiv, so wäre $f(x)$ positiv, so lange x zwischen $\xi - \varepsilon$ und ξ liegt; diese Werthe würden also, obwohl sie kleiner als ξ sind, zu $\mathfrak{B}$ gehören und beides ist nach der Definition von

ξ unmöglich. Ganz ähnlich kann geschlossen werden, wenn $f(a)$ positiv und $f(b)$ negativ ist und unser Satz ist also erwiesen.

Hieraus ziehen wir zwei wichtige Folgerungen: Wenn $f(\xi)$ verschwindet, so lässt sich ein Intervall

$$\xi - \varepsilon < x < \xi + \varepsilon$$

so bestimmen, dass $f(x)$ ausser für $x = \xi$ in diesem Intervall nicht verschwindet. Es sind dann vier Fälle in Bezug auf die Vorzeichen von $f(x)$ in den beiden Intervallen $\xi - \varepsilon < x < \xi$ und $\xi < x < \xi + \varepsilon$ möglich, die im folgenden Schema zusammengestellt sind:

	$\xi - \varepsilon < \xi$	$< \xi + \varepsilon$
1. $f(x)$	$+$	$-$
2. $f(x)$	$-$	$+$
3. $f(x)$	$+$	$+$
4. $f(x)$	$-$	$-$.

Ist $f^{(\nu)}(x)$ die erste unter den Derivirten von $f(x)$, die für $x = \xi$ von Null verschieden ist, so zeigt die Formel [§. 13, (2)]

$$f(\xi + h) = \frac{h^\nu}{\Pi(\nu)} f^{(\nu)}(\xi) + \cdots,$$

dass diese vier Fälle durch folgende Kennzeichen unterschieden sind:

1. ν ungerade $f^{(\nu)}(\xi) < 0$
2. ν ungerade $f^{(\nu)}(\xi) > 0$
3. ν gerade $f^{(\nu)}(\xi) > 0$
4. ν gerade $f^{(\nu)}(\xi) < 0$

Wir sagen, dass im ersten Falle $f(x)$ abnehmend, im zweiten wachsend durch Null geht. Im Falle 3. ist $f(\xi) = 0$ ein Minimum, im Falle 4. ein Maximum.

Wenn insbesondere $f'(\xi)$ von Null verschieden, ξ also eine einfache Wurzel ist, so ist das positive oder negative Vorzeichen von $f'(\xi)$ das Kennzeichen für das Wachsen oder Abnehmen der Function $f(x)$ beim Durchgang von x durch ξ.

Wir beweisen mit diesen Hülfsmitteln noch zwei weitere wichtige Sätze.

IX. Die Gleichung

$$x^n - a = 0$$

hat, wenn a eine positive Zahl ist, eine und nur eine positive Wurzel.

Denn setzen wir

$$(1) \qquad f(x) = x^n - a,$$

so ist $f(x)$ nach §. 31, VII. für ein hinlänglich grosses positives x positiv, und für $x = 0$ negativ; also giebt es einen positiven Werth von x, den man mit $\sqrt[n]{a}$ bezeichnet, für den $f(x)$ verschwindet.

Dass es aber nur einen solchen Werth geben kann, folgt daraus, dass x^n, so lange x positiv bleibt, mit x fortwährend wächst.

Ist n ungerade, so existirt auch für negative a eine und nur eine negative Wurzel von (1), was ebenso bewiesen wird.

X. Eine Gleichung ungeraden Grades mit reellen Coëfficienten hat immer wenigstens eine reelle Wurzel.

Denn nach Satz VII. kann $f(x)$, wenn der Grad ungerade ist, sowohl positiv als negativ werden und $f(x) = 0$ hat also nach VIII. eine Wurzel. Wir beweisen endlich noch

XI. Eine reine Gleichung hat immer eine Wurzel.

Unter einer reinen Gleichung verstehen wir eine Gleichung von der Form

$$(2) \qquad x^n - a = 0,$$

wo a eine beliebige complexe Grösse ist.

Dass diese Gleichung für ein reelles positives a immer eine Wurzel hat, ist oben schon bewiesen, und für $a = 0$ wird sie offenbar durch $x = 0$ befriedigt.

Der allgemeine Beweis kann in zwei Theile zerlegt werden; es genügt nämlich, wenn wir zunächst $n = 2$, dann n ungerade voraussetzen. Denn existirt die Grösse $\sqrt[n]{a}$ und $\sqrt[2]{a}$ oder $\sqrt{a}$ für jedes a, so ist auch die Existenz von

$$\sqrt[2n]{a} = \sqrt[2]{\sqrt[n]{a}}, \qquad \sqrt[4n]{a} = \sqrt[2]{\sqrt[2n]{a}} \ldots,$$

also von $\sqrt[n]{a}$ für jedes beliebige n sichergestellt. Es würde sogar genügen, die Existenz von $\sqrt[n]{a}$ für den Fall zu beweisen, dass n eine Primzahl ist. Daraus ist aber zunächst kein besonderer Vortheil zu ziehen.

Wir bezeichnen die complexe Grösse a mit $b + ci$ und setzen, da x im Allgemeinen auch complex sein wird,

$$x = y + iz.$$

Dann haben wir zunächst zu zeigen, dass

(3) $$(y + i z)^2 = b + i c,$$

welche reellen Werthe auch b, c haben mögen, durch reelle y, z befriedigt werden kann. Die Gleichung (3) ist aber erfüllt, wenn

(4) $$y^2 - z^2 = b, \quad 2 y z = c,$$

also

$$(y^2 + z^2)^2 = b^2 + c^2$$

und folglich

(5) $$y^2 + z^2 = \sqrt{b^2 + c^2}.$$

Nach IX. existirt immer eine positive Quadratwurzel $\sqrt{b^2 + c^2}$.

Aus (4) und (5) folgt nun

$$y^2 = \frac{b + \sqrt{b^2 + c^2}}{2}, \quad z^2 = \frac{-b + \sqrt{b^2 + c^2}}{2},$$

und die beiden Grössen $\pm b + \sqrt{b^2 + c^2}$ sind offenbar positiv, da $b^2 + c^2 > b^2$, also auch $\sqrt{b^2 + c^2} > \sqrt{b^2}$. Wir erhalten daraus

$$y = \pm \sqrt{\frac{b + \sqrt{b^2 + c^2}}{2}}$$

$$z = \pm \sqrt{\frac{-b + \sqrt{b^2 + c^2}}{2}},$$

worin aber das eine Vorzeichen durch das andere bestimmt ist durch die Bedingung

$$2 y z = c;$$

eines der beiden Vorzeichen aber bleibt willkürlich, so dass wir nicht nur eine, sondern zwei (entgegengesetzte) Lösungen von (3) erhalten.

Es sei ferner n ungerade; wir nehmen die zu lösende Gleichung in der Form an

(6) $$(y + i z)^n = b + c i.$$

Ist $c = 0$, also a reell, so können wir $z = 0$ setzen und erhalten nach IX. einen reellen Werth von x. Nehmen wir aber c von Null verschieden an, so folgt aus (6) (Einleitung, S. 19)

(7) $$(y - i z)^n = b - c i.$$

Multipliciren wir die beiden Gleichungen (6), (7) mit einander, so folgt

$$(y^2 + z^2)^n = b^2 + c^2,$$

und daraus (nach IX.)

$$(8) \qquad y^2 + z^2 = \sqrt[n]{b^2 + c^2},$$

wodurch der absolute Werth von x bestimmt ist. Es ergiebt sich ferner aus (6) und (7)

$$(9) \quad \varphi(y, z) = \frac{(y - iz)^n (b + ic) - (y + iz)^n (b - ic)}{2i} = 0.$$

Nun ist $\varphi(y, z)$ eine ganze homogene Function n^{ten} Grades der beiden Veränderlichen y, z, und zwar mit reellen Coëfficienten (da die Vertauschung von i mit $-i$ in $\varphi(y, z)$ nichts ändert), und wenn wir nach absteigenden Potenzen von y ordnen, so ist das erste Glied cy^n, also nach Voraussetzung von Null verschieden. Setzen wir nun

$$y = \lambda z,$$

so erhalten wir aus (9)

$$(10) \qquad \varphi(\lambda, 1) = 0,$$

also eine Gleichung n^{ten} Grades für λ, die nach X. gewiss eine Wurzel hat. Ist λ bestimmt, so folgt aus (8)

$$(11) \qquad z = \sqrt{\frac{\sqrt[n]{b^2 + c^2}}{1 + \lambda^2}}, \qquad y = \lambda \sqrt{\frac{\sqrt[n]{b^2 + c^2}}{1 + \lambda^2}}.$$

Hierdurch sind die Gleichungen (8), (9) thatsächlich befriedigt; aus (9) aber folgt

$$\frac{(y + iz)^n}{b + ic} = \frac{(y - iz)^n}{b - ic},$$

und aus (8), dass der gemeinsame Werth dieser beiden Brüche ± 1 ist. Wir haben daher

$$(y + iz)^n = \pm (b + ci), \qquad (y - iz)^n = \pm (b - ci),$$

und es kann also das Vorzeichen der Quadratwurzel in (11) so bestimmt werden, dass die Gleichungen (6) und (7) erfüllt sind.

§. 33.

Lösung reiner Gleichungen durch trigonometrische Functionen.

Weit vollständiger und einfacher kann die Auflösbarkeit einer reinen Gleichung dargethan werden, wenn man die trigonometrischen Functionen und ihre einfachsten Eigenschaften als bekannt voraussetzt. Freilich sind diese Functionen der eigentlichen Algebra fremd und darum ist es befriedigender, die principiellen Fragen, so wie es im Vorhergehenden geschehen ist und auch noch später geschehen soll, ohne ihre Hülfe zu beantworten. Für die Anwendung und eine bequemere Anschauung wollen wir aber dieses Hülfsmittel doch nicht entbehren.

Setzen wir, wenn b, c reelle Zahlen sind:

(1) $$b = r\cos\varphi, \quad c = r\sin\varphi,$$

so ist, wenn wir r positiv annehmen, der Winkel φ hierdurch bis auf ein Vielfaches von 2π bestimmt. Er wird völlig bestimmt sein, wenn wir ein Intervall von der Grösse 2π festsetzen, in dem er liegen soll, z. B.:

$$-\pi < \varphi \overline{\gtrless} \pi.$$

In geometrischer Auffassung sind r, φ die Polarcoordinaten des Punktes, dessen rechtwinklige Coordinaten b, c sind.

r ist der absolute Werth der complexen Grösse $a = b + ci$ und φ wollen wir die Phase dieser complexen Grösse nennen.

Das Product zweier complexen Grössen

(2) $$\begin{aligned} a &= r\,(\cos\varphi + i\sin\varphi) \\ a' &= r'(\cos\varphi' + i\sin\varphi'), \end{aligned}$$

ergiebt sich in der Form

(3) $$a\,a' = r\,r'[\cos(\varphi + \varphi') + i\sin(\varphi + \varphi')],$$

und daraus erhält man, wenn n eine beliebige ganze positive (oder selbst negative) Zahl ist, den nach Moivre benannten Lehrsatz:

(4) $$(\cos\varphi + i\sin\varphi)^n = \cos n\varphi + i\sin n\varphi,$$

der dazu geführt hat, die Grösse $\cos\varphi + i\sin\varphi$ als Exponentialfunction mit imaginärem Exponenten zu betrachten, und demnach

$$\cos\varphi + i\sin\varphi = e^{i\varphi}$$

zu setzen. Dadurch erhalten die Formeln (3) und (4) die Gestalt

(5) $$e^{i\varphi}\,e^{i\varphi'} = e^{i(\varphi+\varphi')}, \quad (e^{i\varphi})^n = e^{in\varphi}.$$

Wenn wir demnach

(6) $$a = r(\cos\varphi + i\sin\varphi)$$

setzen und unter $\sqrt[n]{r}$ den nach §. 32, IX. existirenden und völlig bestimmten positiven Werth verstehen, dessen n^{te} Potenz $= r$ ist, so ist

(7) $$x = \sqrt[n]{r}\left(\cos\frac{\varphi}{n} + i\sin\frac{\varphi}{n}\right)$$

eine Grösse, deren n^{te} Potenz $= a$ ist, also eine Wurzel der Gleichung

(8) $$x^n = a,$$

wenn unter n eine beliebige positive ganze Zahl verstanden wird. Derselben Forderung genügt aber auch jeder der Werthe

(9) $$x_k = \sqrt[n]{r}\left[\cos\left(\frac{\varphi + 2k\pi}{n}\right) + i\sin\left(\frac{\varphi + 2k\pi}{n}\right)\right],$$

wenn k eine beliebige ganze Zahl ist. In (9) sind aber n und nicht mehr verschiedene Werthe enthalten, die man erhält, wenn man

(10) $$k = 0, 1, 2, \ldots n - 1$$

setzt; denn vermehrt man k um ein Vielfaches von n, so ändert (9) seinen Werth nicht, während die n Werthe (10) lauter verschiedene Werthe von x ergeben, weil sie verschiedene Phasen haben.

Die Gleichung (8) hat demnach nicht nur eine, sondern n verschiedene Wurzeln.

Fig. 1.

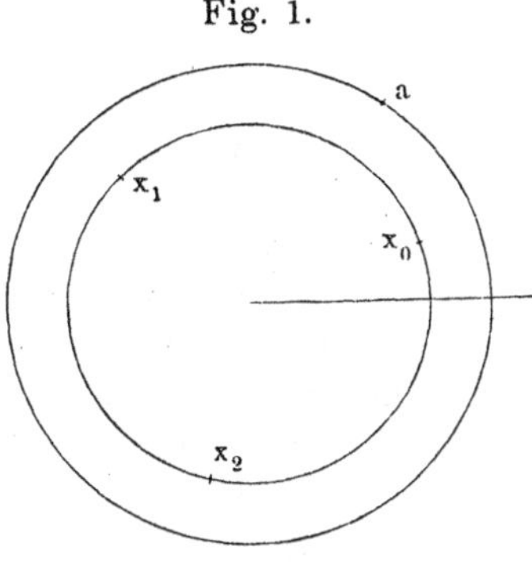

Die geometrischen Bilder der Werthe x_k liegen alle auf einem Kreise mit dem Radius $\sqrt[n]{r}$, und zwar um den Winkel $2\pi : n$ von einander entfernt. Man erhält den ersten dieser Punkte dadurch, dass man den gegebenen Winkel φ in n gleiche Theile theilt. Der Radius $\sqrt[n]{r}$ ist grösser oder kleiner als r, je nachdem r kleiner oder grösser als 1 ist. Die beistehende Fig. 1 zeigt diese Verhältnisse für $n = 3$ unter der Voraussetzung, dass $r > 1$ ist.

Man kann die verschiedenen Werthe von x_k dadurch erhalten, dass man den ersten von ihnen

$$x_0 = \sqrt[n]{r}\left(\cos\frac{\varphi}{n} + i\sin\frac{\varphi}{n}\right)$$

mit den verschiedenen Werthen von

$$(11) \qquad \varepsilon_k = \cos\frac{2k\pi}{n} + i\sin\frac{2k\pi}{n}$$

multiplicirt. Die Grössen ε_k sind Wurzeln der Gleichung

$$(12) \qquad x^n = 1,$$

und heissen die n^{ten} Einheitswurzeln. Es sind n und nur n verschiedene Werthe, von denen bei ungeradem n nur einer (für $k = 0$), bei geradem n zwei $\left(\text{für } k = 0 \text{ und } k = \frac{n}{2}\right)$ reell sind.

Die geometrischen Bilder der n^{ten} Einheitswurzeln sind die Eckpunkte eines dem Kreise mit dem Radius 1 einbeschriebenen regelmässigen n-Ecks. Ihre algebraische Bestimmung ist Gegenstand der Kreistheilungslehre. Bezeichnen wir den Werth von ε_k für $k = 1$ mit ε, setzen also

$$\varepsilon = \cos\frac{2\pi}{n} + i\sin\frac{2\pi}{n},$$

so ist nach dem Moivre'schen Satze

$$\varepsilon_k = \varepsilon^k,$$

so dass alle n^{ten} Einheitswurzeln als Potenzen von einer unter ihnen dargestellt sind.

§. 34.

Befreiung einer Gleichung vom zweiten Gliede.

Die Gewissheit der Existenz der Wurzeln reiner Gleichungen setzt uns in den Stand, die Wurzelexistenz bei den Gleichungen zweiten, dritten und vierten Grades oder, wie man auch sagt, bei den quadratischen, cubischen und biquadratischen Gleichungen, nachzuweisen, indem wir die Bestimmung ihrer Wurzeln auf die Lösung reiner Gleichungen zurückführen. Wir werden auf diese Frage später von verschiedenen allgemeineren Standpunkten zurückkommen, besprechen aber hier in der Kürze die älteren Methoden der Auflösung, die, wenn sie auch wenig Einblick in den allgemeinen Zusammenhang dieser Fragen gewähren, doch in der Anwendung sehr einfach sind. Sie erwecken den Schein, als ob es sich um eine der Verallgemeinerung auf höhere Gleichungen fähige Methode handle, was aber nicht der Fall ist. Zunächst folgende allgemeine Bemerkung. Nehmen wir der Einfachheit halber in der Function

(1) $$f(x) = x^n + a_1 x^{n-1} + a_2 x^{n-2} + \cdots + a_n$$

den Coëfficienten von x^n gleich 1 an, was man im Allgemeinen durch Division mit dem Coëfficienten von x^n erreicht, so können wir durch eine einfache Substitution

(2) $$x = y - \frac{a_1}{n},$$

$f(x)$ in eine andere Function n^{ten} Grades $\varphi(y)$ transformiren, in der das zweite Glied y^{n-1} nicht vorkommt; denn es ist nach dem binomischen Lehrsatz

$$\begin{aligned} x^n &= y^n - a_1 y^{n-1} + \frac{n-1}{2n} a_1^2 y^{n-2} + \cdots \\ x^{n-1} &= y^{n-1} - \frac{n-1}{n} a_1 y^{n-2} + \cdots \\ x^{n-2} &= y^{n-2} - \cdots, \end{aligned}$$

also

$$f(x) = y^n + \left(a_2 - \frac{n-1}{2n} a_1^2\right) y^{n-2} + \cdots$$

Wenn wir die Transformation für die Fälle $n = 2, 3, 4$ wirklich ausführen, so erhalten wir

(3) $$\begin{aligned} n &= 2 & \varphi(y) &= y^2 + a \\ n &= 3 & \varphi(y) &= y^3 + ay + b \\ n &= 4 & \varphi(y) &= y^4 + ay^2 + by + c, \end{aligned}$$

wenn wir setzen

(4) $$\begin{aligned} &\text{für } n = 2: & a &= -\frac{a_1^2}{4} + a_2, \\ &\text{für } n = 3: & a &= -\frac{a_1^2}{3} + a_2 \\ & & b &= \frac{2a_1^3}{27} - \frac{a_1 a_2}{3} + a_3, \\ &\text{für } n = 4: & a &= -\frac{3a_1^2}{8} + a_2 \\ & & b &= \frac{a_1^3}{8} - \frac{a_1 a_2}{2} + a_3 \\ & & c &= -\frac{3a_1^4}{256} + \frac{a_1^2 a_2}{16} - \frac{a_1 a_3}{4} + a_4, \end{aligned}$$

und die Lösung der Gleichung $f(x) = 0$ ist durch (2) auf die Lösung von $\varphi(y) = 0$ zurückgeführt. Diese ergiebt zunächst für $n = 2$

$$y = \pm \sqrt{-a},$$

und folglich

$$x = -\frac{a_1}{2} \pm \sqrt{\frac{a_1^2}{4} - a_2} = \frac{-a_1 \pm \sqrt{a_1^2 - 4a_2}}{2}.$$

Wir haben also zwei Wurzeln

(5)
$$\alpha = \frac{-a_1 + \sqrt{a_1^2 - 4a_2}}{2}$$
$$\beta = \frac{-a_1 - \sqrt{a_1^2 - 4a_2}}{2}.$$

§. 35.

Cubische Gleichungen. Cardanische Formel.

Die Gleichung dritten Grades nehmen wir in der reducirten Form an

(1) $$y^3 + ay + b = 0$$

und führen zwei neue Unbekannte u, v ein, indem wir

(2) $$y = u + v$$

setzen. Dies in (1) eingesetzt, ergiebt

(3) $$u^3 + v^3 + (3uv + a)(u + v) + b = 0.$$

Wir bestimmen eine der beiden Grössen u, v durch die andere nach der Gleichung

(4) $$3uv = -a,$$

und erhalten aus (3)

(5) $$u^3 + v^3 = -b.$$

Aus (4) und (5) aber lassen sich u^3 und v^3 durch eine Quadratwurzel bestimmen. Man erhält nämlich

(6) $$(u^3 - v^3)^2 = (u^3 + v^3)^2 - 4u^3v^3$$
$$= b^2 + \frac{4a^3}{27}.$$

Setzen wir zur Abkürzung

(7) $$R = \frac{b^2}{4} + \frac{a^3}{27},$$

so findet sich

$$u^3 - v^3 = 2\sqrt{R}.$$

Wir geben der $\sqrt{R}$ eines der beiden Zeichen und erhalten nach (5)

$$u^3 = -\frac{b}{2} + \sqrt{R}, \qquad v^3 = -\frac{b}{2} - \sqrt{R},$$

$$(8) \qquad u = \sqrt[3]{\frac{-b}{2} + \sqrt{R}}, \qquad v = \sqrt[3]{\frac{-b}{2} - \sqrt{R}},$$

und also

$$(9) \qquad y = \sqrt[3]{\frac{-b}{2} + \sqrt{R}} + \sqrt[3]{\frac{-b}{2} - \sqrt{R}}.$$

Die Multiplication der beiden Ausdrücke (8) ergiebt

$$u^3 v^3 = -\frac{a^3}{27}$$

und zeigt, dass, wenn für u ein bestimmter unter den drei Werthen der Cubikwurzel genommen wird,

$$(10) \qquad v = \frac{-a}{3u} = \frac{-a}{3\sqrt[3]{\frac{-b}{2} + \sqrt{R}}}$$

jedenfalls einer der drei Werthe von $\sqrt[3]{\frac{-b}{2} - \sqrt{R}}$ ist. Aus (4) folgt aber, dass, nur wenn wir diesen Werth für v nehmen, die Gleichung (1) durch $y = u + v$ befriedigt ist. Wir erhalten so, den drei Werthen von u entsprechend, drei Wurzeln der Gleichung (1). Aus der Existenz einer Wurzel der cubischen Gleichung ergiebt sich aber auch daraus schon die Existenz von dreien, dass bereits nachgewiesen ist, dass die quadratische Gleichung zwei Wurzeln hat.

Um aus der einen Wurzel (9) die beiden anderen abzuleiten, setzen wir

$$\alpha = u + v$$

und dividiren $y^3 + ay + b$ durch $y - \alpha$. Der Quotient, dessen Wurzeln die beiden anderen Wurzeln β, γ der cubischen Gleichung (1) sind, ist

$$y^2 + \alpha y + \alpha^2 + a = 0,$$

woraus man nach (4) des vorigen Paragraphen

$$y = \frac{-\alpha \pm \sqrt{-3\alpha^2 - 4a}}{2}$$

findet. Setzt man hierin $\alpha = u + v$, und nach (4) $a = -3uv$, so folgt

$$y = \frac{-(u+v) \pm \sqrt{-3(u+v)^2 + 12uv}}{2}$$
$$= \frac{-(u+v) \pm \sqrt{-3}\,(u-v)}{2}.$$

Setzen wir also

(11) $$\varepsilon = \frac{-1 + \sqrt{-3}}{2},$$

woraus

(12) $$\varepsilon^3 = 1$$
$$\varepsilon^2 + \varepsilon + 1 = 0$$
$$\varepsilon^2 = \frac{-1 - \sqrt{-3}}{2}$$

folgt, so erhält man die drei Wurzeln der cubischen Gleichung (6)

(13) $$\alpha = u + v$$
$$\beta = \varepsilon u + \varepsilon^2 v$$
$$\gamma = \varepsilon^2 u + \varepsilon v.$$

Darin ist ε eine von 1 verschiedene dritte Einheitswurzel, die hier ohne die trigonometrischen Functionen algebraisch ausgedrückt ist. Setzt man εu oder $\varepsilon^2 u$ für u, also $\varepsilon^2 v$, εv für v, so vertauschen sich die drei Grössen α, β, γ unter einander.

Der Ausdruck (9) für die Wurzel einer cubischen Gleichung wird die Cardanische Formel genannt.

§. 36.

Der Cayley'sche Ausdruck der Cardanischen Formel.

Jede Cubikwurzel hat, wie wir gesehen haben, drei verschiedene Werthe, die man aus einem von ihnen erhält durch Multiplication mit 1, ε, ε^2. So hat also auch jede der beiden Grössen u, v, wie sie durch (8), §. 35 definirt sind, drei Werthe und die Summe $u + v$ hat also, wenn man nur die Bedingungen (8) berücksichtigt, neun verschiedene Werthe; von diesen geben aber nur drei Lösungen der cubischen Gleichung, und erst durch Zuziehung der Relation (4), §. 35

(1) $$3uv = -a$$

werden unter den neun Werthen die brauchbaren ausgesondert.

Dies ist ein Mangel der Cardanischen Formel, die hiernach für sich noch nicht genügt, um die Wurzeln der cubischen Gleichung eindeutig zu geben. Diesem Mangel hat Cayley durch die folgende Darstellung abgeholfen. Man definire zwei neue Grössen ξ, η durch die Gleichungen

$$(2) \qquad u = \xi^2 \eta, \qquad v = \xi \eta^2,$$

woraus sich durch Multiplication mit Benutzung von (1)

$$(3) \qquad \xi \eta = \sqrt[3]{\frac{-a}{3}}$$

ergiebt; folglich ist, wenn dieser Werth in (2) eingesetzt und für u, v ihre Ausdrücke §. 35, (8) substituirt werden,

$$(4) \quad \xi = \sqrt[3]{\frac{3b}{2a} + \sqrt{\frac{9b^2}{4a^2} + \frac{a}{3}}}, \quad \eta = \sqrt[3]{\frac{3b}{2a} - \sqrt{\frac{9b^2}{4a^2} + \frac{a}{3}}},$$

und wenn man also jetzt die Wurzel y der cubischen Gleichung in die Form

$$(5) \qquad y = \xi \eta (\xi + \eta)$$

setzt, so erhält man einen Ausdruck, der, wenn man, von einander unabhängig, ξ durch ξ, $\varepsilon \xi$, $\varepsilon^2 \xi$, und η durch η, $\varepsilon \eta$, $\varepsilon^2 \eta$ ersetzt, nicht neun sondern nur die drei Werthe

$$\begin{gathered} \xi^2 \eta + \xi \eta^2 \\ \varepsilon \xi^2 \eta + \varepsilon^2 \xi \eta^2 \\ \varepsilon^2 \xi^2 \eta + \varepsilon \xi \eta^2 \end{gathered}$$

annimmt [1]).

§. 37.

Die biquadratische Gleichung.

Ein ähnlicher Weg, wie bei der Lösung der cubischen Gleichung durch die Cardanische Formel, lässt sich zur Lösung der Gleichung vierten Grades

$$(1) \qquad y^4 + a y^2 + b y + c = 0$$

einschlagen.

Wir setzen

---

[1]) Cayley, Phil. Mag. vol. XXI, 1861. Collectet mathematical papers vol. V, Nr. 310.

$$2y = u + v + w$$

und erhalten, wenn wir zur Abkürzung

(2) $\quad s = u^2 + v^2 + w^2, \qquad t = v^2 w^2 + w^2 u^2 + u^2 v^2$

setzen,

$$\begin{aligned} 4y^2 &= s + 2(vw + wu + uv) \\ 16y^4 &= s^2 + 4s(vw + wu + uv) + 4t \\ &\quad + 8uvw(u + v + w). \end{aligned}$$

Wenn man dies in (1) einsetzt, so findet sich

$$\begin{aligned} s^2 + 4t + 4as + 16c + 8(uvw + b)(u + v + w) \\ + 4(s + 2a)(vw + wu + uv) = 0. \end{aligned}$$

Diese Gleichung wird aber durch die Annahme befriedigt

$$s + 2a = 0, \quad uvw + b = 0, \quad s^2 + 4t + 4as + 16c = 0$$

Mit Hülfe der ersten dieser drei Gleichungen wird die dritte

$$t = a^2 - 4c,$$

und, wenn man für s, t die Werthe (2) zurücksetzt,

(3) $$\begin{aligned} u^2 + v^2 + w^2 &= -2a \\ v^2 w^2 + w^2 u^2 + u^2 v^2 &= a^2 - 4c \\ uvw &= -b. \end{aligned}$$

Nach §. 7 sind diese Gleichungen dann und nur dann befriedigt, wenn u^2, v^2, w^2 die Wurzeln der cubischen Gleichung

(4) $$z^3 + 2az^2 + (a^2 - 4c)z - b^2 = 0$$

sind, und wenn die Vorzeichen von u, v, w so bestimmt werden, dass die letzte der Gleichungen (3) befriedigt ist. Diese letztere Bedingung lässt noch vier verschiedene Vorzeichenbestimmungen zu, so dass man die vier Wurzeln der biquadratischen Gleichung in folgender Weise erhält:

(5) $$\begin{aligned} 2\alpha &= u + v + w \\ 2\beta &= u - v - w \\ 2\gamma &= -u + v - w \\ 2\delta &= -u - v + w. \end{aligned}$$

Die Lösung der biquadratischen Gleichung ist damit auf die der cubischen Gleichung (4) zurückgeführt.

Diese Gleichung heisst eine **cubische Resolvente** der biquadratischen Gleichung.

§. 38.

Beweis des Fundamentalsatzes.

Wir gehen nun an den Beweis des Fundamentalsatzes der Algebra, dass jede Gleichung $f(x) = 0$ wenigstens eine Wurzel hat. Wir schicken einige allgemeine Sätze voraus:

1. Wenn S ein beliebiges System reeller Zahlen bedeutet, die alle grösser sind als eine bestimmte positive oder negative Zahl C (d. h. ein System, das keine unendlichen negativen Zahlen enthält), so existirt eine untere Grenze für die Zahlen S.

Unter einer unteren Grenze g ist eine solche Zahl zu verstehen, die von keiner Zahl des Systems S unterschritten wird, aber so beschaffen, dass, wenn δ eine beliebig gegebene positive Grösse ist, zwischen g und $g + \delta$ (mit Einschluss der Grenzen) immer noch wenigstens eine Zahl des Systems S liegt, wie klein auch δ sein mag.

Der Beweis ergiebt sich unmittelbar aus der Möglichkeit eines Schnittes $(\mathfrak{A}, \mathfrak{B})$, den man so construirt, dass man eine Zahl α nach $\mathfrak{A}$ wirft, wenn sie von keiner Zahl des Systems S unterschritten wird, und eine Zahl β nach $\mathfrak{B}$, wenn sie wenigstens von einer Zahl in S unterschritten wird. Die durch diesen Schnitt bestimmte Zahl g wird von keiner Zahl in S unterschritten, denn sonst gäbe es auch Zahlen, die kleiner als g sind, und also zu $\mathfrak{A}$ gehören, und die doch von Zahlen in S unterschritten werden, während andererseits jede noch so wenig über g liegende Zahl β zu $\mathfrak{B}$ gehört und also von einer Zahl in S unterschritten wird. Das sind aber die charakteristischen Merkmale der unteren Grenze.

2. Ist S' ein Theil von S, so haben auch die Zahlen S' eine untere Grenze g', und diese ist entweder gleich g oder grösser als g.

Denn kleiner als g kann sie nicht sein, da sonst Zahlen in S' und folglich auch in S vorkämen, die unter g liegen.

Es sei nun $f(x)$ eine reelle Function von x, die in dem Intervall

$$a \lesseqgtr x \lesseqgtr b \tag{1}$$

nur endliche Werthe hat, und die ausserdem in diesem Intervall **stetig** ist; das will, in Uebereinstimmung mit §. 31, V und VI, besagen, dass

(2) $$f(x \pm h) - f(x)$$

dem absoluten Werthe nach in dem ganzen Intervall unter einer beliebig gegebenen Zahl η liegt, wenn das positive h kleiner als eine gewisse Zahl ε ist. (Für $x = a$ nehmen wir in (2) nur das obere, für $x = b$ nur das untere Zeichen, um mit $x \pm h$ nicht aus dem Intervall herauszukommen.)

Für die Werthe einer solchen Function in dem Intervall giebt es nach 1. eine untere Grenze g, und wir beweisen nun den Satz:

3. **dass die Function $f(x)$ den Werth g für irgend einen Werth ξ des Intervalles annimmt, wonach die untere Grenze zu einem Minimum der Function $f(x)$ in dem Intervall wird.**

Der Beweis ist folgender. Die untere Grenze der Functionswerthe in einem Theil des Intervalles (1) ist nach 2. entweder gleich oder grösser als g.

Wenn nun $f(a) = g$ ist, so ist das zu Beweisende richtig; ist aber $f(a) > g$, so kann man wegen der Stetigkeit von $f(x)$ ein Intervall $a \leqq x \leqq a + h$ angeben, in dem $f(x) > g$ bleibt und also die untere Grenze von $f(x)$ grösser als g ist.

Wir construiren nun in dem Intervall (1) einen Schnitt $(\mathfrak{A}, \mathfrak{B})$ der Art, dass wir einen Werth α des Intervalles (1) zu $\mathfrak{A}$ rechnen, wenn die untere Grenze von $f(x)$ in dem Intervall $a \lesseqqgtr x \lesseqqgtr \alpha$ grösser als g ist, und einen Werth β zu $\mathfrak{B}$, wenn die untere Grenze im Intervall $a \lesseqqgtr x \lesseqqgtr \beta$ gleich g ist.

$\mathfrak{B}$ kann möglicherweise aus dem einzigen Werthe b bestehen; dann aber muss $f(b) = g$ sein, und unsere Behauptung ist für $x = b$ erfüllt; denn wäre $f(b) > g$, so könnte man eine Grösse g' zwischen $f(b)$ und g und wegen der Stetigkeit ein Intervall $b - h \leqq x \leqq b$ so annehmen, dass in diesem Intervall alle Functionswerthe $f(x)$ grösser als g', ihre untere Grenze also gleich oder grösser als g' und daher sicher grösser als g wäre. Da aber $b - h$ zu $\mathfrak{A}$ gehört, so ist auch in dem Intervall $a \leqq x \leqq b - h$ und folglich in dem ganzen Intervall (1) die untere Grenze grösser als g, gegen die Annahme.

Ist also $f(b) > g$, so definirt der Schnitt ($\mathfrak{A}$, $\mathfrak{B}$) eine Zahl ξ im Inneren des Intervalles (1), von der wir nun zeigen können, dass

(3) $$f(\xi) = g$$

sein muss.

Ist $f(\xi) > g$ und $f(\xi) > g' > g$, so können wir wegen der Stetigkeit von $f(x)$ ein Intervall

$$\xi - h \gtreqless x \gtreqless \xi + h$$

bestimmen, in dem alle Functionswerthe $f(x)$ grösser als g' und also ihre untere Grenze grösser als g ist. Da aber $\xi - h$ zu $\mathfrak{A}$ gehört, so ist auch in dem ganzen Intervall:

$$a \leqq x \leqq \xi + h$$

die untere Grenze von $f(x)$ grösser als g, während doch $\xi + h$ zu $\mathfrak{B}$ gehört, worin der Widerspruch liegt.

Es sei jetzt $f(x)$ eine ganze rationale Function mit beliebigen complexen oder reellen Coëfficienten, und die Variable x soll gleichfalls complexe Werthe haben können.

Nach §. 31, IV kann, wenn C ein beliebiger positiver Werth ist, die positive Grösse R so angenommen werden, dass

(4) $$| f(x) | > C$$

ist, sobald

(5) $$| x | \geqq R$$

wird. Zur Veranschaulichung stellen wir das durch die Ungleichung

$$| x | < R$$

begrenzte Gebiet (R) für die Variable x durch eine Kreisfläche vom Radius R in der Ebene der Variablen $x = y + iz$ dar.

Wenn wir C grösser annehmen, als irgend einen Werth von $| f(x) |$ im Inneren des Gebietes (R), zum Beispiel grösser als $|f(0)|$, so wird $| f(x) |$ gewiss im Inneren des Gebietes (R) kleiner werden als an der Begrenzung. Da nun im ganzen Inneren von (R) die Function $| f(x) |$, die wir zur Abkürzung jetzt mit X bezeichnen wollen, nicht negativ wird, so giebt es für die Werthe von X eine untere Grenze g und wir haben den Satz zu beweisen:

4. Es existirt ein Werth ξ von x im Inneren des Gebietes (R), so dass

(6) $$| f(\xi) | = g$$

wird, dass also die untere Grenze auch hier ein Minimum ist.

Die untere Grenze von X in irgend einem Theile des Bereiches ist entweder gleich g oder grösser als g.

Ein Grössengebiet, das durch die Ungleichheitsbedingungen

$$(7) \qquad |x| \leqq R, \qquad -R \leqq y \leqq \alpha$$

bestimmt ist, wird in unserer Fig. 2 durch das Segment $(P\,Q\,\alpha\,Q')$, das wir das Segment (P, α) nennen wollen, dargestellt. Wir bestimmen nun zunächst einen Werth η von y durch einen Schnitt $(\mathfrak{A}, \mathfrak{B})$ folgendermaassen:

Fig. 2.

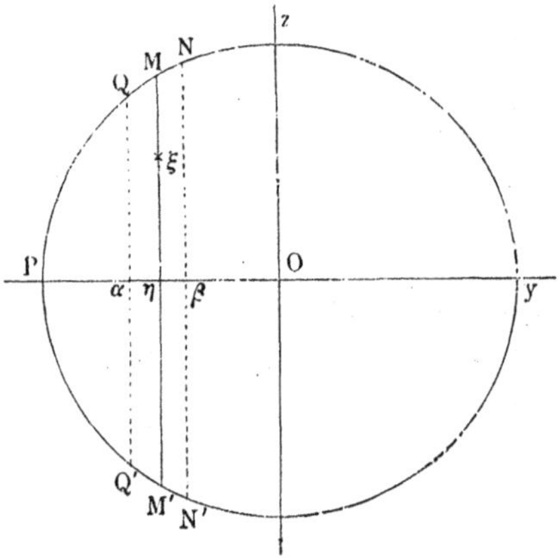

Eine Zahl α zwischen $-R$ und $+R$ wird in $\mathfrak{A}$ aufgenommen, wenn die untere Grenze von X in dem Segment (P, α) grösser als g ist, und ein Werth β wird in $\mathfrak{B}$ aufgenommen, wenn die untere Grenze von X in dem Segment (P, β) gleich g ist. Dieser Schnitt $(\mathfrak{A}, \mathfrak{B})$ definirt eine Zahl η von der Eigenschaft, dass die untere Grenze von X in dem Bereich (P, y), wenn $y < \eta$ ist, grösser als g, und wenn $y > \eta$ ist, gleich g ist.

Nun ist nach §. 31, VI

$$|f(\eta + i z)|$$

eine stetige Function von z in dem Intervall

$$(8) \qquad -\sqrt{R^2 - \eta^2} \leqq z \leqq \sqrt{R^2 - \eta^2},$$

was in der Fig. 2 durch M, M' bezeichnet ist.

Diese Function erhält also nach 3. für irgend einen Werth ζ von z in diesem Intervall einen Minimumwerth γ, so dass, wenn

$$\xi = \eta + i\zeta$$

gesetzt wird,

$$(9) \qquad |f(\xi)| = \gamma$$

wird.

Es ist nun ferner leicht einzusehen, dass $\gamma = g$ sein muss, denn da g die untere Grenze aller Werthe von X innerhalb (R) ist, so kan γ zunächst nicht kleiner als g sein.

Es kann aber γ auch nicht grösser als g sein; denn alle Werthe, die X auf der Strecke $M\,M'$ annimmt, sind $\lesseqgtr \gamma$; ist aber $\gamma > g$, so kann man eine Grösse g' so annehmen, dass $\gamma > g' > g$ ist, und wegen der in §. 31, VI bewiesenen Stetigkeit von X lassen sich die Zahlen α, β so bestimmen, dass

$$\alpha < \eta < \beta$$

und dass in dem ganzen Bereich $(P, \beta) - (P, \alpha) = (\alpha, \beta)$ $(Q\,N\,N'\,Q'$ in der Fig. 2) X grösser als g' bleibt. Folglich ist die untere Grenze von X in (α, β) grösser als g. Da nun die untere Grenze von X in (P, α) grösser als g ist, so ist sie auch in (P, β), was aus (P, α) und (α, β) zusammengesetzt ist, grösser als g; β gehört aber zu $\mathfrak{B}$, woraus ein Widerspruch mit der Definition von $\mathfrak{B}$ folgen würde.

Es bleibt also nur übrig, dass $\gamma = g$ ist, und der Satz 4. ist damit nachgewiesen, nämlich, dass es einen Werth ξ im Inneren von (R) giebt, für den

$$|f(\xi)| = g$$

ist, dass also $|f(x)|$ einen Minimumwerth erreicht. Wir beweisen nun:

5. Wenn α irgend ein Werth von x ist, für den $f(\alpha)$ von Null verschieden ist, so lässt sich h so annehmen, dass

$$(10) \qquad |f(\alpha + h)| < |f(\alpha)|$$

ausfällt.

Daraus folgt dann, dass, wenn $f(\xi)$ von Null verschieden wäre, g nicht das Minimum der Function $|f(x)|$ sein könnte; da dies aber bewiesen ist, so muss

$$(11) \qquad f(\xi) = 0$$

sein, und ξ ist eine Wurzel der Gleichung $f(x) = 0$. Der Fundamentalsatz wird also dann bewiesen sein.

Beim Beweise von 5. machen wir Gebrauch von dem schon bewiesenen Satz (§. 32), dass eine reine Gleichung immer eine Wurzel hat.

Von den derivirten Functionen $f'(\alpha), f''(\alpha) \ldots$ können einige verschwinden; die letzte $f^{(n)}(\alpha)$, die gleich $\Pi(n)\, a_0$ ist, ist aber von Null verschieden; es mögen also $f'(\alpha)$, $f''(\alpha) \ldots f^{(m-1)}(\alpha)$ verschwinden, $f^{(m)}(\alpha)$ nicht verschwinden. Wir haben dann nach §. 13

$$(12)\quad f(\alpha+h)=f(\alpha)+\frac{h^m}{\Pi(m)}f^{(m)}(\alpha)+\frac{h^{m+1}}{\Pi(m+1)}f^{(m+1)}(\alpha)+\cdots$$

Wir wählen, was nach §. 31, V stets möglich ist, eine positive Zahl ε so, dass

$$(13)\quad \left|\frac{h}{m+1}\,\frac{f^{(m+1)}(\alpha)}{f^{(m)}(\alpha)}+\frac{h^2}{(m+1)\,(m+2)}\,\frac{f^{(m+2)}(\alpha)}{f^{(m)}(\alpha)}+\cdots\right|<1$$

ist, sobald

$$(14)\quad |\,h\,|<\varepsilon,$$

und einen positiven echten Bruch δ so, dass

$$(15)\quad \delta\,|\,f(\alpha)\,|<\left|\frac{\varepsilon^m f^{(m)}(\alpha)}{\Pi(m)}\right|,$$

was, wenn $f(\alpha)$ nicht verschwindet, gleichfalls möglich ist. Dann bestimmen wir (auf Grund von §. 32) h aus der Gleichung

$$(16)\quad \frac{h^m f^{(m)}(\alpha)}{\Pi(m)}=-\,\delta f(\alpha),$$

woraus nach (15)

$$|\,h\,|<\varepsilon$$

folgt. Aus (12) ergiebt sich jetzt, wenn man für h^m den Werth aus (16) setzt,

$$f(\alpha+h)=(1-\delta)\,f(\alpha)$$
$$-\,\delta f(\alpha)\left(\frac{h}{m+1}\,\frac{f^{(m+1)}(\alpha)}{f^{(m)}(\alpha)}+\frac{h^2}{(m+1)\,(m+2)}\,\frac{f^{(m+2)}(\alpha)}{f^{(m)}(\alpha)}\cdots\right)$$

also

$$(17)\quad |\,f(\alpha+h)\,|\gtreqless|\,f(\alpha)\,|\,(1-\delta)$$
$$+\,\delta\left|\,f(\alpha)\,\right|\left|\frac{h f^{(m+1)}(\alpha)}{(m+1)\,f^{(m)}(\alpha)}+\frac{h^2}{(m+1)\,(m+2)}\,\frac{f^{(m+2)}(\alpha)}{f^{(m)}(\alpha)}\cdots\right|,$$

und wegen (13)

$$(18)\quad |\,f(\alpha+h)\,|<|\,f(\alpha)\,| \qquad \text{w. z. b. w.}$$

Damit ist also der Beweis des Fundamentalsatzes beendigt.

§. 39.

Algorithmus zur Berechnung der Wurzeln.

Der im vorigen Paragraphen gegebene Beweis für die Existenz einer Wurzel einer algebraischen Gleichung lässt zwar an Bündigkeit nichts zu wünschen übrig, er hat aber noch den Mangel, dass er nicht die Schritte erkennen lässt, wie man eine Wurzel durch ein convergentes Rechnungsverfahren berechnen kann. Wir fügen also noch die folgenden Betrachtungen hinzu, die diesem Mangel, wenn auch nur theoretisch, abzuhelfen bestimmt sind. Sie geben noch einen zweiten Beweis des Fundamentalsatzes, der in der Hauptsache von Lipschitz herrührt (Lehrbuch der Analysis, Bd. I, §. 61 ff.; eine Vereinfachung verdanke ich einer Mittheilung von Dedekind).

Wenn die beiden ganzen rationalen Functionen $f(x)$ und $f'(x)$ einen gemeinsamen Theiler haben, so kann dieser nach §. 6 durch rationale Operationen gefunden und beseitigt werden. Wir dürfen also voraussetzen, dass $f(x)$ und $f'(x)$ keinen gemeinsamen Theiler haben, dass sie also für keinen Werth von x beide zugleich verschwinden.

Wir setzen nun voraus, dass die Wurzelberechnung für eine Function $(n-1)^{\text{ten}}$ Grades schon gelungen sei, und nehmen demnach $f'(x)$ in lineare Factoren zerlegt an. Demnach sei, wenn

$$(1) \qquad f(x) = x^n + a_1 x^{n-1} + a_2 x^{n-2} + \cdots,$$

ist,

$$(2) \qquad \begin{aligned} f'(x) &= n x^{n-1} + (n-1) a_1 x^{n-2} \dots \\ &= n(x-\beta_1)(x-\beta_2)\cdots(x-\beta_{n-1}), \end{aligned}$$

worin die $\beta_1, \beta_2 \dots \beta_{n-1}$ als bekannte Zahlen angesehen werden, die auch theilweise identisch sein können. Nach unserer Voraussetzung werden die absoluten Werthe

$$(3) \qquad |f(\beta_1)|, \quad |f(\beta_2)|, \dots |f(\beta_{n-1})|,$$

die wir mit

$$(4) \qquad b_1, b_2 \dots b_{n-1}$$

bezeichnen, alle von Null verschieden sein; wir wollen die Bezeichnung so gewählt annehmen, dass b_1 der kleinste unter ihnen sei, oder wenigstens keinen der anderen an Grösse übertrifft. Nach dem Satz 5., §. 38 lässt sich dann ein Werth α von x so bestimmen, dass der absolute Werth a von $f(\alpha)$ kleiner als b_1 wird, also:

$$(5) \qquad a < b_1 \leqq b_2 \leqq b_3 \ldots \leqq b_{n-1}.$$

Wir begrenzen nun ein Gebiet G für die Variable x derart, dass ausserhalb dieses Gebietes der absolute Werth von $f(x)$ immer grösser als a ist, so dass G alle Punkte x enthält, in denen $|f(x)| < a$ ist (aber auch noch andere Punkte). Dies ist nach §. 31, IV dadurch möglich, dass wir vom Nullpunkt als Mittelpunkt einen die Punkte $\alpha, \beta_1, \beta_2 \ldots \beta_{n-1}$ einschliessenden Kreis (R) von hinlänglich grossem Radius R legen und die Punkte $\beta_1, \beta_2 \ldots \beta_{n-1}$, in denen $|f(x)|$ ja grösser als a ist, durch kreisförmige Hüllen von so kleinen aber nicht verschwindenden Radien $\varrho_1, \varrho_2 \ldots \varrho_{n-1}$ von diesem Kreise ausscheiden, dass im Inneren aller dieser Kreise $(\varrho_1), (\varrho_2) \ldots (\varrho_{n-1})$ der absolute Werth $|f(x)|$ grösser als a bleibt (§. 31, V). Dann umschliesst keiner dieser Kreise den Punkt α, in dem $|f(x)| = a$ ist. Das von den Kreisen (R), $(\varrho_1) \ldots (\varrho_{n-1})$ begrenzte zusammenhängende Flächenstück ist das Gebiet G.

Fig. 3.

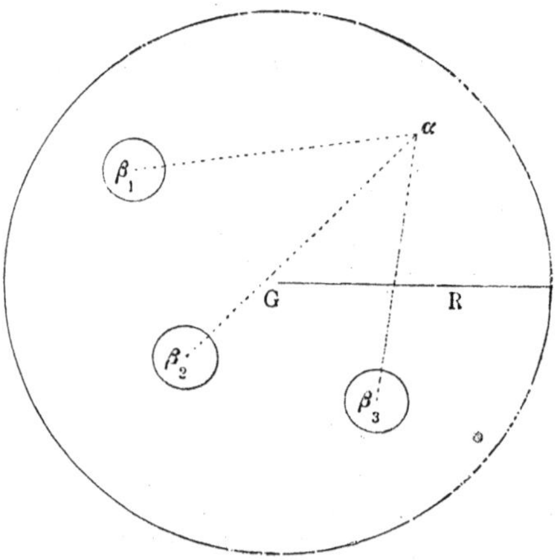

Wir bestimmen nun eine Zahlenreihe

$$\alpha, \alpha', \alpha'', \alpha''' \ldots$$

derart, dass die absoluten Werthe von $f(\alpha)$, $f(\alpha')$, $f(\alpha'') \ldots$, die wir mit

$$a, a', a'', a''' \ldots$$

bezeichnen, immer abnehmen. Die so bestimmten Punkte $\alpha, \alpha', \alpha''$ bleiben alle im Inneren des Gebietes G, weil ja in ihnen $|f(x)| < a$ ist.

Wir bedienen uns dazu eines Verfahrens, ganz ähnlich dem zum Beweis des Satzes 5., §. 38 angewandten, nur dadurch vereinfacht, dass $f'(\alpha)$ schon von Null verschieden ist. Wir setzen, indem wir unter δ einen noch näher zu bestimmenden, positiven, echten Bruch verstehen, in der Entwickelung

$$(6)\qquad f(\alpha + h) = f(\alpha) + hf'(\alpha) + \frac{h^2}{1 \,.\, 2} f''(\alpha) + \cdots$$

$$(7)\qquad h = -\,\delta\,\frac{f(\alpha)}{f'(\alpha)},$$

und erhalten

$$(8)\qquad f(\alpha + h) = (1 - \delta) f(\alpha)$$
$$+\,\delta^2 \left\{ \frac{f(\alpha)^2 f''(\alpha)}{1\,.\,2\,.\,f'(\alpha)^2} - \frac{\delta}{1\,.\,2\,.\,3}\,\frac{f(\alpha)^3 f'''(\alpha)}{f'(\alpha)^3} + \cdots \right\}.$$

Nun ist nach (2)

$$f'(\alpha) = n(\alpha - \beta_1)(\alpha - \beta_2) \ldots (\alpha - \beta_{n-1}),$$

also, wenn wir die absoluten Werthe von $(\alpha - \beta_1)$, $(\alpha - \beta_2) \ldots (\alpha - \beta_{n-1})$ durch $r_1, r_2 \ldots r_{n-1}$ bezeichnen,

$$|\, f'(\alpha)\,| = n\, r_1 r_2 \ldots r_{n-1}.$$

Da nun α ausserhalb des um β_1 beschriebenen Kreises ϱ_1 liegt, so ist $r_1 > \varrho_1$, $r_2 > \varrho_2 \ldots$ und folglich

$$|\, f'(\alpha)\,| > n\,\varrho_1 \varrho_2 \ldots \varrho_{n-1},$$

also $|\, f'(\alpha)\,|$ grösser als eine von der Lage von α innerhalb G unabhängige positive Zahl k. Daraus ergiebt sich, dass man eine hinlänglich grosse positive Zahl Q, die gleichfalls von der Lage von α und von dem echten Bruch δ unabhängig ist, so wählen kann, dass

$$(9)\qquad \left| \frac{f(\alpha)^2 f''(\alpha)}{1\,.\,2\,.\,f'(\alpha)^2} - \frac{\delta}{1\,.\,2\,.\,3}\,\frac{f(\alpha)^3 f'''(\alpha)}{f'(\alpha)^3} + \cdots \right| < Q$$

ist.

Man kann Q erhalten, wenn man auf der linken Seite von (9) in den Nennern $f'(\alpha)$ durch k, δ durch 1 und sonst alle Glieder durch ihre absoluten Werthe und endlich den absoluten Werth von α durch den grösseren Werth R ersetzt, und die so gewonnene Zahl noch beliebig grösser macht. Dann ergiebt sich aber aus (8)

$$(10)\qquad |\, f(\alpha + h)\,| < (1 - \delta)\,|\, f(\alpha)\,| + \delta^2 Q.$$

Nehmen wir nun Q so gewählt an, dass für jedes α innerhalb G

$$2\,Q > |\, f(\alpha)\,| = a$$

ist, was mit der obigen Bestimmung offenbar verträglich ist, so können wir

$$\delta = \frac{a}{2\,Q}, \qquad h = -\,\frac{a\, f(\alpha)}{2\,Q\, f'(\alpha)}$$

setzen und erhalten, wenn wir $\alpha + h$ mit α' bezeichnen,

$$\alpha' = \alpha - \frac{a f(\alpha)}{2 Q f'(\alpha)}, \tag{11}$$

und wenn wir $| f(\alpha') |$ mit a' bezeichnen, nach (10)

$$a' < a\left(1 - \frac{a}{4Q}\right). \tag{12}$$

Wir leiten nun durch dasselbe Verfahren aus α', a' ein zweites Grössensystem α'', a'' ab, dann aus α'', a'' ein drittes α''', a''' u. s. f., und erhalten so für die Reihe abnehmender positiver Zahlen $a, a', a'' \ldots$ die Ungleichungen

$$\begin{aligned} a' &< a\left(1 - \frac{a}{4Q}\right) \\ a'' &< a'\left(1 - \frac{a'}{4Q}\right) \\ a''' &< a''\left(1 - \frac{a''}{4Q}\right) \\ &\ldots\ldots\ldots, \end{aligned} \tag{13}$$

und beweisen nun, dass diese Zahlenreihe sich der Grenze Null nähert. Wäre dies nicht der Fall, so würde sich eine positive Zahl ω so angeben lassen, dass alle $a^{(\nu)}$ über ω bleiben; dann wären die Differenzen

$$\left(1 - \frac{a}{4Q}\right), \quad \left(1 - \frac{a'}{4Q}\right), \quad \left(1 - \frac{a''}{4Q}\right) \cdots$$

alle kleiner, als der positive echte Bruch

$$\Theta = 1 - \frac{\omega}{4Q},$$

und aus (13) würde folgen

$$\begin{aligned} a' &< a\,\Theta \\ a'' &< a'\,\Theta \\ a''' &< a''\,\Theta \\ &\ldots\ldots \\ a^{(\nu)} &< a^{(\nu-1)}\,\Theta, \end{aligned}$$

woraus durch Multiplication

$$a^{(\nu)} < a\,\Theta^{\nu}. \tag{14}$$

Darin aber liegt ein Widerspruch, da Θ^{ν} mit unendlich wachsendem ν unendlich klein wird. Das so gewonnene Resultat drücken wir in der Gleichung aus

$$\operatorname{Lim} a^{(\nu)} = 0. \tag{15}$$

Wenn wir die Ungleichungen (13) so schreiben

$$a - a' > \frac{a^2}{4Q}$$

$$a' - a'' > \frac{a'^2}{4Q}$$

$$\cdot \quad \cdot \quad \cdot \quad \cdot \quad \cdot \quad \cdot \quad \cdot \quad \cdot \quad \cdot$$

$$a^{(\nu-1)} - a^{(\nu)} > \frac{a^{(\nu-1)2}}{4Q},$$

und sie dann von der $(\mu + 1)^{\text{ten}}$ bis zur $(\nu + 1)^{\text{ten}}$ addiren, so folgt

$$a^{(\mu)2} + a^{(\mu+1)2} + \cdots + a^{(\nu)2} < 4Q(a^{(\mu)} - a^{(\nu+1)}),$$

also, wenn μ und ν zwei ins Unendliche wachsende Zahlen bedeuten,

$$\text{(16)} \qquad \operatorname{Lim} (a^{(\mu)2} + a^{(\mu+1)2} + \cdots + a^{(\nu)2}) = 0.$$

Für die Reihe der Zahlen $\alpha, \alpha', \alpha'' \ldots$ ergiebt sich aus (11) das Bildungsgesetz

$$\text{(17)} \qquad \begin{aligned} \alpha - \alpha' &= \frac{a f(\alpha)}{2Qf'(\alpha)}, \\ \alpha' - \alpha'' &= \frac{a' f(\alpha')}{2Qf'(\alpha')}, \\ &\cdot \quad \cdot \quad \cdot \quad \cdot \quad \cdot \quad \cdot \quad \cdot \\ \alpha^{(\nu-1)} - \alpha^{(\nu)} &= \frac{a^{(\nu-1)} f(\alpha^{(\nu-1)})}{2Q f'(\alpha^{(\nu-1)})}. \end{aligned}$$

Wenn man eine beliebige Anzahl dieser Gleichungen [von der $(\mu + 1)^{\text{ten}}$ bis zur $(\nu + 1)^{\text{ten}}$] addirt, so folgt

$$\text{(18)} \qquad \alpha^{(\mu)} - \alpha^{(\nu+1)} = \frac{a^{(\mu)} f(\alpha^{(\mu)})}{2Q f'(\alpha^{(\mu)})} + \cdots + \frac{a^{(\nu)} f(\alpha^{(\nu)})}{2Q f'(\alpha^{(\nu)})}.$$

Daraus ergiebt sich, da die sämmtlichen

$$|f'(\alpha)| > k$$

sind, für den absoluten Werth dieser Differenz

$$\text{(19)} \qquad |\alpha^{(\mu)} - \alpha^{(\nu+1)}| < \frac{a^{(\mu)2} + a^{(\mu+1)2} + \cdots + a^{(\nu)2}}{2Qk},$$

also mit Hülfe von (16)

$$\text{(20)} \qquad \operatorname{Lim} |\alpha^{(\mu)} - \alpha^{(\nu+1)}| = 0.$$

Damit ist ausgedrückt (nach dem in der Einleitung erklärten Begriff der Zahlenreihe, S. 15), dass sich die Zahlen $\alpha, \alpha', \alpha'' \ldots$ einer bestimmten Grenze nähern, die wir mit ξ bezeichnen wollen.

Aus der Stetigkeit der Function $f(x)$ folgt aber dann leicht, dass $f(\xi) = 0$ sein muss; denn wäre $| f(\xi) | > 0$, so könnten, da die $\alpha^{(\nu)}$ dem Werthe ξ beliebig nahe kommen, die absoluten Werthe $a^{(\nu)}$ von $f(\alpha^{(\nu)})$ nicht unter jeden positiven Werth heruntersinken, was wir doch von ihnen nachgewiesen haben.

§. 40.

Stetigkeit der Wurzeln.

Wir beschliessen diesen Abschnitt mit dem Beweis des Satzes:

Die Wurzeln einer algebraischen Gleichung sind stetige Functionen der Coëfficienten.

Wir haben zunächst die Bedeutung dieses Satzes zu erklären.

Es sei

(1) $$f(x) = x^n + a_1 x^{n-1} + a_2 x^{n-2} + \cdots$$

eine ganze rationale Function von x vom n^{ten} Grade. Nach dem, was in den vorangegangenen Paragraphen bewiesen ist, lässt sich $f(x)$ in n lineare Factoren zerlegen, die zum Theil einander gleich sein können. Wir setzen, indem wir gleiche Factoren zusammenfassen und die Wurzeln mit $\alpha, \beta, \gamma \ldots$ bezeichnen,

(2) $$f(x) = (x - \alpha)^a (x - \beta)^b (x - \gamma)^c \ldots,$$

worin $a, b, c \ldots$ ganze positive Zahlen sind, deren Summe gleich n ist.

Die Wurzeln $\alpha, \beta, \gamma \ldots$ werden sich mit den Coëfficienten $a_1, a_2, a_3 \ldots$ ändern, auch der Grad ihrer Vielfachheit kann ein anderer werden.

Wir bezeichnen die Aenderungen von $a_1, a_2 \ldots$ mit $\varepsilon_1, \varepsilon_2 \ldots$ und setzen

(3) $$\varphi(x) = \varepsilon_1 x^{n-1} + \varepsilon_2 x^{n-2} + \ldots$$

(4) $$f(x) + \varphi(x) = f_1(x).$$

Wir umgeben die Punkte $\alpha, \beta, \gamma \ldots$ mit Gebieten von beliebiger Kleinheit, jedoch so, dass diese Gebiete sich gegenseitig ausschliessen, etwa dadurch, dass wir die Punkte $\alpha, \beta, \gamma \ldots$ durch Kreisperipherien mit den Radien $\varrho, \varrho', \varrho'' \ldots$ einschliessen, und bezeichnen diese Gebiete durch $(\varrho), (\varrho'), (\varrho'') \ldots$

Wenn die absoluten Werthe von ε_1, ε_2 ... unter hinlänglich kleinen Werthen liegen, so können wir von der Function $f_1(x)$ zunächst beweisen,

dass sie keine Wurzeln ausserhalb der Gebiete (ϱ), (ϱ'), (ϱ'') ... hat,

und zweitens,

dass die Anzahl der Wurzeln von $f_1(x)$ innerhalb (ϱ) genau a, innerhalb (ϱ') genau b, innerhalb (ϱ'') genau c u. s. f. beträgt.

Bei dem letzten Theil des Satzes ist aber zu beachten, dass, wenn $f_1(x)$ mehrfache Wurzeln hat, diese nach ihrer Vielfachheit gezählt werden müssen.

Wir construiren nach §. 31, IV in der Ebene x einen Kreis mit dem Radius R und dem Nullpunkt als Mittelpunkt, der die Gebiete (ϱ), (ϱ'), (ϱ'') ... einschliesst, so dass ausserhalb dieses Kreises keine Wurzeln von $f_1(x)$ mehr liegen, und bezeichnen das innerhalb dieses Kreises, aber ausserhalb (ϱ), (ϱ'), (ϱ'') ... liegende Gebiet mit G. Es ist dazu noch zu bemerken, dass R von den ε_1, ε_2 ... unabhängig angenommen werden kann, so lange für die absoluten Werthe dieser Grössen eine bestimmte obere Grenze festgesetzt wird.

Fig. 4.

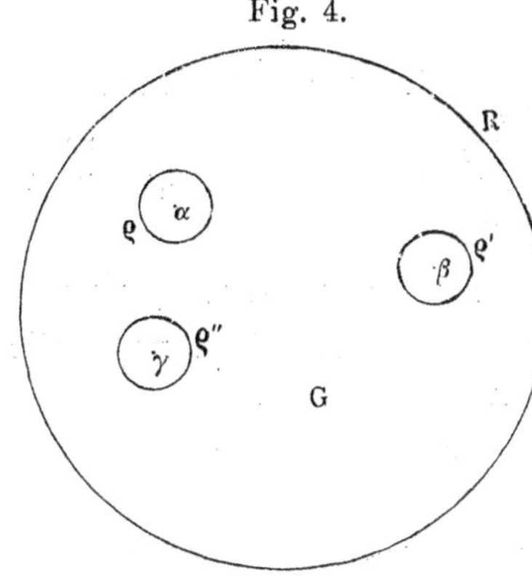

Ist nun x ein Punkt des Gebietes G, so ist der absolute Werth von $x - \alpha$ grösser als ϱ, und mithin nach (2)

$$(5) \qquad |f(x)| > \varrho^a \varrho'^b \varrho''^c \ldots$$

Ist nun α_1 eine Wurzel von $f_1(x)$, so folgt aus (4)

$$(6) \qquad f(\alpha_1) = -\varphi(\alpha_1),$$

und α_1 kann daher nicht in dem Gebiete G liegen, wenn man dafür sorgt, dass innerhalb G überall

$$(7) \qquad |\varphi(x)| < \varrho^a \varrho'^b \varrho''^c \ldots,$$

was durch genügende Verkleinerung der oberen Grenze von $\varepsilon_1, \varepsilon_2$ ... immer möglich ist. Hiermit ist der erste Theil unserer Behauptung erwiesen, dass, wenn die Ungleichung (7) befriedigt ist, keine Wurzeln von $f_1(x)$ ausserhalb der Gebiete (ϱ), (ϱ'), (ϱ'') ... liegen.

Um den zweiten Theil zu beweisen, setzen wir

$$f(x) = \psi(x)\,(x-\alpha)^a, \tag{8}$$

$$\psi(x) = (x-\beta)^b\,(x-\gamma)^c \ldots \tag{9}$$

Wir wählen nun eine positive Zahl A, die aber von ϱ unabhängig sein soll, so dass, so lange x im Inneren oder an der Peripherie des Gebietes (ϱ) liegt,

$$|\,\psi(x)\,| > A, \qquad (\text{für } |\,x-\alpha\,| \overline{\gtrless}\ \varrho) \tag{10}$$

bleibt. Eine solche Zahl erhalten wir z. B., wenn wir l gleich der Hälfte des kleinsten unter den Abständen (α, β), $(\alpha, \gamma) \ldots$ annehmen und

$$A = l^{b+c+\cdots}$$

setzen; dann ist die in (10) ausgedrückte Forderung wenigstens so lange erfüllt, als ϱ kleiner als l ist. Ist nur ein einziger Punkt α vorhanden, so ist $\psi(x) = 1$ zu setzen, und für A kann jeder beliebige echte Bruch gesetzt werden.

Es seien nun $\alpha_1, \alpha_2 \ldots$ die Wurzeln von $f_1(x)$ innerhalb (ϱ), und $a_1, a_2 \ldots$ die Grade ihrer Vielfachheit, und $\beta_1, \beta_2 \ldots$, $b_1, b_2 \ldots$, $\gamma_1, \gamma_2 \ldots$, $c_1, c_2 \ldots$ sollen dieselbe Bedeutung für die Gebiete (ϱ'), $(\varrho'') \ldots$ haben; es ist dann

$$n = a_1 + a_2 + \cdots + b_1 + b_2 + \cdots + c_1 + c_2 + \cdots, \tag{11}$$

da die Gesammtzahl aller Wurzeln gleich n sein muss. Die Function $f_1(x)$ lässt sich dann so darstellen:

$$f_1(x) = \psi_1(x)\,(x-\alpha_1)^{a_1}\,(x-\alpha_2)^{a_2} \ldots, \tag{12}$$

worin

$$\psi_1(x) = (x-\beta_1)^{b_1}\,(x-\beta_2)^{b_2} \ldots \; (x-\gamma_1)^{c_1}\,(x-\gamma_2)^{c_2} \ldots \tag{13}$$

Nun können wir eine von ϱ, ϱ', ϱ'' unabhängige positive Zahl B bestimmen, so dass, so lange x innerhalb oder an der Grenze von (ϱ) bleibt

$$|\,\psi_1(x)\,| < B \qquad (\text{für } |\,x-\alpha\,| \overline{\gtrless}\ \varrho). \tag{14}$$

Wir können z. B. eine Grösse L wählen, die grösser ist als die doppelte Entfernung des Punktes α von einem der Punkte $\beta, \gamma \ldots$ und jedenfalls grösser als 1 und dann

$$B > L^n$$

annehmen.

Nun folgt aus (4)

$$|\,f(x)\,| < |\,f_1(x)\,| + |\,\varphi(x)\,|, \tag{15}$$

also nach (8) und (12)

(16) $|\psi(x)| \cdot |x-\alpha|^a < |\psi_1(x)| \cdot |x-\alpha_1|^{a_1} \cdot |x-\alpha_2|^{a_2} \cdots + |\varphi(x)|$,

und wenn wir nun x auf der Peripherie von ϱ annehmen, also

$$|x-\alpha| = \varrho$$

setzen, so ist

$$|x-\alpha_1| < 2\varrho, \quad |x-\alpha_2| < 2\varrho \ldots$$

folglich nach (10) und (16)

(17) $$\varrho^a A < (2\varrho)^{a_1+a_2+\cdots} B + |\varphi(x)|.$$

Wir wollen nun die oberen Grenzen für die Coëfficienten $\varepsilon_1, \varepsilon_2 \ldots$ von φ so klein annehmen, dass

$$|\varphi(x)| < \varrho^a A'$$

wird, worin A' eine Zahl bedeutet, die kleiner als A ist; dann folgt aus (17)

(18) $$A - A' < 2^a \varrho^{-a+a_1+a_2+\cdots} B.$$

Dies aber würde für ein hinreichend kleines ϱ nicht mehr möglich sein, wenn a grösser als die Summe $a_1 + a_2 + \cdots$ wäre. Es folgt also

(19) $$a \lesseqgtr a_1 + a_2 + \cdots$$

Ebenso lässt sich beweisen, dass

$$b \lesseqgtr b_1 + b_2 + \cdots$$

(20) $$c \lesseqgtr c_1 + c_2 + \cdots$$

$$\cdots\cdots\cdots$$

sein muss. Da aber die Summen der linken Seiten sowohl als der rechten in den Ungleichungen (20), (21) gleich n sein müssen, so können nur die Gleichheitszeichen bestehen, also:

$$a = a_1 + a_2 + \cdots$$
$$b = b_1 + b_2 + \cdots$$
$$c = c_1 + c_2 + \cdots$$
$$\cdots\cdots\cdots\cdots,$$

wodurch auch der zweite Theil unseres Satzes bewiesen ist.

Wir wollen dem bewiesenen Satze noch folgende, auf den Fall mehrfacher Wurzeln bezügliche Bemerkung beifügen.

Die nothwendige und hinreichende Bedingung dafür, dass $f(x) = 0$ überhaupt mehrfache Wurzeln habe, ist die, dass $f(x)$ und $f'(x)$ einen gemeinsamen Factor haben. Wenn man also nach den im ersten Abschnitt entwickelten Principien den Algorithmus des grössten gemeinsamen Theilers auf diese beiden Functionen anwendet, so erhält man die Bedingung gemeinsamer Factoren daraus, dass man den letzten constanten Rest gleich Null setzt in Gestalt einer Gleichung zwischen den Coëfficienten:

$$F(a_1, a_2 \ldots a_n) = 0,$$

worin F eine ganze rationale Function der Argumente $a_1, a_2 \ldots a_n$ ist, die die Discriminante von f heisst, deren Eigenschaften und Bildungsweise im nächsten Abschnitt noch eingehender behandelt werden soll; jedenfalls kann, da es überhaupt Gleichungen n^{ten} Grades ohne mehrfache Wurzeln giebt, F nicht identisch verschwinden.

Betrachten wir also jetzt

$$F(a_1 + \varepsilon_1, a_2 + \varepsilon_2 \ldots a_n + \varepsilon_n),$$

so wird auch diese Function, wenn die $a_1, a_2 \ldots a_n$ bestimmte, die $\varepsilon_1, \varepsilon_2 \ldots \varepsilon_n$ aber unbestimmte Zahlen sind, nicht identisch verschwinden, und man kann über die ε so verfügen, dass ihr Werth von Null verschieden ausfällt, auch dann noch, wenn für die absoluten Werthe der ε eine beliebige obere Grenze festgesetzt ist [1]).

Man sieht also aus diesen Betrachtungen, wie eine a-fache Wurzel α von $f(x)$ bei stetiger Veränderung der Coëfficienten in a einfache Wurzeln auseinander strahlt, so dass man auch von diesem Gesichtspunkte berechtigt ist, die a-fache Wurzel als durch das Zusammenfallen von a einfachen Wurzeln entstanden zu betrachten.

Nehmen wir den Coëfficienten der höchsten Potenz von x nicht gleich 1 an, untersuchen also die Gleichung in der Form

$$(21) \quad a_0 x^n + a_1 x^{n-1} + a_2 x^{n-2} + \cdots + a_{n-1} x + a_n = 0,$$

so sind, wenn $a_n = 0$ ist, eine oder mehrere der Wurzeln gleich Null, und die Gleichung (21) lässt sich durch x oder eine höhere Potenz von x dividiren, wodurch eine Gleichung von entsprechend niedrigerem Grade entsteht, in der das letzte Glied von Null verschieden ist. Wir wollen also von vornherein a_n von Null verschieden annehmen und nun in (21)

$$(22) \qquad x = \frac{1}{y}$$

---

[1]) Dies wird erst später streng begründet werden. Wir setzen es bei diesen vorläufigen Bemerkungen, auf die weiter keine Schlüsse gegründet werden, einstweilen voraus.

setzen. Durch Multiplication mit y^n und Division mit a_n geht dann (21) über in

$$(23) \qquad y^n + \frac{a_{n-1}}{a_n} y^{n-1} + \cdots + \frac{a_1}{a_n} y + \frac{a_0}{a_n} = 0,$$

und wir können auf die Wurzeln dieser Gleichung den vorhin ausgesprochenen Satz anwenden, indem wir $a_0 = 0$ annehmen, so dass eine der Wurzeln von (23) verschwindet. Wir erlangen so den Satz:

Man kann in der Gleichung (21) a_0 so klein annehmen, dass eine ihrer Wurzeln über alle Grenzen gross wird, während die anderen sich beliebig wenig von den Wurzeln der Gleichung $(n-1)^{\text{ten}}$ Grades

$$a_1 x^{n-1} + a_2 x^{n-2} + \cdots + a_{n-1} x + a_n = 0$$

unterscheiden.

Man drückt das auch so aus, dass mit verschwindendem a_0 eine der Wurzeln von (21) unendlich wird.

Wenn auch noch a_1 oder a_1 und a_2 u. s. f. verschwinden, so werden zwei oder drei Wurzeln unendlich.

Es rechtfertigt sich hierdurch der bisweilen gebrauchte Ausdruck, dass eine Gleichung n^{ten} Grades durch Unendlichwerden einer Wurzel in eine Gleichung $(n-1)^{\text{ten}}$ Grades übergehe.

Vierter Abschnitt.

Symmetrische Functionen.

---

§. 41.

Begriff der symmetrischen Functionen. Symmetrische Grundfunctionen.

Wir betrachten in diesem Abschnitt ganze Functionen beliebigen Grades von einer beliebigen Anzahl, n, von Veränderlichen

$$\alpha_1, \alpha_2 \ldots \alpha_n.$$

Eine solche Function heisst symmetrisch, wenn sie ungeändert bleibt, wenn die Variablen $\alpha_1, \alpha_2 \ldots \alpha_n$ einer beliebigen Permutation unterworfen werden, und solche symmetrische Functionen sind es, deren Eigenschaften und Bildungsgesetze wir jetzt genauer kennen lernen müssen.

Damit eine Function $\Phi(\alpha_1, \alpha_2 \ldots \alpha_n)$ symmetrisch sei, ist es genügend, dass sie sich bei der Vertauschung von je zweien der Argumente $\alpha_1, \alpha_2 \ldots \alpha_n$ nicht ändere, weil nach §. 18 alle Permutationen durch eine Reihe von Transpositionen gebildet werden können.

Die Function Φ wird im Allgemeinen nicht homogen sein, sondern Glieder verschiedener Dimension enthalten; wenn man aber alle Glieder gleicher Dimension zusammenfasst, so lässt sich jedes Φ durch eine Summe homogener Functionen verschiedener Grade darstellen, und wenn Φ symmetrisch sein soll, so muss jeder homogene Bestandtheil eines bestimmten Grades für sich symmetrisch sein, da durch die Permutationen der Variablen die Dimensionen der Glieder nicht geändert werden.

Wir können uns hiernach auf die Betrachtung homogener, symmetrischer Functionen beschränken, aus denen alle anderen sich zusammensetzen lassen.

Hiernach ist es leicht, die allgemeine Form einer symmetrischen Function anzugeben. Wir erhalten sie, wenn wir in einem Gliede einer solchen Function

$$\alpha_1^{\nu_1} \alpha_2^{\nu_2} \dots \alpha_n^{\nu_n}$$

(ähnlich wie bei der Bildung der Determinanten) die unteren Indices auf alle mögliche Art permutiren und die Summe aller so gebildeten Glieder nehmen. Eine solche Function können wir einen Elementarbestandtheil einer symmetrischen Function nennen. Nehmen wir mehrere solche Elementarbestandtheile, multipliciren sie mit beliebigen, von den α unabhängigen Factoren und addiren sie, so erhalten wir die allgemeinste symmetrische Function. Die Anzahl der Glieder eines dieser Elementarbestandtheile ist, wenn die Exponenten $\nu_1, \nu_2 \dots \nu_n$ alle von einander verschieden sind, $\Pi(n)$; wenn aber ein und derselbe Exponent ν mehrmals vorkommt, so hat man die Permutationen, die keine verschiedenen Glieder geben, wegzulassen. Es ist z. B. bei drei Veränderlichen, wenn ν_1, ν_2, ν_3 verschieden sind, ein Elementarbestandtheil:

$$\alpha_1^{\nu_1} \alpha_2^{\nu_2} \alpha_3^{\nu_3} + \alpha_1^{\nu_1} \alpha_3^{\nu_2} \alpha_2^{\nu_3} + \alpha_2^{\nu_1} \alpha_1^{\nu_2} \alpha_3^{\nu_3} + \alpha_2^{\nu_1} \alpha_3^{\nu_2} \alpha_1^{\nu_3}$$
$$+ \alpha_3^{\nu_1} \alpha_1^{\nu_2} \alpha_2^{\nu_3} + \alpha_3^{\nu_1} \alpha_2^{\nu_2} \alpha_1^{\nu_3},$$

wenn aber $\nu_3 = \nu_2$ ist

$$\alpha_1^{\nu_1} \alpha_2^{\nu_2} \alpha_3^{\nu_2} + \alpha_2^{\nu_1} \alpha_1^{\nu_2} \alpha_3^{\nu_2} + \alpha_3^{\nu_1} \alpha_1^{\nu_2} \alpha_2^{\nu_2}.$$

Das einfachste Beispiel einer symmetrischen Function ist die Summe der Variablen

$$\alpha_1 + \alpha_2 + \alpha_3 + \dots + \alpha_n.$$

Ebenso gehört das Product $\alpha_1 \alpha_2 \dots \alpha_n$ dazu.

Diese beiden sind die extremen Fälle einer Reihe von symmetrischen Functionen, die wir die symmetrischen Grundfunctionen nennen und folgendermaassen erhalten.

Das Product

$$(1) \qquad f(x) = (x - \alpha_1)(x - \alpha_2) \dots (x - \alpha_n)$$

ist, was auch x sein mag, wenn nur x von den α unabhängig ist, eine symmetrische Function von $\alpha_1, \alpha_2 \dots \alpha_n$. Wenn wir also die Multiplication der einzelnen Factoren ausführen und nach Potenzen von x ordnen, so sind die Coëfficienten der einzelnen Potenzen von x gleichfalls symmetrische Functionen. Denn sie ändern sich bei der Vertauschung der α ebenso wenig wie die Function $f(x)$, (§. 1.) Wir setzen

(2) $f(x) = x^n + a_1 x^{n-1} + a_2 x^{n-2} + \cdots + a_{n-1} x + a_n.$

Die Functionen $a_1, a_2 \ldots a_n$ sind die Coëfficienten der algebraischen Gleichung, deren Wurzeln $\alpha_1, \alpha_2 \ldots \alpha_n$ sind. Sie werden die symmetrischen Grundfunctionen genannt. Diese symmetrischen Grundfunctionen haben wir schon im §. 7 gebildet; es ist, wie wir uns erinnern, a_1 die mit negativem Zeichen genommene Summe der α, a_2 die Summe der Producte zu zweien, a_3 die mit negativem Zeichen genommene Summe der Producte zu dreien u. s. f., endlich a_n das Product sämmtlicher α, mit positivem oder negativem Zeichen, je nachdem x gerade oder ungerade ist. Wir setzen abkürzend

$$\begin{aligned} a_1 &= -\Sigma\alpha_1 \\ a_2 &= +\Sigma\alpha_1\alpha_2 \\ a_3 &= -\Sigma\alpha_1\alpha_2\alpha_3 \\ &\cdots\cdots\cdots \\ a_n &= \pm\alpha_1\alpha_2\ldots\alpha_n. \end{aligned}$$

Das Ziel unserer Betrachtungen ist der Beweis des Hauptsatzes, dass alle symmetrischen Functionen der α sich rational durch die Grundfunctionen ausdrücken lassen.

§. 42.

Die Potenzsummen.

Wir beschäftigen uns zunächst mit einer anderen speciellen Art symmetrischer Functionen, den Potenzsummen. Bedeutet nämlich ν irgend einen ganzzahligen positiven Exponenten, so gehört

(1) $$s_\nu = \alpha_1^\nu + \alpha_2^\nu + \cdots + \alpha_n^\nu$$

offenbar zu den symmetrischen Functionen, und s_ν wird die ν^{te} Potenzsumme genannt. Wir wollen Formeln ableiten, nach denen die Potenzsummen durch die Grundfunctionen ausdrückbar sind.

Wir bezeichnen in der Folge immer, wenn $\varphi(x)$ irgend eine Function von x ist, mit

$$S[\varphi(\alpha)]$$

die Summe, die wir erhalten, wenn x in $\varphi(x)$ durch jede der Variablen $\alpha_1, \alpha_2 \dots \alpha_n$ ersetzt und die so gebildeten Functionen addirt werden, also

$$S[\varphi(\alpha)] = \varphi(\alpha_1) + \varphi(\alpha_2) + \cdots + \varphi(\alpha_n).$$

Hiernach ist z. B.

$$S(\alpha^\nu) = s_\nu$$

die ν^{te} Potenzsumme.

Wir dividiren nun $f(x)$ nach §. 4 durch eine beliebige lineare Function $x - \alpha$ und erhalten

$$(2) \quad \frac{f(x)}{x-\alpha} = x^{n-1} + f_1(\alpha) x^{n-2} + f_2(\alpha) x^{n-3} + \cdots + f_{n-1}(\alpha) + \frac{f(\alpha)}{x-\alpha},$$

worin [§. 4, (8)]:

$$(3) \quad \begin{aligned} f_1(\alpha) &= \alpha + a_1 \\ f_2(\alpha) &= \alpha^2 + a_1 \alpha + a_2 \\ f_3(\alpha) &= \alpha^3 + a_1 \alpha^2 + a_2 \alpha + a_3 \\ &\dots\dots\dots\dots \\ f_{n-1}(\alpha) &= \alpha^{n-1} + a_1 \alpha^{n-2} + a_2 \alpha^{n-3} + \cdots + a_{n-1}. \end{aligned}$$

Wir setzen in (2) für α jede der Grössen $\alpha_1, \alpha_2 \dots \alpha_n$, wodurch $f(\alpha) = 0$ wird und bilden die Summe S.

Die linke Seite ergiebt dann nach §. 14, (11)

$$(4) \quad S\left(\frac{f(x)}{x-\alpha}\right) = f'(x)$$

$$= n x^{n-1} + (n-1) a_1 x^{n-2} + (n-2) a_2 x^{n-3} + \cdots + a_{n-1}$$

während die rechte Seite

$$(5) \quad n x^{n-1} + x^{n-2} S[f_1(\alpha)] + x^{n-3} S[f_2(\alpha)] + \cdots + S[f_{n-1}(\alpha)]$$

wird, und die Vergleichung der Coëfficienten gleicher Potenzen von x in (4) und (5) ergiebt

$$(6) \quad \begin{aligned} S[f_1(\alpha)] &= (n-1) a_1 \\ S[f_2(\alpha)] &= (n-2) a_2 \\ &\dots\dots\dots \\ S[f_{n-1}(\alpha)] &= a_{n-1}. \end{aligned}$$

Es ist aber nach (1) und (3)

$$\begin{aligned} S[f_1(\alpha)] &= s_1 + n a_1 \\ S[f_2(\alpha)] &= s_2 + a_1 s_1 + n a_2 \\ &\dots\dots\dots\dots \\ S[f_{n-1}(\alpha)] &= s_{n-1} + a_1 s_{n-2} + a_2 s_{n-3} + \cdots + n a_{n-1}, \end{aligned}$$

und demnach erhält man aus (6) das folgende von Newton herrührende Formelsystem [1]):

$$
(7)\quad \begin{aligned}
0 &= s_1 + a_1 \\
0 &= s_2 + a_1 s_1 + 2 a_2 \\
0 &= s_3 + a_1 s_2 + a_2 s_1 + 3 a_3 \\
&\cdots\cdots\cdots\cdots\cdots\cdots \\
0 &= s_{n-1} + a_1 s_{n-2} + a_2 s_{n-3} + \cdots + (n-1)\, a_{n-1}.
\end{aligned}
$$

Dies Formelsystem lässt sich aber noch weiter fortsetzen; denn da

$$S[f(\alpha)] = 0, \quad S[\alpha f(\alpha)] = 0, \quad S[\alpha^2 f(\alpha)] = 0 \ldots$$

ist, so folgt

$$
(8)\quad \begin{aligned}
0 &= s_n + a_1 s_{n-1} + a_2 s_{n-2} + \cdots + n\, a_n \\
0 &= s_{n+1} + a_1 s_n + a_2 s_{n-1} + \cdots + a_n s_1 \\
0 &= s_{n+2} + a_1 s_{n+1} + a_2 s_n + \cdots + a_n s_2 \\
&\cdots\cdots\cdots\cdots\cdots\cdots
\end{aligned}
$$

Durch die Formeln (7), (8) ist nun die Aufgabe gelöst, der Reihe nach die Functionen $s_1, s_2, s_3 \ldots$ bis zu beliebiger Höhe als ganze rationale Functionen der symmetrischen Grundfunctionen darzustellen, z. B.:

$$
(9)\quad \begin{aligned}
s_1 &= - a_1 \\
s_2 &= + a_1^2 - 2 a_2 \\
s_3 &= - a_1^3 + 3 a_1 a_2 - 3 a_3 \\
s_4 &= + a_1^4 - 4 a_1^2 a_2 + 4 a_1 a_3 + 2 a_2^2 - 4 a_4 \\
&\cdots\cdots\cdots\cdots\cdots\cdots,
\end{aligned}
$$

und die Bildungsweise dieser Ausdrücke zeigt, dass die Coëfficienten in diesen Darstellungen ganze Zahlen sind.

Man kann auch umgekehrt mittelst der Formeln (7) und (8) die symmetrischen Grundfunctionen $a_1, a_2, a_3 \ldots$ rational durch die Potenzsummen $s_1, s_2, s_3 \ldots$ ausdrücken. Diese Darstellung ist aber insofern weit weniger einfach, als die Coëfficienten nicht ganze, sondern gebrochene Zahlen sind, z. B.

$$
(10)\quad \begin{aligned}
a_1 &= - s_1 \\
2 a_2 &= + s_1^2 - s_2 \\
6 a_3 &= - s_1^3 + 3 s_1 s_2 - 2 s_3 \\
&\cdots\cdots\cdots\cdots
\end{aligned}
$$

---

[1]) Newton, Arithmetica universalis, edit. 's Gravesande, p. 592.

Man kann das Formelsystem (8) auch nach der entgegen gesetzten Richtung fortsetzen, wenn man die Gleichungen

$$S[\alpha^{-1} f(\alpha)] = 0, \qquad S[\alpha^{-2} f(\alpha)] = 0 \ldots$$

bildet. Man erhält dadurch ein Mittel, um die Potenzsummen s_ν auch für negative Exponenten ν durch die Grundfunctionen auszudrücken. Diese Summen der negativen Potenzen gehören gleichfalls zu den symmetrischen Functionen, wenn auch nicht mehr zu den g a n z e n, sondern zu den g e b r o c h e n e n. Sie gehen erst durch Multiplication mit Potenzen des Productes $\alpha_1 \alpha_2 \ldots \alpha_n$ in ganze Functionen über. Der Vollständigkeit wegen setzen wir die zwei ersten dieser Formeln hierher:

$$(11) \quad \begin{aligned} 0 &= s_{n-1} + a_1 s_{n-2} + a_2 s_{n-3} + \cdots + n\, a_{n-1} + a_n s_{-1} \\ 0 &= s_{n-2} + a_1 s_{n-3} + a_2 s_{n-4} + \cdots + a_{n-1} s_{-1} + a_n s_{-2}, \end{aligned}$$

die sich nach (7) auch so darstellen lassen:

$$a_{n-1} + a_n s_{-1} = 0, \quad 2\, a_{n-2} + a_{n-1} s_{-1} + a_n s_{-2} = 0.$$

§. 43.

Beweis des Hauptsatzes für zwei Variable.

Wir gehen nunmehr zum Beweis des Fundamentalsatzes der Theorie der symmetrischen Functionen über, dass sie alle rational durch die symmetrischen Grundfunctionen ausdrückbar sind. Da wir die vollständige Induction als Beweismittel anwenden, so leiten wir den Satz zunächst unter der Voraussetzung ab, dass nur zwei unabhängige Veränderliche α, β gegeben seien, aber auf einem Wege, der zugleich für den allgemeinen Beweis den leitenden Gedanken hervortreten lassen wird.

Wir bezeichnen die symmetrischen Grundfunctionen mit

$$(1) \qquad a = -(\alpha + \beta), \qquad b = \alpha\beta$$

und setzen demgemäss

$$(2) \qquad f(x) = (x - \alpha)(x - \beta) = x^2 + a x + b.$$

Es sei nun $S(\alpha, \beta)$ irgend eine ganze rationale und symmetrische Function von α und β. Wir können für β aus (1) den Werth $-(a + \alpha)$ einsetzen und erhalten, wenn wir nach Potenzen von α ordnen,

$$(3) \qquad S(\alpha, \beta) = S(\alpha, -a - \alpha) = A_0 \alpha^m + A_1 \alpha^{m-1} + \cdots + A_{m-1} \alpha + A_m,$$

worin die Coëfficienten $A_0, A_1 \ldots A_m$ nur von a und von den in S etwa noch vorkommenden Coëfficienten abhängen. Wir bemerken aber ausdrücklich, dass, wenn in $S(\alpha, \beta)$ keine gebrochenen Zahlencoëfficienten vorkommen, auch in den Coëfficienten $A_0, A_1 \ldots A_m$ keine Brüche auftreten.

Wir setzen nun

(4) $$\Phi(x) = A_0 x^m + A_1 x^{m-1} + \cdots + A_{m-1} x + A_m,$$

dividiren $\Phi(x)$ durch $f(x)$ (nach §. 3) und erhalten einen Quotienten Q und einen Rest, der in Bezug auf x höchstens vom ersten Grade ist, also:

(5) $$\Phi(x) = Q f(x) + A + Bx;$$

hierin sind nun A und B ganze Functionen von a und b, und auch sie enthalten keinerlei gebrochene Zahlencoëfficienten, wenn in S keine solche vorkommen. Wenn wir nun $x = \alpha$ setzen, so ergiebt sich aus (5) und (3), da $f(\alpha)$ verschwindet,

(6) $$S(\alpha, \beta) = A + B\alpha.$$

Da aber $S(\alpha, \beta)$ und ebenso A, B symmetrisch sind, so folgt durch Vertauschung von α und β

(7) $$S(\alpha, \beta) = A + B\beta.$$

Hieraus schliesst man, da α und β von einander unabhängige Variable sind, dass $B = 0$ und folglich

(8) $$S(\alpha, \beta) = A$$

sein muss, womit der Fundamentalsatz für diesen Fall bewiesen ist.

§. 44.

Allgemeiner Beweis des Hauptsatzes.

Wir setzen nun voraus, der Fundamentalsatz sei bewiesen für symmetrische Functionen von $n - 1$ Veränderlichen und leiten ihn durch ein Verfahren, was dem in §. 43 angewandten ganz analog ist, für n Variable her.

Es sei wieder

(1) $$S = S(\alpha_1, \alpha_2 \ldots \alpha_n)$$

eine ganze symmetrische Function der n Veränderlichen $\alpha_1, \alpha_2 \ldots \alpha_n$. Wenn wir sie nach Potenzen von α_1 ordnen und demgemäss setzen

(2) $$S = S_0 \alpha_1^\mu + S_1 \alpha_1^{\mu-1} + \cdots + S_{\mu-1} \alpha_1 + S_\mu,$$

so sind die Coëfficienten S_0, $S_1 \dots S_\mu$ ganze symmetrische Functionen der $n - 1$ Veränderlichen $\alpha_2, \dots \alpha_n$.

Bezeichnen wir die symmetrischen Grundfunctionen dieser letzteren Variablen mit a'_1, $a'_2 \dots a'_{n-1}$, so können wir die Coëfficienten S_0, $S_1 \dots S_\mu$ nach unserer Voraussetzung rational durch diese ausdrücken. Es ist aber nach §. 42, (2) und (3)

$$\begin{aligned} a'_1 &= f_1(\alpha_1) = \alpha_1 + a_1 \\ a'_2 &= f_2(\alpha_1) = \alpha_1^2 + a_1\alpha_1 + a_2 \\ a'_3 &= f_3(\alpha_1) = \alpha_1^3 + a_1\alpha_1^2 + a_2\alpha_1 + a_3 \\ &\dots\dots\dots\dots\dots, \end{aligned}$$

d. h. die Coëfficienten S_0, $S_1 \dots S_\mu$ können ganz und rational durch α_1, a_1, $a_2 \dots a_n$ ausgedrückt werden. Wenn wir also, nachdem diese Ausdrücke eingeführt sind, in (2) aufs Neue nach Potenzen von α_1 ordnen, so erhalten wir

(3) $$S = A_0\alpha_1^m + A_1\alpha_1^{m-1} + \cdots + A_{m-1}\alpha_1 + A_m,$$

worin im Allgemeinen m ein von μ verschiedener Exponent sein wird, und die Coëfficienten A_0, $A_1 \dots A_m$ ganz und rational von a_1, $a_2 \dots a_n$ abhängen. Wir setzen wieder

(4) $$\Phi(x) = A_0x^m + A_1x^{m-1} + \cdots + A_{m-1}x + A_m$$

und dividiren $\Phi(x)$ durch

$$\begin{aligned} f(x) &= x^n + a_1x^{n-1} + a_2x^{n-2} + \cdots + a_n \\ &= (x - \alpha_1)(x - \alpha_2)\dots(x - \alpha_n). \end{aligned}$$

Es ergiebt sich ein Quotient und ein Rest, der in Bezug auf x höchstens vom Grade $n - 1$ ist. Wir setzen also

(5) $$\Phi(x) = Qf(x) + \psi(x),$$

(6) $$\psi(x) = C_0x^{n-1} + C_1x^{n-2} + \cdots + C_{n-2}x + C_{n-1},$$

und hierin sind C_0, $C_1 \dots C_{n-1}$ ganze rationale Functionen von a_1, $a_2 \dots a_n$, in denen, wenn S in seiner ursprünglichen Form keine gebrochenen Coëfficienten enthält, auch keine Brüche vorkommen.

Nun ist aber, da $f(\alpha_1)$ verschwindet, und $S = \Phi(\alpha_1)$ ist, nach (5)

(7) $$S = \psi(\alpha_1)$$

und hierin kann, da S symmetrisch ist, α_1 durch α_2, $\alpha_3 \dots \alpha_n$ ersetzt werden. Hieraus ergeben sich die folgenden n Gleichungen:

$$(8) \quad \begin{array}{l} C_0\,\alpha_1^{n-1} + C_1\,\alpha_1^{n-2} + \cdots + C_{n-2}\,\alpha_1 + (C_{n-1} - S) = 0 \\ C_0\,\alpha_2^{n-1} + C_1\,\alpha_2^{n-2} + \cdots + C_{n-2}\,\alpha_2 + (C_{n-1} - S) = 0 \\ \cdot\quad\cdot\quad\cdot\quad\cdot\quad\cdot\quad\cdot\quad\cdot\quad\cdot\quad\cdot\quad\cdot\quad\cdot\quad\cdot \\ C_0\,\alpha_n^{n-1} + C_1\,\alpha_n^{n-2} + \cdots + C_{n-2}\,\alpha_n + (C_{n-1} - S) = 0. \end{array}$$

Betrachten wir dies System als ein System homogener linearer Gleichungen mit den n Unbekannten

$$C_0,\ C_1 \ldots C_{n-2},\ C_{n-1} - S,$$

so ist seine Determinante

$$\left| \begin{array}{l} \alpha_1^{n-1},\ \alpha_1^{n-2} \ldots \alpha_1,\ 1 \\ \alpha_2^{n-1},\ \alpha_2^{n-2} \ldots \alpha_2,\ 1 \\ \cdot\quad\cdot\quad\cdot\quad\cdot\quad\cdot\quad\cdot\quad\cdot \\ \alpha_n^{n-1},\ \alpha_n^{n-2} \ldots \alpha_n,\ 1 \end{array} \right|,$$

die nach §. 22, Formel (12) gleich dem Product aller Differenzen $\alpha_1 - \alpha_2,\ \alpha_1 - \alpha_3 \ldots$ ist, von Null verschieden, und folglich ist nach dem Satz II in §. 24:

$$C_0 = 0,\quad C_1 = 0 \ldots\quad C_{n-2} = 0$$

und

$$(9) \qquad S = C_{n-1},$$

worin der zu beweisende Fundamentalsatz enthalten ist.

Zu demselben Resultat gelangt man auch durch den Satz II, §. 30; denn da die Function $(n - 1)^{\text{ten}}$ Grades von x

$$C_0\,x^{n-1} + C_1\,x^{n-2} + \cdots + C_{n-2}\,x + C_{n-1} - S$$

für $x = \alpha_1,\ \alpha_2 \ldots \alpha_n$, also für mehr als $n - 1$ Werthe verschwindet, so müssen ihre Coëfficienten alle Null sein.

Der Beweis, den wir hier für das Fundamentaltheorem im Anschluss an Cauchy[1]) gegeben haben, bietet zugleich ein Mittel, in besonderen Fällen den Ausdruck einer symmetrischen Function durch die Grundfunctionen wirklich zu berechnen. Dieselbe Möglichkeit bieten auch die anderen Beweise, die für das Theorem bekannt sind. Wir wollen noch einen zweiten Beweis hier mittheilen, der zu einer oft einfacheren Berechnungsart führt[2]).

---

1) Cauchy, Exercices de mathématiques, 4ème année.

2) Waring, Meditationes algebraicae. Gauss, Demonstratio nova altera theorematis omnem functionem algebraicam rationalem integram unius variabilis in factores reales primi vel secundi gradus resolvi posse. Werke, Bd. III, S. 36.

§. 45.

Zweiter Beweis des Satzes von den symmetrischen Functionen.

Es sei S eine ganze symmetrische Function der Variablen $\alpha_1, \alpha_2 \ldots \alpha_n$. Die einzelnen Glieder dieser Function sind alle von der Form

$$M \alpha_1^{\nu_1} \alpha_2^{\nu_2} \ldots \alpha_n^{\nu_n},$$

worin M ein von den α unabhängiger Coëfficient ist. Diese Glieder sollen nun in bestimmter Weise angeordnet werden. Es soll, nachdem die Reihenfolge der Variablen $\alpha_1, \alpha_2 \ldots \alpha_n$ festgesetzt ist, von zwei Gliedern

$$A = M \alpha_1^{\nu_1} \alpha_2^{\nu_2} \ldots \alpha_n^{\nu_n}, \qquad A' = M' \alpha_1^{\nu'_1} \alpha_2^{\nu'_2} \ldots \alpha_n^{\nu'_n}$$

A das höhere genannt werden, wenn die erste der Differenzen

$$\nu_1 - \nu'_1, \ \nu_2 - \nu'_2 \ldots \nu_n - \nu'_n,$$

die von Null verschieden ist, einen positiven Werth hat, wenn also entweder $\nu_1 > \nu'_1$ oder $\nu_1 = \nu'_1$, $\nu_2 > \nu'_2$ oder $\nu_1 = \nu'_1$, $\nu_2 = \nu'_2$, $\nu_3 > \nu'_3$ etc.

Da wir alle Glieder, in denen sämmtliche Exponenten $\nu_1, \nu_2 \ldots \nu_n$ übereinstimmen, in ein Glied vereinigt voraussetzen, so ist hiernach von je zwei Gliedern entschieden, welches das höhere ist, und wenn A höher als A', A' höher als A'' ist, so ist auch A höher als A''.

Ist nun nach dieser Anordnung

$$A = M \alpha_1^{\nu_1} \alpha_2^{\nu_2} \ldots \alpha_n^{\nu_n}$$

das höchste Glied unserer Function S, so folgt, dass

$$\nu_1 \geqq \nu_2$$

sein muss; denn wäre $\nu_1 < \nu_2$, so würde das Glied

$$M \alpha_1^{\nu_2} \alpha_2^{\nu_1} \ldots \alpha_n^{\nu_n},$$

das wegen der Symmetrie auch in S vorkommen muss, in der Ordnung höher stehen als A, gegen die Voraussetzung. Ebenso folgt, dass $\nu_2 \geqq \nu_3$ sein muss, denn wäre $\nu_2 < \nu_3$, so würde

$$M \alpha_1^{\nu_1} \alpha_2^{\nu_3} \alpha_3^{\nu_2} \ldots \alpha_n^{\nu_n}$$

höher stehen als A u. s. f. Wir schliessen also, dass die Exponenten in A

$$\nu_1, \nu_2, \nu_3 \ldots \nu_n$$

eine abnehmende oder wenigstens niemals wachsende Zahlenreihe bilden, oder dass die Differenzen

$$\nu_1 - \nu_2, \nu_2 - \nu_3, \ldots \nu_{n-1} - \nu_n$$

alle positiv oder wenigstens nicht negativ sind.

Wir schliessen zweitens, dass in keinem Gliede der Function S ein höherer Exponent als ν_1 vorkommen kann; denn sonst würde auch ein Glied vorkommen, in dem α_1 diesen höheren Exponenten hätte, und dies wäre gegen die Voraussetzung von höherer Ordnung als A. Es sind also die Glieder, die in einer symmetrischen Function überhaupt vorkommen können, von den Coëfficienten abgesehen, durch das höchste Glied vollkommen bestimmt, und die Anzahl der möglichen Glieder ist bei gegebenem höchsten Glied nur eine endliche.

Wir können die Ordnung der symmetrischen Function durch die Exponentenreihe ihres höchsten Gliedes

$$(\nu_1, \nu_2 \ldots \nu_n)$$

bezeichnen.

Von dem Fall abgesehen, in dem alle Exponenten Null sind, also die Function eine Constante ist, ist die möglichst niedrige Ordnung

$$(1, 0, 0 \ldots 0),$$

der die einzige symmetrische Function

$$M(\alpha_1 + \alpha_2 + \cdots + \alpha_n) = - M a_1$$

entspricht. Die nächst höhere Ordnung ist

$$(1, 1, 0 \ldots 0),$$

der die symmetrische Function

$$M a_1 + M' a_2$$

entspricht, und so erhalten wir in den n ersten Ordnungen die Grundfunctionen selbst und ihre linearen Verbindungen, und keine anderen.

Die nächstfolgende Ordnung ist charakterisirt durch

$$(2, 0, 0 \ldots 0)$$

und enthält die linearen Verbindungen der Grundfunctionen mit der Summe der Quadrate.

In allen diesen Fällen ist die Darstellbarkeit der symmetrischen Functionen bereits bewiesen, und wir werden also jetzt den allgemeinen Beweis dadurch führen, dass wir die Darstellung der Function S von der Ordnung $(\nu_1, \nu_2 \ldots \nu_n)$ durch die Grundfunctionen unter der Voraussetzung ableiten, dass sie für die Functionen niedrigerer Ordnung schon bekannt sei, also durch das Schlussverfahren der vollständigen Induction.

Wir bemerken hierzu, dass durch die Multiplication zweier symmetrischer Functionen S und S', deren höchste Glieder

$$A = M \alpha_1^{\nu_1} \alpha_2^{\nu_2} \ldots \alpha_n^{\nu_n}, \qquad A' = M' \alpha_1^{\nu'_1} \alpha_2^{\nu'_2} \ldots \alpha_n^{\nu'_n}$$

sind, eine symmetrische Function entsteht, deren höchstes Glied das Product

$$A A' = M M' \alpha_1^{\nu_1 + \nu'_1} \alpha_2^{\nu_2 + \nu'_2} \ldots \alpha_n^{\nu_n + \nu'_n}$$

ist. Denn nehmen wir an, es gebe in $S S'$ ein höheres Glied als $A A'$, das aus der Multiplication der beiden Glieder

$$B = N \alpha_1^{\mu_1} \alpha_2^{\mu_2} \ldots \alpha_n^{\mu_n}, \qquad B' = N' \alpha_1^{\mu'_1} \alpha_2^{\mu'_2} \ldots \alpha_n^{\mu'_n}$$

entsteht, also

$$B B' = N N' \alpha_1^{\mu_1 + \mu'_1} \alpha_2^{\mu_2 + \mu'_2} \ldots \alpha_n^{\mu_n + \mu'_n},$$

und es sei nicht gleichzeitig $B = A$ und $B' = A'$, so wäre die erste der Differenzen

$$\mu_1 - \nu_1 + \mu'_1 - \nu'_1, \quad \mu_2 - \nu_2 + \mu'_2 - \nu'_2, \ldots \mu_n - \nu_n + \mu'_n - \nu'_n,$$

die von Null verschieden ist, positiv, was unmöglich ist, da die erste nicht verschwindende unter den Differenzen

$$\mu_1 - \nu_1, \quad \mu_2 - \nu_2 \ldots \mu_n - \nu_n$$

und unter den Differenzen

$$\mu'_1 - \nu'_1, \quad \mu'_2 - \nu'_2 \ldots \mu'_n - \nu'_n$$

nach der Voraussetzung negativ ist. Durch Wiederholung dieses Schlusses ergiebt sich der allgemeinere Satz, dass man das höchste Glied eines Productes aus mehreren Factoren erhält, wenn man die höchsten Glieder der einzelnen Factoren multiplicirt.

Die höchsten Glieder der symmetrischen Grundfunctionen

$$a_1, a_2, a_3 \ldots a_n$$

sind nun, abgesehen vom Vorzeichen,

$$\alpha_1, \quad \alpha_1 \alpha_2, \quad \alpha_1 \alpha_2 \alpha_3, \ldots, \alpha_1 \alpha_2 \alpha_3 \ldots \alpha_n,$$

und wenn wir also das Product bilden

$$P = \pm M a_1^{\nu_1 - \nu_2} a_2^{\nu_2 - \nu_3} \ldots a_{n-1}^{\nu_{n-1} - \nu_n} a_n^{\nu_n},$$

so erhalten wir eine symmetrische Function, deren höchstes Glied gleichfalls A ist, wie in S.

Die Differenz

$$S - P = S'$$

ist also wieder eine symmetrische Function, deren höchstes Glied niedriger ist als das von S, und die wir nach der Voraussetzung rational durch die Grundfunctionen darstellen können. Da P ebenso dargestellt ist, so ist das Ziel erreicht. Es erhellt auch hier wieder, dass durch die Darstellung mittelst der Grundfunctionen keine Brüche eingeführt werden, wenn ursprünglich in S keine enthalten sind.

Diese Methode der Berechnung symmetrischer Functionen giebt uns zugleich Aufschluss über den Grad der ganzen rationalen Function von $a_1, a_2 \ldots a_n$, durch die eine bestimmte symmetrische Function der $\alpha_1, \alpha_2 \ldots \alpha_n$ ausgedrückt wird. Wenn nämlich $(\nu_1, \nu_2 \ldots \nu_n)$ die Ordnung der symmetrischen Function ist (bemessen nach der Exponentenreihe des ersten Gliedes), so ist ν_1 der Grad von P in Bezug auf sämmtliche $a_1, a_2 \ldots a_n$, und in dem entwickelten Ausdruck für S kann kein Glied höheren Grades vorkommen; auch kann das Glied P durch keines der folgenden Glieder zerstört werden, da P durch die Ordnung von S völlig bestimmt ist, und die Ordnung von S' und aller folgenden symmetrischen Functionen niedriger ist, als die Ordnung von S.

Setzen wir also an Stelle von $a_1, a_2 \ldots a_n$:

$$\frac{a_1}{a_0}, \frac{a_2}{a_0} \cdots \frac{a_n}{a_0},$$

so ist $a_0^{\nu_1} S$ eine ganze homogene Function ν_1^{ten} Grades von $a_0, a_1 \ldots a_n$, und man kann S nicht durch Multiplication mit einer niedrigeren Potenz von a_0 in eine ganze Function der a verwandeln.

§. 46.

Discriminanten.

Die im Vorhergehenden gewonnenen Sätze lehren, symmetrische Functionen der Wurzeln einer Gleichung rational durch die Coëfficienten der Gleichung auszudrücken; die Resultate sind zunächst abgeleitet unter der Voraussetzung, dass die Wurzeln, oder, was nach dem dritten Abschnitt damit gleichbedeutend ist, die Coëfficienten unabhängige Variable waren; sie können aber nicht falsch werden, wenn dafür bestimmte numerische Werthe gesetzt werden, da wenigstens bei den ganzen symmetrischen Functionen keine Nenner vorkommen, die verschwinden können.

Wir machen zunächst einige Anwendungen auf besondere symmetrische Functionen, die für die Folge wichtig sind. Schon im §. 19 ist bemerkt worden, dass das Differenzenproduct

$$(1) \qquad \begin{aligned} P = (\alpha_1 - \alpha_2)\,(\alpha_1 - \alpha_3) \ldots (\alpha_1 - \alpha_n) \\ (\alpha_2 - \alpha_3) \ldots (\alpha_2 - \alpha_n) \\ \cdots\cdots\cdots\cdots\cdots \\ (\alpha_{n-1} - \alpha_n) \end{aligned}$$

durch Umstellung zweier Elemente nur das Vorzeichen ändert. Das Quadrat dieses Productes wird also bei allen Vertauschungen zweier der Variablen α und demnach auch bei allen Permutationen ungeändert bleiben, d. h. eine symmetrische Function der Variablen sein. Die Ordnung dieser symmetrischen Function ist, wie man aus (1) sieht, gleich

$$(2n-2, \quad 2n-4 \ldots 2, 0).$$

Wenn wir also die Function $f(x)$, deren Wurzeln die $\alpha_1, \alpha_2 \ldots \alpha_n$ sind, in der Form annehmen

$$f(x) = a_0 x^n + a_1 x^{n-1} + a_2 x^{n-2} + \cdots + a_{n-1} x + a_n,$$

so dass die höchste Potenz von x nicht gerade den Coëfficienten 1 hat, so ist P^2 eine ganze rationale Function von

$$(2) \qquad \frac{a_1}{a_0}, \ \frac{a_2}{a_0} \cdots \frac{a_n}{a_0},$$

die durch Multiplication mit a_0^{2n-2} in eine homogene Function von $a_0, a_1, \ldots a_n$ übergeht. Wir nennen diese homogene Function, die also durch

$$(3) \qquad a_0^{2n-2} P^2 = D$$

definirt ist, die Discriminante der Function $f(x)$. Setzen wir $a_0 = 1$, so erhalten wir die unhomogene Form der Discriminante[1]).

[1]) Die Discriminante ist, vom Factor $(-1)^{\frac{n(n-1)}{2}} a_0^{2n-2}$ abgesehen, dasselbe, was Gauss die Determinante der Function nennt (l. c., art. 6).

Das Verschwinden der Discriminante ist die nothwendige und hinreichende Bedingung dafür, dass zwei der Werthe $\alpha_1, \alpha_2 \ldots \alpha_n$ einander gleich werden.

Wir können für die Discriminante noch einen zweiten Ausdruck aufstellen.

Es ist nach §. 29, (4)

$$\begin{aligned} f'(\alpha_1) &= a_0 (\alpha_1 - \alpha_2)(\alpha_1 - \alpha_3) \ldots (\alpha_1 - \alpha_n) \\ f'(\alpha_2) &= a_0 (\alpha_2 - \alpha_1)(\alpha_2 - \alpha_3) \ldots (\alpha_2 - \alpha_n) \\ &\ldots\ldots\ldots\ldots\ldots \\ f'(\alpha_n) &= a_0 (\alpha_n - \alpha_1)(\alpha_n - \alpha_2) \ldots (\alpha_n - \alpha_{n-1}), \end{aligned}$$

folglich, da hier jeder Factor $(\alpha_h - \alpha_k)$ zweimal mit entgegengesetzten Zeichen vorkommt,

$$(5) \qquad D = (-1)^{\frac{n(n-1)}{2}} a_0^{n-2} f'(\alpha_1) f'(\alpha_2) \ldots f'(\alpha_n).$$

Um die Discriminante wirklich darzustellen, haben wir, zunächst ein allgemeines Mittel. Es war nach §. 22

$$(6) \qquad (-1)^{\frac{n(n-1)}{2}} P = \begin{vmatrix} 1, \alpha_1, \alpha_1^2 \ldots \alpha_1^{n-1} \\ 1, \alpha_2, \alpha_2^2 \ldots \alpha_2^{n-1} \\ \cdot \quad \cdot \quad \cdot \quad \cdot \quad \cdot \\ 1, \alpha_n, \alpha_n^2 \ldots \alpha_n^{n-1} \end{vmatrix},$$

und wenn wir nach §. 27 das Quadrat dieser Determinante durch Multiplication nach Verticalreihen als eine neue Determinante darstellen und

$$s_m = \alpha_1^m + \alpha_2^m + \cdots \alpha_n^m$$

setzen

$$(7) \qquad D = a_0^{2n-2} \begin{vmatrix} s_0, & s_1, & s_2 & \ldots & s_{n-1} \\ s_1, & s_2, & s_3 & \ldots & s_n \\ \cdot & \cdot & \cdot & \cdot & \cdot \\ s_{n-1}, & s_n, & s_{n+1} & \ldots & s_{2n-2} \end{vmatrix}.$$

Die Grössen s_m sind aber die Potenzsummen, die wir schon im §. 42 durch die Coëfficienten ausgedrückt haben; nur sind an Stelle der $a_1, a_2 \ldots a_n$ die Quotienten (2) zu setzen.

So finden wir z. B. für $n = 2$

$$(8) \qquad D = a_0^2 (s_0 s_2 - s_1^2) = a_1^2 - 4 a_0 a_2$$

und für $n = 3$

$$(9) \qquad D = a_0^4 (s_0 s_2 s_4 - s_0 s_3^2 + 2 s_1 s_2 s_3 - s_1^2 s_4 - s_2^3).$$

Hierin ist nach §. 42 zu setzen

$$s_0 = 3, \quad a_0 s_1 = - a_1$$
$$a_0^2 s_2 = a_1^2 - 2 a_0 a_2$$
$$a_0^3 s_3 = - a_1^3 + 3 a_0 a_1 a_2 - 3 a_0^2 a_3$$
$$a_0^4 s_4 = a_1^4 - 4 a_0 a_1^2 a_2 + 4 a_0^2 a_1 a_3 + 2 a_0^2 a_2^2,$$

wodurch man erhält

$$(10) \quad D = a_1^2 a_2^2 + 18 a_0 a_1 a_2 a_3 - 4 a_0 a_2^3 - 4 a_1^3 a_3 - 27 a_0^2 a_3^2.$$

§. 47.

Discriminanten der Formen dritter und vierter Ordnung.

Bei den Functionen dritter und vierter Ordnung haben wir zur Berechnung der Discriminanten in den Auflösungen der Gleichungen dieser beiden Grade (§. 35, 37) ein einfaches Mittel.

Was zunächst die Gleichung dritter Ordnung betrifft, so waren die drei Wurzeln von

$$(1) \qquad x^3 + a x + b = 0$$

in der Form dargestellt:

$$(2) \qquad \begin{aligned} \alpha &= u + v \\ \beta &= \varepsilon u + \varepsilon^2 v \\ \gamma &= \varepsilon^2 u + \varepsilon v, \end{aligned}$$

worin

$$(3) \qquad \varepsilon = \frac{-1 + \sqrt{-3}}{2}, \qquad \varepsilon^2 = \frac{-1 - \sqrt{-3}}{2}$$

die complexen dritten Einheitswurzeln sind und u, v durch §. 35, (8) bestimmt sind.

Aus (3) folgt

$$(4) \quad \varepsilon - \varepsilon^2 = \sqrt{-3}, \quad 1 - \varepsilon = \varepsilon^2 \sqrt{-3}, \quad 1 - \varepsilon^2 = - \varepsilon \sqrt{-3}$$

und aus (2)

$$\begin{aligned} \alpha - \beta &= \sqrt{-3}\, (\varepsilon^2 u - \varepsilon v) \\ \alpha - \gamma &= - \sqrt{-3}\, (\varepsilon u - \varepsilon^2 v) \\ \beta - \gamma &= \sqrt{-3}\, (u - v). \end{aligned}$$

Hieraus durch Multiplication

$$(5) \qquad (\alpha - \beta)(\alpha - \gamma)(\beta - \gamma) = 3 \sqrt{-3}\, (u^3 - v^3).$$

Erhebt man ins Quadrat, so erhält man für die Discriminante der cubischen Gleichung (1) nach §. 35, (6)

$$(6) \qquad D = -(27\, b^2 + 4\, a^3).$$

Hieraus erhält man die Discriminante der allgemeinen Function

$$(7) \qquad a_0 x^3 + a_1 x^2 + a_2 x + a_3,$$

wenn man für a und b die Ausdrücke §. 34, (4) einsetzt, in denen man a_1, a_2, a_3 durch

$$\frac{a_1}{a_0}, \quad \frac{a_2}{a_0}, \quad \frac{a_3}{a_0}$$

ersetzt und [§. 46, (3)] mit a_0^4 multiplicirt. Man erhält so

$$a = \frac{3\, a_0 a_2 - a_1^2}{3\, a_0^2},$$

$$b = \frac{2\, a_1^3 - 9\, a_0 a_1 a_2 + 27\, a_0^2 a_3}{27\, a_0^3},$$

und folglich

$$(8) \qquad D = -\frac{1}{27\, a_0^2} \left\{ (2\, a_1^3 - 9\, a_0 a_1 a_2 + 27\, a_0^2 a_3)^2 + 4\,(3\, a_0 a_2 - a_1^2)^3 \right\}.$$

Wenn man das Quadrat und den Cubus ausrechnet, so kommt man zu der Formel (10) des vorigen Paragraphen zurück; es ist aber bemerkenswerth, dass die Formel (8) scheinbar den Nenner $27\, a_0^2$ enthält, der sich beim Ausrechnen forthebt.

Ebenso können wir bei den biquadratischen Gleichungen verfahren. Wir erhalten, wenn $\alpha, \beta, \gamma, \delta$ die Wurzeln der biquadratischen Gleichung

$$(9) \qquad x^4 + a x^2 + b x + c = 0$$

sind, nach §. 37, (5)

$$(10) \qquad \begin{aligned} \alpha - \beta &= v + w, & \gamma - \delta &= v - w, \\ \alpha - \gamma &= w + u, & \delta - \beta &= w - u, \\ \alpha - \delta &= u + v, & \beta - \gamma &= u - v. \end{aligned}$$

Danach wird die Discriminante der Gleichung (9)

$$D = (v^2 - w^2)^2 (w^2 - u^2)^2 (u^2 - v^2)^2,$$

d. h. es ist D gleich der Discriminante der cubischen Resolvente §. 37, (4)

$$(11) \qquad z^3 + 2\, a z^2 + (a^2 - 4\, c)\, z - b^2 = 0,$$

deren Wurzeln u^2, v^2, w^2 sind.

Wenn man diese Discriminante aber nach der Formel (10), §. 46 bildet, indem man

$$a_0 = 1, \quad a_1 = 2a, \quad a_2 = a^2 - 4c, \quad a_3 = -b^2$$

setzt, so folgt

(12) $$D = -4a^3b^2 + 144acb^2 + 16a^4c$$
$$-128a^2c^2 + 256c^3 - 27b^4.$$

Wenn man dagegen zur Bildung der Discriminante der cubischen Gleichung (11) die Formel (8) anwendet, so erhält man

(13) $$27D = 4(a^2 + 12c)^3 - (2a^3 - 72ac + 27b^2)^2.$$

Man leitet hieraus die Discriminante der allgemeinen Function vierten Grades

(14) $$f(x) = a_0x^4 + a_1x^3 + a_2x^2 + a_3x + a_4$$

ab, indem man nach §. 34, (4) a, b, c durch

$$\frac{-3a_1^2}{8} + a_2$$

$$\frac{a_1^3}{8} - \frac{a_1a_2}{2} + a_3$$

$$\frac{-3a_1^4}{256} + \frac{a_1^2a_2}{16} - \frac{a_1a_3}{4} + a_4$$

ausdrückt, dann a_1, a_2, a_3, a_4 durch

$$\frac{a_1}{a_0}, \quad \frac{a_2}{a_0}, \quad \frac{a_3}{a_0}, \quad \frac{a_4}{a_0}$$

ersetzt und mit a_0^6 multiplicirt.

Setzt man nach Ausführung dieser einfachen Rechnung zur Abkürzung

(15) $$A = a_2^2 - 3a_1a_3 + 12a_0a_4,$$

(16) $$B = 27a_1^2a_4 + 27a_0a_3^2 + 2a_2^3 - 72a_0a_2a_4 - 9a_1a_2a_3,$$

so erhält man aus (13)

(17) $$27D = 4A^3 - B^2.$$

Die Grössen A und B, die uns im nächsten Abschnitt noch beschäftigen werden, heissen die erste und zweite Invariante der biquadratischen Function f. Man kann also nach (17) die Discriminante rational durch diese Grössen ausdrücken, jedoch nicht so, dass die Coëfficienten ganzzahlig werden; führt man die in (17) vorgeschriebene Rechnung aus, um D durch die Coëfficienten a_0, a_1, a_2, a_3 selbst darzustellen, so muss sich der Factor 27 noch fortheben lassen. Wir wollen den langen Ausdruck, dessen Berechnung keinerlei Schwierigkeit bietet, nicht hierher setzen.

§. 48.

Resultanten.

Eine andere Anwendung der Theorie der symmetrischen Functionen, die übrigens die Discriminantenbildung als speciellen Fall enthält, ist die Bildung der Resultanten.

Es seien

$$(1)\qquad f(x) = a_0 x^n + a_1 x^{n-1} + a_2 x^{n-2} + \cdots + a_n,$$

$$(2)\qquad \varphi(x) = b_0 x^m + b_1 x^{m-1} + b_2 x^{m-2} + \cdots + b_m$$

zwei ganze rationale Functionen vom n^{ten} und m^{ten} Grade und $\alpha_1, \alpha_2 \ldots \alpha_n$ seien die Wurzeln der ersten, so dass auch

$$(3)\qquad f(x) = a_0 (x - \alpha_1)(x - \alpha_2) \ldots (x - \alpha_n)$$

gesetzt werden kann.

Nun ist das Product

$$\varphi(\alpha_1)\, \varphi(\alpha_2) \ldots \varphi(\alpha_n)$$

eine symmetrische Function der Wurzeln von $f(x)$ und kann also ganz und rational durch

$$\frac{a_1}{a_0}, \frac{a_2}{a_0} \cdots \frac{a_n}{a_0}$$

ausgedrückt werden. Die Ordnung dieser symmetrischen Function ist $(m, m \ldots m)$ (§. 45) und daher ist

$$(4)\qquad R = a_0^m\, \varphi(\alpha_1)\, \varphi(\alpha_2) \ldots \varphi(\alpha_n)$$

eine ganze rationale und homogene Function m^{ter} Ordnung von $a_0, a_1 \ldots a_n$. Sie ist auch, wie ihr Ausdruck zeigt, eine ganze homogene Function n^{ter} Ordnung von $b_0, b_1 \ldots b_m$. Sie wird die **Resultante** der beiden Functionen $f(x)$ und $\varphi(x)$ genannt. Diese Bezeichnung rechtfertigt sich durch eine zweite Darstellung.

Bezeichnen wir die Wurzeln von $\varphi(x)$ mit $\beta_1, \beta_2 \ldots \beta_m$, setzen also

$$(5)\qquad \varphi(x) = b_0 (x - \beta_1)(x - \beta_2) \ldots (x - \beta_m),$$

so wird nach (4)

$$(6)\qquad R = a_0^m\, b_0^n \prod^{i,k} (\alpha_i - \beta_k),$$

worin das Productzeichen Π sich auf alle Indices $i = 1, 2 \ldots n$, $k = 1. 2 \ldots m$ bezieht.

Dieser Ausdruck zeigt nun, dass R, abgesehen von dem Factor $(-1)^{mn}$, in der gleichen Weise von $\varphi(x)$ abhängt, wie von $f(x)$, und dass wir also auch setzen können

(7) $$(-1)^{mn} R = b_0^n f(\beta_1) f(\beta_2) \ldots f(\beta_m).$$

Die Discriminanten sind hiernach ein specieller Fall der Resultanten, den man erhält, wenn man für $\varphi(x)$ die Derivirte $f'(x)$ nimmt.

Das Verschwinden der Resultante von $f(x)$ und $\varphi(x)$ ist die nothwendige und hinreichende Bedingung dafür, dass die beiden Gleichungen

$$f(x) = 0 \quad \text{und} \quad \varphi(x) = 0$$

eine gemeinsame Wurzel haben.

Die Gleichung, die durch Nullsetzen der Resultante entsteht, wird auch die Endgleichung aus $f(x) = 0$ und $\varphi(x) = 0$ genannt und die Aufstellung der Endgleichung die Elimination von x.

Zur Berechnung der Resultanten kann man den Algorithmus des grössten gemeinsamen Theilers anwenden (§. 6). Ist nämlich $m \gtreqless n$, so kann man eine ganze Function Q und eine ebensolche Function $\psi(x)$, deren Grad kleiner ist als m, so bestimmen, dass

$$f(x) = Q\varphi(x) + \psi(x),$$

also, wenn man für x eine der Wurzeln β_i setzt,

$$f(\beta_i) = \psi(\beta_i),$$

also

(8) $$b_0^n \overset{i}{\Pi} f(\beta_i) = b_0^n \overset{i}{\Pi} \psi(\beta_i);$$

ist m' der Grad von $\psi(x)$, so ist

(9) $$b_0^{m'} \overset{i}{\Pi} \psi(\beta_i) = R'$$

die Resultante von $\varphi(x)$ und $\psi(x)$ und daher

(10) $$R = b_0^{n-m'} R'.$$

Die Bildung der Resultante R ist hierdurch auf die Bildung von R' zurückgeführt. Man kann nun $\varphi(x)$ wieder durch $\psi(x)$ theilen, und führt so die Bildung von R' auf die Bildung einer Resultante von Functionen immer niedrigeren Grades zurück, bis man schliesslich auf eine Constante, d. h. eine Function der Coëfficienten a, b kommt, die mit der gesuchten Resultante identisch sein muss.

Die Berechnung der Resultanten ist meist sehr weitläufig. Wir wollen nur das einfachste Beispiel der Resultante zweier quadratischer Functionen anführen:

$$f(x) = a_0 x^2 + a_1 x + a_2$$
$$\varphi(x) = b_0 x^2 + b_1 x + b_2.$$

Man kann hier direct das Product

$$R = a_0^2 (b_0 \alpha_1^2 + b_1 \alpha_1 + b_2)(b_0 \alpha_2^2 + b_1 \alpha_2 + b_2)$$

berechnen, und erhält, wenn man

$$-a_0(\alpha_1 + \alpha_2) = a_1, \qquad a_0 \alpha_1 \alpha_2 = a_2$$

setzt,

$$R = a_0^2 b_2^2 + a_2^2 b_0^2 - b_0 b_1 a_1 a_2 - a_0 a_1 b_1 b_2 + b_0 b_2 a_1^2 + a_0 a_2 b_1^2 - 2 a_0 b_0 a_2 b_2, \tag{11}$$

oder was damit identisch ist

$$R = (a_0 b_2 - a_2 b_0)^2 - (a_0 b_1 - a_1 b_0)(a_1 b_2 - a_2 b_1). \tag{12}$$

Die einzelnen Glieder der Resultante der zwei Functionen $f(x)$ und $\varphi(x)$ vom n^{ten} und m^{ten} Grade haben, von einem numerischen (ganzzahligen) Factor abgesehen, die Gestalt

$$a_0^{\nu_0} a_1^{\nu_1} \ldots a_n^{\nu_n} b_0^{\mu_0} b_1^{\mu_1} \ldots b_m^{\mu_m}, \tag{13}$$

worin, wie aus den oben bestimmten Graden hervorgeht,

$$\begin{aligned} \nu_0 + \nu_1 + \cdots + \nu_n &= n \\ \mu_0 + \mu_1 + \cdots + \mu_m &= m. \end{aligned} \tag{14}$$

Wir können aber noch eine andere Relation zwischen diesen Exponenten angeben.

Da nämlich [nach (6)] R eine homogene Function $n m^{\text{ten}}$ Grades von den $n + m$ Variablen α, β ist, da ferner a_0 vom nullten, a_1 vom ersten, a_2 vom zweiten etc. Grade in den α, allgemein a_k und b_k vom k^{ten} Grade in diesen Variablen sind, so folgt

$$\begin{aligned} &\nu_1 + 2\nu_2 + 3\nu_3 + \cdots + n\nu_n \\ &+ \mu_1 + 2\mu_2 + 3\mu_3 + \cdots + m\mu_m = nm, \end{aligned} \tag{15}$$

eine Relation, aus der sich ein wichtiger Schluss ziehen lässt, den wir im folgenden Paragraphen etwas ausführlicher besprechen wollen.

§. 49.

Elimination. Theorem von Bezout.

Wenn in den beiden Functionen

$$(1) \qquad \begin{aligned} f(x) &= a_0 x^n + a_1 x^{n-1} + \cdots + a_n \\ \varphi(x) &= b_0 x^m + b_1 x^{m-1} + \cdots + b_m \end{aligned}$$

die Coëfficienten a, b selbst wieder ganze rationale Functionen einer Grösse y sind, so wird auch die Resultante eine ganze rationale Function von y werden, die wir mit $F(y)$ bezeichnen wollen. Die Bildung dieser Gleichung ist die Elimination von x aus den beiden Gleichungen (1).

Die Gleichung

$$(2) \qquad F(y) = 0$$

hat alle die Werthe von y zu Wurzeln, wofür die beiden Gleichungen

$$(3) \qquad f(x) = 0, \qquad \varphi(x) = 0$$

eine gemeinsame Wurzel haben. Ist die Bedingung (2) befriedigt, so findet man die Werthe von x, die den zwei Gleichungen (3) genügen, indem man den grössten gemeinschaftlichen Theiler von $f(x)$ und $\varphi(x)$ aufsucht. Dieser gemeinschaftliche Theiler ist vom ersten Grade und bestimmt also x rational, wenn nur eine solche gemeinschaftliche Wurzel vorhanden ist; im anderen Falle wird er von entsprechend höherem Grade, und die Bestimmung von x erfordert noch die Lösung einer Gleichung höheren Grades.

Gehört zu jeder Wurzel der Resultante nur eine gemeinschaftliche Wurzel x, so ist die Zahl der Werthepaare x, y, die den Gleichungen (3) genügen, gleich dem Grade der Resultante in Bezug auf y. Sind also die Coëfficienten a vom Grade ν, b vom Grade μ in Bezug auf y, so ist nach der Gradbestimmung des vorigen Paragraphen der Grad der Resultante

$$(5) \qquad n\nu + m\mu;$$

so gross ist also die Anzahl der gemeinsamen Wurzelpaare. Diese Zahl kann aber noch dadurch modificirt werden, dass möglicherweise die Coëfficienten so beschaffen sein können, dass die höchste Potenz von y aus der Endgleichung wegfällt. Man würde dann die Uebereinstimmung der Zahl mit (5) nur durch die willkürliche Hinzufügung unendlicher Wurzeln retten können. Auch mehrfache Wurzeln geben zu Bedenken Anlass. Man begegnet diesen Uebelständen theilweise dadurch, dass man die homogene Form der Gleichungen zu Grunde legt, eine Form, in der sich das Eliminationsproblem besonders in der Geometrie einstellt.

Wenn nämlich die Function $f(x)$ aus einer homogenen Function n^{ter} Ordnung der drei Variablen x, y, z (einer ternären Form) durch Ordnen nach Potenzen von x hervorgegangen ist, so sind die Coëfficienten $a_0, a_1, a_2 \ldots a_n$ homogene Formen der beiden Variablen y, z von dem Grade, den der Index angiebt, also a_0 eine Constante, a_1 eine lineare, a_2 eine quadratische Form u. s. f., und Entsprechendes gilt von den Coëfficienten $b_0, b_1 \ldots b_m$ der Function $\varphi(x)$.

Bedeuten x, y, z Dreieckscoordinaten in der Ebene, so sind $f(x) = 0$, $\varphi(x) = 0$ die Gleichungen einer Curve n^{ter} und m^{ter} Ordnung, und die gemeinsamen Wurzeln dieser beiden Gleichungen (die Verhältnisse $x:y:z$) bedeuten die Schnittpunkte der beiden Curven. Die Endgleichung, die man durch Elimination von x erhält, ist eine homogene Gleichung, deren Grad sich aus (15), §. 48 gleich nm ergiebt.

Eine Verminderung des Grades kann hier nicht stattfinden; immer ist die Endgleichung eine homogene Gleichung des nm^{ten} Grades für die beiden Unbekannten y, z. Die einzige Ausnahme, auf die hier zu achten ist, ist die, dass die Resultante identisch (für alle y, z) verschwindet, dass also unendlich viele gemeinsame Wurzeln vorhanden sind. Dieser Fall hat in der Geometrie die Bedeutung, dass die beiden Curven einen Curventheil und nicht bloss einzelne Punkte gemein haben.

Wenn die Gleichungen $f = 0$, $\varphi = 0$ nur eine endliche Anzahl gemeinsamer Wurzeln haben, so können wir in den Ausdrücken

$$y_1 = y + \beta x, \qquad z_1 = z + \gamma x$$

die Constanten β, γ so einrichten, dass, wenn einem Werth des Verhältnisses $y : z$ mehrere verschiedene der Gleichungen (1) genügende Werthe von x entsprechen, die zugehörigen Werthe von $y_1 : z_1$ von einander verschieden ausfallen.

Wir können dann f und φ auch als homogene Functionen vom Grade m und n der Veränderlichen x, y_1, z_1 ansehen, und die Resultante wird dann eine homogene Function $m\,n^{\text{ten}}$ Grades $R(y_1, z_1)$ von y_1 und z_1. Setzen wir darin

$$y_1 = b' + b\lambda, \qquad z_1 = c' + c\lambda,$$

so erhalten wir eine Gleichung $m\,n^{\text{ten}}$ Grades in λ, und wir können, wenn $R(y_1, z_1)$ nicht identisch verschwindet, die Constanten b, b', c, c' so annehmen, dass der Coëfficient der höchsten Potenz von λ, nämlich $R(b, c)$, von Null verschieden ist. Dann entspricht jeder Wurzel der Resultante nur ein Werthsystem des Verhältnisses $x:y:z$, und die Anzahl der gemeinschaftlichen Wurzeln von f und φ ist also höchstens gleich $m\,n$. Um den Satz aussprechen zu können, dass die Zahl der gemeinsamen Wurzeln immer gleich $m\,n$ ist, muss man noch ein Uebereinkommen treffen, wonach gewisse dieser Werthpaare mehrfach zu zählen sind.

Der Satz, der, in geometrischem Gewande, besagt, dass sich zwei Curven m^{ter} und n^{ter} Ordnung in $m\,n$ Punkten schneiden, wird das Bezout'sche Theorem genannt.

§. 50.

Elimination aus mehreren Gleichungen.

Die Principien der Elimination, die wir im Vorhergehenden auf zwei Gleichungen angewandt haben, lassen sich ohne Schwierigkeit auf mehrere Gleichungen mit einer entsprechenden Anzahl von Unbekannten ausdehnen.

Nehmen wir zunächst die Gleichungen

$$(1) \qquad f(x) = 0, \quad \varphi(x) = 0, \quad \psi(x) = 0,$$

der Grade m, n, p, deren Coëfficienten a_i, b_i, c_i zunächst als unabhängige Veränderliche betrachtet werden sollen.

Wir wenden auf zwei von ihnen, etwa auf $f(x)$, $\varphi(x)$, den Algorithmus des grössten gemeinschaftlichen Theilers an und erhalten einen letzten Rest, der eine rationale Function der a und b ist und der, von Nennern befreit, mit der Resultante R von $f(x)$ und $\varphi(x)$ übereinstimmt, und einen vorletzten, der eine lineare Function von x ist. Die Bedingung für das Vorhandensein einer gemeinsamen Wurzel von $f = 0$ und $\varphi = 0$ ist das Verschwinden der Resultante, und der vorletzte Rest giebt unter dieser Voraussetzung für die gemeinsame Wurzel einen rationalen Ausdruck durch die Coëfficienten.

Setzt man diesen Ausdruck in $\psi(x)$ ein, so erhält man, wenn man alle Nenner fortschafft, eine ganze rationale Function der Coëfficienten a, b, c, die wir mit S bezeichnen wollen, und deren Verschwinden in Verbindung mit $R = 0$ die nothwendige und hinreichende Bedingung dafür enthält, dass die drei Gleichungen (1) eine gemeinsame Wurzel haben.

Ersetzen wir nun die Coëfficienten a, b, c der Functionen (1) durch ganze rationale Functionen einer zweiten Unbekannten y, deren Coëfficienten mit α, β, γ bezeichnet und vorläufig als unabhängige Veränderliche betrachtet werden mögen.

R und S werden dann ganze rationale Functionen von α, β, γ und y und wenn wir also die Gleichungen

$$(2) \qquad R = 0, \quad S = 0$$

als Gleichungen für y betrachten, so können wir nach den Regeln des vorigen Paragraphen ihre Resultante T bilden, die, wenn sie nicht identisch verschwindet, eine ganze rationale Function der Coëfficienten α, β, γ sein wird, und die Gleichung

$$(3) \qquad T = 0$$

ist die nothwendige und hinreichende Bedingung dafür, dass das Gleichungssystem (1) durch ein oder mehrere Werthepaare x, y befriedigt werden kann. T heisst die Resultante des Systems (1). Man kann also aus den drei Gleichungen (1) durch Elimination der Unbekannten x und y eine Endgleichung für x bilden.

Ersetzt man nun die α, β, γ wieder durch ganze rationale Functionen einer dritten Unbekannten z, so geht T in eine Gleichung für z über. Die Functionen f, φ, ψ werden Functionen der drei Unbekannten x, y, z. Der Grad der Gleichung (3) giebt die Anzahl der Werthsysteme x, y, z, für die die drei Gleichungen (1) zugleich befriedigt sind.

Sind aber die Coëfficienten so beschaffen, dass T identisch (für alle Werthe von z) verschwindet, so giebt es unendlich viele Werthsysteme x, y, z, die den Gleichungen (1) zugleich genügen.

Betrachtet man x, y, z als Cartesische Coordinaten, so stellen die Gleichungen (1), jede für sich, eine Oberfläche dar. Der Grad der Endgleichung $T = 0$ in Bezug auf z giebt die

Anzahl der Schnittpunkte dieser drei Oberflächen an. Ist aber T identisch Null, so haben die drei Flächen entweder einen Flächentheil oder eine Curve gemeinschaftlich.

Den Grad der Endgleichung können wir auf folgendem Wege bestimmen, der gar keine weitläufigen Betrachtungen über die Grade der Functionen R, S, T erfordert. Wir führen, um uns von Ausnahmefällen unabhängig zu machen, homogene Variable ein, indem wir eine vierte, u, hinzufügen, und also drei homogene quaternäre Gleichungen

$$(4) \quad F(x, y, z, u) = 0, \quad \Phi(x, y, z, u) = 0, \quad \Psi(x, y, z, u) = 0$$

von den Ordnungen m, n, p betrachten.

Nehmen wir den besonderen Fall an, dass jede dieser drei Functionen in lauter lineare Factoren zerfällt, so ist klar, dass, wenn die Anzahl der gemeinsamen Lösungen nicht unendlich ist, ihre Anzahl gleich dem Product mnp sein muss; denn wir können je einen linearen Factor von F, Φ, Ψ gleichzeitig Null setzen und erhalten so mnp Systeme von je drei linearen Gleichungen, die, wenn sie von einander unabhängig sind, ebenso viele Werthsysteme für die Verhältnisse $x:y:z:u$ ergeben.

Der Schluss, dass im allgemeinen Fall der Grad der Endgleichung von (4) ebenso gross ist, ist auf den ersten Blick bedenklich. Das Bedenken kann aber nach einer Bemerkung von F. Klein durch folgende einfache Ueberlegung vollständig beseitigt werden.

Denken wir uns die Endgleichung aus den Gleichungen (4) zunächst unter der Voraussetzung gebildet, dass die Coëfficienten in den Gleichungen (4) von einander unabhängige Variable sind, so wird die Resultante, die sich nach Elimination von x, y ergiebt, gewiss nicht identisch Null, da sie schon für specielle Coëfficientensysteme, z. B. wenn F, Φ, Ψ in lineare Factoren zerfallen, nicht identisch verschwindet, und wir erhalten eine homogene Endgleichung für die zwei Unbekannten z, u von einem gewissen Grade, der zu ermitteln ist.

Specialisirt man die Coëfficienten irgend wie, so kann zwar möglicherweise die Endgleichung identisch befriedigt werden; wenn aber dieser Fall nicht eintritt, so kann ihre Ordnung nicht geändert werden (da ja alle Glieder von derselben Ordnung sind). Da nun durch die oben angenommene Specialisirung, die sich in dem Zerfallen der Functionen F, Φ, Ψ ausspricht, das identische Verschwinden nicht stattfindet, sondern eine Endgleichung von der Ordnung mnp auftritt, so muss dies auch der Grad der Endgleichung im allgemeinen Falle sein.

Hiermit ist das Bezout'sche Theorem für den Fall von drei homogenen quaternären Gleichungen bewiesen.

Dass wir uns hier auf drei Gleichungen beschränkt haben, ist lediglich im Interesse der Einfachheit geschehen. Die Erweiterung, die für den Fall von n Gleichungen mit $n+1$ homogenen Unbekannten erforderlich ist, ergiebt sich von selbst, und kann dem Leser überlassen bleiben.

Für unsere allgemeine Aufgabe wollen wir nur noch bemerken, dass sich aus diesen Betrachtungen ergiebt, dass das Problem der Algebra, sofern es sich auf die Lösung irgend welcher algebraischer Gleichungen bezieht, damit zurückgeführt ist auf die Behandlung einer Kette von Gleichungen mit je einer Unbekannten.

§. 51.

Zerlegbare und unzerlegbare Functionen.

Unter den ganzen rationalen Functionen mehrerer Veränderlichen müssen zerlegbare und unzerlegbare unterschieden werden.

Eine ganze rationale Function von irgend welchen Veränderlichen heisst zerlegbar, wenn sie als Product von wenigstens zwei ganzen rationalen Functionen derselben Veränderlichen darstellbar ist; ist sie nicht als ein solches Product darstellbar, so heisst sie unzerlegbar.

Wenn eine Function zerlegbar ist, so ist der Grad jedes der Factoren niedriger als der Grad der Function selbst. Eine lineare Function ist also immer unzerlegbar, und jede ganze rationale Function lässt sich in eine endliche Anzahl unzerlegbarer Functionen zerlegen.

Wir nennen eine ganze Function W durch eine andere w theilbar, wenn eine dritte ganze Function w' existirt, so dass

$$W = w w'$$

ist. Daraus folgt dann, dass, wenn U eine durch w theilbare und V eine beliebige ganze Function ist, auch das Product UV

durch w theilbar ist, und dass, wenn $U, U', U'' \ldots$ durch w theilbare, $V, V', V'' \ldots$ beliebige ganze rationale Functionen sind, auch $UV + U'V' + U''V'' \ldots$ durch w theilbar ist.

Ist W durch w theilbar, so sagt man auch, w geht in W auf.

Zwei ganze rationale Functionen U, V, die nicht durch eine und dieselbe ganze rationale Function theilbar sind, heissen relativ prim oder theilerfremd.

Wir beweisen den Satz:

I. Sind U, V, v ganze rationale Functionen irgend welcher Veränderlichen, sind U und v relativ prim und UV durch v theilbar, so ist V durch v theilbar.

Dieser Satz entspricht genau einem bekannten Fundamentalsatz aus der Lehre von den ganzen Zahlen, dass nämlich, wenn ein Product von zwei ganzen Zahlen durch eine dritte ganze Zahl theilbar ist, die zu dem einen Factor theilerfremd ist, der andere Factor durch diese Zahl theilbar sein muss.

Wir beweisen ihn durch vollständige Induction. Sind U, V, v nur von einer Veränderlichen x abhängig, so ist der Satz richtig; denn nach §. 6 (Satz I) kann man in diesem Falle, wenn U und v relativ prim sind, zwei andere ganze Functionen P und p von x so bestimmen, dass

$$PU + pv = 1,$$

woraus durch Multiplication mit V

$$PUV + pVv = V$$

folgt, und daraus ersieht man, dass, wenn UV durch v theilbar ist, auch V durch v theilbar sein muss.

Wir nehmen also an, der Satz, den wir beweisen wollen, sei für Functionen von n und weniger Veränderlichen bewiesen, und wir leiten daraus seine Richtigkeit für Functionen von $n + 1$ Veränderlichen ab.

Dazu ist erforderlich, dass wir aus dem als richtig vorausgesetzten Theorem I einige Folgerungen ziehen, als deren Schluss sich dann die Gültigkeit des Theorems für die nächst höhere Variablenzahl ergiebt.

Ist v eine unzerlegbare Function, so ist eine andere Function U derselben Veränderlichen entweder relativ prim zu v oder durch v theilbar. Daraus folgt nach I., dass ein Product von zwei Functionen UV nur dann durch v theilbar sein kann, wenn einer der beiden Factoren durch v theilbar ist. Dasselbe gilt für ein Product von mehreren Functionen, und so folgt aus I. das Theorem:

II. Ein Product aus mehreren ganzen rationalen Functionen ist nur dann durch eine unzerlegbare Function v theilbar, wenn wenigstens einer der Factoren des Productes durch v theilbar ist.

Wenn eine ganze rationale Function U auf zwei Arten in unzerlegbare Factoren zerlegt ist,

$$U = v\,v'\,v'' \ldots = w\,w'\,w'' \ldots,$$

so muss nach II. wenigstens einer der Factoren $v, v', v'' \ldots$ durch w theilbar sein, also etwa v. Dann aber kann, da auch v unzerlegbar ist, v von w nur durch einen constanten Factor verschieden sein.

Demnach ist, wenn c dieser constante Factor ist,

$$c\,v'\,v'' \ldots = w'\,w'' \ldots,$$

woraus folgt, dass eine der Functionen $v', v'' \ldots$, etwa v', durch w' theilbar ist, und sich also von w' nur durch einen constanten Factor unterscheidet.

Wir erhalten also als zweite Folgerung aus dem Theorem I:

III. Eine ganze rationale Function kann, von constanten Factoren abgesehen, nur auf eine Art in unzerlegbare Factoren zerlegt werden.

Hieraus ergiebt sich der Begriff des grössten gemeinschaftlichen Theilers von zwei oder mehr ganzen rationalen Functionen $U, V \ldots$ Man versteht darunter das Product aller unzerlegbaren Factoren, die in den Zerlegungen jeder der Functionen $U, V \ldots$ vorkommen, oder die Function möglichst hohen Grades, die in allen Functionen $U, V \ldots$ aufgeht. Nach III. ist diese Function, von einem constanten Factor abgesehen, für jedes Functionensystem $U, V \ldots$ vollständig bestimmt.

Mehrere Functionen $U, V, W \ldots$ heissen relativ prim, wenn keine zwei von ihnen einen gemeinsamen Theiler haben.

Alle diese Definitionen und Sätze sind genau analog mit sehr bekannten Sätzen der elementaren Zahlenlehre, die dort als Folgerungen des Algorithmus des grössten gemeinschaftlichen

Theilers auftreten, nur dass hier die unzerlegbaren Functionen die Rolle der Primzahlen übernehmen.

Wir führen noch einen solchen Satz an:

IV. Sind u, v relativ prim und Uu, Uv durch w theilbar, so ist U durch w theilbar.

Denn zerlegt man die ganzen rationalen Functionen U, u, v, w in ihre unzerlegbaren Factoren, so muss irgend ein Factor von w, da er nicht in u und v zugleich vorkommen kann, in U aufgehen. Hebt man ihn aus U und w weg, so kann man ebenso für einen nächsten Factor von w schliessen u. s. f.

Wir betrachten nun ganze rationale Functionen einer Veränderlichen t

$$f(t) = u_0 t^m + u_1 t^{m-1} + \cdots + u_{m-1} t + u_m,$$

deren Coëfficienten ganze rationale Functionen von n Veränderlichen x sind, von denen t unabhängig ist.

Sind die Coëfficienten $u_0, u_1 \ldots u_m$ ohne gemeinsamen Theiler, so heisst $f(t)$ primitiv, im anderen Falle wird der grösste gemeinschaftliche Theiler der Coëfficienten $u_0, u_1 \ldots u_m$ der Theiler der Function $f(t)$ genannt (vgl. §. 2).

Wir schliessen, immer unter Voraussetzung der Gültigkeit von I:

V. Das Product von zwei primitiven Functionen $f(t)$ und $\varphi(t)$ ist wieder eine primitive Function und der Theiler eines Productes zweier imprimitiver Functionen ist gleich dem Product der Theiler beider Factoren.

Der Beweis ist ganz so wie für den entsprechenden Satz in §. 2.

Es seien

$$(1) \qquad \begin{aligned} f(t) &= u_0 t^m + u_1 t^{m-1} + \cdots + u_m \\ \varphi(t) &= v_0 t^\mu + v_1 t^{\mu-1} + \cdots + v_\mu \end{aligned}$$

zwei primitive Functionen und

$$(2) \qquad F(t) = U_0 t^{m+\mu} + U_1 t^{m+\mu-1} + \cdots + U_{m+\mu}$$

ihr Product. Es ist dann, wenn r und s irgend zwei Ziffern aus den Reihen $0, 1 \ldots m$, und $0, 1, 2 \ldots \mu$ bedeuten (§. 2)

$$(3) \qquad \begin{aligned} U_{r+s} = u_r v_s &+ u_{r-1} v_{s+1} + \cdots \\ &+ u_{r+1} v_{s-1} + \cdots \end{aligned}$$

Wenn nun w irgend eine unzerlegbare Function ist, die weder in allen u_r noch in allen v_s aufgeht, so wählen wir in (3) r und s so, dass u_r das erste nicht durch w theilbare u ist, also $u_{r-1}, u_{r-2} \ldots$ durch w theilbar sind, und dass ebenso v_s das erste, nicht durch w theilbare v wird. Dann kann auch U_{r+s} nicht durch w theilbar sein, weil alle Glieder, mit Ausnahme des ersten, durch w theilbar sind, d. h. $F(t)$ ist primitiv.

Daraus folgt unmittelbar, wenn p und q irgend welche ganze rationale Functionen der x sind, dass pq der Theiler des Productes der beiden imprimitiven Functionen $pf(t)$, $q\varphi(t)$ ist, also der zweite Theil des Satzes V. Daraus folgt weiter:

VI. Wenn eine ganze rationale Function $F(t)$ der $n+1$ Variablen x und t in zwei Factoren zerlegbar ist, die in Bezug auf t ganz, in Bezug auf die x wenigstens rational sind, so ist sie auch in zwei Functionen zerlegbar, die in x und t ganz und rational sind.

Denn nach der Voraussetzung giebt es eine ganze rationale Function w der x allein und zwei ganze rationale Functionen der x und t, $f_1(t)$, $\varphi_1(t)$, so dass

$$w F(t) = f_1(t)\,\varphi_1(t),$$

und nach (V) muss w in dem Product der Theiler von $f_1(t)$ und $\varphi_1(t)$ aufgehen, so dass wir auch

$$F(t) = f(t)\,\varphi(t)$$

erhalten, worin $f(t)$, $\varphi(t)$ gleichfalls ganze rationale Functionen von x und t, und zwar in Bezug auf t von demselben Grade wie $f_1(t)$ und $\varphi_1(t)$ sind, w. z. b. w. — Hieraus schliessen wir weiter, dass zwei Functionen $F(t)$, $f(t)$, die als ganze rationale Functionen der $n+1$ Veränderlichen x und t betrachtet, in dem oben definirten Sinne relativ prim sind, sich auch, als Functionen von t allein betrachtet, und nach dem Algorithmus des grössten gemeinschaftlichen Theilers behandelt (§. 6), als relativ prim erweisen müssen. Denn wenn sie einen gemeinsamen Theiler hätten, der in Bezug auf t ganz, in Bezug auf die x gebrochen wäre, so liesse sich eine ganze Function T von x und t und eine ganze Function P der x allein so bestimmen, dass

$$PF(t) = TF_1(t), \qquad Pf(t) = Tf_1(t)$$

wäre, worin F_1, f_1 ganze Functionen ohne gemeinsamen Theiler sind. Nach IV müsste also P im Theiler von T aufgehen, und es könnten $F(t)$ und $f(t)$ nicht relativ prim sein. Es lassen sich also nach §. 6 zwei ganze rationale Functionen Q, q von x und t und eine ganze rationale Function X von den x allein so bestimmen, dass die Identität

$$QF(t) + qf(t) = X \tag{4}$$

besteht.

Ist nun $\Phi(t)$ eine weitere ganze rationale Function von x und t, so folgt aus (4) durch Multiplication mit $\Phi(t)$

$$Q\Phi(t)F(t) + q\Phi(t)f(t) = X\Phi(t),$$

und wenn also $\Phi(t)F(t)$ durch $f(t)$ theilbar ist, so ist hiernach auch $X\Phi(t)$ durch $f(t)$ theilbar.

Demnach können wir, wenn $\varphi(t)$ und $\psi(t)$ wieder zwei ganze Functionen von x und t bedeuten, setzen

$$\begin{aligned} X\Phi(t) &= \varphi(t)f(t) \\ F(t)\Phi(t) &= \psi(t)f(t). \end{aligned} \tag{5}$$

Multiplicirt man die zweite dieser Gleichungen mit X und setzt aus der ersten für $X\Phi(t)$ den Ausdruck $\varphi(t)f(t)$ ein, so lässt sich $f(t)$ wegheben und es folgt

$$\varphi(t)F(t) = X\psi(t).$$

Nach IV. muss also X sowohl im Theiler von $\varphi(t)f(t)$ als im Theiler von $\varphi(t)F(t)$ aufgehen, und da die Functionen $f(t)$ und $F(t)$ und mithin auch ihre Theiler relativ prim sind, so muss X im Theiler von $\varphi(t)$ aufgehen. Setzen wir also demnach

$$\varphi(t) = X\varphi_1(t),$$

so folgt aus (5)

$$\Phi(t) = \varphi_1(t)f(t),$$

d. h. $\Phi(t)$ ist durch $f(t)$ theilbar, also:

VII. Sind $F(t)$ und $f(t)$ relativ prim und $\Phi(t)F(t)$ durch $f(t)$ theilbar, so ist $\Phi(t)$ durch $f(t)$ theilbar.

Dies aber ist nichts Anderes als das Theorem I für Functionen von $n+1$ Variablen, und I. ist somit allgemein bewiesen.

§. 52.

Tschirnhausen-Transformation.

Wir machen von der Theorie der symmetrischen Functionen und der Resultantenbildung noch eine wichtige Anwendung auf die von Tschirnhausen[1]) herrührende Transformation algebraischer Gleichungen.

Es sei

(1) $f(x) = x^n + a_1 x^{n-1} + a_2 x^{n-2} + \cdots + a_{n-1} x + a_n$

irgend eine Function n^{ten} Grades, und

(2) $$y = \frac{\chi(x)}{\psi(x)}$$

irgend eine (ganze oder gebrochene) rationale Function von x, bei der wir nur die eine Voraussetzung machen, dass $f(x)$ und $\psi(x)$ keinen gemeinsamen Theiler haben sollen. Nach dem Schlusssatz von §. 6 können wir dann die Functionen $F(x)$ und $\varphi(x)$, letztere höchstens vom Grade $n-1$, so bestimmen, dass

(3) $$\chi(x) = F(x) f(x) + \varphi(x) \psi(x)$$

wird, so dass, sobald für x eine Wurzel der Gleichung

(4) $$f(x) = 0$$

gesetzt wird,

$$\frac{\chi(x)}{\psi(x)} = \varphi(x)$$

wird. Da wir nun die Werthe von y nur für solche Werthe von x, die Wurzeln von (4) sind, betrachten werden, so verlieren wir nichts an Allgemeinheit, wenn wir von vornherein

$$y = \varphi(x),$$

also gleich einer ganzen Function $(n-1)^{\text{ten}}$ Grades setzen. Es sei also

(5) $y = \varphi(x) = \alpha_0 + \alpha_1 x + \alpha_2 x^2 + \cdots + \alpha_{n-1} x^{n-1}$,

worin die Coëfficienten α vorläufig noch ganz unbestimmt bleiben.

Bezeichnen wir mit

(6) $$x_1, x_2 \ldots x_n$$

---

1) Acta eruditorum, Leipzig 1683.

die Wurzeln der Gleichung (4), so ergeben sich aus (5) die entsprechenden Werthe von y:

(7) $$y_1 = \varphi(x_1),\quad y_2 = \varphi(x_2) \ldots y_n = \varphi(x_n),$$

und das Product

(8) $$\Phi(y) = (y - y_1)(y - y_2) \ldots (y - y_n)$$

ist eine symmetrische Function der Grössen (6), die sich also rational durch die Coëfficienten von $f(x)$ ausdrücken lässt.

In dieser Weise dargestellt, möge $\Phi(y)$ den Ausdruck haben

(9) $$\Phi(y) = y^n + b_1 y^{n-1} + b_2 y^{n-2} + \cdots + b_{n-1} y + b_n.$$

Die Coëfficienten b_ν werden nach §. 7 durch die y_i bestimmt mittelst der Formeln

$$b_1 = -\Sigma y_1,\quad b_2 = \Sigma y_1 y_2,\quad b_3 = -\Sigma y_1 y_2 y_3 \ldots,$$

woraus sich ergiebt, dass b_ν eine ganze rationale und homogene Function ν^{ten} Grades von den Variablen $\alpha_0, \alpha_1 \ldots \alpha_{n-1}$ ist.

$\Phi(y)$ ist nichts Anderes als die Resultante der beiden Gleichungen

(10) $$f(x) = 0,\quad \varphi(x) - y = 0,$$

und nach §. 49 kann man auch umgekehrt die gemeinsame Wurzel dieser beiden Gleichungen (10), wenn y einem der Werthe $y_1, y_2 \ldots y_n$ gleich wird, rational durch die Coëfficienten von (10), d. h. rational durch a_i, α_i, y ausdrücken, vorausgesetzt, dass nur eine solche gemeinsame Wurzel vorhanden ist.

Dies wird dann eintreten, wenn die n Werthe $y_1, y_2 \ldots y_n$ von einander verschieden sind. Dann erhält man einen Ausdruck

$$x = \beta_0 + \beta_1 y + \beta_2 y^2 + \cdots + \beta_{n-1} y^{n-1},$$

der gültig ist, wenn für x einer der Werthe (6) und für y der zugehörige Werth (7) gesetzt wird. Die Grössen β_i sind aus den a_i und α_i rational zusammengesetzt.

Kommen aber unter den Werthen $y_1, y_2 \ldots y_n$ mehrere gleiche vor, so erfordert die Bestimmung der zugehörigen Werthe der x noch die Auflösung einer Gleichung des entsprechenden Grades. Dieser Grad ist aber immer kleiner als n, da die Function $\varphi(x)$ höchstens für $n - 1$ Werthe von x denselben Werth y erhalten kann. Wenn also die Gleichung

(11) $$\Phi(y) = 0$$

vollständig gelöst ist, so ist damit auch die Gleichung (1) vollständig gelöst [wenn (11) n verschiedene Wurzeln hat] oder wenigstens auf die Lösung einer Gleichung niederen Grades zurückgeführt [wenn (11) gleiche Wurzeln hat].

Demnach betrachten wir (11) als eine Umformung der Gleichung (1), und die Bildung von (11) aus (1) heisst die Tschirnhausen-Transformation der Gleichung (1).

Der Zweck einer solchen Transformation ist, die Coëfficienten α_i so zu bestimmen, dass $\Phi(y)$ eine einfachere Gestalt erhält als $f(x)$.

Man kann die Coëfficienten b_ν bilden, wenn man die Potenzsummen der y_i kennt (§. 42).

Bezeichnen wir die Summen der m^{ten} Potenzen der x_i mit s_m, der y_i mit σ_m, also

$$s_m = S x_i^m, \qquad \sigma_m = S y_i^m,$$

so können wir σ_m durch die s_m auf folgende Art bilden.

Wir entwickeln zunächst y^m nach dem polynomischen Lehrsatz (§. 12), setzen also

(12) $$y^m = \sum^{\nu} \frac{\Pi(m)}{\Pi(\nu_0)\,\Pi(\nu_1)\ldots\Pi(\nu_{n-1})}\,\alpha_0^{\nu_0}\alpha_1^{\nu_1}\ldots\alpha_{n-1}^{\nu_{n-1}}\,x^{\nu_1+2\nu_2+\cdots+(n-1)\nu_{n-1}},$$

worin die Summe sich auf alle nicht negativen ganzzahligen Werthe von $\nu_0, \nu_1 \ldots \nu_{n-1}$ erstreckt, die der Bedingung

(13) $$\nu_0 + \nu_1 + \cdots + \nu_{n-1} = m$$

genügen. Setzen wir dann in (12) $x_1, x_2 \ldots x_n$ für x und bilden die Summe der so erhaltenen Werthe von $y_1^m, y_2^m \ldots y_n^m$, so folgt

(14) $$\sigma_m = \sum^{\nu} \frac{\Pi(m)}{\Pi(\nu_0)\,\Pi(\nu_1)\ldots\Pi(\nu_{n-1})}\,s_{\nu_1+2\nu_2+\cdots+(n+1)\nu_{n-1}}\,\alpha_0^{\nu_0}\alpha_1^{\nu_1}\ldots\alpha_{n-1}^{\nu_{n-1}}.$$

Hierdurch ist σ_m als ganze homogene Function m^{ter} Ordnung der $\alpha_0, \alpha_1 \ldots \alpha_{n-1}$ dargestellt. Eine etwas vereinfachte Schreibweise erhält man nach der zweiten Darstellung von Formen (§. 15). Lassen wir $\mu_1, \mu_2 \ldots \mu_m$ unabhängig von einander die Reihe der Zahlen $0, 1 \ldots n-1$ durchlaufen, so wird, wenn in einer Combination ν_0 mal der Index 0, ν_1 mal der Index 1, ν_2 mal der Index 2, ... ν_{n-1} mal der Index $n-1$ vorkommt,

$$\nu_0 + \nu_1 + \nu_2 + \cdots + \nu_{n-1} = m$$

und

$$\mu_1 + \mu_2 + \cdots + \mu_m = \nu_1 + 2\nu_2 + \cdots + (n-1)\nu_{n-1},$$

und danach kann der Ausdruck für σ_m so dargestellt werden:

$$\sigma_m = \sum^{\mu} s_{\mu_1+\mu_2+\cdots+\mu_m} \alpha_{\mu_1}\alpha_{\mu_2}\ldots\alpha_{\mu_m}. \tag{15}$$

Beispielsweise wird

$$\begin{aligned} \sigma_1 &= \alpha_0 s_0 + \alpha_1 s_1 + \cdots + \alpha_{n-1} s_{n-1} \\ \sigma_2 &= \sum^{i,k} s_{i+k}\, \alpha_i \alpha_k \\ \sigma_3 &= \sum^{h,i,k} s_{h+i+k}\, \alpha_h \alpha_i \alpha_k, \end{aligned} \tag{16}$$

worin h, i, k die Reihe der Zahlen $0, 1, 2 \ldots n-1$ durchlaufen.

§. 53.

Anwendung auf die cubischen und biquadratischen Gleichungen.

Das Ziel, das schon Tschirnhausen bei dieser Transformation im Auge gehabt hat, bestand darin, durch Bestimmung der Substitutionscoëfficienten $\alpha_0, \alpha_1 \ldots \alpha_{n-1}$ in der umgeformten Gleichung $\Phi(y) = 0$ so viele Glieder zum Verschwinden zu bringen, dass die Gleichung lösbar wird. Es gelingt dies leicht bei den Gleichungen dritten und vierten Grades, wenn es auch nicht einfach ist, und nicht ohne weitläufige Rechnungen möglich scheint, die sonst bekannten Formeln auf diesem Wege abzuleiten.

Nehmen wir zunächst die cubische Gleichung

$$x^3 + ax^2 + bx + c = 0, \tag{1}$$

die wir durch die Substitution

$$y = \alpha + \beta x + \gamma x^2 \tag{2}$$

umformen. Um die Gleichung für y

$$y^3 + Ay^2 + By + C = 0 \tag{3}$$

auf eine reine cubische Gleichung zurückzuführen, haben wir die Verhältnisse $\alpha : \beta : \gamma$ aus den beiden Gleichungen

$$A = 0, \quad B = 0 \tag{4}$$

zu bestimmen, von denen die erste linear, die zweite quadratisch ist.

Die Gleichungen (4) sind gleichbedeutend mit

$$\sigma_1 = 0, \quad \sigma_2 = 0 \tag{5}$$

und ergeben also nach (16) des vorigen Paragraphen

$$\alpha s_0 + \beta s_1 + \gamma s_2 = 0,$$

$$\alpha^2 s_0 + 2\alpha\beta s_1 + 2\alpha\gamma s_2 + \beta^2 s_2 + 2\beta\gamma s_3 + \gamma^2 s_4 = 0,$$

worin $s_0 = 3$ ist. Multiplicirt man die letztere Gleichung mit s_0 und zieht das Quadrat der ersten davon ab, so folgt

$$(6) \quad \beta^2(s_0 s_2 - s_1^2) + 2\beta\gamma(s_0 s_3 - s_1 s_2) + \gamma^2(s_0 s_4 - s_2^2) = 0.$$

Die Discriminante dieser quadratischen Gleichung

$$(s_0 s_3 - s_1 s_2)^2 - (s_0 s_2 - s_1^2)(s_0 s_4 - s_2^2)$$

giebt entwickelt

$$- s_0(s_0 s_2 s_4 - s_0 s_3^2 - s_1^2 s_4 - s_2^3 + 2 s_1 s_2 s_3),$$

ist also, wenn D die Discriminante der cubischen Gleichung (1) bedeutet [§. 46, (9)] gleich $-3D$, und die Auflösung von (6) giebt also

$$(7) \quad \frac{\beta}{\gamma} = \frac{-(s_0 s_3 - s_1 s_2) + \sqrt{-3D}}{s_0 s_2 - s_1^2}.$$

Damit ist die Gleichung (3) auf eine reine Gleichung zurückgeführt, die zu ihrer Lösung nur noch das Ziehen einer Cubikwurzel erfordert. Welches Vorzeichen wir der in (7) vorkommenden Quadratwurzel geben wollen, steht in unserem Belieben.

Um die Tschirnhausen-Transformation für die biquadratische Gleichung zu benutzen, kann man etwa so verfahren, dass man in der umgeformten Gleichung

$$(8) \quad y^4 + b_1 y^3 + b_2 y^2 + b_3 y + b_4 = 0$$

die $\alpha_0, \alpha_1, \alpha_2, \alpha_3$ so bestimmt, dass

$$(9) \quad b_1 = 0, \quad b_3 = 0$$

wird, wodurch (8) in eine quadratische Gleichung für y^2 übergeht, aus deren Wurzeln noch die Quadratwurzeln gezogen werden müssen, so dass, nachdem die Gleichungen (9) gelöst sind, noch zweimal eine Quadratwurzel gezogen werden muss.

Wenn man mittelst der ersten Gleichung (9) aus der zweiten α_0 eliminirt, so entsteht eine homogene cubische Gleichung zwischen $\alpha_1, \alpha_2, \alpha_3$. Man kann daher eines von den beiden Verhältnissen $\alpha_1 : \alpha_2 : \alpha_3$ beliebig annehmen, z. B. $\alpha_3 = 0$ setzen, und erhält zur Bestimmung des anderen eine cubische Gleichung. Dadurch ist dann die Lösung der biquadratischen Gleichung auf die einer cubischen und auf Quadratwurzeln zurückgeführt.

§. 54.

Die Tschirnhausen-Transformation der Gleichung fünften Grades.

Will man auf die Gleichung fünften Grades

(1) $$x^5 + a_1 x^4 + a_2 x^3 + a_3 x^2 + a_4 x + a_5 = 0$$

die Tschirnhausen-Transformation anwenden, so hat man

(2) $$y = \alpha_0 + \alpha_1 x + \alpha_2 x^2 + \alpha_3 x^3 + \alpha_4 x^4$$

zu setzen, und erhält die Transformirte

(3) $$y^5 + b_1 y^4 + b_2 y^3 + b_3 y^2 + b_4 y + b_5 = 0.$$

Der nächstliegende Gedanke wäre nun, die Verhältnisse der fünf Unbekannten α so zu bestimmen, dass

(4) $$b_1 = 0, \quad b_2 = 0, \quad b_3 = 0, \quad b_4 = 0$$

würde, wodurch (3) auf eine reine Gleichung zurück käme, und dies war wohl auch das Ziel, das Tschirnhausen im Auge hatte. Aber von den vier Gleichungen (4) ist die erste linear, die zweite quadratisch, die dritte vom dritten und die vierte vom vierten Grade. Die Endgleichung, die man daraus ableiten kann, wird daher (nach §. 50) vom Grade $2 . 3 . 4 = 24$, und daher kann daraus für die Lösung der Gleichung fünften Grades kein Nutzen gezogen werden. Man sucht daher zunächst nur den beiden Gleichungen zu genügen

(5) $$b_1 = 0, \quad b_2 = 0,$$

wodurch die Gleichung (3) in eine Form übergeht, die nach F. Klein (Vorlesungen über das Ikosaëder) eine Hauptgleichung fünften Grades genannt wird.

Zur Befriedigung der beiden Gleichungen (5) haben wir die Verfügung über die vier Verhältnisse $\alpha_0 : \alpha_1 : \alpha_2 : \alpha_3 : \alpha_4$, und wir können diese Grössen noch auf mannigfaltige Art zur Vereinfachung der Gleichung fünften Grades benutzen.

Wir kommen in einem späteren Abschnitt ausführlicher auf diesen Gegenstand zurück und beschränken uns hier darauf, die Ziele im Allgemeinen zu bezeichnen. Der Anschaulichkeit wegen bedienen wir uns einer geometrischen Einkleidung, die übrigens zum Verständniss der algebraischen Theorie, wie sie später gegeben werden soll, durchaus nicht wesentlich ist.

Wenn wir mit Hülfe der linearen Gleichung $b_1 = 0$ von den fünf Grössen α die eine, etwa α_0, durch die übrigen ausdrücken, so können wir die vier übrigen α_1, α_2, α_3, α_4 als homogene Coordinaten eines Raumpunktes betrachten. Die Gleichung $b_2 = 0$ stellt dann eine Fläche zweiter Ordnung dar, $b_3 = 0$ eine Fläche dritter Ordnung, $b_4 = 0$ eine Fläche vierter Ordnung, $b_5 = 0$ eine Fläche fünfter Ordnung.

Wollte man also b_2, b_3, b_4 zugleich zu Null machen und dadurch die gegebene Gleichung auf eine reine reduciren, so müsste man einen der 24 Schnittpunkte von drei Flächen zweiter, dritter, vierter Ordnung bestimmen, der von einer Gleichung 24ten Grades abhängt.

Statt nun so zu verfahren, sucht man auf der Fläche $b_2 = 0$ eine gerade Linie zu bestimmen. Solcher gerader Linien giebt es auf jeder Fläche zweiter Ordnung eine oder zwei Schaaren (reell oder imaginär), und man kann eine dieser Geraden durch Quadratwurzeln bestimmen, wie weiter unten ausgeführt werden soll. Die Ermittelung eines Schnittpunktes einer dieser geraden Linien mit der Fläche $b_3 = 0$ führt dann auf eine Gleichung dritten Grades, und wenn man noch durch Bestimmung eines gemeinsamen Factors der α den Coëfficienten $b_4 = 1$ macht, so erhält die Gleichung für y die Gestalt

$$y^5 + y + b = 0, \tag{6}$$

wodurch y als Function einer Variabeln b bestimmt ist.

Diese Gleichungsform wird gewöhnlich nach dem englischen Mathematiker Jerrard genannt, der sie im Jahre 1834 bekannt machte. Sie ist aber schon viel früher (1786) von E. J. Bring in Lund publicirt worden [1]). Wir nennen sie daher die Bring-Jerrard'sche Form.

Ebensogut könnte man durch eine Gleichung vierten Grades $b_4 = 0$ machen, und würde eine zweite Normalform der Gleichung fünften Grades erhalten:

$$y^5 + y^2 + b = 0, \tag{7}$$

die die gleiche Berechtigung hat, wie die Bring-Jerrard'sche Form.

Für die Lösung der Gleichung fünften Grades freilich wird durch diese Betrachtungen nichts gewonnen. Ihr Nutzen besteht

1) Vgl. F. Klein, Vorlesungen über das Ikosaëder, S. 143.

darin, dass die Gleichung fünften Grades auf eine Normalform zurückgeführt wird, die nur von einem veränderlichen Coëfficienten abhängt. Dies kann auf unendlich viele verschiedene Arten erreicht werden und gelingt am einfachsten, nämlich ohne Lösung einer Gleichung dritten oder vierten Grades, wenn man die Gleichung fünften Grades $b_5 = 0$ selbst als eine Umformung der gegebenen Gleichung fünften Grades betrachtet. Hat man nämlich die Gleichung $b_5 = 0$ gelöst, so wird einer der fünf Werthe von y gleich 0, und die gegebene Gleichung fünften Grades ist damit zugleich gelöst.

Fünfter Abschnitt.

Lineare Transformation.

---

§. 55.

Einführung der linearen Transformation.

Wenn wir in irgend welchen Functionen, die von den m Veränderlichen $x_1, x_2 \ldots x_m$ abhängen, für diese Veränderlichen lineare Ausdrücke einsetzen, die von m neuen Veränderlichen $x'_1, x'_2 \ldots x'_m$ abhängen

$$(1)\qquad \begin{aligned} x_1 &= \alpha_1^{(1)} x'_1 + \alpha_1^{(2)} x'_2 + \cdots + \alpha_1^{(m)} x'_m, \\ x_2 &= \alpha_2^{(1)} x'_1 + \alpha_2^{(2)} x'_2 + \cdots + \alpha_2^{(m)} x'_m, \\ &\ldots\ldots\ldots\ldots\ldots\ldots \\ x_m &= \alpha_m^{(1)} x'_1 + \alpha_m^{(2)} x'_2 + \cdots + \alpha_m^{(m)} x'_m, \end{aligned}$$

so nennen wir dies eine **lineare Substitution**, und das Ergebniss eine **lineare Transformation**.

Die Grösse

$$(2)\qquad r = \begin{vmatrix} \alpha_1^{(1)}, & \alpha_1^{(2)} & \ldots & \alpha_1^{(m)} \\ \alpha_2^{(1)}, & \alpha_2^{(2)} & \ldots & \alpha_2^{(m)} \\ \cdot & \cdot & \cdot & \cdot \\ \alpha_m^{(1)}, & \alpha_m^{(2)} & \ldots & \alpha_m^{(m)} \end{vmatrix}$$

heisst die **Substitutionsdeterminante**. Sie muss immer von Null verschieden sein, da sonst durch (1) eine Abhängigkeit zwischen den Variablen $x_1, x_2 \ldots x_m$ ausgedrückt wäre.

Durch eine lineare Substitution geht jede homogene Function der Variablen x in eine homogene Function desselben Grades der Variablen x' über.

So geht beispielsweise jede lineare Function

$$y = \overset{i}{\Sigma}\, a_i x_i$$

in eine ebensolche Function

$$y = \overset{i}{\Sigma}\, a'_i x'_i$$

über, worin

(3) $$a'_k = \overset{i}{\Sigma}\, a_i \alpha_i^{(k)}.$$

Betrachten wir m solcher linearer Functionen

$$y_\nu = \overset{i}{\Sigma}\, a_{i,\nu} x_i \qquad \nu = 1, 2 \ldots m,$$

so erhalten wir m transformirte Functionen

$$y_\nu = \overset{i}{\Sigma}\, a'_{i,\nu} x'_i \qquad \nu = 1, 2 \ldots m.$$

Die Determinanten der Systeme y_ν, y'_ν

$$\Delta = \Sigma \pm a_{1,1}\, a_{2,2} \ldots a_{m,m}, \qquad \Delta' = \Sigma \pm a'_{1,1}\, a'_{2,2} \ldots a'_{m,m}$$

stehen nach dem Multiplicationsgesetz der Determinanten in der Abhängigkeit

(4) $$\Delta' = r\,\Delta,$$

so dass die eine nicht ohne die andere verschwindet.

§. 56.

Quadratische Formen.

Von besonderer Wichtigkeit ist die Transformation der homogenen Functionen zweiten Grades oder der quadratischen Formen. Wir bezeichnen sie, wie schon im ersten Abschnitt, so:

(1) $$\varphi(x_1, x_2 \ldots x_m) = \overset{i,k}{\Sigma}\, a_{i,k} x_i x_k, \qquad a_{i,k} = a_{k,i}.$$

Durch die Substitution §. 55, (1) geht φ über in

(2) $$\Phi(x'_1, x'_2 \ldots x'_m) = \overset{i,k}{\Sigma}\, a'_{i,k}\, x'_i x'_k.$$

Setzen wir $x + \xi$ für x und ebenso $x' + \xi'$ für x', so dass die ξ' mit den ξ in derselben Abhängigkeit stehen, wie die x' mit den x, so erhalten wir, wenn wir zur Abkürzung

$$\tfrac{1}{2}\varphi'(x_i) = u_i, \quad \tfrac{1}{2}\Phi'(x'_i) = u'_i$$

setzen, durch Vergleichung der Glieder der ersten Dimension (§. 16):

(3) $$\Sigma\, \xi_\nu u_\nu = \Sigma\, \xi'_\nu u'_\nu,$$

also, wie in §. 55, (3)

(4) $$u'_k = \overset{i}{\Sigma}\, \alpha_i^{(k)} u_i.$$

Nun ist

(5) $$u_k = \overset{i}{\Sigma}\, a_{k,i}\, x_i, \qquad u'_k = \overset{i}{\Sigma}\, a'_{k,i}\, x'_i,$$

und demnach giebt uns (4) die Transformation von m linearen Functionen. Die Coëfficienten des gegebenen Systems sind $a'_{k,h}$ und des transformirten, die man durch Einsetzen des ersten Systems (5) in (4) erhält,

(6) $$b_{k,h} = \overset{i}{\Sigma}\, \alpha_i^{(k)} a_{i,h}.$$

Die Determinante des ersteren Systems

$$H' = \Sigma \pm a'_{1,1}\, a'_{2,2} \ldots a'_{m,m}$$

ist nach §. 55, (4)

$$= r\,\Sigma \pm b_{1,1}\, b_{2,2} \ldots b_{m,m},$$

und nach (6) ist die Determinante der $b_{k,h}$

$$= r\,\Sigma \pm a_{1,1}\, a_{2,2} \ldots a_{m,m}.$$

Wenn wir also

(7) $$H = \Sigma \pm a_{1,1}\, a_{2,2} \ldots a_{m,m}$$

setzen, so haben wir den wichtigen Satz

(8) $$H' = r^2 H.$$

Die Determinante H wird die Determinante der Form $\varphi(x)$ genannt.

Sie ändert sich also bei der linearen Transformation der Function φ nur um den Factor r^2, und sie kann bei der transformirten Form nicht verschwinden, wenn sie es bei der ursprünglichen nicht thut.

Das Verschwinden der Determinante H hat die Bedeutung, dass die Function $\varphi(x)$ sich auffassen lässt als eine Function von weniger als m Veränderlichen, die lineare Functionen der x sind.

Denn wenn erstens durch eine lineare Transformation $\varphi(x)$ in die Function $\Phi(x')$ übergeht, die von einer der Veränderlichen, etwa von x'_1, unabhängig ist, so verschwindet H', da die Elemente in einer der Zeilen (und Colonnen) alle verschwinden, und also ist wegen (8) auch $H = 0$.

Zweitens aber ist H die Determinante des Systems linearer Gleichungen

$$\varphi'(x_i) = 0 \qquad i = 1, 2 \ldots m, \tag{9}$$

und wenn diese Determinante verschwindet, so giebt es (§. 24, III) ein Grössensystem

$$x_1^{(0)}, x_2^{(0)} \ldots x_m^{(0)}, \tag{10}$$

dessen Elemente nicht alle verschwinden, und die, für die x eingesetzt, den Gleichungen (9) genügen.

Nun hat man aber, wenn x_i, x'_i irgend zwei Grössensysteme sind, und λ ebenfalls eine willkürliche Grösse bedeutet, die identischen Gleichungen

$$\begin{aligned} \varphi(x + \lambda x') &= \varphi(x) + \lambda \overset{i}{\Sigma} x_i \varphi'(x'_i) + \lambda^2 \varphi(x') \\ \varphi(x') &= \tfrac{1}{2} \Sigma x'_i \varphi'(x'_i), \end{aligned} \tag{11}$$

[§. 16, (12) bis (15)], so dass, wenn für x'_i die Werthe $x_i^{(0)}$ gesetzt werden

$$\varphi(x_i + \lambda x_i^{(0)}) = \varphi(x), \tag{12}$$

ganz unabhängig von λ wird. Wenn wir nun annehmen, es sei $x_1^{(0)}$ von Null verschieden und wir setzen

$$\lambda = -\frac{x_1}{x_1^{(0)}},$$

ferner:

$$\begin{aligned} y_2 &= x_2 x_1^{(0)} - x_1 x_2^{(0)} \\ y_3 &= x_3 x_1^{(0)} - x_1 x_3^{(0)} \\ &\cdots\cdots\cdots \\ y_m &= x_m x_1^{(0)} - x_1 x_m^{(0)}, \end{aligned} \tag{13}$$

so folgt

$$x_1^{(0)2} \varphi(x) = \varphi(0, y_2, y_3 \ldots y_m), \tag{14}$$

wodurch $\varphi(x)$ durch die $m - 1$ Veränderlichen $y_2, y_3 \ldots y_m$ ausgedrückt ist.

§. 57.

Transformation der quadratischen Formen in eine Summe von Quadraten.

Wir machen von dem zuletzt bewiesenen Satze sogleich eine wichtige Anwendung auf die Discriminante der Function (11) (als Function zweiten Grades von λ betrachtet), wobei nicht mehr vorausgesetzt wird, dass die Determinante der Function φ verschwindet. Diese Discriminante ist

$$(1) \qquad \psi(x) = [\Sigma x_i \varphi'(x'_i)]^2 - 4\varphi(x)\varphi(x').$$

Setzen wir in ihr $x_i + \lambda x'_i$ an Stelle von x_i, so ergiebt sich, wenn man für $\varphi(x + \lambda x')$ den Ausdruck §. 56, (11) substituirt und $\Sigma x'_i \varphi'(x'_i) = 2\varphi(x')$ setzt,

$$\psi(x + \lambda x') = \psi(x),$$

woraus hervorgeht, dass $\psi(x)$ nur von $m - 1$ linearen Verbindungen der m Veränderlichen abhängt. Setzt man für $x'_1, x'_2 \dots x'_m$ beliebige specielle Werthe, für die $\varphi(x')$ nicht verschwindet, und nimmt x'_1 von Null verschieden an, so wird

$$x_1'^2 \psi(x_1, x_2, \dots x_n) = \psi(0, x_2 x'_1 - x_1 x'_2, \dots x_m x'_1 - x_1 x'_m),$$

also eine Function der $m - 1$ Veränderlichen

$$y_2 = x_2 x'_1 - x_1 x'_2, \dots y_m = x_m x'_1 - x_1 x'_m.$$

Man kann dies auch dadurch bestätigen, dass

$$\psi'(x_1),\ \psi'(x_2) \dots \psi'(x_m)$$

für $x_1, x_2 \dots x_m = x'_1, x'_2 \dots x'_m$ alle zugleich verschwinden, dass also die Determinante der Function ψ verschwinden muss.

Die Formel (1) enthält nun ein sehr wichtiges Resultat, das sich am besten übersehen lässt, wenn wir dieser Formel folgende Gestalt geben.

Wir setzen

$$(2) \qquad \begin{aligned} \psi(x) &= -4\varphi(x')\chi(y_2, \dots y_m) \\ \Sigma x_i \varphi'(x'_i) &= 2\sqrt{\varphi(x')}\, Y_1, \end{aligned}$$

und erhalten

$$(3) \qquad \varphi(x) = Y_1^2 + \chi(y_2, y_3 \dots y_m),$$

wodurch $\varphi(x)$ dargestellt ist als Summe aus einem Quadrat einer linearen Function y_1 und einer Function χ von $m - 1$ Variablen.

Daraus aber folgt der wichtige Satz

Eine quadratische Form von m Veränderlichen lässt sich immer darstellen als eine Summe von Quadraten von m oder weniger linearen Functionen.

Dieser Satz ist offenbar richtig für eine Function von einer Variablen, die ja selbst ein Quadrat ist. Aus (3) folgt aber die Richtigkeit des Satzes für eine Function von m Veränderlichen, wenn seine Richtigkeit für eine Function von $m - 1$ Veränderlichen vorausgesetzt wird.

Die Darstellung ist, wie (2) zeigt, auf unendlich viele verschiedene Arten möglich, da die ganz willkürlichen Grössen x' noch in dieser Formel vorkommen.

Eine Darstellung durch weniger als m Quadrate ist nur dann möglich, wenn die Determinante der Function φ verschwindet.

Da in dem Ausdruck (2) für Y_1 eine Quadratwurzel vorkommt, so kann Y_1 reell oder imaginär sein, selbst wenn die Coëfficienten von φ und die x und x' reell vorausgesetzt werden. Setzen wir aber in dem Falle, wo Y_1 imaginär ist, $i\,Y_1$ an Stelle von Y_1, so können wir unseren Satz auch so aussprechen:

Eine reelle quadratische Form von m Veränderlichen lässt sich als Summe von höchstens m positiven oder negativen Quadraten reeller linearer Functionen der x darstellen[1]).

§. 58.

Trägheitsgesetz der quadratischen Formen.

Für die Zerlegung einer quadratischen Form in Quadrate gilt nun der folgende Satz, der von Sylvester den Namen des Gesetzes der Trägheit der quadratischen Formen erhalten hat (Philos. Mag. 1852).

Wie man auch eine reelle quadratische Form $\varphi(x)$ in die Summe von positiven und negativen Quadraten linearer Functionen zerlegen mag, die Anzahl der positiven und negativen dieser Quadrate, und also auch ihre Gesammtzahl, ist immer dieselbe, vorausgesetzt, dass zwischen diesen linearen Functionen keine lineare Abhängigkeit besteht.

Der Beweis dieses wichtigen Satzes ist sehr einfach.

Es seien

---

[1]) Für die allgemeine Theorie der linearen Transformation der Formen zweiten Grades sind ausser den Untersuchungen von Jacobi und Hesse (Hesse, „Vorlesungen über analytische Geometrie des Raumes", dritte Auflage, besorgt von Gundelfinger, Leipzig 1876) besonders die Arbeiten von Weierstrass und Kronecker (Monatsberichte der Berliner Akademie 1868, 1874) von Bedeutung. Eingehende historische Darlegung der Entwickelung der Frage in dem „Bericht über den gegenwärtigen Stand der Invariantentheorie" von Franz Meyer (erster Jahresbericht der deutschen Mathematiker-Vereinigung, Berlin 1892).

$$(1)\quad \varphi(x) = Y_1^2 + Y_2^2 + \cdots Y_\nu^2 - Y_1'^2 - Y_2'^2 - \cdots - Y_{\nu'}'^2$$
$$= Z_1^2 + Z_2^2 + \cdots Z_\mu^2 - Z_1'^2 - Z_2'^2 - \cdots - Z_{\mu'}'^2$$

zwei Zerlegungen von $\varphi(x)$ in Quadrate. Es seien also $Y_1, Y_2 \ldots Y_\nu, Y_1', Y_2' \ldots Y_{\nu'}'$ homogene lineare Functionen von x, zwischen denen keine lineare Relation mit constanten Coëfficienten besteht und also $\nu + \nu' \overline{\gtrless} m$; dieselben Voraussetzungen werden über die Functionen $Z_1, Z_2 \ldots Z_\mu, Z_1', Z_2' \ldots Z_{\mu'}'$ gemacht, so dass auch $\mu + \mu' \overline{\gtrless} m$ ist.

Angenommen, es sei

$$\nu < \mu,$$

dann können wir die Variablen x den linearen Gleichungen

$$(2)\quad \begin{array}{l} Y_1 = 0,\quad Y_2 = 0 \ldots Y_\nu = 0 \\ Z_1' = 0,\quad Z_2' = 0 \ldots Z_{\mu'}' = 0 \end{array}$$

unterwerfen, deren Anzahl $\nu + \mu'$ kleiner als m ist.

Wenn nun die sämmtlichen Functionen $Z_1, Z_2 \ldots Z_\mu$ linear abhängig wären von den Functionen $Y_1, Y_2 \ldots Y_\nu, Z_1', Z_2' \ldots Z_{\mu'}'$, so könnte man aus diesen μ Gleichungen durch Elimination der ν Variablen $Y_1, Y_2 \ldots Y_\nu$ eine lineare Gleichung zwischen den $Z_1, Z_2 \ldots Z_\mu, Z_1' \ldots Z_{\mu'}'$ herleiten, die nach Voraussetzung **nicht** bestehen soll. Es ist also das Verschwinden sämmtlicher $Z_1, Z_2 \ldots Z_\mu$ nicht eine nothwendige Folge der Gleichungen (2), und wir können zu den Gleichungen (2) noch eine nicht homogene hinzufügen, etwa

$$Z_1 = 1,$$

dann haben wir für die m Unbekannten x ein System von m oder weniger Gleichungen, die von einander unabhängig sind, sich also nicht widersprechen.

Dann ergiebt aber die zweite Darstellung (1) für $\varphi(x)$ einen positiven Werth, während die erste einen negativen oder verschwindenden Werth giebt, worin ein Widerspruch liegt. Es folgt also

$$\nu \overline{\gtrless} \mu,$$

und da man ebenso schliesst

$$\mu \overline{\gtrless} \nu,$$

so bleibt nur $\nu = \mu$ übrig. In gleicher Weise kann man beweisen, dass $\nu' = \mu'$ ist, wodurch unser Satz vollständig bewiesen ist.

§. 59.

Transformation von Formen n^{ten} Grades.

Wenn eine Form n^{ten} Grades von m Veränderlichen, $F(x)$, durch eine lineare Substitution [§. 55, (1)] transformirt wird in $\Phi(x')$, so wird gleichzeitig die lineare Function der Veränderlichen $\xi_1, \xi_2 \dots \xi_m$

$$(1) \qquad \sum^{i} \xi_i F'(x_i)$$

durch dieselbe auf ξ_i angewandte Substitution in

$$(2) \qquad \sum^{i} \xi'_i \Phi(x'_i)$$

transformirt, weil beide Ausdrücke den Coëfficienten der ersten Potenz von t in der Entwickelung von

$$F(x_i + t\xi_i) = \Phi(x'_i + t\xi'_i)$$

nach Potenzen von t darstellen (§. 16). Desgleichen wird die quadratische Function

$$(3) \qquad \Sigma\, \xi_i \xi_k F''(x_i x_k)$$

in

$$(4) \qquad \Sigma\, \xi'_i \xi'_k \Phi''(x'_i, x'_k)$$

transformirt.

Wenden wir das erste Resultat auf ein System von m Functionen $F_1(x), F_2(x) \dots F_m(x)$ von beliebigen Graden an und bezeichnen mit Δ die Determinante

$$\begin{vmatrix} F'_1(x_1), & F'_1(x_2) & \dots & F'_1(x_m) \\ F'_2(x_1), & F'_2(x_2) & \dots & F'_2(x_m) \\ \cdot & \cdot & \cdot & \cdot \\ F'_m(x_1), & F'_m(x_2) & \dots & F'_m(x_m) \end{vmatrix},$$

während wir mit Δ' die entsprechende, aus den Functionen $\Phi_1, \Phi_2 \dots \Phi_m$ gebildete Determinante bezeichnen, so erhalten wir nach §. 55, (4), wenn wir wieder mit r die Substitutionsdeterminante bezeichnen,

$$(5) \qquad \Delta' = r\Delta.$$

Die Function Δ heisst die Functional-Determinante der m Functionen $F_1, F_2 \dots F_m$.

Desgleichen erhalten wir aus der Transformation (3), (4), wenn wir mit H die Determinante

$$\begin{vmatrix} F''(x_1, x_1), & F''(x_1, x_2) & \ldots & F''(x_1, x_m) \\ F''(x_2, x_1), & F''(x_2, x_2) & \ldots & F''(x_2, x_m) \\ \cdot & \cdot & \cdot & \cdot \\ F''(x_m, x_1), & F''(x_m, x_2) & \ldots & F''(x_m, x_m) \end{vmatrix}$$

und mit H' die entsprechende Determinante für die transformirte Function Φ bezeichnen, nach §. 56, (8)

$$H' = r^2 H. \tag{6}$$

H heisst die Hesse'sche Determinante[1]) der Function F. In beiden Formeln (5) und (6) bedeutet r die Substitutionsdeterminante.

§. 60.

Invarianten und Covarianten.

Bei der linearen Transformation der homogenen Functionen treten immer gewisse Functionen der Coëfficienten auf, die, wenn man die Coëfficienten der gegebenen Form durch die Coëfficienten der transformirten Form ersetzt, sich nicht anders ändern, als dass sie einen Factor annehmen, der eine Potenz der Substitutionsdeterminante ist. Auch bei gleichzeitiger (simultaner) Transformation eines Systems von mehreren Formen kommen solche Functionen vor, die von den Coëfficienten aller Formen des Systems abhängen. Solche Functionen sind z. B. bei einem System von n linearen Formen die Determinante des Systems, und bei einer quadratischen Form die Determinante dieser Form.

Man nennt diese Functionen Invarianten der Form, oder wenn sie von mehreren Formen abhängen, simultane Invarianten des Systems.

Wenn also $I(a)$ eine Function der Coëfficienten a einer Form $F(x)$ ist und wenn a' die Coëfficienten der transformirten Form $\Phi(x')$ sind, so heisst $I(a)$ eine Invariante, wenn die identische Relation

[1]) Genannt nach Hesse, der in geometrischen Untersuchungen, namentlich in der Theorie der Curven dritter Ordnung und in Eliminationsproblemen diese Determinante vielfach anwandte und ihre Bedeutung erkannte.

$$(1) \qquad I(a') = r^{\lambda} I(a)$$

besteht. Den Exponenten λ wollen wir das Gewicht der Invariante nennen. Ist dieser Exponent Null, so heisst I eine absolute Invariante.

Man betrachtet meist nur ganze rationale Invarianten, d. h. solche Functionen I, die von den Coëfficienten a rational abhängen und überdies ganze homogene Functionen von ihnen sind. Die simultanen Invarianten sollen in Bezug auf die Coëfficienten einer jeden der Formen, von denen sie abhängen, homogen sein.

Ausser den Invarianten giebt es auch Functionen, die neben den Coëfficienten die Variablen selbst noch enthalten, im Uebrigen aber dieselben Eigenschaften wie die Invarianten (1), „die Invarianteneigenschaft" haben; also, wenn $C(x, a)$ eine solche Function ist

$$(2) \qquad C(x', a') = r^{\lambda} C(x, a).$$

Solche Functionen heissen Covarianten der Form $F(x)$ Die Functionaldeterminante ist eine simultane Covariante eines Systems von m Functionen und die Hesse'sche Determinante einer Function von höherem als dem zweiten Grade, ist eine Covariante einer einzelnen Form. Auch unter den Covarianten betrachtet man vorzugsweise ganze rationale und homogene Functionen von x.

Ist m die Anzahl der Variablen x, n der Grad der Function $F(x)$, ν und μ die Grade von $C(x, a)$ in Bezug auf die x und a, so besteht zwischen den Zahlen λ, μ, ν, m, n die Relation

$$(3) \qquad n\mu = m\lambda + \nu,$$

die man dadurch beweist, dass man den Grad der rechten und linken Seite von (2) in Bezug auf die Substitutionscoëfficienten vergleicht. Die a' sind nämlich in den Substitutionscoëfficienten vom n^{ten} Grade, r vom m^{ten} Grade, x vom ersten Grade, woraus sich (3) ergiebt. Die entsprechende Formel für die Invarianten erhält man, wenn man $\nu = 0$ setzt, wie denn überhaupt die Invarianten als specieller Fall der Covarianten betrachtet werden können.

Ein allgemeines Gesetz zur Bildung von Invarianten und Covarianten, das wir in den besonderen Fällen des §. 59 schon gebraucht haben, wollen wir kurz besprechen.

Wenn wir nach den §. 16, (4) die Function

$$F(x_1 + t\xi_1, x_2 + t\xi_2 \dots x_m + t\xi_m)$$

nach Potenzen von t ordnen, so erhalten wir für den Coëfficienten von t^ν

$$(4)\quad F_\nu(x,\xi) = \frac{1}{\Pi(\nu)} \sum^{\alpha} \frac{\Pi(\nu)}{\Pi(\alpha_1)\dots\Pi(\alpha_m)} \xi_1^{\alpha_1}\xi_2^{\alpha_2}\dots\xi_m^{\alpha_m} D_{\alpha_1,\alpha_2\dots\alpha_m}(F),$$

$$\alpha_1 + \alpha_2 + \dots + \alpha_m = \nu.$$

Wenn wir auf die Variablen ξ und x gleichzeitig die lineare Transformation (1), §. 55 anwenden, so geht $F_\nu(x,\xi)$ in $\Phi_\nu(x',\xi')$ über, was man aus F_ν erhält, wenn man gleichzeitig alle Buchstaben x, ξ, a durch x', ξ', a' und F durch Φ ersetzt.

Daraus folgt:

I. Betrachtet man $F_\nu(x,\xi)$ als Form ν^{ten} Grades von ξ und bildet eine Invariante dieser Form, deren Coëfficienten also noch von den x abhängen, so erhält man eine Covariante der Form F.

Und da die Variablen x und ξ derselben Transformation unterliegen, so ergiebt sich ebenso:

II. Bildet man eine Covariante der Function $F_\nu(x,\xi)$ als Function von ξ betrachtet, und ersetzt darin die ξ durch die x, so erhält man eine Covariante der ursprünglichen Function $F(x)$.

Die gleichen Sätze gelten auch für simultane Invarianten und Covarianten.

Von den Functionen $F_\nu(x,\xi)$ gilt der Satz

$$(5)\qquad F_\nu(x,\xi) = F_{n-\nu}(\xi, x),$$

der sich durch die Vergleichung entsprechender Potenzen von t auf beiden Seiten der Identität

$$F(x_1 + t\xi_1 \dots x_m + t\xi_m) = t^n F(t^{-1}x_1 + \xi_1 \dots t^{-1}x_m + \xi_m)$$

ergiebt.

Die Functionen

$$P_\nu(x,\xi) = \frac{\Pi(\nu)\,\Pi(n-\nu)}{\Pi(n)} F_\nu(x,\xi)$$

werden die Polaren der Function $F(x)$ genannt, und zwar heisst $P_\nu(x,\xi)$ die ν^{te} Polare. Auch von ihnen gilt der Satz

$$P_\nu(x,\xi) = P_{n-\nu}(\xi, x).$$

Der constante Factor $\Pi(\nu)\,\Pi(n-\nu):\Pi(n)$ ist zugesetzt, damit, wenn die Form $F(x)$ mit den Polynomialcoëfficienten geschrieben ist, die Functionen P_ν möglichst einfache Coëfficienten erhalten.

Für die binäre Form $f(x, y)$, auf die wir im Folgenden diese Definitionen hauptsächlich anwenden werden, ergeben sich für die Polaren folgende Ausdrücke:

$$P_1(x, \xi) = \frac{1}{n}\,[\xi f'(x) + \eta f'(y)]$$

$$P_2(x, \xi) = \frac{1}{n(n-1)}\left\{\xi^2 f''(x,x) + 2\,\xi\,\eta f''(x,y) + \eta^2 f''(y,y)\right\},$$

und allgemein

$$n(n-1)\dots(n-\nu+1)\,P_\nu(x, \xi) =$$
$$\xi^\nu \frac{\partial^\nu f}{\partial x^\nu} + \nu\,\xi^{\nu-1}\eta\,\frac{\partial^\nu f}{\partial x^{\nu-1}\partial y} + \cdots + \eta^\nu \frac{\partial^\nu f}{\partial y^\nu}.$$

§. 61.

Lineare Transformation binärer Formen.

Eine ganze rationale Function $n$ten Grades von x

(1) $f(x) = a_0 x^n + a_1 x^{n-1} + a_2 x^{n-2} + \cdots + a_{n-1} x + a_n$

wird in eine binäre Form verwandelt, wenn man x durch $x:y$ ersetzt und mit y^n multiplicirt:

(2) $f(x, y) = a_0 x^n + a_1 x^{n-1} y + a_2 x^{n-2} y^2 + \cdots + a_n y^n.$

Wenn man die Wurzeln von $f(x)$ kennt, so kann man $f(x)$ in n lineare Factoren zerlegen:

(3) $f(x) = a_0 (x - \alpha_1)(x - \alpha_2) \dots (x - \alpha_n),$

und daraus ergiebt sich

(4) $f(x, y) = a_0 (x - \alpha_1 y)(x - \alpha_2 y) \dots (x - \alpha_n y).$

Ersetzt man aber auch $\alpha_1, \alpha_2 \dots \alpha_n$ durch Verhältnisse $\alpha_1 : \beta_1, \alpha_2 : \beta_2, \dots \alpha_n : \beta_n$, so erhält man

(5) $f(x, y) = A(x\beta_1 - y\alpha_1)(x\beta_2 - y\alpha_2) \dots (x\beta_n - y\alpha_n),$

wenn

$$a_0 = A\beta_1\beta_2 \dots \beta_n$$

gesetzt wird.

Für die Factoren von $f(x, y)$, die uns jetzt öfter begegnen, führen wir als Abkürzung das Zeichen ein

$$x\beta_1 - y\alpha_1 = (x\beta_1). \tag{6}$$

Ebenso werden wir setzen

$$x_1 y_2 - x_2 y_1 = (x_1 y_2), \tag{7}$$

worin x_1, y_1 und x_2, y_2 zwei beliebige Variablenpaare sind. Wenn wir die inhomogene Darstellung anwenden, so setzen wir noch kürzer

$$\begin{gathered} x - \alpha_1 = (0, 1),\ x - \alpha_2 = (0, 2) \ldots x - \alpha_n = (0, n) \\ \alpha_1 - \alpha_2 = (1, 2) \ldots \alpha_i - \alpha_k = (i, k). \end{gathered} \tag{8}$$

Machen wir in der Form (2) eine lineare Substitution

$$\begin{aligned} x &= \alpha x' + \beta y' \\ y &= \gamma x' + \delta y' \end{aligned} \tag{9}$$

mit der von Null verschiedenen Determinante

$$r = \alpha\delta - \beta\gamma, \tag{10}$$

so geht die Form $f(x, y)$ in eine Form $n$ten Grades $F(x', y')$ über, und es ist

$$F(x', y') = a'_0 x'^n + a'_1 x'^{n-1} y' + a'_2 x'^{n-2} y'^2 + \cdots a'_n y'^n. \tag{11}$$

Die Coëfficienten $a'_0, a'_1 \ldots a'_n$ der transformirten Form erhält man als lineare und homogene Ausdrücke in den Coëfficienten $a_0, a_1 \ldots a_n$ und als homogene Ausdrücke n^{ten} Grades in den Substitutionscoëfficienten $\alpha, \beta, \gamma, \delta$. Man erhält so, wenn man $x' = 1$, $y' = 0$ oder $x' = 0$, $y' = 1$ setzt,

$$a'_0 = f(\alpha, \gamma), \qquad a'_n = f(\beta, \delta). \tag{12}$$

Die übrigen Coëfficienten a' kann man durch die Derivirten der Function $f(x, y)$ ausdrücken, z. B.

$$(n - 1) a'_1 = \beta f'(\alpha) + \delta f'(\gamma),$$

was wir nicht weiter ausführen.

Wenn wir auf die beiden Variablenpaare x, y und α_k, β_k gleichzeitig die Transformation (9) anwenden, so erhalten wir die linearen Factoren von $f(x, y)$ transformirt, nämlich

$$(x' \beta'_k) = r(x\beta_k), \tag{13}$$

wie man aus der Multiplicationsregel der Determinanten oder auch durch directes Ausrechnen findet. Diese Factoren $(x\beta_k)$ sind also auch Covarianten von $f(x, y)$, freilich aber irrationale, da sie nicht rational von den Coëfficienten von $f(x)$ abhängen. Ebenso ergiebt sich

(14) $$(\alpha'_h \beta'_k) = r(\alpha_h \beta_k),$$

wonach die Determinanten $(\alpha_h \beta_k)$ als irrationale Invarianten zu betrachten sind. Wir wollen nun darlegen, wie man daraus rationale Invarianten und Covarianten bilden kann.

Wir betrachten zu diesem Zweck am besten die lineare Transformation in der nicht homogenen Gestalt

(15) $$x = \frac{\alpha x' + \beta}{\gamma x' + \delta}$$

und wenden diese auf die Function $f(x)$ in (1) an. Es folgt dann, wenn

$$F(x') = a'_0 x'^n + a'_1 x'^{n-1} + a'_2 x'^{n-2} + \cdots + a'_n$$

gesetzt wird

(16) $$F(x') = (\gamma x' + \delta)^n f(x).$$

Diese Gleichung schreiben wir auch so

$$F(x') = (\alpha x' + \beta)^n \left(a_0 + a_1 \frac{1}{x} + a_2 \frac{1}{x^2} \cdots\right),$$

woraus, wenn man $x' = -\delta : \gamma$, also $x = \infty$ setzt,

$$a_0 r^n = (-\gamma)^n F\left(-\frac{\delta}{\gamma}\right),$$

oder, wenn $\alpha'_1, \alpha'_2, \ldots \alpha'_n$ ebenso von $\alpha_1, \alpha_2, \ldots \alpha_n$ abhängen, wie x' von x, also

$$F(x') = a'_0 (x' - \alpha'_1)(x' - \alpha'_2) \ldots (x' - \alpha'_n)$$

gesetzt wird,

(17) $$r^n a_0 = a'_0 (\gamma \alpha'_1 + \delta)(\gamma \alpha'_2 + \delta) \ldots (\gamma \alpha'_n + \delta)$$

folgt.

Nun ist nach der Transformation (15)

(18) $$\begin{aligned} x - \alpha_i &= \frac{r(x' - \alpha'_i)}{(\gamma x' + \delta)(\gamma \alpha'_i + \delta)} \\ \alpha_i - \alpha_k &= \frac{r(\alpha'_i - \alpha'_k)}{(\gamma \alpha'_i + \delta)(\gamma \alpha'_k + \delta)}. \end{aligned}$$

Wir bilden nun ein Product P aus irgend welchen der Factoren

$$\begin{gathered} (0, 1), (0, 2) \ldots (0, n) \\ (1, 2), (1, 3) \ldots (n-1, n), \end{gathered}$$

jedoch so, dass darin jede der Ziffern $1, 2 \ldots n$ im Ganzen gleich oft, etwa μmal vorkommt. Der Index 0, d. h. die Variable x, möge νmal vorkommen, und die Gesammtanzahl der

Factoren soll q betragen. Es ist dann, da jeder Factor zwei Indices enthält,

$$\nu + n\mu = 2q. \tag{19}$$

Dann ergiebt sich aus (17) und (18), wenn P' aus P durch Vertauschung von x, α_i mit x', α'_i hervorgeht

$$a'^{\mu}_0 P' = a^{\mu}_0 r^{n\mu - q} (\gamma x' + \delta)^{\nu} P. \tag{20}$$

Wir bilden nun

$$C(x, y, a) = a^{\mu}_0 y^{\nu} \Sigma P\left(\frac{x}{y}\right), \tag{21}$$

die Summe genommen über alle Werthe, die man aus P erhält, wenn man die Indices $1, 2, 3 \ldots n$ auf alle mögliche Arten mit einander vertauscht. Diese Summe ist dann eine symmetrische Function der Wurzeln von (1) und lässt sich also als ganze rationale Function der Verhältnisse $a_1 : a_0$, $a_2 : a_0 \ldots a_n : a_0$ ausdrücken, so dass kein Glied die μ^{te} Ordnung übersteigt. Die Function $C(x, y, a)$ ist also eine ganze homogene Function von $a_0, a_1 \ldots a_n$ von der μ^{ten} Ordnung und eine ganze homogene Function von x, y von der ν^{ten} Ordnung. Da sie nach (19), (20) der Bedingung

$$C(x', y' a') = r^{\lambda} C(x, y, a), \tag{22}$$

$$\lambda = n\mu - q, \quad 2\lambda = n\mu - \nu \tag{23}$$

genügt, so ist sie eine Covariante und in dem besonderen Falle, wo $\nu = 0$ ist, eine Invariante.

Das Gewicht λ ist, wie der zweite Ausdruck zeigt, immer positiv oder Null, da $n\mu$ mindestens gleich ν. Der äusserste Werth $n\mu = \nu$ oder $\lambda = 0$ kommt nur dann vor, wenn in P jeder der Indices $1, 2, 3 \ldots n$ nur mit 0 verbunden vorkommt, also P eine Potenz von $f(x)$ selbst ist.

§. 62.

Binäre cubische Formen.

Eine binäre quadratische Form giebt keine anderen invarianten Bildungen als die Discriminante. Mit diesen befassen wir uns daher nicht und gehen gleich zur Betrachtung der cubischen Formen

$$f(x, y) = a_0 x^3 + a_1 x^2 y + a_2 x y^2 + a_3 y^3 \tag{1}$$

über. Hier bilden wir als erste quadratische Covariante die Hesse'sche Determinante. Wir wollen hier immer die Regel befolgen, dass wir die Formen mit ganzzahligen Zahlencoëfficienten ohne gemeinsamen Factor schreiben. Dann müssen wir in der aus den zweiten Ableitungen von (1) gebildeten Determinante den Factor 4 abwerfen und erhalten als erste Covariante

$$H = \begin{vmatrix} 3 a_0 x + a_1 y, & a_1 x + a_2 y \\ a_1 x + a_2 y, & a_2 x + 3 a_3 y \end{vmatrix}$$

oder

(2) $$H = A_0 x^2 + A_1 x y + A_2 y^2,$$

wenn zur Abkürzung

(3) $$\begin{aligned} A_0 &= 3 a_0 a_2 - a_1^2 \\ A_1 &= 9 a_0 a_3 - a_1 a_2 \\ A_2 &= 3 a_1 a_3 - a_2^2 \end{aligned}$$

gesetzt ist.

Die Discriminante dieser quadratischen Form ist eine Invariante der gegebenen cubischen Form. Sie enthält aber den Factor 3 in allen numerischen Coëfficienten, und demnach setzen wir

(4) $$3 D = 4 A_0 A_2 - A_1^2,$$

und dann stimmt D mit der Discriminante der cubischen Form [§. 46, (10)] überein:

(5) $$D = a_1^2 a_2^2 + 18 a_0 a_1 a_2 a_3 - 4 a_0 a_2^3 - 4 a_1^3 a_3 - 27 a_0^2 a_3^2.$$

Eine weitere cubische Covariante erhalten wir, wenn wir die Functionaldeterminante von $f(x, y)$ und $H(x, y)$ bilden:

(6) $$Q(x, y) = f'(x) H'(y) - f'(y) H'(x)$$

oder

(7) $$Q = \begin{vmatrix} 3 a_0 x^2 + 2 a_1 x y + a_2 y^2, & 2 A_0 x + A_1 y \\ a_1 x^2 + 2 a_2 x y + 3 a_3 y^2, & A_1 x + 2 A_2 y \end{vmatrix},$$

in der sich kein numerischer Factor wegheben lässt. Wir setzen die ausgerechneten Coëfficienten von x^3, $x^2 y$, $x y^2$, y^3, deren Bildung keine Schwierigkeit macht, der Reihe nach hierher:

$$\begin{aligned} & 27 a_0^2 a_3 - 9 a_0 a_1 a_2 + 2 a_1^3, \\ & 27 a_0 a_1 a_3 - 18 a_0 a_2^2 + 3 a_1^2 a_2, \\ - & 27 a_0 a_2 a_3 + 18 a_1^2 a_3 - 3 a_1 a_2^2, \\ - & 27 a_0 a_3^2 + 9 a_1 a_2 a_3 - 2 a_2^3. \end{aligned}$$

Das Verhalten von H, D, Q bei linearer Transformation ergiebt sich aus §. 60, (2), (3); sind H', D', Q' die entsprechenden Bildungen für eine transformirte Form, so hat man

$$(8) \qquad H' = r^2 H, \quad D' = r^6 D, \quad Q' = r^3 Q.$$

Die Covarianten können wir benutzen, um die cubische Form auf eine Normalform zu transformiren, die zugleich die Lösung der cubischen Gleichung giebt.

Wir wählen die Normalform

$$(9) \qquad f(x, y) = F(\xi, \eta) = \xi^3 + \eta^3,$$

worin ξ, η lineare Functionen von x, y sind; eine Form, die, wie sich gleich ergeben wird, immer hergestellt werden kann, wenn D nicht verschwindet, also die Gleichung $f = 0$ nicht zwei gleiche Wurzeln hat. Die Lösungen von $f = 0$ ergeben sich dann aus den linearen Gleichungen

$$\xi + \eta = 0, \quad \xi + \varepsilon\eta = 0, \quad \xi + \varepsilon^2\eta = 0,$$

worin ε eine dritte Einheitswurzel ist.

Um für die Normalform (9) die Formen H', D', Q' zu bilden, haben wir $a'_0 = a'_3 = 1$, $a'_1 = a'_2 = 0$ zu setzen und erhalten

$$H' = 9\xi\eta, \quad D' = -27, \quad Q' = 27(\xi^3 - \eta^3).$$

Wenn die Normalform (9) durch lineare Transformation aus der allgemeinen Form $f(x, y)$ abgeleitet ist, so ergiebt sich nach (8)

$$(10) \qquad \begin{aligned} 9\xi\eta &= r^2 H \\ -27 &= r^6 D \\ 27(\xi^3 - \eta^3) &= r^3 Q \\ \xi^3 + \eta^3 &= f. \end{aligned}$$

Daraus folgt

$$r^6 = \frac{-27}{D}, \quad 2\xi^3 = \frac{r^3 Q}{27} + f, \quad 2\eta^3 = -\frac{r^3 Q}{27} + f,$$

also, wenn für r^3 aus der ersten Gleichung der Werth $-9 : \sqrt{-3D}$ gesetzt wird,

$$(11) \qquad \begin{aligned} 6\xi^3\sqrt{-3D} &= +Q + 3\sqrt{-3D}\, f \\ 6\eta^3\sqrt{-3D} &= -Q + 3\sqrt{-3D}\, f, \end{aligned}$$

woraus ξ und η durch zwei Cubikwurzeln bestimmt sind, von denen nach der ersten Gleichung (10) die eine durch die andere bestimmt ist.

Darin liegt auch der Beweis, dass, wenn D von Null verschieden ist, die Normalform durch lineare Transformation hergestellt werden kann. Denn unter dieser Voraussetzung zerfällt H in zwei von einander verschiedene lineare Factoren, und wenn man diese, von constanten Factoren abgesehen, für die neuen Variablen ξ, η einer linearen Transformation wählt, so wird $A_0' = 0$, $A_2' = 0$; es folgt aber aus den identischen Relationen

$$3\,a_3\,A_0 + a_1\,A_2 = a_2\,A_1, \quad a_2\,A_0 + 3\,a_0\,A_2 = a_1\,A_1,$$

wenn nicht zugleich $A_1' = 0$, was durch das nicht verschwindende D ausgeschlossen ist, $a_1' = 0$, $a_2' = 0$, d. h. die transformirte Form von f enthält nur die Cuben von ξ und η.

Erhebt man die erste Gleichung (10) in den Cubus, und eliminirt ξ^3, η^3, r^6 mittelst (11) und der zweiten Gleichung (10), so erhält man zwischen den Covarianten folgende identische Relation

$$4\,H^3 + Q^2 + 27\,D f^2 = 0. \tag{12}$$

Um die Transformation in die Normalform auszuführen, d. h. die Functionen ξ, η wirklich zu finden, zerlegt man die Function H in ihre linearen Factoren

$$4\,A_0\,H = (2\,A_0\,x + A_1\,y + \sqrt{-3\,D}\,y)\,(2\,A_0\,x + A_2\,y - \sqrt{-3\,D}\,y).$$

Dann unterscheiden sich ξ, η von diesen beiden Factoren von H nur um je einen constanten Factor. Wir setzen also, wenn wir zwei constante Factoren mit h, k bezeichnen,

$$(13)\qquad \begin{aligned} 2\,\xi &= h(2\,A_0\,x + A_1\,y - \sqrt{-3\,D}\,y) \\ 2\,\eta &= k(2\,A_0\,x + A_1\,y + \sqrt{-3\,D}\,y), \end{aligned}$$

woraus sich durch Multiplication mit Rücksicht auf die beiden ersten Gleichungen (10) ergiebt

$$3\,h\,k\,A_0\,\sqrt[3]{-D} = 1, \tag{14}$$

und die Gleichungen (11) geben durch Vergleichung der Coëfficienten von x^3

$$(15)\qquad \begin{aligned} 6\,h^3\,A_0^3\,\sqrt{-3\,D} &= +\,q_0 + 3\,\sqrt{-3\,D}\,a_0 \\ 6\,k^3\,A_0^3\,\sqrt{-3\,D} &= -\,q_0 + 3\,\sqrt{-3\,D}\,a_0, \end{aligned}$$

wo q_0 der Coëfficient von x^3 in Q, also

$$q_0 = 27\,a_0^2\,a_3 - 9\,a_0\,a_1\,a_2 + 2\,a_1^3 \tag{16}$$

ist.

Dass die Vorzeichen von $\sqrt{-3D}$ mit Rücksicht auf die Vorzeichen in (11) so zu nehmen sind, wie es in den Formeln (13) geschehen ist, ergiebt sich am einfachsten, wenn man die Rechnung für den besonderen Fall $a_0 = 0$, $a_3 = 0$ durchführt.

§. 63.

Das volle Formensystem der binären cubischen Form.

Wir wollen noch nachweisen, dass die Invarianten und Covarianten der cubischen Form durch die Functionen D, f, H, Q erschöpft sind, d. h. dass alle Invarianten und Covarianten einer cubischen Form sich rational durch diese vier Formen ausdrücken lassen.

Sei also

$$C = C(x, y, a)$$

eine Covariante vom Grade ν in den Variablen und vom Grade μ in den Coëfficienten, von der wir voraussetzen wollen, dass sie nur ganzzahlige numerische Coëfficienten hat.

Es ist dann für irgend eine transformirte Form

$$C' = C(\xi, \eta, a') = r^{\lambda} C(x, y, a), \tag{1}$$

$$\lambda = \frac{3\mu - \nu}{2}. \tag{2}$$

Wir verstehen jetzt unter ξ, η die Variablen unserer oben betrachteten Normalform. Bezeichnet dann ε eine dritte Einheitswurzel, so ist

$$\xi = \varepsilon \xi', \quad \eta = \varepsilon^2 \eta'$$

eine lineare Substitution mit der Determinante 1, durch die die Normalform §. 62, (9) in sich selbst übergeht. Es folgt also, dass C' sich nicht ändern kann, wenn ξ, η durch $\varepsilon \xi, \varepsilon^2 \eta$ ersetzt werden; es kann also C' nur von $\xi \eta, \xi^3, \eta^3$ rational abhängen.

Die Vertauschung von ξ mit η entspricht einer Substitution mit der Determinante -1; dadurch bleibt also C' ungeändert oder ändert sein Zeichen, je nachdem λ gerade oder ungerade ist. Es besteht daher C' aus einer Summe von Gliedern der Form

$$M(\xi \eta)^h (\xi^{3k} \pm \eta^{3k}),$$

worin M ein ganzzahliger Factor ist (da wir die numerischen Coëfficienten in C und also auch in C' als ganze Zahlen vorausgesetzt haben) und das obere oder untere Zeichen gilt, je nachdem λ gerade oder ungerade ist. Im letzteren Falle ist dieser Ausdruck durch $\xi^3 - \eta^3$ theilbar und der Quotient ist durch $\xi^3 + \eta^3$ und $\xi\eta$ rational und ganzzahlig ausdrückbar (weil eine symmetrische Function von zwei Grössen so durch die Summe und das Product dargestellt werden kann). Setzen wir also $\tau = 0$ oder $= 1$, je nachdem λ gerade oder ungerade ist, so ergiebt sich für C' ein Ausdruck von der Form

$$C'(\xi, \eta) = (\xi^3 - \eta^3)^\tau \, \Sigma M (\xi \eta)^\alpha (\xi^3 + \eta^3)^\beta,$$

worin die M ganzzahlige Coëfficienten sind und α, β eine Reihe positiver ganzer Zahlen durchlaufen, die der Bedingung

$$(3) \qquad 3\tau + 3\beta + 2\alpha = \nu$$

genügen. Aus (1) ergiebt sich also, wenn wir mit einer hinlänglich hohen Potenz von 3 multipliciren und $\xi\eta$, $\xi^3 + \eta^3$, $\xi^3 - \eta^3$ nach §. 62, (10) durch H, f, Q und r durch $D^{-\frac{1}{6}}$ ausdrücken,

$$(4) \qquad 3^\sigma C = Q^\tau \, \Sigma M D^\gamma H^\alpha f^\beta,$$

worin

$$(5) \qquad 6\gamma = \lambda - 3\tau - 2\alpha,$$

und worin die M gleichfalls ganzzahlige Factoren sind.

Zu jedem Werth von γ gehört nach (5) ein bestimmter Werth von α und nach (3) ein bestimmter Werth von β; ebenso sind durch einen Werth von α oder von β jedesmal die beiden übrigen Zahlen bestimmt, so dass in (4) jeder Exponent von D, H oder f nur einmal vorkommt.

Dass γ eine ganze Zahl ist, folgt leicht aus (2), (3), (5); denn da nach der Definition $\lambda - 3\tau$ eine gerade Zahl ist, so ist zunächst 3γ eine ganze Zahl, und da ferner nach (3)

$$\lambda - 2\alpha = \frac{3}{2}(\mu - \nu + 2\beta + 2\tau),$$

so ist 6γ und mithin 3γ durch 3 theilbar. Hieraus folgt, dass auch σ eine ganze Zahl ist.

Dass aber γ auch positiv sein muss, sehen wir so ein:

Angenommen, auf der rechten Seite von (4) kommen auch negative Potenzen von D vor, so multipliciren wir diese Gleichung beiderseits mit einer so hohen Potenz von D, dass rechts keine negativen Potenzen von D mehr auftreten, dass aber auch die rechte Seite nicht den Factor D erhält. Setzen wir in der so gewonnenen Gleichung

(6) $a_0 = 0, \quad a_1 = 1, \quad a_2 = 0, \quad a_3 = 0,$

so wird

(7) $D = 0, \quad H = -x^2, \quad f = x^2 y, \quad Q = 2x^3.$

Es würde also die linke Seite verschwinden, während die rechte Seite nicht verschwindet, worin ein Widerspruch liegt.

Wir können aber endlich auch noch beweisen, dass auf der linken Seite von (4) keine Potenz von 3 auftreten kann, die nicht in allen Factoren M enthalten ist, und sich also fortheben lässt.

Wir haben im §. 2 den Satz bewiesen, dass das Product zweier primitiver ganzer rationaler Functionen von beliebigen Variablen wieder eine primitive Function ist. Dabei ist unter einer primitiven Function eine solche verstanden, deren Coëfficienten ganze Zahlen ohne gemeinsamen Theiler sind. Es handelt sich nun hier darum, nachzuweisen, dass eine Summe der Form

$$Q^\tau \Sigma M D^\gamma H^\alpha f^\beta,$$

worin die M ganze Zahlen ohne gemeinsamen Theiler sind, nicht imprimitiv werden, und speciell den Factor 3 erhalten kann, wenn für Q, D, H, f ihre Ausdrücke in den a, x, y gesetzt werden. Nach dem erwähnten Satze genügt es, da Q eine primitive Function ist, dies nachzuweisen für die Form

(8) $$\Sigma M D^\gamma H^\alpha f^\beta.$$

Hierin können wir überdies alle Glieder weglassen, deren M den Factor 3 schon hat, und endlich können wir wieder nach dem erwähnten Satze annehmen, dass der Ausdruck nicht durch D theilbar sei, dass er also ein Glied mit $\gamma = 0$ enthält. Nehmen wir also an, es habe unter diesen Voraussetzungen der entwickelte Ausdruck (8) den Theiler 3, und substituiren nun die besonderen Werthe (6), (7), d. h. setzen wir $D = 0$, $H = -x^2$, $f = x^2 y$, so reducirt sich der Ausdruck auf das einzige Glied, in dem $\gamma = 0$, $2\alpha = \lambda$ ist,

$$(-1)^\alpha M x^{2(\alpha+\beta)} y^\beta$$

und es würde also folgen, dass dies M den Theiler 3 haben müsste, was gegen die Voraussetzung ist. Damit ist also bewiesen:

Jede ganzzahlige Covariante der cubischen Form kann ganz und rational und mit ganzzahligen Coëfficienten M dargestellt werden durch einen der beiden Ausdrücke

$$\Sigma M D^{\gamma} H^{\alpha} f^{\beta}, \quad Q \Sigma M D^{\gamma} H^{\alpha} f^{\beta}.$$

Die Invarianten sind als Specialfall unter den Covarianten enthalten und sind sämmtlich Potenzen von D.

§. 64.

Biquadratische Formen.

Wir gehen nun zur Betrachtung der biquadratischen Form

$$(1) \quad f(x, y) = a_0 x^4 + a_1 x^3 y + a_2 x^2 y^2 + a_3 x y^3 + a_4 y^4$$

über.

Wir haben zunächst die Hesse'sche Determinante als Covariante vierter Ordnung, die wir, um sie von einem Zahlenfactor zu befreien, durch 3 theilen:

$$(2) \quad H = \frac{1}{3}\begin{vmatrix} 12 a_0 x^2 + 6 a_1 x y + 2 a_2 y^2, & 3 a_1 x^2 + 4 a_2 x y + 3 a_3 y^2 \\ 3 a_1 x^2 + 4 a_2 x y + 3 a_3 y^2, & 2 a_2 x^2 + 6 a_3 x y + 12 a_4 y^2 \end{vmatrix},$$

oder

$$H = A_0 x^4 + A_1 x^3 y + A_2 x^2 y^2 + A_3 x y^3 + A_4 y^4,$$

worin

$$A_0 = 8 a_0 a_2 - 3 a_1^2, \qquad A_4 = 8 a_2 a_4 - 3 a_3^2,$$
$$A_1 = 24 a_0 a_3 - 4 a_1 a_2, \quad A_3 = 24 a_1 a_4 - 4 a_2 a_3,$$
$$A_2 = 48 a_0 a_4 + 6 a_1 a_3 - 4 a_2^2,$$

und eine Covariante sechsten Grades

$$(3) \qquad T = \frac{1}{12}\begin{vmatrix} f'(x), & f'(y) \\ H'(x), & H'(y) \end{vmatrix}.$$

Die Invarianten der biquadratischen Form bilden wir am einfachsten nach §. 61 aus den Wurzeldifferenzen.

Wir erhalten so eine Invariante von der zweiten und eine von der dritten Ordnung in den Coëfficienten:

$$(4) \qquad A = \tfrac{1}{2} a_0^2 [(12)^2 (34)^2 + (13)^2 (24)^2 + (14)^2 (23)^2],$$

$$(5) \qquad B = a_0^3 \Sigma (12)^2 (34)^2 (13)(42),$$

Ausdrücke, die sich übersichtlicher schreiben lassen, wenn man

$$(6) \qquad U = (12)(34), \quad V = (13)(42), \quad W = (14)(23)$$

setzt, nämlich

$$
\begin{aligned}
&A = \tfrac{1}{2} a_0^2 (U^2 + V^2 + W^2) \\
(7)\quad &B = a_0^3 [U^2 (V - W) + V^2 (W - U) + W^2 (U - V)] \\
& = a_0^3 (W - V)(U - W)(V - U).
\end{aligned}
$$

Zur Berechnung dieser Grössen sind die nöthigen Formeln schon in §. 47 entwickelt. Nach den dortigen Formeln (10) ergiebt sich

$$U = v^2 - w^2, \quad V = w^2 - u^2, \quad W = u^2 - v^2,$$

wenn u^2, v^2, w^2 die Wurzeln der cubischen Resolvente

$$z^3 + 2az^2 + (a^2 - 4c)z - b^2 = 0$$

sind, und es folgt daraus

$$
\begin{aligned}
A &= a_0^2 [(u^2 + v^2 + w^2)^2 - 3(v^2 w^2 + w^2 u^2 + u^2 v^2)] \\
&= a_0^2 (a^2 + 12c) \\
B &= a_0^3 (2u^2 - v^2 - w^2)(2v^2 - w^2 - u^2)(2w^2 - u^2 - v^2) \\
&= a_0^3 (3u^2 + 2a)(3v^2 + 2a)(3w^2 + 2a) \\
&= a_0^3 (2a^3 - 72ac + 27b^2),
\end{aligned}
$$

so dass A, B dieselbe Bedeutung haben, wie in §. 47 und durch die Coëfficienten a_0, a_1, a_2, a_3, a_4 ausgedrückt, so dargestellt sind:

$$(8)\quad A = a_2^2 - 3a_1 a_3 + 12 a_0 a_4$$

$$(9)\quad B = 27 a_1^2 a_4 + 27 a_0 a_3^2 + 2a_2^3 - 72 a_0 a_2 a_4 - 9 a_1 a_2 a_3.$$

Auch die Discriminante der biquadratischen Gleichung als eine dritte, aber von A und B abhängige Invariante

$$(10)\qquad D = a_0^6 U^2 V^2 W^2$$

haben wir an der erwähnten Stelle schon gebildet und gefunden

$$(11)\qquad 27D = 4A^3 - B^2.$$

Nach der Formel des §. 67, $2\lambda = n\mu - \nu$, erhalten wir für die bis jetzt gefundenen invarianten Bildungen, die wir für eine transformirte Form mit Accenten bezeichnen, folgende Relationen

$$
(12)\qquad
\begin{aligned}
H' &= r^2 H, \quad T' = r^3 T, \\
A' = r^4 A, &\quad B' = r^6 B, \quad D' = r^{12} D.
\end{aligned}
$$

§. 65.

Auflösung der biquadratischen Gleichung.

Wir wollen eine Normalform durch eine lineare Substitution mit der Determinante 1 herstellen, zu deren Ableitung wir die gegebene biquadratische Form in lineare Factoren zerlegt annehmen:

$$(1)\qquad f(x, y) = a_0 (x - \alpha y)(x - \beta y)(x - \gamma y)(x - \delta y).$$

Wir setzen

$$(2)\qquad \begin{aligned} x\sqrt{\alpha - \beta} &= \beta\xi - \alpha\eta, \\ y\sqrt{\alpha - \beta} &= \xi - \eta, \end{aligned} \qquad r = 1,$$

also

$$(3)\qquad \begin{aligned} x - \alpha y &= -\sqrt{\alpha - \beta}\,\xi \\ x - \beta y &= -\sqrt{\alpha - \beta}\,\eta \\ (x - \gamma y)\sqrt{\alpha - \beta} &= (\beta - \gamma)\,\xi - (\alpha - \gamma)\,\eta \\ (x - \delta y)\sqrt{\alpha - \beta} &= (\beta - \delta)\,\xi - (\alpha - \delta)\,\eta, \end{aligned}$$

und dadurch geht $f(x, y)$ über in

$$(4)\qquad F(\xi, \eta) = a_1'\,\xi^3\eta + a_2'\,\xi^2\eta^2 + a_3'\,\xi\eta^3.$$

Die Coëfficienten a_1', a_2', a_3' sind nach (3) leicht durch die $\alpha, \beta, \gamma, \delta$ auszudrücken:

$$(5)\qquad \begin{aligned} a_1' &= \quad a_0\,(\beta - \gamma)(\beta - \delta) \\ a_3' &= \quad a_0\,(\alpha - \gamma)(\alpha - \delta) \\ a_2' &= -\,a_0\,[(\alpha - \gamma)(\beta - \delta) + (\alpha - \delta)(\beta - \gamma)] \end{aligned}$$

Durch Vertauschung der Wurzeln können wir die Normalform (4) auf sechs verschiedene Arten herstellen, die aber nur drei verschiedene Werthe von a_2' liefern. Diese drei Werthe sind, wenn wie oben

$$(6)\qquad \begin{aligned} U &= (\alpha - \beta)(\gamma - \delta), \\ V &= (\alpha - \gamma)(\delta - \beta), \\ W &= (\alpha - \delta)(\beta - \gamma), \\ U + V + W &= 0 \end{aligned}$$

gesetzt wird,

$$
(7) \qquad
\begin{aligned}
a_2' &= a_0 (V - W), \\
a_2'' &= a_0 (W - U), \\
a_2''' &= a_0 (U - V).
\end{aligned}
$$

Kennt man die a_2', a_2'', a_2''', so kann man auch die U, V, W bestimmen durch

$$
(8) \qquad
\begin{aligned}
3 a_0 U &= a_2''' - a_2'' \\
3 a_0 V &= a_2' - a_2''' \\
3 a_0 W &= a_2'' - a_2',
\end{aligned}
$$

woraus hervorgeht, dass, wenn von den drei Grössen a_2', a_2'', a_2''' zwei einander gleich sind, eine der Grössen U, V, W verschwindet, also zwei der Wurzeln der biquadratischen Gleichung einander gleich sind, und folglich ihre Discriminante verschwindet.

Setzen wir noch

$$
(9) \qquad
\begin{aligned}
\alpha\beta + \gamma\delta &= u, \\
\alpha\gamma + \delta\beta &= v, \\
\alpha\delta + \beta\gamma &= w,
\end{aligned}
$$

so ist

$$
a_0 (u + v + w) = a_2,
$$

[die Summe der Producte der Wurzeln von $f(x, y)$ zu je zweien],

$$
\begin{aligned}
U &= v - w, \\
V &= w - u, \\
W &= u - v,
\end{aligned}
$$

also

$$
(10) \qquad
\begin{aligned}
3 a_0 u &= a_2 - a_2', \\
3 a_0 v &= a_2 - a_2'', \\
3 a_0 w &= a_2 - a_2'''.
\end{aligned}
$$

Es sind also mit den Grössen a_2', a_2'', a_2''' zugleich die u, v, w bekannt. Wenn man aber die Grössen u, v, w kennt, so ist die Lösung der biquadratischen Gleichung auf Quadratwurzeln zurückgeführt. Denn es ist

$$
\alpha\beta + \gamma\delta = u, \quad a_0 \alpha\beta \,.\, \gamma\delta = a_4
$$

und daraus

$$
2\alpha\beta = v_1 + \sqrt{\frac{a_0 u^2 - 4 a_4}{a_0}}, \quad 2\gamma\delta = v_1 - \sqrt{\frac{a_0 u^2 - 4 a_4}{a_0}}.
$$

Da man nun ebenso die Producte

$$
\alpha\gamma, \quad \alpha\delta, \quad \beta\gamma, \quad \beta\delta
$$

bestimmen kann, so kann daraus α^2 etwa aus

$$\frac{\alpha\beta \,.\, \alpha\gamma}{\beta\gamma}$$

berechnet werden.

Es kommt also jetzt noch darauf an, die cubische Gleichung zu bilden, deren Wurzeln a_2', a_2'', a_2''' sind. Diese erhält man aber sofort aus den Invarianten.

Wenn man die Invarianten A', B' aus der transformirten Form (4) bildet, so ergiebt sich nach §. 64, (8), (9), (12), da $r = 1$ ist,

$$(11)\qquad \begin{aligned} A &= a_2'^2 - 3\,a_1'\,a_3', \\ B &= 2\,a_2'^3 - 9\,a_1'\,a_2'\,a_3', \\ D &= a_1'^2\,a_2'^2\,a_3'^2 - 4\,a_1'^3\,a_3'^3, \end{aligned}$$

und daraus durch Elimination von $a_1'\,a_3'$

$$a_2'^3 - 3\,a_2'\,A + B = 0.$$

Daher sind a_2', a_2'', a_2''' die Wurzeln der für z cubischen Gleichung

$$(12)\qquad z^3 - 3\,A\,z + B = 0.$$

Dies ist wohl die einfachste Form, die man der cubischen Resolvente der biquadratischen Gleichung geben kann.

§. 66.

Die Covarianten.

Wenn wir die Covariante H, nach §. 64, (2) für die transformirte Form

$$(1)\qquad f(x, y) = F(\xi, \eta) = a_1'\,\xi^3\,\eta + a_2'\,\xi^2\,\eta^2 + a_3'\,\xi\,\eta^3$$

bilden, so erhalten wir

$$(2)\qquad \begin{aligned} -\,H = 3\,a_1'^2\,\xi^4 + 4\,a_1'\,a_2'\,\xi^3\,\eta - (6\,a_1'\,a_3' - 4\,a_2'^2)\,\xi^2\,\eta^2 \\ + 4\,a_2'\,a_3'\,\xi\,\eta^3 + 3\,a_3'^2\,\eta^4, \end{aligned}$$

und daraus folgt

$$(3)\qquad H + 4\,a_2'\,f = -\,3\,(a_1'\,\xi^2 - a_3'\,\eta^2)^2.$$

Es ist also diese Verbindung, von dem Factor -3 abgesehen, das Quadrat einer quadratischen Form, und dasselbe gilt, wenn wir a_2' durch a_2'', a_2''' ersetzen. Wir setzen also zur Abkürzung

$$
(4) \qquad \begin{aligned} H + 4 a'_2 f &= -3 \psi_1^2 \\ H + 4 a''_2 f &= -3 \psi_2^2 \\ H + 4 a'''_2 f &= -3 \psi_3^2. \end{aligned}
$$

Von den drei Functionen ψ_1, ψ_2, ψ_3 können keine zwei einen gemeinschaftlichen Theiler haben, wenn die Discriminante D von Null verschieden vorausgesetzt wird. Denn dann sind auch die drei Grössen a'_2, a''_2, a'''_2 von einander verschieden. Wenn also ψ_1 und ψ_2 verschwinden, so müssen H und f verschwinden, d. h. ein gemeinsamer Theiler von ψ_1 und ψ_2 müsste gemeinsamer Theiler von H und f sein. Nun war aber ξ ein beliebiger Lineartheiler von f. Dieser kann nach (2) nur dann Theiler von H sein, wenn $a'_3 = 0$ ist, also wieder, wenn die Discriminante D verschwindet [§. 65, (11)].

Nun ist die Functionaldeterminante T von f und H identisch mit der Functionaldeterminante von f und $H + \lambda f$, was auch λ sein mag, und daraus ergiebt sich, wenn $\lambda = 4 a'_2$ gesetzt wird,

$$
T = -\tfrac{1}{2} \psi_1 [F'(\xi) \psi'_1(\eta) - F'(\eta) \psi'_1(\xi)].
$$

Es ist also T theilbar durch ψ_1, und aus gleichen Gründen durch ψ_2 und ψ_3, und folglich ist T bis auf einen von ξ, η unabhängigen Factor identisch mit dem Product $\psi_1 \psi_2 \psi_3$.

Bilden wir demnach das Product der drei Gleichungen (4), so folgt mit Rücksicht auf die cubische Gleichung §. 65, (12), der die Grössen a'_2, a''_2, a'''_2 genügen:

$$
H^3 - 48 A H f^2 - 64 B f^3 = c T^2,
$$

wo c eine noch zu bestimmende Constante ist. Nach §. 64, (12) bleibt c bei einer linearen Transformation ungeändert, und man findet also seinen Werth, wenn man aus der Normalform (1), (2) die Glieder mit der höchsten Potenz von ξ beiderseits einander gleich setzt, $c = -27$.

Wir haben also zwischen den Invarianten und Covarianten die folgende identische Relation

$$
(5) \qquad H^3 - 48 A H f^2 - 64 B f^3 = -27 T^2.
$$

Die Functionen ψ_1, ψ_2, ψ_3 sind gleichfalls Covarianten, freilich mit Coëfficienten, die in den Coëfficienten von f nicht rational sind. Wir können sie leicht durch die Wurzeln $\alpha, \beta, \gamma, \delta$ von $f = 0$ ausdrücken. Setzt man zur Vereinfachung $y = 1$, so folgt nach §. 65, (3) und (5)

$$\psi_1 = a'_1 \xi^2 - a'_3 \eta^2$$
$$= a_0 \frac{(\beta - \gamma)(\beta - \delta)(x - \alpha)^2 - (\alpha - \gamma)(\alpha - \delta)(x - \beta)^2}{\alpha - \beta}.$$

Darin aber lässt sich $\alpha - \beta$ im Zähler und Nenner wegheben, und man kann ψ_1 in zwei Formen darstellen; um ψ_2 und ψ_3 zu erhalten, braucht man dann nur β, γ, δ cyklisch zu vertauschen.

Man findet so

$$\begin{aligned}
\frac{\psi_1}{a_0} &= (\gamma - \beta)(x - \alpha)(x - \delta) - (\alpha - \delta)(x - \beta)(x - \gamma) \\
&= (\delta - \beta)(x - \alpha)(x - \gamma) - (\alpha - \gamma)(x - \beta)(x - \delta) \\
\frac{\psi_2}{a_0} &= (\delta - \gamma)(x - \alpha)(x - \beta) - (\alpha - \beta)(x - \gamma)(x - \delta) \qquad (6) \\
&= (\beta - \gamma)(x - \alpha)(x - \delta) - (\alpha - \delta)(x - \gamma)(x - \beta) \\
\frac{\psi_3}{a_0} &= (\beta - \delta)(x - \alpha)(x - \gamma) - (\alpha - \gamma)(x - \delta)(x - \beta) \\
&= (\gamma - \delta)(x - \alpha)(x - \beta) - (\alpha - \beta)(x - \delta)(x - \gamma).
\end{aligned}$$

Die Grössen $\psi_1^2, \psi_2^2, \psi_3^2$ kann man auffassen als die Wurzeln einer cubischen Gleichung, deren Coëfficienten Covarianten sind. Man erhält diese Gleichung leicht aus (4) in der Form

$$\left(z + \frac{H + 4 a'_2 f}{3}\right)\left(z + \frac{H + 4 a''_2 f}{3}\right)\left(z + \frac{H + 4 a'''_2 f}{3}\right) = 0.$$

Diese Gleichung ergiebt nach §. 65, (12) und mit Benutzung des Ausdruckes (5) für T^2

(7) $$z^3 + H z^2 + \tfrac{1}{3}(H^2 - 16 A f^2) z - T^2 = 0.$$

Es ist noch von Interesse, die Discriminante dieser Gleichung zu bilden. Man erhält sie am einfachsten aus dem Ausdruck

$$\varDelta = (\psi_1^2 - \psi_2^2)^2 (\psi_1^2 - \psi_3^2)^2 (\psi_2^2 - \psi_3^2)^2,$$

wenn man die Ausdrücke (4) einsetzt und dann für $(a'_2 - a''_2)^2 (a'_2 - a'''_2)^2 (a''_2 - a'''_2)^2$ die Discriminante der Gleichung §. 65, (12)

$$27(4A^3 - B^2) = 3^6 D$$

setzt, wo dann D die Discriminante von f ist. Man erhält so

(8) $$\varDelta = 2^{12} D f^6.$$

§. 67.

Das volle Invariantensystem der binären biquadratischen Form.

Wir wollen noch beweisen, dass mit den Bildungen A, B das System der unabhängigen Invarianten der binären, biquadratischen Form erschöpft ist. Während man sich aber gewöhnlich mit dem Nachweis begnügt, dass jede Invariante eine ganze rationale Function von A, B ist, wollen wir, wie wir es schon in §. 63 für die Covarianten der cubischen Form gethan haben, auch die Frage nach den numerischen Coëfficienten berühren, und hier zeigt sich eine neue Erscheinung.

Die Invariante D z. B. ist zwar nach §. 64, (11) rational durch A, B ausgedrückt. Aber die Zahlencoëfficienten sind nicht ganze Zahlen, sondern haben den Nenner 27, obwohl die Coëfficienten in der entwickelten Function D alle ganze Zahlen sind.

Wir betrachten also jetzt als ganze Invarianten ganze rationale homogene Functionen μ^{ten} Grades der fünf Veränderlichen a_0, a_1, a_2, a_3, a_4

(1) $$I(a_0, a_1, a_2, a_3, a_4) = I(a),$$

deren Coëfficienten ganze Zahlen sind, und denen die Invarianteneigenschaft

(2) $$I' = r^{2\mu} I$$

zukommt, wenn I' oder $I(a')$ dieselbe Function der Coëfficienten einer transformirten Function ist.

Solche Invarianten sind A, B, D, zwischen denen die Relation besteht

(3) $$27 D = 4 A^3 - B^2,$$

und unser Ziel ist, zu beweisen, dass alle ganzen Invarianten ganze und ganzzahlige rationale Functionen von diesen dreien sind.

Wenn wir die Function I' in der Normalform (4) des §. 65 bilden, so erhalten wir zunächst aus (2), da $r = 1$ ist,

$$I(a) = I'(0, a'_1, a'_2, a'_3, 0),$$

und diese Function I kann nur von a'_2 und dem Product $a'_1 a'_3$ abhängen; denn die Substitution

$$\xi = \lambda \xi', \quad \eta = \frac{1}{\lambda} \eta',$$

deren Determinante $= 1$ ist, lässt die Normalform §. 65, (4) und in ihr a_2' ungeändert, während a_1', a_3' in $\lambda^2 a_1'$, $a_3' : \lambda^2$ übergehen, und darin ist λ eine willkürliche Grösse.

Wenn wir also

$$a_2' = z$$

setzen, so ist

$$I = \varphi(a_1' a_3', z), \tag{4}$$

wenn φ eine ganze, rationale, ganzzahlige Function der beiden Argumente $a_1' a_3'$ und z ist.

Nun ist aber nach §. 65, (11)

$$3 a_1' a_3' = z^2 - A,$$

und wenn wir also (4) mit einer geeigneten Potenz von 3, etwa 3^ν, multipliciren, so erhalten wir

$$3^\nu I = \psi(A, z), \tag{5}$$

worin ψ wieder eine ganzzahlige Function von A und z ist. Nach §. 65, (12) ist aber

$$z^3 = 3 A z - B,$$

und hiernach können wir alle höheren Potenzen von z durch die erste und zweite ausdrücken, erhalten also

$$3^\nu I = \chi(A, B, z), \tag{6}$$

worin χ in Bezug auf z höchstens vom zweiten Grade ist.

Die linke Seite von (6) bleibt aber ungeändert, wenn z durch a_2', a_2'', a_2''', also durch drei verschiedene Werthe, ersetzt wird, und folglich kann die Function χ die Variable z überhaupt nicht mehr enthalten (§. 30, II).

Es ist daher

$$3^\nu I = \chi(A, B), \tag{7}$$

worin χ eine ganzzahlige, ganze, rationale Function ist.

Wenn wir in (7) nach (3)

$$B^2 = 4 A^3 - 27 D$$

setzen, so folgt, dass (7) eine der beiden folgenden Formen hat

$$3^\nu I = \Phi(A, D), \qquad B \Phi(A, D), \tag{8}$$

je nachdem der Grad von I gerade oder ungerade ist.

Ist I eine ursprüngliche Function der a, d. h. eine solche, deren Zahlencoëfficienten keinen gemeinsamen Theiler haben, so können die Coëfficienten der Functionen Φ jedenfalls keinen anderen gemeinschaftlichen Theiler haben, als eine Potenz von 3.

Was uns zu beweisen obliegt, ist, dass sie alle durch 3^ν theilbar sind, oder was dasselbe ist, dass, wenn wir $\Phi(A, D)$ als ursprüngliche Function voraussetzen, $\nu = 0$ sein muss.

Es ist also die Frage: Können aus der ursprünglichen Function $\Phi(A, D)$ oder $B\Phi(A, D)$ Functionen mit dem Theiler 3 entstehen, wenn man die A, B, D durch ihre Ausdrücke in den a ersetzt? Da B ursprünglich ist, so kann nach §. 2 die in den a ausgedrückte Function $B\,\Phi(A, D)$ nur dann den Theiler 3 haben, wenn ihn $\Phi(A, D)$ hat.

Also ist die Frage darauf zurückgeführt: Kann die ursprüngliche Function $\Phi(A, D)$ den Theiler 3 erhalten, wenn A, D durch ihre Ausdrücke ersetzt werden?

Dass diese Frage verneint werden muss, können wir leicht so einsehen. Wir denken uns zunächst in $\Phi(A, D)$ alle die Glieder beseitigt, deren Coëfficienten durch 3 theilbar sind; denn offenbar müssen auch die übrigen Glieder noch dieselbe Eigenschaft behalten, durch Substitution der Ausdrücke für A, D den Theiler 3 zu erhalten.

Wir können zweitens annehmen, dass $\Phi(A, D)$ nicht den Factor D hat, denn durch Weglassen dieses Factors würde nach dem schon erwähnten Satze (§. 2) die fragliche Eigenschaft nicht aufgehoben.

Dann aber müsste aus $\Phi(A, D)$ eine durch 3 theilbare Zahl entstehen, wenn alle a, mit Ausnahme von a_2, gleich Null, $a_2 = 1$ gesetzt werden. Dadurch wird $D = 0$, $A = 1$, und es müsste also $\Phi(1, 0)$ eine durch 3 theilbare Zahl sein; dies ist aber der Coëfficient der höchsten Potenz von A in $\Phi(A, D)$, der nach Voraussetzung nicht durch 3 theilbar ist. Damit haben wir also bewiesen:

Jede ganzzahlige Invariante der biquadratischen Form lässt sich rational und ganzzahlig durch A, B, D darstellen, und zwar in einer der beiden Formen

$$\Phi(A, D), \qquad B\,\Phi(A, D).$$

Dass auch umgekehrt jeder solche Ausdruck, wenn er in den Coëfficienten a homogen ist, eine ganzzahlige Invariante darstellt, ist von selbst klar[1]).

---

[1]) Die Theorie der Invarianten findet man ausführlich dargestellt in den Werken: Clebsch, „Theorie der binären algebraischen Formen“. Leipzig 1872. Faà di Bruno, „Einleitung in die Theorie der binären Formen“. Deutsch von Walter. Leipzig 1881. P. Gordans, „Vorlesungen über Invariantentheorie“, herausgegeben von Kerschensteiner. Leipzig 1885. Vgl. auch Franz Meyer, „Bericht über den gegenwärtigen Stand der Invariantentheorie“ im Jahresbericht der deutschen Mathematiker-Vereinigung 1890/91 (Berlin 1892).

Sechster Abschnitt.

Tschirnhausen-Transformation.

---

§. 68.

Die Hermite'sche Form der Tschirnhausen-Transformation.

Wir haben im vierten Abschnitt den Grundgedanken der Tschirnhausen-Transformation schon kennen gelernt.

Die Aufgabe war die, eine algebraische Gleichung n^{ten} Grades

(1) $f(x) = a_0 x^n + a_1 x^{n-1} + \cdots + a_{n-1} x + a_n = 0$

durch eine Substitution $(n - 1)^{\text{ten}}$ Grades

(2) $y = \alpha_0 + \alpha_1 x + \alpha_2 x^2 + \cdots + \alpha_{n-1} x^{n-1}$

umzuformen, um in den willkürlichen Coëfficienten α Mittel zu gewinnen, die Gleichung zu vereinfachen.

Hermite hat dadurch, dass er der Substitution (2) eine besondere Form gab, diese Aufgabe sehr vereinfacht und mit der Invariantentheorie in Verbindung gebracht [1]).

Wir haben in §. 4 eine Reihe von Functionen kennen gelernt, $f_0, f_1, f_2 \ldots f_{n-1}$, durch die sich die Potenzen von x bis zur $(n - 1)^{\text{ten}}$ rational ausdrücken lassen, und diese Functionen sind es, die Hermite zur Darstellung der Substitution (2) verwendet.

Wir bezeichnen hier mit x eine Wurzel der Gleichung (1), während unter t eine unbestimmte Veränderliche verstanden sein soll. Dann ist nach §. 4

---

[1]) Hermite, Sur quelques théorèmes d'algèbre et la résolution de l'équation du quatrième degré, aus den Comptes rendus der Pariser Akademie besonders erschienen. Paris 1859.

$$(3)\quad \frac{f(t)}{t-x} = t^{n-1} f_0(x) + t^{n-2} f_1(x) + \cdots + t f_{n-2}(x) + f_{n-1}(x)$$

und

$$(4)\quad \begin{aligned} f_0(x) &= a_0 \\ f_1(x) &= a_0 x + a_1 \\ f_2(x) &= a_0 x^2 + a_1 x + a_2 \\ &\cdots\cdots\cdots\cdots \\ f_{n-1}(x) &= a_0 x^{n-1} + a_1 x^{n-2} + a_2 x^{n-3} + \cdots + a_{n-1}. \end{aligned}$$

Wir nehmen nun die Substitution (2) in der Form an

$$(5)\quad y = t_{n-1} f_0(x) + t_{n-2} f_1(x) + \cdots + t_1 f_{n-2}(x) + t_0 f_{n-1}(x),$$

worin die $t_{n-1}, t_{n-2} \ldots t_1, t_0$ die an Stelle der α getretenen unbestimmten Grössen und nicht mit den Potenzen von t zu verwechseln sind. Es geht aber y aus dem Ausdruck (3) hervor, wenn t^k durch t_k ersetzt wird.

Bezeichnen wir, wie im §. 42, durch das vor eine Function gesetzte Zeichen S, dass die Summe über sämmtliche Wurzeln x der Gleichung (1) zu nehmen ist, so haben wir

$$(6)\quad \begin{aligned} S[f_0(x)] &= n a_0 \\ S[f_1(x)] &= (n-1) a_1 \\ S[f_2(x)] &= (n-2) a_2 \\ &\cdots\cdots\cdots \\ S[f_{n-1}(x)] &= a_{n-1}, \end{aligned}$$

also

$$(7)\quad S(y) = n a_0 t_{n-1} + (n-1) a_1 t_{n-2} + \cdots + 2 a_{n-2} t_1 + a_{n-1} t_0,$$

ein Ausdruck, der sich aus $f'(t)$ ergiebt, wenn t^k durch t_k ersetzt wird.

Eliminiren wir mit Hülfe von (7) die Variable t_{n-1} aus (5), so folgt

$$(8)\quad y - \frac{1}{n} S(y) = t_{n-2} F_0(x) + t_{n-3} F_1(x) + \cdots + t_0 F_{n-2}(x),$$

wenn

$$(9)\quad \begin{aligned} F_0 &= f_1 - \frac{n-1}{n} a_1 = a_0 x + \frac{a_1}{n}, \\ F_1 &= f_2 - \frac{n-2}{n} a_2 = a_0 x^2 + a_1 x + \frac{2 a_2}{n}, \\ &\cdots\cdots\cdots\cdots\cdots \\ F_{n-2} &= f_{n-1} - \frac{1}{n} a_{n-1} = a_0 x^{n-1} + a_1 x^{n-2} + \cdots + \frac{n-1}{n} a_{n-1}, \end{aligned}$$

so dass

(10) $S[F_0(x)] = 0, \quad S[F_1(x)] = 0, \ldots S[F_{n-2}(x)] = 0.$

Setzen wir nach (3)

$$(11) \quad F(t, x) = \frac{f(t)}{t - x} - \frac{1}{n} f'(t)$$

$$= t^{n-2} F_0(x) + t^{n-3} F_1(x) + \cdots + t F_{n-3}(x) + F_{n-2}(x),$$

so geht die rechte Seite von (8) aus $F(t, x)$ hervor durch die Ersetzung von t^k durch t_k.

Nehmen wir von vornherein y in der Form

$$(12) \quad y = t_{n-2} F_0(x) + t_{n-3} F_1(x) + \cdots + t_0 F_{n-2}(x)$$

an, so ist die Gleichung

$$(13) \quad S(y) = 0$$

identisch befriedigt. Welchen Nutzen diese Form der Substitution gewährt, werden die nächsten Betrachtungen zeigen.

§. 69.

Invarianten-Eigenschaft der Tschirnhausen-Transformation.

Es ist jetzt der Einfluss zu untersuchen, den eine lineare Transformation, der wir die Function $f(x)$ unterwerfen, auf die Tschirnhausen-Transformation hat.

Wir machen in $f(x)$ die lineare Substitution

$$(1) \quad x = \frac{\alpha \xi + \beta}{\gamma \xi + \delta}, \qquad \alpha\delta - \beta\gamma = r,$$

wodurch wir erhalten

$$(2) \quad \varphi(\xi) = (\gamma \xi + \delta)^n f\left(\frac{\alpha \xi + \beta}{\gamma \xi + \delta}\right),$$

so dass $\varphi(\xi)$ eine ganze rationale Function $n$ten Grades und $\varphi(\xi) = 0$ die durch (1) transformirte Gleichung $f(x) = 0$ ist.

Wir leiten nun eine Function $\Phi(\tau, \xi)$ ganz in derselben Weise aus $\varphi(\xi)$ ab, wie wir im vorigen Paragraphen $F(t, x)$ aus $f(x)$ abgeleitet haben, nämlich

$$(3) \quad \Phi(\tau, \xi) = \frac{\varphi(\tau)}{\tau - \xi} - \frac{1}{n} \varphi'(\tau)$$

$$= \tau^{n-2} \Phi_0(\xi) + \tau^{n-3} \Phi_1(\xi) + \cdots + \tau \Phi_{n-3}(\xi) + \Phi_{n-2}(\xi),$$

worin τ ebenso wie t eine Variable ist und die Functionen $\Phi_0(\xi), \Phi_1(\xi) \ldots \Phi_{n-2}(\xi)$. ebenso aus ξ und den Coëfficienten von $\varphi(\xi)$ gebildet sind, wie die entsprechenden Functionen $F_0(x), F_1(x) \ldots F_{n-2}(x)$ aus x und den Coëfficienten von $f(x)$.

Wenn wir nun andererseits in $F(t, x)$ gleichzeitig mit der Substitution (1) die Substitution

$$(4) \qquad t = \frac{\alpha\tau + \beta}{\gamma\tau + \delta}$$

ausführen, so erhalten wir

$$(5) \qquad (\gamma\tau + \delta)^n f(t) = \varphi(\tau),$$

$$(6) \qquad (\gamma\xi + \delta)(\gamma\tau + \delta)(t - x) = r(\tau - \xi)$$

und, indem wir von (5) die Ableitung, am einfachsten durch Differentiation mittelst der Formel

$$\frac{dt}{d\tau} = \frac{r}{(\gamma\tau + \delta)^2}$$

bilden,

$$(7) \qquad r(\gamma\tau + \delta)^{n-1} \frac{1}{n} f'(t) = (\gamma\tau + \delta) \frac{1}{n} \varphi'(\tau) - \gamma\varphi(\tau).$$

Aus (5), (6) und (7) folgt

$$r(\gamma\tau + \delta)^{n-2} \frac{f(t)}{t - x} = \frac{\varphi(\tau)}{\tau - \xi} \frac{\gamma\xi + \delta}{\gamma\tau + \delta}$$

$$r(\gamma\tau + \delta)^{n-2} \frac{1}{n} f'(t) = -\frac{\gamma(\tau - \xi)\varphi(\tau)}{(\gamma\tau + \delta)(\tau - \xi)} + \frac{1}{n}\varphi'(\tau),$$

und durch Subtraction beider Formeln

$$r(\gamma\tau + \delta)^{n-2}\left(\frac{f(t)}{t - x} - \frac{1}{n} f'(t)\right) = \frac{\varphi(\tau)}{\tau - \xi} - \frac{1}{n}\varphi'(\tau),$$

also

$$(8) \qquad r(\gamma\tau + \delta)^{n-2} F(t, x) = \Phi(\tau, \xi)$$

oder, ausführlicher geschrieben

$$(9) \qquad \tau^{n-2}\Phi_0 + \tau^{n-3}\Phi_1 + \cdots + \Phi_{n-2} =$$
$$r[(\alpha\tau+\beta)^{n-2}F_0 + (\alpha\tau+\beta)^{n-3}(\gamma\tau+\delta)F_1 + \cdots + (\gamma\tau+\delta)^{n-2}F_{n-2}].$$

Wir setzen nun, indem wir in $F(t, x)$ die Potenzen t^k durch beliebige Variable t_k ersetzen und ebenso in $\Phi(\tau, k)$ τ^k durch τ_k,

$$(10) \qquad \begin{aligned} Y(t, x) &= t_{n-2} F_0 + t_{n-3} F_1 + \cdots + t_0 F_{n-2}, \\ H(\tau, \xi) &= \tau_{n-2}\Phi_0 + \tau_{n-3}\Phi_1 + \cdots + \tau_0\Phi_{n-2}, \end{aligned}$$

so dass die Substitutionen der Tschirnhausen-Transformation

$$(11) \qquad y = Y(t, x), \qquad \eta = H(\tau, \xi)$$

lauten [§. 68, (12)].

Die Gleichung (9), die in Bezug auf τ identisch ist, bleibt aber auch richtig, wenn nach Ausführung der angedeuteten Potenzirung rechts τ^k durch τ_k ersetzt wird, und sie lehrt also, dass zwischen den Functionen $Y(t, x)$, $H(\tau, \xi)$ die Relation besteht

$$H(\tau, \xi) = r\, Y(t, x), \tag{12}$$

wenn wir die t von den τ in folgender Weise abhängen lassen:

Man setze

$$\begin{aligned} t_{n-2} &= (\alpha\tau + \beta)^{n-2} \\ t_{n-3} &= (\alpha\tau + \beta)^{n-3}(\gamma\tau + \delta) \\ &\cdots\cdots\cdots\cdots \\ t_0 &= (\gamma\tau + \delta)^{n-2}, \end{aligned} \tag{13}$$

und ersetze nach Ausführung der Potenzen τ^k durch τ_k.

Es sei nun z eine beliebige Veränderliche, und wir multipliciren, ehe wir die Potenzirungen in (13) ausführen, diese Gleichungen der Reihe nach mit

$$1, \quad -(n-2)z, \quad \frac{(n-2)(n-3)}{1\,.\,2}z^2, \cdots \pm z^{n-2};$$

dann bekommen wir links eine ganze rationale Function von z vom $(n-2)^{\text{ten}}$ Grade

$$\begin{aligned} T(z) &= t_{n-2} - (n-2)t_{n-3}z \\ &+ \frac{(n-2)(n-3)}{1\,.\,2}t_{n-4}z^2 - \cdots \pm t_0 z^{n-2}, \end{aligned} \tag{14}$$

und die rechte Seite ergiebt nach dem binomischen Satz

$$[(\alpha\tau + \beta) - z(\gamma\tau + \delta)]^{n-2} = [\tau(\alpha - \gamma z) + (\beta - \delta z)]^{n-2},$$

was, wenn wir

$$z = \frac{\alpha\xi + \beta}{\gamma\xi + \delta}, \quad \xi = \frac{\delta z - \beta}{-\gamma z + \alpha} \tag{15}$$

setzen, in

$$(\alpha - \gamma z)^{n-2}(\tau - \xi)^{n-2} = \frac{r^{n-2}(\tau - \xi)^{n-2}}{(\gamma\xi + \delta)^{n-2}}$$

übergeht.

Wenn wir hierin die Potenz $(\tau - \xi)^{n-2}$ nach dem binomischen Satze ausführen, und dann τ^k durch τ_k ersetzen, so erhalten wir eine Umformung der Function $T(z)$. Wir setzen also

$$\begin{aligned} \Theta(\xi) &= \tau_{n-2} - (n-2)\tau_{n-3}\xi \\ &+ \frac{(n-2)(n-3)}{1\,.\,2}\tau_{n-4}\xi^2 + \cdots \pm \tau_0\xi^{n-2} \end{aligned}$$

und erhalten die identische Umformung

(16) $$(\gamma\zeta + \delta)^{n-2}\, T\left(\frac{\alpha\zeta + \beta}{\gamma\zeta + \delta}\right) = r^{n-2}\, \Theta(\zeta),$$

worin der Zusammenhang zwischen den Coëfficienten t und τ durch die symbolischen Gleichungen (13) ausgedrückt, also derselbe ist, wie in den Functionen Y und H.

Es ist also hiernach $r^{n-2}\Theta(\zeta)$ die Umformung der Function $(\gamma\zeta + \delta)^{n-2}\, T(z)$ durch dieselbe lineare Substitution, durch die $(\gamma\zeta + \delta)^n f(z)$ in $\varphi(\zeta)$ übergeht.

Bezeichnen wir die Coëfficienten dieser umgeformten Function, also die Grössen $r^{n-2}\tau_k$ mit t', so ergiebt die Gleichung (12), die in Bezug auf τ linear ist,

(17) $$H(t', \xi) = r^{n-1}\, Y(t, x).$$

Aus $Y(t, x)$ gehen nun n Functionen hervor, wenn man für x die n Wurzeln von $f(x)$ setzt. Jede homogene, rationale, symmetrische Function dieser n Functionen ist rational durch die Coëfficienten von $f(x)$ ausdrückbar, und wenn wir also eine solche Function mit $K(t, a)$ bezeichnen, so ergiebt die Gleichung (17), wenn wir die Coëfficienten von $\varphi(\xi)$ mit a' bezeichnen,

(18) $$K(t', a') = r^{\nu(n-1)} K(t, a),$$

wenn ν den Grad der symmetrischen Function bedeutet. Damit ist der schöne Satz von Hermite bewiesen:

Die Coëfficienten in der durch die Tschirnhausen-Transformation

$$y = Y(t, x)$$

umgeformten Gleichung $f(x) = 0$ und alle symmetrischen Functionen der n Werthe y sind simultane Invarianten der beiden Functionen

$$f(z), \quad T(z).$$

§. 70.

Ausführungen über den Hermite'schen Satz.

Durch die Betrachtungen des letzten Paragraphen hat sich ergeben, dass, wenn wir

(1) $$y = t_{n-2} F_0(x) + t_{n-3} F_1(x) \cdots + t_0 F_{n-2}(x)$$

setzen, die symmetrischen Functionen der n Werthe $y_1, y_2 \ldots y_n$, die man aus y erhält, wenn man für x die n Wurzeln von

$f(x) = 0$ setzt, simultane Invarianten von zwei Formen n^{ten} und $(n-2)^{\text{ten}}$ Grades, $f(z)$, $T(z)$ sind.

Eine solche ganze rationale und homogene symmetrische Function ν^{ter} Ordnung

$$P(y_1, y_2 \ldots y_n)$$

ist wegen (1) offenbar eine homogene Function ν^{ter} Ordnung der Variablen t. Sie ist ebenso eine homogene Function ν^{ter} Ordnung in den a, da der Ausdruck (1), wie er die a explicite enthält, linear ist, und da die symmetrischen Functionen der x nur von den Verhältnissen $a_1 : a_0$, $a_2 : a_0$, ... $a_n : a_0$ abhängen. Bei dem Ausdruck von P durch die a könnte aber möglicherweise eine Potenz von a_0 im Nenner bleiben, und wir haben noch nachzuweisen, dass dies nicht eintritt.

Setzen wir

$$a_0^\lambda P(y_1, \ldots y_n) = K(t, a)$$

und bestimmen die Potenz a_0^λ so, dass $K(t, a)$ eine ganze Function der a ist, aber für $a_0 = 0$ nicht mehr verschwindet, so wird folgen, dass $\lambda = 0$ sein muss, wenn wir nachweisen, dass für $a_0 = 0$ die sämmtlichen y endliche Werthe behalten.

Wenn wir $a_0 = 0$ werden lassen, während die übrigen a ungeändert bleiben, so wird eine der Wurzeln x, wie wir im §. 40 gesehen haben, unendlich wachsen. Dass aber das zugehörige y gleichwohl endlich bleibt, ergiebt sich aus der in Bezug auf t identischen Gleichung §. 68, (11)

$$(2) \quad \frac{f(t)}{t-x} - \frac{1}{n} f'(t) = t^{n-2} F_0(x) + t^{n-3} F_1(x) + \cdots + F_{n-2}(x),$$

aus der zu ersehen ist, dass, wenn $a_0 = 0$ und x unendlich wird, die Functionen

$$F_0(x), \quad F_1(x) \ldots F_{n-2}(x)$$

gleich den Coëfficienten von $-\frac{1}{n} f'(t)$, also gleich

$$0, \quad -\frac{n-1}{n} a_1 \ldots, \quad -\frac{1}{n} a_{n-1}$$

werden. Es bleiben also auch die y endlich, und $P(y_1, y_2 \ldots y_n)$ ist gleich einer ganzen rationalen Invariante vom Grade ν sowohl in den t als in den a.

Wenn wir also die Gleichung für y in der Form annehmen

$$(3) \qquad y^n + P_2 y^{n-2} + P_3 y^{n-3} + \cdots + P_n = 0,$$

so ist P_ν eine solche Invariante ν^{ten} Grades.

Eine Invariante vom Grade $n(n-1)$ ist auch die Discriminante $\varDelta$ der Gleichung (3), oder das Quadrat des Differenzenproductes

(4) $$\Pi = (y_1 - y_2)(y_1 - y_3) \ldots \\ (y_2 - y_3) \ldots$$

Um über die Bildung dieser Grösse näheren Aufschluss zu bekommen, erinnern wir uns, dass wir y erhalten, wenn wir in

$$\frac{f(t)}{t-x} - \frac{1}{n} f'(t)$$

t^k durch t_k ersetzen. Wir erhalten also $y_1 - y_2$ aus der Formel

(5) $$y_1 - y_2 = (x_1 - x_2) \frac{f(t)}{(t-x_1)(t-x_2)},$$

wenn wir dieselbe Vertauschung machen.

Der Quotient

$$\frac{f(t)}{(t-x_i)(t-x_k)}$$

ist eine ganze rationale Function von t vom Grade $n-2$. Ersetzen wir darin t^k durch t_k, so möge er in $t_{i,k}$ übergehen; wir haben dann

(6) $$y_i - y_k = (x_i - x_k) t_{i,k}.$$

Wenn wir also

(7) $$a_0^{n-1} \Theta = t_{1,2} t_{1,3} \ldots t_{1,n} \\ t_{2,3} \ldots t_{2,n} \\ t_{n-1,n}$$

setzen, so ist Θ eine homogene ganze Function vom Grade $\frac{1}{2} n(n-1)$ in Bezug auf die t, und sie ist ausserdem als symmetrische Function der x rational durch die Coëfficienten a darstellbar.

Aus (6) folgt aber, wenn D, wie im §. 46, (3) die Discriminante von $f(x)$ bedeutet,

(8) $$\varDelta = D \Theta^2,$$

woraus zu schliessen ist, dass Θ eine Invariante ist, die den Nenner a_0 nicht mehr enthält. $\varDelta$ ist in den Coëfficienten a vom Grade $n(n-1)$, während D nach §. 46 vom Grade $2n-2$ ist; daraus folgt, dass Θ vom Grade $\frac{1}{2}(n-1)(n-2)$ in den Coëfficienten a ist.

Θ ist eine sogenannte zerlegbare Form $^1/_2\, n\,(n-1)^{\text{ten}}$ Grades in den Variablen t; denn sie lässt sich nach (7) in lauter lineare Factoren zerlegen, die freilich nicht rational in den a sind.

Wir haben schon im §. 52 darauf hingewiesen, dass bei der Tschirnhausen-Transformation auch x rational durch y ausdrückbar ist; und dasselbe gilt also auch für jede rationale Function von x.

Betrachten wir irgend eine solche Function $\varphi(x)$, die auch noch die Coëfficienten a und t enthalten kann, aber immer für beide Arten von Variablen ganz und homogen vorausgesetzt sei, so können wir setzen

$$(9) \qquad \varphi(x) = C_0 + C_1\, y + C_2\, y^2 + \cdots + C_{n-1}\, y^{n-1},$$

worin die $C_0, C_1, \ldots C_{n-1}$ rational in a und in t ausdrückbar sind.

Stellen wir die Gleichung (9) für $x = x_1, x_2 \ldots x_n$, $y = y_1, y_2, \ldots y_n$ auf, so erhalten wir für die Bestimmung der C ein System linearer Gleichungen, dessen Determinante

$$(10) \qquad \begin{vmatrix} 1, & y_1, & y_1^2 & \ldots & y_1^{n-1} \\ 1, & y_2, & y_2^2 & \ldots & y_2^{n-1} \\ \cdot & \cdot & \cdot & \cdot & \cdot \\ 1, & y_n, & y_n^2 & \ldots & y_n^{n-1} \end{vmatrix},$$

also gleich $\Theta \sqrt{D}$ ist. Der Zähler des Ausdruckes für C_ν geht aus der Determinante (10) hervor, indem man die Elemente der $(\nu+1)^{\text{ten}}$ Colonne durch $\varphi(x_1), \varphi(x_2) \ldots \varphi(x_n)$ ersetzt, und folglich hat der Zähler, wenn man Alles durch die x_i ausdrückt, den Factor $\sqrt{D}$ (weil er verschwindet, wenn zwei x_i einander gleich werden).

Wir können also setzen

$$\Theta\, C_\nu = Q_\nu,$$

worin Q_ν eine ganze rationale Function der t und der a ist, die höchstens noch eine Potenz von a_0 im Nenner enthalten kann. Wir bekommen dann

$$(11) \qquad \Theta\, \varphi(x) = Q_0 + Q_1\, y + Q_2\, y^2 + \cdots + Q_{n-1}\, y^{n-1}.$$

Die Coëfficienten Q_ν sind aber keine Invarianten und ihre Berechnung ist in den meisten Fällen schwierig.

§. 71.

Transformation der cubischen Gleichung.

Der Hermite'sche Satz (§. 69) reicht für die cubische Gleichung aus, die Transformation ohne weitere Rechnung auszuführen.

Wir haben dazu, wenn wir homogene Variable z_1, z_2 anwenden, simultane Invarianten der cubischen Form

$$f(z_1, z_2) = a_0 z_1^3 + a_1 z_1^2 z_2 + a_2 z_1 z_2^2 + a_3 z_2^3 \tag{1}$$

und der Linearform

$$T = - t_0 z_1 + t_1 z_2 \tag{2}$$

zu bilden. Wenn wir aber die lineare Substitution

$$\begin{aligned} z_1 &= \alpha z_1' + \beta z_2' \\ z_2 &= \gamma z_1' + \delta z_2' \end{aligned} \tag{3}$$

auf T anwenden, so ergiebt sich

$$- t_0 z_1 + t_1 z_2 = - t_0' z_1' + t_1' z_2',$$

wenn

$$\begin{aligned} t_0' &= + t_0 \alpha - t_1 \gamma, \\ t_1' &= - t_0 \beta + t_1 \delta, \end{aligned}$$

oder

$$\begin{aligned} r t_1 &= \alpha t_1' + \beta t_0' \\ r t_0 &= \gamma t_1' + \delta t_0'. \end{aligned} \tag{4}$$

Diese Substitution geht aber aus (3) hervor, wenn man z_1, z_2, z_1', z_2' durch $r t_1$, $r t_0$, t_1', t_0' ersetzt. Wenn nun $I(a, t_1, t_0)$ eine simultane Invariante von f und T ist, homogen und vom ν^{ten} Grade in t_0, t_1 und vom Gewicht λ, also

$$I(a', t_1', t_0') = r^\lambda I(a, t_1, t_0),$$

so folgt durch diese Vertauschung

$$I(a', z_1', z_2') = r^{\lambda - \nu} I(a, z_1, z_2),$$

d. h. es ist $I(a, z_1, z_2)$ eine Covariante von f.

Man erhält also alle simultanen Invarianten von f und T aus den Covarianten von f, wenn man darin z_1, z_2 durch t_1, t_0 ersetzt.

Die Covarianten von f haben wir aber in §. 62, 63 vollständig kennen gelernt.

Danach ist es leicht, die cubische Gleichung zu bilden, die sich aus der Substitution §. 68, (12)

(5) $$y = t_1\left(a_0 x + \frac{a_1}{3}\right) + t_0\left(a_0 x^2 + a_1 x + \frac{2 a_2}{3}\right)$$

für y ergiebt. Schreiben wir die Gleichung in der Form
$$y^3 + P_2 y + P_3 = 0,$$
so sind P_2, P_3 Covarianten von f, und zwar P_2 von der zweiten, P_3 von der dritten Ordnung, sowohl in t als in a.

Da nun P_2 und P_3 Covarianten der cubischen Form sind, so können sie sich nach §. 62 und 63 von den beiden dort definirten Functionen
$$H(t_1, t_0), \qquad Q(t_1, t_0)$$
nur um constante, d. h. numerische Factoren unterscheiden. Diese constanten Factoren lassen sich durch irgend eine specielle Annahme bestimmen.

Wir können z. B. annehmen
$$t_1 = 1, \quad t_0 = 0, \quad a_0 = 1, \quad a_1 = 0,$$
dann wird $y = x$, also
$$P_2 = a_2, \quad P_3 = a_3.$$

Andererseits ergiebt sich aber nach den im §. 62 gegebenen Formeln (2), (3), (7) für diese besondere Annahme
$$H(1, 0) = 3 a_2, \qquad Q(1, 0) = 27 a_3,$$
woraus man allgemein schliesst
$$P_2 = \frac{1}{3} H(t_1, t_0), \qquad P_3 = \frac{1}{27} Q(t_1, t_0),$$
so dass wir für y die cubische Gleichung erhalten

(6) $$y^3 + \frac{1}{3} H(t_1, t_0) y + \frac{1}{27} Q(t_1, t_0) = 0.$$

Die Discriminante Δ dieser cubischen Gleichung ist
$$\Delta = -\frac{1}{27}(4 H^3 + Q^2),$$
also mit Anwendung der Relation §. 62, (12)

(7) $$4 H^3 + Q^2 + 27 D f^2 = 0$$

(8) $$\Delta = D f(t_1, t_0)^2,$$

wenn D die Discriminante der gegebenen cubischen Gleichung ist, in Uebereinstimmung mit den allgemeinen Resultaten des vorigen Paragraphen.

Wollen wir hierauf die Auflösung der cubischen Gleichung gründen, so müssen wir zunächst nach den Vorschriften des vorigen Paragraphen x rational durch y darstellen. Wir setzen

(9) $$a_0 f(t_1, t_0) x = Q_0 + Q_1 y + Q_2 y^2.$$

Die Berechnung der Coëfficienten Q ist leicht auszuführen, wenn man diese Gleichung für x_1, x_2, x_3 und entsprechend y_1, y_2, y_3 aufstellt.

Wir wollen über den Gang der Rechnung, die nur die Darstellung symmetrischer Functionen der Wurzeln einer cubischen Gleichung durch die Coëfficienten nach den Vorschriften des vierten Abschnittes (§. 42, 45) erfordert, einige Andeutungen machen. Nimmt man zunächst die Summe der drei Gleichungen (9), so erhält man nach (6)

$$3\,Q_0 = \frac{2}{3}\,H(t_1, t_0)\,Q_2 - a_1 f(t_1, t_0),$$

so dass also nur noch Q_1 und Q_2 berechnet zu werden brauchen; diese findet man, wenn man die für $x = x_1$ gebildete Gleichung (9) mit

$$y_2 - y_3 = a_0(x_2 - x_3)(t_1 - t_0 x_1)$$

und mit

$$y_2^2 - y_3^2 = -a_0(x_2 - x_3)\,y_1(t_1 - t_0 x_1)$$

multiplicirt und die drei durch cyklische Vertauschung der Indices 1, 2, 3 gebildeten analogen Gleichungen addirt.

Man hat dann nur Gebrauch zu machen von den beiden Formeln

$$a_0^2\,\Sigma\,x_1^2(x_2 - x_3) = -\sqrt{D}$$

$$a_0^3\,\Sigma\,x_1^3(x_2 - x_3) = a_1\sqrt{D},$$

und findet so

$$Q_0 = \frac{-a_1}{3} f(t_1, t_0) - \frac{2}{3}\,t_0\,H(t_1, t_0)$$

$$Q_1 = a_0 t_1^2 + \frac{2}{3}\,a_1 t_0 t_1 + \frac{1}{3}\,a_2 t_0^2$$

$$Q_2 = -t_0.$$

Setzen wir zur Vereinfachung $t_1 = t$, $t_0 = 1$, gehen also zu den inhomogenen Ausdrücken über, so ergiebt sich

$$(10)\qquad (3\,a_0 x + a_1) f(t) = -\frac{2}{3}\,H(t) + y f'(t) - 3\,y^2,$$

während die Gleichung für y lautet

$$(11)\qquad y^3 + \frac{1}{3}\,H(t)\,y + \frac{1}{27}\,Q(t) = 0,$$

wenn wir $H(t)$, $Q(t)$ für $H(t, 1)$, $Q(t, 1)$ setzen.

Um nun die cubische Gleichung zu lösen, bestimmen wir t aus der quadratischen Gleichung

$$H(t) = 0.$$

Wir wollen für den Augenblick zur Abkürzung

$$(12) \qquad \varrho = \sqrt{-3D}$$

setzen; dann folgt aus (7)

$$(13) \qquad Q = 3\varrho f(t),$$

und aus (11)

$$(14) \qquad y = -\frac{1}{3}\sqrt[3]{3\varrho f(t)},$$

und der Ausdruck (10) ergiebt

$$(15) \qquad (3a_0 x + a_1) f(t) = y f'(t) - 3y^2.$$

Um die Uebereinstimmung dieses Resultats mit der Cardanischen Formel herzuleiten, gehen wir auf den §. 62 zurück und setzen in den dortigen Formeln $x = t$, $y = 1$.

Wegen (13) wird, nach §. 62, (11), (13)

$$\eta = 0, \quad \xi = -h\varrho,$$

und nach §. 62, (10)

$$f(t) = \xi^3, \quad f'(t) = 3\xi^2\xi',$$

worin $\xi' = hA_0$ nach §. 62, (13) die Ableitung von ξ nach t ist,

$$f(t) = -h^3\varrho^3, \quad f'(t) = 3h^3 A_0 \varrho^2.$$

Danach folgt aus (14)

$$y = \frac{h\varrho\sqrt[3]{3\varrho}}{3}$$

und aus (15)

$$3a_0 x + a_1 = -hA_0\sqrt[3]{3\varrho} - \frac{1}{h\sqrt[3]{3\varrho}},$$

oder nach §. 62, (14), (15)

$$(16) \qquad 3a_0 x + a_1 = A_0(k - h)\sqrt[3]{3\varrho},$$

worin nach §. 62, (15)

$$hA_0\sqrt[3]{3\varrho} = \sqrt[3]{\frac{-q_0 + 3\varrho a_0}{2}}$$

$$kA_0\sqrt[3]{3\varrho} = \sqrt[3]{\frac{+q_0 + 3\varrho a_0}{2}}.$$

Nehmen wir $a_0 = 1$, $a_1 = 0$ an, so erhalten wir aus (16) die Cardanische Formel (§. 35)

$$(17) \quad x = \sqrt[3]{\frac{-a_3}{2} + \sqrt{\frac{a_2^3}{27} + \frac{a_3^2}{4}}} + \sqrt[3]{\frac{-a_3}{2} - \sqrt{\frac{a_2^3}{27} + \frac{a_3^2}{4}}}.$$

§. 72.

Allgemeine Ausführung der Transformation.

In der allgemeinen Durchführung der Tschirnhausen-Transformation in der Hermite'schen Form können wir noch einen bedeutenden Schritt weiter gehen.

Wir betrachten zunächst die allgemeine Substitution §. 68, (5)

$$(1) \qquad y = t_{n-1} f_0 + t_{n-2} f_1 + t_{n-3} f_2 + \cdots + t_0 f_{n-1},$$

aus der wir die speciellere Form §. 68 (12) erhalten, wenn wir die Variablen t an die eine lineare Bedingung

$$(2) \quad S(y) = n a_0 t_{n-1} + (n-1) a_1 t_{n-2} + \cdots + a_{n-1} t_0 = 0$$

binden, was aber fürs Erste noch nicht geschehen soll.

Durch die Functionen $f_0, f_1, f_2 \ldots f_{n-1}$ lassen sich nach §. 68, (4) alle Potenzen von x und also auch alle rationalen Functionen von x linear und homogen darstellen.

Wenn wir diese Darstellung für die verschiedenen Potenzen von y finden können, so lässt sich durch Elimination der f_i die Gleichung n^{ten} Grades für y bilden.

Denselben Zweck erreichen wir aber noch einfacher, wenn wir die n Producte $y f_s$ linear durch die f darstellen. Denn wenn wir die Gleichungen haben

$$(3) \quad y f_s = E_{0,s} f_0 + E_{1,s} f_1 + E_{2,s} f_2 + \cdots + E_{n-1,s} f_{n-1}$$
$$s = 0,\ 1,\ 2 \ldots n-1,$$

so erhalten wir durch Elimination von $f_0, f_1 \ldots f_{n-1}$ aus dem System (3)

$$(4) \quad E = \begin{vmatrix} E_{0,0} - y, & E_{1,0}, & E_{2,0} & \ldots E_{n-1,0} \\ E_{0,1}, & E_{1,1} - y, & E_{2,1} & \ldots E_{n-1,1} \\ \cdot & \cdot & \cdot & \cdot \\ E_{0,n-1}, & E_{1,n-1}, & E_{2,n-1} & \ldots E_{n-1,n-1} - y \end{vmatrix} = 0,$$

also eine Gleichung n^{ten} Grades für y, die die gesuchte transformirte Gleichung ist. Alles ist daher zurückgeführt auf die Bestimmung der Coëfficienten $E_{r,s}$, die, wie aus (1) hervorgeht, jedenfalls lineare Functionen der Variablen t sind. Insbesondere ist

$$(5) \qquad E_{0,0} = a_0 t_{n-1},\ E_{1,0} = a_0 t_{n-2}, \ldots E_{n-1,0} = a_0 t_0.$$

Um die übrigen E zu berechnen, bemerken wir, dass nach der Definition §. 68, (4) zwischen den Functionen f die folgenden Relationen bestehen:

$$(6)\qquad \begin{aligned} xf_0 &= f_1 - a_1 \\ xf_1 &= f_2 - a_2 \\ &\cdots\cdots\cdots \\ xf_{n-2} &= f_{n-1} - a_{n-1} \\ xf_{n-1} &= \quad - a_n, \end{aligned}$$

von denen die letzte eine Folge der Gleichung $f(x) = 0$ ist.

Wenn wir nun die Reihe der Variablen $t_0, t_1 \dots t_{n-1}$ fortsetzen, indem wir die neuen Variablen $t_n, t_{n+1}, t_{n+2} \dots$ durch folgende Gleichungen definiren

$$(7)\qquad \begin{aligned} a_0 t_n + a_1 t_{n-1} + a_2 t_{n-2} + \cdots + a_n t_0 &= 0, \\ a_0 t_{n+1} + a_1 t_n + a_2 t_{n-1} + \cdots + a_n t_1 &= 0, \\ a_0 t_{n+2} + a_1 t_{n+1} + a_2 t_n + \cdots + a_n t_2 &= 0, \\ \cdots\cdots\cdots\cdots\cdots\cdots\cdots \end{aligned}$$

so erhalten wir, wenn wir die Gleichungen (6) der Reihe nach mit $t_{n-1}, t_{n-2} \dots t_0$ multipliciren und addiren,

$$xy = t_n f_0 + t_{n-1} f_1 + \cdots + t_1 f_{n-1},$$

und wenn wir nun (6) ebenso mit $t_n, t_{n-1} \dots t_1$ multipliciren

$$x^2 y = t_{n+1} f_0 + t_n f_1 + \cdots + t_2 f_{n-1}.$$

So ergiebt sich das folgende System

$$(8)\qquad \begin{aligned} y &= t_{n-1} f_0 + t_{n-2} f_1 + \cdots + t_0 f_{n-1} \\ xy &= t_n f_0 + t_{n-1} f_1 + \cdots + t_1 f_{n-1} \\ x^2 y &= t_{n+1} f_0 + t_n f_1 + \cdots + t_2 f_{n-1} \\ &\cdots\cdots\cdots\cdots\cdots\cdots \\ x^s y &= t_{n+s-1} f_0 + t_{n+s-2} f_1 + \cdots + t_s f_{n-1}, \end{aligned}$$

und wenn wir diese Gleichungen wieder mit $a_s, a_{s-1} \dots a_0$ multipliciren und addiren, so folgt der gesuchte Ausdruck

$$y f_s = E_{0,s} f_0 + E_{1,s} f_1 + \cdots + E_{n-1,s} f_{n-1},$$

worin nach (7)

$$(9)\qquad \begin{aligned} E_{0,s} &= a_0 t_{n+s-1} + a_1 t_{n+s-2} + \cdots + a_s t_{n-1} \\ &= - a_{s+1} t_{n-2} \cdots - a_n t_{s-1} \\ E_{1,s} &= a_0 t_{n+s-2} + a_1 t_{n+s-3} + \cdots + a_s t_{n-2} \\ &= - a_{s+1} t_{n-3} \cdots - a_n t_{s-2} \\ &\cdots\cdots\cdots\cdots\cdots\cdots \\ E_{s-1,s} &= a_0 t_n + a_1 t_{n-1} + \cdots + a_s t_{n-s} \\ &= - a_{s+1} t_{n-s-1} \cdots - a_n t_0 \\ E_{s,s} &= a_0 t_{n-1} + a_1 t_{n-2} + \cdots + a_s t_{n-s-1} \\ E_{s+1,s} &= a_0 t_{n-2} + a_1 t_{n-3} + \cdots + a_s t_{n-s-2} \\ &\cdots\cdots\cdots\cdots\cdots\cdots \\ E_{n-1,s} &= a_0 t_s + a_1 t_{s-1} + \cdots + a_s t_0. \end{aligned}$$

Hierzu ist noch zu bemerken, dass die überzählig eingeführten Variabeln $t_n, t_{n+1} \ldots$ in der zweiten Form von $E_{0,s}, E_{1,s} \ldots E_{s-1,s}$ bereits wieder eliminirt sind, und dass die Variable t_{n-1} nur in $E_{s,s}$ vorkommt.

§. 73.

Die Bezoutiante.

Die Gleichung (4) des vorigen Paragraphen wird, entwickelt, die Gestalt haben

$$y^n + P_1 y^{n-1} + P_2 y^{n-2} + \cdots + P_n = 0,$$

oder wenn wir t_{n-1} so bestimmen, dass $S(y) = 0$ wird,

$$y^n + P_2 y^{n-2} + \cdots + P_n = 0; \tag{1}$$

darin ist dann

$$-2 P_2 = S(y^2)$$

eine Function zweiten Grades in Bezug auf die t und in Bezug auf die a. Diese Function ist für viele Anwendungen besonders wichtig und hat von Sylvester den Namen Bezoutiante der Function $f(x)$ erhalten, zu Ehren des französischen Mathematikers Bezout, der schon im vorigen Jahrhundert die ersten richtigen Ausführungen über Elimination gegeben hat.

Nach den Formeln des letzten Paragraphen lässt sich diese Function verhältnissmässig einfach berechnen. Wir führen zunächst neben den Variablen $t_{n-1}, t_{n-2} \ldots t_0$ noch ein zweites System davon unabhängiger Variabeln $\tau_{n-1}, \tau_{n-2} \ldots \tau_0$ ein und setzen

$$(2) \qquad \begin{aligned} y &= t_{n-1} f_0 + t_{n-2} f_1 + \cdots + t_0 f_{n-1} \\ z &= \tau_{n-1} f_0 + \tau_{n-2} f_1 + \cdots + \tau_0 f_{n-1}. \end{aligned}$$

Statt nun $S(y^2)$ zu bilden, berechnen wir zunächst $S(yz)$, woraus dann $S(y^2)$ hervorgeht, wenn man die τ gleich den t setzt.

Wenn man die Formel (3) des vorigen Paragraphen

$$y f_s = E_{0,s} f_0 + E_{1,s} f_1 + \cdots + E_{n-1,s} f_{n-1} \tag{3}$$

mit τ_{n-s-1} multiplicirt und dann in Bezug auf s von 0 bis $n-1$ summirt, so findet man

$$(4) \qquad yz = f_0 \sum_{0,n-1}^{s} E_{0,s} \tau_{n-s-1}$$

$$+ f_1 \sum_{0,n-1}^{s} E_{1,s} \tau_{n-s-1} + \cdots + f_{n-1} \sum_{0,n-1}^{s} E_{n-1,s} \tau_{n-s-1}.$$

Nun ist nach §. 68, (6)

$$Sf_0 = n a_0, \quad Sf_1 = (n-1) a_1, \ldots Sf_{n-1} = a_{n-1},$$

so dass man erhält

$$\begin{aligned} S(yz) = & \; n a_0 \sum_{0,n-1}^{s} E_{0,s} \tau_{n-s-1} \\ & + (n-1) a_1 \sum_{0,n-1}^{s} E_{1,s} \tau_{n-s-1} \\ & \cdot \cdot \cdot \cdot \cdot \cdot \cdot \cdot \cdot \cdot \cdot \\ & + a_{n-1} \sum_{0,n-1}^{s} E_{n-1,s} \tau_{n-s-1}. \end{aligned}$$

Hierin ist nun der Coëfficient von τ_{n-1}

$$n a_0 E_{0,0} + (n-1) a_1 E_{1,0} + \cdots + a_{n-1} E_{n-1,0},$$

also nach (3)

$$= a_0 S(y).$$

Da nun $S(z)$ mit dem Gliede $n a_0 \tau_{n-1}$ anfängt, so wird in der Differenz

$$S(yz) - \frac{1}{n} S(y) S(z) \tag{5}$$

kein Glied vorkommen, das mit τ_{n-1} multiplicirt ist. Da dieser Ausdruck aber ausserdem in Bezug auf t und τ symmetrisch ist, so enthält er auch nicht t_{n-1}, und wir können bei seiner Bildung einfach t_{n-1} und $\tau_{n-1} = 0$ annehmen.

Wir setzen nun

$$S(y) = n a_0 t_{n-1} + \varphi(t),$$

worin

$$\varphi(t) = (n-1) a_1 t_{n-2} + (n-2) a_2 t_{n-3} + \cdots + a_{n-1} t_0. \tag{6}$$

Dann wird

$$\begin{aligned} S(yz) - \frac{1}{n} S(y) S(z) = & \\ & n a_0 \sum_{1,n-1}^{s} E_{0,s} \tau_{n-s-1} \\ & + (n-1) a_1 \sum_{1,n-1}^{s} E_{1,s} \tau_{n-s-1} \\ & \cdot \cdot \cdot \cdot \cdot \cdot \cdot \cdot \cdot \cdot \cdot \\ & + a_{n-1} \sum_{1,n-1}^{s} E_{n-1,s} \tau_{n-s-1} - \frac{1}{n} \varphi(t) \varphi(\tau), \end{aligned} \tag{7}$$

wobei jedoch zu bemerken ist, dass $t_{n-1} = 0$ anzunehmen, also

$$E_{s,s} = a_1 t_{n-2} + \cdots + a_s t_{n-s-1}$$

zu setzen ist, während die übrigen E durch die Formeln (9) des vorigen Paragraphen bestimmt sind.

Der Ausdruck auf der rechten Seite von (7) ist eine bilineare Function der t und τ; er möge entwickelt die Form haben

$$\sum_{0,n-2}^{h} \sum_{0,n-2}^{k} B_{h,k}\, t_h\, \tau_k,$$

mit der Bedingung $B_{i,k} = B_{k,i}$. Die Bezoutiante ergiebt sich dann, wenn man $\tau = t$ setzt, also

$$B = \sum_{0,n-2}^{h,k} B_{h,k}\, t_h\, t_k, \tag{8}$$

worin die Coëfficienten $B_{i,k}$ quadratische Functionen der a sind; und aus (7) folgt

$$S(y\,z) - \frac{1}{n}\, S(y)\, S(z) = \sum_{0,n-2}^{h,k} B_{h,k}\, t_h\, \tau_k, \tag{9}$$

$$S(y^2) = \frac{1}{n}\, [S(y)]^2 + B. \tag{10}$$

Nach der Formel (8), §. 68 ist

$$y - \frac{1}{n}\, S(y) = t_{n-2} F_0 + t_{n-3} F_1 + \cdots + t_0 F_{n-2}$$

$$z - \frac{1}{n}\, S(z) = \tau_{n-2} F_0 + \tau_{n-3} F_1 + \cdots + \tau_0 F_{n-2},$$

und wenn wir beides multipliciren,

$$y\,z - \frac{1}{n}\, [y\, S(z) + z\, S(y)] + \frac{1}{n^2}\, S(y)\, S(z)$$
$$= \sum_{0,n-2}^{h,k} \tau_h\, t_k\, F_{n-h-2}\, F_{n-k-2}.$$

Summiren wir diese Formel über alle Wurzeln x, d. h. nehmen wir die mit S bezeichnete Summe, so folgt

$$S(y\,z) - \frac{1}{n}\, S(y)\, S(z) = \sum^{h,k} \tau_h\, t_k\, S\,(F_{n-h-2}\, F_{n-k-2}),$$

und die Vergleichung mit (9) lehrt

$$B_{h,k} = S(F_{n-h-2}\, F_{n-k-2}) \tag{11}$$

Wir bezeichnen mit $\varDelta$ die Determinante der Function B, setzen also

$$\varDelta = \Sigma \pm B_{0,0}\, B_{1,1} \ldots B_{n-2,n-2}.$$

Nach dem Multiplicationssatz der Determinanten und mit Rücksicht auf die Formeln

$$S F_0 = 0, \quad S F_1 = 0, \ldots S F_{n-2} = 0$$

ist aber, wenn wir

$$\Phi = \begin{vmatrix} 1, & F_0(x_1), & F_1(x_1) & \dots & F_{n-2}(x_1) \\ 1, & F_0(x_2), & F_1(x_2) & \dots & F_{n-2}(x_2) \\ \cdot & \cdot & \cdot & \cdot & \cdot \\ 1, & F_0(x_n), & F_1(x_n) & \dots & F_{n-2}(x_n) \end{vmatrix}$$

setzen, nach (11)

$$\Phi^2 = n\Delta. \tag{12}$$

Beachtet man nun die Ausdrücke (9) in §. 68 für die Functionen $F_0, F_1 \dots F_{n-2}$, so ergiebt sich leicht nach dem Satze, dass man in einer Determinante eine mit einem beliebigen Factor multiplicirte Colonne zu einer anderen Colonne addiren kann (§. 22, VII), für Φ der Ausdruck

$$a_0^{n-1} \begin{vmatrix} 1, & x_1, & x_1^2 & \dots & x_1^{n-1} \\ 1, & x_2, & x_2^2 & \dots & x_2^{n-1} \\ \cdot & \cdot & \cdot & \cdot & \cdot \\ 1, & x_n, & x_n^2 & \dots & x_n^{n-1} \end{vmatrix},$$

dessen Quadrat nach §. 46 die Discriminante von $f(x)$ ist. Hiernach haben wir also nach (12) den wichtigen Satz:

Die Determinante der Bezoutiante von $f(x)$ ist der n^{te} Theil der Discriminante von $f(x)$.

Die Berechnung der Bezoutiante hat nach unseren Formeln gar keine Schwierigkeit mehr und gestaltet sich ziemlich einfach.

Für $n = 3$ erhält man das schon aus den Formeln des §. 71 zu schliessende Resultat

$$B = -\frac{2}{3} H(t_1, t_0). \tag{13}$$

Für die Berechnung der Bezoutiante der biquadratischen Form wollen wir zur Veranschaulichung des Vorhergehenden das Formelsystem vollständig aufführen, indem wir die Durchführung der wenig längeren Rechnung für die Form fünften Grades dem Leser überlassen.

Es ist für die Form vierten Grades nach (7) und §. 72, (9)

$$f(x) = a_0 x^4 + a_1 x^3 + a_2 x^2 + a_3 x + a_4$$

$$\begin{array}{l|r} E_{0,1} = -a_2 t_2 - a_3 t_1 - a_4 t_0 & 4 a_0 \tau_2 \\ E_{1,1} = a_1 t_2 & 3 a_1 \tau_2 \\ E_{2,1} = a_0 t_2 + a_1 t_1 & 2 a_2 \tau_2 \\ E_{3,1} = a_0 t_1 + a_1 t_0 & a_3 \tau_2 \end{array}$$

$$\begin{array}{lll|l}
E_{0,2} & = & -a_3 t_2 - a_4 t_1 & 4 a_0 \tau_1 \\
E_{1,2} & = & -a_3 t_1 - a_4 t_0 & 3 a_1 \tau_1 \\
E_{2,2} & = & a_1 t_2 + a_2 t_1 & 2 a_2 \tau_1 \\
E_{3,2} & = & a_0 t_2 + a_1 t_1 + a_2 t_0 & a_3 \tau_1 \\
\hline
E_{0,3} & = & -a_4 t_2 & 4 a_0 \tau_0 \\
E_{1,3} & = & -a_4 t_1 & 3 a_1 \tau_0 \\
E_{2,3} & = & -a_4 t_0 & 2 a_2 \tau_0 \\
E_{3,3} & = & a_1 t_2 + a_2 t_1 + a_3 t_0 & a_3 \tau_0. \\
\hline
\end{array}$$

Man hat diese Ausdrücke mit den rechts daneben gesetzten Factoren zu multipliciren und zu addiren, dann noch

$$-\frac{1}{4}\varphi(t)\varphi(\tau)$$

$$= -\frac{1}{4}(3 a_1 t_2 + 2 a_2 t_1 + a_3 t_0)(3 a_1 \tau_2 + 2 a_2 \tau_1 + a_3 \tau_0)$$

hinzuzufügen und die Coëfficienten von $\tau_h t_k$ aufzusuchen. So ergiebt sich

$$\begin{array}{ll}
B_{2,2} = -\frac{1}{4}(8 a_0 a_2 - 3 a_1^2), & B_{0,1} = -\frac{1}{2}(6 a_1 a_4 - a_2 a_3) \\
(14)\quad B_{1,1} = -4 a_0 a_4 - 2 a_1 a_3 + a_2^2, & B_{1,2} = -\frac{1}{2}(6 a_0 a_3 - a_1 a_2) \\
B_{0,0} = -\frac{1}{4}(8 a_2 a_4 - 3 a_3^2), & B_{0,2} = -\frac{1}{4}(16 a_0 a_4 - a_1 a_3).
\end{array}$$

Auf dieselbe Weise kann man bei einer Form fünften Grades verfahren, und findet für die Coëfficienten der Bezoutiante folgende Ausdrücke

$$\begin{array}{lll}
5 B_{0,0} & = & 4 a_4^2 - 10 a_3 a_5 \\
5 B_{1,1} & = & 6 a_3^2 - 10 a_2 a_4 - 20 a_1 a_5 \\
5 B_{2,2} & = & 6 a_2^2 - 10 a_1 a_3 - 20 a_0 a_4 \\
5 B_{3,3} & = & 4 a_1^2 - 10 a_0 a_2 \\
\hline
5 B_{0,1} & = & 3 a_3 a_4 - 15 a_2 a_5 \\
5 B_{0,2} & = & 2 a_2 a_4 - 20 a_1 a_5 \\
5 B_{0,3} & = & a_1 a_4 - 25 a_0 a_5 \\
5 B_{1,2} & = & 4 a_2 a_3 - 15 a_1 a_4 - 25 a_0 a_5 \\
5 B_{1,3} & = & 2 a_1 a_3 - 20 a_0 a_4 \\
5 B_{2,3} & = & 3 a_1 a_2 - 15 a_0 a_3.
\end{array}$$

§. 74.

Transformation der Gleichung fünften Grades.

Diese Entwickelungen sollen nun angewandt werden, um die Transformation der Gleichung fünften Grades, wie wir sie im §. 54 skizzirt haben, durchzuführen.

Es lässt sich auf unendlich viele Arten ein Werthsystem t_0, t_1, t_2, t_3 so bestimmen, dass die Bezoutiante B verschwindet; im Allgemeinen ist dazu die Auflösung einer quadratischen Gleichung erforderlich. Wir können z. B.

$$t_2 = 0, \quad t_3 = 0$$

setzen und das Verhältniss $t_0 : t_1$ aus der quadratischen Gleichung

$$B_{0,0} t_0^2 + 2 B_{0,1} t_0 t_1 + B_{1,1} t_1^2 = 0$$

bestimmen. Diese Werthe von t enthalten dann die Quadratwurzel

$$\sqrt{B_{0,1}^2 - B_{0,0} B_{1,1}}.$$

Statt dessen kann man aber auch andere Bestimmungen treffen und bekommt andere und andere Quadratwurzeln. In der Auswahl dieser Quadratwurzel liegt etwas Willkürliches und Unbestimmtes.

Wir greifen unter diesen verschiedenen Bestimmungsweisen eine heraus und transformiren damit die gegebene Gleichung fünften Grades in eine Hauptgleichung, d. h. in eine solche, in der die dritte und vierte Potenz der Unbekannten nicht vorkommt, oder wir nehmen an, nach F. Klein's Vorgang, die zu transformirende Gleichung sei von Haus aus eine Hauptgleichung

$$(1) \qquad f(x) = a_0 x^5 + a_3 x^2 + a_4 x + a_5 = 0.$$

Wir wollen aber noch ausdrücklich hervorheben, dass nach §. 70, (8) durch diese vorläufige Tschirnhausen-Transformation die Discriminante der gegebenen Gleichung nur um einen Factor Θ^2 geändert wird, worin Θ rational von den angewandten t, also auch von der zu ihrer Bestimmung benutzten Quadratwurzel abhängt.

Unter der Voraussetzung (1) werden nun die Coëfficienten der Bezoutiante nach den Formeln des vorigen Paragraphen folgende:

$$
(2)\quad \begin{array}{ll}
5B_{0,0} = 4a_4^2 - 10a_3a_5, & 5B_{0,1} = 3a_3a_4 \\
5B_{1,1} = 6a_3^2, & 5B_{0,2} = 0 \\
5B_{2,2} = -20a_0a_4, & 5B_{0,3} = -25a_0a_5 \\
5B_{3,3} = 0 & 5B_{1,2} = -25a_0a_5 \\
5B_{1,3} = -20a_0a_4, & 5B_{2,3} = -15a_0a_3.
\end{array}
$$

Wenn man hieraus die Determinante berechnet, so erhält man ohne Schwierigkeit nach §. 73, (12) für die Discriminante der Hauptgleichung fünften Grades

$$
(3)\quad D = a_0^2(5^5a_0^2a_5^4 + 2^8a_0a_4^5 + 2250a_0a_3^2a_4a_5^2 - 1600a_0a_3a_4^3a_5 + 108a_3^5a_5 - 27a_3^4a_4^2).
$$

Da nun hier $B_{3,3} = 0$ ist, so haben wir ein Werthsystem der t, wofür die Bezoutiante verschwindet, nämlich

$$
t_0 = 0, \quad t_1 = 0, \quad t_2 = 0.
$$

Wir nehmen nun unsere Tschirnhausen-Substitution in folgender Form [§. 68, (12)]

$$
(4)\quad y = t_3F_0 + t_2(\alpha_2F_1 + \alpha_1F_2 + \alpha_0F_3)
$$

und wollen über die α_0, α_1, α_2 so verfügen, dass die Gleichung fünften Grades für y unabhängig von t_3, t_2 zu einer Hauptgleichung wird, dass also $S(y^2)$ identisch für alle t_2, t_3 verschwindet.

Da $S(F_0^2) = B_{3,3}$ hier verschwindet, so geschieht dieser Forderung nach §. 73, (11) genüge, wenn wir α_0, α_1, α_2 so bestimmen, dass

$$
(5)\quad \alpha_0^2B_{0,0} + \alpha_1^2B_{1,1} + \alpha_2^2B_{2,2} + 2\alpha_0\alpha_1B_{0,1} + 2\alpha_0\alpha_2B_{0,2} + 2\alpha_1\alpha_2B_{1,2} = 0,
$$

$$
(6)\quad \alpha_0B_{0,3} + \alpha_1B_{1,3} + \alpha_2B_{2,3} = 0.
$$

Diese Gleichungen führen durch Elimination von einer der drei Grössen α auf eine quadratische Gleichung für das Verhältniss der beiden anderen. An sich ist es nicht nothwendig, irgend einen besonderen Fall auszuschliessen, auch nicht den, dass $B_{0,3}$, $B_{1,3}$, $B_{2,3}$ alle drei verschwinden; man hätte dann nur für die α irgend eine Lösung der Gleichung (5) zu nehmen.

Um aber nicht weitläufig zu sein, wollen wir annehmen, dass $B_{0,3}$ von Null verschieden sei, weil die hierdurch ausgeschlossenen Fälle, in denen eine Wurzel der gegebenen Gleichung Null oder unendlich wird, hier eigentlich kein Interesse bieten, weil sie auf eine Gleichung niedrigeren Grades zurückkommen. Die Behandlung bleibt übrigens ganz dieselbe, wenn wir annehmen, dass eine andere von den drei Grössen $B_{0,3}, B_{1,3}, B_{2,3}$ von Null verschieden ist.

Um nun die Gleichungen (5), (6) in symmetrischer Weise zu behandeln und namentlich zu erkennen, welche Quadratwurzel zu ihrer Lösung erfordert wird, verfahren wir so. Wir setzen zur Abkürzung

$$
\begin{aligned}
B_0 &= \alpha_0 B_{0,0} + \alpha_1 B_{0,1} + \alpha_2 B_{0,2} \\
B_1 &= \alpha_0 B_{1,0} + \alpha_1 B_{1,1} + \alpha_2 B_{1,2} \\
B_2 &= \alpha_0 B_{2,0} + \alpha_1 B_{2,1} + \alpha_2 B_{2,2}.
\end{aligned} \tag{7}
$$

Dann können wir die Gleichungen (5) und (6) so darstellen:

$$
\begin{aligned}
\alpha_0 B_0 + \alpha_1 B_1 + \alpha_2 B_2 &= 0 \\
\alpha_0 B_{0,3} + \alpha_1 B_{1,3} + \alpha_2 B_{2,3} &= 0.
\end{aligned} \tag{8}
$$

Wir multipliciren die zweite mit einem unbestimmten Factor α_3 und addiren sie zur ersten, wodurch wir erhalten

$$\alpha_0 (B_0 + \alpha_3 B_{0,3}) + \alpha_1 (B_1 + \alpha_3 B_{1,3}) + \alpha_2 (B_2 + \alpha_3 B_{2,3}) = 0, \tag{9}$$

eine Gleichung, die erfüllt ist, wenn wir setzen

$$
\begin{aligned}
B_0 + \alpha_3 B_{0,3} &= 0 \\
B_1 + \alpha_3 B_{1,3} &= \sigma \alpha_2 \\
B_2 + \alpha_3 B_{2,3} &= -\sigma \alpha_1.
\end{aligned} \tag{10}
$$

Aus diesen drei Gleichungen, in Verbindung mit der Gleichung (6) haben wir die Unbekannten $\alpha_0, \alpha_1, \alpha_2, \alpha_3, \sigma$ zu bestimmen. Wir setzen die Gleichungen zunächst ausführlich hierher

$$
\begin{aligned}
\alpha_0 B_{0,0} + \alpha_1 B_{0,1} \qquad\; &+ \alpha_2 B_{0,2} &+ \alpha_3 B_{0,3} &= 0 \\
\alpha_0 B_{1,0} + \alpha_1 B_{1,1} \qquad\; &+ \alpha_2 (B_{1,2} - \sigma) &+ \alpha_3 B_{1,3} &= 0 \\
\alpha_0 B_{2,0} + \alpha_1 (B_{2,1} + \sigma) &+ \alpha_2 B_{2,2} &+ \alpha_3 B_{2,3} &= 0 \\
\alpha_0 B_{3,0} + \alpha_1 B_{3,1} \qquad\; &+ \alpha_2 B_{3,2} & &= 0,
\end{aligned} \tag{11}
$$

und wenn wir hieraus $\alpha_0, \alpha_1, \alpha_2, \alpha_3$ eliminiren, so ergiebt sich eine quadratische Gleichung für σ, nach deren Lösung man die Verhältnisse $\alpha_0 : \alpha_1 : \alpha_2 : \alpha_3$ aus linearen Gleichungen bestimmen kann.

Die quadratische Gleichung für σ aber lautet in Determinantenform

$$
\begin{vmatrix}
B_{0,0}, & B_{0,1}, & B_{0,2}, & B_{0,3} \\
B_{1,0}, & B_{1,1}, & B_{1,2} - \sigma, & B_{1,3} \\
B_{2,0}, & B_{2,1} + \sigma, & B_{2,2}, & B_{2,3} \\
B_{3,0}, & B_{3,1}, & B_{3,2}, & 0
\end{vmatrix} = 0.
$$

Da sich die linke Seite durch Vertauschung von σ mit $-\sigma$ nicht ändert, so ist es eine reine quadratische Gleichung und sie giebt mit Rücksicht auf §. 73, (12)

$$B_{0,3}^2 \sigma^2 - 5D = 0,$$

wenn D die Discriminante der gegebenen Gleichung ist. Wir bekommen also nach (2)

(12) $$5 a_0 a_5 \sigma = \sqrt{5D},$$

worin das Vorzeichen beliebig ist.

§. 75.

Normalform der Gleichung fünften Grades.

Wie schon früher bemerkt, ist das hauptsächlichste Ziel dieser Betrachtungen, eine Normalform der Gleichung fünften Grades herzustellen, die nur von einem unbestimmten Coëfficienten, einem Parameter, abhängt. Eine solche Normalform ist die Bring-Jerrard'sche Form. Um diese zu erhalten, haben wir nach (4) des vorigen Paragraphen

(1) $$y = t_3 F_0 + t_2 (\alpha_2 F_1 + \alpha_1 F_2 + \alpha_0 F_3)$$

zu setzen, so dass identisch

$$S(y) = 0, \quad S(y^2) = 0$$

wird, und dann ist das Verhältniss $t_3 : t_2$ aus der cubischen Gleichung

$$S(y^3) = 0$$

zu bilden. Diese cubische Gleichung lässt sich wirklich bilden, wenn auch ihr Ausdruck lang wird. Die hierzu nöthigen Formeln sind von Cayley berechnet [1]).

Es ist das Ergebniss einer merkwürdigen Untersuchung von Gordan, dass man eine andere, die Brioschi'sche Normalform ohne neue Irrationalität erhalten kann, und wir wollen zum Beschluss dieser Betrachtungen über die Tschirnhausen-Transformation dies Resultat noch ableiten [2]).

Wir halten an den Voraussetzungen des vorigen Paragraphen fest und setzen für den Augenblick zur Abkürzung

---

[1]) Cayley, on Tschirnhausen's Transformation, Phil. Trans. 1861, Mathematical Papers, Tom. IV, Nr. 275.

[2]) Gordan, Mathematische Annalen, Bd. 28, 1886.7

(2) $$u = F_0, \quad v = \alpha_2 F_1 + \alpha_1 F_2 + \alpha_0 F_3,$$

worin α_0, α_1, α_2 die im vorigen Paragraphen bestimmten Werthe haben sollen.

Nach der Formel §. 73, (4) lassen sich die drei Functionen

$$u^2, \quad uv, \quad v^2$$

linear und homogen durch f_0, f_1, f_2, f_3, f_4 darstellen, und weil

(3) $$S(u^2) = 0, \quad S(uv) = 0, \quad S(v^2) = 0$$

ist, so werden diese Ausdrücke auch in F_0, F_1, F_2, F_3 linear und homogen.

Die Rechnung ist nach den Formeln der §§. 72, 73 leicht auszuführen, soll aber hier nicht weiter verfolgt werden, da es uns nur auf die Darlegung des Grundgedankens ankommt. Wir wollen nur bemerken, dass die Coëfficienten in den Ausdrücken für u^2, uv, v^2 linear in den Coëfficienten der ursprünglichen Gleichung fünften Grades und quadratisch in den α_0, α_1, α_2 sind. Wenn wir nun aus diesen Ausdrücken mit Hülfe von (2) die Functionen F_0, F_1, F_2, F_3 eliminiren, so erhalten wir eine Relation von der Form

(4) $$pu^2 + 2quv + rv^2 = au + bv,$$

worin die p, q, r, a, b von den Coëfficienten a_i und α_i rational abhängen und jedenfalls nicht alle zugleich verschwinden.

Setzen wir für den Augenblick

$$pu^2 + 2quv + rv^2 = \varphi(u, v),$$

so ist nach §. 57

$$4\varphi(u', v')\varphi(u, v) - [u'\varphi'(u) + v'\varphi'(v)]^2$$

das Quadrat einer linearen Function von u, v, so dass dadurch $\varphi(u, v)$ in die Summe von zwei Quadraten zerlegt wird. Wählen wir $u' = b$, $v' = -a$, so folgt

$$\varphi(b, -a)\varphi(u, v) = [b(pu + qv) - a(qu + rv)]^2 \\ + (pr - q^2)(au + bv)^2,$$

oder wenn man zur Abkürzung

(5) $$\begin{aligned} pb^2 - 2qab + ra^2 &= m, \\ bp - aq &= a', \\ bq - ar &= b', \\ q^2 - pr &= c \end{aligned}$$

setzt,

(6) $$m(pu^2 + 2quv + rv^2) = (a'u + b'v)^2 - c(au + bv)^2,$$

und nach (4) kann diese Gleichung auch so dargestellt werden:

$$(7) \qquad m(au + bv) = (a'u + b'v)^2 - c(au + bv)^2.$$

Man setze nun

$$(8) \qquad y = \frac{a'u + b'v}{au + bv},$$

und bilde die Gleichung fünften Grades, deren Wurzeln die fünf Werthe von y sind:

$$(9) \qquad y^5 + c_1 y^4 + c_2 y^3 + c_3 y^2 + c_4 y + c_5 = 0;$$

darin lassen sich die Coëfficienten c auf folgende Weise näher bestimmen.

Aus (8) leiten wir ab

$$y + \sqrt{c} = \frac{a'u + b'v + \sqrt{c}\,(au + bv)}{au + bv}$$

und daraus nach (7)

$$y + \sqrt{c} = \frac{m}{a'u + b'v - \sqrt{c}\,(au + bv)},$$

$$\frac{m}{y + \sqrt{c}} = a'u + b'v - \sqrt{c}\,(au + bv).$$

Daraus folgt aber nach (3)

$$S\left[\frac{1}{y + \sqrt{c}}\right] = 0, \quad S\left[\frac{1}{(y + \sqrt{c})^2}\right] = 0.$$

Wenn wir also aus (9) die Gleichung ableiten, deren Wurzeln die Werthe

$$\xi = \frac{1}{y + \sqrt{c}}$$

sind, also

$$y = \frac{1 - \xi\sqrt{c}}{\xi}$$

setzen, so muss eine Gleichung für ξ entstehen, in der die Coëfficienten von ξ^4 und ξ^3 verschwinden, und zwar welches Zeichen wir auch der Quadratwurzel $\sqrt{c}$ geben. Dadurch erhält man vier Gleichungen zwischen den Coëfficienten c_ν der Gleichung (9).

Die Gleichung für ξ wird nämlich

$$(1 - \xi\sqrt{c})^5 + c_1\xi(1 - \xi\sqrt{c})^4 + c_2\xi^2(1 - \xi\sqrt{c})^3$$
$$+ c_3\xi^3(1 - \xi\sqrt{c})^2 + c_4\xi^4(1 - \xi\sqrt{c}) + c_5\xi^5 = 0.$$

Setzt man hierin die Coëfficienten von ξ^4 und ξ^3 gleich 0, so folgt

$$5\sqrt{c}^4 - 4c_1\sqrt{c}^3 + 3c_2\sqrt{c}^2 - 2c_3\sqrt{c} + c_4 = 0,$$
$$-10\sqrt{c}^3 + 6c_1\sqrt{c}^2 - 3c_2\sqrt{c} + c_3 = 0,$$

und diese Gleichungen zerfallen wegen des doppelten Zeichens von $\sqrt{c}$ in die vier

$$\begin{aligned} 5c^2 + 3c_2c + c_4 &= 0, \\ 4c_1c + 2c_3 &= 0, \\ 10c + 3c_2 &= 0, \\ 6c_1c + c_3 &= 0. \end{aligned}$$

Aus der zweiten und vierten dieser Gleichungen folgt

$$c_1 = 0, \quad c_3 = 0,$$

und dann aus der dritten und ersten

$$c_2 = -\frac{10}{3}c, \quad c_4 = -5c^2,$$

so dass also die Gleichung für y die Gestalt erhält

$$(10) \qquad y^5 - \frac{10}{3}cy^3 + 5c^2y + c_5 = 0.$$

Diese Gleichung hängt noch von den beiden Parametern c_5 und c ab; man kann sie auf eine Gleichung mit einem Parameter reduciren durch die Substitution

$$(11) \qquad y = \sqrt{\frac{c}{3}}\,z, \qquad \gamma = c_5\sqrt{\frac{3^5}{c^5}},$$

wodurch sie die einfache und elegante Form erhält

$$(12) \qquad z^5 - 10z^3 + 45z + \gamma = 0.$$

Dies ist die Brioschi'sche Normalform. Die Substitution (11) leidet aber an dem Uebelstande, dass sie noch eine Quadratwurzel enthält; während in den Formeln (8) und (10) nur die zwei im vorigen Paragraphen besprochenen Quadratwurzeln vorkommen. Man kann aber auch nach einer Bemerkung von Klein auf rationalem Wege aus (10) zu einer Normalform kommen, die nur einen Parameter enthält.

Setzt man z. B.

$$(13) \qquad y = \frac{3c_5}{c^2}\frac{1}{z}, \qquad \gamma = \frac{9c_5^2}{c^5},$$

so erhält man aus (10) die Gleichung

$$(14) \qquad z^5 + 15z^4 - 10\gamma z^2 + 3\gamma^2 = 0.$$

Es ist bei dieser Transformation stillschweigend die Voraussetzung gemacht, dass die in (5) mit m und c bezeichneten Grössen nicht Null seien.

Ist $m = 0$, so ist in der Formel (4) $pu^2 + 2quv + rv^2$ durch $au + bv$ theilbar, es muss dann also wenigstens für einige der Wurzeln die Gleichung

$$au + bv = 0,$$

d. h. eine Gleichung von nicht höherem als dem vierten Grade bestehen.

Ist $c = 0$, also $pu^2 + 2quv + rv^2$ ein Quadrat einer linearen Function, so ergiebt sich aus (7), dass, wenn

$$y = a'u + b'v$$

gesetzt wird

$$S(y) = 0, \quad S(y^2) = 0, \quad S(y^3) = 0$$

ist, dass also die Bring-Jerrard'sche Form in rationaler Weise herstellbar ist.

Wir können schliesslich die Resultate dieser Betrachtungen dahin zusammenfassen:

Die Hauptgleichung fünften Grades lässt sich durch eine Transformation, die als einzige Irrationalität die Quadratwurzel aus der Discriminante enthält, auf eine Normalform mit einem Parameter transformiren.

ZWEITES BUCH.

DIE WURZELN.

Siebenter Abschnitt.

Realität der Wurzeln.

---

§. 76.

Allgemeines über Realität von Gleichungswurzeln und über die Discriminante.

In diesem Abschnitt werden wir uns mit der Frage beschäftigen, wie viele Wurzeln einer algebraischen Gleichung reell sind. Die Coëfficienten der Gleichung werden dabei als reelle Zahlen vorausgesetzt. Wir wollen solche Gleichungen kurz reelle Gleichungen nennen und beginnen mit einigen allgemeinen Betrachtungen.

Die reelle Gleichung n^{ten} Grades

$$f(x) = 0$$

hat, wie wir im dritten Abschnitt gesehen haben, n Wurzeln, die entweder reell oder imaginär, d. h. von der Form $\xi + i\eta$ sind, mit reellen ξ, η. Die Zahl von n Wurzeln ergiebt sich aber nur dann allgemein, wenn wir unter Umständen eine Wurzel mehrfach zählen, nämlich $(m + 1)$fach, wenn mit $f(x)$ zugleich die m ersten Derivirten von $f(x)$ verschwinden. Da nun ein complexer Ausdruck von der Form $X + iY$ nur dann gleich Null ist, wenn die beiden reellen Bestandtheile X und Y einzeln verschwinden, wenn also mit $X + iY$ zugleich $X - iY$ verschwindet, und da ferner bei reellen Coëfficienten, wenn $f(\xi + i\eta) = X + iY$ ist, sich $f(\xi - i\eta) = X - iY$ ergiebt, so folgt aus $f(\xi + i\eta) = 0$, dass zugleich $f(\xi - i\eta) = 0$ sein muss, dass also zu jeder imaginären Wurzel $\xi + i\eta$ eine zweite davon verschiedene imaginäre $\xi - i\eta$, d. h. die conjugirt imaginäre Wurzel gehört. Da mit den Derivirten $f'(\xi + i\eta)$, $f''(\xi + i\eta)$ . . . zugleich die conjugirten Grössen $f'(\xi - i\eta)$, $f''(\xi - i\eta)$ . . . verschwinden, so folgt, dass conjugirt imaginäre Wurzeln denselben Grad der Vielfachheit haben.

Daraus folgt, dass die imaginären Wurzeln immer in gerader Zahl vorkommen, und dass eine Gleichung ungeraden Grades immer mindestens eine reelle Wurzel haben muss.

Unser nächstes Ziel wird das sein, die Zahl der reellen Wurzeln, ohne die Gleichung aufzulösen, direct aus den Werthen gewisser rationaler Functionen der Coëfficienten der Gleichung zu bestimmen.

Eine sehr wichtige Rolle spielt hierbei die Discriminante, auf deren Bedeutung für unsere Frage wir zunächst eingehen müssen.

Wir haben in §. 46 die Discriminante erklärt als das Product aus den Quadraten der sämmtlichen Wurzeldifferenzen

$$(x_1 - x_2)^2,$$

noch multiplicirt mit a_0^{2n-2}, wenn a_0 der Coëfficient der höchsten Potenz der Unbekannten in der gegebenen Gleichung ist, und wir haben dort gezeigt, wie die Discriminante als rationale Function der Coëfficienten berechnet werden kann. Der Factor a_0^{2n-2} ist immer positiv und könnte hier ohne wesentliche Beschränkung der Allgemeinheit auch gleich 1 vorausgesetzt werden. Wir wollen, wie schon früher, für die Discriminante das Zeichen D gebrauchen.

Die Discriminante verschwindet dann und nur dann, wenn unter den Wurzeln zwei gleiche vorkommen.

Nehmen wir an, dass $f(x)$ durch Absonderung des grössten gemeinschaftlichen Theilers von $f(x)$ und $f'(x)$, was durch rationale Rechnung geschieht, von mehrfachen Factoren befreit sei, so wird also D nicht verschwinden.

Sind x_1 und x_2 reell, so ist $(x_1 - x_2)^2$ positiv. Ist x_1 reell und x_2 imaginär, so giebt es eine zu x_2 conjugirte Wurzel x'_2, und das Product

$$(x_1 - x_2)(x_1 - x'_2)$$

ist als Product zweier conjugirt imaginärer Grössen positiv, also auch sein Quadrat.

Sind x_1 und x_2 beide imaginär, aber nicht conjugirt, so ist das Product

$$(x_1 - x_2)(x'_1 - x'_2)$$

und sein Quadrat positiv.

Sind aber endlich x_1 und x_2 conjugirt imaginär, so ist ihre Differenz rein imaginär und deren Quadrat negativ.

Es kommen also in dem Product, durch das wir die Discriminante erklärt haben, genau so viel negative Factoren vor, als es Paare conjugirt imaginärer Wurzeln giebt, und wir schliessen daraus auf den wichtigen Fundamentalsatz:

Ist $f(x) = 0$ eine reelle Gleichung ohne mehrfache Wurzeln, so ist die Discriminante positiv oder negativ, je nachdem die Anzahl der Paare conjugirt imaginärer Wurzeln gerade oder ungerade ist.

Der Fall, wo nur reelle Wurzeln vorhanden sind, gehört zu denen, wo die Discriminante positiv ist.

Für die Fälle der quadratischen und cubischen Gleichungen, in denen nur ein Paar imaginärer Wurzeln auftreten kann, ist durch diesen Hauptsatz bereits die Unterscheidung der verschiedenen Fälle, die in Bezug auf die Wurzelrealität möglich sind, die Determination, vollendet.

§. 77.

Discussion der quadratischen und cubischen Gleichung.

Für die quadratische Gleichung

$$a_0 x^2 + a_1 x + a_2 = 0$$

haben wir (§. 46)

$$D = a_1^2 - 4 a_0 a_2 > 0 \quad \text{reelle Wurzeln.}$$
$$< 0 \quad \text{imaginäre Wurzeln.}$$

Für die cubische Gleichung

$$a_0 x^3 + a_1 x^2 + a_2 x + a_3 = 0$$

ist

$$D = a_1^2 a_2^2 + 18 a_0 a_1 a_2 a_3 - 4 a_0 a_2^3 - 4 a_1^3 a_3 - 27 a_0^2 a_3^2,$$

$D > 0$ drei reelle Wurzeln,

$D < 0$ eine reelle, zwei imaginäre Wurzeln.

Auch der Fall $D = 0$ giebt hier zu keinen weiteren Unterscheidungen Anlass; denn in diesem Falle sind die beiden Wurzeln der quadratischen Gleichung einander gleich und reell, von den drei Wurzeln der cubischen Gleichung zwei einander gleich und alle drei reell; denn eine imaginäre Wurzel kann hier nicht doppelt vorkommen, weil sonst auch die conjugirte doppelt vorkommen würde, und ebenso wenig kann die einzelne Wurzel imaginär sein, weil sonst eine zweite vorhanden sein müsste.

Es kann sich bei der cubischen Gleichung nur noch darum handeln, die Bedingung dafür aufzusuchen, dass alle drei Wurzeln einander gleich sind.

In diesem Falle muss die linke Seite der cubischen Gleichung ein vollständiger Cubus sein, also

$$a_0 x^3 + a_1 x^2 + a_2 x + a_3 = a_0 (x - \alpha)^3.$$

Die Vergleichung beider Seiten dieser identischen Gleichung ergiebt

$$a_1 = -3 a_0 \alpha, \quad a_2 = 3 a_0 \alpha^2, \quad a_3 = -a_0 \alpha^3,$$

woraus man durch Elimination von α erhält

$$(1) \qquad \begin{aligned} a_1^2 - 3 a_0 a_2 &= 0, \\ a_1 a_2 - 9 a_0 a_3 &= 0. \end{aligned}$$

Daraus ergiebt sich als Folge (indem man die erste dieser Gleichungen mit a_2, die zweite mit a_1 multiplicirt und subtrahirt)

$$a_2^2 - 3 a_1 a_3 = 0;$$

und wenn diese Bedingungen erfüllt sind, so folgt daraus umgekehrt

$$f(x) = a_0 \left(x + \frac{a_1}{3 a_0}\right)^3,$$

d. h. die Gleichheit aller drei Wurzeln.

Bei der cubischen Gleichung

$$x^3 + a_1 x^2 + a_2 x + a_3 = 0$$

können wir ausser über die Realität auch noch über die Vorzeichen der Wurzeln vollständig entscheiden.

Bezeichnen wir nämlich mit α, β, γ die drei Wurzeln, so ist

$$(2) \quad a_1 = -(\alpha + \beta + \gamma), \quad a_2 = \alpha\beta + \alpha\gamma + \beta\gamma, \quad a_3 = -\alpha\beta\gamma.$$

Ist nun $D < 0$, also nur eine Wurzel, etwa α, reell, so ist $\beta\gamma$ positiv und α wird negativ oder positiv sein, je nachdem a_3 positiv oder negativ ist. Ist aber D positiv, also alle drei Wurzeln reell, so ist, wenn α, β, γ positiv sind, nach (2)

(3) $$a_1 < 0, \quad a_2 > 0, \quad a_3 < 0;$$

diese Bedingungen sind nothwendig dafür, dass alle drei Wurzeln positiv sind. Sie sind aber auch hinreichend; denn wenn eine oder drei Wurzeln negativ sind, so ist $a_3 > 0$. Sind aber zwei Wurzeln, etwa β, γ, negativ, so ist entweder

$$a_1 \geqq 0 \quad \text{oder} \quad \alpha > -(\beta + \gamma).$$

In letzterem Falle aber folgt

$$a_2 < \beta\gamma - (\beta + \gamma)^2 = -\beta^2 - \beta\gamma - \gamma^2,$$

also a_2 negativ.

Ist endlich eine Wurzel gleich 0, so muss nothwendig a_3 verschwinden.

Indem man x durch $-x$ ersetzt, schliesst man, dass für drei negative Wurzeln die nothwendige und hinreichende Bedingung die ist

(4) $$a_1 > 0, \quad a_2 > 0, \quad a_3 > 0.$$

Wir erhalten daher unter Voraussetzung einer positiven Discriminante folgende Tabelle:

a_1	a_2	a_3	
−	+	−	3
−	−	−	1
+	+	−	1
+	−	−	1
+	+	+	0
−	−	+	2
−	+	+	2
+	−	+	2

wo in der letzten Columne die Zahl der positiven Wurzeln angegeben ist. Wir können das Resultat dieser Betrachtung so aussprechen:

Bei positiver Discriminante ist die Anzahl der positiven Wurzeln der cubischen Gleichung gleich der Anzahl der Zeichenwechsel in der Reihe

$$1, a_1, a_2, a_3,$$

wenn wir unter einem Zeichenwechsel die Aufeinanderfolge einer positiven und einer negativen oder einer negativen und einer positiven Grösse verstehen.

Wenn eine der beiden Grössen a_1, a_2 verschwindet, so haben wir, da dann nicht alle Wurzeln von gleichem Zeichen sein können, eine oder zwei positive Wurzeln.

Wenn $a_3 = 0$ ist, so reducirt sich die Discriminante auf

$$a_2^2(a_1^2 - 4a_2),$$

und wenn diese positiv ist, so hat die cubische Gleichung eine verschwindende und noch zwei andere reelle Wurzeln. Diese sind positiv, wenn

$$a_1 < 0, \quad a_2 > 0,$$

negativ, wenn

$$a_1 > 0, \quad a_2 > 0,$$

und es ist eine von ihnen positiv und eine negativ, wenn

$$a_1 \gtreqless 0, \quad a_2 < 0$$

ist.

§. 78.

Discussion der biquadratischen Gleichung.

Bei den Gleichungen vierten und fünften Grades existiren entweder keine oder zwei oder vier imaginäre Wurzeln. Ist die Discriminante negativ, so hat man zwei imaginäre Wurzeln. Bei positiver Discriminante können entweder vier oder keine imaginären Wurzeln vorhanden sein. Diese beiden Fälle zu unterscheiden, wird weiterhin unsere Aufgabe sein. Wir wenden uns aber zunächst zu einer elementaren Betrachtung der biquadratischen Gleichung, die wir der Einfachheit halber in der verkürzten Form

$$(1) \qquad x^4 + ax^2 + bx + c = 0$$

annehmen wollen, von der wir leicht zur allgemeinen Form zurückkehren können.

Bezeichnen wir die Wurzeln mit α, β, γ, δ und setzen, wie in §. 47

$$(2) \qquad \begin{array}{ll} \alpha - \beta = v + w, & \gamma - \delta = v - w, \\ \alpha - \gamma = w + u, & \delta - \beta = w - u, \\ \alpha - \delta = u + v, & \beta - \gamma = u - v, \end{array}$$

so sind u^2, v^2, w^2 die Wurzeln der cubischen Resolvente

$$(3) \qquad y^3 + 2ay^2 + (a^2 - 4c)y - b^2 = 0,$$

und die Discriminante D dieser cubischen Gleichung, die durch

(4) $27D = 4(a^2 + 12c)^3 - (2a^3 - 72ac + 27b^2)^2$

bestimmt ist, ist zugleich die Discriminante der biquadratischen Gleichung (1), und die Vorzeichen der Grössen u, v, w sind durch die Bedingung

(5) $$uvw = -b$$

beschränkt [§. 37, (3)].

Wenn die Discriminante negativ ist, so hat die Gleichung (3) ebenso wie (1) zwei conjugirt imaginäre Wurzeln.

Ist D positiv und alle vier Wurzeln $\alpha, \beta, \gamma, \delta$ reell, so werden auch u, v, w reell und also ihre Quadrate, d. h. die Wurzeln von (3), positiv.

Sind alle vier Wurzeln imaginär, etwa α mit β und γ mit δ conjugirt, so folgt aus (2), dass v und w rein imaginär, u reell ist; also hat in diesem Falle die Gleichung (3) eine positive und zwei negative Wurzeln.

In beiden Fällen kann aber auch, wenn b verschwindet, eine der Grössen u, v, w gleich Null sein.

Mit Rücksicht auf die Ergebnisse des letzten Paragraphen über die cubische Gleichung kommen wir also zu folgendem Resultat:

Die nothwendige und hinreichende Bedingung für die Existenz von vier verschiedenen reellen Wurzeln ist

(6) $$D > 0, \quad a < 0, \quad a^2 - 4c > 0.$$

In allen anderen Fällen, wo D positiv ist, hat die Gleichung vier imaginäre Wurzeln.

Wir können auch für $D = 0$, also im Falle der Gleichheit zweier Wurzeln, die Discussion vollständig durchführen.

Nehmen wir $\gamma = \delta$ an, so folgt aus (2), da wir die Annahme $\alpha + \beta + \gamma + \delta = 0$ gemacht haben,

$$2v = 2w = \alpha - \beta$$
$$2u = \alpha + \beta - 2\gamma = 2(\alpha + \beta)$$

und daraus nach (3)

(7) $$\begin{aligned} -4a &= 2(\alpha + \beta)^2 + (\alpha - \beta)^2 \\ 16\,(a^2 - 4c) &= (\alpha - \beta)^2\,[8(\alpha + \beta)^2 + (\alpha - \beta)^2]. \end{aligned}$$

Um zunächst den Fall zu erledigen, dass auch $\alpha = \beta$ ist, so erhalten wir aus (7) dafür die Bedingung $a^2 - 4c = 0$, und die erste Gleichung (7) zeigt, dass a negativ ist, wenn α und γ

reell, dagegen positiv, wenn α und γ conjugirt (und dann wegen $\alpha + \gamma = 0$ rein imaginär) sind. Daraus folgt:

Die biquadratische Gleichung hat zwei Paare gleicher, reeller Wurzeln, wenn

$$D = 0, \quad a < 0, \quad a^2 - 4c = 0 \tag{8}$$

und zwei Paare gleicher imaginärer Wurzeln, wenn

$$D = 0, \quad a > 0, \quad a^2 - 4c = 0. \tag{9}$$

Ist aber α von β verschieden, so muss γ reell sein und (7) zeigt, dass, wenn α und β reell sind, a negativ und $a^2 - 4c$ positiv ist, dass dagegen, wenn α und β conjugirt imaginär sind, entweder a positiv oder $a^2 - 4c$ negativ sein muss, da in diesem Falle $(\alpha - \beta)^2$ negativ ist, und wenn $2(\alpha + \beta)^2 + (\alpha - \beta)^2$ positiv ist, jedenfalls auch $8(\alpha + \beta)^2 + (\alpha - \beta)^2$ positiv sein muss.

Wir können also (6) dahin ergänzen, dass wir sagen:

Die nothwendige und hinreichende Bedingung für die Existenz von vier reellen Wurzeln, von denen auch zwei (aber nicht mehr) einander gleich sein können, ist

$$D \geqq 0, \quad a < 0, \quad a^2 - 4c > 0. \tag{10}$$

Die nothwendige und hinreichende Bedingung für drei gleiche Wurzeln, die nothwendig alle reell sind, ist nach (2)

$$u^2 = v^2 = w^2,$$

es muss also die cubische Resolvente (3) drei gleiche Wurzeln haben, und dafür sind nach §. 77 (1) die nothwendigen und hinreichenden Bedingungen

$$\begin{aligned} a^2 + 12c &= 0 \\ 2a^3 - 8ac + 9b^2 &= 0. \end{aligned} \tag{11}$$

Nach §. 47, (15), (16) sind die beiden Invarianten A und B der biquadratischen Gleichung

$$A = a^2 + 12c, \quad B = 2a^3 - 72ac + 27b^2.$$

Also können wir die Gleichungen (11) auch so schreiben

$$A = 0, \quad B + 4aA = 0,$$

so dass (11) gleichbedeutend ist mit

$$A = 0, \quad B = 0.$$

Durch Elimination von c kann man aus (11) auch noch die Gleichung ableiten:

$$8a^3 + 27b^2 = 0. \tag{12}$$

Endlich ist noch die Bedingung für die Gleichheit aller vier Wurzeln

(13) $$a = 0, \quad b = 0, \quad c = 0.$$

Man kann diese Verhältnisse sehr anschaulich machen durch eine geometrische Deutung, und wenn auch geometrische Betrachtungen nicht eigentlich in unserem Plane liegen, so wollen wir doch nicht unterlassen, den Leser darauf gelegentlich hinzuweisen.

Deutet man a, b, c als rechtwinklige Coordinaten im Raume, so ist jeder Raumpunkt als Träger einer gewissen biquadratischen Gleichung von der Form (1), $f(x) = 0$, zu betrachten; alle Gleichungen, die eine bestimmte Zahl x zur Wurzel haben, werden durch Punkte einer Ebene $[f(x) = 0]$ repräsentirt. Die Gleichung $D = 0$ ist die Gleichung einer krummen Oberfläche (fünften Grades), der Discriminantenfläche, die von den Schnittlinien der Ebenen $f(x) = 0$, $f'(x) = 0$ erzeugt wird, und also eine abwickelbare Fläche ist. Sie ist die Einhüllende aller Ebenen $f(x) = 0$.

Die Fläche hat eine aus zwei Zweigen bestehende Rückkehrkante, die durch die Gleichungen (11), (12) dargestellt ist, und eine Doppellinie, die durch die Gleichungen $b = 0$, $a^2 - 4c = 0$ bestimmt ist und also die Gestalt einer Parabel hat. Auf der Seite der negativen a durchsetzt sich in dieser Parabel die Fläche selbst. Auf der Seite der positiven a setzt sich die Parabel als isolirte Linie fort.

Die Discriminantenfläche theilt den ganzen Raum in drei Fächer, von denen zwei nur längs der Doppelparabel zusammenhängen, und diese Fächer enthalten die Punkte, denen keine, zwei und vier reelle Wurzeln entsprechen. Nennen wir für den Augenblick diese drei Fächer [0], [2], [4], so grenzt [0] an [4] nur längs der Doppelparabel, während [0] sowohl als [4] längs der Flächentheile an [2] grenzen. Wir wollen mit [0, 2] und [4, 2] die Grenzflächen von [0], [2] und von [0], [4] bezeichnen. Der isolirte Theil der Parabel setzt sich in das Innere von [0] fort. Die Rückkehrkanten liegen auf dem Theil der Fläche, der [4] von [2] scheidet.

Im Coordinatenanfang stossen die drei Raumtheile und ihre Grenzflächen und Grenzlinien zusammen. Die Punkte der Flächentheile [0, 2] stellen Gleichungen mit zwei gleichen und zwei imaginären Wurzeln dar, die Punkte von [2, 4] Gleichungen mit zwei gleichen und zwei davon verschiedenen reellen Wurzeln.

Auf der Doppelparabel finden zweimal zwei gleiche Wurzeln statt, und zwar auf dem Theil, in dem [0] an [4] grenzt, reelle, in dem isolirten Theil imaginäre.

Fig. 5.

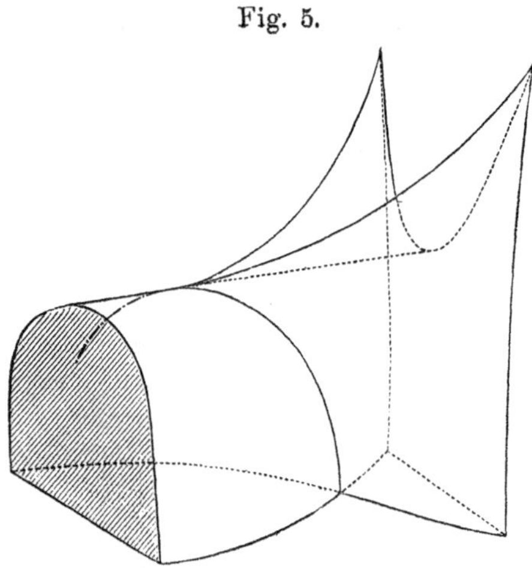

Die Punkte der Rückkehrkanten repräsentiren Gleichungen mit drei gleichen Wurzeln und der Coordinaten-Anfangspunkt die Gleichung mit vier gleichen Wurzeln.

Auf die Discriminantenfläche und ihre Bedeutung für die Discussion der biquadratischen Gleichung hat zuerst Kronecker hingewiesen. Ein Modell der Fläche ist von Kerschensteiner construirt [1]).

Der analytische Ausdruck für die Bedingungen der Realität der Wurzeln lässt sich in eine Gestalt bringen, in der nur die Covarianten der biquadratischen Form vorkommen [2]).

Den Ausgangspunkt dazu bilden die Ausdrücke für die Functionen ψ_1, ψ_2, ψ_3, die §. 66, (6) gegeben sind. Wenn wir in

---

[1]) Kronecker, Monatsbericht der Berliner Akademie vom 14. Februar 1878. Eine Beschreibung des Modells findet sich in dem von Dyck herausgegebenen Katalog mathematischer Modelle, München 1892, dem die oben stehende Fig. 5 entnommen ist.

[2]) Clebsch, „Theorie der binären Formen", §. 47. Faà di Bruno, „Theorie der binären Formen", deutsch von Walter (Leipzig 1881), §. 20, woselbst sich ein wesentlicher Zusatz von Nöther findet.

jenen Ausdrücken α mit β vertauschen, so gehen ψ_1, ψ_2, ψ_3 in ψ_1, $-\psi_3$, $-\psi_2$ über, und wenn wir gleichzeitig α mit β und γ mit δ vertauschen, ψ_1, ψ_2, ψ_3 in ψ_1, $-\psi_2$, $-\psi_3$. Daraus ergiebt sich Folgendes:

Setzt man für die Variable x einen beliebigen reellen Werth und sind die Wurzeln α, β, γ, δ der biquadratischen Form alle reell, so sind auch ψ_1, ψ_2, ψ_3 reell.

Sind α, β conjugirt imaginär, γ, δ reell, so ist die Vertauschung von α und β gleichbedeutend mit der Vertauschung von i mit $-i$. Es sind also in diesem Falle ψ_1 reell, ψ_2, ψ_3 conjugirt imaginär.

Sind endlich α, β und γ, δ zwei Paare conjugirt imaginärer Wurzeln, so werden α mit β und γ mit δ vertauscht, wenn i in $-i$ übergeht; also sind in diesem Falle ψ_1 reell, ψ_2, ψ_3 rein imaginär.

Sind vier Wurzeln reell, so werden $\psi_1^2, \psi_2^2, \psi_3^2$ reell und positiv.

Sind zwei Wurzeln reell, so ist ψ_1^2 reell und positiv, ψ_2^2, ψ_3^2 sind conjugirt imaginär.

Sind vier Wurzeln imaginär, so ist ψ_1^2 positiv, ψ_2^2, ψ_3^2 sind reell und negativ.

Nun haben wir im §. 66, (7) die cubische Gleichung aufgestellt, deren Wurzeln $\psi_1^2, \psi_2^2, \psi_3^2$ sind, und haben auch ihre Discriminante gebildet. Im vorigen Paragraphen haben wir ein Kennzeichen für die Anzahl der positiven Wurzeln einer cubischen Gleichung kennen gelernt, woraus sich folgendes Resultat ergiebt:

Ist $D < 0$, so hat die biquadratische Gleichung zwei reelle und zwei imaginäre Wurzeln.

Ist $D > 0$, so müssen, wenn vier reelle Wurzeln vorhanden sein sollen, in der Reihe

$$1, \qquad H, \qquad H^2 - 16\,Af^2, \qquad -T^2$$

drei Zeichenwechsel vorkommen, d. h. es muss

$$H < 0, \qquad H^2 - 16\,Af^2 > 0$$

sein. Bei den drei anderen noch möglichen Zeichencombinationen sind alle vier Wurzeln imaginär. Hierbei aber kann für x ein beliebiger reeller Werth gesetzt werden.

§. 79.

Die Bezoutiante und ihre Bedeutung für die Wurzelrealität.

Für die Untersuchung der Realität der Wurzeln einer beliebigen reellen Gleichung in allgemeineren Fällen kann die Function mit Nutzen angewandt werden, die wir im §. 73 als Bezoutiante der Gleichung bezeichnet haben.

Ist

(1) $$f(x) = x^n + a_1 x^{n-1} + a_2 x^{n-2} + \cdots + a_n = 0$$

irgend eine reelle Gleichung n^{ten} Grades, so war die Bezoutiante folgendermaassen definirt:

Man setze

(2) $$y = t_{n-1} f_0(x) + t_{n-2} f_1(x) + \cdots + t_0 f_{n-1}(x),$$

worin die $t_0, t_1 \ldots t_{n-1}$ unbestimmte Variable bedeuten und

$$f_0(x) = 1, \quad f_1(x) = x + a_1, \quad f_2(x) = x^2 + a_1 x + a_2 \ldots$$

Es ist dann [§. 73, (10)]

(3) $$S(y^2) = \frac{1}{n} [S(y)]^2 + B,$$

wo B eine quadratische Form der $n - 1$ Variablen $t_0, t_1 \ldots t_{n-2}$ ist mit Coëfficienten, die rational aus den Coëfficienten a_i zusammengesetzt sind. Diese Function B haben wir als Bezoutiante definirt und für die Fälle $n = 4$ und $n = 5$ wirklich gebildet.

Nun sind in der Summe auf der linken Seite von (3)

(4) $$y_1^2 + y_2^2 + y_3^2 + \cdots + y_n^2,$$

die $y_1, y_2 \ldots y_n$ lineare Functionen der Variablen $t_0, t_1 \ldots t_{n-1}$, und wir haben also in der Formel (3) eine Transformation der quadratischen Form

(5) $$\frac{1}{n} [S(y)]^2 + B = \Phi(t_0, t_1 \ldots t_{n-1})$$

auf eine Summe von n Quadraten.

Wir machen fürs erste keinerlei beschränkende Voraussetzungen über Gleichheit oder Verschiedenheit der Wurzeln von $f(x)$ und müssen nun zunächst untersuchen, inwieweit die linearen Functionen $y_1, y_2 \ldots y_n$ von einander unabhängig sind. In dieser Beziehung gilt der Satz:

Sind $x_1, x_2 \ldots x_\nu$ von einander verschiedene Wurzeln der Gleichung (1), so sind $y_1, y_2 \ldots y_\nu$ linear unabhängig.

Denn angenommen, es existire zwischen $y_1, y_2 \ldots y_\nu$ eine in Bezug auf t identische lineare Relation

$$\alpha_1 y_1 + \alpha_2 y_2 + \cdots + \alpha_\nu y_\nu = 0,$$

deren Coëfficienten α von den t unabhängig und nicht alle gleich Null sind, so würde diese in die folgenden Gleichungen zerfallen

$$\begin{aligned}
\alpha_1 f_0(x_1) + \alpha_2 f_0(x_2) + \cdots + \alpha_\nu f_0(x_\nu) &= 0, \\
\alpha_1 f_1(x_1) + \alpha_2 f_1(x_2) + \cdots + \alpha_\nu f_1(x_\nu) &= 0, \\
\cdots\cdots\cdots\cdots\cdots\cdots\cdots\cdots \\
\alpha_1 f_{n-1}(x_1) + \alpha_2 f_{n-1}(x_2) + \cdots + \alpha_\nu f_{n-1}(x_\nu) &= 0.
\end{aligned}$$

Da nun $\nu \gtreqless n$ ist, so muss die Determinante der ν ersten von diesen Gleichungen verschwinden, also

$$\begin{vmatrix}
f_0(x_1), & f_1(x_1) & \ldots f_{\nu-1}(x_1) \\
f_0(x_2), & f_1(x_2) & \ldots f_{\nu-1}(x_2) \\
\cdot & \cdot & \cdot \\
f_0(x_\nu), & f_1(x_\nu) & \ldots f_{\nu-1}(x_\nu)
\end{vmatrix} = 0,$$

oder

$$\begin{vmatrix}
1, & x_1 + a_1, & x_1^2 + a_1 x_1 + a_2 & \ldots \\
1, & x_2 + a_1, & x_2^2 + a_1 x_2 + a_2 & \ldots \\
\cdot & \cdot & \cdot & \cdot \\
1, & x_\nu + a_1, & x_\nu^2 + a_1 x_\nu + a_2 & \ldots
\end{vmatrix} = 0.$$

Diese Determinante lässt sich aber durch wiederholte Anwendung des Satzes von der Addition der Colonnen §. 22, (VII) auf die Form bringen

$$\pm \begin{vmatrix}
1, & x_1, & x_1^2 \ldots x_1^{\nu-1} \\
1, & x_2, & x_2^2 \ldots x_2^{\nu-1} \\
\cdot & \cdot & \cdot \\
1, & x_\nu, & x_\nu^2 \ldots x_\nu^{\nu-1}
\end{vmatrix}
\begin{aligned}
= (x_1 - x_2)(x_1 - x_3) \ldots (x_1 &- x_\nu) \\
(x_2 - x_3) \ldots (x_2 &- x_\nu) \\
\cdots & \\
(x_{\nu-1} &- x_\nu),
\end{aligned}$$

und kann also nicht verschwinden, wenn, wie vorausgesetzt war, die $x_1, x_2 \ldots x_\nu$ verschieden sind.

Wenn wir daher in der Summe (4) alle unter einander gleichen Glieder zusammenfassen, so bleiben so viele Quadrate linear unabhängiger Functionen übrig, als die Gleichung (1) verschiedene Wurzeln hat.

Wenn nun x_1 eine reelle Wurzel von (1) ist, so ist y_1^2 ein positives Quadrat in der Summe (4). Sind aber x_1 und x_2 conjugirt imaginär, so zerfallen auch y_1 und y_2 in zwei conjugirt imaginäre Bestandtheile

$$y_1 = u + vi, \quad y_2 = u - vi,$$

wo u und v lineare reelle Functionen von den t sind. Demnach wird

$$y_1^2 + y_2^2 = 2u^2 - 2v^2.$$

Es ist also durch (4) die durch (5) definirte Function $\Phi(t)$ in eine Summe von Quadraten zerlegt, deren Anzahl gleich der Zahl der verschiedenen Wurzeln von $f(x) = 0$ ist, und unter denen so viele negative sind, als unter diesen von einander verschiedenen Wurzeln Paare imaginärer Wurzeln vorkommen.

Diese Anzahlen bleiben aber nach dem Trägheitsgesetz der quadratischen Formen (§. 58) bei jeder anderen linearen reellen Transformation der quadratischen Form in eine Summe von Quadraten dieselben. Nun ist $S(y)$ eine reelle lineare Function der t, und B enthält die Variable t_{n-1} nicht mehr; hiernach ergiebt sich aus der Formel (5) der Satz:

I. Wenn die Bezoutiante B durch reelle lineare Transformation in eine Summe von π positiven und ν negativen Quadraten, die nicht auf eine kleinere Zahl reducirt werden können, zerlegt ist, so ist $\pi + \nu + 1$ die Zahl der verschiedenen Wurzeln von $f(x) = 0$; und ν ist die Anzahl der darunter enthaltenen Paare conjugirt imaginärer Wurzeln, $\pi - \nu + 1$ die der reellen.

Ist die Determinante von B, also auch die Discriminante von $f(x)$ (§. 73) von Null verschieden, so ist $\pi + \nu = n - 1$ und ν ist kleiner oder höchstens gleich $\frac{1}{2}n$.

Die Bezoutiante ist also eine quadratische Form von einer besonderen Natur, die sich eben darin ausspricht, dass unter den Quadraten, in die sie sich zerlegen lässt, höchstens $\frac{1}{2}n$ negative vorkommen können.

§. 80.

Die Trägheit der Formen zweiten Grades.

Durch den Satz des vorigen Paragraphen sind wir auf die Untersuchung der homogenen Functionen zweiten Grades mit reellen Coëfficienten hingewiesen. Ueber diese Functionen haben wir in §. 58 unter dem Namen des Trägheitsgesetzes einen Satz kennen gelernt, der für das Folgende die Grundlage bildet. Der Satz bestand darin, dass, wie man auch eine quadratische Form von m Veränderlichen in eine Summe von positiven und negativen Quadraten von linear unabhängigen linearen Functionen transformiren mag, was auf unendlich viele verschiedene Arten möglich ist, die Anzahl der positiven und ebenso die der negativen Quadrate immer dieselbe ist.

Bezeichnen wir mit π die Anzahl der positiven und mit ν die Anzahl der negativen Quadrate, so ist $\pi + \nu$ höchstens gleich m.

Wenn wir den Unterschied $m - \pi - \nu$ mit ϱ bezeichnen, so kann, wenn wir die allgemeine quadratische Form von m Variablen als Summe von m Quadraten darstellen, ϱ als die Anzahl der Quadrate mit verschwindenden Coëfficienten bezeichnet werden.

Die drei Zahlen π, ν, ϱ, von denen keine negativ sein kann und deren Summe gleich der Anzahl der Variablen ist,

$$(1) \qquad \pi + \nu + \varrho = m,$$

sind also für eine bestimmte quadratische Form unveränderlich.

Wir haben nach Mitteln zu suchen, um aus den Coëfficienten der quadratischen Form die Zahlen π, ν, ϱ zu ermitteln. Wenden wir diese Mittel auf die Bezoutiante an, so erhalten wir Kennzeichen, um aus den Coëfficienten einer Gleichung auf die Anzahl ihrer reellen Wurzeln zu schliessen.

Es sei also jetzt, wie in §. 56

$$(2) \qquad \varphi(x_1, x_2 \ldots x_m) = \sum_{1,m}^{i,k} a_{i,k}\, x_i x_k, \qquad a_{i,k} = a_{k,i}$$

eine quadratische Form von m Veränderlichen mit reellen Coëfficienten $a_{i,k}$.

Die Determinante

$$(3) \qquad R = \Sigma \pm a_{1,1}, a_{2,2} \ldots a_{m,m}$$

zeigt durch ihr Verschwinden an, dass φ durch lineare Transformation in eine Function von weniger als m Variablen transformirt werden kann, dass also ϱ grösser als Null ist.

Die Determinante R ist eine symmetrische Determinante. Unter ihren Unterdeterminanten verschiedener Ordnung kommen gewisse vor, die wieder symmetrische Determinanten sind, nämlich die, die man aus R erhält, wenn man Zeilen und Colonnen, die sich in Diagonalgliedern schneiden, ausstreicht, die also, wenn $\alpha, \beta, \gamma \ldots$ irgend welche unter den Indices $1, 2 \ldots m$ bedeuten, durch

$$(4) \qquad \Sigma \pm a_{\alpha,\alpha}\, a_{\beta,\beta}\, a_{\gamma,\gamma} \ldots$$

zu bezeichnen sind. Diese wollen wir die Haupt-Unterdeterminanten von R nennen.

Wir wollen die Anzahl der Haupt-Unterdeterminanten bestimmen.

Die Anzahl der μ-reihigen Haupt-Unterdeterminanten ist gleich der Anzahl der Arten, wie man aus der Reihe der Indices $1, 2, 3 \ldots m$ Gruppen von μ verschiedenen auswählen kann, also gleich der Anzahl der Combinationen von m Elementen zu je μ, und diese Zahl ist gleich dem Binomialcoëfficienten B_μ^m. Die Anzahl aller Haupt-Unterdeterminanten ist also, wenn wir die Determinante R selbst und ausserdem noch die Einheit als eine nullreihige Determinante mitzählen,

$$1 + m + \frac{m(m-1)}{1 \cdot 2} + \cdots + m + 1 = 2^m.$$

Es ist aber meist nur ein kleiner Theil von diesen wirklich zu berücksichtigen.

Die Indices $1, 2, 3 \ldots m$ lassen sich auf $\Pi(m) = 1 \cdot 2 \cdot 3 \ldots m$ verschiedene Arten anordnen; wenn wir mit irgend einer dieser Anordnungen die Determinante bilden

$$\begin{vmatrix} a_{1,1}, & a_{1,2}, & a_{1,3} & \ldots & a_{1,m} \\ a_{2,1}, & a_{2,2}, & a_{2,3} & \ldots & a_{2,m} \\ a_{3,1}, & a_{3,2}, & a_{3,3} & \ldots & a_{3,m} \\ \cdot & \cdot & \cdot & \cdot & \cdot \\ a_{m,1}, & a_{m,2}, & a_{m,3} & \ldots & a_{m,m} \end{vmatrix},$$

so lässt sich eine Reihe von Haupt-Unterdeterminanten daraus ableiten, wie es durch die Striche angedeutet ist, d. h. so, dass man jede vorhergehende aus der nachfolgenden erhält, indem man die letzte Zeile und Colonne weglässt; es ist also

$$R_0 = 1, \quad R_1 = a_{1,1}, \quad R_2 = a_{1,1}\,a_{2,2} - a_{1,2}^2,$$

$$R_3 = \begin{vmatrix} a_{1,1}, & a_{1,2}, & a_{1,3} \\ a_{2,1}, & a_{2,2}, & a_{2,3} \\ a_{3,1}, & a_{3,2}, & a_{3,3} \end{vmatrix}, \ldots R_m = R.$$

Ein solches System soll, wenn es in absteigender Reihe

$$R_m, R_{m-1} \ldots R_1, R_0$$

geordnet ist, eine Kette von Haupt-Unterdeterminanten heissen. Solcher Ketten lassen sich $\Pi(m)$ verschiedene bilden, in denen allen das erste Glied R, das letzte Glied 1 ist.

§. 81.

Quadratische Formen mit verschwindender Determinante.

Wenn die in (3), §. 80 definirte Determinante R der quadratischen Form $\varphi(x_1, x_2 \ldots x_m)$ verschwindet, so lässt sich, wie wir schon im §. 57 gesehen haben, φ durch weniger als m von einander unabhängige lineare Functionen von x ausdrücken. Wenn wir mit $m - \varrho$ die kleinste Zahl von Variablen bezeichnen, durch die sich φ ausdrücken lässt, so hat ϱ dieselbe Bedeutung, wie im vorigen Paragraphen.

Wenn sich nun unter den Haupt-Unterdeterminanten von R eine k-reihige findet, die von Null verschieden ist, etwa

$$R_k = \Sigma \pm a_{1,1}\,a_{2,2} \ldots a_{k,k},$$

so ist, wenn wir

$$x_{k+1} = 0, \quad x_{k+2} = 0, \ldots x_m = 0$$

setzen,

$$\varphi(x_1, x_2 \ldots x_k, 0, 0, 0)$$

eine quadratische Form von k Variablen $x_1, x_2 \ldots x_k$, deren Determinante R_k von Null verschieden ist, die sich sonach nicht durch weniger als k Variable ausdrücken lässt. Um so weniger kann also bei unbeschränkt veränderlichen $x_1, x_2 \ldots x_m$ die Function φ von weniger als k Variablen abhängen und es folgt

$$(1) \qquad \varrho \lesseqgtr m - k.$$

Wir nehmen nun an, die Form $\varphi(x_1, x_2 \ldots x_m)$ lasse sich durch k von einander unabhängige lineare Formen von x ausdrücken, die wir mit

$$(2)\quad \begin{array}{l} z_1 = \beta_1^{(1)} x_1 + \beta_2^{(1)} x_2 + \cdots + \beta_k^{(1)} x_k + \beta_{k+1}^{(1)} x_{k+1} + \cdots + \beta_m^{(1)} x_m \\ \cdots\cdots\cdots\cdots\cdots\cdots\cdots \\ z_k = \beta_1^{(k)} x_1 + \beta_2^{(k)} x_2 + \cdots + \beta_k^{(k)} x_k + \beta_{k+1}^{(k)} x_{k+1} + \cdots + \beta_m^{(k)} x_m \end{array}$$

bezeichnen wollen.

Da $z_1, z_2 \ldots z_k$ von einander linear unabhängig sein sollen, so muss unter den aus der Matrix

$$\begin{array}{c} \beta_1^{(1)}, \beta_2^{(1)} \ldots \beta_m^{(1)} \\ \cdots\cdots \\ \beta_1^{(k)}, \beta_2^{(k)} \ldots \beta_m^{(k)} \end{array}$$

zu bildenden k-reihigen Determinanten wenigstens eine von Null verschieden sein. Denn wären sie alle gleich Null, so liessen sich die Unbekannten $h_1, h_2 \ldots h_k$, die nicht alle verschwinden sollen, aus den Gleichungen

$$h_1 \beta_s^{(1)} + h_2 \beta_s^{(2)} + \cdots + h_k \beta_s^{(k)} = 0, \quad s = 1, 2, 3 \ldots m$$

bestimmen (§. 24), und die $z_1, z_2 \ldots z_k$ würden einer Gleichung

$$h_1 z_1 + h_2 z_2 + \cdots + h_k z_k = 0$$

genügen, also nicht unabhängig sein.

Wir können aber, ohne die Allgemeinheit zu beschränken, annehmen, dass die Determinante

$$\Sigma \pm \beta_1^{(1)} \beta_2^{(2)} \ldots \beta_k^{(k)}$$

von Null verschieden sei, und dann können wir die Gleichungen (2) in Bezug auf die Variablen $x_1, x_2 \ldots x_k$ auflösen.

Diesen Auflösungen geben wir die Form

$$(3)\quad \begin{array}{l} x_1 = y_1 + \alpha_{k+1}^{(1)} x_{k+1} + \cdots + \alpha_m^{(1)} x_m \\ x_2 = y_2 + \alpha_{k+1}^{(2)} x_{k+1} + \cdots + \alpha_m^{(2)} x_m \\ \cdots\cdots\cdots\cdots\cdots \\ x_k = y_k + \alpha_{k+1}^{(k)} x_{k+1} + \cdots + \alpha_m^{(k)} x_m, \end{array}$$

worin die y_s lineare homogene Verbindungen der z_s sind, die aus den Gleichungen

$$\begin{array}{l} \beta_1^{(1)} y_1 + \beta_2^{(1)} y_2 + \cdots + \beta_k^{(1)} y_k = z_1, \\ \beta_1^{(2)} y_1 + \beta_2^{(2)} y_2 + \cdots + \beta_k^{(2)} y_k = z_2, \\ \cdots\cdots\cdots\cdots\cdots \\ \beta_1^{(k)} y_1 + \beta_2^{(k)} y_2 + \cdots + \beta_k^{(k)} y_k = z_k \end{array}$$

bestimmt werden, während die α neue Coëfficienten sind, die in einer leicht zu übersehenden Weise aus den β abgeleitet werden, auf deren Bildung es uns hier nicht weiter ankommt.

Nun lässt sich nach der Voraussetzung die Function $\varphi(x_1, x_2 \ldots x_m)$ durch $z_1, z_2 \ldots z_k$, also auch durch $y_1, y_2 \ldots y_k$ allein ausdrücken. Bezeichnen wir diesen Ausdruck mit $\Phi(y_1, y_2 \ldots y_k)$, so haben wir [durch Vermittelung von (3)] die Identität

$$(4) \qquad \varphi(x_1, x_2 \ldots x_k, x_{k+1} \ldots x_m) = \Phi(y_1, y_2 \ldots y_k),$$

und wenn wir darin $x_{k+1}, x_{k+2}, \ldots x_m = 0$ setzen,

$$(5) \qquad \Phi(x_1, x_2 \ldots x_k) = \varphi(x_1, x_2 \ldots x_k, 0, 0 \ldots 0),$$

wodurch, da es auf die Bezeichnung der Variablen nicht ankommt, Φ vollständig bestimmt ist; wir können daher setzen

$$(6) \qquad \Phi(y_1, y_2 \ldots y_k) = \varphi(y_1, y_2 \ldots y_k, 0, 0 \ldots 0)$$
$$= \varphi(x_1, x_2 \ldots x_m);$$

Φ entsteht also aus φ dadurch, dass man die $m - k$ letzten Variablen (bei der hier gewählten Anordnung) gleich Null setzt:

$$(7) \qquad \Phi(x_1, \ldots x_k) = \sum_{1,k}^{r,s} a_{r,s} x_r x_s.$$

Die Determinante von Φ ist eine der Haupt-Unterdeterminanten von R, und zwar erhält man sie, indem man in R die $m - k$ letzten Zeilen und Colonnen wegstreicht.

Nehmen wir an, dass φ sich nicht durch noch weniger als k Variable ausdrücken lässt, dass also $k = m - \varrho$ sei, so kann die Determinante dieser Function Φ nicht verschwinden.

Hieraus und aus dem zuvor Bewiesenen ergiebt sich nun der Satz:

II. Wenn alle Haupt-Unterdeterminanten von R von mehr als k Reihen verschwinden, während unter den Haupt-Unterdeterminanten von k Reihen wenigstens eine von Null verschieden ist, so ist

$$\varrho = m - k.$$

Denn aus (7) folgt, dass, wenn $\varrho = m - k$ ist, wenigstens eine k-reihige Haupt-Unterdeterminante von Null verschieden sein muss, und aus (1), dass, wenn auch noch eine Haupt-Unterdeterminante von mehr als k Reihen von Null verschieden ist,

$$\varrho < m - k$$

ist.

Sind π, ν, ϱ die Anzahl der positiven, negativen, verschwindenden Quadrate, in die sich φ zerlegen lässt, so sind π, ν die Anzahlen der positiven und negativen Quadrate, in die sich die durch (7) bestimmte Form Φ zerlegen lässt, und die Bestimmung der Zahlen π, ν braucht also nur noch für letztere Function, deren Determinante von Null verschieden ist, durchgeführt zu werden.

§. 82.

Quadratische Formen mit nicht verschwindender Determinante.

Bei der Untersuchung der Formen $\varphi(x_1, x_2 \ldots x_m)$ mit nicht verschwindender Determinante machen wir von einem Determinantensatz Gebrauch, den wir am Schluss des §. 28 bewiesen haben, und an den wir hier erinnern wollen.

Ist A eine Determinante von m Reihen, und sind $A_i^{(k)}$ ihre ersten, $A_{i,i'}^{k,k'}$ ihre zweiten Unterdeterminanten, so ist

(1) $$A_1^{(1)} A_i^{(i)} - A_1^{(i)} A_i^{(1)} = A\, A_{1,i}^{1,i}.$$

Ist A eine von Null verschiedene symmetrische Determinante, so ist $A_1^{(i)} = A_i^{(1)}$ und wir können die Formel (1) so schreiben:

(2) $$A_1^{(1)} A_i^{(i)} - A_1^{(i)2} = A\, A_{1,i}^{1,i}.$$

Darin kann i jeden der Indices $2, 3 \ldots m$ bedeuten. Wenn $A_1^{(1)} = 0$ und $A_{1,i}^{1,i} = 0$ ist, so folgt hieraus, dass auch $A_1^{(i)} = 0$ sein muss, und daraus schliessen wir, dass nicht zugleich

$$A_1^{(1)},\ A_{1,2}^{1,2},\ A_{1,3}^{1,3} \ldots A_{1,m}^{1,m}$$

verschwinden können, da sonst auch

$$A_1^{(2)},\ A_1^{(3)} \ldots A_1^{(m)},$$

also auch, gegen die Voraussetzung, A verschwinden würde (§. 22).

Wenden wir dies auf die jetzt von Null verschieden angenommene Determinante $R = R_m$ unserer Function φ an, so folgt, dass zwar die erste Haupt-Unterdeterminante R_{m-1}, dann aber nicht alle zweiten Haupt-Unterdeterminanten R_{m-2} verschwinden können. Dieselbe Schlussweise lässt sich anwenden, wenn wir R durch ein nicht verschwindendes R_{m-1}, $R_{m-2} \ldots$ ersetzen, und wir gelangen also zu folgendem wichtigen Satz:

III. Man kann, wenn R von Null verschieden ist, die Indices $1, 2 \ldots m$ so anordnen, dass in der Kette der Haupt-Unterdeterminanten

(3) $$R_m, R_{m-1} \ldots R_1, R_0$$

nicht zwei auf einander folgende Glieder verschwinden.

Die Determinantenrelation (2) ergiebt, wenn man

$$A = R_{k+1}, \qquad (k = 1, 2 \ldots m-1)$$

setzt, eine Gleichung zwischen drei auf einander folgenden Gliedern der Kette (3), die wir so schreiben können:

(4) $$R_k S_k - T_k^2 = R_{k-1} R_{k+1},$$

worin S_k und T_k gewisse Unterdeterminanten von R, also ganze rationale Functionen der Coëfficienten $a_{i,k}$ sind.

Näher bezeichnet, sind R_k, S_k, T_k erste Unterdeterminanten von R_{k+1}, und zwar ist

$$R_k = \frac{\partial R_{k+1}}{\partial a_{k+1,\,k+1}}, \qquad S_k = \frac{\partial R_{k+1}}{\partial a_{k,k}}, \qquad T_k = \frac{\partial R_{k+1}}{\partial a_{k,k+1}}.$$

Eine dem Satz (3) entsprechende Anordnung der Indices wollen wir für die Folge als gewählt voraussetzen. Dann ist, wenn R_k verschwindet, R_{k-1} und R_{k+1} von Null verschieden und (4) zeigt, dass sie entgegengesetzte Vorzeichen haben, also:

IV. Wenn ein inneres Glied einer Kette von Haupt-Unterdeterminanten verschwindet, so haben die beiden angrenzenden Glieder entgegengesetzte Vorzeichen.

§. 83.

Anzahl der positiven und negativen Quadrate.

Um die Anzahl der positiven und negativen Quadrate einer Form mit nicht verschwindender Determinante zu bestimmen, nehmen wir zunächst an, dass in der Kette der Haupt-Unterdeterminanten

$$R_m, R_{m-1}, R_{m-2} \ldots R_1, R_0 = 1$$

kein Glied verschwinde. Wir können dann den Coëfficienten λ so bestimmen, dass die Determinante der Form

(1) $$\psi = \varphi(x_1, x_2, x_3 \ldots x_m) - \lambda x_m^2$$
verschwindet. Die Determinante ist nämlich

$$\begin{vmatrix} a_{1,1}, & a_{1,2} & \ldots & a_{1,m} \\ a_{2,1}, & a_{2,2} & \ldots & a_{2,m} \\ \cdot & \cdot & \cdot & \cdot \\ a_{m,1}, & a_{m,2} & \ldots & a_{m,m} - \lambda \end{vmatrix} = R_m - \lambda R_{m-1},$$

und sie verschwindet, wenn

$$\lambda = \frac{R_m}{R_{m-1}}$$

gesetzt wird.

Die Function ψ lässt sich dann durch $m - 1$ Variable y ausdrücken, und man erhält nach der Formel (6), §. 81

$$\psi(x_1, x_2 \ldots x_m) = \psi(y_1, y_2 \ldots y_{m-1}, 0),$$

oder nach (1)

(2) $$\varphi(x_1, x_2 \ldots x_m) = \frac{R_m}{R_{m-1}} x_m^2 + \varphi(y_1, y_2 \ldots y_{m-1}, 0),$$

und die Untersuchung der Function φ von m Variablen ist dadurch auf die Untersuchung von $\varphi_1(y) = \varphi(y_1, y_2 \ldots y_{m-1}, 0)$ von $m - 1$ Variablen zurückgeführt, deren Determinante gleich R_{m-1}, also von Null verschieden ist. Je nachdem $R_m : R_{m-1}$ positiv oder negativ ist, wird die Function $\varphi(x)$ ein positives oder ein negatives Quadrat mehr haben als $\varphi_1(y)$.

Durch Anwendung des gleichen Verfahrens auf $\varphi_1(y)$ und die folgenden Functionen ergiebt sich der Satz:

Die Anzahl der positiven und negativen Glieder der Reihe

(3) $$\frac{R_m}{R_{m-1}}, \frac{R_{m-1}}{R_{m-2}}, \ldots \frac{R_1}{R_0}$$

stimmt überein mit der Anzahl der positiven und negativen Quadrate, in die sich die Function $\varphi(x)$ zerlegen lässt.

Wir wollen diesem Satze noch einen etwas anderen Ausdruck geben, schicken aber folgende Erklärung voraus.

Wenn eine Reihe von Null verschiedener reeller Zahlen in bestimmter Anordnung vorliegt, so können die Vorzeichen dieser Grössen in mannigfaltiger Weise wechseln; folgen zwei Grössen von gleichem Zeichen auf einander, so findet eine Zeichenfolge (Permanenz) statt, folgt aber auf eine Grösse eine andere von entgegengesetztem Zeichen, so haben wir einen Zeichenwechsel (Variation).

Betrachten wir nun von diesem Gesichtspunkte die Reihe der Grössen

$$R_m,\ R_{m-1},\ R_{m-2}\ \ldots\ R_1,\ R_0,$$

so findet beim Uebergang von R_k zu R_{k-1} eine Zeichenfolge oder ein Zeichenwechsel statt, je nachdem der Quotient $R_k : R_{k-1}$ positiv oder negativ ist.

Wir können also auch den folgenden Satz aussprechen:

V. Ist π die Anzahl der positiven, ν die der negativen Quadrate von φ, so ist π gleich der Anzahl der Zeichenfolgen, ν gleich der Anzahl der Zeichenwechsel in der Kette

$$R_m,\ R_{m-1},\ R_{m-2}\ \ldots\ R_1,\ R_0. \tag{4}$$

Diese Fassung des Satzes hat den Vorzug, dass sie sich auf den Fall übertragen lässt, dass in der Reihe (4) einzelne innere Glieder verschwinden, wenn nur nicht zwei auf einander folgende Glieder Null sind (was nach §. 82, III. immer angenommen werden kann). Wenn nämlich $R_k = 0$, R_{k-1}, R_{k+1} von Null verschieden sind, so haben nach §. 82, Satz IV R_{k-1} und R_{k+1} verschiedene Vorzeichen. In der Reihe

$$R_{k+1},\quad R_k,\quad R_{k-1}$$

findet also ein Zeichenwechsel und eine Zeichenfolge statt, gleichviel ob wir das verschwindende R_k durch eine positive oder eine negative Grösse ersetzen.

Wenn wir nun die Kette (4)

$$R_m,\ R_{m-1}\ \ldots\ R_1,\ R_0,$$

in der einzelne Glieder verschwinden, durch eine andere ersetzen,

$$R'_m,\ R'_{m-1}\ \ldots\ R'_1,\ R'_0, \tag{5}$$

in der kein Glied verschwindet, und in der den nicht verschwindenden Gliedern der Reihe (4) Glieder von demselben Vorzeichen entsprechen, so haben die Reihen (4) und (5) gleich viele Zeichenwechsel, welches Zeichen auch die den verschwindenden R entsprechenden R' haben mögen.

Es sei nun $\psi(x)$ eine zweite beliebige quadratische Form der Variablen x, mit der wir die Form

$$\varphi' = \varphi + \varepsilon\psi \tag{6}$$

bilden, worin ε ein noch unbestimmter Coëfficient ist. Wir werden nun sogleich zeigen, dass wir ε so wählen können, dass φ' und φ dieselbe Zahl von positiven und negativen Quadraten haben, dass aber in der Kette der Haupt-Unterdeterminanten R'_k der Form φ' keine verschwindenden Glieder vorkommen, und dass endlich einem nicht verschwindenden R_k ein R'_k von demselben Vorzeichen entspricht. Dann können die Zahlen π, ν für φ und für φ' sowohl aus der Reihe (4), als auch aus der Reihe (5) ermittelt werden, und die Anzahl der Zeichenwechsel, die in beiden gleich ist, giebt die Anzahl ν der negativen Quadrate.

Um nun den Nachweis zu führen, dass der Coëfficient ε in der angegebenen Weise bestimmt werden kann, nehmen wir an, es sei φ irgendwie in eine Summe von Quadraten verwandelt

$$\varphi = \lambda_1 y_1^2 + \lambda_2 y_2^2 + \cdots + \lambda_m y_m^2,$$

und ψ, in den Variablen $y_1, y_2 \ldots y_m$ dargestellt, habe den Ausdruck

$$\psi = \Sigma\, \beta_{i,k}\, y_i y_k.$$

Die Zahlen π, ν für die Function φ' werden dann aus der Kette der Haupt-Unterdeterminanten von

$$\begin{vmatrix} \lambda_1 + \varepsilon\beta_{1,1}, & \varepsilon\beta_{1,2} \ldots & \varepsilon\beta_{1,m} \\ \varepsilon\beta_{2,1}, & \lambda_2 + \varepsilon\beta_{2,2} \ldots & \varepsilon\beta_{2,m} \\ \cdot\;\cdot\;\cdot & \cdot\;\cdot\;\cdot & \cdot\;\cdot\;\cdot \\ \varepsilon\beta_{m,1}, & \varepsilon\beta_{m,2} \ldots & \lambda_m + \varepsilon\beta_{m,m} \end{vmatrix}$$

nach dem Satze V bestimmt.

Nun kann man aber ε so klein annehmen, dass diese Haupt-Unterdeterminanten dem Zeichen nach übereinstimmen mit

$$\lambda_1\lambda_2\lambda_3 \ldots \lambda_m, \quad \lambda_1\lambda_2\lambda_3 \ldots \lambda_{m-1}, \quad \ldots, \lambda_1\lambda_2, \quad \lambda_1, \quad 1,$$

und dann ist die Anzahl der positiven und negativen Quadrate von φ' gleich der Anzahl der positiven und negativen unter den Coëfficienten λ, von denen keiner verschwindet, d. h. die Zahlen π und ν sind für φ und φ' dieselben.

Sind nun die Coëfficienten von ψ, in den ursprünglichen Variablen ausgedrückt, $b_{i,k}$, also

$$\psi = \Sigma\, b_{i,k}\, x_i x_k,$$

so ist eine der Haupt-Unterdeterminanten von φ'

$$R'_k = \begin{vmatrix} a_{1,1} + \varepsilon b_{1,1} \ldots a_{1,k} + \varepsilon b_{1,k} \\ \cdot\;\cdot\;\cdot\;\cdot\;\cdot\;\cdot \\ a_{k,1} + \varepsilon b_{k,1} \ldots a_{k,k} + \varepsilon b_{k,k} \end{vmatrix},$$

und ist also eine ganze rationale Function k^{ten} Grades von ε,

$$R'_k = R_k + \varepsilon M_1 + \varepsilon^2 M_2 + \ldots \varepsilon^k M_k,$$

worin die $M_1, M_2 \ldots M_k$ rational von den $a_{i,k}$, $b_{i,k}$ abhängen. Insbesondere ist

$$M_k = \Sigma \pm b_{1,1}\, b_{2,2} \ldots b_{k,k},$$

und man kann die $b_{i,k}$ immer so annehmen, dass M_k von Null verschieden ist. Nach §. 31 kann man also ε so annehmen, dass, wenn R_k von Null verschieden ist, R'_k dasselbe Zeichen hat, wie R_k, und wenn R_k verschwindet, R'_k nicht verschwindet.

Wir können das hierdurch Bewiesene mit den Ergebnissen des §. 81 in eine allgemeine Regel zur Bestimmung der Anzahl der negativen Quadrate, auch für den Fall verschwindender Determinante, zusammenfassen.

VI. Um die Zahlen π, ν, ϱ der Function $\varphi(x)$ zu bestimmen, ordne man die Variablen $x_1, x_2 \ldots x_m$ so an, dass in der Kette der Haupt-Unterdeterminanten

(7) $$R_m, R_{m-1} \ldots R_1, R_0$$

eine möglichst kleine Anzahl von Anfangsgliedern verschwindet, und dass von den folgenden Gliedern nicht zwei neben einander stehende verschwinden; ϱ ist dann die Anzahl der verschwindenden Anfangsglieder, ν die Anzahl der Zeichenwechsel und $\pi = m - \nu - \varrho$.

Schliesslich sei noch bemerkt, dass man die Anzahl der Zeichenwechsel in der Reihe (7) auch von rechts nach links abzählen kann, d. h. dass man dieselbe Anzahl von Zeichenwechseln findet, wenn man die Reihe in umgekehrter Ordnung schreibt.

§. 84.

Anwendung auf die Bezoutiante.

Die genaue Discussion der Trägheit der quadratischen Formen hatte für uns nur den Zweck, die Anzahl der reellen und imaginären Wurzeln einer algebraischen Gleichung durch Abzählung der positiven und negativen Quadrate der Bezoutiante zu bestimmen. Ist n der Grad der Gleichung, so ist ihre Bezoutiante eine quadratische Form von $n - 1$ Veränderlichen, und im §. 73 haben wir sie für $n = 3, 4, 5$ vollständig gebildet und die Wege kennen gelernt, wie man auch in anderen Fällen zu ihrer Berechnung gelangen kann.

Wir haben schon früher bemerkt, dass die Bezoutiante nicht eine allgemeine quadratische Form ist, sondern dass sie die besondere Eigenthümlichkeit hat, dass die Anzahl ν ihrer negativen Quadrate niemals grösser als $\frac{1}{2}n$ werden kann. Diese Eigenthümlichkeit muss in gewissen Ungleichheitsbedingungen zwischen den Coëfficienten ihren Ausdruck finden, die aber zur Zeit noch nicht bekannt sind. Nur in dem Falle $n = 3$ können wir den algebraischen Charakter dieser Beschränkung vollständig angeben.

Für die cubische Gleichung

$$f(x) = a_0 x^3 + a_1 x^2 + a_2 x + a_3 = 0$$

ist die Bezoutiante nach §. 73, (13) nichts Anderes, als die Hessesche Covariante

$$-\tfrac{2}{3} H(t_1, t_0) = -\tfrac{2}{3}(A_0 t_1^2 + A_1 t_1 t_0 + A_2 t_0^2).$$

Es besteht aber, wenn D die Discriminante, also

$$3D = 4 A_0 A_2 - A_1^2$$

ist, die Relation [§. 62, (4), (12)]

$$4 H^3 + Q^2 + 27 D f^2 = 0,$$

mithin, wenn wir darin $t_0 = 0$ setzen,

$$(1) \qquad 4 A_0^3 + q_0^2 + 27 D a_0^2 = 0,$$

wenn

$$q_0 = 27 a_0^2 a_3 - 9 a_0 a_1 a_2 + 2 a_1^3$$

ist. Diese Relation zeigt, dass A_0 und D nicht zugleich positiv sein können, und dass also die Form $-H$ nicht in zwei negative Quadrate zerlegbar ist.

Wir wollen den allgemeinen Satz des vorigen Paragraphen noch auf die biquadratische Gleichung anwenden, die wir der Einfachheit halber in der Form

$$(2) \qquad x^4 + a x^2 + b x + c = 0$$

annehmen. Um die Coëfficienten der Bezoutiante zu bilden, haben wir in den Formeln §. 73, (14)

$$a_0, a_1, a_2, a_3, a_4$$

durch

$$1, 0, a, b, c$$

zu ersetzen. Wir erhalten so

$$B_{2,2} = -2a, \quad B_{1,1} = a^2 - 4c, \quad B_{0,0} = -\tfrac{1}{4}(8ac - 3b^2),$$
$$B_{0,1} = \tfrac{1}{2}ab, \quad B_{2,0} = -4c, \quad B_{1,2} = -3b.$$

Wir ordnen die Determinante so an:

$$\begin{vmatrix} -2a, & -3b, & -4c \\ -3b, & a^2-4c, & \frac{1}{2}ab \\ -4c, & \frac{1}{2}ab, & -\frac{1}{4}(8ac-3b^2) \end{vmatrix}$$

und erhalten die Kette der Haupt-Unterdeterminanten

$$(3)\qquad D,\quad -2a^3+8ac-9b^2,\quad -2a,\quad 1,$$

wenn D die Discriminante bedeutet, die nach §. 64, (11) bestimmt ist durch

$$(4)\qquad 27D = 4(a^2+12c)^3-(2a^3-72ac+27b^2)^2.$$

Das Kennzeichen dafür, dass alle vier Wurzeln reell sind, ist hiernach

$$(5)\qquad D>0,\quad -2a^3+8ac-9b^2>0,\quad -2a>0.$$

Dies Kennzeichen ist scheinbar verschieden und jedenfalls weniger einfach, als das in §. 78 aufgestellte

$$(6)\qquad D>0,\quad a<0,\quad a^2-4c>0.$$

Wir wollen aber nun noch nachweisen, dass beides genau dasselbe besagt.

Zunächst ist sofort zu übersehen, dass (6) erfüllt sein muss, wenn (5) erfüllt ist, denn

$$-2a(a^2-4c)-9b^2$$

kann nicht positiv sein, wenn a und a^2-4c negativ sind; um aber umgekehrt einzusehen, dass aus (6) die Bedingungen (5) folgen, müssen wir den Werth von D in Betracht ziehen.

Wir setzen zur Abkürzung

$$(7)\quad \alpha=-2a,\quad \beta=-6a^3+24ac-27b^2,\quad \gamma=3a^2-12c,$$

so dass die Bedingungen (5)

$$\alpha>0,\quad \beta>0,\quad D>0,$$

die Bedingungen (6)

$$\alpha>0,\quad \gamma>0,\quad D>0$$

lauten; dann ist nachzuweisen, dass, wenn α, γ und D positiv sind, auch β positiv sein muss. Hierzu drücken wir D in (4) nach (7) durch α, β, γ aus und erhalten

$$27D = 4(\alpha^2-\gamma)^3-[2\alpha(\alpha^2-\gamma)-\beta]^2.$$

Wenn D positiv ist, so muss hiernach gewiss $\alpha^2-\gamma$ positiv sein. Setzen wir also

$$\alpha^2 - \gamma = \delta^2,$$

so ist $\alpha^2 > \delta^2$, also, wenn δ positiv genommen wird

$$\alpha > \delta$$

und

$$27\,D = 4\,\delta^6 - (2\,\alpha\,\delta^2 - \beta)^2.$$

Hiernach kann D bei negativem β nicht positiv sein; denn ist β negativ, so ist

$$2\,\alpha\,\delta^2 - \beta > 2\,\alpha\,\delta^2 > 2\,\delta^3,$$

also $4\,\delta^6 - (2\,\alpha\,\delta^2 - \beta)^2$ negativ.

Es ist hiermit direct nachgewiesen, dass die Kriterien (5) und (6) genau dasselbe besagen.

Nach der im §. 78 gegebenen geometrischen Interpretation bedeutet $\beta = 0$ eine Fläche dritter Ordnung, die durch die Parabel $b = 0$, $\gamma = 0$ hindurchgeht, und die, soweit negative Werthe von a in Betracht kommen, ganz in dem Raumtheil verläuft, in dem D negativ ist.

Um für die Gleichung fünften Grades ein Beispiel vor Augen zu haben, betrachten wir die Gleichung

$$x^5 + x^2 + a = 0.$$

Wir haben also in unseren allgemeinen Ausdrücken §. 73 oder auch §. 74, (2), (3) zu setzen

$$\begin{array}{c} a_0,\ a_1,\ a_2,\ a_3,\ a_4,\ a_5 = \\ 1,\ 0,\ 0,\ 1,\ 0,\ a, \end{array}$$

und wir erhalten für die Determinante der Bezoutiante

$$\begin{vmatrix} -2\,a, & 0, & 0, & -5\,a \\ 0, & \frac{6}{5}, & -5\,a, & 0 \\ 0, & -5\,a, & 0, & -3 \\ -5\,a, & 0, & -3, & 0 \end{vmatrix}$$

und für die Discriminante

$$D = 108\,a + 3125\,a^4.$$

Eine Kette von Haupt-Unterdeterminanten ist

$$(8) \qquad D, \quad 50\,a^3, \quad \frac{-12\,a}{5}, \quad -2\,a, \quad 1.$$

Die Discriminante ist negativ, wenn

$$(9) \qquad 0 < -a < \sqrt[3]{\frac{108}{3125}},$$

sonst positiv, besonders also für alle positiven a positiv. Man sieht, dass bei positiver Discriminante in (8) immer zwei

Zeichenwechsel, bei negativer Discriminante, wo auch a negativ ist, ein Zeichenwechsel stattfindet.

Unsere Gleichung hat also, so lange a in dem Intervall (9) liegt, zwei imaginäre Wurzeln, wenn es ausserhalb dieses Intervalles liegt, vier imaginäre Wurzeln, niemals vier reelle Wurzeln.

Ein rein numerisches Beispiel bietet die der complexen Multiplication der elliptischen Functionen entnommene Gleichung

$$x^5 - x^3 - 2x^2 - 2x - 1 = 0.$$

Für die Determinante der Bezoutiante erhalten wir aus §. 73

$$\begin{vmatrix} \frac{-4}{5}, & \frac{-3}{5}, & \frac{4}{5}, & 5 \\ \frac{-3}{5}, & \frac{4}{5}, & \frac{33}{5}, & 8 \\ \frac{4}{5}, & \frac{33}{5}, & \frac{46}{5}, & 6 \\ 5, & 8, & 6, & 2 \end{vmatrix}$$

die Kette der Haupt-Unterdeterminanten

$$\frac{47^2}{5}, \ \frac{94}{5}, \ -1, \ \frac{-4}{5}, \ 1,$$

so dass die Discriminante unserer Gleichung 47^2 ist. Die Gleichung hat also zwei Paar imaginäre und eine reelle Wurzel. Das zweite Glied dieser Kette 94 : 5 braucht man, wenn man die Discriminante kennt, nicht zu berechnen, ja es genügt schon die Kenntniss des negativen Vorzeichens im vorletzten Gliede, um die vorstehende Entscheidung über die Realität der Wurzeln zu treffen.

Achter Abschnitt.

Der Sturm'sche Lehrsatz.

---

§. 85.

Das Sturm'sche Problem.

Die im vorigen Abschnitt behandelte Frage nach der Anzahl der reellen Wurzeln einer Gleichung ist ein specieller Fall eines allgemeineren Problems, das den Gegenstand dieses Abschnittes ausmachen soll, und das die Grundlage ist für alle Methoden der genäherten numerischen Berechnung von Gleichungswurzeln.

Es handelt sich um die Frage: wie viele reelle Wurzeln einer reellen numerischen Gleichung liegen zwischen zwei gegebenen reellen Zahlwerthen a und b?

Ist dies entschieden, so handelt es sich weiter darum, die Grenzen a, b so weit einzuengen, dass nur noch eine Wurzel der gegebenen Gleichung zwischen ihnen liegt, und sie endlich einander so weit zu nähern, dass jede von ihnen als ein genäherter Werth dieser Wurzel betrachtet werden kann.

Nehmen wir $a = -\infty$, $b = +\infty$, oder doch a negativ, b positiv so gross an, dass jenseits dieser Grenzen keine Wurzeln mehr liegen können, so fällt diese Aufgabe mit der im vorigen Abschnitt behandelten, die Anzahl aller reellen Wurzeln zu bestimmen, zusammen.

Wir wollen zunächst zeigen, wie sich das allgemeine Problem auf das specielle zurückführen lässt, wie also unsere jetzt aufgeworfene Frage, im Princip wenigstens, durch die Betrachtungen des vorigen Abschnittes beantwortet ist. Es möge sich zunächst darum handeln, die Anzahl der positiven Wurzeln einer Gleichung $f(x) = 0$ zu ermitteln. Setzen wir $x = y^2$, so wird jedem reellen Werth von y ein positiver Werth von x entsprechen, und umgekehrt entsprechen jedem positiven Werth von x zwei reelle, entgegengesetzte Werthe von y. Die Anzahl der positiven Wurzeln von $f(x) = 0$ ist also halb so gross, als die Anzahl der reellen Wurzeln von $f(y^2) = 0$. Setzen wir ferner

$$y = \frac{x - a}{b - x},$$

so wird, während x von a bis b geht, y durch positive Werthe von 0 bis Unendlich gehen, und wenn wir durch diese Substitution $f(x)$ in $F(y)$ transformiren, so wird $f(x) = 0$ ebenso viele Wurzeln zwischen a und b haben, als $F(y) = 0$ positive Wurzeln hat, mithin halb so viel als $F(z^2) = 0$ reelle Wurzeln hat. Unsere Aufgabe ist also dadurch in der That auf die Ermittelung der Anzahl der reellen Wurzeln einer gewissen anderen Gleichung zurückgeführt, deren Grad doppelt so gross ist, als der Grad der gegebenen Gleichung. Diese Zurückführung des Problems giebt aber seine Lösung nicht in der einfachsten Form, und wir müssen nach einer einfacheren Beantwortung der Frage suchen.

§. 86.

Die Sturm'schen Ketten.

Zu einer Lösung des Problems, das wir uns im vorigen Paragraphen gestellt haben, führt uns folgende Betrachtung.

Es seien α und β irgend zwei reelle Zahlen und $\alpha < \beta$. Es sei ferner $f(x)$ eine gegebene ganze rationale Function von x, von der ermittelt werden soll, wie viele ihrer Wurzeln in dem Intervall $\varDelta$

$$\alpha < x < \beta$$

liegen. Wir nehmen an, dass α, β nicht selbst zu den Wurzeln von $f(x) = 0$ gehören, dass also $f(\alpha)$ und $f(\beta)$ von Null verschieden sind. Ausserdem wollen wir noch fürs erste annehmen, dass $f(x)$, wenigstens in dem Intervall $\varDelta$, keine mehrfache Wurzel habe, dass also für keinen Werth des Intervalls $f(x)$ und $f'(x)$ zugleich verschwinden sollen.

Wir nehmen an, dass wir auf irgend eine Weise eine Reihe von $m + 1$ stetigen Functionen herstellen können

$$(1) \qquad f(x), f_1(x), f_2(x) \ldots f_m(x), \qquad (\mathfrak{K})$$

denen folgende Eigenschaften zukommen:

1. Von den Functionen f_ν sollen im Intervall Δ nicht zwei auf einander folgende zugleich verschwinden.
2. Die letzte von ihnen, $f_m(x)$, soll im Intervall Δ überhaupt nicht verschwinden, also ein unveränderliches Zeichen behalten.
3. Wenn ein mittleres Glied, etwa $f_\nu(x)$ für irgend ein x im Intervall Δ verschwindet, so sollen für dieses x die beiden angrenzenden Functionen $f_{\nu-1}(x)$ und $f_{\nu+1}(x)$ entgegengesetztes Vorzeichen haben.
4. Wenn $f(x)$ im Intervall Δ verschwindet, so soll $f_1(x)$ für diesen Werth von x dasselbe Vorzeichen haben wie $f'(x)$.

Eine solche Functionenreihe $(\mathfrak{K})$ wollen wir eine Sturm'sche Kette nennen. Wie man sie bilden kann, werden wir später sehen; zunächst sollen aus der Definition Folgerungen gezogen werden.

Für jeden Werth von x, für den keine der Functionen von $(\mathfrak{K})$ verschwindet, hat jede dieser Functionen ein bestimmtes Vorzeichen. Wir zählen einen Zeichenwechsel, so oft beim Durchlaufen der Kette von links nach rechts auf ein positives Glied ein negatives oder auf ein negatives Glied ein positives folgt. Die Anzahl der so gezählten Zeichenwechsel (Variationen) für einen bestimmten Werth von x wollen wir mit $V(x)$ bezeichnen. Wenn ein mittleres Glied $f_\nu(x)$ verschwindet, so haben wir nach 3. beim Uebergang von $f_{\nu-1}(x)$ zu $f_{\nu+1}(x)$ einen Zeichenwechsel zu zählen.

Sind α, β zwei Werthe, für die keine der Functionen f_ν verschwindet, und lassen wir nun x stetig wachsen von α bis β, so wird eine Aenderung in der Zahl der Zeichenwechsel nur dann eintreten können, wenn eine der Functionen von $(\mathfrak{K})$ ihr Zeichen wechselt, also durch den Werth Null hindurchgeht (wegen der vorausgesetzten Stetigkeit).

Ist dies aber eine mittlere Function, so ändert sich die Zahl der Zeichenwechsel nicht (nach 3). Denn in

$$f_{\nu-1}, \; f_\nu, \; f_{\nu+1}$$

findet vor und nach dem Durchgang von f_ν durch Null immer **ein** Zeichenwechsel statt, weil $f_{\nu+1}$ und $f_{\nu-1}$ entgegengesetzte Zeichen haben.

Wenn aber $f(x)$ durch Null geht, so geht beim Durchgang durch x wegen 4. ein Zeichenwechsel verloren. Denn geht $f(x)$ von negativen zu positiven Werthen, so ist (vgl. §. 32) $f'(x)$ und mithin $f_1(x)$ positiv und die Vorzeichen ändern sich so:

$$\begin{array}{cc} f(x), & f_1(x) \\ - & + \\ + & +, \end{array}$$

und wenn $f(x)$ von positiven zu negativen Werthen übergeht, so ist $f'(x)$ und $f_1(x)$ negativ, also die Zeichen so:

$$\begin{array}{cc} f(x), & f_1(x) \\ + & - \\ - & -, \end{array}$$

mithin ist in beiden Fällen ein **Zeichenwechsel** verloren gegangen.

Da nun $f_m(x)$ nach 2. sein Zeichen nicht wechselt, so folgt, dass $V(\alpha) - V(\beta)$ gleich der Anzahl der zwischen α und β gelegenen Wurzeln von $f(x) = 0$ ist, oder:

Die Anzahl der Wurzeln von $f(x) = 0$ zwischen α und β ist gleich dem Ueberschuss der Anzahl der Zeichenwechsel der Kette für $x = \alpha$ über die Anzahl der Zeichenwechsel für $x = \beta$.

Wenn für $x = \alpha$ oder $x = \beta$ eine oder einige der mittleren Functionen von $(\mathfrak{K})$ verschwinden sollten, so ist es wegen 3. gleichgültig, ob wir diesen verschwindenden Werth durch einen positiven oder einen negativen ersetzen.

§. 87.

Erstes Beispiel: Kugelfunctionen.

Ehe wir nun zu den allgemeinen Methoden übergehen, nach denen **Sturm**'sche Ketten zu bilden sind, wollen wir einige Beispiele betrachten, in denen sich durch besondere Umstände solche Ketten darbieten.

Wir betrachten zunächst die sogenannten **Kugelfunctionen**, die in der mathematischen Physik und Mechanik vielfach gebraucht werden.

Unter Kugelfunctionen versteht man ein System ganzer rationaler Functionen von steigendem Grade, das folgendermaassen definirt ist:

$$P_0(x) = 1$$
$$P_1(x) = x$$
$$P_2(x) = \tfrac{3}{2}(x^2 - \tfrac{1}{3})$$
$$P_3(x) = \tfrac{5}{2}(x^3 - \tfrac{3}{5}x)$$
$$\cdots\cdots\cdots$$
$$P_n(x) = \frac{1.3\ldots(2n-1)}{1.2\ldots n}\left(x^n - \frac{n(n-1)}{2(2n-1)}x^{n-2} + \frac{n(n-1)(n-2)(n-3)}{2.4(2n-1)(2n-3)}x^{n-4} - \cdots\right),$$

so dass $P_n(x)$ eine ganze rationale Function n^{ten} Grades ist, und, je nachdem n gerade oder ungerade ist, nur die geraden oder nur die ungeraden Potenzen enthält. Durch Anwendung des Zeichens $\Pi(n)$ kann man den allgemeinen Ausdruck für die Kugelfunctionen auch so darstellen:

$$(1)\qquad P_n(x) = \sum^{\mu} \frac{(-1)^{\mu}}{2^n}\,\frac{\Pi(2n-2\mu)\,x^{n-2\mu}}{\Pi(\mu)\,\Pi(n-2\mu)\,\Pi(n-\mu)},$$

worin die Summe in Bezug auf μ von $\mu = 0$ an so weit zu erstrecken ist, als $n - 2\mu$ nicht negativ wird.

Zwischen diesen Functionen bestehen die folgenden Relationen, die sich nach Einsetzen des Ausdruckes (1) durch einfache Vergleichung der Coëfficienten gleicher Potenzen von x verificiren lassen,

$$(2)\qquad nP_n(x) - (2n-1)xP_{n-1}(x) + (n-1)P_{n-2}(x) = 0$$
$$P_1(x) - xP_0(x) = 0$$
$$(3)\qquad (1-x^2)P_n'(x) + nxP_n(x) - nP_{n-1}(x) = 0.$$

Aus der letzten Gleichung folgt für $x = \pm 1$

$$\pm P_n(\pm 1) = P_{n-1}(\pm 1),$$

also

$$(4)\qquad P_n(1) = 1,\quad P_n(-1) = (-1)^n.$$

Aus (2) und (3) folgt nun, dass die Functionen P_n, von einem beliebigen m an abwärts geordnet,

(5) $$P_m, P_{m-1}, P_{m-2} \ldots P_0$$

in dem Intervall von -1 bis $+1$ die Eigenschaften einer Sturm'schen Kette haben. Denn wenn P_n und P_{n-1} für irgend ein x zugleich verschwänden, so müsste nach (2) auch P_{n-2}, folglich P_{n-3} etc. bis P_0 verschwinden, was unmöglich ist, da $P_0 = 1$ ist. Demnach ist auch die Bedingung §. 86, 2. für jedes beliebige Intervall befriedigt.

Ist $P_{n-1} = 0$, so ist nach (2) P_n und P_{n-2} von entgegengesetztem Vorzeichen, wie die Bedingung §. 86, 3. fordert.

Aus (3) folgt, dass niemals $P_n(x)$ und $P'_n(x)$ zugleich verschwinden, da sonst auch $P_{n-1}(x)$ verschwinden müsste, und endlich ergiebt sich aus (3), dass, wenn $P_n(x)$ verschwindet und $-1 < x < 1$ ist, $P'_n(x)$ und $P_{n-1}(x)$ dasselbe Vorzeichen haben.

Setzen wir nun in (5) für x die Werthe $-1, +1$ ein, so folgt aus (4), dass für $x = -1$ in (5) lauter Zeichenwechsel stattfinden, für $x = +1$ gar kein Zeichenwechsel; und daraus folgt:

Die Gleichung $P_m(x) = 0$ hat m reelle Wurzeln zwischen $x = -1$ und $x = +1$, und da P_m vom m^{ten} Grade ist, so sind dies alle Wurzeln.

Wir können aber einen noch etwas weiter gehenden Schluss ziehen. Nehmen wir ein Intervall $\varDelta = (\alpha, \beta)$, in dem zwei und nicht mehr Wurzeln ξ, η von $P_m = 0$ enthalten sind, so gehen beim Uebergang von α zu β in der Kette (5) zwei Zeichenwechsel verloren. Wir nehmen α so nahe an ξ, β so nahe an η, dass $P_{m-1}(\alpha)$ mit $P_{m-1}(\xi)$ und $P_{m-1}(\beta)$ mit $P_{m-1}(\eta)$ von gleichem Vorzeichen ist. Wenn P_m beim Durchgang durch ξ vom Negativen zum Positiven geht, so geht es beim Durchgang durch η vom Positiven zum Negativen; es ist also $P'_m(\xi)$ und folglich $P_{m-1}(\xi)$ und $P_{m-1}(\alpha)$ positiv, $P'_m(\eta)$ und folglich $P_{m-1}(\eta)$ und $P_{m-1}(\beta)$ negativ, und das Umgekehrte findet statt, wenn P_m beim Durchgang durch ξ vom Positiven zum Negativen geht. Man sieht also daraus, dass beim Uebergang von α zu β in

$$P_m, \quad P_{m-1}$$

ein Zeichenwechsel verloren geht, also muss bei dem gleichen Uebergang, und folglich auch bei dem Uebergang von ξ zu η in der Kette

$$P_{m-1}, \quad P_{m-2} \ldots P_0$$

gleichfalls ein Zeichenwechsel verloren gehen; daraus schliessen wir auf den Satz:

Zwischen zwei auf einander folgenden Wurzeln von $P_m = 0$ liegt eine und nur eine Wurzel von $P_{m-1} = 0$.

§. 88.

Zweites Beispiel.

Als zweites Beispiel betrachten wir eine Gleichung, die wir der Kürze wegen die Säcular-Gleichung nennen wollen, weil die Untersuchung der säcularen Störungen der Planeten zuerst auf sie geführt hat [1]). Sie ist auch sonst wohl unter diesem Namen bekannt, kommt aber auch in vielen anderen Untersuchungen vor, z. B. bei der Bestimmung der Hauptaxen einer Fläche zweiten Grades, in der Theorie der kleinen Schwingungen; ihre allgemeine analytische Bedeutung liegt darin, dass sie eine besondere, die sogenannte orthogonale Transformation einer quadratischen Form in eine Summe von Quadraten liefert. Wir wollen hier die Gleichung nehmen, wie sie vorliegt, ohne Beziehung auf irgend eine Anwendung, und wollen sie nach unseren allgemeinen Sätzen discutiren.

Es sei $a_{i,k}$, wenn i und k die Reihe der Indices $1, 2, 3 \ldots n$ durchlaufen, irgend ein System reeller Grössen und

$$(1) \qquad a_{i,k} = a_{k,i}$$

vorausgesetzt. Wir betrachten die symmetrische Determinante

$$(2) \qquad L_n(x) = \begin{vmatrix} a_{1,1} - x, & a_{1,2} & \ldots & a_{1,n} \\ a_{2,1}, & a_{2,2} - x & \ldots & a_{2,n} \\ \cdot & \cdot & \cdot & \cdot \\ a_{n,1}, & a_{n,2} & \ldots & a_{n,n} - x \end{vmatrix},$$

die eine ganze rationale Function n^{ten} Grades von x ist, in der x^n den Coëfficienten $(-1)^n$ hat. Die Gleichung $L_n(x) = 0$ soll der Gegenstand unserer Betrachtung sein.

Wir bilden die mit abwechselnden Zeichen genommene Kette der Haupt-Unterdeterminanten

$$(3) \qquad L_n(x), \; -L_{n-1}(x), \; L_{n-2}(x) \ldots, \; (-1)^{n-1} L_1(x), \; (-1)^n,$$

[1]) Laplace, Histoire de l'Académie des Sciences 1772. Von neueren Werken kann man darüber vergleichen Dziobek, Theorie der Planetenbewegung, Leipzig 1888.

und wollen nun nachweisen, dass, wenn wir die Voraussetzung hinzufügen, dass von den Grössen (3) keine zwei auf einander folgende zugleich verschwinden, wir eine Sturm'sche Kette vor uns haben.

Es ist dies eine einfache Folgerung aus der Formel, die wir schon im §. 82 zu einem ähnlichen Zwecke benutzt haben, und die wir so darstellen können:

(4) $$L_k S_k - T_k^2 = L_{k-1} L_{k+1},$$

worin S_k und T_k ganze rationale Functionen von x sind.

Wir haben nur zu zeigen, dass die Forderungen §. 86, 1. bis 4. befriedigt sind. Davon ist aber 1. in die Voraussetzung aufgenommen, 2. ist erfüllt, da das letzte Element gleich ± 1 ist. Aus der Formel (4) folgt, dass, wenn $L_k = 0$ ist, L_{k-1} und L_{k+1} entgegengesetzte Zeichen haben, dass also die Bedingung 3. erfüllt ist.

Es bleibt nur noch die Bedingung 4. übrig. Wenden wir aber die Formel (4) auf $k = n - 1$ an, so lautet sie

$$\frac{\partial L_n}{\partial a_{n,n}} \frac{\partial L_n}{\partial a_{n-1,n-1}} - \left(\frac{\partial L_n}{\partial a_{n,n-1}}\right)^2 = L_n L_{n-2},$$

und daraus folgt, dass, wenn $L_n = 0$ ist,

$$\frac{\partial L_n}{\partial a_{n,n}}, \quad \frac{\partial L_n}{\partial a_{n-1,n-1}}$$

gleiche Zeichen haben; und ebenso kann man schliessen, dass alle Haupt-Unterdeterminanten von L_n

$$\frac{\partial L_n}{\partial a_{i,i}}$$

dasselbe Zeichen haben.

Nun ist aber die Derivirte von L_n (vgl. §. 22)

$$L_n'(x) = - \sum_{1,n}^{i} \frac{\partial L_n}{\partial a_{i,i}},$$

und hat also für einen Werth x, für den $L_n(x)$ verschwindet, das entgegengesetzte Zeichen, wie L_{n-1}, was eben die Forderung 4. verlangt. Daraus folgt der Satz:

I. Sind α, β zwei reelle Werthe, $\alpha < \beta$, so ist die Anzahl der zwischen α und β gelegenen Wurzeln von $L_n(x)$ gleich dem Ueberschuss der Anzahl der Zeichenwechsel der Kette (3) für $x = \alpha$ über die Anzahl der Zeichenwechsel für $x = \beta$.

Die höchste Potenz von x, die in $L_k(x)$ vorkommt, ist, wie schon oben bemerkt,

$$(-1)^k x^k,$$

und wenn der absolute Werth von x hinlänglich gross ist, so wird das Vorzeichen dieses Gliedes über das Vorzeichen von $L_k(x)$ entscheiden. Nehmen wir also für α einen genügend grossen negativen, für β einen genügend grossen positiven Werth, so finden in (3) für $x = \alpha$ lauter Zeichenwechsel, für $x = \beta$ lauter Zeichenfolgen statt. Es werden also n Wurzeln zwischen α und β liegen, und daraus folgt der Satz:

II. Die Gleichung $L_n(x) = 0$ hat lauter reelle Wurzeln.

Diese beiden Sätze sind aber nur von beschränkter Anwendbarkeit, so lange wir uns nicht von der Voraussetzung frei machen können, dass in der Kette der L_k nicht zwei auf einander folgende Glieder zugleich verschwinden sollen. Von dieser Beschränkung können wir den Satz aber durch folgende einfache Ueberlegung befreien.

Nehmen wir an, für irgend einen Werth von x verschwinde L_k, aber nicht L_{k-1}; wir können dann Grössen $a_{k+1,i}$, die in L_k nicht vorkommen, so bestimmen, dass L_{k+1} für diesen Werth von x nicht verschwindet; denn es kann L_{k+1} nicht identisch für alle $a_{k+1,i}$ verschwinden, weil es das Glied

$$- a_{k+1,k}^2 L_{k-1}$$

enthält [§. 23, (12)].

Hiernach können wir, wenn in der Kette

(5) $$L_n, \quad -L_{n-1}, \quad L_{n-2} \cdots \pm L_1, \quad \mp 1$$

einige auf einander folgende Glieder für irgend einen Werth von x verschwinden, durch Abänderung der $a_{i,k}$ eine andere Reihe

(6) $$L'_n, \quad -L'_{n-1}, \quad L'_{n-2} \cdots \pm L'_1, \quad \mp 1$$

ableiten, in der keine zwei auf einander folgenden Glieder für irgend einen Werth x (des Intervalles $\alpha \ldots \beta$) verschwinden.

Zugleich können die $a'_{i,k}$, von denen die L' abhängen, so angenommen werden, dass sie sich von den $a_{i,k}$ um weniger als eine beliebig gegebene Grösse ω unterscheiden.

Wenn nun die Zahlen α, β so angenommen sind, dass in der Reihe (5) kein Glied für $x = \alpha$ oder $x = \beta$ verschwindet, so können wir ω so klein annehmen, dass entsprechende Glieder von (5) und (6) dasselbe Vorzeichen haben. Durch unseren Satz ist aber die Anzahl der Wurzeln von $L'_n = 0$ zwischen α und β durch die Zeichen der Reihe (6) bestimmt.

Nun lässt sich andererseits wieder ω so klein annehmen, dass die Wurzeln von $L'_n = 0$ von denen von $L_n = 0$ beliebig wenig unterschieden sind (§. 40).

Es kann zwar eine Doppelwurzel von $L_n = 0$ in zwei einfache Wurzeln von $L'_n = 0$ übergehen; aber da $L'_n = 0$ keine imaginären Wurzeln hat, so sind diese reell; und dasselbe findet statt, wenn $L_n = 0$ mehrfache Wurzeln hat.

Hiernach behalten die Sätze I, II ihre Gültigkeit, wenn die Voraussetzung aufgegeben wird, dass in der Kette der L_k keine auf einander folgenden Glieder verschwinden; nur müssen die mehrfachen Wurzeln dabei nach ihrer Vielfachheit gezählt werden.

§. 89.

Die Sturm'schen Functionen.

Nach diesen besonderen Beispielen wenden wir uns zur Betrachtung des Verfahrens, durch das man in allen Fällen eine Sturm'sche Kette erhält[1]). Die Bildungsweise dieser Functionen ist principiell ausserordentlich einfach, wenn auch in der praktischen Ausführung meist nicht durchführbar.

Wir beschränken uns hier auf die Betrachtung von Gleichungen ohne mehrfache Wurzeln, oder wir nehmen an, dass vor der Anwendung $f(x)$ von jedem gemeinschaftlichen Factor mit seiner Derivirten $f'(x)$ befreit sei.

Wenn wir dann

$$f_1(x) = f'(x) \tag{1}$$

annehmen, so ist sicher die Bedingung §. 86, 4. befriedigt. Nun verfahren wir so, als ob es sich um die Aufsuchung des grössten gemeinschaftlichen Theilers von $f(x)$ und $f_1(x)$ handle, indem wir dabei jedesmal das Vorzeichen des Restes umkehren; wir bilden also durch Division die Gleichungen

$$\begin{aligned} f &= q_1 f_1 - f_2 \\ f_1 &= q_2 f_2 - f_3 \\ &\cdots\cdots\cdots\cdots \\ f_{m-2} &= q_{m-1} f_{m-1} - f_m, \end{aligned} \tag{2}$$

1) Sturm, Mém. sur la résolution des équations numériques. Mém. de l'académie de Paris. Sav. étrang. VI, 1835. Auszug in Bull. de Ferussac XI, 1829.

worin die $q_1, q_2 \ldots q_{m-1}$ und ebenso die $f_1, f_2 \ldots f_m$ ganze rationale Functionen von x sind; die Grade der Functionen $f, f_1, f_2, \ldots f_m$ nehmen ab und man kann daher die Operation so weit fortsetzen, dass f_m constant ist, oder wenigstens in dem betrachteten Intervall nicht mehr verschwindet. Dass f_m nicht Null werden kann, ist eine Folge der Voraussetzung, dass f und f_1 ohne gemeinsamen Theiler sind.

Dass man dann in der Reihe

$$f, f_1, f_2 \ldots f_m \tag{3}$$

wirklich eine Sturm'sche Kette hat, ergiebt sich unmittelbar, wenn man die Kriterien §. 86, 1. bis 4. durchgeht. Denn wenn zwei auf einander folgende der Functionen (3) zugleich verschwinden, so verschwinden nach (2) auch alle nachfolgenden, dies ist aber unmöglich, weil f_m von Null verschieden ist.

Ist aber $f_\nu(x) = 0$, so folgt aus (2)

$$f_{\nu-1}(x) = -f_{\nu+1}(x),$$

womit alle die Forderungen des §. 86 befriedigt sind.

Es ist, wie sich von selbst versteht, gestattet, die Functionen der Reihe (3) mit positiven, z. B. constanten Factoren zu multipliciren, ohne dass sie aufhören, eine Sturm'sche Kette zu bilden.

Für $n = 2$ können wir demnach als die Sturm'schen Functionen folgende nehmen:

$$f(x) = x^2 + ax + b$$
$$f_1(x) = 2x + a$$
$$f_2(x) = a^2 - 4b.$$

§. 90.

Hermite's Lösung des Sturm'schen Problems.

Ein anderer Weg zur Lösung des Sturm'schen Problems, der zu einfacheren Resultaten führt, wenigstens was die Durchführung der Rechnung im Einzelnen betrifft, ist von Hermite eingeschlagen, der an das Trägheitsgesetz der quadratischen Formen und die Tschirnhausen-Transformation anknüpft[1]).

---

[1]) Hermite, Remarques sur le théorème de M. Sturm. Comptes rendus der Pariser Akademie, T. 36 (1853).

Es sei

(1) $f(x) = a_0 x^n + a_1 x^{n-1} + \cdots + a_{n-1} x + a_n = 0$

die vorgelegte Gleichung und

(2) $$x_1, x_2 \ldots x_n$$

ihre Wurzeln, die wir von einander verschieden annehmen.

Wir benutzen die in §. 68 definirten Functionen

(3) $$f_0(x), f_1(x), f_2(x) \ldots f_{n-1}(x)$$

und setzen wie dort, indem wir unter $t_0, t_1 \ldots t_{n-1}$ unabhängige Variable verstehen,

(4) $y = t_{n-1} f_0(x) + t_{n-2} f_1(x) + \cdots + t_1 f_{n-2}(x) + t_0 f_{n-1}(x)$.

Es mögen $y_1, y_2 \ldots y_n$ die Werthe sein, die y für $x = x_1, x_2 \ldots x_n$ annimmt.

Ist nun α ein beliebiger reeller Werth, so setzen wir

(5) $H_\alpha = (x_1 - \alpha) y_1^2 + (x_2 - \alpha) y_2^2 + \cdots + (x_n - \alpha) y_n^2$.

Dies ist eine quadratische Form der n Variablen t, und wir wollen zunächst die Zahl ihrer negativen und positiven Glieder bestimmen. Ist x_1 eine reelle Wurzel, also auch y_1 reell, so ist das Quadrat $(x_1 - \alpha) y_1^2$ positiv oder negativ, je nachdem x_1 grösser oder kleiner als α ist. Bilden aber x_1, x_2 ein imaginäres Paar, so sind auch y_1, y_2 conjugirt imaginär, und

$$(x_1 - \alpha) y_1^2 + (x_2 - \alpha) y_2^2$$

zerlegt sich in ein positives und ein negatives Quadrat. Dies ergiebt sich wie im §. 79, wenn man $y_1 \sqrt{x_1 - \alpha} = u + iv$, $y_2 \sqrt{x_2 - \alpha} = u - iv$ setzt.

Daraus folgt, dass die Anzahl N_α der negativen Quadrate in H_α gleich ist der Anzahl der imaginären Paare, vermehrt um die Anzahl der reellen Wurzeln, die kleiner als α sind.

Nehmen wir also eine zweite reelle Zahl $\beta > \alpha$, bilden die Function H_β und bezeichnen mit N_β die Anzahl ihrer negativen Quadrate, so ist die Differenz

$$N_\beta - N_\alpha$$

gleich der Anzahl der reellen Wurzeln zwischen α und β.

Man erhält also ein Mittel zur Bestimmung dieser Zahl, d. h. zur Lösung des Sturm'schen Problems, wenn man die Coëfficienten der Function H_α als Functionen der Coëfficienten von $f(x)$ und von α darstellt, und dann die Zahl N_α untersucht,

§. 91.

Bestimmung der Hermite'schen Form H.

Zur Bestimmung der Hermite'schen Form H können wir die Mittel anwenden, die wir im VI. Abschnitt kennen gelernt haben. Wir haben im §. 72 die Formel abgeleitet:

(1) $$y f_s = E_{0,s} f_0 + E_{1,s} f_1 + \cdots + E_{n-1,s} f_{n-1}.$$

Mit Benutzung der Relationen

$$x f_0 = f_1 - a_1, \quad x f_1 = f_2 - a_2, \ldots x f_{n-1} = -a_n,$$

folgt hieraus

(2) $$\begin{aligned} x y f^s = {} & E_{0,s} f_1 + E_{1,s} f_2 + \cdots + E_{n-2,s} f_{n-1} \\ & - a_1 E_{0,s} - a_2 E_{1,s} - \cdots - a_n E_{n-1,s}. \end{aligned}$$

Wir bestimmen also noch eine Functionenreihe $E_{-1,s}$ durch die Gleichung

(3) $$a_0 E_{-1,s} + a_1 E_{0,s} + a_2 E_{1,s} + \cdots + a_n E_{n-1,s} = 0$$

und erhalten dann aus (1) und (2)

(4) $$\begin{aligned} (x - \alpha) y f_s = {} & (E_{-1,s} - \alpha E_{0,s}) f_0 + (E_{0,s} - \alpha E_{1,s}) f_1 + \cdots \\ & + (E_{n-2,s} - \alpha E_{n-1,s}) f_{n-1}. \end{aligned}$$

Die Function $E_{-1,s}$ lässt sich aber durch die Relation [§. 72, (7)]

$$a_0 t_{n+s} + a_1 t_{n+s-1} + \cdots + a_n t_s = 0$$

ganz in der gleichen Weise ausdrücken, wie die übrigen E, so dass wir folgendes System von Formeln erhalten [§. 72, (9)]:

(5) $$\begin{aligned}
E_{-1,s} &= a_0 t_{n+s} + a_1 t_{n+s-1} + \cdots + a_s t_n \\
&= - a_{s+1} t_{n-1} \cdots - a_n t_s \\
E_{0,s} &= a_0 t_{n+s-1} + a_1 t_{n+s-2} + \cdots + a_s t_{n-1} \\
&= - a_{s+1} t_{n-2} \cdots - a_n t_{s-1} \\
E_{1,s} &= a_0 t_{n+s-2} + a_1 t_{n+s-3} + \cdots + a_s t_{n-2} \\
&= - a_{s+1} t_{n-3} \cdots - a_n t_{s-2} \\
& \cdots\cdots\cdots\cdots \\
E_{s-1,s} &= a_0 t_n + a_1 t_{n-1} + \cdots + a_s t_{n-s} \\
&= - a_{s+1} t_{n-s-1} \cdots - a_n t_0 \\
E_{s,s} &= a_0 t_{n-1} + a_1 t_{n-2} + \cdots + a_s t_{n-s-1} \\
E_{s+1,s} &= a_0 t_{n-2} + a_1 t_{n-3} + \cdots + a_s t_{n-s-2} \\
& \cdots\cdots\cdots\cdots \\
E_{n-1,s} &= a_0 t_s + a_1 t_{s-1} + \cdots + a_s t_0.
\end{aligned}$$

Führen wir ein zweites System von Variablen τ ein und setzen

$$z = \tau_{n-1} f_0 + \tau_{n-2} f_1 + \cdots + \tau_0 f_{n-1},$$

so ergiebt sich aus (4) mit Benutzung der Formeln [§. 68, (6)]

$$S(f_s) = (n - s) a_s$$

$$(6) \qquad S[(x-\alpha) y z] = n a_0 \sum_{0,\, n-1}^{s} (E_{-1,s} - \alpha E_{0,s}) \tau_{n-s-1}$$
$$+ (n-1) a_1 \sum_{0,\, n-1}^{s} (E_{0,s} - \alpha E_{1,s}) \tau_{n-s-1}$$
$$\cdots\cdots\cdots\cdots$$
$$+ a_{n-1} \sum_{0,\, n-1}^{s} (E_{n-2,s} - \alpha E_{n-1,s}) \tau_{n-s-1},$$

und dies geht geradezu in die Function H über, wenn wir $\tau = t$ setzen.

Nehmen wir als Beispiel den Fall $n = 3$, so ergiebt sich

$$E_{-1,0} = - a_1 t_2 - a_2 t_1 - a_3 t_0, \quad E_{0,0} = a_0 t_2,$$
$$E_{-1,1} = - a_2 t_2 - a_3 t_1, \quad E_{0,1} = - a_2 t_1 - a_3 t_0,$$
$$E_{-1,2} = - a_3 t_2, \quad E_{0,2} = - a_3 t_1,$$
$$E_{1,0} = a_0 t_1, \quad E_{2,0} = a_0 t_0,$$
$$E_{1,1} = a_0 t_2 + a_1 t_1, \quad E_{2,1} = a_0 t_1 + a_1 t_0,$$
$$E_{1,2} = - a_3 t_0, \quad E_{2,2} = a_0 t_2 + a_1 t_1 + a_2 t_0,$$

und hieraus kann man die Coëfficienten der Form H nach (6) leicht berechnen:

$$H_{2,2} = - a_0 (a_1 + 3 a_0 \alpha)$$
$$H_{1,1} = - 3 a_0 a_3 - a_1 a_2 - 2 (a_1^2 - a_0 a_2) \alpha$$
$$H_{0,0} = - a_2 a_3 + (2 a_1 a_3 - a_2^2) \alpha$$
$$H_{1,0} = - 2 a_1 a_3 + (3 a_0 a_3 - a_1 a_2) \alpha$$
$$H_{2,1} = - 2 a_0 (a_2 + a_1 \alpha)$$
$$H_{0,2} = - a_0 (3 a_3 + a_2 \alpha).$$

§. 92.

Die Determinante der Hermite'schen Form.

Für die Frage nach der Anzahl der negativen Quadrate der Form H ist die Kenntniss ihrer Determinante von Wichtigkeit. Diese Determinante lässt sich allgemein auf folgende Art berechnen.

Setzen wir

$$H = \sum_{0,\, n-1}^{i} \sum^{k} H_{i,k}\, t_i\, t_k,$$

so sind die Coëfficienten $H_{i,k}$, deren Determinante gebildet werden soll, durch die Formel §. 91, (6) gegeben. Es ist $H_{i,k}$ der Coëfficient von $t_i \tau_k$ in jener Formel, also

$$H_{i,k} = S(x - \alpha) f_{n-i-1} f_{n-k-1}.$$

Die Determinante aus diesen n^2 Grössen lässt sich aber nach dem Multiplicationssatz in die Form setzen:

$$\varDelta = \begin{vmatrix} (x_1 - \alpha) f_0(x_1), & (x_1 - \alpha) f_1(x_1), & \ldots (x_1 - \alpha) f_{n-1}(x_1) \\ \cdot & \cdot & \cdot \\ (x_n - \alpha) f_0(x_n), & (x_n - \alpha) f_1(x_n), & \ldots (x_n - \alpha) f_{n-1}(x_n) \end{vmatrix} \times \begin{vmatrix} f_0(x_1), & f_1(x_1), & \ldots f_{n-1}(x_1) \\ \cdot & \cdot & \cdot \\ f_0(x_n), & f_1(x_n), & \ldots f_{n-1}(x_n) \end{vmatrix},$$

oder auch, da

$$a_0 (x_1 - \alpha)(x_2 - \alpha) \ldots (x_n - \alpha) = (-1)^n f(\alpha)$$

ist, in die Form

$$\frac{(-1)^n f(\alpha)}{a_0} \begin{vmatrix} f_0(x_1), & f_1(x_1) & \ldots f_{n-1}(x_1) \\ \cdot & \cdot & \cdot \\ f_0(x_n), & f_1(x_n) & \ldots f_{n-1}(x_n) \end{vmatrix}^2.$$

Die hier noch vorkommende Determinante der $f_k(x_i)$ ist das Product der beiden folgenden:

$$\begin{vmatrix} a_0, & 0 & \ldots 0 \\ a_1, & a_0 & \ldots 0 \\ \cdot & \cdot & \cdot \\ a_{n-1}, & a_{n-2} & \ldots a_0 \end{vmatrix} \quad \begin{vmatrix} 1, & x_1, & x_1^2 & \ldots x_1^{n-1} \\ 1, & x_2, & x_2^2 & \ldots x_2^{n-1} \\ \cdot & \cdot & \cdot & \cdot \\ 1, & x_n, & x_n^2 & \ldots x_n^{n-1} \end{vmatrix}.$$

Das Quadrat dieses Productes ist aber, wenn D die Discriminante der Function $f(x)$ bedeutet (§. 46), gleich $a_0^2 D$, so dass sich für $\varDelta$ ergiebt

(1) $$\varDelta = (-1)^n a_0 f(\alpha) D.$$

Da nach der Voraussetzung D nicht verschwinden soll, so wird $\varDelta$ also nur dann verschwinden, wenn für α eine der Wurzeln von $f(x) = 0$ gesetzt wird, und dies soll auch ausgeschlossen sein.

Bezeichnen wir eine Kette von Haupt-Unterdeterminanten von $\varDelta$, mit der niedrigsten angefangen, mit

$$\varDelta_1(\alpha), \quad \varDelta_2(\alpha), \ldots, \varDelta_n(\alpha) = \varDelta,$$

so ist nach §. 83, V. die Anzahl der Zeichenwechsel in

$$(2) \qquad 1,\ \Delta_1(\alpha),\ \Delta_2(\alpha) \ldots \Delta_n(\alpha)$$

gleich der Anzahl N_α der negativen Quadrate in H, und wenn wir also die entsprechende Zahl N_β in

$$1,\ \Delta_1(\beta),\ \Delta_2(\beta) \ldots \Delta_n(\beta)$$

abzählen, so ist $N_\beta - N_\alpha$ die Anzahl der zwischen α und β gelegenen Wurzeln von $f(x)$.

Für die cubische Gleichung ergeben sich die Ausdrücke aus dem Schluss des vorigen Paragraphen. Wir bilden die Kette

$$a_0, \quad \frac{1}{a_0} H_{2,2}, \quad \frac{1}{a_0}\left(H_{2,2} H_{1,1} - H_{1,2}^2\right), \quad \frac{1}{a_0}\Delta,$$

die offenbar dieselbe Anzahl von Zeichenwechseln hat wie (2), und erhalten so die vier Functionen

$$a_0, \qquad -3 a_0 \alpha - a_1,$$

$$2\alpha^2 a_0 (a_1^2 - 3 a_0 a_2) + \alpha (2 a_1^3 + 9 a_0^2 a_3 - 7 a_0 a_1 a_2)$$
$$+ 3 a_0 a_1 a_3 + a_1^2 a_2 - 4 a_0 a_2^2, \qquad - f(\alpha) D.$$

Nehmen wir zur Probe $\alpha = -\infty$, $\beta = +\infty$, so erhalten wir, wenn noch $a_0 = 1$ gesetzt wird, die Zeichenbestimmung

$$1, \quad +1, \quad (a_1^2 - 3 a_2), \qquad D,$$
$$1, \quad -1, \quad (a_1^2 - 3 a_2), \quad -D.$$

Man muss bei der Abzählung beachten, dass, wenn D positiv ist, $a_1^2 - 3 a_2$ nicht negativ sein kann [§. 47, (8)].

§. 93.

Grundzüge der Charakteristikentheorie [1]).

Die Sturm'schen Sätze werden in ausserordentlicher Weise durch die Charakteristikentheorie von Kronecker verallgemeinert, die dasselbe Ziel wie der Sturm'sche Satz für Gleichungssysteme mit beliebig vielen Veränderlichen verfolgt. Wir beschränken uns hier auf die Betrachtung des einfachsten Falles, den wir zur Einschliessung der complexen Wurzeln einer Gleichung anwenden wollen; auch bedienen wir uns hier unein-

---

1) Monatsberichte der Berliner Akademie, März und August 1869, Februar 1873, Februar 1878.

geschränkt der geometrischen Anschauung und der Bezeichnungsweise der Differentialrechnung.

Wir betrachten zunächst zwei reelle Functionen $\varphi(x, y)$, $\psi(x, y)$, und deuten die reellen Variablen x, y als rechtwinklige Coordinaten in einer Ebene. Die Gleichungen

$$(1) \qquad \varphi(x, y) = 0, \qquad \psi(x, y) = 0$$

stellen dann zwei Curven dar, die wir kurz die Curve φ und die Curve ψ nennen. Wir nehmen zunächst an, diese Curven seien geschlossen und erstrecken sich nicht ins Unendliche. Wir nehmen ausserdem an, φ sei im Inneren der Curve φ negativ, im Aeusseren positiv; ebenso ψ im Inneren von ψ negativ, im Aeusseren positiv.

Bezeichnen wir, wie die Fig. 6 zeigt, den Winkel, den die Normale n in irgend einem Punkte von φ, in der Richtung, in der φ wächst, also nach aussen gezogen, mit der Richtung der positiven x-Axe bildet, mit ϑ, so ist, wenn $\varphi'(x)$ und $\varphi'(y)$ die partiellen Ableitungen von φ sind, und die Quadratwurzel positiv genommen ist,

$$\cos\vartheta = \frac{\varphi'(x)}{\sqrt{\varphi'(x)^2 + \varphi'(y)^2}}, \quad \sin\vartheta = \frac{\varphi'(y)}{\sqrt{\varphi'(x)^2 + \varphi'(y)^2}}.$$

Ziehen wir die Tangente t so, dass sie zu der eben bezeichneten Normale n so liegt, wie die positive y-Axe zur positiven x-Axe und bezeichnen den Winkel, den sie mit der positiven x-Axe bildet, mit ξ, so ist

$$\cos\xi = -\frac{\varphi'(y)}{\sqrt{\varphi'(x)^2 + \varphi'(y)^2}}, \quad \sin\xi = \frac{\varphi'(x)}{\sqrt{\varphi'(x)^2 + \varphi'(y)^2}}.$$

Bezeichnen wir den Fortschritt auf φ in der Richtung t als den positiven und sind dx, dy die Projectionen dieses Fortschrittes, so sind dx und dy proportional und im Zeichen übereinstimmend mit $-\varphi'(y)$, $\varphi'(x)$, und wenn Φ eine beliebige andere Function ist, so ist

$$d\Phi = \Phi'(x)\,dx + \Phi'(y)\,dy$$

im Vorzeichen übereinstimmend mit der Functionaldeterminante

$$(2) \qquad [\varphi, \Phi] = \varphi'(x)\,\Phi'(y) - \varphi'(y)\,\Phi'(x).$$

Bei der üblichen Annahme über die Coordinatenrichtung ist die positive Fortschrittsrichtung die, bei der das Innere der Fläche zur Linken liegt.

Wenn nun die positive Fortschrittsrichtung auf φ an einem der Durchschnittspunkte der Curven φ, ψ in das Innere von ψ hineinführt, so ist $d\,\psi$, also auch die Functionaldeterminante $[\varphi, \psi]$ negativ, und im entgegengesetzten Falle positiv (Fig. 7). Wir nennen einen Schnittpunkt von φ und ψ einen **Austrittspunkt** $A(\varphi, \psi)$ oder einen Eintrittspunkt $E(\varphi, \psi)$, je nachdem

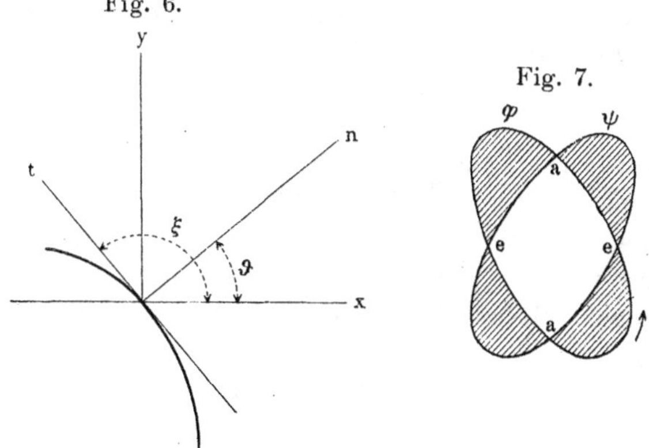

Fig. 6.

Fig. 7.

die positive Fortschrittsrichtung von φ aus dem Inneren von ψ ins Aeussere oder vom Aeusseren ins Innere führt, und haben also den Satz:

$$(4)\qquad \begin{array}{llll} \text{an einem} & A(\varphi, \psi) & \text{ist} & [\varphi, \psi] > 0 \\ \text{„ \quad „} & E(\varphi, \psi) & \text{„} & [\varphi, \psi] < 0. \end{array}$$

Die Anzahl der $A(\varphi, \psi)$ ist ebenso gross, wie die der $E(\varphi, \psi)$; und wenn wir φ mit ψ vertauschen, so gehen die $A(\varphi, \psi)$, $E(\varphi, \psi)$ in $E(\psi, \varphi)$ und $A(\psi, \varphi)$ über.

Die zwei Functionen φ, ψ bestimmen in eindeutiger Weise einen Flächenraum, der dadurch charakterisirt ist, dass in ihm das Product $\varphi\,\psi$ negativ ist. Wir wollen ihn den **Binnenraum** (φ, ψ) **oder** (ψ, φ) nennen. In unserer Fig. 7 ist es die schraffirte Fläche.

§. 94.

Charakteristik eines Systems von drei Functionen.

Wir nehmen nun zu den beiden Functionen φ, ψ eine dritte $f(x, y)$ hinzu. Die durch die Gleichung $f = 0$ dargestellte Curve, oder die Curve f soll gleichfalls im Endlichen geschlossen sein, und wir wollen ausserdem noch annehmen, dass sie durch keinen der Schnittpunkte von φ und ψ hindurchgeht.

Wir geben diesen drei Functionen eine bestimmte cyklische Reihenfolge

$$f,\quad \varphi,\quad \psi,$$

so dass auf ψ wieder f folgen soll, und verbinden mit dieser Reihenfolge eine bestimmte, etwa die positive Fortschrittsrichtung auf jeder der drei Curven. Wir wollen festsetzen, dass mit der umgekehrten Reihenfolge

$$f,\quad \psi,\quad \varphi$$

auf jeder der drei Curven die entgegengesetzte, also die negative, Fortschrittsrichtung verbunden sei.

Wir durchlaufen nun, bei der ersten Reihenfolge, die Curve f in positivem Sinne, und achten auf die Schnittpunkte von f und φ. Ein solcher soll ein Austrittspunkt $A(f;\ \varphi, \psi)$ genannt werden, wenn die positive Richtung von f aus dem Inneren des Binnenraumes (φ, ψ) in das Aeussere, und ein Eintrittspunkt $E(f;\ \varphi, \psi)$, wenn er aus dem Aeusseren in das Innere führt.

Fig. 8.

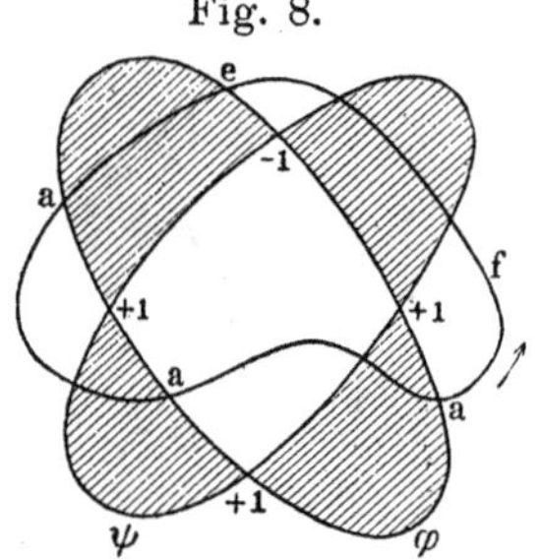

In der Fig. 8 sind die Punkte a die Austrittspunkte, der Punkt e ein Eintrittspunkt.

Die Gesammtanzahl der Ein- und Austrittspunkte stimmt überein mit der Anzahl der Schnittpunkte von f und φ, und ist also, da beide Curven geschlossen sind, eine gerade Zahl. Ist a die Anzahl der Punkte $A(f;\ \varphi, \psi)$, e die Anzahl der Punkte $E(f;\ \varphi, \psi)$, so ist also auch $e - a$ eine gerade Zahl und

$$\tfrac{1}{2}(e - a) = k$$

eine ganze Zahl, die nach Kronecker die Charakteristik des Functionensystems f, φ, ψ heisst. (Im Falle der Fig. 8 ist sie gleich -1).

Wenn wir die Functionen f, φ, ψ cyklisch vertauschen, so erhalten wir drei Bestimmungen für die Charakteristik, und wenn wir die Reihenfolge umkehren und dabei nach der getroffenen Vereinbarung auch die positiven Richtungen durch die negativen ersetzen, drei weitere. Diese Bestimmungen sind, wenn wir jetzt die Symbole $A(f;\ \varphi, \psi)$, $E(f;\ \varphi, \psi)$ zugleich als Bezeichnung für die Anzahlen der betreffenden Punkte brauchen,

1. $\frac{1}{2}[E(f;\ \varphi,\ \psi) - A(f;\ \varphi,\ \psi)]$,
2. $\frac{1}{2}[E(\varphi;\ \psi, f) - A(\varphi;\ \psi, f)]$,
3. $\frac{1}{2}[E(\psi;\ f,\ \varphi) - A(\psi;\ f,\ \varphi)]$,
4. $\frac{1}{2}[E(f;\ \psi,\ \varphi) - A(f;\ \psi,\ \varphi)]$,
5. $\frac{1}{2}[E(\psi;\ \varphi, f) - A(\psi;\ \varphi, f)]$,
6. $\frac{1}{2}[E(\varphi; f,\ \psi) - A(\varphi;\ f,\ \psi)]$,

und es gilt nun der fundamentale Satz, dass diese sechs Bestimmungen dieselbe Zahl ergeben.

Um ihn zu beweisen, durchlaufen wir die Curve f in positivem Sinne, und achten auf die sämmtlichen Schnittpunkte mit φ und ψ. Der Weg längs der Curve f wird dabei ebenso oft in den Binnenraum $(\varphi,\ \psi)$ eintreten müssen, wie er aus ihm heraustritt, weil er wieder in seinen Ausgangspunkt zurückkehren muss. Die Curve f tritt aber ein in den Punkten $E(f;\ \varphi,\ \psi)$ und $A(f;\ \psi,\ \varphi)$ und tritt aus in den Punkten $A(f;\ \varphi,\ \psi)$ und $E(f;\ \psi,\ \varphi)$. Also ist

$$E(f;\ \varphi,\ \psi) + A(f;\ \psi,\ \varphi) = A(f;\ \varphi,\ \psi) + E(f;\ \psi, \varphi),$$

wodurch die Uebereinstimmung von 1. und 4. nachgewiesen ist.

Fig. 9.

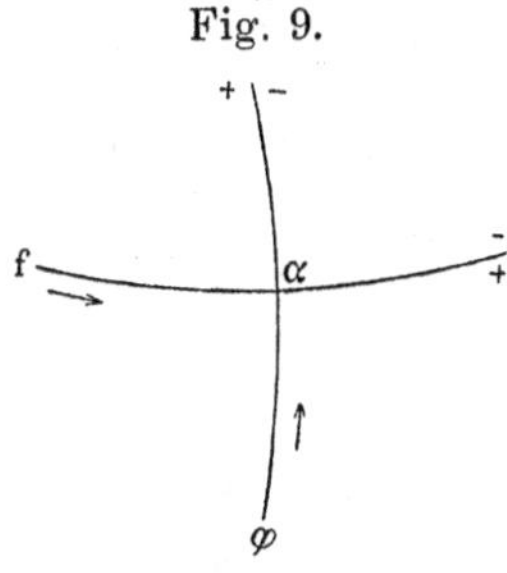

Wenn wir nun zweitens die Curve φ in negativem Sinne durchlaufen, und auf ihre Schnittpunkte mit f achten, so ergiebt sich, dass jeder Punkt $E(f; \varphi, \psi)$ zugleich ein Punkt $E(\varphi; f, \psi)$, und jeder Punkt $A(f;\ \varphi,\ \psi)$ ein Punkt $A(\varphi;\ f,\ \psi)$ ist. Denn in der Fig. 9, worin der Punkt α irgend einen der Schnittpunkte von f und φ darstellt, ist dieser Punkt ein $E(f;\ \varphi,\ \psi)$ und ein $E(\varphi;\ f,\ \psi)$, wenn ψ in α positiv ist, und ein $A(f;\ \varphi,\ \psi)$ und ein $A(\varphi;\ f,\ \psi)$, wenn ψ in α negativ ist.

Daraus folgt die Uebereinstimmung von 1. mit 6. Es folgt ferner durch nochmalige Anwendung des ersten Schlusses die Uebereinstimmung von 6. mit 2. und dann durch Anwendung des zweiten Schlusses die von 2. mit 5. und endlich des ersten die von 5. mit 3., also die Uebereinstimmung aller sechs Ausdrücke.

Man ist daher berechtigt, die so bestimmte Zahl schlechtweg als die Charakteristik des Functionensystems $(f,\ \varphi,\ \psi)$ zu bezeichnen.

§. 95.

Beziehung der Charakteristik zu den Schnittpunkten.

Man hat nun zu beachten, dass die Bezeichnung der Schnittpunkte zweier Curven als Ein- oder Austrittsstellen in §. 93 wesentlich verschieden ist von der in §. 94. Dort kam nur die Beziehung der Punkte zu den beiden sich schneidenden Curven in Betracht, während in §. 94 noch die Beziehung zu einer dritten Curve in Frage kam; dies ist in den gewählten Bezeichnungen $E(\varphi, \psi)$, $A(\varphi, \psi)$ und $E(f; \varphi, \psi)$, $A(f; \varphi, \psi)$ vollständig ausgedrückt. Nun müssen wir aber genauer untersuchen, wie sich die beiden Bezeichnungsweisen zu einander verhalten.

Fig. 10.

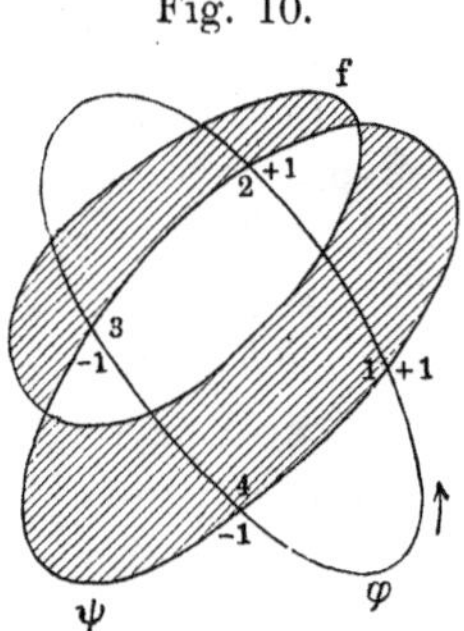

Wir wählen der Deutlichkeit halber eine etwas einfachere Figur als oben, die zugleich alle möglichen Verhältnisse veranschaulicht (Fig. 10).

In einem Punkte $E(\varphi, \psi)$ tritt die φ-Curve in die Fläche der Curve ψ ein, d. h. es geht ψ von positiven zu negativen Werthen. Ist dann zugleich f positiv, so ist dieser Punkt ein $E(\varphi; \psi, f)$, wie der Punkt 1 in unserer Figur, ist aber f negativ, so ist es ein $A(\varphi; \psi, f)$, wie der Punkt 3. So haben wir:

Ein Punkt $E(\varphi, \psi)$ ist ein
$E(\varphi; \psi, f)$, wenn $f > 0$, (Punkt 1 der Fig. 10)
$A(\varphi; \psi, f)$, wenn $f < 0$, (Punkt 3 der Fig. 10).

Ein Punkt $A(\varphi, \psi)$ ist ein
$E(\varphi; \psi, f)$, wenn $f < 0$, (Punkt 2 der Fig. 10)
$A(\varphi; \psi, f)$, wenn $f > 0$, (Punkt 4 der Fig. 10).

Nun ist in den Punkten $E(\varphi, \psi)$ die Functionaldeterminante $[\varphi, \psi]$ negativ, in $A(\varphi, \psi)$ positiv (§. 93), und wir können also das Bewiesene so zusammenfassen:

Es ist $E(\varphi; \psi, f)$ die Anzahl der Schnittpunkte von φ, ψ, in denen $[\varphi, \psi]\, f < 0$,
$A(\varphi; \psi, f)$ die Anzahl der Schnittpunkte von φ, ψ, in denen $[\varphi, \psi]\, f > 0$;

also ist die Charakteristik gleich dem halben Ueberschuss der ersten Zahl über die zweite.

Diesem Satz können wir folgenden Ausdruck geben, wobei er von Grössenverhältnissen gänzlich unabhängig erscheint und nur von den Lagenverhältnissen der Curven und ihrer Schnittpunkte abhängt.

Unterscheiden wir die Schnittpunkte von φ, ψ, je nachdem sie Austrittspunkte $A(\varphi, \psi)$ oder Eintrittspunkte $E(\varphi, \psi)$ sind, durch das Zeichen α und ε, ebenso, je nachdem sie äussere oder innere Punkte zu der Curve f sind, durch α und ε, geben dann den Punkten α, ε und ε, α den Charakter $+1$, den Punkten α, α und ε, ε den Charakter -1[1]), so ist die Charakteristik des Functionensystems (f, φ, ψ) gleich der halben Summe der Charaktere der sämmtlichen Schnittpunkte von φ, ψ.

Die Sätze und Begriffsbestimmungen, die wir hier gegeben haben, bleiben unverändert bestehen, auch wenn die betrachteten Curven aus mehreren in sich geschlossenen Zügen bestehen; auch können Doppelpunkte bei den Curven vorhanden sein; es muss nur von jeder Fortschrittsrichtung auf einer der Curven völlig bestimmt sein, ob sie als positiv oder als negativ zu betrachten ist, d. h. es muss jedes Stück einer Curve f oder φ oder ψ Flächentheile von einander trennen, in denen die Functionen f oder φ oder ψ entgegengesetzte Vorzeichen haben.

Auszuschliessen sind nur die Fälle, in denen eine der Curven durch einen Doppelpunkt der anderen hindurchgeht, oder in denen die Curven einander berühren, oder in denen die drei Curven f, φ, ψ durch einen Punkt gehen; denn in diesen Fällen würde die Bestimmung eines Punktes als Eintrittspunkt oder Austrittspunkt zweifelhaft werden.

Erstrecken sich die Curven ins Unendliche, so muss man sie, um unsere Sätze anwendbar zu machen, durch willkürlich hinzugefügte Curvenstücke abschliessen, wie wir im nächsten Paragraphen sehen werden.

---

1) Kronecker versteht unter Charakter eines Punktes etwas Anderes.

§. 96.

Anwendung der Charakteristiken auf die Eingrenzung der complexen Wurzeln einer Gleichung.

Es sei jetzt

$$z = x + yi$$

eine complexe Veränderliche und

$$(1) \qquad F(z) = \varphi(x, y) + i\,\psi(x, y)$$

eine ganze rationale Function von z mit reellen oder complexen Coëfficienten, und darin $\varphi(x, y)$, $\psi(x, y)$ reelle Functionen der reellen Veränderlichen x, y. Wir setzen voraus, dass $F(z)$ und $F'(z)$ nicht zugleich verschwinden. $F(z)$ verschwindet nur in den Schnittpunkten der beiden Curven φ und ψ. Die Ableitung von (1) ergiebt

$$F'(z) = \varphi'(x) + i\,\psi'(x) = -\,i\,\varphi'(y) + \psi'(y),$$

also

$$(2) \qquad \varphi'(x) = \psi'(y), \quad \varphi'(y) = -\,\psi'(x),$$

und folglich

$$(3) \qquad \begin{aligned}[\varphi, \psi] &= \varphi'(x)\,\psi'(y) - \varphi'(y)\,\psi'(x) \\ &= \varphi'(x)^2 + \varphi'(y)^2 = \psi'(x)^2 + \psi'(y)^2.\end{aligned}$$

Hieraus ergiebt sich, dass die Functionaldeterminante $[\varphi, \psi]$ niemals negativ wird und nur da verschwindet, wo $\varphi'(x)$ und $\varphi'(y)$, also auch $\psi'(x)$ und $\psi'(y)$ zugleich verschwinden.

Dies tritt aber nie in einem Schnittpunkte von φ und ψ ein, da sonst hier $F(z)$ und $F'(z)$ zugleich verschwinden würden. Die positive Fortschrittsrichtung ist in jedem Theil der Curve φ oder ψ völlig bestimmt durch das Vorzeichen der Function in den angrenzenden Flächentheilen; auch etwaige Doppelpunkte, in denen φ, $\varphi'(x)$ und $\varphi'(y)$ zugleich verschwinden, machen dabei keine Ausnahme.

Da die Functionaldeterminante $[\varphi, \psi]$ in allen Schnittpunkten der Curven φ, ψ positiv ist, so sind alle diese Punkte Austrittspunkte $A(\varphi, \psi)$, und daraus folgt, dass die Curven φ und ψ nicht geschlossen sein können, sondern sich ins Unendliche erstrecken müssen, da sonst auf eine Austrittsstelle nothwendig eine Eintrittsstelle folgen müsste. Im Uebrigen bestimmen auch hier die Curven φ, ψ einen Binnenraum, in dem das Product $\varphi\,\psi$ negativ ist.

Wir fügen nun zu den beiden Functionen φ, ψ eine dritte Function f hinzu, die, gleich Null gesetzt, eine **geschlossene Curve** darstellt, und bestimmen die Charakteristik des Functionensystems ganz in der früheren Weise, indem wir längs der Curve f fortschreiten

(1) $k = \frac{1}{2}[E(f;\varphi,\psi) - A(f;\varphi,\psi)] = \frac{1}{2}[E(f;\psi,\varphi) - A(f;\psi,\varphi)]$.

So ist z. B. in der Fig. 11 die Charakteristik $k = 2$.

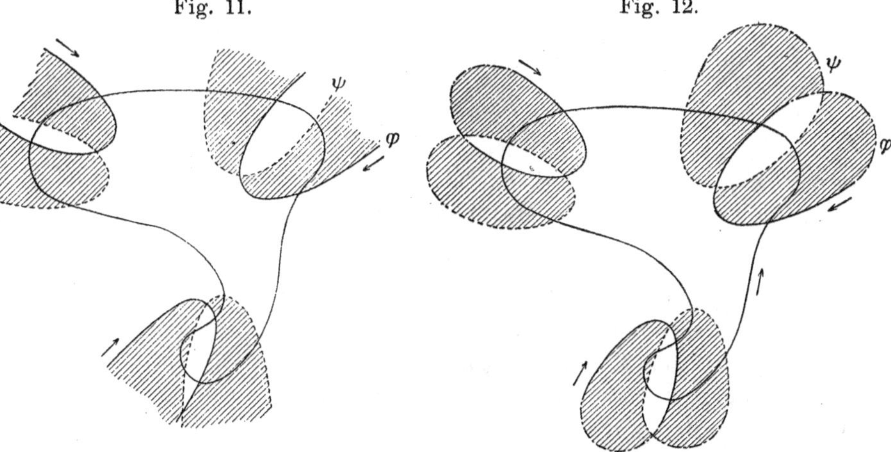

Fig. 11. Fig. 12.

Um unsere Sätze anwenden zu können, müssen wir die Curven φ, ψ irgendwie durch willkürlich hergestellte Verbindungen, die aber alle ausserhalb f verlaufen sollen, zu geschlossenen machen. Die Charakteristik dieses Systems ist dann gleichfalls durch (1) bestimmt. Als Beispiel ergänzen wir die Fig. 11 durch Fig. 12, in der diese abschliessenden Verbindungen gezeichnet sind. Die so hinzugefügten Schnittpunkte können theils Austrittspunkte $A(\varphi, \psi)$, theils Eintrittspunkte $E(\varphi, \psi)$ sein. Wir wollen ihre Anzahlen mit

$$A'(\varphi, \psi), \quad E'(\varphi, \psi)$$

bezeichnen, während $A(\varphi, \psi)$ die Zahl der ursprünglich vorhandenen Schnittpunkte bedeutet. Immer muss jetzt

(2) $$A(\varphi, \psi) + A'(\varphi, \psi) = E'(\varphi, \psi)$$

sein. Wir theilen die Punkte $A(\varphi, \psi)$ in zwei Gruppen $A_a(\varphi, \psi)$, $A_\varepsilon(\varphi, \psi)$, von denen die ersten ausserhalb, die anderen innerhalb von f liegen sollen. Dann haben wir folgende Charaktere der Schnittpunkte

$$
\begin{array}{ll}
A_\alpha(\varphi, \psi) & -1, \\
A_\varepsilon(\varphi, \psi) & +1, \\
A'(\varphi, \psi) & -1, \\
E'(\varphi, \psi) & +1.
\end{array}
$$

Der doppelte Werth der Charakteristik ist dann, wenn wir der Einfachheit halber die Bezeichnung (φ, ψ) weglassen (§. 95)

$$
(3) \qquad -A_\alpha + A_\varepsilon - A' + E' = 2k;
$$

dazu die Gleichung (2) addirt, ergiebt

$$
(4) \qquad k = A_\varepsilon,
$$

d. h. die Charakteristik ist gleich der Anzahl der im Inneren von f gelegenen Schnittpunkte von φ, ψ.

Damit haben wir also ein Mittel gefunden, um die Anzahl der Wurzeln der Gleichung

$$
F(z) = 0,
$$

deren geometrische Bilder im Inneren einer beliebig gegebenen Curve liegen, aus der Charakteristik zu bestimmen. Die willkürlich hinzugefügten äusseren Verbindungen spielen hierbei gar keine Rolle mehr und können vollständig unterdrückt werden.

§. 97.

Bestimmung der Charakteristik.

Um den im Vorigen bewiesenen Satz anwendbar zu machen, müssen wir noch zeigen, wie wir die Charakteristiken wirklich bestimmen können. Denken wir uns zu diesem Zweck die Curve f so in Theilstrecken getheilt, dass in einer von ihnen nur ein Schnittpunkt mit der Curve φ oder ein Schnittpunkt mit der Curve ψ liegt, und bezeichnen wir mit a (Fig. 13) den Anfang, mit b das Ende einer solchen Strecke, mit ξ den in ihr liegenden Schnittpunkt von f mit φ, so wird der Punkt ξ ein Punkt $E(f; \varphi, \psi)$ sein, wenn das Product $\varphi\psi$ in a positiv ist, und ein Punkt $A(f; \varphi, \psi)$, wenn $\varphi\psi$ in a negativ ist; und damit ist die

Fig. 13.

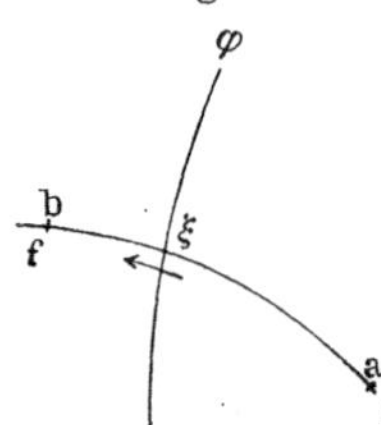

Möglichkeit gegeben, aus den Vorzeichen der Functionen φ, ψ in den Theilpunkten der Strecken die Charakteristik vollständig zu bestimmen. Wie wir aber die Curve f in solche Theilstrecken eintheilen, das lehrt uns der Sturm'sche Lehrsatz. Wir denken uns zu diesem Zweck x und y als Functionen einer Variablen t dargestellt, die längs der Curve f alle reellen Werthe von $-\infty$ bis $+\infty$ (oder auch nur die Werthe eines endlichen Intervalles) durchläuft. Dadurch gehen φ und ψ auch in Functionen der Variablen t über und man hat die Lage ihrer Wurzeln nur nach dem Sturm'schen Lehrsatz zu untersuchen.

Fig. 14.

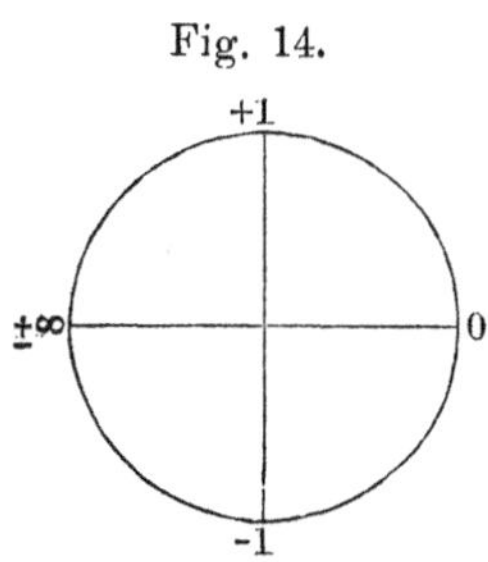

Ist z. B. wie in Fig. 14 die Curve f ein Kreis mit der Gleichung

$$(x - \alpha)^2 + (y - \beta)^2 = \varrho^2,$$

so können wir setzen:

$$x - \alpha = \varrho \frac{1 - t^2}{1 + t^2},$$

$$y - \beta = \varrho \frac{2t}{1 + t^2},$$

und t durchläuft einfach alle Werthe von $-\infty$ bis $+\infty$, während der Punkt x, y sich über den ganzen Kreis in positivem Sinne bewegt. φ und ψ gehen, mit einer geeigneten Potenz von $1 + t^2$ multiplicirt, in ganze rationale Functionen von t über, die die Anwendung des Sturm'schen Satzes gestatten.

§. 98.

Gauss' erster Beweis des Fundamentalsatzes der Algebra.

Gauss hat für den Hauptsatz der Algebra, dass eine Gleichung n^{ten} Grades n Wurzeln hat, drei verschiedene Beweise gegeben. Der erste von diesen, der sich in seiner Doctordissertation findet, und den er später noch weiter ausgeführt und anders dargestellt hat, beruht, wenn auch in anderer Einkleidung, auf dem Gedanken, der dem Charakteristikenbegriff zu Grunde liegt[1]). Wir schliessen daher diesen Abschnitt passend mit einer Darlegung dieses Beweises.

Es sei also $z = x + yi$ und

$$(1) \qquad F(z) = \varphi(x, y) + i\psi(x, y)$$

eine ganze rationale Function von z vom n^{ten} Grade mit reellen oder complexen Coëfficienten, in der z^n den Coëfficienten 1 hat, also

$$(2) \qquad F(z) = z^n + a_1 z^{n-1} + a_2 z^{n-2} + \cdots + a_n.$$

Wir setzen wieder voraus, dass $F(z)$ und $F'(z)$ keinen gemeinsamen Theiler haben, und der Beweis, dass $F(z)$ für n Werthe von z verschwindet, beruht nun darauf, dass, wenn wir für f einen Kreis von hinlänglich grossem Radius wählen, die Charakteristik des Functionensystems f, φ, ψ direct bestimmt werden kann und sich gleich n findet. Dann folgt nach §. 96, dass in dem so gewählten Kreise n Punkte z liegen, in denen $F(z)$ verschwindet.

Wir bedienen uns der Polarcoordinaten, und setzen, da $a_1, a_2, a_3 \ldots a_n$ auch complex sein können

$$a_1 = p_1 e^{iq_1}, \quad a_2 = p_2 e^{iq_2}, \ldots a_n = p_n e^{iq_n}$$
$$z = R e^{i\vartheta},$$

worin $p_1, p_2, \ldots p_n, R$ positiv sind und die Winkel $q_1, q_2, \ldots q_n, \vartheta$ in irgend einem Intervall vom Umfang 2π gewählt werden können. Hierdurch wird

$$(3) \qquad \begin{aligned} \varphi(x,y) &= R^n \cos n\vartheta + p_1 R^{n-1} \cos[(n-1)\vartheta + q_1] \\ &\qquad + \cdots + p_n \cos q_n \\ \psi(x,y) &= R^n \sin n\vartheta + p_1 R^{n-1} \sin[(n-1)\vartheta + q_1] \\ &\qquad + \cdots + p_n \sin q_n, \end{aligned}$$

und wir bilden auch noch die nach ϑ genommenen Ableitungen

[1]) Gauss, Demonstratio nova theorematis omnem functionem algebraicam rationalem integram unius variabilis in factores reales primi vel secundi gradus resolvi posse (1799). Beiträge zur Theorie der algebraischen Gleichungen (1849). Kronecker, Monatsberichte der Berliner Akademie, 21. Februar 1878.

$$\begin{aligned}(4)\quad \frac{d\varphi}{d\vartheta} &= -nR^n \sin n\vartheta - (n-1)p_1 R^{n-1}\sin[(n-1)\vartheta + q_1] \\ &\quad - \cdots - p_{n-1}\sin(\vartheta + q_{n-1}) \\ \frac{d\psi}{d\vartheta} &= nR^n \cos n\vartheta + (n-1)p_1 R^{n-1}\cos[(n-1)\vartheta + q_1)] \\ &\quad + \cdots + p_{n-1}\cos(\vartheta + q_{n-1}).\end{aligned}$$

Wir theilen jetzt die Kreisperipherie mit dem Radius R in $4n$ Theile ein von der Winkelgrösse

$$2\omega = 2\frac{\pi}{4n},$$

indem wir bei $\vartheta = -\omega$ anfangen. Die Theilpunkte sind also

$$-\omega,\quad \omega,\quad 3\omega,\quad 5\omega, \ldots (8n-3)\omega,$$

und die Intervalle mögen der Reihe nach mit $1, 2, 3 \ldots 4n$ bezeichnet sein. Die Fig. 15 zeigt diese Eintheilung für $n = 3$.

Fig. 15.

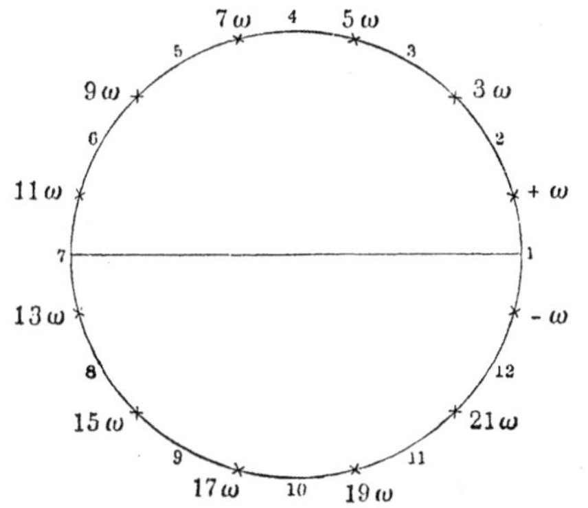

In den Intervallen

$$1, 3, 5 \ldots (4n-1)$$

ist $\cos n\vartheta$, absolut genommen, grösser als $1:\sqrt{2}$, und abwechselnd von positivem und negativem Vorzeichen.

In den Intervallen

$$2, 4, 6 \ldots 4n$$

ist $\sin n\vartheta$ absolut grösser als $1:\sqrt{2}$ und gleichfalls abwechselnd von positivem und negativem Vorzeichen.

Man kann aber R so gross annehmen, dass in den Intervallen $1, 3, 5 \ldots (4n-1)$ das Vorzeichen von φ und $\frac{d\psi}{d\vartheta}$ mit dem von $\cos n\vartheta$, und in den Intervallen $2, 4, 6 \ldots 4n$ das Vorzeichen von ψ und $\frac{d\varphi}{d\vartheta}$ mit dem von $\sin n\vartheta$ übereinstimmt.

Da also φ in den Intervallen $2, 4, 6 \ldots 4n$ sein Zeichen ändert, so muss es in jedem dieser Intervalle durch Null gehen, und da die Abgeleitete $\frac{d\varphi}{d\vartheta}$ ihr Zeichen nicht ändert, so kann es nur einmal in jedem durch Null gehen.

Ebenso ist zu schliessen, dass ψ in jedem der Intervalle 1, 3, 5 ... $4n - 1$ einmal und nur einmal durch Null geht. Wir haben also eine Eintheilung der Kreisperipherie, wie sie im vorigen Paragraphen zur Bestimmung der Charakteristik verlangt wurde, und da in den Theilpunkten ω, 5ω, 9ω ... $(4n - 3)\omega$ das Product $\varphi\psi$ positiv ist, so kommen auf der Kreisperipherie nur Punkte $E(f; \varphi, \psi)$ vor und ihre Anzahl ist $2n$; die Anzahl der Wurzeln von $F(z)$ ist also gleich n, was zu beweisen war.

Neunter Abschnitt.

Abschätzung der Wurzeln.

---

§. 99.

Das Budan-Fourier'sche Theorem.

Die Functionen der Sturm'schen Ketten lösen zwar vollständig und ausnahmslos das Problem der Bestimmung der Anzahl der Wurzeln einer Gleichung zwischen gegebenen Grenzen; aber ihre wirkliche Berechnung ist meist schwierig und oft unausführbar. Man kennt eine Reihe von Sätzen zur Abschätzung der Zahl der Wurzeln zwischen gegebenen Grenzen, die viel einfachere Regeln liefern, aber freilich auch die Frage nicht vollständig beantworten, sondern nur eine Maximalzahl geben, worüber die Anzahl der Wurzeln nicht hinausgehen kann. Diese Regeln sind oft für die Anwendung sehr nützlich und ausreichend, und sie dürfen daher hier nicht fehlen.

Wir betrachten zunächst ein Verfahren, das von Budan herrührt, dann aber von Fourier benutzt und erweitert wurde [1]).

Betrachten wir an Stelle einer Sturm'schen Kette die Reihe der Ableitungen einer reellen Function $f(x)$ vom n^{ten} Grade

(1) $$f(x), f'(x), f''(x) \ldots f^{(n)}(x),$$

worin also $f^{(n)}(x)$ eine Constante ist, die wir von Null verschieden und positiv voraussetzen. Sie ist, von einem positiven Zahlenfactor abgesehen, der Coëfficient von x^n in $f(x)$.

---

1) Budan, Nouvelle methode pour la résolution des équations numériques, (1803 der Pariser Akademie vorgelegt). Fourier, Analyse des équations déterminées. Paris 1831. Ueber das Geschichtliche dieser Frage vergleiche man Lagrange, Traité de la résolution des équations, Note VIII (Werke Bd. 8).

Es seien wieder α und $\beta > \alpha$ zwei reelle Zahlen, die das Intervall (α, β) bestimmen, in dem die Anzahl der reellen Wurzeln von $f(x)$ gezählt werden sollen.

Wir wollen zunächst annehmen, dass in dem Intervall (α, β) nicht zwei Glieder der Reihe (1) zugleich verschwinden, und dass für $x = \alpha$, $x = \beta$ kein Glied der Reihe verschwindet.

Lassen wir nun x von α bis β stetig wachsen, so kann in der Vorzeichenfolge der Reihe (1) nur dann eine Aenderung eintreten, wenn eine der Functionen durch Null geht. Wenn $f^{(\nu)}(x)$ für $x = \xi$ durch Null geht, so geht $f^{(\nu)}(x)$, je nachdem $f^{(\nu+1)}(x)$ positiv oder negativ ist, von negativen zu positiven oder von positiven zu negativen Werthen über, und es geht also zwischen $f^{(\nu)}$ und $f^{(\nu+1)}$ beim Durchgang durch ξ ein Zeichenwechsel verloren. Dies gilt auch, wenn $f^{(\nu)}$ die Function $f(x)$ selbst ist. Wenn aber $f^{(\nu)}$ eine der Derivirten ist, so geht ihr eine Function $f^{(\nu-1)}$ voran, und da $f^{(\nu-1)}$ nach Voraussetzung für $x = \xi$ nicht Null ist, und $f^{(\nu)}$ beim Durchgang durch ξ sein Zeichen wechselt, so findet zwischen $f^{(\nu-1)}$ und $f^{(\nu)}$ beim Durchgang durch ξ entweder ein Verlust oder ein Gewinn von einem Zeichenwechsel statt. Wenn also ein inneres Glied der Reihe (1) durch Null geht, so bleibt die Anzahl der Zeichenwechsel ungeändert, oder es gehen zwei Zeichenwechsel verloren.

Geht aber $f(x)$ selbst durch Null, so geht ein Zeichenwechsel verloren.

Daraus folgt das Theorem:

I. Die Anzahl der zwischen α und β gelegenen Wurzeln von $f(x)$ ist höchstens so gross, wie die Zahl der zwischen α und β verlorenen Zeichenwechsel, und wenn sie kleiner ist, so ist der Unterschied eine gerade Zahl.

Mit Benutzung einer Formel können wir auch sagen:

Ist $V(x)$ die Anzahl der Zeichenwechsel (Variationen), die die Reihe (1) für irgend einen Werth x darbietet, so ist die Anzahl der zwischen α und β gelegenen Wurzeln von $f(x)$

$$V(\alpha) - V(\beta) - 2h, \tag{2}$$

worin h eine nicht negative ganze Zahl ist.

Der Beweis des Satzes I. bedarf noch einer Ergänzung für den Fall, dass in der Reihe (1) mehrere auf einander folgende Glieder zugleich verschwinden.

Es mögen also für einen Werth ξ von x zwischen α und β in der Reihe

$$(3) \qquad f^{(\nu)}(x),\ f^{(\nu+1)}(x),\ \ldots\ f^{(\nu+\mu-1)}(x),\ f^{(\nu+\mu)}(x)$$

alle Glieder, mit Ausnahme des letzten, verschwinden, und das letzte $f^{(\nu+\mu)}(x)$ möge etwa einen positiven Werth haben.

Wir grenzen um ξ zwei Intervalle δ_1, δ_2 ab, so dass alle Werthe von x im Intervall δ_1 kleiner, im Intervall δ_2 grösser als ξ sind, und nehmen diese Intervalle so klein, dass die Functionen (3) ausser in ξ darin nicht verschwinden, also auch $f^{(\nu+\mu)}(x)$ positiv bleibt.

Da nun, wenn $f^{(\nu+\mu)}(x)$ positiv ist, $f^{(\nu+\mu-1)}(x)$ mit x zugleich wächst, so ist

$$f^{(\nu+\mu-1)}(x) \text{ in } \delta_1 \text{ negativ,}$$
$$\text{in } \delta_2 \text{ positiv.}$$

Daraus folgt, dass $f^{(\nu+\mu-2)}(x)$ in δ_1 abnimmt, in δ_2 wächst, also in beiden Intervallen positiv ist, und so schliessen wir weiter auf die Vorzeichenfolge in der Reihe (3):

(4)	$f^{(\nu)}(x)$,	$f^{(\nu+1)}(x)$,	$f^{(\nu+2)}(x)$,	$\ldots$	$f^{(\nu+\mu-1)}(x)$,	$f^{\nu+\mu}(x)$
δ_1,	$(-1)^\mu$	$-(-1)^\mu$	$(-1)^\mu$	$\ldots$	$-$	$+$
δ_2,	$+$	$+$	$+$		$+$	$+$

d. h. in der Reihe (3) werden beim Durchgang durch ξ aus lauter Zeichenwechseln Zeichenfolgen, und es gehen in der Reihe (3) μ Zeichenwechsel verloren.

Ist $f^{(\nu+\mu)}(\xi)$ negativ, so sind alle Zeichen in (4) die entgegengesetzten, und der Schluss bleibt sonst derselbe.

Wenn nun $\nu = 0$, d. h. $f^{(\nu)}(x)$ die ursprüngliche Function $f(x)$ selbst ist, die dann in ξ eine $(\mu + 1)$fache Wurzel hat, so findet also beim Durchgang durch ξ auch in der Reihe (1) ein Verlust von μ Zeichenwechseln statt.

Ist aber $\nu > 0$ und die dem $f^{(\nu)}(x)$ vorangehende Function $f^{(\nu-1)}(x)$ von Null verschieden, so haben wir folgende Zeichen:

1. μ gerade:

	a) $f^{(\nu-1)}(x)$,	$f^{(\nu)}(x)$,	b) $f^{(\nu-1)}(x)$,	$f^{(\nu)}(x)$
δ_1,	$+$	$+$	$-$	$+$
δ_2,	$+$	$+$	$-$	$+$

2. μ ungerade:

	a) $f^{(\nu-1)}(x)$,	$f^{(\nu)}(x)$,	b) $f^{(\nu-1)}(x)$,	$f^{(\nu)}(x)$
δ_1,	$+$	$-$	$-$	$-$
δ_2,	$+$	$+$	$-$	$+$

Es geht also bei geradem μ zwischen $f^{(\nu-1)}$ und $f^{(\nu)}$ kein Zeichenwechsel verloren, bei ungeradem μ geht ein Zeichenwechsel verloren oder es wird einer gewonnen. Es ist also der Verlust an Zeichenwechseln beim Durchgang durch ξ in der Reihe

$$f^{(\nu-1)}, f^{(\nu)}, f^{(\nu+1)} \ldots f^{(\nu+\mu)} \tag{5}$$

bei geradem μ gleich μ, bei ungeradem μ gleich $\mu \pm 1$, also immer eine gerade Zahl und nie negativ.

Wir können diesen Ergebnissen einen übersichtlichen analytischen Ausdruck geben, der ihre Bedeutung besser erkennen lässt.

Wir bezeichnen mit $V(x)$ wie früher die Anzahl der Zeichenwechsel in der Reihe (1) für einen bestimmten Werth von x, jedoch mit der näheren Bestimmung, dass, wenn für einen Werth von x einige der Glieder der Reihen verschwinden, diese bei Abzählung der Zeichenwechsel einfach übergangen werden. Wir können dann $V(x)$ als eine Function von x auffassen, die sich aber nur um ganze Zahlen ändern kann, also unstetig ist für die Werthe von x, für welche einige Glieder der Reihe (1) verschwinden. Wir wollen dann mit $V(x - 0)$ und $V(x + 0)$ die Werthe der Function $V(x)$ unmittelbar vor und unmittelbar nach einer solchen Stelle bezeichnen. Dann zeigt die Betrachtung von (4), dass in allen Fällen

$$V(\xi + 0) = V(\xi) \tag{6}$$

ist, und dass, wenn ξ eine μ-fache Wurzel von $f(x)$ ist,

$$V(\xi - 0) = V(\xi) + \mu + 2h, \tag{7}$$

worin h eine nicht negative ganze Zahl ist.

Daraus ergiebt sich also, wenn wir zunächst daran festhalten, dass für $x = \alpha$ und $x = \beta$ keine der Functionen (1) verschwindet, dass $V(\alpha) - V(\beta)$ sich von der Summe aller Zahlen μ, d. h. von der Anzahl der im Intervall (α, β) gelegenen Wurzeln, jede nach dem Grade ihrer Vielfachheit gerechnet, um eine gerade, nicht negative Zahl unterscheidet, und damit ist also das Theorem I von seiner Beschränkung befreit.

Wir können aber auch noch die Voraussetzung aufgeben, dass für α und β keine der Functionen (1) verschwindet, wenn α und β nicht unter den Wurzeln von $f(x)$ vorkommen.

Denn dann ist unser Theorem anwendbar auf zwei Werthe, von denen der erste etwas grösser als α, der andere etwas kleiner als β ist, und die dieselben Wurzeln einschliessen, wie α und β; d. h. es ist, wenn wir mit $\mathfrak{z}$ die Anzahl dieser Wurzeln bezeichnen

$$V(\alpha + 0) - V(\beta - 0) = \mathfrak{z} + 2h,$$

und da

$$V(\alpha + 0) = V(\alpha), \quad V(\beta - 0) = V(\beta) + 2h',$$

so folgt

$$V(\alpha) - V(\beta) = \mathfrak{z} + 2(h + h'),$$

was wieder der Ausdruck unseres Theorems ist.

Wenn aber α oder β selbst zu den Wurzeln von $f(x)$ gehört, dann ist unser Theorem nur dann richtig, wenn diese Grenzwerthe nicht mit zum Intervall gezählt werden.

Das Budan-Fourier'sche Theorem giebt zwar nicht, wie der Sturm'sche Satz, eine vollständig sichere Entscheidung über die Zahl der Wurzeln in einem Intervall, es kann aber doch in manchen Fällen den Sturm'schen Satz ersetzen; denn hat man das Intervall (α, β) so weit eingeschränkt, dass kein oder nur ein Zeichenwechsel von α bis β verloren geht, so folgt mit Sicherheit, dass im ersten Falle keine, im zweiten eine und nur eine Wurzel im Intervall liegt.

Die Abgrenzung der Wurzeln kann also durch die Budan-sche Reihe nur dann vollständig gegeben werden, wenn nicht beim Durchgang durch einen Werth ξ gleichzeitig mehrere Zeichenwechsel verloren gehen. Dies Verhalten kann, wie klein auch das Intervall (α, β) gewählt sein mag, nicht mit Sicherheit erkannt werden, und man wird also, wenn nach einer angemessenen Einengung des Intervalles die Abgrenzung nicht gelungen ist, doch zu einem anderen Verfahren, in letzter Instanz zum Sturm'schen Satze greifen müssen.

§. 100.

Die Newton'sche Regel.

Eine Ergänzung der vorstehenden Regel, die eine weitere Annäherung an die genaue Festsetzung der Grenzen der Wurzeln gestattet, giebt die jetzt zu besprechende, von Newton herrührende, aber erst von Sylvester bewiesene Vorschrift [1]).

Es sei wieder

$$(1) \qquad f(x) = a_0 x^n + a_1 x^{n-1} + \cdots + a_{n-1} x + a_n = 0$$

die zu untersuchende Gleichung. Wir setzen, indem wir mit $\Pi(m)$ wie immer das Product 1. 2. 3 ... m und mit $f^{(\nu)}(x)$ die ν^{te} Derivirte bezeichnen,

$$(2) \qquad f_\nu(x) = \frac{\Pi(n-\nu)}{\Pi(n)} f^{(\nu)}(x),$$

$$(3) \qquad F_\nu(x) = f_\nu^2(x) - f_{\nu+1}(x) f_{\nu-1}(x),$$

mit dem Zusatz, dass

$$(4) \qquad F_0 = F = 1, \quad F_n = f_n^2,$$

also, worauf es wesentlich ankommt, positiv sein sollen.

Für die Abgeleiteten der Functionen f_ν, F_ν erhalten wir aus (2) und (3)

$$(5) \qquad f'_\nu(x) = (n-\nu) f_{\nu+1},$$

$$(6) \qquad f_\nu F'_\nu(x) = (n-\nu-1)(F_\nu f_{\nu+1} + F_{\nu+1} f_{\nu-1}).$$

Da es auf die positiven Zahlenfactoren nicht ankommt, so können wir die Budan'sche Reihe durch die Reihe der Functionen

$$f, f_1, f_2 \ldots f_n$$

ersetzen.

Die Newton'sche Regel macht nun von der Doppelreihe Gebrauch:

$$(7) \qquad \begin{matrix} f, & f_1, & f_2 & \ldots & f_n \\ F, & F_1, & F_2 & \ldots & F_n. \end{matrix}$$

---

[1]) Newton, Arithmetica universalis. Sylvester, Transactions of the R. Irish Academy, t. 24 (1871). Phil. Mag., 4. ser., t. 31. Vgl. auch Petersen, Theorie der algebr. Gleichungen. Kopenhagen 1878.

Wenn wir zwei auf einander folgende Glieder dieser Doppelreihe, wie

$$f_\nu, \ f_{\nu+1}$$
$$F_\nu, \ F_{\nu+1}$$

für einen Werth von x betrachten, für den keine der vier Functionen verschwindet, so sind in Bezug auf die Zeichenfolge die nachstehenden Fälle möglich:

a) $\frac{++}{++}, \ \frac{++}{--}, \ \frac{--}{++}, \ \frac{--}{--}, \quad PP,$

b) $\frac{+-}{+-}, \ \frac{+-}{-+}, \ \frac{-+}{+-}, \ \frac{-+}{-+}, \quad VV,$

c) $\frac{++}{+-}, \ \frac{++}{-+}, \ \frac{--}{+-}, \ \frac{--}{-+}, \quad PV,$

d) $\frac{+-}{++}, \ \frac{+-}{--}, \ \frac{-+}{++}, \ \frac{-+}{--}, \quad VP.$

Dies Verhalten bezeichnen wir mit folgenden Ausdrücken und Symbolen:

a) Folge-Folge (Permanenz-Permanenz) PP,
b) Wechsel-Wechsel (Variation-Variation) VV,
c) Folge-Wechsel (Permanenz-Variation) PV,
d) Wechsel-Folge (Variation-Permanenz) VP.

Die zwei Sätze, die wir beweisen wollen, lauten:

II. Die Anzahl der zwischen α und β gelegenen Wurzeln von $f(x)$ ist entweder genau so gross oder um eine gerade Zahl kleiner, als die Zahl der beim Uebergang von α zu β in der Doppelreihe (7) verlorenen Wechsel-Folgen.

III. Die Anzahl der zwischen α und β gelegenen Wurzeln von $f(x)$ ist entweder genau so gross oder um eine gerade Zahl kleiner, als die Zahl der beim Uebergang von α zu β in der Doppelreihe (7) gewonnenen Folge-Folgen.

Von diesen beiden Sätzen, die nicht immer dieselbe obere Grenze für die Zahl der Wurzeln geben, wird man den anwenden, der die niedrigste Grenze giebt.

Wir machen beim Beweis dieses Satzes die folgenden Voraussetzungen, von denen wir uns zum Theil später wieder befreien werden.

1. $f(x)$ hat keine doppelten oder mehrfachen Wurzeln.
2. Von den Functionen $f_\nu(x)$ verschwinden nicht zwei benachbarte für denselben Werth von x.
3. Auch von den Functionen $F_\nu(x)$ verschwinden nicht zwei benachbarte für denselben Werth von x.
4. Eine Folge von 2. ist [nach Formel (3)], dass nicht $f_\nu(x)$ und $F_\nu(x)$ für denselben Werth von x verschwinden.
5. Für $x = \alpha$ und $x = \beta$ selbst soll keine der Functionen f_ν, F_ν verschwinden.

Der Beweis der Sätze II und III ist nun folgender:

Lassen wir x, stetig wachsend, von α bis β gehen, so kann eine Aenderung in der Zeichenfolge nur dann eintreten, wenn eine der Functionen f_ν oder F_ν durch Null hindurchgeht, und es kommt nur darauf an, den Effect zu untersuchen, den ein solcher Durchgang durch Null in den verschiedenen Fällen hervorruft. Nehmen wir zunächst an, es gehe eine der mittleren Functionen f, etwa f_ν, durch Null, wobei also $0 < \nu < n$. Je nachdem $f_{\nu+1}$ positiv oder negativ ist, wird f_ν wachsen oder abnehmen. Es wird also im ersten Falle $f_\nu(x - 0)$ negativ, $f_\nu(x + 0)$ positiv sein, und im zweiten Falle umgekehrt; ausserdem folgt aus (3), dass, wenn $f_\nu = 0$ ist, $F_{\nu-1}$ und $F_{\nu+1}$ positiv sind, und dass F_ν das entgegengesetzte Vorzeichen von $f_{\nu-1} f_{\nu+1}$ hat. Wir stellen die hiernach bleibenden Möglichkeiten tabellarisch zusammen, lassen aber in der Aufzählung solche Fälle weg, die durch gleichzeitige Vorzeichenänderung der drei Functionen $f_{\nu-1}, f_\nu, f_{\nu+1}$ aus den aufgeführten entstehen, da diese offenbar keine verschiedenen Resultate ergeben. Es bleiben uns hiernach nur zwei Fälle:

	$\nu - 1$,	ν,	$\nu + 1$	$\nu - 1$,	ν,	$\nu + 1$
$f(x - 0)$	$+$	$-$	$+$	$-$	$-$	$+$
$f(x + 0)$	$+$	$+$	$+$	$-$	$+$	$+$
F	$+$	$-$	$+$	$+$	$+$	$+$

In diesen Fällen ist also

$x - 0$	VV, VV	PP, VP
$x + 0$	PV, PV	VP, PP

Es wird also weder ein VP noch ein PP verloren oder gewonnen.

Wenn aber $f(x)$ selbst durch Null geht, so haben wir, wenn wir $f_1(x)$ positiv voraussetzen, was mit Rücksicht auf die vorher gemachte Bemerkung genügt,

	0	1
$f(x-0)$	$-$	$+$
$f(x+0)$	$+$	$+$
F	$+$	$+$

Es geht also hier ein VP in ein PP über, d. h. es wird ein VP verloren, ein PP gewonnen.

Wenn endlich F_ν durch Null geht, wo natürlich $0 < \nu < n$ sein muss, so ist das Verhalten folgendes:

Wenn $F_\nu = 0$ ist, so müssen nothwendig $f_{\nu-1}$ und $f_{\nu+1}$ gleiche Vorzeichen haben, da sonst F_ν aus zwei positiven Gliedern bestehen würde, und nicht verschwinden könnte. Es ist ferner $F'_\nu(x)$ nach (6) vom selben Vorzeichen wie das Product $f_{\nu-1} f_\nu F_{\nu+1}$, und also hat $F_\nu(x-0)$ das entgegengesetzte, $F_\nu(x+0)$ das gleiche Vorzeichen, wie das Product.

Auch hier können wir in der Aufzählung die Fälle weglassen, die aus den aufgeführten durch gleichzeitige Zeichenänderung in allen drei Functionen $F_{\nu-1}$, F_ν, $F_{\nu+1}$ entstehen, und es bleiben also folgende Fälle:

f	$\nu-1$,	ν,	$\nu+1$	$\nu-1$,	ν,	$\nu+1$
	$+$	$+$	$+$	$+$	$+$	$+$
$F(x-0)$	$+$	$-$	$+$	$-$	$-$	$+$
$F(x+0)$	$+$	$+$	$+$	$-$	$+$	$+$

f	$\nu-1$,	ν,	$\nu+1$	$\nu-1$,	ν,	$\nu+1$
	$+$	$-$	$+$	$+$	$-$	$+$
$F(x-0)$	$+$	$+$	$+$	$-$	$+$	$+$
$F(x+0)$	$+$	$-$	$+$	$-$	$-$	$+$

Die Zeichenwechsel sind in diesen vier Fällen:

20*

$x - 0$	PV, PV	PP, PV	VP, VP	VV, VP
$x + 0$	PP, PP	PV, PP	VV, VV	VP, VV

Im ersten Falle werden zwei PP gewonnen, im zweiten und vierten Falle tritt keine Aenderung ein, im dritten Falle gehen zwei VP verloren.

Damit aber sind die Sätze II, III bewiesen.

Die Voraussetzungen 2., 3., dass von den Functionen f_ν und F_ν nicht zwei benachbarte für dasselbe x verschwinden sollen, können wir aufgeben. Denn wenn wir an der ersten Voraussetzung festhalten, dass keine mehrfachen Wurzeln vorhanden sind, so können wir dem Coëfficienten a_ν so kleine Aenderungen ertheilen, dass erstens die Voraussetzungen 2., 3. befriedigt sind, und zweitens die zwischen α und β gelegenen Wurzeln sich so wenig ändern, dass keine von ihnen aus dem Intervall heraustritt. Da die Wurzeln nur einzeln vorkommen, so können dabei auch nicht reelle Wurzeln in imaginäre übergehen.

Ob der Satz bei richtiger Zählung der mehrfachen Wurzeln auch noch im Falle mehrfacher Wurzeln gültig bleibt, mag dahin gestellt bleiben.

§. 101.

Der Cartesische Lehrsatz.

Der Cartesische Lehrsatz, der auch nach Harriot[1]) benannt wird, giebt eine Regel zur Abschätzung der Zahl der positiven Wurzeln. Wir können ihn einfach als speciellen Fall des Budan'schen Theorems betrachten, indem wir $\alpha = 0$ und $\beta = \infty$ oder wenigstens so gross annehmen, dass die Functionen

$$(1) \qquad f(x), f'(x), f''(x) \ldots f^{(n)}(x)$$

für $x > \beta$ alle dasselbe Zeichen haben. Dies Zeichen stimmt überein mit dem Zeichen des Coëfficienten der höchsten Potenz von x in $f(x)$ und kann positiv angenommen werden.

Ist

$$f(x) = a_0 x^n + a_1 x^{n-1} + a_2 x^{n-2} + \cdots + a_{n-1} x + a_n,$$

[1]) Harriot, Artis analyticae praxis ad aequationes algebraicas resolvendas 1631. Gauss' Werke, Bd. III, S. 67. Lagrange, l. c.

so erhalten die Functionen (1), von positiven Zahlenfactoren abgesehen, für $x = 0$ die Werthe

$$(2) \qquad a_n, a_{n-1}, a_{n-2} \ldots a_0,$$

und daraus ergiebt sich also das Theorem:

IV. Die Anzahl der positiven Wurzeln der Gleichung $f(x) = 0$ ist gleich oder um eine gerade Zahl kleiner, als die Anzahl der Zeichenwechsel in der Reihe der Coëfficienten von $f(x)$, wobei etwa verschwindende Coëfficienten einfach zu übergehen sind und die Wurzel $x = 0$, wenn sie vorhanden ist, nicht mitzählt.

Um auch die Anzahl der negativen Wurzeln abzuschätzen, kann man entweder das Budan-Fourier'sche Theorem auf das Intervall $(-\infty, 0)$ anwenden, oder man ersetzt x durch $-x$, d. h. man ändert die Vorzeichen von $a_1, a_3, a_5 \ldots$ und wendet dann das Theorem IV. an.

In ähnlicher Weise wollen wir das Newton'sche Kriterium des §. 100 specialisiren.

Wir bemerken dazu, dass

$$f_\nu(0) = \frac{\Pi(n-\nu)\,\Pi(\nu)}{\Pi(n)}\, a_{n-\nu},$$

und folglich

$$F_\nu(0) = \frac{\Pi(\nu)\,\Pi(\nu-1)\,\Pi(n-\nu)\,\Pi(n-\nu-1)}{\Pi(n)\,\Pi(n)}$$

$$[\nu(n-\nu)\, a_{n-\nu}^2 - (\nu+1)(n-\nu+1)\, a_{n-\nu-1}\, a_{n-\nu+1}]$$

wird, dass ferner die Reihe der $f_\nu(x)$ für $x = +\infty$ nur Zeichenfolgen, für $x = -\infty$ nur Zeichenwechsel darbietet.

Wenn wir also

$$(3) \qquad A_\nu = \nu(n-\nu)\, a_\nu^2 - (\nu+1)(n-\nu+1)\, a_{\nu-1}\, a_{\nu+1},$$
$$A_0 = 1, \quad A_n = 1,$$

setzen, so dass A_ν, von einem positiven Factor abgesehen, mit $F_{n-\nu}(0)$ übereinstimmt, so folgt, dass für $x = 0$ die Doppelreihe (7), §. 100, in umgekehrter Ordnung geschrieben, den Vorzeichen nach übereinstimmt mit

$$(4) \qquad \begin{matrix} a_0, & a_1, & a_2 & \ldots & a_n \\ A_0, & A_1, & A_2 & \ldots & A_n. \end{matrix}$$

Beim Uebergang zu $x = +\infty$ sind in der Reihe $f(x)$, $f_1(x) \ldots f_n(x)$ alle Zeichenwechsel und beim Uebergang zu

$x = -\infty$ alle Zeichenfolgen verloren gegangen, also in der Doppelreihe der f_ν, F_ν für $x = +\infty$ alle VP, für $x = -\infty$ alle PP.

Danach können wir nach §. 100, II, III folgende beiden Theoreme aussprechen:

V. Die Zahl der positiven Wurzeln von $f(x)$ ist so gross oder um eine gerade Zahl kleiner als die Zahl der Wechsel-Folgen in der Doppelreihe (4).

VI. Die Zahl der negativen Wurzeln von $f(x)$ ist so gross oder um eine gerade Zahl kleiner als die Zahl der Folge-Folgen in der Doppelreihe (4).

Die Summe der Anzahlen der VP und der PP ist aber gleich der Anzahl der Zeichenfolgen in der einfachen Reihe

$$A_0, A_1, A_2 \ldots A_n, \tag{5}$$

und wir können also V. und VI. in den einen Satz zusammenfassen:

VII. Die Anzahl aller reeller Wurzeln von $f(x)$ ist so gross oder um eine gerade Zahl kleiner als die Zahl der Zeichenfolgen in der Reihe (5).

Die Gesammtanzahl der Zeichenwechsel und Zeichenfolgen in der Reihe (5) ist so gross, wie die Zahl aller reellen und imaginären Wurzeln zusammengenommen, nämlich n. Denn der Fall, dass in der Reihe (5) einige Glieder verschwinden, ist hier auszunehmen. Da überdies das erste und letzte Glied der Reihe (5) dasselbe Vorzeichen haben, so ist die Anzahl der Zeichenwechsel in dieser Reihe eine gerade Zahl. Wir können also zu VII., ohne damit etwas Neues zu sagen, noch das Theorem hinzufügen:

VIII. Die Anzahl der imaginären Wurzeln von $f(x)$ ist mindestens gleich der Anzahl der Zeichenwechsel in der Reihe (5).

In der Fassung der beiden letzten Sätze ist es gleichgültig, ob einige der Coëfficienten $a_1, a_2 \ldots a_n$ verschwinden, wenn nur keines der A_ν Null ist.

Bei der cubischen Gleichung

$$a_0 x^3 + a_1 x^2 + a_2 x + a_3 = 0$$

ist

$$A_1 = 2(a_1^2 - 3a_0 a_2)$$
$$A_2 = 2(a_2^2 - 3a_1 a_3),$$

und in der Reihe

$$1,\ A_1,\ A_2,\ 1$$

kommen also zwei Zeichenwechsel vor, wenn von den beiden Grössen A_1, A_2 eine oder auch beide negativ sind, und in diesen Fällen hat also die Gleichung zwei imaginäre Wurzeln. Sind aber A_1 und A_2 positiv, so ist die Entscheidung aus diesem Satze allein nicht zu treffen; es ist dann nöthig, noch die Grösse

$$B = 9\,a_0\,a_3 - a_1\,a_2$$

in Betracht zu ziehen und das Zeichen von

$$3\,D = A_1\,A_2 - B^2$$

zu untersuchen (§. 62).

Im Falle der biquadratischen Gleichungen hat man die drei Ausdrücke zu betrachten:

$$A_1 = 3\,a_1^2 - 8\,a_0\,a_2,$$
$$A_2 = 4\,a_2^2 - 9\,a_1\,a_3,$$
$$A_3 = 3\,a_3^2 - 8\,a_2\,a_4.$$

Sind die Zeichen der Reihe nach $- + -$, so hat man vier imaginäre Wurzeln. Sind die Zeichen alle drei positiv, so können vier oder zwei oder keine imaginäre Wurzeln vorhanden sein; in allen anderen Fällen hat man zwei oder vier imaginäre Wurzeln.

§. 102.

Das Jacobi'sche Kriterium.

Um die Anzahl der Wurzeln abzuschätzen, die zwischen zwei Grenzen α, β liegen, hat Jacobi ein Kriterium aus dem Cartesischen Lehrsatz abgeleitet. Wenn nämlich

$$f(x) = 0 \tag{1}$$

die vorgelegte Gleichung n^{ten} Grades ist, von der entschieden werden soll, wie viele Wurzeln sie zwischen den beiden Grenzen α, β hat, so setzt Jacobi[1])

$$y = \frac{x - \alpha}{\beta - x}, \qquad x = \frac{\alpha + \beta y}{1 + y} \tag{2}$$

und bildet nun die Gleichung

---

[1]) Observatiunculae ad theoriam aequationum algebraicarum pertinentes. Crelle's Journal, Bd. 13. Gesammelte Werke, Bd. III.

$$(3)\quad (1+y)^n f\left(\frac{\alpha+\beta y}{1+y}\right) = \varphi(y) = b_0 y^n + b_1 y^{n-1} + \cdots + b_n,$$

worin die $b_0, b_1 \ldots b_n$ ganze homogene Functionen n^{ten} Grades von α und β und lineare Functionen der Coëfficienten von $f(x)$ sind. Wenn nun x von α bis β wächst, so geht y, gleichfalls wachsend, von 0 bis ∞. So viele Wurzeln also $f(x)$ zwischen α und β hat, genau so viele positive Wurzeln hat $\varphi(y)$.

Es folgt also aus dem Cartesischen Satz:

IX. Die Anzahl der Wurzeln von $f(x)$ zwischen α und β ist so gross oder um eine gerade Zahl kleiner, wie die Anzahl der Zeichenwechsel in der Reihe

$$b_0,\ b_1,\ b_2 \ldots b_n.$$

Während also bei dem Budan'schen Theorem die Vorzeichenwechsel in zwei Werthreihen abzuzählen und zu vergleichen sind, verlangt das Jacobi'sche Kriterium nur die Abzählung der Vorzeichenwechsel in einer Werthreihe.

Auf dieselbe Weise lässt sich auch die Newton'sche Regel umgestalten, wenn man die Grössen

$$B_\nu = \nu(n-\nu)\, b_\nu^2 - (\nu+1)(n-\nu+1)\, b_{\nu-1} b_{\nu+1}$$

in Betracht zieht, und man erhält so den Satz:

X. Die Anzahl der Wurzeln von $f(x)$ zwischen α und β ist so gross oder um eine gerade Zahl kleiner, wie die Zahl der Wechselfolgen in der Doppelreihe

$$\begin{matrix} b_0, & b_1, & b_2 & \ldots & b_n, \\ B_0, & B_1, & B_2 & \ldots & B_n. \end{matrix}$$

§. 103.

Klein's geometrische Vergleichung der verschiedenen Kriterien.

Um die Tragweite der verschiedenen Kriterien unter einander zu vergleichen, hat Klein eine geometrische Interpretation angewandt, die wir jetzt besprechen wollen. Wenn man nicht mit Räumen von mehr Dimensionen operiren und damit die geometrische Anschauung verlieren will, muss man sich hierbei auf die ersten Fälle beschränken, und wir beginnen also mit den quadratischen Gleichungen

(1) $$x^2 + ax + b = 0.$$

Sehen wir a und b als rechtwinklige Coordinaten in einer Ebene an, so ist jeder Punkt dieser Ebene das Bild einer und nur einer quadratischen Gleichung, und umgekehrt hat jede quadratische Gleichung mit reellen Coëfficienten einen Punkt der Ebene zum Bilde.

Die Gleichung

(2) $$a^2 - 4b = 0$$

stellt eine Parabel dar, auf der die Bilder der Gleichungen mit gleichen Wurzeln liegen. Die inneren Punkte, d. h. die in der Höhlung der Parabel liegenden, stellen die Gleichungen mit imaginären Wurzeln, die äusseren Punkte die Gleichungen mit reellen Wurzeln dar.

Wir bilden nun nach §. 89 die Sturm'sche Kette

(3) $$x^2 + ax + b, \quad 2x + a, \quad a^2 - 4b$$

und untersuchen die Zeichenwechsel. Ist x constant und a, b variabel, so ist

$$x^2 + ax + b = 0$$

die Gleichung der Parabeltangente in dem Punkte

$$a = -2x, \quad b = x^2,$$

und zwar ist $x^2 + ax + b$ positiv in dem Theil der Ebene, der zugleich die Parabel enthält.

Durch diese Tangente und durch die Parabel wird die Ebene in vier Felder getheilt, in denen in der Reihe (3), wie in der Fig. 16 (a. f. S.) angedeutet ist, 0, 1, 2 Zeichenwechsel vorkommen.

Wenn man also $x = \alpha$ und $x = \beta$ setzt, so erhält man zwei solche Tangenten und eine Eintheilung der Ebene in vier Felder, worin die repräsentirenden Punkte für solche Gleichungen liegen, die zwischen α und β keine, eine oder zwei Wurzeln haben. In der Fig. 17 sind diese vier Felder durch die betreffenden Ziffern gekennzeichnet.

Es ist der Unterschied zwischen solchen Punkten, von denen aus keine, eine oder zwei Tangenten an die Parabel gezogen werden können, die ihren Berührungspunkt zwischen α und β haben. Die Fig. 17 also giebt die genaue und vollständige Unterscheidung der verschiedenen Fälle.

Vergleichen wir nun hiermit den Budan'schen Satz, so haben wir die drei Functionen $f(x)$, $f'(x)$, $f''(x)$, also

Fig. 16. Fig. 17.

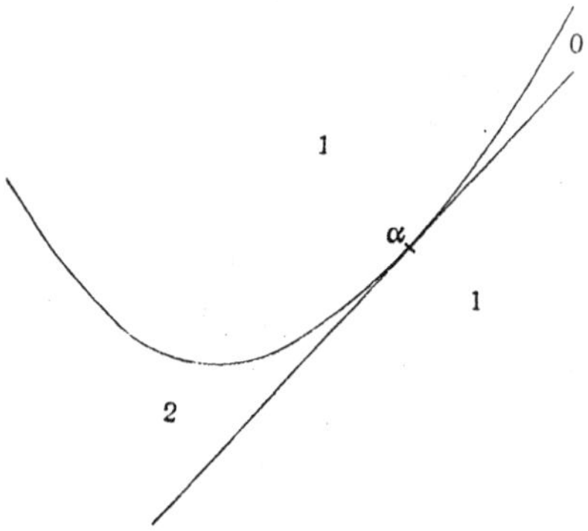

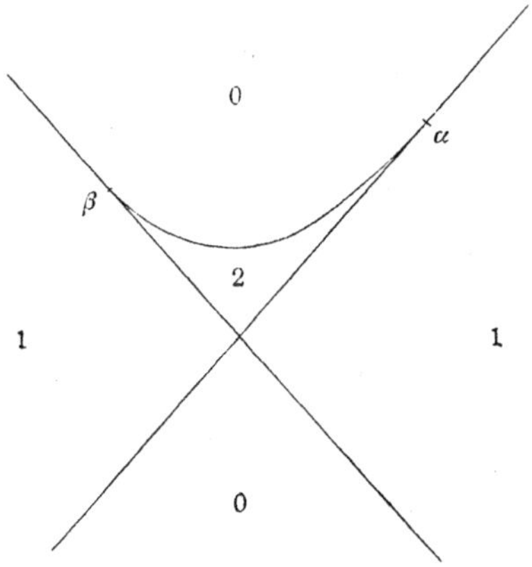

$$(4) \qquad x^2 + ax + b, \quad 2x + a, \quad 1$$

in Bezug auf die Zeichenwechsel zu untersuchen.

Die beiden geraden Linien

$$x^2 + ax + b = 0, \quad 2x + a = 0$$

theilen die Ebene in drei Felder, in denen die Reihe (4) die in der Fig. 18 angedeuteten Zeichenwechsel bietet.

Fig. 18. Fig. 19.

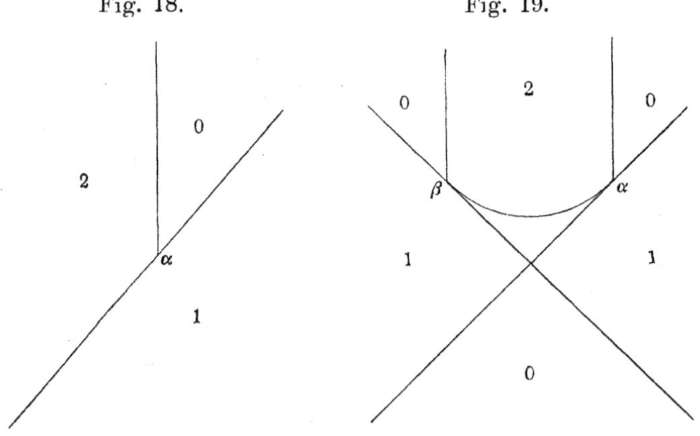

Nehmen wir wieder zwei Werthe $x = \alpha$ und $x = \beta$, so ergeben sich sechs Felder, in denen der Verlust an Zeichenwechseln in der Fig. 19 angegeben ist. In den mit 0 und 1 bezeichneten

Feldern giebt also der Verlust an Zeichenwechseln die richtige Anzahl von Wurzeln. In dem Felde 2 dagegen ist die Entscheidung zwischen zwei und keiner Wurzel nicht getroffen.

Nehmen wir nun das Jacobi'sche Kriterium (§. 102). Danach müssen wir, um die Anzahl der zwischen α und β gelegenen Wurzeln abzuschätzen, die Gleichung (1) erst transformiren auf

$$(\alpha + \beta y)^2 + a(\alpha + \beta y)(1 + y) + b(1 + y)^2 = 0$$

oder

$$(\beta^2 + a\beta + b)y^2 + (2\alpha\beta + a(\alpha + \beta) + 2b)y$$
$$+ (\alpha^2 + a\alpha + b) = 0,$$

und es ist nun die Anzahl der Zeichenwechsel in den drei Functionen

$$\beta^2 + a\beta + b$$
$$2\alpha\beta + a(\alpha + \beta) + 2b$$
$$\alpha^2 + a\alpha + b$$

abzuzählen. Der erste und der dritte dieser Ausdrücke stellen, gleich Null gesetzt, die beiden vorhin betrachteten Parabeltangenten dar. Der mittlere, $2\alpha\beta + a(\alpha + \beta) + 2b$, verschwindet für $a = -2\alpha$, $b = \alpha^2$ und für $a = -2\beta$, $b = \beta^2$ stellt also die Verbindungslinie der beiden Punkte α, β dar, und zwar so, dass er auf der Seite, die den Schnittpunkt der beiden Tangenten enthält, negativ wird [in diesem Schnittpunkte selbst ist er gleich $-(\beta - \alpha)^2$].

Fig. 20.

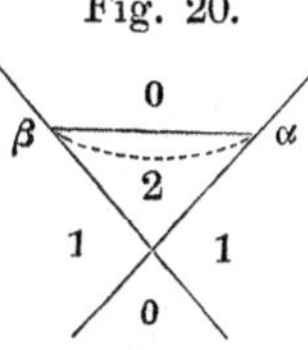

Wir erhalten hier fünf Felder mit keinem, einem oder zwei Zeichenwechseln, wie die Fig. 20 angiebt.

Man sieht hieraus, dass diese Figur die Unentschiedenheit auf einen viel kleineren Raum beschränkt als die vorige. Von diesem Gesichtspunkte aus erscheint es also nicht gerechtfertigt, wenn Jacobi dem Budan-Fourier'schen Kriterium vor dem seinigen so entschieden den Vorzug giebt[1]).

[1]) Vgl. F. Klein, Geometrisches zur Abzählung der reellen Wurzeln einer algebraischen Gleichung in Dyck's Catalog mathematischer Modelle (München 1892).

§. 104.

Bestimmung einer oberen Grenze für die Wurzeln.

Wir haben schon im dritten Abschnitt von dem Satze Gebrauch gemacht, dass man immer eine positive Zahl finden kann, die grösser ist als die absoluten Werthe sämmtlicher Wurzeln einer gegebenen Gleichung. Es kommt aber jetzt darauf an, eine möglichst einfache und zugleich möglichst genaue Bestimmung einer solchen oberen Grenze zu geben.

Wir betrachten zunächst nur die reellen Wurzeln, und suchen also eine positive Zahl, die grösser ist als die grösste positive Wurzel einer gegebenen Gleichung $f(x) = 0$.

Eine solche Bestimmung giebt uns das Budan'sche Theorem.

Nehmen wir den Coëfficienten der höchsten Potenz von x in $f(x)$ gleich 1 (oder wenigstens positiv) an, so kann man die positive Zahl α immer so gross annehmen, dass

$$(1) \qquad f(\alpha),\ f'(\alpha),\ f''(\alpha) \ldots f^{(n)}(\alpha)$$

alle positiv werden. Dann geht in der Reihe der Functionen

$$f(x),\ f'(x),\ f''(x) \ldots f^{(n)}(x)$$

zwischen $x = \alpha$ und $x = \infty$ kein Zeichenwechsel mehr verloren, und es kann also auch nach dem Theorem I keine Wurzel von $f(x)$ zwischen α und ∞ liegen.

Will man aus dem gleichen Satze für die negativen Wurzeln eine untere Grenze haben, so nehme man die positive Zahl β so an, dass

$$(2) \qquad (-1)^n f(-\beta),\quad (-1)^{n-1} f'(-\beta), \ldots f^{(n)}(-\beta)$$

alle positiv werden, dann hat die Gleichung $f(x) = 0$ sicher keine negative Wurzel unter $-\beta$.

Diese Bestimmung der Grenzen rührt schon von Newton her.

Eine andere Bestimmung einer oberen Grenze, die für die Rechnung einfacher ist, hat Laguerre angegeben [1]).

Er benutzt statt der Ableitungen $f(x)$, $f'(x)$, $f''(x) \ldots$ die Functionen $f_0(x)$, $f_1(x)$, $f_2(x)$, $\ldots f_{n-1}(x)$, die uns schon mehr-

---

[1]) Laguerre, Nouvelles Annales d. math., 2. ser., t. XIX, 1880. Journal de math., 3. ser., t. IX, 1883.

fach, besonders in der Tschirnhausen-Transformation gute Dienste geleistet haben.

Wir haben diese Functionen im §. 4 definirt durch

$$\begin{aligned} f_0(x) &= 1 \\ f_1(x) &= x + a_1 \\ f_2(x) &= x^2 + a_1 x + a_2 \\ &\cdots\cdots\cdots\cdots \\ f_{n-1}(x) &= x^{n-1} + a_1 x^{n-2} + a_2 x^{n-3} + \cdots + a_{n-1} \\ f(x) = f_n(x) &= x^n + a_1 x^{n-1} + a_2 x^{n-2} + \cdots + a_{n-1} x + a_n, \end{aligned}$$

und dafür die Recursionsformel aufgestellt

$$f_\nu(x) - x f_{\nu-1}(x) = a_\nu.$$

Man hat nun, wie schon an der angeführten Stelle gezeigt ist,

$$(3) \quad f(x) = (x-\alpha)[x^{n-1} f_0(\alpha) + x^{n-2} f_1(\alpha) + \cdots + f_{n-1}(\alpha)] + f(\alpha).$$

Der Anblick dieser Formel zeigt, dass, wenn α eine Zahl ist, die die Functionen

$$(4) \qquad f_0(\alpha), f_1(\alpha), f_2(\alpha) \ldots f_{n-1}(\alpha), f(\alpha)$$

positiv macht, kein positives x grösser als α existiren kann, was $f(x)$ zu Null macht, da dann auf der rechten Seite von (3) lauter positive Glieder stehen.

Wenn also ein positives α so bestimmt ist, dass die Functionen (4) alle positiv sind, so ist dies eine obere Grenze für die positiven Wurzeln von $f(x)$.

Ebenso erhält man eine untere Grenze $-\beta$ für die negativen Wurzeln, wenn man die positive Grösse β so bestimmt, dass

$$(5) \qquad f_0(-\beta), \ -f_1(-\beta), f_2(-\beta), \ldots (-1)^n f(-\beta)$$

alle positiv werden.

Diese Bestimmung der Grenzen ist zwar in der Rechnung einfacher zu handhaben, giebt aber doch unter Umständen minder genaue Grenzen als die Newton'sche Bestimmung.

Wenn man nämlich (3) fortgesetzt nach x differentiirt und dann $x = \alpha$ setzt, so erhält man unter der Voraussetzung, dass die Grössen (4) alle positiv sind, für die Derivirten $f'(x) f''(x) \ldots$ Ausdrücke, die für $x = \alpha$ aus lauter positiven Gliedern bestehen. Wenn also die Ausdrücke (4) positiv sind, so sind nothwendiger Weise auch die Derivirten (1) alle positiv, während das Umgekehrte nicht nothwendig der Fall ist.

Um eine obere Grenze für den absoluten Werth der imaginären Wurzeln, der auch für den Fall complexer Coëfficienten noch gültig ist, zu finden, betrachten wir die Function

$$f(x) = x^n + a_1 x^{n-1} + a_2 x^{n-2} + \cdots + a_n,$$

worin die Coëfficienten $a_1, a_2 \ldots a_n$ reell oder imaginär sind. Wir bezeichnen den absoluten Werth einer complexen Grösse a wie früher durch $|a|$ und haben dann, wenn wir annehmen, der absolute Werth von x sei grösser als **1**,

$$\left| a_1 + \frac{a_2}{x} + \cdots + \frac{a_n}{x^{n-1}} \right| < |a_1| + |a_2| + \cdots + |a_n| = \alpha.$$

Nehmen wir also x so an, dass sein absoluter Werth grösser ist als jede der beiden Zahlen 1 und α, so kann der Ausdruck

$$x^{1-n} f(x) = x + a_1 + \frac{a_2}{x} + \cdots + \frac{a_n}{x^{n-1}}$$

nicht verschwinden, da der absolute Werth von x grösser ist als der absolute Werth der Summe aller übrigen Glieder der rechten Seite.

Wenn wir also, je nachdem α grösser oder kleiner als 1 ist, einen Kreis mit dem Radius α oder 1 um den Nullpunkt als Mittelpunkt legen, so liegen ausserhalb dieses Kreises gewiss keine Wurzeln von $f(x)$ mehr.

§. 105.

Abschätzung der imaginären Wurzeln.

Wir haben im §. 96 gesehen, wie wir aus der Charakteristik eines gewissen Curvensystems die genaue Anzahl der complexen Wurzeln einer Gleichung bestimmen können, die im Inneren einer geschlossenen Curve liegen. Auch dies Kennzeichen lässt sich vereinfachen, wenn man nicht mehr die genaue Anzahl der Wurzeln, sondern nur eine obere Grenze für diese Zahl finden will, was in vielen Fällen auch zur genauen Bestimmung ausreicht.

Es sei also wie in §. 96

$$F(x) = \varphi(x, y) + i\psi(x, y) \tag{1}$$

eine reelle oder complexe Function des complexen Arguments

$z = x + yi$, darin seien φ und ψ reelle Functionen von x und y, und es werde nun eine geschlossene Curve f gezeichnet. Wir haben dann den Satz:

XI. Wenn die Curve f durch die Curve φ in $2m$ Segmente getheilt wird, in denen φ abwechselnd positiv und negativ ist, so ist die Zahl der innerhalb f liegenden Wurzeln von $F(z)$ höchstens gleich m; und dasselbe gilt auch, wenn f durch ψ in $2m$ solcher Segmente getheilt wird.

Der Satz ist eine unmittelbare Folge des Charakteristikensatzes II, §. 96; denn danach ist

$$k = \tfrac{1}{2}[E(f;\, \varphi, \psi) - A(f;\, \varphi, \psi)];$$

und wenn nun die Curve f von der φ-Curve in $2m$ Punkten geschnitten wird, so ist

$$m = \tfrac{1}{2}[E(f;\, \varphi, \psi) + A(f;\, \varphi, \psi)],$$

also

$$k = m - A(f;\, \varphi, \psi).$$

Darin ist aber nach dem erwähnten Satze k gleich der Anzahl der im Inneren von f liegenden Wurzeln von F, und $A(f;\, \varphi, \psi)$ ist eine jedenfalls nicht negative Zahl. Ganz ebenso kann man mit der Formel

$$k = \tfrac{1}{2}[E(f;\, \psi, \varphi) - A(f;\, \psi, \varphi)]$$

verfahren.

§. 106.

Das Theorem von Rolle.

Wenn die Gleichung $f(x) = 0$ zwei reelle Wurzeln α und β hat, von denen die erste eine a-fache, die zweite eine b-fache ist, so können wir

$$(1) \qquad f(x) = (x - \alpha)^a (x - \beta)^b f_1(x)$$

setzen.

Ist nun $\alpha < \beta$ und liegt zwischen α und β keine Wurzel von $f(x) = 0$, so wird $f(x)$ und $f_1(x)$ in diesem ganzen Intervall ein unverändertes Vorzeichen haben. Bilden wir von (1) die Ableitung, so ergiebt sich

$$(2) \qquad \frac{(x-\alpha)(x-\beta) f'(x)}{f(x)}$$
$$= a(x-\beta) + b(x-\alpha) + (x-\alpha)(x-\beta)\frac{f_1'(x)}{f_1(x)}.$$

Die rechte Seite dieses Ausdruckes wird für $x = \alpha$ negativ, nämlich $a(\alpha - \beta)$, und für $x = \beta$ positiv, nämlich $b(\beta - \alpha)$, und muss also, während x von α bis β geht, einmal, oder allgemeiner eine ungerade Anzahl von Malen durch Null gehen. Auf der linken Seite von (2) haben $(x-\alpha)(x-\beta)$ und $f(x)$ ein unverändertes Vorzeichen, und also muss $f'(x)$ eine ungerade Anzahl von Malen durch Null gehen. Daraus folgt das Rolle'sche Theorem:

XII. Sind α und β zwei auf einander folgende Wurzeln von $f(x) = 0$, so liegen zwischen α und β (ohne die Grenzen mitzurechnen) Wurzeln von $f'(x) = 0$ in ungerader Anzahl, also mindestens eine.

Wichtige Folgerungen ergeben sich hieraus für den Fall, dass die Gleichung $f(x) = 0$ nur reelle Wurzeln hat. Sind diese der Grösse nach geordnet $\alpha, \beta, \gamma, \ldots$, und ist α eine a-fache, β eine b-fache, γ eine c-fache etc. Wurzel, so hat $f'(x) = 0$ in α eine $(a-1)$-fache, in β eine $(b-1)$-fache, in γ eine $(c-1)$-fache Wurzel und zwischen α und β, zwischen β und γ u. s. f. je mindestens eine reelle Wurzel. Die Gesammtzahl dieser Wurzeln ist aber

$$a + b + c + \cdots - 1 = n - 1,$$

und da $f'(x)$ vom $(n-1)^{\text{ten}}$ Grade ist, so wird diese Minimalzahl auch nicht überschritten. Daraus folgt der Satz:

XIII. Hat $f(x) = 0$ nur reelle Wurzeln, so hat auch $f'(x) = 0$ nur reelle Wurzeln, und von diesen sind die, die nicht mit mehrfachen Wurzeln von $f(x)$ zusammenfallen, einfache Wurzeln, die von den Wurzeln von $f(x)$ getrennt werden.

Wenn wir dies Theorem wiederholt anwenden, so können wir es folgendermaassen verallgemeinern:

XIV. Hat $f(x)$ nur reelle Wurzeln, so haben auch $f'(x), f''(x), f'''(x) \ldots$ nur reelle Wurzeln. Hat eine dieser Functionen $f^{(\nu)}(x)$ eine a-fache Wurzel α, und ist $a > 1$, so ist α eine $(a+\nu)$-fache Wurzel von $f(x)$.

Diese Sätze werden wesentlich verallgemeinert, wenn man eine lineare Transformation darauf anwendet [1]).

Dies wird leichter ausgeführt, wenn man die homogene Schreibweise anwendet, also unter $f(x, y)$ eine ganze homogene Function n^{ten} Grades versteht. Bildet man für einen beliebigen Werth $\xi : \eta$ die Polaren dieser Function (§. 60):

$$P_1(x,\xi) = \frac{1}{n}\,\{\xi f'(x) + \eta f'(y)\}$$

$$(3)\quad P_2(x,\xi) = \frac{1}{n(n-1)}\,\{\xi^2 f''(x,x) + 2\,\xi\,\eta\, f''(x,y) + \eta^2 f''(y,y)\}$$

$$P_3(x,\xi) = \frac{1}{n(n-1)(n-2)}\,\{\xi^3 f'''(x,x,x) + 3\,\xi^2\,\eta\, f'''(x,x,y) + 3\,\xi\,\eta^2 f'''(x,y,y) + \eta^3 f'''(y,y,y)\}$$

. . . .,

so bleiben diese Functionen ungeändert, wenn man ξ, η und x, y gleichzeitig durch eine lineare Transformation umformt und für f und seine Ableitungen die entsprechenden transformirten Functionen setzt. In Bezug auf die Realität der Wurzeln wird durch eine reelle lineare Transformation nichts geändert. Nun lässt sich aber, wenn ξ, η reell sind, die reelle lineare Substitution so bestimmen, dass die transformirten Werthe $\xi' = 1$, $\eta' = 0$ werden, und dadurch gehen, wenn man noch $y = 1$ setzt, die Polaren in die Derivirten der Function $f(x)$ nach x über (abgesehen von Zahlenfactoren).

Daraus folgt, dass in den Sätzen XIII, XIV die Derivirten $f'(x), f''(x) \ldots$ durch die Polaren $P_1(x, \xi)$, $P_2(x, \xi) \ldots$ für ein beliebiges, reelles ξ, η ersetzt werden können.

Wir machen hiervon die Anwendung auf die Gleichung, die man erhält, wenn man die $(n-2)^{\text{te}}$ Polare gleich Null setzt:

$$(4)\qquad x^2 f''(\xi, \xi) + 2\,x\,y f''(\xi, \eta) + y^2 f''(\eta, \eta) = 0.$$

Hat $f(x, y) = 0$, wie wir voraussetzen, nur reelle Wurzeln, so muss auch die quadratische Gleichung (4) reelle Wurzeln haben, d. h. es muss die Hesse'sche Determinante

$$(5)\qquad f''(\xi, \xi)\, f''(\eta, \eta) - f''(\xi, \eta)^2$$

für alle reellen ξ, η negativ sein. Sie kann nur dann ver-

---

[1]) Laguerre, Nouvelles Annales de Mathématiques, 2. Sér., Vol. 19, 1880.

schwinden, wenn (4) zwei gleiche Wurzeln hat, und dies ist nach XIV nur dann möglich, wenn $f(x, y)$ die n^{te} Potenz einer linearen Function ist. In diesem Falle verschwindet die Determinante (5) identisch. Wenn wir also von diesem Falle absehen, so folgt, dass für eine Gleichung mit nur reellen Wurzeln die Gleichung, die man durch Nullsetzen der Hesse'schen Determinante erhält, nur imaginäre Wurzeln hat.

Wollen wir zur inhomogenen Darstellung zurückkehren, so können wir mit Benutzung des Euler'schen Satzes

$$(6) \qquad \begin{aligned} xf'(x) \quad &+ yf'(y) &&= nf(x) \\ xf''(x, x) &+ yf''(x, y) &&= (n-1)f'(x) \\ xf''(y; x) &+ yf''(y, y) &&= (n-1)f'(y) \end{aligned}$$

setzen, und damit $f'(y)$, $f''(x, y)$, $f''(y, y)$ eliminiren. Man erhält so, wenn man $y = 1$ setzt,

$$(7) \qquad \begin{aligned} f'(y) &= nf(x) - xf'(x) \\ f''(x, y) &= (n-1)f'(x) - xf''(x) \\ f''(y, y) &= n(n-1)f(x) - 2(n-1)xf'(x) + x^2 f''(x), \end{aligned}$$

also wenn

$$(8) \qquad (n-1)\,H(x, y) = f''(x, x)\,f''(y, y) - f''(x, y)^2$$

gesetzt wird:

$$(9) \qquad H(x, y) = H(x) = nf(x)f''(x) - (n-1)\,f'(x)^2.$$

$H(x)$ ist in Bezug auf x höchstens vom Grade $2n - 4$.

§. 107.

Die Sätze von Laguerre für Gleichungen mit nur reellen Wurzeln.

Von den zuletzt abgeleiteten Sätzen hat Laguerre eine Anwendung auf Gleichungen mit nur reellen Wurzeln gemacht, die wir noch kennen lernen wollen.

Es sei $f(x) = 0$ eine Gleichung n^{ten} Grades mit n reellen Wurzeln $\alpha, \alpha_1, \alpha_2 \ldots$, die wir von einander verschieden voraussetzen.

Ist x eine veränderliche Grösse, so haben wir die schon mehrfach angewandte Formel [§. 14, (11)]:

(1) $$S\left(\frac{1}{x-\alpha}\right) = \frac{f'(x)}{f(x)},$$

worin sich das Summenzeichen S auf die verschiedenen Wurzeln $\alpha, \alpha_1, \alpha_2 \ldots$ bezieht. Wenn wir hiervon nochmals die Ableitung nach x bilden, so folgt

(2) $$S\,\frac{1}{(x-\alpha)^2} = \frac{f'(x)^2 - f(x)f''(x)}{f(x)^2},$$

und wenn wir auf der rechten Seite die Function H [§. 106, (9)] einführen,

(3) $$S\,\frac{1}{(x-\alpha)^2} = \frac{f'(x)^2 - H(x)}{nf(x)^2}.$$

Wendet man auf diese Formel eine lineare Transformation an, bei der dem Werth $x = \infty$ ein beliebiger anderer reeller Werth der neuen Veränderlichen entspricht, so erhält man eine allgemeinere Formel, die wir zunächst ableiten wollen. Wir führen homogene Variable ein, indem wir x durch $x : y$ und α durch $\alpha : \beta$ ersetzen. Dadurch wird (3)

(4) $$S\,\frac{\beta^2}{(x\beta - y\alpha)^2} = \frac{f'(x)^2 - y^2 H(x, y)}{nf(x, y)^2};$$

nun wenden wir eine beliebige lineare Transformation an:

(5) $$\begin{aligned} x &= ax' + by', & \alpha &= a\alpha' + b\beta', \\ y &= cx' + dy', & \beta &= c\alpha' + d\beta', \end{aligned}$$

oder aufgelöst:

(6) $$\begin{aligned} rx' &= dx - by, \\ ry' &= -cx + ay, \quad r = ad - bc. \end{aligned}$$

Wenn durch diese Transformation

$$f(x, y) = \varphi(x', y')$$

wird, so wird

$$rf'(x) = d\varphi'(x') - c\varphi'(y'),$$

und wegen der Covarianteneigenschaft der Function H (§. 59)

$$r^2 H(x, y) = H'(x', y'),$$

wenn H' ebenso aus φ abgeleitet ist, wie H aus f. Hiernach folgt aus (4):

(7) $$S\,\frac{(c\alpha' + d\beta')^2}{(x'\beta' - y'\alpha')^2} = \frac{[d\varphi'(x') - c\varphi'(y')]^2 - (cx' + dy')^2 H'(x', y')}{n\varphi(x', y')^2}.$$

In dieser Formel können, da dies nur Sache der Bezeichnung ist, bei x', y', α', β', H' die Accente weggelassen und f an

Stelle von φ gesetzt werden. Es bleiben die beiden willkürlichen Grössen c und d darin.

Setzen wir der eleganteren Bezeichnung wegen noch $c = -\eta$, $d = \xi$, so erhalten wir also:

$$(8)\quad S\left(\frac{\xi\beta - \eta\alpha}{x\beta - y\alpha}\right)^2 = \frac{[\xi f'(x) + \eta f'(y)]^2 - (x\eta - \xi y)^2 H(x, y)}{n f(x, y)^2},$$

und in dieser Form bleibt sowohl die rechte als die linke Seite vollkommen ungeändert, wenn wir auf die Variablenpaare x, y; ξ, η; α, β gleichzeitig eine beliebige lineare Transformation anwenden.

Die Formel (8) ist eine identische; sie gilt für jede Function $f(x, y)$ und für alle Werthe der Variablen x, y; ξ, η. Jetzt aber machen wir die Voraussetzung, dass $f(x, y)$ nur reelle Wurzeln habe, dass also die α, β reell seien, und wir setzen auch ξ, η und x, y als reell voraus. Beide Seiten der Gleichung (8) sind dann wesentlich positiv. Wir bezeichnen ihren gemeinsamen Werth durch P, und bestimmen nun eine Grösse $X : Y$ durch die quadratische Gleichung

$$P = \left(\frac{X\eta - Y\xi}{Xy - Yx}\right)^2,$$

oder

$$(9)\quad \Phi = (Xy - Yx)^2 P - (X\eta - Y\xi)^2 = 0.$$

Diese Gleichung hat zwei reelle Wurzeln, die man aus

$$X\eta - Y\xi = \pm\sqrt{P}\,(Xy - Yx)$$

erhält. Ueber die Lage der Wurzeln dieser Gleichung können wir aber Folgendes aussagen:

Setzen wir $X = x$, $Y = y$, so wird Φ negativ.

Setzen wir aber $X = \alpha$, $Y = \beta$, wenn $\alpha : \beta$ irgend eine der Wurzeln von $f = 0$ ist, so ist

$$\left(\frac{X\eta - Y\xi}{Xy - Yx}\right)^2 = \left(\frac{\xi\beta - \eta\alpha}{x\beta - y\alpha}\right)^2,$$

also gleich einem Gliede der Summe

$$P = S\left(\frac{\xi\beta - \eta\alpha}{x\beta - y\alpha}\right)^2$$

und daher kleiner als P. Daraus folgt, dass Φ für $X : Y = \alpha : \beta$ positiv ist.

Wenn wir nun die Werthe der sämmtlichen $\alpha : \beta$ und $x : y$, der Grösse nach cyklisch geordnet, etwa auf einem Kreise anordnen, und den Werth $X : Y$ durch einen variablen Punkt dieses Kreises darstellen, und die betreffenden Punkte mit α, x, X bezeichnen, so geht Φ durch Null, wenn X von x aus nach vorwärts oder nach rückwärts bis zu den nächst gelegenen Punkten, die wir mit α_1 und α_2 bezeichnen wollen, geht. Sind also X_1, X_2 die Wurzeln der Gleichung (9), so haben wir folgende Anordnung auf dem Kreise

$$(10) \qquad \alpha_1,\ X_1,\ x,\ X_2,\ \alpha_2,$$

und (X_1, X_2) stellt ein Intervall dar, in dem zwar der beliebig gewählte Punkt x, aber kein Wurzelpunkt der Gleichung $f = 0$ liegt. X_1 und X_2 sind also den beiden nächst gelegenen Wurzeln α_1, α_2 näher als der Ausgangswerth x.

Dies gilt, welche Lage auch der zweite willkürliche Punkt ξ haben mag. Es werden davon zwar die Punkte X_1, X_2 abhängig sein; immer aber werden sie in dem Intervall (α_1, x) und (x, α_2) liegen.

Es entsteht nun die Frage: wie ist der Punkt ξ zu wählen, damit X_1 möglichst nahe an α_1 oder X_2 möglichst nahe an α_2 liege, oder vielmehr, da es auf die Kenntniss von ξ selbst nicht ankommt, welches ist der möglichst nahe bei α_1 gelegene Punkt X_1 und der möglichst nahe bei α_2 gelegene Punkt X_2?

Denken wir uns den Punkt X gegeben, so ist (9) eine quadratische Gleichung für den Punkt ξ; zu jeder Lage von X gehören also zwei Lagen von ξ. Aber nur solche Werthe von X_1 oder X_2 sind in (10) zulässig, für die diese quadratische Gleichung reelle Wurzeln ergiebt. Also nur solche Werthe von X_1 und X_2 können vorkommen, bei denen die Discriminante von (9) in Bezug auf ξ positiv ist, und wir erhalten die Grenzlagen von X_1 und X_2, wenn wir die Discriminante von (9) gleich Null setzen. Die Coëfficienten von ξ^2, $2\xi\eta$, η^2 in (9) sind aber

$$\frac{f'(x)^2 - y^2 H}{n f^2}(Xy - Yx)^2 - Y^2$$

$$\frac{f'(x) f'(y) + xy H}{n f^2}(Xy - Yx)^2 + XY$$

$$\frac{f'(y)^2 - x^2 H}{n f^2}(Xy - Yx)^2 - X^2,$$

und die Discriminante erhält man, wenn man von dem Quadrat

des mittleren das Product der beiden äusseren abzieht, nämlich, mit Benutzung der Relation $xf'(x) + yf'(y) = nf$:

$$\frac{(Xy - Yx)^2}{nf^2} \{(n-1) H (Xy - Yx)^2 + [Xf'(x) + Yf'(y)]^2\},$$

und man erhält also die Grenzwerthe von $X:Y$ aus der Gleichung

$$(11) \quad [Xf'(x) + Yf'(y)]^2 + (n-1)(Xy - Yx)^2 H = 0,$$

die in Bezug auf $X:Y$ quadratisch ist.

Da H negativ ist, hat diese Gleichung zwei reelle Wurzeln, die man aus

$$(12) \quad Xf'(x) + Yf'(y) = \pm (Xy - Yx)\sqrt{(1-n)H}$$

findet.

Diese Formel umfasst mehrere besondere Resultate, die man erhält, wenn man die homogene Form verlässt.

Nehmen wir zunächst $y = 0$, also $x:y$ unendlich und setzen $Y = 1$, so ergeben sich zwei Werthe X_1, X_2, zwischen denen die Gesammtheit aller Wurzeln von $f(x)$ enthalten sind. Setzen wir

$$f(x, y) = a_0 x^n + a_1 x^{n-1} y + a_2 x^{n-2} y^2 + \cdots,$$

so wird

$$(13) \quad H = [2n a_0 a_2 - (n-1) a_1^2] x^{2n-4},$$

und man erhält diese beiden Werthe aus

$$(14) \quad n a_0 X = - a_1 \pm \sqrt{(n-1)^2 a_1^2 - 2n(n-1) a_0 a_2}.$$

Lässt man $x:y$ unbestimmt, kehrt aber zur inhomogenen Form zurück, indem man $y = 1$, $Y = 1$ setzt und die Formeln (7) und (9) des §. 106 anwendet, so erhält man aus (12)

$$(15) \quad x - X = \frac{nf(x)}{f'(x) \pm \sqrt{(n-1)^2 f'(x)^2 - n(n-1) f(x) f''(x)}},$$

und diese Werthe haben folgende Bedeutung:

Liegt x zwischen zwei Wurzeln α_1, α_2 von $f(x)$, so liegt von den beiden durch (15) dargestellten Werthen von X der eine näher an α_1, der andere näher an α_2, aber beide noch innerhalb des Intervalles (α_1, α_2).

Ist aber x grösser als die grösste, oder kleiner als die kleinste Wurzel von $f(x)$, so liegen die sämmtlichen Wurzeln zwischen den beiden Werthen von X, während x ausserhalb liegt.

Liegt x nahe an einer Wurzel, so giebt einer der beiden Werthe von X einen noch genaueren Werth dieser Wurzel.

Ebenso wie durch X_1, X_2 ein Intervall bestimmt ist, in dem gar keine Wurzel der Gleichung liegt, so kann man auch ein Intervall bestimmen, in dem gewiss Wurzeln liegen. Auch hierbei geht man am besten von der homogenen Form aus und benutzt die lineare Transformation.

Sei also wie vorher $f(x, y)$ eine Form n^{ten} Grades mit lauter reellen Wurzeln; und seien ferner $x : y$, $\xi : \eta$, $\xi' : \eta'$ drei reelle Werthe, von denen zwei willkürlich sind, und von denen der dritte durch die Relation

$$(16)\qquad \begin{aligned}&[\xi f'(x) + \eta f'(y)]\,[\xi' f'(x) + \eta' f'(y)]\\ &\quad - H(\xi y - \eta x)\,(\xi' y - \eta' x) = 0\end{aligned}$$

von den beiden anderen abhängt. Die Gleichung (16) bleibt ungeändert, wenn wir die drei Grössenpaare x, y; ξ, η; ξ', η' gleichzeitig derselben linearen Transformation unterwerfen. Daher können alle Schlüsse, die wir aus einer speciellen Form dieser Gleichung ziehen, verallgemeinert werden. Die lineare Substitution lässt sich so bestimmen, dass für die neuen Variablen $y = 0$, $\xi = 0$ wird; dann ergiebt (16) für ξ', η' die Gleichung

$$a_1(n a_0 \xi' + a_1 \eta') = [2 n a_0 a_2 - (n-1) a_1^2]\eta',$$

oder also, wenn man $a_0 = 1$, $\eta' = 1$ annimmt,

$$\xi' = -\frac{a_1^2 - 2a_2}{a_1}.$$

Es ist aber, wenn wir, wie oben, mit α die Wurzeln von f bezeichnen

$$a_1^2 - 2a_2 = S(\alpha^2), \quad a_1 = -S(\alpha);$$

also wird

$$\xi' = \frac{S(\alpha^2)}{S(\alpha)}.$$

Dafür lässt sich auch setzen:

$$S[\alpha(\alpha - \xi')] = 0,$$

und daraus ergiebt sich, da alle α reell sein sollen, dass die Producte $\alpha(\alpha - \xi')$ weder alle positiv noch alle negativ sein können, oder mit anderen Worten, es muss ein Theil der Wurzeln zwischen 0 und ξ', ein anderer Theil ausserhalb dieses Intervalles liegen.

Daraus folgt nun durch Anwendung der linearen Transformation allgemein, dass auf dem Kreise, der die Punkte α, x, ξ, ξ' trägt, wenn ξ, ξ' durch (16) verknüpft sind, in jedem der beiden Theile, in die der Kreis durch ξ und ξ' getheilt wird, wenigstens eine der Wurzeln α liegt. Der Punkt x und einer der Punkte ξ, ξ' sind willkürlich; der dritte Punkt ist durch (16) bestimmt.

Wir wollen insbesondere die Annahme machen, dass der Punkt ξ' mit einem der beiden durch die Gleichung (12) bestimmten Punkte X zusammenfalle, also etwa

$$(17)\quad Xf'(x) + Yf'(y) + (Xy - Yx)\sqrt{(1-n)H} = 0$$

setzen.

Führen wir dies in (16) ein, indem wir $\xi', \eta' = X, Y$ setzen und dann den Factor $Xy - Yx$ wegheben, so ergiebt sich

$$(18)\quad (n-1)\,[\xi f'(x) + \eta f'(y)] + (\xi y - \eta x)\sqrt{(1-n)H} = 0,$$

wodurch der Punkt ξ eindeutig bestimmt ist.

Gehen wir zur inhomogenen Form über, so erhalten wir [§. 106, (7) und (9)] aus (17) und (18)

$$(19)\quad x - X = \frac{nf(x)}{f'(x) + (n-1)\sqrt{f'(x)^2 - \frac{n}{n-1}f(x)f''(x)}},$$

$$(20)\quad x - \xi = \frac{nf(x)}{f'(x) + \sqrt{f'(x)^2 - \frac{n}{n-1}f(x)f''(x)}},$$

worin die Quadratwurzel beide Zeichen haben kann.

Die Lage der Punkte lässt sich dann so charakterisiren. Es giebt wenigstens eine Wurzel α, so dass

$$(21)\qquad \xi,\ \alpha,\ X,\ x,$$

der Grösse nach auf einander folgen, und so, dass zwischen x und X keine Wurzel liegt. Wir können auch α so auswählen, dass zwischen α und X keine weitere Wurzel liegt. Zwischen α und ξ können aber möglicher Weise noch andere Wurzeln liegen.

Lassen wir aber nun x sich der Wurzel α annähern, so wird X sich derselben Wurzel nähern, und (20) zeigt, dass auch ξ derselben Grenze zustrebt. Es folgt also, dass, wenn x hinlänglich nahe an einer Wurzel liegt, diese nächste Wurzel in dem Intervall (ξ, X) liegt, in dem keine zweite Wurzel enthalten ist, und dass dies Intervall sich mehr und mehr um α schliesst.

Wir nehmen als Beispiel (mit Laguerre) die Kugelfunctionen, von denen wir schon früher (§. 87) nachgewiesen haben, dass sie nur reelle Wurzeln haben, die alle zwischen -1 und $+1$ liegen. Die Function

$$P_n(x) = \frac{1 \,.\, 3 \ldots (2n-1)}{1 \,.\, 2 \ldots n} \left(x^n - \frac{n(n-1)}{2(2n-1)} x^{n-2} + \cdots \right)$$

hat die Eigenschaft, dass

$$P_n(1) = 1, \qquad P_n'(1) = \frac{n(n+1)}{2},$$

$$P_n''(1) = \frac{n(n-1)(n+1)(n+2)}{8}$$

ist. Man beweist dies leicht durch vollständige Induction, indem man in den ersten Fällen $n = 2, 3 \ldots$ die Formeln direct nachweist, und dann aus der Recursionsformel

$$(1-x^2) P_n'(x) + n x P_n(x) - n P_{n-1}(x) = 0$$

durch zweimalige Ableitung die Richtigkeit für den Index n nachweist, falls sie für den Index $n - 1$ vorausgesetzt wird.

Wenn wir dann in (19) und (20) $x = 1$ setzen, so erhalten wir zwei Grenzen, zwischen denen die der 1 am nächsten kommende Wurzel liegt, nämlich

$$X = 1 - \frac{2}{n+1+(n-1)\sqrt{\frac{n(n+1)}{2}}},$$

$$\xi = 1 - \frac{2}{n+1+\sqrt{\frac{n(n+1)}{2}}}.$$

Für $n = 7$ z. B. ergiebt sich

$$X = 0{,}94967 \ldots$$

$$\xi = 0{,}84952 \ldots$$

Die genaueren Werthe der beiden der 1 am nächsten liegenden Wurzeln, die wir der Vergleichung wegen anführen, sind nach der Berechnung von Gauss (Gauss Werke, Bd. III, S. 195):

$$0{,}94911\ldots;\qquad 0{,}74153\ldots$$

Es liegt also hier nur eine Wurzel zwischen X und ξ, und X zeigt erst in der vierten Decimale den Ueberschuss über den Werth dieser Wurzel.

Zehnter Abschnitt.

Genäherte Berechnung der Wurzeln.

§. 108.

Interpolation. Regula falsi.

Mit der Abgrenzung der Intervalle, in denen nur je eine Wurzel einer algebraischen Gleichung liegt, ist die Möglichkeit gegeben, die reellen Wurzeln mit beliebiger Genauigkeit numerisch zu berechnen, indem man das Intervall mehr und mehr einengt, z. B. fortgesetzt halbirt. Theilt man ein Intervall von der Grösse 1 fortgesetzt in zehn Theile, so liefert jeder neue Schritt eine weitere Decimalstelle.

Wenn einmal erst eine Wurzel von allen übrigen abgesondert ist, so hat man bei der weiteren Einengung des Intervalles immer nur das Vorzeichen der Function $f(x)$ selbst zu berücksichtigen. Die dazu nöthigen Rechnungen können sehr erleichtert werden durch die Anwendung der Interpolationsformel, die wir im ersten Abschnitt kennen gelernt haben.

Wir haben nämlich in §. 10, (7) eine Formel hergeleitet, nach der man eine Function n^{ten} Grades, die wir jetzt mit $\varphi(\xi)$ bezeichnen wollen, bestimmen kann, wenn $n+1$ auf einander folgende Werthe $\varphi(0), \varphi(1) \ldots \varphi(n)$ gegeben sind. Diese Formel ist, wenn

$$(1) \qquad \begin{aligned} B_\nu^{(\xi)} &= \frac{\xi(\xi-1)\ldots(\xi-\nu+1)}{1\,.\,2\,.\,3\ldots\nu} \\ \Delta_\xi &= \varphi(\xi+1) - \varphi(\xi), \end{aligned}$$

$$(2)\qquad \begin{array}{l} \Delta'_\xi = \Delta_{\xi+1} - \Delta_\xi \\ \cdot\ \cdot\ \cdot\ \cdot\ \cdot\ \cdot\ \cdot\ \cdot\ \cdot\ \cdot \\ \Delta^{(n-1)}_\xi = \Delta^{(n-2)}_{\xi+1} - \Delta^{(n-2)}_\xi \end{array}$$

gesetzt wird,

$$(3)\quad \varphi(\xi) = \varphi(0) + \Delta_0 B_1^{(\xi)} + \Delta'_0 B_2^{(\xi)} + \cdots + \Delta_0^{(n-1)} B_n^{(\xi)}.$$

Der Werth der Formel liegt darin, dass die Reihe der Differenzen Δ_0, Δ'_0, Δ''_0 ... in vielen Fällen so rasch abnehmende Zahlenwerthe bietet, dass man sich mit einigen der ersten Glieder der Reihe (3) begnügen kann.

Ist nun $f(x)$ die zu untersuchende Function und (α, β) das Intervall, in dem eine der gesuchten Wurzeln liegt, so setzen wir, indem wir unter m irgend eine geeignete ganze Zahl verstehen,

$$\delta = \frac{\beta - \alpha}{m}, \qquad x = \alpha + \delta\,\xi,$$

und wenn wir also

$$\begin{array}{l} \Delta_x = f(x + \delta) - f(x) \\ \Delta'_x = \Delta_{x+\delta} - \Delta_x \\ \cdot\ \cdot\ \cdot\ \cdot\ \cdot\ \cdot\ \cdot\ \cdot\ \cdot \end{array}$$

setzen

$$(4)\quad f(x) = f(\alpha) + \frac{\Delta_\alpha}{\delta}(x - \alpha) + \frac{\Delta'_\alpha}{\delta^2}\frac{(x-\alpha)(x-\alpha-\delta)}{2} + \cdots$$

Man könnte ebensogut auch von dem anderen Endpunkt β des Intervalles ausgehen, und müsste dann in (3)

$$x = \beta - \delta\,\xi$$

setzen. Man würde dann erhalten

$$\begin{array}{l} \Delta_x = f(x - \delta) - f(x) \\ \Delta'_x = \Delta_{x-\delta} - \Delta_x \\ \cdot\ \cdot\ \cdot\ \cdot\ \cdot\ \cdot\ \cdot\ \cdot\ \cdot \end{array}$$

$$(5)\quad f(x) = f(\beta) + \frac{\Delta_\beta}{\delta}(x - \beta) + \frac{\Delta'_\beta}{\delta^2}\frac{(x-\beta)(x-\beta+\delta)}{2} + \cdots$$

Wenn man die Gleichung

$$y = f(x)$$

als Gleichung einer Curve in einem rechtwinkligen Coordinatensystem x, y deutet, so lassen sich die Verhältnisse geometrisch veranschaulichen.

Wenn man z. B. die Gleichung (4) auf das Intervall von α bis $(\alpha + \delta)$ anwendet und sich mit der Berücksichtigung der ersten Differenz begnügt, so heisst das in der Sprache der Geometrie, dass man den zwischen den beiden Curvenpunkten $\alpha, f(\alpha)$ und $\alpha + \delta, f(\alpha + \delta)$ verlaufenden Curvenbogen durch die Sehne ersetzt. Berücksichtigt man auch die zweite Differenz, so wird der durch die drei auf einander folgenden Punkte mit den Abscissen α, $\alpha + \delta$, $\alpha + 2\delta$ gehende Curvenbogen durch den Bogen einer Parabel ersetzt, die durch dieselben Punkte geht und deren Axe der Ordinatenaxe parallel ist; und diese Parabel wird sich der Curve noch enger anschliessen als die Sehne. Je kleiner das Intervall δ ist, um so weniger werden die höheren Differenzen von Einfluss sein.

Wie weit man also bei der Annäherung zu gehen hat, das hängt nicht nur von der Genauigkeit ab, mit der man $f(x)$ zu kennen wünscht, sondern wesentlich auch von der Dichtigkeit der Werthe α, $\alpha + \delta$, $\alpha + 2\delta \ldots$, für die die Function bekannt ist. Auf diesen Sätzen beruht die Einrichtung unserer Tabellenwerke, besonders der Logarithmentafeln. Es handelt sich dabei freilich nicht um ganze rationale Functionen; allein bei den stetigen Functionen überhaupt gelten hier dieselben Gesetze. Man findet in den Tafeln daher auch neben den Werthen $f(\alpha)$, $f(\alpha + \delta)$, $f(\alpha + 2\delta) \ldots$ die Werthe der ersten oder der beiden ersten Differenzen angegeben. Bei den gebräuchlichen siebenstelligen Tafeln genügt die erste Differenz. In der zehnstelligen Tafel „Thesaurus logarithmorum" von Vega sind auch die zweiten Differenzen angegeben und müssen bei ganz scharfen Rechnungen berücksichtigt werden.

Unsere Interpolationsformeln lassen sich mit Nutzen anwenden, um die Wurzeln der Gleichungen zu berechnen, oder, genauer ausgedrückt, die auf anderem Wege gefundenen Näherungswerthe zu verbessern.

Wir können die Aufgabe so formuliren, dass zu einem gegebenen, zwischen $f(\alpha)$ und $f(\alpha + \delta)$ gelegenen Werth von $f(x)$ der zugehörige Werth von x gefunden werden soll.

Wir betrachten $x = \alpha$ als einen ersten Näherungswerth. Setzen wir nun

$$f(x) - f(\alpha) = \varDelta,$$

so ist $\varDelta$ ein gegebener Werth von demselben Zeichen wie $\varDelta_\alpha = f(\alpha + \delta) - f(\alpha)$ und absolut kleiner als $\varDelta_\alpha$. Setzen wir noch $x - \alpha = u$, so giebt die Formel (4)

$$(6) \qquad \varDelta = \frac{\varDelta_\alpha u}{\delta} + \frac{\varDelta'_\alpha}{\delta^2} \frac{u(u - \delta)}{2} + \cdots$$

Bleiben wir zunächst bei der ersten Differenz stehen, so ergiebt sich als erste Correction

$$u = \delta \frac{\Delta}{\Delta_\alpha}, \tag{7}$$

und wenn wir nun

$$u = \delta \frac{\Delta}{\Delta_\alpha} + u'$$

setzen, so folgt aus (6), wenn man im zweiten Gliede u' weglässt,

$$0 = \frac{\Delta_\alpha}{\delta} u' + \frac{\Delta'_\alpha \Delta (\Delta - \Delta_\alpha)}{2 \Delta_\alpha^2},$$

also als zweite Correction:

$$u' = \delta \frac{\Delta'_\alpha \Delta (\Delta_\alpha - \Delta)}{2 \Delta_\alpha^3}. \tag{8}$$

Die erste Correction erhält man dadurch, dass man den zwischen α und $\alpha + \delta$ verlaufenden Curvenbogen durch die Sehne ersetzt, wie oben, die zweite dadurch, dass man den Bogen zwischen α, $\alpha + \delta$, $\alpha + 2\delta$ durch eine Parabel ersetzt, die durch dieselben Punkte geht, die aber jetzt ihre Axe mit der x-Axe parallel hat.

Nehmen wir als Beispiel die Gleichung

$$f(x) = x^3 - 2x - 2 = 0,$$

die zwischen 1,7 und 1,8 eine reelle Wurzel hat.

Man berechnet

$$\begin{array}{llll} x = 1{,}7, & f(x) = -\,0{,}487, & \Delta_\alpha = 0{,}719, & \Delta'_\alpha = 0{,}108, \\ 1{,}8, & = +\,0{,}232, & = 0{,}827, & \\ 1{,}9, & = 1{,}059. & & \end{array}$$

Da $f(x) = 0$ sein soll, so ist

$$\Delta = 0{,}487$$

zu setzen und die erste Correction zu $\alpha = 1{,}7$ ist nach (7)

$$u = 0{,}06773,$$

die zweite Correction ergiebt nach (8)

$$u' = 0{,}0164,$$

also

$$\alpha + u + u' = 1{,}76937.$$

Der auf andere Weise berechnete genauere Werth ist 1,76929... Wir haben also ein in den ersten drei Decimalen genaues Resultat. Wir haben aber hier kein anderes Mittel, um die Genauigkeit von vornherein zu schätzen, als die Abnahme der Differenzen $\Delta, \Delta', \Delta'' \ldots$ Ist Δ' so klein, dass es ausserhalb der Grenzen der beabsichtigten Genauigkeit fällt, so giebt die Berücksichtigung der ersten Differenz ein genaues Resultat. Die hier aus einander gesetzte Vorschrift zur Wurzelberechnung wird die Regula falsi genannt.

Die einfachste, für die erste Annäherung geeignete, Form dieser Vorschrift ist die:

Liegt zwischen α und β eine Wurzel x der Gleichung $f(x) = 0$ und ist $f(\alpha) = -a$, $f(\beta) = b$, so ist

$$x = \frac{b\alpha + a\beta}{a + b} \tag{9}$$

ein genäherter Werth von x. Dies ist nur eine andere Schreibweise für die Formel (7).

§. 109.

Die Newton'sche Näherungsmethode.

Eine Methode, die zur genäherten Berechnung der Wurzeln einer Gleichung meist besser ist als die Interpolation, rührt von Newton her und wurde von Fourier ausgebildet und genauer untersucht.

Die Methode besteht einfach in Folgendem. Es sei

$$f(x) = 0 \tag{1}$$

die aufzulösende Gleichung und es sei ein Werth $x = \alpha$ gefunden, den man als eine gewisse Annäherung an eine Wurzel betrachten kann. Wir setzen in (1)

$$x = \alpha + h,$$

und erhalten

$$f(\alpha + h) = f(\alpha) + hf'(\alpha) + \frac{h^2}{1.2} f''(\alpha) + \cdots \tag{2}$$

Wenn man nun h aus der Gleichung bestimmt

$$f(\alpha) + hf'(\alpha) = 0, \tag{3}$$

was voraussetzt, dass $f'(\alpha)$ von Null verschieden ist, so wird

$$f(\alpha + h) = \frac{h^2}{1.2} f''(\alpha) + \cdots,$$

und wird also, wenn h eine kleine Zahl ist, da nur das Quadrat und höhere Potenzen von h vorkommen, einen kleinen Werth haben. Es wird also unter den geeigneten Voraussetzungen

$$\alpha' = \alpha - \frac{f(\alpha)}{f'(\alpha)} \tag{4}$$

als eine bessere Annäherung an den wahren Werth der Wurzel zu betrachten sein.

Ersetzt man dann α durch α', so wird man in

$$\alpha'' = \alpha' - \frac{f(\alpha')}{f'(\alpha')}$$

eine noch bessere Näherung erhalten u. s. f.

Es bleiben hier aber noch folgende beiden Fragen zu beantworten:

1. Unter welchen Voraussetzungen ist α' wirklich ein besserer Werth als α?
2. Wie kann man den Grad der Genauigkeit schätzen, den man so erreicht?

Diese Fragen hat Fourier beantwortet; er macht aber dabei folgende Voraussetzung:

Es ist eine Wurzel von $f(x)$ in einem Intervall (α, β) eingeschlossen, das keine zweite Wurzel enthält.

In dem Intervall (α, β) ist $f'(x)$ von Null verschieden und $f''(x)$ auch von Null verschieden.

Was die letztere Voraussetzung betrifft, dass $f''(x)$ im Intervall von Null verschieden ist, so ist sie nur gemacht, um einfacher auszudrückende Bedingungen für die Anwendung der Methode zu erhalten. An sich ist ihre Brauchbarkeit bei genügender Einengung des Intervalles davon nicht abhängig. Wenn aber $f(x)$ und $f''(x)$ keinen gemeinsamen Theiler haben, also nicht zugleich verschwinden, so kann man die Fourier'sche Voraussetzung durch Einengung des Intervalles immer erfüllen, und wenn $f(x)$ und $f''(x)$ einen gemeinsamen Theiler haben, so kann man diesen zuvor absondern und dann auf die einzelnen Factoren von $f(x)$ die Näherungsmethoden anwenden.

Am einfachsten übersieht man die Verhältnisse in der Geometrie, wenn man $y = f(x)$ als Gleichung einer ebenen Curve in einem rechtwinkligen Coordinatensystem deutet.

Die Gleichung

$$y = f(\alpha) + (x - \alpha) f'(\alpha) \tag{3}$$

ist die Gleichung der Curventangente in dem Punkte $\alpha, f(\alpha)$

und die Newton'sche Näherungsmethode kommt also darauf hinaus, dass man die Curve in dem Intervall (α, β) in erster Annäherung durch die Tangente in einem der Endpunkte ersetzt, anstatt wie bei der Interpolationsmethode durch ihre Sehne.

Fig. 21.

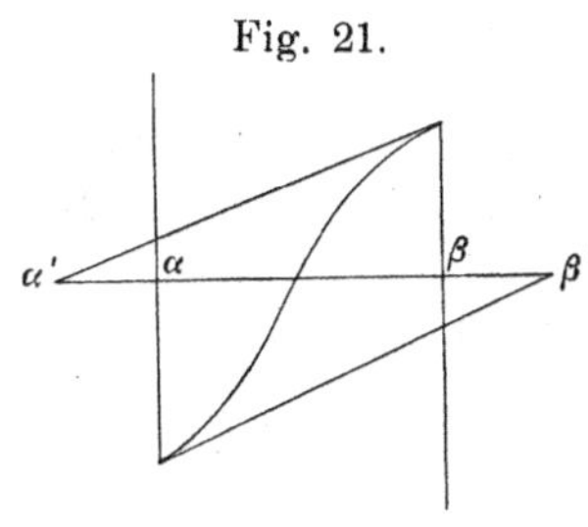

Fig. 22.

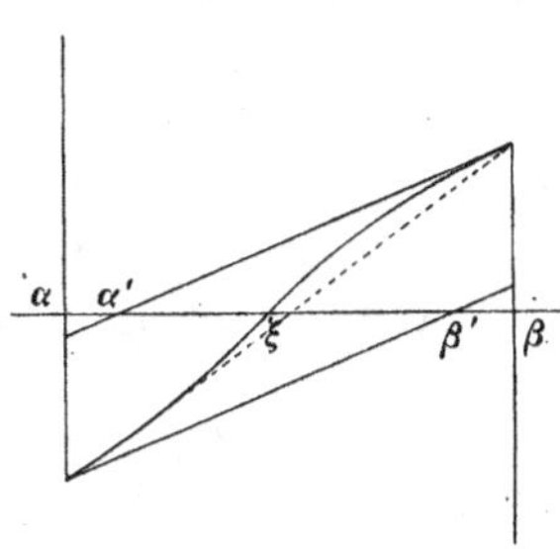

Wenn der zweite Differentialquotient in dem Intervall (α, β) verschwindet, also die Curve einen Wendepunkt hat, so kann der Fall eintreten, dass beide Endtangenten aus dem Intervall hinausführen; dann ist die Newton'sche Methode also nicht an-

Fig. 23.

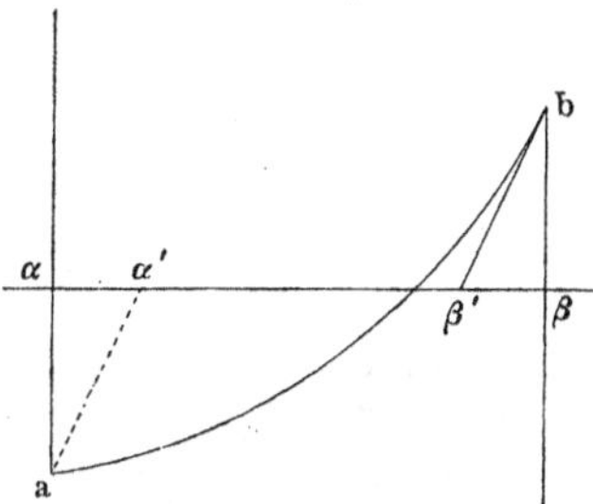

Fig. 24.

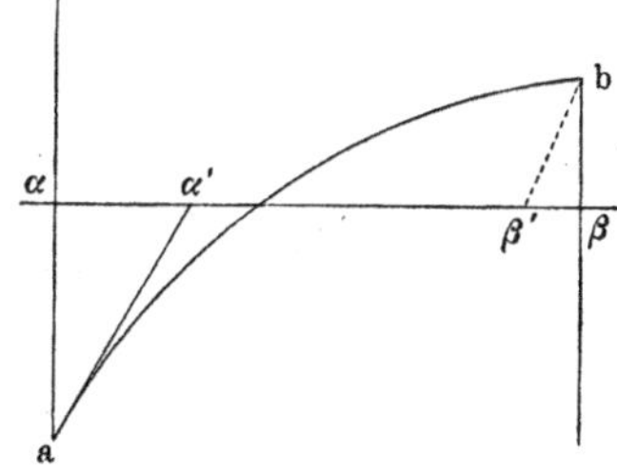

wendbar (Fig. 21). Es kann aber auch, wenn das Intervall (α, β) schon genügend eingeengt ist, der andere Fall eintreten, dass beide Tangenten nach inneren Punkten des Intervalles führen (Fig. 22). Indessen wird in diesen Fällen immer die Regula falsi eine bessere Annäherung geben.

Wir wollen aber jetzt annehmen, dass $f'(x)$ und $f''(x)$ in dem Intervall (α, β) nicht verschwinden. Dann ändert die Curve den Sinn ihrer Krümmung nicht, und dann hat gewiss immer eine der beiden Endtangenten ihren Schnittpunkt mit der x-Axe im Inneren des Intervalles. Dies trifft sicher zu, wenn die Tangente in dem Endpunkt des Intervalles genommen wird, in dem $f(x)$ und $f''(x)$ dasselbe Vorzeichen haben. Die beiden Fig. 23 und 24 veranschaulichen das Verhältniss bei positivem $f'(x)$ und positivem und negativem $f''(x)$.

Es ist also im ersten Falle β', im zweiten α' ein besserer Annäherungswerth, als β und α.

Will man gleichzeitig die andere Grenze verschieben, um ein neues engeres Intervall zu bekommen, so kann man nach Fourier von dem anderen Endpunkte, also im Falle der Fig. 23 in a die zu $b\beta'$ parallele gerade Linie ziehen, und erhält den Punkt α' als unteren Grenzpunkt des neuen Intervalles. Es ist dann im ersten Falle

$$\alpha' = \alpha - \frac{f(\alpha)}{f'(\beta)}, \quad \beta' = \beta - \frac{f(\beta)}{f'(\beta)},$$

im zweiten Falle

$$\alpha' = \alpha - \frac{f(\alpha)}{f'(\alpha)}, \quad \beta' = \beta - \frac{f(\beta)}{f'(\alpha)},$$

und (α', β') ist ein engeres Intervall, in dem die gesuchte Wurzel liegt.

Fig. 25.

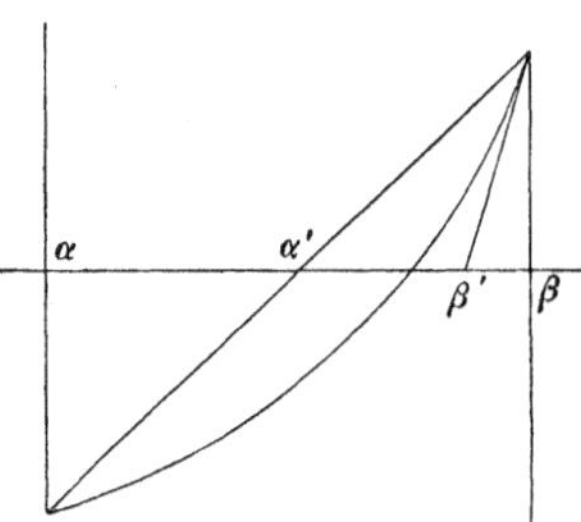

Es ist kaum nöthig, die beiden anderen Fälle, in denen $f'(x)$ im Intervall negativ ist, noch besonders zu betrachten.

Man kann aber auch, um zwei neue Grenzen zu erhalten, mit noch besserem Erfolge die Newton'sche Methode mit der Interpolationsmethode verbinden, wie die Fig. 25 zeigt.

Man erhält dann als die beiden neuen Grenzen:

$$\alpha' = \alpha - \frac{f(\alpha)(\beta - \alpha)}{f(\beta) - f(\alpha)} = \frac{\alpha f(\beta) - \beta f(\alpha)}{f(\beta) - f(\alpha)},$$

$$\beta' = \beta - \frac{f(\beta)}{f'(\beta)}.$$

Wir fassen die Resultate in folgendem Satze zusammen:

Ist ein Intervall (α, β) abgegrenzt, in dem $f(x)$ einmal, $f'(x)$ und $f''(x)$ gar nicht ihr Zeichen wechseln, und ist β der Endpunkt des Intervalles, in dem $f(\beta)$ und $f''(\beta)$ dasselbe Vorzeichen haben, gleichviel, ob β kleiner oder grösser als

α ist, so erhält man ein engeres Intervall (α', β') von denselben Eigenschaften, wenn man

(4) $$\alpha' = \alpha - \frac{f(\alpha)\,(\beta - \alpha)}{f(\beta) - f(\alpha)}, \quad \beta' = \beta - \frac{f(\beta)}{f'(\beta)}$$

setzt.

Um diese Resultate der geometrischen Anschauung analytisch zu beweisen, nehmen wir an, es sei im Intervall $f'(x)$ und $f''(x)$ positiv, also $\alpha < \beta$, und

$$f(\alpha) < 0, \quad f(\beta) > 0.$$

Wir beschränken uns auf die Betrachtung dieses einen Falles, da die drei anderen genau in derselben Weise zu behandeln sind.

Wir bilden die Function

$$\varphi(x) = \frac{f(\beta) - f(x)}{\beta - x}$$

und deren erste Derivirte

$$\varphi'(x) = \frac{-(\beta - x) f'(x) + f(\beta) - f(x)}{(\beta - x)^2}.$$

Der Zähler dieses Ausdruckes

$$\psi(x) = -(\beta - x) f'(x) + f(\beta) - f(x)$$

verschwindet für $x = \beta$, und seine Derivirte ist

$$\psi'(x) = -(\beta - x) f''(x),$$

also im Intervall negativ. Daraus folgt, dass $\psi(x)$ im Intervall mit wachsendem x abnimmt und daher, weil es für den grössten Werth $x = \beta$ verschwindet, positiv bleibt. Folglich ist auch $\varphi'(x)$ positiv und $\varphi(x)$ wächst im Intervall mit wachsendem x beständig. Wir haben demnach

(5) $$\frac{f(\beta) - f(\alpha)}{\beta - \alpha} < \frac{f(\beta) - f(x)}{\beta - x} < f'(\beta)$$

$$\alpha < x < \beta.$$

Setzen wir nun

$$\alpha' = \alpha - \frac{f(\alpha)\,(\beta - \alpha)}{f(\beta) - f(\alpha)}, \quad \beta' = \beta - \frac{f(\beta)}{f'(\beta)},$$

so wird

(6) $$\beta' - \alpha' = f(\beta) \left\{ \frac{\beta - \alpha}{f(\beta) - f(\alpha)} - \frac{1}{f'(\beta)} \right\},$$

und nach (5) folgt, dass diese Differenz positiv ist, also

$$\alpha < \alpha' < \beta' < \beta.$$

Setzt man dann in (5)

$$x = \alpha' \quad \text{und} \quad x = \beta'$$

und beachtet, dass

$$\beta - \alpha' = \frac{(\beta - \alpha) f(\beta)}{f(\beta) - f(\alpha)}, \quad \beta - \beta' = \frac{f(\beta)}{f'(\beta)},$$

so ergiebt sich

$$f(\alpha') < 0, \quad f(\beta') > 0.$$

Es ist also die gesuchte Wurzel zwischen α' und β' enthalten, und das Intervall (α', β') ist kleiner als (α, β).

Setzen wir in diesen Ausdrücken α', β' an Stelle von α, β, so erhalten wir ein neues, noch engeres Intervall u. s. f.

Was die Convergenz dieses Verfahrens betrifft, so können wir uns darüber folgendermaassen vergewissern. Wir setzen nach (6):

$$(7) \quad \frac{\beta' - \alpha'}{\beta - \alpha} = \Phi(\alpha, \beta) = \frac{f(\beta)\{f(\alpha) - f(\beta) + (\beta - \alpha) f'(\beta)\}}{(\beta - \alpha) f'(\beta)\{f(\beta) - f(\alpha)\}}.$$

Zähler und Nenner sind hier durch $(\beta - \alpha)^2$ theilbar, und wenn wir den gemeinsamen Factor $(\beta - \alpha)^2$ wegheben und ξ, η für α, β setzen, so erhalten wir einen Ausdruck von der Form

$$\Phi(\xi, \eta) = \frac{\psi_1(\xi, \eta)}{\psi_2(\xi, \eta)},$$

worin ψ_1 und ψ_2 ganze rationale Functionen der beiden Variablen ξ, η sind.

Ist x die im Intervall (α, β) gelegene Wurzel, so werden die beiden Functionen ψ_1 und ψ_2 nach unseren Voraussetzungen über $f(x)$ nicht gleich Null, wenn

$$(8) \quad \alpha \gtreqless \xi < x, \quad x < \eta \gtreqless \beta.$$

Die Function $\Phi(\xi, \eta)$ ist für $\xi = \alpha$, $\eta = \beta$, aber auch für jedes andere Werthpaar in dem Intervall (α, β), wofür $f(\xi)$ negativ, $f(\eta)$ positiv ist, kleiner als 1, da jedes solche Intervall (ξ, η) an Stelle von (α, β) genommen werden könnte.

Da nun $\Phi(\xi, \eta)$ eine stetige Function der beiden Veränderlichen ξ, η ist, so lange diese in dem Bereich (8) bleiben, so muss in diesem Bereich die Function $\Phi(\xi, \eta)$ einen Maximumwerth haben, und dieser muss kleiner als 1 sein, weil $\Phi(\xi, \eta)$ auch noch in den Grenzfällen $\xi = x$, $\eta = x$ kleiner als 1 bleibt.

Es lässt sich also ein positiver echter Bruch Θ angeben, so dass

$$\Phi(\xi, \eta) < \Theta$$

ist, so lange ξ, η dem Bereich (8) angehören. Dann folgt aus (7)

$$\beta' - \alpha' < (\beta - \alpha)\,\Theta.$$

Ebenso folgt, wenn wir auf dieselbe Weise von dem Intervall (α', β') zu einem engeren Intervall (α'', β'') fortschreiten,

$$\beta'' - \alpha'' < (\beta' - \alpha')\,\Theta',$$

worin Θ' dieselbe Bedeutung für α', β' hat, wie Θ für α, β. Da aber α', β' dem Bereich (8) angehören, so ist Θ' nicht grösser als Θ und statt Θ' kann auch Θ gesetzt werden. Es folgt also:

$$\beta'' - \alpha'' < (\beta - \alpha)\,\Theta^2,$$

und so schliessen wir weiter

$$\beta^{(\nu)} - \alpha^{(\nu)} < (\beta - \alpha)\,\Theta^{\nu}.$$

Die Intervalle nehmen also mindestens so stark ab, wie die Glieder einer fallenden geometrischen Progression.

Als Beispiel mag die Gleichung dienen:

$$x^3 - 2x^2 - 2 = 0,$$

die eine Wurzel zwischen

$$\alpha = 2{,}35 \quad \text{und} \quad \beta = 2{,}36$$

hat.

Man erhält aus den Formeln (4) für

$$\beta' = 2{,}35931\ldots, \quad \alpha' = 2{,}359298\ldots,$$

so dass ein in der vierten Decimale genauer Werth der Wurzel

2,3593

ist. Für diesen Werth selbst ist, wie eine genauere Rechnung ergiebt, $f(x)$ noch negativ, so dass er für α' genommen werden kann. Der nächste Schritt der Annäherung ergiebt

2,359304.

§. 110.

Die Näherungsmethode von Daniel Bernoulli und verwandte Methoden.

Die Methode zur genäherten Auflösung einer Gleichung, die von Daniel Bernoulli herrührt, beruht darauf, dass, wenn man eine Reihe reeller Grössen hat, die Potenzen der grössten unter ihnen um so mehr die gleich hohen Potenzen der übrigen überwiegen werden, je höher die Potenzen sind.

Sind $\alpha, \beta, \gamma \ldots$ beliebige reelle oder complexe Grössen, so jedoch, dass der absolute Werth von α grösser ist, als der absolute Werth aller übrigen, dass also die absoluten Werthe der Brüche $\beta:\alpha, \gamma:\alpha \ldots$ echte Brüche sind, so ist

$$(1) \quad \frac{\alpha^m + \beta^m + \gamma^m + \cdots}{\alpha^{m-1} + \beta^{m-1} + \gamma^{m-1} + \cdots} = \alpha \frac{1 + \left(\frac{\beta}{\alpha}\right)^m + \left(\frac{\gamma}{\alpha}\right)^m + \cdots}{1 + \left(\frac{\beta}{\alpha}\right)^{m-1} + \left(\frac{\gamma}{\alpha}\right)^{m-1} + \cdots},$$

und je grösser m wird, um so mehr wird sich dieser Ausdruck, wie die zweite Darstellung zeigt, der Grenze α nähern.

Sind $\alpha, \beta, \gamma \ldots$ die Wurzeln einer algebraischen Gleichung, so ist die linke Seite von (1) der Quotient der m^{ten} und $(m-1)^{\text{ten}}$ Potenzsumme, und wir erhalten also den Satz:

Der Quotient der m^{ten} und $(m-1)^{\text{ten}}$ Potenzsumme nähert sich mit wachsendem m der absolut grössten unter den Wurzeln.

Nimmt man m negativ an, und setzt α absolut kleiner als $\beta, \gamma \ldots$ voraus, so folgt auf die gleiche Weise:

Der Quotient der $-m^{\text{ten}}$ und $-(m+1)^{\text{ten}}$ Potenzsumme nähert sich mit wachsendem m der absolut kleinsten unter den Wurzeln.

Da man die Potenzsummen als symmetrische Functionen durch die Coëfficienten berechnen kann, so braucht man nur ein hinlänglich grosses m zu nehmen, um einen angenäherten Werth der absolut grössten und absolut kleinsten Wurzel zu erhalten.

Wenn aber unter den Wurzeln der Gleichung solche vorkommen, die denselben absoluten Werth haben, und dieser der grösste oder der kleinste ist, so ist diese Methode nicht anwendbar, also z. B. nicht auf reelle Gleichungen, bei denen ein Paar imaginärer Wurzeln vorkommt, das die reellen an absolutem Werth übertrifft.

Wenn aber die grösste Wurzel zwar einzeln vorkommt, aber die nächstfolgende nicht viel übertrifft, so wird das Verfahren nur langsam einige Genauigkeit geben.

Jacobi hat die Bernoulli'sche Methode nach einer Richtung ergänzt[1]).

[1]) Observatiunculae etc. Werke, Bd. 3, S. 280.

Nehmen wir an, es seien

$$x_1, x_2 \dots x_k$$

unter den Wurzeln $x_1, x_2 \dots x_n$ solche, deren absolute Werthe grösser sind, als die absoluten Werthe der folgenden $x_{k+1}, x_{k+2} \dots x_n$, und setzen

$$(2)\quad \begin{aligned} p_m &= x_1^m + x_2^m + \cdots + x_k^m \\ p_{m+1} &= x_1^{m+1} + x_2^{m+1} + \cdots + x_k^{m+1} \\ &\dots\dots\dots\dots \\ p_{m+k} &= x_1^{m+k} + x_2^{m+k} + \cdots + x_k^{m+k}, \end{aligned}$$

so werden, wenn wir

$$(3)\quad (x - x_1)(x - x_2)\dots(x - x_k) = x^k + A_1 x^{k-1} + \cdots + A_k$$

setzen, die Coëfficienten $A_1, A_2 \dots A_k$ den Gleichungen genügen

$$(4)\quad \begin{aligned} p_{m+k} + p_{m+k-1} A_1 + p_{m+k-2} A_2 + \cdots + p_m A_k &= 0 \\ p_{m+k+1} + p_{m+k} A_1 + p_{m+k-1} A_2 + \cdots + p_{m+1} A_k &= 0 \\ \dots\dots\dots\dots\dots\dots \\ p_{m+2k-1} + p_{m+2k-2} A_1 + p_{m+2k-3} A_2 + \cdots + p_{m+k-1} A_k &= 0. \end{aligned}$$

Wenn man den Gleichungen (4) noch die Gleichung

$$x^k + A_1 x^{k-1} + A_2 x^{k-2} + \cdots + A_k = 0$$

zugesellt und die $A_1, A_2 \dots A_k$ eliminirt, so ergiebt sich die Gleichung k^{ten} Grades

$$\begin{vmatrix} x^k, & x^{k-1}, & \dots 1 \\ p_{m+k}, & p_{m+k-1}, & \dots p_m \\ p_{m+k+1}, & p_{m+k}, & \dots p_{m+1} \\ \dots & \dots & \dots \\ p_{m+2k-1}, & p_{m+2k-2} & \dots p_{m+k-1} \end{vmatrix} = 0,$$

deren Wurzeln $x_1, x_2 \dots x_k$ sind. Die Grössen $p_m, p_{m+1} \dots$ können aber mit um so grösserer Genauigkeit durch die entsprechenden Potenzsummen aller Wurzeln ersetzt werden, je grösser m ist.

So bekommt man z. B. für $k = 2$:

$$x^2 + \frac{p_m p_{m+3} - p_{m+1} p_{m+2}}{p_{m+1}^2 - p_m p_{m+2}}\, x + \frac{p_{m+2}^2 - p_{m+1} p_{m+3}}{p_{m+1}^2 - p_m p_{m+2}} = 0,$$

eine Gleichung, die man anwenden kann, wenn bei einer reellen Gleichung ein Paar conjugirter Wurzeln den absolut grössten Werth haben.

Wenn man die Bernoulli'sche Methode auf die Summe der negativen Potenzen anwendet, so erhält man, wie schon bemerkt, eine Annäherung an die absolut kleinste Wurzel. Man kann aber, durch Verlegung des Anfangspunktes, jede Wurzel zur absolut kleinsten machen, wozu freilich die Kenntniss eines bis zu einem gewissen Grade genäherten Werthes nöthig ist.

Eine Formel, die für alle Fälle ausreicht, hat Fr. Meyer gegeben [1]). Es seien $\alpha_1, \alpha_2, \alpha_3 \ldots \alpha_n$ die Wurzeln der Gleichung $f(x) = 0$, die reell oder imaginär sein können. Man suche einen Punkt p in der x-Ebene, so dass sich um p als Mittelpunkt ein Kreis beschreiben lässt, der nur einen der Punkte $\alpha_1, \alpha_2 \ldots \alpha_n$ enthält, etwa den Punkt α_1, dass also die absoluten Werthe von

$$(5) \qquad \frac{p-\alpha_1}{p-\alpha_2}, \quad \frac{p-\alpha_1}{p-\alpha_3}, \ \ldots \ \frac{p-\alpha_1}{p-\alpha_n}$$

echte Brüche sind. Solche Punkte existiren immer; sie müssen nöthigenfalls nach der Sturm'schen Methode gefunden werden. Wählt man ausserdem noch eine beliebige Function $\varphi(x)$, die mit $f(x)$ keinen gemeinsamen Theiler hat, z. B. $\varphi(x) = 1$ und bildet die symmetrischen Functionen

$$(6) \quad y_m = \frac{\dfrac{\alpha_1 \varphi(\alpha_1)}{(p-\alpha_1)^m} + \dfrac{\alpha_2 \varphi(\alpha_2)}{(p-\alpha_2)^m} + \cdots + \dfrac{\alpha_n \varphi(\alpha_n)}{(p-\alpha_n)^m}}{\dfrac{\varphi(\alpha_1)}{(p-\alpha_1)^m} + \dfrac{\varphi(\alpha_2)}{(p-\alpha_2)^m} + \cdots + \dfrac{\varphi(\alpha_n)}{(p-\alpha_n)^m}},$$

so nähern sich diese mit wachsendem m der Grenze α_1, und zwar um so schneller, je kleiner die absoluten Werthe der Brüche (5) bereits sind.

Die Richtigkeit hiervon zeigt sich sofort, wenn man die Formel (6) in der Weise schreibt:

$$y_m = \frac{\alpha_1 \varphi(\alpha_1) + \alpha_2 \varphi(\alpha_2) \left(\dfrac{p-\alpha_1}{p-\alpha_2}\right)^m + \cdots + \alpha_m \varphi(\alpha_m) \left(\dfrac{p-\alpha_1}{p-\alpha_n}\right)^m}{\varphi(\alpha_1) + \varphi(\alpha_2) \left(\dfrac{p-\alpha_1}{p-\alpha_2}\right)^m + \cdots + \varphi(\alpha_m) \left(\dfrac{p-\alpha_1}{p-\alpha_n}\right)^m}.$$

§. 111.

Die Näherungsmethode von Gräffe.

Auf einem ähnlichen Gedanken, wie die Bernoulli'sche Näherung, beruht auch ein Verfahren, das von Gräffe an-

---

[1]) Mathematische Annalen, Bd. 33.

gegeben und von Encke weiter ausgebildet ist[1]), und das sich besonders zu einer praktischen Durchführung der numerischen Rechnungen eignet.

Sind, wie oben, $\alpha, \beta, \gamma \dots$ die Wurzeln einer Gleichung und ist α die absolut grösste unter ihnen, so dass keine der anderen der Wurzel α an absolutem Werth gleichkommt, so hat

$$(1) \qquad \sqrt[m]{\alpha^m + \beta^m + \gamma^m + \cdots}$$

mit unbegrenzt wachsendem m den Werth α zur Grenze; es ist sogar die Convergenz gegen α eine noch bessere, als bei dem im vorigen Paragraphen betrachteten Quotienten

$$\frac{\alpha^m + \beta^m + \gamma^m + \cdots}{\alpha^{m-1} + \beta^{m-1} + \gamma^{m-1} + \cdots},$$

wie man erkennt, wenn man nach dem verallgemeinerten binomischen Lehrsatz:

$$\sqrt[m]{\alpha^m + \beta^m + \gamma^m + \cdots} = \alpha \sqrt[m]{1 + \left(\frac{\beta}{\alpha}\right)^m + \left(\frac{\gamma}{\alpha}\right)^m + \cdots}$$
$$= \alpha \left[1 + \frac{1}{m}\left(\frac{\beta}{\alpha}\right)^m + \frac{1}{m}\left(\frac{\gamma}{\alpha}\right)^m + \cdots\right]$$

setzt.

Die absolut kleinste unter den Wurzeln erhält man nach demselben Princip als Grenzwerth von

$$(2) \qquad \frac{1}{\sqrt[m]{\frac{1}{\alpha^m} + \frac{1}{\beta^m} + \frac{1}{\gamma^m} + \cdots}},$$

und wenn p ein beliebiger Werth ist, so erhält man die dem Werth p am nächsten liegende Wurzel als Grenzwerth von

$$(3) \qquad p + \frac{1}{\sqrt[m]{\frac{1}{(\alpha - p)^m} + \frac{1}{(\beta - p)^m} + \cdots}}.$$

Wenn man die Gleichung $f(x)$ durch die Substitution

$$y = \frac{1}{x}, \qquad y = \frac{1}{x - p}$$

transformirt, so gehen die Ausdrücke (2), (3) aus dem Ausdruck (1) hervor, auf den wir uns daher jetzt beschränken wollen.

---

[1]) Crelle's Journal, Bd. 22 (1841).

Wendet man die Formel (1) auf eine reelle Gleichung an, so ist $\alpha^m + \beta^m + \gamma^m + \cdots$ eine reelle Zahl; und wenn die absolut grösste Wurzel α reell ist, so ist auch die m^{te} Wurzel reell zu nehmen. Ist aber m eine gerade Zahl, so muss man, um über das Vorzeichen zu entscheiden, noch wissen, ob α positiv oder negativ ist. Nöthigenfalls wird darüber durch Einsetzen des gefundenen Näherungswerthes in die gegebene Gleichung entschieden.

Ebenso wird man, wenn man die Formel (1) auf eine imaginäre Gleichung anwendet, entscheiden müssen, welche der verschiedenen m^{ten} Wurzeln die richtige Annäherung giebt.

Die Ausdrücke

$$s_m = \alpha^m + \beta^m + \gamma^m + \cdots$$

lassen sich besonders einfach dann berechnen, wenn man für m die auf einander folgenden Potenzen von 2, also $m = 2, 4, 8, 16\ldots$ setzt, und liefern dann sehr gute Resultate.

Es ist s_2 der negative Coëfficient der $(n-1)^{\text{ten}}$ Potenz der Unbekannten in der Gleichung, deren Wurzeln die Quadrate der Wurzeln von $f(x)$ sind. Diese Gleichung wird aber leicht auf folgende Weise gebildet.

Man fasse in $f(x)$ die Glieder mit geraden und mit ungeraden Potenzen von x zusammen und setze demnach

$$f(x) = \varphi(x^2) + x\,\psi(x^2).$$

Es ist dann

$$f_1(x) = \varphi(x)^2 - x\,\psi(x)^2 = 0$$

die Gleichung, deren Wurzeln die Quadrate der Wurzeln von $f(x)$ sind. Behandelt man $f_1(x)$ ebenso, so erhält man eine Gleichung, deren Wurzeln die vierten Potenzen der Wurzeln von $f(x)$ sind u. s. f.

Die Ausführung dieser Rechnung ist sehr einfach und führt meist nach wenigen Schritten zu einer guten Näherung.

Wir betrachten einige Beispiele.

Zunächst nehmen wir die Gleichung

$$x^3 - 2x - 2 = 0, \tag{4}$$

die eine reelle positive und zwei imaginäre Wurzeln hat. Die reelle Wurzel ist grösser als 1,7, und da das Product aller drei Wurzeln gleich 2 und $(1{,}7)^3 > 2$ ist, so ist der absolute Werth der beiden imaginären Wurzeln kleiner als die reelle Wurzel. Also ist die reelle Wurzel die absolut grösste und die Gräffe'-

sche Näherungsmethode muss auf sie führen. Man bekommt nun die Gleichungen, deren Wurzeln die zweite, vierte, achte ... Potenz der Gleichung (4) sind:

$$x^3 - 4x^2 + 4x - 4 = 0$$
$$x^3 - 8x^2 - 16x - 16 = 0$$
$$x^3 - 96x^2 - 16^2 = 0$$

und

$$x = \sqrt[8]{96} = 1{,}7692\ldots$$

ist bereits ein in den vier ersten Decimalen genauer Werth. Der nächste Schritt würde kein anderes Resultat ergeben (weil die erste Potenz der Unbekannten in der letzten Gleichung fehlt); aber der darauf folgende ergiebt den in der sechsten Decimale genauen Werth

$$x = \sqrt[32]{85032960} = 1{,}769293\ldots$$

Wir wollen noch ein zweites Beispiel einer Gleichung fünften Grades betrachten, das Gelegenheit bietet, mehrere der Sätze des vorigen Paragraphen anzuwenden. Das Beispiel ist, wie die früheren, der Theorie der complexen Multiplication der elliptischen Functionen entnommen. Es ist die Gleichung fünften Grades

$$(5) \qquad x^5 - x^3 - 2x^2 - 2x - 1 = 0.$$

Wir leiten daraus die Gleichung ab, deren Wurzeln die Quadrate der Wurzeln von (5) sind, indem wir in

$$(x^5 - x^3 - 2x)^2 - (2x^2 + 1)^2 = 0$$

x^2 durch x ersetzen. Dies giebt

$$(6) \qquad x^5 - 2x^4 - 3x^3 - 1 = 0,$$

und wenn wir dasselbe Verfahren zunächst noch zweimal anwenden, so erhalten wir die Gleichungen, deren Wurzeln die vierten und achten Potenzen der Wurzeln von (5) sind:

$$(7) \qquad x^5 - 10x^4 + 9x^3 - 4x^2 - 1 = 0,$$
$$(8) \qquad x^5 - 82x^4 + x^3 - 36x^2 - 8x - 1 = 0.$$

Die letzte dieser Gleichungen eignet sich zur Discussion. Sie hat nach dem Cartesischen Lehrsatz (§. 101) wenigstens eine positive Wurzel.

Wenn wir für die Gleichung (8) die in dem Newton'schen Kriterium (§. 101) vorkommenden Functionen

$$1,\quad 4\,a_1^2 - 10\,a_0\,a_2,\quad 6\,a_2^2 - 12\,a_1\,a_3$$
$$6\,a_3^2 - 12\,a_2\,a_4,\quad 4\,a_4^2 - 10\,a_3\,a_5,\quad 1$$

bilden, so erhalten wir die Vorzeichen

$$+ \quad + \quad - \quad + \quad - \quad +$$

und (8) hat also nach §. 101, Lehrsatz VIII vier imaginäre Wurzeln. Die positive Wurzel ist jedenfalls grösser als 1, da die linke Seite von (8) für $x = 0$ und $x = 1$ negativ ist.

Um nun zu entscheiden, welche der Wurzeln den grössten absoluten Werth hat, wollen wir in (8) $x = 1 : z$ setzen und dann nach §. 96, 97 untersuchen, wie viele Wurzeln im Inneren des Einheitskreises in der z-Ebene liegen. Setzen wir also in

$$z^5 + 8\,z^4 + 36\,z^3 - z^2 + 82\,z - 1$$

$z = \cos\vartheta + i \sin\vartheta$, so erhalten wir den reellen und imaginären Theil:

$$\varphi = \cos 5\,\vartheta + 8 \cos 4\,\vartheta + 36 \cos 3\,\vartheta - \cos 2\,\vartheta + 82 \cos\vartheta - 1$$
$$\psi = \sin 5\,\vartheta + 8 \sin 4\,\vartheta + 36 \sin 3\,\vartheta - \sin 2\,\vartheta + 82 \sin\vartheta.$$

Es lässt sich nun zeigen, dass ψ positiv ist, wenn $0 < \vartheta < \pi$ und folglich negativ, wenn $0 > \vartheta > -\pi$, dass also der Einheitskreis in zwei Segmente getheilt ist, in denen ψ entgegengesetzte Vorzeichen hat. Daraus folgt nach §. 96, dass im Inneren des Kreises nur eine Wurzel liegen kann, und dies ist die reelle Wurzel, während die imaginären Wurzeln ausserhalb liegen. Es folgt dann daraus für die Gleichung (8), dass die reelle Wurzel den grössten absoluten Werth hat, und dass also dieser durch die Gräffe'sche Methode gefunden wird.

Um nun diese Eigenschaft der Function ψ nachzuweisen, setzen wir $2 \cos\vartheta = \xi$, und wenden die goniometrischen Formeln an:

$$\sin 5\,\vartheta = \sin\vartheta\,(\xi^4 - 3\,\xi^2 + 1)$$
$$\sin 4\,\vartheta = \sin\vartheta\,(\xi^3 - 2\,\xi)$$
$$\sin 3\,\vartheta = \sin\vartheta\,(\xi^2 - 1)$$
$$\sin 2\,\vartheta = \sin\vartheta\,\xi.$$

Dadurch erhalten wir

$$\psi = \sin\vartheta\,[\xi^4 + \xi^2\,(8\,\xi + 33) + (47 - 17\,\xi)],$$

woraus man sofort sieht, dass der Factor von $\sin\vartheta$ positiv bleibt, so lange ξ zwischen -2 und $+2$ liegt.

Die Gleichung (8) giebt nun selbst schon einen ziemlich guten Näherungswerth für die reelle Wurzel

$$x = \sqrt[8]{82} = 1,73471.$$

Ein genauerer Werth, den man erhält, wenn man noch zwei Schritte weiter geht, ist 1,73469, der in der fünften Decimale noch richtig ist.

Eine Einschliessung der gesuchten Wurzel in zwei Grenzen giebt diese Methode nicht. Das Kennzeichen, ob ein genügender Grad von Genauigkeit erreicht ist, besteht darin, dass, wenn s_μ, $s_{\mu'}$ zwei auf einander folgende, zur Berechnung benutzte Potenzsummen der Wurzeln sind, diese sich mit genügender Genauigkeit verhalten, wie die μ^{te} zur μ'^{ten} Potenz einer Grösse, oder dass annähernd

$$\mu \log s_{\mu'} - \mu' \log s_\mu = 0$$

ist. Man muss aber diese Prüfung bei mehreren auf einander folgenden Gliedern vornehmen, da in besonderen Fällen diese Relation scheinbar erfüllt sein kann und bei der späteren Rechnung wieder aufhört.

§. 112.

Trigonometrische Auflösung cubischer Gleichungen.

Wir besprechen nun noch einige auf Gleichungen von speciellen Formen anwendbare Methoden der numerischen Auflösung. Das Ziel dieser Methoden ist, die allgemein verbreiteten Tafeln der trigonometrischen Functionen und der Logarithmen für die Auflösung von Gleichungen nutzbar zu machen. Wir wenden uns zunächst zur Betrachtung der cubischen Gleichungen, die wir immer in der reducirten Form

$$(1) \qquad x^3 + ax + b = 0$$

annehmen, worin a und b reelle Zahlen sind. Da die Vertauschung von x mit $-x$ gleichbedeutend ist mit der Vertauschung von b mit $-b$, so können wir uns auf die Annahme beschränken, dass b negativ sei, und es bleiben dann noch drei verschiedene Fälle zu betrachten. Wir setzen $b = -g$ und, je nachdem a positiv oder negativ ist, $a = \pm e$. Dann haben wir

$$\text{a)}\quad x^3 + ex - g = 0$$

$$\text{b)}\quad x^3 - ex - g = 0, \qquad \frac{e^3}{27} < \frac{g^2}{4}$$

$$\text{c)}\quad x^3 - ex - g = 0, \qquad \frac{e^3}{27} > \frac{g^2}{4}.$$

Die Grenzfälle, dass eine der Grössen e, g, $4\,e^3 - 27\,g^2$ verschwindet, schliessen wir aus.

Um die Cardanische Formel anzuwenden (§. 35), setzen wir

$$R = \frac{g^2}{4} \pm \frac{e^3}{27}, \tag{2}$$

wo das obere Zeichen im Falle a), das untere in den Fällen b) und c) gilt. In den Fällen a) und b) ist nur eine Wurzel reell, in dem Falle c) (dem Casus irreducibilis) sind alle drei Wurzeln reell. Die Cardanische Formel giebt

$$x = \sqrt[3]{\frac{g}{2} + \sqrt{R}} + \sqrt[3]{\frac{g}{2} - \sqrt{R}}. \tag{3}$$

Wir verfahren nun so in den drei Fällen:

a) Wir führen einen Winkel ϑ ein, den wir zwischen 0^0 und 90^0 wählen können, durch die Gleichung:

$$\frac{g}{2} = \sqrt{\frac{e^3}{27}} \operatorname{cotg} \vartheta, \tag{4}$$

also

$$\sqrt{R} = \sqrt{\frac{e^3}{27}} \frac{1}{\sin\vartheta},$$

$$x = \sqrt{\frac{e}{3}} \left(\sqrt[3]{\operatorname{cotg}\vartheta + \frac{1}{\sin\vartheta}} + \sqrt[3]{\operatorname{cotg}\vartheta - \frac{1}{\sin\vartheta}} \right)$$

$$= \sqrt{\frac{e}{3}} \left(\sqrt[3]{\operatorname{cotg}\frac{\vartheta}{2}} - \sqrt[3]{\operatorname{tg}\frac{\vartheta}{2}} \right),$$

und wenn wir noch einen Winkel φ aus

$$\operatorname{tg}\frac{\vartheta}{2} = \operatorname{tg}\varphi^3 \tag{5}$$

bestimmen, so ergiebt sich

$$x = 2\sqrt{\frac{e}{3}} \operatorname{cotg} 2\,\varphi. \tag{6}$$

Die Winkel ϑ, φ und zuletzt x findet man aus den logarithmisch trigonometrischen Tafeln nach den Formeln (4), (5), (6).

Um die imaginären Wurzeln zu erhalten, ersetzt man $\operatorname{tg}\varphi$ durch $\varrho \operatorname{tg}\varphi$, wenn ϱ eine imaginäre dritte Einheitswurzel bedeutet.

b) Im zweiten Falle bestimmen wir den Winkel ϑ, gleichfalls im ersten Quadranten, aus

$$\frac{g}{2} = \sqrt{\frac{e^3}{27}}\,\frac{1}{\sin\vartheta} \tag{7}$$

$$\sqrt{R} = \sqrt{\frac{e^3}{27}}\operatorname{cotg}\vartheta$$

$$x = \sqrt{\frac{e}{3}}\left(\sqrt[3]{\operatorname{cotg}\frac{\vartheta}{2}} + \sqrt[3]{\operatorname{tg}\frac{\vartheta}{2}}\right),$$

$$\operatorname{tg}\frac{\vartheta}{2} = \operatorname{tg}\varphi^3, \tag{8}$$

$$x = 2\sqrt{\frac{e}{3}}\,\frac{1}{\sin 2\varphi}. \tag{9}$$

c) Im letzten Falle endlich, wo drei reelle Wurzeln vorhanden sind, setzen wir

$$\frac{g}{2} = \sqrt{\frac{e^3}{27}}\cos\vartheta \tag{10}$$

$$\sqrt{R} = i\sqrt{\frac{e^3}{27}}\sin\vartheta$$

$$x = \sqrt{\frac{e}{3}}\left(\sqrt[3]{\cos\vartheta + i\sin\vartheta} + \sqrt[3]{\cos\vartheta - i\sin\vartheta}\right),$$

oder nach dem Moivre'schen Satze:

$$x = 2\sqrt{\frac{e}{3}}\cos\frac{1}{3}\vartheta. \tag{11}$$

Nimmt man ϑ wieder im ersten Quadranten, so erhält man für die beiden anderen gleichfalls reellen Wurzeln

$$-2\sqrt{\frac{e}{3}}\cos\frac{\pi+\vartheta}{3}, \quad -2\sqrt{\frac{e}{3}}\cos\frac{\pi-\vartheta}{3}.$$

Alle diese Formeln sind für die logarithmische Rechnung eingerichtet.

§. 113.

Die Gauss'sche Methode der Auflösung trinomischer Gleichungen.

Gauss hat eine Methode angegeben, um die Wurzeln einer Gleichung, die nur drei Glieder enthält, in einfacher Weise numerisch aufzulösen. Solche Gleichungen kommen häufig vor und umfassen als Specialfälle alle quadratischen und die reducirten cubischen Gleichungen.

Es wird zunächst von einer solchen Gleichung, deren allgemeine Form

$$(1) \qquad x^{m+n} + a x^m + b = 0$$

ist, nur die positive Wurzel, wenn sie existirt, gesucht. Die etwaige negative ergiebt sich, wenn man x durch $-x$ ersetzt.

Nach den Vorzeichen von a, b hat man drei Fälle zu unterscheiden, da, wenn beide Vorzeichen positiv sind, keine positive Wurzel vorhanden ist. Wir betrachten also, indem wir mit e und g positive Zahlen bezeichnen, die drei Fälle:

$$\begin{aligned} &\text{a)} \quad x^{m+n} + e x^m - g = 0, \\ &\text{b)} \quad x^{m+n} - e x^m - g = 0, \\ &\text{c)} \quad x^{m+n} - e x^m + g = 0. \end{aligned}$$

In den beiden ersten Fällen haben wir nach dem Cartesischen Lehrsatz je eine positive Wurzel, im dritten können zwei oder keine positive Wurzel vorhanden sein.

Wir setzen nun mit Gauss

$$\lambda = \frac{g^n}{e^{m+n}},$$

und suchen die drei Gleichungen a), b), c) durch passende Substitutionen auf die Form:

$$\sin^2 \Theta + \cos^2 \Theta = 1$$

zurückzuführen. Wir setzen:

$$(2) \quad \begin{aligned} &\text{a)} \quad \frac{x^{m+n}}{g} = \sin \Theta^2, \quad \frac{e x^m}{g} = \cos \Theta^2, \quad \lambda = \frac{\sin \Theta^{2m}}{\cos \Theta^{2m+2n}}, \\ &\text{b)} \quad g x^{-m-n} = \sin \Theta^2, \quad e x^{-n} = \cos \Theta^2, \quad \lambda = \frac{\sin \Theta^{2n}}{\cos \Theta^{2m+2n}}, \\ &\text{c)} \quad \frac{x^n}{e} = \sin \Theta^2, \quad \frac{g x^{-m}}{e} = \cos \Theta^2, \quad \lambda = \sin \Theta^{2m} \cos \Theta^{2n}. \end{aligned}$$

Die letzte Gleichung ergiebt die Unterscheidung der beiden Fälle, in denen die Gleichung c) zwei oder keine positive Wurzel hat.

Man erhält nämlich für das Maximum von $\sin \Theta^{2m} \cos \Theta^{2n}$ nach den Regeln der Differentialrechnung

$$\frac{m^m n^n}{(m+n)^{m+n}},$$

das für $\operatorname{tg} \Theta^2 = m : n$ erreicht wird. Wenn also λ unter dieser Grenze liegt, so haben wir in c) zwei reelle Wurzeln, sonst keine. In den Formeln (2) ist λ eine gegebene Grösse, und man hat nun aus den Tafeln den Winkel Θ zu suchen, der diesen Gleichungen genügt. Wenn man noch gar keine Kenntniss über die ungefähre Lage dieses Winkels hat, so ist es zweckmässig, für die erste Annäherung eine etwa von Grad zu Grad fortschreitende, auf zwei Decimalen abgekürzte Tafel zu benutzen, um den so gefundenen Werth mit Hülfe genauerer Tafeln zu verbessern.

Gauss benutzt nicht die trigonometrischen Tafeln, sondern die von ihm zuerst eingeführten Additions- und Subtractions-Logarithmen. Wir wollen dies an einem der Fälle in der Kürze zeigen. Die Einzelheiten für die praktische Anwendung der Methode sind in der Gauss'schen Abhandlung zu suchen [1]).

Die Tafeln der Additions- und Subtractions-Logarithmen, wie sie zuerst von Gauss eingeführt und berechnet sind, und wie sie sich jetzt auch in den gebräuchlichen Tabellenwerken finden, geben zu drei Zahlen, die grösser als 1 sind:

$$a, \quad b = 1 + \frac{1}{a}, \quad c = 1 + a,$$

die Brigg'schen Logarithmen:

$$A, \quad B, \quad C.$$

Ist Θ ein Winkel im ersten Octanten, so kann man setzen:

$$(3) \qquad a = \operatorname{cotg} \Theta^2, \quad b = \frac{1}{\cos \Theta^2}, \quad c = \frac{1}{\sin \Theta^2}, \quad 0 < \Theta < 45^0,$$

und wenn Θ im zweiten Octanten liegt:

$$(4) \qquad a = \operatorname{tg} \Theta^2, \quad b = \frac{1}{\sin \Theta^2}, \quad c = \frac{1}{\cos \Theta^2}, \quad 45^0 < \Theta < 90^0.$$

[1]) Beiträge zur Theorie der algebraischen Gleichungen, zweite Abtheilung (1849). Gauss Werke, Bd. III, S. 85.

Wir wollen dies auf den Fall b) anwenden; dabei ist zu unterscheiden, ob λ kleiner oder grösser als 2^m ist, weil davon abhängt, ob Θ im ersten oder zweiten Octanten liegt. Es sind also wieder zwei Fälle zu unterscheiden:

$$\alpha) \quad \lambda < 2^m,$$

$$\lambda = \frac{b^m}{a^n} = \frac{c^m}{a^{m+n}} = \frac{b^{m+n}}{c^n},$$

$$x^{m+n} = g\,c, \quad x^n = e\,b, \quad x^m = \frac{g\,a}{e}. \tag{5}$$

$$\beta) \quad \lambda > 2^m,$$

$$\lambda = a^{m+n}\,b^m = a^n\,c^m = \frac{c^{m+n}}{b^n},$$

$$x^{m+n} = g\,b, \quad x^n = e\,c, \quad x^m = \frac{g}{e\,a}.$$

Im Falle α) würde man also

$$\log\lambda = m\,B - n\,A \tag{6}$$

setzen und danach aus der Tafel die zusammengehörigen Werthe von A und B aufsuchen. Hat man diese gefunden, so ergiebt sich

$$m\log x = A + \log g - \log e. \tag{7}$$

Um den Gebrauch dieser Formeln an einem Beispiel zu erläutern, wollen wir die Gleichung betrachten:

$$x^3 - 2x - 2 = 0,$$

also $e = g = 2$, $m = 1$, $n = 2$, $\lambda = \frac{1}{2}$ setzen. Die Formel (6) giebt also

$$2A - B = 0{,}3010300 \tag{8}$$

und (7)

$$\log x = A. \tag{9}$$

Um den ersten Näherungswerth von A zu finden, benutzt man einen kleinen Auszug aus der Tafel:

$$\left|\begin{array}{ll} A = 0, & B = 0{,}301 \\ A = 0{,}1, & B = 0{,}254 \\ A = 0{,}2, & B = 0{,}212 \\ A = 0{,}3, & B = 0{,}176 \end{array}\right|.$$

Es ergiebt sich daraus:

A	$2A - B$	Fehler
0,2	0,188	$-0{,}113$
0,3	0,424	$+0{,}123$

Man kann hierauf die Interpolationsmethode anwenden, um einen genaueren Werth von A zu erhalten, indem man den Gesammtfehler von 0,236 nach Verhältniss der Theilfehler auf beide Werthe von A vertheilt, also

$$A = 0,2 + \frac{0,1}{0,236}\, 0,113 = 0,247\ldots$$

setzt.

Mit Hülfe einer siebenstelligen Tafel von Zach erhält man nun:

A	B	$2A - B$	Fehler
0,247	0,1948581	0,2991419	— 0,0018881
0,248	0,1944969	0,3015031	+ 0,0004731

und durch abermalige Anwendung der Interpolation

$$A = 0,2477996$$

odre

$$x = 1,769292.$$

§. 114.

Berechnung der imaginären Wurzeln einer trinomischen Gleichung.

Gauss hat auch für die Berechnung der imaginären Wurzeln einer trinomischen Gleichung ein Verfahren angegeben, das wir hier noch kurz besprechen wollen. Wir machen die Annahme reeller Coëfficienten, obwohl die Methode auch auf den allgemeinen Fall anwendbar ist. Wir wollen die Gleichung in die Form setzen:

(1) $$x^{m+n} - e\,x^m - g = 0,$$

brauchen uns aber hier nicht auf positive Werthe von e und g zu beschränken.

Wir setzen

$$x = r\,e^{i\vartheta}$$

und erhalten, indem wir den imaginären Theil in (1) für sich Null setzen,

(2) $$r^n = \frac{e \sin m\vartheta}{\sin(n+m)\vartheta};$$

solcher Gleichungen erhalten wir aber noch zwei, wenn wir (1) mit x^{-m} und mit x^{-m-n} multipliciren. Dies giebt

$$(3) \qquad r^{n+m} = \frac{-g \sin m \vartheta}{\sin n \vartheta},$$

$$(4) \qquad r^{m} = \frac{-g \sin (n+m) \vartheta}{e \sin n \vartheta},$$

und von diesen drei Gleichungen folgt jede aus den beiden anderen. Wenn man r aus zwei von ihnen eliminirt, so ergiebt sich, wenn, wie oben

$$\lambda = \frac{g^n}{e^{n+m}}$$

gesetzt wird,

$$(5) \qquad \lambda = (-1)^n \frac{\sin n \vartheta^n \sin m \vartheta^m}{\sin (n+m) \vartheta^{n+m}}.$$

Man kann, da man von den beiden conjugirten Wurzeln nur die eine zu berechnen braucht, ϑ auf den ersten Quadranten beschränken, muss aber dann unter Umständen auch r negativ annehmen.

Wie man nun aus der Formel (5) mittelst der trigonometrischen Tafeln den Winkel ϑ und dann aus einer der drei Formeln (2), (3), (4) den zugehörigen Werth von r berechnet, das wollen wir nun an dem vorhin betrachteten Beispiel

$$x^3 - 2x - 2 = 0$$

noch nachweisen.

Hier wird die Gleichung (5)

$$(6) \qquad \frac{1}{2} = \frac{\sin 2 \vartheta^2 \sin \vartheta}{\sin 3 \vartheta^3},$$

oder

$$(7) \qquad 3 \log \sin 3 \vartheta - 2 \log \sin 2 \vartheta - \log \sin \vartheta = 0{,}3010300,$$

woraus zunächst ersichtlich ist, dass der Winkel ϑ in dem Intervall von 0 bis 60^0 liegt. Man findet zunächst nach wenigen Versuchen, dass ϑ zwischen 33^0 und 34^0 liegt, und wenn man dann für diese beiden Werthe die Differenz

$$(8) \qquad 3 \log \sin 3 \vartheta - 2 \log \sin 2 \vartheta - \log \sin \vartheta - 0{,}3010300$$

berechnet, so erhält man zunächst auf drei Decimalen

$$0{,}026, \qquad -0{,}013,$$

und hieraus ergiebt sich durch Interpolation der genauere Werth

$$\vartheta = 33^0\,40'.$$

Hierauf berechnet man die Differenz (8) mit etwas grösserer Genauigkeit, etwa auf fünf Stellen für einige Winkel in der Nähe der Werthe $30^0\ 40'$, von Minute zu Minute fortschreitend, und findet aus der Vorzeichenänderung, dass ϑ zwischen

$$33^0\,41' \text{ und } 33^0\,42'$$

liegt. Wenn man nun für diese beiden Werthe die Rechnung auf sieben Stellen durchführt, so ergiebt sich wieder durch Interpolation der genauere Werth

$$\vartheta = 33^0 \quad 41' \quad 20{,}6''.$$

Aus den Formeln (3) oder (4) sieht man, dass hier r negativ ist, und man erhält r sehr einfach aus einer dieser Gleichungen. Man findet die Brigg'schen Logarithmen:

$$\log(-r) = 0{,}0266148$$

$$\log\cos\vartheta = 9{,}9201547 - 10$$

$$\log\sin\vartheta = 9{,}7440458 - 10.$$

Also sind die beiden imaginären Wurzeln:

$$-\ 0{,}884646 \pm 0{,}589740\, i.$$

Elfter Abschnitt.

Kettenbrüche.

---

§. 115.

Verwandlung rationaler Brüche in Kettenbrüche.

Wenn man eine natürliche Zahl m durch eine andere n nach den gewöhnlichen Regeln dividirt, so erhält man einen Quotienten und einen Rest, der positiv und kleiner als der Divisor n ist. Bedeutet a den Quotienten und r den Rest, so ist

(1) $$m = an + r.$$

Alle Zahlen $m, m', m'' \ldots$, die denselben Rest geben, heissen restgleich oder congruent nach dem Modul n, und man drückt dies nach Gauss durch das Zeichen aus:

(2) $$m \equiv m' \pmod{n}.$$

Eine solche Formel wird eine Congruenz genannt.

Wenn wir also das System der Zahlen

$$r = 0, 1, 2 \ldots n - 1$$

betrachten, so ist jede beliebige (positive oder negative) ganze Zahl m einer und nur einer von diesen Zahlen nach dem Modul n congruent. Dieselbe Eigenschaft hat aber auch jedes System von Zahlen

$$s = m_0, m_1, m_2 \ldots m_{n-1},$$

die so ausgewählt sind, dass unter ihren Resten alle Zahlen r (und jede nur einmal) vorkommt. Es ist dann jede beliebige Zahl m einer und nur einer der Zahlen s nach dem Modul n

congruent. Ein solches Zahlensystem wollen wir ein **volles Restsystem** für den Modul n nennen. Ein solches volles Restsystem bilden z. B. bei ungeradem n die Zahlen

$$\varrho = \frac{-n+1}{2}, \quad \frac{-n+3}{2} \cdots -1, 0, 1, 2 \cdots \frac{n-1}{2}.$$

Die Zahlen r heissen die **kleinsten** (oder **kleinsten positiven**) **Reste**, die Zahlen ϱ die **absolut kleinsten Reste**.

Um nun die in (1) angedeutete Division fortzusetzen, wollen wir m, n, r durch m, m_1, m_2 bezeichnen, und dann wieder den Quotienten und den Rest der Division von m_1 durch m_2 mit a_1, m_3 u. s. f. Setzen wir ausserdem noch a_0 für a, so ergiebt sich eine Reihe von Gleichungen:

$$(3) \qquad \begin{aligned} m &= a_0 \, m_1 + m_2 \\ m_1 &= a_1 \, m_2 + m_3 \\ m_2 &= a_2 \, m_3 + m_4 \\ &\cdots\cdots\cdots \\ m_{\nu-1} &= a_{\nu-1} m_\nu + m_{\nu+1}, \end{aligned}$$

die sich so lange fortsetzen lässt, als keiner der Reste verschwindet, d. h. so lange, als keine der Divisionen aufgeht. Weil aber

$$m_1 > m_2 > m_3 > \cdots$$

ist, so muss, da es nur eine endliche Anzahl von positiven Zahlen giebt, die kleiner als m_1 sind, nach einer endlichen Anzahl von Theilungen die Division aufgehen. Wenn m_ν durch $m_{\nu+1}$ theilbar ist, so ist $m_{\nu+1}$ **der grösste gemeinschaftliche Theiler von m und m_1.**

Denn $m_{\nu+1}$ ist dann nach den Gleichungen (3) Theiler aller vorausgehenden m_μ, und umgekehrt ist jeder gemeinsame Theiler zweier benachbarter m_μ auch Theiler aller folgenden, also auch von $m_{\nu+1}$.

Wenn daher m und m_1 ausser 1 keinen gemeinsamen Theiler haben (wenn sie also **theilerfremd** oder **relativ prim** sind), so muss $m_{\nu+1} = 1$ sein, und wir können die Gleichungen (3) so darstellen:

$$(4) \qquad \frac{m}{m_1} = a_0 + \frac{m_2}{m_1},$$

$$\frac{m_1}{m_2} = a_1 + \frac{m_3}{m_2}, \cdots \frac{m_{\nu-1}}{m_\nu} = a_{\nu-1} + \frac{1}{m_\nu}.$$

Dies giebt die Entwickelung des Bruches $m : m_1$ oder $m : n$ in einen Kettenbruch. Wir erhalten successive

$$(5) \qquad \frac{m}{n} = a_0 + \cfrac{1}{\cfrac{m_1}{m_2}}, \quad \frac{m}{n} = a_0 + \cfrac{1}{a_1 + \cfrac{1}{\cfrac{m_2}{m_3}}} \cdots,$$

und endlich

$$(6) \qquad \frac{m}{n} = a_0 + \cfrac{1}{a_1 + \cfrac{1}{a_2 + \cfrac{\ddots}{+ \cfrac{1}{a_{\nu-1} + \cfrac{1}{m_\nu}}}}},$$

wofür wir, des bequemeren Druckes wegen, auch

$$(7) \qquad \begin{aligned} \frac{m}{n} &= \left(a_0, \frac{m_1}{m_2}\right), \quad \frac{m}{n} = \left(a_0, a_1, \frac{m_2}{m_3}\right) \\ \frac{m}{n} &= (a_0, a_1, a_2 \ldots a_{\nu-1}, m_\nu) \end{aligned}$$

setzen.

Hierzu ist noch Folgendes zu bemerken: Jeder positive rationale Bruch lässt sich in die Form $m : n$ setzen, so dass m und n relativ prim sind, und daher können wir jeden solchen Bruch in einen Kettenbruch von der Form (6) oder (7) entwickeln. Auch für negative rationale Brüche gilt dies, wenn wir für die Zahl a_0 auch negative Werthe zulassen. Die $a_1, a_2 \ldots a_{\nu-1}, m_\nu$ sind aber auch dann positive ganze Zahlen. Diese Zahlen sind vollkommen und unzweideutig bestimmt. Nur in einer Beziehung steht uns noch eine Willkür offen.

Es ist nämlich nach der bis jetzt getroffenen Bestimmung der letzte der Theilnenner m_ν grösser als 1, da wir angenommen haben, dass $m_{\nu+1}$ der erste unter den Resten sein sollte, der gleich 1 ist. Demnach können wir, wenn a_ν eine positive ganze Zahl ist, entweder

$$m_\nu = a_\nu,$$

oder

$$m_\nu = a_\nu + \tfrac{1}{1}$$

setzen und erhalten daher die zwei Darstellungen durch Kettenbrüche:

$$(8) \qquad \frac{m}{n} = (a_0, a_1, a_2 \ldots a_\nu)$$
$$= (a_0, a_1, a_2 \ldots a_\nu, 1).$$

I. Es lässt sich also jeder rationale Bruch in einen Kettenbruch entwickeln, der nach Belieben eine gerade oder eine ungerade Anzahl von Theilnennern hat.

Die in den Formeln (5) vorkommenden Zahlen

$$\frac{m_1}{m_2}, \quad \frac{m_2}{m_3}, \quad \frac{m_3}{m_4} \ldots,$$

nennen wir die Schlusszahlen des Kettenbruches, die Zahlen a_0, a_1, a_2 ... sollen die Theilnenner heissen (obwohl a_0 nicht eigentlich als Nenner auftritt).

Ersetzen wir m durch eine nach dem Modul n congruente Zahl m', so unterscheiden sich die beiden Brüche $m : n$ und $m' : n$ nur um eine ganze Zahl; die Kettenbruchentwickelungen unterscheiden sich also nur in ihren ersten Gliedern a_0.

§. 116.

Kettenbruchentwickelung irrationaler Zahlen.

Wenn x eine reelle irrationale Zahl ist, so wird es immer eine und nur eine ganze Zahl a_0 geben, so dass x zwischen a_0 und $a_0 + 1$ liegt. a_0 ist positiv, wenn x grösser als 1 ist, Null, wenn x ein positiver echter Bruch ist, und negativ, wenn x negativ ist. Setzen wir also

$$x = a_0 + \frac{1}{x_1},$$

so ist x_1 ein positiver unechter Bruch, also wenn a_1 die zunächst unter x_1 gelegene ganze Zahl ist, a_1 positiv. Wir setzen

$$x_1 = a_1 + \frac{1}{x_2},$$
$$x_2 = a_2 + \frac{1}{x_3},$$
$$\cdots\cdots\cdots$$
$$x_{n-1} = a_{n-1} + \frac{1}{x_n},$$

so dass $x_1, x_2 \ldots x_n$ positive unechte Brüche, $a_1, a_2 \ldots a_{n-1}$ ganze positive Zahlen sind.

Nach der Bezeichnung des vorigen Paragraphen ist also x gleich dem Kettenbruch

$$(a_0, a_1, a_2 \ldots a_{n-1}, x_n).$$

Diese Kettenbruchentwickelung lässt sich aber, wenn x irrational ist, unbegrenzt fortsetzen, d. h. wir können n beliebig gross annehmen. Es entsteht der folgende aus dem vorangehenden dadurch, dass man

$$x_n = a_n + \frac{1}{x_{n+1}}$$

setzt. Auch hier nennen wir die ganzen Zahlen $a_0, a_1, a_2 \ldots a_{n-1}$ die Theilnenner, x_n die Schlusszahl.

Die Kettenbruchentwickelung der rationalen Zahlen ist als Specialfall darin enthalten. Der Kettenbruch kann (nach Satz I.) höchstens um ein Glied fortgesetzt werden, wenn die Schlusszahl eine ganze Zahl ist.

§. 117.

Die Näherungsbrüche.

Wenn wir einen Kettenbruch

(1) $$x = (a_0, a_1, a_2 \ldots a_{n-1}, x_n),$$

worin wir x_n als eine variable Grösse ansehen können, in einen gewöhnlichen Bruch verwandeln, so erhalten wir im Zähler und im Nenner einen linearen Ausdruck in x_n. Es wird also

(2) $$x = \frac{P_n x_n + P_{n-1}}{Q_n x_n + Q_{n-1}},$$

worin $P_n, Q_n, P_{n-1}, Q_{n-1}$ ganze rationale Functionen der $a_0, a_1, a_2 \ldots a_{n-1}$ sind. Dass dies richtig ist, ergiebt sich für die ersten Werthe $n = 1, 2 \ldots$ durch unmittelbare Rechnung:

$$x = a_0 + \frac{1}{x_1} = \frac{a_0 x_1 + 1}{x_1}$$

$$= a_0 + \cfrac{1}{a_1 + \cfrac{1}{x_2}} = \frac{(a_0 a_1 + 1) x_2 + a_0}{a_1 x_2 + 1}.$$

Wenn wir die Formel (2) für n schon als bewiesen voraussetzen, so erhalten wir, wenn wir

$$x_n = a_n + \frac{1}{x_{n+1}}$$

setzen:

$$x = \frac{(P_n a_n + P_{n-1}) x_{n+1} + P_n}{(Q_n a_n + Q_{n-1}) x_{n+1} + Q_n}.$$

Das ist aber die Formel, die sich aus (2) durch Vertauschung von n mit $n+1$ ergiebt, wenn wir das folgende Bildungsgesetz für die P_n, Q_n annehmen:

$$\begin{aligned} P_{n+1} &= a_n P_n + P_{n-1} \\ Q_{n+1} &= a_n Q_n + Q_{n-1}. \end{aligned} \tag{3}$$

Diese Formeln bestimmen vollständig die P_n, Q_n für $n = 2, 3, 4 \ldots$, wenn wir noch die Bestimmung hinzufügen:

$$\begin{aligned} P_0 &= 1, \quad & P_1 &= a_0, \\ Q_0 &= 0, \quad & Q_1 &= 1. \end{aligned} \tag{4}$$

Die Brüche

$$\frac{P_0}{Q_0}, \ \frac{P_1}{Q_1}, \ \frac{P_2}{Q_2} \ldots,$$

von denen der erste mit dem Nenner Null nur formell, der Uebereinstimmung wegen, eingeführt ist, heissen die Näherungsbrüche des Kettenbruches (1), P_n der Zähler und Q_n der Nenner des n^{ten} Näherungsbruches.

Das Bildungsgesetz (3) zeigt, dass, wenn die a ganze Zahlen sind, auch P_n und Q_n ganze Zahlen sind. Sind die Theilnenner von a_1 an positiv, so sind die Nenner $Q_1, Q_2, Q_3 \ldots$ alle positiv und wachsen mit n, und zwar, da es ganze Zahlen sind, ins Unendliche. Nur in dem besonderen Falle, wo $a_1 = 1$ ist, ist $Q_1 = Q_2 = 1$ und das Wachsen beginnt erst von Q_3 an, und wir können also den Satz formuliren:

II. Sind Q_{n-1}, Q_n die Nenner von zwei auf einander folgenden Näherungsbrüchen, so ist

$$0 \leqq Q_{n-1} \leqq Q_n, \quad Q_n = \infty \text{ für } n = \infty,$$

wo die Gleichheit mit der unteren Grenze 0 nur bei $n = 1$, mit der oberen Grenze Q_n nur bei $n = 2$ vorkommen kann.

Die $P_1, P_2, P_3 \ldots$ sind, wenn a_0 positiv ist, gleichfalls alle positiv, wenn a_0 negativ ist, so sind sie alle negativ, mit etwaiger Ausnahme von $P_2 = a_0 a_1 + 1$, was gleich Null sein kann. Die Q_n sind von a_0 ganz unabhängig. In welcher Weise die P_n von a_0 abhängen, können wir auf folgende Art erkennen.

Nehmen wir die Zahlenreihe

$$a_1,\ a_2,\ a_3,\ a_4 \ldots$$

als gegeben an und betrachten die Recursionsformel

$$T_{n+1} = a_n T_n + T_{n-1}, \tag{5}$$

so ist dadurch T_n vollständig für alle n bestimmt, wenn T_0 und T_1 gegeben sind.

Nehmen wir zwei specielle Fälle Q_n und R_n, die durch die Bedingungen

$$\begin{matrix} R_0 = 1, & R_1 = 0 \\ Q_0 = 0, & Q_1 = 1 \end{matrix} \tag{6}$$

bestimmt sind, so erhält man die allgemeine Lösung der Gleichung (5) in der Form

$$T_n = T_0 R_n + T_1 Q_n \tag{7}$$

und hierin ist also auch

$$P_n = R_n + a_0 Q_n \tag{8}$$

enthalten. Wenn wir zwei Lösungen von (5) betrachten, T_n und S_n, also:

$$T_{n+1} = a_n T_n + T_{n-1}$$
$$S_{n+1} = a_n S_n + S_{n-1},$$

so folgt durch Elimination von a_n

$$T_{n+1} S_n - T_n S_{n+1} = -(T_n S_{n-1} - T_{n-1} S_n),$$

oder wenn wir

$$T_n S_{n+1} - S_n T_{n+1} = \Delta_n$$

setzen,

$$\Delta_n = -\Delta_{n-1} = \Delta_{n-2} = \cdots = (-1)^n \Delta_0. \tag{9}$$

Für $T_n = R_n$ und $S_n = Q_n$ ist aber $\Delta_0 = 1$, [nach (6)], also nach (9)

$$R_n Q_{n+1} - Q_n R_{n+1} = (-1)^n,$$

oder, indem man n in $n - 1$ verwandelt und das Zeichen umkehrt:

$$R_n Q_{n-1} - Q_n R_{n-1} = (-1)^n. \tag{10}$$

Wendet man dies auf zwei Functionen T_n, S_n an, die durch

$$T_n = T_0 R_n + T_1 Q_n, \quad S_n = S_0 R_n + S_1 Q_n$$

definirt sind, so folgt

$$T_n S_{n-1} - S_n T_{n-1} = (-1)^n (T_0 S_1 - T_1 S_0),$$

also im Besonderen

(11) $$P_n Q_{n-1} - Q_n P_{n-1} = (-1)^n.$$

Diese Formel, von der wir noch mannigfache Anwendung machen werden, zeigt, dass die Zahlen P_n, Q_n ohne gemeinsamen Theiler sind, dass also die Näherungsbrüche $P_n : Q_n$ nicht durch Heben reducirt werden können.

Ist der Kettenbruch ein endlicher, ist also die Schlusszahl $x_{n-1} = a_{n-1}$ eine ganze Zahl, so setzen wir die Bildung der Näherungsbrüche nicht weiter fort als bis zu

$$\frac{P_n}{Q_n} = \frac{P_{n-1} a_{n-1} + P_{n-2}}{Q_{n-1} a_{n-1} + Q_{n-2}},$$

und die Formel (2) zeigt, dass dann also der letzte Näherungsbruch mit dem Werthe des Kettenbruches übereinstimmt.

§. 118.

Lösung unbestimmter Gleichungen mit zwei Unbekannten.

Die zuletzt gefundenen Formeln führen zur Lösung einer Aufgabe, die in vielen Anwendungen vorkommt:

Es seien α, β zwei gegebene ganze Zahlen ohne gemeinsamen Theiler, es sollen zwei andere ganze Zahlen gefunden werden, die der Bedingung genügen:

(1) $$\alpha y - \beta x = 1.$$

Diese Aufgabe hat, wenn sie überhaupt lösbar ist, unendlich viele Lösungen, die alle aus einer von ihnen abgeleitet werden können.

Ist nämlich x_0, y_0 eine Lösung, also

(2) $$\alpha y_0 - \beta x_0 = 1,$$

so folgt durch Subtraction von (1) und (2)

$$\alpha (y - y_0) = \beta (x - x_0),$$

woraus zu schliessen ist, da α mit β keinen gemeinsamen Theiler hat, dass $x - x_0$ durch α theilbar ist; setzen wir demnach, indem wir mit h eine willkürliche ganze Zahl bezeichnen,

$$x = x_0 + h\alpha,$$

so folgt:

$$y = y_0 + h\beta,$$

und in dieser Form sind alle Lösungen von (1) enthalten.

Wir brauchen also nur noch eine Lösung von (1) zu suchen, die wir immer auf folgende Weise erhalten. Wir setzen β als positiv voraus, was die Allgemeinheit nicht wesentlich beschränkt, da wir eventuell x in $-x$ verwandeln können, und entwickeln nach §. 115 die rationale Zahl $\alpha : \beta$ in einen Kettenbruch:

$$\frac{\alpha}{\beta} = (a_0, a_1, a_2 \ldots a_{n-1}).$$

Hiervon bilden wir die Näherungsbrüche

$$\frac{P_0}{Q_0}, \frac{P_1}{Q_1}, \frac{P_2}{Q_2} \cdots \frac{P_{n-1}}{Q_{n-1}}, \frac{P_n}{Q_n},$$

so dass

$$\frac{\alpha}{\beta} = \frac{P_n}{Q_n}.$$

Da aber α, β sowohl als P_n, Q_n ohne gemeinsamen Theiler sind, und da β und Q_n positiv sind, so folgt

$$\alpha = P_n, \quad \beta = Q_n.$$

Da nun ferner nach §. 117

$$P_n Q_{n-1} - Q_n P_{n-1} = (-1)^n$$

ist, so folgt, dass

(3) $$x = (-1)^n P_{n-1}, \quad y = (-1)^n Q_{n-1}$$

ganze Zahlen sind, die der Gleichung (1) genügen, womit also die Aufgabe vollständig gelöst ist.

Die Rechnung ist bei mässig grossen Zahlen ziemlich einfach.

Setzen wir z. B. $\alpha = 24335$, $\beta = 3588$, so erhalten wir zunächst nach §. 115 den Kettenbruch:

$$\frac{24335}{3588} = (6, 1, 3, 1, 1, 2, 6, 2, 1, 1, 4),$$

und die Näherungsbrüche

$$\frac{1}{0}, \frac{6}{1}, \frac{7}{1}, \frac{27}{4}, \frac{34}{5}, \frac{61}{9}, \frac{156}{23}, \frac{997}{147}, \frac{2150}{317}, \frac{3147}{464},$$

$$\frac{5297}{781}, \frac{24335}{3588},$$

und da hier $n = 11$, also ungerade ist, so hat man zu setzen:

$$x = -5297, \quad y = -781.$$

Dies sind die absolut kleinsten Werthe von x, y, die der Gleichung (1) genügen.

Die kleinste positive Lösung erhält man daraus, wenn man α und β dazu addirt, also

$$x = 19038, \quad y = 2807.$$

Hierauf wird auch die Lösung der allgemeineren Gleichung

(4) $$\alpha y - \beta x = \gamma$$

in ganzen Zahlen x, y zurückgeführt.

Zunächst ist klar, dass, wenn (4) überhaupt lösbar sein soll, jeder gemeinsame Theiler von α und β auch Theiler von γ sein muss. Ein solcher gemeinsamer Theiler wird dann durch Division weggeschafft. Wir nehmen also auch hier an, dass α und β keinen gemeinsamen Theiler haben. Dann folgt ebenso wie oben, dass alle Lösungen von (4) aus einer von ihnen, x_0, y_0, erhalten werden in der Form

$$x = x_0 + h\alpha, \quad y = y_0 + h\beta,$$

worin h eine unbestimmte ganze Zahl ist. Setzt man dann in (4)

$$x = \gamma\xi, \quad y = \gamma\eta,$$

und theilt durch γ, so geht (4) über in

$$\alpha\eta - \beta\xi = 1,$$

also in eine Gleichung von der Form (1).

Die Lösung wird zu einer völlig bestimmten, wenn noch eine Bedingung gegeben ist, aus der h bestimmt werden kann, z. B. die, dass y zwischen 0 und β liegen soll, mit Einschluss der einen der beiden Grenzen. Wir wollen dies in folgendem Lehrsatz zusammenfassen:

III. Die unbestimmte Gleichung

$$\alpha y - \beta x = \gamma$$

hat, wenn α, β, γ ganze Zahlen und α und β ohne gemeinsamen Theiler sind, immer eine ganzzahlige Lösung x, y und nur eine, wenn noch die Bedingung

$$0 \leqq y < \beta,$$

oder

$$0 < y \leqq \beta$$

hinzukommt.

Nach dem oben Bemerkten giebt es aber auch immer Lösungen der Gleichung (4), wenn γ durch den grössten gemeinschaftlichen Theiler von α und β theilbar ist. Insbesondere können wir den Satz aussprechen: Der grösste gemeinschaftliche Theiler δ zweier Zahlen α, β lässt sich in der Form

$$\alpha x - \beta y = \delta$$

darstellen, worin x, y ganze Zahlen sind.

Das Theorem III lässt sich in folgender Weise verallgemeinern:

> Sind $\alpha_1, \alpha_2, \alpha_3 \ldots$ gegebene ganze Zahlen in beliebiger Anzahl, ohne einen allen gemeinsamen Theiler, m eine beliebig gegebene Zahl, so lassen sich immer die ganzen Zahlen $x_1, x_2, x_3 \ldots$ so bestimmen, dass
>
> (5) $$m = \alpha_1 x_1 + \alpha_2 x_2 + \alpha_3 x_3 + \cdots$$
>
> wird.

Besteht die rechte Seite von (5) nur aus zwei Gliedern, so fällt dieser Satz mit dem Theorem III zusammen. Nehmen wir also die Möglichkeit, eine Formel (5) zu befriedigen, als bewiesen an, wenn die rechte Seite aus weniger Gliedern besteht, so können wir, wenn δ der grösste gemeinschaftliche Theiler von $\alpha_2, \alpha_3 \ldots$ ist, da δ relativ prim zu α_1 sein muss, die beiden Gleichungen:

$$\delta = \alpha_2 y_2 + \alpha_3 y_3 + \cdots$$
$$m = \alpha_1 x_1 + \delta x$$

durch ganzzahlige $x, x_1, y_2, y_3 \ldots$ befriedigen. Dann ist aber die Gleichung (5) durch

$$x_1, \quad x_2 = x y_2, \quad x_3 = x y_3 \ldots$$

befriedigt.

Das durch den Satz III gelöste Problem wird in der Zahlentheorie auch so ausgedrückt: Sind α, β, γ gegebene Zahlen, so soll eine Zahl y gefunden werden, die der Congruenz

$$\alpha y \equiv \gamma \pmod{\beta}$$

genügt. Diese Aufgabe hat also immer eine Lösung, wenn γ durch den grössten gemeinschaftlichen Theiler von α und β theilbar ist.

§. 119.

Convergenz der Näherungsbrüche.

Wir nehmen jetzt an, dass die Reihe der Zahlen $a_1, a_2, a_3 \ldots$ eine unbegrenzte sei, und bilden die Differenz zweier auf einander folgender Näherungsbrüche:

$$(1) \qquad \frac{P_n}{Q_n} - \frac{P_{n-1}}{Q_{n-1}} = \frac{(-1)^n}{Q_n Q_{n-1}}.$$

Diese Differenz hat also bei geradem n das positive, bei ungeradem n das negative Zeichen und nimmt, dem absoluten Werthe nach, mit unendlich wachsendem n unbegrenzt ab. Bilden wir noch aus (1):

$$(2) \qquad \begin{aligned} \frac{P_n}{Q_n} - \frac{P_{n-2}}{Q_{n-2}} &= \frac{(-1)^n}{Q_n Q_{n-1}} + \frac{(-1)^{n+1}}{Q_{n-1} Q_{n-2}} \\ &= \frac{(-1)^n}{Q_{n-1}} \left(\frac{1}{Q_n} - \frac{1}{Q_{n-2}}\right), \end{aligned}$$

so folgt, da $Q_{n-2} < Q_n$ ist, dass diese Differenz bei geradem n negativ, bei ungeradem n positiv ist.

Hieraus folgt, dass die Reihe der Näherungsbrüche mit geradem Index

$$(3) \qquad \frac{P_2}{Q_2}, \frac{P_4}{Q_4}, \frac{P_6}{Q_6} \cdots$$

eine abnehmende, die Reihe der Näherungsbrüche mit ungeradem Index

$$(4) \qquad \frac{P_1}{Q_1}, \frac{P_3}{Q_3}, \frac{P_5}{Q_5} \cdots$$

eine zunehmende ist.

Nun ist nach §. 117

$$x = \frac{P_n x_n + P_{n-1}}{Q_n x_n + Q_{n-1}},$$

also

$$(5) \qquad \frac{P_n}{Q_n} - x = \frac{(-1)^n}{Q_n(Q_n x_n + Q_{n-1})},$$

und da Q_n, Q_{n-1}, x_n positiv sind, so sind alle Zahlen der Reihe (3) grösser als x, alle Zahlen der Reihe (4) kleiner als x.

Der Unterschied (5) sinkt mit unendlich wachsendem n unter jede Grenze und ist, da $x_n > a_n$, also $Q_n x_n + Q_{n-1} > Q_{n+1}$ ist, dem absoluten Werth nach kleiner als

$$\frac{1}{Q_n\, Q_{n+1}} \tag{6}$$

und um so mehr kleiner als $1 : Q_n^2$.

Die Zahlen der Reihe (3) nähern sich also abnehmend, die der Reihe (4) zunehmend der Grenze x. Der Ausdruck (6) giebt ein Maass für den Fehler, den man begeht, wenn man x durch den Näherungsbruch $P_n : Q_n$ ersetzt.

Die Näherungsbrüche sind also angenäherte Ausdrücke von Irrationalzahlen durch rationale Brüche.

Dass diese Näherungsbrüche bei gleichem Grade der Annäherung an die Irrationalzahl x die möglichst einfachen sind, das wird durch folgenden Satz ausgedrückt:

IV. Es lässt sich zwischen den zwei rationalen Brüchen

$$\frac{P_n}{Q_n}, \quad \frac{P_{n-1}}{Q_{n-1}}$$

kein anderer rationaler Bruch einschieben, dessen Nenner kleiner als Q_n oder auch nur gleich Q_n ist.

Angenommen, es liege der rationale Bruch $M : N$ zwischen den Näherungsbrüchen $P_n : Q_n$ und $P_{n-1} : Q_{n-1}$. Dann ist die Differenz

$$\frac{P_n}{Q_n} - \frac{P_{n-1}}{Q_{n-1}}$$

absolut grösser und vom selben Vorzeichen wie

$$\frac{M}{N} - \frac{P_{n-1}}{Q_{n-1}},$$

also

$$(-1)^n \left(\frac{P_n}{Q_n} - \frac{P_{n-1}}{Q_{n-1}}\right) > (-1)^n \left(\frac{M}{N} - \frac{P_{n-1}}{Q_{n-1}}\right).$$

Multiplicirt man beiderseits mit $N Q_{n-1}$, so folgt nach (1)

$$\frac{N}{Q_n} > (-1)^n (M Q_{n-1} - N P_{n-1}),$$

und da rechts eine positive ganze Zahl steht, die also mindestens gleich 1 ist, so folgt

$$N > Q_n.$$

§. 120.

Aequivalente Zahlen.

Die Kettenbrüche führen uns auf die Betrachtung einer besonderen Art von linearen Substitutionen, die in der Algebra und Zahlentheorie überhaupt eine grosse Bedeutung haben, und die wir etwas näher betrachten wollen.

Sind x und y zwei Zahlen oder auch veränderliche Grössen, die in der Abhängigkeit von einander stehen

$$(1) \qquad y = \frac{\alpha x + \beta}{\gamma x + \delta},$$

worin α, β, γ, δ ganze Zahlen sind, die der Bedingung

$$(2) \qquad \alpha \delta - \beta \gamma = \varepsilon = \pm 1$$

genügen, so nennen wir x und y mit einander äquivalent[1]). Wir nennen sie eigentlich oder uneigentlich äquivalent, je nachdem $\varepsilon = +1$ oder $\varepsilon = -1$ ist. Diese Beziehung ist eine gegenseitige, denn aus (1) folgt

$$(3) \qquad x = \frac{\delta y - \beta}{-\gamma y + \alpha}.$$

Wenn zwei Grössen mit einer dritten äquivalent sind, so sind sie auch mit einander äquivalent.

Denn ist

$$(4) \qquad x = \frac{\alpha' z + \beta'}{\gamma' z + \delta'},$$

so folgt aus (1)

$$(5) \qquad y = \frac{\alpha'' z + \beta''}{\gamma'' z + \delta''},$$

wenn

$$(6) \qquad \begin{aligned} \alpha'' &= \alpha \alpha' + \beta \gamma', & \beta'' &= \alpha \beta' + \beta \delta', \\ \gamma'' &= \gamma \alpha' + \delta \gamma', & \delta'' &= \gamma \beta' + \delta \delta', \end{aligned}$$

$$(7) \qquad \alpha'' \delta'' - \beta'' \gamma'' = (\alpha \delta - \beta \gamma)(\alpha' \delta' - \beta' \gamma'),$$

oder

$$(8) \qquad \varepsilon'' = \varepsilon \varepsilon'.$$

---

1) Vgl. Dedekind, Schreiben an Herrn Borchardt über die Theorie der elliptischen Modulfunctionen. Crelle's Journal, Bd. 83 (1877).

Die Substitution (5) heisst aus (1) und (4) zusammengesetzt.

Es macht sich das Bedürfniss nach einer abgekürzten Bezeichnung dieser Substitutionen geltend. Da es häufig nicht auf die Variablen, sondern nur auf die Substitutionszahlen α, β, γ, δ ankommt, so bezeichnet man die ganze Substitution (1) durch die Substitutionszahlen oder auch nur durch einen einfachen Buchstaben

$$S = \begin{pmatrix} \alpha, & \beta \\ \gamma, & \delta \end{pmatrix}, \tag{9}$$

und schreibt dann, wenn es nöthig ist, die Gleichung (1) so:

$$y = S(x) = \begin{pmatrix} \alpha, & \beta \\ \gamma, & \delta \end{pmatrix} (x).$$

Die Zusammensetzung zweier Substitutionen bezeichnet man durch Nebeneinandersetzen der Zeichen, wobei aber auf die Reihenfolge zu achten ist, also

$$\begin{pmatrix} \alpha, & \beta \\ \gamma, & \delta \end{pmatrix} \begin{pmatrix} \alpha', & \beta' \\ \gamma', & \delta' \end{pmatrix} = \begin{pmatrix} \alpha'', & \beta'' \\ \gamma'', & \delta'' \end{pmatrix}, \tag{10}$$

oder

$$S S' = S''. \tag{11}$$

Die Formeln (6) enthalten die Vorschrift, nach der eine zusammengesetzte Substitution zu bilden ist. Man kann sie aus der Multiplicationsregel der Determinanten ableiten, muss aber beachten, dass im ersten Factor nach Zeilen, im zweiten nach Colonnen summirt werden muss, wie eben die Formeln (6) zeigen.

Ebenso wie man zwei Substitutionen zusammensetzt, kann man auch die Zusammensetzung von mehreren bilden:

$$S S_1 S_2 S_3 \ldots$$

Bei der Bildung der zusammengesetzten Substitution dürfen, im Allgemeinen wenigstens, die Componenten nicht vertauscht werden; wohl aber kann man nach Belieben zwei benachbarte zu einer zusammenfassen, dann wieder zwei u. s. f., d. h. es gilt zwar nicht das commutative, wohl aber das associative Gesetz.

Dies folgt unmittelbar daraus, dass, wenn x durch x_1, x_1 durch x_2, x_2 durch x_3 ausgedrückt ist, der Ausdruck von x durch x_3 entweder dadurch gefunden werden kann, dass man zuerst x_1 in x durch x_2 und dann x_2 durch x_3 ausdrückt, oder dass man zuerst x_1 durch x_3 ausdrückt und dies in dem Ausdruck von x durch x_1 einsetzt.

Nach (8) ist eine zusammengesetzte Aequivalenz eine eigentliche oder uneigentliche, je nachdem sich unter den Componenten eine gerade oder eine ungerade Zahl von uneigentlichen findet.

Wenn man die beiden Substitutionen

$$(12) \qquad \begin{pmatrix}\alpha, & \beta\\ \gamma, & \delta\end{pmatrix}, \quad \begin{pmatrix}\varepsilon\delta, & -\varepsilon\beta\\ -\varepsilon\gamma, & \varepsilon\alpha\end{pmatrix}$$

zusammensetzt, so erhält man, gleichviel welche von beiden man an die erste Stelle setzt,

$$(13) \qquad \begin{pmatrix}1, & 0\\ 0, & 1\end{pmatrix}.$$

Diese Substitution ist nach (1) gleichbedeutend mit $y = x$; sie ändert nichts und wird die identische Substitution genannt und wohl auch kurz durch (1) bezeichnet. Demnach nennt man die beiden Substitutionen (12) zu einander reciprok und bezeichnet sie mit

$$S, \; S^{-1},$$

oder man setzt

$$(14) \qquad \begin{pmatrix}\varepsilon\delta, & -\varepsilon\beta\\ -\varepsilon\gamma, & \varepsilon\alpha\end{pmatrix} = \begin{pmatrix}\alpha, & \beta\\ \gamma, & \delta\end{pmatrix}^{-1}.$$

Durch die Zusammensetzung mit der identischen Substitution (13) bleibt jede andere Substitution ungeändert.

Wir leiten hieraus sehr einfach den Beweis des Satzes ab:

V. Alle rationalen Zahlen sind unter einander äquivalent, und zwar sowohl eigentlich als uneigentlich.

Sind nämlich $m : n$ und $m' : n'$ zwei rationale Brüche und m und n sowohl als m' und n' ohne gemeinsamen Theiler, so können wir, wenn ε, ε' nach Belieben ± 1 sind, die Zahlen μ, ν und μ', ν' nach §. 118 so bestimmen, dass

$$m\nu - n\mu = \varepsilon, \qquad m'\nu' - n'\mu' = \varepsilon'$$

wird, dass also

$$M = \begin{pmatrix}m, & \mu\\ n, & \nu\end{pmatrix}, \quad M' = \begin{pmatrix}m', & \mu'\\ n', & \nu'\end{pmatrix}$$

zwei lineare Substitutionen sind. Es ist dann auch

$$M M'^{-1} = \begin{pmatrix}\alpha, & \beta\\ \gamma, & \delta\end{pmatrix}$$

eine lineare Substitution, und

$$\begin{pmatrix} m, \mu \\ n, \nu \end{pmatrix} = \begin{pmatrix} \alpha, \beta \\ \gamma, \delta \end{pmatrix} \begin{pmatrix} m', \mu' \\ n', \nu' \end{pmatrix},$$

woraus folgt:

$$m = \alpha m' + \beta n', \quad n = \gamma m' + \delta n',$$

also

$$\frac{m}{n} = \frac{\alpha \frac{m'}{n'} + \beta}{\gamma \frac{m'}{n'} + \delta},$$

was zu beweisen war. Die Aequivalenz ist eine eigentliche oder eine uneigentliche, je nachdem $\varepsilon = \varepsilon'$ oder $\varepsilon = -\varepsilon'$ ist.

Jede Zahl ist mit ihrer entgegengesetzten und mit ihrer reciproken uneigentlich äquivalent, denn es ist

$$-x = \begin{pmatrix} -1, 0 \\ 0, 1 \end{pmatrix} (x), \quad \frac{1}{x} = \begin{pmatrix} 0, 1 \\ 1, 0 \end{pmatrix} (x).$$

§. 121.

Entwickelung äquivalenter Zahlen in Kettenbrüchen.

Wenn von zwei äquivalenten Zahlen die eine irrational ist, so ist es die andere auch, und wenn die eine reell ist, so ist es auch die andere. Wir machen diese beiden Annahmen, setzen also in

(1) $$y = \frac{\alpha x + \beta}{\gamma x + \delta}, \quad \alpha\delta - \beta\gamma = \varepsilon$$

x als irrational und reell voraus, und wollen nun untersuchen, wie sich aus der Kettenbruchentwickelung von x die Kettenbruchentwickelung von y herleiten lässt.

Es sei also x in einen Kettenbruch mit der Schlusszahl x_n entwickelt:

(2) $$x = (a_0, a_1, a_2 \ldots a_{n-1}, x_n),$$

worin wir n vorläufig unbestimmt lassen.

Durch die Näherungsbrüche ausgedrückt, wird

(3) $$x = \frac{P_n x_n + P_{n-1}}{Q_n x_n + Q_{n-1}}, \quad P_n Q_{n-1} - Q_n P_{n-1} = (-1)^n.$$

Wenn wir dies in (1) substituiren, so folgt

$$(4)\qquad y = \begin{pmatrix}\alpha, \beta\\ \gamma, \delta\end{pmatrix}\begin{pmatrix}P_n, P_{n-1}\\ Q_n, Q_{n-1}\end{pmatrix}(x_n) = \begin{pmatrix}R_n, R_{n-1}\\ S_n, S_{n-1}\end{pmatrix}(x_n),$$

worin nach §. 120, (10) und (6), (7)

$$(5)\qquad \begin{array}{ll} R_n = \alpha P_n + \beta Q_n, & R_{n-1} = \alpha P_{n-1} + \beta Q_{n-1}, \\ S_n = \gamma P_n + \delta Q_n, & S_{n-1} = \gamma P_{n-1} + \delta Q_{n-1}, \end{array}$$

$$(6)\qquad R_n S_{n-1} - S_n R_{n-1} = (-1)^n \varepsilon.$$

Setzt man S_n in die Form

$$S_n = Q_n\left(\gamma \frac{P_n}{Q_n} + \delta\right),$$

so ergiebt sich, da sich $P_n : Q_n$ dem Werthe x bis auf jeden beliebigen Grad annähert und Q_n positiv ist, dass, wenn n gross genug gewählt ist, S_n im Vorzeichen mit

$$(\gamma x + \delta)$$

übereinstimmt. Da x irrational ist, so ist diese Grösse von Null verschieden, und wir wollen sie als positiv voraussetzen. Wäre sie negativ, so hätten wir nur die Vorzeichen der vier Zahlen $\alpha, \beta, \gamma, \delta$ gleichzeitig zu ändern, wodurch (1) ungeändert bleibt, um sie positiv zu machen.

Es wird also S_n für hinlänglich grosse n positiv sein. Nun folgt aber aus (5) mit Rücksicht auf §. 117

$$S_{n+1} = a_n S_n + S_{n-1},$$

woraus man schliesst, dass, wenn n so gross ist, dass S_{n-2} und die folgenden S positiv sind, S_n mit n zugleich wächst, also:

$$(7)\qquad S_n > S_{n-1} > 0.$$

Wir entwickeln nun den rationalen Bruch $R_n : S_n$ in einen endlichen Kettenbruch

$$(8)\qquad \frac{R_n}{S_n} = (b_0, b_1, b_2 \ldots b_{m-1}),$$

und bezeichnen den vorletzten Näherungsbruch mit $R' : S'$, so dass wir die Relation haben:

$$(9)\qquad R_n S' - S_n R' = (-1)^m.$$

Nach dem Satze I in §. 115 können wir aber m nach Belieben gerade oder ungerade voraussetzen, und wir wollen so darüber verfügen, dass

$$(-1)^m = (-1)^n \varepsilon$$

wird. Ausserdem ist, wie wir aus §. 117, II wissen,

(10) $$S_n \geqq S' \geqq 0,$$

worin aber das Gleichheitszeichen in der unteren Grenze nur für $m = 1$ und in der oberen Grenze nur für $m = 2$ und $b_1 = 1$, also überhaupt nur, wenn $S_n = 1$ ist, vorkommen kann, und dies kann man nach (7) vermeiden, wenn man n gross genug annimmt.

Da aber nach §. 118, III durch die Bedingungen (9), (10) die Zahlen S', R' völlig bestimmt sind, und S_{n-1}, R_{n-1} nach (6), (7) denselben Bedingungen genügen, so folgt

$$S' = S_{n-1}, \quad R' = R_{n-1}.$$

Hieraus ergiebt sich nun weiter, dass der Kettenbruch mit der Schlusszahl x_n

(11) $$(b_0, b_1, b_2 \ldots b_{m-1}, x_n)$$

den Werth hat

$$\frac{R_n x_n + R_{n-1}}{S_n x_n + S_{n-1}},$$

also mit y übereinstimmt.

Wenn man nun x_n weiter in einen Kettenbruch entwickelt

$$x_n = (a_n, a_{n+1}, a_{n+2} \ldots),$$

so erhält man aus (2) und (11):

$$x = (a_0, a_1, a_2 \ldots a_{n-1}, a_n, a_{n+1}, a_{n+2} \ldots)$$
$$y = (b_0, b_1, b_2 \ldots b_{m-1}, a_n, a_{n+1}, a_{n+2} \ldots),$$

oder in Worten ausgesprochen den Satz:

VI. Die Kettenbruchentwickelungen zweier äquivalenter Zahlen stimmen von einem gewissen Theilnenner an mit einander überein.

Wir können noch hinzufügen, dass, wenn die Aequivalenz eine eigentliche ist ($\varepsilon = +1$), die Zahl der den übereinstimmenden vorangehenden Theilnenner in beiden eine gerade, oder in beiden eine ungerade ist, und dass, wenn die Aequivalenz uneigentlich ist, diese Zahl in der einen eine gerade, in der anderen eine ungerade ist.

Dass der Satz auch umgekehrt gilt, ist leicht einzusehen. Denn wenn zwei Kettenbrüche, von einem gewissen Theilnenner an übereinstimmen, so können sie so geschrieben werden, dass sie dieselbe Schlusszahl haben. Nun ist der Werth eines Kettenbruches aber immer äquivalent mit jeder seiner Schlusszahlen [§. 117, (2)]; also sind auch zwei Kettenbrüche mit gleicher Schlusszahl unter einander äquivalent.

§. 122.

Quadratische Irrationalzahlen.

Einfache und schöne Gesetze ergeben sich, wenn man die Kettenbruchentwickelung auf die Bestimmung der Wurzeln einer quadratischen Gleichung anwendet. Die Wurzel einer ganzzahligen quadratischen Gleichung hat die Form

(1) $$\omega = x + y\sqrt{d},$$

worin x, y, d ganze oder gebrochene rationale Zahlen sind. Wir können aber, ohne die Allgemeinheit zu beschränken, d als ganze Zahl und ohne quadratischen Theiler voraussetzen; denn wenn d einen Nenner hat, so können wir mit diesem Nenner erweitern und können die Wurzel aus dem quadratischen Nenner und aus einem etwaigen quadratischen Theiler des Zählers zu y rechnen; wir nehmen dann weiter an, dass d nicht gleich 1 ist, da sonst ω rational wäre; d kann positiv oder negativ sein, und davon hängt es ab, ob ω reell oder imaginär ist.

Aendern wir das Vorzeichen der Wurzel, so erhalten wir

(2) $$\omega' = x - y\sqrt{d},$$

was die zu ω conjugirte Zahl genannt wird. Das Product der beiden Zahlen ω, ω'

$$\omega\,\omega' = x^2 - y^2 d$$

heisst die Norm von ω (oder auch von ω'). Die Norm eines Productes zweier quadratischer Irrationalzahlen ist gleich dem Product der Normen.

Die Zahlen ω und ω' sind die Wurzeln einer Gleichung mit rationalen Coëfficienten:

(3) $$\omega^2 - 2x\omega + (x^2 - y^2 d) = 0.$$

Um sie in eine ganzzahlige Gleichung zu verwandeln, setzen wir

(4) $$x^2 - y^2 d = -\frac{a}{c}, \quad 2x = \frac{b}{c},$$

worin a, b, c ganze Zahlen ohne gemeinsamen Theiler sind, und erhalten aus (3)

(5) $$c\,\omega^2 = a + b\,\omega,$$

also eine ganzzahlige primitive Gleichung

Die Zahlen a, b, c sind durch (4) nur bis auf ein gemeinsames Vorzeichen bestimmt.

Die Discriminante von (3) ist

$$D = b^2 + 4ac = 4c^2y^2d, \tag{6}$$

und soll auch die Discriminante der Irrationalzahl ω heissen. D ist also eine ganze Zahl, die im Vorzeichen mit d übereinstimmt und die durch d theilbar ist; denn ist p ein Primtheiler von d, der also in d nach Voraussetzung nur einmal aufgeht, so kann p nicht im Nenner von $2cy$ aufgehen und muss also nach (6) in D aufgehen. Also ist auch $2cy$ eine ganze Zahl und der Quotient $D : d$ ist eine Quadratzahl.

Nach (4) und (6) lässt sich ω und ω' so darstellen:

$$\omega = \frac{\sqrt{D} + b}{2c}, \quad \omega' = \frac{-\sqrt{D} + b}{2c}, \tag{7}$$

oder was dasselbe ist:

$$\omega = \frac{2a}{\sqrt{D} - b}, \quad \omega' = \frac{-2a}{\sqrt{D} + b}, \tag{8}$$

wenn das Vorzeichen der Wurzel aus

$$\sqrt{D} = 2cy\sqrt{d} \tag{9}$$

bestimmt wird. Da eine gerade Quadratzahl durch 4 theilbar ist, eine ungerade durch 4 getheilt, den Rest 1 lässt, so ergiebt sich aus (6), dass

$$D \equiv 0 \quad \text{oder} \quad \equiv 1 \pmod 4 \tag{10}$$

sein muss.

Wir wollen noch untersuchen, wie sich die Zahlen a, b, c, D ändern, wenn wir von ω zu einer äquivalenten Zahl ω_1 übergehen. Es sei also

$$\omega_1 = \frac{\alpha\omega + \beta}{\gamma\omega + \delta}, \quad \omega = \frac{\delta\omega_1 - \beta}{-\gamma\omega_1 + \alpha_1} \quad \alpha\delta - \beta\gamma = \varepsilon. \tag{11}$$

Aus (5) ergiebt sich für ω_1 die quadratische Gleichung

$$c_1\omega_1^2 = a_1 + b_1\omega_1, \tag{12}$$

wenn

$$\begin{aligned} -a_1 &= -a\alpha^2 + b\alpha\beta + c\beta^2 \\ b_1 &= -2a\alpha\gamma + b(\alpha\delta + \beta\gamma) + 2c\beta\delta, \\ c_1 &= -a\gamma^2 + b\gamma\delta + c\delta^2 \end{aligned} \tag{13}$$

gesetzt wird. Aus (13) erhält man durch Auflösung nach a, b, c:

$$
(14) \qquad \begin{aligned} a &= a_1 \delta^2 + b_1 \beta \delta - c_1 \beta^2 \\ b &= 2 a_1 \gamma \delta + b_1 (\alpha \delta + \beta \gamma) - 2 c_1 \alpha \beta, \\ -c &= a_1 \gamma^2 + b_1 \alpha \gamma - c_1 \alpha^2, \end{aligned}
$$

und ferner

$$
(15) \qquad b^2 + 4ac = b_1^2 + 4 a_1 c_1 = D.
$$

Da a, b, c ohne gemeinsamen Theiler sind, so haben auch a_1, b_1, c_1 keinen gemeinsamen Theiler, wie man aus (14) ersieht, und a_1, b_1, c_1 haben dieselbe Bedeutung für ω_1, wie a, b, c für ω.

VII. Man sieht ferner aus (15), dass bei äquivalenten Zahlen nicht nur die Irrationalität $\sqrt{d}$, sondern auch die Discriminante dieselbe ist.

Setzt man

$$
(16) \qquad \omega_1 = x_1 + y_1 \sqrt{d} = \frac{\alpha (x + y\sqrt{d}) + \beta}{\gamma (x + y\sqrt{d}) + \delta},
$$

und erweitert, um x_1, y_1 zu bestimmen, den letzten Bruch mit $\gamma (x - y\sqrt{d}) + \delta$, so ergiebt sich nach (4) und (13)

$$
(17) \qquad 2 x_1 = \frac{b_1}{c_1}, \quad y_1 = \frac{\varepsilon y c}{c_1},
$$

also wenn die $\sqrt{D}$ ebenso verstanden wird wie in (7) und (8), nach (9):

$$
(18) \qquad \omega_1 = \frac{b_1 + \varepsilon \sqrt{D}}{2 c_1}.
$$

§. 123.

Reducirte Zahlen mit negativer Discriminante.

Die bisherigen Betrachtungen sind gleichmässig auf die beiden Fälle der reellen und imaginären quadratischen Irrationalzahlen, also auf positive und negative Discriminanten anwendbar. Jetzt aber müssen beide Fälle von einander getrennt werden, und wir beginnen mit den negativen Discriminanten. Es handelt sich also um imaginäre Zahlen:

$$
(1) \qquad \omega = x + y\sqrt{d} = \xi + i\eta,
$$

worin ξ und η reell sind; es genügt, von den beiden conjugirten Zahlen $\xi + i\eta$, $\xi - i\eta$ die eine zu betrachten. Wir nehmen also η positiv an und setzen folgende Definition fest:

Eine complexe Zahl $\omega = \xi + i\eta$ heisst bei positivem η reducirt, wenn

$$(2) \qquad -\tfrac{1}{2} \leqq \xi \leqq \tfrac{1}{2}, \quad \xi^2 + \eta^2 \geqq 1.$$

Betrachtet man ξ, η als rechtwinklige Coordinaten in einer Ebene, so wird jede Zahl ω durch einen Punkt dieser Ebene veranschaulicht, und die Lage der Punkte, die den reducirten Zahlen entsprechen, wird durch das in der Fig. 26 schraffirte Feld (mit Einschluss der Grenzen), das wir das Grundfeld nennen, veranschaulicht.

Fig. 26.

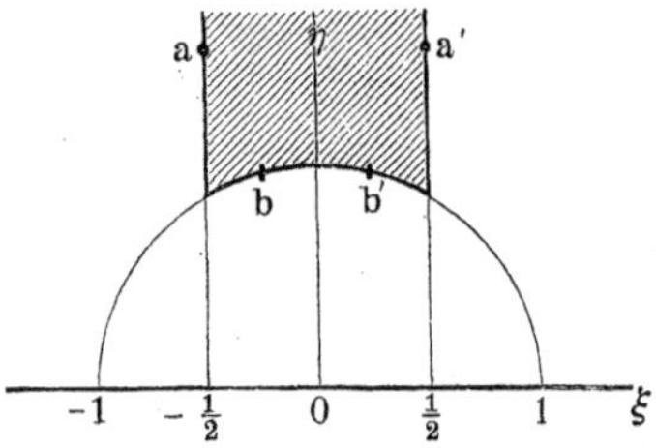

Aus den Bedingungen (2) folgt dann noch, was auch in der Figur leicht zu bestätigen ist,

$$(3) \qquad \eta^2 \geqq \tfrac{3}{4}.$$

Geht man nun von einer Zahl ω zu einer äquivalenten Zahl ω_1 über, so ergiebt die Formel (16) des vorigen Paragraphen

$$(4) \quad \omega_1 = \frac{(\alpha\xi + \beta) + i\alpha\eta}{(\gamma\xi + \delta) + i\gamma\eta} = \frac{[(\alpha\xi + \beta)(\gamma\xi + \delta) + \alpha\gamma\eta^2] + i\varepsilon\eta}{(\gamma\xi + \delta)^2 + \gamma^2\eta^2},$$

und diese Formel zeigt, dass η_1 dasselbe oder das entgegengesetzte Zeichen wie η hat, je nachdem $\varepsilon = +1$ oder $= -1$ ist, also je nachdem die Aequivalenz eine eigentliche oder eine uneigentliche ist.

Beschränken wir uns also auf Zahlen mit positiv imaginärem Bestandtheil, so kommt nur die eigentliche Aequivalenz in Betracht, und wir beweisen jetzt den Fundamentalsatz:

1. Jede imaginäre quadratische Irrationalzahl $x + y\sqrt{d}$ mit positiv imaginärem Bestandtheil ist mit einer reducirten Zahl äquivalent.

Verstehen wir unter α die dem ξ nächstgelegene ganze Zahl, so wird $\omega - \alpha$ der ersten der Bedingungen (2) genügen, dass nämlich $-\frac{1}{2} \leqq \xi - \alpha \leqq \frac{1}{2}$ ist.

Wenn nun

$$(5) \qquad r^2 = (\xi - \alpha)^2 + \eta^2 = (\omega - \alpha)(\omega' - \alpha)$$

grösser oder gleich 1 ist, so ist $\omega - \alpha$, was mit ω äquivalent ist, bereits reducirt; anderenfalls setzen wir, indem wir eine Kettenbruchentwickelung anwenden,

(6) $$\omega = \alpha - \frac{1}{\omega_1},$$

so dass auch $\omega_1 = \xi_1 + i\eta_1$ mit ω äquivalent ist. Die Zahl ω_1 behandeln wir nun wieder ebenso wie ω, indem wir, wenn $\omega_1 - \alpha_1$ noch nicht reducirt ist,

(7) $$\omega_1 = \alpha_1 - \frac{1}{\omega_2}$$

setzen u. s. f. Betrachten wir die Reihe der nach Analogie von (5) gebildeten Grössen

$$r_1^2 = (\xi_1 - \alpha_1)^2 + \eta_1^2, \quad r_2^2 = (\xi_2 - \alpha_2)^2 + \eta_2^2 \ldots,$$

so kommt es also jetzt nur darauf an, nachzuweisen, dass wir nach einer endlichen Zahl von Schritten dieser Art zu einem r_ν^2 kommen, das gleich oder grösser als 1 ist.

Nach (6) ist aber

$$r^2 = (\omega - \alpha)(\omega' - \alpha) = \frac{1}{\xi_1^2 + \eta_1^2},$$

und danach ergiebt die Vergleichung der imaginären Theile auf beiden Seiten von (6):

$$\eta = r^2 \eta_1.$$

Ebenso folgt die Reihe der Gleichungen

(8) $$\eta = r^2 \eta_1, \quad \eta_1 = r_1^2 \eta_2, \quad \eta_2 = r_2^2 \eta_3 \ldots$$

Nun ist aber $i\eta = y\sqrt{d}$, und also nach der Formel (6), §. 122

$$i\eta = \frac{\sqrt{D}}{2c},$$

worin c eine ganze Zahl ist. Weil aber äquivalente Zahlen dieselbe Discriminante haben, so folgt ebenso:

$$i\eta_1 = \frac{\sqrt{D}}{2c_1}, \quad i\eta_2 = \frac{\sqrt{D}}{2c_2}, \ldots,$$

worin $c, c_1, c_2 \ldots$ eine Reihe positiver ganzer Zahlen ist. Danach erhält man aus (8):

(9) $$c_1 = r^2 c, \quad c_2 = r_1^2 c_1, \quad c_3 = r_2^2 c_2 \ldots$$

So lange aber die Zahlen $r^2, r_1^2 \ldots r_\nu^2$ kleiner als 1 sind, folgt hieraus

(10) $$c > c_1 > c_2 \ldots > c_{\nu+1},$$

und weil es nur eine endliche Anzahl positiver Zahlen geben kann, die kleiner als c sind, so muss diese Reihe abbrechen, womit unser Satz 1. bewiesen ist.

Die reducirten Zahlen, deren Bilder an der Begrenzung des Grundfeldes liegen, sind paarweise äquivalent, nämlich

a) $\omega = -\frac{1}{2} + i\eta$ und $\omega_1 = \omega + 1 = \frac{1}{2} + i\eta$

(a und a' in der Figur),

b) $\omega = -\xi + i\eta$ und $\omega_1 = -\frac{1}{\omega} = \xi + i\eta$

wenn $\xi^2 + \eta^2 = 1$ ist (b und b' in der Figur). Es gilt aber ferner der Satz:

2. Von den Fällen a), b) abgesehen, sind keine zwei reducirte Zahlen äquivalent.

Nehmen wir nämlich zwei nicht identische reducirte Zahlen an,

(11) $$\omega = \xi + \eta i, \quad \omega_1 = \xi_1 + \eta_1 i,$$

und setzen voraus, was die Allgemeinheit nicht beeinträchtigt,

(12) $$\eta_1 \geqq \eta,$$

so folgt aus der Formel (4):

(13) $$\eta_1 = \frac{\eta}{(\gamma\xi + \delta)^2 + \gamma^2\eta^2},$$

also wegen (12):

(14) $$(\gamma\xi + \delta)^2 + \gamma^2\eta^2 \leqq 1,$$

also auch, nach (3):

(15) $$1 \geqq \gamma^2\eta^2 \geqq \tfrac{3}{4}\gamma^2;$$

also sind zwei Möglichkeiten:

$$\alpha)\ \gamma = 0, \quad \beta)\ \gamma = \pm 1.$$

Im Falle α) ist $\alpha\delta = 1$, also $\alpha = \delta = \pm 1$, aus (12) und (13) ergiebt sich $\eta_1 = \eta$, ferner aus (4):

$$\xi_1 = \xi \pm \beta.$$

Dies ist aber nur dann mit den Bedingungen (2) verträglich, wenn entweder $\xi_1 = \xi$, $\beta = 0$ und also ω_1 mit ω identisch ist, oder wenn $\beta = \pm 1$ und $\xi_1 = -\xi = \pm\frac{1}{2}$ ist, also in dem Falle a).

Im Falle β) ist nach (14) $(\xi \pm \delta)^2 \leqq 1$, und also entweder: $\delta = 0$, $\beta\gamma = -1$ und $\xi^2 + \eta^2 = 1$, $\eta_1 = \eta$, ferner nach (4) $\xi_1 = \pm\alpha - \xi$, also, da $\xi_1 = \xi$ ausgeschlossen ist, $\xi_1 = -\xi$, $\alpha = 0$, das ist der Ausnahmefall b),

oder: $\delta = \pm 1$, also $(\xi \pm 1)^2 + \eta^2 \leqq 1$, und folglich nach (3) $(\xi \pm 1)^2 \leqq \frac{1}{4}$. Weil aber $(\xi \pm 1)$ nach (2) dem absoluten Werth nach mindestens gleich $\frac{1}{2}$ sein muss, so folgt hieraus $\xi = \mp\frac{1}{2}$, $\eta^2 = \frac{3}{4}$; mithin nach (13) $\eta_1^2 = \eta^2 = \frac{3}{4}$, und nach

(2) $\xi_1^2 = \frac{1}{4}$, $\xi_1 = \mp \frac{1}{2}$, was sowohl unter dem Fall a) als unter dem Fall b) enthalten ist;

und hiermit ist also der Satz 2. bewiesen. Dem fügen wir nun noch als dritten Satz hinzu:

3. Zu einer gegebenen negativen Discriminante D giebt es nur eine endliche Anzahl reducirter Irrationalzahlen.

Aus der Darstellung der Irrationalzahlen §. 122, (7):

$$\omega = \frac{\sqrt{D} + b}{2c}, \qquad \xi = \frac{b}{2c}, \qquad \eta = \frac{\sqrt{-D}}{2c}$$

und aus der Ungleichung (3) $\eta^2 \geqq \frac{3}{4}$ folgt

$$\frac{-D}{4c^2} \geqq \frac{3}{4},$$

oder

$$c \leqq \sqrt{\frac{-D}{3}};$$

also giebt es, wenn D gegeben ist, nur eine endliche Zahl von Werthen der positiven ganzen Zahl c. Ferner folgt aus $-\frac{1}{2} \leqq \xi \leqq \frac{1}{2}$:

$$-c \leqq b \leqq c.$$

Also giebt es zu jedem Werth von c nur eine endliche Zahl von Werthen für b, w. z. b. w.

Vereinigt man alle unter einander äquivalenten Zahlen zu einer Zahlclasse, so haben wir dann also nach 1. bewiesen:

4. Die Anzahl der Classen von imaginären quadratischen Irrationalzahlen einer gegebenen Discriminante ist endlich.

§. 124.

Reducirte Zahlen mit positiver Discriminante.

Wir haben nun eine ähnliche Untersuchung durchzuführen für ein positives d, also für reelle quadratische Irrationalzahlen. Eine solche Zahl $\omega = x + y\sqrt{d}$ soll reducirt heissen, wenn sie folgenden Bedingungen genügt:

ω ist positiv und grösser als 1, und die mit ω conjugirte Zahl ω' ist negativ und dem absoluten Werth nach kleiner als 1,

oder in Zeichen:

$$(1) \qquad 0 < y\sqrt{d} - x < 1 < y\sqrt{d} + x.$$

Deutet man in einer Ebene x, y als rechtwinklige Coordinaten, so dass die Punkte der Ebene die Bilder der Zahlen ω werden, so liegen also die Bilder der reducirten Zahlen in dem Theile der Ebene, der in der Fig. 27, die der Annahme $d = 2$ entspricht, schraffirt ist.

Fig. 27.

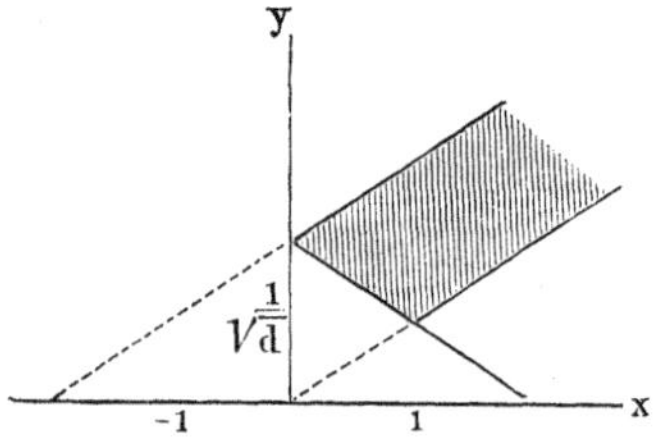

Wir nehmen hier eigentliche und uneigentliche Aequivalenz zusammen und beweisen zunächst die Sätze:

1. Jede Zahl ω ist mit einer reducirten Zahl äquivalent.

Man sieht dies leicht ein, wenn man ω in einen Kettenbruch entwickelt und bis zur Schlusszahl ω_n geht:

$$(2) \qquad \omega = (\alpha_0, \alpha_1, \alpha_2 \ldots \alpha_{n-1}, \omega_n).$$

Dann ist ω mit ω_n äquivalent, und ω_n ist, sobald n grösser als 0 ist, positiv und grösser als 1. Da ω_n mit ω äquivalent ist, so handelt es sich nur noch um den Nachweis, dass, wenn n hinlänglich gross ist, die zu ω_n conjugirte Zahl ω'_n negativ und absolut kleiner als 1 ist. Dies aber ersieht man aus nachstehenden Formeln: Aus (2) folgt, wenn $P_n : Q_n$ die Näherungsbrüche sind,

$$\omega = \frac{P_n \omega_n + P_{n-1}}{Q_n \omega_n + Q_{n-1}},$$

oder durch Auflösung

$$(3) \qquad \omega_n = -\frac{Q_{n-1}\omega - P_{n-1}}{Q_n \omega - P_n} = -\frac{Q_{n-1}}{Q_n} - \frac{(-1)^n}{Q_n(Q_n\omega - P_n)}.$$

Verwandeln wir in dieser Gleichung $\sqrt{d}$ in $-\sqrt{d}$, so geht gleichzeitig ω in ω', ω_n in ω'_n über und wir erhalten aus (3)

$$(4) \qquad \omega'_n = -\frac{Q_{n-1}\omega' - P_{n-1}}{Q_n\omega' - P_n} = -\frac{Q_{n-1}}{Q_n}\,\frac{\omega' - \dfrac{P_{n-1}}{Q_{n-1}}}{\omega' - \dfrac{P_n}{Q_n}},$$

$$(5) \qquad \omega'_n + 1 = \frac{1}{Q_n}\left\{Q_n - Q_{n-1} - \frac{(-1)^n}{Q_n\left(\omega' - \frac{P_n}{Q_n}\right)}\right\}.$$

Wenn nun n hinlänglich gross angenommen wird, so unterscheiden sich

$$\omega' - \frac{P_n}{Q_n}, \quad \omega' - \frac{P_{n-1}}{Q_{n-1}}$$

beliebig wenig von der nicht verschwindenden Differenz $\omega' - \omega = 2y\sqrt{d}$, wonach (4) zeigt, dass ω'_n negativ ist. Aus (5) aber folgt, dass $\omega'_n + 1$ positiv ist, da $Q_n - Q_{n-1}$ als positive ganze Zahl mindestens gleich 1 ist, und

$$\frac{1}{Q_n\left(\omega' - \frac{P_n}{Q_n}\right)}$$

für ein hinlänglich grosses n beliebig klein wird; und dadurch ist der Beweis des Satzes 1. geführt.

Da die conjugirte Zahl von der conjugirten ω' die ursprüngliche Zahl ω ist, so folgt aus der Definition der reducirten Zahlen,

dass ω und $-1:\omega'$ gleichzeitig reducirt sind.

2. Ist ω reducirt und für ein ganzzahliges α

$$(6) \qquad \omega = \alpha + \frac{1}{\omega_1},$$

so ist ω_1 dann und nur dann reducirt, wenn α die grösste in ω enthaltene ganze Zahl ist, wenn also

$$(7) \qquad \alpha < \omega < \alpha + 1.$$

Ist die Bedingung (7) erfüllt, so ist ω_1 positiv und grösser als 1, und

$$(8) \qquad \omega'_1 = \frac{1}{\omega' - \alpha}$$

ist, da ω' negativ ist, ein negativer echter Bruch; also ist ω_1 reducirt. Dagegen kann ω_1 nicht reducirt sein, wenn $\alpha > \omega$ ist, da dann ω_1 negativ wäre, oder wenn $\alpha + 1 < \omega$ wäre, da sonst ω_1 kleiner als 1 wäre.

Setzt man (8) in die Form

$$(9) \qquad -\frac{1}{\omega'_1} = \alpha + \frac{1}{-\frac{1}{\omega'}},$$

so ist, da $-1 : \omega'$ und $-1 : \omega'_1$ auch reducirt sind, α die grösste in $-1 : \omega'_1$ enthaltene ganze Zahl, und ω' ist nach (9) durch ω'_1, also auch ω durch ω_1 völlig bestimmt.

Hieraus folgt:

3. Entwickelt man eine reducirte Zahl ω in einen Kettenbruch, so sind alle Schlusszahlen ω_n wieder reducirte Zahlen, und durch eine dieser Schlusszahlen ω_n ist sowohl die folgende ω_{n+1} als die vorangehende ω_{n-1} vollkommen bestimmt.

§. 125.

Entwickelung reeller quadratischer Irrationalzahlen in Kettenbrüche.

4. Für eine gegebene Discriminante giebt es nur eine endliche Anzahl reducirter Zahlen.

Die Richtigkeit dieses Satzes sieht man leicht ein, wenn man nach §. 122 die Irrationalzahl ω in die Form setzt:

$$\omega = \frac{b + \sqrt{D}}{2c} = \frac{-2a}{b - \sqrt{D}}, \quad D = b^2 + 4ac. \tag{1}$$

Die conjugirte Zahl ist

$$\omega' = \frac{b - \sqrt{D}}{2c} = \frac{-2a}{b + \sqrt{D}}. \tag{2}$$

Soll ω reducirt sein, so ist

$$0 < \frac{\sqrt{D} - b}{2c} < 1 < \frac{\sqrt{D} + b}{2c}. \tag{3}$$

Es muss also $\sqrt{D}$ dasselbe Vorzeichen haben wie c; nehmen wir es positiv an, so ist

$$0 < \sqrt{D} - b < 2c < \sqrt{D} + b. \tag{4}$$

Eine zweite Form dieser Bedingungen erhalten wir aus der zweiten Darstellung

$$0 < \sqrt{D} - b < 2a < \sqrt{D} + b. \tag{5}$$

Es sind also a, b, c positiv und b kleiner als $\sqrt{D}$.

Bedeutet λ die grösste in $\sqrt{D}$ enthaltene ganze Zahl, also

$$\lambda < \sqrt{D} < \lambda + 1,$$

so hat b einen der Werthe 1, 2, 3 ... λ, jedoch mit der Beschränkung, dass bei geradem D nur die geraden, bei ungeradem D nur die ungeraden unter diesen Zahlen für b zu nehmen sind. Es ist dann a und c so zu bestimmen, dass

$$\frac{D - b^2}{4} = a\,c, \tag{6}$$

und dass

$$\frac{\lambda - b + 1}{2} \gtrless c \leqq \frac{\lambda + b}{2}, \tag{7}$$

und a muss zwischen denselben Grenzen liegen. Nur einer von diesen beiden Grenzwerthen ist eine ganze Zahl, der andere kann für die untere Grenze durch die nächst grössere, für die obere Grenze durch die nächst kleinere ganze Zahl ersetzt werden. Es ist also für b nur eine endliche Zahl von Werthen zulässig; dann ist $(D - b^2) : 4$ nur auf eine endliche Anzahl von Arten in zwei Factoren zerlegbar, und von diesen Zerlegungen sind nur die beizubehalten, in denen beide Factoren der Bedingung (7) genügen. Ausserdem sind noch solche Combinationen wegzulassen, in denen a, b, c einen gemeinsamen Theiler bekommen. Darin liegt das Mittel, um für ein gegebenes D alle reducirten Zahlen wirklich zu bestimmen.

Wir wollen für das Folgende die so bestimmten Zahlen ω durch das Symbol

$$\omega = \frac{\sqrt{D} + b}{2\,c} = \frac{2\,a}{\sqrt{D} - b} = \{a, b, c\} \tag{8}$$

bezeichnen.

Aus **3.** §. 124 und 4. §. 125 ergiebt sich nun der folgende wichtige Satz:

5. Die Kettenbruchentwickelung einer reducirten Zahl ω ist periodisch,

d. h. wenn ω in einen Kettenbruch

$$\omega = (\alpha_0, \alpha_1, \alpha_2 \ldots) \tag{9}$$

entwickelt wird, so kehren immer nach einer bestimmten Anzahl von Theilnennern dieselben Theilnenner in derselben Reihenfolge wieder, also, wenn die Periode aus ν Gliedern besteht, so ist

$$\begin{array}{lll} \alpha_0 & = \alpha_\nu & = \alpha_{2\nu} \ldots \\ \alpha_1 & = \alpha_{\nu+1} & = \alpha_{2\nu+1} \ldots \\ \ldots & \ldots & \ldots \\ \alpha_{\nu-1} & = \alpha_{2\nu-1} & = \alpha_{3\nu-1} \ldots, \end{array}$$

und es genügt also, den ganzen Kettenbruch durch die Periode zu bezeichnen, etwa so:

(10) $$\omega = [\alpha_0, \alpha_1 \dots \alpha_{\nu-1}].$$

Dieser Satz ist offenbar gleichbedeutend damit, dass die Schlusszahl ω_ν des Kettenbruches (9) mit ω selbst identisch ist, und darin liegt auch der Beweis der Behauptung. Denn die Schlusszahlen ω_ν gehören als äquivalente Zahlen alle zur selben Discriminante, und daher ist nach 4. die Zahl aller möglichen Schlusszahlen nur eine endliche. In der Reihe der Schlusszahlen $\omega, \omega_1, \omega_2 \dots$ muss daher einmal eine schon dagewesene zum zweitenmal auftreten. Ist ω_ν die erste, die zum zweitenmal auftritt, so muss $\omega_\nu = \omega$ sein, da sonst nach 3. §. 124 auch $\omega_{\nu-1}$ zum zweitenmal auftreten würde.

Es lassen sich also die sämmtlichen, zu einer Discriminante gehörigen reducirten Zahlen in Perioden anordnen:

(11) $$\omega, \omega_1, \omega_2 \dots \omega_{\nu-1},$$

so dass, wenn

$$\alpha_0, \alpha_1, \alpha_2 \dots \alpha_{\nu-1}$$

die grössten darin enthaltenen ganzen Zahlen sind

$$\omega = [\alpha_0, \alpha_1 \dots \alpha_{\nu-1}]$$
$$\omega_1 = [\alpha_1, \alpha_2 \dots \alpha_0]$$
$$\dots\dots\dots$$

ist, womit die Kettenbruchentwickelung für jede von diesen Zahlen gegeben ist.

Ist durch eine Periode das ganze System der reducirten Zahlen noch nicht erschöpft, so bildet man eine zweite Periode u. s. f. Da durch eine Zahl ω sowohl die in der Periode vorhergehende, wie die nachfolgende völlig bestimmt ist, so enthalten zwei verschiedene Perioden niemals eine gemeinschaftliche Zahl.

Von diesen Perioden gilt nun der Satz:

6. Reducirte Zahlen aus derselben Periode sind äquivalent, aus verschiedenen Perioden sind nicht äquivalent.

Der erste Theil der Behauptung ist von vornherein klar, da reducirte Zahlen derselben Periode Schlusszahlen von einander sind; der zweite Theil ist durch den Satz §. 121, VI bewiesen, dass äquivalente Zahlen, bei hinlänglich weit fortgesetzter Kettenbruchentwickelung schliesslich dieselben Schlusszahlen bekommen. Sind also beide Kettenbrüche periodisch, so müssen sie derselben Periode angehören.

Hat man für eine gegebene Discriminante D nach den am Anfang des Paragraphen gegebenen Vorschriften das vollständige System der reducirten Zahlen entwickelt, so ist es leicht, diese Zahlen in Perioden zu ordnen und die Theilnenner α des Kettenbruches zu finden. Es sei nämlich

$$\omega = \frac{\sqrt{D} + b}{2c} = \frac{2a}{\sqrt{D} - b} \tag{12}$$

eine von diesen Zahlen und

$$\omega_1 = \frac{\sqrt{D} + b_1}{2c_1} = \frac{2a_1}{\sqrt{D} - b_1} \tag{13}$$

die ihr in der Periode unmittelbar folgende Zahl, so dass

$$\omega = \alpha + \frac{1}{\omega_1}, \quad \omega_1 = \frac{1}{\omega - \alpha} \tag{14}$$

ist, wenn α die grösste in ω enthaltene ganze Zahl bedeutet. Nach (12) und (14) ist dann

$$\omega_1 = \frac{2c}{\sqrt{D} + b - 2c\alpha},$$

und die Vergleichung mit (13) giebt

$$a_1 = c, \quad b_1 = 2c\alpha - b. \tag{15}$$

Wenn umgekehrt zwei der zu D gehörigen reducirten Zahlen $\{a, b, c\}$, $\{a_1, b_1, c_1\}$ in der durch (15) dargestellten Beziehung stehen, worin α irgend eine ganze Zahl ist, so folgt die zweite der ersten in der Periode unmittelbar nach. Denn aus (15) folgt (14), und daher muss α nach 2. die grösste in ω enthaltene Zahl sein.

Die Zahl ω_1 ist also aus ω durch die Bedingungen (15) vollständig und eindeutig bestimmt.

7. Man ordnet also die Zahlen $\{a, b, c\}$ von links nach rechts in der Weise, dass die letzte Zahl c der vorangehenden zugleich die erste Zahl a_1 der folgenden wird, und dass die Summe der beiden mittleren Zahlen $b + b_1$ durch $2c$ theilbar ist. Diese Anordnung ist nur auf eine Art möglich, und der Quotient $b + b_1 : 2c$ ist die Zahl α, die als Theilnenner im Kettenbruch auftritt.

Betrachten wir nun irgend eine primitive ganzzahlige quadratische Gleichung

$$A + B\Omega + C\Omega^2 = 0, \tag{16}$$

in der A, B, C ganze Zahlen ohne gemeinsamen Theiler sind, die der Bedingung

$$B^2 - 4AC = D$$

genügen, so sind die beiden Wurzeln Ω, Ω' dieser Gleichung quadratische, zur Discriminante D gehörige Irrationalzahlen, und wenn wir sie in Kettenbrüche entwickeln, so werden wir nach §. 124 endlich auf Schlusszahlen ω_1, ω_2 kommen, die zu den reducirten gehören, und die also in den oben besprochenen Perioden enthalten sein müssen.

Es ist noch festzustellen, ob diese Schlusszahlen ω_1, ω_2 in derselben oder in verschiedenen Perioden enthalten sind.

Nach 6. sind sie dann und nur dann in derselben Periode enthalten, wenn Ω und Ω' mit einander äquivalent sind. Nennen wir solche quadratische Irrationalzahlen, die mit ihren conjugirten äquivalent sind, zweiseitige Zahlen[1]), so können wir also sagen, dass die Kettenbruchentwickelung der Wurzeln der Gleichung (16) zu einer oder zu zwei verschiedenen Perioden führt, je nachdem die Wurzeln zweiseitig sind oder nicht. Welcher von beiden Fällen eintritt, kann man an der Periode selbst erkennen.

Wenn nämlich ω eine reducirte Zahl ist, und ω' conjugirt zu ω, so ist auch $-1:\omega'$ reducirt; und wenn Ω äquivalent ist mit ω, so ist Ω' äquivalent mit ω', also auch mit $-1:\omega'$ (§. 120).

Ist

$$\omega = \{a, b, c\},$$

so ist nach (12):

$$-\frac{1}{\omega'} = \{c, b, a\}.$$

Nach §. 124, (9) schliesst sich also $-1:\omega'$ ebenso an $-1:\omega_1'$ an, wie ω_1 an ω. Ist daher die Periode von ω

$$\omega,\ \omega_1,\ \omega_2\ \ldots\ \omega_{\nu-1},$$

so ist die Periode von $-1:\omega'$:

$$\frac{-1}{\omega'_{\nu-1}},\ \frac{-1}{\omega'_{\nu-2}}\ \cdots\ \frac{-1}{\omega'_1},\ \frac{-1}{\omega'}.$$

---

[1]) „Zweiseitig" brauchen wir nach Dedekind's Vorschlag statt des Gauss'schen anceps oder des sonst üblichen ambig: Dirichlet-Dedekind, Vorlesungen über Zahlentheorie. 4. Auflage, 1894, S. 139.

Ist die Periode der Kettenbruchentwickelung von ω

(17) $$[\alpha_0, \alpha_1 \ldots \alpha_{\nu-1}],$$

so ist sie für $-1 : \omega'$:

(18) $$[\alpha_{\nu-1}, \alpha_{\nu-2} \ldots \alpha_0],$$

also die umgekehrte.

Ist nun ω mit ω', also auch mit $-1 : \omega'$ äquivalent, so müssen nach 6. diese beiden Perioden mit einander übereinstimmen, wenn man bei einem geeigneten Gliede beginnt, oder die Periode von ω muss umkehrbar sein.

Das besagt: Es müssen sich in der Kettenbruchentwickelung für ω zwei Elemente so auswählen lassen, dass die Entwickelung gleich lautet, wenn man sie von der einen dieser Zahlen nach links oder von der anderen nach rechts fortschreitend liest. In Zeichen: es muss für irgend ein passend bestimmtes k und für $i = 0, 1, 2 \ldots \nu - 1$

$$\alpha_i = \alpha_{\nu+k-i}$$

sein. Wenn die Periode umkehrbar ist, so ist auch umgekehrt (nach 6.) ω mit $-1 : \omega'$, also auch mit ω' äquivalent. Daraus also das Resultat:

8. Zweiseitige Zahlen haben in ihrer Kettenbruchentwickelung eine umkehrbare Periode und umgekehrt sind Zahlen, die in der Kettenbruchentwickelung eine umkehrbare Periode haben, zweiseitig.

Schliesslich wollen wir noch bemerken, dass durch die Eigenschaft, in einen periodischen Kettenbruch entwickelbar zu sein, die reellen quadratischen Irrationalzahlen von allen anderen Zahlen unterschieden sind. Denn ist ω eine in einen Kettenbruch entwickelte Zahl, und sind ω_n, ω_m zwei Schlusszahlen dieses Kettenbruches, so ist

$$\omega = \frac{P_n \omega_n + P_{n-1}}{Q_n \omega_n + Q_{n-1}} = \frac{P_m \omega_m + P_{m-1}}{Q_m \omega_m + Q_{m-1}}.$$

Wenn nun der Kettenbruch periodisch ist, gleichviel, ob die Periodicität gleich von Anfang beginnt oder erst im Verlaufe der Entwickelung, so ist für zwei verschiedene Werthe von n und m, $\omega_n = \omega_m$, und man erhält also durch Elimination von

ω_n eine quadratische Gleichung für ω, die man in die Form setzen kann:

$$\begin{vmatrix} P_n - \omega Q_n, & P_{n-1} - \omega Q_{n-1} \\ P_m - \omega Q_m, & P_{m-1} - \omega Q_{m-1} \end{vmatrix} = 0.$$

§. 126.

Beispiele.

Wir wollen einige Beispiele für die Bestimmung der reducirten Zahlen und Perioden hier durchführen, um die Anwendung der Methode zu zeigen; die Beispiele lassen sich natürlich ganz nach Belieben vermehren.

1. $D = 29$.

Wir bestimmen zunächst nach §. 125, 4. die sämmtlichen zu D gehörigen reducirten Zahlen. Die grösste in $\sqrt{D}$ enthaltene ganze Zahl λ ist hier $= 5$; also kann b nur die Werthe haben:

$$b = 1, 3, 5,$$

woraus

$$a c = \frac{D - b^2}{4} = 7, 5, 1.$$

Die Grenzen, in denen a und c liegen müssen, sind nach §. 125, (7) für die drei Werthe von b:

$$3, 3; \quad 2, 4; \quad 1, 5.$$

Man erhält also nur die einzige reducirte Zahl:

$$\{1, 5, 1\}.$$

Die Periode besteht aus einem einzigen Gliede, und der Kettenbruch für ω ist:

$$\omega = \frac{5 + \sqrt{29}}{2} = (5, 5, 5 \ldots)$$

2. $D = 116 = 4.\ 29$.

Hier ist $\lambda = 10$ und b hat einen der Werthe

$$b = 2, 4, 6, 8, 10,$$

also

$$a c = 28, 25, 20, 13, 4;$$

die Grenzen für a und c sind

$$5, 6; \quad 4, 7; \quad 3, 8; \quad 2, 9; \quad 1, 10,$$

also, da die Fälle, in denen a, b, c den gemeinschaftlichen Factor

2 haben, noch wegzulassen sind, ergeben sich die reducirten Zahlen:

$$\{5, 4, 5\},\quad \{4, 6, 5\},\quad \{5, 6, 4\},\quad \{1, 10, 4\},\quad \{4, 10, 1\},$$

die sich so in eine Periode ordnen, wobei das erste Glied am Ende noch einmal zugesetzt ist:

$$\{4, 10, 1\},\ \{1, 10, 4\},\ \{4, 6, 5\},\ \{5, 4, 5\},\ \{5, 6, 4\},\ \{4, 10, 1\},$$

und für ω ergiebt sich die Kettenbruchperiode:

$$5 + \sqrt{29} = [10, 2, 1, 1, 2].$$

Wenn man mit dem vierten Gliede anfängt, also den Kettenbruch $[1, 2, 10, 2, 1]$ betrachtet, der die Entwickelung von $\frac{2 + \sqrt{29}}{5}$ ist, so sieht man, dass die Periode umkehrbar ist.

3. $D = 76 = 4.\ 19,\quad \lambda = 8$

$$b = 2,\ 4,\ 6,\ 8$$

$$ac = 18,\ 15,\ 10,\ 3.$$

Grenzen für a und c:

$$4, 5;\quad 3, 6;\quad 2, 7;\quad 1, 8;$$

also sind die reducirten Zahlen:

$$\{3, 4, 5\},\ \{5, 4, 3\},\ \{2, 6, 5\},\ \{5, 6, 2\},\ \{1, 8, 3\},\ \{3, 8, 1\}.$$

Wir erhalten eine Periode:

$$\{3, 8, 1\}, \{1, 8, 3\}, \{3, 4, 5\}, \{5, 6, 2\}, \{2, 6, 5\}, \{5, 4, 3\}, \{3, 8, 1\}$$

und die Periode des Kettenbruches für $4 + \sqrt{19}$ wird

$$[8, 2, 1, 3, 1, 2].$$

Auch dieser Kettenbruch hat eine umkehrbare Periode, da man dieselbe Reihenfolge der Zahlen erhält, mag man von der ersten 2 nach rechts oder von der zweiten 2 nach links lesen.

4. $D = 37,\quad \lambda = 6,$

$$b = 1, 3, 5$$

$$ac = 9, 7, 3;$$

Grenzen für a, c:

$$3, 3;\quad 2, 4;\quad 1, 5;$$

reducirte Zahlen:

$$\{3, 1, 3\},\quad \{1, 5, 3\},\quad \{3, 5, 1\};$$

Periode:

$$\{3, 5, 1\},\quad \{1, 5, 3\},\quad \{3, 1, 3\},\quad \{3, 5, 1\};$$

Kettenbruch mit umkehrbarer Periode $[1, 5, 1]$:

$$\frac{5+\sqrt{37}}{2} = [5, 1, 1].$$

5. $D = 148 = 4.\,37 \quad \lambda = 12$

$$b = 2,\ 4,\ 6,\ 8,\ 10,\ 12$$

$$ac = 36,\ 33,\ 28,\ 21,\ 12,\ 1;$$

Grenzen für a, c:

6, 7; 5, 8; 4, 9; 3, 10; 2, 11; 1, 12;

reducirte Zahlen:

{4, 6, 7}, {7, 6, 4}, {3, 8, 7}, {7, 8, 3}

{3, 10, 4}, {4, 10, 3}, {1, 12, 1}.

Hier erhalten wir drei Perioden von 1, 3 und 3 Gliedern:

{1, 12, 1}, {1, 12, 1},

{3, 10, 4}, {4, 6, 7}, {7, 8, 3}, {3, 10, 4},

{4, 10, 3}, {3, 8, 7}, {7, 6, 4}, {4, 10, 3}

und die Kettenbruchperioden

[12], [2, 1, 3], [3, 1, 2];

von diesen ist die erste umkehrbar, die anderen beiden gehen durch Umkehrung in einander über.

6. $D = 136 = 4.\,34, \quad \lambda = 11,$

$$b = 2,\ 4,\ 6,\ 8,\ 10,$$

$$ac = 33,\ 30,\ 25,\ 18,\ 9;$$

Grenzen für a, c:

5, 6; 4, 7; 3, 8; 2, 9; 1, 10;

reducirte Zahlen:

{5, 4, 6}, {6, 4, 5}, {5, 6, 5}, {2, 8, 9}, {9, 8, 2}

{3, 8, 6}, {6, 8, 3}, {1, 10, 9}, {9, 10, 1}, {3, 10, 3};

Perioden:

{5, 4, 6}, {6, 8, 3}, {3, 10, 3}, {3, 8, 6}, {6, 4, 5}, {5, 6, 5}, {5, 4, 6},

{9, 10, 1}, {1, 10, 9}, {9, 8, 2}, {2, 8, 9}, {9, 10, 1};

Kettenbruch-Perioden:

[1, 3, 3, 1, 1, 1], [10, 1, 4, 1].

Wir haben also hier zwei verschiedene Perioden, die beide umkehrbar sind.

§. 127.

Die Pell'sche Gleichung.

Ist ω eine zur Discriminante D gehörige reducirte Zahl, so erhält man durch die Kettenbruchentwickelung

$$(1) \qquad \omega = \frac{P_n \omega_n + P_{n-1}}{Q_n \omega_n + Q_{n-1}},$$

und es ist $\omega_n = \omega$ immer dann, wenn n ein Vielfaches von der Gliederzahl der Periode ν ist. Dann aber folgt aus (1):

$$(2) \qquad Q_n \omega^2 = (P_n - Q_{n-1})\omega + P_{n-1}.$$

Es genüge nun ω der quadratischen Gleichung §. 122, (5):

$$(3) \qquad c\omega^2 = a + b\omega, \quad D = b^2 + 4ac,$$

und aus dieser muss, da a, b, c ohne gemeinsamen Theiler sind, die Gleichung (2) durch Multiplication mit einer ganzen Zahl folgen. Bezeichnen wir diese ganze Zahl mit u, so ist also

$$(4) \qquad Q_n = uc, \quad P_{n-1} = ua, \quad P_n - Q_{n-1} = ub.$$

Setzen wir noch

$$(5) \qquad P_n + Q_{n-1} = t,$$

so dass auch t eine ganze positive Zahl ist, so folgt aus (4) und (5)

$$(6) \qquad \begin{aligned} P_n &= \frac{t + ub}{2}, \quad Q_n = uc, \\ P_{n-1} &= ua, \qquad Q_{n-1} = \frac{t - ub}{2}, \end{aligned}$$

und also mit Rücksicht auf die Gleichung

$$P_n Q_{n-1} - Q_n P_{n-1} = (-1)^n:$$

$$(7) \qquad t^2 - Du^2 = (-1)^n 4.$$

Die Gleichung (7) heisst die Pell'sche Gleichung. Die Aufgabe ist die, für ein gegebenes D alle ihre ganzzahligen Lösungen t, u zu finden. Da, wenn t, u der Gleichung genügen, auch $\pm t$, $\pm u$ ihr genügen, so können wir uns auf die Ermittelung ihrer positiven Lösungen beschränken.

Die Formeln (4), (5) geben uns eine unendliche Zahl solcher Lösungen; wir haben nur für n ein beliebiges Vielfaches der Periodenzahl ν zu wählen, für u den grössten gemeinschaftlichen Theiler von Q_n, P_{n-1}, $P_n - Q_{n-1}$, oder auch einfach die Zahl

$Q_n : c$ zu setzen und t aus (5) oder auch, nachdem u bestimmt ist, direct aus (7) zu ermitteln.

Ist ν ungerade und n ein ungerades Vielfaches von ν, so ist

$$t^2 - D u^2 = -4, \tag{8}$$

ist aber ν gerade oder n ein gerades Vielfaches von ν, so ist

$$t^2 - D u^2 = 4. \tag{9}$$

Die Gleichung (9) hat die selbstverständliche Lösung $t = 2$, $u = 0$; in allen anderen Lösungen von (8) oder (9) sind t und u von Null verschieden und wir betrachten hier nur die positiven Lösungen.

Wir wollen nun nachweisen, dass man aus einer beliebigen Gleichung von der Form (3) durch die Formeln (4), (5) alle Lösungen von (8) und (9) erhält.

Nehmen wir also an, es sei t, u irgend eine positive Lösung der Gleichung (8) oder (9), und $\omega = \{a, b, c\}$ eine zur Discriminante D gehörige reducirte irrationale Zahl. Wir bestimmen durch die Gleichungen (6) P_n, Q_n, P_{n-1}, Q_{n-1} die offenbar ganze Zahlen werden, da t und ub entweder beide gerade oder beide ungerade sind. Aus der Gleichung (3), der ω genügt, ergiebt sich dann (2), woraus wieder auf

$$\omega = \frac{P_n \omega + P_{n-1}}{Q_n \omega + Q_{n-1}} \tag{10}$$

zu schliessen ist; und aus (8) oder (9) ergiebt sich

$$P_n Q_{n-1} - Q_n P_{n-1} = \mp 1, \tag{11}$$

worin, wie auch in den folgenden Formeln, das obere oder das untere Zeichen gilt, je nachdem t, u die Gleichung (8) oder (9) befriedigt. Nun folgt aber aus (6)

$$Q_n - Q_{n-1} = \frac{(2c + b)u - t}{2},$$

und weil $\{a, b, c\}$ eine reducirte Zahl ist, so ist $2c + b > \sqrt{D}$ [§. 125, (4)], also

$$Q_n - Q_{n-1} > \frac{u\sqrt{D} - t}{2} = \frac{u^2 D - t^2}{2(u\sqrt{D} + t)} = \frac{\pm 2}{u\sqrt{D} + t};$$

da aber u und t positive ganze Zahlen sind und $D > 1$, so ist $u\sqrt{D} + t > 2$, also $Q_n - Q_{n-1} > 0$ für das obere und > -1 für das untere Zeichen.

Weil nun $Q_n - Q_{n-1}$ eine ganze Zahl sein muss, so ist sie hiernach gleich oder grösser als Null, und wir haben

$$Q_{n-1} \gtreqless Q_n,$$

wo das Gleichheitszeichen nur im Falle des unteren Zeichens, also im Falle der Gleichung (9) möglich ist.

Ferner ist (da $b < \sqrt{D}$ ist)

$$Q_{n-1} = \frac{t - ub}{2} > \frac{t - u\sqrt{D}}{2} = \frac{t^2 - u^2 D}{2(t + u\sqrt{D})} = \frac{\mp 2}{t + u\sqrt{D}},$$

also Q_{n-1} Null oder positiv, und Null kann nur im Falle des oberen Zeichens, also im Falle der Gleichung (8) auftreten. Daraus schliessen wir

$$(12) \qquad 0 \leqq Q_{n-1} \leqq Q_n,$$

wo das Gleichheitszeichen in der unteren Grenze nur im Falle der Gleichung (8), also der oberen Zeichen, in der oberen Grenze nur im Falle der Gleichung (9), also der unteren Zeichen vorkommen kann.

Wir entwickeln nun den rationalen Bruch $P_n : Q_n$ in einen endlichen Kettenbruch

$$\frac{P_n}{Q_n} = (\alpha_0, \alpha_1, \alpha_2 \ldots \alpha_{n-1}),$$

indem wir n nach §. 115, I, so annehmen, dass

$$(-1)^n = \mp 1$$

wird. Bedeutet dann $P' : Q'$ den vorletzten Näherungsbruch, so ist

$$P_n Q' - Q_n P' = \mp 1$$

und es ist nach §. 117, II:

$$0 \leqq Q' \leqq Q_n,$$

wo das Gleichheitszeichen in der unteren Grenze nur für $n = 1$, also im Falle der oberen Zeichen, in der oberen Grenze nur für $n = 2$, also der unteren Zeichen vorkommen kann, ebenso wie in (12). Daraus folgt nach §. 118, III:

$$Q' = Q_{n-1}, \quad P' = P_{n-1},$$

und es ist also nach (10)

$$(\alpha_0, \alpha_1, \alpha_2 \ldots \alpha_{n-1}, \omega) = \omega,$$

d. h. $[\alpha_0, \alpha_1, \alpha_2 \ldots \alpha_{n-1}]$ ist eine Periode des Kettenbruches für ω, aus der nach den Formeln (4), (5) die Lösung t, u von (7) hergeleitet wird. Damit ist bewiesen, dass wir auf diese Weise alle Lösungen der Gleichung (7) finden.

Hieraus lassen sich noch einige wichtige Folgerungen ziehen.

Aus (7) ergiebt sich, dass, wenn u wächst, auch t wachsen muss, dass also, wenn u einen möglichst kleinen positiven Werth hat, auch t möglichst klein ist. Man kann also von einer kleinsten positiven Lösung reden, die wir mit T, U bezeichnen wollen. Man erhält sie, wenn man in den Formeln (4), (5) n möglichst klein, also gleich der Gliederzahl ν der Periode setzt. Ist daher ν gerade, so ist nur die Gleichung (9), nicht die Gleichung (8) lösbar; ist aber ν ungerade, so ist sowohl (8) als (9) lösbar. Da dies nur von der Discriminante D, nicht von der besonderen Zahl ω abhängen kann, so folgt,

9. dass bei einer Discriminante die verschiedenen Perioden entweder alle eine gerade oder alle eine ungerade Gliederzahl enthalten.

Ist D gerade, also durch 4 theilbar, so muss auch t gerade sein, und die Gleichung (7) lässt sich Glied für Glied durch 4 theilen. Ist D ungerade, so sind auch t, u entweder beide gerade oder beide ungerade; sind sie beide ungerade, so sind ihre Quadrate, wie alle ungeraden Quadratzahlen, nach dem Modul 8 mit 1 congruent, also muss $D \equiv 5 \pmod 8$ sein. Aber es ist nicht immer möglich, wenn $D \equiv 5 \pmod 8$ ist, die Gleichung (7) durch ungerade Zahlen zu lösen [1]). Ist $D \equiv 1 \pmod 8$, so müssen t, u gerade sein.

Die Beispiele des §. 126 geben, auf diese Weise behandelt, die folgenden kleinsten positiven Lösungen der Pell'schen Gleichung, wobei der Factor 4, wo es möglich ist, weggehoben ist.

$$5^2 - 29.1^2 = -4$$
$$70^2 - 29.13^2 = -1$$
$$170^2 - 19.39^2 = 1$$
$$6^2 - 37.1^2 = -1$$
$$35^2 - 34.6^2 = 1.$$

---

1) Vgl. Cayley, Note sur l'équation $x^2 - Dy^2 = \pm 4$, $D \equiv 5 \pmod 8$ Crelle's Journal, Bd. 53. Mathematical papers, Vol. IV. Tafeln für die Lösungen der Pell'schen Gleichung in der Form $y^2 = ax^2 + 1$ hat Degen berechnet (Canon Pellianus, Havniae 1817). Auch in Legendre's Zahlentheorie (deutsch von Maser) findet sich eine solche Tafel.

§. 128.

Ableitung aller Lösungen der Pell'schen Gleichung aus der kleinsten positiven.

Ist t, u irgend eine Lösung der Pell'schen Gleichung, so ist der Ausdruck

$$\frac{t^2 - Du^2}{4},$$

der den Werth ± 1 hat, die Norm der beiden conjugirten Zahlen

$$\frac{t + u\sqrt{D}}{2}, \quad \frac{t - u\sqrt{D}}{2}.$$

Wir wollen sie die zu $\sqrt{D}$ gehörigen Einheiten nennen. Sind also (t_1, u_1), (t_2, u_2) irgend zwei (positive oder negative) Lösungen der Pell'schen Gleichung

$$t^2 - Du^2 = \pm 4,$$

so haben die beiden Zahlen

$$\Theta_1 = \frac{t_1 + u_1\sqrt{D}}{2}, \quad \Theta_2 = \frac{t_2 + u_2\sqrt{D}}{2}$$

die Norm ± 1, und das Gleiche gilt also auch von ihrem Product

$$\Theta_3 = \Theta_1 \Theta_2 = \frac{t_3 + u_3\sqrt{D}}{2}.$$

Darin ist

$$t_3 = \frac{t_1 t_2 + u_1 u_2 D}{2}, \quad u_3 = \frac{t_1 u_2 + t_2 u_1}{2},$$

und t_3 und u_3 sind, wie man sofort sieht, ganze Zahlen.

Denn wenn D gerade ist, so sind t_1, t_2 gerade, und wenn D ungerade ist, so sind t_1, u_1 entweder beide gerade oder beide ungerade, und ebenso t_2, u_2. Es ist also Θ_3 gleichfalls eine zu $\sqrt{D}$ gehörige Einheit, und es folgt, dass das Product zweier (und folglich auch mehrerer) Einheiten wieder eine Einheit ist.

Ist Θ eine beliebige Einheit, so ist $\pm\Theta^{-1}$ die zu Θ conjugirte Einheit. Es gehören unter den von ± 1 verschiedenen Einheiten immer vier zusammen,

$$\pm\Theta, \quad \pm\Theta^{-1},$$

unter denen eine positiv und grösser als 1 ist. Diese entspricht den positiven Werthen von t, u; eine zweite ist positiv und kleiner als 1 und die beiden anderen sind negativ. Ist T, U die kleinste positive Lösung der Pell'schen Gleichung, so ist

$$\Theta = \frac{T + U\sqrt{D}}{2}$$

die kleinste unecht gebrochene zu $\sqrt{D}$ gehörige positive Einheit, und wir können nachweisen, dass in der Form $\pm \Theta^n$, worin n eine ganze Zahl bedeutet, alle zu $\sqrt{D}$ gehörigen Einheiten enthalten sind. Es genügt dazu, zu zeigen, dass der Ausdruck Θ^n für ein positives n alle Einheiten, die grösser als 1 sind, liefert. Dies ist aber sehr einfach; denn ist Θ_1 irgend eine von diesen Einheiten, so wird sie zwischen zwei auf einander folgenden Potenzen von Θ liegen, da diese Potenzen mit dem Exponenten ins Unendliche wachsen; also

$$\Theta^n \leqq \Theta_1 < \Theta^{n+1},$$

mithin

$$1 \leqq \Theta_1 \Theta^{-n} < \Theta.$$

Da aber $\Theta_1 \Theta^{-n}$ gleichfalls eine Einheit ist, so ist, wenn nicht das Gleichheitszeichen gilt, $\Theta_1 \Theta^{-n}$ grösser als 1 und kleiner als Θ, was gegen die Voraussetzung ist, dass Θ die kleinste unecht gebrochene Einheit sei; es muss also

$$\Theta_1 = \Theta^n$$

sein, was zu beweisen war.

Anmerkung, die Gauss'sche Theorie der quadratischen Formen betreffend[1]).

Wir fügen, um die Verbindung unserer Betrachtungen mit der sonst bekannten Gauss'schen Theorie der quadratischen Formen herzustellen, einige Bemerkungen bei, die in unserem Zusammenhange nicht gerade erforderlich sind, und die daher auch übergangen werden können.

Zwei quadratische Formen,

$$(A, B, C), \quad (-A, B, -C)$$

nach der Bezeichnung von Gauss, sind im Gauss'schen Sinne dann und nur dann mit einander äquivalent, wenn die Periode

---

1) Vergl. Disq. ar. art. 183 ff., Dirichlet-Dedekind, Vorlesungen über Zahlentheorie. Vierte Auflage. §. 72 ff.

der Kettenbruchentwickelung aus einer ungeraden Gliederzahl besteht. Nun ist eine reducirte Zahl $\omega = \{a, b, c\}$ die erste Wurzel von

$$(a, \tfrac{1}{2}b, -c) \quad \text{oder} \quad (2a, b, -2c)$$

(je nachdem D gerade oder ungerade ist) und die zweite Wurzel von

$$(-a, \tfrac{1}{2}b, c) \quad \text{oder} \quad (-2a, b, 2c).$$

Sind diese beiden Formen äquivalent, bestehen also die Perioden von ω aus einer ungeraden Gliederzahl, so entspricht jeder zweiseitigen Formenclasse ein, und jedem Paar entgegengesetzter Classen zwei Systeme äquivalenter Zahlen ω, es ist also die Classenzahl im Gauss'schen Sinne ebenso gross, wie die Anzahl der Perioden der reducirten Zahlen ω.

Wenn aber die Zahl der Periodenglieder gerade ist, so sind die Formen (A, B, C), $(-A, B, -C)$ nicht äquivalent und die Gauss'sche Classenzahl ist doppelt so gross, als die Zahl der Perioden der ω.

§. 129.

Genäherte Berechnung der reellen Wurzeln einer numerischen Gleichung durch Kettenbrüche.

Auf die Theorie der Kettenbrüche gründet sich ein von Lagrange herrührendes Verfahren, um die reellen Wurzeln einer numerischen Gleichung mit beliebiger Annäherung zu berechnen, das sich jetzt mit wenig Worten auseinander setzen lässt.

Es sei $f(x) = 0$ eine reelle Gleichung, die wenigstens eine reelle Wurzel hat. Nach einer der verschiedenen Methoden des VIII. und IX. Abschnittes können wir dann immer eine ganze Zahl a_0 finden, so dass zwischen a_0 und $a_0 + 1$ eine oder mehrere der Wurzeln von $f(x)$ liegen. Transformiren wir also $f(x)$ durch die Substitution

$$x = a_0 + \frac{1}{x_1}$$

in $f_1(x_1)$, so wird $f_1(x_1)$ eine oder mehrere Wurzeln haben, die grösser als 1 sind. Wir bestimmen also eine positive ganze Zahl a_1, so dass zwischen a_1 und $a_1 + 1$ eine oder mehrere der Wurzeln von $f_1(x_1)$ liegen, und transformiren $f_1(x_1)$ durch die Substitution

$$x_1 = a_1 + \frac{1}{x_2}$$

in $f_2(x_2)$. Die Gleichung $f_2 = 0$ hat dann wieder mindestens eine Wurzel, die grösser als 1 ist, und die also zwischen den beiden positiven ganzen Zahlen a_2 und $a_2 + 1$ liegt, u. s. f. Schliesslich wird man auf diese Weise dazu kommen, eine einzige Wurzel zu isoliren, und man erhält in der Reihe der Näherungsbrüche

$$(a_0), \quad (a_0, a_1), \quad (a_0, a_1, a_2), \quad (a_0, a_1, a_2, a_3) \ldots$$

eine Reihe rationaler Zahlen, die abwechselnd über und unter einer der Wurzeln x liegen und sich dieser Wurzel unbegrenzt annähern. Ist man so bis zu dem Näherungsbruch

$$(a_0, a_1, a_2 \ldots a_{\nu-1}) = \frac{P_\nu}{Q_\nu}$$

vorgedrungen, so unterscheidet sich dieser von dem wahren Werth von x um weniger als $1 : Q_\nu^2$. Die Grösse des Nenners giebt also unmittelbar ein Maass für die bereits erreichte Genauigkeit.

In den gewöhnlichen Fällen wird man die Zahlen $a_0, a_1, a_2 \ldots$ einfach dadurch erhalten, dass man auf die Zeichenwechsel der Functionen $f, f_1, f_2 \ldots$ achtet.

Um dies Verfahren an einem Beispiel zu erproben, nehmen wir die cubische Gleichung, die wir schon früher betrachtet haben:

$$x^3 - 2x - 2 = 0.$$

Sie hat eine Wurzel zwischen 1 und 2, also haben wir $a_0 = 1$ zu setzen.

Man erhält, wenn man die oben angegebene Transformation wirklich ausführt, die folgende Kette von Gleichungen:

$$\begin{aligned}
x^3 - 2x - 2 &= 0, & a_0 &= 1 \\
3x^3 - x^2 - 3x - 1 &= 0, & a_1 &= 1 \\
2x^3 - 4x^2 - 8x - 3 &= 0, & a_2 &= 3 \\
9x^3 - 22x^2 - 14x - 2 &= 0, & a_4 &= 1 \\
46x^3 - 6x^2 - 32x - 9 &= 0, & a_3 &= 2 \\
x^3 - 94x^2 - 132x - 46 &= 0, & a_5 &= 95 \\
3561x^3 - 9183x^2 - 191x - 1 &= 0, & a_6 &= 2,
\end{aligned}$$

also

$$x = (1, 1, 3, 2, 1, 95, 2 \ldots)$$

und die Näherungsbrüche:

$$\frac{1}{1}, \frac{2}{1}, \frac{7}{4}, \frac{16}{9}, \frac{23}{13}, \frac{2201}{1244}, \frac{4425}{2501} \cdots$$

Wenn wir die beiden letzten Brüche in Decimalbrüche verwandeln, so erhalten wir für x die beiden Grenzen:

$$1{,}7692926; \quad 1{,}76929228,$$

und der Fehler in der letzteren etwas zu kleinen Zahl ist kleiner als

$$0{,}00000016.$$

Dass man hier nach wenig Schritten ein gutes Resultat erhält, beruht auf dem Umstande, dass hier ziemlich früh ein grösserer Theilnenner 95 auftritt. In den meisten Fällen bekommt man für die Theilnenner kleine Zahlen; dann wachsen die Nenner der Näherungsbrüche langsam, und man erhält nur mühselig ein Resultat von grösserer Genauigkeit.

Die Auffindung grösserer Theilnenner, z. B. 95, wird durch die Bemerkung erleichtert, dass, wenn eine Wurzel einer Gleichung einen grossen Werth hat, der negative Coëfficient der zweithöchsten Potenz der Unbekannten eine, wenn auch nur rohe Annäherung an diese Wurzel giebt, wie z. B. in der vorletzten der obigen Gleichungen 94 an 95.

§. 130.

Rationale Wurzeln ganzzahliger Gleichungen. Reducible Gleichungen.

Wir schliessen diesen Abschnitt mit einer Betrachtung über ganzzahlige Gleichungen, die, wenn sie auch nicht unmittelbar mit der Theorie der Kettenbrüche in Beziehung steht, doch hier am passendsten eine Stelle findet.

Wenn man es mit Gleichungen zu thun hat, deren Coëfficienten rationale Zahlen sind, so wird man zunächst nach etwaigen rationalen Wurzeln suchen. Wenn die Gleichung

$$f(x) = a_0 x^n + a_1 x^{n-1} + a_2 x^{n-2} + \cdots + a_{n-1} x + a_n = 0$$

rationale Coëfficienten hat, so können wir immer annehmen, dass diese Coëfficienten ganze Zahlen sind; man hat nur nöthig, um den Fall gebrochener Coëfficienten darauf zurückzuführen, die ganze Gleichung mit einem gemeinschaftlichen Vielfachen aller Nenner zu multipliciren.

Wir können aber auch noch weiter annehmen, dass $a_0 = 1$ sei; denn setzen wir in dem Product $a_0^{n-1} f(x)$

$$a_0 x = x_1,$$

so wird die Gleichung

$$x_1^n + a_1 x_1^{n-1} + a_0 a_2 x_1^{n-2} + \cdots + a_0^{n-1} a_n = 0.$$

Wir wollen also jetzt annehmen, dass in der Gleichung

$$(1) \quad x^n + a_1 x^{n-1} + a_2 x^{n-2} + \cdots + a_{n-1} x + a_n = 0$$

die Coëfficienten $a_1, a_2 \ldots a_n$ ganze Zahlen sind. Eine rationale Wurzel von (1) kann nicht eine gebrochene Zahl sein; denn nehmen wir an, es werde (1) befriedigt durch den Bruch

$$x = \frac{p}{q},$$

wo p und q ganze Zahlen ohne gemeinsamen Theiler sind, und q positiv und grösser als 1 ist, so folgt durch Multiplication mit q^{n-1}

$$\frac{p^n}{q} + a_1 p^{n-1} + a_2 q p^{n-2} + \cdots + a_n q^{n-1} = 0.$$

Es müsste also $p^n : q$ eine ganze Zahl sein, was unmöglich ist.

Wenn nun die Gleichung (1) dadurch befriedigt werden kann, dass man für x eine ganze Zahl setzt, so muss diese ganze Zahl, wie die Gleichung (1) zeigt, nothwendig ein Theiler von a_n sein, und man hat also nur die verschiedenen Divisoren von a_n, mit positivem und negativem Zeichen behaftet, versuchsweise in die Gleichung einzusetzen.

Auf die Frage nach rationalen Wurzeln einer ganzzahligen Gleichung kommt auch die allgemeine Frage zurück, ob eine ganze rationale Function

$$f(x) = x^n + a_1 x^{n-1} + a_2 x^{n-2} + \cdots + a_{n-1} x + a_n,$$

deren Coëfficienten $a_1, a_2 \ldots a_n$ ganze Zahlen sind, durch eine rationale Function von niedrigerem Grade ν:

$$\varphi(x) = x^\nu + \alpha_1 x^{\nu-1} + \alpha_2 x^{\nu-2} + \cdots + \alpha_{\nu-1} x + \alpha_\nu$$

mit rationalen Coëfficienten $\alpha_1, \alpha_2 \ldots \alpha_\nu$ theilbar sein kann. Wenn $f(x)$ durch $\varphi(x)$ theilbar ist, so ist der Quotient $\psi(x)$ wieder eine ganze rationale Function mit rationalen Coëfficienten vom Grade $n - \nu$:

$$\psi(x) = x^{n-\nu} + \beta_1 x^{n-\nu-1} + \cdots + \beta_{n-\nu-1} x + \beta_{n-\nu},$$

und da $f(x)$ auch durch $\psi(x)$ theilbar ist, so können wir bei der Entscheidung unserer Frage $\nu \leqq \frac{1}{2} n$ annehmen. Ausserdem folgt aus §. 2, dass die Coëfficienten α und β von φ und ψ ganze Zahlen sein müssen.

Um nun über die Möglichkeit einer solchen Theilung zu entscheiden, nehme man die Function $\varphi(x)$ mit unbestimmten Coëfficienten α, und dividire $f(x)$ durch $\varphi(x)$ (nach §. 3). Es ergiebt sich dann ein Rest vom Grade $\nu - 1$, und wenn man dessen Coëfficienten, die sämmtlich rationale Functionen der α sind, gleich Null setzt, so erhält man ν Gleichungen, denen diese Coëfficienten genügen müssen. Man kann durch Elimination (§. 50) eine Gleichung herstellen, die nur noch eine dieser Unbekannten enthält, und die dann eine ganzzahlige Wurzel haben muss. Es wird aber oft zweckmässiger sein, diese Elimination nicht wirklich auszuführen, sondern direct zu versuchen, dem System der ν Gleichungen durch ganzzahlige Werthe der α zu genügen. Die Auswahl der zu erprobenden Zahlen kann durch manchen Kunstgriff, der auf zahlentheoretischen Sätzen beruht, sehr eingeschränkt werden.

Wir wollen beispielsweise eine Gleichung zehnten Grades aus der Theorie der elliptischen Functionen entnehmen, wo solche Aufgaben sehr häufig in der Weise vorkommen, dass die Zerlegbarkeit in Factoren bestimmten Grades theoretisch feststeht, und wo es sich dann darum handelt, diese Factoren zu finden [1]). Eine solche Gleichung ist

$$x^{10} - 36 x^8 + 528 x^6 - 3897 x^4 + 14354 x^2 - 21025 = 0.$$

Wir fragen, ob die linke Seite in zwei Factoren fünften Grades zerlegbar ist. Wenn der eine der beiden Factoren

$$x^5 + \alpha x^4 + \beta x^3 + \gamma x^2 + \delta x + \varepsilon$$

ist, so ist der andere, da in der gegebenen Gleichung keine ungeraden Potenzen vorkommen,

$$x^5 - \alpha x^4 + \beta x^3 - \gamma x^2 + \delta x - \varepsilon,$$

und es muss also sein:

$$\begin{aligned} x^{10} - 36 x^8 + 528 x^6 - 3897 x^4 + 14354 x^2 - 21025 \\ = (x^5 + \beta x^3 + \delta x)^2 - (\alpha x^4 + \gamma x^2 + \varepsilon)^2. \end{aligned}$$

[1]) Vgl. des Verfassers Werk: „Elliptische Functionen und algebraische Zahlen", Braunschweig 1891. Das hier behandelte Beispiel aus der Theorie der Transformation 47ten Grades ist aus der Abhandlung genommen: „Ein Beitrag zur Transformationstheorie der elliptischen Functionen etc." von H. Weber (1893). Mathematische Annalen, Bd. 43.

Setzt man entsprechende Coëfficienten einander gleich, so folgt

$$
\begin{array}{ll}
1. & \alpha^2 - 2\beta = 36, \\
2. & \beta^2 + 2\delta - 2\alpha\gamma = 528, \\
3. & \gamma^2 + 2\alpha\varepsilon - 2\beta\delta = 3897, \\
4. & \delta^2 - 2\gamma\varepsilon = 14354, \\
5. & \varepsilon^2 = 21025,
\end{array}
$$

und es sind nun ganzzahlige Werthe von $\alpha, \beta, \gamma, \delta, \varepsilon$ zu suchen, die diesen fünf Gleichungen genügen. Zunächst erhält man aus 5.:

$$\varepsilon = \sqrt{21025} = 145 = 5 \,.\, 29,$$

und man kann ε positiv annehmen, weil das von x unabhängige Glied jedenfalls in einem der beiden Factoren positiv ist. Die Gleichung 4. ergiebt, wenn man rechts den Rest nach dem Modul 145 nimmt,

$$(4) \qquad \delta^2 \equiv -1 \pmod{145},$$

und diese Congruenz hat die vier Lösungen

$$\delta \equiv \pm 12, \quad \pm 17 \pmod{145}.$$

Da δ nach 4. ausserdem gerade sein muss, so könnte δ folgende Werthe haben:

$$\delta = \pm 12, \quad \pm 128, \quad \pm 162.$$

Weiter wird man vorläufig nicht gehen, da grosse Zahlwerthe für δ von vornherein unwahrscheinlich sind. Diesen Werthen von δ entsprechend erhält man aus 4. für γ:

$$\gamma = -49, \quad 7, \quad 41.$$

Wenden wir noch den Modul 5 an, so folgt:

$$\gamma^2 \equiv 1, \quad -1, \quad 1 \quad \pmod 5$$

und aus 3.:

$$\beta \equiv \pm 1, \quad \pm 2, \quad \pm 1 \pmod 5$$

und aus 1.:

$$\alpha^2 \equiv 1 \pm 2, \quad 1 \mp 1, \quad 1 \pm 2 \pmod 5.$$

Daraus ergiebt sich, da nur 0, 1 und 4, nicht 2 und 3 nach dem Modul 5 mit einem Quadrat congruent sein können, dass in δ die Zeichen so genommen werden müssen:

$$
\begin{array}{llll}
\delta = -12, & +128, & -162 & \\
\alpha \equiv \pm 2, & 0, & \pm 2 & \pmod 5.
\end{array}
$$

Die Gleichung 2. zeigt noch, dass der mittlere Fall auszuschliessen ist, da die rechte Seite nicht durch 5 theilbar ist.

Dass auch $\delta = -12$ ausgeschlossen werden muss, ergiebt sich aus der Gleichung 2., die für $\delta = -12$, $\gamma = -49$ die Congruenz

$$\beta^2 \equiv 6 \pmod 7$$

zur Folge hat, die aber nicht lösbar ist.

Es bleibt also nur noch übrig:

$$\delta = -162, \quad \gamma = 41.$$

Aus 3. folgt für β die Congruenz:

$$17\beta \equiv 93 \pmod{145}$$

oder

$$\beta \equiv -1 \pmod 5, \qquad 2\beta \equiv -1 \pmod{29},$$

also

$$\beta \equiv 14 \pmod{145}.$$

Nimmt man $\beta = 14$ an, so folgt $\alpha = -8$, und alle Gleichungen 1. bis 5. sind befriedigt. Es hat sich also damit die Zerlegung ergeben, die nachträglich leicht zu verificiren ist.

$$x^{10} - 36x^8 + 528x^6 - 3897x^4 + 14354x^2 - 21025 =$$
$$(x^5 - 8x^4 + 14x^3 + 41x^2 - 162x + 145)$$
$$(x^5 + 8x^4 + 14x^3 - 41x^2 - 162x - 145).$$

Zwölfter Abschnitt.

Theorie der Einheitswurzeln.

---

§. 131.

Die Einheitswurzeln.

Unter einer Einheitswurzel versteht man allgemein eine reelle oder imaginäre Zahl von der Beschaffenheit, dass irgend eine ihrer Potenzen mit einem ganzzahligen Exponenten gleich 1 ist. Diese Einheitswurzeln haben wir schon im §. 33 kennen gelernt und durch trigonometrische und Exponentialfunctionen dargestellt. Wir haben ferner specielle Fälle, z. B. im §. 35 die dritten Einheitswurzeln, benutzt, die dort ohne trigonometrische Functionen ausgedrückt wurden.

In allen tiefer gehenden Untersuchungen über algebraische Gleichungen ist nun eine genauere Kenntniss der Einheitswurzeln und ihrer Eigenschaften unerlässlich. Wir werden uns daher in diesem Abschnitt mit dem elementaren Theil der algebraischen Theorie der Einheitswurzeln eingehender beschäftigen, ohne von ihrer Darstellung durch trigonometrische Functionen Gebrauch zu machen. Wegen der geometrischen Anwendung auf die Construction der regulären Vielecke, auf die wir schon im §. 33 hingewiesen haben, wird die Theorie der Einheitswurzeln auch die Kreistheilungstheorie genannt. Sie ist im Wesentlichen eine Schöpfung von Gauss[1]).

---

[1]) Gauss, Disq. ar. Sectio VII.

Wenn die n^{te} Potenz einer Zahl r gleich 1 ist, wenn also die Gleichung

(1) $$r^n = 1$$

für ein ganzes positives n befriedigt ist, so heisst r eine n^{te} Einheitswurzel oder eine Einheitswurzel vom Grade n. Es sind also alle n^{ten} Einheitswurzeln, und nur diese, Wurzeln der Gleichung n^{ten} Grades

(2) $$f(x) = x^n - 1 = 0.$$

Es ist

(3) $$f'(x) = n\,x^{n-1},$$

und folglich hat $f(x)$ mit $f'(x)$ keinen Theiler gemein; also hat $f(x)$ keine mehrfachen Wurzeln, und es giebt n und nicht mehr von einander verschiedene n^{te} Einheitswurzeln.

Ist r eine n^{te} Einheitswurzel, so ist es auch jede ganze Potenz von r, denn aus $r^n = 1$ folgt $r^{kn} = 1$, wenn k eine beliebige positive oder negative ganze Zahl ist (auch $k = 0$ nicht ausgeschlossen); also ist auch r^k eine n^{te} Einheitswurzel. Da es aber nur n Einheitswurzeln vom Grade n giebt, so sind die Potenzen r^k nicht alle von einander verschieden. Hierüber gilt nun Folgendes:

Wenn zwei Zahlen k, k' sich um ein Vielfaches von n unterscheiden, wenn also

(4) $$k' \equiv k \pmod{n}$$

ist, so ist auch

(5) $$r^k = r^{k'}.$$

Denn ist $k' = k + h\,n$, so ist

$$r^{k'} = r^k\,r^{h\,n},$$

woraus, da $r^n = 1$ ist, die Gleichung (5) folgt.

Es sind also in der Reihe der Zahlen

(6) $$1,\ r,\ r^2,\ r^3 \ldots r^{n-1}$$

gewiss alle von einander verschiedenen r^k enthalten; aber es müssen nicht umgekehrt die Grössen (6) alle von einander verschieden sein.

Nehmen wir an, es seien k und $k' = k + \mu$ zwei Zahlen der Reihe

$$0,\ 1,\ 2 \ldots n - 1$$

und

$$r^k = r^{k+\mu},$$

so folgt, dass $r^\mu = 1$ sein muss. Es kann also in der Reihe (6) kein früher dagewesenes Glied wiederkehren, ehe das erste Glied 1 zum zweiten Male vorkommt, und wenn μ die kleinste positive Zahl ist, für die $r^\mu = 1$ ist, so sind die Zahlen:

$$(7) \qquad 1, r, r^2 \ldots r^{\mu-1}$$

alle von einander verschieden.

Es muss dann μ ein Theiler von n sein. Denn durch Division lassen sich die ganzen Zahlen h, μ' so bestimmen, dass

$$n = h\mu + \mu'; \quad 0 \leqq \mu' < \mu.$$

Dann ist aber auch, wie aus

$$r^n = r^{h\mu}\, r^{\mu'}$$

hervorgeht, $r^{\mu'} = 1$, d. h. da μ die kleinste positive Zahl sein soll, für die $r^\mu = 1$ ist, $\mu' = 0$, oder n durch μ theilbar.

Es ist also r zugleich μ^{te} Einheitswurzel, aber nicht Einheitswurzel von noch niedrigerem Grade.

Man nennt die Zahl r eine primitive n^{te} Einheitswurzel, wenn sie nicht zugleich Einheitswurzel eines niedrigeren Grades ist.

Aus dieser Definition folgt, dass die Zahlen der Reihe (6), wenn r eine primitive n^{te} Einheitswurzel ist, alle von einander verschieden sind, und dass sämmtliche n^{ten} Einheitswurzeln darunter enthalten sind, dass sie aber nur einen Theil der n^{ten} Einheitswurzeln ausmachen, wenn r eine imprimitive n^{te} Einheitswurzel ist.

Jede Einheitswurzel, deren Grad ein von n verschiedener Theiler von n ist, ist zugleich imprimitive n^{te} Einheitswurzel.

Ist r zugleich n^{te} und m^{te} Einheitswurzel, so ist es auch μ^{te} Einheitswurzel, wenn μ der grösste gemeinschaftliche Theiler von n und m ist.

Denn nach §. 118 kann man die ganzen Zahlen x, y so bestimmen, dass

$$mx + ny = \mu$$

wird, und folglich ist

$$r^\mu = r^{mx}\, r^{ny} = 1.$$

Dem entspricht der andere Satz:

Sind $r_1, r_2 \ldots$ Einheitswurzeln der Grade $n_1, n_2 \ldots$, so sind sie alle zugleich Einheitswurzeln des Grades m, wenn m irgend ein gemeinschaftliches Vielfaches von $n_1, n_2 \ldots$ bedeutet.

§. 132.

Primitive Einheitswurzeln.

Dass primitive Einheitswurzeln für jeden Grad n existiren, haben wir im vorigen Paragraphen noch nicht bewiesen. Wir müssen dies zunächst nachholen und werden dabei auch die genaue Zahl der primitiven Einheitswurzeln feststellen.

Sei der Grad n in zwei Factoren a, b zerlegt, die zu einander relativ prim sind, also

$$n = ab,$$

und sei α eine a^{te}, β eine b^{te} Einheitswurzel. Dann ist das Product

$$r = \alpha\beta \tag{1}$$

eine n^{te} Einheitswurzel. Sind α', β' zwei andere a^{te} und b^{te} Einheitswurzeln, so ist $r' = \alpha'\beta'$ auch eine n^{te} Einheitswurzel, und es ist zu zeigen, dass r' von r verschieden ist, wenn nicht gleichzeitig $\alpha = \alpha'$ und $\beta = \beta'$ ist.

Da nämlich a, b relativ prim sind, so kann man nach §. 118 die ganzen Zahlen x, y so bestimmen, dass

$$ax + by = 1 \tag{2}$$

ist; und dann folgt aus (1)

$$\alpha = r^{by}, \quad \beta = r^{ax}.$$

Demnach ist α und β durch r vollständig bestimmt, und wenn $\alpha'\beta'$ auch gleich r sein soll, so muss $\alpha = \alpha'$, $\beta = \beta'$ sein.

Lässt man also in (1) α alle a^{ten}, β alle b^{ten} Einheitswurzeln durchlaufen, so erhält r genau $ab = n$ verschiedene Werthe, und es folgt:

I. dass in der Form $\alpha\beta$ alle n^{ten} Einheitswurzeln darstellbar sind,

und weiter:

II. dass r dann und nur dann eine primitive n^{te} Einheitswurzel ist, wenn α eine primitive a^{te} und β eine primitive b^{te} Einheitswurzel ist.

Denn erstens sei μ der kleinste positive Exponent, für den $r^\mu = 1$ ist; dann ist auch $\alpha^\mu\beta^\mu = 1$, und daraus folgt nach (2), wenn man beiderseits zur Potenz by und ax erhebt,

$$\alpha^\mu = 1, \quad \beta^\mu = 1.$$

Wenn nun $\mu < n$ ist, so kann es nicht zugleich durch a und durch b theilbar sein, und also können auch a und b nicht beide die kleinsten positiven Exponenten der Potenzen von α und β sein, die gleich 1 werden, d. h. also, wenn r nicht primitive n^{te} Einheitswurzel ist, so sind auch α und β nicht zugleich primitive a^{te} und b^{te} Einheitswurzeln, oder wenn α und β primitive a^{te} und b^{te} Einheitswurzeln sind, so ist ihr Product r primitive n^{te} Einheitswurzel. Auf der anderen Seite ist klar, dass, wenn α oder β zugleich Einheitswurzel von niedrigerem Grade als a oder b ist, auch r Einheitswurzel von niedrigerem als dem n^{ten} Grade sein wird.

Zerfällt n in mehrere Factoren $a, b, c \ldots$, von denen je zwei zu einander relativ prim sind, und sind $\alpha, \beta, \gamma \ldots$ Einheitswurzeln der Grade $a, b, c \ldots$, und setzt man

(3) $$r = \alpha\beta\gamma\ldots,$$

so schliesst man durch mehrmalige Anwendung der vorigen Sätze, dass in (3) alle n^{ten} Einheitswurzeln, und jede nur einmal, enthalten sind, und ferner, dass r dann und nur dann primitive n^{te} Einheitswurzel ist, wenn $\alpha, \beta, \gamma \ldots$ primitive Einheitswurzeln der Grade $a, b, c \ldots$ sind.

Bezeichnen wir jetzt die Anzahl der primitiven n^{ten} Einheitswurzeln durch $\varphi(n)$, so folgt aus dem hier Bewiesenen

(4) $$\varphi(n) = \varphi(a)\,\varphi(b)\,\varphi(c)\ldots,$$

wenn

$$n = abc\ldots$$

und $a, b, c \ldots$ Zahlen sind, die, je zwei und zwei, zu einander relativ prim sind.

Nun kann man jede Zahl n auf eine und nur auf eine Weise in ein Product von Primzahlpotenzen zerlegen

$$n = p^{\pi} p_1^{\pi_1} p_2^{\pi_2}\ldots,$$

worin $p, p_1, p_2 \ldots$ verschiedene Primzahlen und $\pi, \pi_1, \pi_2 \ldots$ positive Exponenten sind, so dass aus der Formel (4) folgt:

(5) $$\varphi(n) = \varphi(p^{\pi})\,\varphi(p_1^{\pi_1})\,\varphi(p_2^{\pi_2})\ldots,$$

und dass es also nur noch darauf ankommt, zu entscheiden, ob und wie viele primitive Einheitswurzeln des Grades p^{π} existiren.

Diese Frage ist aber sehr einfach zu entscheiden. Wenn nämlich ϱ eine Einheitswurzel vom Grade p^{π} ist, so ist der niedrigste Grad, zu dem ϱ als Einheitswurzel gehört, ein Theiler von p^{π}, also eine Potenz von p, und wenn er also nicht gleich

p^π ist, ein Theiler von $p^{\pi-1}$; d. h. jede nicht primitive Einheitswurzel vom Grade p^π ist zugleich Einheitswurzel vom Grade $p^{\pi-1}$. Da es aber p^π Einheitswurzeln vom Grade p^π und nur $p^{\pi-1}$ Einheitswurzeln vom Grade $p^{\pi-1}$ giebt, so müssen

$$p^\pi - p^{\pi-1} = p^\pi\left(1 - \frac{1}{p}\right)$$

primitive Einheitswurzeln des Grades p^π vorhanden sein. Daraus erhält man nach (5) die Anzahl aller primitiven n^{ten} Einheitswurzeln

$$\varphi(n) = n\,\Pi\left(1 - \frac{1}{p}\right), \tag{6}$$

worin das Productzeichen Π sich auf alle von einander verschiedenen in n aufgehenden Primzahlen bezieht. Nur für den Fall $n = 1$ passt die Formel (6) nicht mehr; in diesem Falle ist $\varphi(1) = 1$ zu setzen. Die Zahl $\varphi(n)$ ist also niemals gleich Null. Da es hiernach für jeden Grad n wenigstens eine primitive Einheitswurzel r giebt, so lassen sich alle n^{ten} Einheitswurzeln durch die Potenzen von r darstellen:

$$1,\ r,\ r^2,\ r^3 \ldots r^{n-1}. \tag{7}$$

Ist r^k irgend eine Potenz von r, so wird dann und nur dann $r^{km} = 1$ sein, wenn km durch n theilbar ist. Ist also $n = n'n''$ und n' der grösste gemeinsame Theiler von k und n, so muss m durch n'' theilbar sein und n'' ist der Exponent der niedrigsten Potenz von r^k, die gleich 1 wird, d. h. r^k ist eine primitive n''^{te} Einheitswurzel. Es folgt hieraus der Satz:

III. Ist r primitive n^{te} Einheitswurzel, so ist r^k dann und nur dann primitive n^{te} Einheitswurzel, wenn k relativ prim zu n ist.

Nehmen wir k aus der Reihe der Zahlen 1, 2, 3 ... n, so ergiebt sich der Satz der Zahlentheorie, dass $\varphi(n)$ gleich der Anzahl der Zahlen ist, die nicht grösser als n und relativ prim zu n sind. Dies ist die ursprüngliche Definition des in der Zahlentheorie allgemein gebrauchten Zeichens $\varphi(n)$.

Ist k relativ prim zu n, so kann man eine ganze Zahl x so bestimmen, dass $kx \equiv 1 \pmod n$ wird. Sind dann r, r_1 zwei n^{te} Einheitswurzeln, so kann nur dann $r^k = r_1^k$ sein, wenn $r = r_1$ ist, wie sich durch Erheben zur Potenz x ergiebt. Daraus folgt nach III.:

IV. Ist k relativ prim zu n und durchläuft r die Reihe der primitiven n^{ten} Einheitswurzeln, so durchläuft r^k dieselbe Zahlenreihe, wenn auch in anderer Ordnung.

Endlich führen wir noch den Satz an:

V. Ist n eine Primzahl, so ist jede n^{te} Einheitswurzel mit Ausnahme von 1 primitive n^{te} Einheitswurzel.

§. 133.

Gleichungen für die primitiven Einheitswurzeln n^{ten} Grades.

Alle n^{ten} Einheitswurzeln sind, wie wir gesehen haben, Wurzeln einer Gleichung $f_n(x) = 0$, wenn

$$(1) \qquad f_n(x) = x^n - 1$$

ist; wenn wir die Function $f_n(x)$ von allen Factoren befreien, die sie mit anderen Functionen derselben Form $f_{n_1}(x)$ gemein hat, was durch rationale Operationen geschieht (§. 6), so erhalten wir eine Gleichung $X_n = 0$, der die primitiven n^{ten} Einheitswurzeln und nur diese genügen und X_n hat die Form

$$(2) \qquad X_n = x^\nu + a_1 x^{\nu-1} + \cdots + a_\nu.$$

Der Grad ν ist gleich $\varphi(n)$ und die Coëfficienten $a_1, a_2 \ldots a_\nu$ sind rationale Zahlen.

Beim Aufsuchen der gemeinschaftlichen Factoren von f_n und f_{n_1} können wir uns für n_1 auf die Theiler von n beschränken. Wie man die Function X_n einfach bilden kann, werden wir gleich noch näher sehen. Wir beweisen aber zunächst einen allgemeinen Satz über diese Functionen.

Die n^{ten} Einheitswurzeln umfassen alle primitiven μ^{ten} Einheitswurzeln, worin μ irgend ein Theiler von n ist, n selbst und 1 eingeschlossen, da als primitive erste Einheitswurzel eben die Einheit 1 selbst zu betrachten ist. Lassen wir also μ alle Divisoren von n durchlaufen und beachten, dass zwei verschiedene X_μ niemals einen gemeinschaftlichen Theiler haben, und dass sowohl $f_n(x)$ als X_μ keine mehrfachen Factoren enthalten, so folgt

$$(3) \qquad f_n(x) = \Pi\, X_\mu,$$

worin sich das Productzeichen Π auf alle Theiler μ von n bezieht.

Daraus erhalten wir nebenbei einen Beweis des zahlentheoretischen Satzes

$$(4) \qquad n = \sum^{\mu} \varphi(\mu),$$

wenn wir den Grad der Functionen auf der rechten und der linken Seite von (3) einander gleich setzen.

Andererseits schliessen wir nach dem Gauss'schen Theorem (§. 2), dass die Coëfficienten der sämmtlichen X_μ ganze Zahlen sind. Denn kämen darunter auch gebrochene Zahlen vor, so könnte das Product nicht lauter ganzzahlige Coëfficienten enthalten, wie es doch nach (3) und (1) sein muss.

Alle Functionen $f_n(x)$ haben den Theiler $x - 1$, und wenn wir die Theilung ausführen, so ergiebt sich

$$(5) \qquad \frac{x^n - 1}{x - 1} = x^{n-1} + x^{n-2} + \cdots + x + 1.$$

Hieraus schliessen wir, dass, wenn r irgend eine primitive oder nicht primitive n^{te} Einheitswurzel ist, mit alleiniger Ausnahme von $r = 1$, immer

$$(6) \qquad 1 + r + r^2 + \cdots + r^{n-1} = 0,$$

während für $r = 1$ die Summe auf der linken Seite von (6) offenbar den Werth n hat.

Wenn n eine Primzahl ist, so giebt es ausser 1 keine imprimitiven n^{ten} Einheitswurzeln, und daher ist, wenn n eine Primzahl ist, was wir dadurch andeuten wollen, dass wir p dafür setzen,

$$(7) \qquad X_p = x^{p-1} + x^{p-2} + \cdots + x + 1.$$

Ebenso einfach lässt sich X_n bilden, wenn n eine Primzahlpotenz ist, also

$$n = p^\pi,$$

oder, wenn wir zur Abkürzung $p^{\pi-1} = p'$ setzen:

$$n = p'p.$$

Die n^{ten} Einheitswurzeln bestehen in diesem Falle aus den primitiven n^{ten} Einheitswurzeln und aus den p'^{ten} Einheitswurzeln und es ist also:

$$(8) \quad X_n = \frac{x^{pp'} - 1}{x^{p'} - 1} = x^{p'(p-1)} + x^{p'(p-2)} + \cdots + x^{p'} + 1$$

Ist $p' > 1$, also $\pi > 1$, so fehlt in dieser Gleichung das Glied mit der $(\nu - 1)^{\text{ten}}$ Potenz der Unbekannten, dessen Coëfficient der negativen Summe der Wurzeln gleich ist. Wir haben also den Satz:

Die Summe aller primitiven n^{ten} Einheitswurzeln ist, wenn n eine höhere Potenz einer Primzahl ist, immer gleich Null.

Zur allgemeinen Bildung von X_n wollen wir ein recurrentes Verfahren anwenden; wir nehmen X_n als schon gebildet an, bezeichnen mit p eine in n nicht aufgehende Primzahl, mit p' wie oben die $(\pi - 1)^{\text{te}}$ Potenz von p, und bilden nun $X_{np'p}$, worin natürlich p' auch gleich 1 sein kann.

Bezeichnen wir mit r die primitiven n^{ten} Einheitswurzeln, mit α jede Einheitswurzel des Grades pp', und mit α' jede Einheitswurzel des Grades p', so erhält man die sämmtlichen primitiven Einheitswurzeln des Grades npp', wenn man von den sämmtlichen $r\alpha$ die $r\alpha'$ wegnimmt (§. 132, II). Die $r\alpha$ sind aber die Wurzeln der Gleichung:

$$X_n(x^{pp'}) = 0,$$

weil die Grössen

$$(r\alpha)^{pp'} = r^{pp'},$$

von der Reihenfolge abgesehen, mit den r selbst übereinstimmen (§. 132, IV). Ebenso sind die $r\alpha'$ die Wurzeln der Gleichung

$$X_n(x^{p'}) = 0;$$

und daraus ergiebt sich

$$X_{npp'}(x) = \frac{X_n(x^{pp'})}{X_n(x^{p'})}. \tag{9}$$

Hiervon macht auch der Werth $n = 1$ keine Ausnahme, wenn wir unter X_1 die Function $x - 1$ verstehen. Danach können wir X_n in allen Fällen verhältnissmässig einfach bilden. Wir betrachten einige besondere Fälle.

Nehmen wir an, es enthalte n nur zwei von einander verschiedene Primzahlen p, q und sei also

$$n = pp'qq',$$

dann ergiebt die Formel (8) und (9):

$$X_n = \frac{(x^n - 1)\left(x^{\frac{n}{pq}} - 1\right)}{\left(x^{\frac{n}{p}} - 1\right)\left(x^{\frac{n}{q}} - 1\right)},$$

eine Formel, die sich leicht durch vollständige Induction folgendermaassen verallgemeinern lässt.

Bezeichnet man mit μ_1 alle Zahlen, die aus n entstehen, wenn man n durch eine gerade Zahl verschiedener Primtheiler von n dividirt (n selbst eingeschlossen), mit μ_2 die Zahlen, die aus n entstehen, wenn man n durch eine ungerade Zahl solcher Primtheiler dividirt, so ist

$$X_n = \frac{\overset{\mu_1}{\Pi}(x^{\mu_1} - 1)}{\overset{\mu_2}{\Pi}(x^{\mu_2} - 1)}. \tag{10}$$

Der Beweis ergiebt sich aus (9) für npp', wenn man annimmt, die Richtigkeit sei für n schon bewiesen.

Bedeutet r jede der primitiven n^{ten} Einheitswurzeln, so sind bei ungeradem n die $-r$ die primitiven $2n^{\text{ten}}$ Einheitswurzeln (§. 132, I, II). Demnach ist bei ungeradem n

$$X_{2n}(x) = X_n(-x). \tag{11}$$

Ist n eine Potenz von 2, so ist nach (8):

$$X_n = \frac{x^n - 1}{x^{\frac{n}{2}} - 1} = x^{\frac{n}{2}} + 1. \tag{12}$$

Setzen wir in der Formel (8) $x = 1$, so erhält X_n den Werth p, wenn n eine Potenz von p ist. Dagegen ergiebt die Formel (9), wenn $n > 1$ ist, für $X_{npp'}$ den Werth 1 (für $n = 1$ würde auf der rechten Seite Zähler und Nenner $= 0$).

Wir erhalten also den Satz:

V. Die Function X_n erhält für $x = 1$ den Werth p, wenn n eine Potenz der Primzahl p ist, und den Werth 1, wenn n mehr als eine Primzahl als Theiler hat.

§. 134.

Irreducibilität.

Die Functionen X_n, die im vorhergehenden Paragraphen definirt sind, haben die für ihr tieferes Studium und alle Anwendungen sehr wichtige Eigenschaft der Irreducibilität, d. h.

Es ist nicht möglich, eine Function X_n von x in Factoren niedrigeren Grades zu zerlegen, die selbst ganze rationale Functionen von x mit rationalen Zahlencoëfficienten sind.

Dieser wichtige Satz ist für den Fall, dass n eine Primzahl ist, von Gauss aufgestellt und zuerst bewiesen. Später sind noch viele andere Beweise gegeben worden, die zum Theil allgemeiner und einfacher sind. Wir folgen hier einem Beweis von Kronecker.

In der Function X_n hat, wie wir vorhin gesehen haben, die höchste Potenz von x den Coëfficienten 1, während die übrigen Coëfficienten ganze Zahlen sind. Nehmen wir nun an, es könne X_n in zwei Factoren mit rationalen Coëfficienten

(1) $$X_n = \varphi(x)\, \psi(x)$$

zerlegt werden, so muss das Product der Coëfficienten der höchsten Potenzen von x in φ und ψ gleich 1 sein, und wir können also annehmen, dass diese höchsten Coëfficienten in φ und ψ selbst den Werth 1 haben (da wir anderenfalls durch das Product der beiden Coëfficienten dividiren würden). Dann folgt aber aus dem Gauss'schen Satz (§. 2), dass die übrigen Coëfficienten von $\varphi(x)$ und $\psi(x)$ ganze Zahlen sein müssen, dass also $\varphi(x)$ und $\psi(x)$, wenn für x eine ganze Zahl gesetzt wird, selbst in ganze Zahlen übergehen müssen.

Setzen wir also $x = 1$, so folgt:

$$\varphi(1)\, \psi(1) = X_n(1),$$

also nach Satz V. gleich 1 oder gleich einer Primzahl p. Demnach muss von den beiden Factoren $\varphi(1)$, $\psi(1)$ gewiss einer den Werth ± 1 haben, während der andere gleich ± 1 oder $\pm p$ ist. Wir nehmen also an, es sei

(2) $$\varphi(1) = \pm 1.$$

Die Wurzeln r der Gleichung $X_n = 0$ vertheilen sich nun auf die beiden Gleichungen $\varphi = 0$, $\psi = 0$, und da keiner der beiden Factoren φ, ψ von x unabhängig ist, so muss es unter den primitiven n^{ten} Einheitswurzeln r gewiss eine geben, die wir mit ϱ bezeichnen wollen, für die

$$\varphi(\varrho) = 0$$

ist.

Wenn nun r irgend eine primitive n^{te} Einheitswurzel bedeutet, so sind unter den Potenzen

$$r,\ r^2,\ r^3 \ldots r^{n-1}$$

alle n^{ten} Einheitswurzeln mit Ausnahme von 1, also auch ϱ enthalten, und es folgt also, dass das Product

(3) $$\Phi(x) = \varphi(x)\,\varphi(x^2)\,\varphi(x^3)\ldots\varphi(x^{n-1})$$
für $x = r$ verschwindet. Da aber r jede Wurzel von X_n sein kann, und diese Wurzeln alle von einander verschieden sind, so muss $\Phi(x)$ durch X_n theilbar sein, also

(4) $$\Phi(x) = X_n\,\Psi(x).$$

Die Function $\Phi(x)$ hat, wie aus ihrer Bildungsweise hervorgeht, den Coëfficienten 1 der höchsten Potenz von x und sonst ganzzahlige Coëfficienten; ebenso X_n. Es muss also auch $\Psi(x)$ den Coëfficienten 1 der höchsten Potenz von x und sonst ganzzahlige Coëfficienten haben. Es folgt aber aus (2) und (3), dass $\Phi(x)$ für $x = 1$ den Werth ± 1 erhält, also

(5) $$\pm 1 = X_n(1)\,\Psi(1),$$

worin $\Psi(1)$ eine ganze Zahl sein muss.

Wenn nun n eine Primzahlpotenz p^π ist, so ist $X_n(1) = p$, und dies widerspricht der Gleichung (5). Also ist die Irreducibilität von X_n für den Fall bewiesen, dass n eine Primzahl oder eine Potenz einer Primzahl ist.

Der allgemeine Beweis verlangt also noch Folgendes: Sind a und b zwei ganze Zahlen ohne gemeinsamen Theiler, wird ferner vorausgesetzt, dass X_a und X_b irreducibel sind, so folgt, dass auch X_{ab} irreducibel ist.

Um dies zu beweisen, setzen wir $n = ab$ und nehmen an, es sei $\varphi(x)$ ein rationaler Factor von X_n. Die Wurzeln von $\varphi(x) = 0$ sind dann unter den primitiven n^{ten} Einheitswurzeln enthalten, und sind also von der Form

(6) $$\varrho = \alpha\beta,$$

worin α und β gewisse primitive a^{te} und b^{te} Einheitswurzeln bedeuten (§. 132).

Nun lässt sich (durch einen speciellen Fall der Tschirnhausen-Transformation) aus $\varphi(x)$ eine Function $\Phi(x)$ mit rationalen Coëfficienten ableiten, deren Wurzeln die a^{ten} Potenzen der Wurzeln von $\varphi(x)$ sind. Es sind also die Wurzeln von $\Phi(x)$

$$\varrho^a = \beta^a,$$

d. h., da a relativ prim zu b ist, lauter primitive b^{te} Einheitswurzeln, und wenn also überhaupt ein ϱ vorhanden ist, so muss $\Phi(x)$ mit X_b einen nicht constanten Factor gemein haben. Nun haben wir aber als schon bewiesen vorausgesetzt, dass X_b keinen rationalen Factor ausser sich selbst habe; also muss $\Phi(x)$ durch

X_b theilbar sein, und die β^a und folglich auch die β selbst, die in (6) vorkommen, umfassen zusammen alle primitiven b^{ten} Einheitswurzeln. Ebenso wird nun bewiesen, dass α in (6) alle primitiven a^{ten} Einheitswurzeln durchläuft, und dass also ϱ alle primitiven n^{ten} Einheitswurzeln durchläuft.

Die Wurzeln von $\varphi(x)$ stimmen also völlig überein mit den sämmtlichen Wurzeln von X_n, und folglich muss, wenn wir zur Bestimmung eines Zahlenfactors etwa noch festsetzen, dass die höchste Potenz von x in $\varphi(x)$ den Coëfficienten 1 haben soll, $\varphi(x)$ mit X_n identisch sein.

Es ist also unter den gemachten Voraussetzungen X_n nicht in Factoren niedrigeren Grades mit rationalen Coëfficienten zerlegbar.

Mit denselben Hülfsmitteln können wir den folgenden Satz von Kronecker beweisen, der die Irreducibilität der Functionen X_n in einem weiteren Sinne ausspricht [1]).

Die Function X_n kann nicht in Factoren zerlegt werden, die in Bezug auf x ganz und rational sind, und in den Coëfficienten nur rationale Zahlen und Einheitswurzeln enthalten, deren Grad relativ prim zu n ist.

Angenommen, es sei a relativ prim zu n, und r eine primitive n^{te}, α eine primitive a^{te} Einheitswurzel, und es sei $\varphi(x, \alpha)$ ein Theiler von X_n, also wenigstens für ein r

$$\varphi(r, \alpha) = 0. \tag{7}$$

Es sei nun ϱ eine primitive $n a^{\text{te}}$ Einheitswurzel, also eine Wurzel von $X_{na} = 0$; dann ist sowohl r als α eine Potenz von ϱ (§. 131), etwa

$$r = \varrho^\xi, \quad \alpha = \varrho^\eta,$$

worin ξ relativ prim zu n, aber theilbar durch a, η relativ prim zu a, aber theilbar durch n ist. Es ist also

$$\varphi(\varrho^\xi, \varrho^\eta) = 0. \tag{8}$$

Nun ist, wie wir soeben bewiesen haben, X_{na} irreducibel, und folglich muss die Function $\varphi(x^\xi, x^\eta)$, die mit X_{na} einen Theiler gemein hat, durch diese Function theilbar sein, d. h. es ist für jedes ganzzahlige h, was zu $n a$ relativ prim ist:

$$\varphi(\varrho^{h\xi}, \varrho^{h\eta}) = 0. \tag{9}$$

---

1) Mém. sur les facteurs irréductibles de l'expression $(x^n - 1)$. Liouville's Journal, Vol. XIV.

Ist nun s eine beliebige zu n theilerfremde Zahl, so können wir h so bestimmen, dass

$$h \equiv s \pmod{n}, \quad h \equiv 1 \pmod{a}$$

wird, und demnach folgt aus (9)

$$\varphi(r^s, \alpha) = 0,$$

d. h. die Gleichung (7) ist für alle Wurzeln von X_n befriedigt. Es ist also $\varphi(x, \alpha)$ durch X_n theilbar und muss also, da andererseits X_n durch $\varphi(x, \alpha)$ theilbar vorausgesetzt war, bis auf einen numerischen Factor mit X_n identisch sein.

§. 135.

Die Discriminante der Kreistheilungsgleichung.

Die Einheitswurzeln vom Grade n lassen sich in transcendenter Form darstellen durch

$$(1) \qquad r = e^{\frac{2\pi i k}{n}} = \cos\frac{2\pi k}{n} + i \sin\frac{2\pi k}{n}.$$

Diese Einheitswurzel ist primitiv oder nicht primitiv, je nachdem k theilerfremd zu n ist oder nicht. Die einfachste unter den primitiven erhält man für $k = 1$, nämlich

$$(2) \qquad r_0 = e^{\frac{2\pi i}{n}} = \cos\frac{2\pi}{n} + i \sin\frac{2\pi}{n} = a + b i.$$

Der Winkel $2\pi : n$ ist der n^{te} Theil der ganzen Kreisperipherie. Die verschiedenen Theilpunkte, die man erhält, wenn man diesen Winkel von einem beliebigen Anfangspunkte an auf der Peripherie aufträgt, bestimmen das dem Kreise eingeschriebene reguläre n-Eck.

Fig. 28.

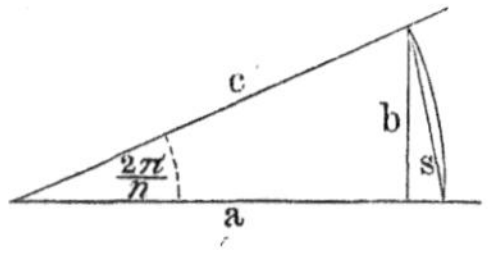

Die Theilpunkte lassen sich construiren, wenn man r und damit a und b (oder auch nur eine dieser beiden Grössen) kennt. Insbesondere ergiebt sich für die Seite s des regulären n-Eckes, wenn der Radius c des umgeschriebenen Kreises gleich 1 angenommen wird,

$$s = 2 \sin\frac{\pi}{n} = \sqrt{2\left(1 - \cos\frac{2\pi}{n}\right)}.$$

Die übrigen Grössen r stehen in derselben Beziehung zu den anderen Theilpunkten. Wegen dieser geometrischen Bedeutung nennen wir die Gleichung $X_n = 0$, deren Wurzeln die Grössen (1) sind, die **Kreistheilungsgleichung**.

Wir bestimmen jetzt die Discriminante der Kreistheilungsgleichung $X_n = 0$, beschränken uns aber auf den Fall, dass n eine **ungerade Primzahl** ist.

Es ist dann

$$(3) \qquad X_n = x^{n-1} + x^{n-2} + \cdots + x + 1,$$

und da nur die eine imprimitive n^{te} Einheitswurzel 1 existirt, so ist

$$(4) \qquad f_n(x) = x^n - 1 = (x - 1) X_n,$$

also

$$(5) \qquad f_n'(x) = n x^{n-1} = X_n + (x - 1) X_n'.$$

Ist nun D die Discriminante von X_n, so ist nach §. 46

$$(6) \qquad D = (-1)^{\frac{n-1}{2}} \Pi X_n'(r),$$

worin sich das Productzeichen Π auf alle Wurzeln r der Gleichung $X_n = 0$ erstreckt, und worin, da n ungerade ist,

$$(-1)^{\frac{n(n-1)}{2}} = (-1)^{\frac{n-1}{2}}$$

gesetzt werden konnte.

Es ist aber nach (5)

$$(7) \qquad n r^{n-1} = (r - 1) X_n'(r),$$

und da das Product aller r gleich 1 ist (weil es gleich dem von x unabhängigen Gliede in X_n ist), und da

$$\Pi(x - r) = \Pi(r - x) = X_n,$$

also

$$\Pi(r - 1) = X_n(1) = n, \qquad (\S.\ 133)$$

so folgt aus (6) und (7)

$$(8) \qquad D = (-1)^{\frac{n-1}{2}} n^{n-2}.$$

Die Wurzeln von X_n sind, wenn r eine von ihnen ist, alle in der Form enthalten

$$r, r^2, r^3 \ldots r^{n-1},$$

und wenn wir also das Differenzenproduct

$$\begin{aligned}(9) \qquad P = (r - r^2)(r - r^3) \ldots & (r - r^{n-1}) \\ (r^2 - r^3) \ldots & (r^2 - r^{n-1}) \\ \ldots\ldots & \ldots\ldots \\ & (r^{n-2} - r^{n-1})\end{aligned}$$

einführen, so ist (§. 46)

$$D = P^2.$$

Es ist also auch nach (8)

$$(10) \qquad P = n^{\frac{n-3}{2}} \sqrt{(-1)^{\frac{n-1}{2}} n},$$

wodurch P, abgesehen vom Vorzeichen, bestimmt ist. Es ist P reell, wenn $n \equiv 1$, und imaginär, wenn $n \equiv -1 \pmod 4$ ist, also reell für $n = 5, 13, 17, 29, 37 \ldots$, imaginär für $n = 3, 7, 11, 19, 23, 31 \ldots$ Das Vorzeichen, das wir in (10) der Wurzel zu geben haben, hängt davon ab, welches r wir in dem Ausdruck (9) gewählt haben.

Wählen wir ein bestimmtes r, z. B. $r = r_0$, so können wir das Vorzeichen in (10) noch bestimmen. Um dies auszuführen, theilen wir die binomischen Factoren von P,

$$r^\nu - r^\mu, \qquad \nu < \mu,$$

deren Anzahl $\frac{n(n-1)}{2}$ beträgt, in zwei Classen. Die Differenzen der einen Classe bilden das Product

$$(11) \qquad Q = (r - r^{n-1})(r^2 - r^{n-2}) \ldots \left(r^{\frac{n-1}{2}} - r^{\frac{n+1}{2}}\right),$$

das also alle die Factoren enthält, in denen $\mu + \nu = n$ ist.

Die übrigen Factoren lassen sich in Paaren von folgender Form zusammenfassen

$$(12) \qquad R = (r^\nu - r^\mu)(r^{n-\mu} - r^{n-\nu}).$$

Die Anzahl der Factoren in Q ist $\frac{n-1}{2}$, und also ist die Anzahl der Paare R

$$\frac{1}{2}\left(\frac{n(n-1)}{2} - \frac{n-1}{2}\right) = \left(\frac{n-1}{2}\right)^2.$$

Nun ist, wenn

$$r = e^{\frac{2\pi i k}{n}}$$

ist,

$$R = -2 + r^{\mu-\nu} + r^{\nu-\mu} = -2\left(1 - \cos\frac{2\pi(\mu-\nu)}{n}k\right),$$

d. h. R ist immer negativ. Folglich hat das Product aller R das Vorzeichen

$$(-1)^{\frac{n-1}{2}}.$$

Es ist ferner

$$(13) \qquad Q = (2i)^{\frac{n-1}{2}} \sin\frac{2\pi k}{n} \sin\frac{4\pi k}{n} \cdots \sin\frac{(n-1)\pi k}{n},$$

und das Vorzeichen hiervon ist von k abhängig. Nehmen wir aber $k = 1$, also $r = r_0$, so sind alle die Winkel

$$\frac{2\pi}{n}, \quad \frac{4\pi}{n} \cdots \frac{(n-1)\pi}{n}$$

zwischen Null und π gelegen und die Sinus alle positiv. Wir schliessen hieraus, dass in diesem Falle

$$(14) \qquad P = (-i)^{\frac{n-1}{2}} \, n^{\frac{n-2}{2}} \sqrt{n}$$

ist, und $\sqrt{n}$ positiv zu nehmen ist.

Das Vorzeichen des Productes der R hängt von der Wahl von r nicht ab, sondern nur von der Beschaffenheit von n. Es ist daher von Interesse, das Product Q, dessen Vorzeichen von der Wahl von r abhängt, für sich zu bestimmen. Wir erhalten es auf folgende Weise:

Multipliciren wir den Ausdruck (11) mit

$$r \,.\, r^2 \,.\, r^3 \ldots r^{\frac{n-1}{2}} = r^{\frac{n^2-1}{8}}$$

und sodann mit

$$r^{-1} \,.\, r^{-2} \,.\, r^{-3} \ldots r^{-\frac{n-1}{2}} = r^{-\frac{n^2-1}{8}},$$

so erhalten wir

$$r^{\frac{n^2-1}{8}} Q = (r^2 - 1)(r^4 - 1) \ldots (r^{n-1} - 1)$$

$$r^{-\frac{n^2-1}{8}} Q = (1 - r^{n-2})(1 - r^{n-4}) \ldots (1 - r).$$

Da nun die Exponenten $2, 4 \ldots n-1, n-2, n-4 \ldots 1$ zusammen alle Zahlen $1, 2 \ldots n-1$ umfassen, so ergiebt sich durch Multiplication dieser beiden Ausdrücke:

$$Q^2 = (-1)^{\frac{n-1}{2}} \Pi(r-1) = (-1)^{\frac{n-1}{2}} n,$$

also

$$(15) \qquad Q = \pm\, i^{\frac{n-1}{2}} \sqrt{n}.$$

Die Vergleichung mit (13) ergiebt

$$(16) \quad 2^{\frac{n-1}{2}} \sin\frac{2\pi k}{n} \sin\frac{4\pi k}{n} \cdots \sin\frac{(n-1)\pi k}{n} = \pm \sqrt{n}.$$

Das Vorzeichen in dieser Formel hängt, wie in (15), noch von k ab; es ist aber das positive, wenn $k = 1$ ist. Im Uebrigen wollen wir über dies Vorzeichen, das weiterhin noch genauer untersucht werden wird, noch einen wichtigen Satz ableiten.

Nach der Definition (11) ist Q eine ganze rationale Function von r, die, wenn man sie nach Potenzen von r ordnet, ganze rationale Zahlencoëfficienten erhält. Setzen wir also

$$r = r_0^k,$$

so wird

$$Q = F(r_0^k),$$

worin F das Zeichen für eine rationale Function ist, deren Coëfficienten von k nicht abhängig sind. Setzen wir nun für k der Reihe nach die Werthe

$$k = 1, \quad 2 \ldots n - 1,$$

so stellt r_0^k alle Wurzeln der Kreistheilungsgleichung $X_n = 0$ dar, und die Summe

$$\overset{k}{\Sigma}\, Q = F(r_0) + F(r_0^2) + \cdots + F(r_0^{n-1})$$

ist eine symmetrische Function der Wurzeln dieser Gleichung; sie lässt sich also rational durch die Coëfficienten der Gleichung, d. h. durch rationale Zahlen ausdrücken und ist mithin selbst eine rationale Zahl. Andererseits ist aber nach der Formel (15)

$$\overset{k}{\Sigma}\, Q = h\, i^{\frac{n-1}{2}} \sqrt{n},$$

wenn h eine ganze Zahl bedeutet, nämlich die Anzahl der Fälle, in denen in (15) das positive Zeichen zu nehmen ist, vermindert um die Anzahl der Fälle, in denen das negative Zeichen gilt. Beides ist aber nur dann mit einander verträglich, wenn $h = 0$ ist; und damit ist der folgende Satz bewiesen:

1. Durchläuft k die Reihe der Zahlen $1, 2, 3, \ldots n-1$, so gilt in der Formel (16) ebenso oft das positive wie das negative Zeichen.

Es braucht kaum besonders erwähnt zu werden, dass man für k auch ein anderes volles Restsystem von n, mit Ausschluss der durch n theilbaren Zahl, nehmen kann.

§. 136.

Primitive Congruenzwurzeln.

Parallel mit der Theorie der Einheitswurzeln geht eine Theorie der sogenannten binomischen Congruenzen, ohne die in der Theorie der Kreistheilungsgleichungen weitere Schritte nicht gemacht werden können, deren Grundzüge passend hier eingeschoben werden, wo sich die Analogie mit der Theorie der Einheitswurzeln deutlich zeigt.

Es sei also jetzt n eine Primzahl und

$$(1) \qquad f(x) = a_0 x^m + a_1 x^{m-1} + \cdots + a_{m-1} x + a_m$$

eine ganze Function von x, deren Coëfficienten a ganze Zahlen sind, und a_0 nicht durch n theilbar. Setzen wir für x eine solche ganze Zahl α, dass $f(\alpha)$ durch n theilbar wird, so sagen wir (nach Analogie der Gleichungen), α sei eine Wurzel der Congruenz m^{ten} Grades:

$$(2) \qquad f(x) \equiv 0 \pmod{n}.$$

Wird α um ein Vielfaches von n vermehrt, so bleibt es Wurzel der Congruenz (2). Solche nach dem Modul n congruente Wurzeln gelten nicht als verschieden. Unter dieser Voraussetzung können wir den Satz aussprechen:

1. Eine Congruenz m^{ten} Grades für einen Primzahlmodul kann nicht mehr als m verschiedene Wurzeln haben.

Der Satz ist richtig für $m = 1$, denn die Congruenz $a_0 x + a \equiv 0 \pmod{n}$ hat nur eine Wurzel, nämlich, wenn a'_0 so bestimmt wird, dass $a_0 a'_0 \equiv 1 \pmod{m}$ ist, $\alpha \equiv -a a'_0 \pmod{n}$. Wir nehmen unseren Satz also jetzt als bewiesen an für den Grad $m - 1$ und leiten seine Richtigkeit für den Grad m daraus her. Nach §. 4 können wir, wenn zunächst α beliebig ist, setzen

$$(3) \qquad \frac{f(x) - f(\alpha)}{x - \alpha} = f_1(x),$$

worin $f_1(x)$ eine ganze Function vom $(m-1)^{\text{ten}}$ Grade ist, die, wenn α eine ganze Zahl ist, ganzzahlige Coëfficienten hat. Wenn also $f(\alpha) \equiv 0$ ist, so folgt aus (3)

$$(4) \qquad f(x) \equiv (x - \alpha) f_1(x) \pmod{n}.$$

Jede Wurzel β der Congruenz (2) muss also der Bedingung $(\beta - \alpha) f_1(\beta) \equiv 0 \pmod{n}$ genügen. Also ist entweder $\beta - \alpha$ oder $f_1(\beta)$ durch n theilbar.

Nun giebt es nach Voraussetzung höchstens $m - 1$ Werthe β, für die $f_1(\beta)$ durch n theilbar wird; giebt es also noch eine m^{te} Wurzel von (4), so muss diese gleich α sein.

Wenn also eine Congruenz von der Form $f(x) \equiv 0 \pmod{n}$ mehr Wurzeln hat, als ihr Grad beträgt, so schliessen wir, dass die Congruenz identisch ist, d. h. dass alle Coëfficienten von $f(x)$ durch n theilbar sein müssen.

Dieser Satz ist, wie man sieht, ganz analog dem algebraischen Satz, dass eine Gleichung nicht mehr Wurzeln haben kann, als ihr Grad angiebt. Es lässt sich aber nicht der andere Satz übertragen, dass jede Gleichung auch wirklich so viele Wurzeln hat. Eine Congruenz m^{ten} Grades kann weniger, selbst gar keine Wurzeln haben. Um so bemerkenswerther ist eine besondere Congruenz, bei der die Zahl der Wurzeln immer dem Grade gleichkommt, auf Grund eines Lehrsatzes, der der Fermat'sche Lehrsatz genannt wird, und den wir hier so formuliren.

2. Die Congruenzen

$$x^n - x \equiv 0, \quad x^{n-1} - 1 \equiv 0 \pmod{n} \tag{5}$$

haben, wenn n eine Primzahl ist, so viele Wurzeln als ihr Grad beträgt, nämlich n und $n - 1$.

Beide Behauptungen sind nicht wesentlich verschieden, denn die erste der Congruenzen (5) hat alle Wurzeln der zweiten und ausserdem die Wurzel 0, die der zweiten nicht genügt. Ebenso hat die zweite alle Wurzeln der ersten, mit Ausnahme der Wurzel 0.

Da es nun für den Modul n überhaupt nur n verschiedene Zahlen giebt, so ist also zu beweisen, dass für jede ganze Zahl α die Congruenz besteht

$$\alpha^n \equiv \alpha \pmod{n}. \tag{6}$$

Diese Congruenz ist richtig für $\alpha = 0$ und $\alpha = 1$. Wir beweisen sie also wieder durch vollständige Induction, indem wir aus der als richtig vorausgesetzten Congruenz (6) die Richtigkeit von

$$(\alpha + 1)^n \equiv \alpha + 1 \pmod{n} \tag{7}$$

ableiten. Dies ist aber aus dem binomischen Satz zu schliessen, wenn man beachtet, dass alle Binomialcoëfficienten, mit Ausnahme des ersten und des letzten, die gleich 1 sind, nämlich

$$n, \quad \frac{n(n-1)}{1 \cdot 2}, \quad \frac{n(n-1)(n-2)}{1 \cdot 2 \cdot 3}, \ldots$$

durch n theilbare ganze Zahlen sind, weil der Zähler, nicht aber der Nenner durch n theilbar ist. Demnach ist

$$(\alpha + 1)^n \equiv \alpha^n + 1 \pmod{n},$$

also folgt die Formel (7) aus der Formel (6).

Die Differenz

$$x(x-1)(x-2)\dots(x-n+1)-x^n+x$$

ist eine Function, höchstens vom $n-1^{\text{ten}}$ Grade. Sie ist aber für n Werthe von x, nämlich für $x = 0, 1, 2, \dots n-1$ congruent mit Null, und daher haben wir identisch

$$x(x-1)(x-2)\dots(x-n+1) \equiv x^n - x \pmod{n}.$$

Daraus ergiebt sich der Wilson'sche Lehrsatz:

$$1 \,.\, 2 \,.\, 3 \dots (n-1) \equiv -1 \pmod{n},$$

wenn man die Coëfficienten der ersten Potenz von x beiderseits vergleicht.

Wir beschränken uns jetzt auf die zweite der Congruenzen (5)

(8) $$x^{n-1} \equiv 1 \pmod{n}$$

und beweisen zunächst den Satz:

3. Ist a ein Theiler von $n-1$, so hat die Congruenz

(9) $$x^a \equiv 1 \pmod{n}$$

genau a verschiedene Wurzeln.

Denn es ist, wenn $n-1 = ab$ ist,

$$x^{n-1} - 1 = (x^a - 1)(x^{a(b-1)} + x^{a(b-2)} + \dots + x^a + 1),$$

und da jede Wurzel der linken Seite Wurzel entweder des einen oder des anderen Factors auf der rechten Seite sein muss, so folgt, dass, wenn $x^a - 1 \equiv 0$ weniger als a Wurzeln hätte, der zweite Factor mehr Wurzeln haben müsste, als sein Grad angiebt, entgegen dem Satz 1.

Ist α eine durch n nicht theilbare Zahl, und a die kleinste positive Zahl, für die $\alpha^a \equiv 1 \pmod{n}$ wird, ist ferner h irgend eine positive ganze Zahl, für die $\alpha^h \equiv 1 \pmod{n}$ ist, so ist a nothwendig ein Theiler von h, insbesondere also a ein Theiler von $n-1$.

Denn setzen wir $h = qa + a'$, worin q eine ganze Zahl und $a' < a$ ist, so ist auch $\alpha^{a'} \equiv 1$; also muss $a' = 0$ sein, weil a die kleinste positive Zahl sein sollte, wofür diese Congruenz befriedigt ist.

Eine Wurzel α der Congruenz (9) von der Eigenschaft, dass keine niedrigere als die a^{te} Potenz der Einheit congruent wird, heisst eine primitive Wurzel dieser Congruenz, oder primitive a^{te} Congruenzwurzel der Primzahl n, und eine primitive Wurzel g der Congruenz (8) nennen wir auch kurz eine primitive Wurzel der Primzahl n.

Wir wollen beweisen, dass für jede Primzahl n primitive Wurzeln existiren und ihre Anzahl bestimmen, und gehen dabei denselben Weg, wie bei den Einheitswurzeln.

Es seien a und b zwei Theiler von $n - 1$, die unter sich relativ prim sind, und α eine a^{te}, β eine b^{te} primitive Congruenzwurzel von n. Setzen wir $ab = c$, so ist $\gamma = \alpha\beta$ eine primitive c^{te} Congruenzwurzel, und umgekehrt lässt sich auch jede primitive c^{te} Congruenzwurzel in der Form $\alpha\beta$ darstellen.

Denn es ist erstens: $(\alpha\beta)^c = \alpha^c\beta^c \equiv 1 \pmod{n}$, und zweitens: wenn $(\alpha\beta)^h = \alpha^h\beta^h \equiv 1 \pmod{n}$ ist, so ist auch $\alpha^{hb}\beta^{hb} \equiv 1$, also $\alpha^{hb} \equiv 1$, also hb durch a theilbar, also auch h durch a theilbar, und ebenso schliesst man, dass h durch b, also auch durch $ab = c$ theilbar sein muss; d. h. $\alpha\beta$ ist primitive c^{te} Congruenzwurzel.

Ist umgekehrt γ eine primitive c^{te} Congruenzwurzel, so bestimmen wir die positiven ganzen Zahlen x, y so, dass

$$ay + bx \equiv 1 \pmod{c} \tag{10}$$

wird, indem wir zunächst x aus $bx \equiv 1 \pmod{a}$ und dann y aus $y \equiv \frac{1 - bx}{a} \pmod{b}$ bestimmen. Dann ist y relativ prim zu b und x relativ prim zu a. Hiernach ist

$$\gamma \equiv \gamma^{bx}\gamma^{ay} = \alpha\beta \pmod{n}$$

und $\gamma^{bx} = \alpha$ ist primitive a^{te} Congruenzwurzel, $\gamma^{ay} = \beta$ primitive b^{te} Congruenzwurzel (weil $\alpha^h = \gamma^{bxh}$ nur dann $\equiv 1$ sein kann, wenn h durch a theilbar ist).

Es ist noch zu zeigen, dass die Producte $\alpha\beta$ alle von einander verschieden sind, d. h. dass die Congruenz

$$\alpha\beta \equiv \alpha'\beta' \pmod{n}, \tag{11}$$

wenn α, α'; β, β' primitive a^{te} und b^{te} Congruenzwurzeln sind, nur befriedigt werden kann, wenn

$$\alpha \equiv \alpha', \quad \beta \equiv \beta' \pmod{n}$$

ist. Dies folgt aber nach (10), wenn man (11) in die Potenz

$$bx \equiv 1 \pmod{a}$$

erhebt, woraus sich $\alpha \equiv \alpha'$ ergiebt, und dann auch $\beta \equiv \beta'$.

Bezeichnen wir also die Anzahl der primitiven a^{ten} Congruenzwurzeln mit $\varphi(a)$, so folgt aus dem Bewiesenen

$$\varphi(c) = \varphi(a)\varphi(b). \tag{12}$$

Es bleibt noch übrig, wenn p eine Primzahl und $p p_1$ eine in $n - 1$ aufgehende Potenz von p ist, $\varphi(p p_1)$ zu bestimmen.

Ist α eine nicht primitive Congruenzwurzel vom Grade p^π und $p^{\pi-1} = p_1$, so ist, wenn α^h die niedrigste nach dem Modul n mit 1 congruente Potenz von α ist, h ein Theiler von $p p_1$, d. h. eine Potenz von p; da h aber kleiner als $p p_1$ sein soll, so ist es auch ein Theiler von p_1, und folglich $\alpha^{p_1} \equiv 1 \pmod{n}$, also: eine nicht primitive Congruenzwurzel des Grades $p p_1$ ist zugleich eine Congruenzwurzel des Grades p_1. Umgekehrt ist jede Congruenzwurzel des Grades p_1 zugleich eine imprimitive Congruenzwurzel des Grades $p p_1$. Da nun die beiden Congruenzen $x^{p p_1} \equiv 1$, $x^{p_1} \equiv 1$ so viele Wurzeln haben, als ihr Grad beträgt, so bleiben $p p_1 - p_1$ primitive Congruenzwurzeln der ersten übrig, und es ist also

$$\varphi(p p_1) = p_1(p - 1). \tag{13}$$

Die Function $\varphi(a)$ hat also dieselbe Bedeutung, wie im §. 132, und es ist damit zugleich die Anzahl der primitiven Wurzeln der Primzahl n gleich $\varphi(n - 1)$ gefunden. Wir sprechen also noch den Satz aus:

4. Eine Primzahl n hat $\varphi(n - 1)$ primitive Wurzeln.

Damit ist die Existenz von primitiven Wurzeln für jede Primzahl nachgewiesen und zugleich ihre Anzahl bestimmt. Zur Auffindung der primitiven Wurzeln haben wir freilich keine andere allgemeine Methode als das Probiren, was durch einige Kunstgriffe etwas abgekürzt werden kann.

Ist g eine primitive Wurzel der Primzahl n, so sind die Reste der Potenzen

$$1, g, g^2, g^3 \ldots g^{n-2} \tag{14}$$

alle von einander verschieden, da, wenn $g^m \equiv g^{m+\mu}$ wäre, $g^\mu \equiv 1$ sein müsste, was nicht möglich ist, so lange μ kleiner als $n - 1$ ist. Es muss also unter den Resten der Reihe (14), unter denen der Rest 0 nicht vorkommt, jede der Zahlen

$$1, 2, 3 \ldots n - 1 \tag{15}$$

und jede nur einmal enthalten sein, oder mit anderen Worten:

5. Ist a eine durch n nicht theilbare Zahl, so giebt es eine und nur eine Zahl α aus der Reihe der Zahlen $0, 1, 2 \ldots n - 2$, durch die die Congruenz

$$g^\alpha \equiv a \pmod{n} \tag{16}$$

befriedigt wird. Dieselbe Congruenz wird aber auch befriedigt, wenn als Exponent eine mit α nach dem Modul $n-1$ congruente Zahl gesetzt wird, und man findet in jedem vollen Restsystem nur eine solche Zahl α.

Der Exponent α heisst der Index von a in Bezug auf die Basis g, und es wird geschrieben

(17) $$\alpha \equiv \operatorname{ind} a \pmod{n-1}.$$

Man hat also für jede durch n nicht theilbare Zahl

(18) $$g^{\operatorname{ind} a} \equiv a \pmod{n}.$$

Aus den beiden Formeln

(19) $$g^{\operatorname{ind} a + \operatorname{ind} b} \equiv ab, \quad g^{m \operatorname{ind} a} \equiv a^m \pmod{n}$$

ergiebt sich der Satz:

6. Der Index eines Productes ist gleich der Summe der Indices der Factoren; der Index der m^{ten} Potenz von a ist gleich dem $m$fachen des Index von a.

Diese Sätze sind ganz analog den entsprechenden Sätzen, die sich auf die Rechnung mit Logarithmen beziehen, und die Analogie lässt sich noch weiter verfolgen. So wird z. B. der Uebergang von einer Basis g zu einer anderen Basis g' durch die Formel

(20) $$\overset{g}{\operatorname{ind}} a \equiv \overset{g}{\operatorname{ind}} g' \; \overset{g'}{\operatorname{ind}} a \pmod{n-1}$$

vermittelt.

Wir wollen noch den leicht zu beweisenden Satz anführen, dass unter den durch n nicht theilbaren Zahlen a die und nur die primitive Wurzeln sind, deren Indices relativ prim zu $n-1$ sind.

Für praktische Rechnungen bedient man sich zweckmässig sogenannter Indextabellen, die den Logarithmentafeln entsprechen.

Man nennt in der Congruenz (17) α den Index und a den Numerus, und stellt am besten zwei Tabellen auf, von denen die eine zu jedem Index den Numerus, die andere zu jedem Numerus den Index giebt, wo die zweite durch Umstellung aus der ersten gewonnen wird. Dabei ist zu beachten, dass für die Indices der Modul $n-1$, für die Numeri der Modul n in Betracht kommt und congruente Zahlen als gleichwerthig gelten. So erhält man z. B. für $n = 13$ und die Basis 2

I	0	1	2	3	4	5	6	7	8	9	10	11
N	1	2	4	8	3	6	12	11	9	5	10	7

N	1	2	3	4	5	6	7	8	9	10	11	12
I	0	1	4	2	9	5	11	3	8	10	7	6

Im Canon Arithmeticus von Jacobi (1839) sind für alle Primzahlen im ersten Tausend Indextabellen zusammengestellt. In kleinerem Umfange nach Berechnungen von Ostrogradsky in der „Theorie der Congruenzen“ von Tschebyscheff (deutsch von Schapira, Berlin 1889).

Es ist noch zu bemerken, dass der Index von 1 immer gleich 0 ist, und dass der Index von -1 (oder von $n-1$) immer gleich $\frac{n-1}{2}$ ist. Denn da $(-1)^2$ den Index 0 oder $n-1$ hat, so muss -1, da es nicht den Index 0 hat, und das Doppelte seines Index gleich 0 oder $n-1$ ist, den Index $\frac{n-1}{2}$ haben; in Formeln:

$$\text{(21)} \qquad \operatorname{ind} 1 \equiv 0, \quad \operatorname{ind}(-1) \equiv \frac{n-1}{2} \pmod{n-1}.$$

§. 137.

Multiplication und Theilung der trigonometrischen Functionen.

Wir haben schon auf den Zusammenhang hingewiesen, der zwischen der Theorie der Einheitswurzeln und der geometrischen Aufgabe der Theilung der Kreisperipherie besteht. Die Verallgemeinerung dieser Aufgabe führt auf die Theilung eines beliebigen Winkels. Auch diese Aufgabe führt auf algebraische Gleichungen, von denen wir die für die Dreitheilung schon früher für die allgemeine Auflösung der cubischen Gleichungen benutzt haben (§. 112).

Wir beginnen jetzt mit der Aufstellung der allgemeinen Formeln.

Nach dem Moivre'schen Satze (§. 33) ist, wenn n eine beliebige positive ganze Zahl und φ ein beliebiger Winkel ist,

$$(1) \qquad \cos n\varphi + i \sin n\varphi = (\cos\varphi + i\sin\varphi)^n,$$

und wenn wir auf der rechten Seite den binomischen Satz anwenden, so folgt durch Trennung des Reellen vom Imaginären

$$(2) \qquad \begin{aligned} \cos n\varphi &= \cos\varphi^n - B_2^{(n)} \cos^{n-2}\varphi \sin^2\varphi \\ &\qquad + B_4^{(n)} \cos^{n-4}\varphi \sin^4\varphi - \cdots \\ \frac{\sin n\varphi}{\sin\varphi} &= n\cos^{n-1}\varphi - B_3^{(n)} \cos^{n-3}\varphi \sin^2\varphi \\ &\qquad + B_5^{(n)} \cos^{n-5}\varphi \sin^4\varphi - \cdots \end{aligned}$$

worin $B_\nu^{(n)}$ wie früher die Binomialcoëfficienten sind, und die Summen auf der rechten Seite so weit fortzusetzen sind, als keine negativen Exponenten von $\cos\varphi$ vorkommen. Da nun $\sin^2\varphi = 1 - \cos^2\varphi$ ist, so lassen sich diese beiden Ausdrücke rational durch $\cos\varphi$ darstellen; wir setzen

$$(3) \qquad 2\cos\varphi = x,$$

und führen die Bezeichnung ein

$$(4) \qquad 2\cos n\varphi = A_n(x), \quad \frac{\sin n\varphi}{\sin\varphi} = B_n(x),$$

worin also $A_n(x)$ und $B_n(x)$ ganze rationale Functionen von x sind, $A_n(x)$ vom Grade n, $B_n(x)$ vom Grade $n - 1$. Wir wollen das allgemeine Gesetz dieser Functionen ermitteln. Wir stellen sie für die ersten Werthe $n = 1, 2, 3 \ldots$ auf, und leiten dann eine Recursionsformel zur Berechnung der höheren Functionen ab. Man findet

$$(5) \qquad \begin{aligned} A_1(x) &= x & B_1(x) &= 1 \\ A_2(x) &= x^2 - 2, & B_2(x) &= x \\ A_3(x) &= x^3 - 3x, & B_3(x) &= x^2 - 1. \end{aligned}$$

Nun ist aber nach bekannten Formeln

$$\cos(n+1)\varphi + \cos(n-1)\varphi = 2\cos\varphi\cos n\varphi$$
$$\sin(n+1)\varphi + \sin(n-1)\varphi = 2\cos\varphi\sin n\varphi,$$

woraus für A_n und B_n die Recursionsformeln folgen:

$$(6) \qquad \begin{aligned} A_{n+1}(x) &= x A_n(x) - A_{n-1}(x), \\ B_{n+1}(x) &= x B_n(x) - B_{n-1}(x). \end{aligned}$$

Daraus kann man A_n, B_n für jedes beliebige n berechnen, wenn diese Functionen für $n = 1$ und $n = 2$ bekannt sind. So findet man

$$\begin{aligned}
A_4(x) &= x^4 - 4x^2 + 2 \\
A_5(x) &= x^5 - 5x^3 + 5x \\
A_6(x) &= x^6 - 6x^4 + 9x^2 - 2
\end{aligned}$$

$$\begin{aligned}
B_4(x) &= x^3 - 2x \\
B_5(x) &= x^4 - 3x^2 + 1 \\
B_6(x) &= x^5 - 4x^3 + 3x,
\end{aligned}$$

und so kann man fortfahren. Man kommt durch Induction zu folgendem allgemeinen Gesetz:

$$(7) \qquad A_n(x) = \sum^{\nu} (-1)^\nu \frac{n}{n-\nu} B_\nu^{(n-\nu)} x^{n-2\nu}, \quad 0 \gtreqless \nu \gtreqless \frac{n}{2},$$

$$(8) \qquad B_n(x) = \sum^{\nu} (-1)^\nu B_\nu^{(n-\nu-1)} x^{n-2\nu-1}, \quad 0 \gtreqless \nu \gtreqless \frac{n-1}{2},$$

wo die Summen mit $\nu = 0$ beginnen, und so lange fortzusetzen sind, als die Exponenten von x nicht negativ werden.

Da sich diese Formeln in den ersten Fällen als richtig erweisen, so ist, um sie allgemein zu beweisen, nur noch der Nachweis nöthig, dass sie die Formeln (6) verificiren. Bilden wir zu diesem Zweck

$$A_{n-1}(x) = \sum^{\nu} (-1)^\nu \frac{n-1}{n-\nu-1} B_\nu^{(n-\nu-1)} x^{n-2\nu-1},$$

und setzen $\nu - 1$ an Stelle von ν, so folgt

$$(9) \qquad A_{n-1}(x) = -\sum^{\nu} (-1)^\nu \frac{n-1}{n-\nu} B_{\nu-1}^{(n-\nu)} x^{n-2\nu+1},$$

$$1 \gtreqless \nu \gtreqless \frac{n+1}{2}.$$

Wenn wir $B_{-1}^{(n)} = 0$ annehmen, können wir auch hierin ν von 0 an wachsen lassen.

Die Werthe, die ν in der Formel (7) annimmt, unterscheiden sich dann von denen in der Formel (9) nur wenn n ungerade ist, weil dann der Werth $\nu = (n+1):2$ in (9), aber nicht in (7) vorkommt. Wir können aber diesen Werth in (7) zufügen, wenn wir

$$B_{\frac{n+1}{2}}^{\left(\frac{n-1}{2}\right)} = 0$$

annehmen. Dann ergiebt sich

$$(10) \qquad x A_n(x) - A_{n-1}(x)$$

$$= \overset{\nu}{\Sigma} (-1)^\nu x^{n-2\nu+1} \frac{n B_\nu^{(n-\nu)} + (n-1) B_{\nu-1}^{(n-\nu)}}{n-\nu}, \quad 0 \gtreqless \nu \leqq \frac{n+1}{2}.$$

Nun ist aber, wie sich aus den Ausdrücken für die Binomialcoëfficienten leicht ergiebt (§. 8),

$$\frac{n B_\nu^{(n-\nu)} + (n-1) B_{\nu-1}^{(n-\nu)}}{n-\nu} = \frac{n+1}{n-\nu+1} B_\nu^{(n-\nu+1)},$$

auch in den beiden Grenzfällen $\nu = 0$, $\nu = (n+1):2$, und somit stimmt also (10) mit dem überein, was sich aus der rechten Seite von (7) durch Vertauschung von n mit $n+1$ ergiebt.

Ganz ebenso ergiebt die Formel (8)

$$x B_n(x) - B_{n-1}(x) = \overset{\nu}{\Sigma} (-1)^\nu x^{n-2\nu} \left(B_\nu^{(n-\nu-1)} + B_{\nu-1}^{(n-\nu-1)}\right),$$

und da

$$B_\nu^{(n-\nu-1)} + B_{\nu-1}^{(n-\nu-1)} = B_\nu^{(n-\nu)}$$

ist, so ist damit auch (8) allgemein bewiesen.

Der Uebersicht halber setzen wir die Formeln etwas ausführlicher her:

$$(11) \qquad A_n(x) = x^n - n x^{n-2}$$

$$+ \frac{n(n-3)}{1 \cdot 2} x^{n-4} - \frac{n(n-4)(n-5)}{1 \cdot 2 \cdot 3} x^{n-6} + \cdots$$

$$(12) \qquad B_n(x) = x^{n-1} - (n-2) x^{n-3}$$

$$+ \frac{(n-3)(n-4)}{1 \cdot 2} x^{n-5} - \frac{(n-4)(n-5)(n-6)}{1 \cdot 2 \cdot 3} x^{n-7} + \cdots$$

Nehmen wir $\cos n\varphi$ und $\sin n\varphi$ als gegeben an, so dient die Gleichung n^{ten} Grades

$$(13) \qquad 2 \cos n\varphi = A_n(x)$$

zur Bestimmung der Unbekannten $x = 2\cos\varphi$. Die Bedeutung der n Wurzeln dieser Gleichung ergiebt sich daraus, dass der Cosinus sich nicht ändert, wenn der Winkel um ein Vielfaches von 2π wächst. Demnach genügt der Gleichung (13) jeder Werth

$$(14) \qquad x = 2\cos\left(\varphi + \frac{2\nu\pi}{n}\right),$$

wenn ν eine beliebige ganze positive oder negative Zahl bedeutet. Man erhält aber alle von einander verschiedenen Werthe von (14), wenn man ν ein volles Restsystem in Bezug auf n durchlaufen lässt, also z. B. $\nu = 0, 1, 2 \ldots n-1$ setzt, und man sieht auch leicht, dass diese n Werthe alle von einander verschieden sind, wenn man von dem besonderen Falle absieht, dass φ ein Vielfaches von π ist. Denn zwei Cosinus sind nur dann einander gleich, wenn die Summe oder die Differenz der Winkel ein Vielfaches von 2π ist.

Die Gleichung

$$\sin n\varphi = \sin\varphi\, B_n(x) \tag{15}$$

bestimmt, wenn $B_n(x)$ nicht gleich Null ist, $\sin\varphi$ eindeutig durch x.

Suchen wir in der Gleichung (13) das von x unabhängige Glied, so ergiebt sich mit Benutzung von (6) für ein gerades n

$$2(-1)^{\frac{n}{2}} - 2\cos n\varphi,$$

und für ein ungerades n

$$-2\cos n\varphi,$$

und wenn man dies dem positiven oder negativen Product der Wurzeln gleichsetzt, so erhält man für ein gerades n

$$2^{n-1}\overset{\nu}{\Pi}\cos\left(\varphi + \frac{2\nu\pi}{n}\right) = (-1)^{\frac{n}{2}} - \cos n\varphi, \tag{16}$$

und für ein ungerades n

$$2^{n-1}\overset{\nu}{\Pi}\cos\left(\varphi + \frac{2\nu\pi}{n}\right) = \cos n\varphi, \tag{17}$$

und diese Formeln gelten, da rechts und links stetige Functionen von φ stehen, auch noch für den zunächst ausgeschlossenen Fall, wo φ ein Vielfaches von π ist.

Hierin können wir unter dem Productzeichen νm für ν setzen, wenn m irgend eine zu n theilerfremde Zahl ist, weil dann νm zugleich mit ν ein volles Restsystem nach dem Modul n durchläuft. Sondern wir den Werth $\nu = 0$ ab, und lassen dann ν sowohl die positiven als die negativen Zahlen durchlaufen, die absolut kleiner als $n:2$ sind, so erhalten wir aus (17) die für jedes ungerade n gültige Formel

$$2^{n-1}\overset{\nu}{\underset{1,\frac{n-1}{2}}{\Pi}}\cos\left(\varphi + \frac{2\nu m\pi}{n}\right)\cos\left(\varphi - \frac{2\nu m\pi}{n}\right) = \frac{\cos n\varphi}{\cos\varphi}. \tag{18}$$

Setzen wir hierin $\varphi = 0$ und ziehen die Quadratwurzel, so ergiebt sich

$$2^{\frac{n-1}{2}} \prod_{1, \frac{n-1}{2}}^{\nu} \cos \frac{2\nu m\pi}{n} = \pm 1, \tag{19}$$

worin einstweilen das Vorzeichen noch unbestimmt bleibt.

Wenn wir aber in (18) φ in $\pi : 2$ übergehen lassen, so erhält die rechte Seite, die sich unter der unbestimmten Form $0:0$ darstellt, den Grenzwerth $(-1)^{\frac{n-1}{2}} n$, und wir erhalten wieder die Formel, die wir im vorigen Paragraphen für eine Primzahl n abgeleitet haben, allgemein für jedes ungerade n

$$2^{\frac{n-1}{2}} \prod_{1, \frac{n-1}{2}}^{\nu} \sin \frac{2\nu m\pi}{n} = \pm \sqrt{n}, \tag{20}$$

und für $m = 1$ ist das positive Zeichen zu nehmen.

Die Function B_n, die in Bezug auf x vom $(n-1)^{\text{ten}}$ Grade ist, verschwindet, wenn $n\varphi$, aber nicht φ, ein Vielfaches von π ist, also für

$$x = 2\cos\frac{h\pi}{n}, \tag{21}$$

worin h eine ganze, nicht durch n theilbare Zahl ist. Nehmen wir zunächst n gerade an, so erhalten wir alle in (21) enthaltenen verschiedenen Werthe, wenn wir für m eine beliebige zu n theilerfremde Zahl setzen und

$$h = m,\quad 2m,\quad 3m \ldots (n-1)m \tag{22}$$

annehmen; denn es ist nur dann

$$\cos\frac{h\pi}{n} = \cos\frac{h'\pi}{n},$$

wenn entweder $h + h'$ oder $h - h'$ ein Vielfaches von $2n$ ist, was nicht eintreten kann, wenn h und h' beide aus der Reihe (22) genommen sind.

Unter den Werthen (21) ist einer, nämlich der dem Werth $h = nm:2$ entsprechende, gleich Null und die übrigen sind paarweise entgegengesetzt. Hiernach ergiebt sich für ein gerades n

$$B_n(x) = x \prod_{1, \frac{n}{2}-1}^{\nu} \left(x^2 - 4\cos^2\frac{\nu m\pi}{n}\right). \tag{23}$$

Wenn n ungerade ist, so ist $B_n(x)$ nur von x^2 abhängig; also sind je zwei der Werthe (21) entgegengesetzt gleich (für h und $h + n$). Wenn man, indem man wieder m zu n relativ prim voraussetzt,

$$h = 2m,\quad 4m,\quad 6m, \ldots (n-1)m$$

annimmt, so erhält man in (21) weder zwei gleiche, noch zwei entgegengesetzte Werthe, und es ergeben sich alle von einander verschiedenen Werthe von x^2.

Es wird also für ein ungerades n

$$(24) \qquad B_n(x) = \prod_{1,\frac{n-1}{2}}^{\nu} \left(x^2 - 4\cos^2 \frac{2\nu m\pi}{n}\right).$$

Setzen wir in dieser Formel

$$x = 2\cos\varphi,\ x^2 = 4(1-\sin^2\varphi),\ \cos^2\frac{2\nu m\pi}{n} = 1 - \sin^2\frac{2\nu m\pi}{n},$$

so können wir sie so darstellen:

$$(25) \qquad \frac{\sin n\varphi}{\sin\varphi} = (-1)^{\frac{n-1}{2}}\, 2^{n-1} \prod_{1,\frac{n-1}{2}}^{\nu} \left(\sin^2\varphi - \sin^2\frac{2\nu m\pi}{n}\right),$$

woraus wieder für $\varphi = 0$ die Formel (20) folgt.

Da $\cos n\varphi$ bei ungeradem n verschwindet, wenn

$$\cos\varphi = \pm \sin\frac{2\nu m\pi}{n}$$

ist, so haben wir damit auch für diesen Fall die Factorenzerlegung der Function $A_n(x)$ gefunden. Es ist für ungerades n

$$(26) \qquad A_n(x) = x \prod_{1,\frac{n-1}{2}}^{\nu} \left(x^2 - 4\sin^2\frac{2\nu m\pi}{n}\right).$$

Die Grössen

$$(27) \qquad \alpha = \sin^2\frac{2\nu m\pi}{n}$$

sind also die Wurzeln einer algebraischen Gleichung vom Grade $(n-1):2$

$$\Phi_n(x) = 0,$$

und wir erhalten die Function $\Phi_n(x)$, wenn wir an Stelle der Variablen x^2 in der Function $A_n(x):x$ eine neue Variable $4x$ setzen und durch 2^{n-1} dividiren. Es wird daher [Formel (11)]

$$(28) \qquad \Phi_n(x) = \prod^{\alpha} (x - \alpha)$$

$$= x^{\frac{n-1}{2}} - \frac{n}{4}\, x^{\frac{n-3}{2}} + \frac{n(n-3)}{1\,.\,2}\,\frac{1}{16}\, x^{\frac{n-5}{2}} - \cdots,$$

und für (25) können wir schreiben

$$(29) \qquad \frac{\sin n\varphi}{\sin\varphi} = (-1)^{\frac{n-1}{2}}\, 2^{n-1} \prod^{\alpha} (\sin^2\varphi - \alpha).$$

§. 138.

Vorzeichenbestimmung. Quadratische Reste.

Wir haben im vorigen Paragraphen zwei Formeln abgeleitet, in denen noch Vorzeichen zu bestimmen waren, nämlich

$$(1) \qquad 2^{\frac{n-1}{2}} \overset{\nu}{\Pi} \cos \frac{2\nu m\pi}{n} = \pm 1,$$

$$(2) \qquad 2^{\frac{n-1}{2}} \overset{\nu}{\Pi} \sin \frac{2\nu m\pi}{n} = \pm \sqrt{n},$$

worin m relativ prim zu der ungeraden Zahl n ist und ν die Reihe der Zahlen

$$(\nu) \qquad 1, 2, \ldots \frac{n-1}{2}$$

durchläuft. Wir wollen das Zeichen ν für die Zahlen dieser Reihe hier festhalten.

Jede beliebige ganze Zahl giebt bei der Theilung durch n als Rest eine der Zahlen ν oder 0 oder $n - \nu$. Statt $n - \nu$ können wir, wenn wir auch negative Reste zulassen, $-\nu$ wählen, und wenn wir also von den durch n theilbaren Zahlen absehen, so bleibt eine der Zahlen $\pm \nu$ als Rest. Wir nennen diese den **absolut kleinsten Rest** (zum Unterschied von dem kleinsten Rest im gewöhnlichen Sinne, der aus den Zahlen $1, 2, \ldots n-1$ genommen ist).

Es sei nun also m eine zu n theilerfremde Zahl; wir betrachten die Reihe der Zahlen

$$(m\nu) \qquad m, \quad 2m, \quad 3m \ldots \frac{n-1}{2} m$$

und bilden zu jeder den absolut kleinsten Rest ϱ:

$$(\varrho) \qquad \pm \nu_1, \quad \pm \nu_2, \quad \pm \nu_3 \cdots \pm \nu_{\frac{1}{2}(n-1)};$$

unter diesen Zahlen ϱ kommen nicht zwei gleiche und auch nicht zwei entgegengesetzte vor; denn wenn die Summe oder die Differenz zweier Zahlen (ϱ), also $\varrho + \varrho'$ oder $\varrho - \varrho'$ gleich Null wäre, so müsste für zwei verschiedene Zahlen ν, ν' aus (ν)

$$m(\nu \pm \nu')$$

durch n theilbar sein, also müsste auch $\nu \pm \nu'$ durch n theilbar sein, was unmöglich ist, da jede der Zahlen ν, ν' kleiner als $n : 2$ ist.

Die Gesammtheit der Zahlen (ϱ) stimmt also, vom Vorzeichen und von der Reihenfolge abgesehen, mit der Gesammtheit der Zahlen (ν) überein.

In den Formeln (1) und (2) können wir, aber wegen der Periodicität von Sinus und Cosinus, νm durch ϱ ersetzen, und da $\cos(-\varphi) = \cos\varphi$ ist, so können wir in der Formel (1) $m\nu$ auch durch ν ersetzen, d. h. das Vorzeichen ist von m nicht abhängig. Um es zu bestimmen, berücksichtigen wir, dass der Cosinus eines Winkels im ersten Quadranten positiv, im zweiten Quadranten negativ ist, dass also das Vorzeichen in (1) positiv oder negativ ist, je nachdem von den Winkeln

$$\frac{2\nu\pi}{n}$$

eine gerade oder eine ungerade Anzahl im zweiten Quadranten liegt, oder je nachdem eine gerade oder eine ungerade Anzahl von Zahlen ν zwischen $\frac{n}{4}$ und $\frac{n}{2}$ liegt.

Wir bezeichnen, wenn x irgend eine nicht ganze Zahl ist, mit $E(x)$ die grösste ganze Zahl, die kleiner als x ist, so dass x zwischen $E(x)$ und $E(x) + 1$ liegt. Die Anzahl der ganzen Zahlen, die zwischen zwei Zahlen x und y liegt, ist dann gleich $E(y) - E(x)$, und wir haben also zu untersuchen, ob

$$E\left(\frac{n}{2}\right) - E\left(\frac{n}{4}\right)$$

eine gerade oder eine ungerade Zahl ist. Wir müssen vier Fälle unterscheiden, wie sich aus der folgenden Zusammenstellung ergiebt, worin k eine nicht negative ganze Zahl bedeutet:

$$\begin{array}{lll}
n = 8k + 1, & E\left(\frac{n}{2}\right) = 4k, & E\left(\frac{n}{4}\right) = 2k, \\
n = 8k + 3, & E\left(\frac{n}{2}\right) = 4k + 1, & E\left(\frac{n}{4}\right) = 2k, \\
n = 8k + 5, & E\left(\frac{n}{2}\right) = 4k + 2, & E\left(\frac{n}{4}\right) = 2k + 1, \\
n = 8k + 7, & E\left(\frac{n}{2}\right) = 4k + 3, & E\left(\frac{n}{4}\right) = 2k + 1.
\end{array}$$

Es ist also in (1) das positive Zeichen zu nehmen, wenn n von der Form $8k + 1$ oder $8k + 7$, das negative, wenn n von der Form $8k + 3$ oder $8k + 5$ ist. In den ersten Fällen ist

$\frac{n^2-1}{8}$ eine gerade, in den beiden letzten eine ungerade Zahl, und demnach erhalten wir die genaue Formel (1):

$$(3) \qquad 2^{\frac{n-1}{2}} \overset{\nu}{\Pi} \cos \frac{2\nu m \pi}{n} = (-1)^{\frac{n^2-1}{8}}.$$

In der Formel (2) hängt das Vorzeichen von m ab; es ist positiv oder negativ, je nachdem unter den Zahlen (ϱ) eine gerade oder eine ungerade Anzahl negativer vorkommt.

Wir setzen nun, um die Abhängigkeit des Vorzeichens von m und n in der Bezeichnung auszudrücken, für (2)

$$(4) \qquad 2^{\frac{n-1}{2}} \prod_{1,\frac{n-1}{2}}^{\nu} \sin \frac{2\nu m \pi}{n} = \left(\frac{m}{n}\right) \sqrt{n},$$

worin

$$\left(\frac{m}{n}\right) = \pm 1$$

ist.

Das Symbol $\left(\frac{m}{n}\right)$ ist von einer anderen Seite her und in speciellerer Fassung von Legendre in die Zahlentheorie eingeführt und von Jacobi verallgemeinert worden. Wir wollen es das Legendre'sche Symbol nennen. Seine Bedeutung für die Zahlentheorie wird sich gleich ergeben; zunächst haben wir den Satz:

1. Es ist $\left(\frac{m}{n}\right)$ gleich $+1$ oder gleich -1, je nachdem die Anzahl der negativen unter den absolut kleinsten Resten von $m\nu$ eine gerade oder eine ungerade ist.

Für $m = 1$ gilt, wie wir schon gesehen haben, das positive Zeichen in der Formel (2); also haben wir, wie auch die Formel (4) direct zeigt,

$$2. \qquad \left(\frac{1}{n}\right) = +1.$$

Verwandeln wir m in $-m$, so ändert sich in allen Factoren des Productes auf der linken Seite von (4) das Vorzeichen; da die Anzahl der Factoren $\frac{n-1}{2}$ beträgt, so ergiebt sich

$$3. \qquad \left(\frac{-m}{n}\right) = (-1)^{\frac{n-1}{2}} \left(\frac{m}{n}\right)$$

und für $m = 1$

4. $$\left(\frac{-1}{n}\right) = (-1)^{\frac{n-1}{2}}.$$

Setzen wir $2m$ für m und benutzen die Formel

$$\sin\frac{4\nu m\pi}{n} = 2\sin\frac{2\nu m\pi}{n}\cos\frac{2\nu m\pi}{n},$$

so folgt aus (3)

5. $$\left(\frac{2m}{n}\right) = (-1)^{\frac{n^2-1}{8}}\left(\frac{m}{n}\right)$$

und für $m = 1$

6. $$\left(\frac{2}{n}\right) = (-1)^{\frac{n^2-1}{8}}.$$

Aendert man m um ein Vielfaches von n, so bleiben alle Factoren des Productes (4) ungeändert, und daraus folgt:

7. Es ist

$$\left(\frac{m}{n}\right) = \left(\frac{m'}{n}\right),$$

wenn $m \equiv m' \pmod{n}$.

Wir setzen jetzt nicht nur n, sondern auch m als ungerade und positiv voraus und wenden die Formel (29) des §. 137 an, in der wir n durch m ersetzen:

$$\frac{\sin m\varphi}{\sin\varphi} = (-1)^{\frac{m-1}{2}}\, 2^{m-1}\, \overset{\beta}{\Pi}(\sin^2\varphi - \beta), \tag{5}$$

worin β die sämmtlichen Wurzeln der Gleichung $\Phi_m(x) = 0$ durchläuft, die den Ausdruck

$$\beta = \sin^2\frac{2\mu\pi}{m} \tag{6}$$

haben. Ist nun m' eine zu n theilerfremde Zahl, so durchläuft

$$\alpha = \sin^2\frac{2\nu m'\pi}{n} \tag{7}$$

die sämmtlichen Wurzeln der Gleichung $\Phi_n(x) = 0$, und wenn wir in (5)

$$\varphi = \frac{2\nu m'\pi}{n} \tag{8}$$

setzen und das Product in Bezug auf alle ν nehmen, so folgt:

$$\frac{\Pi\sin\frac{2\nu m m'\pi}{n}}{\overset{\nu}{\Pi}\sin\frac{2\nu m'\pi}{n}} = (-1)^{\frac{(m-1)(n-1)}{4}}\, 2^{\frac{(m-1)(n-1)}{2}}\, \overset{\alpha}{\Pi}\,\overset{\beta}{\Pi}(\alpha - \beta). \tag{9}$$

Die rechte Seite dieser Formel ist aber von m' ganz unabhängig. Der Werth der linken Seite ist also derselbe, als ob $m' = 1$ wäre, und wenn man für die Producte die Werthe aus (4) setzt, so folgt

$$\left(\frac{m\,m'}{n}\right) : \left(\frac{m'}{n}\right) = \left(\frac{m}{n}\right) : \left(\frac{1}{n}\right),$$

oder

8. $$\left(\frac{m\,m'}{n}\right) = \left(\frac{m}{n}\right)\left(\frac{m'}{n}\right).$$

Hier war zunächst vorausgesetzt, dass m und m' positiv und ungerade seien. Nach 3. und 5. aber bleibt 8. auch noch richtig, wenn m oder m' negativ oder gerade ist, wenn nur m und m' relativ prim zu n sind.

Nehmen wir wieder m ungerade und positiv an, so folgt jetzt aus (4) und (9)

(10) $$\left(\frac{m}{n}\right) = (-1)^{\frac{(m-1)\,(n-1)}{4}}\, 2^{\frac{(m-1)\,(n-1)}{2}} \overset{\alpha}{\Pi}\overset{\beta}{\Pi}(\alpha - \beta).$$

Wenn wir hierin m mit n vertauschen, so ändert in dem Doppelproduct auf der rechten Seite jeder Factor sein Vorzeichen; alles Andere bleibt ungeändert. Die Anzahl dieser Factoren ist aber

$$\frac{n-1}{2} \cdot \frac{m-1}{2}$$

und daraus folgt

9. $$\left(\frac{m}{n}\right) = (-1)^{\frac{(m-1)\,(n-1)}{4}} \left(\frac{n}{m}\right),$$

> o d e r $\left(\frac{m}{n}\right)$ i s t g l e i c h $\left(\frac{n}{m}\right)$, w e n n v o n d e n b e i d e n u n g e r a d e n Z a h l e n m, n w e n i g s t e n s e i n e v o n d e r F o r m $4k + 1$ i s t, u n d $\left(\frac{m}{n}\right)$ i s t e n t g e g e n g e s e t z t z u $\left(\frac{n}{m}\right)$, w e n n b e i d e Z a h l e n v o n d e r F o r m $4k + 3$ s i n d.

Dieser berühmte Satz ist unter dem Namen des R e c i p r o c i t ä t s g e s e t z e s bekannt. Der hier gegebene Beweis rührt von E i s e n s t e i n her. Man kann mit seiner Hülfe und nach 5. und 6. den Werth des Symbols $\left(\frac{m}{n}\right)$ sehr schnell ermitteln, indem man so verfährt, als ob es sich um die Bestimmung des grössten gemeinschaftlichen Theilers von m und n handelte.

Aus 8. und 9. ergiebt sich noch ein letzter Satz, der gilt, wenn n und n' zwei positive ungerade zu m theilerfremde Zahlen sind:

$$10. \qquad \left(\frac{m}{n}\right)\left(\frac{m}{n'}\right) = \left(\frac{m}{n\,n'}\right).$$

Seine Richtigkeit ergiebt sich, wenn m ungerade und positiv ist auf Grund der Congruenz

$$(7) \qquad (n-1)(n'-1)$$
$$= (n\,n'-1) - (n-1) - (n'-1) \equiv 0 \pmod 4,$$

wenn man auf beide Seiten von 10. die Formel 9. und dann 8. anwendet, und wenn m gerade oder negativ ist, aus 4. und 6.

Nach diesen Sätzen kann man $\left(\frac{m}{n}\right)$ auf ein Product von Werthen $\left(\frac{q}{p}\right)$ zurückführen, worin p, q Primzahlen sind. Die Berechnung von $\left(\frac{m}{n}\right)$ geschieht aber leichter nach 9. ohne diese Zerlegung.

Wir wollen nun noch eine andere Bedeutung des Symbols $\left(\frac{m}{p}\right)$ kennen lernen, für den Fall, dass p eine ungerade Primzahl ist, durch die ursprünglich das Symbol von Legendre eingeführt ist.

Wenn wir alle durch p nicht theilbaren ganzen Zahlen x ins Quadrat erheben und die Reste der Division durch p aufsuchen, so erhalten wir im Ganzen nur $\frac{p-1}{2}$ verschiedene Reste; denn erstens geben die Quadrate congruenter Zahlen dieselben Reste, und zweitens geben die Quadrate entgegengesetzter Zahlen auch dieselben Reste. Wir bekommen also gewiss alle Reste, wenn wir die $\frac{p-1}{2}$ Zahlen ν

$$(\nu) \qquad 1, 2, 3 \ldots \frac{p-1}{2}$$

ins Quadrat erheben. Auf der anderen Seite ergeben auch die Quadrate dieser Zahlen ν lauter verschiedene Reste; denn es kann, wenn ν und ν' verschiedene von ihnen sind, niemals

$$\nu^2 - \nu'^2 = (\nu - \nu')(\nu + \nu')$$

durch p theilbar sein, weil sowohl $\nu - \nu'$ als $\nu + \nu'$ kleiner als p ist. Unter den Zahlen

$$(s) \qquad 1, 2, 3 \ldots p - 1$$

kommt also die Hälfte unter den Resten von x^2 vor, die Hälfte nicht. Die ersteren Zahlen und alle mit ihnen nach p congruenten heissen die quadratischen Reste von p, die anderen die quadratischen Nichtreste von p.

Wenn nun m quadratischer Rest ist, so ist die Congruenz

$$x^2 \equiv m \pmod{p}$$

möglich, und aus 7. und 8. folgt

$$\left(\frac{m}{p}\right) = \left(\frac{x^2}{p}\right) = \left(\frac{x}{p}\right)^2 = +1.$$

Es ist also $\left(\frac{m}{p}\right) = +1$, wenn m quadratischer Rest von p ist.

Es ist aber in §. 135, 1. der Satz ausgesprochen, dass, wenn für m die Reihe der Zahlen $1, 2, \ldots p - 1$ gesetzt wird, $\left(\frac{m}{p}\right)$ ebenso oft das positive wie das negative Zeichen hat, und daraus ersieht man, dass das negative Zeichen gilt, wenn m quadratischer Nichtrest ist, es folgt also:

11. Ist p eine ungerade Primzahl und m durch p nicht theilbar, so ist $\left(\frac{m}{p}\right) = +1$ oder $= -1$, je nachdem m quadratischer Rest oder quadratischer Nichtrest von p ist.

Darin sind alle Hauptsätze über die quadratischen Reste enthalten, z. B. der Satz:

Das Product zweier quadratischer Reste oder zweier Nichtreste ist ein Rest; das Product aus einem Rest und einem Nichtrest ist ein Nichtrest.

DRITTES BUCH.

ALGEBRAISCHE GRÖSSEN.

Dreizehnter Abschnitt.

Die Galois'sche Theorie.

---

§. 139.

Der Körperbegriff.

Ein System von Zahlen wird ein Zahlkörper genannt, wenn es so in sich vollendet und abgeschlossen ist, dass die vier fundamentalen Rechenoperationen (die vier Species), die Addition, die Subtraction, die Multiplication und die Division, ausgeführt mit irgend welchen Zahlen des Systems, ausgenommen die Division durch Null, immer auf Zahlen führen, die demselben System angehören. Dieser Begriff, der eine Eintheilung der Zahlenarten nach einem natürlichen Gesichtspunkte giebt, ist von Dedekind eingeführt (Dirichlet-Dedekind, Vorlesungen über Zahlentheorie, 2. Aufl. 1871, §. 159). Er ist für die Algebra von der grössten Bedeutung, und es ist nicht gleichgültig, dafür einen bezeichnenden und ausdrucksvollen Namen zu haben. Das Wort Zahlkörper ist von Dedekind nach zahlreichen Analogien gebildet, in denen das Wort Körper (corpus, corps) in ähnlicher Weise eine Vereinigung von zusammengehörigen Dingen, der eine gewisse Vollständigkeit zukommt, bedeutet.

Der Begriff des Zahlkörpers kann erweitert und auf alle Grössen übertragen werden, mit denen nach den Regeln der vier Species gerechnet werden kann; insbesondere also auf rationale Functionen irgend welcher Veränderlichen.

Wir nennen also einen Functionenkörper ein System von Functionen von einer oder mehreren Veränderlichen von der Beschaffenheit, dass in diesem System die Rechnungen mit den vier Species unbegrenzt ausgeführt werden können und immer auf eine bestimmte Function desselben Systems führen (immer mit Ausnahme der Division durch Null). Die Veränderlichen können ganz von einander unabhängig sein; es ist aber auch der Fall nicht ausgeschlossen, dass gewisse Beziehungen zwischen ihnen festgesetzt sind, die beim Rechnen zu berücksichtigen sind.

Eine Function eines Functionenkörpers gilt nur dann als Null, wenn sie identisch, d. h. für alle in Betracht kommenden Werthe der Veränderlichen, verschwindet.

Da wir vorläufig unsere Betrachtungen nicht einschränken wollen, so werden wir jetzt von Körpern schlechtweg sprechen, und die Objecte, mit denen die Rechnungen auszuführen sind, die sowohl Zahlen als Functionen sein können, als Grössen oder auch als die Elemente des Körpers bezeichnen [1]).

Ein Körper ist dann also ein System von Grössen von der Vollständigkeit, dass in ihm die Grössen addirt, subtrahirt, multiplicirt und dividirt werden können.

Wenn alle Grössen eines Körpers in einem zweiten Körper enthalten sind, so heisst der erste Körper ein Theiler des zweiten.

Ist Ω ein Theiler von Ω', so werden wir auch sagen, Ω' ist ein Körper über Ω.

Streng genommen, bildet die einzige Zahl „Null“ für sich einen Körper. Diesen wollen wir aber der Kürze wegen ein- für allemal ausnehmen.

Dann ist das nächstliegende Beispiel eines Körpers der Inbegriff aller rationalen Zahlen.

Dieser Körper ist ein Theiler von jedem anderen Körper; denn jeder Körper enthält wenigstens eine von Null verschiedene Grösse ω, also auch den Quotienten $\omega : \omega = 1$, d. h. die Zahl 1, also auch, da alle ganzen Zahlen durch Addition und Subtraction von Einern entstehen, alle ganzen Zahlen; und aus den ganzen Zahlen kann man wieder durch Division alle Brüche ableiten.

Andere Beispiele von Zahlkörpern sind: der Inbegriff aller complexen Zahlen von der Form $x + yi$, worin $i = \sqrt{-1}$, x und y alle rationalen Zahlen bedeuten; ferner der Inbegriff aller (rationalen und irrationalen) reellen Zahlen, oder der Inbegriff aller überhaupt existirenden complexen Zahlen $x + yi$.

Als Beispiel eines Functionenkörpers mag der Inbegriff aller ganzen und gebrochenen rationalen Functionen einer Veränder-

---

[1]) Vgl. des Verfassers Abhandlung: „Die allgemeinen Grundlagen der Galois'schen Gleichungstheorie.“ Mathematische Annalen, Bd. 43.

lichen (mit Einschluss der Constanten) dienen, wobei man die constanten Coëfficienten auf einen beliebigen Zahlkörper, etwa auf den der rationalen Zahlen beschränken oder auch ganz unbeschränkt annehmen kann.

Wir wollen hier nicht weiter die Beispiele häufen, da die genaue Untersuchung von Körpern besonderer Art eine der Hauptaufgaben unserer späteren Ausführungen sein wird.

§. 140.

Adjunction.

Wenn einem Körper irgend welcher Grössen, den wir mit Ω bezeichnen wollen, irgend eine Grösse α hinzugefügt wird, die nicht in ihm enthalten ist, so entsteht ein neues Grössensystem

$$\Omega,\ \alpha,$$

das aber kein Körper sein wird; um daraus einen Körper abzuleiten, muss man alle Grössen hinzufügen, die sich durch die Verbindung von α mit den Zahlen von Ω mittelst der Grundrechnungsarten ableiten lassen. So erhält man einen erweiterten Körper Ω', der zugleich α und Ω enthält, und der durch α und Ω völlig bestimmt ist. Wir wollen ihn den Körper Ω, α nennen.

Dies Hinzufügen einer neuen Grösse α zu einem Körper Ω heisst Adjungiren, und man sagt, der Körper Ω' entsteht aus Ω durch Adjunction von α.

Zu Ω' kann man wieder eine Grösse α' adjungiren, und erhält einen dritten Körper Ω'', der dann Ω, α und α' enthält u. s. f. Man kann aber gleichzeitig zwei oder mehrere Zahlen zu Ω adjungiren, und erhält so denselben Körper Ω'', wenn man gleichzeitig α und α' dem Ω adjungirt. Man kann auch einem Körper einen zweiten Körper adjungiren und erhält so einen Körper, der zugleich die Zahlen der beiden Körper enthält. In dem obigen Beispiel würde man durch Adjunction des Körpers Ω, α' zu dem Körper $\Omega' = \Omega$, α wieder denselben Körper Ω'' erhalten.

Adjungirt man einem Körper einen seiner Theile, so entsteht kein neuer Körper.

So erhält man z. B., wenn man zum Körper der rationalen Zahlen, der mit $\mathfrak{R}$ bezeichnet sein mag, die Zahl $i = \sqrt{-1}$

adjungirt, den Körper der complexen Zahlen $x + yi$, mit rationalen x, y, den wir $\mathfrak{J}$ nennen wollen. Durch Adjunction einer Variablen u zum Körper $\mathfrak{R}$ erhält man den Körper, der aus allen ganzen und gebrochenen rationalen Functionen von u mit rationalen Coëfficienten besteht, durch Adjunction von u und i zu $\mathfrak{R}$ den Körper der rationalen Functionen von u, deren Coëfficienten Zahlen in $\mathfrak{J}$ sind u. s. f.

Es sei schliesslich noch bemerkt, dass ein Körper von Grössen vielfach auch, nach Kronecker's Vorgang, ein Rationalitätsbereich genannt wird. Es ist bisweilen nützlich, den Ausdruck Rationalitätsbereich für einen Körper dann zu brauchen, wenn damit ausgedrückt werden soll, dass bei einer bestimmten Aufgabe die Grössen dieses Körpers als bekannt oder rational betrachtet werden sollen.

§. 141.

Functionen in einem Körper.

Wir haben oft Veranlassung, ganze rationale Functionen einer Veränderlichen x

(1) $f(x) = a_0 x^m + a_1 x^{m-1} + \cdots + a_{m-1} x + a_m$

zu betrachten, deren Coëfficienten einem bestimmten Körper Ω angehören, und die wir in Ω enthaltene Functionen, oder kurz Functionen in Ω nennen wollen. Sie sind nicht zu verwechseln mit Functionen, die etwa dem Körper Ω angehören, wenn Ω ein Functionenkörper ist.

Im dritten Abschnitt haben wir gesehen, dass, wenn die Coëfficienten $a_0, a_1 \ldots a_m$ bestimmte Zahlenwerthe haben, m Wurzeln $\alpha_1, \alpha_2 \ldots \alpha_m$ von $f(x)$ existiren, die gleichfalls bestimmte Zahlenwerthe haben, unter denen aber mehrere einander gleiche vorkommen, wenn die Discriminante $\Delta(a)$ der Function (1) verschwindet. Sind die Coëfficienten a von $f(x)$ unabhängige Variable, so giebt es für jedes bestimmte Werthsystem der a ein bestimmtes Werthsystem der α und die α ändern sich stetig mit den a (§. 40). So lange wir also die Veränderung der a auf ein hinlänglich enges Gebiet beschränken, in dem solche Werthe nicht vorkommen, für welche die Discriminante $\Delta(a)$ verschwindet, so sind die m Grössen α als Functionen der a vollständig bestimmt und von einander unterschieden, wenn der Werth einer jeden von ihnen für irgend ein bestimmtes Werthsystem der a gegeben ist.

Sind die a nicht unabhängige Veränderliche, sondern selbst wieder Functionen von anderen Veränderlichen, so bleibt alles dies gültig, so lange nur die Aenderungen der a nach der Stetigkeit erfolgen.

Wir können also hiernach in allen diesen Fällen von den m Wurzeln einer Gleichung m^{ten} Grades sprechen, die als Zahlen oder als algebraische Functionen ihrer Coëfficienten aufzufassen sind.

Wenn nun Ω ein beliebiger Körper und $f(x)$ eine Function in Ω ist, so sind zwei Fälle möglich.

Die Function $f(x)$ ist entweder zerlegbar oder nicht zerlegbar in Factoren niedrigeren Grades, deren Coëfficienten dem Körper Ω angehören. Im ersten Falle heisst die Function $f(x)$ reducibel, im zweiten irreducibel in Ω. Man spricht bisweilen auch, wenn der Körper Ω als bekannt und feststehend betrachtet werden kann, wenn es z. B. der Körper der rationalen Zahlen ist, schlechtweg von reducibeln oder irreducibeln Functionen, ohne die Bezeichnung „im Körper Ω“ ausdrücklich hinzuzufügen. Dass aber an sich die genaue Präcisirung des Körpers, auf den sich die Reducibilität bezieht, oder der als Rationalitätsbereich betrachtet wird, sehr wesentlich ist, ergiebt sich aus folgenden Bemerkungen.

Eine lineare Function ist selbstverständlich in jedem Körper irreducibel. Multiplicirt man mehrere Functionen der Form (1) mit einander, so entsteht eine Function derselben Form, die aber dann natürlich reducibel ist, da sie wieder in die Factoren zerlegt werden kann, aus denen sie entstanden ist.

Eine Function $f(x)$, die in Ω irreducibel ist, kann in einem erweiterten Körper Ω', der aus Ω durch irgend eine Adjunction entsteht, reducibel werden; so wird jede Function $f(x)$ reducibel in dem Körper Ω', der aus Ω durch Adjunction einer Wurzel α von $f(x) = 0$ entsteht; denn es kann von $f(x)$ ein linearer Factor $x - \alpha$ abgesondert werden. In dem Körper, der aus allen Zahlen besteht, ist jede Function mit Zahlencoëfficienten reducibel.

I. Eine irreducible Function $f(x)$ kann mit einer anderen Function $F(x)$, deren Coëfficienten demselben Körper angehören, keinen gemeinsamen Theiler haben, wenn nicht $F(x)$ durch $f(x)$ theilbar ist.

Dieser Satz, der uns in der Folge noch sehr wichtige Dienste leisten wird, ist fast selbstverständlich; denn der grösste gemeinschaftliche Theiler zweier Functionen $F(x)$ und $f(x)$ lässt sich durch rationale Rechnung finden, und ist daher auch in Ω enthalten. Da nun aber $f(x)$ keinen in Ω enthaltenen Theiler hat als sich selbst oder eine Constante (d. h. eine in Ω enthaltene Grösse), so muss also dieser grösste gemeinschaftliche Theiler entweder eine Constante oder $f(x)$ selbst sein.

Es folgt aus diesem Satz, dass eine irreducible Function niemals mehrfache Factoren haben kann; denn sie müsste sonst mit ihrer Ableitung $f'(x)$ einen gemeinsamen Theiler haben; also müsste $f'(x)$ durch $f(x)$ theilbar sein, was unmöglich ist, da der Grad von $f'(x)$ niedriger ist als der von $f(x)$.

Wir können dem Satze I auch den folgenden Ausdruck geben:

II. Ist $f(x)$ irreducibel, und verschwindet $F(x)$ für eine Wurzel von $f(x) = 0$, so verschwindet es auch für alle anderen Wurzeln von $f(x) = 0$.

Insbesondere können wir daraus schliessen:

III. Ist $F(x)$ von niedrigerem Grade als die irreducible Function $f(x)$, und verschwindet $F(x)$ für eine Wurzel von $f(x)$, so muss $F(x)$ identisch verschwinden, d. h. alle Coëfficienten von $F(x)$ müssen Null sein.

Auch ganze rationale Functionen von mehreren Variablen, $f(x, y, z \ldots)$, deren Coëfficienten dem Körper Ω angehören, heissen Functionen in Ω. Auch diese werden als reducible und irreducible Functionen bezeichnet, je nachdem sie zerlegbar oder nicht zerlegbar sind in mehrere Factoren, die selbst Functionen in Ω sind, und wenigstens einige der Variablen $x, y, z \ldots$ wirklich enthalten.

Hier ist aber auf einen Unterschied aufmerksam zu machen.

Unter den Functionen von mehr als einer unabhängigen Veränderlichen giebt es solche, die überhaupt nicht in Factoren niedrigeren Grades, die rational von den Veränderlichen abhängen, zerlegbar sind, und wieder andere, die zwar zerlegbar sind, aber nur in solche Factoren, deren Coëfficienten nicht in Ω enthalten sind, und endlich drittens Functionen, die in mehrere Functionen in Ω zerlegbar sind; nur die letztere Art werden wir reducibel in Ω nennen, während die der zweiten Art als zerlegbare, die der ersten Art als unzerlegbare Functionen bezeichnet werden. Ist z. B. Ω der Körper der rationalen Zahlen, so ist $x^2 - y^2 = (x - y)(x + y)$ reducibel in Ω. Die Function $x^2 - 2y^2$ ist zwar in die Factoren $x + y\sqrt{2}$, $x - y\sqrt{2}$ zerlegbar, aber diese Factoren sind nicht Functionen in Ω. Die Function $x^2 + y^2 + 1$ endlich ist überhaupt nicht zerlegbar. Eine in einem Körper Ω irreducible, aber zerlegbare Function wird in einem erweiterten Körper reducibel.

Die fundamentalen Sätze über irreducible Functionen haben wir in §. 51 kennen gelernt. Bei jenen Ausführungen war zwar zunächst, dem dortigen Standpunkte entsprechend, der Körper aller Zahlen als Rationalitätsbereich vorausgesetzt, in dem der Unterschied zwischen unzerlegbaren und irreducibeln Functionen wegfällt. Benutzt ist aber immer nur die Reducibilität oder Irreducibilität einer Function, und die besondere Natur des Körpers Ω kommt nicht in Betracht. So ist also darin der Beweis des Satzes enthalten:

IV. Eine reducible Function in Ω kann nur auf eine Art in irreducible Factoren zerlegt werden, wenn man rationale Functionen, die sich nur durch einen constanten Factor unterscheiden, als nicht verschieden betrachtet.

§. 142.

Algebraische Körper.

Ist Ω ein beliebiger Körper, und $F(x)$ eine Function in Ω, so heisst die Gleichung

$$F(x) = 0 \tag{1}$$

eine Gleichung in Ω. Diese Gleichung heisst reducibel oder irreducibel, je nachdem die Function $F(x)$ reducibel oder irreducibel ist. Durch Adjunction einer Wurzel α einer solchen Gleichung zu Ω entsteht (wenn α nicht selbst schon zu Ω gehört) ein neuer Körper Ω', den wir einen algebraischen Körper „über“ Ω oder auch, wenn Zweifel über die Bedeutung ausgeschlossen sind, kurz, einen algebraischen Körper nennen wollen. Wir brauchen für einen solchen Körper das Zeichen

$$\Omega(\alpha).$$

Sind $\beta, \gamma \ldots$ Wurzeln von anderen Gleichungen in Ω oder auch andere Wurzeln derselben Gleichung, so erhalten wir durch gleichzeitige Adjunction von $\alpha, \beta, \gamma \ldots$ gleichfalls algebraische Körper über Ω, die wir mit

$$\Omega(\alpha, \beta, \gamma \ldots)$$

bezeichnen. Wir werden gleich sehen, dass diese Erweiterung des Begriffes algebraischer Körper nur eine scheinbare ist, und bleiben also zunächst bei der Adjunction einer Grösse α, also bei der Betrachtung von $\Omega(\alpha)$ stehen.

Die Gleichung (1), deren Wurzel α ist, kann reducibel sein. Unter den irreducibeln Factoren von $F(x)$ ist aber wenigstens einer, der für $x = \alpha$ verschwindet, den wir mit $f(x)$ bezeichnen wollen; diese Function $f(x)$ ist, wenn wir den Coëfficienten der höchsten Potenz von x gleich 1 annehmen, völlig bestimmt, weil nach dem vorigen Paragraphen $x = \alpha$ nicht die Wurzel von zwei verschiedenen irreducibeln Gleichungen sein kann.

Die Gleichung $f(x) = 0$ hat also die Form

$$x^n + a_1 x^{n-1} + a_2 x^{n-2} + \cdots + a_{n-1} x + a_n = 0, \tag{2}$$

worin $a_1, a_2 \ldots a_n$ Grössen in Ω sind. Ist n der Grad dieser Gleichung, so nennen wir n auch den Grad des Körpers $\Omega(\alpha)$.

Alle Grössen Θ des Körpers $\Omega(\alpha)$ lassen sich ableiten durch Addition, Subtraction, Multiplication und Division aus α und aus Zahlen in Ω; sie lassen sich also darstellen als rationale Functionen von α mit Coëfficienten in Ω, oder in der Form

$$\Theta = \frac{\chi(\alpha)}{\psi(\alpha)}, \tag{3}$$

worin $\chi(x)$ und $\psi(x)$ Functionen in Ω sind. Da aber $\psi(\alpha)$ von Null verschieden sein muss, so ist $\psi(x)$ nicht durch $f(x)$ theilbar, und da $f(x)$ irreducibel angenommen ist, so ist $\psi(x)$ relativ prim zu $f(x)$.

Danach können wir nach §. 6, Satz II die Functionen $Q(x)$, $\varphi(x)$ in Ω, und zwar $\varphi(x)$ höchstens vom Grade $n - 1$, so bestimmen, dass

$$Q(x) f(x) + \varphi(x) \psi(x) = \chi(x) \tag{4}$$

wird, und wenn wir also hierin $x = \alpha$ setzen, so dass $f(\alpha) = 0$ wird, so folgt

$$\frac{\chi(\alpha)}{\psi(\alpha)} = \varphi(\alpha). \tag{5}$$

Bezeichnen wir die Coëfficienten von $\varphi(x)$, die, wie wir gesehen haben, Grössen in Ω sind, mit $c_0, c_1 \dots c_{n-1}$, so kann also jede Grösse Θ in $\Omega(\alpha)$ in der Form dargestellt werden:

$$\Theta = c_0 + c_1 \alpha + c_2 \alpha^2 + \cdots + c_{n-1} \alpha^{n-1}.$$

Diese Darstellung ist nur auf eine Art möglich; denn ist gleichzeitig

$$(6) \qquad \Theta = c'_0 + c'_1 \alpha + c'_2 \alpha^2 + \cdots + c'_{n-1} \alpha^{n-1},$$

so verschwindet die Function $(n-1)^{\text{ten}}$ Grades

$$c_0 - c'_0 + (c_1 - c'_1) x + (c_2 - c'_2) x^2 + \cdots + (c_{n-1} - c'_{n-1}) x^{n-1}$$

für $x = \alpha$. Das ist aber nach dem Satz III des vorigen Paragraphen nur möglich, wenn

$$c_0 = c'_0, \quad c_1 = c'_1, \dots c_{n-1} = c'_{n-1}$$

ist.

Wenn wir die Grössen des Körpers Ω als die gegebenen, seine Grössen als rational, den Körper $\Omega(\alpha)$ als den daraus abgeleiteten betrachten, so bezeichnen wir eine rationale Function in Ω auch kurz als eine rationale Function, und können demnach auch sagen:

Der Körper $\Omega(\alpha)$ besteht aus allen rationalen Functionen von α.

§. 143.

Gleichzeitige Adjunction mehrerer algebraischer Grössen.

Einer genaueren Untersuchung des Körpers $\Omega(\alpha)$ schicken wir einen allgemeinen, sehr einfachen, aber doch folgereichen Satz voraus.

1. Sind $\Phi_1(x, y, z \dots)$, $\Phi_2(x, y, z \dots)$, $\Phi_3(x, y, z \dots) \dots$ ganze rationale Functionen der Veränderlichen $x, y, z \dots$ mit beliebigen Coëfficienten, die in keiner der Functionen alle zugleich verschwinden, so kann man für die Veränderlichen auf unendlich viele Arten solche rationale Zahlwerthe setzen, dass keine der Functionen $\Phi_1, \Phi_2, \Phi_3 \dots$ verschwindet.

Der Satz ist zunächst evident, wenn die Functionen Φ_1, Φ_2, Φ_3 ... nur von einer Veränderlichen abhängen; denn dann giebt es überhaupt nur eine endliche Anzahl von Zahlwerthen für diese Veränderliche, wofür eine dieser Functionen Null wird.

Dann aber können wir die Richtigkeit des Satzes für Functionen von $n + 1$ Veränderlichen leicht einsehen, falls wir ihn für Functionen von n Veränderlichen als bewiesen betrachten. Denn ordnen wir die Functionen nach der $(n + 1)^{\text{ten}}$ Veränderlichen t, so können wir für die übrigen n Veränderlichen nach Voraussetzung solche rationale Werthe setzen, dass in keiner der Functionen alle Coëfficienten der Potenzen von t verschwinden; dann haben wir Functionen der einen Veränderlichen t und können für diese einen solchen rationalen Werth setzen, dass keine der Functionen verschwindet. Damit ist also der Satz allgemein bewiesen.

Es soll jetzt zunächst nachgewiesen werden, dass man die gleichzeitige Adjunction m e h r e r e r algebraischen Grössen durch die Adjunction e i n e r e i n z i g e n ersetzen kann, mit anderen Worten, dass jeder Körper $\Omega(\alpha, \beta, \gamma \ldots)$ angesehen werden kann als ein Körper $\Omega(\alpha)$.

Es seien also α, β, γ ... algebraische Grössen in beliebiger Anzahl und

$$(1) \qquad A(x) = 0, \quad B(x) = 0, \quad C(x) = 0 \ldots$$

Gleichungen in Ω, deren Wurzeln $x = \alpha$, $x = \beta$, $x = \gamma$ ... sind. Keine dieser Gleichungen soll eine mehrfache Wurzel haben, eine Voraussetzung, durch die die Allgemeinheit nicht beschränkt wird.

Wir haben im vorigen Paragraphen gesehen, dass sich jede Grösse eines Körpers $\Omega(\alpha)$ als g a n z e r a t i o n a l e F u n c t i o n in Ω von α darstellen lässt. Setzen wir in diesem Satze an Stelle des Körpers Ω den Körper $\Omega(\beta, \gamma \ldots)$, so folgt, dass jede Zahl in $\Omega(\alpha, \beta, \gamma \ldots)$ als ganze rationale Function von α mit Coëfficienten aus $\Omega(\beta, \gamma \ldots)$ dargestellt werden kann; und wenn wir dieselbe Schlussweise in Beziehung auf die Coëfficienten wiederholen, so ergiebt sich:

2. J e d e G r ö s s e d e s K ö r p e r s $\Omega(\alpha, \beta, \gamma \ldots)$ k a n n a l s g a n z e r a t i o n a l e F u n c t i o n i n Ω v o n $\alpha, \beta, \gamma \ldots$ d a r g e s t e l l t w e r d e n.

Wir bilden eine lineare Function der $\alpha, \beta, \gamma \dots$

$$\xi = x\alpha + y\beta + z\gamma + \cdots,$$

und beachten, dass jede der Gleichungen (1) nicht nur eine, sondern mehrere Wurzeln hat, deren Zahl gleich dem Grade der Gleichung ist. Ist also $\alpha', \beta', \gamma' \dots$ irgend eine von $\alpha, \beta, \gamma \dots$ verschiedene Combination von je einer Wurzel von jeder der Gleichungen (1), so setzen wir:

$$\xi' = x\alpha' + y\beta' + z\gamma' \dots$$

und bilden auf die gleiche Weise $\xi'', \xi''' \dots$ Die Anzahl der so gebildeten Grössen ξ ist, wenn a der Grad von $A(x)$, b der Grad von $B(x)$, c der Grad von $C(x)$ ist u. s. f.,

$$m = abc \dots$$

Die Differenzen $\xi - \xi', \ \xi - \xi'', \ \xi' - \xi'' \dots$ sind lineare Functionen von $x, y, z \dots$ und keine von ihnen ist identisch Null, da wir angenommen haben, dass keine der Gleichungen (1) gleiche Wurzeln habe. Nach dem Satz 1 können wir also für $x, y, z \dots$ solche rationale Zahlen setzen, dass keine von diesen Differenzen verschwindet, dass also die m Werthe $\xi, \xi', \xi'' \dots$ alle von einander verschieden sind.

Nun ist jede rationale Function, die in Bezug auf die Wurzeln jeder der Gleichungen (1) symmetrisch ist, rational durch die Coëfficienten dieser Gleichungen ausdrückbar, d. h. es ist eine Zahl in Ω. Dazu gehören auch die Coëfficienten der Function m^{ten} Grades von t:

$$F(t) = (t - \xi)(t - \xi')(t - \xi'') \dots, \tag{2}$$

und $F(t) = 0$ ist also eine Gleichung in Ω, die keine gleichen Wurzeln hat, und deren eine Wurzel ξ ist.

Ist ferner Θ eine Grösse in $\Omega(\alpha, \beta, \gamma \dots)$, also eine ganze rationale Function von $\alpha, \beta, \gamma \dots$, und bezeichnen wir mit $\Theta', \Theta'' \dots$ die Grössen, die aus dieser rationalen Function hervorgehen, wenn die Variablen durch $\alpha', \beta', \gamma' \dots$ oder $\alpha'', \beta'' \gamma'' \dots$ u. s. f. ersetzt werden, so ist

$$F(t)\left(\frac{\Theta}{t - \xi} + \frac{\Theta'}{t - \xi'} + \frac{\Theta''}{t - \xi''} + \cdots\right) = \psi(t)$$

als symmetrische Function der α und der $\beta \dots$ eine ganze rationale Function $(m - 1)^{\text{ten}}$ Grades von t in Ω, und wenn man $t = \xi$ setzt, so folgt

(3) $$\Theta = \frac{\psi(\xi)}{F'(\xi)},$$

und Θ ist also in $\Omega(\xi)$ enthalten. Da umgekehrt auch jede Grösse in $\Omega(\xi)$ zugleich in $\Omega(\alpha, \beta, \gamma \ldots)$ enthalten ist, so sind beide Körper identisch, d. h. es ist

$$\Omega(\xi) = \Omega(\alpha, \beta, \gamma \ldots).$$

Damit ist aber unsere Behauptung erwiesen.

§. 144.

Primitive und imprimitive Körper.

Nach dem zuletzt bewiesenen Satze beschränken wir uns jetzt auf die Betrachtung algebraischer Körper $\Omega(\alpha)$, worin α die Wurzel einer Gleichung in Ω ist. Diese Gleichung möge, von mehrfachen Factoren befreit, mit

(1) $$F(x) = 0$$

bezeichnet und vom Grade m sein. Ihre Wurzeln seien

(2) $$\alpha, \alpha_1, \alpha_2 \ldots \alpha_{m-1}.$$

Es kann $F(x)$ in Ω reducibel sein; dann wird es einen und nur einen irreducibeln Factor $f(x)$ von $F(x)$ geben, so dass α eine Wurzel der Gleichung

(3) $$f(x) = 0$$

ist. Der Grad von $f(x)$ sei n und die Wurzeln von (3), die alle unter den Wurzeln (2) enthalten sind, seien

(4) $$\alpha, \alpha_1, \alpha_2 \ldots \alpha_{n-1}.$$

Der Grad des Körpers $\Omega(\alpha)$ ist dann nach der in §. 142 gemachten Festsetzung gleichfalls n.

Jede der Grössen (4) giebt zu einem algebraischen Körper Anlass, und so entstehen die Körper

(5) $$\Omega(\alpha), \Omega(\alpha_1) \ldots \Omega(\alpha_{n-1}),$$

die wir die mit $\Omega(\alpha)$ conjugirten Körper nennen. Es kann sein, dass diese Körper alle oder theilweise identisch sind, sie können aber auch alle von einander verschieden sein, wovon später Näheres.

Nach §. 142 erhalten wir jede Grösse Θ in $\Omega(\alpha)$, wenn wir in einer ganzen rationalen Function $\chi(t)$ in Ω, höchstens vom Grade $(n - 1)$, für die Variable t die Zahl α setzen.

Setzen wir für t in $\chi(t)$ die verschiedenen Grössen (4), so erhalten wir n Grössen, eine aus jedem der conjugirten Körper

(6) $$\Theta = \chi(\alpha),\ \Theta_1 = \chi(\alpha_1) \ldots \Theta_{n-1} = \chi(\alpha_{n-1}),$$

und diese heissen die mit Θ conjugirten Grössen.

Jede symmetrische Function dieser Grössen ist zugleich eine symmetrische Function der Wurzeln der Gleichung (3), und mithin in Ω enthalten.

Unter diesen symmetrischen Functionen wollen wir zwei, die häufig vorkommen, durch besondere Namen und Bezeichnungen hervorheben; es ist die Summe

(7) $$S(\Theta) = \Theta + \Theta_1 + \Theta_2 + \cdots + \Theta_{n-1},$$

die wir die Spur von Θ nennen, und das Product

(8) $$N(\Theta) = \Theta\, \Theta_1\, \Theta_2 \ldots \Theta_{n-1},$$

das die Norm von Θ heisst. Conjugirte Zahlen haben hiernach dieselben Spuren und Normen.

Das Product

(9) $$(t - \Theta)\,(t - \Theta_1) \ldots (t - \Theta_{n-1}) = \Phi(t)$$

ist eine ganze rationale Function n^{ten} Grades von t in Ω und ihre Wurzeln sind Θ und die mit Θ conjugirten Grössen. Daraus ergiebt sich der Satz:

1. Jede Grösse in $\Omega(\alpha)$ ist Wurzel einer Gleichung n^{ten} Grades in Ω, deren übrige Wurzeln die mit Θ conjugirten Grössen sind.

Die Berechnung der Function $\Phi(t)$ aus $f(x)$ ist nichts Anderes als die von einem anderen Gesichtspunkte im vierten und sechsten Abschnitt betrachtete Tschirnhausen-Transformation.

Wir haben nun die Function $\Phi(t)$ auf ihre Irreducibilität zu untersuchen.

Wenn die Function $\Phi(t)$ reducibel ist, so hat sie einen irreducibeln Factor $\varphi(t)$, in dem wir den Coëfficienten der höchsten Potenz von t gleich 1 annehmen können, und jeder solche Factor verschwindet wenigstens für einen der Werthe $\Theta, \Theta_1 \ldots \Theta_{n-1}$.

Es sei also

$$\varphi(\Theta) = \varphi[\chi(\alpha)] = 0,$$

d. h. die Gleichungen $\varphi[\chi(x)] = 0$ und $f(x) = 0$ haben eine gemeinsame Wurzel. Da aber $f(x)$ irreducibel vorausgesetzt ist, so muss $\varphi[\chi(x)]$ nach dem Theorem II, §. 141 für alle Wurzeln

$\alpha, \alpha_1, \alpha_2 \ldots \alpha_{n-1}$ von $f(x) = 0$ verschwinden, d. h. es ist

$$\varphi(\Theta) = 0, \quad \varphi(\Theta_1) = 0, \quad \varphi(\Theta_2) = 0 \ldots \varphi(\Theta_{n-1}) = 0.$$

Wenn also die mit Θ conjugirten Werthe alle von einander verschieden sind, so ist $\varphi(t)$ mit $\Phi(t)$ identisch, d. h. $\Phi(t)$ ist irreducibel. Sind aber unter den mit Θ conjugirten Werthen nur n_1 von einander verschiedene vorhanden, etwa $\Theta, \Theta_1, \Theta_2 \ldots \Theta_{n_1-1}$, so ist

$$(10) \qquad \varphi(t) = (t - \Theta)(t - \Theta_1) \ldots (t - \Theta_{n_1-1}),$$

und jeder andere irreducibele Factor von $\Phi(t)$ ist, da er wenigstens für einen der conjugirten Werthe Θ und folglich für alle verschwinden muss, mit $\varphi(t)$ identisch. Es ist also $\Phi(t)$ eine Potenz von $\varphi(t)$, etwa

$$(11) \qquad \Phi(t) = \varphi(t)^{n_2}$$

und

$$(12) \qquad n = n_1 n_2.$$

Daraus ergiebt sich also der Satz:

2. Die Function $\Phi(t)$ ist entweder irreducibel oder sie ist eine Potenz einer irreducibeln Function. Die n mit einer Zahl in $\Omega(\alpha)$ conjugirten Zahlen sind entweder alle von einander verschieden, oder sie zerfallen in n_1 Systeme von je n_2 unter einander gleichen Zahlen. Im ersten Falle ist $\Phi(t)$ irreducibel, im zweiten die n_2^{te} Potenz einer irreducibeln Function n_1^{ten} Grades in Ω.

Eine Grösse Θ in $\Omega(\alpha)$, die von allen ihren conjugirten Zahlen verschieden ist, und die also einer irreducibeln Gleichung n^{ten} Grades genügt, heisst eine primitive Grösse des Körpers. Nach dem Satz §. 143, 1. lassen sich unendlich viele solche primitive Grössen bestimmen, sogar so, dass die Coëfficienten von $\Theta = \chi(\alpha)$ rationale Zahlen sind. Man braucht nur über die Coëfficienten von χ so zu verfügen, dass unter den conjugirten Grössen $\chi(\alpha)$ keine gleichen vorkommen.

3. Jede Grösse ω des Körpers $\Omega(\alpha)$ kann rational durch eine beliebige primitive Grösse Θ des Körpers ausgedrückt werden.

Denn sind $\omega, \omega_1, \omega_2 \ldots \omega_{n-1}$ die zu ω conjugirten Zahlen, ebenso $\Theta, \Theta_1, \Theta_2 \ldots \Theta_{n-1}$ die zu Θ conjugirten und

$$\Phi(t) = (t - \Theta)(t - \Theta_1) \ldots (t - \Theta_{n-1}),$$

so ist

$$\Phi(t)\left(\frac{\omega}{t - \Theta} + \frac{\omega_1}{t - \Theta_1} + \cdots + \frac{\omega_{n-1}}{t - \Theta_{n-1}}\right) = \Psi(t)$$

eine ganze rationale Function $n - 1^{\text{ten}}$ Grades von t, deren Coëfficienten Zahlen in Ω sind, und daraus ergiebt sich, wenn man $t = \Theta$ setzt,

$$\omega = \frac{\Psi(\Theta)}{\Phi'(\Theta)},$$

worin $\Phi'(\Theta)$ von Null verschieden ist.

Es ist hiernach der Körper $\Omega(\Theta)$ mit dem Körper $\Omega(\alpha)$ identisch.

4. Ist Θ nicht primitiv, so kann nicht jede Grösse in $\Omega(\alpha)$ rational durch Θ ausgedrückt werden. Der Körper $\Omega(\Theta)$ ist ein Theiler des Körpers $\Omega(\alpha)$ und der Grad von $\Omega(\Theta)$ ist ein Theiler des Grades von $\Omega(\alpha)$.

Denn jede Zahl des Körpers $\Omega(\Theta)$ genügt einer Gleichung in Ω vom Grade n_1, wenn n_1 ein Theiler von n und kleiner als n ist. Also kann eine primitive Grösse des Körpers $\Omega(\alpha)$, die einer irreducibeln Gleichung n^{ten} Grades genügt, nicht in $\Omega(\Theta)$ enthalten sein.

Der Körper $\Omega(\alpha)$ heisst primitiv, wenn er ausser den Grössen in Ω keine imprimitiven Grössen enthält, imprimitiv, wenn er noch andere imprimitive Grössen enthält.

Aus dieser Definition ergiebt sich zunächst, dass ein Körper, dessen Grad eine Primzahl ist, nothwendig primitiv ist; denn eine imprimitive Grösse Θ in $\Omega(\alpha)$ genügt einer Gleichung, deren Grad ein von n verschiedener Theiler des Grades n von $\Omega(\alpha)$ ist. Wenn dieser Theiler gleich 1 ist, so ist Θ in Ω enthalten.

Wir wollen jetzt noch einige der wichtigsten Eigenschaften der imprimitiven Körper kennen lernen.

Hat $\Omega(\alpha)$ einen von Ω verschiedenen Theiler Ω', der seinerseits Ω als Theiler enthält (ist also Ω' Körper über Ω), und ist β eine Grösse, die dem Körper Ω', aber nicht Ω angehört, so ist der Körper $\Omega(\beta)$ ein algebraischer Körper über Ω und zugleich ein Theiler von Ω' und von $\Omega(\alpha)$, und nach dem, was wir vorhin bewiesen haben, ist der Grad n_1 des Körpers $\Omega(\beta)$ ein Theiler von n. Ist nun durch $\Omega(\beta)$ der Körper Ω' nicht erschöpft, so nehmen wir eine Grösse γ in Ω', aber nicht in $\Omega(\beta)$; dann ist der Körper $\Omega(\beta, \gamma)$ ein Theiler von Ω' und von $\Omega(\alpha)$ und hat seinerseits $\Omega(\beta)$ zum Theiler. Der Grad von $\Omega(\beta, \gamma)$ ist also grösser als der von $\Omega(\beta)$ und kleiner als der von $\Omega(\alpha)$. Ist damit Ω' noch nicht erschöpft, so fahren wir so fort, müssen aber endlich zum Abschluss kommen, da die Grade der Körper $\Omega(\beta)$, $\Omega(\beta, \gamma) \ldots$ immer wachsen und doch kleiner als n bleiben. Daraus folgt:

5. Jeder Theiler von $\Omega(\alpha)$, der den Körper Ω enthält, ist ein algebraischer Körper $\Omega(\beta)$ über Ω. Der Grad von $\Omega(\beta)$ ist ein Theiler des Grades von $\Omega(\alpha)$, und wenn beide Körper den gleichen Grad haben, so sind sie identisch.

Wir können daher unsere Definition auch so fassen:

6. Ein algebraischer Körper über Ω ist primitiv, wenn er ausser Ω und sich selbst keinen Körper über Ω zum Theiler hat.

§. 145.

Normalkörper. Galois'sche Resolvente.

Ist $\Omega(\alpha)$ ein algebraischer Körper, so sind die conjugirten Körper

$$\Omega(\alpha),\ \Omega(\alpha_1) \ldots \Omega(\alpha_{m-1})$$

alle von gleichem Grade, und wenn also einer von ihnen im anderen enthalten ist, so sind beide identisch.

Ein Körper, der mit allen seinen conjugirten Körpern identisch ist, heisst ein Normalkörper. In den Normalkörpern herrschen viel einfachere Gesetze, und der grosse Fortschritt, den die Algebra Galois verdankt, beruht im Wesentlichen darauf, dass beliebige Körper auf Normalkörper zurückgeführt werden. Die Normalkörper heissen daher auch Galois'sche Körper.

Wenn ein Körper μ^{ten} Grades $\Omega(\varrho)$ die Eigenschaft hat, dass die zu ϱ conjugirten Zahlen $\varrho_1, \varrho_2 \ldots \varrho_{\mu-1}$ alle in $\Omega(\varrho)$ enthalten sind, so ist es ein Normalkörper; denn dann sind die Körper $\Omega(\varrho_1)$, $\Omega(\varrho_2) \ldots \Omega(\varrho_{\mu-1})$ auch alle in $\Omega(\varrho)$ enthalten und also alle mit $\Omega(\varrho)$ identisch.

Wir wollen eine Gleichung eine Normalgleichung nennen, wenn sie irreducibel ist, und die Eigenschaft hat, dass alle ihre Wurzeln rational (in Ω) durch eine von ihnen ausgedrückt werden können. Dann ist ein primitives Element eines Normalkörpers μ^{ten} Grades Wurzel einer Normalgleichung μ^{ten} Grades. Aber es gilt auch das Umgekehrte, dass nämlich, wenn ϱ eine Wurzel einer Normalgleichung ist, $\Omega(\varrho)$ ein Normalkörper gleichen Grades ist. Denn ist ϱ_0 die Wurzel der Normalgleichung, durch die alle anderen rational ausgedrückt sind, so ist sicher $\Omega(\varrho_0)$ ein Normalkörper. Mit diesem ist aber $\Omega(\varrho)$ conjugirt und also identisch. Es folgt daraus noch, dass bei einer Normalgleichung jede Wurzel nicht nur durch eine bestimmte unter ihnen, sondern durch jede beliebige rational ausdrückbar ist.

Man kann nun auf folgendem Wege beliebige algebraische Körper auf Normalkörper zurückführen.

Es sei

(1) $$F(x) = 0$$

eine beliebige reducible oder irreducible Gleichung in Ω vom m^{ten} Grade, von der wir nur voraussetzen wollen, dass sie keine mehrfachen Wurzeln habe. Ihre Wurzeln seien

(2) $$\alpha, \alpha_1 \ldots \alpha_{m-1}.$$

Man erhält daraus m algebraische Körper

(3) $$\Omega(\alpha), \Omega(\alpha_1) \ldots \Omega(\alpha_{m-1}),$$

und man kann offenbar die Function $F(x)$ so wählen, dass unter den Körpern (3) irgend welche gegebene algebraische Körper über Ω vorkommen. Wir nennen den aus allen Grössen (2), d. h. aus allen Wurzeln der Gleichung (1) abgeleiteten Körper über Ω

(4) $$N = \Omega(\alpha, \alpha_1 \ldots \alpha_{m-1})$$

den Galois'schen Körper der Gleichung $F(x) = 0$.

Ist $F(x)$ irreducibel, so sind die Körper (3) die mit $\Omega(\alpha)$ conjugirten Körper. In diesem Falle soll der Körper N die Norm eines jeden der Körper $\Omega(\alpha)$, $\Omega(\alpha_1) \ldots \Omega(\alpha_{m-1})$ heissen.

Ist $\Omega(\alpha)$ ein Normalkörper, so ist er mit seiner Norm identisch. Im allgemeinen Falle ist nachzuweisen, dass N ein Normalkörper ist. Wir wählen ein primitives Element ϱ des Körpers N (nach §. 143) und können dann den Körper N auch durch $\Omega(\varrho)$ bezeichnen. Ist μ der Grad von N, so genügt ϱ einer irreducibeln Gleichung μ^{ten} Grades

(5) $$g(t) = 0,$$

von der zu zeigen ist, dass es eine Normalgleichung ist. Zu diesem Zweck bemerken wir zunächst, dass die eine Wurzel ϱ dieser Gleichung eine rationale Function der $\alpha, \alpha_1 \ldots \alpha_{m-1}$ ist, weil sie in N enthalten war. Setzen wir, um dies anzudeuten,

$$\varrho = \varrho(\alpha, \alpha_1 \ldots \alpha_{m-1}),$$

und bilden nun alle verschiedenen Anordnungen der Ziffern

$$0, 1, 2 \ldots m-1,$$

deren Anzahl $\Pi(m)$ beträgt:

(6) $$(0, 1, 2 \ldots m-1), (0', 1', 2' \ldots (m-1)'), (0'', 1'', 2'' \ldots (m-1)'') \ldots,$$

worin die Ziffern mit einem, zwei etc. Accenten dieselben sind, wie die ohne Accent, nur in anderer Reihenfolge, und bilden hieraus die Functionen

(7) $$\varrho = \varrho(\alpha_0, \alpha_1 \ldots \alpha_{m-1}),\ \varrho' = \varrho(\alpha_{0'}, \alpha_{1'} \ldots \alpha_{(m-1)'}),$$
$$\varrho'' = \varrho(\alpha_{0''}, \alpha_{1''} \ldots \alpha_{(m-1)''}) \ldots,$$

unbekümmert darum, ob darunter etwa unter einander gleiche vorkommen oder nicht.

Wenn wir in allen den Anordnungen (6) ein und dieselbe Vertauschung vornehmen, z. B. 0 mit 1, so ändert sich die Gesammtheit dieser Anordnungen nicht, sondern nur ihre Reihenfolge wird eine andere. Denn erstens kann durch eine solche Vertauschung nichts Anderes entstehen, als Anordnungen der Ziffern, und zweitens können nicht zwei verschiedene Anordnungen durch eine und dieselbe Vertauschung in dieselbe Anordnung übergehen.

Es werden also auch durch jede solche Vertauschung die Functionen (7) nur unter einander permutirt werden. Bilden wir also das Product

$$G(t) = (t - \varrho)(t - \varrho')(t - \varrho'') \ldots$$

für eine Veränderliche t, so bleiben seine Coëfficienten, die gewiss Functionen von $\alpha, \alpha_1 \ldots \alpha_{m-1}$ sind, ungeändert, wenn diese Grössen irgendwie permutirt werden; d. h. es sind symmetrische Functionen der Wurzeln der Function $F(x)$, und also ist $G(t)$ eine Function von t in Ω. Alle Wurzeln von $G(t)$ sind Grössen in N, da sie durch die α rational ausgedrückt sind.

Nun haben $G(t)$ und $g(t)$ eine Wurzel gemein. Da aber $g(t)$ irreducibel ist, so muss $G(t)$ durch $g(t)$ theilbar sein; also sind auch alle Wurzeln von $g(t)$ in N enthalten, d. h. N ist ein Normalkörper, w. z. b. w.

Jede Gleichung $g(t) = 0$ heisst eine Galois'sche Resolvente der Gleichung $F(x) = 0$, und eine Galois'sche Resolvente ist also durch folgende Bestimmung definirt:

Eine Gleichung $g(t) = 0$ ist eine Galois'sche Resolvente einer gegebenen Gleichung $F(x) = 0$ in Ω, wenn 1) $g(t)$ irreducibel ist, wenn 2) alle Wurzeln von $F(x)$ rational durch eine Wurzel ϱ von $g(t)$ ausdrückbar sind, und 3) eine Wurzel von $g(t)$ rational durch die Wurzeln von $F(x)$ ausdrückbar ist.

Denn nach 2) ist N in $\Omega(\varrho)$ enthalten, und nach 3) ist einer der mit $\Omega(\varrho)$ conjugirten Körper, $\Omega(\varrho_1)$, in N enthalten. Die Grade von N und $\Omega(\varrho)$ können also nicht verschieden sein und folglich ist $N = \Omega(\varrho)$.

Jede Galois'sche Resolvente ist eine Normalgleichung, und eine Normalgleichung ist ihre eigene Galois'sche Resolvente.

§. 146.

Die Substitutionen eines Normalkörpers.

Es sei jetzt $\Omega(\varrho)$ ein Normalkörper μ^{ten} Grades und ϱ eine seiner primitiven Zahlen, ferner

(1) $$g(t) = 0$$

die irreducible Gleichung μ^{ten} Grades, deren eine Wurzel $t = \varrho$ ist. Die zu ϱ conjugirten Elemente seien

(2) $$\varrho, \varrho_1, \varrho_2 \ldots \varrho_{\mu-1}.$$

Da nach der Definition des Normalkörpers die Grössen (2) alle in $\Omega(\varrho)$ enthalten sind, so können wir $\Theta_1(t), \Theta_2(t) \ldots \Theta_{\mu-1}(t)$ als ganze rationale Functionen in Ω, höchstens vom Grade $\mu - 1$, so bestimmen, dass

(3) $$\varrho_1 = \Theta_1(\varrho), \quad \varrho_2 = \Theta_2(\varrho), \ldots \varrho_{\mu-1} = \Theta_{\mu-1}(\varrho)$$

wird. Ist ω eine beliebige Grösse in $\Omega(\varrho)$, so kann man die mit ω conjugirten Grössen so darstellen:

(4) $$\omega = \varphi(\varrho),\quad \omega_1 = \varphi(\varrho_1)\ldots \omega_{\mu-1} = \varphi(\varrho_{\mu-1}),$$

worin $\varphi(t)$ eine rationale Function in Ω ist.

Da nun $g(t)$ irreducibel ist, so gilt der Satz §. 141, II, den wir jetzt so aussprechen:

1. Wenn eine rationale Function $\Phi(t)$ in Ω eine Wurzel mit $g(t)$ gemeinsam hat, so verschwinden alle conjugirten Grössen

$$\Phi(\varrho),\ \Phi(\varrho_1)\ldots \Phi(\varrho_{\mu-1}).$$

Wenn in einer der Functionen $\Theta_k(\varrho)$, durch die nach (3) die Wurzeln von (1) ausgedrückt sind, ϱ durch eine andere Wurzel ϱ_h ersetzt wird, so entsteht daraus wieder eine der Wurzeln; denn ist

$$g[\Theta_k(\varrho)] = 0,$$

so ist nach 1. auch

$$g[\Theta_k(\varrho_h)] = 0,$$

und die Reihe der Grössen

(5) $$\varrho_h,\quad \Theta_1(\varrho_h),\quad \Theta_2(\varrho_h)\ldots \Theta_{\mu-1}(\varrho_h)$$

stimmt, von der Anordnung abgesehen, mit der Reihe

(6) $$\varrho,\quad \Theta_1(\varrho),\quad \Theta_2(\varrho)\ldots \Theta_{\mu-1}(\varrho)$$

überein. Dies wird erwiesen sein, wenn wir zeigen, dass in (5) keine zwei gleichen Werthe vorkommen. Bezeichnen wir der Uebereinstimmung halber mit $\Theta_0(\varrho)$ oder $\Theta(\varrho)$ die Wurzel ϱ selbst, so folgt aus der Gleichheit zweier der Grössen (5)

(7) $$\Theta_i(\varrho_h) = \Theta_k(\varrho_h)$$

nach dem Satze 1.

(8) $$\Theta_i(\varrho) = \Theta_k(\varrho),$$

was aber, wenn i von k verschieden ist, nicht möglich ist. Also sind zugleich mit den Grössen (6) auch die Grössen (5) unter einander verschieden.

Wir können dies als Satz zusammenfassen:

2. Vertauscht man ϱ mit ϱ_h, so geht zugleich jede mit ϱ conjugirte Grösse in eine bestimmte andere über, und niemals zwei verschiedene in dieselbe.

Wenn wir in allen Functionen von ϱ statt ϱ eine andere Wurzel ϱ_a setzen, so führen wir eine Substitution aus. Wir bezeichnen diese Substitution mit

$$\sigma_a = (\varrho, \varrho_a), \qquad a = 0, 1, 2 \ldots \mu - 1,$$

wobei unter σ_0 oder σ die sogenannte identische Substitution (ϱ, ϱ) verstanden wird, die darin besteht, dass ϱ durch sich selbst ersetzt wird, also alle Zahlen in $\Omega(\varrho)$ ungeändert bleiben.

Wenn wir in einer beliebigen der Wurzeln (3)

$$\varrho_h = \Theta_h(\varrho)$$

die Substitution σ_a ausführen, so geht ϱ_h in eine andere Wurzel ϱ_k über, die bestimmt ist durch

$$\varrho_k = \Theta_h(\varrho_a) = \Theta_h \Theta_a(\varrho) = \Theta_k(\varrho).$$

Es ist also ϱ_k dieselbe Function von ϱ_a, wie ϱ_h von ϱ.

Eine beliebige Grösse $\omega = \varphi(\varrho)$ des Körpers $\Omega(\varrho)$ geht durch die Substitution σ_a in $\omega_a = \varphi(\varrho_a)$ über. Drücken wir ω durch ϱ_h und ω_a durch ϱ_k aus:

$$\omega = \psi(\varrho_h), \quad \omega_a = \psi(\varrho_k),$$

so sieht man, dass ω in ω_a übergeht durch die Substitution

$$\sigma_a = (\varrho_h, \varrho_k) = (\varrho_h, \Theta_h \Theta_a(\varrho)), \tag{9}$$

und dies ist nur ein anderer Ausdruck für die Substitution (ϱ, ϱ_a).

Hierin ist ϱ_h eine beliebige Wurzel von $g(t)$ und das zugehörige ϱ_k ist durch σ_a bestimmt. Man kann aber bei gegebenem σ_a auch ϱ_k beliebig annehmen, und das zugehörige ϱ_h bestimmen, indem man in $\Theta_h(\varrho_a)$ den Index h die Werthe $0, 1, 2 \ldots \mu - 1$ durchlaufen lässt, wobei jede Wurzel ϱ_k einmal zum Vorschein kommt. Also:

3. Jede Substitution σ_a kann in der Form (ϱ_h, ϱ_k) dargestellt werden, worin entweder ϱ_h oder ϱ_k eine beliebig gegebene der μ Wurzeln ϱ ist, während die andere durch σ_a völlig bestimmt ist.

Die Anzahl aller von einander verschiedenen Substitutionen σ_a ist also, die identische Substitution mit gerechnet, gleich dem Grade des Körpers $\Omega(\varrho)$, den wir oben schon mit μ bezeichnet haben. Jede dieser Substitutionen führt die Gesammtheit der Grössen des Körpers $\Omega(\varrho)$ in sich selbst über, so dass jede in eine bestimmte andere übergeht, und niemals zwei verschiedene Grössen in die gleiche [Formel (7), (8)].

Wir nennen daher die σ_a die Substitutionen des Körpers $\Omega(\varrho)$.

Wenn $\omega = \varphi(\varrho)$ im Körper $\Omega(\varrho)$ ungeändert bleibt, wenn ϱ durch ϱ_a ersetzt wird, wenn also

$$\varphi(\varrho) = \varphi(\varrho_a)$$

ist, so sagen wir, ω erlaubt oder gestattet die Substitution (ϱ, ϱ_a) oder σ_a.

Die Grössen ω, die ausser der identischen Substitution keine Substitution σ_a gestatten, sind die primitiven Elemente des Körpers $\Omega(\varrho)$.

4. Eine Grösse, die alle Substitutionen σ_a gestattet, ist nothwendig ein Element von Ω.

Denn eine solche Grösse ist mit allen ihren conjugirten Grössen identisch, und genügt also nach §. 144 einer Gleichung ersten Grades in Ω.

§. 147.

Zusammensetzung der Substitutionen.

Wenn wir in irgend einer Function von ϱ die Wurzel ϱ zuerst durch ϱ_a und dann ϱ_a durch ϱ_b ersetzen, so ist der Erfolg derselbe, als ob wir gleich von vornherein ϱ mit ϱ_b vertauscht hätten. Setzen wir also

(1) $\sigma = (\varrho, \varrho_a), \quad \sigma' = (\varrho_a, \varrho_b), \quad \sigma'' = (\varrho, \varrho_b),$

so ist es für das Ergebniss gleichgültig, ob wir in allen Zahlen des Körpers $\Omega(\varrho)$ zuerst die Substitution σ und dann die Substitution σ' ausführen, oder ob wir für einmal die Substitution σ'' machen.

1. Wir nennen daher σ'' aus σ und σ' componirt oder zusammengesetzt, und bezeichnen diese Beziehung durch die symbolische Gleichung

(2) $$\sigma\sigma' = \sigma''.$$

Da wir nach dem Satz 3. des vorigen Paragraphen in der Bezeichnung einer Substitution (ϱ_h, ϱ_k) das erste oder das zweite Element beliebig wählen können, so lassen sich ϱ_a, ϱ_b so auswählen, dass σ, σ' zwei beliebig gegebene unter den μ Substitutionen des Körpers $\Omega(\varrho)$ sind; σ'' ist aber dadurch völlig bestimmt. Ebenso ist aber auch, wenn σ und σ'' gegeben sind, σ' eindeutig bestimmt. Denn wählen wir ϱ beliebig, so ist ϱ_a durch σ völlig bestimmt und ϱ_b durch σ'', womit auch $\sigma' = (\varrho_a, \varrho_b)$ gegeben ist. Ist endlich σ' und σ'' gegeben, so ist σ eindeutig bestimmt, da zunächst ϱ_b durch σ'' und dann ϱ_a durch σ' bestimmt ist. Wir haben daher:

2. Von den durch die symbolische Gleichung $\sigma\sigma' = \sigma''$ verbundenen drei Substitutionen des Körpers $\Omega(\varrho)$ können irgend zwei beliebig gegeben sein, während die dritte dadurch eindeutig bestimmt ist.

Wir haben die Composition der Substitutionen symbolisch durch das Zeichen der Multiplication ausgedrückt. Es ist hier aber wohl auf die Reihenfolge der Factoren oder Componenten zu achten, weil $\sigma\sigma'$ von $\sigma'\sigma$ verschieden sein kann; d. h. bei der die Composition ausdrückenden symbolischen Multiplication gilt nicht das commutative Gesetz der gewöhnlichen Multiplication; wohl aber gilt das sogenannte associative Gesetz, das sich in folgendem Satz ausspricht:

3. Sind $\sigma, \sigma', \sigma''$ irgend drei der μ Substitutionen des Körpers $\Omega(\varrho)$, so ist

$$(\sigma\sigma')\sigma'' = \sigma(\sigma'\sigma''). \tag{3}$$

Der Beweis ist sehr einfach; denn nach dem Satz 3., §. 146 können wir $\varrho_a, \varrho_b, \varrho_c$ so bestimmen, dass

$$\sigma = (\varrho, \varrho_a), \quad \sigma' = (\varrho_a, \varrho_b), \quad \sigma'' = (\varrho_b, \varrho_c), \tag{4}$$

und dann ist

$$\sigma\sigma' = (\varrho, \varrho_b), \quad (\sigma\sigma')\sigma'' = (\varrho, \varrho_b)(\varrho_b, \varrho_c) = (\varrho, \varrho_c),$$
$$\sigma'\sigma'' = (\varrho_a, \varrho_c), \quad \sigma(\sigma'\sigma'') = (\varrho, \varrho_a)(\varrho_a, \varrho_c) = (\varrho, \varrho_c).$$

Wir bezeichnen daher kurz die aus den drei Substitutionen $\sigma, \sigma', \sigma''$ zusammengesetzte Substitution mit

$$\sigma\sigma'\sigma'',$$

und können überhaupt aus beliebig vielen Componenten eine bestimmte Substitution

$$\sigma\sigma'\sigma''\sigma''' \ldots$$

dadurch zusammensetzen, dass wir nach einander immer zwei benachbarte unter den Componenten zu einer einzigen Substitution vereinigen, bis das ganze symbolische Product sich auf eine einzige Substitution zusammengezogen hat. Denn wir können nach §. 146, 3. setzen

$$\sigma = (\varrho, \varrho_a), \quad \sigma' = (\varrho_a, \varrho_b), \quad \sigma'' = (\varrho_b, \varrho_c), \quad \sigma''' = (\varrho_c, \varrho_e),$$

und erhalten immer

$$(\varrho, \varrho_a)(\varrho_a, \varrho_b)(\varrho_b, \varrho_c)(\varrho_c, \varrho_e) = (\varrho, \varrho_e),$$

was offenbar auf eine beliebige Anzahl von Componenten ausgedehnt werden kann.

Auf Grund der Eigenschaften 1., 2., 3. nennen wir die Gesammtheit der μ Substitutionen des Normalkörpers $\Omega(\varrho)$ eine Gruppe, und zwar eine endliche Gruppe vom Grade μ. Sie heisst auch die Gruppe der Substitutionen des Körpers $\Omega(\varrho)$.

Mit der allgemeinen Theorie der Gruppen werden wir uns in späteren Abschnitten eingehend beschäftigen.

§. 148.

Permutationsgruppen.

Im §. 145 haben wir gesehen, wie man zu einer beliebigen Gleichung in Ω vom Grade m

(1) $$F(x) = 0,$$

von der nur vorausgesetzt wird, dass sie keine gleichen Wurzeln hat, einen Normalkörper $\Omega(\varrho)$ bestimmen kann, dem alle Wurzeln von (1) angehören. Wenn also die Wurzeln von (1) mit

(2) $$\alpha, \alpha_1, \alpha_2 \ldots \alpha_{m-1}$$

bezeichnet werden, so ist

(3) $$\alpha = \chi(\varrho), \quad \alpha_1 = \chi_1(\varrho), \ldots \alpha_{m-1} = \chi_{m-1}(\varrho),$$

und die χ sind rationale Functionen in Ω.

Setzen wir aber für ϱ eine mit ϱ conjugirte Grösse ϱ_1, führen wir also eine Substitution $\sigma = (\varrho, \varrho_1)$ aus, so geht jede Wurzel α in eine bestimmte andere über, und niemals zwei verschiedene in dieselbe; denn wenn

$$F(\alpha) = F[\chi(\varrho)] = 0$$

ist, so ist nach §. 146, 1:

$$F[\chi(\varrho_1)] = 0,$$

d. h. $\chi(\varrho_1)$ ist auch eine Wurzel der Gleichung (1). Dass aber nicht zwei verschiedene Grössen des Körpers $\Omega(\varrho)$ durch eine Substitution σ in die gleiche Grösse übergehen können, haben wir im §. 146 schon allgemein gezeigt.

1. Eine Substitution σ ruft also unter den Wurzeln α eine gewisse Permutation hervor, indem jeder der Indices $0, 1, 2 \ldots m-1$ durch einen bestimmten anderen ersetzt wird.

Dies führt uns also darauf, die Permutationen von m Ziffern

$$0, 1, 2 \ldots m - 1$$

und ihre Eigenschaften im Allgemeinen genauer zu studiren.

Geht die Ziffer 0 in a_0, 1 in a_1, 2 in a_2 u. s. f., $m - 1$ in a_{m-1} über, so muss

$$a_0, a_1, a_2 \ldots a_{m-1} \tag{4}$$

irgend eine andere Anordnung der Ziffern $0, 1, 2 \ldots m - 1$ sein. Den Uebergang von der einen zu der anderen Anordnung bezeichnen wir durch ein Symbol, wie

$$\pi_a = \begin{pmatrix} 0, & 1, & 2 & \ldots & m-1 \\ a_0, & a_1, & a_2 & \ldots & a_{m-1} \end{pmatrix} \tag{5}$$

und nennen diesen Uebergang eine Permutation.

Die Anzahl aller möglichen Permutationen von m Elementen ist

$$\Pi(m) = 1 \,.\, 2 \,.\, 3 \ldots m,$$

worunter auch die identische Permutation

$$\begin{pmatrix} 0, & 1, & 2 & \ldots & m-1 \\ 0, & 1, & 2 & \ldots & m-1 \end{pmatrix},$$

die jedes Element an seiner Stelle lässt, mitgezählt ist.

Das Symbol (5) ändert seine Bedeutung nicht, wenn man die einzelnen Paare

$$\begin{matrix} 0, & 1, & 2, \ldots & m-1 \\ a_0, & a_1, & a_2, \ldots & a_{m-1} \end{matrix}$$

anders anordnet. Ist also

$$b_0, b_1, b_2 \ldots b_{m-1}$$

irgend eine Anordnung der Ziffern $0, 1, 2 \ldots m - 1$, so können wir für (5) auch setzen:

$$\pi_a = \begin{pmatrix} b_0, & b_1, & b_2 & \ldots & b_{m-1} \\ a_{b_0}, & a_{b_1}, & a_{b_2} & \ldots & a_{b_{m-1}} \end{pmatrix}, \tag{6}$$

was mit (5) völlig gleichbedeutend ist.

Hieraus lässt sich der sehr wichtige Begriff der Zusammensetzung von Permutationen ableiten. Ersetzen wir einen Index a durch einen Index b, dann b durch c, so ist der Erfolg derselbe, als wenn sogleich a durch c ersetzt wird. Wenn wir also zwei Permutationen nach einander ausführen, so ist das Ergebniss eine bestimmte Permutation, die wir in folgender Weise darstellen können. Sind

$$\pi_a = \begin{pmatrix} 0, & 1 & \dots & m-1 \\ a_0, & a_1 & \dots & a_{m-1} \end{pmatrix}, \quad \pi_b = \begin{pmatrix} 0, & 1 & \dots & m-1 \\ b_0, & b_1 & \dots & b_{m-1} \end{pmatrix}$$

irgend zwei Permutationen, so können wir nach (6) die zweite auch so schreiben:

$$\pi_b = \begin{pmatrix} a_0, & a_1 & \dots & a_{m-1} \\ b_{a_0}, & b_{a_1} & \dots & b_{a_{m-1}} \end{pmatrix},$$

und wenn wir also beide nach einander ausführen, zuerst π_a, sodann π_b, so entsteht eine dritte Permutation, die wir aus π_a und π_b zusammengesetzt (componirt) nennen und die wir als symbolisches Product von π_a und π_b darstellen:

(7) $$\pi_a \pi_b = \begin{pmatrix} 0, & 1 & \dots & m-1 \\ b_{a_0}, & b_{a_1} & \dots & b_{a_{m-1}} \end{pmatrix}.$$

Es ist bei dieser Zusammensetzung meist nicht die Vertauschung gestattet, da $\pi_a \pi_b$ im Allgemeinen nicht mit $\pi_b \pi_a$ übereinstimmt. Aber es gilt das associative Princip, was sich in der symbolischen Gleichung

(8) $$(\pi_a \pi_b) \pi_c = \pi_a (\pi_b \pi_c) = \pi_a \pi_b \pi_c$$

ausspricht. Davon überzeugt man sich durch folgende einfache Ueberlegung.

Wird irgend ein Index p durch π_a in q, dieser durch π_b in r, und r durch π_c in s verwandelt, so geht p durch $\pi_a \pi_b$ in r, und q durch $\pi_b \pi_c$ in s über; mithin wird p sowohl durch $(\pi_a \pi_b) \pi_c$ als durch $\pi_a (\pi_b \pi_c)$ in s verwandelt. Nichts anderes aber besagt die Formel (8).

Zu jeder Permutation π_a giebt es eine bestimmte entgegengesetzte (inverse) Permutation, die darin besteht, dass die durch π_a hervorgerufene Veränderung wieder rückgängig gemacht wird, die also, mit π_a zusammengesetzt, die identische Permutation hervorbringt. Wir bezeichnen diese Permutation mit π_a^{-1} und wir haben, wenn π_a den Ausdruck (5) hat,

(9) $$\pi_a^{-1} = \begin{pmatrix} a_0, & a_1 & \dots & a_{m-1} \\ 0, & 1 & \dots & m-1 \end{pmatrix}.$$

Denn nach der Vorschrift der Zusammensetzung in (7) ist

$$\pi_a \pi_a^{-1} = \begin{pmatrix} 0, & 1 & \dots & m-1 \\ 0, & 1 & \dots & m-1 \end{pmatrix}.$$

Ebenso ist aber auch

$$\pi_a^{-1} \pi_a = \begin{pmatrix} a_0, & a_1 & \dots & a_{m-1} \\ a_0, & a_1 & \dots & a_{m-1} \end{pmatrix},$$

was wieder die identische Permutation ist. Es ist also die zu π_a^{-1} entgegengesetzte Permutation wieder die ursprüngliche Permutation π_a.

Ist $\pi_a \pi_b = \pi_c$, so ist

$$\pi_c^{-1} = \pi_b^{-1} \pi_a^{-1},$$

denn es ist $\pi_a \pi_b \pi_b^{-1} \pi_a^{-1}$ die identische Permutation.

Bezeichnen wir die identische Permutation mit π_0, so ist also

$$(10) \qquad \pi_a \pi_a^{-1} = \pi_a^{-1} \pi_a = \pi_0,$$

und π_0 ist sich selbst entgegengesetzt (wodurch nicht ausgeschlossen ist, dass es noch andere sich selbst entgegengesetzte Permutationen giebt). Durch die Composition mit der identischen Permutation wird keine andere Permutation geändert, also

$$(11) \qquad \pi_0 \pi_a = \pi_a \pi_0 = \pi_a.$$

2. Ist π_c aus π_a und π_b zusammengesetzt, also

$$(12) \qquad \pi_a \pi_b = \pi_c,$$

so ist nicht nur π_c aus π_a und π_b, sondern auch π_a aus π_b und π_c, und π_b aus π_a und π_c völlig und eindeutig bestimmt.

Denn es folgt aus (12)

$$(13) \qquad \pi_a = \pi_c \pi_b^{-1}, \quad \pi_b = \pi_a^{-1} \pi_c.$$

3. Ein aus der Gesammtheit aller $\Pi(m)$ Permutationen von m Elementen herausgegriffenes System

$$Q = \pi, \pi', \pi'', \pi''' \ldots,$$

das so in sich abgeschlossen und vollendet ist, dass je zwei und folglich auch beliebig viele Permutationen von Q durch Zusammensetzung immer wieder eine Permutation desselben Systems ergeben, heisst eine Permutationsgruppe. Unter dem Grad einer Permutationsgruppe verstehen wir die Anzahl der Permutationen, die sie enthält.

Die Gesammtheit aller $\Pi(m)$ Permutationen bildet eine solche Gruppe. Ebenso ist die einzige identische Permutation eine Gruppe für sich. Was zwischen diesen beiden extremen Fällen von Gruppen noch liegen kann, das wird uns in den folgenden Abschnitten beschäftigen.

Als einfaches Beispiel möge hier nur noch die Gruppe der cyklischen Permutationen, kurz die cyklische Gruppe, angeführt werden, die man erhält, wenn man in irgend einer Anordnung von Ziffern $(1, 2, 3 \dots n)$ jede Ziffer durch die folgende und die letzte durch die erste ersetzt, und wenn man diese Permutation so oft wiederholt, bis man zu der ursprünglichen Anordnung zurückkommt. Der Grad der cyklischen Gruppe ist gleich der Anzahl der Ziffern, z. B. bei drei Ziffern:

$$\begin{pmatrix}1, 2, 3\\ 2, 3, 1\end{pmatrix}, \quad \begin{pmatrix}1, 2, 3\\ 3, 1, 2\end{pmatrix}, \quad \begin{pmatrix}1, 2, 3\\ 1, 2, 3\end{pmatrix}.$$

Es giebt besondere Gruppen, die uns später noch mehr beschäftigen werden, die nur aus solchen Permutationen bestehen, bei deren Zusammensetzung ausser den oben erwähnten auch noch das commutative Gesetz gilt, bei denen also immer $\pi_1 \pi_2 = \pi_2 \pi_1$ ist, und in Folge dessen die Analogie mit der Multiplication eine viel vollständigere ist. Solche Gruppen, zu denen die cyklischen Gruppen gehören, heissen commutative oder Abel'sche Gruppen. Wenn die sämmtlichen Elemente einer Permutationsgruppe Q_1 in einer Gruppe Q enthalten sind, so heisst Q_1 ein Theiler von Q, und Q durch Q_1 theilbar.

§. 149.

Galois'sche Gruppe.

Wenn wir in den Wurzeln $\alpha, \alpha_1, \alpha_2 \dots \alpha_{m-1}$ einer Gleichung $F(x) = 0$, wie sie durch §. 148, (3) als Grössen des Normalkörpers $\Omega(\varrho)$ vom μ^{ten} Grade ausgedrückt sind, eine der μ Substitutionen σ des Normalkörpers ausführen, so vollzieht sich unter diesen Wurzeln eine gewisse Permutation, wie schon oben gezeigt ist. Es entspricht also jeder Substitution σ eine gewisse Permutation π der m Ziffern $0, 1, 2 \dots m-1$. Zwei verschiedene Substitutionen σ_h, σ_k führen auch zu zwei verschiedenen Permutationen π_h, π_k.

Denn nach §. 145 ist ϱ eine rationale Function von $\alpha, \alpha_1 \dots \alpha_{m-1}$, die wir durch

$$\varrho = \Phi(\alpha, \alpha_1 \dots \alpha_{m-1})$$

bezeichnen wollen. Wenn wir hierin

$$\alpha_s = \chi_s(\varrho)$$

setzen, so folgt

$$(1) \qquad \varrho = \Phi[\chi(\varrho), \chi_1(\varrho) \dots \chi_{m-1}(\varrho)],$$

und nach §. 146, 1. ist also für jeden Index k

$$(2) \qquad \varrho_k = \Phi[\chi(\varrho_k), \chi_1(\varrho_k) \ldots \chi_{m-1}(\varrho_k)].$$

Wenn nun die Substitutionen σ_h, σ_k dieselbe Permutation unter den α hervorrufen, so ist für jeden Index $s = 0, 1 \ldots m-1$

$$\chi_s(\varrho_h) = \chi_s(\varrho_k),$$

und daraus folgt nach (2), dass auch $\sigma_h = \sigma_k$ sein muss.

Wird durch die Substitution σ_h die Permutation π_h unter den Wurzeln von $F(x) = 0$ hervorgerufen, so sagen wir, dass die Permutation π_h der Substitution σ_h entspricht.

Jeder Substitution entspricht eine bestimmte Permutation, und die Anzahl dieser Permutationen ist also, die identische Permutation mitgerechnet, die der identischen Substitution entspricht, gleich μ.

Wenn den Substitutionen σ_h und σ_k die Permutationen π_h und π_k entsprechen, so entspricht der zusammengesetzten Substitution $\sigma_h \sigma_k$ die zusammengesetzte Permutation $\pi_h \pi_k$. Denn die Permutationen sind das Ergebniss der entsprechenden Substitutionen auf gewisse Grössen des Körpers $\Omega(\varrho)$, und dabei ist es gleichgültig, ob wir zwei Substitutionen nach einander oder mit einem Male die aus beiden zusammengesetzte Substitution ausführen (nach §. 147). Wir haben also den Satz:

I. Es entsprechen den μ Substitutionen des Körpers $\Omega(\varrho)$

$$(3) \qquad \sigma, \sigma_1, \sigma_2 \ldots \sigma_{\mu-1},$$

μ Permutationen von m Ziffern

$$(4) \qquad \pi, \pi_1, \pi_2 \ldots \pi_{\mu-1}$$

in der Weise, dass der aus zwei Substitutionen zusammengesetzten Substitution die aus den entsprechenden Permutationen zusammengesetzte Permutation entspricht.

Daraus folgt aber, dass die Permutationen (4) eine Gruppe bilden. Wir bezeichnen diese Gruppe mit P und nennen sie die Galois'sche Gruppe der Gleichung $F(x) = 0$, oder auch die Galois'sche Gruppe eines jeden der Körper $\Omega(\alpha)$, $\Omega(\alpha_1) \ldots \Omega(\alpha_{m-1})$.

Diese Gruppe steht zu der Gruppe der Substitutionen des Körpers $\Omega(\varrho)$ in der durch den Satz I. ausgedrückten Beziehung, weshalb die beiden Gruppen isomorph genannt werden.

Um die charakteristischen Eigenschaften der Galois'schen Gruppe zu finden, haben wir nur die Sätze §. 146, 1. bis 4. etwas anders auszudrücken. Wir sagen von einer Function der m Wurzeln, die bei irgend einer Permutation ungeändert bleibt, sie gestatte diese Permutation, und erhalten so:

a) Jede rationale Gleichung in Ω, die zwischen den m Wurzeln von $F(x)$ besteht, bleibt richtig, wenn die Wurzeln irgend einer Permutation der Galois'schen Gruppe unterworfen werden.

b) Jede rationale Function in Ω von den m Wurzeln von $F(x)$, die sämmtliche Permutationen der Galois'schen Gruppe gestattet, ist eine Zahl in Ω.

Denn drücken wir die Wurzeln von $F(x)$ als rationale Functionen von ϱ aus, so geht eine Function der Wurzeln α in eine Function $\varphi(\varrho)$ über. Hat man zuvor eine Permutation der Galois'schen Gruppe ausgeführt, so erhält man eine der conjugirten Zahlen $\varphi(\varrho_a)$, die aus $\varphi(\varrho)$ durch eine Substitution $\sigma_a = (\varrho, \varrho_a)$ entsteht. Ist nun $\varphi(\varrho) = 0$, so sind nach dem Satz §. 146, 1. auch alle conjugirten $\varphi(\varrho_a) = 0$, womit a) bewiesen ist; und sind die conjugirten Grössen $\varphi(\varrho_a)$ alle einander gleich, so ist ihr gemeinsamer Werth nach §. 146, 4. in Ω enthalten, wodurch b) bewiesen ist.

Zu a) b) kommt noch als Drittes:

c) Wenn irgend eine Permutation π der Wurzeln von $F(x)$ auf alle rationalen Gleichungen in Ω, die zwischen den Wurzeln bestehen, anwendbar ist, so gehört π der Galois'schen Gruppe an, und die Galois'sche Gruppe kann daher auch erklärt werden als der Inbegriff aller Permutationen, die auf sämmtliche rationale Gleichungen zwischen den Wurzeln anwendbar sind.

Denn nach §. 143 kann man ϱ als rationale (z. B. lineare) Function der m Grössen $\alpha, \alpha_1, \alpha_2 \ldots \alpha_{m-1}$ so annehmen, dass alle $\Pi(m)$ Werthe, die man durch die $\Pi(m)$ Permutationen der α daraus erhält, von einander verschieden sind. Ist dann $g(t) = 0$ die Galois'sche Resolvente von $F(x) = 0$, deren Wurzel dieses ϱ ist, so ist

$$g(\varrho) = 0.$$

Hierauf können wir, wenn ϱ durch die Wurzeln α ausgedrückt ist, nach Voraussetzung die Permutation π anwenden und erhalten also, wenn dadurch ϱ in ϱ_a übergeht, $g(\varrho_a) = 0$; d. h. ϱ_a ist auch eine Wurzel der Resolvente, und die Permutation π entspricht also einer Substitution (ϱ, ϱ_a) des Körpers $\Omega(\varrho)$, d. h. π gehört zur Galois'schen Gruppe.

Daraus schliessen wir noch auf folgenden wichtigen Satz:

d) Ist P eine Gruppe von Permutationen der m Wurzeln α, der die Eigenschaften a) und b) zukommen, so ist P die Galois'sche Gruppe der Gleichung $F(x) = 0$.

Denn zunächst gehört nach c) jede Permutation von P der Galois'schen Gruppe an, und P ist also gewiss ein Theiler von dieser.

Wenn aber P nur ν Permutationen umfasst, so mögen diese mit

$$(5) \qquad \pi_1, \pi_2 \ldots \pi_\nu$$

bezeichnet sein. Wenden wir diese Permutationen auf ϱ an, so möge sich ergeben:

$$(6) \qquad \varrho_1, \varrho_2 \ldots \varrho_\nu.$$

Wenden wir eine der Permutationen (5), etwa π_k, auf eine der Grössen (6), etwa auf ϱ_i an, so ist der Erfolg derselbe, als ob $\pi_i \pi_k$ auf ϱ angewandt worden sei; das Ergebniss dieser Permutation soll ϱ'_i sein. Nun liegt aber in der Voraussetzung, dass P eine Gruppe sei, dass auch die componirte Permutation $\pi_i \pi_k$ zu P gehört, dass also ϱ'_i unter den Grössen (6) enthalten sei. Zugleich ist ϱ'_i nach §. 146, 2. von ϱ'_h verschieden, sobald ϱ_i von ϱ_h verschieden ist. Daraus folgt, dass die Grössen

$$(7) \qquad \varrho'_1, \varrho'_2 \ldots \varrho'_\nu$$

mit den Grössen (6), von der Ordnung abgesehen, übereinstimmen.

Das Product

$$g'(t) = (t - \varrho_1)(t - \varrho_2) \ldots (t - \varrho_\nu)$$

bleibt also durch die Permutationen der Gruppe P ungeändert, und ist folglich, da wir die Eigenschaft b) von P voraussetzen, eine rationale Function von t in Ω. Zugleich ist $g'(t)$ ein Theiler von $g(t)$ und muss daher, da $g(t)$ irreducibel ist, mit $g(t)$ übereinstimmen, also ist ν nicht kleiner als der Grad der Galois'schen Gruppe und P ist mit der Galois'schen Gruppe identisch.

Wählen wir, wie oben, die Grösse ϱ als rationale Function der α so, dass die $\Pi(m)$ durch die Permutationen der α sich ergebenden Grössen

$$\varrho,\ \varrho',\ \varrho'' \ldots$$

alle von einander verschieden sind, so ist

$$G(t) = (t - \varrho)\,(t - \varrho')\,(t - \varrho'') \ldots$$

eine Function in Ω. Nun ist jede von den Grössen ϱ, ϱ', $\varrho'' \ldots$ eine primitive Grösse des Normalkörpers $N = \Omega(\alpha, \alpha_1 \ldots \alpha_{m-1})$, und jede von ihnen ist also die Wurzel einer Galois'schen Resolvente μ^{ten} Grades. Je μ von diesen Grössen sind die Wurzeln von einer solchen Gleichung. Es muss also $G(t)$, was keine gleichen Wurzeln hat, in lauter irreducible Factoren μ^{ten} Grades zerfallen, und daraus ergiebt sich noch, dass μ ein Theiler von $\Pi(m)$ ist. Zugleich ist μ der Grad der Galois'schen Gruppe von $F(x)$.

Hat der Grad der Galois'schen Resolvente einer Gleichung m^{ten} Grades den grössten Werth $\Pi(m)$, so sagen wir, mit einem von Kronecker herrührenden Ausdruck, die Gleichung hat keinen Affect. Sie hat einen um so höheren Affect, je niedriger der Grad μ der Galois'schen Resolvente ist. Den Quotienten $\Pi(m) : \mu$, der immer eine ganze Zahl, höchstens gleich $\Pi(m)$ und mindestens gleich 1 sein muss, wollen wir den Grad des Affectes nennen, der also bei einer Gleichung ohne Affect den Werth 1 hat. Wenn der Affect den möglichst hohen Grad $\Pi(m)$ hat, dann sind die Wurzeln der Gleichung selbst im Rationalitätsbereich Ω enthalten, die Gleichung also gelöst.

Wenn durch Adjunction einer algebraischen Grösse zu Ω die Galois'sche Resolvente reducibel wird, so entsteht eine neue Resolvente niedrigeren Grades, und der Grad des Affects der Gleichung $F(x) = 0$ vergrössert sich. Man nähert sich also dadurch der Lösung der Gleichung.

Die Galois'sche Auffassung der Aufgabe, eine Gleichung $F(x) = 0$ zu lösen, besteht darin, dass durch auf einander folgende Adjunction von algebraischen Grössen möglichst einfacher Art die Gruppe allmählich verkleinert oder der Affect erhöht werden soll, bis er seinen höchsten Grad erreicht hat.

Die allgemeine Gleichung m^{ten} Grades hat in dem Körper Ω, der aus den rationalen Functionen der Coëfficienten $a_1, a_2 \ldots a_m$ besteht, keinen Affect.

Denn die als unabhängige Variable betrachteten Coëfficienten $a_1, a_2 \dots a_m$ können auch dargestellt werden als die symmetrischen Grundfunctionen der Wurzeln $\alpha, \alpha_1, \alpha_2 \dots \alpha_{m-1}$. Ist dann $g(t)$ ein rational durch die a ausgedrückter, irreducibler Factor von $G(t)$, der für $t = \varrho$ verschwindet, so erhält man, wenn man a_i und ϱ durch die α darstellt, in $g(\varrho) = 0$ eine identische Gleichung. In dieser können aber die α beliebig permutirt werden, wodurch sich die a nicht ändern, während ϱ in jede der Wurzeln $\varrho, \varrho', \varrho'' \dots$ von $G(t)$ übergehen kann. Es verschwindet also $g(t)$ für alle Wurzeln von $G(t)$ und muss folglich mit $G(t)$ übereinstimmen [1]).

§. 150.

Transitive und intransitive Gruppen.

Aus der Galois'schen Gruppe P können wir ein sehr einfaches Kennzeichen dafür herleiten, ob die Gleichung $F(x) = 0$ reducibel oder irreducibel ist.

Nehmen wir an, es sei $F(x)$ vom Grade m reducibel und $f(x)$ ein Factor von $F(x)$ in Ω vom Grade n und $n < m$. Es mögen die Wurzeln von $f(x)$

---

[1]) Évariste Galois ist im Jahre 1832, kaum 20jährig, im Duell gefallen. Die erste Andeutung über die Theorie, die heute seinen Namen trägt, findet sich in einer 1830 im „Bulletin des sciences mathém." von Férussac erschienenen Abhandlung „Analyse d'un mémoire sur la résolution algébrique des équations". Ausführlichere Mittheilungen enthält der berühmte, am Vorabend seines Todes geschriebene Brief an Auguste Chevalier, der in der „Revue encyclopédique" vom September 1832 veröffentlicht ist. Erst im Jahre 1846 hat Liouville die sämmtlichen schon veröffentlichten Arbeiten von Galois nebst einigen Untersuchungen aus dem Nachlass, darunter die wichtigste „Mém. sur les conditions de résolubilité des équations par radicaux" in Bd. XI seines Journals abdrucken lassen. Eine deutsche Ausgabe von Maser ist 1889 erschienen (Berlin, bei Springer). Interessante biographische Mittheilungen finden sich in der „Revue encyclopédique" vom September 1832, die Liouville nicht mit abgedruckt hat und die auch in der deutschen Ausgabe fehlen. Von weiteren Schriften, die zum Verständniss oder zur Weiterbildung der Galois'schen Theorie beigetragen haben, seien noch erwähnt: J. A. Serret („Cours d'algèbre supérieure", II. Ausgabe, 1854, IV. 1879); Betti (Annali di scienze fisiche e matematiche [1853]); C. Jordan, „Traité des substitutions" (1870). E. Netto, „Substitutionentheorie" (Leipzig 1882).

(1) $$\alpha, \alpha_1, \alpha_2 \ldots \alpha_{n-1}$$
sein, die übrigen Wurzeln von $F(x)$
(2) $$\alpha_n, \alpha_{n+1} \ldots \alpha_{m-1}.$$

Ist α' irgend eine der Grössen (1), α'' eine der Grössen (2), so kann in der Gruppe P keine Permutation vorkommen, durch die α' in α'' übergeführt wird; denn nach Voraussetzung ist
$$f(\alpha') = 0,$$
und wenn nun in P eine Permutation vorkäme, durch die α' durch α'' ersetzt würde, so müsste wegen der Eigenschaft §. 149, a) auch $f(\alpha'') = 0$ sein, was unserer Annahme widerspricht.

Es werden also durch die Permutationen von P die Wurzeln (1) von $f(x)$ nur unter einander permutirt.

Wenn umgekehrt die Gruppe P die Eigenschaft hat, dass ihre Permutationen einen Theil der m Wurzeln α wie das System (1) nur unter einander vertauschen, so gestattet das Product
$$(x - \alpha)(x - \alpha_1) \ldots (x - \alpha_{n-1}) = f(x)$$
alle Permutationen von P, und ist also nach §. 149, b) in Ω enthalten; d. h. $F(x)$ ist reducibel.

Man nennt eine Permutationsgruppe **transitiv**, wenn sie wenigstens eine Permutation enthält, die ein beliebiges Element in ein beliebiges anderes überführt; im entgegengesetzten Falle, wenn also die Elemente so in zwei oder mehr Partien zerlegt werden können, dass durch keine Permutation der Gruppe ein Element der einen Partie in ein Element der anderen übergeht, heisst die Gruppe **intransitiv**. Demnach können wir das Bewiesene in dem Satze zusammenfassen:

1. Die Gleichung $F(x) = 0$ ist reducibel oder irreducibel, je nachdem ihre Galois'sche Gruppe transitiv oder intransitiv ist.

Wenn ein Theil der Elemente so zusammenhängt, dass durch Permutationen aus P jedes Element dieses Theiles in jedes andere übergehen kann, so nennen wir die Elemente dieses Theiles **transitiv verbunden**. Die verschiedenen transitiv verbundenen Systeme, die durch alle Permutationen von P nur unter einander permutirt werden, heissen die **Systeme der Intransitivität**.

§. 151.

Primitive und imprimitive Gruppen.

Es sei jetzt $f(x) = 0$ eine irreducible Gleichung n^{ten} Grades, also ihre Galois'sche Gruppe P transitiv. Die Wurzeln von $f(x)$ seien

$$(1) \qquad \alpha, \alpha_1, \alpha_2 \ldots \alpha_{n-1}.$$

Wenn der Körper $\Omega(\alpha)$ imprimitiv ist (§. 144) und $\Theta = \chi(\alpha)$ ein imprimitives Element, dessen conjugirte Werthe in s Systeme von je r unter einander gleichen zerfallen, so dass

$$n = rs$$

und $r > 1$, $s < n$ ist, so lassen sich die Werthe (1) in s Reihen von je r Elementen zerlegen, die wir mit

$$(2) \qquad \begin{aligned} A &= \alpha, \alpha_1 \ldots \alpha_{r-1} \\ B &= \beta, \beta_1 \ldots \beta_{r-1} \\ &\cdots\cdots\cdots \\ S &= \sigma, \sigma_1 \ldots \sigma_{r-1} \end{aligned}$$

bezeichnen wollen, so dass

$$(3) \qquad \begin{aligned} \Theta &= \chi(\alpha) = \chi(\alpha_1) \ldots = \chi(\alpha_{r-1}) \\ \Theta_1 &= \chi(\beta) = \chi(\beta_1) \ldots = \chi(\beta_{r-1}) \\ &\cdots\cdots\cdots\cdots\cdots \\ \Theta_{s-1} &= \chi(\sigma) = \chi(\sigma_1) \ldots = \chi(\sigma_{r-1}) \end{aligned}$$

die conjugirten Werthe von Θ sind. Nach §. 144 ist dann

$$(4) \qquad (t - \Theta)(t - \Theta_1) \ldots (t - \Theta_{s-1}) = \varphi(t)$$

eine irreducible Function in Ω vom Grade s in Bezug auf t, deren Wurzeln die Werthe (3) sind.

Es ergiebt sich nun aus (3), dass die Gruppe P so beschaffen sein muss, dass alle ihre Permutationen die Elemente der einzelnen Reihen $A, B \ldots S$ nur unter einander vertauschen und ausserdem die ganzen Reihen $A, B \ldots S$ mit einander vertauschen, so dass niemals an Stelle von zwei Elementen einer Reihe zwei Elemente verschiedener Reihen treten. Denn wenn etwa durch eine Permutation π von P, α und α_1 in β und σ übergeführt würden, so würde folgen, da man die Permutation π [nach a), §. 149] in der Gleichung $\chi(\alpha) = \chi(\alpha_1)$ ausführen darf, dass auch $\chi(\beta) = \chi(\sigma)$ sein müsste, was der Annahme widerspricht, dass die Werthe (3) von einander verschieden sind. Permutationsgruppen P, die diese Eigenschaft haben, dass nämlich die permutirten Elemente sich so in Reihen $A, B \dots S$ von gleich vielen Elementen zerlegen lassen, dass durch keine Permutation von P zwei Elemente derselben Reihe in Elemente verschiedener Reihen übergehen, heissen imprimitiv. Die einzelnen Reihen $A, B \dots S$ heissen die Systeme der Imprimitivität. Permutationsgruppen, bei denen eine solche Zerlegung der Elemente nicht möglich ist, heissen primitive Gruppen.

Es kann sehr wohl vorkommen, dass eine Gruppe in mehrfacher Art imprimitiv ist, dass sie ganz verschiedene Systeme der Imprimitivität besitzt. So ist z. B. die Gruppe der cyklischen Permutationen von sechs Elementen (1, 2, 3, 4, 5, 6) in doppelter Weise imprimitiv und hat die Systeme der Imprimitivität

$$A = 1, 3, 5, \quad B = 2, 4, 6$$

und

$$A = 1, 4, \quad B = 2, 5, \quad C = 3, 6.$$

Nachdem also der Begriff der primitiven und imprimitiven Gruppen festgesetzt ist, können wir dem oben Bewiesenen den Ausdruck geben:

1. Ein imprimitiver Körper hat eine imprimitive Gruppe.

Es ergiebt sich aus der Imprimitivität der Gruppe für die imprimitiven Körper ein wichtiges Resultat.

Wir wollen mit

$$\psi(x, x_1, \dots x_{r-1})$$

eine rationale symmetrische Function der r Veränderlichen $x, x_1 \dots x_{r-1}$ bezeichnen und setzen

$$(4) \qquad \begin{aligned} \omega \quad &= \psi(\alpha, \alpha_1 \dots \alpha_{r-1}) \\ \omega_1 \quad &= \psi(\beta, \beta_1 \dots \beta_{r-1}) \\ &\dots\dots\dots\dots \\ \omega_{s-1} &= \psi(\sigma, \sigma_1 \dots \sigma_{r-1}); \end{aligned}$$

dann ist zu beweisen, dass ω rational durch Θ ausgedrückt werden kann, d. h. im Körper $\Omega(\Theta)$ enthalten ist. Es ist nämlich

$$(5) \quad \varphi(t)\left(\frac{\omega}{t-\Theta} + \frac{\omega_1}{t-\Theta_1} + \cdots + \frac{\omega_{s-1}}{t-\Theta_{s-1}}\right) = \Phi(t)$$

eine ganze rationale Function von t, deren Coëfficienten rationale Functionen der $\alpha, \alpha_1 \dots \alpha_{n-1}$ sind, die ungeändert bleiben, wenn irgend eine Permutation der Gruppe P vorgenommen wird, weil durch diese Permutationen die ω entweder ungeändert bleiben, oder in derselben Weise wie die Θ mit einander permutirt werden. Nach §. 149 b) sind diese Coëfficienten also in Ω enthalten. Setzen wir dann in (5) für das unbestimmte t den Werth Θ ein, so folgt, da $\varphi'(\Theta)$ von Null verschieden ist,

$$\omega = \frac{\Phi(\Theta)}{\varphi'(\Theta)}. \tag{6}$$

Wenden wir dies an auf die Coëfficienten des Productes

$$(u - \alpha)(u - \alpha_1) \dots (u - \alpha_{r-1}) = \varphi(u, \Theta), \tag{7}$$

wo u eine Variable bedeutet, so ergiebt sich, dass diese Function r^{ten} Grades, deren Wurzeln die $\alpha, \alpha_1 \dots \alpha_{r-1}$ sind, rational durch Θ ausgedrückt werden kann.

Es ist also die Grösse α, die ursprünglich Wurzel einer Gleichung n^{ten} Grades in Ω ist, zugleich Wurzel einer Gleichung r^{ten} Grades, deren Coëfficienten rational von der Wurzel einer Gleichung s^{ten} Grades abhängen. Eine Gleichung $f(x) = 0$, deren Wurzel α diese Eigenschaft hat, nennt man eine imprimitive Gleichung.

Wir können das Bewiesene auch so ausdrücken:

2. Der imprimitive Körper $\Omega(\alpha)$ vom n^{ten} Grade geht durch Adjunction des Körpers s^{ten} Grades $\Omega' = \Omega(\Theta)$ zu Ω in einen Körper $\Omega'(\alpha)$ vom r^{ten} Grade über.

Wir wollen noch untersuchen, ob die Imprimitivität der Gruppe ein ausreichendes Kennzeichen für die Imprimitivität des Körpers ist, ob man also in einem Körper $\Omega(\alpha)$ mit imprimitiver Gruppe immer imprimitive Elemente finden kann.

Sei also jetzt $f(x) = 0$ eine irreducible Gleichung n^{ten} Grades mit imprimitiver Gruppe, und seien (1) die Wurzeln dieser Gleichung, die so in die Reihen (2) zerlegt sind, dass die Elemente dieser Reihen durch die Permutationen der Gruppe nicht von einander getrennt werden.

Wir wählen irgend eine symmetrische Function $\psi(x, x_1 \dots x_{r-1})$ so, dass die Werthe

$$(8) \quad \begin{aligned} y \ \ &= \psi(\alpha, \alpha_1 \ldots \alpha_{r-1}) \\ y_1 \ &= \psi(\beta, \beta_1 \ldots \beta_{r-1}) \\ &\ldots\ldots\ldots\ldots \\ y_{s-1} &= \psi(\sigma, \sigma_1 \ldots \sigma_{r-1}) \end{aligned}$$

alle von einander verschieden sind.

Um die Möglichkeit hiervon einzusehen, können wir z. B.

$$(9) \quad \begin{aligned} \psi(t, A) &= (t-\alpha)(t-\alpha_1)\ldots(t-\alpha_{r-1}), \\ \psi(t, B) &= (t-\beta)(t-\beta_1)\ldots(t-\beta_{r-1}), \\ &\ldots\ldots\ldots\ldots\ldots\ldots \\ \psi(t, S) &= (t-\sigma)(t-\sigma_1)\ldots(t-\sigma_{r-1}) \end{aligned}$$

setzen, und dann lässt sich (nach §. 143, 1.) für t ein solcher rationaler Werth finden, dass diese Grössen alle von einander verschieden ausfallen. Diese Werthe können also für die y in (8) genommen werden.

Wenn wir nun unter u eine unabhängige Variable verstehen und

$$(10) \quad \varphi(u) = (u-y)(u-y_1)\ldots(u-y_{s-1})$$

setzen, so ist $\varphi(u)$, da seine Coëfficienten durch die Permutationen der Gruppe ungeändert bleiben, eine Function in Ω, deren Wurzeln die Grössen y sind. Sie ist überdies irreducibel, denn aus der vorausgesetzten Transitivität der Gruppe folgt, dass, wenn eine rationale Function von y für einen der Werthe (8) verschwindet, sie auch für alle anderen verschwinden muss.

Ist ω irgend eine symmetrische Function der $\alpha, \alpha_1 \ldots \alpha_{r-1}$, so schliessen wir aus der Betrachtung des Ausdruckes

$$\varphi(u)\left(\frac{\omega}{u-y} + \frac{\omega_1}{u-y_1} + \cdots + \frac{\omega_{s-1}}{u-y_{s-1}}\right),$$

der eine ganze rationale Function von u in Ω ist, ganz wie oben, indem wir $u = y$ setzen, dass ω rational durch y dargestellt werden kann, und demnach kann auch die Function

$$(11) \quad \psi(t, A) = \psi(t, y),$$

deren Wurzeln die Grössen $\alpha, \alpha_1 \ldots \alpha_{r-1}$ sind, rational durch y ausgedrückt werden.

Auch die Gleichung $\psi(t, A) = 0$ ist irreducibel in dem Körper $\Omega(y)$; denn ist $\psi_1(t, y)$ ein rationaler Theiler von $\psi(t, y)$, und ist

$$\psi_1(\alpha, y) = 0,$$

so können wir wegen der Transitivität der Gruppe auf diese Gleichung eine Permutation anwenden, durch die α in eine beliebige Grösse der Reihe A übergeht, wodurch y ungeändert bleibt; es ist also jede Wurzel von $\psi(t, y)$ zugleich Wurzel von $\psi_1(t, y)$ und also sind beide Functionen identisch.

Es ist also die Gleichung n^{ten} Grades $f(x) = 0$ imprimitiv in dem oben festgesetzten Sinne, d. h. eine Wurzel α dieser Gleichung kann betrachtet werden als Wurzel einer Gleichung r^{ten} Grades, deren Coëfficienten von der Wurzel y einer Gleichung s^{ten} Grades abhängen.

Um zu beweisen, dass dann auch der Körper $\Omega(\alpha)$ (in dem Sinne des §. 144) imprimitiv ist, haben wir noch nachzuweisen, dass es in $\Omega(\alpha)$ Grössen giebt, die einer irreducibeln Gleichung s^{ten} Grades genügen.

Wir werden nachweisen, dass y selbst eine solche Grösse ist, dass also y rational durch α allein darstellbar ist.

Dies ist aber sehr einfach zu schliessen. Nach (11) ist

$$\psi(\alpha, y) = 0, \tag{12}$$

während $\psi(\alpha, y_1), \ldots \psi(\alpha, y_{s-1})$ von Null verschieden sind. Denn wäre etwa $\psi(\alpha, y_1) = 0$, so wäre α eine Wurzel der Gleichung r^{ten} Grades $\psi(t, y_1) = 0$, deren Wurzeln ja die von α verschiedenen Grössen $\beta, \beta_1 \ldots \beta_{r-1}$ sind. Es haben also die beiden Gleichungen

$$\psi(\alpha, u) = 0, \quad \varphi(u) = 0 \tag{13}$$

eine und nur eine gemeinsame Wurzel $u = y$. Der grösste gemeinschaftliche Theiler dieser beiden Functionen ist daher in Bezug auf u linear, und er giebt y rational durch die Coëfficienten von $\varphi(u)$ und $\psi(\alpha, u)$, also rational durch α. Damit ist die Umkehrung von 1. bewiesen:

3. Ein primitiver Körper hat eine primitive Gruppe.

Vierzehnter Abschnitt.

Anwendung der Permutationsgruppen auf Gleichungen.

---

§. 152.

Wirkung der Permutationsgruppen auf Functionen von unabhängigen Veränderlichen.

Für ein tieferes Eindringen in die Algebra ist nach den Ergebnissen des vorigen Abschnittes ein genaueres Studium der Permutationsgruppen erforderlich. Wir stellen zunächst einige allgemeine Sätze darüber auf, die für das Folgende die Grundlage bilden [1]).

Es sei

(1) $$u, u_1, u_2 \dots u_{m-1}$$

ein System von einander unabhängiger Zeichen (Veränderliche) und

(2) $$\psi(u, u_1, u_2 \dots u_{m-1})$$

eine ganze rationale Function von ihnen mit Coëfficienten aus einem beliebigen Körper.

Als gleich sind zwei solche Functionen ψ nur dann zu betrachten, wenn in den nach Potenzen und Producten der u geordneten Ausdrücken entsprechende Glieder die gleichen Coëfficienten haben.

---

[1]) Für die Theorie der Permutationen sind besonders hervorzuheben: Cauchy, „Journal de l'École polytechn. X. cah. (1815)“ (mehrere Abhandlungen). „C. Jordan, Traité des substitutions et des équations algébriques“, Paris 1870. Netto, „Substitutionentheorie und ihre Anwendung auf die Algebra.“ Leipzig 1882.

Wenn wir die Indices der Variablen u, oder was damit gleichbedeutend ist, die u selbst einer Permutation π unterwerfen, so kann die Function ψ sich ändern oder sie kann ungeändert bleiben. Bleibt sie ungeändert, so sagen wir, sie gestatte die Permutation π. Gestattet sie alle $\Pi(m)$ überhaupt möglichen Permutationen, so ist sie symmetrisch und kann durch die symmetrischen Grundfunctionen ausgedrückt werden (§. 44). Der andere extreme Fall ist der, dass die Function für alle $\Pi(m)$ Anordnungen lauter verschiedene Werthe annimmt. Im Allgemeinen werden gewisse Permutationen die Function ψ ungeändert lassen, andere werden sie ändern. Wir stellen nun den Satz auf:

1. Der Inbegriff aller der Permutationen der $u, u_1, u_2 \ldots u_{m-1}$, die eine ganze Function $\psi(u, u_1, u_2 \ldots u_{m-1})$ ungeändert lassen, ist eine Gruppe von Permutationen.

Um ihn zu beweisen, nehmen wir an, es sei π eine der Permutationen, die ψ ungeändert lässt, was wir durch

$$\psi = \psi_\pi$$

ausdrücken. Da nun die u unabhängige Variable sind, so muss diese identische Gleichung richtig bleiben, wenn die Variablen irgend einer Permutation π' unterworfen werden. Wenn aber π' auf ψ_π angewandt wird, so ist das Ergebniss dasselbe, als wenn die zusammengesetzte Permutation $\pi\pi'$ auf ψ angewandt wird. Es folgt also

$$\psi_{\pi'} = \psi_{\pi\pi'}$$

und wenn nun

$$\psi = \psi_{\pi'}$$

ist, so folgt

$$\psi = \psi_{\pi\pi'},$$

d. h. wenn die Function ψ durch die Permutationen π und π' ungeändert bleibt, so bleibt sie auch durch $\pi\pi'$ ungeändert, wodurch nach der Definition der Gruppe der Satz, den wir ausgesprochen haben, bewiesen ist.

Wir haben darin ein Mittel, um Permutationsgruppen zu bilden, indem wir irgend eine Function von m Variablen nehmen und alle Permutationen aufsuchen, die eine solche Function ungeändert lassen. Dass man auf diese Weise alle Permutationsgruppen bilden kann, wird sich nachher ergeben.

2. Ist
$$P = \pi, \pi', \pi'', \pi''' \ldots$$
eine Gruppe von Permutationen von m Elementen und π_1 eine beliebige unter ihnen, so stimmt das System
$$P_1 = \pi\pi_1, \pi'\pi_1, \pi''\pi_1, \pi'''\pi_1 \ldots,$$
von der Reihenfolge abgesehen, vollständig mit P überein.

Denn die in P_1 enthaltenen Permutationen, deren Anzahl ebenso gross ist, wie die der Permutationen P, sind wegen der Gruppeneigenschaft von P (§. 148, 3.) jedenfalls alle unter den Permutationen von P enthalten. Ausserdem sind die Permutationen von P_1 (nach §. 148, 2.) alle von einander verschieden, und also ist P mit P_1, von der Reihenfolge abgesehen, identisch. Ebenso kann man auch zeigen, dass
$$P_1' = \pi_1\pi, \quad \pi_1\pi', \quad \pi_1\pi'', \quad \pi_1\pi''', \ldots$$
mit P identisch ist.

Hieraus ergeben sich die folgenden Sätze:

3. Jede Permutationsgruppe enthält die identische Permutation.

Denn unter den Permutationen von P_1 muss auch π_1 selbst vorkommen und wenn $\pi_0\pi_1 = \pi_1$ ist, so ist (nach §. 148, 2.) π_0 die identische Permutation.

4. Eine Permutationsgruppe P enthält zu jeder Permutation auch die entgegengesetzte.

Denn in P_1 muss nach 3. die identische Permutation vorkommen. Ist aber $\pi\pi_1$ die identische Permutation, so ist $\pi = \pi_1^{-1}$. Hierin kann π_1 jede Permutation aus P sein.

Wenn an Stelle der Variablen $u, u_1 \ldots u_{m-1}$ bestimmte Grössen $\alpha, \alpha_1, \alpha_2 \ldots \alpha_{m-1}$, seien es Zahlenwerthe oder Grössen irgend eines Körpers, gesetzt werden, so verliert der Satz 1. seine allgemeine Gültigkeit. Nehmen wir z. B. $m = 3$ und setzen zwischen den drei Grössen $\alpha, \alpha_1, \alpha_2$ die Relation $2\alpha_2 = \alpha + \alpha_1$ fest, indem wir sie sonst nicht weiter beschränken, so bleibt die Function $\alpha_1 - \alpha_2$ ungeändert nur durch die identische Permutation und durch die Permutation
$$\begin{pmatrix} 0, & 1, & 2 \\ 1, & 2, & 0 \end{pmatrix}.$$

Diese beiden Permutationen aber bilden keine Gruppe, weil die Wiederholung der letzteren

$$\begin{pmatrix} 0, & 1, & 2 \\ 2, & 0, & 1 \end{pmatrix}$$

nicht darunter vorkommt.

Für diese Functionen gilt nun der folgende Satz:

5. Ist P eine Permutationsgruppe von m Ziffern, und sind α, $\alpha_1 \ldots \alpha_{m-1}$ beliebige von einander verschiedene Grössen, so giebt es rationale Functionen der α, sogar mit rationalen Coëfficienten, die sich nicht ändern, wenn auf die Indices von α eine Permutation der Gruppe P angewandt wird, und die sich ändern, wenn eine nicht zu P gehörige Permutation angewandt wird.

Um ihn zu beweisen, nehmen wir eine Function

$$\varrho = \Phi(\alpha, \alpha_1 \ldots \alpha_{m-1}),$$

wie wir sie schon im §. 143 betrachtet haben, die $\Pi(m)$ verschiedene Werthe erhält, wenn die α auf alle mögliche Arten vertauscht werden.

Bezeichnen wir die Werthe, die ϱ durch Anwendung der Permutationen einer Gruppe P erhält, mit

$$(1) \qquad \varrho, \varrho_1 \ldots \varrho_{\mu-1},$$

so werden nach dem Satze 2. diese Grössen nur unter einander vertauscht, wenn auf alle zugleich eine Permutation π_1 aus der Gruppe P ausgeübt wird. Denn die Anwendung der Permutation π_1 auf die sämmtlichen Functionen (1) hat denselben Erfolg, wie die Anwendung der in P_1 enthaltenen Permutationen auf ϱ. Nach 2. ist aber P_1 mit P, von der Reihenfolge abgesehen, identisch.

Bedeutet also t eine Variable, so bleibt die Function

$$(2) \qquad \psi = (t - \varrho)(t - \varrho_1) \ldots (t - \varrho_{\mu-1})$$

ungeändert, wenn irgend eine Permutation aus P angewandt wird. Wenn nun durch eine nicht in P enthaltene Permutation die Grössen (1) in

$$(3) \qquad \varrho', \varrho'_1 \ldots \varrho'_{\mu-1}$$

übergehen, so kommt wenigstens ϱ' sicher nicht unter den Grössen (1) vor, und folglich ist

$$\psi_1 = (t - \varrho')(t - \varrho'_1) \ldots (t - \varrho'_{\mu-1})$$

mit ψ nicht identisch. Man kann daher (nach §. 143, 1.) dem t einen solchen rationalen Werth geben, dass ψ von allen nach Art von ψ_1 gebildeten Functionen verschieden ist.

Selbstverständlich gelten diese Betrachtungen auch, wenn an Stelle der α unabhängige Variable treten.

Eine Function, die alle Permutationen einer Gruppe P gestattet, während sie sich bei allen nicht zu P gehörigen Permutationen ändert, heisst eine zur Gruppe P gehörige Function.

Zu der Gruppe P_0, die alle Permutationen von m Ziffern umfasst, gehören die symmetrischen Functionen. Man nennt diese Gruppe daher auch die symmetrische Gruppe.

Eine Function ϱ, die zu der aus der einzigen identischen Permutation bestehenden Gruppe gehört, kann zu einer eindeutigen Bezeichnungsweise der Permutationen dienen; denn es giebt nur eine Permutation π', durch die ϱ in ϱ' übergeht. Wir können also für diese Permutation das Symbol

$$\pi' = (\varrho, \varrho')$$

benutzen, so dass durch

$$(\varrho, \varrho), \quad (\varrho, \varrho'), \quad (\varrho, \varrho'') \ldots$$

alle Permutationen der m Ziffern eindeutig bezeichnet sind.

§. 153.

Zerlegung von Permutationen in Transpositionen und in Cyklen.

Wir haben schon im zweiten Abschnitt bei Gelegenheit der Determinanten die Zusammensetzung beliebiger Permutationen aus einer Reihe von Transpositionen, d. h. Vertauschung nur zweier Ziffern, erwähnt. Solche Transpositionen bezeichnen wir durch Nebeneinanderstellen der betreffenden Ziffern, z. B. durch (0, 1) die Vertauschung der Ziffern 0 und 1.

Eine Transposition, zweimal wiederholt, führt zur Identität, so dass jede Transposition sich selbst entgegengesetzt ist. Ist nun

$$\pi = \begin{pmatrix} 0, & 1, & 2 & \ldots & m-1 \\ a_0, & a_1, & a_2 & \ldots & a_{m-1} \end{pmatrix}$$

eine beliebige Permutation von m Ziffern, so ist

$$\pi(m-1, a_{m-1}) = \pi_1$$

eine Permutation, die $m - 1$ ungeändert lässt, die also durch

$$\begin{pmatrix} 0, & 1, & 2 \dots m-2 \\ b_0, & b_1, & b_2 \dots b_{m-2} \end{pmatrix}$$

dargestellt werden kann und also eine Permutation von höchstens $m - 1$ Ziffern ist. Da nun auch

$$\pi = \pi_1 (m - 1, a_{m-1})$$

ist, so folgt hieraus durch vollständige Induction

1. dass man jede Permutation (und zwar auf unendlich viele verschiedene Arten) in Transpositionen zerlegen kann.

Und daraus folgt weiter:

2. Wenn eine Permutationsgruppe von m Ziffern alle Transpositionen mit einer festen Ziffer, z. B.:
$$(0, 1), (0, 2) \dots (0, m-1)$$
enthält, so ist sie mit der symmetrischen Gruppe identisch.

Denn eine solche Gruppe enthält, wie man aus der Zusammensetzung

$$(1, 2) = (0, 1)\,(0, 2)\,(0, 1)$$

erkennt, auch alle anderen Transpositionen, und nach 1. lassen sich daraus alle Permutationen der symmetrischen Gruppe zusammensetzen.

Eine Permutation π heisst cyklisch, wenn sich die Ziffern so in eine Reihe ordnen lassen, dass durch π jede Ziffer in die folgende und die letzte wieder in die erste übergeht, also z. B.

$$\begin{pmatrix} 0, & 1, & 2 \dots m-2, & m-1 \\ 1, & 2, & 3 \dots m-1, & 0 \end{pmatrix};$$

solche cyklische Permutationen bezeichnet man einfacher, indem man die Ziffern des Cyklus neben einander setzt, durch

$$(0, 1, 2 \dots m-1).$$

Dabei ist es gleichgültig, mit welcher Ziffer man anfängt; man könnte also auch

$$(1, 2 \dots m-1, 0)$$

dafür setzen. Es gilt nun der folgende Satz:

3. Jede Permutation π lässt sich, und zwar nur auf eine Weise, in eine Reihe von cyklischen Permutationen zerlegen, so dass keine zwei dieser Cyklen eine Ziffer gemeinschaftlich haben.

Ist nämlich

$$(1) \qquad \pi = \begin{pmatrix} 0, & 1, & 2 & \ldots & m-1 \\ a_0, & a_1 & a_2 & \ldots & a_{m-1} \end{pmatrix},$$

so fange man mit einer beliebigen Ziffer, etwa mit 0 an und setze die Reihe

$$(2) \qquad 0, \quad a_0 = b, \quad a_b = c \ldots$$

so lange fort, bis man auf eine Ziffer zum zweiten Male stösst. Die zuerst wiederkehrende Ziffer muss 0 sein, da zu jeder Ziffer die in der Reihe (2) vorangehende durch (1) eindeutig bestimmt ist. Dann bilden die Ziffern

$$(3) \qquad (0, b, c \ldots)$$

einen ersten Cyklus. Sind dadurch noch nicht alle m Ziffern von (1) erschöpft, so greift man aus den übrigen eine heraus und verfährt ebenso, bis alle m Ziffern von (1) in den Cyklen untergebracht sind. Da in jedem solchen Cyklus zu jeder Ziffer, die vorangehende sowohl als die nachfolgende, durch (1) völlig bestimmt ist, so sind auch die Cyklen selbst eindeutig bestimmt. Bei der Bezeichnung von π durch die Cyklen können aber nicht nur die verschiedenen Cyklen beliebig angeordnet, sondern auch in jedem Cyklus mit einer beliebigen seiner Ziffern angefangen werden. Eine Ziffer, die nicht geändert wird, bildet für sich einen eingliedrigen Cyklus.

Wir wählen ein ganz beliebiges Beispiel, wodurch das Verfahren sofort klar wird:

$$\pi_1 = \begin{pmatrix} 0, & 1, & 2, & 3, & 4, & 5, & 6, & 7 \\ 2, & 3, & 6, & 7, & 1, & 4, & 5, & 0 \end{pmatrix} = (0, 2, 6, 5, 4, 1, 3, 7)$$

$$\pi_2 = \begin{pmatrix} 0, & 1, & 2, & 3, & 4, & 5, & 6, & 7 \\ 4, & 2, & 1, & 3, & 5, & 7, & 0, & 6 \end{pmatrix} = (0, 4, 5, 7, 6)\,(1, 2)\,(3)$$

$$\pi_3 = \begin{pmatrix} 0, & 1, & 2, & 3, & 4, & 5, & 6, & 7 \\ 7, & 2, & 3, & 6, & 5, & 0, & 1, & 4 \end{pmatrix} = (0, 7, 4, 5)\,(1, 2, 3, 6).$$

Das Nebeneinandersetzen der Cyklen ist mit einer Composition in dem bisherigen Sinne gleichbedeutend, nur ist zu bemerken, dass Permutationen, die gar keine gemeinschaftliche Ziffer enthalten, bei der Composition immer vertauscht werden können.

Eingliedrige Cyklen, die nichts ändern, werden in der Bezeichnung auch oft weggelassen.

Aus der gleichzeitigen Betrachtung der Zerlegung der Permutationen in Cyklen und in Transpositionen ergiebt sich ein Beweis für die Eintheilung der Permutationen in zwei Classen, die wir schon im zweiten Abschnitt bei den Determinanten kennen gelernt haben.

Bedeutet τ eine Transposition und π eine beliebige Permutation, so ist in der zusammengesetzten Permutation $\tau\pi$ die Anzahl der Cyklen um eins grösser oder um eins kleiner als in π. Die beiden Ziffern, die durch τ mit einander vertauscht werden, können entweder in demselben Cyklus von π vorkommen oder in zwei verschiedenen Cyklen. Nehmen wir an, es sei ein in π vorkommender Cyklus $\gamma = (1, 2 \ldots a, a + 1 \ldots b)$ und es enthalte τ zwei Ziffern, die in γ vorkommen, etwa $\tau = (1, a)$, dann ist

$$\tau\gamma = (1, a + 1 \ldots b)\,(2, 3 \ldots a),$$

d. h. γ wird durch Zusammensetzung mit τ in zwei Cyklen zerlegt, während die übrigen Cyklen durch τ nicht berührt werden.

Wenn aber die beiden Ziffern von τ in zwei verschiedenen Cyklen von π vorkommen, so mögen diese beiden Cyklen

$$\gamma = (1, 2, 3 \ldots a), \quad \gamma' = (1', 2', 3' \ldots a')$$

sein und $\tau = (1, 1')$. Es ist dann

$$\tau\gamma\gamma' = (1, 2', 3' \ldots a', 1', 2, 3 \ldots a),$$

d. h. die beiden Cyklen γ, γ' werden durch τ zu einem einzigen Cyklus vereinigt, während wieder die übrigen Cyklen ungeändert bleiben.

Wenn wir also eine Permutation π von m Ziffern, die aus ν Cyklen besteht (wobei die eingliedrigen Cyklen mitgezählt werden), durch μ Transpositionen dargestellt haben, so kann sie durch Zusammensetzung mit diesen μ Transpositionen in umgekehrter Reihenfolge in die identische Permutation verwandelt werden, die aus m eingliedrigen Cyklen besteht. Es sind daher im Ganzen $m - \nu$ Cyklen gewonnen, und da jeder Transposition ein gewonnener oder ein verlorener Cyklus entspricht, so muss $\mu \equiv m - \nu \pmod{2}$ sein, d. h. μ ist eine gerade oder eine ungerade Zahl, je nachdem $m - \nu$ gerade oder ungerade ist. Die letzte Zahl ist aber nur von der Permutation π, nicht von der Art der Zerlegung in Transpositionen abhängig. Wir haben damit den Satz:

4. Die Permutationen von m Ziffern zerfallen in zwei Arten, von denen die erste in eine gerade, die zweite in eine ungerade Anzahl von Transpositionen zerlegbar ist.

Jede dieser beiden Arten umfasst gleich viel Permutationen, nämlich $\frac{1}{2}\Pi(m)$; denn durch Hinzufügung einer festen Transposition geht jede Permutation der ersten Art in eine der zweiten Art über und umgekehrt.

Die Zusammensetzung zweier Permutationen von gleicher Art giebt stets eine Permutation der ersten Art, während eine Permutation erster und zweiter Art zusammengesetzt, eine Permutation zweiter Art ergeben, wie aus der Zerlegung in Transpositionen sofort zu ersehen ist. Daraus folgt:

5. Die Permutationen der ersten Art bilden eine Gruppe.

Nennen wir eine Function von m Veränderlichen $u_0, u_1 \dots u_{m-1}$ oder auch von m von einander verschiedenen Grössen $\alpha_0, \alpha_1 \dots \alpha_{m-1}$, die ihr Zeichen ändert, wenn zwei der Variablen mit einander vertauscht werden, wie z. B. das Product aller Differenzen:

$$\begin{array}{l} (u_0 - u_1)(u_0 - u_2) \dots (u_0 - u_{m-1}) \\ \qquad\qquad (u_1 - u_2) \dots (u_1 - u_{m-1}) \\ \qquad\qquad \dots\dots\dots\dots \end{array}$$

eine alternirende Function, so wird durch die Permutationen der ersten Art eine solche Function nicht verändert, während sie durch eine Permutation der zweiten Art geändert, nämlich in den entgegengesetzten Werth verwandelt wird. Die alternirenden Functionen gehören also zu der Gruppe der Permutationen der ersten Art.

Wie wir früher die Gruppe, zu der die symmetrischen Functionen gehören, symmetrische Gruppe genannt haben, so nennen wir die Gruppe der Permutationen der ersten Art, zu der die alternirenden Functionen gehören, alternirende Gruppe. Die Gruppe, die aus der einzigen identischen Permutation besteht, nennen wir die identische Gruppe oder auch die Einheitsgruppe.

Eine cyklische Permutation von n Gliedern lässt sich in $n - 1$ Transpositionen zerlegen, wie man aus der Zusammensetzung

$$(1, 2, 3 \dots n) = (1, 2)(1, 3) \dots (1, n)$$

erkennt, und daraus folgt, dass eine cyklische Permutation zur ersten oder zur zweiten Art gehört, je nachdem die Anzahl der Ziffern eine ungerade oder eine gerade ist.

Wie man jede Permutation aus Transpositionen zusammensetzen kann, ebenso kann man jede Permutation der ersten Art aus dreigliedrigen Cyklen zusammensetzen. Es genügt, wenn dies für jedes Paar von Transpositionen bewiesen ist, da jede Permutation der ersten Art sich aus solchen Paaren componiren lässt. Es ist aber

$$(0, 1)\,(0, 2) = (0, 1, 2)$$
$$(0, 3)\,(1, 2) = (0, 1, 2)\,(0, 1, 3),$$

woraus die Richtigkeit der Behauptung zu ersehen ist, da die beiden Transpositionen eines Paares entweder eine oder keine Ziffer gemein haben. Also:

6. Alle Permutationen der ersten Art lassen sich (auf unendlich viele Weisen) in cyklische Permutationen von drei Elementen zerlegen.

Aus 6. folgt weiter

7. Eine Permutationsgruppe, die alle dreigliedrigen cyklischen Permutationen mit zwei festen Ziffern enthält, muss die ganze alternirende Gruppe enthalten.

Denn aus den Cyklen $(0,1,2)$, $(0,1,3)$, $(0,1,4) \ldots (0,1,m-1)$ lassen sich alle dreigliedrigen Cyklen und also nach 6. alle Permutationen der ersten Art componiren, wie man aus den Zusammensetzungen

$$(1, 0, 2) = (0, 1, 2)\,(0, 1, 2),$$
$$(0, 2, 3) = (0, 1, 2)\,(1, 0, 3)\,(1, 0, 2),$$
$$(1, 3, 4) = (1, 0, 3)\,(0, 1, 4)\,(0, 1, 3)$$
$$(2, 3, 4) = (1, 0, 2)\,(1, 3, 4)\,(0, 1, 2)$$

ersieht.

8. Ist m grösser als 4, so ist eine Permutationsgruppe, die alle aus je zwei Transpositionen ohne gemeinsame Ziffer zusammengesetzten Permutationen $(0, 1)(2, 3)$ enthält, durch die alternirende Gruppe theilbar.

Denn es ist

$$(0, 1, 2) = (0, 1)\,(3, 4)\,(3, 4)\,(0, 2)$$

und man kann also, wenn ausser den vier Ziffern 0, 1, 2, 3 noch eine fünfte, 4, vorhanden ist, alle dreigliedrigen Cyklen aus Transpositionspaaren von der Form (0,1) (3, 4) zusammensetzen.

Hieran schliessen wir die Beweise von zwei weiteren wichtigen Sätzen, die sich auf transitive Permutationsgruppen beziehen:

9. Wenn eine transitive Permutationsgruppe von m Ziffern eine einzelne Transposition enthält, so ist sie entweder die symmetrische Gruppe oder sie ist imprimitiv.

Die vorgelegte Gruppe sei P, die m Ziffern, die durch sie permutirt werden, $0, 1, 2 \ldots m - 1$, und es komme darin die Transposition (0, 1) vor. Sie möge überhaupt die Transpositionen

$$(0, 1), (0, 2), (0, 3), \ldots (0, \mu - 1),$$

aber keine andere Transposition mit der Ziffer 0 enthalten. Ist nun $\mu = m$, so ist P nach 2. die symmetrische Gruppe. Ist aber $\mu < m$, so enthält P nach demselben Satze alle Permutationen der Ziffern

$$M = 0, 1, 2 \ldots \mu - 1.$$

Daraus folgt, dass P keine Transposition von einer der Ziffern $0, 1, 2, 3 \ldots \mu - 1$ mit einer anderen Ziffer, etwa mit μ, enthalten kann. Denn wenn $(1, \mu)$ in P vorkommt, so kommt auch $(0, \mu) = (0,1)(1, \mu)(0,1)$ darin vor, gegen die Voraussetzung.

Wenn nun P transitiv ist, so giebt es darin eine Permutation π, durch die die Ziffer 0 in eine nicht in dem System M enthaltene Ziffer, etwa in μ übergeht, und dann kann durch π keine der Ziffern von M in eine Ziffer von M übergehen; denn wenn z. B. 1 in r übergeht, so ist

$$\pi^{-1}(0, 1)\pi = (\mu, r)$$

und (μ, r) kann, wenn r zu M gehört, wie wir gesehen haben, nicht in P vorkommen. Durch jede Permutation von P werden also die Ziffern des Systems M entweder nur unter sich vertauscht, oder sie werden in die Ziffern eines ganz davon verschiedenen Systems M' übergeführt, und in P kommen auch alle Permutationen der Ziffern M' vor.

Wenn mit M und M' noch nicht alle Ziffern erschöpft sind, so giebt es eine Permutation in P, durch die M in ein drittes System M'' übergeführt wird, was wieder mit M und mit M' keine Ziffer gemein haben kann.

Denn bezeichnen wir, wenn α irgend eine der Ziffern $0, 1, 2, \ldots n - 1$ bedeutet, mit α_π und $\alpha_{\pi'}$ die Ziffern, in die α durch π und durch π' übergeht, so ist $\alpha_{\pi\pi'}$ die Ziffer, in die α_π durch π' oder α durch $\pi\pi'$ übergeht. Sind $\alpha, \beta, \gamma \ldots$ die Ziffern aus dem System M, so ist

$$\pi'^{-1}(\alpha, \beta)\, \pi' = (\alpha_{\pi'}, \beta_{\pi'})$$

$$\pi\pi'^{-1}(\alpha, \beta)\pi'\pi^{-1} = (\alpha_{\pi'\pi-1}, \beta_{\pi'\pi-1}) = (\gamma, \delta).$$

Ist nun $\alpha_{\pi'} = \gamma_\pi$ in M' enthalten, so ist $\alpha_{\pi'\pi-1} = \gamma$ in M enthalten, und folglich muss $\beta_{\pi'\pi-1} = \delta$ gleichfalls in M enthalten sein, da die Transposition (γ, δ) in P vorkommt. Folglich ist $\alpha_{\pi'} = \gamma_\pi$ und $\beta_{\pi'} = \delta_\pi$, d. h. wenn eine der Ziffern aus M'' in M' enthalten ist, so müssen M' und M'' identisch sein.

Es zerfällt also die Gesammtheit der Ziffern $0, 1 \ldots n - 1$ in Systeme $M, M', M'' \ldots$ von je m Ziffern, die durch P imprimitiv permutirt werden, d. h. die Gruppe P ist imprimitiv.

Wenn n eine Primzahl ist, so giebt es keine imprimitiven Permutationsgruppen; also ist in diesem Falle eine transitive Gruppe, die eine Transposition enthält, nur die symmetrische Gruppe.

Ganz auf dieselbe Weise schliessen wir aus dem Satze 7:

10. Wenn eine transitive Permutationsgruppe von n Ziffern einen dreigliedrigen Cyklus enthält, so enthält sie die ganze alternirende Gruppe oder sie ist imprimitiv.

Denn enthält die Gruppe P die dreigliedrigen Cyklen

$$(0, 1, 2), (0, 1, 3) \ldots (0, 1, m - 1),$$

aber keinen anderen mit den Ziffern 0, 1, so enthält sie nach 7. die ganze alternirende Gruppe der Ziffern $M = 0, 1, 2 \ldots m - 1$. Ist nun $m < n$, so kann in P kein dreigliedriger Cyklus vorkommen, der eine oder zwei der Ziffern von M mit anderen Ziffern verbindet. Denn enthält P z. B. $(0, m, m + 1)$, so enthält es, wie man aus den Zusammensetzungen

$$(0, 2, 1)\,(0, m, m + 1)\,(0, 1, 2) = (1, m, m + 1)$$

ersieht, auch $(1, m, m + 1), \ldots (m - 1, m, m + 1)$ und also nach 7. die ganze alternirende Gruppe der Ziffern $0, 1, 2 \ldots m + 1$, was gegen die Voraussetzung ist. Es zerfallen also die n Ziffern von P, wie vorhin, in mehrere Systeme $M, M', M'' \ldots$ der Imprimitivität. Wir können noch hinzufügen,

11. dass, wenn der Fall der Imprimitivität eintritt, die Gruppe P im Falle 9. die ganze symmetrische Gruppe, im Falle 10. die ganze alternirende Gruppe für jedes einzelne System der Imprimitivität enthält.

Die wiederholte Zusammensetzung einer und derselben Permutation mit sich selbst bezeichnet man wie Potenzen. Wenn also π irgend eine Permutation ist, so muss unter den auf einander folgenden Potenzen

$$\pi^0, \pi^1, \pi^2, \pi^3 \ldots,$$

worin $\pi^0 = 1$ die identische Permutation bedeutet, nothwendig dieselbe Permutation wiederkehren. Aus $\pi^\mu = \pi^{\mu+e}$ folgt aber $\pi^e = 1$. Ist e der kleinste positive Exponent, für den $\pi^e = 1$ wird, so sind die Permutationen

$$(4) \qquad 1, \pi, \pi^2 \ldots \pi^{e-1}$$

alle von einander verschieden, während sie sich bei der Fortsetzung $\pi^e, \pi^{e+1}, \ldots \pi^{2e-1} \ldots$ in derselben Reihenfolge periodisch wiederholen. Die Reihe (4) heisst die Periode der Permutation π und e wird der Grad von π genannt. Die Periode von π bildet eine Gruppe, da durch Zusammensetzung zweier ihrer Elemente ein Element derselben Periode entsteht.

Ist π eine cyklische Permutation

$$\pi = (0, 1, 2 \ldots n - 1),$$

so ist bei geradem n

$$\pi^2 = (0, 2, 4 \ldots n - 2)\,(1, 3 \ldots n - 1),$$

und bei ungeradem n

$$\pi^2 = (0, 2, 4 \ldots n - 1, 1, 3 \ldots n - 2),$$

und der Grad von π ist in beiden Fällen gleich n.

Ist π in mehrere Cyklen zerlegt, so ist der Grad von π gleich dem kleinsten gemeinschaftlichen Vielfachen der Gliederzahl der einzelnen Cyklen, z. B.

$$\pi = (0, 1)\,(2, 3, 4),\quad \pi^2 = (0)\,(1)\,(2, 4, 3),\quad \pi^3 = (0, 1)\,(2)\,(3)\,(4),$$
$$\pi^4 = (0), (1), (2, 3, 4),\quad \pi^5 = (0, 1), (2, 4, 3),\quad \pi^6 = 1.$$

Wenn π in irgend einer Permutationsgruppe P vorkommt, so enthält P die ganze Periode von π.

§. 154.

Divisoren der Gruppen. Nebengruppen und conjugirte Gruppen.

Wir haben im §. 152 gesehen, dass eine Function von m unabhängigen Veränderlichen immer eine Permutationsgruppe von m Ziffern bestimmt, dass aber dies nicht immer zutrifft, wenn an Stelle der unabhängigen Veränderlichen bestimmte Grössen gesetzt werden. Durch die Galois'sche Theorie wird aber dieser Unterschied ausgeglichen oder wenigstens auf seinen Kern zurückgeführt. Es sei jetzt $F(x) = 0$ irgend eine Gleichung m^{ten} Grades in einem gegebenen Körper Ω mit den von einander verschiedenen Wurzeln $\alpha, \alpha_1, \alpha_2 \ldots \alpha_{m-1}$.

Den Normalkörper

$$\Omega(\varrho) = \Omega(\alpha, \alpha_1, \alpha_2 \ldots \alpha_{m-1})$$

wollen wir mit N bezeichnen.

Unter der Galois'schen Gruppe P des Körpers N oder der Gleichung $F(x) = 0$ können wir (nach §. 146, 149) entweder die Gruppe der Substitutionen des Körpers N oder auch die damit isomorphe Permutationsgruppe der Indices der α verstehen.

Es sei p der Grad von P und wir wollen die Operationen von P (seien es nun Substitutionen von N oder Permutationen der α) mit

(1) $$P = \pi, \pi_1, \pi_2, \ldots \pi_{p-1}$$

bezeichnen. Wenn das System Q der in P enthaltenen Permutationen

(2) $$\varkappa, \varkappa_1, \varkappa_2, \ldots \varkappa_{q-1}$$

für sich eine Gruppe ausmacht, wenn also je zwei der Elemente von Q, mit einander componirt, wieder ein Element aus Q ergeben, so heisst die Gruppe Q ein Theiler oder Divisor von P [1]).

Wir leiten zunächst einen wichtigen allgemeinen Satz über die Theiler einer Gruppe her.

Wenn der Grad q des Theilers kleiner ist als der Grad p von P, so nehmen wir ein nicht in Q enthaltenes Element π_1 in P und bilden das System

(3) $$Q\pi_1 = \varkappa\pi_1, \varkappa_1\pi_1 \ldots \varkappa_{q-1}\pi_1,$$

---

[1]) Auch Untergruppe genannt.

das wir als symbolisches Product $Q\pi_1$ darstellen. Die Elemente von (3) sind sowohl unter einander als von den Elementen von Q verschieden, denn aus $\varkappa_1 \pi_1 = \varkappa_2 \pi_1$ würde $\varkappa_1 = \varkappa_2$, und aus $\varkappa = \varkappa_1 \pi_1$ würde $\pi_1 = \varkappa_1^{-1} \varkappa$ folgen, was nicht möglich ist, wenn π_1 nicht zu Q gehört. Die Elemente von $Q\pi_1$ bilden keine Gruppe, denn sonst müsste $\varkappa_1 \pi_1 \varkappa_2 \pi_1 = \varkappa_3 \pi_1$ oder $\pi_1 = \varkappa_1^{-1} \varkappa_3 \varkappa_2^{-1}$ sein, was wieder erfordern würde, dass π_1 in Q enthalten ist.

Wir nennen das System $Q\pi_1$ eine Nebengruppe zu Q (innerhalb P). Die Nebengruppe bleibt in ihrer Gesammtheit ungeändert, wenn π_1 durch irgend ein Element $\varkappa\pi_1$ von $Q\pi_1$ ersetzt wird, weil $Q\varkappa$ mit Q identisch ist.

Nennen wir überhaupt jedes System $Q\pi$ eine Nebengruppe, so dass Q selbst darunter mitgerechnet ist, so können wir zeigen, dass zwei Nebengruppen entweder ganz identisch sind, oder kein gemeinsames Element enthalten. Denn sind $Q\pi_1$, $Q\pi_2$ zwei Nebengruppen, und ist $\varkappa_1 \pi_1 = \varkappa_2 \pi_2$, worin $\varkappa_1$, $\varkappa_2$ zwei Elemente aus Q sind, so folgt, wenn $\varkappa = \varkappa_2^{-1} \varkappa_1$ gesetzt wird, $\pi_2 = \varkappa\pi$. Da aber $\varkappa$ zu Q gehört, und folglich $Q\varkappa = Q$ ist, so folgt

$$Q\pi_2 = Q\varkappa\pi_1 = Q\pi_1.$$

Ist durch (2) und (3) die Gruppe P noch nicht völlig erschöpft, so können wir eine weitere Nebengruppe $Q\pi_2$ bilden und können in der Bildung der Nebengruppen so lange fortfahren, bis P in lauter Nebengruppen zerlegt ist. Da jede dieser Nebengruppen ν Elemente enthält, so folgt der wichtige Fundamentalsatz von Cauchy:

1. Der Grad eines Theilers einer Gruppe P ist ein Theiler des Grades von P.

Als specieller Fall ist darin enthalten, dass der Grad eines Elementes der Gruppe (§. 153) immer ein Theiler des Grades der Gruppe ist.

Die Zerlegung von P in seine Nebengruppen können wir (nach Galois) sehr bezeichnend durch die symbolische Gleichung ausdrücken

(4) $$P = Q + Q\pi_1 + Q\pi_2 + \cdots + Q\pi_{j-1},$$

wenn

(5) $$p = jq$$

ist. Den Quotienten j nennen wir den Index des Theilers Q. Diese Zahl drückt keine Eigenthümlichkeit der Gruppe Q an sich aus, sondern nur eine Beziehung von Q zu P.

Da, wie wir oben schon gesehen haben, zwei Nebengruppen zu Q entweder ganz identisch sind, oder kein gemeinschaftliches Element enthalten, so können wir noch den Satz aussprechen:

2. Ist π eine beliebige Permutation aus P, so ist das System der Nebengruppen
$$Q\pi,\ Q\pi_1\pi,\ Q\pi_2\pi \ldots Q\pi_{j-1}\pi$$
von dem System
$$Q,\ Q\pi_1,\ Q\pi_2 \ldots Q\pi_{j-1}$$
nur durch die Anordnung unterschieden.

Wir dehnen die Bezeichnung Nebengruppen auch auf Systeme von der Form πQ aus, und können P auch in solche Systeme zerlegen. Es folgt speciell aus der Zerlegung (4) die zweite
$$P = Q + \pi_1^{-1} Q + \pi_2^{-1} Q + \cdots \pi_{j-1}^{-1} Q.$$
Denn wenn π_1 nicht in Q vorkommt, so kommt auch π_1^{-1} nicht darin vor, und wir erhalten eine erste Nebengruppe $\pi_1^{-1} Q$. Wenn dann π_2 nicht in $Q\pi_1$ vorkommt, so kommt auch π_2^{-1} nicht in $\pi_1^{-1} Q$ vor; denn aus $\pi_2^{-1} = \pi_1^{-1}\varkappa$ würde $\pi_2 = \varkappa^{-1}\pi_1$ folgen u. s. f.

Wir geben hier der Zerlegung (4) den Vorzug wegen der Bedeutung, die sie, wie wir sogleich sehen werden, für das algebraische Problem hat.

Wir nennen eine Grösse ψ des Körpers N zu der Gruppe Q gehörig (wenn nöthig mit dem Zusatz „innerhalb P"), wenn ψ sich nicht ändert, falls eine der Operationen von Q darauf angewandt wird, dagegen sich ändert, wenn irgend eine andere Operation aus P angewandt wird. Wie man sieht, ist dieser Begriff der Zugehörigkeit gegen den im §. 152 festgesetzten etwas erweitert, insofern die Permutationen, die ausserhalb P liegen, hier gar nicht in Betracht kommen. Für den Fall, dass P die symmetrische Gruppe ist, fallen aber beide Begriffsbestimmungen zusammen.

Bei dieser Definition der Zugehörigkeit gelten nun die folgenden Sätze allgemein.

3. Zu jedem Theiler Q von P gehören Grössen in N, und jede Grösse in N gehört zu einem bestimmten Theiler Q von P.

Der erste Theil des Satzes ist bereits im §. 152, 5. bewiesen. Denn wenn eine Function der Grössen α innerhalb der symmetrischen Gruppe zu einer Gruppe Q gehört, so gehört sie auch innerhalb jeder anderen Gruppe P, von der Q ein Theiler ist, zu Q.

Der zweite Theil aber folgt aus den Grundeigenschaften der Galois'schen Gruppe.

Um dies einzusehen, wollen wir folgende Bezeichnung einführen. Wird auf eine Function ψ des Körpers N irgend eine Permutation π der Gruppe P ausgeübt, so möge ψ in $\psi(\pi)$ übergehen; wird auf $\psi(\pi)$ eine Permutation π' ausgeübt, so ist der Erfolg derselbe, als ob auf ψ die zusammengesetzte Permutation $\pi\pi'$ ausgeübt wäre, d. h. es ist

$$(6) \qquad \psi(\pi)(\pi') = \psi(\pi\pi').$$

Bleibt nun ψ ungeändert durch die Permutation $\varkappa$, so ist

$$\psi = \psi(\varkappa),$$

und hierin kann nach §. 149, a) jede Permutation π aus der Gruppe P angewandt werden. Dadurch ergiebt sich

$$\psi(\pi) = \psi(\varkappa\pi).$$

Wenn daher $\psi(\pi)$ auch gleich ψ ist, so ist auch $\psi(\varkappa\pi) = \psi$, d. h. die Permutationen, die ψ ungeändert lassen, bilden eine Gruppe, w. z. b. w.

Ist ψ eine zur Gruppe Q gehörige Function in N, ist also

$$(7) \qquad \psi(\varkappa) = \psi(\varkappa_1) = \cdots = \psi(\varkappa_{q-1}) = \psi,$$

und π_1 irgend eine nicht zu Q gehörige Permutation von P, so können wir π_1 auf die Gleichungen (7) anwenden und erhalten

$$\psi(\varkappa\pi_1) = \psi(\varkappa_1\pi_1) = \cdots = \psi(\varkappa_{q-1}\pi_1) = \psi_1,$$

und ψ_1 ist von ψ verschieden. Wenn umgekehrt für irgend ein π

$$(8) \qquad \psi_1 = \psi(\pi) = \psi(\varkappa\pi_1)$$

ist, so muss π unter der Reihe der Substitutionen

$$(9) \qquad Q\pi_1 = \varkappa\pi_1,\ \varkappa_1\pi_1, \ldots \varkappa_{\nu-1}\pi_1$$

enthalten sein; denn durch Anwendung von π^{-1} auf (8) folgt, dass $\varkappa\pi_1\pi^{-1}$ in Q enthalten, etwa gleich $\varkappa_1$ sein muss; daraus aber folgt

$$\pi = \varkappa_1^{-1}\varkappa\pi_1,$$

was in der That in (9) enthalten ist.

Wir können demnach folgenden Satz aussprechen:

4. Eine zu Q gehörige Function ψ geht durch alle Permutationen einer Nebengruppe $Q\pi$, und

durch keine andere Operation aus P in eine bestimmte von ψ verschiedene Grösse ψ_1 über.

Demnach entsprechen den j Nebengruppen ebenso viele Functionen ψ, nämlich

$$(10) \qquad \psi,\ \psi_1,\ \psi_2 \ldots \psi_{j-1},$$

und aus dem Theorem 2. ergiebt sich der Satz:

5. Die Grössen (10) erleiden eine Permutation, wenn auf alle gleichzeitig eine und dieselbe Operation π aus P angewandt wird.

Denn wir können die Grössen (10) so darstellen

$$\psi(\varkappa),\ \psi(\varkappa\pi_1),\ \psi(\varkappa\pi_2), \ldots \psi(\varkappa\pi_{j-1}),$$

und wenn also π darauf angewandt wird,

$$\psi(\varkappa\pi),\ \psi(\varkappa\pi_1\pi),\ \psi(\varkappa\pi_2\pi), \ldots \psi(\varkappa\pi_{j-1}\pi),$$

worin $\varkappa$ und π beliebige Permutationen aus Q und P sind. In jeder der beiden Reihen

$$\varkappa,\ \varkappa\pi_1,\ \varkappa\pi_2 \ldots \varkappa\pi_{j-1}$$

$$\varkappa\pi,\ \varkappa\pi_1\pi,\ \varkappa\pi_2\pi \ldots \varkappa\pi_{j-1}\pi$$

kommt aber aus jeder der Nebengruppen (4) eine und nur eine Permutation vor.

Die Functionen (10), die, wie wir gesehen haben, alle von einander verschieden sind, heissen conjugirte Functionen.

Wir können nach dem Vorhergehenden leicht die Gruppen bilden, zu denen die einzelnen Functionen (10) gehören. Es ist z. B. $\psi_1 = \psi(\pi_1)$, und wenn nun π eine Permutation aus P ist, durch die ψ_1 ungeändert bleibt, so muss

$$\psi(\pi_1\pi) = \psi(\pi_1)$$

sein. Auf diese Gleichung können wir aber die in P enthaltene Permutation π_1^{-1} anwenden, wodurch sich

$$\psi(\pi_1\pi\pi_1^{-1}) = \psi$$

ergiebt; d. h. es muss $\pi_1\pi\pi_1^{-1}$ zu Q gehören. Setzen wir es gleich $\varkappa$, so folgt

$$(11) \qquad \pi = \pi_1^{-1}\varkappa\pi_1.$$

Wenn umgekehrt π diese Form hat, so ist

$$\psi_1(\pi) = \psi(\pi_1\pi) = \psi(\pi_1\pi_1^{-1}\varkappa\pi_1) = \psi(\varkappa\pi_1) = \psi_1,$$

und ψ_1 gestattet also diese Permutation. Demnach können wir die Gruppe, zu der ψ_1 gehört, durch das Symbol

$$\pi_1^{-1}Q\pi_1$$

darstellen, was in der That eine Gruppe ist, wie aus $\pi_1^{-1} \varkappa \pi_1 \pi_1^{-1} \varkappa_1 \pi_1 = \pi_1^{-1} \varkappa \varkappa_1 \pi_1$ zu ersehen ist. Daraus folgt zugleich, dass $\pi_1^{-1} Q \pi_1$ mit Q isomorph ist (§. 149).

Die Gruppen, zu denen die conjugirten Functionen (10) gehören, nämlich

$$(12) \qquad Q, \quad \pi_1^{-1} Q \pi_1, \quad \pi_2^{-1} Q \pi_2, \ldots \pi_{j-1}^{-1} Q \pi_{j-1}$$

nennen wir conjugirte Theiler von P oder kurz conjugirte Gruppen[1]).

Wenn π eine beliebige Permutation aus P, also von der Form $\varkappa \pi_r$ ist, so ist die Gruppe $\pi^{-1} Q \pi$ immer unter den conjugirten Gruppen (12) enthalten, nämlich $= \pi_r^{-1} \varkappa^{-1} Q \varkappa \pi_r = \pi_r^{-1} Q \pi_r$.

Die Ableitung von $\pi^{-1} Q \pi$ aus Q heisst auch eine Transformation der Gruppe Q durch π und $\pi^{-1} Q \pi$ eine aus Q transformirte Gruppe.

Zur Bildung der Permutationen der conjugirten Gruppen $\pi^{-1} Q \pi$ führt folgende einfache Regel:

6. Man erhält die Permutation $\pi^{-1} \varkappa \pi$ dadurch, dass man in den Cyklen von $\varkappa$ die Permutation π ausführt.

Um die Regel zu beweisen, sei, in die Cyklen zerlegt (§. 153),

$$\varkappa = (\alpha, \beta, \gamma \ldots) (\alpha', \beta', \gamma' \ldots) \ldots$$

und es sei

$$\pi = \begin{pmatrix} \alpha, & \beta, & \gamma & \ldots & \alpha', & \beta', & \gamma' & \ldots \\ \alpha_\pi, & \beta_\pi, & \gamma_\pi & \ldots & \alpha'_\pi, & \beta'_\pi, & \gamma'_\pi & \ldots \end{pmatrix}.$$

Durch π^{-1} geht α_π in α über, durch $\varkappa$ geht α in β über und durch π wird β in β_π übergeführt. Durch $\pi^{-1} \varkappa \pi$ geht also α_π in β_π über. Da dieselbe Betrachtung auf $\beta_\pi, \gamma_\pi \ldots$ u. s. f. anwendbar ist, so folgt:

$$\pi^{-1} \varkappa \pi = (\alpha_\pi, \beta_\pi, \gamma_\pi \ldots) (\alpha'_\pi, \beta'_\pi, \gamma'_\pi \ldots),$$

wodurch die Regel 6. erwiesen ist.

Von der Zerlegung in Nebengruppen können wir noch eine Anwendung machen auf den Beweis des Satzes:

7. Der Grad einer transitiven Permutationsgruppe von m Ziffern ist immer ein Vielfaches von m.

---

[1]) Auch der Name „gleichberechtigte Untergruppe“ ist dafür im Gebrauch.

Denn alle Permutationen aus P, die die Ziffer 0 ungeändert lassen, bilden einen Theiler Q von P. Ausserdem giebt es wegen der Transitivität in P Permutationen $\pi_1, \pi_2 \ldots \pi_{m-1}$, die die Ziffer 0 in $1, 2 \ldots m-1$ überführen und es ist

$$P = Q + Q\pi_1 + Q\pi_2 + \cdots + Q\pi_{m-1},$$

also der Grad von P gleich dem $m$fachen des Grades von Q.

§. 155.

Reduction der Galois'schen Resolvente durch Adjunction. Normaltheiler einer Gruppe.

Wir haben nun die allmähliche Reduction der Gruppe einer gegebenen Gleichung zu betrachten, die durch die Adjunction von gewissen algebraischen Grössen eintreten kann.

Es sei, wie im vorigen Paragraphen, P die Galois'sche Gruppe vom Grade p und Q einer ihrer Theiler vom Grade q und vom Index j, ferner ψ eine zu Q gehörige Function der Wurzeln und

(1) $$\psi, \psi_1, \psi_2 \ldots \psi_{j-1}$$

seien die conjugirten Grössen. Wir stellen den folgenden Satz an die Spitze.

1. Die conjugirten Grössen (1) sind die Wurzeln einer irreducibeln Gleichung vom Grade j in Ω.

Denn bedeutet t eine Veränderliche, so bleibt

(2) $$\varphi(t) = (t-\psi)(t-\psi_1)\ldots(t-\psi_{j-1})$$

(nach §. 154, 5.) ungeändert, wenn eine Permutation aus P angewandt wird; also sind die Coëfficienten der Function $\varphi(t)$, deren Wurzeln die Grössen (1) sind, in Ω enthalten [§. 149, b)].

Um die Irreducibilität von $\varphi(t)$ nachzuweisen, nehmen wir an, es sei $\Phi(t)$ irgend eine Function in Ω, die für $t = \psi$ verschwindet, also $\Phi(\psi) = 0$. Da auf diese Gleichung alle Permutationen von P angewandt werden dürfen, so folgt, dass auch $\Phi(\psi_1), \Phi(\psi_2) \ldots \Phi(\psi_{j-1})$ Null sein müssen, dass also $\Phi(t)$ durch $\varphi(t)$ theilbar sein muss. Darin aber ist die Irreducibilität enthalten.

Hieran schliesst sich der Satz von Lagrange[1]):

2. Jede Grösse des Körpers N, die die Permutationen der Gruppe Q gestattet, ist in dem Körper $\Omega(\psi)$ enthalten, wenn ψ eine zu Q gehörige Function ist.

Eine die Permutationen von Q gestattende Function ω geht durch die Permutationen einer Nebengruppe $Q\pi_1$ in ein und dieselbe Function über. Es entsprechen also den conjugirten Werthen

(3) $$\psi, \psi_1, \psi_2 \dots \psi_{j-1}$$

die Werthe

(4) $$\omega, \omega_1, \omega_2 \dots \omega_{j-1},$$

die jedoch nicht nothwendig alle von einander verschieden sind.

Wendet man auf die Grössenreihen (3), (4) eine der Permutationen von P an, so tritt eine gewisse Permutation ein, und zwar in beiden Reihen die gleiche, da, wenn z. B. ψ_1 in ψ_2 übergeht, auch ω_1 in ω_2 übergehen muss (§. 154, 5.).

Betrachten wir nun die Summe

$$\varphi(t)\left(\frac{\omega}{t-\psi}+\frac{\omega_1}{t-\psi_1}+\cdots+\frac{\omega_{j-1}}{t-\psi_{j-1}}\right)=\chi(t),$$

die eine ganze Function $(j-1)^{\text{ten}}$ Grades von t ist, so finden wir, dass sie durch alle Permutationen P ungeändert bleibt und folglich in Ω enthalten ist. Setzt man dann $t=\psi$ und beachtet, dass $\varphi(t)$ keine gleichen Wurzeln hat, so folgt

(5) $$\omega=\frac{\chi(\psi)}{\varphi'(\psi)}.$$

Es ist also ω rational durch ψ ausgedrückt, und dies ist der Inhalt des Satzes 2.

3. Wenn wir eine zu Q gehörige Function ψ dem Körper Ω adjungiren, so reducirt sich die Gruppe des Körpers N auf Q.

Denn bezeichnen wir den Körper $\Omega(\psi)$ mit Ω', so gestattet erstens jede Gleichung in Ω' zwischen $\alpha, \alpha_1 \dots \alpha_{m-1}$ die Permutationen von Q, weil Q in P enthalten ist, und weil ψ durch

[1]) Lagrange, Réflexions sur la résolution algébrique des équations. Mémoires de l'Académie de Berlin, années 1770, 1771. Oeuvres de Lagrange. Tome III. Der Satz ist von Lagrange allerdings nur in einer specielleren Fassung gegeben. Die allgemeine Formulirung rührt von Galois her.

Q ungeändert bleibt; und zweitens ist jede Function, die durch Q ungeändert bleibt, nach dem Lagrange'schen Satze in Ω' enthalten. Dies sind aber [nach §. 149, a), b)] die charakteristischen Merkmale der Galois'schen Gruppe im Körper Ω'. Um also die Galois'sche Gruppe vom Grade p auf den Grad q zu reduciren, muss eine Wurzel einer Hülfsgleichung j^{ten} Grades in Ω adjungirt werden.

Den Satz 3. können wir auch so ausdrücken:

Der Normalkörper $N = \Omega(\alpha, \alpha_1 \ldots \alpha_{m-1})$ ist ein Körper p^{ten} Grades über Ω und q^{ten} Grades über $\Omega' = \Omega(\psi)$.

Der Erniedrigung der Gruppe durch Adjunction von ψ entspricht, wie schon aus den allgemeinen Grundsätzen hervorgeht, eine Zerfällung der Galois'schen Resolvente. Nehmen wir an, es sei (wie im §. 145) $g(t) = 0$ die Galois'sche Resolvente und ϱ eine ihrer Wurzeln, und durch die Permutationen von Q gehe ϱ über in

$$\varrho, \varrho_1, \varrho_2 \ldots \varrho_{q-1},$$

und durch die Permutationen der Nebengruppe $Q\pi_i$ in

$$\varrho_{0,i}\ \varrho_{1,i}, \varrho_{2,i} \ldots \varrho_{q-1,i},$$

so ist jeder der Factoren von $g(t)$

$$g_i(t) = (t - \varrho_{0,i})(t - \varrho_{1,i}) \ldots (t - \varrho_{q-1,i})$$

durch die Substitutionen von Q ungeändert und also in $\Omega(\psi)$ enthalten.

Setzen wir

$$g(t, \psi) = (t - \varrho)(t - \varrho_1) \ldots (t - \varrho_{q-1}),$$

so ergiebt sich, wenn wir darin eine Permutation aus $Q\pi_i$ ausführen,

$$g_i(t) = g(t, \psi_i),$$

und $g(t)$ ist also in folgender Art zerlegbar:

$$g(t) = g(t, \psi)\, g(t, \psi_1) \ldots g(t, \psi_{j-1}), \tag{6}$$

worin jeder Factor vom Grade q ist, und keine zwei dieser Factoren einen gemeinschaftlichen Theiler haben.

Sind Q und Q' zwei verschiedene Theiler der Gruppe P, so werden Q und Q' gewisse Permutationen gemein haben, unter denen sich immer die identische Permutation findet. Es ist möglich, dass dies die einzige gemeinsame Permutation von Q und Q' ist, und dann heissen diese beiden Gruppen theilerfremd. Es können aber noch mehr gemeinsame Elemente vorhanden sein. Den Inbegriff R aller gemeinsamen Permutationen von Q und Q' nennen wir den grössten gemeinschaftlichen Theiler, oder auch den Durchschnitt von Q und Q'. Dies R ist immer eine Gruppe, denn wenn π_1 und π_2 beide sowohl in Q als in Q' vorkommen, so muss auch $\pi_1 \pi_2$ in Q und in Q', also auch in R vorkommen. Der Begriff ist sofort übertragbar auf mehrere Gruppen $Q, Q', Q'' \ldots$

Ist ψ eine zu Q und ψ' eine zu Q' gehörige Function, so können wir die rationalen Zahlen x, x' (nach §. 143, 1.) so bestimmen, dass $\omega = x\psi + x'\psi'$ eine zu R gehörige Function wird. Denn jedenfalls gestattet ω die Permutationen von R, da ψ und ψ' sie gestatten. Ist dann π eine nicht in R enthaltene Permutation aus P, so ist sicher nicht zugleich $\psi = \psi(\pi)$ und $\psi' = \psi'(\pi)$; also können wir x, x' so bestimmen, dass auch nicht $\omega = \omega(\pi)$ wird. Wenn wir also gleichzeitig ψ und ψ' und folglich ω adjungiren, so reducirt sich die Gruppe des Körpers N nach 3. auf R. Ebenso können wir bei mehr als zwei Gruppen Q schliessen, und erhalten den Satz:

4. Sind $Q, Q', Q'' \ldots$ Theiler von P, R ihr Durchschnitt, $\psi, \psi', \psi'' \ldots$ Functionen, die zu $Q, Q', Q'' \ldots$ gehören, so reducirt sich die Gruppe des Körpers N durch gleichzeitige Adjunction von $\psi, \psi', \psi'' \ldots$ auf R.

Wenn wir nicht bloss eine Wurzel ψ der Hülfsgleichung $\varphi(t) = 0$ adjungiren, sondern alle mit ψ conjugirten Grössen $\psi, \psi_1, \psi_2 \ldots \psi_{j-1}$, wenn wir also aus Ω den Körper

$$\Omega'' = \Omega(\psi, \psi_1, \psi_2 \ldots \psi_{j-1})$$

ableiten, so ist nach diesem Satze der Erfolg der, dass die Gruppe von N in Ω'' der grösste gemeinschaftliche Theiler R aller mit Q conjugirten Gruppen wird, so dass (nach §. 154) R der grösste gemeinschaftliche Theiler aller Gruppen $\pi^{-1} Q \pi$ ist, wenn π die Permutationen von P durchläuft.

Von besonderem Interesse ist nun der Fall, dass alle conjugirten Gruppen $\pi^{-1} Q \pi$ mit einander identisch sind. In diesem Falle ist nach dem Theorem 2. jede der conjugirten Grössen $\psi, \psi_1, \psi_2 \ldots \psi_{j-1}$ in $\Omega(\psi)$ enthalten, die Körper $\Omega(\psi), \Omega(\psi_1) \ldots \Omega(\psi_{j-1})$ und $\Omega(\psi, \psi_1 \ldots \psi_{j-1})$ sind identisch, und $\Omega(\psi)$ ist ein Normalkörper über Ω.

Wir nennen daher einen Theiler Q der Gruppe P, der diese Eigenschaft hat, einen Normaltheiler (oder normalen Theiler)[1]).

Ist aber Q ein Normaltheiler, so ist die Adjunction einer einzigen Wurzel ψ der Hülfsgleichung gleichbedeutend mit der gleichzeitigen Adjunction aller dieser Wurzeln.

5. Ist Q selbst nicht normal, so ist der grösste gemeinschaftliche Theiler R aller conjugirten Theiler $\pi^{-1} Q \pi$ gewiss normal.

Denn ist eine Permutation $\varkappa$ in R, also in allen Gruppen $\pi^{-1} Q \pi$ enthalten, so gilt das Gleiche auch von jedem $\pi^{-1} \varkappa \pi$, d. h. $\pi^{-1} R \pi$ ist Theiler von R, und folglich, da es von gleichem Grade ist, $= R$.

Eine Gruppe, die ausser sich selbst und der identischen Gruppe keinen Normaltheiler hat, heisst eine einfache Gruppe. Der Durchschnitt aller mit einer einfachen Gruppe conjugirten Gruppen ist entweder die Gruppe selbst oder die identische Gruppe.

Ist Q ein Normaltheiler von P, und R ein Normaltheiler von Q, so ist zwar R ein Theiler von P, aber keineswegs immer normal. Dagegen ist, wenn R ein Normaltheiler von P ist, R auch Normaltheiler von jedem Theiler Q von P, von dem R Theiler ist.

§. 156.

Die Gruppe der Resolventen.

Die Hülfsgleichung $\varphi(t) = 0$, von der die Bestimmung der Function ψ abhängt, geht in die Galois'sche Resolvente über, wenn der Theiler Q, zu dem ψ gehört, die identische Gruppe ist. Denn dann kann nach dem Satze von Lagrange (§. 155, 2.) jede Function des Körpers N, also auch die Wurzeln α selbst rational durch ψ ausgedrückt werden, und N ist mit $\Omega(\psi)$ identisch.

Wir wollen diese Gleichungen $\varphi(t) = 0$ daher in einem allgemeinen Sinne Resolventen nennen. Es sind aber hier zwei Fälle zu unterscheiden.

[1]) Galois spricht von der eigentlichen Zerlegung (décomposition propre) einer Gruppe; daher der Ausdruck „eigentliche Theiler“ der auch im Gebrauch ist; neuere Schriftsteller bezeichnen die Normaltheiler als „ausgezeichnete oder invariante Untergruppen“.

1. Wenn die conjugirten Gruppen $\pi^{-1} Q \pi$ theilerfremd sind, so ist die gleichzeitige Adjunction sämmtlicher Wurzeln der Resolvente $\varphi(t) = 0$ (nach Satz 4., §. 155) gleichbedeutend mit der Adjunction einer zur Einheitsgruppe gehörigen Function, und die Lösung der gegebenen Gleichung ist auf die vollständige Lösung der Resolvente zurückgeführt. Es ist

$$N = \Omega(\psi, \psi_1 \ldots \psi_{j-1}),$$

und eine Galois'sche Resolvente der Gleichung $\varphi(t) = 0$ ist zugleich eine Galois'sche Resolvente der ursprünglichen Gleichung. In diesem Falle nennen wir $\varphi(t) = 0$ eine Totalresolvente der gegebenen Gleichung.

2. Haben die conjugirten Gruppen $\pi^{-1} Q \pi$ einen von der Einheitsgruppe verschiedenen Theiler R vom Grade r, der dann ein Normaltheiler von P ist, so ist die gleichzeitige Adjunction von sämmtlichen zu ψ conjugirten Functionen gleichbedeutend mit der Adjunction einer zu R gehörigen Grösse. Die Galois'sche Resolvente der gegebenen Gleichung ist durch diese Adjunction noch nicht vollständig gelöst, sondern sie ist nur in Factoren vom Grade r zerlegt. In diesem Falle heisst $\varphi(t) = 0$ eine Partialresolvente.

Ist P eine einfache Gruppe, so existiren nur Totalresolventen, während, wenn P Normaltheiler hat, zu jedem solchen Normaltheiler eine Partialresolvente gefunden werden kann.

Derselbe Unterschied tritt auch hervor, wenn wir die Galois'sche Gruppe der Resolvente $\varphi(t)$ untersuchen. Diese Gruppe besteht aus allen Vertauschungen, die in der Reihe der Grössen

(1) $$\psi, \psi_1, \psi_2 \ldots \psi_{j-1}$$

durch Anwendung der sämmtlichen Operationen π von P hervorgerufen werden; denn jede Gleichung in Ω zwischen den Grössen (1) bleibt richtig, wenn eine solche Permutation vorgenommen wird, da man die Operationen π auf eine solche Gleichung anwenden kann; und wenn eine Function in Ω der Grössen (1) alle diese Permutationen gestattet, so gestattet sie auch alle Permutationen π und ist also gleich einer Grösse in Ω.

Es ist nun der Grad dieser Gruppe zu bestimmen. Unter den Operationen von P werden die und nur die unter den Grössen (1) keine Veränderung hervorrufen, die gleichzeitig in den Gruppen $\pi^{-1} Q \pi$ aller dieser Functionen, also auch in ihrem grössten gemeinsamen Theiler R vorkommen. Die Operationen von R mögen mit σ bezeichnet sein. Sind dann π und π' zwei Operationen, die unter den Grössen (1) dieselbe Permutation hervorrufen, so wird $\pi' \pi^{-1}$ die ursprüngliche Anordnung der ψ wieder herstellen, also gleich einer der Grössen σ sein, oder

$$\pi' = \sigma \pi.$$

Wir haben daher das Ergebniss:

Die Permutationen der Nebengruppe $R\pi$ und nur diese rufen unter den Grössen (1) eine und dieselbe Permutation hervor.

Der Grad der Galois'schen Gruppe der Resolvente $\varphi(t) = 0$ ist also gleich der Anzahl dieser Nebengruppen, d. h. gleich dem Quotienten $p : r$ oder dem Index des Theilers R von P.

Ist R die identische Gruppe, also $r = 1$, und folglich $\varphi(t) = 0$ eine Totalresolvente, so ist der Grad ihrer Gruppe ebenso hoch, wie der Grad der Gruppe der ursprünglichen Gleichung, und beide Gruppen sind überdies isomorph. In Bezug auf die Gruppe ist also nichts gewonnen. Die gegebene Gleichung ist mit der Resolvente, so verschieden auch ihre Grade sein mögen, äquivalent.

Ist auf der anderen Seite Q ein Normaltheiler, also R mit Q identisch, so ist $\varphi(t) = 0$ eine Partialresolvente und der Grad ihrer Gruppe ist gleich dem Index j des Theilers Q von P. Nach der Adjunction einer Wurzel dieser Resolvente reducirt sich die Gruppe der ursprünglichen Gleichung auf Q, also auf den Grad q. Es ist also eine Spaltung der Gruppe erfolgt.

Wenn man Resolventen bilden will von möglichst niedrigem Grade, so hat man Theiler der Gruppe P aufzusuchen von möglichst kleinem Index, also von möglichst hohem Grade; soll aber gleichzeitig eine Reduction der Gruppe eintreten, so müssen die Theiler Normaltheiler sein.

§. 157.

Reduction der Galois'schen Gruppe durch Adjunction beliebiger Irrationalitäten.

Die Aufgabe der Lösung einer algebraischen Gleichung wird nach der Galois'schen Auffassung durch eine andere ersetzt, nämlich durch Adjunction von algebraischen Grössen möglichst einfacher Natur eine Zerfällung der Galois'schen Resolvente, also eine Erniedrigung des Grades der Gruppe herbeizuführen.

Wir stellen jetzt die Frage so. In dem ursprünglichen Körper Ω ist die Galois'sche Resolvente $g(t)$ irreducibel. Der Körper Ω soll zu einem anderen Körper Ω' so erweitert werden, dass $g(t)$ reducibel wird. Ω' soll dabei ein algebraischer Körper über Ω sein, und es muss also nach §. 143 eine algebraische Grösse ε geben, so dass $\Omega' = \Omega(\varepsilon)$ wird. Diese Grösse ε wird Wurzel einer gewissen irreducibeln Gleichung in Ω sein, die wir mit

(1) $$\chi(\varepsilon) = 0$$

bezeichnen wollen.

Nehmen wir an, in dem Körper $\Omega(\varepsilon)$ sondere sich von $g(t)$ der irreducible Factor

(2) $$g_1(t) = g_1(t, \varepsilon)$$

ab, der die Wurzel $t = \varrho$ hat. Den Grad von $g_1(t, \varepsilon)$ wollen wir mit q bezeichnen und die Wurzeln mit

(3) $$\varrho, \varrho_1, \varrho_2 \ldots \varrho_{q-1},$$

so dass

(4) $$g_1(t, \varepsilon) = (t - \varrho)(t - \varrho_1) \ldots (t - \varrho_{q-1}).$$

Zunächst ist nun nachzuweisen, dass die in der Gruppe P enthaltenen Substitutionen

$$(\varrho, \varrho), (\varrho, \varrho_1), (\varrho, \varrho_2) \ldots (\varrho, \varrho_{q-1})$$

eine Gruppe Q bilden. Um dies zu zeigen, setzen wir wie früher (§. 146)

$$\varrho_i = \Theta_i(\varrho)$$

und bedenken, dass dann die Gleichung

$$g_1[\Theta_i(t), \varepsilon] = 0$$

eine Wurzel, nämlich $t = \varrho$ mit $g_1(t)$ gemein hat und mithin, da $g_1(t)$ irreducibel ist, durch $g_1(t)$ theilbar ist. Daraus folgt, dass, wenn ϱ_1 und ϱ_2 irgend zwei der Wurzeln (3) sind, auch $\Theta_i(\varrho_2) = \varrho_3$ unter diesen Wurzeln enthalten ist. Es ist aber die Substitution (ϱ, ϱ_3) aus (ϱ, ϱ_1) und (ϱ, ϱ_2) zusammengesetzt, und damit ist die Gruppeneigenschaft von Q nachgewiesen. Wir bezeichnen den Index von Q mit j und setzen

(5) $$p = jq.$$

Das Product (4) gestattet nun die Substitutionen der Gruppe Q, und wenn also ψ wie oben eine zu dieser Gruppe gehörige Function in N bedeutet, so lässt sich nach §. 155, 2. die Function $g_1(t, \varepsilon)$ rational durch ψ ausdrücken, d. h. $g_1(t, \varepsilon)$ ist eine Function von t im Körper j^{ten} Grades $\Omega(\psi)$, und soll demnach durch $g(t, \psi)$ bezeichnet werden.

Die Grösse ψ ist eine der Wurzeln einer irreducibeln Gleichung vom Grade j

$$(6) \qquad \varphi(u) = 0,$$

deren übrige Wurzeln $\psi_1, \psi_2 \ldots \psi_{j-1}$ sind, und nach §. 155, (6) ist $g(t)$ in die Factoren zerlegbar

$$(7) \qquad g(t) = g(t, \psi)\, g(t, \psi_1) \ldots g(t, \psi_{j-1}).$$

Nun ist

$$g(t, \psi) = g_1(t, \varepsilon),$$

und aus (7) folgt, dass diese Gleichung nicht bestehen bleibt, wenn auf der linken Seite für ψ eine der anderen Wurzeln von (6) gesetzt wird. Man kann also für t einen solchen rationalen Werth setzen, dass die Gleichung

$$(8) \qquad g(t, u) - g_1(t, \varepsilon) = 0$$

nur die eine Wurzel $u = \psi$ mit der Gleichung (6) gemein hat. Der grösste gemeinschaftliche Theiler von (6) und (8) ist dann in Bezug auf u linear, und wenn man darin $u = \psi$ setzt, so ergiebt sich, dass ψ rational durch ε ausdrückbar ist. Der Körper $\Omega(\psi)$ ist also sicher ein Theiler des Körpers $\Omega(\varepsilon)$. Der Grad des Körpers $\Omega(\varepsilon)$, d. h. der Grad der Hülfsgleichung $\chi(\varepsilon) = 0$, ist daher ein Vielfaches von j und niemals niedriger als j. Wenn der Grad der Hülfsgleichung gleich j ist, was z. B. dann immer eintritt, wenn der Grad von χ eine Primzahl ist, so ist $\Omega(\varepsilon)$ mit $\Omega(\psi)$ identisch, d. h. ε ist auch rational durch ψ ausdrückbar. In diesem Falle sind die conjugirten Werthe $\varepsilon, \varepsilon_1 \ldots \varepsilon_{j-1}$ die sämmtlichen Wurzeln von $\chi = 0$, und man erhält sie, wenn man in dem rationalen Ausdruck von ε durch ψ die Function ψ durch jede der conjugirten Functionen $\psi, \psi_1 \ldots \psi_{j-1}$ ersetzt. Es kann also ε selbst für ψ genommen werden, und man findet eine Zerlegung

$$g(t) = g(t, \varepsilon)\, g(t, \varepsilon_1) \ldots g(t, \varepsilon_{j-1}).$$

Die Grössen $\varepsilon, \varepsilon_1, \varepsilon_2 \ldots \varepsilon_{j-1}$ gehören sämmtlich dem Körper $\Omega(\varrho)$ an.

Diese Resultate sind von grosser Wichtigkeit und verdienen besonders hervorgehoben zu werden.

Nach Kronecker heissen, wenn $F(x) = 0$ die gegebene Gleichung ist und N der zugehörige Galois'sche Körper, die Grössen von N die der Gleichung $F(x) = 0$ natürlichen Irrationalitäten.

Wir haben dann den Satz:

> Jede mögliche Reduction der Galois'schen Gruppe wird herbeigeführt durch Adjunction einer natürlichen Irrationalität. Ist j der Index der reducirten Gruppe in Bezug auf die ursprüngliche, so kann die Reduction nicht eintreten durch Adjunction eines Körpers von niedrigerem als dem j^{ten} Grade. Der Grad kann aber gleich j sein und dann ist die adjungirte Irrationalität eine natürliche. Ist der Grad des adjungirten Körpers grösser als j, so ist er ein Vielfaches von j.

§. 158.

Imprimitive Gruppen.

Wir machen von unseren allgemeinen Sätzen die Anwendung auf Gruppen von besonderer Natur. Zunächst nehmen wir die imprimitiven Gruppen. Wir haben im §. 151 gesehen, dass, wenn $f(x) = 0$ eine irreducibele Gleichung n^{ten} Grades mit imprimitiver Gruppe ist, sich n so in zwei Factoren $r \,.\, s$ zerlegen lässt, dass die Wurzeln in s Reihen von je r Gliedern zerfallen:

$$(1) \qquad \begin{aligned} A &= \alpha,\ \alpha_1 \ldots \alpha_{r-1}, \\ B &= \beta,\ \beta_1 \ldots \beta_{r-1}, \\ &\ldots\ldots\ldots\ldots \\ S &= \sigma,\ \sigma_1 \ldots \sigma_{r-1}, \end{aligned}$$

und dass durch die Permutationen der Gruppe P die Grössen der einzelnen Reihen nicht von einander getrennt, sondern nur unter einander permutirt werden, während andererseits die Reihen wieder unter sich permutirt werden.

Unter den Permutationen der Galois'schen Gruppe P von $f(x)$ wird es nun gewisse geben, deren Inbegriff wir mit Q

bezeichnen, die die einzelnen Reihen $A, B \dots S$ an ihrer Stelle lassen und nur die Indices in jeder Reihe permutiren. Diese Permutationen bilden für sich eine Gruppe, da durch die Zusammensetzung von zweien unter ihnen die Reihen $A, B \dots S$ nicht vertauscht werden können. Diese Gruppe Q ist ein Normaltheiler von P. Denn ist $\varkappa$ eine Permutation von Q, und π eine aus P, so gehört die zusammengesetzte Permutation $\pi^{-1}\varkappa\pi$ wieder zu Q, weil die Permutation unter den $A, B \dots S$, die durch π^{-1} hervorgerufen ist, durch $\varkappa$ nicht geändert und durch π wieder rückgängig gemacht wird. Die Gruppe Q ist intransitiv, und durch Adjunction einer zu Q gehörigen Function ψ wird nicht nur die Galois'sche Resolvente reducibel, sondern die Function $f(x)$ selbst zerfällt in s Factoren vom r^{ten} Grade,

$$f(x) = f_\alpha(x, \psi)\, f_\beta(x, \psi) \dots f_\sigma(x, \psi). \tag{2}$$

Die Wurzeln von $f_\alpha(x, \psi) = 0$ sind die Grössen α, und die Galois'sche Gruppe dieser Gleichung besteht aus allen Permutationen, die durch Q unter den α hervorgerufen werden.

Die Grösse ψ ist, wenn j der Index des Theilers Q von P ist, Wurzel einer Partialresolvente j^{ten} Grades $\chi(u) = 0$, die eine Normalgleichung und also ihre eigene Galois'sche Resolvente ist (§. 155). Bezeichnen wir ihre Wurzeln mit

$$\psi, \psi_1, \psi_2 \dots \psi_{j-1}, \tag{3}$$

so besteht die Galois'sche Gruppe dieser Resolvente aus den Substitutionen

$$(\psi, \psi), (\psi, \psi_1), (\psi, \psi_2) \dots (\psi, \psi_{j-1}), \tag{4}$$

die durch die Permutationen der Nebengruppen

$$Q, Q\pi_1, Q\pi_2 \dots Q\pi_{j-1} \tag{5}$$

hervorgerufen werden. Jede dieser Nebengruppen bringt eine gewisse Permutation unter den Reihen $A, B \dots S$ hervor, und zwar sind diese Permutationen alle von einander verschieden; denn wenn etwa durch π_1 und π_2 dieselbe Permutation unter den Reihen hervorgerufen wird, so gehört $\pi_2\pi_1^{-1}$ zu Q und $Q\pi_1$, $Q\pi_2$ sind nicht verschiedene Nebengruppen. Die Permutationsgruppe der Partialresolvente $\chi(u) = 0$ ist also mit der Gruppe der Permutationen, die durch P unter den Reihen $A, B \dots S$ hervorgerufen werden, isomorph.

Verstehen wir unter Q_α den Inbegriff der Permutationen von P, durch die die Reihe A nicht verschoben wird, so ist Q_α

gewiss eine Gruppe. Ist π_β eine Permutation, durch die die Reihe A in die Reihe B übergeht, die nach der Voraussetzung der Transitivität in P existiren muss, so ist $Q_\alpha \pi_\beta$ eine Nebengruppe zu Q_α, durch die A in B übergeht. $\pi_\beta^{-1} Q_\alpha \pi_\beta = Q_\beta$ ist eine zu Q_α conjugirte Gruppe, und zwar die, durch deren Permutation die Reihe B nicht verschoben wird. Auf diese Weise erhalten wir die conjugirten Gruppen

$$Q_\alpha, Q_\beta \ldots Q_\sigma,$$

deren grösster gemeinschaftlicher Theiler die vorhin betrachtete Gruppe Q vom Index j ist.

Eine zu Q_α gehörige Function y_α ist die Wurzel einer Gleichung vom s^{ten} Grade in Ω, $\varphi(y) = 0$, und die übrigen Wurzeln $y_\beta \ldots y_\sigma$ gehen aus y_α hervor durch Anwendung der Permutationen der Nebengruppen $Q_\alpha \pi_\beta, \ldots Q_\alpha \pi_\sigma$. Die vorhin gefundene Gleichung $\chi(u) = 0$ vom Grade j ist die Galois'sche Resolvente der Gleichung $\varphi(y) = 0$. Wir haben oben bemerkt, dass die Gruppe der Gleichung $\chi(u) = 0$ vom Grade j isomorph ist mit der Gruppe der Permutationen, die durch P unter den Systemen der $A, B \ldots S$ hervorgerufen werden. Da aber wegen der Transitivität von P auch diese Systeme transitiv in einander übergehen, so muss j nach dem Satze §. 154, 7. durch s theilbar sein, und in dem besonderen Falle, wo j eine Primzahl ist, muss $j = s$ sein.

Die gleichzeitige Adjunction sämmtlicher Wurzeln von $\varphi(y)$ hat denselben Erfolg wie die Adjunction der Function ψ, nämlich den, die Gruppe der Gleichung $f(x) = 0$ von P auf Q zu reduciren.

Durch Adjunction von y_α sondert sich von $f(x)$ ein rationaler Factor $f(x, y_\alpha)$ ab, dessen Wurzeln die Grössen der Reihe A sind, und durch Adjunction der übrigen y erhält man die Zerlegung

$$(6) \qquad f(x) = f(x, y_\alpha) f(x, y_\beta) \ldots f(x, y_\sigma),$$

und diese Functionen $f(x, y_\alpha), f(x, y_\beta) \ldots f(x, y_\sigma)$ stimmen überein mit den Factoren in (2), $f_\alpha(x, \psi), f_\beta(x, \psi) \ldots f_\sigma(x, \psi)$.

Zu bemerken ist hierbei noch, dass $f(x, y_\alpha)$ im Körper $\Omega(y_\alpha)$ irreducibel ist. Denn wegen der vorausgesetzten Irreducibilität von $f(x)$ giebt es in P Permutationen, durch die α in jedes α_i übergeführt wird, und diese Permutationen gehören zu Q_α. Wenn also eine rationale Function $\varphi(x, y_\alpha)$ für $x = \alpha$ verschwindet, so muss jedes $\varphi(\alpha_i, y_\alpha)$ gleich Null sein, d. h. $\varphi(x, y_\alpha)$ muss durch $f(x, y_\alpha)$ theilbar sein. Es folgt aber hieraus nicht, dass $f(x, y_\alpha) = f_\alpha(x, \psi)$ auch im Körper $\Omega(\psi)$ irreducibel ist.

Dies sind dieselben Sätze, wie im §. 151. Es ist dort noch gezeigt, dass man für y_α eine Function von α allein nehmen kann, worauf wir nicht nochmals eingehen wollen.

Von Interesse ist es aber, den Zusammenhang der Galois'-schen Gruppen der einzelnen Factoren $f(x, y_\alpha), f(x, y_\beta), \dots f(x, y_\sigma)$ zu verfolgen. Wir haben schon oben gesehen, dass man die Gruppe des Factors $f(x, y_\alpha)$ im Körper $\Omega(\psi)$ erhält, wenn man alle Permutationen der α aufsucht, die durch Q hervorgerufen werden. Wir wollen diese Gruppe mit P_α bezeichnen, und ebenso für die anderen Factoren die Zeichen $P_\beta, \dots P_\sigma$ gebrauchen.

Wir greifen aus P irgend $s - 1$ Permutationen $\pi_\beta \dots \pi_\sigma$ von der Art heraus, dass durch π_β die Reihe A in B etc. durch π_σ die Reihe A in S übergeht, und wir wollen nun der Einfachheit halber, was offenbar noch vollkommen freisteht, die Bezeichnung der $\beta, \dots \sigma$ so gewählt annehmen, dass $\pi_\beta, \dots \pi_\sigma$ folgende Vertauschungen hervorrufen:

$$\begin{pmatrix}\alpha_0, & \alpha_1 & \dots & \alpha_{r-1}\\ \beta_0, & \beta_1 & \dots & \beta_{r-1}\end{pmatrix}, \dots \begin{pmatrix}\alpha_0, & \alpha_1 & \dots & \alpha_{r-1}\\ \sigma_0, & \sigma_1 & \dots & \sigma_{r-1}\end{pmatrix}.$$

Es sei nun $\varkappa$ irgend ein Element von Q, das unter den α die Vertauschung

$$(\alpha) = \begin{pmatrix}\alpha_0, & \alpha_1 & \dots & \alpha_{r-1}\\ \alpha_{a_0}, & \alpha_{a_1} & \dots & \alpha_{a_{r-1}}\end{pmatrix}$$

bewirkt, dann ist

$$\varkappa_\beta = \pi_\beta^{-1} \varkappa \pi_\beta$$

ebenfalls in Q enthalten, und es wird durch $\varkappa_\beta$ unter den β die Vertauschung

$$(\beta) = \begin{pmatrix}\beta_0, & \beta_1 & \dots & \beta_{r-1}\\ \beta_{a_0}, & \beta_{a_1} & \dots & \beta_{a_{r-1}}\end{pmatrix},$$

also unter den Indices der β genau dieselbe Permutation hervorgerufen, wie durch $\varkappa$ unter den Indices von α. Nehmen wir (β) und ein zugehöriges $\varkappa_\beta$ als gegeben an, so ergiebt $\pi_\beta \varkappa_\beta \pi_\beta^{-1}$ wieder $\varkappa$, so dass also die durch Q hervorgerufenen Permutationen der β genau übereinstimmen mit denen, die unter den α hervorgerufen werden; und dasselbe gilt für die übrigen Reihen. Damit ist aber der Satz bewiesen.

1. **Bei einer irreducibeln imprimitiven Gleichung können in den einzelnen Reihen die Wurzeln so bezeichnet werden, dass die Theilgleichungen $f(x, y_\alpha) = 0, f(x, y_\beta) = 0, \ldots f(x, y_\sigma) = 0$ im Körper $\Omega(\psi)$ alle dieselbe Gruppe bekommen.**

Will man die Bezeichnung der Wurzeln nicht in der angegebenen Weise wählen, so werden die Gruppen wenigstens isomorph.

Wir stellen noch die Frage, die gewissermaassen durch die Umkehrung dieses Satzes beantwortet wird: **Wann hat eine transitive Gruppe einen intransitiven Normaltheiler?**

Ist P eine transitive Permutationsgruppe und Q ein intransitiver Normaltheiler von P, so möge

$$A = \alpha, \alpha_1 \ldots \alpha_{r-1}$$

eines der Systeme sein, deren Elemente durch Q nur unter einander vertauscht werden, so jedoch, dass die Elemente von A durch Q transitiv verbunden sind, d. h. dass durch Permutationen aus Q jedes α in jedes andere α übergehen kann. Wenn nun durch ein Element π aus P die Grössen A in

$$B = \beta, \beta_1 \ldots \beta_{r-1}$$

übergehen, so müssen diese Elemente entweder alle mit den α übereinstimmen, oder alle von den α verschieden sein; denn durch die Gruppe $\pi^{-1} Q \pi$, die nach Voraussetzung mit Q identisch ist, werden die β nur unter einander vertauscht, und zwar ebenso wie die α, also transitiv. Wenn also in B nur ein Theil der α vorkäme, so würden gegen die Voraussetzung durch Q diese α mit anderen nicht in A vorkommenden Grössen vertauscht werden.

Sind durch die A nicht alle Elemente erschöpft, auf die sich die Permutationen von P erstrecken, so giebt es, da P transitiv ist, eine Permutation π, durch die A in ein ganz davon verschiedenes System B übergeführt wird. Ist $\varkappa$ eine Permutation aus Q, so wird durch die gleichfalls zu Q gehörige Permutation $\pi^{-1} \varkappa \pi$ dieselbe Vertauschung unter den Indices der β hervorgerufen wie durch $\varkappa$ unter den Indices der α. Daraus folgt, dass durch Q auch die β nur unter einander permutirt werden. Wenn mit A und B die Elemente noch nicht erschöpft sind, so kann man in derselben Weise ein drittes System C bilden, das durch π' aus A und durch $\pi^{-1}\pi'$ aus B entsteht, und das weder mit A noch mit B ein Element gemein hat. So fährt man fort, bis alle Elemente erschöpft sind, und kommt zu folgendem Satze:

2. Eine transitive Gruppe hat nur wenn sie imprimitiv ist, einen von der identischen Gruppe verschiedenen intransitiven Normaltheiler. Die Systeme der Intransitivität des Normaltheilers sind Systeme der Imprimivität der gegebenen Gruppe.

In Bezug auf die Gleichungen können wir mit Rücksicht auf 1. den Satz 2. auch so aussprechen:

3. Eine irreducible Gleichung $f(x) = 0$ zerfällt, wenn sie durch Adjunction aller Wurzeln einer Resolvente oder einer Wurzel einer Normalgleichung j^{ten} Grades reducibel wird, in mehrere irreducible Factoren von gleichem Grade und von gleicher Gruppe. Die Anzahl dieser Factoren ist ein Theiler des Grades j und ist gleich j, wenn j eine Primzahl ist.

Wenn also eine irreducible primitive Gleichung durch Adjunction der Wurzeln einer Resolvente reducirt wird, so zerfällt sie in lineare Factoren, d. h. sie ist vollständig gelöst. Dieser Fall tritt immer ein, wenn der Grad der Gleichung $f(x) = 0$ eine Primzahl ist, weil eine solche Gleichung nicht imprimitiv sein kann.

Fünfzehnter Abschnitt.

Cyklische Gleichungen.

§. 159.

Cubische Gleichungen.

Wir wollen von dem jetzt gewonnenen Standpunkte aus zunächst die Auflösung der Gleichungen dritten und vierten Grades betrachten.

Die Gruppe der Permutationen von drei Ziffern besteht aus sechs Elementen, nämlich aus der identischen Permutation 1, aus zwei dreigliedrigen Cyklen und drei Transpositionen:

$$(1) \qquad \begin{matrix} 1 & (0, 1, 2) & (0, 2, 1) \\ (1, 2) & (2, 0) & (0, 1). \end{matrix}$$

Die drei ersten

$$1, \quad (0, 1, 2) \quad (0, 2, 1)$$

bilden die alternirende Gruppe, sie besteht aus den Potenzen der cyklischen Permutation $\pi = (0, 1, 2)$:

$$(2) \qquad \pi^0 = 1, \ \pi, \ \pi^2$$

und wird daher cyklische Gruppe genannt.

Es seien nun α, α_1, α_2 die drei Wurzeln der cubischen Gleichung:

$$(3) \qquad f(x) = x^3 - ax^2 + bx - c = 0.$$

Legen wir den Körper Ω zu Grunde, der aus allen rationalen Functionen der unabhängigen Veränderlichen a, b, c besteht, so ist (1) die Gruppe dieser Gleichung; wenn wir aber

$$(4) \qquad \sqrt{D} = (\alpha - \alpha_1)(\alpha - \alpha_2)(\alpha_1 - \alpha_2)$$

adjungiren, worin

(5) $$D = + a^2b^2 + 18abc - 4a^3c - 4b^3 - 27c^2$$

die Discriminante der Gleichung (3) ist, so reducirt sich die Gruppe auf (2).

In dem Körper Ω', der durch diese Adjunction aus Ω entsteht, kann jede Wurzel rational durch jede andere ausgedrückt werden, denn es ist

$$\alpha_1 + \alpha_2 = a - \alpha$$
$$\alpha_1 - \alpha_2 = \frac{\sqrt{D}}{f'(\alpha)},$$

also

(6) $$2\alpha_1 = a - \alpha + \frac{\sqrt{D}}{f'(\alpha)}$$
$$2\alpha_2 = a - \alpha - \frac{\sqrt{D}}{f'(\alpha)},$$

und hierin können die Vertauschungen π, π^2 ausgeführt werden. Die cubische Gleichung ist also nach Adjunction von $\sqrt{D}$ ihre eigene Galois'sche Resolvente.

Alles dies bleibt gültig, wenn der Rationalitätsbereich irgend ein specieller Körper Ω ist, in dem a, b, c und $\sqrt{D}$ enthalten sind, wenn nicht $f(x)$ selbst in Ω reducibel ist, also eine rationale Wurzel hat. Denn ausser sich selbst und der cyklischen Gruppe (2) hat die Gruppe (1) nur noch intransitive Theiler, nämlich die Einheitsgruppe und drei Gruppen vom Typus (1, 2).

Wollen wir die cubische Gleichung nun auflösen, d. h. auf eine reine cubische Gleichung zurückführen, so müssen wir eine Function v der Wurzeln suchen, die zwar nicht selbst, deren Cubus aber die cyklische Permutation π gestattet. Eine solche Function kann aber nur existiren, wenn die dritten Einheitswurzeln, oder, was dasselbe ist, $\sqrt{-3}$ dem Körper Ω adjungirt wird; denn v muss durch Anwendung von π eine dritte Einheitswurzel als Factor erhalten.

Durch diese Adjunction kann eine Reduction der Gruppe nicht eintreten, weil die Gruppe (2) ausser der Einheitsgruppe keinen Theiler hat und die Reduction auf die Einheitsgruppe nicht durch eine quadratische, sondern nur durch eine cubische Gleichung geschehen kann (§. 157). Wir setzen also

$$\varepsilon = \frac{-1 + \sqrt{-3}}{2}, \quad \varepsilon^2 = \frac{-1 - \sqrt{-3}}{3}$$

und

(7)
$$v = \alpha + \varepsilon\alpha_1 + \varepsilon^2\alpha_2$$
$$v' = \alpha + \varepsilon^2\alpha_1 + \varepsilon\alpha_2;$$

dann ist der Erfolg von π der, dass v in $\varepsilon^2 v$, v' in $\varepsilon v'$ übergeht, während v^3, v'^3 und vv' ungeändert bleiben, also in dem Körper Ω' enthalten sind. Es hat keine Schwierigkeit, diese Grössen zu berechnen. Setzen wir zur Abkürzung

$$A = \alpha^2\alpha_1 + \alpha_1^2\alpha_2 + \alpha_2^2\alpha,$$
$$A' = \alpha_1^2\alpha + \alpha_2^2\alpha_1 + \alpha^2\alpha_2,$$

so ist

$$A + A' = ab - 3c$$
$$A - A' = \sqrt{D},$$

und für v^3 erhält man

$$v^3 = \alpha^3 + \alpha_1^3 + \alpha_2^3 + 6\alpha\alpha_1\alpha_2 + 3\varepsilon A + 3\varepsilon^2 A',$$

also

(8)
$$v^3 = a^3 - \frac{9}{2}ab + \frac{27}{2}c + \frac{3}{2}\sqrt{-3D},$$

und ebenso

(9)
$$v'^3 = a^3 - \frac{9}{2}ab + \frac{27}{2}c - \frac{3}{2}\sqrt{-3D}.$$

Es ist aber auch

(10)
$$vv' = \alpha^2 + \alpha_1^2 + \alpha_2^2 - \alpha\alpha_1 - \alpha\alpha_2 - \alpha_1\alpha_2 = a^2 - 3b,$$

und aus (8), (9), (10) erhält man in Uebereinstimmung mit einer früheren Formel [§. 47, (8)]

$$27D = 4(a^2 - 3b)^3 - (2a^3 - 9ab + 27c)^2.$$

Fügt man zu (7) noch die Gleichung

$$a = \alpha + \alpha_1 + \alpha_2,$$

so findet man in Uebereinstimmung mit der Cardanischen Formel

$$3\alpha = a + v + v'$$
$$3\alpha_1 = a + \varepsilon^2 v + \varepsilon v'$$
$$3\alpha_2 = a + \varepsilon v + \varepsilon^2 v'.$$

§. 160.

Permutationsgruppen von vier Elementen.

Ein gutes Beispiel für die Galois'sche Theorie bieten die Gleichungen vierten Grades, wo die Verhältnisse so einfach liegen, dass sich Alles leicht übersehen lässt, und doch die wichtigsten Erscheinungen der Gruppenbildung dabei zu Tage treten.

Aus vier Ziffern, 0, 1, 2, 3, lassen sich 24 Permutationen bilden, und so hoch ist also der Grad der Galois'schen Gruppe der allgemeinen Gleichung vierten Grades im Körper der rationalen Functionen der Coëfficienten (vgl. den Schluss von §. 149). Wir stellen diese Permutationen durch ihre Cyklen in folgender Weise dar, wobei 1 die identische Permutation bedeutet:

$$
\begin{array}{llllllll}
(1) & P = 1, & (0, 1), & (0, 2), & (0, 3), & (1, 2), & (1, 3), & (2, 3) \\
 & & (0, 1)(2, 3), & (0, 2)(1, 3), & (0, 3)(1, 2) & & & \\
 & & (0, 1, 2), & (0, 1, 3), & (0, 2, 3), & (1, 2, 3) & & \\
 & & (0, 2, 1), & (0, 3, 1), & (0, 3, 2), & (1, 3, 2) & & \\
 & & (0, 1, 2, 3), & (0, 1, 3, 2), & (0, 2, 3, 1) & & & \\
 & & (0, 2, 1, 3), & (0, 3, 1, 2), & (0, 3, 2, 1). & & &
\end{array}
$$

Wir haben also in P ausser der identischen Permutation sechs Transpositionen, acht dreigliedrige, sechs viergliedrige Cyklen und drei Permutationen von der Form $(0, 1)(2, 3)$, die wir Transpositionspaare nennen wollen.

In P ist die alternirende Gruppe vom Grade 12 als Normaltheiler enthalten. Diese Gruppe kann keine einzelne Transposition und keine viergliedrige cyklische Permutation enthalten, und es bleiben also folgende übrig:

$$
\begin{array}{llllll}
(2) & Q = 1, & (0, 1)(2, 3), & (0, 2)(1, 3), & (0, 3)(1, 2) & \\
 & & (0, 1, 2), & (0, 1, 3), & (0, 2, 3), & (1, 2, 3) \\
 & & (0, 2, 1), & (0, 3, 1), & (0, 3, 2), & (1, 3, 2).
\end{array}
$$

Wir wollen nun alle vorhandenen Theiler der Gruppe P aufsuchen. Dabei lassen wir die intransitiven Gruppen beiseite, die alle entweder aus drei oder aus sechs Permutationen von nur drei Elementen, oder aus den Permutationen von zwei Paaren von zwei Elementen bestehen. Wir suchen also nur die transitiven Theiler von P auf. Ausserdem beschränken wir uns bei einem System conjugirter Theiler auf einen Repräsentanten, aus dem die anderen ja durch Ziffernvertauschung hergeleitet werden können (§. 154, 6.).

Eine wesentliche Vereinfachung wird durch folgende beiden Sätze herbeigeführt:

1. Wenn eine transitive Permutationsgruppe von vier Ziffern einen dreigliedrigen Cyklus enthält,

so ist sie die symmetrische oder die alternirende Gruppe, und

2. wenn sie zwei Transpositionen mit einem gemeinsamen Element enthält, so ist sie die symmetrische Gruppe.

Wenn nämlich in einer Gruppe der Cyklus (0, 1, 2) vorkommt, und die Gruppe ausserdem transitiv ist, so enthält sie eine Permutation π, durch die 0 in 3 übergeführt wird. In dem dreigliedrigen Cyklus $\pi^{-1}(0, 1, 2)\pi$ kommt also gewiss die Ziffer 3 vor; er ist also etwa (0, 1, 3), und demnach haben wir in der Gruppe

$$
\begin{aligned}
(0, 1, 2),\quad (0, 1, 2)^2 &= (0, 2, 1) \\
(0, 1, 3),\quad (0, 1, 3)^2 &= (0, 3, 1) \\
(0, 1, 2)(0, 3, 1) &= (1, 2, 3) \\
(1, 2, 3)^2 &= (1, 3, 2) \\
(0, 3, 1)(0, 1, 2) &= (0, 3, 2) \\
(0, 3, 2)^2 &= (0, 2, 3),
\end{aligned}
$$

d. h. alle überhaupt vorhandenen dreigliedrigen Cyklen. Demnach kommen alle Permutationen der alternirenden Gruppe in der fraglichen Gruppe vor (§. 153), und sie ist also entweder damit erschöpft, oder sie enthält noch eine Permutation der zweiten Art und ist dann die symmetrische Gruppe.

Enthält aber eine transitive Gruppe die beiden Transpositionen (0, 1), (0, 2), so enthält sie auch

$$(0, 1)\,(0, 2) = (0, 1, 2),$$

und damit die ganze alternirende Gruppe, und da sie auch eine Transposition enthält, so ist es die symmetrische Gruppe.

Wenn also nun eine von P und Q verschiedene Gruppe zunächst eine Transposition (0, 2) enthält, so muss sie, wenn sie transitiv ist, auch (1, 3) enthalten, und demnach die ganze intransitive Gruppe vierten Grades:

$$(3) \qquad 1,\quad (0, 2),\quad (1, 3),\quad (0, 2)\,(1, 3).$$

Soll also die Gruppe transitiv sein, so müssen noch weitere Permutationen dazu kommen. Diese können nur unter den viergliedrigen Cyklen oder unter den Transpositionspaaren gesucht werden. Ein viergliedriger Cyklus aber, in dem 0 und 2 cyklisch an einander stossen, kann nicht vorkommen, weil er, mit (0, 2) combinirt, einen dreigliedrigen Cyklus geben würde, wie:

$$(0, 2)\,(0, 2, 3, 1) = (0, 3, 1).$$

Ebenso können nicht 1 und 3 cyklisch an einander stossen, und es bleiben also nur folgende übrig:

(4) $(0, 1, 2, 3), \quad (0, 3, 2, 1), \quad (0, 3)(1, 2), \quad (0, 1)(2, 3).$

Wenn aber von diesen Permutationen eine zu (3) hinzutritt, so müssen auch alle anderen aufgenommen werden, denn es ist

$$(0, 2)(0, 1, 2, 3) = (0, 3)(1, 2)$$
$$(1, 3)(0, 1, 2, 3) = (0, 1)(2, 3)$$
$$(0, 2)(1, 3)(0, 1, 2, 3) = (0, 3, 2, 1),$$

und man kann also durch Vermittelung der Transpositionen (0, 2) und (1, 3) jede der Permutationen (4) aus jeder anderen herleiten. Aus der Voraussetzung also, dass überhaupt in einer von P und Q verschiedenen transitiven Gruppe eine Transposition vorkommt, folgt, dass dies die Gruppe achten Grades

(5) $P_1 = 1, \ (0, 2), \ (1, 3), \ (0, 2)(1, 3), \ (0, 1)(2, 3), \ (0, 3)(1, 2)$
$(0, 1, 2, 3), \ (0, 3, 2, 1)$

oder wenigstens eine damit conjugirte sein muss.

Dass P_1 wirklich eine Gruppe ist, erkennt man leicht, wenn man je zwei seiner Permutationen zusammensetzt.

Es giebt drei verschiedene mit P_1 conjugirte Gruppen, die man erhält, wenn man statt von (0, 2), (1, 3) von den Transpositionen (0, 1), (2, 3) oder (0, 3), (1, 2) ausgeht. Der Durchschnitt dieser drei Gruppen ist ein Normaltheiler von P und zugleich von Q, nämlich

(6) $Q_1 = 1, \quad (0, 2)(1, 3), \quad (0, 1)(2, 3), \quad (0, 3)(1, 2).$

Wenn eine transitive, von P und Q verschiedene Gruppe keine Transposition enthält, so enthält sie entweder keinen viergliedrigen Cyklus und ist dann mit (6) identisch, oder sie enthält einen viergliedrigen Cyklus und enthält dann auch die ganze cyklische Gruppe, wie

(7) $P_2 = 1, \quad (0, 1, 2, 3), \quad (0, 2)(1, 3), \quad (0, 3, 2, 1).$

Enthält eine solche Gruppe noch einen zweiten viergliedrigen Cyklus, etwa (0, 1, 3, 2), so ist sie wegen $(0, 1, 2, 3)(0, 1, 3, 2) = (0, 3, 1)$ die symmetrische Gruppe. Enthält sie aber ausser P_2 noch eine der Permutationen von (6), etwa (0, 1) (2, 3), so ist sie wegen

$$(0, 1, 2, 3)(0, 1)(2, 3) = (1, 3)$$

mit P_1 identisch.

Aus P_2 gehen ebenfalls drei conjugirte Gruppen hervor, die aber ausser 1 keinen gemeinschaftlichen Theiler haben.

Es giebt also ausser P, Q, P_1, Q_1, P_2 und den mit P_1 und P_2 conjugirten Theilern von P keine transitiven Permutationsgruppen von vier Elementen.

Unter den intransitiven Gruppen verdient noch die Gruppe (3):

$$P_3 = 1, \quad (0, 2), \quad (1, 3), \quad (0, 2)\ (1, 3),$$

hervorgehoben zu werden, die gleichfalls zu einem System von drei conjugirten Gruppen Anlass giebt.

§. 161.

Auflösung der biquadratischen Gleichungen.

Die verschiedenen Methoden der Auflösung der biquadratischen Gleichungen unterscheiden sich von einander durch die Reihenfolge, in der die verschiedenen Divisoren der Gruppe P benutzt werden.

Es seien α, α_1, α_2, α_3 die Wurzeln der biquadratischen Gleichung

$$(1) \qquad f(x) = x^4 - a_1 x^3 + a_2 x^2 - a_3 x + a_4 = 0.$$

Wir bezeichnen mit D die Discriminante und setzen

$$(2) \quad \sqrt{D} = (\alpha - \alpha_1)(\alpha - \alpha_2)(\alpha - \alpha_3)(\alpha_1 - \alpha_2)(\alpha_1 - \alpha_3)(\alpha_2 - \alpha_3).$$

Ausserdem erinnern wir noch an die Ausdrücke für die Invarianten (§. 64):

$$(3) \qquad A = a_2^2 - 3\, a_1 a_3 + 12\, a_4$$

$$(4) \qquad B = 27\, a_1^2 a_4 + 27\, a_3^2 + 2\, a_2^3 - 72\, a_2 a_4 - 9\, a_1 a_2 a_3,$$

durch die man D in der Form ausdrückt:

$$(5) \qquad 27\, D = 4\, A^3 - B^2.$$

Adjungirt man zunächst $\sqrt{D}$, so reducirt sich die Gruppe der Gleichung auf Q, und wenn man weiter eine zu Q_1 gehörige Function sucht, so wird durch diese die Gruppe auf Q_1 reducirt. Da Q_1 innerhalb Q den Index 3 hat, so wird eine solche Function von einer cubischen Gleichung abhängen, und zwar, da Q_1 ein Normaltheiler von Q ist, von einer Normalgleichung. Nehmen wir z. B.

$$(6) \qquad y = (\alpha - \alpha_1)(\alpha_2 - \alpha_3)$$

als eine zu Q_1 gehörige Function, so sind die beiden dazu conjugirten Werthe

$$(7) \qquad \begin{aligned} y_1 &= (\alpha - \alpha_2)(\alpha_3 - \alpha_1) \\ y_2 &= (\alpha - \alpha_3)(\alpha_1 - \alpha_2). \end{aligned}$$

Diese drei Grössen sind die Wurzeln einer cubischen Partialresolvente, deren Coëfficienten als Invarianten von f leicht zu bilden sind (vergl. §. 64, 65, wo die Grössen y, y_1, y_2 mit U, V, W bezeichnet waren). Die Gleichung wird

$$(8) \qquad y^3 - Ay + \sqrt{D} = 0.$$

Ihre Discriminante ist B^2, und für das Product der Wurzeldifferenzen kann man das Vorzeichen leicht (durch Vergleichung der Glieder höchster Ordnung nach der Gauss'schen Definition, §. 45, oder auch aus §. 64) bestimmen. So erhält man:

$$(9) \qquad (y - y_1)(y - y_2)(y_1 - y_2) = B.$$

Die Gleichung (8) ist, wie schon bemerkt, eine Normalgleichung, und es ist leicht, y_1, y_2 durch y wirklich darzustellen. Wenn man (9) mit $(y_1 - y_2)$ multiplicirt, so findet man durch Benutzung der Formeln

$$(y - y_1)(y - y_2) = 3y^2 - A, \quad (y_1 - y_2)^2 = y^2 - 4y_1 y_2 = 4A - 3y^2:$$

$$(10) \qquad \begin{aligned} B(y_1 - y_2) &= -9y^4 + 15Ay^2 - 4A^2 \\ &= 6Ay^2 + 9y\sqrt{D} - 4A^2 \\ y_1 + y_2 &= -y, \end{aligned}$$

wodurch y_1, y_2 bestimmt sind. Adjungirt man also fernerhin y, so reducirt sich die Gruppe der biquadratischen Gleichung auf

$$Q_1 = 1, \quad (0, 2)(1, 3), \quad (0, 1)(2, 3), \quad (0, 3)(1, 2).$$

Diese Gruppe ist imprimitiv (und zwar nach drei Arten), und die Gleichung kann jetzt durch zwei Quadratwurzeln gelöst werden. Am besten gelangt man dazu auf folgendem Wege. Die drei Grössen

$$(11) \qquad \begin{aligned} v_1 &= (\alpha + \alpha_1 - \alpha_2 - \alpha_3)^2 \\ v_2 &= (\alpha - \alpha_1 + \alpha_2 - \alpha_3)^2 \\ v_3 &= (\alpha - \alpha_1 - \alpha_2 + \alpha_3)^2 \end{aligned}$$

gestatten alle die Permutationen der Gruppe Q_1 und sind daher rational durch y darstellbar. Man erhält diese Darstellung folgendermaassen: Es ist

$$v_1 = a_1^2 - 4(\alpha + \alpha_1)(\alpha_2 + \alpha_3)$$
$$y_1 - y_2 = (\alpha + \alpha_1)(\alpha_2 + \alpha_3) - 2(\alpha\alpha_1 + \alpha_2\alpha_3)$$
$$a_2 = (\alpha + \alpha_1)(\alpha_2 + \alpha_3) + \alpha\alpha_1 + \alpha_2\alpha_3,$$

also, wenn man v_2, v_3 ebenso bildet:

$$(12)\qquad \begin{aligned} 3v_1 &= 3a_1^2 - 8a_2 - 4y_1 + 4y_2 \\ 3v_2 &= 3a_1^2 - 8a_2 - 4y_2 + 4y \\ 3v_3 &= 3a_1^2 - 8a_2 - 4y + 4y_1. \end{aligned}$$

Es kommt aber noch eine Relation hinzu, die sich daraus ergiebt, dass das Product

$$(\alpha + \alpha_1 - \alpha_2 - \alpha_3)(\alpha - \alpha_1 + \alpha_2 - \alpha_3)(\alpha - \alpha_1 - \alpha_2 + \alpha_3)$$

eine symmetrische Function der α ist, die man leicht gleich

$$a_1^3 - 4a_1a_2 + 8a_3$$

findet. Wir machen also die Vorzeichen der drei Wurzelgrössen durch die Relation

$$(13)\qquad \sqrt{v_1}\sqrt{v_2}\sqrt{v_3} = a_1^3 - 4a_1a_2 + 8a_3$$

von einander abhängig und setzen:

$$(14)\qquad \begin{aligned} \sqrt{v_1} &= \alpha + \alpha_1 - \alpha_2 - \alpha_3 \\ \sqrt{v_2} &= \alpha - \alpha_1 + \alpha_2 - \alpha_3 \\ \sqrt{v_3} &= \alpha - \alpha_1 - \alpha_2 + \alpha_3 \\ a_1 &= \alpha + \alpha_1 + \alpha_2 + \alpha_3. \end{aligned}$$

Daraus ergiebt sich dann:

$$(15)\qquad \begin{aligned} 4\alpha &= a_1 + \sqrt{v_1} + \sqrt{v_2} + \sqrt{v_3} \\ 4\alpha_1 &= a_1 + \sqrt{v_1} - \sqrt{v_2} - \sqrt{v_3} \\ 4\alpha_2 &= a_1 - \sqrt{v_1} + \sqrt{v_2} - \sqrt{v_3} \\ 4\alpha_3 &= a_1 - \sqrt{v_1} - \sqrt{v_2} + \sqrt{v_3}. \end{aligned}$$

Wenn man der $\sqrt{D}$ in (8) das entgegengesetzte Zeichen giebt, und y durch $-y$ ersetzt, so muss man nach (10) y_1, y_2 mit $-y_2$, $-y_1$ vertauschen. Es bleibt also v_1 ungeändert und v_2 und v_3 werden mit einander vertauscht. Nimmt man für y eine andere Wurzel der Gleichung (8), etwa y_1, so muss wegen (9) y_1, y_2 durch y_2, y ersetzt werden und die Grössen v_1, v_2, v_3 erleiden eine cyklische Permutation, wodurch auch die Grössen α_1, α_2, α_3 in (15) cyklisch vertauscht werden. Wenn man endlich die Vorzeichen von $\sqrt{v_1}$, $\sqrt{v_2}$, $\sqrt{v_3}$ anders wählt, aber so, dass immer (13) erfüllt bleibt, so treten unter den Grössen (15) gleichfalls gewisse Permutationen ein.

Welche Werthe man den mehrwerthigen algebraischen Grössen, die bei der Auflösung auftreten, auch beilegen mag, die Ausdrücke (15) stellen also immer die Wurzeln unserer biquadratischen Gleichung in irgend einer Reihenfolge dar.

In Bezug auf die übrigen Wege zur Auflösung der biquadratischen Gleichung können wir uns kürzer fassen.

Wenn wir zunächst nicht $\sqrt{D}$ adjungiren, sondern eine zu der Gruppe P_1 gehörige Function, so erhalten wir eine cubische Resolvente, die nicht Normalgleichung ist. Wir können für diese Function etwa y^2 wählen, was der cubischen Gleichung

(16) $$y^6 - 2Ay^4 + A^2y^2 - D = 0$$

genügt. Besser noch nimmt man als Wurzeln der cubischen Resolvente

(17) $$z = y_1 - y_2, \quad z_1 = y_2 - y, \quad z_2 = y - y_1.$$

Es gehört dann z zur Gruppe P_1, wie schon aus der zweiten Gleichung (10) hervorgeht, oder auch direct eingesehen wird. Aus (8) und (9) erhält man für z die cubische Gleichung

(18) $$z^3 - 3Az + B = 0.$$

Man erhält ferner, wenn man

(19) $$u = \alpha\alpha_1 + \alpha_2\alpha_3$$

setzt,

$$z = a_2 - 3u$$

und daraus die Resolvente für u:

(20) $$u^3 - a_2u^2 + (a_1a_3 - 4a_4)u + 4a_2a_4 - a_1^2a_4 - a_3^2 = 0.$$

Wenn man aber von der Gleichung (18) oder (20) nicht eine, sondern alle Wurzeln adjungirt, so gelangt man wieder zu der Gruppe Q_1. Die Grössen v_1, v_2, v_3 sind nach (12) unmittelbar durch z, z_1, z_2 ausgedrückt, und man kann also die Formeln (15) zur Darstellung der α auch nach diesem Verfahren anwenden.

Man kann ferner zur Lösung der biquadratischen Gleichung dadurch gelangen, dass man zuerst eine zu der cyklischen Gruppe P_2 gehörige (eine cyklische) Function der Wurzeln adjungirt, wie z. B.

(21) $$w = \alpha\alpha_1^2 + \alpha_1\alpha_2^2 + \alpha_2\alpha_3^2 + \alpha_3\alpha^2.$$

Diese Function ist sechswerthig und ist also die Wurzel einer Gleichung sechsten Grades. Diese Gleichung sechsten Grades ist aber, wie man leicht sieht, imprimitiv, und kann auf eine Gleichung dritten Grades und auf zwei Quadratwurzeln zurückgeführt werden. Diese Gleichung sechsten Grades ist eine Totalresolvente, und zwei ihrer Wurzeln genügen zur rationalen Darstellung der Wurzeln α. Die Form dieser Resolventen wird nicht einfach.

Man kann endlich noch darauf ausgehen, durch Adjunction einer zur Gruppe P_3 gehörigen Function ξ die Function $f(x)$ direct reducibel zu machen und in zwei quadratische Factoren zu zerlegen. Eine solche Function ξ ist gleichfalls die Wurzel einer Gleichung sechsten Grades, die sich aber auch durch Imprimitivität auf den dritten und zweiten Grad reducirt. Nimmt man z. B.

$$\xi = \alpha + \alpha_2 - \tfrac{1}{2}a_1 = \tfrac{1}{2}\sqrt{v_2}, \tag{22}$$

so sind von den sechs Wurzeln je zwei entgegengesetzt gleich, so dass eine cubische Gleichung für ξ^2 resultirt. Durch eine dieser Grössen ξ lassen sich dann die quadratischen Factoren von $f(x)$ rational darstellen.

Nehmen wir zur Vereinfachung der Formeln $a_1 = 0$ an und

$$f(x) = x^4 + ax^2 - bx + c, \tag{23}$$

so wird

$$\begin{aligned}(\alpha\alpha_2 - \alpha_1\alpha_3)\,\xi &= b\\ \alpha\alpha_2 + \alpha_1\alpha_3 &= \xi^2 + a,\end{aligned}$$

also

$$2\,\alpha\alpha_2 = \frac{b}{\xi} + \xi^2 + a, \qquad 2\,\alpha_1\alpha_3 = -\frac{b}{\xi} + \xi^2 + a, \tag{24}$$

so dass die beiden quadratischen Factoren von $f(x)$ folgende werden:

$$\begin{aligned} x^2 - \xi x + \tfrac{1}{2}\left(\frac{b}{\xi} + \xi^2 + a\right) &= 0\\ x^2 + \xi x + \tfrac{1}{2}\left(-\frac{b}{\xi} + \xi^2 + a\right) &= 0,\end{aligned} \tag{25}$$

und für ξ^2 ergiebt sich aus (24) durch Multiplication die cubische Gleichung

$$4\,c = (\xi^2 + a)^2 - \frac{b^2}{\xi^2}$$

oder

$$\xi^6 + 2\,a\,\xi^4 + (a^2 - 4\,c)\,\xi^2 - b^2 = 0. \tag{26}$$

Nimmt man für ξ irgend eine Wurzel dieser Gleichung sechsten Grades, so giebt jede der Gleichungen (25) ein Paar Wurzeln von $f(x) = 0$.

§. 162.

Abel'sche Gleichungen.

Der Grad einer transitiven Permutationsgruppe von m Ziffern ist immer durch m theilbar und also niemals kleiner als m. Denn ist P eine solche Gruppe und Q_0 der Inbegriff der Permutationen von P, die die Ziffer 0 ungeändert lassen, so ist auch Q_0 eine Gruppe und also ein Theiler von P. Nun kann man wegen der vorausgesetzten Transitivität in P ein System von Permutationen $\pi_1, \pi_2 \ldots \pi_{m-1}$ finden, die 0 in 1, 0 in 2, ... 0 in $m-1$ überführen, und dann ist $Q\pi_1$ das System aller der Permutationen von P, die 0 in 1 verwandeln. Danach ist

$$(1) \qquad P = Q_0 + Q_0\pi_1 + Q_0\pi_2 + \cdots + Q_0\pi_{m-1},$$

also der Grad von P gleich dem Producte aus m und dem Grade von Q_0.

Die Galois'sche Gruppe einer irreducibeln Gleichung ist also niemals von niedrigerem Grade, als die Gleichung selbst.

Eine Normalgleichung haben wir früher durch die Bestimmung erklärt, dass sie irreducibel sei und dass jede ihrer Wurzeln rational durch jede andere ausdrückbar sein sollte (§. 145). Daraus ergiebt sich, dass die Gruppe einer Normalgleichung sich auf die identische Gruppe reduciren muss, wenn man eine Wurzel adjungirt; und umgekehrt ist eine Gleichung, deren Gruppe so beschaffen ist, wenn sie zugleich irreducibel ist, immer eine Normalgleichung.

Nun reducirt sich P durch Adjunction der Wurzel α_0 auf Q_0, durch α_1 auf $\pi_1^{-1} Q_0 \pi_1$ etc. und wenn also P die Gruppe einer Normalgleichung sein soll, so ist nothwendig und hinreichend, dass Q_0 die Einheitsgruppe ist, dass also durch $\pi, \pi_1, \pi_2, \ldots \pi_{m-1}$ die Gruppe erschöpft sei. Wir haben also:

Damit eine irreducible Gleichung eine Normalgleichung sei, ist nothwendig und hinreichend, dass der Grad der Gruppe mit dem Grade der Gleichung übereinstimme.

Wir betrachten hier zunächst die specielle Art von Gleichungen, zu denen die von Gauss zuerst aufgelösten Kreistheilungsgleichungen gehören, die Abel allgemein auflösen gelehrt hat, und die wir also nach ihm Abel'sche Gleichungen nennen wollen [1]).

Eine Gleichung m^{ten} Grades $F(x) = 0$ mit den Wurzeln $\alpha, \alpha_1, \alpha_2 \ldots \alpha_{m-1}$ heisst eine Abel'sche Gleichung, wenn jede Wurzel rational durch eine von ihnen, α, ausdrückbar ist, und wenn, falls

(2) $$\alpha_1 = \Theta_1(\alpha), \quad \alpha_2 = \Theta_2(\alpha) \ldots \alpha_{m-1} = \Theta_{m-1}(\alpha)$$

diese rationalen Ausdrücke sind, die Bedingung

(3) $$\Theta_h \Theta_k(\alpha) = \Theta_k \Theta_h(\alpha)$$

für je zwei dieser Functionen besteht.

Es bedeutet hierin das Zeichen $\Theta_h \Theta_k(\alpha)$, dass die Function $\Theta_h(x)$ für das Argument $x = \Theta_k(\alpha)$ gebildet werden soll. Selbstverständlich bezieht sich diese ganze Definition auf einen bestimmten als rational angenommenen Körper Ω. Zu diesen Gleichungen gehören gewiss, wenn Ω der Körper der rationalen Zahlen ist, die Gleichungen, durch die die Einheitswurzeln bestimmt sind. Denn jede m^{te} Einheitswurzel ist, wenn r eine primitive unter ihnen ist, in der Form $\Theta_h(r) = r^h$ enthalten, und es ist

$$\Theta_h \Theta_k(r) = \Theta_k \Theta_h(r) = r^{hk}.$$

Ebenso gehört, wenn der Körper Ω die m^{ten} Einheitswurzeln r enthält, die reine Gleichung

$$x^m - a = 0,$$

in der a dem Körper Ω angehört, zu den Abel'schen Gleichungen. Denn ist α eine ihrer Wurzeln, so sind alle Wurzeln in der Form

$$\alpha_h = r^h \alpha$$

enthalten; es ist also $\Theta_h(x) = r^h x$ und daher

$$\Theta_h \Theta_k(x) = \Theta_k \Theta_h(x) = r^{h+k} x.$$

Wenn die Function $F(x)$ nicht irreducibel ist, so hat sie einen bestimmten irreducibeln Factor $\varphi(x)$, der die Wurzel α hat, und unter den Wurzeln von $\varphi(x) = 0$ bestehen gleichfalls die durch (2) und (3) ausgesprochenen Relationen. Es ist daher $\varphi(x) = 0$ nach §. 145 eine Galois'sche Resolvente von

---

[1]) Abel, Mémoire sur une classe d'équations résolubles algébriquement. Crelle's Journal f. Mathematik, Bd. 4, 1829. Oeuvres complètes, nouvelle édition, 1881, Bd. 1, S. 418.

$F(x) = 0$, und wenn $\varphi(x) = 0$ gelöst ist, so sind damit alle Wurzeln von $F(x)$ bekannt. Es genügt also, wenn wir uns auf die Betrachtung irreducibler Abel'scher Gleichungen beschränken.

Die Galois'sche Gruppe einer Abel'schen Gleichung, sei sie irreducibel oder nicht (wenn nur ihre Wurzeln von einander verschieden sind), hat die Eigenschaft, dass bei der Zusammensetzung ihrer Permutationen das commutative Gesetz gilt; sie ist also eine commutative Gruppe.

Es seien nämlich

(4) $\alpha,\ \alpha_1 = \Theta_1(\alpha),\ \alpha_2 = \Theta_2(\alpha) \ldots \alpha_{m-1} = \Theta_{m-1}(\alpha)$

die Wurzeln von $F(x)$ und

(5) $\alpha,\ \alpha' = \Theta'(\alpha),\ \alpha'' = \Theta''(\alpha) \ldots$

die darunter enthaltenen Wurzeln des irreducibeln Factors $\varphi(x)$ von $F(x)$.

Da, wie schon bemerkt, $\varphi(x) = 0$ eine Galois'sche Resolvente ist, so besteht die Gruppe der Gleichung aus den Substitutionen des Körpers $\Omega(\alpha)$, also aus den Substitutionen

(6) $\sigma = (\alpha, \alpha),\ \sigma' = (\alpha, \alpha'),\ \sigma'' = (\alpha, \alpha'') \ldots$

Diese Gruppe befolgt aber das commutative Gesetz; denn es sei

$$\sigma' = (\alpha, \alpha') = [\alpha, \Theta'(\alpha)]$$
$$\sigma'' = (\alpha, \alpha'') = [\alpha, \Theta''(\alpha)];$$

dann ist nach §. 147

$$\sigma'\sigma'' = [\alpha, \Theta'(\alpha)]\,[\Theta'(\alpha), \Theta'\Theta''(\alpha)] = [\alpha, \Theta'\Theta''(\alpha)]$$
$$\sigma''\sigma' = [\alpha, \Theta''(\alpha)]\,[\Theta''(\alpha), \Theta''\Theta'(\alpha)] = [\alpha, \Theta''\Theta'(\alpha)].$$

Wegen (3) ist daher $\sigma'\sigma'' = \sigma''\sigma'$, worin σ', σ'' zwei beliebige der Substitutionen σ sein können. Folglich ist die Gruppe der Substitutionen des Körpers $\Omega(\alpha)$ und damit auch die isomorphe Permutationsgruppe der Gleichung $F(x) = 0$ commutativ.

Es gilt nun auch das Umgekehrte, wobei aber die Irreducibilität vorausgesetzt sein muss.

Eine irreducible Gleichung $\varphi(x) = 0$ mit commutativer Gruppe ist eine Abel'sche Gleichung.

Es seien $\alpha, \alpha_1, \alpha_2 \ldots \alpha_{m-1}$ die Wurzeln von $\varphi(x) = 0$ und P die Gruppe dieser Gleichung, die wegen der Irreducibilität von $\varphi(x)$ transitiv ist, und die wir jetzt ausserdem als commutativ annehmen. Es sei Q der Theiler von P, der das Element 0 in

Ruhe lässt. Ist dann π_i eine Permutation, die die Ziffer 0 in i überführt, so ist $\pi_i^{-1} Q \pi_i$ die Gruppe der Permutationen in P, die die Ziffer i nicht ändern. Da nun aber in jeder Zusammensetzung von Permutationen aus P die Componenten vertauscht werden können, so ist

$$\pi_i^{-1} Q \pi_i = \pi_i^{-1} \pi_i Q = Q,$$

d. h. die Gruppe Q lässt auch die Ziffer i ungeändert. Wegen der Transitivität von P kann aber i jede der Ziffern $1, 2 \ldots m - 1$ bedeuten, folglich besteht Q aus der einzigen identischen Permutation, und es giebt in P ausser der identischen keine Permutation, die eine Ziffer ungeändert lässt. Adjungirt man aber eine Wurzel α, so reducirt sich die Gruppe P auf die Einheitsgruppe oder die Gleichung ist gelöst; $\varphi(x) = 0$ ist eine Normalgleichung und somit ihre eigene Galois'sche Resolvente. Ist $\alpha_k = \Theta_k(\alpha)$, so besteht die Galois'sche Gruppe dieser Gleichung aus den Substitutionen:

$$\sigma_k = [\alpha, \Theta_k(\alpha)],$$

und es ist

$$\sigma_h \sigma_k = [\alpha, \Theta_h \Theta_k(\alpha)], \quad \sigma_k \sigma_h = [\alpha, \Theta_k \Theta_h(x)].$$

Da die Gruppe commutativ sein soll, so muss

$$\Theta_h \Theta_k(\alpha) = \Theta_k \Theta_h(\alpha)$$

sein, d. h. $\varphi(x) = 0$ ist eine Abel'sche Gleichung. Dies ist der Grund, weshalb die commutativen Gruppen auch Abel'sche Gruppen genannt werden (§. 148). Es folgt also noch aus dem oben gegebenen Satze über die Gruppe von Normalgleichungen, dass bei einer transitiven Abel'schen Permutationsgruppe die Zahl der Permutationen mit der Zahl der vertauschten Ziffern übereinstimmt.

Hier haben wir die Irreducibilität der gegebenen Gleichung vorausgesetzt. Wollen wir auch reducible Gleichungen mit commutativer Gruppe in Betracht ziehen, so brauchen wir nur an Stelle der Gleichung selbst eine ihrer Galois'schen Resolventen zu setzen.

Es ist endlich noch zu bemerken, dass bei einer commutativen Gruppe jeder Theiler normal ist, da ja immer $\pi^{-1} \varkappa \pi = \varkappa$ ist, wenn π und $\varkappa$ beliebige Elemente einer commutativen Gruppe sind.

§. 163.

Reduction der Abel'schen Gleichungen auf cyklische.

Wir haben schon vorhin gesehen, dass in einer transitiven Abel'schen Gruppe ausser der identischen keine Permutation vorkommt, die eine Ziffer ungeändert lässt. Daraus aber folgt noch ein anderer Satz. Nehmen wir an, eine Permutation π einer solchen Gruppe sei in ihre Cyklen zerlegt und der Cyklus, der die wenigsten Glieder enthält, sei ein r-gliedriger. Dann wird π^r die Glieder dieses Cyklus ungeändert lassen und muss also die identische Permutation sein. Daraus folgt aber, dass auch alle übrigen Cyklen von π, wenn noch andere vorhanden sind, aus r Gliedern bestehen müssen, also:

1. Eine Permutation einer transitiven Abel'schen Gruppe enthält nur Cyklen von gleicher Gliederzahl.

Die Anzahl r der Glieder eines Cyklus muss ein Theiler von m sein, wenn m der Grad der Gruppe ist, und wenn $m = rs$ ist, so ist s die Anzahl der r-gliedrigen Cyklen, aus denen π besteht.

Ist nun P die Gruppe einer Abel'schen Gleichung $F(x) = 0$, so nehmen wir irgend eine nicht identische Permutation π aus P heraus und zerlegen sie in ihre Cykeln

$$\pi = \gamma \gamma_1 \gamma_2 \ldots \gamma_{s-1}, \tag{1}$$

worin jeder der Cyklen γ sich auf r Wurzeln der Gleichung $F(x) = 0$ bezieht. Wir wollen diese Wurzeln so anordnen, dass

$$\begin{aligned} \gamma \; &= (\alpha, \alpha_1, \alpha_2 \ldots \alpha_{r-1}) \\ \gamma_1 &= (\beta, \beta_1, \beta_2 \ldots \beta_{r-1}) \\ &\cdots\cdots\cdots\cdots \\ \gamma_{s-1} &= (\sigma, \sigma_1, \sigma_2 \ldots \sigma_{r-1}) \end{aligned} \tag{2}$$

wird.

Ist π_1 irgend eine Permutation von P, so ist wegen der Vertauschbarkeit

$$\pi_1^{-1} \pi \pi_1 = \pi. \tag{3}$$

Nach dem Satze über die Bildung der Permutationen $\pi_1^{-1} \pi \pi_1$ (§. 154, 6.) darf also π nicht geändert werden, wenn die Permutationen π_1 in den Cyklen von π ausgeführt werden. Da aber die Cyklen vollständig bestimmt sind, abgesehen von ihrer Anordnung und von ihrem Anfangselement, so ergiebt sich, dass durch Anwendung irgend einer Permutation π_1 aus P die Elemente der einzelnen Cyklen γ nicht von einander getrennt, sondern nur unter einander (cyklisch) vertauscht und ausserdem die Cyklen mit einander vertauscht werden können. Die Gruppe ist also, wenn $s > 1$ ist, imprimitiv.

Eine rationale Function der Argumente $\alpha, \alpha_1, \ldots \alpha_{r-1}$, die ihren Werth nicht ändert, wenn die α der cyklischen Permutation γ und ihren Wiederholungen unterworfen werden, heisst eine cyklische Function der α. Bezeichnet man mit

$$(4) \qquad \omega = \psi(\alpha, \alpha_1 \ldots \alpha_{r-1})$$

eine solche cyklische Function und mit

$$(5) \qquad \omega, \omega_1, \omega_2 \ldots \omega_{s-1}$$

die conjugirten Werthe von ω, setzt also z. B.

$$(6) \qquad \omega_1 = \psi(\beta, \beta_1 \ldots \beta_{r-1}),$$

so sind diese Grössen nach §. 158 die Wurzeln einer irreducibeln Gleichung s^{ten} Grades:

$$(7) \qquad \Phi(t) = 0,$$

deren Gruppe man erhält, wenn man die durch P hervorgerufenen Permutationen der Grössen (5) aufsucht.

Man erhält aber die durch $\pi_1 \pi_2$ unter den Grössen (5) bewirkte Permutation, wenn man die beiden durch π_1 und π_2 einzeln hervorgerufenen Permutationen zusammensetzt, und die Gruppe der Permutationen von (5) ist daher auch commutativ. Daher ist $\Phi(t) = 0$ eine Abel'sche Gleichung s^{ten} Grades.

Adjungirt man ω, so zerfällt $F(x)$ in s Factoren r^{ten} Grades:

$$F(x) = F(x, \omega) F(x, \omega_1) \ldots F(x, \omega_{s-1}),$$

von denen der erste, $F(x, \omega)$, die Wurzeln $\alpha, \alpha_1 \ldots \alpha_{r-1}$ hat, und die Gruppe der Gleichung $F(x, \omega) = 0$ besteht allein aus der Periode der cyklischen Permutation γ.

Wir wollen eine Gleichung, deren Gruppe aus einem einzigen Cyklus und seinen Wiederholungen besteht, eine cyklische Gleichung nennen, so dass die cyklischen Gleichungen der einfachste Specialfall der Abel'schen Gleichungen sind. Wir haben dann also bewiesen, dass die Lösung jeder Abel'schen Gleichung zurückgeführt wird auf die Lösung einer Abel'schen Gleichung niedrigeren Grades und auf die Lösung einer Reihe cyklischer Gleichungen. Diesen Satz kann man wieder auf die Hülfsgleichung s^{ten} Grades anwenden, und damit so lange fortfahren, bis diese Hülfsgleichung sich auf den ersten Grad reducirt. Damit erhält man also das Resultat:

Die Lösung einer Abel'schen Gleichung lässt sich immer auf die Lösung einer Reihe von cyklischen Gleichungen zurückführen, deren Grade Theiler des Grades der gegebenen Gleichung sind.

Es ist nicht nothwendig, in die Definition der cyklischen Gleichungen die Irreducibilität mit aufzunehmen. Wir können daher allgemein die Definition so fassen:

Eine Gleichung m^{ten} Grades $F(x) = 0$ mit m verschiedenen Wurzeln heisst eine cyklische Gleichung im Körper Ω, wenn ihre Wurzeln $\alpha, \alpha_1, \alpha_2 \ldots \alpha_{m-1}$ nicht rational sind, aber sich so anordnen lassen, dass die cyklischen Functionen der Wurzeln in Ω rational sind.

Wenn also

(7) $$\pi = (\alpha, \alpha_1, \alpha_2 \ldots \alpha_{m-1})$$

ist, so muss jede Function in Ω enthalten sein, die die Permutationen der cyklischen Gruppe

(8) $$C = 1, \pi, \pi^2, \pi^3 \ldots \pi^{m-1}$$

gestattet. Die Galois'sche Gruppe einer cyklischen Gleichung ist entweder die Periode C selbst und dann ist die Gleichung irreducibel, oder sie ist ein Theiler von C; sie besteht dann, wenn e und f zwei ganzzahlige Factoren von m sind und

$$m = ef$$

ist, aus den Permutationen

(9) $$C_e = 1, \pi^e, \pi^{2e} \ldots \pi^{(f-1)e},$$

und die cyklische Gleichung zerfällt in e Factoren f^{ten} Grades. Denn nehmen wir eine zu der Gruppe C gehörige Function $\psi(\alpha, \alpha_1 \ldots \alpha_{m-1})$, so ist diese nach Voraussetzung gleich einer Grösse in Ω, die wir mit a bezeichnen. Auf die rationale Gleichung $\psi = a$ ist dann keine nicht in C enthaltene Permutation anwendbar, und folglich kann die Gruppe der Gleichung keine anderen Substitutionen enthalten als solche, die in C vorkommen. Wenn nun π in der Gruppe der Gleichung vorkommt, so ist sie mit C identisch, und da C transitiv ist, ist die Gleichung irreducibel. Ist aber π^e die niedrigste Potenz von π, die in der

Gruppe der Gleichung vorkommt, so ist C_e diese Gruppe. C_e ist aber, wenn $e < m$ ist, intransitiv, und die Gleichung ist reducibel.

Auch auf die cyklischen Gleichungen, deren Grad keine Primzahl ist, lässt sich die oben durchgeführte Reduction anwenden. Wenn nämlich $m = ef$ irgend eine Zerlegung von m in zwei Factoren ist, so zerfällt die Permutation π^e in e Cyklen γ von je f Gliedern:

$$(10)\quad \begin{aligned} \gamma &= (\alpha, \alpha_e, \alpha_{2e} \dots \alpha_{(f-1)e}), \\ \gamma_1 &= (\alpha_1, \alpha_{e+1}, \alpha_{2e+1} \dots \alpha_{(f-1)e+1}), \\ &\dots\dots\dots\dots\dots \\ \gamma_{e-1} &= (\alpha_{e-1}, \alpha_{2e-1}, \alpha_{3e-1} \dots \alpha_{m-1}). \end{aligned}$$

Nun bestimmen wir eine zu dem ersten dieser Cyklen gehörige Function ψ und setzen

$$(11)\quad \begin{aligned} \eta &= \psi(\alpha, \alpha_e, \alpha_{2e} \dots \alpha_{(f-1)e}), \\ \eta_1 &= \psi(\alpha_1, \alpha_{e+1}, \alpha_{2e+1} \dots \alpha_{(f-1)e+1}), \\ &\dots\dots\dots\dots\dots \\ \eta_{e-1} &= \psi(\alpha_{e-1}, \alpha_{2e-1}, \alpha_{3e-1} \dots \alpha_{m-1}). \end{aligned}$$

Diese Grössen sind alle von einander verschieden, aber bei einer cyklischen Permutation ihrer Argumente bleiben sie ungeändert. Durch Anwendung der Permutation π gehen die Grössen

$$\eta, \eta_1, \eta_2 \dots \eta_{e-1}$$

cyklisch in einander über, und nach der Voraussetzung sind also ihre cyklischen Functionen, und folglich auch ihre symmetrischen Functionen rational. Sie sind also die Wurzeln einer cyklischen Gleichung e^{ten} Grades, während $F(x)$ in e Factoren f^{ten} Grades

$$F(x) = F(x, \eta) F(x, \eta_1) \dots F(x, \eta_{e-1})$$

zerfällt, deren jeder eine cyklische Gleichung f^{ten} Grades für die Wurzeln eines der Cyklen γ ergiebt.

Denn setzen wir etwa

$$F_1 = (x - \alpha)(x - \alpha_e) \dots (x - \alpha_{(f-1)e}),$$

so gestattet diese Function die Permutationen der Periode von γ. Also gestattet sie auch die Permutationen der Gruppe, die nach Adjunction von η zur Galois'schen Gruppe unserer Gleichung wird, die ja nur aus Potenzen von $\gamma, \gamma_1 \dots \gamma_{e-1}$ bestehen kann. Es ist daher nach dem Satze von Lagrange [§. 155, (2)] F_1 rational durch η darstellbar, also $F_1 = F(x, \eta)$. Die Gleichung

$F(x, \eta) = 0$ ist aber wieder cyklisch in $\Omega(\eta)$, da die cyklischen Functionen ihrer Wurzeln diesem Körper angehören.

Die cyklischen Gleichungen haben, wie alle Abel'schen Gleichungen, die Eigenschaft, dass jede Wurzel rational durch jede andere ausdrückbar ist. Hier lassen sich diese Ausdrücke folgendermaassen cyklisch anordnen. Sind $\alpha, \alpha_1, \alpha_2 \ldots \alpha_{m-1}$ die Wurzeln der cyklischen Gleichung $F(x) = 0$, so ist die ganze Function $(m - 1)^{\text{ten}}$ Grades von x

$$F(x)\left(\frac{\alpha_1}{x - \alpha} + \frac{\alpha_2}{x - \alpha_1} + \cdots + \frac{\alpha}{x - \alpha_{m-1}}\right) = \Psi(x)$$

ungeändert durch die Permutation π und also in Ω enthalten. Wenn wir darin $x = \alpha, \alpha_1 \ldots \alpha_{m-1}$ setzen und das Zeichen

$$\frac{\Psi(x)}{F'(x)} = \Theta(x)$$

einführen, so folgt

(11) $\alpha_1 = \Theta(\alpha), \alpha_2 = \Theta(\alpha_1), \ldots \alpha_{m-1} = \Theta(\alpha_{m-2}), \alpha = \Theta(\alpha_{m-1})$,

und dies gilt, mag $F(x)$ reducibel oder irreducibel sein, wenn nur $F(x)$ und $F'(x)$ keinen gemeinsamen Theiler haben.

Die Auflösung der cyklischen Gleichungen m^{ten} Grades ist hierdurch abhängig gemacht von der Lösung cyklischer Gleichungen, deren Grade die Primfactoren von m sind. Ist also z. B. m eine Potenz von 2, so wird die Lösung durch eine Reihe von Quadratwurzeln bewerkstelligt. Auf diesem Wege hat Gauss zuerst die Kreistheilungsgleichungen behandelt[1]).

Wir knüpfen endlich noch die für die Folge wichtige Bemerkung hier an, dass für einen Primzahlgrad die Begriffe der Normalgleichung und der cyklischen Gleichung zusammenfallen. Denn jedenfalls ist eine cyklische Gleichung vom Primzahlgrad, da sie irreducibel ist, eine Normalgleichung. Und wenn umgekehrt der Grad n einer Normalgleichung, der zugleich der Grad der Gruppe dieser Gleichung ist, eine Primzahl ist, und π eine nicht identische Permutation dieser Gruppe, so ist der Grad von π, der ja ein Theiler von n sein muss, gleich n, und die Gruppe der Gleichung ist $1, \pi, \pi^2 \ldots \pi^{n-1}$, also cyklisch.

---

[1]) Gauss, Disquisitiones arithmeticae, Sectio VII.

§. 164.

Resolventen von Lagrange.

Die Methode der Auflösung cyklischer Gleichungen, die wir jetzt kennen lernen wollen, ist gleichmässig auf Primzahlgrade und zusammengesetzte Grade anwendbar. Man bedient sich dazu gewisser Ausdrücke, die unter dem Namen der Resolventen von Lagrange bekannt sind[1]), die bei allen Untersuchungen über die algebraische Auflösung von Gleichungen von grossem Nutzen sind.

Es sei $F(x) = 0$ eine Gleichung mit den Wurzeln $\alpha, \alpha_1, \alpha_2 \ldots \alpha_{m-1}$. Wir bezeichnen mit ε irgend eine m^{te} Einheitswurzel und führen die Bezeichnung ein

(1) $$(\varepsilon, \alpha) = \alpha + \varepsilon \alpha_1 + \varepsilon^2 \alpha_2 + \cdots + \varepsilon^{m-1} \alpha_{m-1}.$$

Die so definirten Summen sind es, die man die Lagrange'schen Resolventen nennt. Wenn diese Functionen für alle m^{ten} Einheitswurzeln ε bekannt sind, so ist auch die Gleichung selbst gelöst, denn es ist nach §. 133 (6)

(2) $$\sum^{\varepsilon} \varepsilon^k = m \text{ oder } = 0,$$

je nachdem k durch m theilbar ist oder nicht, und daraus folgt

(3) $$m\alpha = \sum^{\varepsilon} (\varepsilon, \alpha),$$

worin sich die Summen über alle m^{ten} Einheitswurzeln ε erstrecken. Man kann auch die anderen Wurzeln in gleicher Weise ausdrücken:

(4) $$m\alpha_k = \sum^{\varepsilon} \varepsilon^{-k} (\varepsilon, \alpha),$$

so dass in der That Alles auf die Kenntniss von ε und der Functionen (ε, α) zurückgeführt ist.

Die Summen (2) und (3) lassen sich noch in etwas anderer Weise darstellen, da die sämmtlichen m^{ten} Einheitswurzeln Potenzen einer primitiven unter ihnen sind. Versteht man also unter ε eine festgehaltene primitive m^{te} Einheitswurzel und unter λ einen Index, der ein volles Restsystem nach dem Modul m, etwa die

---

[1]) Lagrange, Réflexions etc., s. S. 508. Früher haben wir unter Resolventen auflösende Gleichungen verstanden, hier sind es auflösende Functionen.

Zahlenreihe 0, 1 . . . $m - 1$ durchläuft, so können wir für die Gleichungen (2), (3) setzen

$$m\alpha = \overset{\lambda}{\Sigma}\,(\varepsilon^\lambda, \alpha), \qquad m\,\alpha_k = \overset{\lambda}{\Sigma}\,\varepsilon^{-\lambda k}(\varepsilon^\lambda, \alpha).$$

Wir untersuchen diese Resolventen (ε, α) zunächst als Functionen der m unabhängigen Veränderlichen α, und wollen wegen der einfacheren Darstellungsweise der Formeln übereinkommen, dass $\alpha_m = \alpha_0 = \alpha$ und überhaupt $\alpha_h = \alpha_k$ sein soll, wenn $h \equiv k \pmod m$ ist. Wir erhalten dann das ganze System der Variablen α, wenn wir in α_h den Index ein volles Restsystem nach dem Modul m durchlaufen lassen.

Für diese Resolventen gelten nun die folgenden Sätze.

1. Wenn man auf die Indices der α die cyklische Permutation $\pi = (0, 1, \ldots m - 1)$ anwendet, so geht (ε, α) in $\varepsilon^{-1}(\varepsilon, \alpha)$ über, und durch die Permutation π^k geht (ε, α) in $\varepsilon^{-k}(\varepsilon, \alpha)$ über.

Dies zeigt die Definition (1) der Resolventen unmittelbar.

Wir verstehen ferner unter ν einen beliebigen positiven Exponenten und bilden nach dem polynomischen Lehrsatze $(\varepsilon, \alpha)^\nu$. In der entwickelten Potenz setzen wir $\varepsilon^m = 1$ und ordnen dann nach Potenzen von ε. Es ergiebt sich dann ein Ausdruck von der Form

$$(5) \qquad (\varepsilon, \alpha)^\nu = A_0^{(\nu)} + \varepsilon A_1^{(\nu)} + \varepsilon^2 A_2^{(\nu)} + \cdots + \varepsilon^{m-1} A_{m-1}^{(\nu)} = \sum_{0, m-1}^{h} \varepsilon^h A_h^{(\nu)},$$

worin die $A_0^{(\nu)}, A_1^{(\nu)} \ldots A_{m-1}^{(\nu)}$ Formen ν^{ten} Grades mit ganzzahligen Coëfficienten und den Variablen α sind, aber von ε unabhängig. Auch hier möge $A_h = A_k$ sein, so oft $h \equiv k \pmod m$. Danach beweisen wir den Satz:

2. Wenn man auf die Indices der α die cyklische Permutation π anwendet, so erleiden die Indices der Coëfficienten von $(\varepsilon, \alpha)^\nu$ die cyklische Permutation π^ν, d. h. $A_h^{(\nu)}$ geht in $A_{h+\nu}^{(\nu)}$ über.

Um dies nachzuweisen, bemerken wir, dass die Formel (5) für jede beliebige m^{te} Einheitswurzel ε, einschliesslich 1, richtig bleibt, und hiernach folgt aus (2)

$$(6) \qquad m\,A_k^{(\nu)} = \overset{\varepsilon}{\Sigma}\,\varepsilon^{-k}(\varepsilon, \alpha)^\nu.$$

Macht man auf der rechten Seite dieser Formel in den Indices der α die Permutation π, so ergiebt sich nach 1.

$$\overset{\varepsilon}{\Sigma}\, \varepsilon^{-k-\nu} (\varepsilon, \alpha)^{\nu},$$

d. h. $A_k^{(\nu)}$ geht in $A_{k+\nu}^{(\nu)}$ über, wie im Satz 2. behauptet ist.

Der Satz 2. ist ein specieller Fall eines allgemeinen Theorems. Entwickeln wir ein Product von beliebig vielen Factoren

$$(\varepsilon, \alpha)^{\nu}\ (\varepsilon^{\lambda_1}, \alpha)^{\nu_1}\ (\varepsilon^{\lambda_2}, \alpha)^{\nu_2} \ldots,$$

worin $\nu, \nu_1, \nu_2 \ldots$ positive, $\lambda_1, \lambda_2 \ldots$ beliebige ganze Zahlen sind, und ordnen es, wie vorher $(\varepsilon, \alpha)^{\nu}$, nach Potenzen von ε, so mag sich ergeben

$$(\varepsilon, \alpha)^{\nu}\ (\varepsilon^{\lambda_1}, \alpha)^{\nu_1}\ (\varepsilon^{\lambda_2}, \alpha)^{\nu_2} \ldots = \sum_{0, m-1}^{h} \varepsilon^h B_h, \tag{7}$$

worin die B_h von ε unabhängige Formen von der Variablen α sind. Da auch diese Entwickelung für alle m^{ten} Einheitswurzeln ε gilt, so kann man die Formel (2) anwenden und erhält

$$B_k = \overset{\varepsilon}{\Sigma}\, \varepsilon^{-k} (\varepsilon, \alpha)^{\nu} (\varepsilon, \alpha^{\lambda_1})^{\nu_1} (\varepsilon, \alpha^{\lambda_2})^{\nu_2} \ldots$$

woraus man nach 1. schliessen kann, dass B_k durch die Substitution π in

$$B_{k+\nu+\lambda_1\nu_1+\lambda_2\nu_2+\cdots}$$

übergeht. Wir haben also:

3. Die Permutation π, auf die Indices der α angewandt, ruft unter den Indices der Coëfficienten des nach ε geordneten Productes

$$(\varepsilon, \alpha)^{\nu}\ (\varepsilon^{\lambda_1}, \alpha)^{\nu_1}\ (\varepsilon^{\lambda_2}, \alpha)^{\nu_2} \ldots \tag{8}$$

die Permutation $\pi^{\nu+\lambda_1\nu_1+\lambda_2\nu_2\cdots}$ hervor.

In diesen Theoremen kann die Permutation π wiederholt werden; sie bleiben richtig, wenn π durch irgend eine Potenz von π ersetzt wird und sie gelten, was auch ε für eine m^{te} Einheitswurzel sein mag. Ist aber ε eine imprimitive Einheitswurzel, so treten gewisse Vereinfachungen ein, die wir noch kennen lernen müssen. Ist e ein Theiler von m,

$$m = ef$$

und ε irgend eine e^{te} Einheitswurzel, so wird der Ausdruck (1)

$$\begin{array}{rlllll}
(\varepsilon, \alpha) = & \alpha & + \varepsilon\alpha_1 & + \cdots & + \varepsilon^{e-1}\alpha_{e-1} \\
& + \alpha_e & + \varepsilon\alpha_{e+1} & + \cdots & + \varepsilon^{e-1}\alpha_{2e-1} \\
& \cdots & \cdots & \cdots & \cdots \\
& + \alpha_{e(f-1)} & + \varepsilon\alpha_{e(f-1)+1} & + \cdots & + \varepsilon^{e-1}\alpha_{m-1}
\end{array}$$

Wir führen nun die Bezeichnung ein:

$$
(9)\qquad \begin{aligned}
\eta &= \alpha + \alpha_e + \alpha_{2e} + \cdots + \alpha_{(f-1)e} \\
\eta_1 &= \alpha_1 + \alpha_{e+1} + \alpha_{2e+1} + \cdots + \alpha_{(f-1)e+1}, \\
&\cdots\cdots\cdots\cdots\cdots \\
\eta_{e-1} &= \alpha_{e-1} + \alpha_{2e-1} + \alpha_{3e-1} + \cdots + \alpha_{m-1},
\end{aligned}
$$

und nennen diese Grössen, wie es Gauss in dem speciellen Falle der Kreistheilung gethan hat, die f-gliedrigen Perioden der Grössen α. Es wird dann

$$
(10)\qquad (\varepsilon, \alpha) = \eta + \varepsilon \eta_1 + \varepsilon^2 \eta_2 + \cdots + \varepsilon^{e-1} \eta_{e-1},
$$

wofür wir auch (ε, η) schreiben können.

Die Anwendung der Permutation π auf die Indices von α bringt unter den nach dem Modul e zu nehmenden Indices der Grössen η die cyklische Permutation

$$
(11)\qquad \gamma = (0, 1, 2 \ldots e-1)
$$

hervor.

Entsprechend der Formel (10) können wir die Formeln (5) und (7) nun auch so schreiben:

$$
(\varepsilon, \eta)^\nu = E_0^{(\nu)} + \varepsilon E_1^{(\nu)} + \varepsilon^2 E_2^{(\nu)} + \cdots + \varepsilon^{e-1} E_{e-1}^{(\nu)}
$$

$$
(\varepsilon, \eta)^\nu (\varepsilon^{\lambda_1}, \eta)^{\nu_1} (\varepsilon^{\lambda_2}, \eta)^{\nu_2} \ldots = G_0 + \varepsilon G_1 + \varepsilon^2 G_2 + \cdots + \varepsilon^{e-1} G_{e-1},
$$

worin dann

$$
\begin{aligned}
E_k^{(\nu)} &= A_k^{(\nu)} + A_{e+k}^{(\nu)} + \cdots + A_{(f-1)e+k}^{(\nu)} \\
G_k &= B_k + B_{e+k} + \cdots + B_{(f-1)e+k}
\end{aligned}
$$

ist, und $E_k^{(\nu)}$ und G_k ganze homogene Functionen der α sind, die sich auch als Functionen der η darstellen lassen.

Die Grössen η_k, $E_k^{(\nu)}$, G_k bleiben ungeändert, wenn die Permutation π^e auf ihre Indices angewandt wird, d. h. wenn der Index um ein Vielfaches von e verändert wird, und wir können also jetzt die Sätze 2. und 3. so vervollständigen:

4. Ist ε eine beliebige e^{te} Einheitswurzel und e ein Theiler von m, so erleiden, wenn auf die Indices von α die Permutation π ausgeübt wird, die Indices k der Coëfficienten $E_k^{(\nu)}$ von $(\varepsilon, \eta)^\nu$ die Permutation γ^ν und die Indices der Coëfficienten G des Productes $(\varepsilon, \eta)^\nu (\varepsilon^{\lambda_1}, \eta)^{\nu_1} (\varepsilon^{\lambda_2}, \eta)^{\nu_2} \ldots$ die Permutation $\gamma^{\nu + \lambda_1 \nu_1 + \lambda_2 \nu_2 \ldots}$

§. 165.

Auflösung der cyklischen Gleichungen.

Die Lagrange'schen Resolventen führen durch Anwendung der jetzt bewiesenen Sätze zu der Auflösung der cyklischen Gleichungen, genauer gesagt, zur Reduction auf reine Gleichungen.

Wir verstehen jetzt unter den α nicht mehr beliebige Variable, sondern die Wurzeln einer cyklischen Gleichung, so dass die cyklischen Functionen der α als bekannte Grössen zu betrachten sind.

Nach dem Theorem §. 164, 2. sind die Coëfficienten von $(\varepsilon, \alpha)^m$ cyklische Functionen der α.

Verstehen wir unter $a_0, a_1 \dots a_{m-1}$ Grössen in Ω und setzen

$$(1) \qquad \psi_\lambda = a_0 + a_1 \varepsilon^\lambda + a_2 \varepsilon^{2\lambda} + \cdots + a_{m-1} \varepsilon^{(m-1)\lambda},$$

so folgt aus diesem Theorem

$$(2) \qquad (\varepsilon^\lambda, \alpha) = \sqrt[m]{\psi_\lambda}.$$

Bezeichnet darin ε eine primitive m^{te} Einheitswurzel, so sind in der Form $(\varepsilon^\lambda, \alpha)$ alle Resolventen enthalten.

Bemerken wir noch, dass $(1, \alpha) = a$ als die Summe der Wurzeln zu den bekannten Grössen gehört, so haben wir nach §. 164 (3)

$$(3) \qquad m\alpha = a + \sqrt[m]{\psi_1} + \sqrt[m]{\psi_2} + \cdots + \sqrt[m]{\psi_{m-1}},$$

und damit also α durch Radicale m^{ten} Grades ausgedrückt, die unter den Wurzelzeichen ausser den Grössen, die von Hause aus in Ω vorkommen, noch m^{te} Einheitswurzeln enthalten.

Jedes dieser Radicale hat, für sich betrachtet, m verschiedene Werthe, die sich um m^{te} Einheitswurzeln als Factoren von einander unterscheiden. Geben wir jeder m^{ten} Wurzel alle ihre Werthe, so erhalten wir aus (3) viele verschiedene Werthe von α, unter denen nach §. 164, (4) die sämmtlichen Wurzeln $\alpha, \alpha_1, \alpha_2 \dots \alpha_{m-1}$ vorkommen. Aber die Zahl der so aus (3) abgeleiteten Ausdrücke ist viel grösser, und es handelt sich noch darum, die beizubehaltenden von den auszusondernden zu unterscheiden. Am einfachsten führt dazu folgender Weg.

Wenden wir das Theorem §. 164, 3. auf nur zwei Factoren an, so ergiebt sich, dass

$$(\varepsilon, \alpha)^\nu (\varepsilon^\lambda, \alpha)^\mu$$

eine Function in $\Omega(\varepsilon)$ ist, wenn $\nu + \lambda\mu \equiv 0 \pmod{m}$. Setzen wir also $\mu = 1$, $\nu = m - \lambda$, so folgt, wenn

$$\chi_\lambda = b_0^{(\lambda)} + b_1^{(\lambda)}\varepsilon + \cdots + b_{m-1}^{(\lambda)}\varepsilon^{m-1}$$

eine Grösse in $\Omega(\varepsilon)$ bedeutet,

$$(\varepsilon, \alpha)^{m-\lambda}(\varepsilon^\lambda, \alpha) = \chi_\lambda,$$

also nach (2)

$$(4) \qquad \sqrt[m]{\psi_\lambda} = \frac{\chi_\lambda}{\left(\sqrt[m]{\psi_1}\right)^{m-\lambda}} = \frac{\chi_\lambda\left(\sqrt[m]{\psi_1}\right)^\lambda}{\psi_1},$$

und dadurch sind, wenn ε eine festgehaltene primitive m^{te} Einheitswurzel bedeutet, die sämmtlichen in (3) vorkommenden Radicale rational durch eines von ihnen, $\sqrt[m]{\psi_1}$, ausgedrückt.

Giebt man diesem einen seine m verschiedenen Werthe, so erhält man aus (3) gerade die m verschiedenen Werthe α.

Es ist nur ein Ausnahmefall, in dem dieses Verfahren nicht anwendbar ist, das ist der, wenn $\psi_1 = 0$ ist. Wir können aber durch eine kleine Modification des Verfahrens uns von einem solchen Ausnahmefall frei machen. Dem schicken wir Folgendes voraus.

Es sei p eine in m aufgehende Primzahl und $m = pn$; wie oben sei ε irgend eine festgehaltene primitive m^{te} Einheitswurzel. Dann giebt es immer ein durch p nicht theilbares λ, so dass $(\varepsilon^\lambda, \alpha)$ von Null verschieden ist. Denn bilden wir nach der Formel §. 164, (4) die Differenz $\alpha_n - \alpha_0$, so erhalten wir

$$m(\alpha_n - \alpha_0) = \sum_{0, m-1}^{\lambda} (\varepsilon^{-n\lambda} - 1)(\varepsilon^\lambda, \alpha).$$

Nun ist aber $\varepsilon^{-n\lambda} - 1$ immer $= 0$, so oft λ durch p theilbar ist, und wenn $(\varepsilon^\lambda, \alpha)$ in allen anderen Fällen, wo also λ nicht durch p theilbar ist, verschwindet, so ist $\alpha_n = \alpha_0$, gegen die Voraussetzung, dass die α alle verschieden sein sollen. Es giebt also wenigstens ein durch p nicht theilbares λ, so dass $(\varepsilon^\lambda, \alpha)$ von Null verschieden ist.

Nun zerlegen wir m in seine Primfactoren und setzen

$$m = p_1 p_2 \ldots,$$

worin $p_1, p_2 \ldots$ Potenzen von verschiedenen Primzahlen sind. Wir setzen noch

$$m = p_1 m_1 = p_2 m_2 \ldots,$$

und wählen, was nach dem soeben Bewiesenen stets möglich ist, λ_1 relativ prim zu p_1, λ_2 relativ prim zu p_2 etc., so dass

$$(\varepsilon^{\lambda_1}, \alpha), \quad (\varepsilon^{\lambda_2}, \alpha) \ldots$$

von Null verschieden sind. Dann ist nach dem Theorem §. 164, 3.:

$$(5) \qquad (\varepsilon^{\lambda}, \alpha)(\varepsilon^{\lambda_1}, \alpha)^{m_1 \nu}(\varepsilon^{\lambda_2}, \alpha)^{m_2 \nu} \ldots = \chi_\lambda$$

eine in $\Omega(\varepsilon)$ enthaltene Grösse, wenn

$$(6) \qquad \lambda \equiv -\nu(\lambda_1 m_1 + \lambda_2 m_2 + \cdots) \pmod{m}.$$

Es ist aber $(\varepsilon^{\lambda_1}, \alpha)^{m_1}$ eine Wurzel p_1^{ten} Grades einer Function in $\Omega(\varepsilon)$, und wir setzen also

$$(7) \quad (\varepsilon^{\lambda_1}, \alpha)^{m_1} = \sqrt[p_1]{\varphi_1}, \quad (\varepsilon^{\lambda_2}, \alpha) = \sqrt[p_2]{\varphi_2} \ldots, \quad (\varepsilon^{\lambda}, \alpha) = \sqrt[m]{\psi_\lambda}.$$

Dann wird nach (5)

$$(8) \qquad \sqrt[m]{\psi_\lambda} = \frac{\chi_\lambda}{\left(\sqrt[p_1]{\varphi_1}\,\sqrt[p_2]{\varphi_2} \ldots\right)^{\nu}}.$$

Nun ist $(\lambda_1 m_1 + \lambda_2 m_2 + \cdots)$ relativ prim zu m, da $m_2 \ldots$ durch p_1 theilbar, $\lambda_1 m_1$ zu p_1 relativ prim ist, und also erhält man aus (6) für jedes λ eine nach dem Modul m völlig bestimmte Zahl ν.

Wenn wir also die Ausdrücke (8) in (3) einsetzen und den Radicalen $\sqrt[p_1]{\varphi_1}, \sqrt[p_2]{\varphi_2} \ldots$ alle ihre Werthe beilegen, so erhalten wir genau m verschiedene Werthe und nicht mehr für α.

Die letzten Resultate können wir benutzen, um eine Form der Darstellung der Wurzeln α in etwas verallgemeinerter Gestalt abzuleiten, die Abel an der angeführten Stelle mittheilt, und die sich auf den Fall bezieht, wo der Körper Ω reell ist, d. h. aus lauter reellen Zahlen besteht. Die Functionen φ, ψ, χ, wie wir sie oben benutzt haben, sind dann zusammengesetzt aus reellen Zahlen und aus der Einheitswurzel ε, die man durch die Theilung der Kreisperipherie in m gleiche Theile findet; man kann etwa

$$\varepsilon = e^{\frac{2\pi i}{m}} = \cos\frac{2\pi}{m} + i \sin\frac{2\pi}{m}$$

setzen.

Die Function φ_1 geht, wenn ε in ε^{-1} verwandelt wird, in den conjugirt imaginären Werth über, den wir mit φ_1' bezeichnen.

Wir wollen eine positive Grösse ϱ_1 und einen Winkel Θ_1 so annehmen, dass

(9) $$\varphi_1 = \varrho_1 e^{i\Theta_1}, \qquad \varphi_1' = \varrho_1 e^{-i\Theta_1},$$

oder

(10) $$\begin{aligned} \varphi_1 &= \varrho_1 (\cos\Theta_1 + i \sin\Theta_1) \\ \varphi_1' &= \varrho_1 (\cos\Theta_1 - i \sin\Theta_1), \end{aligned}$$

woraus noch folgt:

(11) $$\varrho_1^2 = \varphi_1 \varphi_1'.$$

Nun ist

(12) $$(\varepsilon^{\lambda_1}, \alpha)(\varepsilon^{-\lambda_1}, \alpha) = \pm a_1$$

eine Grösse des Körpers $\Omega(\varepsilon)$ nach (§. 164, 3.), und zwar ist es, da sie sich beim Uebergang zum conjugirt imaginären Werth, d. h. bei der Vertauschung von ε und ε^{-1} nicht ändert, eine reelle Grösse. Das Vorzeichen wollen wir so bestimmen, dass a_1 positiv ist. Es ist also nach (11), da ϱ_1^2 positiv ist,

$$\varrho_1^2 = (\pm a_1)^m = a_1^m,$$

und es ergiebt sich daraus, dass bei ungeradem m jedenfalls das obere Zeichen gilt; bei geradem m kann auch das untere eintreten. Es ist dann

(13) $$\varrho_1 = \sqrt{a_1^m},$$

wo die Quadratwurzel positiv zu nehmen ist.

Ferner sind aus gleichem Grunde

(14) $$\frac{\varphi_1 + \varphi_1'}{2} = b_1, \qquad \frac{\varphi_1 - \varphi_1'}{2i} = c_1$$

reelle Grössen in $\Omega(\varepsilon)$, und es ergiebt sich aus (10)

(15) $$\cos\Theta_1 = \frac{b_1}{\sqrt{a_1^m}}, \qquad \sin\Theta_1 = \frac{c_1}{\sqrt{a_1^m}},$$

woraus noch die Relation folgt:

$$a_1^m = b_1^2 + c_1^2.$$

Demnach ergiebt sich

$$\sqrt[p_1]{\varphi_1} = \sqrt{a_1}^{m_1} e^{\frac{i\Theta_1}{p_1}};$$

und nun verfährt man mit den Functionen φ_2 u. s. f. ebenso. Man bestimmt also $\Theta_2 \ldots$ aus einem System von Gleichungen wie (15) und erhält, wenn man noch

(16) $$m_1\Theta_1 + m_2\Theta_2 + \cdots = \Theta$$

setzt, nach (8)

(17) $$\sqrt[m]{\psi_\lambda} = \chi_\lambda \left(\sqrt{a_1^{m_1} a_2^{m_2} \ldots}\right)^{-\nu} e^{-\frac{i\Theta}{m}\nu}.$$

Nach (15) können wir setzen

$$e^{i\Theta_1} = \frac{b_1 + i c_1}{\sqrt{a_1^m}}, \quad e^{i\Theta_2} = \frac{b_2 + i c_2}{\sqrt{a_2^m}} \ldots,$$

und wenn wir also durch Zerlegung in den reellen und imaginären Bestandtheil

(18) $$(b_1 + i c_1)^{m_1} (b_2 + i c_2)^{m_2} \ldots = B + i C$$

erhalten und

(19) $$a_1^{m_1} a_2^{m_2} \ldots = A$$

setzen, so folgt nach (16)

$$e^{i\Theta} = \frac{B + i C}{\sqrt{A^m}},$$

also

(20) $$\sqrt{A^m} \cos\Theta = B, \qquad \sqrt{A^m} \sin\Theta = C,$$

und

(21) $$\sqrt[m]{\psi_\lambda} = \chi_\lambda \sqrt{A}^{-\nu} \left(\cos\frac{\Theta\nu}{m} - i \sin\frac{\Theta\nu}{m}\right).$$

Der Winkel Θ ist durch (20) nur bis auf ein Vielfaches von 2π bestimmt, und wenn man also $\Theta + 2h\pi$ für Θ setzt und h von 0 bis $m - 1$ gehen lässt, so erhält man aus (21) die m verschiedenen Werthe der Wurzelgrösse. Die Functionen $\cos\frac{\Theta\nu}{m}$ und $\sin\frac{\Theta\nu}{m}$ können noch rational durch $\cos\frac{\Theta}{m}$, $\sin\frac{\Theta}{m}$ ausgedrückt werden. Die Auflösung der cyklischen Gleichungen in dem reellen Körper Ω ist also auf Folgendes zurückgeführt.

Man adjungirt zunächst dem Körper Ω die m^{te} Einheitswurzel ε (Theilung der Kreisperipherie in m gleiche Theile). Hierauf sind A, B, C bekannt. Man adjungirt ferner die positive Quadratwurzel $\sqrt{A}$, dann sind $\cos\Theta$ und $\sin\Theta$ durch (20) bekannt. Endlich adjungirt man $\cos\frac{\Theta}{m}$, $\sin\frac{\Theta}{m}$ (Theilung des Winkels Θ in m Theile). Dann ist die cyklische Gleichung durch (21) gelöst.

Diese Betrachtungen führen noch zu einem interessanten Resultat über die Realitätsverhältnisse der Wurzeln cyklischer Gleichungen.

Stellen wir, wie in §. 163, in der Reihe der Wurzeln $\alpha, \alpha_1, \dots \alpha_{m-1}$ jede rational durch die vorangehende dar:

$$\alpha_1 = \Theta(\alpha), \quad \alpha_2 = \Theta(\alpha_1), \dots \alpha_{m-1} = \Theta(\alpha_{m-2}), \quad \alpha = \Theta(\alpha_{m-1}),$$

worin, da hier Ω reell vorausgesetzt ist, $\Theta(x)$ eine reelle rationale Function von x bedeutet, so folgt zunächst, dass, wenn eine der Wurzeln reell ist, auch alle übrigen reell sein müssen. Dies findet immer bei ungeradem m statt, da eine reelle Gleichung ungeraden Grades immer wenigstens eine reelle Wurzel haben muss.

Bei geradem m können auch imaginäre Wurzeln vorhanden sein, und wenn eine Wurzel imaginär ist, so müssen es alle sein, da, wenn eine reelle Wurzel vorkommt, alle anderen auch reell sind. Bezeichnen wir mit $\Theta^\nu(x)$ die νmalige Wiederholung der Function Θ, so ist

$$\alpha_{\nu+k} = \Theta^\nu(\alpha^k).$$

Ist also $\alpha = \alpha_0$ mit α_k conjugirt imaginär, so sind auch für jedes ν die Functionen $\Theta^\nu(\alpha_0)$ und $\Theta^\nu(\alpha_k)$, d. h. α_ν und $\alpha_{\nu+k}$ conjugirt imaginär.

Daraus folgt, dass $2k = m$ sein muss, und wir schliessen, dass im Falle imaginärer Wurzeln

$$\alpha_k \text{ und } \alpha_{k+\frac{m}{2}}$$

für jeden Index k ein Paar conjugirt imaginärer Wurzeln bilden.

Die cubischen Gleichungen werden durch Adjunction der Quadratwurzel aus der Discriminante cyklische Gleichungen. Wenn die Discriminante positiv ist, so sind die Wurzeln in Uebereinstimmung mit diesem Satze reell.

§. 166.

Theilung des Winkels.

Zu den cyklischen Gleichungen gehören auch die Gleichungen, von denen die Theilung eines Winkels in m gleiche Theile abhängt, auf die wir die allgemeinen cyklischen Gleichungen in einem reellen Körper zurückgeführt haben.

Die Aufgabe kann so formulirt werden:

Wenn $\cos m\varphi$ und $\sin m\varphi$ gegeben sind, so sollen daraus $\cos\varphi$ und $\sin\varphi$ gefunden werden.

Die Werthe von $\cos m\varphi$ und $\sin m\varphi$ denken wir uns kleiner als 1 und so, dass ihre Quadratsumme $= 1$ ist, gegeben.

Wir adjungiren noch m^{te} Einheitswurzeln, mit denen wir uns im nächsten Abschnitte noch eingehender beschäftigen werden, die aber jedenfalls von Gleichungen abhängen, deren Grad niedriger als m ist. Um aber den Körper reell zu behalten, wollen wir nicht die Einheitswurzeln selbst, sondern

$$(1) \qquad \sin\frac{2\pi}{m}, \qquad \cos\frac{2\pi}{m}$$

adjungiren.

Es möge also der Körper Ω aus allen rationalen Zahlen und aus den rationalen Functionen von $\cos m\varphi$, $\sin m\varphi$, $\cos\frac{2\pi}{m}$, $\sin\frac{2\pi}{m}$ bestehen.

Die Gleichung m^{ten} Grades, von der $x = 2\cos\varphi$ abhängt, haben wir in §. 137 aufgestellt in der Form

$$(2) \qquad 2\cos m\varphi = A_m(x),$$

worin $A_m(x)$ eine ganze Function m^{ten} Grades von x ist; wir haben aber dort auch noch die Gleichung

$$(3) \qquad \sin\varphi = \frac{\sin m\varphi}{B_m(x)}$$

gefunden, durch die $\sin\varphi$ rational durch x ausgedrückt ist. In diesen Formeln sind die Einheitswurzeln noch nicht enthalten.

Die m Wurzeln von (2) haben nun folgende Bedeutung:

$$x_0 = 2\cos\varphi, \quad x_1 = 2\cos\left(\varphi + \frac{2\pi}{m}\right)\ldots,$$

$$x_{m-1} = 2\cos\left(\varphi + \frac{2(m-1)\pi}{m}\right),$$

und mit Hülfe von (2) und (3) und unter Adjunction der Grössen (1) kann jede von ihnen als rationale Function einer anderen dargestellt werden, und zwar so:

$$x_1 = f(x_0), \quad x_2 = f(x_1)\ldots, \quad x_0 = f(x_{m-1}).$$

Irgend eine Function der $x_0, x_1 \ldots x_{m-1}$ kann also dargestellt werden als rationale Function $F(x_0)$, und bei einer cyklischen Permutation geht

$$F(x_0) \text{ in } F(x_1),\ F(x_1) \text{ in } F(x_2)\ldots F(x_{m-1}) \text{ in } F(x_0)$$

über. Für eine cyklische Function ist also

$$F(x_0) = F(x_1) \cdots = F(x_{m-1}) = \frac{1}{m}[F(x_0) + F(x_1) \cdots + F(x_{m-1})],$$

und es ist folglich $F(x_0)$ rational, da es als symmetrische Function der Wurzeln dargestellt ist.

Die Theilung des Winkels hängt also von einer cyklischen Gleichung ab.

Diese cyklische Gleichung ist irreducibel; denn ersetzt man in irgend einer rationalen Gleichung $\Phi(x_0, \cos m\varphi, \sin m\varphi) = 0$, φ durch $\varphi + \frac{2\pi k}{m}$, so geht sie in

$$\Phi(x_k, \cos m\varphi, \sin m\varphi) = 0$$

über und ist also für alle Wurzeln von (2) befriedigt.

Wollten wir nur $\cos m\varphi$ adjungiren, nicht zugleich $\sin m\varphi$, dann würde die Gleichung keine cyklische mehr sein, was man leicht an dem Beispiel der Dreitheilung bestätigt, wo eben $\sin m\varphi$ die Quadratwurzel aus der Discriminante wird (§. 112).

Sechzehnter Abschnitt.

Kreistheilung.

---

§. 167.

Die Kreistheilungsperioden und die Periodengleichungen.

Die wichtigsten unter den Abel'schen Gleichungen sind die, von denen die Bestimmung der Einheitswurzeln abhängt, deren elementare Eigenschaften wir schon im zwölften Abschnitt kennen gelernt haben. Wegen der Beziehung zu der geometrischen Aufgabe, die Kreisperipherie in eine bestimmte Anzahl gleicher Theile zu theilen, heissen alle damit zusammenhängenden Gleichungen auch die Kreistheilungsgleichungen.

Der Körper Ω, der die als bekannt angesehenen Grössen enthält, ist hier nur der Körper der rationalen Zahlen, den wir den Körper R nennen wollen.

Wir wollen uns zunächst mit den n^{ten} Einheitswurzeln unter der Voraussetzung beschäftigen, dass n eine ungerade Primzahl sei (die Primzahl 2 bietet zu keinen weiteren Fragen Anlass, da die einzigen zweiten Einheitswurzeln, ± 1, in R enthalten sind).

Ausser der rationalen n^{ten} Einheitswurzel 1 existiren noch $n - 1$ primitive, die durch die transcendenten Ausdrücke

$$e^{\frac{2\pi i}{n}}, \quad e^{\frac{4\pi i}{n}}, \quad e^{\frac{6\pi i}{n}} \ldots e^{\frac{2(n-1)\pi i}{n}}$$

dargestellt werden können. Wenn wir eine von ihnen mit r bezeichnen, so ist das ganze System auch durch

$$(1) \qquad r, \quad r^2, \quad r^3 \ldots r^{n-1}$$

darstellbar. Im Exponenten von r kommt es nur auf den Rest nach dem Modul n an, da immer und nur dann $r^h = r^k$ ist, wenn $h \equiv k \pmod{n}$.

Wie wir schon im zwölften Abschnitt gesehen haben, sind die Grössen (1) die Wurzeln einer irreducibeln Gleichung $(n-1)^{\text{ten}}$ Grades

(2) $$X = x^{n-1} + x^{n-2} + x^{n-3} + \cdots + x + 1 = 0,$$

und wir wollen zunächst nachweisen, dass diese Gleichung cyklisch ist. Diese Eigenschaft ergiebt sich aus der Existenz primitiver Wurzeln der Primzahl n, mit denen wir uns im §. 136 beschäftigt haben. Es wurde dort nachgewiesen, dass es für jede Primzahl n gewisse Zahlen g giebt, die man primitive Wurzeln von n nennt, die durch die Eigenschaft charakterisirt sind, dass unter den Resten der Potenzen

$$1,\ g,\ g^2,\ g^3 \ldots g^{n-2},$$

bei der Theilung durch n jede der Zahlen

$$0,\ 1,\ 2, \ldots n-1$$

ein und nur einmal vorkommt. Der Rest einer Potenz g^h bleibt derselbe, wenn h um ein Vielfaches von $n-1$ verändert wird. Ist

$$g^\alpha \equiv a \pmod{n},$$

so heisst α der Index von a ($\alpha = \operatorname{ind} a$) und a die Zahl oder der Numerus. Der Index wird nach dem Modul $n-1$ genommen, der Numerus nach dem Modul n (§. 136).

Nehmen wir also eine solche primitive Wurzel von n an, so können wir, von der Reihenfolge abgesehen, die Grössen (1) so darstellen:

$$r,\ r^g,\ r^{g^2} \ldots r^{g^{n-2}},$$

oder, wenn wir

(3) $$r^{g^h} = r_h$$

setzen,

(4) $$r,\ r_1,\ r_2 \ldots r_{n-2}.$$

Jede Zahl des Körpers $R(r)$, d. h. jede rationale Function von r lässt sich in die Form bringen

(5) $$\varphi(r) = b_0 + b_1 r + b_2 r^2 + \cdots + b_{n-2} r^{n-2},$$

oder, da nach (2)

$$1 + r + r^2 + \cdots + r^{n-1} = 0$$

ist,

(6) $$\varphi(r) = (b_1 - b_0)\, r + (b_2 - b_0)\, r^2 + \cdots + (b_{n-2} - b_0)\, r^{n-2} - b_0\, r^{n-1},$$

oder da die Potenzen $r, r^2, \ldots r^{n-1}$, von der Reihenfolge abgesehen, mit $r, r_1, r_2 \ldots r_{n-2}$ übereinstimmen, in die Form

(7) $$\varphi(r) = a r + a_1 r_1 + a_2 r_2 + \cdots + a_{n-2} r_{n-2},$$

worin die Coëfficienten b und a rationale Zahlen sind.

I. Eine solche Function $\varphi(r)$ kann nur dann gleich Null sein, wenn alle ihre Coëfficienten $a, a_1 \ldots a_{n-2}$ verschwinden;

denn der Ausdruck (5) zeigt, dass $\varphi(r)$ nicht anders verschwinden kann, als wenn die $b_0, b_1 \ldots b_{n-2}$ Null sind. Sind aber diese Null, so zeigt (6), dass auch die Coëfficienten a alle Null sein müssen. Es kann also $\varphi(r)$ nur auf eine Weise in die Form (7) gebracht werden.

Treffen wir die Festsetzung, dass a_h und r_h sich nicht ändern sollen, wenn der Index h um ein Vielfaches von $n - 1$ wächst, so können wir auch

(8) $$\varphi(r) = \sum^{h} a_h r_h$$

setzen und darin h ein volles Restsystem nach dem Modul $n - 1$ durchlaufen lassen.

Wir haben nun nachzuweisen, dass die Gruppe der Gleichung $X = 0$ keine andere ist, als die Periode der cyklischen Permutation

$$\pi = (r, r_1, r_2 \ldots r_{n-2}).$$

Diese Periode oder cyklische Gruppe bezeichnen wir mit

(9) $$C = 1, \pi, \pi^2 \ldots \pi^{n-2}.$$

Die Gleichung $X = 0$ ist jedenfalls eine Normalgleichung, weil sie irreducibel ist, und weil alle ihre Wurzeln nach (3) rational durch eine unter ihnen ausdrückbar sind; sie ist also ihre eigene Galois'sche Resolvente (§. 145). Ihre Substitutionen sind

(10) $$(r, r), \quad (r, r_1), \quad (r, r_2) \ldots (r, r_{n-2}),$$

und nach (3) ist

$$(r, r_h) = (r_k, r_{k+h}).$$

Daraus folgt, dass (r, r_1) unter den Wurzeln (4) die cyklische Permutation π hervorruft, und dass also die Substitutionsgruppe

(10) mit der Permutationsgruppe C isomorph ist. Also ist C die Galois'sche Gruppe von $X = 0$.

Nach §. 163 lässt sich die Gleichung $X = 0$ auf eine Reihe von cyklischen Gleichungen niedrigeren Grades zurückführen, wenn man Functionen aufsucht, die zu den Theilern der Gruppe C gehören. Die Theiler von C sind aber, wenn $n - 1$ in zwei Factoren e, f zerlegt, also

$$n - 1 = ef$$

gesetzt wird, die cyklischen Gruppen

$$C_e = 1, \pi^e, \pi^{2e} \ldots \pi^{(f-1)e}, \tag{11}$$

und die Permutation π^e ist darin gleichbedeutend mit der Substitution (r, r_e).

Um zu einer zu C_e gehörigen Function der Wurzeln von möglichst einfacher Form zu gelangen, betrachten wir nach Gauss die f-gliedrigen Perioden

$$\begin{aligned} \eta &= r + r_e + r_{2e} + \cdots + r_{(f-1)e} \\ \eta_1 &= r_1 + r_{e+1} + r_{2e+1} + \cdots + r_{(f-1)e+1} \\ &\ldots\ldots\ldots\ldots\ldots\ldots \\ \eta_{e-1} &= r_{e-1} + r_{2e-1} + r_{3e-1} + \cdots + r_{n-2}, \end{aligned} \tag{12}$$

die aus der ersten von ihnen durch die Substitutionen $(r, r), (r, r_1), (r, r_2) \ldots (r, r_{e-1})$ hervorgehen. Wir bezeichnen die Grössen (12) auch als ein System conjugirter Perioden.

Jede dieser Functionen bleibt durch die Substitution (r, r_e) ungeändert, und sie sind alle von einander verschieden, da sich eine Gleichung $\eta_h - \eta_k = 0$, wenn h von k verschieden ist, in der Form

$$ar + a_1 r_1 + \cdots + a_{n-2} r_{n-2} = 0$$

schreiben liesse, wo die $a, a_1 \ldots a_{n-2}$ nicht alle zugleich verschwindende ganze Zahlen sind ($+1, 0$ oder -1), was nach dem Theorem I nicht möglich ist. Jede der Perioden (12) ist also eine zu der Gruppe C_e gehörige Function, und diese Grössen sind daher die Wurzeln einer irreducibeln ganzzahligen Gleichung e^{ten} Grades. Adjungirt man eine dieser Grössen, so hängt die Bestimmung von r noch von einer Gleichung vom Grade f ab.

Nach den allgemeinen Sätzen des vierzehnten Abschnittes kann jede Function der r, die die Substitutionen der Gruppe C_e gestattet, rational durch jede der Grössen η dargestellt werden. Hier können wir aber noch den folgenden Satz aufstellen:

II. Jede Zahl in $R(r)$, die die Substitution (r, r_e) gestattet, also auch jede Zahl des Körpers $R(\eta)$ lässt sich als homogene lineare Function der Perioden $\eta, \eta_1 \dots \eta_{e-1}$ darstellen.

Denn nach I. können wir jede Zahl von $R(r)$ auf eine Weise in die Form

$$\varphi(r) = \Sigma a_h r_h \tag{13}$$

setzen, wo die Coëfficienten a_h rationale Zahlen sind, und h ein volles Restsystem nach dem Modul $n - 1$ durchläuft. Es ist aber

$$\varphi(r_e) = \Sigma a_h r_{h+e} = \Sigma a_{h-e} r_h,$$

und daher muss, wenn $\varphi(r) = \varphi(r_e)$ sein soll, $a_{h-e} = a_h$ sein für jedes h; also auch $a_h = a_{h+e} = a_{h+2e} \dots$ Danach lässt sich (13) in die Form setzen

$$\varphi(r) = \sum_{0, e-1}^{h} a_h r_h + \sum_{0, e-1}^{h} a_h r_{h+e} + \cdots + \sum_{0, e-1}^{h} a_h r_{h+(f-1)e},$$

oder

$$\varphi(r) = a\eta + a_1\eta_1 + \cdots + a_{e-1}\eta_{e-1}, \tag{14}$$

was zu beweisen war. Zu bemerken ist dabei noch, dass, wenn φ ganzzahlige Coëfficienten hat, auch die Coëfficienten der η_h ganze Zahlen werden.

Da jede Zahl des Körpers $R(\eta)$ auf eine und nur auf eine Art in der linearen Form (14) dargestellt werden kann, so nennen wir das Grössensystem $\eta, \eta_1, \eta_2 \dots \eta_{e-1}$ eine Basis des Körpers $R(\eta)$.

Wenn man die Darstellung des Productes je zweier Perioden $\eta_h \eta_k$ in der Form (14) kennt, so kann man daraus durch eine wiederholte Anwendung alle rationalen Functionen der Perioden η in derselben Form darstellen. Ebenso kann man auch leicht die Gleichung bilden, deren Wurzeln die e Grössen η sind, wenn man das Verfahren auf das Product

$$F_e(x) = (x - \eta)(x - \eta_1) \dots (x - \eta_{e-1}) \tag{15}$$

anwendet. Diese Gleichung lässt sich auch in Determinantenform darstellen.

Man setze nämlich

$$\eta\eta_h = a_{0,h}\eta + a_{1,h}\eta_1 + \cdots + a_{e-1,h}\eta_{e-1}, \tag{16}$$

worin die $a_{0,h}, a_{1,h} \dots a_{e-1,h}$ ganze Zahlen sind, über deren Berechnung später das Nähere folgen wird. Stellt man diese Gleichung für $h = 0, 1, \dots c - 1$ in der Form auf:

$$\begin{array}{llll}(a_{0,0}-\eta)\eta + & a_{1,0}\eta_1 + \cdots & a_{e-1,0}\eta_{e-1} = 0 \\ a_{0,1}\eta & + (a_{1,1}-\eta)\eta_1 + \cdots & a_{e-1,1}\eta_{e-1} = 0 \\ \cdot\ \cdot\ \cdot & \cdot\ \cdot\ \cdot & \cdot\ \cdot\ \cdot \\ a_{0,e-1} & + \quad a_{1,e-1}\eta_1 + \cdots & (a_{e-1,e-1}-\eta)\eta_{e-1} = 0,\end{array}$$

so sieht man, da die $\eta, \eta_1 \ldots \eta_{e-1}$ nicht verschwinden, dass die Determinante dieses Systems Null sein muss, also

$$(17) \qquad \begin{vmatrix} a_{0,0}-\eta, & a_{1,0}, & \ldots & a_{e-1,0} \\ a_{0,1}, & a_{1,1}-\eta, & \ldots & a_{e-1,1} \\ \cdot & \cdot & \cdot & \cdot \\ a_{0,e-1}, & a_{1,e-1}, & \ldots & a_{e-1,e-1}-\eta \end{vmatrix} = 0,$$

was, wenn man x für η schreibt, vom Vorzeichen abgesehen, mit $F_e(x)$ übereinstimmen muss.

Die Function $F_e(x)$ hat also nicht bloss rationale, sondern ganzzahlige Coëfficienten.

Man kann nun auch die Gleichung f^{ten} Grades bilden, deren Wurzeln $r, r_e, r_{2e} \ldots r_{(f-1)e}$ sind; denn es ist für ein unbestimmtes r

$$(18) \qquad \Phi_e(x) = (x-r)(x-r_e)\ldots(x-r_{(f-1)e})$$

eine Function im Körper $R(\eta)$. Ihre Coëfficienten lassen sich leicht aus den Newton'schen Formeln berechnen, durch die die Coëfficienten einer Gleichung mittelst der Potenzsummen der Wurzeln ausgedrückt werden (§. 42). Denn es ist nach (12) und (3)

$$r^{g^h} + r_e^{g^h} + \cdots + r_{(f-1)e}^{g^h} = \eta_h,$$

also geradezu einer der Potenzsummen gleich, und jede Potenzsumme ist einer der Perioden gleich.

Die Gleichung (18) lässt sich aber ebenso behandeln wie die Gleichung (2); denn die Gruppe von $\Phi_e(x) = 0$ ist eben C_e, und wenn e' ein Theiler von f ist, etwa $f = e'f'$, so ist $C_{ee'}$ ein Theiler von C_e. Zu $C_{ee'}$ gehört aber die Periode

$$\eta' = r + r_{ee'} + r_{2ee'} + \cdots + r_{(f'-1)ee'},$$

die also von einer Gleichung des Grades e' im Körper $R(\eta)$ abhängt.

Wenn man die Zahlen $e, e' \ldots$ als Primzahlen annimmt, so besteht die Reihe der Resolventen aus einer Reihe von Gleichungen, deren Grade die Primfactoren von $n-1$ sind.

Was die Gruppe der Gleichung e^{ten} Grades betrifft, deren Wurzeln die e Grössen η sind, so finden wir diese sehr einfach aus der Bemerkung, dass die Substitution (r, r_h) unter den η_k die Substitution (η_k, η_{k+h}) hervorruft, wenn der Index von η nach dem Modul e genommen wird. Die Gruppe von $F_e(x) = 0$ besteht daher aus den Potenzen der cyklischen Permutation

$$(\eta, \eta_1, \eta_2 \ldots \eta_{e-1}).$$

§. 168.

Die Gauss'sche Methode zur Berechnung der Resolventen.

Um in concreten Fällen die Auflösung der Kreistheilungsgleichung wirklich durchzuführen, kommt es nach dem, was wir im vorigen Paragraphen entwickelt haben, nur darauf an, die Producte je zweier conjugirter Perioden als lineare Functionen derselben Perioden darzustellen. Dafür hat Gauss ein einfaches Verfahren angegeben, das wir jetzt kennen lernen wollen. Wir müssen dazu die Bezeichnung der Perioden ein wenig verändern.

Wir schreiben zwei beliebige der Perioden §. 167, (12) in der Weise

$$(1) \qquad \begin{aligned} \eta^{(\lambda)} &= r^{\lambda} + r^{\lambda'} + r^{\lambda''} + \cdots \\ \eta^{(\mu)} &= r^{\mu} + r^{\mu'} + r^{\mu''} + \cdots \end{aligned}$$

so dass, wenn $\lambda \equiv g^h \pmod{n}$ ist, $\eta^{(\lambda)} = \eta_h$ oder auch $\eta^{(\lambda)} = \eta_{\operatorname{ind} \lambda}$; es ist dann

$$(2) \qquad \begin{aligned} \lambda' &\equiv \lambda g^e, & \lambda'' &\equiv \lambda g^{2e} \ldots \\ \mu' &\equiv \mu g^e, & \mu'' &\equiv \mu g^{2e} \ldots \end{aligned} \pmod{n};$$

lassen wir also die Zeichen s und t je ein volles Restsystem nach dem Modul f durchlaufen, so ist

$$\eta^{(\lambda)} = \sum^{s} r^{\lambda g^{se}}, \qquad \eta^{(\mu)} = \sum^{t} r^{\mu g^{te}}.$$

Das Product davon ist

$$\eta^{(\lambda)} \eta^{(\mu)} = \sum^{s} \sum^{t} r^{\lambda g^{se} + \mu g^{te}}.$$

Halten wir bei der Bildung dieser Summe zunächst s fest, und summiren in Bezug auf t, so dürfen wir t durch $t + s$ ersetzen, weil beide gleichzeitig ein volles Restsystem nach dem Modul f durchlaufen. Demnach wird

$$\eta^{(\lambda)} \eta^{(\mu)} = \sum^{s} \sum^{t} r^{(\lambda + \mu g^{te}) g^{se}}.$$

Hierin aber darf die Reihenfolge der Summation vertauscht werden, so dass auch

(3) $$\eta^{(\lambda)}\eta^{(\mu)} = \sum^t\sum^s r^{(\lambda+\mu g^{te})g^{se}}$$

ist. Die nach s genommene Summe

$$\sum^s r^{(\lambda+\mu g^{te})g^{se}}$$

ist aber selbst eine der Perioden, nämlich nach der Bezeichnung (1) die Periode

$$\eta^{(\lambda+\mu g^{te})}.$$

Es ergiebt sich also aus (2) und (3)

(4) $$\eta^{(\lambda)}\eta^{(\mu)} = \eta^{(\lambda+\mu)} + \eta^{(\lambda+\mu')} + \eta^{(\lambda+\mu'')} + \cdots$$

Die rechte Seite dieses Ausdruckes enthält f Glieder; darunter kann natürlich auch dieselbe Periode mehrmals auftreten; auch kann darunter die uneigentliche Periode $\eta^{(0)}$ vorkommen, die gleich der ganzen Zahl f zu setzen ist. Will man die homogene Form des Ausdruckes wieder herstellen, so benutzt man die Relation

$$\eta + \eta_1 + \eta_2 + \cdots + \eta_{e-1} = -1,$$

die ja nur eine andere Schreibweise der Gleichung §. 167, (2) ist.

Wenn man nach (4) den Ausdruck für ein Product $\eta\eta_h$ berechnet hat, dem wir oben schon die Form gegeben haben,

(5) $$\eta\eta_h = a_{0,h}\eta + a_{1,h}\eta_1 + \cdots + a_{e-1,h}\eta_{e-1},$$

so erhält man das Product von zwei beliebigen der Perioden durch die Substitution (η, η_k),

(6) $$\eta_k\eta_{h+k} = a_{0,h}\eta_k + a_{1,h}\eta_{k+1} + \cdots + a_{e-1,h}\eta_{k-1}.$$

Um an einem einfachen Beispiele diese Regeln zu erläutern, nehmen wir $n = 13$. Für 13 ist 2 eine primitive Wurzel, und wir können die im §. 136 gegebene Indextabelle anwenden:

(7)

I	0,	1,	2,	3,	4,	5,	6,	7,	8,	9,	10,	11
N	1,	2,	4,	8,	3,	6,	12,	11,	9,	5,	10,	7

Wenn wir zuerst $e = 3$, $f = 4$ annehmen, so erhalten wir eine cubische Resolvente, deren Wurzeln

(8) $$\begin{aligned} \eta &= r + r_3 + r_6 + r_9 \\ \eta_1 &= r_1 + r_4 + r_7 + r_{10} \\ \eta_2 &= r_2 + r_5 + r_8 + r_{11} \end{aligned}$$

sind. Aus der Tabelle (7) ergiebt sich dafür auch

$$
(9) \qquad \begin{aligned}
\eta\ &= r + r^{-5} + r^{-1} + r^5 = \eta^{(1)} \\
\eta_1 &= r^2 + r^3 + r^{-2} + r^{-3} = \eta^{(2)} \\
\eta_2 &= r^4 + r^6 + r^{-4} + r^{-6} = \eta^{(4)}
\end{aligned}
$$

Wendet man die Formel (4) an, so erhält man z. B.

$$
\begin{aligned}
\eta\eta &= \eta^{(2)} + \eta^{(-4)} + \eta^{(0)} + \eta^{(6)} = 4 + \eta^{(2)} + 2\,\eta^{(4)} \\
&= -4\,\eta - 3\,\eta_1 - 2\,\eta_2,
\end{aligned}
$$

und so ergeben sich die Formeln

$$
\begin{aligned}
\eta^2 &= -4\,\eta - 3\,\eta_1 - 2\,\eta_2, \\
\eta\,\eta_1 &= \eta + 2\,\eta_1 + \eta_2, \\
\eta\,\eta_2 &= 2\,\eta + \eta_1 + \eta_2,
\end{aligned}
$$

woraus nach §. 167, (17) die Gleichung für η

$$
\begin{vmatrix}
-4-\eta, & -3, & -2 \\
1, & 2-\eta, & 1 \\
2, & 1, & 1-\eta
\end{vmatrix} = 0,
$$

oder

$$
(10) \qquad \eta^3 + \eta^2 - 4\,\eta + 1 = 0
$$

folgt. Die Discriminante dieser Gleichung ergiebt sich gleich $169 = 13^2$, also positiv. Die Gleichung hat folglich drei reelle, und zwar, da das letzte Glied positiv ist, zwei positive und eine negative Wurzel.

Setzen wir $r = e^{\frac{2\pi i}{13}}$, so wird

$$
\begin{aligned}
\eta\ &= 2\cos\frac{2\pi}{13} + 2\cos\frac{10\pi}{13} = 2\left(\cos\frac{2\pi}{13} - \cos\frac{3\pi}{13}\right), \\
\eta_1 &= 2\cos\frac{4\pi}{13} + 2\cos\frac{6\pi}{13} = 2\left(\cos\frac{4\pi}{13} + \cos\frac{6\pi}{13}\right), \\
\eta_2 &= 2\cos\frac{8\pi}{13} + 2\cos\frac{12\pi}{13} = -2\left(\cos\frac{\pi}{13} + \cos\frac{5\pi}{13}\right),
\end{aligned}
$$

oder auch

$$
\eta = 4\cos\frac{4\pi}{13}\cos\frac{6\pi}{13}, \qquad \eta_1 = 4\cos\frac{\pi}{13}\cos\frac{5\pi}{13},
$$

$$
\eta_2 = -4\cos\frac{2\pi}{13}\cos\frac{3\pi}{13}.
$$

Es ist also η_2 die negative, η_1 die grössere, η die kleinere der beiden positiven Wurzeln.

Die Gleichung 4ten Grades, deren Wurzeln r, r^{-1}, r^5, r^{-5} sind, lässt sich nun leicht bilden, wenn man

$$\xi = r + r^{-1} = 2\cos\frac{2\pi}{13}, \quad \xi' = r^5 + r^{-5} = 2\cos\frac{10\pi}{13}$$

setzt. Es ist nämlich

$$\xi + \xi' = \eta, \quad \xi\xi' = \eta_2,$$

also

(11) $$\xi^2 - \eta\xi + \eta_2 = 0$$

die quadratische Gleichung für ξ, aus der man die biquadratische Gleichung für r erhält,

(12) $$r^4 - \eta r^3 + (\eta_2 + 2) r^2 - \eta r + 1 = 0.$$

Die quadratische Gleichung (11) hat eine positive und eine negative Wurzel. Die positive Wurzel ist $2\cos\frac{2\pi}{13}$. Anstatt r selbst zu berechnen, berechnet man noch $2\sin\frac{2\pi}{13}$, was man als die positive Quadratwurzel $\sqrt{4 - \xi^2}$ erhält.

An Stelle der drei viergliedrigen Perioden η hätte man auch zuerst zwei Perioden von sechs Gliedern betrachten können.

(13) $$\begin{aligned} \zeta &= r + r^3 + r^4 + r^{-1} + r^{-3} + r^{-4} \\ \zeta_1 &= r^2 + r^5 + r^6 + r^{-2} + r^{-5} + r^{-6}. \end{aligned}$$

Für das Product $\zeta\zeta_1$ findet man nach der Formel (4) den Werth $3(\zeta + \zeta_1)$ oder -3, so dass ζ, ζ_1 die Wurzeln der quadratischen Gleichung

(14) $$\zeta^2 + \zeta - 3 = 0$$

sind, woraus, da aus dem Ausdruck durch die Cosinus leicht zu sehen ist, dass ζ positiv ist:

(15) $$\zeta = \frac{-1 + \sqrt{13}}{2}, \quad \zeta_1 = \frac{-1 - \sqrt{13}}{2}.$$

Nach Adjunction der Werthe ζ, ζ_1 kann man eine cubische Gleichung für die zweigliedrigen Perioden bilden. Setzt man nämlich

$$\begin{aligned} \xi &= r + r^{-1}, & \xi_1 &= r^2 + r^{-2}, \\ \xi_2 &= r^4 + r^{-4}, & \xi_3 &= r^5 + r^{-5}, \\ \xi_4 &= r^3 + r^{-3}, & \xi_5 &= r^6 + r^{-6}, \end{aligned}$$

so folgt

$$\zeta = \xi + \xi_2 + \xi_4, \quad \zeta_1 = \xi_1 + \xi_3 + \xi_5, \quad \zeta + \zeta_1 = -1,$$

ferner

$$\xi\xi_2 = \xi_3 + \xi_4, \quad \xi\xi_4 = \xi_1 + \xi_2, \quad \xi_2\xi_4 = \xi + \xi_5,$$
$$\xi\xi_2\xi_4 = 2 + \zeta_1 = 1 - \zeta,$$

also sind ξ, ξ_2, ξ_4 die Wurzeln der cubischen Gleichung

$$(16) \qquad x^3 - \xi x^2 - x - 1 + \xi = 0.$$

§. 169.

Zurückführung der Kreistheilungsgleichung auf reine Gleichungen.

Gauss hat schon in seiner ersten Darstellung in den disq. arithm. die Kreistheilungsgleichungen durch Benutzung der Resolventen direct auf reine Gleichungen zurückgeführt[1]). Um dies durchzuführen, setzen wir

$$n - 1 = m,$$

und bezeichnen, wie im vorigen Abschnitt, mit ε eine primitive Einheitswurzel m^{ten} Grades, mit $r, r_1, r_2 \ldots r_{m-1}$ die n^{ten} Einheitswurzeln in der oben festgesetzten Reihenfolge. Die Lagrange'schen Resolventen sind dann

$$(\varepsilon^\lambda, r) = \sum_{0, n-2}^{h} \varepsilon^{\lambda h} r_h = \sum_{0, n-2}^{h} \varepsilon^{\lambda h} r^{g^h},$$

worin λ ein beliebiger, nach dem Modul m genommener Exponent ist.

Setzen wir $g^h = s$, also $h \equiv \operatorname{ind} s \pmod{m}$, so können wir auch setzen

$$(1) \qquad (\varepsilon^\lambda, r) = \sum_{1, n-1}^{s} \varepsilon^{\lambda \operatorname{ind} s} r^s.$$

Als Grundlage für die weitere Reduction dieser Ausdrücke dient die Berechnung des Productes zweier solcher Resolventen. Wir bezeichnen mit μ eine zweite Zahl wie λ und verstehen unter s und t zwei Zeichen, die von einander unabhängig je ein Restsystem nach dem Modul n durchlaufen, mit Ausschluss der Null.

Dann ist

$$(\varepsilon^\lambda, r)(\varepsilon^\mu, r) = \sum^{s} \sum^{t} r^{(s+t)} \varepsilon^{\lambda \operatorname{ind} s + \mu \operatorname{ind} t}.$$

---

[1]) Gauss, disq. arithm. art. 359, 360; disq. circa aequationes puras ulterior evolutio, Werke Bd. II. Lagrange, rés. des équations numériques. Jacobi, „Ueber die Kreistheilung und ihre Anwendung in der Zahlentheorie". Werke Bd. 6. Kummer, Crelle's Journal, Bd. 35 und Abhandl. d. Berl. Akademie 1856. Zu erwähnen sind noch Eisenstein und Cauchy. Die Lehre von der Kreistheilung ist im Zusammenhange dargestellt und von den historischen Nachweisen begleitet in dem Buche von Bachmann, „Die Lehre von der Kreistheilung". Leipzig 1872.

Wenn die Summation in Bezug auf t zuerst ausgeführt wird, so kann st an Stelle von t gesetzt werden, da s von Null verschieden ist, und also st und t zugleich ein volles Restsystem nach dem Modul n durchlaufen. Also wird

$$(2)\qquad (\varepsilon^\lambda, r)\,(\varepsilon^\mu, r) = \sum^s \sum^t r^{s(t+1)}\,\varepsilon^{(\lambda+\mu)\operatorname{ind} s}\,\varepsilon^{\mu \operatorname{ind} t}.$$

Wir erledigen zuerst den speciellen Fall $\mu = -\lambda$, den wir aus (2) erhalten, wenn wir die Summation nach s zuerst ausführen:

$$(\varepsilon^\lambda, r)\,(\varepsilon^{-\lambda}, r) = \sum^t \varepsilon^{-\lambda \operatorname{ind} t} \sum^s r^{s(t+1)}.$$

Hierin ist

$$\begin{aligned}\sum^s r^{s(t+1)} &= \quad -1, \text{ wenn } t = 1, 2 \ldots n-2\\ &= n - 1, \text{ wenn } t = n - 1,\end{aligned}$$

also, da nach §. 136 $\operatorname{ind}(n-1) = \frac{1}{2}(n-1)$ und

$$\varepsilon^{\frac{n-1}{2}} = -1$$

ist,

$$(\varepsilon^\lambda, r)\,(\varepsilon^{-\lambda}, r) = -\sum_{1,\,n-1}^t \varepsilon^{-\lambda \operatorname{ind} t} + (-1)^\lambda n.$$

In der nach t genommenen Summe durchläuft $\operatorname{ind} t$ ein volles Restsystem nach dem Modul $n - 1$, und also ist, wenn λ durch $n - 1$ nicht theilbar angenommen wird,

$$\sum_{1,\,n-1}^t \varepsilon^{-\lambda \operatorname{ind} t} = 0,$$

und daher

$$(3)\qquad (\varepsilon^\lambda, r)\,(\varepsilon^{-\lambda}, r) = (-1)^\lambda n,$$

während, wenn λ durch $n - 1$ theilbar ist, $(\varepsilon^\lambda, r) = (1, r) = -1$ wird.

Wir behandeln also nun die Summe (2) weiter unter der Voraussetzung, dass $\lambda + \mu$ nicht durch $(n-1)$ theilbar ist. Dann ist $\sum^s \varepsilon^{(\lambda+\mu)\operatorname{ind} s} = 0$, und es können in der Summe auf der rechten Seite von (2) die dem Werthe $t = n - 1$ entsprechenden Glieder weggelassen werden. Man erhält so

$$\begin{aligned}(4)\qquad (\varepsilon^\lambda, r)\,(\varepsilon^\mu, r) &= \sum_{1,\,n-2}^t \varepsilon^{\mu \operatorname{ind} t} \sum_{1,\,n-1}^s \varepsilon^{(\lambda+\mu)\operatorname{ind} s}\, r^{s(t+1)}\\ &= \sum_{1,\,n-2}^t \varepsilon^{\mu \operatorname{ind} t - (\lambda+\mu)\operatorname{ind}(t+1)} \sum^s \varepsilon^{(\lambda+\mu)\operatorname{ind} s(t+1)}\, r^{s(t+1)}.\end{aligned}$$

Nun durchläuft $s(t+1)$ bei feststehendem t zugleich mit s ein volles Restsystem nach dem Modul n, und es ist also

$$\sum^{s} \varepsilon^{(\lambda+\mu)\operatorname{ind} s(t+1)} r^{s(t+1)} = \sum^{s} \varepsilon^{(\lambda+\mu)\operatorname{ind} s} r^{s} = (\varepsilon^{\lambda+\mu}, r),$$

und die Formel (4) ergiebt

(5) $$\frac{(\varepsilon^{\lambda}, r)\,(\varepsilon^{\mu}, r)}{(\varepsilon^{\lambda+\mu}, r)} = \psi_{\lambda,\mu}(\varepsilon),$$

wenn zur Abkürzung

(6) $$\sum_{1, n-2}^{t} \varepsilon^{\mu \operatorname{ind} t - (\lambda+\mu)\operatorname{ind}(t+1)} = \psi_{\lambda,\mu}(\varepsilon)$$

gesetzt und $\lambda + \mu$ durch $n - 1 = m$ nicht theilbar angenommen wird. Diese Functionen ψ sind dann aus den $(n - 1)^{\text{ten}}$ Einheitswurzeln ε mit ganzzahligen Coëfficienten zusammengesetzt und sind also bekannt, wenn die $(n - 1)^{\text{ten}}$ Einheitswurzeln als bekannt vorausgesetzt werden. Es sind Zahlen des Körpers $R(\varepsilon)$.

Wir nehmen jetzt λ durch μ theilbar an, ersetzen also λ durch $\mu\lambda$ und setzen

(7) $$\alpha = \varepsilon^{\mu},$$

so dass α auch eine nicht primitive $(n - 1)^{\text{te}}$ Einheitswurzel, z. B. eine e^{te} Einheitswurzel sein kann (wenn, wie oben, $m = ef$ ist und μ durch f theilbar, etwa $= f$ genommen wird), wobei jedoch der Fall $\alpha = 1$, also $e = 1$ auszuschliessen ist.

Dann setzen wir

(8) $$\sum_{1, n-2}^{t} \alpha^{\operatorname{ind} t - (\lambda+1)\operatorname{ind}(t+1)} = \psi_{\lambda}(\alpha);$$

darin ist $\psi_{\lambda}(\alpha)$ eine Zahl des Körpers $R(\alpha)$, die mit Hülfe einer Indextabelle leicht berechnet werden kann; λ kann dabei nach dem Modul e genommen werden. Die Formel (5) giebt für diese Annahme

(9) $$(\alpha^{\lambda}, r)\,(\alpha, r) = (\alpha^{\lambda+1}, r)\,\psi_{\lambda}(\alpha),$$

und diese Formel gilt, so lange $\mu(\lambda + 1)$ nicht durch $n - 1$ theilbar ist, also, wenn μ zu m theilerfremd, und daher α eine primitive m^{te} Einheitswurzel ist, für $\lambda = 1, 2 \ldots n - 3$, und wenn f der grösste gemeinschaftliche Theiler von μ und m und $m = ef$ ist, für $\lambda = 1, 2 \ldots e - 2$.

Die Formel (3) giebt jetzt, wenn α^{λ} nicht $= 1$ ist,

(10) $$(\alpha^{\lambda}, r)\,(\alpha^{-\lambda}, r) = (-1)^{\mu\lambda} n.$$

Die Formeln (9), (10) genügen, um nicht nur die r selbst, sondern auch die sämmtlichen Perioden η durch Radicale zu bestimmen, deren Grade die in m aufgehenden Primzahlen sind, und unter denen die Functionen ψ_{λ} als die bekannten Grössen vorkommen.

Da die f-gliedrigen Perioden (für $f = 1$) die Grössen r mit umfassen, so wollen wir gleich zur Bestimmung dieser Perioden übergehen.

Wir wollen also unter α eine primitive e^{te} Einheitswurzel verstehen und $\mu = f$ setzen.

Dann ist

$$(\alpha^\lambda, r) = r + \alpha^\lambda r_1 + \alpha^{2\lambda} r_2 + \cdots + \alpha^{(n-2)\lambda} r_{n-2},$$

oder nach §. 167, (12)

(11) $$(\alpha^\lambda, r) = (\alpha^\lambda, \eta) = \eta + \alpha^\lambda \eta_1 + \alpha^{2\lambda} \eta_2 + \cdots + \alpha^{(e-1)\lambda} \eta_{e-1},$$

und die Formeln (9) und (10) ergeben

(12) $$(\alpha^\lambda, \eta)(\alpha, \eta) = (\alpha^{\lambda+1}, \eta)\, \psi_\lambda(\alpha)$$

(13) $$(\alpha^\lambda, \eta)(\alpha^{-\lambda}, \eta) = (-1)^{f\lambda} n.$$

$$\lambda = 1, 2 \ldots (e-2),$$

Die Gleichung (13) zeigt, dass keine der Zahlen (α^λ, η) verschwindet, und nach (12) sind auch die $\psi_\lambda(\alpha)$ von Null verschieden, und wenn wir die Gleichung (12) für $\lambda = 1, 2 \ldots \lambda - 1$ bilden, so folgt

$$\begin{aligned} (\alpha, \eta)(\alpha, \eta) &= (\alpha^2, \eta)\, \psi_1(\alpha) \\ (\alpha^2, \eta)(\alpha, \eta) &= (\alpha^3, \eta)\, \psi_2(\alpha) \\ &\cdots\cdots \\ (\alpha^{\lambda-1}, \eta)(\alpha, \eta) &= (\alpha^\lambda, \eta)\, \psi_{\lambda-1}(\alpha). \end{aligned}$$

Daraus erhalten wir durch Multiplication und Wegheben des Factors $(\alpha^2, \eta) \ldots (\alpha^{\lambda-1}, \eta)$

(14) $$(\alpha, \eta)^\lambda = (\alpha^\lambda, \eta)\, \psi_1(\alpha)\, \psi_2(\alpha) \ldots \psi_{\lambda-1}(\alpha).$$

Dadurch ist (α^λ, η) rational durch (α, η) ausgedrückt. Setzen wir aber in (14) $\lambda = e - 1$, so ergiebt sich

$$(\alpha, \eta)^{e-1} = (\alpha^{-1}, \eta)\, \psi_1(\alpha)\, \psi_2(\alpha) \ldots \psi_{e-2}(\alpha),$$

und durch Multiplication mit (α, η), wenn (13) in der Form

$$(\alpha, \eta)(\alpha^{-1}, \eta) = (-1)^f n$$

benutzt wird,

(15) $$(\alpha, \eta)^e = (-1)^f n\, \psi_1(\alpha)\, \psi_2(\alpha) \ldots \psi_{e-2}(\alpha),$$

wodurch die Bildung von (α, η) auf eine e^{te} Wurzel zurückgeführt ist. Setzen wir $e = m$, so erhalten wir (ε, r).

Wir wollen dies Verfahren auf den interessanten Fall $n = 17$ anwenden, der zu dem geometrisch merkwürdigen, von Gauss zuerst gefundenen Resultat führt, dass die Theilung der Kreisperipherie in 17 Theile von einer Reihe quadratischer Gleichungen abhängt, und dass daher das reguläre Siebzehneck mit Cirkel und Lineal construirt werden kann.

Für die Primzahl 17 ist 3 eine primitive Wurzel, und man findet die Indextabelle

I	0	1	2	3	4	5	6	7	8	9	10	11	12	13	14	15
N	1	3	9	10	13	5	15	11	16	14	8	7	4	12	2	6

Die zweigliedrigen Perioden sind, wenn wir $r = e^{\frac{2\pi i}{17}}$ setzen,

$$\eta = 2\cos\frac{2\pi}{17}, \qquad \eta_1 = 2\cos\frac{6\pi}{17}$$

$$(16)\quad \begin{aligned} \eta_2 &= 2\cos\frac{18\pi}{17} = -2\cos\frac{\pi}{17}, & \eta_3 &= 2\cos\frac{20\pi}{17} = -2\cos\frac{3\pi}{17}, \\ \eta_4 &= 2\cos\frac{26\pi}{17} = 2\cos\frac{8\pi}{17}, & \eta_5 &= 2\cos\frac{10\pi}{17} = -2\cos\frac{7\pi}{17}, \\ \eta_6 &= 2\cos\frac{30\pi}{17} = 2\cos\frac{4\pi}{17}, & \eta_7 &= 2\cos\frac{22\pi}{17} = -2\cos\frac{5\pi}{17}. \end{aligned}$$

Zur Berechnung der Functionen ψ wendet man am einfachsten folgende Tabelle an:

t	1	2	3	4	5	6	7	8	9	10	11	12	13	14	15
ind t	0	14	1	12	5	15	11	10	2	3	7	13	4	9	6
ind $(t+1)$	14	1	12	5	15	11	10	2	3	7	13	4	9	6	8

woraus man, wenn α eine 8te Einheitswurzel bedeutet, nach der Formel (8) findet:

$$(17)\quad \begin{aligned} \psi_1(\alpha) &= \psi_6(\alpha) = 2\alpha + 2\alpha^2 + 3\alpha^4 + 4\alpha^5 + 2\alpha^6 + 2\alpha^7 \\ \psi_2(\alpha) &= \psi_5(\alpha) = 2 + 3\alpha + \alpha^3 + \alpha^4 + 3\alpha^5 + 4\alpha^6 + \alpha^7 \\ \psi_3(\alpha) &= \psi_4(\alpha) = 3 + 3\alpha + 2\alpha^2 + 3\alpha^3 + \alpha^5 + 2\alpha^6 + \alpha^7. \end{aligned}$$

Nimmt man

$$\alpha = \frac{1+i}{\sqrt{2}}, \quad \alpha^2 = i, \quad \alpha^4 = -1,$$

so ergiebt sich

$$(18)\quad \begin{aligned} \psi_1(\alpha) &= \psi_6(\alpha) = -3 - i\sqrt{8} \\ \psi_2(\alpha) &= \psi_5(\alpha) = 1 - 4i \\ \psi_3(\alpha) &= \psi_4(\alpha) = 3 + i\sqrt{8} \\ \psi_1(i) &= -1 + 4i, \end{aligned}$$

also nach (15)

$$(19)\quad (\alpha, \eta)^8 = 17\,(3 + i\sqrt{8})^4\,(1 - 4i)^2.$$

Aus (13) und (14) aber erhält man

$$(20)\qquad \begin{aligned}(-1, \eta)^2 &= 17\\ (i, \eta)^2 &= (-1, \eta)(-1 + 4i)\\ (\alpha, \eta)^2 &= -(i, \eta)\left(3 + i\sqrt{8}\right);\end{aligned}$$

ausserdem hat man $(1, \eta) = -1$,

$$(21)\qquad \begin{aligned}(i, \eta)(-i, \eta) &= 17\\ (\alpha, \eta)(\alpha^{-1}, \eta) &= 17\\ (\alpha^3, \eta)(\alpha^{-3}, \eta) &= 17\end{aligned}$$

und nach (9)

$$(22)\qquad (\alpha, \eta)(\alpha^3, \eta) = (-1, \eta)\left(3 + i\sqrt{8}\right),$$

wodurch $(1, \eta)$, $(-1, \eta)$, $(\pm i, \eta)$, (α, η), (α^{-1}, η), (α^{-3}, η) durch Quadratwurzeln bestimmt sind.

Bei der Bestimmung, die wir über r und α getroffen haben, ergiebt sich leicht aus der Betrachtung der Werthe der Cosinus (16), dass $(-1, \eta)$ positiv, also gleich der positiven Quadratwurzel $\sqrt{17}$ ist, und dass ferner (i, η) und (α, η) positive reelle Theile haben, wodurch auch diese Grössen völlig bestimmt sind. Es ist also

$$(-1, \eta) = \sqrt{17}$$

$$(i, \eta) = \sqrt[4]{17}\left\{\sqrt{\frac{\sqrt{17}-1}{2}} + i\sqrt{\frac{\sqrt{17}+1}{2}}\right\},$$

wenn alle Wurzeln positiv genommen werden, und nach der letzten Gleichung (20) lässt sich durch eine, wenn auch etwas lange Formel (α, η) durch Quadratwurzeln aus reellen Grössen darstellen. Auf die geometrischen Constructionen, die sich hier anknüpfen, gehen wir nicht ein[1]).

Die benutzte Vorzeichenbestimmung erhält man einfach, wenn man nach (16) setzt

$$\begin{aligned}\frac{1}{2}(-1, \eta) = \cos\frac{2\pi}{17} - \cos\frac{\pi}{17} + \cos\frac{8\pi}{17} + \cos\frac{4\pi}{17}\\ - \cos\frac{6\pi}{17} + \cos\frac{3\pi}{17} + \cos\frac{7\pi}{17} + \cos\frac{5\pi}{17}.\end{aligned}$$

Nach einer bekannten trigonometrischen Formel ist aber

$$\begin{aligned}\cos\frac{2\pi}{17} - \cos\frac{\pi}{17} &= -2\sin\frac{\pi}{34}\sin\frac{3\pi}{34}\\ -\cos\frac{6\pi}{17} + \cos\frac{5\pi}{17} &= 2\sin\frac{\pi}{34}\sin\frac{11\pi}{34},\end{aligned}$$

---

[1]) Vgl. hierüber v. Staudt, Construction des regulären Siebzehnecks. Crelle's Journ. Bd. 24, 1842.

und da $\sin\frac{11\pi}{34}$ grösser ist als $\sin\frac{3\pi}{34}$, so ist die Summe dieser beiden Ausdrücke und damit die ganze Summe $(-1, \eta)$ positiv

Es ergiebt sich ferner für den reellen Theil von (i, η)

$$\eta - \eta_2 + \eta_4 - \eta_6 = 2\cos\frac{2\pi}{17} + 2\cos\frac{\pi}{17} + 2\cos\frac{8\pi}{17} - 2\cos\frac{4\pi}{17},$$

was unmittelbar als positiv erkannt wird; endlich für den reellen Theil von (α, η)

$$\eta - \eta_4 + \frac{1}{\sqrt{2}}(\eta_1 - \eta_3 - \eta_5 + \eta_7)$$

$$= 2\cos\frac{2\pi}{17} - 2\cos\frac{8\pi}{17} + \sqrt{2}\left(\cos\frac{6\pi}{17} + \cos\frac{3\pi}{17} + \cos\frac{7\pi}{17} - \cos\frac{5\pi}{17}\right),$$

was sich gleichfalls als positiv erweist.

§. 170.

Eigenschaften der Zahlen ψ.

Die im vorigen Paragraphen abgeleiteten Formeln für die Resolventen gestatten eine Fülle von Anwendungen, auch ohne eine genaue Bestimmung der Primzahl n, für specielle Annahmen über die Zahl e; sie geben also zahlentheoretische Sätze für ganze Kategorien von Primzahlen.

Für die Algebra liefern sie uns die Lösungen cyklischer Gleichungen von vorgeschriebenem Grade in beliebiger Menge.

Der Ableitung der für die Algebra wichtigsten dieser Anwendungen schicken wir einige allgemeine Betrachtungen über die Functionen ψ voraus, die wir im vorigen Paragraphen definirt haben.

Zur Berechnung der Zahlen $\psi_{\lambda,\mu}(\varepsilon)$ [§. 169, (5)] bedient man sich, wie wir im Falle $n = 17$ gesehen haben, einer Indextabelle. Es bestehen aber zwischen diesen Functionen Relationen, durch die sie sich auf eine geringere Zahl zurückführen lassen, worüber Jacobi merkwürdige Untersuchungen angestellt hat [1]).

Die Function $\psi_{\lambda,\mu}(\varepsilon)$ ändert sich nach ihrer Definition nicht, wenn λ, μ vertauscht werden, obwohl ihr Ausdruck

---

[1]) Vergl. Kronecker, Zur Theorie der Abel'schen Gleichungen. Journ. f. Mathem. Bd. 93.

[§. 169, (6)] dadurch eine andere Gestalt erhält. Wir bekommen also dieselbe Function $\psi_\lambda(\alpha)$, wenn wir λ, μ durch $\lambda f, f$ oder durch f, λf ersetzen, also [§. 169, (8)]

$$\psi_\lambda(\alpha) = \sum^t \alpha^{\operatorname{ind} t - (\lambda+1)\operatorname{ind}(t+1)} = \sum^t \alpha^{\lambda \operatorname{ind} t - (\lambda+1)\operatorname{ind}(t+1)}.$$

Hängen also zwei Zahlen λ, λ' durch die Congruenz

(1) $$\lambda\lambda' \equiv 1 \pmod{e}$$

mit einander zusammen, so ergiebt sich

$$\psi_\lambda(\alpha^{\lambda'}) = \sum^t \alpha^{\lambda\lambda' \operatorname{ind} t - (\lambda\lambda' + \lambda')\operatorname{ind}(t+1)} = \sum^t \alpha^{\operatorname{ind} t - (\lambda'+1)\operatorname{ind}(t+1)},$$

also die Formel

(2) $$\psi_\lambda(\alpha^{\lambda'}) = \psi_{\lambda'}(\alpha).$$

Wenn wir sodann in §. 169, (5) für λ setzen $-\lambda-\mu$ und also $-\lambda$ für $\lambda+\mu$ (wobei dann vorausgesetzt sein muss, dass λ durch m nicht theilbar ist), so folgt

$$\frac{(\varepsilon^{-\lambda-\mu}, r)(\varepsilon^\mu, r)}{(\varepsilon^{-\lambda}, r)} = \psi_{-\lambda-\mu,\mu}(\varepsilon).$$

Die linke Seite multipliciren wir mit

$$\frac{(\varepsilon^{\lambda+\mu}, r)(\varepsilon^\lambda, r)}{(\varepsilon^{\lambda+\mu}, r)(\varepsilon^\lambda, r)} = 1,$$

und wenden im Zähler und Nenner die Formel

$$(\varepsilon^\lambda, r)(\varepsilon^{-\lambda}, r) = (-1)^\lambda n$$

[§. 169, (3)] an, dann folgt

$$(-1)^\mu \frac{(\varepsilon^\lambda, r)(\varepsilon^\mu, r)}{(\varepsilon^{\lambda+\mu}, r)} = \psi_{-\lambda-\mu,\mu}(\varepsilon),$$

oder

$$\psi_{-\lambda-\mu,\mu}(\varepsilon) = (-1)^\mu \psi_{\lambda,\mu}(\varepsilon),$$

und wenn wir λ, μ durch $\lambda f, f$ ersetzen und λ'' aus der Congruenz

(3) $$\lambda + \lambda'' + 1 \equiv 0 \pmod{e}$$

bestimmen,

(4) $$\psi_\lambda(\alpha) = (-1)^f \psi_{\lambda''}(\alpha).$$

Diese Formel kann dann wieder mit der Formel (2) verbunden werden, und so die Anzahl der für ein bestimmtes e zu berechnenden Functionen ψ_λ, deren Anzahl $e-2$ beträgt, etwa auf den sechsten Theil zurückgeführt werden.

Eine dritte Formel ergiebt sich, wenn man in §. 169, (5) für ε setzt ε^{-1} und dann multiplicirt, also

$$\psi_{\lambda,\mu}(\varepsilon)\,\psi_{\lambda,\mu}(\varepsilon^{-1}) = \frac{(\varepsilon^\lambda, r)\,(\varepsilon^{-\lambda}, r)\,(\varepsilon^\mu, r)\,(\varepsilon^{-\mu}, r)}{(\varepsilon^{\lambda+\mu}, r)\,(\varepsilon^{-\lambda-\mu}, r)}$$

bildet. Und mit Hülfe von §. 169, (3) findet man so die Formel

(5) $$\psi_{\lambda,\mu}(\varepsilon)\,\psi_{\lambda,\mu}(\varepsilon^{-1}) = n,$$

die nun wieder durch die Substitution $\lambda f, f$ für λ, μ specialisirt wird:

(6) $$\psi_\lambda(\alpha)\,\psi_\lambda(\alpha^{-1}) = n.$$

Schliesslich wollen wir noch eine Eigenschaft der Functionen ψ erwähnen, die sich auch unmittelbar aus ihrer Definition §. 169, (5) ablesen lässt. Danach ist nämlich, wenn λ, μ, ν drei solche Zahlen sind, dass $\lambda + \mu$, $\lambda + \mu + \nu$ nicht durch m theilbar ist

(7) $$\psi_{\lambda,\mu}(\varepsilon)\,\psi_{\lambda+\mu,\nu}(\varepsilon) = \frac{(\varepsilon^\lambda, r)\,(\varepsilon^\mu, r)\,(\varepsilon^\nu, r)}{(\varepsilon^{\lambda+\mu+\nu}, r)},$$

d. h. das Product $\psi_{\lambda,\mu}(\varepsilon)\,\psi_{\lambda+\mu,\nu}(\varepsilon)$ bleibt ungeändert, wenn die drei Zahlen λ, μ, ν beliebig vertauscht werden (falls auch $\lambda + \nu$ und $\mu + \nu$ durch m nicht theilbar sind). Danach ergiebt sich z. B.

$$\psi_{\lambda,\mu}(\varepsilon)\,\psi_{\lambda+\mu,\nu}(\varepsilon) = \psi_{\mu,\nu}(\varepsilon)\,\psi_{\mu+\nu,\lambda}(\varepsilon),$$

und wenn man darin λ, μ, ν durch $2\lambda f, f, f$ ersetzt, und beachtet, dass $\psi_{2f,2\lambda f}(\varepsilon) = \psi_\lambda(\alpha^2)$ ist,

(8) $$\psi_{2\lambda}(\alpha)\,\psi_{2\lambda+1}(\alpha) = \psi_1(\alpha)\,\psi_\lambda(\alpha^2),$$

vorausgesetzt, dass 2, $2\lambda + 1$, $2\lambda + 2$ nicht durch e theilbar sind.

Jacobi hat den Versuch gemacht, mit Hülfe dieser Formeln für ein gegebenes, als Primzahl vorausgesetztes e die sämmtlichen $e - 2$ Functionen $\psi_\lambda(\alpha)$ durch die conjugirten Werthe einer einzigen, d. h. durch $\psi_1(\alpha)$, $\psi_1(\alpha^2)$, $\psi_1(\alpha^3)$ ... auszudrücken, und hat die Rechnung bis $e = 23$ durchgeführt.

Seine Vermuthung aber, dass eine solche Darstellung allgemein möglich sei, ist nach den Untersuchungen von Kronecker wahrscheinlich nicht richtig.

Wir wollen als Beispiel den Fall $e = 7$ durchführen. Für diesen Fall ist

$$\lambda\; = 1,\ 2,\ 3,\ 4,\ 5$$
$$\lambda' = 1,\ 4,\ 5,\ 2,\ 3$$
$$\lambda'' = 5,\ 4,\ 3,\ 2,\ 1,$$

also ergeben die Formeln (2) und (4)

$$\psi_4(\alpha) = \psi_2(\alpha^4), \quad \psi_5(\alpha) = \psi_3(\alpha^5)$$
$$\psi_1(\alpha) = \psi_5(\alpha), \quad \psi_2(\alpha) = \psi_4(\alpha),$$

und daraus noch

$$\psi_1(\alpha) = \psi_3(\alpha^5)$$
$$\psi_3(\alpha) = \psi_1(\alpha^3),$$

und wenn man in (8) $\lambda = 1$ setzt

$$\psi_2(\alpha)\,\psi_3(\alpha) = \psi_1(\alpha)\,\psi_1(\alpha^2);$$

endlich nach (6)

$$n = \psi_3(\alpha)\,\psi_3(\alpha^6) = \psi_3(\alpha)\,\psi_1(\alpha^4).$$

Berechnet man hiernach die Formel §. 169, (15)

$$(\alpha, \eta)^7 = n\,\psi_1(\alpha)\,\psi_2(\alpha)\,\psi_3(\alpha)\,\psi_4(\alpha)\,\psi_5(\alpha),$$

so ergiebt sich

(9) $$(\alpha, \eta)^7 = \psi_1(\alpha)^4\,\psi_1(\alpha^2)^2\,\psi_1(\alpha^4).$$

Durch diese Formel lässt sich unmittelbar die Relation aus §. 169, (14)

$$(\alpha, \eta)^{14} = (\alpha^2\,\eta)^7\,\psi_1(\alpha)^7$$

verificiren.

Wir wollen diese Betrachtungen über die Functionen ψ mit dem Beweise eines Satzes beschliessen, der uns später nützlich sein wird.

Bestimmen wir eine positive ganze Zahl $\nu < m$ aus der Congruenz

(10) $$\lambda + \mu + \nu \equiv 0 \pmod{m},$$

so können wir die Function $\psi_{\lambda,\mu}(\varepsilon)$, wie sie durch §. 169, (6) definirt ist, so darstellen

(11) $$\psi_{\lambda,\mu}(\varepsilon) = \sum_{1,\,n-2}^{t} \varepsilon^{\mu\,\mathrm{ind}\,t + \nu\,\mathrm{ind}\,(t+1)}.$$

Hierin wollen wir nun die m^{te} Einheitswurzel ε durch die primitive Congruenzwurzel g der Primzahl n, die dem Indexsystem zu Grunde liegt, ersetzen, d. h. wir wollen die ganze Zahl

(12) $$\psi_{\lambda,\mu}(g) = \sum_{1,\,n-2}^{t} g^{\mu\,\mathrm{ind}\,t + \nu\,\mathrm{ind}\,(t+1)} \equiv \sum_{1,\,n-2}^{t} t^{\mu}\,(t+1)^{\nu} \pmod{n}$$

bilden. Betrachten wir diese Zahl nach dem Modul n, so können wir die Summation bis $t = n - 1$ ausdehnen, da für diesen Werth $(t + 1)$ congruent mit Null ist. Wir erhalten also

(13) $$\psi_{\lambda,\mu}(g) \equiv \sum_{1,\,n-1}^{t} t^{\mu}\,(t+1)^{\nu} \pmod{n}.$$

Auf die Potenz $(t + 1)^{\nu}$ können wir den binomischen Lehrsatz anwenden und erhalten, wenn, wie früher, $B_h^{(\nu)}$ die Binomialcoëfficienten bedeuten,

(14) $$\psi_{\lambda,\mu}(g) \equiv \sum_{0,\,\nu}^{h} B_h^{(\nu)} \sum_{1,\,n-1}^{t} t^{\mu+h} \pmod{n}.$$

Setzen wir $t \equiv g^s \pmod{n}$, so durchläuft s ein Restsystem nach dem Modul m, und wir erhalten

$$\sum_{1,\,n-1}^{t} t^{\mu+h} \equiv \sum_{0,\,m-1}^{s} g^{s(\mu+h)} \pmod{n}.$$

Es ist aber nach der Summenformel für die geometrische Reihe

$$(g^{\mu+h} - 1) \sum_{0,\,m-1}^{s} g^{s(\mu+h)} = g^{m(\mu+h)} - 1 \equiv 0 \pmod{n},$$

und folglich ist

$$(15) \qquad \sum_{0,\,m-1}^{s} g^{s(\mu+h)} \equiv 0 \pmod{n},$$

ausser wenn $\mu + h \equiv 0 \pmod{m}$ ist, und in diesem Falle ist

$$(16) \qquad \sum_{0,\,m-1}^{s} g^{s(\mu+h)} \equiv m \equiv -1 \pmod{n}.$$

Nehmen wir λ, μ zwischen 0 und m an, so ist

1) wenn $\lambda + \mu < m$ ist, $\nu = m - \lambda - \mu$,
2) „ $\lambda + \mu > m$ ist, $\nu = 2m - \lambda - \mu$.

Der Exponent $\mu + h$ in der Summe (14) durchläuft also

im Falle 1) die Werthe $\mu + h = \mu, \mu + 1, \ldots m - \lambda$,
„ „ 2) „ „ $\mu, \mu + 1, \ldots 2m - \lambda$.

Im Falle 1) kommt also der in (16) vorausgesetzte Fall $\mu + h \equiv 0 \pmod{m}$ gar nicht vor, im Falle 2) kommt er einmal vor, für $h = m - \mu$.

Demnach haben wir aus (14) mit Rücksicht auf (15) und (16), wenn für den Binomialcoëfficienten $B_h^{(\nu)}$ der Werth $\dfrac{\Pi(\nu)}{\Pi(h)\,\Pi(\nu - h)}$ gesetzt wird,

$$(17) \qquad \begin{aligned} &1)\ \psi_{\lambda,\mu}(g) \equiv 0, \quad \lambda + \mu < m \\ &2)\ \psi_{\lambda,\mu}(g) \equiv -\frac{\Pi(2m - \lambda - \mu)}{\Pi(m - \lambda)\,\Pi(m - \mu)}, \quad m < \lambda + \mu < 2m. \end{aligned} \pmod{n}$$

§. 171.

Die Gauss'schen Summen.

Im §. 169 ist gezeigt, dass, wenn $n - 1 = ef$ ist, die Perioden $\eta, \eta_1, \ldots \eta_{e-1}$ einer ganzzahligen Gleichung e^{ten} Grades genügen. Diese Gleichung hat nur reelle Wurzeln, wenn f gerade ist, weil dann $\frac{1}{2}(n-1)$ ein Vielfaches von e ist, und folglich r und r^{-1} in derselben Periode vorkommen. Ist aber f ungerade, so sind alle Wurzeln imaginär.

Es ist nun vom höchsten Interesse diese Gleichung e^{ten} Grades für einzelne besondere Werthe von e ohne eine specielle Annahme über die Primzahl n, ausser der, dass $n-1$ durch e theilbar sein soll, zu untersuchen.

Wir betrachten die ersten speciellen Fälle und nehmen zunächst $e = 2$ an, was bei jeder ungeraden Primzahl n zulässig ist; η, η_1 sind hier also die zwei Perioden von $\frac{1}{2}(n-1)$ Gliedern, die wir jetzt mit A, B bezeichnen wollen, so dass

$$A = r + r_2 + r_4 + \cdots + r_{n-3}$$
$$B = r_1 + r_3 + r_5 + \cdots + r_{n-2}.$$

Die $r, r_2, r_4 \ldots$ haben die Exponenten $g^0, g^2 \ldots g^{n-3}$, d. h. die Exponenten von g sind gerade Zahlen. Die Exponenten von r sind also die quadratischen Reste von n (§. 138). Ebenso sind die Exponenten von r in der Summe B die Nichtreste. Bezeichnen wir also die Reste mit a, die Nichtreste mit b, so ist

(1) $$A = \Sigma r^a, \quad B = \Sigma r^b,$$

und es ist $(-1, r) = A - B$. Diese Ausdrücke A, B, werden die Gauss'schen Summen genannt.

Machen wir in der Formel §. 169, (10) die Annahme

$$e = 2, \quad \mu = f = \frac{n-1}{2}, \quad \lambda = 1, \quad \alpha = -1,$$

so ergiebt sich

(2) $$A - B = \pm\sqrt{(-1)^{\frac{n-1}{2}}\, n},$$

während andererseits

$$A + B = -1,$$

also

(3) $$2A = -1 \pm \sqrt{(-1)^{\frac{n-1}{2}}\, n}, \quad 2B = -1 \mp \sqrt{(-1)^{\frac{n-1}{2}}\, n}.$$

Das Vorzeichen, das man der Wurzel zu geben hat, hängt von der Wahl von r ab. Ist aber über r verfügt, so ist das Vorzeichen völlig bestimmt. Seine Ermittelung bietet eigenthümliche Schwierigkeiten, die zu einer eigenen Abhandlung von Gauss Anlass gegeben haben[1]).

[1]) Summatio quarundam serierum singularium. Gauss Werke, Bd. II. Auf andere Weise, mit Anwendung der höheren Analysis, ist das Zeichen

Es seien μ und ν zwei positive ganze Zahlen und x eine Variable. Wir definiren eine rationale Function von x durch die Gleichung

$$(4)\qquad (\mu, \nu) = \frac{(1 - x^{\mu})(1 - x^{\mu-1}) \dots (1 - x^{\mu-\nu+1})}{(1 - x)(1 - x^2) \dots (1 - x^{\nu})}.$$

Wenn $\nu = \mu + 1$ wird, so verschwindet diese Function identisch, wegen des Factors $1 - x^{\mu-\nu+1}$ und ebenso, wenn ν noch grösser wird.

Wir stellen für diese Functionen einige Recursionsformeln auf, die sich unmittelbar aus dem Anblick der Formel (4) ergeben:

$$(5)\qquad (1 - x^{\mu-\nu+1})(\mu + 1, \nu) = (1 - x^{\mu+1})(\mu, \nu)$$

$$(6)\qquad (1 - x^{\nu+1})\quad (\mu, \nu + 1) = (1 - x^{\mu-\nu})(\mu, \nu),$$

und durch die Verbindung von (5) und (6), nachdem in (6) μ durch $\mu + 1$ ersetzt ist,

$$(7)\qquad (1 - x^{\nu+1})(\mu + 1, \nu + 1) = (1 - x^{\mu+1})(\mu, \nu).$$

Wenn man (6) von (7) subtrahirt und durch das nicht verschwindende $1 - x^{\nu+1}$ dividirt, so folgt noch

$$(8)\qquad (\mu + 1, \nu + 1) = (\mu, \nu + 1) + x^{\mu-\nu}(\mu, \nu).$$

Setzen wir definitionsweise $(\mu, 0) = 1$, und $(\mu, \nu) = 0$ für negative ν, so gelten diese Formeln alle allgemein für jedes ganzzahlige ν.

Aus der letzten Formel schliessen wir durch vollständige Induction, dass (μ, ν) eine g a n z e F u n c t i o n von x ist. Denn ist diese Eigenschaft für irgend ein μ bewiesen, so folgt sie für das nächst grössere μ aus der Formel (8). Es ist aber z. B. $(1, \nu)$ gleich 1 oder gleich 0, also der Satz allgemein richtig.

Setzen wir in (8) $\mu + 1$ an Stelle von μ, so können wir die Formel (5) mit ihrer Hülfe so umformen,

$$(9)\ (1 - x^{\mu+1})(\mu, \nu) = (\mu + 1, \nu) + (\mu + 1, \nu + 1) - (\mu + 2, \nu + 1).$$

Wir betrachten nun eine ganze Function

$$(10)\ f(x, \mu) = 1 - (\mu, 1) + (\mu, 2) - (\mu, 3) + \dots = \sum^{\nu} (-1)^{\nu} (\mu, \nu),$$

---

von Dirichlet, Cauchy, Kronecker bestimmt worden. Der Weg, den Gauss einschlägt, dem wir im Texte folgen, benutzt nur algebraische Hülfsmittel. Kronecker hat in Liouville's Journal Ser. 2, Bd. 1 einen Weg für die Vorzeichenbestimmung angegeben, der mit Benutzung einer Bemerkung von Dedekind (Schlömilch's Ztschr. Bd. 15, Literaturzeitung S. 21) gleichfalls zu einem rein algebraischen wird.

worin die Summation über ν von 0 bis μ erstreckt, aber auch beliebig weiter ausgedehnt werden kann, da (μ, ν) verschwindet, wenn ν negativ oder grösser als μ ist. Demnach ist auch

$$f(x, \mu) = - \sum^{\nu} (-1)^{\nu} (\mu, \nu + 1),$$

und wenn wir also die Formel (9) mit $(-1)^{\nu}$ multipliciren und in Bezug auf ν summiren, so ergiebt sich

$$(11) \qquad (1 - x^{\mu+1}) f(x, \mu) = f(x, \mu + 2).$$

Hieraus geht hervor, dass $f(x, \mu)$ für jedes ungerade μ verschwindet, da $f(x, 1) = 0$ ist. Andererseits ergiebt sich direct aus (10)

$$f(x, 2) = 1 - x,$$

und also aus (11) für jedes geradzahlige μ

$$(12) \quad f(x, \mu) = (1 - x)(1 - x^3)(1 - x^5) \dots (1 - x^{\mu-1}).$$

Denn ist diese Formel für μ richtig, so folgt aus (11) ihre Richtigkeit für $\mu + 2$.

Diese identische Umformung wenden wir nun auf unser Problem an, indem wir $\mu = m = n - 1$ und $x = r$ setzen. Dann wird

$$\frac{1 - x^m}{1 - x} = \frac{1 - r^{-1}}{1 - r} = -r^{-1}, \quad \frac{1 - x^{m-1}}{1 - x^2} = \frac{1 - r^{-2}}{1 - r^2} = -r^{-2} \dots,$$

also, so lange $0 \overline{\gtrless} \nu \overline{\gtrless} m$ ist,

$$(m, \nu) = (-1)^{\nu} r^{-(1+2+\cdots+\nu)} = (-1)^{\nu} r^{-\frac{\nu(\nu+1)}{2}},$$

oder, indem wir r durch r^{-2} ersetzen

$$(m, \nu) = (-1)^{\nu} r^{\nu^2+\nu}.$$

Nun ist

$$\nu^2 + \nu \equiv \nu^2 - (n - 1)\nu \equiv \left(\nu - \frac{n-1}{2}\right)^2 - \left(\frac{n-1}{2}\right)^2 \pmod{n},$$

also

$$(m, \nu) = (-1)^{\nu} r^{-\frac{m^2}{4}} r^{\left(\nu - \frac{m}{2}\right)^2},$$

und es wird also nach der Definitionsgleichung (10)

$$f(r^{-2}, m) = r^{-\frac{m^2}{4}} \Sigma r^{\left(\nu - \frac{m}{2}\right)^2},$$

worin ν ein volles Restsystem nach dem Modul n durchläuft. Nun durchläuft gleichzeitig mit ν auch $\nu - \frac{1}{2} m$ ein solches Restsystem, so dass wir auch

$$f(r^{-2}, m) = r^{-\frac{m^2}{4}} \Sigma r^{\nu^2}$$

setzen können. Da nun in der Reihe der Zahlen ν^2 die Zahl 0 und ausserdem jeder quadratische Rest zweimal vorkommt [für ν^2 und $(-\nu)^2$], so ist

$$r^{\frac{m^2}{4}} f(r^{-2}, m) = 1 + 2A = A - B,$$

und aus der Formel (12) ergiebt sich

$$A - B = r^{\frac{m^2}{4}} (1 - r^{-2})(1 - r^{-6}) \ldots (1 - r^{-2n+4}).$$

Nun ist

$$r^{\frac{m^2}{4}} = r\, r^3 r^5 \ldots r^{n-2},$$

und wir bekommen also schliesslich die Formel

$$(13) \quad A - B = (r - r^{-1})(r^3 - r^{-3}) \ldots (r^{n-2} - r^{-n+2}).$$

Bedeutet ν eine ungerade und μ eine gerade Zahl zwischen 0 und $\frac{1}{2}n$, so besteht dies Product aus den Factoren

$$r^\nu - r^{-\nu}, \quad r^{n-\mu} - r^{-n+\mu} = -(r^\mu - r^{-\mu}).$$

Die Anzahl der Factoren der zweiten Kategorie ist so gross, als die Anzahl der geraden Zahlen zwischen 0 und $\frac{1}{2}n$, oder gleich der Anzahl der ganzen positiven Zahlen, die kleiner als $\frac{1}{4}n$ sind. Setzen wir also, indem wir unter l eine ganze Zahl verstehen, $n = 4l + 1$ oder $4l + 3$, so ist l diese Anzahl, und wir können setzen

$$A - B = (-1)^l \prod^{\nu} (r^\nu - r^{-\nu}) \prod^{\mu} (r^\mu - r^{-\mu}),$$

wofür auch, wenn h die Reihe der Zahlen von 1 bis $\frac{1}{2}(n-1)$ durchläuft, gesetzt werden kann

$$A - B = (-1)^l \prod_{1, \frac{n-1}{2}}^{h} (r^h - r^{-h}).$$

Setzen wir nun

$$r = e^{\frac{2\pi i k}{n}}, \quad r^h - r^{-h} = 2i \sin \frac{2\pi k h}{n},$$

so wird

$$A - B = (-1)^l (2i)^{\frac{n-1}{2}} \prod^{h} \sin \frac{2\pi h k}{n}.$$

Das Product, was hier noch vorkommt, haben wir schon früher bestimmt [§. 138, (4)]:

$$2^{\frac{n-1}{2}} \prod^{h} \sin \frac{2\pi k h}{n} = \left(\frac{k}{n}\right) \sqrt{n},$$

worin die $\sqrt{n}$ positiv zu nehmen ist.

Setzen wir noch $\frac{1}{2}(n-1) = 2l$ oder $= 2l+1$, je nachdem $n = 4l+1$ oder $4l+3$ ist, so erhalten wir jetzt mit genauer Vorzeichenbestimmung

$$(14) \qquad \begin{aligned} A - B &= \left(\frac{k}{n}\right)\sqrt{n}, \quad n \equiv 1 \pmod 4 \\ &= i\left(\frac{k}{n}\right)\sqrt{n}, \quad n \equiv 3 \pmod 4. \end{aligned}$$

§. 172.

Die Perioden von $\frac{1}{3}(n-1)$ und $\frac{1}{4}(n-1)$ Gliedern.

Wir gehen jetzt zu dem Falle $e = 3$ über, wobei $n - 1$ durch 3 theilbar angenommen werden muss, also $n = 7, 13, 19, 31, 37, 43 \ldots$ Wir bezeichnen mit ϱ eine imaginäre dritte Einheitswurzel:

$$\varrho = \frac{-1+\sqrt{-3}}{2},$$

und bestimmen die drei Perioden η, η_1, η_2 von je $\frac{1}{3}(n-1)$ Gliedern, die, wie wir in §. 168 gesehen haben, die Wurzeln einer cyklischen cubischen Gleichung sind. Nach §. 169 ist

$$\psi_1(\varrho) = \sum_{1,\,n-2}^{t} \varrho^{\operatorname{ind} t - 2 \operatorname{ind}(t+1)},$$

wofür, da $-2 \equiv 1 \pmod 3$, auch

$$(1) \qquad \psi_1(\varrho) = \sum_{1,\,n-2}^{t} \varrho^{\operatorname{ind}(t^2+t)}$$

gesetzt werden kann. Diese Zahl $\psi_1(\varrho)$ kann in einer der beiden Formen

$$(2) \qquad \psi_1(\varrho) = a + b\varrho = \frac{A + b\sqrt{-3}}{2}$$

dargestellt werden, worin a, b, A ganze Zahlen sind und $A = 2a - b$ ist.

Es ist dann

$$(3) \qquad \psi_1(\varrho^2) = a + b\varrho^2 = \frac{A - b\sqrt{-3}}{2},$$

und die Formeln (10), (15) des §. 169 ergeben

$$(4) \qquad \eta + \eta_1 + \eta_2 = -1$$

$$(5) \qquad (\varrho, \eta)^3 = n\,\psi_1(\varrho), \quad (\varrho^2, \eta)^3 = n\,\psi_1(\varrho^2)$$

(6) $$(\varrho, \eta)(\varrho^2, \eta) = n, \quad \psi_1(\varrho)\psi_1(\varrho^2) = n,$$
worin

(7) $$(\varrho, \eta) = \eta + \varrho\eta_1 + \varrho^2\eta_2, \quad (\varrho^2, \eta) = \eta + \varrho^2\eta_1 + \varrho\eta_2.$$

Beispielsweise erhält man für $n = 7, 13$, wenn man die primitiven Wurzeln 3, 2 zu Grunde legt und die Indextabellen anwendet:

$n = 7$

N	1	2	3	4	5	6
I	0	2	1	4	5	3

$n = 13$

1	2	3	4	5	6	7	8	9	10	11	12
0	1	4	2	9	5	11	3	8	10	7	6

für $n = 7$, $\quad a + b\varrho = -(1 + 3\varrho)$,
für $n = 13$, $\quad a + b\varrho = -(4 + 3\varrho)$.

Aus diesen Formeln können wir leicht die cubische Gleichung herleiten, deren Wurzeln die η, η_1, η_2 sind. Sie hat wegen (4) die Form

(8) $$\eta^3 + \eta^2 + \beta\eta + \gamma = 0,$$

und die ganzen Zahlen β, γ sind zu bestimmen.

Führen wir die Multiplication in (6) aus, so ergiebt sich
$$n = \eta^2 + \eta_1^2 + \eta_2^2 - \eta\eta_1 - \eta\eta_2 - \eta_1\eta_2$$
$$= (\eta + \eta_1 + \eta_2)^2 - 3\beta,$$
also

(9) $$3\beta = -(n - 1).$$

Die Ausführung der Cuben in (5) ergiebt, wenn wir für den Augenblick
$$s_3 = \eta^3 + \eta_1^3 + \eta_2^3, \quad s = \eta^2\eta_1 + \eta_1^2\eta_2 + \eta_2^2\eta,$$
$$s' = \eta_1^2\eta + \eta_2^2\eta_1 + \eta^2\eta_2$$
setzen
$$n\psi_1(\varrho) = s_3 - 6\gamma + 3s\varrho + 3s'\varrho^2.$$

Aus (8) und (9) erhält man aber $s_3 = -n - 3\gamma$, also

(10) $$n[\psi_1(\varrho) + 1] = -9\gamma + 3s\varrho + 3s'\varrho^2,$$

und ebenso

(11) $$n[\psi_1(\varrho^2) + 1] = -9\gamma + 3s\varrho^2 + 3s'\varrho,$$

wozu noch, wenn man (4) in den Cubus erhebt,
$$n - 1 = -9\gamma + 3s + 3s'$$
kommt. Addirt man die drei letzten Gleichungen, so folgt
$$n[\psi_1(\varrho) + \psi_1(\varrho^2)] + 3n - 1 = -27\gamma,$$

oder endlich nach (2) und (3)

(12) $$-27\gamma = nA + 3n - 1.$$

Aus dieser Relation folgt, da γ eine ganze Zahl ist,

(13) $$A \equiv 1 \pmod 3$$

und daraus $A^3 \equiv 1 \pmod 9$. Nun ist nach (2), (3) und (6)

(14) $$n = a^2 - ab + b^2$$

oder

(15) $$4n = A^2 + 3b^2$$

und wenn wir diesen Werth in (12) substituiren,

$$-4 \,.\, 27\gamma = A^3 + 3Ab^2 + 3A^2 + 9b^2 - 4,$$

und daraus

$$3b^2 \equiv 0 \pmod 9.$$

Es ist also b durch 3 theilbar, und wenn wir $b = 3B$ setzen, so folgt aus (15)

(16) $$4n = A^2 + 27B^2.$$

Wir können auch leicht die Quadratwurzel aus der Discriminante bilden, nämlich

(17) $$\sqrt{D} = (\eta - \eta_1)(\eta - \eta_2)(\eta_1 - \eta_2) = s - s',$$

wenn wir (10) und (11) von einander subtrahiren. Man erhält daraus

(18) $$\sqrt{D} = nB.$$

Die cubische Gleichung, deren Wurzeln die drei Grössen η sind, hat also, was übrigens schon aus dem am Anfang von §. 171 Bemerkten folgt, drei reelle Wurzeln. Sie vereinfacht sich, wenn man

$$3\eta + 1 = \zeta$$

setzt, und ergiebt dann

(19) $$\zeta^3 - 3n\zeta - nA = 0.$$

Substituirt man auf der linken Seite für ζ der Reihe nach

(20) $$-2\sqrt{n}, \quad -\sqrt{n}, \quad +\sqrt{n}, \quad +2\sqrt{n},$$

so ergeben sich die Werthe

$$-n(2\sqrt{n} + A), \quad +n(2\sqrt{n} - A), \quad -n(2\sqrt{n} + A),$$
$$+n(2\sqrt{n} - A),$$

die, weil nach (16) A absolut kleiner als $2\sqrt{n}$ ist, abwechselnde Vorzeichen haben. Es liegt also in jedem der drei durch die Werthe (20) begrenzten Intervalle eine Wurzel der Gleichung (19).

Ueber die Frage, welche der drei Wurzeln der cubischen Gleichung (19) für $\zeta = 3\eta + 1$, welche für $3\eta_1 + 1$ oder für $3\eta_2 + 1$ zu setzen ist, lässt sich allgemein so viel sagen, dass das Vorzeichen des Productes (17) mit dem Vorzeichen von (18), das durch die Definition (1), (2) bestimmt ist, freilich aber noch von der Wahl der primitiven Wurzel g abhängt, übereinstimmen muss. Dadurch sind von den sechs möglichen Zuordnungen drei ausgeschlossen. Welche Zuordnung unter den drei übrigen zu treffen ist, hängt von der Wahl von r ab, und würde zu ähnlichen Untersuchungen Anlass geben, wie sie im vorigen Paragraphen zur Bestimmung des Zeichens der Quadratwurzel durchgeführt sind [1]).

Wir heben noch den durch die Formeln (14), (16) bewiesenen Satz hervor:

Ist n eine Primzahl von der Form $3k + 1$, so ist n durch die Form $a^2 - ab + b^2$ und $4n$ durch die Form $A^2 + 27B^2$ darstellbar, wo a, b, A, B ganze Zahlen sind.

Daraus ergiebt sich noch, dass n auch in der Form $x^2 + 3y^2$ darstellbar ist. Denn wenn von den beiden Zahlen a, b eine, etwa a gerade ist, so ist

$$n = \left(\frac{a}{2} - b\right)^2 + \tfrac{3}{4}a^2,$$

und wenn a und b beide ungerade sind, so ist

$$n = \tfrac{1}{4}(a + b)^2 + \tfrac{3}{4}(a - b)^3.$$

Auch die zweigliedrigen Perioden der 9ten Einheitswurzeln genügen einer cubischen Gleichung, und weil diese Gleichung bei der später zu behandelnden allgemeinen Theorie der cubischen Kreistheilungskörper eine wichtige Rolle spielt, wollen wir sie der Vollständigkeit halber hier betrachten, obwohl sie eigentlich in ein allgemeineres Gebiet gehört, in dem die Grade der Einheitswurzeln keine Primzahlen mehr sind.

Eine 9te Einheitswuzel r genügt der Gleichung 6ten Grades

$$r^6 + r^3 + 1 = 0, \tag{21}$$

und wir haben drei conjugirte zweigliedrige Perioden

$$\eta = r + r^{-1}, \quad \eta' = r^2 + r^{-2}, \quad \eta'' = r^4 + r^{-4}, \tag{22}$$

die die Wurzeln der cubischen Gleichung

$$\eta^3 - 3\eta + 1 = 0 \tag{23}$$

---

1) Kummer, Journ. f. Mathematik, Bd. 32.

sind. Ist ϱ eine dritte Einheitswurzel, so können wir $\varrho = r^3$ setzen, und erhalten die Resolventen

(24) $(\varrho, \eta) = \eta + \varrho\,\eta' + \varrho^2\eta''$, $(\varrho^{-1}, \eta) = \eta + \varrho^{-1}\eta' + \varrho^{-2}\eta''$,

für die man nach (22) mit Benutzung von (21) erhält

$$(\varrho, r) = 3\,r, \quad (\varrho^{-1}, r) = 3\,r^{-1},$$

also

(25) $$(\varrho, r)^3 = 27\,\varrho,$$

(26) $$(\varrho, r)\,(\varrho^{-1}, r) = 9,$$

was den Formeln (5) und (6) ganz analog ist.

Wir gehen noch in der Kürze auf den Fall $e = 4$ ein, der bei den Primzahlen n von der Form $4f + 1$ (f eine ganze Zahl) eintritt, also bei $n = 5, 13, 17, 29, 37, 41 \ldots$

Die vier Perioden von je f Gliedern seien wieder $\eta, \eta_1, \eta_2, \eta_3$.

Für α in §. 169 (8), haben wir i zu setzen, erhalten also, da $-2 \equiv +2 \pmod 4$ ist,

(27) $$\psi_1(i) = \Sigma\, i^{\operatorname{ind} t + 2 \operatorname{ind}(t+1)}$$
$$\psi_2(i) = \Sigma\, i^{\operatorname{ind}(t^2+t)} = a + b\,i,$$

worin a und b ganze Zahlen sind. $\psi_1(i)$ hat dieselbe Form wie $\psi_2(i)$. Wir werden aber sogleich die eine Function auf die andere zurückführen.

Nach den Resultaten des §. 171 ist

(28) $$(-1, \eta) = \eta + \eta_2 - \eta_1 - \eta_3 = \sqrt{n},$$

und also

(29) $2(\eta + \eta_2) = -1 + \sqrt{n}$, $2(\eta_1 + \eta_3) = -1 - \sqrt{n}$,

wo das Vorzeichen von $\sqrt{n}$ nach §. 171 zu bestimmen ist und bei passender Annahme über r positiv genommen werden darf.

Wir haben ferner nach §. 169, (14), (15)

(30) $$(i, \eta)\,(-i, \eta) = (-1)^f n$$
$$(i, \eta)^2 = (-1, \eta)\,\psi_1(i),$$

also nach (28)

(31) $$(i, \eta)^2 = \psi_1(i)\sqrt{n}, \quad (-i, \eta)^2 = \psi_1(-i)\sqrt{n}$$

(32) $$(i, \eta)^4 = (-1)^f n\,\psi_1(i)\,\psi_2(i) = n\,\psi_1(i)^2,$$

woraus folgt

(33) $$\psi_1(i) = (-1)^f\,\psi_2(i) = (-1)^f(a + b\,i),$$

und hieraus nach (30)

(34) $$\psi_1(i)\,\psi_1(-i) = \psi_2(i)\,\psi_2(-i) = a^2 + b^2 = n.$$

Um die biquadratische Gleichung zu bilden, deren Wurzeln η, η_1, η_2, η_3 sind, suchen wir zunächst die quadratische Gleichung mit den Wurzeln η, η_2 und erhalten sie aus

$$2(\eta + \eta_2) = -1 + \sqrt{n}$$
$$2(\eta - \eta_2) = (i, \eta) + (-i, \eta).$$

Quadriren wir diese beiden Gleichungen und subtrahiren die zweite von der ersten, so folgt wegen (30), (31) und (33)

(35) $$16\eta\eta_2 = 1 + n - 2\sqrt{n} - 2n(-1)^f - 2a(-1)^f\sqrt{n}.$$

Durch (29) und (35) sind aber die Coëfficienten der gesuchten quadratischen Gleichung bestimmt. Sie lautet:

$$\eta^2 + \frac{\eta}{2} + \frac{1 + n - 2n(-1)^f}{16} = \left(\frac{\eta}{2} + \frac{a(-1)^f + 1}{8}\right)\sqrt{n},$$

und die biquadratische Gleichung für die vier Perioden erhält man, wenn man beiderseits quadrirt:

(36) $$\left(\eta^2 + \frac{\eta}{2} + \frac{1+n-2n(-1)^f}{16}\right)^2 - n\left(\frac{\eta}{2} + \frac{a(-1)^f+1}{8}\right)^2 = 0.$$

Suchen wir den Coëfficienten der ersten Potenz von η, der eine ganze Zahl sein muss, so finden wir dafür

(37) $$\frac{1 + n - 2n(-1)^f}{16} - n\,\frac{a(-1)^f + 1}{8};$$

f ist gerade, wenn $n \equiv 1$, ungerade, wenn $n \equiv 5 \pmod 8$ ist, demnach ist

$$1 + n - 2n(-1)^f \equiv 0 \pmod 8.$$

Daraus aber folgt wegen (37), dass $a(-1)^f + 1$ durch 4 theilbar sein muss, also

(38) $$a \equiv -(-1)^f \pmod 4,$$

und daraus ist nach (34) weiter zu schliessen, dass b gerade sein muss, also

(39) $$b \equiv 0 \pmod 2.$$

Die biquadratische Gleichung nimmt eine einfachere Gestalt an, wenn wir

(40) $$4\eta + 1 = \xi$$

setzen. Sie erhält dann nach (36) die Gestalt:

(41) $$[\xi^2 + n(1 - 2(-1)^f)]^2 - 4n[\xi + (-1)^f a]^2 = 0,$$

oder wenn wir die beiden Fälle $n \equiv 1$ oder $\equiv 5 \pmod 8$ trennen:

(42) $$(\xi^2 - n)^2 - 4n(\xi + a)^2 = 0$$
$$(\xi^2 + 3n)^2 - 4n(\xi - a)^2 = 0.$$

Wir wollen auch hier den in der Formel (34) ausgedrückten Satz hervorheben:

Jede Primzahl von der Form $4f + 1$ lässt sich in die Summe zweier Quadrate zerlegen.

§. 173.

Die complexen Zahlen von Gauss.

Der zuletzt bewiesene Satz bildet die Grundlage für die Theorie des Zahlkörpers, der durch Adjunction der imaginären Einheit $i = \sqrt{-1}$ aus dem Körper der rationalen Zahlen entsteht, den wir nach unserer Festsetzung mit $R(i)$ zu bezeichnen haben [1]).

Wir haben hier die Primzahlen von der Form $4f + 1$ zu unterscheiden von denen der Form $4f + 3$ und wir wollen der Kürze wegen die ersten mit der Primzahl 2 zusammenfassen und mit p, die zweiten mit q bezeichnen, also

$$p = 4f + 1,\ 2; \quad q = 4f + 3$$

setzen. Es gelten dann folgende Sätze:

1. Für jedes p giebt es zwei ganze Zahlen a und b, so dass
$$p = a^2 + b^2$$
ist.

Dies ist für die Primzahlen von der Form $4f + 1$ im Schlusssatze des letzten Paragraphen bewiesen und ist für $p = 2$ aus $2 = 1^2 + 1^2$ unmittelbar ersichtlich.

Dem steht ein zweiter Satz gegenüber:

2. Eine Primzahl q ist niemals in der Form $a^2 + b^2$ darstellbar, oder der noch allgemeinere:
3. Die Summe zweier Quadrate ganzer Zahlen $a^2 + b^2$ ist nur dann durch eine Primzahl q theilbar, wenn a und b durch q theilbar sind.

Der Satz 2. ergiebt sich einfach daraus, dass, wenn $a^2 + b^2$ ungerade ist, die eine der beiden Zahlen a, b gerade, also ihr Quadrat durch 4 theilbar, die andere ungerade, also ihr Quadrat

---

[1]) Gauss, Theoria residuorum biquadraticorum, commentatio secunda. Werke, Bd. II.

$\equiv 1 \pmod 4$, also $a^2 + b^2 \equiv 1 \pmod 4$ sein muss. Der Satz 3., der übrigens den zweiten in sich schliesst, wird so bewiesen.

Angenommen, es sei $a^2 + b^2$, aber nicht b, durch q theilbar, so bestimmen wir b' aus der Congruenz $b b' \equiv 1 \pmod q$ und erhalten aus $a^2 + b^2 \equiv 0 \pmod q$

$$(a b')^2 \equiv -1 \pmod q.$$

Dies ist aber unmöglich, da nach §. 138, 4. für jede Primzahl q die Zahl -1 quadratischer Nichtrest ist.

Der Körper $R(i)$ ist der Inbegriff aller Zahlen von der Form $x + y i$, wenn x, y ganze oder gebrochene rationale Zahlen sind.

Die Zahlen $a + b i$, in denen a und b ganze Zahlen in R sind, heissen die ganzen Zahlen des Körpers $R(i)$.

Das Product zweier conjugirter Zahlen

$$\xi = x + y i, \qquad \xi' = x - y i,$$

also

$$\xi \xi' = x^2 + y^2$$

heisst die Norm von ξ und wird mit $N(\xi)$ bezeichnet. Die Norm einer nicht verschwindenden Zahl ξ ist eine positive rationale Zahl und die Norm einer ganzen Zahl ist eine ganze Zahl. Die Norm eines Productes oder eines Quotienten ist gleich dem Product oder dem Quotienten der Normen.

Eine ganze Zahl, deren Norm gleich 1 ist, heisst eine Einheit.

Da $a^2 + b^2$ (für ganzzahlige a, b) nur dann $= 1$ sein kann, wenn $a = \pm 1$, $b = 0$ oder $a = 0$, $b = \pm 1$ ist, so giebt es in $R(i)$ nur die vier Einheiten

$$+1, \quad -1, \quad +i, \quad -i.$$

Der reciproke Werth einer Einheit ist auch eine Einheit.

Zwei Zahlen, von denen die eine aus der anderen durch Multiplication mit einer Einheit entsteht, heissen associirte Zahlen.

Jede complexe Zahl gehört zu einem System von vier associirten Zahlen

$$a + b i, \quad -a - b i, \quad -b + a i, \quad b - a i.$$

Summe, Differenz und Product zweier ganzer Zahlen sind wieder ganze Zahlen.

Eine ganze Zahl α heisst durch eine ganze Zahl β theilbar, wenn eine dritte ganze Zahl γ existirt, so dass $\alpha = \beta \gamma$ ist.

Ist α durch β theilbar, so ist $N(\alpha)$ durch $N(\beta)$ theilbar. Denn aus $\alpha = \beta\gamma$ folgt $N(\alpha) = N(\beta)N(\gamma)$.

Sind α, β, γ ganze Zahlen in $R(i)$ und ist α durch γ theilbar, so ist auch $\alpha\beta$ durch $\gamma\beta$ theilbar, und ist α und β durch γ theilbar, so ist auch $\alpha \pm \beta$ durch γ theilbar.

Jede ganze Zahl ist durch jede Einheit theilbar.

Die Einheiten sind aber nur durch Einheiten theilbar; denn ist $\alpha\beta$ eine Einheit, so ist $N(\alpha)N(\beta) = 1$, also $N(\alpha)$ und $N(\beta) = 1$, d. h. α und β sind Einheiten.

Associirte Zahlen sind gegenseitig durch einander theilbar, und wenn zwei Zahlen gegenseitig theilbar sind, so sind sie associirt. Denn sind $\alpha : \beta$ und $\beta : \alpha$ beides ganze Zahlen, so ist das Product dieser beiden Zahlen $= 1$; also sind beides Einheiten.

Für die Zahlen des Körpers $R(i)$ gelten dieselben Gesetze über die Zerlegung in Primfactoren, wie bei den reellen ganzen Zahlen.

Eine ganze Zahl α des Körpers $R(i)$, die keine Einheit ist, heisst zusammengesetzt, wenn sie sich in mehrere ganzzahlige Factoren, deren keiner eine Einheit ist, zerlegen lässt.

Lässt sie sich nicht so zerlegen, so soll sie eine Primzahl im Körper $R(i)$ heissen.

Ist $\xi = x + yi$ eine gebrochene Zahl des Körpers $R(i)$, so lässt sich eine ganze Zahl $\mu = m + ni$ so bestimmen, dass die Norm der Differenz $\xi - \mu$, also $(x - m)^2 + (y - n)^2$, kleiner oder wenigstens nicht grösser als $1/2$ ist; denn man braucht die ganzen rationalen Zahlen m, n nur so zu wählen, dass $x - m$ und $y - n$ absolut genommen nicht grösser als $1/2$, ihre Quadrate also nicht grösser als $1/4$ sind.

Sind also α und α_1 zwei ganze Zahlen in $R(i)$, und α_1 von Null verschieden, so kann man hiernach die ganzen Zahlen μ und α_2, so bestimmen, dass

$$\frac{\alpha}{\alpha_1} - \mu = \frac{\alpha_2}{\alpha_1}, \quad \frac{N(\alpha_2)}{N(\alpha_1)} \leqq \frac{1}{2},$$

also

$$\alpha = \mu\alpha_1 + \alpha_2, \quad N(\alpha_2) < N(\alpha_1).$$

Ist α_2 nicht Null, so kann man ebenso mit den Zahlen α_1, α_2 verfahren und erhält

$$\alpha_1 = \mu_1\alpha_2 + \alpha_3, \quad N(\alpha_3) < N(\alpha_2),$$

und so bestimmt man eine Reihe ganzer Zahlen α, α_1, α_2, α_3 ... mit stets abnehmender Norm, die sich fortsetzen lässt, so lange die Null nicht darunter vorkommt. Da diese Normen ganze rationale positive Zahlen sind, die immer abnehmen, so muss nach einer endlichen Zahl von Schritten die Null auftreten und man erhält also ein Gleichungssystem

$$\begin{aligned} \alpha &= \mu\alpha_1 + \alpha_2, \\ \alpha_1 &= \mu_1\alpha_2 + \alpha_3, \\ &\cdots\cdots\cdots \\ \alpha_{h-2} &= \mu_{h-2}\alpha_{h-1} + \alpha_h, \\ \alpha_{h-1} &= \mu_{h-1}\alpha_h. \end{aligned} \tag{1}$$

Daraus schliesst man, dass die ganze Reihe der Zahlen α, α_1, α_2 ..., also insbesondere auch α und α_1 durch α_h theilbar sind, und umgekehrt, dass jeder gemeinsamer Theiler von α und α_1 Theiler von allen folgenden α, also auch von α_h ist. Jede andere Zahl, die diese beiden Eigenschaften hat, muss mit α_h associirt sein, und man nennt also α_h (und jede mit α_h associirte Zahl) den grössten gemeinschaftlichen Theiler von α und α_1.

Wenn wir aus dem Algorithmus (1) die zwischenliegenden α eliminiren, indem wir α_2 aus der ersten in die zweite, dann α_3 aus der zweiten in die dritte Gleichung substituiren, so ergiebt sich ein Resultat von der Form $\alpha\varkappa + \alpha_1\lambda = \alpha_h$, und wir können also, wenn wir statt α, α_1, α_h setzen α, β, δ, den Satz aussprechen:

4. Wenn α, β irgend zwei ganze Zahlen in $R(i)$ sind, und δ ihr grösster gemeinschaftlicher Theiler, so kann man die ganzen Zahlen $\varkappa$, λ so bestimmen, dass

$$\alpha\varkappa + \beta\lambda = \delta \tag{2}$$

wird.

Ist der grösste gemeinschaftliche Theiler δ zweier Zahlen α, β eine Einheit, so heissen α und β relativ prim und wir können in diesem Falle der Gleichung

$$\alpha\varkappa + \beta\lambda = 1 \tag{3}$$

durch ganzzahlige $\varkappa$, λ genügen.

Ist β eine Primzahl, so ist entweder α durch β theilbar, oder α und β sind relativ prim. Im letzteren Fall besteht die Gleichung (3). Ist dann γ eine andere Zahl in $R(i)$, so folgt aus (3)

$$\alpha\gamma\varkappa + \beta\gamma\lambda = \gamma.$$

Es muss demnach, wenn $\alpha\gamma$ durch β theilbar ist, auch γ durch β theilbar sein. Also haben wir folgenden Fundamentalsatz:

5. Ein Product aus zwei oder mehr ganzen Zahlen in $R(i)$ ist nur dann durch eine Primzahl in $R(i)$ theilbar, wenn wenigstens einer seiner Factoren durch diese Primzahl theilbar ist.

Macht man nun noch die Bemerkung, dass eine Primzahl nur dann durch eine andere theilbar sein kann, wenn der Quotient eine Einheit ist, wenn also beide associirt sind, und betrachtet associirte Primzahlen als nicht wesentlich verschieden, so folgt:

6. Eine ganze Zahl des Körpers $R(i)$ kann immer und nur auf eine Art in ein Product von Primzahlen zerlegt werden.

Denn sei α irgend eine ganze Zahl in $R(i)$. Ist α nicht selbst eine Primzahl, so ist sie zerlegbar, etwa in $\gamma\beta$; die Normen von γ und von β sind aber kleiner als die Norm von α. Ist β noch keine Primzahl, so ist es wieder zerlegbar, etwa in $\delta\varepsilon$; die Normen dieser Factoren, die alle positive ganze Zahlen sind, nehmen immer ab, und man muss also nothwendig einmal auf einen Factor stossen, der eine Primzahl ist. Also ist jede Zahl α gewiss durch eine Primzahl π theilbar. Ist demnach $\alpha = \pi\alpha'$, so gilt von α' dasselbe und es ist etwa $\alpha' = \pi'\alpha'' \dots$ Da die Normen von $\alpha, \alpha', \alpha'' \dots$ wieder alle abnehmen, so muss man bei der Fortsetzung dieser Reihe schliesslich auf eine Einheit stossen. Es ist daher α in eine endliche Anzahl von Primfactoren zerlegbar, also

$$\alpha = \pi\pi'\pi'' \dots,$$

wobei ein zuletzt übrig bleibender Einheitsfactor mit einer der Primzahlen π vereinigt werden kann. Sind nun $\varkappa, \varkappa', \varkappa'' \dots$ gleichfalls Primzahlen und ist $\alpha = \varkappa\varkappa'\varkappa'' \dots$, so folgt aus

$$\varkappa\varkappa'\varkappa'' \dots = \pi\pi'\pi'' \dots$$

nach 5., dass eine der Primzahlen π, z. B. die erste durch $\varkappa$ theilbar, also von $\varkappa$ nicht wesentlich verschieden ist. Hebt man beiderseits mit $\varkappa = \pi$, so kann man denselben Schluss mit $\varkappa'$ wiederholen u. s. f. und findet also, dass jede der Primzahlen $\varkappa$ auch unter den π vorkommen muss, und wenn unter den $\varkappa$ eine Primzahl mehrmals vorkommt, so muss sie mindestens ebenso oft unter den π vorkommen. Derselbe Schluss lässt sich aber auch umgekehrt machen, und daraus folgt, dass die Gesammtheit der $\varkappa$, von Einheitsfactoren abgesehen, mit der Gesammtheit der π übereinstimmen muss.

Es handelt sich nun noch darum, die Primzahlen des Körpers $R(i)$ wirklich zu ermitteln.

Jede Primzahl ist Theiler von unendlich vielen rationalen ganzen Zahlen, z. B. von der Norm und allen ihren Vielfachen. Unter den rationalen positiven ganzen Zahlen, die durch eine Primzahl π theilbar sind, ist eine, die wir mit n bezeichnen wollen, die kleinste, und diese muss eine Primzahl im Körper R sein. Denn wäre sie in R zerlegbar, so müsste nach 5. einer ihrer Factoren, also eine noch kleinere Zahl, durch π theilbar sein. Ebenso ist auch umgekehrt jede reelle Primzahl n wenigstens durch eine Primzahl π theilbar. Es sei also $n = \pi\alpha$, woraus durch Bildung der Norm $n^2 = N(\pi)N(\alpha)$ folgt. Da n eine Primzahl ist und $N(\pi)N(\alpha)$ ganze Zahlen, so sind zwei Fälle möglich:

$$1.\quad N(\pi) = n, \qquad N(\alpha) = n,$$
$$2.\quad N(\pi) = n^2, \qquad N(\alpha) = 1.$$

Im ersten Falle ist, wenn π' die zu π conjugirte Zahl bedeutet und $\pi = a + bi$ gesetzt wird, $n = \pi\pi' = a^2 + b^2$, $\alpha = \pi'$, und man sieht, dass dieser Fall nur dann eintritt, wenn n zu den Primzahlen p gehört, die in die Summe von zwei Quadraten zerlegbar sind. Umgekehrt kann jede solche Zahl p in zwei conjugirte Factoren $\pi\pi'$ zerlegt werden, deren keine eine Einheit ist. Die Primzahlen p sind also im Körper $R(i)$ nicht Primzahlen.

Im zweiten Falle, der hiernach bei den Primzahlen q eintritt, ist α eine Einheit, also n mit π associirt, d. h. die reellen Primzahlen q sind auch im Körper $R(i)$ Primzahlen.

Die Primzahl 2 gehört, wie schon bemerkt, zu der ersten Art, und es ist $2 = (1 + i)(1 - i)$. Aber sie nimmt eine besondere Stellung ein, weil $1 - i = -i(1 + i)$, also $2 = -i(1 + i)^2$ ist. Die reelle Primzahl 2 ist also (von dem Factor $-i$ abgesehen) im Körper $R(i)$ das Quadrat einer Primzahl. Dieser Fall tritt, wie man leicht sieht, bei keiner der übrigen Primzahlen p ein.

Die Gesammtheit der Primzahlen des Körper $R(i)$ besteht also aus den reellen Primzahlen q und aus den Factoren der Primzahlen p. Ist p in die Summe zweier Quadrate, $a^2 + b^2$, zerlegt, so kennt man auch die conjugirten Factoren $a \pm bi$ von p. Dazu kommen noch die associirten Zahlen. Aus 5. folgt dann noch, dass eine Primzahl p nur auf eine Art in die Summe von zwei Quadraten zerlegt werden kann. Durch diese Zerlegung sind aber die Zahlen a, b noch nicht völlig bestimmt, sondern sie können noch mit einander vertauscht und mit zwei Vorzeichen versehen werden. Das kommt darauf hinaus, dass man π durch jede der vier associirten Zahlen $a + bi$, $-a - bi$, $-b + ai$, $b - ai$ ersetzen kann. Ist p ungerade, so muss von den beiden Zahlen a, b die eine gerade, die andere ungerade sein. Wählen wir etwa für b die gerade der beiden Zahlen, und bestimmen das Vorzeichen so, dass $a \equiv 1 \pmod 4$ wird, so ist unter den vier associirten Zahlen eine bestimmte ausgewählt, die man die primäre nennen kann[1]).

Diese Definition der primären Zahlen lässt sich auf alle ganzen Zahlen des Körpers $R(i)$ übertragen, deren Norm ungerade ist, und man hat dann das Gesetz, dass das Product zweier primären Zahlen wieder eine primäre Zahl ergiebt.

Das System von vier associirten Zahlen im Körper $R(i)$ ist analog dem Paar entgegengesetzter Zahlen im Körper R. In R betrachtet man die positiven Zahlen als die primären.

Durch die Formel (27) des vorigen Paragraphen ist für irgend eine gegebene Primzahl p einer der Factoren $a + bi$ aus der Kreistheilung abgeleitet. Nach den Formeln §. 172, (38), (39) ist diese Zahl primär, wenn $p \equiv 5 \pmod 8$, dagegen der primären entgegengesetzt, wenn $p \equiv 1 \pmod 8$ ist. Darüber aber, welche von den beiden conjugirten Zahlen $a \pm bi$ durch diese Formeln dargestellt ist, haben wir kein allgemeines Kennzeichen.

Beispielsweise sind die complexen Primzahlen in $R(i)$, deren Normen kleiner als 200 sind:

$$1 + i,\ 1 + 2i,\ 3 + 2i,\ 1 + 4i,\ 5 + 2i,\ 1 + 6i,\ 5 + 4i,$$
$$7 + 2i,\ 5 + 6i,\ 3 + 8i,\ 5 + 8i,\ 9 + 4i,\ 1 + 10i,\ 3 + 10i,$$
$$7 + 8i,\ 11 + 4i,\ 7 + 10i,\ 11 + 6i,\ 13 + 2i,\ 9 + 10i,\ 7 + 12i,$$
$$1 + 14i.$$

---

[1]) Gauss giebt an der erwähnten Stelle zwei verschiedene Bestimmungen für die primären Zahlen zur Auswahl, von denen dies die erste ist. Er behält weiterhin die zweite bei.

§. 174.

Der Körper der dritten Einheitswurzeln.

Der Hauptsatz des vorigen Paragraphen, dass jede ganze Zahl des Körpers $R(i)$ sich nur auf eine Art in unzerlegbare Factoren zerlegen lässt, demzufolge der Begriff der unzerlegbaren Zahl mit dem der Primzahl zusammenfällt, beruht, wie man sieht, in der Hauptsache auf dem Algorithmus des grössten gemeinschaftlichen Theilers, der in den Formeln §. 173, (1) enthalten ist, und wenn man also in einem anderen Körper einen solchen, im Endlichen abbrechenden Algorithmus hat, so lassen sich dieselben Schlüsse ziehen.

Dies findet statt bei dem Körper, der sich aus R mittelst der dritten Einheitswurzel $\varrho = \frac{-1 + \sqrt{-3}}{2}$ ableiten lässt und mit $R(\varrho)$ oder auch mit $R(\sqrt{-3})$ bezeichnet werden kann. Dieser Körper besteht aus dem Inbegriff aller Zahlen der Form $\xi = x + \varrho y$, worin x, y rationale Zahlen sind, und die Norm einer solchen Zahl ist

$$N(\xi) = (x + \varrho y)(x + \varrho^2 y) = x^2 - xy + y^2$$
$$= \frac{2x - y + y\sqrt{-3}}{2} \cdot \frac{2x - y - y\sqrt{-3}}{2} = \frac{(2x-y)^2 + 3y^2}{4}.$$

Eine Zahl $\alpha = a + b\varrho$ heisst eine ganze Zahl in $R(\varrho)$, wenn a, b ganze rationale Zahlen sind. Die Einheiten in diesem Körper ergeben sich aus

$$N(\alpha) = a^2 - ab + b^2 = 1,$$

oder

$$(2a - b)^2 + 3b^2 = 4,$$

die nur erfüllt ist für $b = 0$, $a = \pm 1$ oder $b = \pm 1$, $a = \pm 1$, so dass man also hier sechs Einheiten hat

$$\pm 1, \quad \pm \varrho, \quad \pm \varrho^2.$$

Ein System associirter Zahlen ist hier

$$\pm (a + b\varrho), \quad \pm (a\varrho + b\varrho^2) = \pm [-b + (a - b)\varrho]$$
$$\pm (a\varrho^2 + b) = \pm (b - a - a\varrho).$$

Ist ξ eine beliebige gebrochene Zahl in $R(\varrho)$, so kann man die ganze Zahl μ so bestimmen, dass in $\xi - \mu = x + \varrho y$ die

Componenten x und y absolut nicht grösser als $1/2$ sind und dass also

$$N(\xi - \mu) = x^2 - xy + y^2 \overline{\gtrless} \tfrac{3}{4}.$$

Auf Grund dieser Eigenschaft lässt sich, ganz wie im vorigen Paragraphen, der grösste gemeinschaftliche Theiler zweier Zahlen α, β bestimmen und damit beweisen, dass sich jede ganze Zahl in $R(\varrho)$ nur auf eine Weise in Primzahlen dieses Körpers zerlegen lässt, wenn associirte Zahlen nicht als wesentlich verschieden betrachtet werden.

Wie im vorigen Paragraphen schliesst man, dass man alle Primzahlen des Körpers $R(\varrho)$ erhält, wenn man alle reellen Primzahlen zerlegt, und dass eine reelle Primzahl entweder in zwei conjugirte Primfactoren in $R(\varrho)$ zerfällt, $p = \pi\pi'$, oder dass sie auch im Körper $R(\varrho)$ eine Primzahl ist.

Die Primzahl 3 zerfällt in die beiden Factoren $(1 - \varrho)$, $(1 - \varrho^2)$; diese sind aber associirt und also ist $3 = -\varrho^2(1-\varrho)^2$ mit dem Quadrat einer Primzahl in $R(\varrho)$ associirt. Man kann $\sqrt{-3}$ für diese Primzahl wählen. Alle Primzahlen von der Form $3f + 1$ lassen sich nach §. 172 in zwei conjugirte Factoren in $R(\varrho)$ zerlegen, während die Primzahlen von der Form $3f + 2$ niemals zerlegbar sind, weil ein Ausdruck von der Form $a^2 - ab + b^2$ nicht $\equiv 2 \pmod 3$ sein kann. Also erhält man alle Primzahlen in $R(\varrho)$, wenn man die reellen Primzahlen der Form $3f + 2$ und die conjugirten Factoren der übrigen reellen Primzahlen aufsucht.

Ist $a + b\varrho$ eine complexe ganze Zahl, deren Norm $a^2 - ab + b^2$ nicht durch 3 theilbar ist, so muss von den beiden Zahlen a, b entweder eine durch 3 theilbar sein, die andere nicht, oder es muss $a \equiv b$ und folglich $a^2 - ab + b^2 \equiv 1 \pmod 3$ sein. Es ist also unter den associirten Zahlen

$$a + b\varrho, \quad b + a\varrho^2, \quad b - (a - b)\varrho,$$

immer eine und nur eine, in der der Coëfficient von ϱ (oder von ϱ^2) durch 3 theilbar ist. Nehmen wir an, es sei $b = 3B$ durch 3 theilbar, und setzen $N(a + b\varrho) = p$, so folgt, wenn noch $2a - b = A$ gesetzt wird,

$$4p = A^2 + 27B^2,$$

in Uebereinstimmung mit §. 172. Ist p eine reelle Primzahl, und hat man $4p$ in dieser Form dargestellt, so erhält man daraus die complexen Factoren von p

$$p = \left(\frac{A + 3B}{2} + 3\varrho B\right)\left(\frac{A - 3B}{2} - 3\varrho B\right).$$

Die complexen Primzahlen, deren Norm unter 200 ist, sind hier

$1 - \varrho$, $1 + 3\varrho$, $4 + 3\varrho$, $5 + 3\varrho$, $5 + 6\varrho$, $7 + 3\varrho$, $7 + 6\varrho$, $5 + 9\varrho$, $7 + 9\varrho$, $8 + 9\varrho$, $10 + 3\varrho$, $11 + 3\varrho$, $11 + 9\varrho$, $7 + 12\varrho$, $13 + 6\varrho$, $13 + 3\varrho$, $14 + 9\varrho$, $13 + 12\varrho$, $14 + 3\varrho$, $11 + 15\varrho$, $16 + 9\varrho$, $13 + 15\varrho$.

Siebzehnter Abschnitt.

Algebraische Auflösung von Gleichungen.

---

§. 175.

Reduction der Gruppe durch reine Gleichungen.

Eine der ältesten Fragen, an der sich vorzugsweise die neuere Algebra entwickelt hat, ist die nach der sogenannten algebraischen Auflösung der Gleichungen, worunter man eine Darstellung der Wurzeln einer Gleichung durch eine Reihe von Radicalen, oder die Berechnung durch eine endliche Kette von Wurzelziehungen versteht. Auf diese Frage fällt von der Gruppentheorie das hellste Licht.

Präcisiren wir zunächst die Frage, um die es sich handelt, so ist es offenbar die, ob und wie man den Körper Ω durch successive Adjunction von Wurzelgrössen (Radicalen) so erweitern kann, dass entweder alle oder wenigstens ein Theil der Wurzeln im erweiterten Körper enthalten sind. Eine Wurzelgrösse ist aber eine solche, die zwar nicht selbst, von der aber irgend eine ganze Potenz in Ω enthalten ist, also, wenn a eine Grösse in Ω ist, die Wurzel einer Gleichung von der Form

$$y^m - a = 0,$$

d. h. einer reinen Gleichung.

Soll eine irreducible Gleichung algebraisch auflösbar sein, oder wenigstens eine oder einige algebraisch darstellbare Wurzeln haben, so muss nach einer successiven Adjunction von Wurzeln reiner Gleichungen in endlicher Anzahl die gegebene Gleichung reducibel werden, da ein Theil ihrer Wurzeln in dem erweiterten Körper enthalten sein soll. Da die anfängliche Gruppe P transitiv ist, so muss diese Gruppe schliesslich intransitiv werden, oder sich auf die Einheitsgruppe reduciren. Es muss also jedenfalls einmal der Fall eintreten, dass die Gruppe P durch Adjunction einer Wurzel einer reinen Gleichung reducirt wird.

Die Untersuchung dieser Frage wird ausserordentlich vereinfacht, wenn man sie noch etwas umformt[1]).

Wir haben im §. 162 gesehen, dass die reinen Gleichungen zu den Abel'schen gehören, dass alle Abel'schen Gleichungen durch eine Kette von cyklischen Gleichungen vom Primzahlgrad und diese letzteren durch Radicale lösbar sind.

Wir ersetzen also die Frage nach der Lösbarkeit durch Radicale durch die damit gleichbedeutende der Lösbarkeit durch Wurzeln Abel'scher Gleichungen. Ersetzen wir die Abel'sche Gleichung durch eine Kette von cyklischen Gleichungen von Primzahlgrad, so wird die erste Reduction der Gruppe durch Adjunction der Wurzel einer solchen Gleichung eintreten, und wir stehen also zunächst vor der Frage:

Unter welchen Bedingungen wird die Gruppe P einer Gleichung n^{ten} Grades $f(x) = 0$ durch Adjunction einer Wurzel einer cyklischen Gleichung von Primzahlgrad m reducirt?

Wir beschränken uns hierbei nicht auf irreducible Gleichungen $f(x) = 0$, sondern erörtern die Frage allgemein, immer unter der selbstverständlichen Voraussetzung, dass $f(x)$ keine mehrfachen Wurzeln hat.

Es ist denkbar, dass es nöthig ist, dem Körper Ω zunächst verschiedene Wurzeln cyklischer Gleichungen (z. B. Einheitswurzeln) zu adjungiren, die die Gruppe P nicht verändern. Da es sich aber jetzt nur um die Ermittelung der nothwendigen Eigenschaften der Gruppe P handelt, so nehmen wir an, es seien alle nöthigen Vorbereitungen getroffen und der Körper Ω so beschaffen, dass durch Adjunction einer Wurzel der cyklischen Gleichung $\varphi(x) = 0$, von Primzahlgrad m, die Gruppe P sich auf einen ihrer Theiler, Q, reducirt.

Bezeichnen wir die Wurzeln von $\varphi(x) = 0$ mit

$$\varepsilon,\ \varepsilon_1,\ \varepsilon_2 \ldots \varepsilon_{m-1},$$

so sind alle diese Grössen rational (in Ω) durch eine beliebige unter ihnen ausdrückbar, und wenn P die Gruppe von $f(x) = 0$

[1]) Auf diese Form der Fragestellung hat zuerst C. Jordan hingewiesen (Traité des substitutions p. 386).

in Ω ist, so ist Q die Gruppe derselben Gleichung in $\Omega(\varepsilon)$, oder was dasselbe ist, in $\Omega(\varepsilon_1)$, $\Omega(\varepsilon_2) \dots \Omega(\varepsilon_{m-1})$. Nun können wir aber den Schlusssatz in §. 157 anwenden. Nach diesem Satze muss der Index j des Theilers Q von P ein Theiler von m sein, und da m als Primzahl vorausgesetzt ist, so ist $m = j$. Ausserdem ist nach demselben Satze ε rational durch die Wurzeln der Gleichung $f(x) = 0$ darstellbar:

$$\varepsilon = \psi(x_0, x_1 \dots x_{m-1}).$$

Diese Function gehört zur Gruppe Q, und wenn wir darauf sämmtliche Permutationen der Gruppe P anwenden, so erhalten wir die Functionen $\varepsilon, \varepsilon_1, \varepsilon_2 \dots \varepsilon_{m-1}$ und keine anderen. Diese Functionen gehören zu den conjugirten Gruppen $\pi^{-1} Q \pi$. Da aber jede dieser Functionen rational durch jede andere ausdrückbar ist, so müssen sie alle zu derselben Gruppe gehören, d. h. Q ist ein Normaltheiler von P.

Wir haben also hiermit den ersten Satz bewiesen:

I. Wenn die Gruppe einer Gleichung P durch Adjunction der Wurzeln einer Abel'schen Gleichung reducirt wird, so hat P einen Normaltheiler Q von Primzahlindex.

Dieser Satz lässt sich auch umkehren.

Wenn nämlich die Gruppe P einen Normaltheiler Q vom Index m hat, so können wir eine zu Q gehörige Function ψ wählen, und die damit conjugirten Functionen $\psi, \psi_1, \psi_2 \dots \psi_{m-1}$ gehören alle zu derselben Gruppe. Der Körper $\Omega(\psi)$ ist ein Normalkörper und ψ die Wurzel einer Normalgleichung. Im Körper $\Omega(\psi)$ ist Q die Gruppe von $f(x) = 0$ (§. 155). Wenn aber m eine Primzahl ist, so ist ψ nach §. 163 die Wurzel einer cyklischen Gleichung, und damit ist also bewiesen:

II. Wenn die Gruppe P von $f(x) = 0$ einen Normaltheiler Q von Primzahlindex m besitzt, so wird durch Adjunction der Wurzel einer cyklischen Gleichung m^{ten} Grades die Gruppe P auf Q reducirt.

§. 176.

Metacyklische Gleichungen.

Wir wollen eine Gleichung, deren vollständige Lösung sich auf eine Kette von cyklischen Gleichungen zurückführen lässt, eine metacyklische Gleichung nennen. Die cyklischen Gleichungen selbst sind als specieller Fall darunter mit enthalten, und nach dem im §. 175 Bemerkten sind die metacyklischen Gleichungen dieselben, wie die durch Radicale lösbaren Gleichungen. Ist P die Gruppe einer solchen Gleichung, so muss sie nach dem vorigen Paragraphen einen Normaltheiler von Primzahlindex j_1, den wir jetzt mit P_1 bezeichnen wollen, besitzen. Besteht P_1 aus der einzigen identischen Permutation, so ist P selbst cyklisch und von Primzahlgrad. Ist P_1 nicht die Einheitsgruppe, so muss P_1 wieder einen Normaltheiler P_2 von Primzahlindex j_2 enthalten u. s. f., bis wir endlich zur Einheitsgruppe gelangen.

Dass es auch die für eine metacyklische Gleichung ausreichende Bedingung ist, wenn ihre Gruppe P diese Zusammensetzung hat, ergiebt sich aus dem vorigen Paragraphen. Wir sprechen also den Satz aus:

III. Die nothwendige und hinreichende Bedingung für eine metacyklische Gleichung ist die, dass es eine Reihe von Gruppen

$$P, P_1, P_2, P_3 \ldots$$

giebt, deren erste die Galois'sche Gruppe der Gleichung, deren letzte die Einheitsgruppe ist, von denen jede folgende ein normaler Theiler der nächst vorangehenden von Primzahlindex ist.

Hiernach nennen wir eine Permutationsgruppe P, die diese Eigenschaft hat, zu der sich also eine Kette von Gruppen

$$P, P_1, P_2 \ldots P_{\mu-1}, 1$$

so bestimmen lässt, dass jedes Glied Normaltheiler des vorangehenden von Primzahlindex ist, eine metacyklische Gruppe[1]).

Wir haben hier die Bedingung für die vollständige Auflösbarkeit einer Gleichung durch eine Kette von cyklischen Gleichungen erhalten. Es handelt sich aber noch um die Frage,

---

[1]) Der Ausdruck „metacyklische Gruppen" ist zuerst von Kronecker, wenn auch in beschränkterem Sinne gebraucht. Ich möchte hier diese leichte Verallgemeinerung eines schon bekannten Ausdruckes an Stelle des von Frobenius und Hölder benutzten Ausdruckes „auflösbare Gruppen" vorschlagen.

ob eine oder einige der Wurzeln auf diese Weise dargestellt werden können, während andere eine solche Darstellung nicht gestatten. Diese Frage ist nur berechtigt bei irreduciblen Gleichungen, da bei reduciblen Gleichungen alle denkbaren Combinationen vorkommen können, und hier gilt nun der Satz:

IV. Wenn eine Wurzel einer irreduciblen Gleichung durch Lösung cyklischer Gleichungen bestimmbar ist, so ist die Gleichung metacyklisch.

Wenn eine irreducible Gleichung n^{ten} Grades $f(x) = 0$ auch nur eine Wurzel hat, die durch successive Adjunction von Wurzeln cyklischer Gleichungen rational wird, so muss sie nothwendig durch diese Adjunction reducibel werden, da sich ja schliesslich ein linearer Factor absondern muss. Es sei also P die Gruppe unserer Gleichung, nachdem alles Nöthige so weit adjungirt ist, dass zwar $f(x)$ noch nicht reducibel ist, aber durch die nächste Adjunction der Wurzel ε einer cyklischen Gleichung von Primzahlgrad m in Factoren zerfällt. Es muss dann P nach §. 175 einen Normaltheiler Q vom Index m haben, auf den sich die Gruppe der Gleichung nach Adjunction von ε reducirt, und die Permutationsgruppe Q muss intransitiv sein. Wenn Q die Einheitsgruppe ist, so ist $f(x) = 0$ durch Adjunction von ε vollständig gelöst. Ist aber Q noch von der Einheitsgruppe verschieden, so treten die Sätze des §. 158 in Kraft. Danach zerfällt $f(x)$ nach Adjunction von ε, da ja hier der Index von Q eine Primzahl ist, in m Factoren, $\varphi(x, \varepsilon)$, $\varphi_1(x, \varepsilon), \ldots \varphi_{m-1}(x, \varepsilon)$, vom gleichen Grade μ und es ist $\mu m = n$.

Ist z. B. n eine Primzahl, so muss $\mu = 1$ sein; die Functionen φ sind linear, und die Gleichung $f(x) = 0$ ist vollständig gelöst; also ist der Satz IV für Gleichungen von Primzahlgrad richtig. Im allgemeinen Falle muss einer der Factoren μ^{ten} Grades $\varphi(x, \varepsilon)$, $\varphi_1(x, \varepsilon), \ldots \varphi_{m-1}(x, \varepsilon)$ etwa $\varphi(x, \varepsilon)$ eine Wurzel haben, die durch Adjunction der Wurzeln cyklischer Gleichungen rational wird, und wenn wir also annehmen, dass unser Satz für Gleichungen μ^{ten} Grades schon bewiesen sei, so folgt, dass $\varphi(x, \varepsilon) = 0$ selbst und also auch ihre Gruppe metacyklisch ist.

Da aber nach §. 158 die verschiedenen Gleichungen $\varphi = 0$, $\varphi_1 = 0, \ldots \varphi_{m-1} = 0$ dieselbe Gruppe haben, so sind sie alle und mithin auch $f(x) = 0$ metacyklisch.

Unter der Voraussetzung also, dass der Satz IV für Gleichungen μ^{ten} Grades richtig ist, folgt seine Richtigkeit für Gleichungen $\mu\, m^{\text{ten}}$ Grades; und da er für Gleichungen von Primzahlgrad gilt, so ist er allgemein nachgewiesen.

§. 177.

Einfachheit der alternirenden Gruppe.

Wir haben früher gesehen (§. 149), dass, wenn wir die Coëfficienten einer Gleichung n^{ten} Grades als unabhängige Variable und den Körper aller rationalen Functionen dieser Coëfficienten als Rationalitätsbereich betrachten, die Galois'sche Gruppe der Gleichung die symmetrische Gruppe ist. In der symmetrischen Gruppe ist immer ein Normaltheiler vom Index 2 enthalten, die alternirende Gruppe, auf die sich die Gruppe der Gleichung reducirt, wenn die Quadratwurzel aus der Discriminante adjungirt wird. Bei vier Ziffern hat die alternirende Gruppe, die aus der identischen Permutation, acht dreigliedrigen Cykeln und drei Paaren von Transpositionen besteht, den Normaltheiler vom Index 3:

$$1,\quad (0,\,1)(2,\,3),\quad (0,\,2)(1,\,3),\quad (0,\,3)(1,\,2).$$

Diese Gruppe hat drei verschiedene Normaltheiler vom Index 2, von denen wir einen $1,\ (0,\,1)(2,\,3)$ bevorzugen, von dem wieder die Einheitsgruppe ein Normaltheiler vom Index 2 ist. Die Gruppe der 24 Permutationen von vier Ziffern ist also metacyklisch, und darauf beruht jede Auflösungsmethode der biquadratischen Gleichung (§. 160, 161).

Wir wollen nun nachweisen, dass, wenn n grösser als 4 ist, die alternirende Gruppe ausser der Einheitsgruppe überhaupt keine normalen Theiler hat, oder nach der früher eingeführten Bezeichnung einfach ist. Daraus folgt dann, dass die Bedingung, die wir für die algebraische Auflösbarkeit einer Gleichung als nothwendig gefunden haben, für die Gleichungen von höherem als dem vierten Grade, deren Gruppe die symmetrische oder die alternirende ist, nicht erfüllt ist, und dass also Gleichungen von höherem als dem vierten Grade, so lange die Coëfficienten unabhängige Variable sind, nicht mehr algebraisch lösbar sind.

Der Beweis, dass die alternirende Gruppe einfach ist, lässt sich so führen:

Sei A die alternirende Gruppe der Permutationen von n Ziffern $0, 1, 2 \dots n-1$ und Q ein normaler Theiler von A. Wir haben im §. 153, 6. und §. 154, 6. gesehen, dass sich alle Permutationen von A aus dreigliedrigen Cyklen zusammmensetzen lassen, und dass man, wenn $\varkappa$ und π irgend welche Permutationen sind, die transformirte Permutation zu $\varkappa$, $\pi^{-1}\varkappa\pi$ erhält, wenn man in den Cyklen von $\varkappa$ die Vertauschungen π vornimmt. Ist nun $\varkappa$ ein dreigliedriger Cyklus, etwa $(0, 1, 2)$, so kann man π aus A so wählen, dass $\pi^{-1}\varkappa\pi$ jeden beliebigen dreigliedrigen Cyklus der n Ziffern darstellt; denn man kann in

$$\pi = \begin{pmatrix} 0, & 1, & 2, & 3 & \dots & n-1 \\ a_0, & a_1, & a_2, & a_3 & \dots & a_{n-1} \end{pmatrix}$$

die drei ersten Ziffern a_0, a_1, a_2 beliebig wählen, und, wenn es nöthig ist, damit π zu A gehöre, noch a_1 und a_2 vertauschen. Dadurch geht aus $\varkappa$ einer der beiden Cyklen (a_0, a_1, a_2), (a_0, a_2, a_1) hervor, von denen jeder die zweite Potenz des anderen ist. Wenn nun Q ein Normaltheiler von A ist, und $\varkappa$ eine Permutation aus Q, so ist $\pi^{-1}\varkappa\pi$ auch in Q enthalten, wenn π in A enthalten ist, und daraus folgt, dass, wenn in Q ein dreigliedriger Cyklus vorkommt, Q mit A identisch ist.

Unser Beweis beruht nun darauf, dass, wenn $\varkappa$ irgend eine Permutation in Q ist, auch $\pi^{-1}\varkappa\pi$ und folglich auch

$$\lambda = \varkappa^{-1}\pi^{-1}\varkappa\pi \tag{1}$$

in Q vorkommen muss, und es ist dann zu zeigen, dass man, wenn $\varkappa$ irgend eine nicht identische Permutation ist, π immer so aus A wählen kann, dass die Permutation λ ein dreigliedriger Cyklus, und folglich Q mit A identisch wird.

Wir nehmen zu diesem Zwecke sowohl $\varkappa$ als π in ihre Cykeln zerlegt an und bemerken, dass man bei der Bildung von λ solche Cykeln von $\varkappa$ gar nicht zu berücksichtigen braucht, deren Ziffern durch π ungeändert bleiben, weil sie sich in $\varkappa^{-1}$ und $\varkappa$ gegenseitig aufheben. Wir müssen nun die verschiedenen möglichen Formen von $\varkappa$ einzeln betrachten.

1. Es enthalte $\varkappa$ einen Cyklus von mehr als drei Ziffern etwa $(1, 2, 3 \dots m)$, wir nehmen $\pi = (1, 2, 3)$ an und erhalten

$$\lambda = \varkappa^{-1}\pi^{-1}\varkappa\pi = (1, m, m-1 \dots 2)(2, 3, 1, 4 \dots m) = (1, 2, 4)$$

In Q kommt also ein dreigliedriger Cyklus vor.

2. Es enthalte $\varkappa$ zwei dreigliedrige Cyklen (1, 2, 3)(4, 5, 6). Wir nehmen $\pi = (1, 3, 4)$ an und erhalten

$$\lambda = (1, 3, 2)(4, 6, 5)(3, 2, 4)(1, 5, 6) = (1, 2, 5, 3, 4).$$

Diese Permutation λ, die in Q enthalten ist, fällt aber unter den Fall 1.

3. Es enthalte $\varkappa$ einen dreigliedrigen und einen zweigliedrigen Cyklus (1, 2, 3)(4, 5). (Dass in $\varkappa$, wenn es zu A gehört, noch ein zweiter Cyclus von gerader Gliederzahl vorkommen muss, ist hier gleichgültig). Für $\pi = (1, 2, 4)$ ergiebt sich

$$\lambda = (1, 3, 2)(4, 5)(2, 4, 3)(1, 5) = (1, 2, 5, 3, 4),$$

was wieder unter den Fall 1. fällt.

4. Es enthalte $\varkappa$ drei Transpositionen, (1, 2)(3, 4)(5, 6). Für $\pi = (1, 3, 5)$ folgt

$$\lambda = (1, 2)(3, 4)(5, 6)(3, 2)(5, 4)(1, 6) = (1, 3, 5)(2, 6, 4),$$

was unter den Fall 2. fällt.

5. Es enthalte $\varkappa$ zwei Transpositionen und ein unverändertes Element (1, 2)(3, 4)(5). Man setzt $\pi = (1, 2, 5)$ und erhält

$$\lambda = (1, 2)(3, 4)(5)(2, 5)(3, 4)(1) = (1, 5, 2).$$

Damit sind alle Fälle erschöpft, wenn $n > 4$ ist. Für $n = 4$ bleibt der eine Fall noch übrig, dass $\varkappa$ aus zwei Transpositionen besteht, der eben das besondere Verhalten bei $n = 4$ herbeiführt, wodurch die algebraische Auflösung der Gleichung 4ten Grades ermöglicht wird[1]).

Es folgt aus diesem Satze weiter, dass die symmetrische Gruppe keine anderen normalen Theiler hat, als sich selbst, die alternirende Gruppe und die Einheitsgruppe. Denn ist S die symmetrische, A die alternirende Gruppe und Q ein normaler Theiler von S, so ist der grösste gemeinschaftliche Theiler Q' von A und Q ein normaler Theiler von A, ist also gleich A oder gleich 1.

---

[1]) Der erste vollständige Beweis, dass die allgemeine Gleichung von höherem als dem 4ten Grade durch Radicale nicht lösbar ist, rührt von Abel her (Crelle's Journal, Bd I, 1826). Ueber die älteren Beweisversuche von Ruffini (1799 bis 1806) und ihr Verhältniss zum Abel'schen Beweis vergleiche man die Abhandlung von Burkhardt, „Die Anfänge der Gruppentheorie und Paolo Ruffini“ (Abhandlungen zur Geschichte der Mathematik VI. Supplement zu Schlömilch's Zeitschrift. Leipzig 1892).

Ist Q' gleich A, so ist Q entweder auch gleich A oder gleich S. Ist Q' aber $= 1$, so enthält Q ausser der Einheit keine Permutation der ersten Art. Sind also $\varkappa$ und λ zwei verschiedene und von der Einheit verschiedene Permutationen von Q, so müssen $\varkappa^2$ und $\varkappa\lambda$ als von der ersten Art $= 1$ sein, d. h. λ muss $= \varkappa$ sein. Es kann also Q höchstens eine von der identischen verschiedene Permutation $\varkappa$ enthalten. Da aber Q ein Normaltheiler von S sein soll, so muss für jede Permutation π aus der symmetrischen Gruppe $\pi^{-1}\varkappa\pi = \varkappa$ sein, d. h. $\varkappa$ darf sich nicht ändern, wenn in seinen Cyklen irgend eine Permutation ausgeführt wird. Dies ist aber nur dann möglich, wenn überhaupt nur zwei Ziffern 1, 2 vorhanden sind und $\varkappa = (1, 2)$ ist. Dann aber ist 1, (1, 2) die ganze Gruppe S.

§. 178.

Nicht metacyklische Gleichungen im Körper der rationalen Zahlen.

Durch den Satz des vorigen Paragraphen ist der Nachweis geführt, dass eine Gleichung n^{ten} Grades, wenn n grösser als 4 ist, nicht mehr algebraisch gelöst werden kann, wenn die Coëfficienten als unabhängige Veränderliche betrachtet werden. Von grösserem Interesse noch ist aber die Frage, ob es in dem Körper der rationalen Zahlen Gleichungen n^{ten} Grades giebt, die nicht algebraisch lösbar sind. Die Frage lässt sich noch etwas allgemeiner stellen, nämlich so, ob es ganzzahlige Gleichungen giebt, deren Gruppe die symmetrische Gruppe ist, die also nach einer früher erklärten Ausdrucksweise keinen Affect haben.

Bildet man die Galois'sche Resolvente $G(t) = 0$ vom Grade $\Pi(n)$ einer allgemeinen Gleichung n^{ten} Grades $f(x) = 0$ mit unbestimmten Coëfficienten a, so ist $G(t)$ eine ganze Function der Veränderlichen t und a, welche sich nicht in Factoren zerlegen lässt, die wieder rationale Functionen von t und a sind. Substituirt man für die Variablen a Grössen irgend eines Körpers Ω, und wird dann $G(t)$ in diesem Körper reducibel, so hat die Gleichung $f(x) = 0$ im Rationalitätsbereich Ω einen Affect. Unsere Frage kommt also darauf hinaus, ob man in $G(t)$ für die Variablen a solche rationale Zahlen setzen kann, dass $G(t)$ im Körper der rationalen Zahlen irreducibel bleibt.

Diese Frage hat eine ganz allgemeine Beantwortung gefunden in einer Abhandlung von Hilbert[1]), wo der allgemeine Satz bewiesen ist, dass man in einer irreduciblen Function beliebig vieler Variablen für einen beliebigen Theil der Variablen solche rationale Zahlen setzen kann, dass eine irreducible Function der übrigen Variablen entsteht. Auf diesen allgemeinen Satz können wir hier nicht eingehen.

Wir werden aber die gestellte Frage viel einfacher, wenn auch bei Weitem nicht so allgemein beantworten, indem wir zeigen, dass sich für jeden Primzahlgrad Gleichungen ohne Affect finden lassen.

Wir haben in §. 153, 9. bewiesen, dass eine transitive Permutationsgruppe von n Ziffern, die nicht die symmetrische Gruppe ist, wenn n eine Primzahl ist, keine einzelne Transposition enthalten kann.

Unter einer Gleichung mit einem Affect haben wir eine solche verstanden, deren Gruppe nicht die symmetrische ist. Hat also die irreducible Gleichung $f(x) = 0$ einen Affect und ist ihr Grad eine Primzahl, so muss ihre Gruppe P transitiv sein, und sie kann keine Transposition zweier Wurzeln enthalten. Wenn wir also irgend $n - 2$ der Wurzeln dem Rationalitätsbereich adjungiren, so muss sie sich auf die Einheitsgruppe reduciren, da ja ausserdem nur noch die Vertauschung der beiden letzten Wurzeln übrig bleiben könnte, die in P nicht vorkommt. Daraus folgt also, dass die beiden letzten Wurzeln in dem erweiterten Körper Ω enthalten sind, oder der Satz:

1. Wenn eine irreducible Gleichung, deren Grad n eine Primzahl ist, einen Affect hat, so können zwei beliebige von ihren Wurzeln rational durch die übrigen ausgedrückt werden.

Daraus folgt als Corollar:

2. Wenn der Körper Ω nur reelle Zahlen enthält, so kann eine irreducible Gleichung von Primzahlgrad n mit einem Affect in Ω nicht zwei imaginäre und $n - 2$ reelle Wurzeln haben.

Nun giebt es aber unzählige Gleichungen von jedem be-

---

[1]) Ueber die Irreducibilität ganzer rationaler Functionen mit ganzzahligen Coëfficienten. Journal für Mathematik, Bd. 110.

liebigen Grade n, mit reellen Coefficienten, die zwei conjugirt imaginäre und $n - 2$ reelle Wurzeln haben; man kann ja in

$$f(x) = (x - \alpha_1)(x - \alpha_2) \dots (x - \alpha_n)$$
$$= x^n + a_1 x^{n-1} + a_2 x^{n-2} + \dots + a_n$$

α_1, α_2 beliebig conjugirt imaginär und die übrigen α reell annehmen. Die Anzahl der reellen und imaginären Wurzeln von $f(x)$ ändert sich aber nicht, wenn die Coëfficienten innerhalb gewisser endlicher Grenzen stetig verändert werden (vergl. den siebenten Abschnitt), und folglich giebt es auch solche Gleichungen, deren Coëfficienten rationale Zahlen sind, da man in beliebiger Nähe von irgend welchen gegebenen reellen Zahlen immer rationale Zahlen finden kann.

Es ist also nur noch nachzuweisen, dass man diese rationalen Coëfficienten so wählen kann, dass $f(x)$ irreducibel wird. Dies ergiebt sich aber aus folgendem Satze:

3. Ist p eine Primzahl, $c_0, c_1, c_2 \dots c_n$ eine Reihe ganzer Zahlen, von denen c_0 durch p nicht theilbar, c_1, $c_2 \dots c_n$ durch p theilbar, aber c_n nicht durch p^2 theilbar ist, so ist die Function

$$\varphi(x) = c_0 x^n + c_1 x^{n-1} + \dots + c_n$$

irreducibel.

Denn wenn $\varphi(x)$ in zwei Factoren mit rationalen Coëfficienten zerfällt, so können (nach §. 2) die Factoren auch ganzzahlig angenommen werden. Sei also

$$\varphi(x) = (\alpha_0 x^h + \alpha_1 x^{h-1} + \dots + \alpha_h)(\beta_0 x^k + \beta_1 x^{k-1} + \dots + \beta_k),$$

h und k beide grösser als Null und ihre Summe gleich n.

Da $\alpha_h \beta_k = c_n$ ist, so muss einer der beiden Factoren α_h, β_k durch p theilbar sein, der andere nicht. Es möge β_k durch p theilbar, α_h nicht theilbar sein, und da nicht alle β durch p theilbar sein können, weil sonst auch c_0 durch p theilbar wäre, so sei β_ν nicht durch p theilbar, $\beta_{\nu+1}$, $\beta_{\nu+2} \dots \beta_k$ durch p theilbar. Der Coëfficient von $x^{k-\nu}$ in dem Product der beiden Factoren ist dann $\alpha_h \beta_\nu + \alpha_{h-1} \beta_{\nu+1} + \cdots$, also durch p nicht theilbar. Es müsste also $k - \nu = n$ sein, was nicht möglich ist, da schon $k < n$ sein muss.

Setzt man also für die Coëfficienten von $f(x)$:

$$a_1 = \frac{c_1}{c_0}, \quad a_2 = \frac{c_2}{c_0} \dots a_n = \frac{c_n}{c_0},$$

so ist $f(x)$ irreducibel, und man hat in der Wahl der ganzen Zahlen c noch Freiheit genug, um die rationalen Brüche a_1, $a_2 \ldots a_n$ einem beliebig gegebenen Werthsystem beliebig nahe zu bringen.

Damit ist aber der Satz bewiesen:

4. Es giebt von jedem beliebigen Primzahlgrade unendlich viele Gleichungen mit rationalen Coëfficienten ohne Affect.

Der Beweis, der hier geführt ist, zeigt, dass solche affectfreie Gleichungen gefunden werden können, deren Coëfficienten ein endliches Gebiet überall dicht erfüllen, das Gebiet nämlich, in dem die reellen Coëfficienten der Gleichungen mit nur zwei conjugirt imaginären Wurzeln liegen. Der Beweis ist also, abgesehen davon, dass er sich nur auf Primzahlgrade beschränkt, auch insofern nicht erschöpfend, als er uns keinen Aufschluss giebt über die übrigen Gebiete, in denen aller Wahrscheinlichkeit nach die Sache sich ebenso verhält.

§. 179.

Auflösung durch reelle Radicale.

Bei der Auflösung der cubischen Gleichungen mit reellen Coëfficienten hat man von Alters her die zwei Fälle unterschieden, in denen die Discriminante negativ oder positiv ist. Im zweiten Falle hat man, obwohl die Gleichung dann gerade drei reelle Wurzeln hat, bei der Anwendung der Cardanischen Formel die dritte Wurzel aus einem imaginären Ausdruck zu ziehen, und der Versuch, die Wurzeln in reeller Form darzustellen, führt immer wieder auf eine cubische Gleichung von derselben Beschaffenheit. Darum hat man diesen Fall den casus irreducibilis genannt. Die cubischen Gleichungen des casus irreducibilis sind ein specieller Fall der cyklischen Gleichungen mit reellen Wurzeln, die wir im §. 165 kennen gelernt haben, bei deren Lösung gleichfalls Wurzeln aus imaginären Grössen, oder was auf dasselbe hinauskommt, Winkeltheilungen, vorkommen. Dass diese Wurzeln aus imaginären Grössen oder Winkeltheilungen auf keine Weise zu vermeiden sind, können wir jetzt beweisen[1]).

[1]) Vgl. Hölder, Mathematische Annalen, Bd. 38; Kneser, ebendas., Bd. 41.

Wir setzen einen reellen Rationalitätsbereich Ω voraus, und nehmen in ihm eine Normalgleichung $g(t) = 0$ an, d. h. eine irreducible Gleichung, deren Wurzeln alle rational durch eine beliebige von ihnen, ϱ, ausdrückbar sind. Wenn eine von den Wurzeln reell ist, so müssen auch alle anderen reell sein, und $g(t)$ hat also entweder lauter reelle oder lauter paarweise conjugirte imaginäre Wurzeln. $g(t) = 0$ kann die Galois'sche Resolvente irgend einer gegebenen, sei es irreduciblen, sei es reduciblen Gleichung $F(x) = 0$ sein, und wenn also $g(t)$ nur reelle Wurzeln hat, so kann auch $F(x)$ nur relle Wurzeln haben, weil die Wurzeln von $F(x)$ rational durch eine Wurzel von $g(t)$ darstellbar sind. Wenn unter den Wurzeln von $F(x)$ imaginäre sind, so hat $g(t)$ nur imaginäre Wurzeln. Hat aber $F(x)$ lauter reelle Wurzeln, so sind auch die Wurzeln von $g(t)$ reell, weil sie ja rational durch die Wurzeln von $F(x)$ ausgedrückt werden können.

Wenn nun $g(t)$ durch Adjunction einer Wurzel ε einer irreduciblen Gleichung $\chi = 0$, deren Grad eine Primzahl ist, reducirt wird, so sind, wie wir im §. 157 gesehen haben, die sämmtlichen Wurzeln von χ in $\Omega(\varrho)$ enthalten, und wenn also ϱ reell ist, so sind alle Wurzeln von χ reell.

1. Eine Normalgleichung mit reellen Wurzeln kann also nur durch solche irreducible Gleichungen von Primzahlgrad reducirt werden, die lauter reelle Wurzeln haben.

Wir fragen nun, ob eine Reduction der Normalgleichung durch Adjunction eines reellen Radicales $\sqrt[p]{a}$ bewirkt werden kann. Wir dürfen dabei annehmen, dass der Grad p des Radicales eine Primzahl sei, weil jedes Radical sich auf eine Reihe von Wurzelziehungen von Primzahlgrad reduciren lässt. Auch können wir voraussetzen, dass a nicht die p^{te} Potenz einer rationalen Grösse sei, weil sonst die reelle Wurzel $\sqrt[p]{a}$ rational wäre.

Unter dieser Vorraussetzung ist, wie wir jetzt beweisen wollen, $x^p - a$ irreducibel. Denn bezeichnen wir einen, z. B. den reellen Werth $\sqrt[p]{a}$ mit α und eine imaginäre p^{te} Einheitswurzel mit ε, so sind

(1) $$\alpha, \quad \varepsilon\alpha, \quad \varepsilon^2\alpha \ldots \varepsilon^{p-1}\alpha$$

die Wurzeln der Gleichung

$$(2) \qquad x^p - a = 0.$$

Ist diese Gleichung reducibel, so ist

$$(3) \qquad x^p - a = f_1(x) f_2(x),$$

und f_1, f_2 sind Functionen in Ω von niedrigerem als dem p^{ten} Grade. Ein Theil der Wurzeln (1) wird auf $f_1 = 0$, ein anderer Theil auf $f_2 = 0$ fallen. Ist also μ der Grad von f_1, so muss für irgend einen Exponenten λ

$$\varepsilon^\lambda \alpha^\mu = b$$

eine Grösse in Ω sein [das von x unabhängige Glied in $f_1(x)$], also, wenn man in die p^{te} Potenz erhebt,

$$(4) \qquad a^\mu = b^p.$$

Nun ist $0 < \mu < p$ und daher μ und p relativ prim, so dass sich zwei ganze Zahlen h und k aus der Gleichung

$$\mu h + p k = 1$$

bestimmen lassen. Es ist dann also nach (4)

$$a = a^{\mu h} a^{p k} = (b^h a^k)^p;$$

also wäre, gegen die Voraussetzung, a die p^{te} Potenz einer Grösse in Ω.

Dieser Satz ist, wie man sieht, unabhängig von der Voraussetzung, dass Ω ein reeller Körper sei. Nehmen wir ihn aber reell an und ist p nicht gleich 2, so hat die Gleichung (2) imaginäre Wurzeln, und kann nach 1. eine Normalgleichung $g(t) = 0$ nicht reduciren. Wenn aber $p = 2$ ist, dann kann $g(t)$ nur dann durch diese Gleichung (2) reducirt werden, wenn a positiv und der Grad von $g(t)$ eine gerade Zahl ist; also:

2. Eine Normalgleichung ungeraden Grades kann nicht durch Adjunction eines reellen Radicals reducirt werden.

Dieser Fall trifft bei dem casus irreducibilis der cubischen Gleichung zu, wenn man die Quadratwurzel aus der Discriminante dem Rationalitätsbereich der Coëfficienten adjungirt hat. Denn da die Discriminante positiv ist, so bleibt der Rationalitätsbereich reell, und er bleibt auch reell, wenn man noch so viele reelle Radicale adjungirt. Soll die Gleichung also durch reelle Radicale lösbar sein, so muss sie bei solchen Adjunctionen endlich zerfallen, was nach 2. unmöglich ist.

In demselben Falle finden sich die cyklischen und überhaupt alle irreduciblen Abel'schen Gleichungen von ungeradem Grade, die also niemals durch reelle Radicale lösbar sind.

Hiernach können wir z. B. die cubischen Gleichungen im Körper der rationalen Zahlen in drei oder vier Arten unterscheiden, die alle in gewissen von Alters her berühmten geometrischen Problemen auftreten. Wir sehen dabei von den reduciblen Gleichungen ab. Der Grad der Galois'schen Gruppe muss dann immer durch 3 theilbar sein (§. 154, 7.) und ist also entweder gleich 3 oder gleich 6. Die Gruppe kann also nach §. 157 niemals durch Adjunction von blossen Quadratwurzeln auf einen niedrigeren als den dritten Grad reducirt werden; also kann auch die Gleichung nicht durch Quadratwurzeln gelöst werden. Die entsprechenden geometrischen Probleme sind nicht mit Cirkel und Lineal zu lösen.

Ist die Gruppe vom Grade 3, so haben wir eine cyklische Gleichung. Hierher gehören die aus der Kreistheilung stammenden Gleichungen, z. B. die, von der die Construction des regelmässigen Siebenecks abhängt. Die drei Wurzeln einer solchen Gleichung sind reell und können nicht durch reelle Radicale ausgedrückt werden. Unter den cubischen Gleichungen mit einer Gruppe 6ten Grades sind zu unterscheiden die mit positiver und mit negativer Discriminante.

Die ersten gehören zum casus irreducibilis und lassen sich zurückführen auf die Gleichung, von der die Dreitheilung eines beliebigen Winkels abhängt. Zu den Gleichungen mit negativer Discriminante gehören als specielle Fälle auch die reinen cubischen Gleichungen $x^3 = a$, wenn a keine Cubikzahl ist. Für $a = 2$ ergiebt sich die Gleichung, von der das Delische Problem der Würfelverdoppelung abhängt.

§. 180.

Metacyklische Gleichungen von Primzahlgrad.

Die allgemeinen Bedingungen, die wir im §. 176 gefunden haben, sind noch nicht einfach genug, um eine unmittelbare Anwendung auf die Ermittelung von metacyklischen Gleichungen oder auf die Entscheidung über die Lösbarkeit einer vorgelegten

Gleichung durch Radicale zu gestatten. Wir leiten also, zunächst unter der Voraussetzung, dass der Grad n der Gleichung eine Primzahl sei, ein anderes von Galois zuerst aufgestelltes Kriterium her.

Es sei jetzt $f(x) = 0$ eine irreducible Gleichung vom Grade n und n eine Primzahl grösser als 2. Soll $f(x)$ algebraisch lösbar sein, so muss nach §. 176 ihre Gruppe P metacyklisch sein, d. h. es muss eine Kette von Gruppen

(1) $$P,\ P_1,\ P_2 \ldots P_{\mu-1},\ 1$$

geben, deren jede ein Normaltheiler der nächst vorangehenden mit Primzahlindex ist. Durch successive Adjunction von Wurzeln cyklischer Gleichungen von Primzahlgrad wird die Gruppe der Gleichung von P auf $P_1, P_2 \ldots P_{\mu-1}$, 1 reducirt.

Die Function $f(x)$ selbst kann, wie schon im §. 176 gezeigt ist, nicht reducirt werden, ehe die letzte Adjunction gemacht ist, worauf sie in n lineare Factoren zerfällt. Der Grad der letzten cyklischen Gleichung und mithin der Grad der vorletzten Gruppe $P_{\mu-1}$ muss also nach §. 158, 3. gleich n sein.

Der Grad eines Elementes einer Gruppe ist immer ein Theiler vom Grade der Gruppe und daher kann $P_{\mu-1}$ ausser der identischen nur Permutationen von der Ordnung n enthalten. Sie ist also mit der Periode $1, \pi, \pi^2 \ldots \pi^{n-1}$ eines ihrer Elemente identisch. Daraus folgt nach §. 153, dass π eine cyklische Permutation von sämmtlichen n Ziffern sein muss, und wir können die Bezeichnung der Wurzeln von $f(x)$ so wählen, dass

$$\pi = (0, 1, 2 \ldots n - 1)$$

wird. Bezeichnen wir die Wurzeln mit x_z, und setzen fest, dass $x_z = x_{z'}$ sein soll, wenn $z \equiv z' \pmod{n}$ ist, so geht durch π jedes z in $z + 1$ über, durch π^2 in $z + 2$ u. s. f., und wir können also sagen, dass die Gruppe $P_{\mu-1}$ aus den Substitutionen für z

(2) $$(z, z + b), \quad b = 0, 1, 2 \ldots n - 1$$

besteht. Jede irreducible metacyklische Gleichung von Primzahlgrad kann also durch Adjunction von Radicalen in eine cyklische Gleichung verwandelt werden.

Die Substitutionen $(z, z + b)$ bilden einen speciellen Fall der allgemeineren linearen Substitution

(3) $$(z, az + b),$$

worin a und b feste Zahlen sind, die auch nach dem Modul n reducirt werden können, wo aber für a der Werth 0 natürlich auszuschliessen ist, weil sonst ja durch (3) alle verschiedenen z in dasselbe b übergehen, also gar keine Permutation der Grössen x_z ausgedrückt wäre. Ist aber a von 0 verschieden (mod n), so wird durch (3) immer eine Permutation dargestellt sein, weil dann nur, wenn $z \equiv z'$ ist, $az + b \equiv az' + b$ sein kann. Wir nennen (3) eine Substitution für z, die unter den x eine Permutation hervorbringt. Die Anzahl der verschiedenen linearen Substitutionen von der Form (3) ist $n(n-1)$. Ihnen entsprechen ebenso viele verschiedene Permutationen unter den x; denn es kann nur dann für jedes z

$$az + b \equiv a'z + b' \pmod{n}$$

sein, wenn $b \equiv b'$ (aus $z = 0$ zu schliessen) und $a \equiv a'$ (aus $z = 1$ zu schliessen).

Die Gesammtheit der Permutationen, die durch (3) dargestellt sind, bildet eine Gruppe; denn es seien

$$\lambda = (z, az + b), \quad \lambda' = (z, a'z + b')$$

zwei von diesen Permutationen, so ist

$$\lambda\lambda' = \begin{pmatrix} x_z \\ x_{az+b} \end{pmatrix} \begin{pmatrix} x_z \\ x_{a'z+b'} \end{pmatrix} = \begin{pmatrix} x_z \\ x_{a'(az+b)+b'} \end{pmatrix},$$

also

$$(4) \qquad \lambda\lambda' = \lambda'' = (z, aa'z + a'b + b'),$$

was wieder von der Form $(z, a''z + b'')$ ist.

Die durch alle Substitutionen von der Form (3) gebildete Gruppe, die eine Verallgemeinerung der cyklischen Gruppe (2) ist, wollen wir eine **lineare Gruppe** nennen[1]); die in ihr enthaltenen Permutationen sollen lineare Permutationen heissen.

In der linearen Gruppe sind verschiedene Divisoren enthalten. Wir finden darunter eine Gruppe vom Grade $n - 1$, nämlich (z, az), die selbst wieder Divisoren haben kann.

Die Compositionsregel (4) zeigt, wie wir alle Divisoren der linearen Gruppe bilden können. Ist $\lambda = (z, az + b)$ eine lineare Substitution, so ergiebt sich nach (4) durch Wiederholung für jeden Exponenten h

$$\lambda^h = [z, a^h z + (1 + a + \cdots + a^{h-1})b],$$

und für $a = 1$

$$\lambda^h = (z, z + hb).$$

---

[1]) Kronecker nennt nur diese Gruppe metacyklisch.

Wenn also in einer Gruppe L eine Substitution λ vorkommt, in der $a = 1$ und b von Null verschieden ist, so enthält hiernach L die ganze cyklische Gruppe $(z, z + b)$ $(b = 0, 1, \ldots n - 1)$.

Ist a nicht gleich 1, so setzen wir

$$1 + a + \cdots + a^{h-1} = \frac{a^h - 1}{a - 1},$$

und schliessen daraus, dass, wenn e der kleinste positive Exponent ist, für den $a^e \equiv 1 \pmod{n}$ ist, λ vom Grade e ist.

Die Periode der Substitution λ ist, wenn nicht $a = 1$ ist, eine intransitive Gruppe. Es giebt eine Ziffer z, die durch λ und seine Wiederholungen nicht geändert wird, die aus der Congruenz $z \equiv az + b \pmod{n}$ bestimmt wird, und mit

$$z_0 \equiv \frac{b}{a - b} \pmod{n}$$

bezeichnet werden kann, wenn unter $\frac{\mu}{\nu} \pmod{n}$ eine ganze Zahl verstanden wird, die durch Multiplication mit dem Factor ν nach dem Modul n mit μ congruent wird.

Die cyklische Gruppe $(z, z + b)$ ist transitiv und vom Grade n. Es lässt sich nachweisen, dass jede transitive lineare Gruppe $\pmod{n}$ die cyklische Gruppe enthalten muss.

Es sei g eine primitive Wurzel von n und α der Index von a, d. h. $g^\alpha \equiv a \pmod{n}$ (§. 136). Der Kürze wegen nennen wir für den Augenblick α zugleich den Index der Substitution $\lambda = (z, az + b)$. Der Index kann kleiner als $n - 1$ und gleich oder grösser als Null angenommen werden. Ist er gleich Null, so ist λ entweder die identische Substitution, oder sie gehört der cyklischen Gruppe an. Nach (4) gilt die Regel, dass der Index einer zusammengesetzten Substitution gleich der Summe der Indices der Componenten ist.

Daraus folgt, dass alle Indices der Substitutionen einer linearen Gruppe L Vielfache des kleinsten positiven unter ihnen sind, und dass folglich, wenn α_0 dieser kleinste positive Index ist und $a^{\alpha_0} = a_0$ gesetzt wird, alle Substitutionen von L in der Form

$$\lambda = (z, a_0^h z + b)$$

dargestellt werden können, worin a_0 festgehalten wird, und nur h und b gewisse Zahlenreihen durchlaufen.

Eine Substitution von der Form $\lambda_0 = (z, a_0 z + b_0)$ muss in der Gruppe L vorkommen.

Bilden wir nun nach (4) die Zusammensetzung

$$\lambda \lambda_0^{-h} = \left(z,\, z + a_0^{-h} b + \frac{a_0^{-h} - 1}{a_0 - 1} b_0\right),$$

so erhalten wir dann und nur dann die identische Substitution, wenn

$$\frac{b_0}{a_0 - 1} \equiv \frac{b}{a_0^h - 1} \pmod{n}.$$

Wenn diese Congruenz für alle Substitutionen λ von L erfüllt ist, so bleibt das Element $\frac{b_0}{a_0 - 1}$ durch die ganze Gruppe ungeändert, und L ist intransitiv. Folglich giebt es in einer transitiven Gruppe L immer ein Element λ, für das $\lambda \lambda_0^{-h}$ nicht die identische Substitution ist, obwohl der Index Null ist, und L enthält also die ganze cyklische Gruppe.

Bildet man die verschiedenen Potenzen von λ_0, so ergiebt sich, dass der Exponent h in den Substitutionen λ der Gruppe L jeden Werth annehmen kann. Ist e der kleinste positive Exponent, der der Bedingung $a_0^e \equiv 1 \pmod{n}$ genügt, so kommen also die Werthe $h = 0, 1, 2 \ldots e - 1$ vor, und darin ist e ein Theiler von $n - 1$. Aus der zusammengesetzten Substitution

$$(z,\, a_0^h z + b)(z,\, z + 1) = (z,\, a_0^h z + b + 1),$$

die ja auch in L vorkommen muss, sieht man weiter, dass mit jedem Werth von h jeder der Werthe $b = 0, 1, 2, \ldots n - 1$ verbunden vorkommt, und die ganze Gruppe L besteht daher aus den Substitutionen

$$(5) \qquad \lambda = (z,\, a_0^h z + b), \qquad \begin{matrix} h = 0, 1 \ldots e - 1 \\ b = 0, 1 \ldots n - 1 \end{matrix},$$

und ist vom Grade en. Umgekehrt bildet jedes System von Substitutionen dieser Form eine Gruppe.

Von den linearen Gruppen gilt nun der folgende Satz:

I. Ist eine transitive lineare Gruppe L Normaltheiler einer anderen Permutationsgruppe P derselben n Ziffern, so ist auch P eine lineare Gruppe.

Der Satz lässt sich so beweisen:

Wenn π eine beliebige Permutation ist:

$$\pi = \begin{pmatrix} 0, 1, 2 \ldots n - 1 \\ a_0, a_1, a_2 \ldots a_{n-1} \end{pmatrix},$$

die auch durch (z, a_z) dargestellt werden kann, so kann man eine ganze Function $\varphi(z)$ von z mit rationalen Coëfficienten, deren Grad nicht höher als $n - 1$ ist, so bestimmen, dass $a_z = \varphi(z)$ gesetzt werden kann. Man braucht nur die n Coëfficienten in $\varphi(z)$ aus den n linearen Gleichungen

$$a_0 = \varphi(0),\quad a_1 = \varphi(1), \ldots a_{n-1} = \varphi(n-1)$$

zu bestimmen. Man kann dazu die im §. 29 abgeleitete Lagrange'sche Interpolationsformel verwenden, der man aber noch eine einfachere Gestalt geben kann, da es hier nur auf Congruenzen nach dem Modul n ankommt. Setzt man nämlich

$$\psi(z) = z(z-1)(z-2)\ldots(z-n+1),$$

so giebt die erwähnte Interpolationsformel

$$\varphi(z) = \psi(z)\left(\frac{a_0}{\psi'(0)z} + \frac{a_1}{\psi'(1)(z-1)} + \cdots + \frac{a_{n-1}}{\psi'(n-1)(z-n+1)}\right).$$

Nun ist, wie wir im §. 136 gesehen haben, die Congruenz

$$\psi(z) \equiv z^n - z \pmod{n}$$

identisch; also ist auch

$$\psi'(z) \equiv n z^{n-1} - 1 \equiv -1 \pmod{n},$$

und daher können wir $\varphi(z)$ mit ganzzahligen Coëfficienten so darstellen:

$$(6)\quad \varphi(z) \equiv -a_0\frac{\psi(z)}{z} - a_1\frac{\psi(z)}{z-1} - \cdots - a_{n-1}\frac{\psi(z)}{z-n+1} \pmod{n}.$$

Wenn, wie in unserer Aufgabe, die Zahlen $a_0, a_1 \ldots a_{n-1}$, von der Ordnung abgesehen, mit den Zahlen $0, 1, 2 \ldots n-1$ übereinstimmen, so ist, wenn $n > 2$ ist, $a_0 + a_1 + \cdots + a_{n-1} \equiv 0 \pmod{n}$ und also $\varphi(z)$ höchstens vom Grade $n - 2$, was aber für unseren Beweis nicht von Bedeutung ist.

Hiernach lässt sich also jede beliebige Permutation π durch eine Substitution $[z, \varphi(z)]$ darstellen.

Ist nun L eine transitive lineare Gruppe und zugleich Normaltheiler von einer anderen Gruppe P, ist λ eine beliebige Permutation von L, π eine gleichfalls beliebige Permutation von P, so ist $\pi^{-1}\lambda\pi = \lambda'$ in L enthalten, und $\lambda\pi = \pi\lambda'$. Setzen wir nach dem, was eben bewiesen ist, $\pi = [z, \varphi(z)]$ und wählen für λ die cyklische Substitution $(z, z+1)$, die nach der Voraussetzung der Transitivität in L vorkommt, so muss sich a' und a so bestimmen lassen, dass

$$(z, z+1)[z, \varphi(z)] = [z, \varphi(z)](z, a'z + a),$$

oder, wenn man die Zusammensetzung ausführt,

$$\varphi(z+1) \equiv a'\varphi(z) + a \pmod{n} \tag{7}$$

für jedes ganzzahlige z. Da $\varphi(z)$ den Grad n nicht erreicht, so müssen (§. 136) in (7) die Coëfficienten der einzelnen Potenzen von z auf beiden Seiten congruent sein, und aus der Vergleichung der Coëfficienten der höchsten Potenzen von z ergiebt sich $a' \equiv 1 \pmod{n}$, also

$$\varphi(z+1) \equiv \varphi(z) + a \pmod{n}.$$

Setzt man hier $z+1, z+2 \ldots z+h-1$ für z, so folgt

$$\varphi(z+h) = \varphi(z) + ah,$$

wo h mit jeder beliebigen ganzen Zahl nach dem Modul n congruent sein kann. Darin kann man nun $z = 0$ setzen und erhält, wenn man wieder z für h schreibt und $\varphi(0) = b$ setzt,

$$\varphi(z) = az + b. \tag{8}$$

Es besteht also die Gruppe P aus lauter linearen Permutationen und unser Satz ist bewiesen.

Wir fügen noch die Bemerkung hinzu, die sich unmittelbar aus dem Anblick der Formeln ergiebt, dass die cyklische Gruppe ein normaler Theiler einer jeden linearen Gruppe ist, in der sie überhaupt enthalten ist.

Wenn wir von dem bewiesenen Satze die Anwendung auf die Gruppe der metacyklischen Gleichung machen, so erhalten wir den Satz von Galois:

II. Die Gruppe einer metacyklischen Gleichung von Primzahlgrad ist linear.

Denn kehren wir zu der Kette der Gruppen (1) zurück, so haben wir gesehen, dass $P_{\mu-1}$ die cyklische Gruppe ist. Ist $P_{\mu-1}$ nicht mit P identisch, so ist $P_{\mu-1}$ ein Normaltheiler von $P_{\mu-2}$ und also $P_{\mu-2}$ linear. $P_{\mu-2}$ ist wieder Normaltheiler von $P_{\mu-3}$, also ist auch $P_{\mu-3}$ linear u. s. f., bis wir zu dem Schluss gelangen, dass auch P selbst linear sein muss. Zugleich ergiebt sich, dass $P_{\mu-1}$ Normaltheiler aller vorangehenden Gruppen, also auch von P selbst ist.

Es gilt auch der umgekehrte Satz:

III. Jede irreducible Gleichung von Primzahlgrad, deren Gruppe linear ist, ist metacyklisch.

Um ihn zu beweisen, genügt es, zu zeigen, dass jede transitive lineare Gruppe L einen Normaltheiler L' hat, dessen Index eine Primzahl und der selbst, wenn er nicht die Einheitsgruppe ist, eine transitive lineare Gruppe ist.

Dies zeigt aber unmittelbar die Darstellung der Substitutionen der Gruppe L durch die Formel (5).

Wenn darin $e = 1$ ist, so ist L die cyklische Gruppe vom Grade n mit dem Normaltheiler 1. Ist aber $e > 1$, so sei p eine in e aufgehende Primzahl und $e = p e'$. Die lineare Gruppe L' vom Grade $n e'$, die aus den Substitutionen besteht:

$$\lambda' = (z, a_0^{p h} z + b), \quad \begin{matrix} h = 0, 1, 2 \dots e' - 1 \\ b = 0, 1, 2 \dots n - 1 \end{matrix},$$

ist gewiss ein Theiler von L vom Index p. Er ist aber auch normal, wie man aus der Compositionsregel (4) ohne Mühe erkennt.

Die Begriffe der transitiven linearen und der metacyklischen Gruppen decken sich also bei den Gleichungen von Primzahlgrad vollständig, und wir können daher auch in der Folge beide Ausdrücke synonym gebrauchen.

Wenn wir von einer Gruppe P zu einer conjugirten Gruppe $P' = \pi^{-1} P \pi$ übergehen wollen, so geschieht dieser Uebergang dadurch, dass bei allen Permutationen von P in den Cykeln die Vertauschung π vorgenommen wird. P' wird also mit P bis auf die Bezeichnung der Wurzeln übereinstimmen, und ist daher, wenn P linear ist, auch als linear zu bezeichnen, wenn auch eine Aenderung in der Numerirung der Wurzeln nöthig ist, um sie durch lineare Substitutionen darzustellen.

Zur Vereinfachung der Anwendung bemerke man noch, dass man die volle lineare Gruppe durch Wiederholung und Zusammensetzung der beiden Substitutionen

$$(9) \qquad s = (z, z + 1), \quad t = (z, g z),$$

und jeden Theiler L der vollen linearen Gruppe ebenso aus

$$(10) \qquad s = (z, z + 1), \quad t^{\alpha_0} = (z, a_0 z)$$

ableiten kann. Man nennt daher die beiden Substitutionen (9) oder (10) die erzeugenden Substitutionen dieser Gruppen.

Setzen wir $a_0 = g^2$, so erhalten wir eine häufig vorkommende lineare Gruppe $(z, a z + b)$, in der a nur die quadratischen Reste von n durchläuft, die von Kronecker die halbmetacyklische Gruppe genannt worden ist.

Diese Darstellung durch die erzeugenden Substitutionen gestattet einen einfachen Schluss auf die Beziehung der metacyklischen Gruppen zu der symmetrischen und der alternirenden Gruppe.

Die aus s hervorgehende Permutation besteht aus einem einzigen Cyklus mit einer ungeraden Gliederzahl $(0, 1, 2 \ldots n-1)$ und gehört daher zu der alternirenden Gruppe. Die Substitution t lässt den Index 0 ungeändert und liefert für die übrigen Ziffern wieder einen einzigen Cyklus. Denn durch t geht 1 in g, g in g^2, g^2 in g^3 etc. über und da die Potenzen $1, g, g^2 \ldots g^{n-2}$, von der Reihenfolge abgesehen, mit den Ziffern $1, 2 \ldots n-1$ übereinstimmen, so entspricht t dem Cyklus $(1, g, g^2 \ldots g^{n-2})$, der aus einer geraden Gliederzahl besteht und folglich zu den Permutationen zweiter Art gehört, also nicht in der alternirenden Gruppe enthalten ist. Dagegen ist t^2 wieder darin enthalten. Daraus ergiebt sich das Resultat:

IV. Die volle metacyklische Gruppe ist kein Theiler der alternirenden Gruppe. Der grösste gemeinschaftliche Theiler beider Gruppen ist die halbmetacyklische Gruppe.

Jeder transitive Theiler der metacyklischen Gruppe ist selbst metacyklisch.

Man kann der Bedingung für die metacyklischen Gleichungen verschiedene Formen geben, die sich aus dem Bisherigen ableiten lassen.

Die volle lineare Gruppe ist als Theiler vom Index $\nu = 1 \,.\, 2 \,.\, 3 \ldots (n-2)$ in der symmetrischen Gruppe enthalten. Eine zu der vollen linearen Gruppe gehörige Function y der n Variablen $x_0, x_1 \ldots x_{n-1}$, die wir eine metacyklische Function nennen können, genügt daher einer Resolvente $F(y) = 0$ vom Grade ν, deren Coëfficienten symmetrische Functionen der x sind.

Substituirt man nun für x die Wurzeln einer metacyklischen Gleichung $f(x) = 0$, so wird y rational.

Wenn umgekehrt die Function y durch die Substitution der Wurzeln einer irreducibeln Gleichung $f(x) = 0$ für die x rational wird, während $F'(y)$ von Null verschieden bleibt, so ist $f(x)$ metacyklisch; denn dann ist die Gruppe von $f(x) = 0$ gewiss ein Theiler der vollen metacyklischen Gruppe, und also, da $f(x)$ irreducibel ist, selbst metacyklisch. Es genügt aber auch für die algebraische Auflösbarkeit von $f(x) = 0$, wenn die Resolvente $F(y) = 0$ nur überhaupt eine rationale Wurzel hat, die nicht Doppelwurzel ist. Denn die verschiedenen Wurzeln dieser Resolvente gehören zu conjugirten Gruppen, und wenn daher eine von diesen Wurzeln rational ist, so ist eine der conjugirten Gruppen metacyklisch. Wir haben also den Satz:

V. Die nothwendige und hinreichende Bedingung für die Lösbarkeit der Gleichung $f(x) = 0$ durch Radicale ist die, dass die Resolvente ν^{ten} Grades $F(y) = 0$, die man durch passende Wahl der Function y so eingerichtet hat, dass sie keine Doppelwurzeln erhält, eine rationale Wurzel hat.

Eine andere Form dieser Bedingung ergiebt sich auf folgende Weise.

Unter den Permutationen einer linearen Gruppe ist nur die identische, die irgend zwei Ziffern ungeändert lässt. Denn wenn $(z, az + b)$ zwei Ziffern nicht ändert, so muss die Congruenz $az + b \equiv z \pmod{n}$ zwei verschiedene Lösungen haben. Das ist aber nur möglich, wenn $a \equiv 1$, $b \equiv 0 \pmod{n}$ ist.

Ist also die Gruppe P von $f(x)$ metacyklisch, so reducirt sie sich durch Adjunction von zwei beliebigen Wurzeln auf die Einheit, und folglich sind alle Wurzeln rational durch zwei beliebige unter ihnen ausdrückbar. Also:

VI. Ist eine irreducible Gleichung von Primzahlgrad metacyklisch, so sind alle Wurzeln rational durch zwei beliebige unter ihnen ausdrückbar.

Aber dieser Satz gilt auch umgekehrt, was wir folgendermaassen einfach beweisen können.

Es habe eine irreducible Gleichung vom Primzahlgrad n die Eigenschaft, dass alle Wurzeln rational durch zwei beliebige unter ihnen ausdrückbar sind. Ist etwa $x_\nu = \psi(x_0, x_1)$ eine solche Darstellung, so können auf diese Relation alle Permutationen der Gruppe P unserer Gleichung angewandt werden, und wenn also eine von diesen Permutationen x_0 und x_1 ungeändert lässt, so lässt sie auch alle x_ν ungeändert, d. h. es ist die identische Permutation. Also enthält P ausser der identischen Permutation keine, die zwei Ziffern nicht ändert.

Enthält nun eine der Permutationen $\pi = c\,c_1 \ldots$ von P zwei oder mehr verschiedene Cyklen $c, c_1 \ldots$ und ist c vom Grade h, c_1 aber von einem höheren Grade, so ist $\pi^h = c_1 \ldots$, und π^h lässt die Ziffern von c ungeändert, während sie doch nicht die identische Substitution ist, weil c_1^h nicht alle Ziffern ungeändert lässt. Dies ist aber nicht möglich, wenn $h > 1$ ist. Es muss also entweder π eine Ziffer ungeändert lassen, oder es muss aus Cyklen von gleichem Grade bestehen. Da aber n Primzahl ist, so kann π in diesem Falle nur einen Cyklus vom n^{ten} Grade bilden.

Es enthält also P ausser der identischen nur cyklische Permutationen n^{ten} Grades, die wir mit γ bezeichnen wollen, und Permutationen $\varkappa$, die eine Ziffer ungeändert lassen und ausserdem aus Cyklen von gleichem Grade bestehen.

Jede der Permutationen $\varkappa$, durch die die Ziffer 0 ungeändert bleibt, wollen wir mit $\varkappa_0$ bezeichnen. Ebenso bedeuten $\varkappa_1, \varkappa_2 \ldots \varkappa_{n-1}$ die Permutationen $\varkappa$, die die Ziffern $1, 2 \ldots n-1$ ungeändert lassen. Da P transitiv ist, so müssen ebensoviel $\varkappa_0$, wie $\varkappa_1$, wie $\varkappa_2$ etc. vorhanden sein.

Denn ist π eine Permutation, die 0 in 1 überführt, so ist jedes $\pi^{-1}\varkappa_0\pi$ ein $\varkappa_1$, und umgekehrt jedes $\pi\varkappa_1\pi^{-1}$ ein $\varkappa_0$, und ebenso für die übrigen Ziffern. Ist also μ die Anzahl der $\varkappa_0$, ν die Anzahl der γ, m der Grad von P, so ist, da noch die identische Permutation hinzukommt,

$$m = \mu n + \nu + 1. \tag{11}$$

Nun bilden die $\varkappa_0$ mit der identischen Permutation zusammen eine Gruppe Q vom Grade $\mu + 1$ und einen Theiler von P, nämlich den Inbegriff aller Permutationen von P, die 0 ungeändert lassen. Sind also $\pi_1, \pi_2 \ldots \pi_{n-1}$ Permutationen in P, die 0 in $1, 2 \ldots n-1$ überführen, so ist $Q\pi_1$ der Inbegriff aller der Permutationen von P, die 0 in 1 überführen u. s. f. Wir erhalten also die Zerlegung von P in die Nebengruppen

$$P = Q + Q\pi_1 + Q\pi_2 + \cdots + Q\pi_{n-1},$$

woraus folgt

$$m = n(\mu + 1), \tag{12}$$

also aus (11) und (12) $\nu = n - 1$.

Es giebt also $n-1$ und nicht mehr cyklische Permutationen n^{ten} Grades in P und diese bilden folglich wieder mit der Einheit zusammen eine cyklische Gruppe

$$C = 1, \gamma, \gamma^2 \ldots \gamma^{n-1},$$

da mit γ zugleich alle Potenzen von γ in P vorkommen.

Wenn nun γ eine cyklische Permutation n^{ten} Grades ist, so ist auch jedes $\pi^{-1}\gamma^h\pi$ cyklisch und muss also, wenn π zu P

gehört, auch in C enthalten sein. C ist also ein Normaltheiler von P, und folglich muss nach dem Theorem I. die Gruppe P linear sein.

VII. Eine irreducible Gleichung von Primzahlgrad, bei der alle Wurzeln rational durch zwei beliebige von ihnen ausdrückbar sind, ist metacyklisch.

Wir schliessen aus diesen Sätzen noch auf eine merkwürdige, zuerst von Kronecker bemerkte Eigenschaft der metacyklischen Gleichungen für den Fall eines reellen Rationalitätsbereichs [1]. Wenn bei einer solchen Gleichung zwei Wurzeln reell sind, so folgt aus VI, dass alle ihre Wurzeln reell sind. Eine reelle Wurzel muss aber eine solche Gleichung, da sie ungeraden Grades ist, immer haben. Also folgt

VIII. Eine irreducible metacyklische Gleichung von ungeradem Primzahlgrad mit reellen Coëfficienten hat entweder lauter reelle Wurzeln oder nur eine.

Sind alle Wurzeln reell, so ist die Discriminante als Product von lauter Quadraten reeller Grössen $(x_h - x_k)^2$ positiv. Ist nur eine Wurzel reell, so entspricht jedem complexen Factor der Discriminante $(x_h - x_k)^2$ ein conjugirter, und deren Product ist positiv. Nur wenn x_h und x_k conjugirt imaginär, also $x_h - x_k$ rein imaginär ist, so ist $(x_h - x_k)^2$ negativ und die Discriminante erhält also für jedes Paar conjugirt imaginärer Wurzeln den Factor -1. Das Vorzeichen der Discriminante ist also $(-1)^{\frac{n-1}{2}}$. Daraus folgt:

IX. Wenn $n \equiv 1 \pmod 4$ ist, so ist die Discriminante immer positiv, ist aber $n \equiv 3 \pmod 4$, so entscheidet das Vorzeichen der Discriminante, welcher der beiden Fälle des Theorems VIII. eintritt.

---

[1] Ueber algebraisch auflösbare Gleichungen. Monatsbericht der Berliner Akademie, 14. April 1856.

§. 181.

Anwendung auf die metacyklischen Gleichungen 5ten Grades.

Wir machen noch eine Anwendung der allgemeinen Sätze auf die Gleichungen 5ten Grades. Ist $n = 5$, so hat die cyklische Gruppe 5, die halbmetacyklische 10 und die volle metacyklische Gruppe 20 Permutationen. Eine metacyklische Function genügt bei einer allgemeinen Gleichung 5ten Grades einer Resolvente 6ten Grades, und wenn diese Gleichung 6ten Grades eine rationale Wurzel hat, so ist die gegebene Gleichung 5ten Grades metacyklisch. Die halbmetacyklischen Functionen, d. h. die Functionen, die die Permutationen der halbmetacyklischen Gruppe gestatten, genügen einer Resolvente 12ten Grades, die aber nach Adjunction der Quadratwurzel aus der Discriminante in zwei Factoren 6ten Grades zerfällt.

Wenn man die erzeugenden Substitutionen für den Modul 5

$$s = (z, z + 1), \quad t = (z, 2z), \quad t^2 = (z, 4z)$$

auf die Ziffern 0, 1, 2, 3, 4 anwendet, so ergeben sich die Vertauschungen

$$(1) \qquad \begin{array}{cccccc} & 0, & 1, & 2, & 3, & 4 \\ (s) & 1, & 2, & 3, & 4, & 0 \\ (t) & 0, & 2, & 4, & 1, & 3 \\ (t^2) & 0, & 4, & 3, & 2, & 1. \end{array}$$

Wenden wir die Substitutionen s, t^2, t auf die Paare von Ziffern (0, 1), (1, 2), (2, 3), (3, 4), (4, 0) an, so folgt

$$(2) \qquad \begin{array}{cccccc} & (0, 1), & (1, 2), & (2, 3), & (3, 4), & (4, 0) \\ (s) & (1, 2), & (2, 3), & (3, 4), & (4, 0), & (0, 1) \\ (t^2) & (0, 4), & (4, 3), & (3, 2), & (2, 1), & (1, 0); \end{array}$$

diese Paare bleiben also in ihrer Gesammtheit durch s und durch t^2, und folglich durch die halbmetacyklische Gruppe ungeändert, und eine symmetrische Function der entsprechenden Wurzelpaare ist halbmetacyklisch. Die Substitution t bewirkt die Vertauschungen

$$(3) \qquad \begin{array}{cccccc} & (0, 1), & (1, 2), & (2, 3), & (3, 4), & (4, 0) \\ (t) & (0, 2), & (2, 4), & (4, 1), & (1, 3), & (3, 0), \end{array}$$

führt also die fünf Paare in fünf andere über; und da es nur zehn Paare von fünf Dingen giebt, so kommen in den beiden Reihen (3) alle Paare vor.

Man kann nun auf sehr verschiedene Arten halbmetacyklische Functionen bilden. Die einfachste ist

(4) $$u = x_0 x_1 + x_1 x_2 + x_2 x_3 + x_3 x_4 + x_4 x_0,$$

die durch t in

(5) $$u' = x_0 x_2 + x_2 x_4 + x_4 x_1 + x_1 x_3 + x_3 x_0$$

übergeht, und u' gehört selbst zu den halbmetacyklischen Functionen.

Ist

(6) $$f(x) = x^5 - ax^4 + bx^3 - cx^2 + dx - e = 0$$

die Gleichung, deren Wurzeln x_0, x_1, x_2, x_3, x_4 sind, so ist also

(7) $$u + u' = b.$$

Die Function

(8) $$y = u - u'$$

ist gleichfalls halbmetacyklisch, das Quadrat y^2 aber ist vollmetacyklisch und also die Wurzel einer Resolvente 6ten Grades, wie schon Lagrange gefunden hat.

Ist $\sqrt{\varDelta}$ das Product der zehn Wurzeldifferenzen $(x_0 - x_1)$, $(x_0 - x_2) \ldots$, also $\varDelta$ die Discriminante von $f(x)$, so ist

(9) $$Y = \frac{u - u'}{\sqrt{\varDelta}}$$

ebenfalls vollmetacyklisch und Wurzel einer Gleichung 6ten Grades [1]).

Um die conjugirten Functionen zu u zu bilden, bezeichnen wir mit M die vollmetacyklische, mit N die halbmetacyklische, mit A die alternirende Gruppe und zerlegen A in die Nebengruppen:

(10) $$A = N + N\,(1, 2)(3, 4) + Nt\,(0, 1) + Nt\,(0, 2) + Nt\,(0, 3) + Nt\,(0, 4).$$

Diese Nebengruppen sind in der That alle von einander verschieden. Denn wäre z. B. $N = N\,(1, 2)(3, 4)$, so müsste $(1, 2)(3, 4)$ in N, also

$$(1, 2)(3, 4)t = (1, 2)(3, 4)(1, 2, 4, 3) = (1, 4)$$

in M vorkommen und dies ist nicht möglich, weil in M keine Permutation auftritt, die zwei Ziffern ungeändert lässt; und in

---

[1]) Jacobi, „observatiunculae ad theoriam aequationum pertinentes", Crelle's Journ. Bd. 13. Jacobi's Werke, Bd. 3. Cayley, philos. transactions 1861, Collected math. papers, Vol. IV, p. 309.

ähnlicher Weise zeigt man, dass keine zwei anderen dieser Nebengruppen einander gleich sind.

Hiernach ergeben sich für u die innerhalb A conjugirten Werthe durch Anwendung der Permutationen

$$(1, 2)(3, 4),\quad t(0, 1) = (0, 1, 2, 4, 3),\quad t(0, 2) = (0, 2, 4, 3, 1)$$
$$t(0, 3) = (0, 3, 1, 2, 4),\quad t(0, 4) = (0, 4, 3, 1, 2):$$

$$(11)\quad \begin{aligned} u_1 &= x_0 x_1 + x_1 x_2 + x_2 x_3 + x_3 x_4 + x_4 x_0, \\ u_2 &= x_0 x_2 + x_2 x_1 + x_1 x_4 + x_4 x_3 + x_3 x_0, \\ u_3 &= x_1 x_2 + x_2 x_4 + x_4 x_0 + x_0 x_3 + x_3 x_1, \\ u_4 &= x_2 x_0 + x_0 x_4 + x_4 x_1 + x_1 x_3 + x_3 x_2, \\ u_5 &= x_3 x_2 + x_2 x_4 + x_4 x_1 + x_1 x_0 + x_0 x_3, \\ u_6 &= x_4 x_2 + x_2 x_0 + x_0 x_1 + x_1 x_3 + x_3 x_4, \end{aligned}$$

und die entsprechenden $u'_1, u'_2, u'_3, u'_4, u'_5, u'_6$ findet man, wenn man auf die u_1 die Permutation t anwendet, und dann mit u'_1 ebenso verfährt, wie eben mit u_1, oder auch einfach, indem man die in jedem u fehlenden Paare zu dem entsprechenden u' vereinigt, so dass für alle diese u die Bedingung (7) befriedigt ist.

$$(12)\quad \begin{aligned} u'_1 &= x_0 x_2 + x_0 x_3 + x_1 x_3 + x_1 x_4 + x_2 x_4, \\ u'_2 &= x_0 x_1 + x_0 x_4 + x_1 x_3 + x_2 x_3 + x_2 x_4, \\ u'_3 &= x_0 x_1 + x_0 x_2 + x_2 x_3 + x_3 x_4 + x_1 x_4, \\ u'_4 &= x_0 x_1 + x_0 x_3 + x_1 x_2 + x_2 x_4 + x_3 x_4, \\ u'_5 &= x_0 x_2 + x_0 x_4 + x_1 x_2 + x_1 x_3 + x_3 x_4, \\ u'_6 &= x_0 x_3 + x_0 x_4 + x_1 x_2 + x_1 x_4 + x_2 x_3. \end{aligned}$$

Die sechs Grössen (8): $y_1, y_2, y_3, y_4, y_5, y_6$ sind die Wurzeln einer Gleichung 6ten Grades, deren Coëfficienten rational von a, b, c, d, e und $\sqrt{\Delta}$ abhängen. Da die y alle ihr Vorzeichen ändern, wenn $\sqrt{\Delta}$ das Vorzeichen ändert, so hat diese Gleichung die Form

$$(12)\quad y^6 + a_2 y^4 + a_4 y^2 + a_6 - \sqrt{\Delta}(a_1 y^5 + a_3 y^3 + a_5 y) = 0,$$

worin die a rationale Functionen der Coëfficienten von $f(x)$ sind. Es müssen aber auch ganze Functionen dieser Coëfficienten sein; denn $a_2, a_4, a_6, a_1\sqrt{\Delta}, a_3\sqrt{\Delta}, a_5\sqrt{\Delta}$ sind ganze Functionen der x, die ja hier als unabhängige Variable gelten können, und es müssen also die drei letzteren durch das Differenzenproduct $\sqrt{\Delta}$ theilbar sein, und dann müssen sich $a_2, a_4, a_6, a_1, a_3, a_5$ als ganze symmetrische Functionen der x erweisen. Bestimmt man die Grade in Bezug auf die x, so ergeben sich, da die y vom zweiten Grade sind, für

	$a_1 \sqrt{\varDelta}$,	a_2,	$a_3 \sqrt{\varDelta}$,	a_4,	$a_5 \sqrt{\varDelta}$,	a_6
die Grade	2	4	6	8	10	12.

$\sqrt{\varDelta}$ ist aber vom 10ten Grade in den x, und folglich muss $a_1 = 0$, $a_3 = 0$ und a_5 eine Zahl sein.

Man kann die Coëfficienten a_2, a_4, a_5, a_6 durch wirkliche Bildung der Ausdrücke nach den Vorschriften über die Darstellung der symmetrischen Functionen berechnen, was von Cayley geschehen ist. Rechnung und Formeln sind aber sehr weitläufig.

Wir wollen uns hier damit begnügen, die Resolvente für einen besonderen Fall zu bilden. Der dabei gefundene Werth für die Zahl a_5 ist dann natürlich allgemein gültig.

Die Gleichung 5ten Grades habe die Bring-Jerrard'sche Form [1])

$$x^5 + \alpha x + \beta = 0. \tag{13}$$

Dann sind a_2, a_4, a_6 ganze rationale Functionen von α und β. Von den Coëfficienten der allgemeinen Gleichung (6) ist d von der 4ten, e von der 5ten Ordnung in den x. Daraus folgt, dass in a_2, a_4, a_6 der Coëfficient e nur mit einem der Coëfficienten a, b, c multiplicirt vorkommen kann, und dass also, wenn a, b, c Null gesetzt werden, e aus diesen Ausdrücken herausgehen muss. Für die Gleichung (13) können also a_2, a_4, a_6 nicht von β abhängen, und man erhält mit Rücksicht auf den Grad, wenn m, m_1, m_2, m_3 Zahlen bedeuten

$$a_2 = m_1 \alpha, \quad a_4 = m_2 \alpha^2, \quad a_6 = m_3 \alpha^3, \quad a_5 = m. \tag{14}$$

Die Zahlen m, m_1, m_2, m_3 lassen sich aus einer speciellen Annahme bestimmen. Setzen wir $\beta = 0$, so wird

$$\begin{aligned} x_0 = 0, \quad x_1 &= \sqrt[4]{-\alpha}, & x_2 &= i \sqrt[4]{-\alpha}, \\ x_3 &= -\sqrt[4]{-\alpha}, & x_4 &= -i \sqrt[4]{-\alpha}, \end{aligned} \tag{15}$$

und daraus ergiebt sich

$$\begin{aligned} \sqrt{\varDelta} &= (x_0 - x_1)(x_0 - x_2)(x_0 - x_3)(x_0 - x_4)(x_1 - x_2) \\ &\quad (x_1 - x_3)(x_1 - x_4)(x_2 - x_3)(x_2 - x_4)(x_3 - x_4) \\ &= 16 i \sqrt{-\alpha}^5 = -16 \sqrt{\alpha}^5 \\ \varDelta &= 256 \alpha^5. \end{aligned} \tag{16}$$

---

1) Runge, Acta mathematica, Bd. 7.

Da hier $b = 0$ ist, so wird nach (7) und (8) $y = 2u$, und aus (11) und (15) ergeben sich die Werthe der y:

$$y_1 = y_2 = y_3 = y_6 = -2\sqrt{\alpha}$$
$$y_4 = (4 - 2i)\sqrt{\alpha}, \quad y_5 = (4 + 2i)\sqrt{\alpha}.$$

Danach erhält man für $\beta = 0$ die folgende in y identische Gleichung:

$$(17) \quad \begin{aligned} & y^6 + a_2 y^4 + a_4 y^2 + a_6 - a_5 \sqrt{\Delta}\, y \\ & = (y + 2\sqrt{\alpha})^4 (y^2 - 8y\sqrt{\alpha} + 20\alpha) \\ & = y^6 - 20\alpha y^4 + 240\alpha^2 y^2 + 512\sqrt{\alpha}^5 y + 320\alpha^3. \end{aligned}$$

Daraus findet man aber die allgemeine Resolvente für die Gleichung (13), wenn man nach (16) für $-16\sqrt{\alpha}^5$ setzt $\sqrt{\Delta}$, also

$$(18) \quad y^6 - 20\alpha y^4 + 240\alpha^2 y^2 - 32\sqrt{\Delta}\, y + 320\alpha^3 = 0.$$

Die Discriminante Δ hat hier, wie sich aus der Formel (3) im §. 74 ergiebt, den Ausdruck

$$(19) \quad \Delta = 5^5\beta^4 + 2^8\alpha^5.$$

Einfacher noch wird die Gleichung für u, nämlich

$$(20) \quad u^6 - 5\alpha u^4 + 15\alpha^2 u^2 - \sqrt{\Delta}\, u + 5\alpha^3 = 0,$$

und wenn man $u^2 = v$ setzt, so ergiebt sich für v die rationale Gleichung 6ten Grades

$$(21) \quad (v^3 - 5\alpha v^2 + 15\alpha^2 v + 5\alpha^3)^2 = \Delta v.$$

Eine andere Form dieser Gleichung erhält man aus (17), wenn man den zweiten der drei Ausdrücke mit dem multiplicirt, den man daraus erhält, wenn man $\sqrt{\alpha}$ in $-\sqrt{\alpha}$ verwandelt. Dadurch bekommt man

$$(v - \alpha)^4 (v^2 + 6\alpha v + 25\alpha^2) = 0,$$

und in diesen muss (21) übergehen, wenn $\beta = 0$ gesetzt wird. Da aber in (21) der von β abhängige Theil durch (19) bestimmt ist, so folgt die gesuchte Form der Resolvente

$$(22) \quad (v - \alpha)^4 (v^2 + 6\alpha v + 25\alpha^2) = 5^5\beta^4 v.$$

Man kann noch die Frage aufwerfen, ob die hier eingeführte Function v immer wirklich metacyklisch ist, ob sie nicht vielleicht bei besonderen Gleichungen noch bei anderen Permutationen ungeändert bleibt.

Wenn dieser Fall eintreten sollte, so müsste die Gleichung (21) oder (22) gleiche Wurzeln oder (20) gleiche oder entgegengesetzte Wurzeln haben.

Der Werth $u = 0$ oder $v = 0$ tritt nur dann ein, wenn $\alpha = 0$ ist. Dann haben wir in der That in (13) die wohlbekannte metacyklische Gleichung $x^5 + \beta = 0$; diesen Fall also lassen wir jetzt bei Seite. Die Gleichung (20) kann nur dann zwei entgegengesetzte Wurzeln haben, wenn $\Delta = 0$ ist, wenn also die Gleichung (13) gleiche Wurzeln hat. Auch dies ist auszuschliessen, da wir (13) als irreducibel vorausgesetzt haben.

Es bleibt also nur die Frage übrig, ob (20) gleiche Wurzeln haben kann. Es müsste dann mit (20) zugleich die abgeleitete Gleichung

$$6u^5 - 20\alpha u^3 + 30\alpha^2 u - \sqrt{\Delta} = 0$$

befriedigt sein, und wenn wir aus dieser und aus (20) $\sqrt{\Delta}$ eliminiren,

$$5u^6 - 15\alpha u^4 + 15\alpha^2 u^2 - 5\alpha^3 = 5(u^2 - \alpha)^3 = 0.$$

Es müsste also $v = \alpha$ sein und also nach (22) $\beta = 0$. Dann wäre aber die Gleichung 5ten Grades wieder reducibel, da sie den Factor x hat.

Will man also eine gegebene Gleichung von der Form (13) in Bezug auf ihre Auflösbarkeit prüfen, so hat man zuerst die Irreducibilität festzustellen, und dann zu untersuchen, ob (21) oder (22) eine rationale Wurzel hat.

Sind α und β ganze Zahlen, so muss auch ein rationales v eine ganze Zahl sein, die unter den Factoren von $25\alpha^6$ zu suchen ist.

Ist z. B. $\alpha = 5$, $\beta = 5t$, so ist, wenn t eine durch 5 nicht theilbare ganze Zahl ist, $x^5 + \alpha x + \beta$ nach §. 178, 3. irreducibel. Für v hat man Potenzen von 5, mit positivem oder negativem Vorzeichen einzusetzen, aber für keine solche Zahl kann (22) erfüllt sein, weil auf der linken Seite die Potenz von 5 nicht hoch genug wird.

Es ist also keine Gleichung von der Form $x^5 + 5x + 5t = 0$ metacyklisch.

Will man metacyklische Gleichungen ermitteln, so setze man in (22)

$$\beta = \alpha\mu, \qquad v = \alpha\lambda,$$

wodurch man erhält:

$$(23) \qquad \begin{aligned} \alpha &= \frac{5^5\mu^4\lambda}{(\lambda - 1)^4(\lambda^2 + 6\lambda + 25)} \\ \beta &= \frac{5^5\mu^5\lambda}{(\lambda - 1)^4(\lambda^2 + 6\lambda + 25)}, \end{aligned}$$

und wenn man hierin für λ und μ rationale Grössen setzt (aus einem beliebigen Rationalitätsbereich, z. B. auch aus dem Körper der rationalen Functionen von λ und μ), so ist die Gleichung 5ten Grades

$$x^5 + \alpha x + \beta = 0 \tag{24}$$

algebraisch lösbar, da ja der Fall, dass diese Gleichung reducibel wird, auch auf algebraisch lösbare Gleichungen führt.

Umgekehrt können wir sagen, dass keine irreducible Gleichung 5ten Grades von der Form (24) algebraisch lösbar ist, in der die Coëfficienten α, β nicht in der Form (23) darstellbar sind.

Setzen wir z. B. $\lambda = -1$, $\mu = 1$, so erhalten wir $64\,\alpha = -5^4$, $64\,\beta = -5^4$. Die Gleichung (24) vereinfacht sich, wenn wir für x eine neue Unbekannte ξ einführen, durch die Gleichung $x\xi = 5$. Wir erhalten so die Gleichung

$$\xi^5 + 5\,\xi^4 - 5.64 = 0$$

als Beispiel einer **algebraisch lösbaren** Gleichung, die überdies nach dem vorhin erwähnten Satze **irreducibel** ist.

§. 182.

Die Gruppe der Resolvente.

Die Sätze, die wir im vorigen Paragraphen abgeleitet haben, gestatten einen merkwürdigen Schluss über die Gleichungen 6ten Grades.

Wir nehmen jetzt wieder die x_0, x_1, x_2, x_3, x_4 des vorigen Paragraphen als unabhängige Variable an. Dann sind die sechs Grössen

$$\begin{array}{lll} v_1 = (u_1 - u_1')^2, & v_2 = (u_2 - u_2')^2, & v_3 = (u_3 - u_3')^2 \\ v_4 = (u_4 - u_4')^2, & v_5 = (u_5 - u_5')^2, & v_6 = (u_6 - u_6')^2 \end{array} \tag{1}$$

die Wurzeln einer Gleichung 6ten Grades, $F(v) = 0$, deren Coëfficienten rational durch die symmetrischen Grundfunctionen a, b, c, d, e der x ausdrückbar sind, und die in dem Körper der rationalen Functionen dieser Grössen irreducibel ist. Diese Gleichung ist eine Resolvente der Gleichung 5ten Grades, $f(x) = 0$, deren Wurzeln die x sind.

Ist M die volle metacyklische Gruppe der x, so haben die zu M conjugirten Gruppen $\pi^{-1} M \pi$ keinen anderen gemeinschaftlichen Theiler, als die identische Permutation. Denn jeder gemeinsame Theiler aller dieser Gruppen müsste ein Normaltheiler der symmetrischen und folglich auch der alternirenden Gruppe sein; da er aber nicht die alternirende Gruppe selbst sein kann, so muss er sich nach §. 177 auf die Einheitsgruppe reduciren.

Die Resolvente $F(v) = 0$ ist also nach der in §. 156 eingeführten Bezeichnung eine Totalresolvente von $f(x) = 0$, und ihre Gruppe muss von gleichem Grade sein, wie die Gruppe von $f(x) = 0$, deren Grad $1 . 2 . 3 . 4 . 5 = 120$ ist. Da $F(z)$ auch irreducibel ist, so ist die Permutationsgruppe unter den Indices der sechs Grössen v transitiv. Sie ist vom Grade 120, während der Grad der symmetrischen Gruppe der Permutationen von sechs Ziffern $6 . 120$ ist. Damit haben wir den Satz:

Die symmetrische Permutationsgruppe von sechs Ziffern hat einen transitiven Divisor vom Index 6.

Um diese merkwürdige Gruppe, die wir mit C bezeichnen wollen, zu finden, haben wir nur den Einfluss zu untersuchen, den die sämmtlichen 120 Permutationen der x auf die v oder auf die Grössen (11) des vorigen Paragraphen ausüben.

Wir haben nun früher gesehen (§. 153, 2.), dass die Transpositionen (0, 1), (0, 2), (0, 3), (0, 4) durch wiederholte Zusammensetzung die ganze symmetrische Gruppe der Permutationen von fünf Ziffern erzeugen. Es genügt also, den Einfluss dieser vier Transpositionen auf die Indices der v zu ermitteln. Durch Anwendung einer Transposition (0, 1) geht jeder der Ausdrücke (11), §. 181 in einen der Ausdrücke (12) über und umgekehrt, und wenn man für die vier genannten Transpositionen diese Aenderung ermittelt, so erhält man die folgenden vier erzeugenden Permutationen $\pi_1, \pi_2, \pi_3, \pi_4$ der Gruppe C

$$\begin{aligned}
(0, 1)&: \quad \pi_1 = (1, 3)\,(2, 5)\,(4, 6) \\
(0, 2)&: \quad \pi_2 = (1, 4)\,(2, 3)\,(5, 6) \\
(0, 3)&: \quad \pi_3 = (1, 5)\,(2, 6)\,(3, 4) \\
(0, 4)&: \quad \pi_4 = (1, 6)\,(2, 4)\,(3, 5),
\end{aligned}$$

wo sich die in den π vorkommenden Transpositionen (1, 3) ... auf die Indices der u oder der v beziehen.

Unter den 120 Permutationen der Gruppe C kommen unter anderen auch vor

$$\begin{aligned}
\pi_1 \pi_2 &= (1, 2, 6)(3, 4, 5) \\
\pi_1 \pi_2 \pi_3 &= (1, 6, 5, 4) \\
\pi_1 \pi_2 \pi_3 \pi_4 &= (2, 4, 6, 3, 5) \\
(\pi_1 \pi_2 \pi_3 \pi_4)^3 &= (2, 3, 4, 5, 6).
\end{aligned}$$

Hiernach lässt sich leicht eine zur Gruppe C gehörige Function der sechs Grössen v bilden.

Eine Function, wie

$$v_1 v_3 + v_2 v_4 + v_5 v_6,$$

bleibt durch π_1 und durch $\pi_1 \pi_2$ ungeändert; wenden wir darauf aber die Potenzen der cyklischen Permutation (2, 3, 4, 5, 6) an, so gehen daraus fünf Functionen hervor, die wir so bezeichnen wollen:

$$(2) \qquad \begin{aligned}
w_0 &= v_1 v_2 + v_4 v_5 + v_3 v_6 \\
w_1 &= v_1 v_4 + v_2 v_6 + v_3 v_5 \\
w_2 &= v_1 v_6 + v_2 v_5 + v_3 v_4 \\
w_3 &= v_1 v_3 + v_2 v_4 + v_5 v_6 \\
w_4 &= v_1 v_5 + v_2 v_3 + v_4 v_6.
\end{aligned}$$

Wenn wir auf die Functionen (2) die Permutationen π_1, π_2, π_3, π_4 anwenden, so gehen diese Functionen nur in einander über, und zwar in folgender Weise:

$$\pi_1 = (w_0, w_1), \quad \pi_2 = (w_0, w_2), \quad \pi_3 = (w_0, w_3), \quad \pi_4 = (w_0, w_4),$$

d. h. die π_1, π_2, π_3, π_4 entsprechen den Transpositionen (0, 1), (0, 2), (0, 3), (0, 4) unter den Indices der w, und also entspricht nach §. 153, 2. der ganzen Gruppe C die symmetrische Gruppe der Indices der w. Eine symmetrische Function der fünf Grössen w die nicht zugleich eine symmetrische Function der v ist, wie die Summe der w, ist also eine zu C gehörige Function.

Man kann z. B. die Summe der Quadrate dafür nehmen

$$W = w_0^2 + w_1^2 + w_2^2 + w_3^2 + w_4^2,$$

oder eine Function

$$(\lambda - w_0)(\lambda - w_1)(\lambda - w_2)(\lambda - w_3)(\lambda - w_4)$$

für ein beliebiges rationales λ.

Eine solche Grösse W ist die Wurzel einer irreduciblen Gleichung 6ten Grades, deren Coëfficienten symmetrische Functionen der sechs Grössen v sind.

Achtzehnter Abschnitt.

Wurzeln metacyklischer Gleichungen.

---

§. 183.

Stellung der Aufgabe. Hülfssatz.

Wir haben im vorigen Abschnitte allgemeine Kennzeichen gefunden, durch die man entscheiden kann, ob eine vorgelegte Gleichung von Primzahlgrad metacyklisch ist oder nicht. Damit ist aber der Gegenstand noch bei Weitem nicht erschöpft. Es handelt sich vielmehr nach der Form der Problemstellung, wie sie von Abel herrührt, darum, ein Verfahren anzugeben, nach dem man alle metacyklischen Gleichungen finden kann. In dieser Form ist das Problem, über das Abel nur kurze Andeutungen ohne Beweise hinterlassen hat, von Kronecker aufgenommen worden, und in der Weise vollständig gelöst, dass zunächst nicht die Gleichungen selbst, sondern ihre Wurzeln gefunden werden [1]). So hat Kronecker für jede Primzahl n einen Ausdruck angegeben, der aus einem gegebenen Körper Ω durch wiederholtes Wurzelziehen abgeleitet ist, und der die doppelte

---

[1]) Abel, Sur la résolution algébrique des équations (Oeuvres complètes, ed. Sylow, tome II, p. 217), Brief an Crelle am 14. März 1826 (Oeuvres tome II, p. 266). — Kronecker, Ueber die algebraisch auflösbaren Gleichungen. Monatsberichte der Berl. Akademie 1853, 1856. — H. Weber, Ueber algebraisch auflösbare Gleichungen von Primzahlgrad. Sitzungsberichte der Gesellschaft zur Beförderung der Naturwissenschaften zu Marburg 1892. Die folgende Darstellung ist gegen die dort gegebene vereinfacht und in einem Punkte berichtigt.

Eigenschaft hat, dass jede Wurzel einer irreduciblen metacyklischen Gleichung n^{ten} Grades in Ω in diesem Ausdruck enthalten ist, und dass auch umgekehrt jeder solche Ausdruck einer irreducible Gleichung n^{ten} Grades in Ω genügt.

Die Grundlage für diese Untersuchung liefern uns die Resolventen von Lagrange.

Es sei jetzt n eine Primzahl, $x_0, x_1, x_2 \ldots x_{n-1}$ sei ein System unabhängiger Variablen, und die Bezeichnung so gewählt, dass $x_n = x_0$, $x_{n+1} = x_1 \ldots$ ist. Endlich sei ε eine n^{te} Einheitswurzel. Wir setzen dann

$$(1) \quad (\varepsilon, x) = x_0 + \varepsilon x_1 + \varepsilon^2 x_2 + \cdots + \varepsilon^{n-1} x_{n-1} = \sum_{0,\, n-1}^{h} \varepsilon^h x_h.$$

Diese Ausdrücke haben wir schon im vierzehnten Abschnitte unter dem Namen der Resolventen von Lagrange kennen gelernt, und wir haben dort (§. 164) ihr Verhalten gegenüber den cyklischen Permutationen untersucht.

Es kommt jetzt darauf an, den Einfluss linearer Permutationen von der im §. 180 betrachteten Art auf diese Functionen festzustellen.

Wir schicken einen Hülfssatz voraus, den wir eigentlich nur aus dem Früheren zu reproduciren brauchen. Die imaginären n^{ten} Einheitswurzeln ε sind die Wurzeln einer Gleichung $X = 0$, wenn

$$(2) \qquad X = \xi^{n-1} + \xi^{n-2} + \cdots + \xi + 1$$

gesetzt ist, und ξ eine Variable bedeutet.

Die Function X ist, wie wir früher gesehen haben (§. 134), irreducibel im Körper R der rationalen Zahlen.

Legen wir irgend einen Körper Ω zu Grunde, in dem X irreducibel ist, und leiten daraus den Körper $\Omega(\varepsilon)$ ab, der aus allen rationalen Functionen von ε mit Coëfficienten in Ω besteht, so ergiebt sich nach §. 142, dass jede Grösse dieses Körpers auf eine und nur auf eine Weise in die Form

$$(3) \qquad c_0 + c_1 \varepsilon + c_2 \varepsilon^2 + \cdots + c_{n-2} \varepsilon^{n-2}$$

gesetzt werden kann, worin die c Grössen in Ω sind.

Der Kürze wegen wollen wir diese Form der Grössen in $\Omega(\varepsilon)$ die Normalform nennen und wollen also den Satz aussprechen:

1. Ist Ω ein Körper, in dem die Kreistheilungsgleichung $X = 0$ irreducibel ist, so kann jede

Grösse des Körpers $\Omega(\varepsilon)$ nur auf eine Weise in die Normalform

$$\Phi(\varepsilon) = c_0 + c_1\varepsilon + c_2\varepsilon^2 + \cdots + c_{n-2}\varepsilon^{n-2}$$

gebracht werden, worin die Coëfficienten c in Ω enthalten sind.

Wir können in diesem Satze für Ω den Körper nehmen, der aus R durch Adjunction von n unabhängigen Variablen $x_0, x_1, x_2 \ldots x_{n-1}$ entsteht; denn wäre X in diesem Körper reducibel, also

$$X = X_1 X_2,$$

wo X_1, X_2 ganze Functionen von ε und rationale Functionen der x sind, so könnte man für die Variablen $x_0, x_1 \ldots x_{n-1}$ solche rationale Zahlen setzen, dass X_1, X_2, ohne ihren Grad in Bezug auf ε zu ändern, in Functionen in R übergehen (§. 143), und dieses widerspricht der Irreducibilität von X in R.

Dieser Körper Ω hat verschiedene Divisoren, in denen X gleichfalls irreducibel ist, und die also alle im Theorem 1. für Ω genommen werden können. Solche Divisoren erhält man, wenn man irgend eine Permutationsgruppe P der n Ziffern $0, 1, 2 \ldots n - 1$ festsetzt und den Inbegriff aller rationalen Functionen der $x_0, x_1 \ldots x_{n-1}$ in R betrachtet, die die Permutationen dieser Gruppe gestatten.

Der Inbegriff aller dieser Functionen bildet offenbar einen Körper, und so bekommt man zu jeder Permutationsgruppe der n Ziffern einen bestimmten zugehörigen Körper Ω. Man kann die Grössen eines solchen Körpers rational darstellen durch die symmetrischen Functionen der x und durch eine zu der Gruppe P gehörige Function.

Wir nennen den so bestimmten Körper Ω den zu der Gruppe P gehörigen Körper. Jeder solche Körper kann in 1. die Stelle von Ω vertreten. (Vgl. §. 152.)

Wir können also den zweiten Satz aufstellen:

2. Wenn eine rationale Function $\Phi(x_0, x_1 \ldots x_{n-1}, \varepsilon)$ des Körpers $\Omega(\varepsilon)$ ungeändert bleibt, wenn auf die Indices der x die Permutationen einer Gruppe P angewandt werden, so gestatten auch die Coëfficienten $c_0, c_1, c_2 \ldots c_{n-2}$ der Normalform von Φ die Permutationen von P.

Ist $\Phi(\varepsilon)$ irgend ein Element des Körpers $\Omega(\varepsilon)$, so erhält man die conjugirten Grössen, wenn man für ε irgend eine andere

Wurzel von $X = 0$ setzt, also die Substitution $(\varepsilon, \varepsilon^h)$ für $h = 1, 2 \ldots n - 1$ ausführt. Alle diese Körper sind wieder in $\Omega(\varepsilon)$ enthalten; sie sind also mit einander identisch, d. h. $\Omega(\varepsilon)$ ist ein Normalkörper. Wenn eine Grösse $\Phi(\varepsilon)$ die Eigenschaft hat, ungeändert zu bleiben, wenn ε durch alle ε^h ersetzt wird, so ist sie selbst in Ω enthalten. Dies folgt schon aus den allgemeinen Sätzen des §. 144. Wir sehen aber die Richtigkeit sofort ein, wenn wir unter der Voraussetzung $\Phi(\varepsilon^h) = \Phi(\varepsilon)$

$$\Phi(\varepsilon) = \frac{1}{n-1} \sum_{1, n-1}^{h} \Phi(\varepsilon^h) = c_0 - \frac{c_1 + c_2 + \cdots + c_{n-2}}{n-1}$$

setzen, woraus dann nach 2. zu schliessen ist, dass $c_1, c_2 \ldots c_{n-2}$ gleich Null sind. Also:

3. Wenn eine Grösse in $\Omega(\varepsilon)$ die sämmtlichen Substitutionen $(\varepsilon, \varepsilon^h)$ gestattet, so ist sie in Ω enthalten.

§. 184.

Sätze über die Resolventen.

Wir betrachten jetzt die Lagrange'schen Resolventen (ε, x) unter der Voraussetzung, dass ε eine imaginäre n^{te} Einheitswurzel und die x unabhängige Variable sind, und wenden darauf die Sätze des vorigen Paragraphen an.

Wir untersuchen zunächst den Einfluss der linearen Permutationen auf (ε, x); dazu genügt es, wenn wir den Einfluss der beiden erzeugenden Substitutionen

(1) $$s = (h, h+1), \quad t = (h, gh)$$

feststellen, worin das nach dem Modul n genommene h die Indices von x durchläuft und g eine primitive Wurzel der Primzahl n bedeutet (§. 180).

Wenden wir aber auf

(2) $$(\varepsilon, x) = x_0 + \varepsilon x_1 + \varepsilon^2 x_2 + \cdots + \varepsilon^{n-1} x_{n-1}$$

die Substitution s an, so geht diese Function über in

$$x_1 + \varepsilon x_2 + \varepsilon^2 x_3 + \cdots + \varepsilon^{n-1} x_0 = \varepsilon^{-1}(\varepsilon, x).$$

Der Einfluss der Substitution s ist also, dass

$$(\varepsilon, x) \quad \text{in} \quad \varepsilon^{-1}(\varepsilon, x)$$

übergeht.

Gehen wir nun zur Substitution t über und setzen in

$$(2) \qquad (\varepsilon, x) = x_0 + \sum_{1, n-1}^{h} \varepsilon^h x_h$$

x_{gh} für x_h, so geht diese Function über in

$$(3) \qquad x_0 + \sum_{1, n}^{h} \varepsilon^h x_{gh}.$$

In dieser Summe kann h ein beliebiges Restsystem nach dem Modul n durchlaufen mit Ausschluss von 0, und wir können also h durch $g^{-1}h$ ersetzen; dadurch wird die Summe (3)

$$x_0 + \sum^{h} \varepsilon^{g^{-1}h} x_h = (\varepsilon^{g^{-1}}, x).$$

Wendet man die Permutationen s und t wiederholt an, so ergiebt sich der Einfluss von s^λ, t^λ, der in den Vertauschungen

$$(\varepsilon, x), \quad \varepsilon^{-\lambda}(\varepsilon, x)$$
$$(\varepsilon, x), \quad (\varepsilon^{g^{-\lambda}}, x)$$

besteht, speciell also für $\lambda = -1$

$$(\varepsilon, x), \quad \varepsilon(\varepsilon, x)$$
$$(\varepsilon, x), \quad (\varepsilon^g, x),$$

und wir bekommen den folgenden Satz:

4. Die erzeugenden Permutationen der metacyklischen Gruppe, s, t, bewirken die Vertauschungen

(s): (ε, x), $\varepsilon^{-1}(\varepsilon, x)$; $\qquad (s^{-1})$: (ε, x), $\varepsilon(\varepsilon, x)$

(t): (ε, x), $(\varepsilon^{g^{-1}}, x)$; $\qquad (t^{-1})$: (ε, x), (ε^g, x).

Aus 2. und 4. aber ergiebt sich, weil s die erzeugende Permutation der cyklischen Gruppe ist, die Folgerung:

5. Stellt man die Functionen

$$(4) \qquad (\varepsilon, x)^n = \Phi(\varepsilon), \quad (\varepsilon^\lambda, x)(\varepsilon, x)^{-\lambda} = F(\varepsilon)$$

in der Normalform [§. 183, (3)] dar, so sind die Coëfficienten cyklische Functionen von $x_0, x_1 \ldots x_{n-1}$ (§. 163).

Hierin kann λ jede beliebige ganze Zahl, die nicht durch n theilbar ist, bedeuten.

Aus der Function $F(\varepsilon)$ entspringen, wenn wir $\lambda = g$ annehmen und für ε seine $n-1$ verschiedenen Werthe setzen, $n-1$ Functionen, die alle durch s ungeändert bleiben, und die wir folgendermaassen bezeichnen wollen:

$$
\begin{aligned}
&(\varepsilon^g, x)(\varepsilon, x)^{-g} = f_0\\
(5)\qquad &(\varepsilon^{g^2}, x)(\varepsilon^g, x)^{-g} = f_1\\
&\dots\dots\dots\dots\\
&\left(\varepsilon^{g^{n-1}}, x\right)\left(\varepsilon^{g^{n-2}}, x\right)^{-g} = f_{n-2},
\end{aligned}
$$

so dass also, wenn $(\varepsilon^g, x)(\varepsilon, x)^{-g} = f(\varepsilon)$ gesetzt wird,

$$f_h = f(\varepsilon^{g^h}) \tag{6}$$

ist. Wendet man auf (5) die Permutation t^{-1} an, so erleiden, wie nach dem Theorem 4. zu sehen ist, die Functionen

$$f_0, f_1, f_2 \dots f_{n-2}$$

eine cyklische Permutation $(0, 1, 2 \dots n-2)$.

Ausserdem sind die Functionen f_ν, so lange die x variabel sind, wie man aus (5) ersieht, alle von einander verschieden da sie in verschiedene lineare Factoren zerlegt sind.

Bilden wir also eine cyklische Function dieser $n-1$ Grössen

$$C(f_0, f_1, f_2 \dots f_{n-2}), \tag{7}$$

so bleibt diese sowohl durch s als durch t^{-1}, also durch t und die ganze metacyklische Gruppe ungeändert, und wir erhalten das Theorem:

6. Stellt man eine cyklische Function der Grössen $f_0, f_1 \dots f_{n-1}$ in der Normalform dar, so sind die Coëfficienten metacyklische Functionen der Variablen $x_0, x_1 \dots x_{n-1}$.

Hierbei ist unter einer metacyklischen Function jede Function zu verstehen, die durch die Permutationen der linearen Gruppe ungeändert bleibt.

Die Functionen $f_0, f_1 \dots f_{n-2}$ gehen aber auch cyklisch in einander über, wenn man die x ungeändert lässt, und für ε die Substitution $(\varepsilon, \varepsilon^g)$ macht. Wenn also die cyklische Function C von den f in ihren Coëfficienten ε nicht enthält, so bleibt C durch sämmtliche Substitutionen $(\varepsilon, \varepsilon^h)$ ungeändert, und wir erhalten aus 3. das Theorem:

7. Ist $C(f_0, f_1 \dots f_{n-2})$ eine cyklische Function der Grössen $f_0, f_1 \dots f_{n-2}$ mit rationalen Coëfficienten, so ist C eine metacyklische Function der Variablen $x_0, x_1 \dots x_{n-1}$ mit rationalen Coëfficienten.

Wenn wir die Functionen $f_0, f_1 \dots f_{n-2}$, wie sie durch (5) gegeben sind, der Reihe nach zu den Potenzen $g^{n-2}, g^{n-3} \dots 1$

erheben und dann alles multipliciren, und wenn wir noch beachten, dass $\varepsilon^{g^{n-1}} = \varepsilon$ ist, so heben sich im Product der linken Seite der Gleichungen (5) alle Resolventen mit Ausnahme von (ε, x) heraus, und es folgt

$$(8) \qquad (\varepsilon, x)^{1-g^{n-1}} = f_0^{g^{n-2}} f_1^{g^{n-3}} \dots f_{n-2}.$$

Bezeichnen wir nun mit λ einen noch unbestimmten ganzzahligen Exponenten, so leiten wir aus (8) die folgende Relation her:

$$(9) \qquad (\varepsilon^\lambda, x)^n = \left[(\varepsilon, x)^{\frac{g^{n-1}-1}{n}} (\varepsilon^\lambda, x)\right]^n f_0^{g^{n-2}} f_1^{g^{n-3}} \dots f_{n-2}.$$

Verstehen wir unter g_1 irgend eine feste primitive Wurzel von n, so können wir $g = g_1 + l n$ setzen, worin l eine beliebige ganze Zahl bedeutet, da ja die primitiven Wurzeln nur bis auf Vielfache von n definirt sind. Dann ist

$$g^{n-1} \equiv g_1^{n-1} + n(n-1)\, l\, g_1^{n-2} \pmod{n^2},$$

woraus

$$\frac{g^{n-1}-1}{n} \equiv \frac{g_1^{n-1}-1}{n} - l g^{n-2} \pmod{n},$$

und l lässt sich so bestimmen, dass

$$\frac{g^{n-1}-1}{n} \equiv 1 \pmod{n}$$

wird.

In (9) setzen wir nun unter dieser Voraussetzung

$$(10) \qquad \lambda = \frac{g^{n-1}-1}{n} \equiv 1 \pmod{n},$$

und wie in (4)

$$(11) \qquad F(\varepsilon) = (\varepsilon^\lambda, x)(\varepsilon, x)^{-\lambda} = (\varepsilon, x)^{nk},$$

worin $\varepsilon^\lambda = \varepsilon$ und $1 - \lambda$, was durch n theilbar ist, $= nk$ gesetzt ist. Daraus erhalten wir

$$(12) \qquad (\varepsilon, x)^n = [F(\varepsilon)]^n f_0^{g^{n-2}} f_1^{g^{n-3}} \dots f_{n-2}.$$

Diese Formeln lassen sich verallgemeinern, wenn man beachtet, dass die Functionen $f_0, f_1 \dots f_{n-2}$ eine cyklische Permutation erleiden, wenn die Substitution $(\varepsilon, \varepsilon^g)$ ausgeführt wird. Setzen wir also fest, dass $f_h = f_k$ sein soll, wenn $h \equiv k \pmod{n-1}$ ist, und setzen

$$(13) \qquad F\left(\varepsilon^{g^\nu}\right) = F_\nu = \left(\varepsilon^{g^\nu}, x\right)^{nk},$$

so ergiebt die Substitution $\left(\varepsilon, \varepsilon^{g^\nu}\right)$ in (12)

$$(14) \qquad \left(\varepsilon^{g^\nu}, x\right)^n = F_\nu^n f_\nu^{g^{n-2}} f_{\nu+1}^{g^{n-3}} \dots f_{\nu+n-2}.$$

Diese Formeln gelten für jedes ν, wenn wir auch noch in Bezug auf die F_ν festsetzen, dass $F_h = F_k$ sein soll, wenn $h \equiv k \pmod{n-1}$ ist. Es ergiebt sich dann aus 4., dass die Functionen $F_0, F_1 \ldots F_{n-2}$ durch die Substitution s ungeändert bleiben, und durch t^{-1} eine cyklische Permutation erfahren.

Wenn wir hier die Exponenten auf ihre kleinsten positiven Reste nach dem Modul n reduciren wollen, so setzen wir

$$(15) \qquad g^\nu = n q_\nu + r_\nu, \quad 0 < r_\nu < n, \quad r_0 = 1,$$

und die Zahlen r_ν fallen in irgend einer Reihenfolge mit den Zahlen $1, 2 \ldots n-1$ zusammen, so dass r_0 immer $= 1$ ist.

Dann wird nach (5)

$$(16) \qquad f_{\nu-1} = (\varepsilon^{r_\nu}, x)(\varepsilon^{r_{\nu-1}}, x)^{-g},$$

und wir setzen noch

$$(17) \qquad \Phi_\nu = F_\nu f_\nu^{q_{n-2}} f_{\nu+1}^{q_{n-3}} \ldots f_{\nu+n-3},$$

und erhalten aus (14)

$$(18) \qquad (\varepsilon^{r_\nu}, x)^n = \Phi_\nu^n f_\nu^{r_{n-2}} f_{\nu+1}^{r_{n-3}} \ldots f_{\nu+n-2}^{r_0}.$$

Die Exponenten r_ν bleiben ungeändert, wenn g durch $g - ln$ ersetzt wird, sind also von der Bedingung (10) unabhängig und können aus einer beliebigen primitiven Wurzel g abgeleitet werden.

Die charakteristischen Eigenschaften der in diesen Formeln vorkommenden Functionen f_ν, F_ν, Φ_ν, deren Gesammtheit wir mit ω_ν bezeichnen wollen, sind, um es nochmals zu wiederholen, folgende:

α) Durch die cyklische Permutation $s = (h, h+1)$ unter den Indices von x ändern sich die Functionen ω_ν nicht.

β) Durch die lineare Permutation $t^{-1} = (h, g^{-1}h)$ unter den Indices der x wird unter den Indices der ω die cyklische Permutation $(0, 1, 2 \ldots n-2)$ hervorgerufen.

γ) Durch die Substitution $\sigma = (\varepsilon, \varepsilon^g)$ wird unter den Indices von ω dieselbe cyklische Permutation $(0, 1, 2 \ldots n-2)$ bewirkt.

δ) Die cyklischen Functionen von ω_ν sind metacyklische Functionen der x und von ε frei.

Nach dem Satze von Lagrange (§. 155) kann man jede Function Θ_ν, der die vier Eigenschaften α), β), γ), δ) zukommen, rational im Körper Ω der metacyklischen Functionen von x durch eine von ihnen, ω_ν, ausdrücken, wenn nur die $\omega_0, \omega_1 \ldots \omega_{n-2}$ von einander verschieden sind; man kann also für diese Functionen die f_ν wählen.

Denn bedeutet u eine Variable, und ist

$$(19) \qquad (u - \omega_0)(u - \omega_1) \ldots (u - \omega_{n-2}) = \varphi(u),$$

so gestattet die Function $\varphi(u)$ die Permutationen s, t und auch die Substitution $\sigma = (\varepsilon, \varepsilon^g)$, und ist also nach dem Satze 3. des §. 183 eine ganze Function von u mit in Bezug auf x metacyklischen Coëfficienten und unabhängig von ε.

Ist nun also $\Theta_0, \Theta_1 \ldots \Theta_{n-2}$ ein Functionensystem, dem die Eigenschaften α) β) γ) δ) zukommen, so ist die Summe

$$(20) \qquad \sum_{0,\, n-2}^{\nu} \frac{\Theta_\nu\, \varphi(u)}{u - \omega_\nu} = \chi(u)$$

eine ganze Function $(n - 2)^{\text{ten}}$ Grades von u, die gleichfalls die Substitutionen s, t, σ gestattet und die also Coëfficienten in Ω hat. Setzt man

$$(21) \qquad \frac{\chi(u)}{\varphi'(u)} = \Theta(u)$$

und setzt dann in (20) $u = \omega_\nu$, so folgt

$$\Theta_\nu = \Theta(\omega_\nu),$$

worin Θ eine rationale Function bedeutet, deren Coëfficienten metacyklische Functionen der x sind, und ε nicht mehr enthalten.

§. 185.

Wurzeln metacyklischer Gleichungen.

Es sollen jetzt in den Formeln des vorigen Paragraphen für die Variablen $x_0, x_1 \ldots x_{n-1}$ die Wurzeln $\xi_0, \xi_1 \ldots \xi_{n-1}$ einer in irgend einem Körper $\mathfrak{K}$ irreduciblen metacyklischen Gleichung vom Grade n eingeführt werden, und zwar in der Reihenfolge, dass die metacyklischen Functionen der ξ rational (in $\mathfrak{K}$) sind, was nach den Sätzen des vorigen Abschnittes immer möglich ist. Wir machen aber dabei zunächst noch zwei beschränkende Voraussetzungen, von denen wir nachträglich das Resultat wieder befreien werden. Diese Voraussetzungen sind:

1. dass durch diese Substitution der ξ für die x keine der Resolventen (ε, ξ), in der ε eine imaginäre n^{te} Einheitswurzel ist, verschwindet.

Nach (13), (16), (17), §. 184 bekommen dann die Functionen f_ν, F_ν, Φ_ν bestimmte von Null verschiedene Werthe und wir machen die zweite Voraussetzung,

2. dass durch dieselbe Substitution nicht zwei der Functionen $f_0, f_1 \dots f_{n-1}$ einander gleich werden.

Wir nehmen an, es gehe durch die Substitution der ξ für die x

$$f_0,\ f_1\ \dots\ f_{n-2}$$

in

$$k_0,\ k_1\ \dots\ k_{n-2},$$

so dass also die $k_0, k_1 \dots k_{n-2}$ von einander verschieden sind, und

$$\Phi_0,\ \Phi_1\ \dots\ \Phi_{n-2}$$

in

$$K_0,\ K_1\ \dots\ K_{n-2}$$

über, wo aber unter den K auch gleiche vorkommen können.

Wegen der Eigenschaft δ) der Functionen f_ν sind die Grössen $k_0, k_1 \dots k_{n-2}$ die Wurzeln einer cyklischen Gleichung $(n-1)^{\text{ten}}$ (also geraden) Grades $\psi(u) = 0$, so dass, wenn u eine Variable bedeutet,

$$(1) \qquad \psi(u) = (u - k_0)(u - k_1) \dots (u - k_{n-2})$$

eine Function $(n - 1)^{\text{ten}}$ Grades von u mit rationalen Coëfficienten ist. Die Grössen $k_0, k_1 \dots k_{n-2}$ können rational durch einander ausgedrückt werden in der Form

$$(2)\ k_1 = \Theta(k_0),\ k_2 = \Theta(k_1), \dots k_{n-1} = \Theta(k_{n-2}),\ k_0 = \Theta(k_{n-1})$$

(§. 163).

Ebenso können die Grössen K_ν nach dem Schlusssatze des §. 184 durch die k_ν ausgedrückt werden, und zwar in der Form

$$(3) \qquad K_0 = \Phi(k_0),\quad K_1 = \Phi(k_1), \dots K_{n-2} = \Phi(k_{n-2}),$$

worin Φ eine rationale Function (in $\mathfrak{R}$) bedeutet.

Danach liefert uns die Formel (18), §. 184 folgendes Resultat:

Wir setzen zur Abkürzung

$$(4) \qquad \tau_\nu = \sqrt[n]{k_\nu},$$

und erhalten

(5) $$(\varepsilon^{r_\nu}, \xi) = K_\nu \tau_\nu^{r_{n-2}} \tau_{\nu+1}^{r_{n-3}} \dots \tau_{\nu+n-2}^{r_0},$$

und wenn man diese Formeln alle addirt, und noch die rationale Grösse $(1, x) = A$ setzt:

(6) $$n\,\xi_0 = A + \sum_{0,n-2}^{\nu} K_\nu \tau_\nu^{r_{n-2}} \tau_{\nu+1}^{r_{n-3}} \dots \tau_{\nu+n-2}^{r_0}.$$

Nach §. 184, (16) und (17) sind die Grössen K_ν und k_ν alle von Null verschieden.

Durch (6) ist eine der Wurzeln ξ dargestellt.

Setzen wir zur Abkürzung

$$R_\nu = k_\nu^{r_{n-2}}\, k_{\nu+1}^{r_{n-3}} \dots k_{\nu+n-2}$$

und schreiben (6) in der Form

(7) $$n\,\xi_0 = A + K_0 \sqrt[n]{R_0} + K_1 \sqrt[n]{R_1} + \dots + K_{n-2} \sqrt[n]{R_{n-2}},$$

so ist also ξ_0 durch $n - 1$ Radicale n^{ten} Grades ausgedrückt, von denen jedes an sich n verschiedene Werthe haben kann. Diese Werthe können aber nicht von einander unabhängig sein, weil sonst die Anzahl der Werthe von ξ, die sich aus (7) ergeben, zu gross wäre. Man erhält in der That aus (5), wenn man nach §. 184, (16)

$$(\varepsilon^{r_\nu}, \xi)(\varepsilon^{r_{\nu-1}}, \xi)^{-g} = k_{\nu-1}$$

setzt,

(8) $$K_\nu \sqrt[n]{R_\nu} = K_{\nu-1}^g\, k_{\nu-1} \left(\sqrt[n]{R_{\nu-1}}\right)^g,$$

und kann also hiernach alle diese Radicale rational durch eines von ihnen und durch k_ν ausdrücken.

Der Ausdruck (6) hat aber vor (7) den grossen Vorzug, dass er, wie man auch die $n - 1$ Radicale $\sqrt[n]{k_\nu}$ bestimmen mag, doch nur n verschiedene Werthe, nämlich die n Wurzeln ξ darstellt.

Um dies nachzuweisen, bezeichnen wir mit $\varepsilon_0, \varepsilon_1 \dots \varepsilon_{n-2}$ irgend ein beliebiges System n^{ter} Einheitswurzeln, und ersetzen in (5)

$$\sqrt[n]{k_0},\quad \sqrt[n]{k_1} \dots \quad \sqrt[n]{k_{n-2}}$$

durch

$$\varepsilon_0 \sqrt[n]{k_0},\ \varepsilon_1 \sqrt[n]{k_1} \dots \varepsilon_{n-2} \sqrt[n]{k_{n-2}}.$$

Dann geht (5) in eine andere Form über, die wir so darstellen

$$(9) \qquad n\xi = A + \sum_{0, n-2}^{\nu} E_\nu K_\nu \tau_\nu^{r_{n-2}} \tau_{\nu+1}^{r_{n-3}} \dots \tau_{\nu+n-2}^{r_0},$$

worin E_ν eine n^{te} Einheitswurzel ist, die durch ε so ausgedrückt wird:

$$(10) \qquad E_\nu = \varepsilon_\nu^{r_{n-2}} \varepsilon_{\nu+1}^{r_{n-3}} \dots \varepsilon_{\nu+n-2}^{r_0}.$$

Nun ist nach der Definition von r_ν [§. 184, (15)]

$$(11) \qquad r_\nu \equiv g r_{\nu-1} \pmod{n},$$

und nach (10), da der Index von r nach dem Modul $n - 1$ zu nehmen ist,

$$E_{\nu-1} = \varepsilon_{\nu-1}^{r_{n-2}} \varepsilon_\nu^{r_{n-3}} \dots \varepsilon_{\nu+n-3}^{r_0}$$

$$E_{\nu-1}^g = \varepsilon_\nu^{r_{n-2}} \varepsilon_{\nu+1}^{r_{n-3}} \dots \varepsilon_{\nu-1}^{r_0},$$

also

$$(12) \qquad E_\nu = E_{\nu-1}^g = E_0^{r_\nu}.$$

Sind also die ε irgend wie bestimmt, so ergiebt sich

$$(13) \qquad E_0 = \varepsilon_0^{r_{n-2}} \varepsilon_1^{r_{n-3}} \dots \varepsilon_{n-2}^{r_0},$$

und dadurch sind nach (12) die übrigen E_ν vollkommen bestimmt. Also ergeben sich in der That nur n Werthe aus (6), die man z. B. dadurch erhalten kann, dass man einem der Radicale τ_ν seine verschiedenen Werthe beilegt. (Man vergleiche hiermit die Cayley'sche Auflösung der cubischen Gleichungen §. 36.)

Will man die Grössen $\xi_0, \xi_1 \dots \xi_{n-1}$ in der Reihenfolge bestimmen, die der Bildung der cyklischen und metacyklischen Gruppe zu Grunde liegt, so muss man in (5) vor der Summation mit $\varepsilon^{-h r_\nu}$ multipliciren und findet (§. 133)

$$(14) \qquad n\xi_h = A + \sum^{\nu} \varepsilon^{-h r_\nu} K_\nu \tau_\nu^{r_{n-2}} \tau_{\nu+1}^{r_{n-3}} \dots \tau_{\nu+n-2}^{r_0},$$

worin eine veränderte Bestimmung der Radicale nur eine cyklische Vertauschung der ξ_h bedingt.

§. 186.

Befreiung von den beschränkenden Voraussetzungen.

Es wäre eine wesentliche Beschränkung dieser Untersuchungen über auflösbare Gleichungen, wenn die Voraussetzungen 1., 2. des vorigen Paragraphen aufrecht erhalten werden müssten.

Das ist aber nicht nothwendig, wie wir jetzt nachweisen wollen.

Es seien jetzt $\eta_0, \eta_1 \dots \eta_{n-1}$ die n Wurzeln irgend einer irreduciblen metacyklischen Gleichung n^{ten} Grades.

Wir führen die neuen Unbekannten $\xi_0, \xi_1 \dots \xi_{n-1}$ durch ein System von Gleichungen

$$(1) \qquad \xi_0 = \psi(\eta_0), \quad \xi_1 = \psi(\eta_1), \dots \xi_{n-1} = \psi(\eta_{n-1})$$

ein, worin $\psi(y)$ eine ganze Function $(n - 1)^{\text{ten}}$ Grades

$$(2) \qquad \psi(y) = a_0 + a_1 y + a_2 y^2 + \dots + a_{n-1} y^{n-1}$$

mit unbestimmten Coëfficienten aus dem Körper $\mathfrak{K}$ bedeuten soll. Wir nehmen aber an, dass die n Grössen $\xi_0, \xi_1 \dots \xi_{n-1}$ von einander verschieden sind; dann sind auch die ξ die Wurzeln einer irreduciblen metacyklischen Gleichung, und durch (1) ist eine Tschirnhausen-Transformation ausgedrückt (§. 52); ξ_0 ist ein primitives Element des Körpers $\mathfrak{K}(\eta_0)$; folglich sind die Körper $\mathfrak{K}(\xi_0)$ und $\mathfrak{K}(\eta_0)$ und ebenso die conjugirten Körper $\mathfrak{K}(\xi_r)$ und $\mathfrak{K}(\eta_r)$ mit einander identisch. Es ist also auch, wenn

$$(3) \qquad \chi(x) = b_0 + b_1 x + b_2 x^2 + \dots + b_{n-1} x^{n-1}$$

gesetzt wird, worin die Coëfficienten b gleichfalls Grössen in $\mathfrak{K}$ sind,

$$(4) \qquad \eta_0 = \chi(\xi_0), \quad \eta_1 = \chi(\xi_1) \dots \eta_{n-1} = \chi(\xi_{n-1}).$$

Es ist nun leicht einzusehen, dass man über die Coëfficienten $a_0, a_1 \dots a_{n-1}$ in (1) so verfügen kann, dass die Voraussetzungen 1. und 2. des vorigen Paragraphen für die ξ erfüllt sind.

Denn betrachten wir die a als unabhängige Variable, so werden die durch (1) bestimmten ξ gleichfalls Variable, die mit den a durch eine lineare Substitution mit nicht verschwindender Determinante zusammenhängen. Die Determinante dieser Substitution ist nämlich

$$\begin{vmatrix} 1, & \eta_0, & \eta_0^2 & \dots \eta_0^{n-1} \\ 1, & \eta_1, & \eta_1^2 & \dots \eta_1^{n-1} \\ \cdot & \cdot & \cdot & \cdot \\ 1, & \eta_{n-1}, & \eta_{n-1}^2 & \dots \eta_{n-1}^{n-1} \end{vmatrix},$$

d. h. gleich dem Differenzenproduct der η, das nach der Voraussetzung von Null verschieden ist.

Die Functionen (ε, x) und die Differenzen $f_\alpha - f_\beta$, die nach §. 184 nicht verschwindende Functionen der Variablen $x_0, x_1 \dots x_{n-1}$

sind, gehen also, wenn für die x die Substitution $x_h = \psi(\eta_h)$ gemacht wird, in Functionen der Variablen a über, die auch nicht identisch verschwinden können. Nach dem Satze §. 143, 1. kann man also für die Grössen $a_0, a_1 \dots a_{n-1}$ solche rationale Zahlen setzen, dass die Functionen (ε, x) und die Differenzen $f_\alpha - f_\beta$, die dann also in (ε, ξ) und in $k_\alpha - k_\beta$ übergehen, von Null verschieden werden, und dass auch die ξ_h von einander verschieden bleiben, was zu beweisen war.

Nachdem also dies festgestellt ist, führen wir das System der Variablen $x_0, x_1 \dots x_{n-1}$ und ein davon abhängiges System von Variablen y

(5) $$y_0 = \chi(x_0), \quad y_1 = \chi(x_1), \dots y_{n-1} = \chi(x_{n-1})$$

ein, worin χ die Function (3) bedeutet, und setzen

(6) $$\frac{(\varepsilon^{r_\nu}, y)}{(\varepsilon^{r_\nu}, x)} = \Theta_\nu.$$

Wird auf die Indices der x irgend eine Permutation angewandt, so erleiden die Indices der y die gleiche Permutation. Wenn wir also auf (6) die cyklische Permutation s anwenden, so ändert sich Θ_ν nicht (nach §. 184, 4.).

Wenn wir also Θ_ν in der Normalform des §. 183 darstellen, so sind seine Coëfficienten cyklische Functionen von $x_0, x_1 \dots x_{n-1}$.

Wendet man auf Θ_ν die Permutation $t^{-1} = (h, g^{-1}h)$ an, so geht Θ_ν nach §. 184, 4. in $\Theta_{\nu+1}$ über, oder die Θ_ν erleiden eine cyklische Permutation.

Denselben Erfolg hat aber auch die Substitution $\sigma = (\varepsilon, \varepsilon^g)$, und also hat das System der Functionen $\Theta_0, \Theta_1 \dots \Theta_{n-2}$ die Eigenschaften $\alpha)$ $\beta)$ $\gamma)$ $\delta)$ (§. 184).

Nach dem am Ende des §. 184 bewiesenen Satze geht also, wenn wir die x durch die ξ und folglich die y durch die η ersetzen, Θ_ν in eine rationale Function von k_ν

(7) $$Q_\nu = Q(k_\nu)$$

über, und aus (6) ergiebt sich

(8) $$(\varepsilon^{r_\nu}, \eta) = Q_\nu(\varepsilon^{r_\nu}, \xi).$$

Wenn man hierin für $(\varepsilon^{r_\nu}, \xi)$ den Ausdruck (5), §. 185 substituirt, so erhält man für $(\varepsilon^{r_\nu}, \eta)$ einen Ausdruck von ganz derselben Form, nur mit dem Unterschiede, dass an Stelle von K_ν getreten ist $Q_\nu K_\nu$. Die Functionen $Q_\nu K_\nu$ haben im Wesentlichen dieselben Eigenschaften, wie die Function K_ν, nur dass sie auch zum Theil Null sein können. Durch dieselbe Veränderung ergiebt dann §. 185 (6) den Werth von η_0.

Damit sind also die beschränkenden Voraussetzungen des §. 185 beseitigt, und wir haben das allgemeine Theorem:

I. Jede Wurzel ξ einer metacyklischen Gleichung vom Primzahlgrad n kann in der Form dargestellt werden

$$\xi = A + \sum_{0, n-2}^{\nu} K_\nu \tau_\nu^{r_{n-2}} \tau_{\nu+1}^{r_{n-3}} \dots \tau_{\nu+n-2}^{r_0}, \tag{9}$$

worin A eine rationale Grösse, $k_0, k_1 \dots k_{n-2}$ die von einander und von Null verschiedenen Wurzeln einer cyklischen Gleichung $(n-1)^{\text{ten}}$ Grades, K_ν eine rationale Function von k_ν ist, deren Form für alle ν dieselbe ist. Die Exponenten $r_0, r_1 \dots r_{n-2}$ sind die kleinsten positiven Reste der Zahlen $1, g, g^2 \dots g^{n-2}$, wenn g eine primitive Wurzel von n ist. Die n Werthe, die man aus (9) erhält, wenn man den Radicalen $\tau_\nu = \sqrt[n]{k_\nu}$ ihre verschiedenen Werthe beilegt, sind die n Wurzeln einer und derselben rationalen Gleichung.

Die Formel (9) ergiebt sich aus §. 185 (6), wenn A und K_ν durch nA und nK_ν ersetzt wird, was zur Vereinfachung geschehen ist.

Das Theorem I. lässt sich nun aber auch umkehren.

Um das nachzuweisen, bezeichnen wir mit ε irgend eine imaginäre n^{te} Einheitswurzel und setzen

$$\xi_h = A + \sum_{0, n-2}^{\nu} \varepsilon^{h r_\nu} K_\nu \tau_\nu^{r_{n-2}} \tau_{\nu+1}^{r_{n-3}} \dots \tau_{\nu+n-2}^{r_0} \tag{10}$$

$$h = 0, 1, 2 \dots n-1,$$

oder abgekürzt

$$\xi_h = A + \sum_{0, n-2}^{\nu} \varepsilon^{h r_\nu} K_\nu \sqrt[n]{R_\nu}, \tag{11}$$

worin wie früher

$$\sqrt[n]{R_\nu} = \tau_\nu^{r_{n-2}} \tau_{\nu+1}^{r_{n-3}} \dots \tau_{\nu+n-2}^{r_0} \tag{12}$$

gesetzt ist. Wir haben nun die Aenderungen zu untersuchen, die sich für ξ_h ergeben, wenn wir

1. eines der Radicale $\tau_\nu = \sqrt[n]{k_\nu}$ anders bestimmen und
2. die $k_0, k_1 \dots k_{n-2}$ cyklisch vertauschen.

Wir wollen einem der Radicale, etwa dem τ_α, ein anderes Vorzeichen geben, also die Vertauschung

$$(13) \qquad (\tau_\alpha, \ \varepsilon^\beta \tau_\alpha)$$

machen, wo β ein beliebiger Exponent sein kann, und α einer der Indices $0, 1 \dots n-2$ ist.

In (12) hat das Radical τ_α den Exponenten $r_{n+\nu-\alpha-2} = r_{\nu-\alpha-1}$, und also entspricht der Vertauschung (13) die Vertauschung

$$(14) \qquad \left(\sqrt[n]{R_\nu}, \ \varepsilon^{\beta r_{\nu-\alpha-1}} \sqrt[n]{R_\nu}\right).$$

Nun ist nach der Bedeutung der Zahlen r allgemein $r_{\alpha+\beta} \equiv r_\alpha r_\beta \pmod{n}$, und wenn man also die Vertauschung (13) in (11) einführt, so geht h in $h + \beta r_{-\alpha-1}$ über.

1. Es ruft also die Vertauschung (13) unter den Indices von ξ die cyklische Permutation

$$(h, h + \beta r_{-\alpha-1})$$

hervor.

Machen wir zweitens die cyklische Permutation

$$(15) \qquad (\tau_0, \tau_1, \dots \tau_{n-2}),$$

so entspricht diese den Vertauschungen

$$(16) \qquad \left(\sqrt[n]{R_\nu}, \sqrt[n]{R_{\nu+1}}\right), \qquad (K_\nu, K_{\nu+1}), \qquad \nu = 0, 1, 2 \dots n-2,$$

und ξ_h geht über in

$$A + \sum^{\nu} \varepsilon^{h r_\nu} K_{\nu+1} \sqrt[n]{R_{\nu+1}} = A + \Sigma\, \varepsilon^{h r_{\nu-1}} K_\nu \sqrt[n]{R_\nu}$$
$$= A + \Sigma\, \varepsilon^{h g^{-1} r_\nu} K_\nu \sqrt[n]{R_\nu}.$$

2. Demnach erleiden die Indices von ξ durch die Permutation (15) die Permutation

$$(h, g^{-1} h).$$

Betrachten wir nun irgend eine rationale symmetrische (oder auch nur metacyklische) Function der ξ:

$$S(\xi_0, \xi_1 \dots \xi_{n-1}),$$

so erhalten wir, wenn wir die Werthe (10) einführen, daraus eine rationale Function der Radicale

$$\tau_0, \tau_1, \dots \tau_{n-2}.$$

Diese Function ändert sich aber nicht, wenn man einem dieser Radicale einen anderen seiner n Werthe giebt, und folglich muss die Function rational von $k_0, k_1 \dots k_{n-2}$ abhängen. Wegen

2. ändert sich diese Function aber auch nicht, wenn unter den k_ν die cyklische Permutation $(k_0, k_1 \dots k_{n-2})$ vorgenommen wird, und weil nun die Grössen k_ν die Wurzeln einer cyklischen Gleichung im Körper $\mathfrak{K}$ sind, so ist die Function $S(\xi_0, \xi_1 \dots \xi_{n-2})$ eine Grösse in $\mathfrak{K}$, d. h. rational. Wendet man dies auf die Coëfficienten der Gleichung an, deren Wurzeln die Grössen (10) sind, so folgt, dass diese Grössen die Wurzeln einer Gleichung n^{ten} Grades in $\mathfrak{K}$ sind.

Was die Irreducibilität dieser Gleichung betrifft, so ist darüber Folgendes zu bemerken:

Die Radicale $\sqrt[n]{R_\nu}$ sind, wenn eines von ihnen rational ist, alle rational, und wenn eines irrational ist, sind es die anderen auch [§. 185, (8)]. Welcher der beiden Fälle eintritt, hängt also nach §. 179 davon ab, ob die Function $x^n - R_0$ in $\mathfrak{K}$ reducibel oder irreducibel ist. Ist sie reducibel, so ist eine der Grössen ξ_h im Körper $\mathfrak{K}$ rational, und die Gleichung für ξ ist reducibel. Alle Grössen ξ sind in dem Körper $\mathfrak{K}(\varepsilon)$ enthalten, dessen Grad höchstens gleich $n - 1$ ist.

Ist aber $\sqrt[n]{R_0}$ irrational, so ist $x^n - R_0$ in $\mathfrak{K}$ irreducibel. Jede Gleichung $\Phi(\xi_0) = 0$ geht durch Substitution des Werthes von ξ_0 in eine Gleichung $\Psi\left(\sqrt[n]{R_0}\right) = 0$ über, deren Coëfficienten in $\mathfrak{K}$ enthalten sind, und die also bestehen bleiben muss, wenn $\sqrt[n]{R_0}$ durch irgend einen seiner n Werthe ersetzt wird.

Dadurch geht aber ξ_0 in jeden der Werthe $\xi_0, \xi_1 \dots \xi_{n-1}$ über, d. h. die Gleichung n^{ten} Grades, deren Wurzeln die n Grössen ξ sind, ist in $\mathfrak{K}$ irreducibel.

Wir können also das Theorem I. so umkehren:

II. Jede in der Form (9) enthaltene Grösse ξ ist die Wurzel einer Gleichung n^{ten} Grades in $\mathfrak{K}$, und diese Gleichung ist irreducibel, wenn man von dem speciellen Falle absieht, dass eine ihrer Wurzeln rational, die anderen in $\mathfrak{K}(\varepsilon)$ enthalten sind.

§. 187.

Realitätsverhältnisse.

Wenn der Körper $\mathfrak{K}$ ein reeller ist, so giebt es, wie wir im §. 180 gesehen haben, zwei Arten von metacyklischen Gleichungen von Primzahlgrad n, solche mit einer reellen und $n-1$ imaginären Wurzeln und solche mit lauter reellen Wurzeln. Ebenso haben wir im §. 165 gesehen, dass es zwei Arten von cyklischen Gleichungen eines geraden Grades giebt, nämlich solche mit lauter reellen und solche mit lauter imaginären Wurzeln.

Wenn nun die cyklische Gleichung, deren Wurzeln die Grössen $k_0, k_1 \ldots k_{n-1}$ sind, zur ersten Art gehört, wenn also $k_0, k_1 \ldots k_{n-1}$ reell sind und die Radicale $\tau_0, \tau_1, \ldots \tau_{n-1}$ auch reell genommen werden, so zeigt die Formel (10) §. 186, dass ξ_0 reell, ξ_h und ξ_{-h} conjugirt imaginär sind.

Wenn andererseits die k imaginär sind, so ist nach §. 165 k_ν und $k_{\nu+\frac{n-1}{2}}$ conjugirt imaginär, und nach der Formel (8) in §. 185 können wir setzen, wenn Φ eine rationale Function bedeutet,

$$\sqrt[n]{R_{\nu+\frac{n-1}{2}}} = \Phi(k_\nu)\left(\sqrt[n]{R_\nu}\right)^{g^{\frac{n-1}{2}}},$$

oder auch

$$\sqrt[n]{R_{\nu+\frac{n-1}{2}}}\sqrt[n]{R_\nu} = \Phi(k_\nu)\left(\sqrt[n]{R_\nu}\right)^{g^{\frac{n-1}{2}}+1}$$

Weil nun g eine primitive Wurzel von n ist, so ist $g^{\frac{n-1}{2}}+1$ durch n theilbar, und die rechte Seite wird daher rational. Bedeutet also Ψ eine rationale Function, so ist

$$\sqrt[n]{R_{\nu+\frac{n-1}{2}}}\sqrt[n]{R_\nu} = \Psi(k_\nu),$$

und diese Formel zeigt, dass

$$\Psi(k_\nu) = \Psi\left(k_{\nu+\frac{n-1}{2}}\right),$$

also dass $\Psi(k_\nu)$ reell ist. Daraus folgt, dass

$$\sqrt[n]{R_{\nu+\frac{n-1}{2}}} \quad \text{und} \quad \sqrt[n]{R_\nu}$$

conjugirt imaginär sind; denn erstens sind ihre n^{ten} Potenzen conjugirt imaginär, sie selbst also zunächst bis auf eine n^{te} Einheitswurzel als Factor. Da aber ihr Product reell ist, so muss diese n^{te} Einheitswurzel $= 1$ sein. Da nun ausserdem

$$r_\nu \equiv - r_{\nu + \frac{n-1}{2}} \pmod n$$

ist, so zeigt die Formel (11), dass in diesem Falle die Wurzeln ξ_z alle reell sind.

Damit ist also der Satz für einen reellen Körper $\mathfrak{K}$ bewiesen:

Hat die cyklische Gleichung, deren Wurzeln die $k_0, k_1 \ldots k_{n-2}$ sind, reelle Wurzeln, so ist von den Wurzeln ξ eine reell, die übrigen imaginär; hat diese cyklische Gleichung imaginäre Wurzeln, so sind alle ξ reell.

§. 188.

Metacyklische Gleichungen fünften Grades.

Durch die Sätze des vorangehenden Paragraphen sind die Wurzeln einer metacyklischen Gleichung von Primzahlgrad in eine allgemein gültige Form gebracht, die es gestattet, alle diese Grössen wirklich zu bilden, wenn man die Kenntniss der Wurzeln cyklischer Gleichungen voraussetzt. Ganze Systeme cyklischer Gleichungen jeden Grades liefert uns z. B. die Kreistheilungstheorie, deren Wurzeln die Kreistheilungsperioden sind. So können wir also beispielsweise für den Körper der rationalen Zahlen beliebig viele metacyklische Gleichungen bilden. Dass darin alle diese Gleichungen im Körper der rationalen Zahlen enthalten sind, ist ein sehr merkwürdiger von Kronecker herrührender Satz, den wir im zweiten Bande kennen lernen werden. Hier wollen wir als Anwendung und Veranschaulichung des Vorhergehenden noch die specielle Aufgabe behandeln, in einem beliebigen Körper $\mathfrak{K}$ die Wurzeln aller metacyklischen Gleichungen fünften Grades zu finden.

Dazu ist erforderlich und hinreichend, dass wir die Wurzeln k_0, k_1, k_2, k_3 einer cyklischen Gleichung vierten Grades allgemein bestimmen, und zwar unter der Voraussetzung, dass k_0, k_1, k_2, k_3 unter einander verschieden und keine von ihnen Null sei.

Als Grundlage dient uns dabei die Function

$$(1)\qquad w = (k_0 - k_2)(k_1 - k_3),$$

die von Null verschieden sein muss, und die für einen reellen Körper $\mathfrak{K}$ immer reell ist, da entweder k_0, k_1, k_2, k_3 reell sind oder k_0, k_2 und k_1, k_3 zwei conjugirt imaginäre Paare bilden.

Bei der cyklischen Permutation (0, 1, 2, 3) ändert w sein Vorzeichen. Also ist das Quadrat von w eine cyklische Function, die nach Voraussetzung bekannt sein soll. Wir setzen daher, indem wir durch die kleinen lateinischen Buchstaben $a, b, c \ldots$ Grössen in $\mathfrak{K}$, also rationale Grössen bezeichnen,

$$(2)\qquad w = 4\sqrt{c},$$

und bemerken noch, dass jede Function der k, die durch die cyklische Permutation (0, 1, 2, 3) ihr Vorzeichen ändert, das Product einer rationalen Grösse mit $\sqrt{c}$ ist.

Es handelt sich dann nur darum, cyklische Functionen in genügender Anzahl zu bilden, so dass man die vier Grössen k_0, k_1, k_2, k_3 daraus berechnen und durch von einander unabhängige rationale Grössen algebraisch ausdrücken kann.

Nun sind zwei weitere cyklische Functionen

$$(k_0 - k_2)^2 + (k_1 - k_3)^2, \quad \frac{(k_0 - k_2)^2 - (k_1 - k_3)^2}{(k_0 - k_2)(k_1 - k_3)},$$

und wir bekommen also, wenn a, b rationale Grössen sind,

$$(3)\qquad \begin{aligned} (k_0 - k_2)^2 + (k_1 - k_3)^2 &= 8\,b \\ (k_0 - k_2)^2 - (k_1 - k_3)^2 &= 8\,a\sqrt{c}. \end{aligned}$$

Die drei rationalen Grössen a, b, c sind aber nicht von einander unabhängig, sondern es besteht nach (2) und (3) zwischen ihnen die Relation

$$(4)\qquad b^2 = c\,(1 + a^2).$$

Aus (3) ergiebt sich ferner

$$(5)\qquad \begin{aligned} k_0 - k_2 &= 2\sqrt{b + a\sqrt{c}} \\ k_1 - k_3 &= 2\sqrt{b - a\sqrt{c}}, \end{aligned}$$

und zwischen den beiden Quadratwurzeln besteht die Relation

$$(6)\qquad \sqrt{c} = \sqrt{b + a\sqrt{c}}\,\sqrt{b - a\sqrt{c}}.$$

Bezeichnen wir ferner mit C und B wieder zwei rationale Grössen, so ist

$$(7) \qquad \begin{aligned} k_0 + k_1 + k_2 + k_3 &= 4\, C, \\ k_0 - k_1 + k_2 - k_3 &= 4\, B \sqrt{c}, \end{aligned}$$

also

$$(8) \qquad \begin{aligned} k_0 + k_2 &= 2\,(C + B \sqrt{c}), \\ k_1 + k_3 &= 2\,(C - B \sqrt{c}), \end{aligned}$$

wodurch nach (5) folgt:

$$(9) \qquad \begin{aligned} k_0 &= C + B\sqrt{c} + \sqrt{b + a\sqrt{c}} \\ k_1 &= C - B\sqrt{c} + \sqrt{b - a\sqrt{c}} \\ k_2 &= C + B\sqrt{c} - \sqrt{b + a\sqrt{c}} \\ k_3 &= C - B\sqrt{c} - \sqrt{b - a\sqrt{c}}. \end{aligned}$$

Es ist auch umgekehrt leicht zu zeigen, dass diese Grössen die Wurzeln einer biquadratischen cyklischen Gleichung sind. Denn setzen wir zur Abkürzung

$$(10) \qquad r = \sqrt{c}, \quad \varrho = \sqrt{b + a\sqrt{c}}, \quad \varrho' = \sqrt{b - a\sqrt{c}},$$

also nach (6)

$$r = \varrho\,\varrho', \quad \varrho^2 = b + a\,r, \quad \varrho'^2 = b - a\,r,$$

so können wir jede rationale Function der k_0, k_1, k_2, k_3 als lineare Function mit rationalen Coëfficienten von den sechs Radicalen

$$1, \quad r, \quad \varrho, \quad \varrho', \quad r\,\varrho, \quad r\,\varrho'$$

darstellen. Die cyklische Permutation (k_0, k_1, k_2, k_3) entspricht der Vertauschung

$$\begin{matrix} r, & \varrho, & \varrho', \\ -r, & \varrho', & -\varrho, \end{matrix}$$

und wenn man diese Vertauschung wiederholt, so sieht man, dass eine cyklische Function der k sich nicht ändern kann, wenn in der linearen Darstellung durch diese sechs Grössen folgende Vertauschungen gemacht werden:

$$\begin{matrix} 1, & r, & \varrho, & \varrho', & r\,\varrho, & r\,\varrho' \\ 1, & -r, & \varrho', & -\varrho, & -r\,\varrho', & r\,\varrho \\ 1, & r, & -\varrho, & -\varrho', & -r\,\varrho, & -r\,\varrho' \\ 1, & -r, & -\varrho', & \varrho, & r\,\varrho', & -r\,\varrho, \end{matrix}$$

und wenn man die vier so sich ergebenden Ausdrücke addirt, so erhält man für die cyklische Function der k einen rationalen Ausdruck.

Will man die biquadratische Gleichung bilden, deren Wurzeln die k sind, so führt man am besten $k - C = x$ als Unbekannte ein. Man bekommt so durch einfache Rechnung die Gleichung

(11) $x^4 - 2(B^2 c + b)x^2 - 4Bacx + B^4 c^2 - 2B^2 bc + c = 0.$

Die Darstellung der k durch die Formeln (9) ist aber noch nicht vollständig befriedigend, weil zwischen den darin vorkommenden rationalen Grössen a, b, c noch die Relation (4) stattfindet, und wir suchen eine Darstellung durch unabhängige Grössen.

Einen besonderen Fall müssen wir zunächst abmachen, nämlich $b = 0$, was $a = i$ zur Folge hat. Dann geben die Formeln (9)

$$k_0 = C + B\sqrt{c} + \frac{1+i}{\sqrt{2}}\sqrt[4]{c}$$

$$k_1 = C - B\sqrt{c} + \frac{1-i}{\sqrt{2}}\sqrt[4]{c}$$

$$k_2 = C + B\sqrt{c} - \frac{1+i}{\sqrt{2}}\sqrt[4]{c}$$

$$k_3 = C - B\sqrt{c} - \frac{1-i}{\sqrt{2}}\sqrt[4]{c},$$

und die biquadratische Gleichung (11) wird

$$x^4 - 2B^2 cx^2 - 4iBcx + B^4 c^2 + c = 0.$$

Dieser Fall gehört aber nur dann hierher, wenn i im Körper $\mathfrak{K}$ enthalten ist, also niemals bei reellen Körpern.

Wenn aber b nicht verschwindet, so führen wir eine neue rationale Grösse h ein, indem wir

$$b = h(1 + a^2), \quad c = h^2(1 + a^2)$$

setzen, wodurch dann die Relation (4) identisch befriedigt ist, und es geben die Formeln (9), wenn man Bh durch B ersetzt,

$$(12) \quad \begin{aligned} k_0 &= C + B\sqrt{1+a^2} + \sqrt{h(1 + a^2 + a\sqrt{1+a^2})} \\ k_1 &= C - B\sqrt{1+a^2} + \sqrt{h(1 + a^2 - a\sqrt{1+a^2})} \\ k_2 &= C + B\sqrt{1+a^2} - \sqrt{h(1 + a^2 + a\sqrt{1+a^2})} \\ k_3 &= C - B\sqrt{1+a^2} - \sqrt{h(1 + a^2 - a\sqrt{1+a^2})} \end{aligned}$$

Dieser Ausdruck für k_0 hat noch den Vorzug, dass er, wie man auch die Vorzeichen der darin vorkommenden Quadratwurzeln bestimmen mag, nur vier verschiedene Werthe darstellt.

Bei Abel findet sich für k_0 ein etwas anderer Ausdruck, nämlich

$$k_0 = C + B\sqrt{1+e^2} + \sqrt{h\left(1 + e^2 + \sqrt{1+e^2}\right)},$$

der aus (12) hervorgeht, wenn man $a = 1 : e$ setzt und dann B und h durch Be und he^2 ersetzt. Der Ausdruck (12) ist also insofern allgemeiner, als er auch den besonderen Fall $a = 0$ umfasst, in dem die biquadratische Gleichung in zwei quadratische Gleichungen zerfällt.

Um nun die Wurzel einer metacyklischen Gleichung 5ten Grades darzustellen, sind diese Ausdrücke für k_0, k_1, k_2, k_3 in die Formel (9) des §. 186 zu substituiren. Nehmen wir $g = 2$ an, so werden die Exponenten r_0, r_1, r_2, r_3 der Reihe nach congruent mit 1, 2, 4, 8, also gleich 1, 2, 4, 3, und es ergiebt sich, wenn, wie in §. 185

$$\tau_0 = \sqrt[5]{k_0}, \quad \tau_1 = \sqrt[5]{k_1}$$
$$\tau_2 = \sqrt[5]{k_2}, \quad \tau_3 = \sqrt[5]{k_3}$$

gesetzt wird,

$$\xi = A + K_0\,\tau_0^3\tau_1^4\tau_2^2\tau_3 + K_1\,\tau_1^3\tau_2^4\tau_3^2\tau_0 + K_2\,\tau_2^3\tau_3^4\tau_0^2\tau_1 + K_3\,\tau_3^3\tau_0^4\tau_1^2\tau_2. \tag{13}$$

Die Coëfficienten in diesem Ausdruck, K_0, K_1, K_2, K_3, sind rationale Functionen der k_0, k_1, k_2, k_3, die durch cyklische Permutation der k selbst cyklisch permutirt werden. Nach Abel ist

$$K_0 = A_1 + A_2 k_0 + A_3 k_2 + A_4 k_0 k_2$$

zu setzen, worin A_1, A_2, A_3, A_4 rational sind, was aber nicht allgemein genug ist, weil zwischen $k_0 k_2$, k_0 und k_2 eine aus (12) leicht abzuleitende lineare Relation besteht. Am einfachsten drückt man die k durch die drei Radicale

$$r = \sqrt{1+a^2}, \quad \varrho = \sqrt{h\left(1 + a^2 + a\sqrt{1+a^2}\right)}$$
$$\varrho' = \sqrt{h\left(1 + a^2 - a\sqrt{1+a^2}\right)}, \quad \varrho\varrho' = hr$$

aus.

Man kann das Radical ϱ' linear ausdrücken durch $r\varrho$ und ϱ, wie man aus der Formel

$$hr^2\varrho' = r\varrho\varrho'^2$$

ersieht, wenn man rechts für ϱ'^2 seinen Ausdruck durch r einsetzt und bedenkt, dass r^2 rational ist. So erhält man, wenn man statt der cyklischen Permutation der k die Vertauschung

$$\begin{pmatrix} r, & \varrho, & \varrho' \\ -r, & \varrho', & -\varrho \end{pmatrix}$$

anwendet, und mit A_1, A_2, A_3, A_4 rationale Grössen bezeichnet:

$$\begin{aligned} K_0 &= A_1 + A_2 r + A_3 \varrho + A_4 r \varrho \\ K_1 &= A_1 - A_2 r + A_3 \varrho' - A_4 r \varrho' \\ K_2 &= A_1 + A_2 r - A_3 \varrho + A_4 r \varrho \\ K_3 &= A_1 - A_2 r - A_2 \varrho' - A_4 r \varrho'. \end{aligned} \tag{14}$$

Diese Grössen K_0, K_1, K_2, K_3 sind selbst wieder die Wurzeln einer cyklischen biquadratischen Gleichung. Sie haben nur scheinbar eine allgemeinere Form, als die k; denn setzt man K_0 in die Form

$$K_0 = A_1 + A_2 r + \sqrt{\varrho^2 (A_3 + A_4 r)^2},$$

so erkennt man die Form von k_0 in (9) wieder, natürlich mit veränderten a, b, c.

Berichtigungen.

Seite 182 in der Formel, Zeile 12, ist zu lesen x_m statt x_n.
Seite 347 in der Formel, Zeile 24, ist zu lesen $(2x^2 + 1)^2$ statt $(2x^2 - 1)^2$.